Gesamtverzeichnis des deutschsprachigen Schrifttums (GV) 1700 – 1910

Bearbeitet unter der Leitung von
Hilmar Schmuck und Willi Gorzny
Bibliographische und redaktionelle Beratung:
Hans Popst und Rainer Schöller

41

Fras - Frid

K · G · Saur München · New York · London · Paris 1981

CIP-Kurztitelaufnahme der Deutschen Bibliothek

Gesamtverzeichnis des deutschsprachigen Schrifttums :
(GV). – München, New York, London, Paris : Saur.
Bd. 1 – 6 bearb. unter d. Leitung von Peter Geils
u. Willi Gorzny.
ISBN 3-598-30000-X

1700 – 1910 / bearb. unter d. Leitung von Hilmar
Schmuck u. Willi Gorzny. Bibliograph. u. red.
Beratung: Hans Popst u. Rainer Schöller

NE: Schmuck, Hilmar [Bearb.]

41. Fras – Frid. – 1981.

Techn. Realisierung und Druck: Norbert Gärtner, Mainz-Kastel
Binden: Karl Schaumann, Darmstadt
Printed in the Federal Republic of Germany
ISBN 3-598-30000-X (Gesamtwerk)

Fras, Frz. Jul., vollständige Topographie der Karlstädter Militairgrenze in Kroatien, m. besond. Rücksicht auf die Beschreibung d. Schlösser, Ruinen, Inscriptionen ꝛc. nach eigener Anschauung u. aus den zuverlässigsten Quellen dargestellt f. Reisende u. zur Förderung der Vaterlandsliebe. Ein Versuch. 2. (Titel-)Aufl. 8. (XXXII u. 426 S.) Agram (834) 850, Suppan. n. 21 ngl

Frasch's Stenographen-Kalender f. Stolzeaner auf d. J. 1897. IV. Jahrg. 128. (60 S.) Oehringen, K. Frasch. n. — 30

D. Fortsetzg. erschien u. d. Titel:

— — (System Stolze-Schrey.) 1898. V. Jahrg. 128. (60 S.) Ebd. In Leinw. kart. n. — 30

Frasch, Carl Hugo, s. Frasch, Karl Hugo

Frasch, G., Krane, s.: Böttcher, Ant.

Frasch, Johann Ernst

Frasch, Joannes Ernestus: De abscessibus lymphaticis. Halae (1821): Schimmelpfennig. 37 S. 8°

Halle-Wittenberg, Med. Diss., nachgeliefert von dem am 17. Aug. 1821 auf Thesen promovierten Verf.

Geb. Langensalza 21. 10. 1795. V. vorh. Berlin, Inst. f. Gesch. d. Med. u. d. Naturwiss.

Frasch, Iohannes Hermannus: De carcinomate penis. Halis (1855): Hendel. 28 S. 8°

Halle-Wittenberg, Med. Diss. v. 24. Mai 1855

Geb. Langensalza [8. 9.] 1830. V.

— **Johann Hermann** (Langensalza), De carcinomate penis. Diss. med.-chir. Halle (Otto Hendel) 24. V. 1855. 29 S. mit Biogr. (M.: I. Bonitz.) (4.20) 9417

Oppon.: B. Hoeltzer, M. Vent. — Gew.: E. Blasius.

Frasch, Karl Hugo

Frasch, Carolus Hugo: De acne rosacea. Halae (1865): Ploetz. 29 S. 8°

Halle-Wittenberg, Med. Diss. v. 12. Dez. 1865

Geb. Langensalza 29. 7. 1840. V.

Fräsdorff, Bernh. Hnr. Er., Lehrbuch der christl. Religion, nach den Grundsätzen der evangel. Kirche, zum Schul- u. Confirmanden-Unterricht; nebst e. Anleitung zur planmäß. Behandlung seines Lehrstoffs in 4 Lehrgängen der Schule u. im Confirmanden-Unterricht. 1. Abthl. Nebst e. Anhange der 5 Hauptstücke des Katechismus Luthers. 8. Brandenburg 840, Wiesike. 1/8 ℛ

— dass. 2. Abthl. — A. u. d. T.: Anleitung zur planmäß. Behandlung des Lehrbuchs ꝛc. 1. u. 2. Lehrg. 8. Ebend. 840. à 1/4 ℛ

— dass. Anleitung ꝛc. 3. u. 4. Lehrg. der Schule u. Unterricht des Geistlichen. 8. Ebend. 841. 1/2 ℛ

— Sätze u. Sprüche zum christlichen Religionsunterricht vom 8. bis zum 10. Jahre. Ein Handbuch für Kinder. 8. Ebend. 840. 9 ℒ

Fräsdorff, B. H. E., Sätze und Sprüche zum christlichen Religionsunterricht vom 8. bis zum 10. Jahre. Ein Handbüchlein für Kinder. Auszug aus dem zweiten Lehrgange der Anleitung zur planmäßigen Behandlung des Lehrbuchs der christlichen Religion nach den Grundsätzen der evangelischen Kirche ꝛc. 3. Aufl. Brandenburg 862. Wiesike. 8. (20 S.) n. 1 ngr.

Fräsdorff, B. H. E., Sätze u. Sprüche zum christlichen Religionsunterricht vom 8. bis zum 10. Jahre. Ein Handbüchlein für Kinder. Auszug aus dem zweiten Lehrgange der Anleitung zur planmäßigen Behandlung des Lehrbuchs der christlichen Religion. 4. Aufl. Brandenburg 865. Wiesike. 8. (20 S.) 1 ngr.

Fraesdorff, Guilelmus: De comparativi gradus usu Plautino. Halis Saxonum 1881: Ploetz. 44 S. 8°

Halle-Wittenberg, Phil. Diss. v. [6. Apr.] 1881

Geb. [Ziesar (Kr. Jerichow I)] 2. 11. 1853. V.

Fraser, J. B., Reise nach u. in Khorasan, 2 Thle., s. Bibliothek, neue, d. wichtigst. Reisebeschreibn., 48. u. 52. Bd.

Fraser, J. F., Amerika, wie es arbeitet. Mögliches u. Übermögliches aus den Vereinigten Staaten. Autoris. Uebertragg. der 14. Aufl. des Originals v. Ernst Werner. Mit 29 Taf. Autotypien nach Photographien. (XII, 293 S.) 8. Frankfurt a/M. 908. Dresden, O. Brandner. 4.—; geb. 5.—

— Rußland u. seine Roten. Mit 30 Taf. Autotyp. Autoris. Uebertragg. v. Ernst Werner. (III, 293 S.) 8. Ebd. 907. 4.—; geb. 5.—

Fraser, J. Nelson, England, hrsg. v. Otto Badke, s.a. Schulbibliothek französischer u. englischer Prosaschriften.

England by J. Nelson **Fraser**. Hrsg. von Dr. Otto Badke, Prof. Einzig autor. Ausg. f. deutsche Schulen. [Text.] Berlin: Weidmann 1907. 8°
= **Schulbibliothek** franz. u. engl. Prosaschriften aus d. neueren Zeit. Abt. 2, Bdch. 48. [07. 11749

Fraser, Jak. B., Reisen u. Abentheuer in d. pers. Provinzen an d. Ufern d. kaspischen Meeres. Aus d. Engl. gr. 8. Jena 827. Bran. 21 ℊ

— s. u. Bibl. d. Reisebeschreibb. 48r u. 52r Bd.

Fraser, Jam. B., Darstellung von Persien, s. Kabinets-Bibliothek, 3r u. 4r Thl.

— s. auch M. Russel, Ländergemälde.

Fraser, John Foster: Australien: Das Werden eines Volkes. Übers. von einem Kran. Teschen 1910

Fraser, John Foster, The real Siberia, s.: Gleiner, A., Sibirien, das Amerika der Zukunft.

Fraser, R., Russland und seine Roten. Mit 30 Tafeln Autotyp. Uebertr. von Ernst Werner. 8°. Frankfurt a. M., O. Brandner, 1907.

Fraser, W. Lewis, s.: Gemälde, berühmte, d. Welt.

Fraser-Tytler, Ann, the island, or, adventures of a little girl. Reading book for girls. With notes at the foot of each page. For the use of schools and private tuition. 6. ed. Revised by Karl Albrecht. (Mit deutschen Erklärgn.) 8. (VIII, 134 S.) Leipzig 897. H. Haessel. n. 1. 20

Fraser-Tytler, Ann, Leila or, the Island, hrsg. v. Ernst Wetzel, s.a. Authors, English.

Leila, or The Island by Ann Fraser-Tytler. M. Anm. z. Schulgebr. hrsg. v. Ernst Wetzel, Prof. ... zu Berlin. [Nebst] Anh. [u.] Wörterbuch. *Bielefeld & Leipzig: Velhagen & Klasing 1897.* 3 Bde 8.
[Text.] (IV, 105 S.) Anh. ... Anmerkgn ... (22 S., 1 Bl.) Wörterb. (47 S.)
= **Sammlung**, Velhagen & Klasings, französ. u. engl. Schulausgaben. Engl. authors. Lfg 70 B. [97. 8178

Fraser-Tytler, Ann, reading book for girls. The island, or adventures of a little girl. With notes at the foot of each page. For the use of schools and private tuition. 4. ed. Revised by Karl Albrecht. 8. (VIII, 134 S.) Leipzig 882. Haessel. geb. n. 1. 20

— dasselbe. Leila in England. A continuation of the Island. With notes at the foot of each page. For the use of schools and private tuition. Abridged by Karl Albrecht. 8. (VIII, 117 S.) Ebend. 882. geb. n. 1. 20

Fraser-Tytler, C. C., Margaret, s.: Asher's collection of english authors.

Frass, Adolph

— Handbuch zur Geographie von Deutschland u. dem preußischen Staate, für Gymnasien u. höhere Bürgerschulen, wie z. Selbstbelehrung bearb. 8. Glogau 839. Reisner. 1/2 ℛ︀

Fraß, Ad., Handbuch für den Gesammt-Unterricht im Rechnen. Für die untern Gymnasial-Klassen u. höhern Bürgerschulen. 8. Glogau 838. Prausnitz. 1/4 ℛ︀

Fraß, Adph., Handbuch f. den Gesammt-Unterricht im Rechnen. Für die untern Gymnasial-Classen, höheren Bürgerschulen u. zur Selbstbelehrung. 2. verb. Aufl. 8. (IV u. 126 S.) Glogau 851, Reisner. n. 8 ngr

Frass, Johann, s, F r a s t , Johann

F r a s s e n , Claudii, (Ord. S. Franc.) Disquisitiones Biblicae, II Vol. fol. Lucae. (Pott et Comp., Lausann.) 769.

Frassen, Claud., O. F. Min., Scotus academicus seu universa doctoris subtilis theologica dogmatica quae ad nitidam et solidam academiae Parisiensis docendi methodum concinnavit F. Editio nova juxta correctiones annotationesque ipsius auctoris in nationali bibliotheca Parisiensi asservatas. 12 tomi. 8. Rom (Desclée, Lefebvre & Co.) n. 32. —

I. De Deo in se subsistente. (XLVIII, 420 S.) 900.
II. De Deo intelligente et volente. (429 S.) 900.
III. De sanctissimae trinitatis mysterio. (281 S.) 900.
IV. De angelis. (483 S.) 900.
V. De formatione, et ordinatione creaturarum corporalium, et de mirando hominis opificio. (510 S.) 901.
VI. De legibus. (273 S.) 901.
VII. De divini verbi incarnatione. (921 S.) 901.
VIII. De divino gratiae beneficio et de virtutibus. (640 S.) 901.
IX. De sacramentis in genere. (240 S.) 901.
X. De baptismo, de poenitentia, de extrema unctione. (650 S.) 902.
XI. De eucharistia et confirmatione. (507 S.) 902.
XII. De ordine et matrimonio. (251 S.) 902.

Frassinetti, Giuseppe

Frassinetti, J., kurze Abhandlung üb. d. Beicht u. Communion z. bes. Gebrauch f. d. einf. Gläubigen. Hrsg. v. J. Künzle. 16. (79 S.) Lindau 897. [Verlag des Pelikan.] J. Lutz. n. — 85

Frassinetti, Jos., die erleuchtete Andacht. Gebetbuch. Ins Deutsche übertr. durch Leo Schlegel, O. Cist. (Einzig berecht. Übersetzg.) (383 S. m. Titelbild.) 12,3×8 cm. München (908). C. A. Seyfried & Co. Geb. in Leinw. 1. —

Frassinetti, Jos, praktische Anleitung f. angehende Seelsorger. Aus dem ital. [Nach der 4. Ausg.] 8. (VIII, 472 S.) Luzern 874. Räber. 3. 75

— **Ansprache auf die Feste des Herrn. Auch f. die Betrachtg. u. die geistl. Lesg. verwendbar. Ins Deutsche übertr. durch Leo Schlegel, O. Cist. Einzig berecht. Übersetzg. (199 S.) 8. Dülmen (910). A. Laumann. 1. 80**

Frassinetti, J., Gebetsschule der hl. Theresia oder Anleitung zum andächtigen Gebete nebst Erklärung des Vater unser. Aus den Schriften der hl. Theresia gesammelt u. erläutert. Aus dem Italien. übers. von Ewald Bierbaum. Freiburg im Br. 870. Herder. 16. (VIII, 426 S.) n. 20 ngr

— praktisches Handbuch für den angehenden Pfarrer. Ein Werk, welches auch für andere Priester, insbes. für Beichtväter u. Prediger nützlich ist. 4. Aufl., von dem Verf. selbst verb. u. bedeutend verm. Aus dem Italien. übers. von Mich. Marzari. Innsbruck 870. Wagner. 16. (VI, 558 S.) n. 24 ngr

— Jesus Christus, das Vorbild d. Priesters. Aus dem Ital. übers. v. Dr. J. B. 8. (59 S.) Düsseldorf 876. Deiters. — 60

Frassinetti, Jos., Jesus Christus, das Vorbild d. Priesters. Nebst einigen Lebensregeln u. tägl. Uebungen vom sel. Bischof u. Kardinal Gregorius Barbarigo. Nach der 9. verm. Aufl. aus dem Ital. übers. von einem Priester der Diöcese Chur. 32. (128 S. m. 1 Stahlst.) Einsiedeln 878. Benziger. — 40

F r a s s i n e t t i , Giuseppe. Jesus Christus, das Vorbild des Priesters. Von Josef F' .... Nebst einigen Lebensregeln und täglichen Uebungen vom sel. Gregorius Barbarigo .... 2. revidierte Aufl. Besorgt von P. Leo Schlegel .... [Mit Vignetten und 1 Tafel.] 160 S. 8. Einsiedeln ..., Benziger & Co. A. G., 1910. [geb. fr. 1. 10 u. 1. 90]

- Das Paradies auf Erden in der christlichen Ehelosigkeit. Ins Deutsche übertr. v. Leo Schlegel, O. Cist. Einzig berecht. Übersetzg. (227 S. m. Titelbild.) 12,3 8 cm. München (908). C. A. Seyfried & Co. Geb. in Leinw. — 60

Frassinetti, Jos., die Praxis der Seelsorge. Winke f. die Verwaltg. des Pfarramtes u. die Seelsorge überhaupt. Nach der 9. Aufl. des italien. Originals bearb. u. erweit. 2. deutsche Aufl., hrsg. v. Rob. Klimsch. gr. 8. (XXIII, 463 S.) Innsbruck 902. Wagner. n. 3. 85

Frassinetti, Giuseppe, Unterweisung der Jugend in der andächtigen Verehrung Mariens. Aus dem Ital. übers. von W o l f g. P r a n d l. Regensburg 854. Pustet. 24. (96 S. u. 1 Holzschn.) 4 ngr

FRASSL, Franz

(F) Die e l e k t r o g e w e r b l i c h e B e r u f s w a h l. Rathschläge für Eltern und deren Stellvertreter bei der Wahl des Bildungsweges zum praktischen Elektrotechniker von Franz F r a s s l. 2. Auflage. W i e n. [1901.] Schalk. 8°. 43. K —.70

Frassl, Frz., Das Maschinenrecht. Ein Beitrag zur socialen Frage und Nachwort zur Wiener Gewerbeenquête des Jahres 1893. gr. 8°. Dresden, Druckerei Glöss, 1893.

Frast, Johann

Frast, J., s. 1) Darstellung, histor.-topogr., d. Pfarren. 2) Fl. Pauke, Reise

Frast, J., Darstellung von St. Pölten, 2. Bd., s. D a r s t e l l u n g, histor. u. topograph., d. P f a r r e n ꝛc., 7. Bd.

v. Frast, Joh., das Decanat Groß-Gerungs u. das Stift Zwettl, s. Darstellung der Pfarren, Stifte, Klöster ꝛc., 16r Bd.

— Predigt am Feste des heil. Benedikt gehalten in Wien am 22. März 1846. gr. 8. Ebend. 846. 1/4 ℛ︀

v. Frast, Joh., Predigt am Gedächtnißfeste an die österreich. Regenten aus d. Stamme der Babenberger, gehalten in der Stiftskirche zu Heiligenkreuz am 28. Nov. 1846. gr. 8. (18 S.) Wien 847, Beck. 1/8 ℛ︀

v. Frast, Jh., Zwei Predigten. Am 25. Aug. u. 22. Sept. 1844 gehalten. gr. 8. Wien 844, Fr. Beck. 1/3 ℛ︀

— Das Stiftungsbuch des Zisterzienserklosters Zwettl *(Liber Fundationum Monasterii Zwetlensis)*. Siehe F. II. 3. Band.

Frast Johann von: Urkunden und geschichtliche Notizen, die sich in den Handschriften des Zisterzienser-Stiftes Zwettl finden. Ar. 2. 361 . . . . vgr.
Separatabdruck

— s. R. W. W e i g e l, Predigten.

Frater a Fratre, Aaron a Moyse Olim in umbra: Hodie in luce Sacerdos Magnus Innuctus . . . Bambergae 1729. V: *Morlock*, *Ignaz*. (Jes)

Frater Hilarius, s.: F r a n z u. A n n a.

Frater, Herrmann, von d. Schicksalen d. Mark-Brandenb. u. ihren Regenten eine Prophezeihung. 3. Düsseldorf, Danzer. (auch Schreiner.) 800.

Fratkin, A[bram], a. Prilovki ⟨Rußland⟩: Die Erfolge der Fangobehandlung in der Frauenklinik zu Freiburg i. Br. für 1906. Emmendingen: Druck- u. Verlags-Ges. vorm. Dölter 1908. (48 S.) 8°

Freiburg i. B., Med. Fak., Ref. Krönig, Diss. v. 1908

[Geb. 15. März 79 Prilovki; Wohuort: Prilovki; Staatsangeh.: Rußland; Vorbildung: Gymn. Prilovki Reife 01; Studium: Wien 2, Berlin 2, Zürich 2, Berlin 2, Freiburg i. B. 3 S.; Rig. 31. Jan. 08.]

Fratrel, J: La cire alliée avec l'huile ou la peinture à huile-cire. Mannheim 1770

Fratrel, J., description de quelques tableaux appartenants à Mr. Paggiari. 8. Manh. 781. Löffler. 3 ℛ

— Sinzenichs Kupfer beurtheilt. 8. Manh. 782. Schwan u. G. (Löffler). 3 ℛ

Frätschkes, Hermann (Oktavaner): [Prolog für die Aufführung von Schillers „Wallensteins Lager".] S. 64—65. 4.

Progr. Honterusgymn. u. verb. Anstalten *Brassó (Kronstadt)* 1905.

Frätschkes, Karl: Zur Methodik des lateinischen Unterrichts in den vier unteren Gymnasialklassen. 24 S. 4.

Progr. Honterusgymn. u. verb. Lehranstalten *Brassó (Kronstadt)* 1903.

Swinemünde: **Kurze Darstellung der Geschichte der Johannis-Loge zum sichern Hafen zu Swinemünde 1851 bis 1901. Zur Feier des 50jährigen Bestehens verf. von Fratzke. Swinemünde 1901: [Fritzsche]. 24 S. 8°**

Nebst Verzeichn. der Mitgl. der Loge für 1851.

Fratzscher, Alfred

Die Haftung des Landwirts für Schadenstiftungen, Krankheiten und Betriebsunfälle. Eine gemeinverständl. Darstellung der f. d. Landwirt in Betracht kommenden haftpflichtrechtl. Bestimmungen d. BGB., d. Gesindeordnung u. d. Arbeiterversicherungsgesetze von Dr. A. **Fratzscher.** Berlin: Deutsche Tageszeitung 1908. 30 S. 8° [10. 11:11]

Fratzscher, A[lfred], a. Weimar: Die Organisationsformen der Schlachtviehversicherung in Deutschland. Jena 1904: A. Kämpfe. (70 S.) 8°

Tübingen, Staatsw. Fak., Ref. v. Jolly, Diss. v. 3. Okt. 1904

[Geb. 4. Mai 81 Ebertshausen, R.B. Erfurt; Wohnort: Weimar; Staatsangeh.: Sachsen-Weimar; Vorbildung Realgymn. Weimar Reife O. 00; Studium: Jena 6, Tübingen 3 S.; Rig. 2. Aug. 04.]

Frau.– Für die Frau, s.a. Der L a n d s c h ä f t l e r (I).

Für die Frau. Organ f. die Interessen der Frauenwelt in Stadt und Land. Red.: **Wettstein-Adelt.** Berlin. Jährl. 52 No.

Frau, Die, eine sittliche Wochenschrift. Leipzig 1756—60. V: *Jetze, Franz Christian.* (Ky)

Frau, d., eine moralische Wochenschrift. 2 Bde. u. 3n Bds, 1r Thl. 8. Leipzig, Junius. 756 - 60.

— Gedichte. 12. (216 S.) Ebd. 891. n. 3. —; geb. m. Goldschn. n.n. 4. 50

— dasselbe, s.a. Propaganda-Schriften.

Die Frau. (Später: Organ d. Bundes deutscher Frauenvereine.) Monatsschrift f. d. gesamte Frauenleben unserer Zeit. Hrsg. v. Helene Lange; 24 ff. hrsg. v. Helene Lange u. Gertrud Bäumer. Jg. 1 ff. — Berlin: Moser (28 ff.: Herbig) 1893/94.

Frau, die. Monatsschrift f. das gesamte Frauenleben unserer Zeit. Hrsg. v. Helene Lange. 1. u. 2. Jahrg. Oktbr. 1893—Septbr. 1895. à 12 Hfte. (à ca. 5 Bog.) Lex.-8. Berlin, W. Moeser. à Jahrg. n. 8. —

Frau, die. Monatsschrift f. d. gesamte Frauenleben uns. Zeit. Hrsg. v. Helene Lange. 3.—6. Jahrg. Oktbr. 1895—Septbr. 1899. à 12 Hfte. (à 4 Bog. m. Bildn.) Lex.-8. Berlin, W. Moeser. à Jahrg. n. 8. —
Kann auch vierteljährlich bezogen werden.

Frau, die. Monatsschrift f. das gesamte Frauenleben unserer Zeit. Hrsg. v. Helene Lange. 7.—10. Jahrg. Oktbr. 1899—Septbr. 1903. à 12 Hfte. Lex.-8. (7.—9. Jahrg. à VII, 768 S. m. Bildnissen.) Berlin, W. Moeser. à Jahrg. n. 8.—; geb. n. 10.—

Frau, die. Monatsschrift f. das gesamte Frauenleben unserer Zeit. Hrsg. v. Helene Lange. 11—14. Jahrg. Oktbr. 1903—Sept. 1907. à 12 Hefte. (à ca. 64 S. m. Bildnissen.) Lex.-8. Berlin, W. Moeser. à Jhrg. n. 8. —

Frau, die. Monatsschrift f. das gesamte Frauenleben unserer Zeit. Hrsg. u. red. v. Helene Lange. 15—18. Jahrg. Oktbr. 1907—Septbr. 1911. à 12 Hefte. (15—17. Jahrg. à VI, 768 S.) Lex. 8. Berlin, W. Moeser. à Jhrg. 8. —

Die Frau. (Sammlung v. Einzeldarstellungen, hrsg. v. Arthur Roeßler.) Ser. 1. 2 = Bd 1-20. — Leipzig: Rothbarth ([1905]-1911). 8° [Umschlagt.]

Ser. 1 = Bd 1-10.

1. Felder, Erich: Vom entnüchternden Zauber der Frau. [1905.]
2. Brachvogel, Carry: Die Marquise de Pompadour. [1905.]
3. Davitschoff, Lela: Die Tugendhaften. [1905.]
4. Silvester, Ewald: Das Verhältnis. 3. Aufl. [1905.]
5. Stuemcke, Heinrich: Die Frau als Schauspielerin. [1914.]
6. Kellen, Tony: Marie Antoinette. 2. Aufl. (1906.)
7. Feistel-Rohmeder, Bettina: Das Frauenbildnis in der venezianischen Renaissance. 3. Aufl. (1906.)

8./9. Brieger-Wasservogel, Lothar: Die Darstellung der Frau in der modernen Kunst. 2. Aufl. (1906.)

10. Heine, Margarete: Studierende Frauen. (1906.)

Ser. 2 = Bd 11–20.

11. Brachvogel: Katharina II. von Rußland. (1906.)

12. Preissecker, Rudolf: Die Frau im Hause. (1906.)

13. Ettlinger, Josef: Madame Récamier. 2. Aufl. 1906.

14. Levetzow, Karl Frh. v.: Louise Michel. 2. Aufl. (1906.)

15. Felder: Kaiserin Maria Theresia. (1907.)

16. Jesinghaus, Walter: Nietzsches Stellung zu Weib, Liebe u. Ehe. (1907.)

17. Pfeiffer-Raimund, Tina: Das Mysterium des Weiblichen. (1907.)

18. Widmer, Karl: Die Frau des Rokoko. 3. Aufl. (1908.)

19. Fischel, Hartwig: Die Frau der Biedermeierzeit und ihre Kunst im Hause. (1908.)

20. Kapp, Julius: Franz Liszt und die Frauen. (1911.)

Die akademische **Frau.** Gutachten hervorragender Universitätsprofessoren, Frauenlehrer u. Schriftsteller üb. d. Befähigung d. Frau z. wissenschaftl. Studium u. Berufe hrsg. v. Arthur Kirchhoff. — Berlin: Steinitz 1897. XVI, 376 S. 8°

Frau, die alte, oder d. weise Schriftstellerin, zum Besten junger Frauenzimmer. 6 Thle. 8. Leipz. 751–74. Schwickert. 2 ℛ 12 ℊ

— die alte, oder die weise Schriftstellerin ꝛc 6 Thle 8 Leipzig, Schwickert. 771–74.

Frau: Von der Frau und ihrer Arbeit v. National-Zeitung.

— —, Die artige, oder Geschichte der Fräulein von Vasy. Leipzig 1770. 8°.
Ist Bd. 1 von: „Zur Mittagsruhe für die galante Welt".

— die, als Arzt in der Familie. Erstes ausführl. Werk üb. das gesamte moderne Wissen der Heilkunde u. alles was die Hausfrau — unsere natürl. Krankenpflegerin — v. der Heilkunde sich zu eigen machen muß. Verf. v.: Jenny Springer, M. Birnbaum, Neumann u. A. Red. v.: M. Birnbaum. (X, 1008 S. m. Abbildgn. u. 16 Taf.) gr. 8. Magdeburg 902. E. Kröning. Geb. in Leinw. n. 16. —

Frau, Die berühmte. Lustspiel in drei Akten. Berlin-Charlottenburg [1899]. V: *Schönthan, Frz v. & Gust. Kadelburg.* (Berl)

Frau, Die beste, der Welt. Komische Szene (2 Herren, 1 Dame). Elgy [1905]. V: *Huggenberger, Alfred.* (BBullschw 14, S. 174)

Frau, die böse,. Komisches Originalsingsp. v. K. Herklots. 8. Berlin, Voß. 79 -

Frau, die, mit dem Bügeleisen. Roman von †M. Arlitt. 1.–4. Aufl. 8. (80 S.) Leipzig 885, Unflad. *

— die christliche. Zeitschrift f. höhere weibl. Bildg. u. christl. Frauenthätigkeit in Familie u. Gesellschaft. Unter Mitwirkg. der Vorstände der kathol. Lehrerinnenvereine u. a. Frauenvereine Deutschlands, hrsg. vom Vorstande des Charitasverbandes u. red. v. E. M. Hamann. 1. Jahrg. Oktbr. 1902—Septbr. 1903. 12 Hfte. gr. 8. (à ca. 56 S.) Freiburg i/B., Geschäftsstelle des Charitasverbandes f. das kathol. Deutschland. n. 4. —

— die christliche. Zeitschrift f. höhere weibl. Bildg. u. christl. Frauentätigkeit in Familie u. Gesellschaft. Zugleich Organ des kathol. Frauenbundes. Hrsg. vom Charitasverband f. das kathol. Deutschland. Verantwortlich f. die „Christl. Frau" Hedw. Dransfeld u. f. die Abteilg. „Aus dem kathol. Frauenbunde" Isabella v. Carnap. 2.–5. Jahrg. Oktbr. 1903—Septbr. 1907. à 12 Hefte. (à ca. 40 S. m. Bildnissen.) Lex.-8. Freiburg i/B., Geschäftsstelle des Charitasverbandes f. das kathol. Deutschland. à Jahrg. n. 4. —

— die christliche. Zeitschrift f. höhere weibl. Bildg. u. christl. Frauentätigkeit in Familie u. Gesellschaft. Zugleich Organ f. die kathol. Frauenbewegg. Hrsg. vom Vorstande des Caritasverbandes zu Freiburg i. Breisgau. Verantwortlich: Hedw. Dransfeld. 6–9. Jahrg. Oktbr. 1907—Septbr. 1911. à 12 Hefte. (6–8. Jhrg. IV, 432; VIII, 432 u. VII, 432 S. m. Abbildgn.) Lex. 8. Freiburg i B., Caritasverlag. 6. Jhrg. 4.—; 7–9. Jhrg. à 5. —

Frau, Die christliche, Gattin und Mutter, Rathschläge für meine Tochter und Enkelin. A. d. Franz. Mainz 1864. V: *Söngen, Bonifacius.* (RASS)

Frau, Gattin und Mutter, die christliche. Rathschläge für meine Tochter und meine Enkelin von Madame *. Aus dem Französ. Mainz 864. Kirchheim. 8. (XV, 148 S.) 10 ngr.

Frau, die deutsche. Ein Familienblatt herausg. von C. Becker u. Carl Wörle. Red.: C. Becker. Jahrg. 1859. April–Decbr. 39 Nrn. (à 1 Bgn.) Marburg, Koch. 4. n. 1 ℛ 7½ ngr.

Ein Familienblatt herausg. von C. Becker, J. G. Findel u. Carl Wörle. (2.) Jahrg. 1860. 52 Nrn. (à 1 Bgn.) Leipzig, Luppe in Comm. 4. n. 1 ℛ 20 ngr.

Frau, eine deutsche, an ihre Schwestern, unsere Töchter betreffend. 8. (23 S.) Frankfurt a/M. 880. (Schriften-Niederlage d. Evangel. Vereins.) — 15

— **Dortel,** die arme, am Weihnachtsabend (von J. H. Wichern). 32. (36 S.) Hamburg 849, Agentur des Rauhen Hauses. 3 ngr.

— die eifersüchtige, od. der listige Schweizersoldat an der Grenze, s.: Volkstheater, schweizerisches.

Frau Evchen. Eine sehr alltägliche Historie. Von Werner Maria. Berlin 865. v. Decker. 16. (71 S.) 10 ngr.

Frau, Die, des Falkensteins. Ein Roman . . . Berlin 1810. V: *Fouqué, Caroline Freiin De la Mothe geb. von Briest.* (schl) (GGr)

Frau und Familie
v. Genossenschaftliches Volksblatt.

Frau, Die feuerblaue, oder die Erscheinung in der Sylvesternacht . . . Hamb. 1826 [1827]. V: *Kratz, Ernst Frdr. Leberecht.* (schr)

Die frohe Frau. Ein Nachspiel. Offenbach 1775. **Voltaire am Abend seiner Apotheose.** Aus d. Franz. Frankf. 1778. — **Die neuen Schauspieler in Mannheim.** Vorspiel und Prolog. 1779 8o.

— d. gebährende, sammt ihrer Leibesfrucht in Lebensgröße abgebildet (von Mohr). Herausg. v. Fr. Börner. Mit 1 Kpf. 8. Wolfenb. 750. 2e A. 752. 3e A. Ebd. 753. 3 K

Frau, Die gelehrte, (von Ayrenhoff). (II, 3978.) Erster Druck: Wien 1775. Vgl. GGr[8], IV, I, 144. (DARP)

— die gelehrte. Lstspl. 8. Bresl. N. A. 777. W. G. Korn. 8 K

Frau, Die gelehrte, Lustspiel in fünf Akten. Wien 1803. V: *Ayrenhoff, Cornel. Hermann von.* (Ky)

— Dass., in 5 A. (von K. H. v. Ayrenhoff). Wien 803. Pichler. N. A. 809. (Leipz., Liebeskind). 4 K

Frau, Die gelehrte, ein Drama in einem Aufzuge. Frankf. a. M. 1781. V: *Günderode gen. von Kellner, Frdr. Justinian Freiherr von.* (ML) (Ky)

— die gelehrte. Drama. in 1 A. (von Fr. Just. v. Günderode). 8. Frankf. 781. Eichenberg. 2 K

— Gerhard, die gute, s.: Tage, zwei, in Herrestad.

Frau Gertrud u. die Erdmännchen, oder Lohn für Fleiß u. Redlichkeit. Ein nutzbares Lese- u. Bilderbuch für artige Kinder. Mit 8 illum. Kupf. 11. 8. Leipzig 842, Baumgärtner's Buchh. n. 2/3 ℛ — 2. Aufl. Ebend. 844. n. 2/3 ℛ

— die geschiedene. Lstspl. 8. Leipz., Dyck. 7 K

— die gesunde. Zeitschrift zur Verbreitg. gesundheitl. Anschaugn. in der Frauenwelt. Mitteilungen des allgemeinen Vereins f. Verbesserg. der Frauenkleidg. Red.: Frau Margarete Pochhammer. 4. u. 5. Jahrg. 1900 u. 1901. à 24 Nrn. hoch 4. (à ca. 12 S.) Berlin, Verlag „Die gesunde Frau". à Jahrg. n. 3. —
Vergl.: Mitteilungen des allgem. Vereins f. Verbesserung der Frauenkleidung.

— dasselbe. 6. Jahrg. 1902. 8 Nrn. hoch 4. (à ca. 12 S. m. Abbildgn.) Ebd. n. — 75
Weiter nicht erschienen.

— —, Die graue, oder die Familie Beauchamp. (Zahmer Roman.) Aus d. Französ. Pesth, Hartleben, 1817. — *Am Ende:* Wien, 1817. Gedr. bey Anton Strauß. 8°. Titel u. 219 S.

Frau, Die gute. Lustspiel in fünf Aufz. nach d. Engl. [des Kenricks]. Wien 1776. V: *Steigentesch, Conr.* (Ky) (GGr)

Frau, Die gute . . . Pirna 1802. V: *Schilling, Frdr. Gust.* (MGT)

Frau, d. gute, v. Verf. d. Weibes wie es ist. (v. G. Schilling.) 2 Thle. 8. Dresden, Arnold. 807.

Frau: Die Frau und das Haus
v. Berna.

Frau, die, im Hause, von A. P., s.a. Jahrbuch deutscher Bühnenspiele, 27. Jahrg.

Frau, Die, im Hause. Lustspiel in drei Akten . . . Berlin 1848. V: *Raupach, Pauline.* (Ky)

die, im Hause. (88 S. m. Abb.) 32,5×25 cm. Berlin (907). (Leipzig, W. Opetz.) 60

Frau: Die Frau in Haus und Arbeit
v. Oberland.

Frau, Die heftige junge. Ein Lustspiel in einem Aufzug nach dem Französischen des Verfassers der kurzen Ehe [Etienne] frey bearbeitet. Wien 1805. V: *Sonnleithner, Jos.* (Chronol. Verz. aller Schauspiele. Wien. S. 48) (BiblPort)

— die heftige junge. Lstspl. in 1 A. Wien 805. Pichler. 4 K

— Hinkel und ihre Kinder, s.a. Hinkel, Frau.

— Hinkel u. ihre Kinder, oder die Geschichte der acht klugen Hähne. Mit 8 (illum.) Abbild. von Hosemann. 16. Berlin 841, Hasselberg. 1/3 ℛ

Frau, die, vom guten Hirten. Eine Erzählung aus unsern Tagen für Mütter u. Töchter. Von dem Verf. der Glocke der Andacht. 8. Augsburg 840, Lampart u. Comp. 3/8 ℛ

Frau Holle, ein hessisches Volksmährchen vom Meisnerberge. Wohlf. Ausg. 8. Kassel 825, Bohné.

— —, Die, von vierzig Jahren. Wien, Pichler, 1800. 8°.
Citirt Kayser.

Frau, die, von vierzig Jahren. Eine Erzähl. a. d. wirklichen Leben. Von d. Verfasserin der Erna ꝛc. (Charl. Soph. Luise Wilh. v. Ahlefeld). 8. (19½ B.) Weimar 829, Hoffmann.

— die, v. der Isar od. die verrenkte u. wieder eingerenkte Ehe. Drama in 1 Aufzug. Frei nach Ibsen. 12. (23 S.) München 891. (Münchner Handelsdruckerei u. Verlagsanstalt. M. Poessl.) n.n. — "

— die kluge, im Walde; od. d. stumme Ritter. Ein Zauberspiel in 5 A. v. A. v. Kotzebue. 8. L z. Kummer. 801. —

Die Frau in der Küche. Monatsschrift f. prakt. Belehrung. Hrsg. v. Volkswirtsch. Verein z. Förderung d. Obst- u. Gemüseverwertung in Deutschland. [Jg. 1.] 1908. Berlin: Deutsche Landbuchh. 1908. 4° (10. 1360

die, in der Küche. Regelmäßige Beilage der Monatsschrift „Die Obst- u. Gemüseverwertg.", Organ des volkswirtschaftl. Vereins f. Obst- u. Gemüseverwertg. in Deutschland. Schriftleitung: E. H. Hermes. Jahrg. 1909. 12 Nrn. (à ca. 4 S.) 31,5×23 cm. Berlin, Deutsche Landbuchh.
erscheint nicht mehr. 1.20

Die Frau auf dem Lande. Ein Wegweiser f. Haus-, Guts- u. Gemeindepflege. Hrsg. im Auftr. d. Deutschen Vereins f. ländliche Wohlfahrts- u. Heimatpflege von Frida Gräfin zur Lippe-Oberschönfeld. — Berlin: Deutsche Landbuchh. 1908. 311 S. 8°

Frau, die, auf dem Lande. Die Lehrerin auf dem Lande. Die Frau u. die Landflucht. Verbreitung guter Schriften. Wirtschaftliche Frauenschulen auf dem Lande. (Rheinisch-westfälischer Frauenverband.) (15 S.) 8. Leipzig, B. G. Teubner. 1910. —. 50.

— die, im gemeinnützigen Leben. Archiv f. die Gesamtinteressen d. deutschen Frauen-, Arbeits-, Erwerbs- u. Vereinslebens im Reiche u. im Auslande. Hrsg. v. Amélie Rohr. 1. Jahrg. 1886. 4 Hfte. gr. 8. (1. Hft. 95 S.) Straßburg, Schultz & Co. Verl. n. 5. —

Frau, die, im gemeinnützigen Leben. Archiv f. die Gesamtinteressen d. deutschen Frauen-Arbeits-, Erwerbs- u. Vereinslebens im Deutschen Reiche u. im Auslande. Hrsg. v. Amélie Sohr u. Marie Loeper-Housselle. 2. 3. Jahrg. 1887. 1888. à 4 Hfte. gr. 8. (à Hft. ca. 80 S.) Stuttgart, (Kohlhammer). à Jahrg. n. 5. —

— dasselbe. 4. Jahrg. 1889. 4 Hfte. gr. 8. (à Hft. ca. 90 S.) Gera, Th. Hofmann. n. 5. —

—, — Monatsschrift für das ges. Frauenleben unserer Zeit. Herausg. von H. Lange. Jhg. 1—2. Oct. 1893 – Sept. 1895. Berlin. Lex.-8.

— die ohne Mann, v. Kenriker. 8. Danzig, Wedel. 773. –

Frau, Mann und Liebhaber. Bresl. 1837. V: *Bürkner, Robert Em. Hnr.* (Kn)

— die, zweier Männer. Schspl. in 3 Aufz. Nach d. Französ. frei bearb. von Aug. Ed. Schulz. 8. Leipz. 803. Kummer. 10 gr.

Frau Meisterin
v. Das Gewerbe (Be).

Frau, Die, und das Mittelschulstudium. Wien 1905. V: *Renner, Victor Ritter von.* (EB)

— die, nach der Mode; aus d. Engl. 2 Bde. 8. Leipz. 773. Gleditsch, (Brockhaus). 14 gr.

* — —, Die, nach der Mode. (Laxe Moral der damal. höheren Stände in England.) 2 Bde. Zweyte Auflage. Mit 1 Titelvign. (J. H. [N.?] Stock. del. & sc.). Leipzig, bey Joh. Friedr. Junius. 1773. Kl. 8°. (6 Mk. Gustav Fock, Lpz., 1907.)

1: Tit., 212 S. 2: 192 S. (incl. Tit.). — Die erste Ausgabe von demselben Jahre: 212 u. 192 S. (1 Mk. 50 Pfg., „mit 2 Vign.", W. H. Kühl, Berlin, 1884; 5 Mk. Taussig, Prag, 1907.)

— Mode. — Madame la mode. Album de modèles parisiens de la grande couture. Jhrg. 1910. Jan. u. Febr. 2 Nrn. (Nr. 2. 8 Bl. m. Abbildgn., 2 S. Text u. 1 Schnittb.) 40×30 cm. Berlin, Mode v. Heute. à 1. 25
Erscheint nicht mehr.

Frau Nemesis, s. Nemesis.

– die, im Osten. Organ f. d. Interessen der Frauenbewegg. in d. östl. Provinzen. Hrsg. v. Marie Wegner. 1. u. 2. Jhrg. (4. u. 5. Jhrg. d. Mitteilgn. des schles. Frauenverbandes.) Oktbr. 1909—Septbr. 1911. à 24 Nrn. (à ca. 8 S.) 32,5×24 cm. Breslau, Verlag „Die Frau im Osten". à Jhrg. 2. 50
Vergl.: Mitteilungen d. schles. Frauenverbandes.

Frau, Die ränkesüchtige. Lustspiel in 2 A. Wesel 1796. V: *Seida und Landenburg, Franz Eugen Joseph Reichsfreiherr von.* (GGr)

— die ränkesüchtige,. Lustsp. von Fr. Eugen Joseph. 8. Wesel, Röder. (Gleditsch in Lpz.) 796. –

Frau Rath. Briefwechsel v. Katharina Elisabeth Goethe. Nach den Orig. mitgetheilt v. Rob. Keil. gr. 8. (XVI, 388 S.) Leipzig 871. Brockhaus. n. 6. —; geb. n. 7. —

— die redliche, am Hofe, oder Begebenheiten Henriettens v. Rivera, v. J. M. Lön. 8. Frkf. Stettin. 770. -

— die reiche; e. Lstspl. in 5 Aufz. 8. Augsb. 776. v. Jenisch u. St. 4 gr.

— — dass. 8. Berl. Voß. 780.

— die reiche,. Lustsp. in 5 A. v. G. E. Lessing. gr. 8. Hamburg. (Hahn in Hannov.) 782.

— die sächsische, in der Gegenwart u. unser allgemeiner ev. Frauenverein. Vortrag. 8. (30 S.) Kronstadt 890. Albrecht. n. — 40

Frau, Die sanfte. Ein Lustspiel in drei Acten. Nach dem Goldoni. Leipz. 1779. V: *Gotter, Frdr. Wilh.* (GGr)

— die sanfte,. Lustsp. nach Goldoni. 8. Lpz. Dyk. 779.

— d., m. d. Schnurrbarte. Geistergesch. 8. Lpz. Supprian. 797. (Mittler) -

— —, Die schöne, in 2 Theilen. Aus d. Französ. Breslau, b. Wilh. Gottl. Korn. 88°.
M. M. V. 1769. S. 1187, s. l. f. n. p. — Wirklich erschienen?

Frau, die schwarze. Lustspiel in 2 Aufz. Neue Aufl. 8. Halle 800, ist Verl. v. Reinicke u. C.

— u. Sittlichkeit. Züricher Beiträge zur eth. u. Frauenbewegg. 1. u. 2. Heft. 8. Zürich, A. Müller's Verl. n. 1. 60
1. Gesundes Familienglück. Eine ernste Erzählg. aus Schlaf- u. Kinderstube. Von M. Heinz. (31 S.) 901. n. — 60
2. Frauenrecht u. Geschlechtsmoral. Eine soziale Erziehungsfrage. Von Auguste de Morsier. Autoris. Übertragg. aus dem Franz. v. Melanie Blaustein. (73 S.) 904. n. 1. —

Frau und Sittlichkeit. Züricher Beiträge z. ethischen u. Frauenbewegung. 1-3. [Mehr nicht ersch.] — Zürich: A. Müller 1904-1912. 8°

Frau, die, des Sträflings. Scenen aus dem australischen Leben. Aus dem Französ. übers. von Karl Günther. Wien 855. Ludwig u. Zang. 8. (160 S.) 16 ngr

— Susanne im Bade, (v. Jh. Fr. Er. Albrecht). 8. Leipz. 791. Hinrichs. 1 f

Die tolle Frau von Thalhausen. Hist.-romant. Erzählung aus Frankenberg's Vorzeit. Von C. M. Frankenberg: F. Kahm (1906). (64 S.) 8°
[F.] [illegible] 4

— die, des Trunkenboldes. Eine Erzählg. f. das Volk. Nach dem Holl. bearb. v. P. S. 12. (178 S.) Paderborn 890. Bonifacius-Druckerei. 1. —

Frau, Die tugendhafte und redliche, am Hofe. Ulm 1769. V: *Korn, Christoph Heinrich.* (Ky) (ML)

— die tugendhafte u. redliche am Hofe, (von Chr. Hnr. Korn). 2 Theile 8. Ulm 769.

Frau, Die unschuldige, oder viel Lärmen um nichts, ein Lustspiel in einem Aufz. Wittenberg 1773. V: *Schummel, Johann Gottlieb.* (KY) (GGr) (EE) »V: *Rathje, Georg Heinrich.*« (MGT)

— die unschuldige, oder viel Lärmen um nichts; Lstspl. (von Jh. Gli. Schummel). 8. Wittenb. 773. Zimmermann. 2 K (Auch in seinen Lustspielen ohne Heirathen).

Frau, unsere liebe, d. göttlichen Herzens Jesu u. ihre Bruderschaft f. schwierige u. hoffnungslose Anliegen. Mit entspred. Andachtsübgn. u. dem Bruderschaftsbilde in Stahlst. Nach dem Franz. v. e. Ordenspriester. 32. (167 S.) Münster 873. Aschendorff. — 30

— dasselbe m. Gebetbuch: Folge mir nach. 32. (311 S.) Ebend. 873. n. — 40

— unsere liebe, im Herzogspitale in München. Ein Andachtsbüchlein f. alle Verehrer der schmerzhaften Mutter Gottes. Mit e. kurzen Beschreibg. der Herzogspitalkirche. 2. verm. Aufl. 16. (69 S. m. Titelbild.) München 901. J. Pfeiffer. — 25; geb. n. — 50

— Unsere liebe, v. der immerwährenden Hülfe. Aus dem Franz. (32 S. m. Abbildgn.) 16. Straßburg (904). F. X. Le Roux & Co. n. — 10

— Unsere Liebe, von La Salette od. Erscheinung der sel. Jungfrau, s.: Hecht, Laur.

— Unsere Liebe, vom Lindenberg. Lithogr. Farbendr. (m. Text auf der Rückseite). 16. Freiburg i/B. 893. Herder. Für 50 Stück n.n. 2. —

Frau, Unsere liebe, von Lourdes oder Wer hat Recht? Eine Abwehr gegen einen evangelischen Superintendenten. Linz 1886. V: *Ackerl, Johann.* (Guppenberger, Bibliogr. des Clerus der Diöcese Linz. Linz 1893. S. 4.)

— unsere liebe, v. Lourdes. Ein Hilfsbuch f. Bedrängte. 32. (64 S. m. 1 Bild.) Wien 887. Verl. der „St. Norbertus"-Buchdr. n. — 25

— Unsere liebe, v. Lourdes, bitte f. uns! Ein Andachtsbüchlein zur Verehrg. Unserer lieben Frau v. Lourdes. 32. (178 S. m. 1 Bild.) München 893. J. Pfeiffer. Geb. in Leinw. n. — 50

Frau, Unsere liebe, vom hochheiligen Rosenkranze von Pompeji ... Innsbruck 1889. V: *Seeböck, Philibert.* (MARGR)

— unsere liebe, vom hochheil. Rosenkranze in Pompeji, die große Wunderthäterin. Geschichtliche Thatsachen der neuesten Zeit m. Novene u. Ablässen der Rosenkranzbruderschaft. 16. (84 S. m. 1 Bild.) Innsbruck 889. Vereinsbuchhandlg. u. Buchdruckerei. n. — 40

— die, verkauft u. Anderes. Von Faunus. 8. (78 S.) Berlin 886. Jacobsthal. n. 2. —

Frau, Die vernünftige, oder die Schule des Ehestandes [nach C. Goldoni]. Lustspiel in 5 A. Wien 1773. V: *Uhlich, Gottfried.* (GGr)

Frau: Vor allem für die Frau
v. Genossenschaftliches Volksblatt (I).

Die Frau von Walwille, welche 4 Jahre lang an einen Irokesen verheyrathet war, merkwürdige u. interessante Lebensgeschichte. Kein Roman. Ebd. 1809. 8°. (3 Mk., geles. Expl., der Vorige.)

Frau, Die weisse, eine Rittergeschichte ... Leipzig 1811. V: *Lindau, Wilhelm Adolph.* (MGT) (KY) (NN)

Frau, die weiße. Eine Geschichte aus d. Ritterzeit. Vom Verfass. der Hellsbora. 3 Bde. mit K. 8. Leipz. Hinrichs. 811.

— die weiße. Schottische Volkssage aus dem Engl. Neu bearb. v. G. u. B. Dom. 8. (47 S.) Urfahr-Linz 878. Kraußlich. — 20

— die weiße, u. ihre bedeutungsvollen Erscheinungen an den Höfen zu Berlin, Carlsruhe, Darmstadt 2c. Stuttgart 868. Fischhaber. 8. (29 S.) 2 ngr.

Frau, die weiße, u. ihre Erscheinungen an deutschen Höfen. Eine Geschichte aus der Geisterwelt. Reutlingen 868. Enßlin & Laiblin. 16. (30 S. mit Holzschn.) 1 ngr.

— die weiße, u. ihre Erscheinungen an deutschen Höfen. Eine Geschichte aus der Geisterwelt. gr. 16. (30 S.) Reutlingen 874. Enßlin & Laiblin. — 10

— die weisse, der Kynsburg. Ein Ritterspiel nach Sage, Wahrheit u. Dichtg. Den Odd-Fellow-Logen Schlesiens zu ihrem Sommerfest gewidmet v. Br. W(illi.) R(eimann). (32 S.) 8. Kynau 907. (Leipzig, Th. Leibing.) 1. —

— d. weiße, v. Neuhaus. Geistergesch. 8. Prag. 797.

— die weiße, in Neuhaus, eine Geistergeschichte. 8. Wien 798. R. Haas.

— die weiße, v. Trémeuló, s.: Volksbibliothek, deutsche.

Frau, die, welche Recht hat. Lustsp. 8. Berl. Pauli. (a. Horvath in Potsdam.) 765. Rthlr.

— —, Die, wie ich sie wünschte. Von einem Candidaten des Ehestandes. Tübingen. J. G. Cotta, 1786. 8°. (1 Mk. 50 Pfg. M. Edelmann, 1906.)
Gradmann, d. gelehrte Schwaben. (Tüb.) 1802. 8°. p. 167. Von Meusel, gel. Teutschl. (und hiernach Anon.-Lex. II. p. 118), irrig Joh. Gli. Gastpar (geb. zu Thalheim [bei Tübing.] d. 17. Jan. 1762, seit 1790 Pfarrer in d. Kapcolonie, † —? —) zugeschrieben.

Frau, Die, wie man sie selten findet, oder Lobrede auf das männliche Geschlecht. Ein Lustspiel in fünf Aufz. Wien 1761. V: *Klemm, Chn Gottlob.* (GGr V/310, Nr. 820) (BiblPort)

Die Frau und ihre Zeit. Ill. Monatsschrift. Red. von Artur Brehmer. H. 1. Berlin: Verlagsanst. Buntdruck 1908. 8°
Anfang s. u. d. T.: Das Aeußere. (08. 4938

Frau, die, u. ihre Zeit. Illustr. Monatsschr. Red.: Art. Brehmer. Jhrg. 1910. 12 Hfte. (à ca. 72 S.) Lex. 8. Berlin, Verl. Femina. 6 —

Frau, E. L., die Ehescheidung, s. Bibliothek, europäische.

Fraubasen-Gespräch, Neues, zwischen der Frau Bas Kutzlererin und der Frau Bas Zwiwelmännin ... O. O. 1814. V: *König, Amand.* (GGr)

Frauberger, Heinr., die Akropolis v. Baalbek. gr. Fol. (14 S. Text m. Abbildgn. u. 22 Lichtdr.-Taf.) Frankfurt a/M. 892. H. Keller. In Mappe. n. 27. —

Ueber Bau und Ausschmückung alter Synagogen. (Verf.: [Heinrich] **Frauberger**.) Mit 44 Abb. (Frankfurt a. M.: Gesellsch.) 1901. (42 S.) 4°
= **Mitteilungen** d. Gesellschaft z. Erforschung jüdischer Kunstdenkmäler. 2. (08. 130)

Frauberger, Heinrich. Antike und frühmittelalterliche Fussbekleidungen aus Achmim-Panopolis ... **Düsseldorf** ... [1896]
VIII — 49 S. m. 97 Abb.; 25 farb. Taf. 2°

Frauberger, Heinrich: Die Geschichte d. Fächers, s.a. Taschenbibliothek, deutsche kunstgewerbliche.

Frauberger H, die Geschichte des Fächers. (122 S) Illustriert. Leipzig 1878

Über alte Kultusgegenstände in Synagoge und Haus. Von Heinrich **Frauberger**. Mit 151 Abb. (Frankfurt a. M.: Gesellsch.) 1903. (104 S.) 4°
= **Mitteilungen** d. Gesellschaft z. Erforschung jüdischer Kunstdenkmäler. 3. 4. (08. 1304

Frauberger, Heinrich: Die Leipziger Kunst-Gewerbe-Ausstellung 1879, s. Taschenbibliothek, deutsche kunstgewerbliche.

Frauberger, Heinrich: Kunst- und Haus-Industrie auf der Weltausstellung in Philadelphia 1876, s. Taschenbibliothek, deutsche kunstgewerbliche.

Frauberger, Heinrich: Die Kunst-Industrie auf der Pariser Weltausstellung 1878, s. Taschenbibliothek, deutsche kunstgewerbliche.

Frauberger, Heinr., die Kunstsammlung d. Herrn Wilhelm Peter Metzler in Frankfurt a. M., erläutert. Fol. (68 S. m. 1 Farbentaf., 1 Porträttaf., 60 Lichtdr.-Taf. u. 95 Textabb.) Frankfurt a/M. 897. J. Baer & Co. Geb. in Leinw. n. 60. —

— dasselbe, Fortsetzg., s.: Cahn, Jul., d. Medaillen u. Plaketten etc.

Frauberger, Heinr., deutsche Schmelzarbeiten des Mittelalters, s.: Falke, Otto v.

Zweck und Ziel der Gesellschaft zur Erforschung jüdischer Kunstdenkmäler zu Frankfurt a. M. (Verf.: [Heinrich] **Frauberger**.) Mit 23 Abb. (Frankfurt a. M.: Gesellsch. 1900.) (37 S.) 4°
= **Mitteilungen** d. Gesellschaft z. Erforschung jüdischer Kunstdenkmäler. 1. (08. 1301

Frauberger, Tina, Handbuch der Spitzenkunde, s.a. **Seemann's Kunsthandbücher.**

Handbuch der Spitzenkunde. Technisches u. Geschichtliches üb. d. Näh-, Klöppel- u. Maschinenspitzen v. Tina **Frauberger**, Vorsteh. d. Kunststickereischule in Düsseldorf. M. 183 Ill. *Leipzig: E. A. Seemann 1894.* (VIII, 272 S.) 1 Bd 8.
= Kunsthandbücher, Seemanns. Bd XI.

Frauböse, Taschenbuch f. die mittleren Justizbeamten Preußens, s.: Wenzel.

Fraude, (Albert), Leitfaden beim ersten geographischen Unterricht. Zunächst f. den Gebrauch in der hiesigen Töchterschule entworfen. 8. (16 S.) Fürstenwalde 850, Uttech. 2 *ngr* — 2 u. 3. Cursus. 8. (73 S.) Ebd. 851. n. 8 *ngr* (1—3. n. 10 *ngr*)

Fraude, A., Leitfaden beim geographischen Unterricht für Mittelschulen. 2. verb. u. verm. Aufl. Fürstenwalde 863. Uttech. gr. 8. (2 Bl., 124 S.) n. 10 *ngr*

Fraude, Hermann: Grund- und Plankton-Algen der Ostsee. Greifswald 1906: J. Abel. (VIII, 125 S.) 8°
Greifswald, Phil. Fak., Ref. Schütt, Diss v. 20. März 1906
[Geb. 5. Mai 82 Pasewalk; Wohnort: Pasewalk; Staatsangeh.: Preußen; Vorbildung: Pädagogium Putbus Reife O. 01; Studium: Marburg 1, Berlin 1, Greifswald 6 S.; Rig. 24. Okt. 05.]

Frauen.– Für die Frauen, s.a. Landbote (II), Berner.

Frauen.– Für die Frauen, s.a. Schuhmacherfachblatt, Schweiz.

Frauen.– Für die Frauen, s.a. Volksblatt, Wirtschaftliches.

Frauen.– Für die Frauen, s.a. Wochenblatt des Emmenthals.

Frauen.– Für die Frauen, s.a. Wochenblatt von Pfäffikon.

Frauen, für die, e. Sylvester-Abendrede an die Männer, (von Grattenauer.) 8. Breslau, Kunst und Industrie-Compt. 811.

Frauen, Die. Novelle ... A. d. Schwed. übers. von C. Eichel. Leipz. 1838. V: *Knorring, Sophie Gräfin von geb. Tieck.* (EE)

Frauen, die, Novelle von der Verfasserin der Freundinnen, der Cousinen u. a. m. Aus d. Schwed. übersetzt von C. Eichel. 2 Thle. 8. Leipzig 838. Kollmann. 2 *rf*

Frauen, den. Von der Verf. der Ernsten Stunden, s.a. Den Frauen.

Frauen, Den. Gedichte ... Breslau 1849. V: *Danckelmann, Caroline Baronin v.* (Brü) (Mitth. A. Rosenbaum.)

Frauen, Den. Gedichte ... Bresl. 1854. V: *Danckelmann, Caroline Baronin v.* (Ky)

Für die **Frauen**. Halbmonatsschrift f. hygien., ästhet. u. berufl. Frauen-Interessen. Mit d. Beiblatt 'Für d. Kinderstube'. Hrsg. u. Verleger: Dr. Hans Natge. Jg. 1. 2, H. 1–5. [Mehr nicht erschienen.] Berlin: H. Natge 1904–05. 2 Bde 4° [F.]
Von Jg. 2, H. 6 ab vereinigt mit: Der Kulturmensch. (06. 6497

— u. Kinder, anmutige. 53 künstler. Wiedergaben berühmter Kupferstiche m. e. Einleitg. v. Hans Wolfg. Singer. (23 S. Text.) 42×29,5 cm. Dresden (907). Kunstanstalt Stengel & Co. Geb. in Leinw. 25. —

— die beiden jungen. Eine Familiengeschichte vom Verf. der Wahlleiche, Auguste Walther rc. 2 Thle. 8. (260 u. 275 S.) Braunschweig 852, Leibrock. 2⅓ *rf*

Frauen, der, Beruf. Nach der 14. Orig.-Aufl. aus dem Engl. 12. (V und 154 S.) Potsdam 859. [Berlin,] Schlesier. — cart.

Frauen, der, Beruf. Nach der 14. Orig.-Aufl. aus dem Engl. 2. (Titel-)Aufl. gr. 16. (V, 154 S.) Berlin 869, Mode's Verlag. geb. mit Goldschn.

Frauen, die, und ihr Beruf. Ein Buch der weibl. Erziehung. In zusammenhängenden Aufsätzen niedergeschrieben von Frauenhand (Luise Büchner). 1. Aufl. (VII und 118 S.) 1855. und 2., verm. Aufl. 16. (IX und 119 S.) Frankfurt a. M. 856, Meidinger Sohn und Comp. Thlr.

—— die, und ihr Beruf. Ein Buch der weibl. Erziehung. In zusammenhängenden Aufsätzen niedergeschrieben von Frauenhand (Luise Büchner.) 3., verm. und verb. Aufl. 16. (XIII und 158 S.) Frankfurt a. M. 860. [Berlin, M. Hirsch.] 24 Ngr.; geb.

FRAUEN, Berühmte. (Um 1900.) Kl. 8°.
Verb. d. Ldg. I Berlin 5 A. M. 17/02.

Frauen, die, der Bibel. In Bildern mit erläut. Texte. 2. Abthl. 4. (18 Stahlst. und 82 S. Text.) Leipzig 850, Brockhaus. (à Lfg. * 8 Ngr.) *
1. Abthl. Ebendas. 1847. * 5 Thlr.

—— die, der Bibel. In Bildern mit erläuterndem Texte. 1. und 2. Folge. 2. Aufl. hoch 4. (38 Stahlst. mit X und 160 S. Text.) Leipzig 857, Brockhaus. à Folge * 5 Thlr. * geb. à Folge * 5 Thlr. 22½ Ngr. *

—— dass. — 3. Folge. A. u. d. T.: Die heiligen Frauen. 2. Aufl. hoch 4. (18 Stahlst. mit V und 72 S. Text.) Ebendas. 857. * 5 Thlr.; geb. *
Die drei Folgen in 1 Bd. in Leder geb. *

Frauen, die, d. Bibel. 12. (24 S.) Berlin 895. Verlag d. christl. Zeitschriftenvereins. n.n. — 15

[F.] Die Frauen der Bibel ... *Berlin: Christl. Zeitschriftenver. 1897.* (44 S.) 1 Bd 8.
= Broschüren, Religiöse, f. Gebildete. H. 4. (97. 6296

— — und Bücher. Flugblatt. Druck u. Verlag v. L. Beck & Sohn, Wien.
Verboten v. L.-G. Wien, 6. September 1890. § 516.

Frauen, an deutsche, von e. deutschen Frau; wohlgemeint u. wohlgegeben. 8. Manh. 815. Schwan u. G. 5 gl.

Die deutschen Frauen und die Hamburger Bordelle. Eine Abrechnung m. d. Syndikus Dr. Schäfer-Hamburg wegen seiner Reichstagsrede am 28. Jan. 1904. Referate in d. Protest-Versammlung d. deutschen Zweiges d. „Internationalen abolitionistischen Föderation d. Frauen" am 12. Febr. 1904 in Berlin. —Pößneck i. Th.: Schneider (1904). 57 S. 8°

-- an Deutschlands, von einer ihrer Schwestern, zum Besten der in Leipzigs Umgebungen in den Octobertagen 1813 Abgebrannten u. Verarmten. 8. Leipz. 814. W. Vogel. 8 gl.

Frauen, Deutschlands, an die Polen. Ein Gedicht. Leipzig 18?? V: *Gross, Friedrich.* (Ky)

—— drei, oder die verhängnißvolle Leidenschaft. Roman aus der Gegenwart vom Verf. des Romans: Nelly oder die Kettengefährten. 3 Bde. gr. 8. Berlin 868, Allgemeine deutsche Verlagsanstalt.

Frauen, drei, oder die verhängnißvolle Leidenschaft. Roman aus der Gegenwart vom Verf. des Romans: Nelly oder die Kettengefährten. (In ca. 20 Liefgn.) 1. u. 2. Liefg. Berlin 868. Allgem. Deutsche Verlags-Anstalt. gr. 8. (S. 1—96.) Jede Liefg. 3 ngr.

Frauen, Die edelsten vaterländischen, der vergangenen Zeit. Magdeburg 1831. V: *Rose, Dietr. Ant. Carl.* (Bibl. d. Germ. Nat. Mus. Nürnberg 1855.)

-d. edelsten vaterländ. d. vergangenen Zeit, für Deutschlands edle Frauen u. Töchter. Von d. Verf. d. Spiegels. 12. Magdeb. 831. Heinrichshofen. 16 gl.

Frauen, edle. Acht Frauenbilder, m. Vorwort v. R. Rocholl. Hrsg. vom luther. Bücherverein. 8. (V, 184 S.) Elberfeld 894. (Baedeker.) Geb. in Leinw. n. 2. —

Frauen, deutscher, Gemüt u. Humor. 1.—3. Bd. 8. Berlin, Harmonie. à n. 1. 50; geb. in Leinw. à n. 2. 50
1. Klasse 1 b. Lustiges v. der Schulbank. Von Alice Fliegel. Illustriert v. Tony Sarg. 1.—3. Taus. (56 S.) (905.)
2. Didl u. Konsorten. Von Josepha Metz. (64 S. m. Abb.) (905.)
3. Ehe Bubi Student wird. Den Müttern e. Mutter. Mit Illustr. von Tony Sarg. 1.—3. Taus. (63 S.) (906.)
Bd. 1 u. 2 erschienen ohne Sammeltitel.

Frauen, deutscher, Gemüt u. Humor. 4. Bd. gr. 8. Berlin 907. Harmonie. 1. 50
Neue Schulgeschichten. Von Alice Fliegel. 1—3. Taus. (56 S.)

— —, Die genialischen, oder Geheimnisse liebender Herzen. Ein Roman nach d. Engl. frey bearb. von C. v. S. 2 Thle. Leipzig 1823. 8°. Zahm.
Gmähle's Leihbibl.-Cat., München, Nr. 4919—20.

Frauen, die genialischen, oder Geheimnisse liebender Herzen. Roman nach den Engl. frei bearb. v. C. v. S. 2 Thle. 8. Leipz. 823, Rein.

Frauen, gesunde, s.: Flugschriften, hygienische. 16—18.

—— die heiligen. In Bildern und erläuterndem Texte. 3. Folge der Frauen der Bibel. (18 Lfgn.) hoch 4. (V und 72 S. Text mit 18 Stahlst.) Leipzig 854, Brockhaus.
1. und 2. Abthl. Ebendas. 1847, 50. à * 5 Thlr.

Frauen, die heiligen, d. Alten Testamentes als Vorbilder der Mutter Gottes Maria. Für die Maiandacht bearb. nach den v. e. Priestervereine in Regensburg während e. Maiandacht geh. Vorträgen. gr. 8. (IV, 163 S.) Regensburg 886. Verlags-Anstalt. 1. 80

— der deutschen, Heldenwerk. Zum Gedächtniß d. J. 1870/71. In 3 Bildern. 12. (20 S.) Karlsruhe 896. J. J. Reiff. n. — 30

—, Honnete. Aus dem Französischen des Marquis *de* . . . (Mit Vollbildern.) Budapest. Gustav Grimm, 1886. 8°.
— 2. Aufl. Budapest, Verlag v. G. Grimm.
Verboten v. L.-G. Wien, 16. Mai 1891. § 516.

Frauen, honette. Aus dem Französ. des Marquis de.... 2. Aufl. 8. (103 S. mit Illustr. in Buntdr.) Budapest 888. Grimm. n. 2. 50

Frauen, die jungen, 22 Erzählungen von J. N. Bouilly. Frey übersetzt von A. Kuhn. 2 Bände. 8. Berlin, Schlesinger. 820.

— dito — dasselbe mit Kupf.

—— der, Königreich. Eine Liebesgeschichte von der Verf. von „John Halifax". Aus dem Engl. von Sophie Verena. Autorisirte Ausg. 4 Bde. 8. (203; 217; 223; 255 S.) Berlin 869, Janke. *

— d. kriegerischen, od. Beschr. e. entdeckt. Insel. m. K. 8. Berlin, Schmidt. 836.

— unserer, Leben. Essays v. der Verf. der „Pädagog. Briefe". gr. 8. (IV, 277 S.) Berlin 883. Ebhardt. n. 4. —; geb. n. 5. 50

Frauen, Die, die Liebe, die Ehe. Posen 1843. V: *Skóraczewski, H. J.* (EB)

— die, die Liebe, die Ehe. Aus d. Französ. übers. von H. J. S. Berlin 853. Mittler u. Sohn in Comm. 16. (3 Bl., 108 S.) 15 ngr.

Frauen u. Mädchen. Hochzeit u. Heirath. Liebe u. Ehe. In kom. Vorträgen u. humorist. Sentenzen. Eine Anthologie. gr. 16. (128 S.) Erfurt 877. Körner. n. 1. —

— — und Mädchen, Hochzeit und Heimat, Liebe und Ehe in komischen Vorträgen und humorist. Sentenzen. 2. Aufl. Erfurt, o. J. (18**). 8°. (Mk. 1—.) (60 Pfg. A. Graeper, Barmen, 1894.)

— unter den Mormonen. Deutsch v. A. Kretzschmar. 3 Thle. (655 S.) Wien 1856. O. Hartleben.

Neue Frauen? Neue Männer! Ein Buch f. moderne Frauen u. Männer. — (Leipzig: Seemann) [um 1900]. 116 S. 8°

— neue? Neue Männer! Ein Buch f. moderne Frauen u. Männer. (Umschlag: Das Vera-Buch.) Mit Titelbild v. Fidus, Porträts v. Vera, Maria Janitschek, Elsa Asenijeff, Grete Meisel-Heß. 29. Aufl. (IV, 136 S.) kl. 8. Leipzig (903). Berlin, Verlag der Frauen-Rundschau. n. — 20

— reformiert eure Kleidung! Haarpflege der Frauen, s.a. Volks- u. Hausarzt, deutscher. II. 2.

Frauen! reformiert eure Kleidung! Küchen- u. Haussklaverei. Haarpflege d. Frauen. *Bielefeld: Sanitas 1903.* (50 S.) 8° [F.]
— **Volks-** u. **Hausarzt, Deutscher.** Ser. 3, 2. [o]. 4910

— —, Die, des Pascha. Bildliche Darstellung (?). Verboten vom L.-G. Wien, 2. April 1872. § 516.

Frauen. Die F' zu St. Katharina in St. Gallen. Njbl. St. Gallen 1885 s.a.(H[ardegger], A[ugust]).

Frauen, Die, zu St. Katharina in St. Gallen . . . St. Gallen 1885. V: *Götzinger, Ernst.* (Cat. d. Stadtbibl. Zürich. Zürich 1864—97.)

Frauen, die, zu St. Katharina in St. Gallen, hrsg. vom historischen Verein in St. Gallen als Neujahrsblatt für 1885. In-4°, 52 S., mit 1 Tafel. St. Gallen, Huber & Cie.

— —, Schöne. Bibliothek pikanter Erzählungen u. Gedichte. 5 Bde. Mit mehrfarbigen Illustrationen (Lichtdrucken). Budapest. o. J. (c. 1905). (à Bd. Mk. 4—; à 2 Mk. Origbd., Hans Lommer. Gotha. 1912.) (2 Mk., Mindestgebot. R. Zinke's Dresdener März-Auct. 1906. No. 1384.)

-- die, in d. kommunalen Schulverwaltung, s.a. Schriften des Verband. württemberg. Frauenvereine. Nr. 1.

Die Frauen in der kommunalen Schulverwaltung. Referat, geh. bei d. 1. württemberg. Frauentag in Stuttgart am 28. Okt. 1906. — Stuttgart 1907: Zu Gutenberg. 6 S. 8° (Schriften d. Verbandes württ. Frauenvereine. 1.)

Frauen, Die schwarzen. Ein Lustspiel nach dem Französischen. O. O. 1792. V: *Kapf, Carl Gottlieb Heinrich.* (MGT) (GGr) (Ky)

Frauen: Für Frauen und Töchter
v. Der Werktag

3. Flugblatt des Allgemeinen Deutschen Frauenvereins. (Zugl. als Flugblatt des Verbandes für weibliche Vormundschaft in Berlin.) (Neue Auflage.) FRAUEN, ÜBERNEHMT VORMUNDSCHAFTEN! Leipzig-R., Richard Schmidt. 8°.

Frauen und Mädchen des arbeitenden Volkes wacht auf. Flugblatt, endigend: Die Proponentinnen. s. l. s. a.

— die unglücklichen 8 erschossenen, v. Lengenfeld. Beschreibung des am 3. I. 1900 stattgefundenen Ereignisses u. der Beerdigg. der Selbstmörderinnen am 7. I. 1900. Mit 1 an Ort u. Stelle aufgenommenen Abbildg. (16 S.) Chemnitz (900). C. A. Hager. — 10

— unsere. Heiteres u. Ernstes. (In stenograph. Schrift, enth. Reuter's Bibliothek f. Gabelsberger-Stenographen. Bd. 57, 58, 61 u. 62.) 8. (50, 46, 31 u. 52 S.) Dresden 897. W. Reuter. Geb. in Leinw. n. 3. 75

— dasselbe, s. a.: Broschüren, religiöse, f. Gebildete.

— unsere, als Kinder, Mädchen, Verliebte, Verlobte, Bräute, Mütter, Stief-, Schwieger-, Groß-Mütter, Tanten, Wittwen u. s. w. Ein lust. Hausbuch f. Jedermann, der lesen, lieben u. lachen kann. Hrsg. v. zwei alten Onkeln. Mit e. Vorwort von v. Miris. gr. 8. (200 S.) München 886. Braun & Schneider. n. 2. —; geb. n. 4. —

— unsere, als Kinder, Mädchen, Verliebte, Verlobte, Bräute, Mütter, Stief-, Schwieger-, Groß-Mütter, Tanten, Wittwen u. s. w. Ein lust. Hausbuch f. Jedermann, der lesen, lieben u. lachen kann. Hrsg. v. zwei alten Onkeln. Neue Folge. gr. 8. (200 S. m. Illustr.) München 889. Braun & Schneider. n. 2. —; geb. n. 4. — (1. 2.: n. 4. —; geb. n. 8. —)

Frauen (An die) des Volkes. Flugblatt, beginnend: „Schwestern", und endigend: „Hoch die Anarchie!" s. l. s. a.

— vor! Illustr. Zeitg. Red.: William Hundertmark. 1. Jhrg. 1907. 104 Nrn. (à ca. 16 S.) 41,5×30 cm. Leipzig (M. Prager). 10. --
Erscheint nicht mehr.

— — wie sie sind und wie sie nicht sein sollen. (25 Pfg. Demuth, Straßb. i. Els., c. 1901.)

— unserer Zeit, oder warum so viele Mannspersonen zum Heirathen sich nicht entschließen. 8. Wien 798. Gerold. 3 y(

Selbstanklage. Ein Zeitbild von Carl **Frauen.** *Berlin: Berliner Roman-Verl. 1904.* (149 S.) 8° [F.] [o]. 3686

Frauen, Claus: Die gesetzliche Haftung des Schenkers einer Forderung nach gemeinem Rechte und dem Rechte des Bürgerlichen Gesetzbuches. Borna-Leipzig 1909: Noske. VIII, 38 S. 8°
Erlangen, Jur. Diss. v. 24. Jan. 1909, Ref. Binder
[Geb. 20. Juli 81 Altona; Wohnort: Glatz; Staatsangeh.: Preußen; Vorbildung: Gymn. Altona Reife O. 01; Studium: Tübingen 1, Berlin 1, Kiel 4 S.; Rig. 27. Juli 08.] [U 09. 681

Frauenadel in Alex. Rost's Ludwig der Eiserne. (Von Friedr. Traug. Krause.) 1. und 2. Aufl. gr. 8. (27 S.) Weimar 867, Kühn. *

Frauenadel in Alex. Rost's Ludwig der Eiserne. (Von Frdr. Traug. Krause.) 1. u. 2. Aufl. Weimar 868. Kühn. 8. (27 S.) n. 5 ngr.

Frauen-Album. Mit Beiträgen v. Ph. v. Mettingh, Ch. Livonius, Mary Rubrea, Ida v. Merkel u. Fanny Tarnow. 2 Bde. 8. Kassel 843, Hotop. [1. (18⅝ B.) 843, 2. (24 B.) 44. à Bd. 1 Thlr.]

Frauen-Album. Charakterbilder aus alter und neuer Zeit. Unter Mitwirkung von Clarissa Lohde, E. A. Brachvogel, Gust. zu Putlitz, J. D. Georgens, L. Pietsch, F. Arndt, Max Ring und Elise Oelsner hrsg. von Jeanne Marie von Gayette-Georgens und Herm. Kletke. gr. 8. (VII, 392 S.) Berlin 870, Habel. *M 9.; geb. *
Inhalt:
Elisabeth Fry, von Jeanne Marie v. Gayette-Georgens. — Elisabeth Kulmann, von Herm. Kletke. Rahel Varnhagen, von Clarissa Lohde. — Mary Sidney, von E. A. Brachvogel. — Friederike Karoline Neuber, von Gust. zu Putlitz. — Eine chinesische Frau, von J. D. Georgens. — Mary Wollstonecraft-Godwin, von Jeanne Marie v. Gayette-Georgens. — Pauline Viardot, von L. Pietsch. — Prinzessin Katharina v. Bourbon, von F. Arndt. — Angelika Kaufmann, von Max Ring. — Josephine Kablick, von Elise Oelsner. — Rosa Bonheur, von L. Pietsch.

— ein. Illustrirtes Jahrbuch m. Kalender f. d. J. 1871. Hrsg. v. Elise Polko. Mit Orig.-Beiträgen v. S. Augustin, M. Berger, L. Ernesti etc. gr. 16. (154 S. m. 5 lith. Portr.) Wien 871. liter.-artist. Anstalt. geb. n. 3. —

Frauen-Album. Ein Festgeschenk für Deutschlands Frauen u. Töchter, hrsg. v. Emma Laddey. Mit Orig.-Beiträgen v. Otto Baisch, Clementine v. Braunmühl, Isabella Braun etc. gr. 8. (IV, 398 S. m. eingedr. Holzschn., 1 Chromolith. u. 1 Lichtdr.) Stuttgart 880. Bonz & Co. geb. m. Goldschn. n. 9. 60

Frauen-Almanach, deutscher, 1911. 2. Jhrg. Hrsg. v. Rosa Osterwald. Ein Notiz-, Haushaltungs- u. Merkbüchlein f. die Damenwelt. (64 S.) 8. Wiesbaden, Verlag des Deutschen Frauen-Almanach. — 50

Frauen-Anmuth. Ein Album für Freunde des Schönen; in 30 Stahlstichen. gr. 8. Leipzig 843, Focke. geb. n. 2 ℛ. — 2. verm. Aufl. Mit 42 Stahlst. 8. Ebend. n. 2½ ℛ. geb. 2¾ ℛ.

Frauen-Anmuth. Ein Album f. Freunde des Schönen; in 42 Stahlst. (Weibl. Portraits nach Grevedon etc.) 1. Aufl. (30 Stahlst.) 843. 2 Thlr. u. 2., verm. Aufl. 8. (1 Bl. Register u. 42 Stahlst.) Leipzig 846, Focke. *

Frauen-Anwalt, der. Unter Mitwirkung von Fanny Lewald, Louise Büchner, v. Holtzendorff etc. hersg. von Jenny Hirsch. 1. Jahrg. April 1870—März 1871. 12 Hefte (à 2—3 Bgn.). Berlin, Loewenstein. gr. 8. n. 2 ℛ; einzelne Hefte à 7½ ngr.

Frauen-Anwalt, der. Unter Mitwirkg. v. Fanny Lewald, Louise Büchner, v. Holtzendorff etc. Hrsg. v. Jenny Hirsch. 2. Jahrg. April 1871 — März 1872. 12 Hfte. (à 2—3 B.) gr. 8. Berlin 871. Löwenstein. n. 6. — einzelne Hefte à — 75

— dasselbe. 3—6. Jahrg. April 1872 — März 1876. à 12 Hfte. (à 2—3 B.) gr. 8. Berlin, Staude. à Jahrg. n. 7. —

— dasselbe. 7. Jahrg. April 1876 — März 1877. 12 Hfte. (2 B.) gr. 8. Berlin, Wedekind & Schwieger. n. 7. —

Frauen-Anwalt, der. Organ d. Verbandes deutscher Frauenbildungs- u. Erwerb-Vereine. Hrsg. v. Jenny Hirsch. 8—12. Jahrg. 1877—1881. à 52 Nrn. (à 1—1½ B.) gr. 4. Berlin, Expedition. à Jahrg. n. 8. —

Frauen-Anwalt, deutscher. Organ des Verbandes deutscher Frauen-Bildungs- und Erwerb-Vereine. Hrsg. von Jenny Hirsch. 11.—13. Jahrg. 1880—1882. à Jahrg. 12 Hefte. (à Heft 2 Bog.) gr. 8. Berlin, Expedition. à Jahrg. * Nicht weiter erschienen.

Frauen-Arbeit, die. Ein internationales Kunst-Journal für die weibliche Geschmacksbildung u. die socialen Interessen der Frau. Herasg. von Jeanne Marie v. Gayette-Georgens, Herm. Kletke u. Jan Dan. Georgens. 1. Bd. 4 Hefte (à 6 Bgn. mit Holzschn. u. 6 Kunstbeilagen). Berlin 870. Nicolai's Verlhdlg. gr. 4. Jedes Heft n. 20 ngr.

Frauenarbeit. Organ d. Verbandes kathol. Vereine erwerbstät. Frauen u. Mädchen Deutschlands. (Schriftl.: Emy Gordon; 5ff.: Amalie v. Schalscha-Ehrenfeld.) Jg 2ff. — Berlin: Germania in Komm. 1906 ff. 4°

Frauenarbeit. Organ d. Verbandes kathol. Vereine erwerbstätiger Frauen u. Mädchen Deutschlands. Schriftltg.: Amalie v. Schalscha-Ehrenfeld. 6. Jhrg. 1910. 26 Nrn. (à ca. 8 S.) 30,5×23,5 cm. Berlin, Germania. 2. —

Frauenarbeit, die, in den Fabriken u. ihre verderblichen Folgen f. die Familie, wie f. die Gesellschaft, s.a. Vereinsschriften der „Bischof Ketteler-Gesellschaft".

Frauen-Arbeit, Die, in den Fabriken und ihre verderblichen Folgen für die Familie u. Gesellschaft. (17 S.) Aachen 1891. Schweitzer.

Frauenarbeit und Familienwohl. Ein Nachwort d. Central-Ausschusses f. d. innere Mission d. dtsch. evang. Kirche zu d. bezügl. Verhandlungen d. Karlsruher Congresses f. innere Mission. — Berlin: Buchh. d. Berliner Stadtmission 1885. 27 S. 8°

Frauenarbeit u. Familienwohl. Ein Nachwort d. Central-Ausschusses f. die innere Mission der deutschen evangel. Kirche zu den bezügl. Verhandlgn. d. Karlsruher Kongresses f. innere Mission. 2. Ausg., m. e. Nachtrag. gr. 8. (40 S.) Berlin 890. Buchhandlg. der Berliner Stadtmission. — 30

— die, im Handelsgewerbe, s.a. Schrift, 16., d. Verbandes deutscher Handlungsgehülfen zu Leipzig.

— dasselbe, s.a. Schriften d. deutsch-nationalen Handlungsgehilfen-Verbandes. 44. Bd.

Frauenarbeit (Die) im Handelsgewerbe. Bericht der Abteilung für Frauenarbeit im Handelsgewerbe an den Verbandstag. 8°. Leipzig, Verlag d. Verbandes deutscher Handlungsgehilfen, 1906. (Schriften d. Verbandes deutscher Handlungsgehilfen, 16.)

Die **Frauenarbeit** im Handelsgewerbe. Bericht d. Abt. f. Frauenarbeit im Handelsgewerbe an d. Verbandstag. Leipzig: Verb. Deutscher Handlungsgehülfen 1907. (72 S.) 8° [J.]
— **Schrift** d. Verbandes Dtsch. Handlungsgehülfen zu Leipzig. 16.

Die **Frauenarbeit** im Handelsgewerbe. Vortrag, geh. auf d. 11. Deutschen Handlungsgehilfentag in Stuttgart. Hamburg: Deutschnat. Handlungsgehilfen-Verband 1906. 63 S. 8°
(Schriften d. Deutschnat. Handlungsgehilfen-Verbandes. Bd 44.)

Ostdeutsche Frauen-Arbeit. Organ d. Verbandes der (2, 13ff.: Zeitung f. d. Interessen d.) landwirtschaftl. Hausfrauenvereine. Schriftl.: Elisabeth Boehm. Jg. 1. 1904/05–9. 1913. — (Königsberg: Ostpreuss. Dr.- u. Verl.anst. [u. a.] 1905–13.) 4° 2, 13–7, 4: Rastenburg: Lauter. — 7, 5–8: Ballaschke & Fehr.

Frauenarbeiten, wissenschaftliche. Hrsg. v. Herm. Jantzen u. Gust. Thurau. I. Bd. 1. u. 2. Heft. gr. 8. Berlin, A. Duncker. à n. 2.50; f. den Bd. v. 5 6 Heften n. 10.—
1. Grillparser als Epigrammatiker. Von Marie Krauske. (III, 85 S.) 906.
2. Studien üb. die Schlacht bei Kunaxa. Von Marie Pancritius. (V, 80 S.) 906.

Frauenarbeiten, wissenschaftl. Hrsg. v. DD. Herm. Jantzen u. Gust. Thurau. I. Bd. 3—5. Heft. gr. 8 Berlin, Schöneberg, A. Duncker. Einzelpr. 7.50
Escherich, Mela, germanische Weltanschauung in d. deutsch. Kunst. (IV, 74 S.) 906. (3. Hft.) 2.50
Richter, Helene, George Eliot. 5 Aufsätze. (IV, 199 S.) 907. (4. 5. Hft.) 5.

Frauenarzt, der, Monatshefte f. Gynäkologie u. Geburtshilfe. Für die pract. Aerzte hrsg. unter Mitwirkg. bekannter Frauenärzte d. In- u. Auslandes v. Eichholz u. Mensinga. 1. Jahrg. Juli—Decbr. 1886. 6 Hfte. gr. 8. (1. Hft. 56 S.) Neuwied, Heuser's Verl. n. 9.—

Frauenarzt, der. Monatshefte für Gynäkologie und Geburtshilfe. Für die pract. Aerzte hrsg. unter Mitwirkung bekannter Frauenärzte des In- und Auslandes von Eichholz und Mensinga. 1. Jahrg. Juli 1886 — Juni 1887. 12 Hefte. gr. 8. (à Heft 56 S.) Neuwied, Heuser's Verlag. *

Frauenarzt, der. Monatshefte f. Gynäkologie u. Geburtshilfe. Für prakt. Aerzte unter Mitwirkg. v. Baaz, Blumenfeld, Burckhardt etc. hrsg. v. Eichholz u. Mensinga. Ständige Beilage: Der Kinderarzt. Zeitschrift f. Kinderheilkunde unter Red. v. Sonnenberger. 2.—5. Jahrg. 1887—1890. à 12 Hfte. gr. 8. (à Hft. ca. 60 S.) Neuwied, Heuser's Verlag. à Jahrg. n. 18.—

Frauenarzt, der. Monatshefte f. Gynäkologie u. Geburtshilfe. Für prakt. Aerzte unter Mitwirkg. v. Baaz, Blumenfeld, Burckhardt etc. hrsg. v. Eichholz u. Mensinga. 6. Jahrg. 1891. 12 Hfte. gr. 8. (à Hft. ca. 48 S.) Neuwied, Heuser's Verl. n. 18.—

— dasselbe. Hrsg. v. Eichholz. 7. Jahrg. 1892. 12 Hfte. gr. 8. (à Hft. ca. 48 S.) Ebd. n. 18.—

— dasselbe. Hrsg. v. Eichholz u. Freudenberg. 8. Jahrg. 1893. 12 Hfte. gr. 8. (à Hft. ca. 48 S.) Ebd. n. 18.—

— dasselbe. 9. Jahrg. 1894. 12 Hfte. gr. 8. (à Hft. ca. 48 S.) Ebd. n. 15.—

Frauenarzt, der. Monatshefte f. Gynäkologie u. Geburtshilfe. F. prakt. Aerzte unt. Mitwirkg. v. Baaz, Burckhardt, Dahlmann etc. hrsg. v. Eichholz u. Freudenberg. 10.—12. Jahrg. 1895—1897. à 12 Hfte. (à ca. 3 Bog. m. Abb.) gr. 8. Neuwied, Heuser's Verl. à Jahrg. n. 18.—

— dasselbe. Hrsg. v. Freudenberg, unt. redaktioneller Mithülfe v. Kleinwächter. 13. Jahrg. 1898. 12 Hfte. (à ca. 3 Bog.) gr. 8. Leipzig, Verlag des „Reichs-Medicinal-Anzeigers" B. Konegen. n. 18.—; Frauenarzt u. Kinderarzt zus. n. 20.—

Frauenarzt, der. Monatshefte f. Gynäkologie u. Geburtshilfe. Für prakt. Aerzte hrsg. v. Freudenberg, unter red. Mitwirkg. v. Kleinwächter. 14.—17. Jahrg. 1899—1902. à 12 Hfte. gr. 8. (à Jahrg. XVI, 576 S.) Leipzig, B. Konegen. à Jahrg. n. 18.—; m. dem Kinderarzt zusammen à Jahrg. n. 20.—

Frauenarzt, der. Monatshefte f. Gynäkologie u. Geburtshilfe. Für prakt. Aerzte hrsg. v. Freudenberg, unter red. Mitwirkg. v. Kleinwächter. 18.—21. Jhrg. 1903—1906. à 12 Hfte. (XII, 288; XII, 288; XV, 288 u. XVI, 288 S.) Lex.-8. Leipzig, B. Konegen. à Jhrg. n. 18.—; m. dem Kinderarzt zusammen n. 20.—

Frauenarzt, der. Monatshefte f. Gynäkologie u. Geburtshilfe. Für prakt. Aerzte u. Frauenärzte. Unter Mitwirkg. v. R. Asch, K. Baisch, P. Baumm u. a. Red. v. E. G. Orthmann. 22—25. Jhrg. 1907—1910. à 12 Hefte. (XXIV, 576; XXI, 576; XXIII, 576 u. XXVIII, 576 S.) gr. 8. Leipzig, B. Konegen. à Jhrg. 18.—; m. d. Kinderarzt zusammen 20.—

Frauen- u. Kinderarzt, der. Zeitschrift f. Gesundheitspflege. Rathgeber bei Frauen- u. Kinderkrankheiten. Hrsg. v. Schreiber. 1. Jahrg. 1889/90. 12 Nrn. (B.) 8. Berlin. Globig & Crüger. n. 2.40

Frauenarzt, Der practische. Wien 1872. V: *Blüml, Alois.* (Erdinger, Bibliogr. des Clerus der Diöcese St. Pölten. 2. Aufl. St. Pölten 1889. S. 32.)

Frauen- und Karolinenbad, Das, zu Baden bei Wien nach der Wiederherstellung 1876—78. Festschrift. Baden bei Wien 1878. V: *Rollett, Hermann.* (EB)

Frauen- u. Karolinenbad, das, zu Baden bei Wien, nach der Neuherstellung 1876 - 1878. [Mit Abbildungen (2 Holzschntaf.) v. Emil Hütter.] gr. 8. (32 S.) Baden 878, Otto. n.n. 1.—

Frauenbändiger, der, s.a. **Geschichten, intime.** Nr. 4.

Der **Frauenbändiger.** *(Berlin: Berl. Roman-Verl. [1903].)* (48 S.) 8°
[Umschlagt. F.]
= Geschichten, Intime. 4. [04 #371

Patriotischer Frauen-Bazar: 1870. New York, NY
Published during the Fair of Autumn, 1870. Edited & published by Victor Precht.

Frauen-Beilage zum Berner Landboten
v. Berner Landbote (II).

Frauen-Bekehrungen, drei, in Indien, s.a. **Missionstraktate, kleine.**

— -Bekehrungen, Drei, in Indien. »Missionstraktate, Kleine.« (16 S.) Basel 1897. Missionsbuchh.

Frauenberger, Heinrich. Die Geschichte des Fächers. Studie ... Zwei Hefte. Mit vielen, theilweise nach Originalaufnahmen von A. Franz angefertigten. Holzschnitten. Leipzig, Karl Scholtze 1878.
122 S., 1 Bl. m. 72 Holzschn. 8°

Frauenberger, L., Handbüchlein f. Ballordner. Anleitung f. die Aufführg. d. Reigens [Française] u. des Vierpaar-Tanzes [Quadrille à la cour] mit nebensteh. französ. Wortlaut u. e. deutschen Tanzordng. 24. (29 S.) Hildburghausen 890. Gadow & Sohn. cart. — 30

Frauenberger, Leonh., Chronik d. Turnvereins zu Hildburghausen. Zur Erinnerg. an die Feier d. 25jähr. Jubiläums am 9. u. 10. Mai 1885 bearb. 8. (70 S.) Hildburghausen 885. Gadow & Sohn. n. — 50

Frauenberger, Leonh. Handbüchlein f. Ballordner. Anltg f. d. Aufführg. d. Reigens [Française] u. d. Vierpaar-Tanzes [Quadr. à la cour] rc. 24. (29 S.) Hildburgh. 890, Gadow u. Sohn. cart. — 30

Frauenberuf. Zeitschrift f. die Interessen der gebildeten Frauenwelt. 1. Jahrg. 1887. 24 Nrn. (B.) Lex.-8. Weimar, Frauenberuf-Verlag. n. 4.—

— dasselbe. Hrsg. v. Frau J. Kettler. 2.—4. Jahrg. 1888—1890. à 12 Hfte. Lex.-8. (à Hft. ca. 50 S.) Ebd. à Jahrg. n. 6. —

Frauenberuf. Monatsschrift f. die Interessen der Frauenfrage. Organ d. deutschen Frauenvereins „Reform". Hrsg. v. Frau J. Kettler. 5. Jahrg. 1891. 12 Hfte. Lex.-8. (à Hft. ca. 16 S.) Weimar, Weimarer Verlagsanstalt. n. 6. —

— Zeitschrift f. die Interessen der Frauen-Frage. Hrsg. v. Frau J. Kettler. 6. Jahrg. 1892. 24 Nrn. (½ Bog.) Lex.-8. Ebd. n. 6. —

Frauen-Beruf. Blätter für Fragen d. weibl. Erziehung, Ausbildg., Berufs- u. Hilfsthätigkeit. Hrsg. v. schwäb. Frauenverein in Stuttgart. Red.: Frau Marie Kübel. 1. u. 2. Jahrg. Oktbr. 1897—Septbr. 1899. à 52 Nrn. (Bog.) gr. 4. Stuttgart (Kolbstr. 4c). A. Lindheimer. à Jahrg. n.n. 2. —
Kann auch halbjährlich bezogen werden.

Frauenberuf. Blätter f. Fragen der weibl. Erziehg., Ausbildg., Berufs- u. Hilfsthätigkeit. Hrsg. vom schwäb. Frauenverein in Stuttgart. Red.: Frau Marie Kübel. 3.—5. Jahrg. 1899—1902. à 52 Nrn. gr.4. (à ca. 6 S.) Stuttgart (Kolbestr. 4c), A. Lindheimer. à Jahrg. n n.n. 2.—
Nicht durch den Buchhandel zu beziehen.

Frauenberuf. 1900 01-07. 4° Stuttgart 1900-07

Frauenberuf, der. 1908-13. 4° Stuttgart 1908-13

Frauenberuf und -Erwerb. Organ d. Auskunftsstelle f. Fraueninteressen Berlin u. anderer gemeinnütziger Auskunftsstellen. Red. v. Josephine Levy-Rathenau. 1910-1920. [Mehr nicht ersch.] 4° (Zentralblatt d. Bundes dt. Frauenvereine. Beil.)

Frauen-Beruf u. Mädchen-Erziehung. Ein Wort üb. den weibl. Einfluß in der Mädchenschule. Niedergelegt v. Frauenhand. 16. (58 S.) Reutlingen 874. Fehleisen. n. — 60

Frauenberufe. Forderungen, Leistgn., Aussichten in den f. Frauen geeigneten Berufen. Ausführlich bearb. v. Rosalie Büttner, W. Francke, Hans Hacker u. v. a. 1.—11. Hft. 8. Leipzig, E. Kempe. à n. — 50
1. Kontoristin. Von Jenny Schwabe. 1. u. 2. Aufl. (à 44 S.) (899. 902.)
2. Die Lehrerin. Von Rosalie Büttner. (61 S.) 899.
3. Die Schriftstellerin. Von Maria Mancke. 1. u. 2. Aufl. (à 47 S.) (899. 902.)
4. Die Ärztin. Von Hans Hacker. (43 S.) 899.
5. „Fräulein". Die Kindergärtnerin. Von Jenny Schwabe. 1. u. 2. Aufl. (à 48 S.) (899. 902.)
6. Die Krankenpflegerin. Von Walth. Francke. (17 S.) 899.
7. Die Bühnenkünstlerin. Schauspiel—Oper—Ballet. Von Alban v. Hahn. 1. u. 2. Aufl. (à 46 S.) (899. 902.)
8. Die Tonkünstlerin. Von Karl Rost. (44 S.) 899.
9. Kunst u. Kunstgewerbe. Von Elsbeth Stohmann. 1. u. 2. Aufl. (à 43 S.) (899. 902.)
10. Hausmädchen, Stubenmädchen, Köchin, Zofe. Von Luise Wache. (S. 65—120.) (902.)
11. Die Schneiderin. Von Marie Riedner. (64 S.) (902.)

Frauen-Berufe. Nr. 3, 11, 12 u. 16—18. 8. Leipzig, C. Bange. à n. — 50
3. Gärtnerin u. Blumenbinderin. Forderungen, Leistgn., Aussichten in diesem Berufe. Von Willy Lange-Dietharz. (30 S.) (903.)
11. Post- u. Telegraphenbeamtin, die. Forderungen, Leistgn., Aussichten in diesem Berufe. (32 S.) (904.)
12. Die Putzmacherin. (Directrice.) Forderungen, Leistgn., Aussichten in diesem Berufe. Von Marie Riedner. (23 S.) (903).
16. Die Verkäuferin. Forderungen, Leistgn., Aussichten in diesem Berufe. Von Luise Braun. (30 S.) (903.)
17. Die Zahnärztin. Forderungen, Leistgn., Aussichten in diesem Berufe. Von Ida Freudenheim. (24 S.) (904.)
18. Eisenbahn-Beamtin, die. Forderungen, Leistgn., Aussichten in diesem Berufe. (24 S.) (905.)

Frauenbestrebungen. Offiz. Organ d. „Union f. Frauenbestrebungen" ⟨„Zürcher Stimmrechtsverein"⟩; (später: Organ d. dt.-schweiz. Frauenbewegung, hrsg. v. d. „Zürcher Frauen-Zentrale"). Red.: Irma Schurter-Goeringer (1904, 8 ff.: K(lara Honegger (später: u. a.). Jg. [1]. 1903 - 18. 1921. [Mehr nicht ersch.] — St. Gallen: Schmid-Stäger (dann: Zürich: Zürcher & Furrer, zuletzt: J. Bollmann) 1903-1921. 4°

Frauenbestrebungen, die, unserer Zeit. Allgemeiner Frauenkalender. Von Lina Morgenstern. 3. Jahrg. 1887. 12. (XVIII, 350 S. m. 2 Portr.) Berlin, Verlag der deutschen Hausfrauen-Zeitung. n. 2. 50
Erschien nicht weiter.

Frauen-Besuch, der, beim Lotterie-Spiel, oder die Ruddelgesellschaft (Klatschgesellschaft.) Von Isick baar Kletzche. Hamburg 855. (Heller.) 12. (1 Bl., 40 S.) n. 6 ngr.

Frauenbewegung, die. Revue f. d. Interessen d. Frauen. Zugl. Publikationsorgan d. Vereine: Verein „Frauenwohl" Berlin, Hilfsverein f. weibl. Angestellte Berlin, Verein „Jugendschutz" Berlin etc. Hrsg. v. Minna Cauer. 1.—4. Jahrg. 1895—1898. à 24 Nrn. (Bog.) gr. 4. Berlin, F. Dümmler's Verl. à Jahrg. n. 4. —
Kann auch vierteljährlich bezogen werden.

Frauenbewegung, die. Revue f. die Interessen der Frauen. Zugleich Publikationsorgan der Vereine: Verband fortschrittl. Frauenvereine; Verein „Frauenwohl" Berlin, Breslau, Bromberg etc., Hilfsverein f. weibl. Angestellte, Berlin etc. Hrsg. v. Minna Cauer. 5.—8. Jahrg. 1899—1902. Nebst Beilage: Parlamentarische Angelegenheiten u. Gesetzgebg. Red. v. Anita Augspurg. à 24 Nrn. gr. 4. Berlin, F. Dümmler's Verl. à Jahrg. n. 4. —
1899. (IV, 220 u. 88 S.) — 1900—1902. (à IV, 192 u. 96 S.)

Frauenbewegung, die. Revue f. die Interessen der Frauen. Zugleich Publikationsorgan der Vereine: Verband fortschrittl. Frauenvereine; Verein „Frauenwohl" Berlin, Breslau, Bromberg usw. Hrsg. u. red. v. Minna Cauer. 9. Jahrg. 1903. Nebst Beilage: Parlamentarische Angelegenheiten u. Gesetzgebg. Red. v. Anita Augspurg. 24 Nrn. (à ca. 8 u. 4 S.) gr. 4. Berlin, F. Dümmler's Verl. n. 4. —

— dasselbe. 10. Jahrg. 1. Viertelj. Jan.—März 1904. Nebst Beilage: Parlamentarische Angelegenheiten u. Gesetzgebg. Red. v. Anita Augspurg. 6 Nrn. (à ca. 8 u. 4 S.) gr. 4. Ebd. n. 1. —

— dasselbe. 10. Jahrg. 2.—4. Viertelj. April—Dezbr. 1904. 18 Nrn. (à ca. 8 u. 4 S.) gr. 4. Berlin, W. & S. Loewenthal. n. 3. —

— dasselbe. 11. u. 12. Jahrg. 1905 u. 1906. Nebst Beilage: Parlamentarische Angelegenheiten u. Gesetzgebg. Red. v. Anita Augspurg. à 24 Nrn. (à ca. 8 u. 2 S.) 4. Ebd. à Jhrg. n. 4. —

Frauenbewegung, die. Publikationsorgan der fortschrittl. Frauenbewegg. Hrsg. u. red. v. Minna Cauer. 13 bis 16. Jhrg. 1907—1910. Mit d. Monatsbeil.: Zeitschr. f. Frauenstimmrecht. Hrsg.: Anita Augspurg. 24 Nrn. (IV, 198; IV, 194; IV, 196 u. IV, 200 S.) 32×23,5 cm. Berlin, W. & S. Loewenthal. à Jhrg. 4. —

Frauenbewegung und soziale Frauenthätigkeit in Deutschland nach Einzelgebieten. Mitarb.: Alice Salomon [u. a.] — Berlin: Moeser 1901. 267 S. 8° (Handbuch d. Frauenbewegung. T. 2.)

Frauenbewegung. Die Frauenbewegung in der Schweiz. Sechs Vorträge veranstaltet durch die Pestalozzigesellschaft. IV + 107 S. 8. Zürich ⟨*und* Leipzig⟩, Th. Schröter, 1902. [fr. 1.50]
(Vorträge von Emilie Benz, Professor Dr. E[mil] Zürcher, Dr. Ida Hilfiker-Schmid, Dr. Anna Mackenroth *und* Prof. Dr. [Heinrich] Herkner, *mit* Vorwort *von* Dr. [Huldreich] F[riedrich] Erismann, Zürich.)

— u. **Sexualethik.** Beitr. z. modernen Ehekritik v. Gertr. Bäumer, Agnes Bluhm, Ika Freudenberg, Anna Kraußneck, Helene Lange, Anna Pappritz, Alice Salomon, Marianne Weber. 2. Aufl. (VIII, 176 S.) 8. Heilbronn 909. E. Salzer. 2.40; geb. 3. —

Frauenbibliothek, oder Handbuch aller Kenntnisse, welche das weibl. Geschlecht in jedem Alter, Stand u. Verhältnisse, in Beziehung auf die Wirthschaft, als Ehefrau u. Mutter u. in der Stellung zum Gesinde zu wissen nöthig hat. Unter Mitwirkung mehrerer erfahrenen Frauen herausg. von e. Vereine von Gelehrten u. Schriftstellern. 12 Bde. gr. 16. Berlin 837—40. Lewent. 7 ₰

Frauen-Bibliothek. Ein Cyclus von Werken über Kunst u. Wissenschaft für Frauen u. Jungfrauen. 1—3. Bd. gr. 8. Stuttgart 880. Engelhorn. geb. à n. 6. —
1. Die bildenden Künste in ihrer geschichtlichen Entwickelung bis auf die Neuzeit. Von Otto v. Leixner. (VII, 343 S.)
2. Geschichte der deutschen Dichtung von den Anfängen bis zur Gegenwart. Von Rich. Weitbrecht. (XI, 454 S.)
3. Die deutschen Kaiser. Von K. Th. Heigel. (VIII, 407 S.)

Frauenbibliothek, deutsche. 1—5. Bd. 12. Wolfenbüttel 883. Zwißler. geb. à n. 1. —
1. Die Pflegegeschwister. Eine Erzählg. v. Jenny Bach. Neue Ausg. (279 S)
2. Tannenburg. Eine Erzählg. v. Jenny Bach. Neue Ausg. (331 S.)
3. Frühlingsblumen. Novellen u. Märchen v. Jenny Bach. Neue Ausg. (XV, 190 S. m. 1 Chromolith.)
4. Drei Jahre. Von Josephine Gräfin Schwerin. Neue Ausg. (251 S.)
5. Jean Paul's Titan, in antholog. Bearbeitg. v. Otto Sievers. Neue Ausg. (XII, 283 S.)

Frauenbibliothek, deutsche. 6.—8. Bd. 12. Wolfenbüttel 897. J. Zwißler. Geb. in Leinw. à n. 1. —
6. 7. Erreichte Ziele. Familien-Roman. Von Elly Reuß (E. Nelly). 2 Bde. Neue Ausg. (263 u. 238 S.) 887.
8. Noblesse oblige. Erzählung. Von H. Schaffer. (170 S.) 891.
1.—5. u. 9. Bd. Ebd. 883. 896. à n. 1. —.

Frauenbibliothek, deutsche. 9. Bd. 12. Wolfenbüttel 896. J. Zwißler. n. — 75; geb. in Leinw. n. 1. —; m. Goldschn. n. 2. —
Moderne Menschen. Von B. v. Derschau. (154 S.)

Frauen-Bibliothek, moderne. Nr. 1—20. 8. Berlin, Verlag der Frauen-Rundschau. n. 30. 50
Frapan-Akunian, Ilse, Wandlung. — Fräulein Doktor. (75 S.) Leipzig 903. (Nr. 1.) n. 1. —
Frei, Leonore, „Und sie bewegt sich doch". Novelle. (87 S.) Leipzig (903.) (Nr. 18.) n. — 75
— Wegwende. Roman. (199 S.) Leipzig 903. (Nr. 6.) n. 2. —
Grad, Max, u. Franziska Mann, Frauen-Erzählungen. (86 S.) (904.) (Nr. 11.) n. 1. —; geb. n. 1. 75
Heinz, M., Leibeigen. Eine Erzählg. aus dem Leben. (53 S.) Leipzig 903. (Nr. 8.) n. — 75
Keyserlingk, J. v., reine Toren. Roman aus Bayreuth. (269 S.) Leipzig (903.) (Nr. 15.) n. 2. 50
Lindberg, Elsa, Ann-Lis. Ein Buch v. Menschenkindern. Einzig autoris. Uebersetzg. aus dem Schwed. v. E. Stine. (268 S.) Leipzig 903. (Nr. 16.) n. 2. 50; geb. 3. 50
Mann, Franziska, Könige ohne Land. Erzählung. (106 S.) Leipzig (903.) (Nr. 2.) n. 1. —
— alte Mädchen. Erzählungen. (110 S.) Leipzig (903). (Nr. 14.) n. 1. —
Mensch, Ella, auf Vorposten. Roman aus meiner Züricher Studentenzeit. (174 S.) Leipzig (903). (Nr. 19.) n. 2. —; geb. n. 3. —
Michaelis, Karin, Liebe. Erzählungen. (143 S.) Leipzig (903). (Nr. 9.) n. 2. —
Oertzen, Margarete v., Doppel-Liebe. Roman. 2. Aufl. (246 S.) Leipzig (903). (Nr. 13.) n. 2. —
1. Aufl. (248 S.) 903. n. 2. —.
Pochhammer, Margarete, die Geschichte der Eltern. (62 S.) Leipzig (903). (Nr. 7.) n. — 75
Rittland, Klaus, die erste Liebe meiner Frau. Erzählung. (19 S.) (904.) (Nr. 5.) n. — 75; geb. n. 1. 60
Schaaf-Regelmann, Ida, aus den Erinnerungsblättern e. Typewriting-Girl. (76 S.) Leipzig 903. (Nr. 3.) n. — 75
Teja, Carmen, Bettler des Lebens. (Roman.) (224 S.) (904.) (Nr. 20.) n. 2. —; geb. n. 3. —
Tyrol, Marie, Frau Antonie. Roman. (186 S.) Leipzig 903. (Nr. 12.) n. 2. —
Vogt, Nils Collett, Harriet Blich. Roman. Einzig autoris. deutsche Übersetzg. aus dem Norweg. v. Luise Wolf. (267 S.) Leipzig (903). (Nr. 17.) n. 2. 50; geb. n. 3. 50
Volbehr, Lu, die Bäuerin v. Vorbach. Roman. (129 S.) Leipzig (904). (Nr. 10.) n. 2. 50; geb. n. 3. 50
Zapolska, Gabryela Gräfin, Vaterunser. Deutsch v. Rosa Schapire. (102 S.) (904.) (Nr. 4.) n. — 75

Frauen-Bibliothek, moderne. Nr. 20 (Teja, Bettler des Lebens). Jetzt: Dresden, C. Reißner.

Frauen-Bibliothek, moderne. Nr. 22. 8. Berlin, Schweizer u. Co. — 75
Die Kassette d. Kaiserin. Von Selma Lagerlöf. Deutsch v. Mill Giefart. 3. Aufl. (41 S.) (901.)

Frauenbild, ein deutsches, s.: Dasbach's, G. Frdr., Novellenkranz. 13 Bdchn.

Frauenbild, e. deutsches, s.: Novellenkranz.

Frauenbild, das, von Marienburg. — Das wilde Gespann. 2 Erzählungen, der Jugend gewidmet von einem Erzieher. Mit 1 Abbild. 8. Wien 838. Mechitar.-Congreg.-Buchh. 1/8 ₰

Frauenbilder. 8. Freiburg i/B., Herder.
Brentano, Hanny, Amalie Fürstin v. Gallitzin. (X, 153 S. m. 12 Bildern.) 910. 1.80; geb. in Leinw. 2. 50
Pontoppidan, Morten, Elise Hostler. Ein christl. Frauencharakter. Aus d. Dän. übers. v. Joh. Gust. Haas. (IX, 180 S. m. 1 Bildn. u. 1 Taf.) (910.) 1.80; geb. in Leinw. 2. 50

Frauen-Bilder, deutsche, von R. v. S. Berlin 858. Allgem. Deutsche Verlags-Anstalt. 16. (46 S.) n. 20 ngl

Frauenbilder und Frauendienst. Hrsg. von Past. Karl Müller-Wölsickendorf. *Berlin: Ostdeutscher Jünglingsbund 1900.* (196 S.) 8° [F.]
[oo. 1160]

Frauenbilder im Kranze der Dichtung von R. Hocker. Wohlfeile (Titel-)Ausg. 16. (X und 480 S.) Göttingen (854) 58, Dieterich'sche Buchh. geb. *

Frauenbilder der heiligen Schrift, s. Scholz, J. K.

Frauenbilder der heiligen Schrift im Kranze der Dichtung. Eine Festgabe, dargeboten von J. K. Scholz. 16. (XV und 272 S.) Stuttgart 864, C. G. Liesching. cart. mit Goldschn.

Frauenbildnisse, 100 klassische. Eine Auswahl aus d. Meisterwerken d. Porträtkunst. Mit e. Einleitg. v. Gust. Keyssner. (100 Bl., S. 101—106 u. XIV S. m. 1 Bildn.) 8. Stuttgart (908). Deutsche Verlags-Anst. Geb. in Ldr. (urspr. Pr. 4. 50)

Frauenbildung. Zeitschrift f. die gesammten Interessen des weibl. Unterrichtswesens, hrsg. v. J. Wychgram. 1. Jahrg. 1902. 12 Hfte. Lex.-8. (à ca. 48 S.) Leipzig, B. G. Teubner. n. 12.—

Frauenbildung. Zeitschrift f. die gesamten Interessen des weibl. Unterrichtswesens, hrsg. v. J. Wychgram. 2.—5. Jahrg. 1903—1906 à 12 Hefte. (X, 576; VIII, 608; VIII, 576 u. VIII, 640 S.) Lex.-8. Leipzig, B. G. Teubner à Jhrg. n. 12.—; geb. n. 13.—

Frauenbildung. Zeitschr. f. d. gesamt. Interessen d. weibl. Unterrichtswes., hrsg. v. J. Wychgram. 6 bis 9. Jhrg. 1907—1910. à 12 Hfte. (à ca. 48 S.) Lex. 8. Leipzig, B. G. Teubner. à Jhrg. 12.—

Frauenbildung. Zeitschrift für die Interessen des weiblichen Unterrichtswesens. 1908-13. Leipzig 1908-13

Der Verein **Frauenbildung**-Frauenstudium. Sein Vorstand, seine Abteilungen, seine Zwecke. — o. O. 1910. 20 S. 8°

Frauenblatt, neues. Wochenblatt f. die gebildete Frauenwelt. 1. Jahrg. 1890. 48 Nrn. (1¼ B.) gr. 8. Weimar, Frauenberuf-Verlag. n. 10.—

Frauenblatt, neues. Hrsg.: Louise Madsack. Red.: M. Hartog. Jahrg. 1897. 52 Nrn. (à 2 Bog.) gr. 4. Berlin-Hannover. Berlin. Neues Frauenblatt. n. 6.—

— dasselbe. Zeitschrift für alle Interessen d. Frauenwelt. 2. Jahrg. 1898. 52 Nrn. (à ca. 20 S. m. Abb.) B. 1. IV. ab m. d. Monats-Beilage: Neues Kinderblatt. gr. 4. Ebd. n. 6.—
Kann auch vierteljährlich bezogen werden.

Frauenblatt, neues. Zeitschrift f. alle Interessen der Frauenwelt. Organ des Vereins „Frauen-Erwerb". Hrsg.: Frau Louise Madsack. Red.: Gräfin M. v. Schlieben-Hartog. 3. u. 4. Jahrg. 1899 u. 1900. à 52 Nrn. gr. 4. (à ca. 20 S. m. Abbildgn.) Mit der Monats-Beilage: Neues Kinderblatt. gr. 8. (à ca. 8 S. m. Abbildgn.) Berlin, Laubsch & Everth. à Jahrg. 6.—

— dasselbe. Hrsg.: Graf Schlieben. Red.: Martha Lubszynski. 5. Jahrg. 1901. Jan.—Mai. 21 Nrn. gr. 4. (à ca. 16 S. m. Abb.) Mit der Monats-Beilage: Neues Kinderblatt. gr. 8. (à ca. 8 S. m. Abb.) Ebd. Vierteljährl. 1.50

— dasselbe. 5. Jahrg. Juni—Dezbr. 1901. 31 Nrn. gr. 4. (à ca. 16 S. m. Abbildgn.) Dresden, E. Pierson. n. 3. 75

— dasselbe m. der Beilage „Frauenschönheit". Vom 1. VII. 1901 an vereinigt m. der „Dresdner Frauen-Ztg." Red.: Helene Metzker. 6. Jahrg. 1902. 52 Nrn. gr. 4. (à ca. 16 S. m. Abbildgn.) Berlin. Schöneberg, Verlag „Neues Frauenblatt". n. 6.—

Frauen(-blatt): Schweizerisches Frauen- und Familienblatt v. Echo vom Rheinfall.

Frauen-Blätter, s.a. Sittlichkeits-Blätter.

Frauen-Blätter. Central-Organ für das geistige Leben der Frauenwelt. Hrsg. von Karl Schrattenthal. 1. Bd. Jahrg. 1880. 24 Nrn. (2 B.) hoch 4. Wien, Verlags-Exped. der „Frauen-Blätter". n. 11. 20

Frauen-Blätter. Organ der Sittlichkeitsbewegg. f. die deutsche Frauenwelt. Hrsg. unter Red. v. F. Patzschke v. der allgemeinen Konferenz der deutschen Sittlichkeitsvereine. 3. Jahrg. 1894. 12 Nrn. (½ Bog.) gr. 8. Berlin. (Leipzig, R. Werther.) n. 1.—

Frauen-Blätter. Organ d. Sittlichkeitsbewegung für die deutsche Frauenwelt. Hrsg. unt. Red. von Niemann v. d. allgem. Konferenz d. deutschen Sittlichkeitsvereine. 4.—7. Jahrg. 1895—1898. à 12 Nrn. (à 8 S.) gr. 8. Berlin. (Leipzig, H. G. Wallmann.) à Jahrg. n. 1.—

Frauen-Blätter. Organ f. die deutsch-evangel. Frauenbewegg. Hrsg. unter Red. v. Niemann. 8.—11. Jahrg. 1902. à 12 Nrn. gr. 8. (à ca. 8 S.) Berlin. (Leipzig, H. G. Wallmann.) à Jahrg. n. 1.—

Frauenblätter. Zeitschrift für die evangel. Frauenbewegg. Deutschlands. Hrsg. von Niemann u. Bohn. 12.—15. Jahrg. 1903—1906. à 12 Nrn. (à ca. 8 S.) Lex.-8. Berlin. (Leipzig, H. G. Wallmann.) à Jhrg. n. 1.—

Frauenblätter. Zeitschr. f. d. Interessen d. Frau auf sittl. u. sozialem Gebiet. Hrsg. v. Bohn. 16—19. Jhrg. 1907 bis 1910. à 12 Nrn. (à ca. 8 S.) Lex. 8. Berlin. Leipzig, H. G. Wallmann. à Jhrg. 1.—

Frauen-Blätter, deutsche. Allgemeine Zeitung für alle Frauen-Interessen. Unter Mitwirkung hervorragender deutscher Männer und Frauen von Anny Wothe. 1. Jahrg. Mai—Decbr. 1882. 17 Nrn. (à Nr. ca. 2 Bog.) gr. 4. Leipzig, R. Lincke. *
—— dass. — Hrsg. von Anny Wothe. 2. Jahrg. 1883. 24 Nrn. (à Nr. 2—2½ Bog.) gr. 4. Leipzig, [R. Lincke.] Wothe's Verlag. *
—— dass. — Mit 1 reichillustr. Modezeitung und Schnittmusterbeilage als monatl. Gratisbeilage. Hrsg. von Anny Wothe. 3. Jahrg. 1884. 52 Nrn. (à Nr. 1½ Bog.) gr. 4. Leipzig, [Wothe's Verlag.] Böhme. *
Nicht weiter erschienen.

Frauenbrevier für Haus und Welt. Eine Auswahl der besten Stellen aus namhaften Schriftstellern über Frauenleben und Frauenbildung. Zusammengestellt von H. B. 8. (XII und 354 S.) Frankfurt a. M. 859. [Berlin, M. Hirsch.] Thlr. geb.

Frauen-Brevier für Haus und Welt. Eine Auswahl der besten Stellen aus namhaften Schriftstellern über Frauenleben und Frauenbildung. Zusammengestellt von H. B. 859. (XII, 354 S.) 2 ₰ — 2. Aufl. 863. — 3. unveränd. Aufl. mit Titelbild nach Ad. Schmitz (in Holzschn.). Hamm 865. Grote. 8. (XVI, 367 S.) geb. 2 ₰ 15 ngr; Prachtausg. geb. 3 ₰ 15 ngr.

Frauen-Brevier für Haus u. Welt. Eine Auswahl der besten Stellen aus namhaften Schriftstellern über Frauenleben u. Frauenbildung. Zusammengestellt von H. B. 4. Aufl. Mit Illustr. (Holzschn.) von Casp. Scheuren u. (lith.) Titelbild von Alwine Schrödter. Berlin 870. Grote. 8. (XVI, 373 S.) 2 ₰ 15 ngr

Frauen-Brevier f. Haus u. Welt. Eine Auswahl der besten Stellen aus namhaften Schriftstellern üb. Frauenleben u. Frauenbildg. Zusammengestellt v. H. B. 5. Aufl. m. Illustr. (in eingedr. Holzschn.) v. Casp. Scheuren u. Titelbild (in Holzschn.) v. Alwine Schrödter. 8. (XVI, 373 S.) Berlin 872. Grote. geb. m. Goldschn. 6.—

Frauen-Brevier f. Haus u. Welt. Eine Auswahl der besten Stellen aus namhaften Schriftstellern üb. Frauenleben u. Frauenbildg. Zusammengestellt v. H. B. 6. Aufl. m. (Holzschn.-)Illustr. v. C. Scheuren u. Titelbild (in Holzschn.) v. A. Schrödter. 8. (XII, 388 S.) Leipzig 883. Amelang. geb. m. Goldschn. 6. —

Frauen-Brevier f. Haus u. Welt. Eine Auswahl der besten Stellen aus namhaften Schriftstellern üb. Frauenleben u. Frauenbildg. Zusammengestellt von H. B. 7. Aufl. m. Illustr. v. C. Scheuren u. Titelbild v. A. Schrödter. 8. (XII, 816 S.) Leipzig 893. C. F. Amelang. Geb. in Leinw. m. Goldschn. 5. —

Frauenbriefe von Anna Schlatter, Wilhelmine v. d. Heydt, Kleophea Zahn und der Verborgenen. Hrsg. von Adph. Zahn. 8. (VII und 344 S.) Halle (861)62, Fricke.

Frauenbriefe von Anna Schlatter, Wilhelmine v. der Heydt und Kleophea Zahn. Herausg. von Adph. Zahn. 861. (VII, 344 S.) — 2. veränd. Aufl. Halle 863. Fricke. 8. (IX, 318 S.) 1 *ℛ*

Frauenbriefe von Anna Schlatter, Wilhelmine von der Heydt u. Kleophea Zahn. Hrsg. v. Adf. Zahn. 3. veränd. Aufl. 8. (VIII, 411 S.) Halle 875. Fricke. 4. —

Frauenbriefe, deutsche, hrsg. von Ernst Wasserzieher, s.: Schulausgaben, deutsche, Nr. 40.

— aus 3 Jahrh., ausgew. v. Thr. Klaiber, s.: Aus klar. Quellen.

Frauenbriefe, deutsche, aus 2 Jahrh., hrsg. v. Emil Bürger, s.: Diesterweg's deutsche Schulausg.

— dasselbe, s.a. Diesterweg's deutsche Volksausg.

Frauenbriefe aller Zeiten. Hrsg. v. Bernh. Ihringer. (VII, 413 S.) 8. Stuttgart (910). C. Krabbe. 6. —; geb. in Leinw. 7. —

Das deutsche Frauenbuch. T. 1. 2. — Leipzig: Reisner 1903. 8°
1. Unter Mitw. ... hrsg. v. Anna Plothow. 2., verb. Aufl. 774 S.
2. Hrsg. v. Pauline Thom-Zell u. Gertrud Triepel. 228 S., XXXVI Taf.

Das praktische **Frauenbuch**. Ein bewährter Ratgeber d. Hausfrau in allen Lebenslagen. Mit Unterstützung ... hrsg. von Wilhelm Möller. Mit e. Modell, 8 Taf. u. 210 Abb. [Ausg. in 1 Bde.] *Berlin: W. Möller [1901].* (Getr. Pag.) 8° [F.]

Frauen-Buch, d. praktische. 1. u. 3.—8. Bd. gr. 8. Berlin, W. Möller. n. 12. 50

1. Für junge Mütter. Belehrungen üb. Schwangerschaft, Wochenbett u. Kindespflege. Von Fischer. Anh.: Wie erzielt man eine leichte Entbindung? 5. Aufl. Mit 1 zerlegbaren Modell, 3 bunten Taf. u. 20 Text-Abbildgn. (VIII, 128 S.) (901.) Geb. in Leinw. 3. —
3. Die kranke Frau. Gemeinverständliche Belehrgn. üb. alle Frauenleiden Von Roth. Mit 2 Illustr. (51 S.) (899.) n. 1. —
4. Schönheits-Pflege. Winke u. Ratschläge zur Erhaltg. der Schönheit des Weibes. Von Rose Stolle. (29 S. m. 6 Abbildgn.) (900.) n. — 50
5. Neuestes allgemeines Kochbuch für Jedermann. Von Rose Stolle. 3. neubearb. u. verm. Aufl. (XVI, 480 S. m. Abb.) (900.) Geb. in Leinw. 3. —
6. Mein Hausfreund. Mehr als 800 Winke u. Ratschläge f. alle Gebiete des häusl. Lebens. Gesammelt, aus eigener Erfahrg. ergänzt u. m. Unterstützg. einschläg. Fachleute hrsg. Von Rose Stolle. (XVI, 235 S.) (901.) 1. 50; geb. n. 2. —
7. Die Frau der Gegenwart im Umgang u. Verkehr. (Weiblicher „Knigge".) Von Zoë v. Reuß. 2. bedeut. erweit. Aufl. (198 S.) (902.) n. 1 50; geb. 2. —
   1. Aufl. (112 S.) Ebd. 901. n. 1. 50; geb. 2. —.
8. Gesetzliche Rechte u. Pflichten der Frau als Tochter, Gattin, Mutter u. Dienstherrin. Allgemeinverständlich erläutert. Von W. Mantey. (VII, 161 S.) (901.) n. 2. —; geb. n. 2. 50
   Bd. 3 erschien noch unt. d. alten Sammeltitel („Das Buch d. Hausfrau"); Bd. 7 trägt keine Bandbezeichnung.

— dasselbe. Ein bewährter Ratgeber der Hausfrau in allen Lebenslagen. Mit Unterstützg. von Frau Zoë v. Reuß, Frau Rose Stolle, Fischer ꝛc. hrsg. v. Wilh. Möller. Mit 1 zerlegbaren Modell des weibl. Körpers, 8 farb. Taf. u. 210 Text-Abbildgn.) gr. 8. (V, VIII, 278 u. XVIII, 971 S.) Ebd. (901). Geb. in Leinw. 10. —

Frauen-Buch, das praktische. IV. u. V. Bd. gr. 8. Berlin, W. Möller. n. 4. 50

IV. Gesundheit, Kraft u. Schönheit dem Weibe! Aerztliche Winke u. Ratschläge zur weibl. Schönheitspflege, gesammelt u. aus eigener Erfahrg. ergänzt. Von Maria v. Thilo. (VI, 112 S. m. 25 Abbildgn. (904.) n. 1. 50
   Tritt als 4 Bd. an Stelle v. Rose Stolle Schönheitspflege.
V. Neuestes allgemeines Kochbuch für Jedermann. Von Rose Stolle. 4. verb. u. verm. Aufl. (XVI, 480 S. m. Abbildgn. u. 7 farb. Taf.) (903.) Geb. in Leinw. n. 3. —

Frauen-Buch, das prakt. 7. Bd. gr. 8. Oranienburg (910), W. Möller. 2. —; geb. 2. 50

7. Mein Hausfreund. Ueber 1000 Winke u. Ratschläge f. alle Gebiete d. häusl. Lebens. Gesammelt, aus eigener Erfahrg. ergänzt u. m. Unterstützg. einschläg. Fachleute hrsg. Von Rose Stolle u. Johanna Schneider. 2. verm. u. verb. Aufl. (XVI, 290 S. m. Abbildgn.)

Frauenbühne, ges. u. hrsg. v. Geo. Rich. Kruse, s.a. Universal-Bibliothek.

Frauenbühne. Theaterstücke, nur von Damen darzustellen, gesammelt u. hrsg. von Georg Richard Kruse. Bdch. 1. Leipzig: Reclam [1908]. 8°
(Universal-Bibliothek. 5015.) [illegible]

Frauen-Bund, der. Organ d. Frauen-Bundes zum treuen Hirten. Red.: A. Merensky. 1. Jahrg. 1884—1886. à 12 Nrn. (½ B.) gr. 4. Berlin, Buchh. der Berliner Stadtmission. à Jahrg. n. 1. —

Frauen-Bund, der. Organ des Frauen-Bundes zum treuen Hirten. Redact.: A. Merensky. 2. und 3. Jahrg. 1885 und 1886. à Jahrg. 12 Nrn. (à Nr. ½ Bog.) gr. 4. Berlin, Buchh. der Berliner Stadtmission. à Jahrg. —

Frauen-Bund, der. Organ d. Frauen-Bundes zum treuen Hirten. Red.: Niemann. 4. Jahrg. 1887. 12 Nrn. (½ B.) gr. 4. Berlin 887. Buchh. der Berliner Stadtmission. n. 1. —
   Fortsetzung u. d. T.: „Korrespondenzblatt der Berliner Vereine zur Bekämpfung der öffentlichen Sittenlosigkeit."

Frauenbund zur Förderung des Guten. Nr. 1—14. 8. Bern. Barmen, Elim, Buchh. des Blauen Kreuzes. à n. — 10

Combe, T., bringet herbei, was fehlt! Deutsche autoris. Übersetzg. (16 S.) (902.) (Nr. 10.)
— gehorsame Eltern. Deutsche autoris. Uebersetzg. (16 S.) (902.) (Nr. 11.)
— die Frau e. Blaukreuzlers. Deutsche autoris. Uebersetzg. (16 S.) (901.) (Nr. 4.)
— wie die Frau will! Deutsche autoris. Uebersetzg. (16 S.) (903.) (Nr. 14.)
— Gehorsams-Pillen. Deutsche autoris. Uebersetzg. (16 S.) (902.) (Nr. 12.)
— was e. Geranium ausrichtete. Deutsche autoris. Uebersetzg. (16 S.) (901.) (Nr. 1.)
— Gerade wie in Afrika. Deutsche autoris. Uebersetzg. (16 S.) (902.) (Nr. 7.)
— Frau Konrad, auch Gattin e. Blaukreuzlers. Deutsche autoris. Uebersetzg. (16 S.) (901.) (Nr. 5.)
— man muß es eben sagen. Deutsche autoris. Uebersetzg. (16 S.) (901.) (Nr. 6.)
— habt ihr Schulden? Die e. Seite der Frage. Deutsche autoris. Uebersetzg. (24 S.) (902.) (Nr. 8.)
— wohlthätiges Schweigen. Deutsche autoris. Uebersetzg. (20 S.) (902.) (Nr. 9.)
— ein Tisch u. e. Lampe. Deutsche autoris. Uebersetzg. (16 S.) (901.) (Nr. 2.)
— das letzte Wort. Deutsche autoris. Uebersetzg. (16 S.) (901.) (Nr. 3.)
— zu deinem Besten! Deutsche autoris. Uebersetzg. (16 S.) (903.) (Nr. 13.)

Frauenbund zur Förderung d. Guten. Nr. 15—22. (Je ca. 16 S.) 8. Bern (906). Barmen, Buchh. d. Blauen Kreuzes à — 10

Frauenchemie, s. E. A. Geitner, Briefe über d. Chemie ꝛc.

Anonym: „Frauenchemie für Wohlseyn, Bequemlichkeit und Lebensgenuß. Ein Inbegriff der chemischen Kenntnisse, die zu einer vortheilhaften Leitung des Hauswesens gehören", 2 Bände, Leipzig 1817 (Centr. Compt.).

Frauen-Chronik, oder Annalen des Nützlichen und Wissenswerthen für die gebildeten Bewohnerinnen Deutschlands. Red.: Courtin. 1. u. 2. Jahrg. 1853 u. 54. à 12 Nrn. (à 1 Bgn.) Stuttgart, Schweizerbart. Lex.-8. Jeder Jahrg. n. 15 ℳ

Frauen-Cirkel, belletristischer. Familienblatt für alle Stände. 1.—3. Jahrg. 1881—1883. à Jahrg. 52 Nrn. und 4. Jahrg. 1884. 4 Nrn. (à Nr. 1½ Bog.) gr. 4. Frankfurt a. M., Grobel. à Jahrg.
Nicht weiter erschienen.

Frauen-Demonstration, Internat., vom 15. Mai 1899 z. Friedenskonferenz. Mainz 1900. Schupp.

Frauendienst, od. Geschichte u. Liebe des Ritters u. Sängers Ulrich v. Lichtenstein. Aus einer alten Handschrift bearbeitet u. herausg. von Ludw. Tieck. gr. 8. Tübingen, Cotta. 812.

Frauendienst, oder: Geschichte und Liebe des Ritters und Sängers **Ulrich von Lichtenstein**, von ihm selbst beschrieben. Nach einer alten Handschrift bearbeitet und herausgegeben von **Ludwig Tieck**. Neue Auflage. Wien 1818. 8°.

Frauendienst. Zeitschrift f. das Gesamtgebiet der Wohlfahrtspflege an u. durch Frauen. Hrsg. u. red. v. Zimmer. Jahrg. 1902. 12 Nrn. gr. 8. (IV, 482 S.) Berlin, C. Heymann. n. 4. —

Frauendienst. Zeitschrift f. das Gesamtgebiet der sozialen Arbeit an u. durch Frauen. Vereinsblatt des „Frauendienst" E. V. u. seiner Zweigvereine, sowie der Zimmerschen Anstalten. Hrsg. u. red. v. Zimmer. 2.—4. Jahrg. 1903—1905. à 12 Nrn. (IV, 470; IV, 458 u. IV, 438 S.) gr. 8. Berlin, C. Heymann. à Jhrg. n. 4. —
Fortsetzg., s.: Monatshefte für d. Verein Frauendienst.

SECHS Wochen Frauendienst. Milwaukee (Dresden) 1900. 8°.
Verb. d. Ldg. Leipzig 4. Bv. 16/23.

SECHS Wochen Frauendienst. Milwaukee (Dresden) 1900.

Frauendienst, C., das Examen im Eisenbahn-Güter-Expeditions-Dienst. Beantwortung der im Leitfaden für den Güter-Expeditions-Dienst von Scholtz aufgestellten 100 Fragen für das Examen der Güter-Expeditions-Beamten. Mit einem Anhang: Der pract. Wiegemeister. 2. Aufl. gr. 8. (178 S.) Aschersleben 878, Schlegel.
Die 1. Aufl. war nicht im Handel.

Frauendienst, M. u. L. Nadolle, Wandtafeln f. Werkzeug- u. Maschinenlehre (Metallbearbeitung). Taf. 9 u. 10 je 2 Bl. zu 110×85 cm. Mit Text. 8. Berlin (909). H. Spamer. à Taf. 5.—; auf Leinw. m. Stäben à n 9.50; Texte à — 05
9. Drehbank I. (4 S.) — 10. Drehbankarbeiten (3 S.). Taf. 1 8 s. u.: Nadolle.

Frauendorf, Baron von: „Briefe an S. Majestät den König von Preussen", aus dem Franz. von C. T. Pinkert, München 1830. — Vorh.: Com. Bibl. Hamburg.

— Dass., französ. u. deutsch. 1r Thl. gr. 8. Augsb. 830. Wolff. 16 gr. Dass., blos deutsch. 2e Aufl. gr. 8. Ebd. 830. 12 gr.

v. Frauendorf, Baron, Briefe an Se. Maj. d. König v. Preußen. Aus d. Französ. übers. v. P. K. Pinkert. gr. 8. Münch. 832. (Jaquet). 10 gr.

Frauendorf, F. A., der Abbreviator. Hilfsbuch f. Schriftsetzer, Korrektoren, Verlagsbuchhändler u. s. w. 8. (52 S.) Leipzig 888. Frankenstein & Wagner. n. — 50

Frauendorfer, Max, Rechtspraktikant am k. Landgerichte München I: Die Willensrichtung beim dolus eventualis. Diessen 1907: J. C. Huber. (106 S.) 8°
Würzburg, Jur. Fak., Ref. Oetker, Diss. v. 14. Juni 1907
[Geb. 24. Okt. 82 München; Wohnort: München; Staatsangeh.: Bayern; Vorbildung: Ludwigs-Gymn. München Reife Juli 01; Studium: München 8 S.; Rig. 19. Dez. 06.]

Frauendorfer-Mühlthaler, H., unsere Lieblinge. 12 aquarellirte Federzeichngn. (Kinderbildnisse.) Fol. (1 Bl. Text.) Erfurt (900). F. Martin. In Mappe 20. —

Frauendorff, Fd., Alphabete u. Muster zum Sticken in Weiß entworfen u. den Damen des In- u. Auslandes achtungsvoll gewidmet. 1. Heft. gr. 4. (18 lithogr. Bl.) Gotha 846, Hennings'sche Buchh. 2/3 ß

— Leitfaden zum freien Handzeichnen in systemat. Ordnung für die ersten Anfänger sowol, als für schon Geübtere, insbesond. zum Gebrauch für Sonntags- u. Gewerbschulen. qu. Lex. 8. (42 lith. Taf. u. Text.) Ebend. 845. 1/3 ß

— dess. Ergänzungsheft, s. Vorschule.

Frauendörffer, Phil., tabula smaragdina medico-pharmaceutica. 12. Nürnb. Raspe. 726.

§ **FRAUENDÖRFFER**, Sim., von Frauenstadt. — Eine für die Bösen Weiber nützliche Und vorrähtige(!) Apothecke, Darinnen Unterschiedliche Artzeneyen, Kunst und helffende Mittel Die regiersüchtigen Mannquelerischen bösen Weiber fromm, gehorsam und geschmeidig zu machen. In einem Zeit-vertreiblichen Gespreche zwischen Cardilucius und Sebalden abgeredet, auch denen so es bedürffen, an die Hand gegeben werden. Sampt Beyfügung, Mancherley Nutzbringender Hauss-Reguln, in reinen Versen vorgestellet, woraus Frauen u. Junfrauen (!) die Vortheile eine friedliche stille Ehe zu führen und alles Streits, Scheltens u. Schläge überhoben zu seyn deutlich ersehen können. So wohl ledigen als verehligen (!) Leuten erbaulich u. lustig auffgethan, Durch *Simon Frauendörffer von Frauenstadt*, in der Amazonier Lande gelegen. Gedruckt zu FRAUENBERG (Frankfurt) 1702. 12°. (In München: H. g. hum. 2190, 1.) (3 Mk. 50 Pfg. M. Edelmann, c. 1905.)
Tit. (roth u. schwarz), 2 Bll. u. 156 SS. Mit TKpf. u. 1 gefalteten Kpftaf. Vieles derb.

Frauen-Ehre. Zeitschrift für die sittlichen Interessen des deutschen Volkes. Organ des deutschen Vereins zur Hebung der öffentlichen Sittlichkeit, sowie anderer Vereine verwandter Tendenz. Hrsg. von Osk. Cordel. 1. Jahrg. Juli 1882—Juni 1883. 52 Nrn. (B.) gr. 4. Berlin, Koage & Fritze. n. 8. —
Nicht weiter erschienen.

FRAUENEHRE und Frauenliebe .... (Mk. 2—.) (Mk. 2,20, franco, R. Klinger, Berlin, c. 1905.)

Frauen-Encyklopädie. Ein Hand- u. Hilfsbuch f. Haus u. Familie, zur Belehrung u. Unterweisung der Frauen u. Jungfrauen über die gesammten Verhältnisse des weibl. Lebens u. Wirkens. Bearb. von einem Vereine sachkundiger Männer u. Frauen (v. Chr. Heinr. Ferd. Hartmann). (In ca. 50 Hftn.) 1—20. Hft. 8. (1. Bd. 909 S. 2. Bd. 912 S.) Glogau 851. 52, Flemmings Verlag. (à 1/6 ß) 3 1/3 ß

Frauen-Encyklopädie. Ein Hand- und Hilfsbuch für Haus u. Familie, zur Belehrung u. Unterweisung der Frauen u. Jungfrauen über die gesammten Verhältnisse d. weibl. Lebens u. Wirkens. Bearb. von e. Vereine sachkundiger Männer u. Frauen. 21—37. (letztes) Heft. Glogau (853—54.) C. Flemming. 8. (3. Bd.: 898 S.; 4. B.: 807 S.) Jedes Heft 5 ℳ

Frauen-Erwerb. Zeitung f. das gesammte weibl. Berufswesen der gebildeten Stände. Begründet u. hrsg. v. Hugo Söderström. Red.: F. G. Ad. Weiß. Jahrg. 1891. 52 Nrn. (1 1/2 Bog.) gr. 4. Grünberg i/Schl., [Weiß Nachf. Verl.] Söderström. n. 6. —
Erschien nicht weiter.

Frauenfeind, der. Eine Monatsschrift. Hrsg. v. F. Groß. 1. Jahrg. 1886/87. [12 Hfte.] gr. 8. Wien, Konegen. [n. 10. —; einzelne Hfte. à n. 1. —]
Es erschienen nur 6 Hfte. (384 S.) n. 5. —

Frauenfeld [Sachliches OW]

Frauenfeld, dargestellt nach seinem gegenwärtigen Zustand und seinen bisherigen Schicksalen. Frauenfeld 1826. V: *Mörikofer, Johann Caspar.* (ZÜRKL)

Frauenfeld. [Waffenplatz. Lithographischer Ueberdruck aus den Blättern 53, 55—59, 66, 69, 70 des Topographischen Atlas Siegfried.] Massstab 1 : 25000. [Hrg. durch die] Schweizerische Landestopographie, Bern. Ueberdruck 1906. 505/720 mm. 1 Bl. quer-fol.
Ausg. A: offen. fr. 2. —
Ausg. B: auf Lwd. aufgezogen, 8; *Titelblatt (mit Kartenskizze):* Topographischer Atlas der Schweiz. Ueberdruck. Waffenplatz Frauenfeld. 1 : 25,000. [Bern,] Eidg. topographisches Bureau, *Aufdruck:* 1906. aufgezogen fr. 3. —

Frauenfeld. [Waffenplatz. Lithographischer Ueberdruck aus den Blättern III, IV, VIII, IX der Dufour-Karte.] Massstab 1 : 100000. [Hrg. durch die] Schweizerische Landestopographie, Bern. Ueberdruck 1906. 537/767 mm. 1 Bl. quer-fol.
Ausg. A: offen. [fr. 2. —]
Ausg. B: auf Lwd. aufgezogen, 8; *Titelblatt (mit Kartenskizze):* Topographische Karte der Schweiz, Überdruck. Frauenfeld. 1 : 100,000. Bern, Schweiz. Landestopographie, *Aufdruck:* 1906. aufgezogen fr. 3. —

Frauenfeld [Schlagwort]

Frauenfeld, s.: **Deutschland.** **Kürscuner-Pelp.** — **Schweiz.** **Atlas. Karte**

Frauenfeld, Georg von

Frauenfeld, G. v. Abbildung der im Verzeichniss der Arten der Gattung Paludina aufgeführten etc. Arten (Zoolog. Misc.) Wien 1865.

v. **Frauenfeld,** Geo., neu aufgefundene Abbildung des Dronte u. e. zweiten kurzflügeligen Vogels, wahrscheinlich des „Poule rouge au bec de bécasse" der Maskarenen, in der Privatbibliothek S. M. des verstorbenen Kaisers Franz. Mit 4 (lith.) Taff. Wien 868. (Leipzig, Brockhaus.) Fol. (VI, 17 S.) n. 4 ℛ𝓅

Frauenfeld, G. v. Über Aleurodes und Thrips etc. (Zoolog. Misc.) Wien 1867.

Frauenfeld, Geo., die Algen der dalmatischen Küste mit Hinzufügung der von Kützing im adriatischen Meere überhaupt aufgeführten Arten. Mit Darstellung eines Theils derselben in Naturselbstdruck (auf 24 Taf.). Wien 855. (Leipzig, Brockhaus in Comm.) gr. 4. (XVIII, 78 S.) n. 2 ℛ𝓅 10 ngr

Frauenfeld, G. v. Aufenthalt am Cap der guten Hoffnung. 1860.

Frauenfeld, G. v. Der Aufenthalt auf Manila. 1861.

Frauenfeld, G. v. Der Aufenthalt der „Novara" auf den Stuarts-Inseln. 1860.

Frauenfeld, G. v. Aufenthalt in Valparaiso und Ausflüge daselbst. 1860.

Frauenfeld, G. v. Aufzählung der Algen der dalmatinischen Küste. 1854.

Frauenfeld, Geo., Ausflug nach dem Adamspik auf Ceylon. (Aus den Sitzungsber. 1859 der k. Akad. der Wissensch.) Wien 859. Gerold in Comm. gr. 8. (16 S.) n. 2 ngr

Frauenfeld, G. v. Ausflug von Spalato in die Sümpfe der Cettina.

Frauenfeld, G. v. Meine Ausflüge in Madras. 1860.

Frauenfeld, G. v. Beitrag zur Fauna Dalmatiens. Wien 1856 u. 1860—61

Frauenfeld, G. v. Beitrag zur Kenntniss der Insekten-Metamorphose. 1861.

Frauenfeld, G. v. Beiträge zur Fauna der Nikobaren. 1867.

— **Beiträge** zur Naturgeschichte der Trypeten nebst Beschreibung einiger neuer Arten. Mit 1 (lith.) Taf. (Aus d. Sitzungsberichten d. k. Akad. d. W.) Wien 857. (Gerold.) gr. 8. (37 S.) n. 8 ngr

Frauenfeld, G. v. Bemerkungen gesammelt auf Ceylon. Wien 1860.

Frauenfeld, G. v. Die neuesten Beobachtungen über Phylloxera vastatrix etc. (Zoolog. Misc.) Wien 1873.

— Bericht über weitere Bearbeitung der Novara-Sammlungen und Fortsetzung der Diagnosen neuer Lepidopteren von Dr. C. Felder. S. 43. 1 . . . . vgr.
Separatabdruck

—— **Bericht über den Erfolg der ihm gewordenen Mission: die Weltumsegelungs-Expedition S. M. Fregatte „Novara" als Zoologe zu begleiten. Lex.-8. (9 S.) Wien 860, (Gerold's Sohn.)** *

Frauenfeld, G. v. Bericht über eine Reise durch Schweden und Norwegen. 1863.

Frauenfeld, G. v. Bericht über eine Sammelreise durch England, Schottland, Irland und die Schweiz i. J. 1865.

Frauenfeld, G. v. Ein Besuch im Böhmerwalde. Wien 1866.

Frauenfeld, G. v. Besuch einiger Krainer Höhlen.

Frauenfeld, G. v. Besuch auf den Nikobaren. 1860.

Die Gattung Carychium (mit 1 Taf.) S. 19. 70 . . . vgr.
Separatabdruck

Frauenfeld, G. v. Diagnosen einiger neuer Insecten und Untersuchung mehrerer Sandproben verschiedener Küstenpunkte. Wien 1860.

Frauenfeld, G. v. Drehkrankheit bei Gemsen. 1868.

Frauenfeld, G. v. Ergebnisse meines Ausfluges an den Plattensee. 1870.

Frauenfeld, G. v. Ergebnisse einer an die Küsten Dalmatiens unternomm. Reise. 1854.

Frauenfeld, G. v. Über Farbenänderungen von Vögeln in der Sammlung des Jul. Finger (Zoolog. Misc.) Wien 1866.

Frauenfeld, G. v. Eine neue Fliegengattung: Raymondia. 1855.

Frauenfeld, G. v. Zur Flora und Fauna von Neu-Caledonien. Wien 1867.

Frauenfeld, G. v. Die Frage des Vogelschutzes. Wien 1872.

—— **naturhistorische Fragmente, gesammelt auf einer Reise am rothen Meere im Frühjahr 1855. Lex.-8. (21 S. mit 2 Stnt.) Wien 856, (Gerold's Sohn.)** *
Aus: Sitzungsberichte der k. Akademie der Wissenschaften J. 185[illegible] besonders abgedruckt.

Frauenfeld Georg Ritter von. Die Gallen. Versuch, die durch Insekten an den Pflanzen verursachten Auswüchse nach ihren Haupttypen und Wachstumsverhältnissen naturgemäß zu gruppieren. S. 15. 25 . . . . vgr.
Separatabdruck

Frauenfeld, G. v. Die Grundlagen des Vogelschutzgesetzes. Wien 1871.

Frauenfeld, G. v. Das Insectenleben zur See. Wien 1867.

Frauenfeld, G. v. Ueber landwirthschaftliche Insektenschäden. 1866.

Frauenfeld, G. v. Käfer. Fliegen. Schmetterlinge etc. (Zoolog. Misc.) Wien 1866.

Frauenfeld, G. v. Ein neuer Landegel etc. (Zoolog. Misc.) Wien 1868.

Frauenfeld, G. v. Die orientalische Manna Tihal und ein Auswuchs auf der persischen Bazgendsche (Zoolog. Misc.) Wien 1866.

Frauenfeld, G. v. Zur Metamorphosengeschichte. 1862.

Frauenfeld, G. Ritter v., Mollusken, s. **Reise der österreich. Fregatte Novara. Zoolog. Thl. 2. Bd.**

Frauenfelder, Ed., **Johannes Munz.** Lebensbild e. treuen Zeugen des Wortes. gr. 8. (67 S.) Basel 895. A. Geering. n. — 70

Frauenfeld, Geo., Notizen über die Fauna Hongkong's und Schanghai's, gesammelt daselbst während des Aufenthaltes Sr. Maj. Fregatte Novara im Sommer 1858. (Aus den Sitzungsber. 1859 der k. Akad. der Wissensch.) Wien 859. Gerold. gr. 8. (34 S.) n. 5 ngr

— Notizen, gesammelt während meines Aufenthaltes auf Neuholland, Neuseeland und Taiti. (Aus den Sitzungsber. 1859 der k. Akad. der Wissensch.) Ebend. 860. gr. 8. (34 S. m. Holzschn.) n. 5 ngr

Frauenfeld, G. v. Notizen gesammelt auf Neuholland, Neuseeland, u. Taiti. Wien 1860.

Frauenfeld, G. v. Notizen zur Kenntniss über Neu-Amsterdam. Wien 1860.

—— über die **Paludinen** aus der Gruppe der Paludina viridis Poir. Lex.-8. (12 S. mit 1 Stnt.) Wien 857, (Gerold's Sohn.) *

Vorstehende sechs Schriften des Verf. wurden aus: Sitzungsberichte der k. Akademie der Wissenschaften, Jahrg. 1856 und 1859, besonders abgedruckt.

Frauenfeld, G. v. Über exotische Pflanzenauswüchse, erzeugt von Insecten. Wien 1859

Frauenfeld, G. v. Die Pflege der Jungen bei Thieren. Wien 1871.

Frauenfeld, G. v. Phylloxera vastatrix. 1872.

Frauenfeld, G. v. Über die Rapswespe Wien 1866.

— Über Raymondia Fr., Strebia Wd. und Brachytarsina Mcq. S. 22. 48 . . . . . . vgr.
Separatabdruck

Frauenfeld (G.). Reise an den Kuesten Dalmatiens. Wien, 1851. 8°.
On Dalmatian Algae.

Frauenfeld, G. v. Reiseskizzen von Manila, Hongkong und Shanghai. Wien 1860.

Frauenfeld, G. v. Über einen in einen Stein eingeschlossenen lebenden Salamander. 1867.

Frauenfeld, G. v. Schmetterlings-Selbstfänger von Schirl. Wien 1868.

Frauenfeld, Georg. Ueber die Sommerbeschäftigung eines Theiles der Bewohner des Wienerwaldes. *Wien* 1857. Druck von *M. Auer*. 4 S. gr. 8°. 4 S.
Aus den Mittheilungen der k. k. geograph. Gesellschaft, I. Jahrg. 1857, II. Heft, besonders abgedruckt.

Frauenfeld, G. v. Über die ersten Stände von Plinthus Megerlei. 1854.

Frauenfeld, G. v. Die ausgestorbenen u. aussterbenden Thiere der jüngsten Erdperiode. Wien 1870

Frauenfeld, G. v. Eine neue Trypete etc (Zoolog. Misc.) Wien 1865.

Frauenfeld, G. v. Verfärbung eines Gimpels. 1863.

Frauenfeld, G. v. Vertilgung des Rapskäfers. 1870.

Frauenfeld, G. v. Verwüstungen des Rapsglanzkäfers in Böhmen und Mähren. 1867.

Frauenfeld (G. R. von). Das Vorkommen des Parasitmus im Thier- und Pflanzenreiche. Wien, 1864. 8°.

Frauenfeld, G. v. Über den Wert der Vögel in Bezug auf das Vogelschutzgesetz.

Frauenfeld, G. v. Xiphydria camelus etc. (Zoolog. Misc.) Wien 1868.

Frauenfeld, G. v. Über einen Zerstörer der Baumwollkapseln in Egypten. 1867—68

Frauenfelder, Ed., d. **Vergebung** d. Sünden. Vortrag, geh. i. d. Fraumünsterkirche in Zürich am 24. Jan. 1896. 8. (22 S.) Zürich 896. Depot d. evang. Gesellschaft. n. —50

Frauenfelder, Gustav. Büschel von Raumkurven 4. Ordnung II. Art mit zwei stationären Tangenten. Diss. Phil. [II.] Univ. Zürich. [Mit Figuren und 2 Tafeln.] 29 S. 8. Zürich, Zürcher & Furrer, 1903.

Frauenfelder, G., Büschel v. Raumkurven 4. Ordnung II. Art m. zwei stationären Tangenten. (S. 299—314 m. 4 Fig. u. 2 Taf.) gr. 8. Teschen (904). (Wien, J. Eisenstein & Co.) n. 1. —
Sonderabdruck aus: „Monatshefte f. Mathematik u. Physik".

Frauenfelder, Gust[av]. Erziehung der Lehrlinge an der gewerblichen Fortbildungsschule. Einige Gedanken anlässlich der Reorganisation der Gewerbeschule Zürich. II + 40 S. 8. Zürich. Schulthess & Co., 1909. [fr. —.60]

Atlas zur Bayerischen Geschichte in 34 Bl. von Dr. Karl **Frauenfelder**, k. Reallehrer. *Bamberg: C. C. Buchner 1903.* (34 Kartenbl.) 8° [03. 14897]

Frauenfelder, Karl: Über Entstehung der Flussinseln. *Ludwigshafen a. Rh. (1897): J. Waldkirch & C.* (45 S.) 8° München, Phil. Diss. v. 1897

Frauenfelder, Karl, Deutsches Lesebuch f. technische Mittelschulen u. verwandte Anstalten, s.: **Drechsel, Wilh.**

Frauen-Fleiß. Handarbeiten-Blatt f. die Familie. Red.: Emmy Heine. 1. Jahrg. Apr.—Decbr. 1893. 9 Nrn. Fol. (Nr. 1. 8 S. m. Abbildgn., 1 Vorlagenbog. u. 1 farb. Taf.) Berlin, J. H. Schwerin. n. 2. 25

— dasselbe. 2. Jahrg. 1894. 12 Nrn. Fol. (Nr. 1. 8 S. m. Abbildgn., 1 Vorlagenbog. u. 1 farb. Taf.) Ebd. n. 3. —

Frauen-Fleiß. Handarbeiten-Blatt f. d. Familie. Ges.-Leitg. u. Red.: Ernst Calé. Mitarbeiter: Emmy Heine. 3.—6. Jahrg. 1895—1898. à 12 Nrn. (à ca 8 S. m. Abb. u. Vorlagenbog.) Fol. Berlin, J. H. Schwerin. à Jahrg. n. 3. —
Kann auch vierteljährlich bezogen werden.

Frauen-Fleiß. Handarbeiten-Blatt f. die Familie. Gesammt-Leitg. u. Red.: Ernst Calé. Mitarbeiter: Emmy Heine u. Elise Nennemann. 7.—11. Jahrg. 1899—1903. à 12 Nrn. Fol. (à ca. 8 S. m. Abbildgn., Vorlagenbog. u. Farbdr.) Berlin, J. H. Schwerin. à Jahrg. 3. —

Frauen-Fleiß. Handarbeiten-Blatt für die Familie. Gesammt-Leitg. u. Red.: Ernst Calé. Mitarbeiter: Elise Nennemann. 12.—14. Jahrg. 1904—1906. à 12 Nrn. (à ca. 8 S. m. Abbildgn., Vorlagenbog. u. Farbdr.) Fol. Berlin, J. H. Schwerin. à Jhrg. n. 3 —

Frauen-Fleiß. Handarbeiten-Blatt f. d. Familie. Gesamtleitung u. Red.: Ernst Calé. 15—18. Jhrg. 1907—1910. à 12 Nrn. (à ca. 8 S. m. Abbildgn., 1 Vorlagenbog. u. 1 Farbdr.) 42×31,5 cm. Berlin, J. H. Schwerin. à Jhrg. 3.—

Frauen-Fortschritt. Wochenzeitung für Frauenkultur. (Jg. 1, Nr 1-8: Hrsg.: Adele Schreiber.) Jg. 1, Nr 1 – 2, Nr 27/28. [Mehr nicht ersch.] — (Berlin: Frauen-Fortschritt; Nr. 17/18 ff.: Berliner Vereinsdruckerei) 1910. 11. 2°

Frauen-Fortschritt. Jetzt: Berlin (W. 35, Steglitzerstr. 11). Berliner Vereinsdruckerei.

Frauenfrage (Zur). Ein neues Capitel für die 3. Aufl. des Albums einer Frau. 8°. Hannover 1868.

Frauenfrage (Zur). Heutiger Stand der Frauenfrage mit bes. Bezug auf Dr. C. Pelman's Broschüre „Nervosität und Erziehung". Warum ist die Frau als Lehrerin und Arzt unentbehrlich? Von Dr. Philadelphos. gr. 8°. Berlin, Oehmigke's Verl., 1891.

Frauenfrage, die, u. ihr Kern: Das Leben e. alten Jungfrau m. besond. Berücksicht. der Mädchenerziehg. gr. 8. (87 S.) Gütersloh 873. Bertelsmann. n. - 80

Frauengabe. Neuestes und vollständigstes, unentbehrliches Hand-, Hülfs- und Unterweisungsbuch für Frauen und Mädchen aller Stände über sämmtliche Kenntnisse, welche denselben in Beziehung auf Hauswesen, Wirthschaft und Küche, Erziehung, Umgang und Sitten, Gesundheit und Schönheit des Körpers rc. zu wissen nöthig sind. Unter Mitwirkung mehrerer Gelehrten und Schriftsteller hrsg. von einem Verein sachverständiger Frauen. 1. Bd. 1—4. Lfg. A. u. d. T.: Praktisches, auf vielseitige Erfahrung gegründetes Koch- und Küchenlehrbuch für Haushaltungen aller Stände. 1. Abthl.: Die Küche. Hrsg. von Wilhelmine Josephine Werner, geb. Nordheim. Mit in den Text eingedr. Abbildungen. 1—4. Lfg. (S. 1—128 und Beilage: Erholungsstunden. 1. Bd. Nr. 1—4. à Nr. 16 S.) gr. 8. Berlin 855—56, Literatur- und Kunst-Comptoir. à Lfg. 3 Ngr.

Frauen-Gallerie aus Walter Scott's Werken. 1.—8. Liefg. 16. (Mit Stahlst.) Mannheim 842—44, Hoff. à 1/4 ₰

Frauengenossenschaften, die neueren religiösen, s.: Kalkum, M.

Frauen-Genossenschafts-Blatt des Zentralverbandes deutscher Konsumvereine. Jg.1,1902 - 4,1905. Hamburg: Verlagsanst. des Zentralverbandes dt. Konsumvereine 1902-05.

Frauen-Genossenschaftsblatt des Zentralverbandes deutscher Konsumvereine. 3. u. 4. Jahrg. 1904 u. 1905. à 24 Nrn. (à Jahrg. 191 S.) Lex.-8. Hamburg, Verlagsanstalt des Zentralverbandes Deutscher Konsumvereine. à Jhrg. n. 1. —; zusammen in 1 Bd. geb. n. 2. 50

Frauengestalten, drei. Von B. v. S. S. 8. (183 S.) Dresden 889. Bierson. n. 2. 50

Frauen-Gesundheits-Buch. Aufklärgn u. Ratschläge über alles Wissenswerte i. Leben d. Frauen u. Jungfrauen. V. e. erfahr. Frauenarzte. M. e. Vorwort v. E. Bilfinger. 8. (VIII, 130 S. m. Abb.) Leipzig-Thonberg 896. E. Kunze. n. 1. 60; geb. n. 2. 10
Erschien auch in 8 Lfgn. à n. — 20.

Frauen-Handarbeit. Erstes Organ d. Lehrerinnen d. Handarbeit an d. österr. Schulen. Geleitet u. hrsg. v. Marianne Nigg. 1. Jahrg. 1897. 12 Nrn. (à ca. 6 S. m. Abb.) gr. 4. Korneuburg, M. Nigg. n. 1. 50
Weiter nicht erschienen.

Frauenhände. Illustr. Monatsschrift f. weibl. Handarbeiten. Red.: Emmy Heine. 1. Jahrg. Apr.—Dezbr. 1894. 9 Nrn. (Bog. m. 1 Musterbog.) Fol. Berlin, J. H. Schwerin. n. 1. 50

Frauenheil. Organ f. jede Frau. Illustr. Zeitschrift f. Gesundheits-, Schönheits- u. Krankenpflege, Erziehg. u. Unterricht, Mode u. Handarbeit, Haus u. Familie. Chef-Red.: Eckhoff. Red.: Caroline Feyertag Edle v. Oberhausen. 1. Jahrg. 1893. 26 Nrn. (à ca. 2 Bog.) gr. 4. München, (Staegmeyr). 4. —

Frauenheim. Wochenschrift f. Frauen-Interessen. Red. v. Frau Hochheim-Schwahn. 1. u. 2. Jahrg. 1884—1886. à 52 Nrn. (B. m. Illustr.) gr. 4. Löbau Westpr., Skrzeczek. à Jahrg. 4. —

Frauenheim. Eine Wochenschrift für deutsche Frauen. Zur Unterhaltung u. Belehrung. Red. v. Frau Hochheim-Schwahn. 3. Jahrg. Oktbr. 1886—Septbr. 1887 52 Nrn. (B.) gr. 4. Löbau, Westpr., Skrzeczek. n. 4. —

— dasselbe. 4. Jahrg. Oktbr. 1887—März 1888. 26 Nrn. (B.) gr. 4. Ebd. n. 2. —
Erschien nicht weiter.

—— dass. — 5. Jahrg. [Oktbr. 1887—März 1888. 26] Nrn. (Bog.) gr. 4. Ebendas. *
Nicht weiter erschienen.

Frauenheim. ⟨Wochenblatt f. d. Interessen d. Frauenwelt.⟩ Vacanzen-Zeitung f. Frauen u. Mädchen aller Stände. Offerten- u. Anzeigeblatt f. d. Haus u. d. Familie. Begründet v. Alwine Preusser. (Für d. Red. verantwortl.: Anna Beyer.) Jg. 1-30. [Mehr nicht ersch.] — Magdeburg: Frauenheim 1890-1921. 4°

Frauen-Herz, ein. Roman vom Verf. der „Christine" etc. (Is. del Sotto.) gr. 8. (203 S.) Wien 874. (Gerold's Sohn.) n. 6. —

Ein edles Frauenherz. Eine Geschichte | aus dem Theaterleben. Stereotyp-Ausgabe. Reutlingen. | Druck und Verlag von Enßlin und Laiblin. (Neue Volksbücher, 21 a).
o. J., 29 S. 3 S. Anzeigen, 165 × 107, U.-Fig.: *Frau am Spinnrocken mit kleinem Mädchen*, 71 × 58.
LBS d. D. oct K 3308.

Frauenherzen. Ein Briefwechsel. (Autor. Übertr. aus d. Dän. von Gertrud Ingeborg Klett.) Berlin: S. Fischer [1910]. 202 S. 8° [10. 13136

Frauen-Hilfe. Blätter aus d. Ev. Diakonieverein. Mit (ill.) Beiblatt „Unsern Kindern". Schriftleiter: Zimmer. 1. Jahrg. April 1897—März 1898. 12 Nrn. (à ca. 2 Bog.) gr. 4. Herborn, Verlag d. Ev. Diakonievereins. Mit Einbanddecke n. 2. —

— dasselbe. Fortsetzg., s.: Blätter a. d. evang. Diakonieverein.

Frauenhofer, J. v: Gesammelte Schriften. Hrsg. von E. Lommel. München 1888

Frauenhold, G., die Geheimnisse des schönen Geschlechts. Ein freundl. Rathgeber für unsere Frauen und Mädchen, die die Schönheit u. Gesundheit des Busens, die Reinheit u. Zartheit der Haut, die Frische u. Blüthe des Teints erhöhen u. erhalten wollen. 12. Kaschau 834. (Pesth, Heckenast.) 3/8 ₰

Frauenholz. Verzeichniss einer beträchtlichen Kupferstich-Sammlung alter und neuer, grösstentheils seltener Blätter aus allen Schulen, nebst Handzeichnungen u. s. w. 2 Bde. Nürnberg 1793, 1795. 8°.

Frauenholz, A. Das tropische oder das sog. Kalenderjahr. 1877. 4.

Frauenholz, A. Die Parallaxe der Sonne. Breslau 1878. 4.

Frauenholz, A., die Sonne u. ihre Achsendrehung. Eine kurze wissenschaftliche Abhandlung. Breslau 870. (Gosohorsky.) gr. 8. (16 S.) n. 5 ngr.

Frauenholz, A., die Sonnenflecken, was sie sind u. woher sie kommen. Eine wissenschaftl. Abhandlg. begründet auf Sonnensystem in der Vorzeit. gr. 8. (64 S.) Breslau 870. (Gosohorsky.) n. 1. —

— das Sonnensystem in der Vorzeit. Eine kurze wissenschaftliche Abhandlung. Breslau 868. Maruschke & Berendt in Comm. gr. 8. (16 S.) n. 10 ngr.

Fraunholz, Franz Xaver. Der rothe Onyx. Roman aus der deutschen Vorzeit. 12. (237 S.) Wien, J. Fischer. In Comm. fl. 1.50.

Frauenholz, J. Chr., Zions Blumenlust, od geistl. Cantaten. 12. Straßb. Treuttel. 749.

Frauenholz, Wilhelm

—— s. Bauernfeind's, C. M., Vorlegeblätter zur Brückenbaukunde.

Frauenholz, Wilh., Bau-Constructions-Lehre f. Ingenieure. Als Leitfaden zu seinen Vorträgen bearb. 1. u. 2. Bd. 4. München 875. 76. Th. Ackermann. geb. à n. 10. —
1. Steinconstructionen. (VI, 324 autogr. S. m. eingedr. Fig.)
2. Holzconstructionen. (IV, 294 autogr. S. m. eingedr. Fig.)

Frauenholz, W., Bau-Constructions-Lehre für Ingenieure. Als Leitfaden zu seinen Vorträgen bearb. 3. Bd.: Eisen- u. Fundations-Constructionen. 4. (IV, 376 autogr. S. m. Fig.) München 877. Th. Ackermann. cart. n. 12. — (1—3.: n. 32. —)

Frauenholz, W., über die bessere Benützung des Wassers und der Wasserkräfte und über den Schutz vor Wasserschäden. Nach seinem im polytechn. Vereine zu München am 19. Febr. 1883 gehaltenen Vortrage bearb. Lex.-8. (21 S.) München 883, Literar.-artist. Anstalt. * *
Aus: Bayerisches Industrie- und Gewerbeblatt, besonders abgedruckt.

Frauenholz, W., üb. die bessere Benützung d. Wassers u. der Wasserkräfte u. üb. den Schutz vor Wasserschäden. Lex.-8. (21 S.) München 888. Literar.-artist. Anstalt. n.n. — 50

— f.: Denkschrift betr. die bessere Ausnützung d. Wassers u. die Verhütung v. Wasserschäden.

[illegible] W. Frauenholz. H. Garbe [illegible] 1883 [illegible]

— u. A. **Frank**, generelles Projekt zur Verhütung der Ueberschwemmungen in Nürnberg. Mit 1 Taf. gr. 4. (35 S.) München 888. Literarisch-artist. Anstalt. n. 6. —

— das Wasser mit Bezug auf wirthschaftliche Aufgaben der Gegenwart. Lex.-8. (IV, 71 S.) Ebend. 881. n. 1. 60

Frauenholz, W., Wildbach-Vorbauungen u. Regulirungen v. Gebirgsflüssen etc., s: Handbuch der Baukunde.

Frauenhuldigung, in 3 dramat. Dichtungen, von J. F. Schink. 8. Halle, Rengers. 819.

Frauenhülfe. Blätter f. Frauenarbeit in der evangel. Gemeinde. Organ der Frauenhülfe des evangelisch-kirchl. Hülfsvereins. In Verbindg. m. Arnold, Doeblin, Frhr. v. der Goltz u. a., hrsg. v. Cremer. 1. u. 2. Jahrg. April 1901—März 1903. à 12 Nrn. gr. 8. (à ca. 12 S.) Berlin, Potsdam, Stiftungs-Verlag. à Jahrg. n. 2. —

Frauenhülfe. Blätter f. Frauenarbeit in der evangel. Gemeinde. Organ der Frauenhülfe des evangelisch-kirchl. Hülfsvereins. In Verbindg. m. Arnold Doeblin, Frhr. v. der Goltz u. a. hrsg. v. Cremer u. Schmökel. 3.—6. Jahrg. April 1903—März 1907. à 12 Nrn. (IV, 182; IV, 168; IV, 156 u. IV, 180 S.) Lex.-8. Potsdam, Stiftungsverlag. à Jhrg. n. 1. 50

Frauenhülfe. Blätter f. Frauenarbeit in d. ev. Gemeinde. Organ der Frauenhülfe d. ev.-kirchl. Hülfsvereins. In Verbindg. m. Arnold, Doeblin, Hesekiel u. a. hrsg. v. Cremer u. Hoppe. 7—10. Jhrg. 1907—1910. à 12 Nrn. (186, 272, 380 u. 374 S.) Lex. 8. Potsdam, Stiftungsverlag. 7. u. 8. Jhrg. à 1. 50; 9 u. 10. Jhrg. à 3. —

— fürs Ausland. Jahrb. 1909. (62 S. m. Abb.) gr. 8. Potsdam (910). (Stiftungsverlag.) — 50

Frauenjahrbuch. Hillgers Illustriertes Fr'-J' 1904/1905. Kalender, Merk- und Nachschlagebuch für die Frauenwelt. Hrg. von Hermann Hillger. Mit vielen Illustrationen. [Jahrg. 1.] XII S. + 982 Spalten [+ 5 S.]. 8. Berlin-Eisenach-Leipzig, Hermann Hillger, (1904). [geb. M. 1. 50]
Darin Sp. 171 f. 335 f. 375. 379. 391 f. 525. 583. 634. 645 f. 812. 823 f. 850 f. etc. die Schweiz *betr.*

Frauen-Jahrbuch, illustriertes (Umschlag: Illustriertes Jahrbuch für Deutschlands Frauen) 1906. (86 S.) 8. Stuttgart, E. Weber & Co. n. — 50
Bisher u. d. T.: Jahrbuch, illustriertes, f. Deutschlands Frauen. Erscheint nicht mehr.

Frauenjahrbuch, illustr., f. d. J. 1911. (Umschl.: Illustr. Jahrb. f. Deutschl. Frauen. Frauenkalender u. Haushaltungsbuch auf d. J. 1911. 14. Jahrg. (96 S.) Lex. 8. Stuttgart, H. Quasthoff. — 30; geb. — 50
Erschien f. 1909 u. d. T.: Jahrbuch, illustr., f. Deutschl. Frauen.

Frauen-Journal. Graz 1795—1797. H: *Bauer, Joh. Jos.* (wrztg 1796, S. 3736) (M. Kunitsch, Biograph. merkw. Männer 2120) (Ant. Schlosser, Inneröst. Stadtleben. Wien 1877. S. 108—115.) (biblport) (S. a. GGr VI/627 f.)

Frauenkalender

——s.a. Kalender, landwirthschaftlicher, für Frauen.

— illustr. kathol. Volkskalender f. d. J. 1899. 8. (183 S. m. Abb.) Wiesbaden, G. Quiel. — 30

Frauenkalender für 1900. Herausgeg. v. Bauer. Gr. 8°. 182 S. Zürich, Th. Schröter's Verlag. 1 35

Frauenkalender f. 1904. Hrsg. vom deutsch-evangel. Frauenbunde. (70 S.) gr. 8. Gr. Lichterfelde-Berlin, E. Runge. 1. —

Frauenkalender f. 1905. Hrsg. vom deutsch-evangel. Frauenbunde. (202 S.) 8. Gr. Lichterfelde-Berlin, E. Runge. 1. —

Frauenkalender für 1907. Hrsg. vom deutsch-evangel. Frauenbunde. (230 S.) 8. Gr.-Lichterfelde-Berlin, E. Runge. n. 1. 40

Frauenkalender f. 1908. Hrsg. vom deutsch-evangel. Frauenbunde. (228 S.) 8. Gr.-Lichterfelde-Berlin, E. Runge. 1. 50.

Frauenkalender f. 1909. Hrsg. vom deutsch-evangel. Frauenbunde. (254 S.) 8. Gr.-Lichterfelde-Berlin, E. Runge. 2. —

Frauenkalender f. 1911. Hrsg. v. deutsch-ev. Frauenbund. (192 S.) 8. Gr.-Lichterfelde-Berlin, E. Runge. 2. —

Frauen-Kalender. Hrsg. v. Verein Frauen-Erwerb. [1.] Für d. J. 1906 — [4.] f. d. J. 1909. [Mehr nicht ersch.] — Berlin: Koch-Krauss (1909: Koch): 1905-1908. 4°8°

— f. d. J. 1910. Hrsg. vom Verein Frauen-Erwerb E. V. „Erda" u. dem daran angeschlossenen „Jugendbund zu Schutz u. Pflege v. Pflanzen u. Tieren". (42 S. m. Abb.) 30,5×23,5 cm. Berlin, K. Koch-Krauß. — 50

Frauenkalender, allgemeiner, für 1885. Handbuch für Frauenbestrebungen, Frauenvereine, Lehranstalten, Berufs-, Fortbildungs- und Gewerbeschulen. Hrsg. von Lina Morgenstern. 12. (XIII, 378 S. mit Titelbild.) Berlin, Verlag der deutschen Hausfrauenzeitung. *

—— dass. — für 1886. Internationales Archiv für Frauenbestrebungen. Hilfsbuch für Frauen, Behörden, Vereine etc. Von Lina Morgenstern. 2. Jahrg. 12. (XIV, 383 S. mit Titelbild.) Ebendas. geb. *
Jahrg. 1887, s. Frauenbestrebungen, die, unserer Zeit.

Frauenkalender, allgemeiner, f. 1886. Internationales Archiv f. Frauenbestrebgn. Hilfsbuch f. Frauen, Behörden, Vereine etc. Mit Titelbild. Von Lina Morgenstern. 2. Jahrg. 12. (XIV, 383 S.) Berlin 886. Verl. der deutschen Hausfrauenzeitung. geb. n. 2. 50

Frauen-Kalender, deutscher. 26. Jahrg. 1883. 16. (188 S.) Berlin, Parey. geb. m. Goldschn. n. 3. —

—— deutscher. 29.—32. Jahrg. 1886—1889. 16. (169; 185; 185; 185 S.) Berlin, Parey. geb. mit Goldschn. à Jahrg. *

Frauenkalender, deutscher. 33.—36. Jahrg. 1890—1893. 16. (164; 189; 192; 163 S.) Berl., Parey. geb. à Jahrg. * 2 50

Frauenkalender, deutscher 38. Jahrg. 1895. 16. (174 S.) Berlin, P. Parey. Geb. in Leinw. m. Goldschn. n. 2. 50

Frauen-Kalender, deutscher, für 1884 und 1885. 1. und 2. Jahrg. Hrsg. von dem Erlanger Zweigverein des bayer. Frauenvereins. 16. (X, 224, 87; XII, 218, 120 S.) Erlangen, Deichert. cart. à Jahrg. ℳ 1,20.; geb.

— deutscher, f. 1886. Hrsg. v. dem Erlanger Zweigverein d. bayer. Frauenvereins. 16. (X, 218 u. 110 S.) Erlangen, Deichert. cart. n. 1. 20; geb. n. 1. 40

Frauen-Kalender, deutscher, f. 1896. Hrsg. v. R. H. Greinz. gr. 16. (IV, 146 S. m. 1 Bildn.) München, A. Schupp. n. — 50

Frauen-Kalender, deutscher. Illustriertes Jahrbuch f. 1900. Hrsg. v. Anna Bauer. 8. (183 S. m. Abbildgn. u. 4 Taf.) Stuttgart, Buchh. f. innere Mission. Geb. n. 1. —
Fortsetzung s.: Jahrbuch, illustr. f. Deutschl. Frauen.

— illustrierter, f. d. J. 1889. Mit 1 Chromobild u. 1 Wandkalender. 3. Jahrg. 4. (73 S.) Dresden, Friese & v. Puttkamer. n. — 50

— illustrierter, 1906. (59 S.) 8. Stuttgart, C. Weber & Co. n. — 25

— illustrirter landwirthschaftlicher, f. d. Jahr 1887. gr. 8. (51 S.) Dresden, Expedition der Dresdner landwirthschaftl. Presse. — 30

—— dass. — für das J. 1888. (12 Bog.) 4. Dresden, Friese und v. Puttkammer. *

— katholischer, f. d. J. 1911. Hrsg. im Auftrage des Zentralvorstandes des kathol. Frauenbundes Cöln am Rhein. 1. Jahrg. (270 S.) 16. Hamm, Breer & Thiemann. Geb. in Leinw. 1. —

Frauen-Kalender, landwirthschaftlicher, auf d. J. 1870 u. 1871. 13. u. 14. Jahrg. Berlin, Wiegandt & Hempel. 16. (214; 222 S. m. Holzschn.) Jeder Jahrg. n. 25 ngr.
A. u. d. T.: „Deutscher Frauenkalender" zu gleichem Preise.
Vgl. Kalender, landwirthschaftlicher, für Frauen.

Frauen-Kalender, landwirthschaftlicher, auf d. J. 1872. 15. Jahrg. 16. (225 S. m. e. Holzschntaf.) Berlin, Wiegandt, Hempel & Parey. geb. m. Goldschn. n. 2. 50
Erscheint a. u. d. T.: „Deutscher Frauenkalender" zu gleichem Preise.

Frauen-Kalender, landwirthschaftlicher, auf die J. 1876—1880. 19.—23. Jahrg. 16. (208; 192; 187; 187 S. mit 1 Chromolithogr.; 192 S.) Berlin, Wiegandt, Hempel und Parey. geb. mit Goldschn. à Jahrg. *
Erscheint a. u. d. T.: „Deutscher Frauen-Kalender" zu gleichem Preise.

— landwirthschaftlicher, auf die J. 1881—1885. 24.—28. Jahrg. 16. (186; 188; 188; 186; 186 S.) Berlin, Parey. geb. mit Goldschn. à Jahrg. *
Erscheint auch u. d. T.: „Deutscher Frauen-Kalender" zu gleichem Preise.

— landwirthschaftlicher. 26. Jahrg. 1883. 16. (188 S.) Ebend. geb. m. Goldschn. n. 3.

—— landwirthschaftlicher. 29.—32. Jahrg. 1886—1889. 16. (185; 185; 192; 185 S.) Berlin, Parey. geb. à Jahrg. *

—— landwirtschaftlicher. 33.—36. Jahrg. 1890—1893. 16. (202; 200; 200; 195 S.) Ebd. à Jahrg. geb. in Leinw. m. G. * 2 50

— landwirtschaftlicher. 38. Jahrg. 1895. 16. (190 S.) Ebd. Geb. in Leinw. m. Goldschn. n. 2. 50

— landwirtschaftlicher. 42. Jahrg. 1899. 16. (244 S.) Berlin, P. Parey. Geb. in Leinw. n. 2. —

— landwirtschaftlicher. 46. Jahrg. 1903. gr. 16. (244 S.) Berlin, P. Parey. Geb. in Leinw. n. 2. —

— landwirtschaftlicher. 50. Jahrg. 1907. (252 S.) 16. Berlin, P. Parey. Geb. in Leinw. n. 2. —

— landwirtschaftlicher. 54. Jahrg. 1911. (252 S.) 16. Berlin, P. Parey. Geb. in Leinw. 2. —

Frauenkalender. Schweizerischer F' 1911. [Jahrg. 1.] Hrg. von Clara Büttiker. [Mit Illustrationen und 3 Tafeln.] IV + 136 S. 8. Aarau, H. R. Sauerländer & Co. [fr. 1. 50]

— vaterländischer, f. d. J. 1896. Hrsg. v. d. Frauen-Erwerbs-Gesellschaft in Frankfurt a/M. 8. (140 S. m. Bild.) Frankfurt a/M., Löber & Co. n. — 40

— Wiener, 1904. (160 S. m. Abbildgn.) gr. 8. Wien, Dorfmeister. n. — 66

Frauenkirche [illegible] erbaut von [illegible] 1 Doppelbild in Fol

Die neue Frauenkleidung (später: Neue [auch:] Deutsche Frauenkleidung u. Frauenkultur). Mitteilungen d. Vereins z. Verbesserung d. Frauenkleidung, Köln. Jg. 1-24. — Köln: Kölner Verlagsanst. u. Dr. (später: Leipzig: Beyer; Karlsruhe: Braun) 1905-1928. 4°
Jg. 25 1928/29 ff. vereinigt mit: Frau u. Gegenwart.

Frauenkleidung, die neue. Organ des deutschen Verbandes f. Verbesserg. d. Frauenkleidg. Angeschlossene Vereine: Berlin, Bonn, Bremen usw. Hrsg. v. d. Verein Köln. Schriftleitg.: Clara Sander, Else Wirminghaus. Verantwortlich: Frau Else Wirminghaus. 6. Jahrg. 1910. 10 Nrn. (à ca. 16 S. m. Abb.) Lex. 8. Karlsruhe, G. Braun'sche Hofbuchdr. 6. —

NEUE FRAUENKLEIDUNG UND FRAUENKULTUR. Organ des Verbandes für Deutsche Frauenkleidung und Frauenkultur.
Schriftleitung: KLARA SANDER, ELSE WIRMINGHAUS, Köln a. Rh.
Jahrg. X. 1914. Karlsruhe i. B. 1914. G. Braunsche Hofbuchdruckerei und Verlag.

Frauen-Kloster, Das, in der Au, bey Einsiedeln . . . O. O. 1828. V: *Bodenmüller, Elisa, geb. Lavater.* (Cat. d. Stadtbibl. Zürich. Zürich 1864—97.)

Frauenknecht, J. J. (Resp.): De genuinis viribus tabaci..., s. Brückner, A. E. (Praes.)

Frauenknecht, L. C., Feuerschutz in d. Landwirtschaft. (64 S.) kl. 8. München (909). Ph. L. Jung. — 30

Frauenknecht, L. C., die Viehgewährschaft nach dem bürgerlichen Gesetzbuche. Volksthümlich m. kurzen Erläutergn. u. Beispielen f. Viehbesitzer zusammengestellt. 2. verm. u. verb. Aufl. 8. (36 S.) Neumarkt Ob.-Pf. 900. J. Boegl. n. — 40
1. Aufl. (31 S.) Ebd. 900. n. — 40.

FRAUENKNIFFE. Aus dem Leben eines Roué. (Ziemlich zahmer Roman.) Nach d. Englischen von Dr. H. Lawes (d. i. Daniel v. Kászony), Verf. des Werkes: „Die weiblichen Reize". Leipzig, Verlag des Literatur-Bureau (Röhl), o. J. (1872). 8⁰. Illustr. Umschl. 189 S. (3 Mk. Fischhaber; 1 fl. 80 xr. Halm, Wien.)
— — Dasselbe. 3. Auflage. Zürich, o. J. (c. 1875). 8⁰. (2 Mk. Edelmann, 1904.)

— — und Tricks raffinierter Weiber. Interessante Schilderungen aus dem Frauenleben. Enthüllungen und Erfahrungen eines Mannes der grossen Welt. Mit vielen Illustrationen v. Kunstmaler R. Scholz. Dresden, o. J. (190*). 8⁰. (Mk. 2—.)

Frauenkniffe u. Tricks raffinierter Weiber. Enthüllungen u. Erfahrgn. e. Mannes der großen Welt. (101 S. m. Abbildgn.) 8. Dresden (906). F. Casper & Co. n. 2. —

Frauenkniffe u. Tricks raffinierter Weiber. Jetzt: Leipzig, M. Wendel.

FRAUENKNIFFE und Tricks raffinierter Weiber. Enthüllungen und Erfahrungen eines Mannes der großen Welt. Mit Illustrationen [von R. Scholz, Kunstmaler]. Leipzig 38, Max Wendels Verlag, o. J. (um 1907). 8⁰. 101 S.
Verb. d. Ldg. I Berlin 11 J. 1381/08.

(8) **Frauenkniffe u. Tricks** raffinierter Weiber. 906. (KVL 33.) Infolge Rechtsspruchs unbrauchbar gemacht.

Frauen-Kochbuch, neues, für die gewöhnliche und feinere Küche. Eine vollständige Sammlung praktisch-bewährter Recepte. Nach eigener langjähr. Erfahrung in leicht faßlicher Weise vorgeschrieben. Düsseldorf 855. Kaulen. 8. (2 Bl., 228 S.) 15 ngl.

Frauen-Kongress, der internationale, in Berlin 1904. Bericht m. ausgewählten Referaten, hrsg. im Auftrage des Vorstandes des Bundes deutscher Frauenvereine v. Marie Stritt. (XII, 619 S.) gr. 8. Berlin (905). C. Habel. n. 6. —; geb. n. 7. —

Frauenkrankheiten, die häufigsten, s.: Miniatur-Bibliothek.

Frauenkreisen: Aus Frauenkreisen
(1) Berichte aus dem Schweizerischen Frauenverein und anderen Frauenvereinen des In- und Auslandes. Aktuelles aus der Frauenbewegung. Anregungen aus Frauenkreisen. Beilage zum «Schweizer Frauenheim». (3) Bericht des Schweiz. Gemeinnützigen Frauenvereins und seiner Sektionen (5) 19. 9. 1903—22. 2. 1913 (6) 4⁰ (1903—1904). 8⁰ (1905—1913) (7) jährlich 6× (8) Zürich: W. Coradi-Mang (9) Emma Coradi-Stahl. Zürich (19. 9. 1903—Februar 1912). Lina Schläfli. Zürich (27. 2. 1904 — 22. 2. 1913) (11) die Herausgeberinnen (13) Be: L.

Frauenkunst im Hause. Illustrierte Monatsschrift f. künstler. Handarbeiten, textilen Wohnungsschmuck u. f. die Förderg. des Handarbeitsunterrichts. Hrsg. u. Red.: Osc. Haebler. 1. Jahrg. 12 Hefte. (à ca. 48 S. m. Abbildgn., 2 Taf. u. 1 Musterbog.) 30,5×21,5 cm. Dresden [W. Baensch]. Erfurt, Gebr. Richters. 24. —
Fortsetzg., s.: Kunst u. Industrie, textile.

Frauenland
v. Schweizerisches katholisches Volksblatt.

Frauen-Landsturm. Flugblatt gegen den Entwurf zum bürgerlichen Gesetzbuch. Berlin 1896. V: *Stritt, Marie.* (Berl 1918, S. 950)

Frauenleben. Blätter zur Vertretg. der Frauen-Interessen (früher „Neuzeit"). Hrsg.: Helene Littmann. 6. Jahrg. Apr. 1894—März 1895. 12 Hfte. (à ca. 1½ Bog.) Lex.-8. Wien, V, Castelligasse 15, Redaction u. Administr. n. 6. —; einzelne Hfte. — 60
s.a. Neuzeit.

Frauenleben. Blätter z. Vertretg. d. Frauen-Interessen. Hrsg. u. geleitet v. Helene Littmann. 7. Jahrg. Apr. 1895—März 1896. 12 Nrn. (à ca. 24 S.) Lex.-8. Wien (M. Perles). n. 6. —; einz. Nrn. n. — 60

— dasselbe. Organ d. österr. Hilfsvereins f. Beamtinnen in Wien, d. deutschen Vereines z. Förderg. d. Wohles u. d. Bildg. d. Frauen in Prag usw. 8.—10. Jahrg. April 1896—März 1899. à 12 Nrn. (à ca. 1 Bog.) gr. 4. Ebd. à Jahrg. n. 3. —

Frauenleben. Blätter zur Vertretg. der Frauen-Interessen. Organ des österr. Hilfsvereins f. Beamtinnen in Wien, des deutschen Vereines Frauen-Fortschritt in Prag. Hrsg. u. red. v. Helene Littmann. 11.—13. Jahrg. 1899—1901. à 12 Nrn. gr. 8. (à 24—28 S.) Wien [M. Perles]. Szelinski & Co. à Jahrg. n. 4. —
Fortsetzung s.: Frauenleben, neues.

Frauenleben. In Verbindg. m. andern hrsg. von Hanns v. Zobeltitz. I.—X. kl. 8. Bielefeld, Velhagen & Klasing. Geb. in Leinw. m. Goldschn. n. 31. —
Blennerhassett, Charlotte Lady, die Jungfrau v. Orleans. Mit 5 Kunstdr. (VII, 226 S.) 906. (IX.) n. 4. —
— Marie Antoinette, Königin v. Frankreich. Mit 5 Kunstdr. (V, 180 S.) 903. (II.) n. 3. —
Busse, Carl, Annette v. Droste-Hülshoff. Mit 5 Kunstdr. (VI, 193 S.) 903. (IV.) n. 3. —
Engels, Eduard, Angelika Kauffmann. Mit 5 Kunstdr. (175 S.) 903. (III.) n. 3 —
Heyck, Eduard, Maria Stuart, Königin v. Schottland. Mit 5 Kunstdr. (211 S.) 905. (VII.) n. 3. —
Petersdorff, Herm. v., Königin Luise. Mit 5 Kunstdr. 1. u. 2. Aufl. (à V, 181 S.) 903. 904. (I.) n. 3. —
Strobl, Karl Hans, Bettina v. Arnim. Mit 4 Kunstdr. (V, 161 S.) 906. (X.) n. 3. —
Stümcke, Heinr., Corona Schröter. Mit 5 Kunstdr. (X, 165 S.) 904. (V.) n. 3. —
Wille, Jak., Elisabeth Charlotte Herzogin v. Orleans (die Pfälzer Liselotte). Mit 5 Kunstdr. (VI, 184 S.) 905. (VIII.) n. 3. —
Wychgram, Jak., Charlotte v. Schiller. Mit 5 Kunstdr. (V, 156 S.) 904. (VI.) n. 3. —

Frauenleben. In Verbindg. m. andern hrsg. v. Hanns v. Zobeltitz. I. II. IV. VI. VIII u. XI—XIV. kl. 8. Bielefeld, Velhagen & Klasing. Geb. in Leinw. 31. —

Blennerhassett, Charlotte Lady, Marie Antoinette, Königin v. Frankreich. Mit 5 Kunstdr. 2. Aufl. (V, 180 S.) 907. (II.) Geb. in Leinw. m. Goldschn. 3. —

Brachvogel, Carry, Madame Mère (Lätitia Bonaparte). Mit 5 Kunstdr. (173 S.) 909. (XIII.) Geb. in Leinw. 4.

Busse, Carl, Annette v. Droste-Hülshoff. 2. Aufl. (VII, 195 S.) 909. (IV.) Geb. in Leinw. 4.

Heyck, Eduard, Johanna v. Bismarck. Mit 5 Kunstdr. (197 S.) 907. (XI.) Geb. in Leinw. m. Goldschn. 4.

Höffner, Johs., Frau Rat. Elisabeth Goethe, geb. Textor. Mit 5 Kunstdr. (V, 186 S.) 908. (XII.) Geb. in Leinw. 4.

Kleefeld, Wilh., Clara Schumann. (135 S. m. 5 Kunstdr.) 910. (XIV.) Geb. in Leinw. 3.

Petersdorff, Herm. v., Königin Luise. 3. u. 4. Aufl. (V, 182 S. m. 5 Kunstdr.) 907. 10. (I.) Geb. in Leinw. 3.

Wille, Jak., Elisabeth Charlotte, Herzogin v. Orleans (die Pfälzer Liselotte). 2. erweit. Aufl. Mit 5 Kunstdr. (VIII, 188 S.) 908. (VIII.) Geb. in Leinw. 3.

Wychgram, Jak., Charlotte v. Schiller. Mit 5 Kunstdr. 2. Aufl. (V, 158 S.) 907. (VI.) Geb. in Leinw. m. Goldschn. 3. —

Frauen-Leben und -Erwerb. Zeitschrift f. d. Interessen d. Frauenwelt in Kunst, Industrie, Haus u. Familie. Mitteilungen f. d. „Verein Frauen-Erwerb" E. V. Jg. 1-3. 4. Nr 1-18. [Mehr nicht ersch.] — Berlin: Koch-Krauss 1905-1908. 4°

— indisches. B. e. deutschen Senanalehrerin. 8. (24 S m. Abb.) Basel 895. Missionsbuchh. n. — 10

— indisches. Von e. deutschen Senanalehrerin. 2. Aufl. 8. (24 S. m Abbildgn.) Basel 901. Missionsbuchh. n. — 10

Frauenleben unter den Mormonen. Vieljährige Erlebnisse der kürzlich aus Utah zurückgekehrten Gattin eines Aeltesten der Mormonen. Deutsch von A. Kretzschmar. 3 Thle. Leipzig 856. Einhorn. (Wien, Hartleben.) 8. (3 Bl., 169; 2 Bl., 191; 2 Bl., 192 S.) 1 ₰ 6 ngr

Frauenleben Das, unter den Mormonen. Vieljährige Erlebnisse der kürzlich aus Utah zurückgekehrten Gattin eines der Aeltesten der Mormonen. Deutsch von A. Kretzschmar. 3 Thle. Leipzig, Einhorn, 1856. 8°. (4 Kr. Halm & Goldmann, Wien, 1904.)

— neues. Hrsg. v. Auguste Fickert. Red.: Adele Gerber. 14. Jahrg. 1902. 12 Nrn. gr. 8. (à ca. 20 S.) Wien [M. Perles]. Szelinski & Co. n.n. 4. —

— neues. Hrsg. v. Auguste Fickert. Red.: Adele Gerber. 15.—18. Jahrg. 1903—1906. Nebst: Die Staatsbeamtin. Organ der Beamtinnen-Sektion des allgem. österr. Frauenvereines. à 12 Nrn. (à ca. 24 u. 6 S.) Lex.-8. Wien (H. Heller). à Jhrg. n. 4. —

— neues. Hrsg. v. Auguste Fickert. Red.: Adele Gerber. 19—22. Jahrg. 1907—1910. à 12 Nrn. (IV, 316; IV, 312; IV, 333 u. IV, 374 S.) gr. 8. Wien, H. Goldschmidt. à Jahrg. 4. —

Frauenleiden s.a. Volks- u. Hausarzt, deutscher. I. 2.

Frauenleiden. Bielefeld 1902.
V: *Wähling, Wilhelm B.* (Berl)

Das Goldene Buch f. prakt. Hausfrauen, Töchter, Verlobte u. s. w. Grosses illustriertes **Frauen-Lexikon**. Sicherster Ratgeber u. bequemstes Nachschlagebuch über alle Bedürfnisse u. Angelegenheiten in Wohnung, Küche, Keller, Garten ... Vollst. Receptbuch u. prakt. Hausarzt. Unter Mitw. vieler Hausfrauen ... hrsg. von Auguste Krüger, Lehrerin, u. Franz Jul. Dillon. Mit vielen Farbendruckbild., 24 Taf. u. ca 1300 Text-Ill. Bd 1. 2. *Berlin: W. Herlet 1900.* 2 Bde 8° [F.]

Frauenlieb, Jocosus, das ABC für Verliebte, s.a. ABC.

FRAUENLIEB, Jocosus, Das ABC für Verliebte und Heirathslustige. Zu Lust und Scherz. O. O. (Quedlinburg, Basse) 1838. 12°. 3 Bogen. (1 Mk. 20 Pfg., Taussig. 1902.) Weller, Lex. Ps. p. 208; A. G. Schmidt, Gallerie etc., hat „Verlobte" und nennt Ort und Verleger.

Frauenliebe, ein Roman von Caroline Baronin de la Motte Fouqué. 3 Theile. gr. 8. Nürnberg, Schrag. 818.

Frauenliebe od. zwischen zwei Frauen. Roman n. d. Leben. 100 Hfte. gr. 8. (2400 S. m. 1 Vollbild.) Berlin 898. Verlagshaus f. Volkslitteratur u. Kunst. à — 10; auch in 20 Bdn. à — 50

Frauenliebe und Dichterleben, s. Vogel, E.

— u. -Leben. E. Reihe „leb. Bilder" unt. Zugrundelegg. d. Gedichts von Adb. v. Chamisso. 12. (8 S.) Berlin (895). M. Böhm. 1. —

FRAUEN-Liebe und -Leben. Mit Illustrationen. Berlin, W. Bernhardi um (1910). 8°. Verb. d. Ldg. I Berlin 38 J. 738/11.

Frauenliebe und Leben. Den geliebten Schwestern gewidmet zum Schwesterfest, am 10. März 1856, von den Br. Mitgliedern der Loge zur Brudertreue an der Elbe. Hamburg 1856: Köhler. 29 S. 8°

Frauen-Liebling, der. Wochenschrift f. d. Frauenwelt. Chronik d. Zeitereignisse. Nebst d. Beiblättern: Neueste Moden f. uns. Damen (12 Nrn.) u. Roman-Bibliothek. 2. Jahrg. 1895. 52 Nrn. (à ca. 12 u. 8 S. m. Abb. u. Schnittmusterbog., nebst 8 S. in gr. 8.) gr. 4. Berlin, Nebe & Schütze. n. 5. 40

FRAUENLIST, ein Lustspiel von einer Handlung in Versen, im Jahr 1754. O. O. 8°. War in einem alten Wiener gedr. Cat. verbotener Bücher. — Sehr rar!

Frauenlist, Joseph Cornelis von

• — — Neugekleideter, praver u. wohlgeputzter Hahnreystutzer. D. i.: Nothdürfftiger Unterricht von der Hahnreyen Ankunfft, Leben u. Thaten, sammt ihren Privilegien, Gesetzen .... Aus des Herrn *Patientis Cornuti*.... Schrifften .... durch Joseph Cornelium v. Frauenlist, Freyherrn auf Frauenwalde, Weiber-Busch und Jungfer-Feld. — Kleiner Holzschnitt. — Gedruckt zu Hörnerburg, im Hornung, und im Jahr, ALs Horn VnD FLeDer WIsCh Des HahnreIIh WaffnVng War. (1743.) 4°.

§ — — Wohlgeputzter Hanrey-Stutzer, d. i. Unterricht von der Hahnreyen Ankunfft .... Schnackenwalde 1701. 8°. (Auch in Dresden: 8° Litt. germ. rec. D. 103.)

— — — — Dasselbe. 1705. (Weller, fing. Dr.)

Frauenlob. Sein Leben und Dichten, s. Boerckel, Alfr.

Frauenlob. Taschenbuch für die Jahre 1835 – 1838. Von Joh. N. Vogl. 1r - 4r Jahrg. Jeder mit 7 Kpfrn. 16. Wien, (Eckert). (à J n. 1 [illegible]) [illegible]

Frauenlob. Erzählungen u. Gedichte. Zum Besten d. vaterländ. Frauenvereins hrsg. v. Herm. Beutlenmüller. (Der Einbd. ist v. L. E. Kemmer entworfen.) (291 S.) 8. Stuttgart 910. J. Engelhorn Nachf. 3. —; geb. in Leinw. 4. —

Frauenlob aus Dichtermund. Blüthen des deutschen Minnesanges. kl. 4. (16 S. m. farb. Abbildgn.) Nürnberg 893. Th. Stroefer. n. 1. 50

Frauenlob, Frauenlieb, (Reinh. Fr. Schöne), vom Teufel im Leben u. auf den Bretern; eine Beleuchtung d. Freischützen von Kind. Humorist. Phantasm. Mit 2 ill. Steindr. 8. Bresl. 822. Schöne. 9 gGr

Frauenlob, Heinrich, oder der Sänger und der Arzt. Mainz 1792. V: *Vogt, Nicolaus.* (Ky) (MGT)

Frauenlob, Prophetisches, in wochentlichen Blättern ... Frankf. 1740. V: *König, Chn Gottlieb.* (BB) »1749« (ML)

Frauenlob d. J. [Pseud.], s.a. Haug, Joh. Christoph Friedrich

Frauenlob, d. Jüngere, (Jh. Chr. Fr. Haug), Huldigung, den Würdigsten d. schönen Geschlechts in 200 Epigrammen geweiht. Tübing. 816.

— d. allgem. große Pantoffelpredigt, s. Pantoffelpredigt.

FRAUENLOB, Ritter v., Sendschreiben betreffend seine sieben lasterhafften Weiber. 1750. (Weller, Lex. Pseud.) (Format?) Höchst selten!

Frauenlob, Ad., die lieblichsten Sagen u. Bilder aus Süddeutschland, namentl. Schwaben. 12. Ulm 843, Seitz. 1/6 Thlr

Frauenlob, Frauenlieb [Pseud.], s. Schoene, Reinhard Friedrich

Frauenlob, Fritz [Pseud.], s. Jenisch, Daniel

Frauenlob, Fürchteg. u. Rosamunde v. Hochheim, (pseudn.) poet. Irrgärtchen. Auswahl d. sinnreichsten u. zierlichsten Räthsel. gr. 12. Leipz. 825. Kayser. 16 gGr 1832 unt. folg. T.: Räthselkranz. Eine Samml. d. sinnreichsten u. zierl. Räthsel. Ebd. Kaysers B. 12 gGr

Frauenlob, H., über d. Weiber u. Mädchen, für d. wirkl. Zeitumstände. 8. Frankf. a. M. 797. Gebhardt u. K. 3 gGr

FRAUENLOB, Heinr. (ps.), Unschuldiger Müssiggang, oder *Heinrich Frauenlobs* aus der Welt (nämlich aus Zeipgil an der Bseiles, d. i. Leipzig an der Pleisse; vgl. die höchst drollige Einleitung, S. 6 u. 8) ins Reich der Todten den versammleten Meister-Sängern überbrachte Deutsche Gedichte. Bresslau u. Leipzig (o. Ang. d. V. u. Dr.), 1726. 8°. (In Leipzig, Stadtbibl.; ferner in Dresden u. in Elbing [Stadtbibl.].) (12 Mk. Adolf Weigel, c. 1905.)

Tit., 2 Bll. Zuschr. (an den Fürstl. Würtemb.-Oelsnischen Regierungs- u. Consistorialrath Caspar Leonh. Mor. v. Prittwitz u. Gafron, Erbherrn auf Netscha, Schmultschütz u. Stein etc., unterz. *R. H. K.*), 1 Bl. Vorr., 234 S. —

FRAUENLOB, Heinrich (ps.), Ueber die Weiber und Mädchen. 1797.

Weller, Lex. Ps. p. 209. — Rar!

Frauenlob, Rudolf, Beiträge zur Fortbildung der Typographie und zur Verständigung mit den Autoren. gr. 8. (113 S.) Wien 860, Hof- und Staatsdruckerei.

Frauenlob, Rudolf, die Typographie und ihre Beziehungen zu den Verkehrskreisen des socialen Lebens. gr. 8. (IV und 118 S.) Wien 862, Hof- und Staatsdruckerei. **

Frauen-Lose, drei, od. Was der Mensch säet, das wird er ernten, s.a. Volksschriften des Arbeiterfreundes.

Drei Frauen-Lose oder Was d. Mensch säet, das wird er ernten. Mit 3 Bild. *Bern [s.] Barmen: Blaues Kreuz [1900].* (20 S.) 8° [F.]
= Volksschriften d. Arbeiterfreundes. 1.

Frauenlyrik unserer Zeit. Hrsg. v. Julia Virginia. 2. Aufl. (231 S. m. 8 Bildnissen.) kl. 8. Berlin 907. Schuster & Loeffler. n. 3. —

מַחְזוֹר נָשִׁים oder **Frauen-Machsor.** Cyklus der Festgebete der Israeliten in deutscher Sprache mit hebräischem Texte für die Haupt- u. Pflichtgebete. Neu übersetzt u. herausgeg. von Moritz Fränkel u. G. Kleefeld, bevorwortet von der wohllöbl. Rabbinats-Verwaltung zu Berlin. 1. Thl.: Gebete für das Neujahr- und Versöhnungsfest, מַחְזוֹר רֹאשׁ הַשָּׁנָה וְיוֹם כִּפּוּר gr. 8. Berlin 841, Liebmann u. Comp. 1 3/4 Thlr

— dass. in Lieferungen, vergl. Stücken des Judenthums.

Frauen-Missions-Blatt der Schl.-Holst. ev. luth. Missions-Gesellschaft zu Breklum. Hrsg. v. Bahnsen u. Dittmer. 4.—6. Jahrg. 1900—1902. à 12 Nrn. gr. 8. (à ca. 16 S.) Breklum, (Christl. Buchh.). à Jahrg. n. 1.—
Jahrgg. 4. u. 5 sind v. Bahnsen allein herausgegeben.

Frauen-Missions-Blatt der Schl.-Holst. ev.-luth. Missions-Gesellschaft zu Breklum. Hrsg. v. Bahnsen u. Dittmer. 8.—11. Jahrg. 1903—1906. à 12 Nrn. (à ca. 16 S.) 8. Breklum (Christl. Buchh.) à Jhrg. n. 1. —

Frauen-Missions-Blatt der Schl.-Holst. ev.-luth. Missions-Gesellschaft zu Breklum. In Verbindg. m. d. Missionshause in Breklum hrsg. v. Bahnsen. 12—15. Jahrg. 1907—1910. à 12 Nrn. (à Jahrg. 192 S.) 8. Breklum (Christl. Buchh.) à Jahrg. nn 1. —

Frauenmuth und Entschlossenheit. Eine wahre Geschichte, welche sich im Harzgebirge vor nicht langer Zeit zugetragen hat. *(Text).*
o. O., o. J., 1 Bl. zweiseitig bedruckt. 350 207.
LBO Bänkelsängerlit. V, 20 und Jahrmarktslit. b/5.
Die Geschichte findet sich wieder bei Karl Korn: *Adolph und Walburg.* Augsburg 1858. Vgl. Schenda VoB S. 477–478.

Frauennovellen s.: Hausbücherei d. deutschen Dichter Gedächtnis-Stiftung.

Frauennovellen von Louise v. G. 1. u. 2. Bd. gr. 8. Darmstadt 845, 46, Jonghaus. (1. 2 Thlr 2. 1 2/3 Thlr) 3 2/3 Thlr

Auch eine Frauenpflicht. Von e. dtschn Frau. Zürich 1880. 12.

Frauen-Post, deutsche. Organ des neuen Berliner Hausfrauen-Vereins. Redact.: Christiane Steinbrecher. 1. und 2. Jahrg. 1876 und 1877. à Jahrg. 52 Nrn. (Bog.) gr. 4. Berlin und Leipzig, H. Voigt. à Jahrg. *
Nicht weiter erschienen.

—— **neue deutsche.** Blätter für Haus, Hof und Garten. Redig. von C. Frank. 3. Jahrg. 1877. 24 Nrn. (Bog.) gr. 4. Berlin, Wendt. *

1. und 2. Jahrg. vgl.: Blätter, deutsche, für Haus, Hof und Garten.

— **dasselbe.** 4. Jahrg. 1878. 52 Nrn. (B.) gr. 4. Ebend. n. 8. —
früher: Blätter, deutsche, für Haus, Hof u. Garten.

Frauen-Privilegien, gesetzliche, in England und wohin dieselben führen. Von zwei engl. Juristen. Deutsch m. e. Vorwort v. E. Belfort Bax. 2. [Titel-]Aufl. v. „Wohin die Frauenrechtlerei führt.“ 8. (III, 102 S.) Leipzig [898]. 901. Zürich. Th. Schröter. n. — 60

FRAUENRÄUBER, Der .... (W. A. Gabriel, Berlin, c. 1898, ohne Preisangabe.)

Frauenrecht
s.a. Züricher Post.

Frauen-Recht. Besonders pikant für Solche, welche in Baden waren oder sind. Von einem Anonymus. 8. (48 S.) Wien 878. Steckler. n. 1. —

Frauenrecht. Red. v. Frau Emilie **Kempin**. 2. Jahrg. 1894. 12 Nrn. (Bog.) Fol. Zürich, Verlags-Magazin. n. 2. 50

Erschien bisher als Beilage zur „Züricher Post".

— u. **Frauenpflicht.** Ein Wort über die Frauenarbeit im Hinblick auf Hebung der Sittlichkeit. Von S. v. R. 16. (8 S.) Gernsbach 882. Christl. Colportage-Verein. n. — 5

Frauenrecht u. Frauenrechtlerei. Beiträge zur Frauenfrage, Kritik der Elberskirchenschen Thesen, L. Hackls Entlobungstragödien. Von K. G. D. (Umschlag: Karl Gust. Diedrich.) (43 S.) 8. Strassburg 904. J. Singer. n. 1. —

Frauenrecht, das Preuß., od. d. jurist. Rathgeber f. Frauen in gerichtl. u. außergerichtl. Vermögens-, Bürgschafts-, Ehe-, Vormundschafts- u. Erbschaftsangelegenheiten. Von e. prakt. Juristen. 8. (6 B.) Quedlinburg 829, Basse.

Frauen-Reich. Deutsche Hausfrauen-Zeitg. Begründet von Lina Morgenstern im Jahre 1874. Hrsg. u. Red.: Paul Lorenz. Moderne Wochenschrift für die gesamten Interessen im Reiche der Frau. Mit der Beilage: Zentralblatt des Verbandes für hauswirtschaftl. Frauenbildg. Hrsg. v. Mathilde Nouvel. 32. u. 33. Jahrg. 1905 u. 1906 à 52 Nrn. (à ca. 16 S. m. Abbildgn. u. 16 S. in gr. 8.) 4. Berlin, Verlag Frauen-Reich. à Jhrg. n. 6. —

Der 32. Jahrg. erschien zum größten Teil noch u. d. T.: Hausfrauen-Zeitung, deutsche.

Frauen-Reich. Moderne illustr. Wochenschrift f. d. gesamten Interessen der Frau. Begründet v. Lina Morgenstern. Red.: Cäcilie Meyer. 37. Jahrg. 1910. 52 Nrn. (à ca. 24 S.) 32×24,5 cm. Berlin, Frauen-Reich. 8. —

Frauenrosen. Eine Sammlung der schönsten Frauenbilder, nach Zeichnung von Decker u. A. in Stahl gest. Mit Text v. J. N. Vogl. gr. 4. (Mit 5 Stahlst.) Wien 846, Tendler u. Schäfer. n. 2/3 ℳ

Frauen-Rundschau (Jg. 12 u. 13 auch mit dem Kopftitel: Illustrierte Frauen-Rundschau). (15 ff.: Offizielles Organ deutscher Frauenverbände u. -Vereine. Red.: Helene Stöcker u. Carmen Teja; 5-13: Ella Mensch u. a.; 15 ff.: Hrsg.: Jenny v. Dewitz). Jg. 4-16. [Mehr nicht ersch.] — Berlin: Frauen-Rundschau 1903-1922. 4° u. 2°
6-13. 1905-12; 15. 16. 1921-22

Frauen-Rundschau (vormals „Dokumente der Frauen" v. Marie Lang IV. Jahrg.). Red.: Helene Stöcker u. Carmen Teja. IV. Jahrg. 1903. 24 Hefte. (à ca. 48 S. m. Abbildgn.) Lex.-8. Leipzig. Berlin, Verlag der Frauen-Rundschau. n. 8. —

— dasselbe. Illustrierte Wochenschrift f. die gesamte Kultur der Frau. Vormals „Dokumente der Frauen". Red.: Ella Mensch, Clara Dinter, Marie Raschke, Adele Schreiber. V.—VII. Jahrg. 1904—1906 à 52 Hefte. (à ca. 32 S.) Lex.-8. Ebd. à Jhrg. n. 8. —

Erschien früher u. d. T.: Dokumente der Frauen.

Frauen-Rundschau. Illustr. Halbmonatsschrift f. die gesamte Kultur der Frau. Red.: Ella Mensch, Gabriele Forster, Ella Barlo, Frau Tilly Pollack, C. Dinter. 8 11. Jahrg. 1907 -1910. à 24 Hefte. (à ca. 28 S. m. Abb. Lex. 8. Berlin, Schweitzer & Co. à Jahrg. 8.

Österreichische Frauen-Rundschau. N. F. d. Mitteilungen d. Vereinigung d. arbeitenden Frauen. Hrsg. v. d. Vereinigung d. arbeitenden Frauen. Jg. 1 ff. — Wien: Heller 1903/04 ff. 4°

Frauen-Rundschau, österr. Neue Folge der „Mitteilungen der Vereinigg. der arbeit. Frauen". Hrsg. v. der „Vereinigg. der arbeit. Frauen", Wien. Red. M. L. Klausberger u. I. Hahn. 7. Jahrg. Oktbr. 1909—Septbr. 1910. 12 Nrn. (Nr. 66. 16 S.) Lex.-8. Wien, Sallmayer'sche Buchh. 6. —; einzelne Nrn. . 60.

— österreichische. Neue Folge der „Mitteilungen der Vereinigg. der arbeit. Frauen". Hrsg. v. d. „Vereinigg. d. arbeit. Frauen" Wien. Red.: Maria L. Klausberger u. Joh. Wladarz. 8. Jhrg. Oktbr. 1910 Septbr. 1911. 12 Nrn. (à ca. 16 S.) Lex. 8. Wien, H. Heller & Co. 6.

Frauenschicksale. Novelletten und Skizzen. Wien 1907. V: *Walker, Gustav.* (EB)

FRAUENSCHINDER, Der, nach dem Leben wahrhaftig abgeschildert, nach denen Quellen seines Unfugs offenherzig entdecket und die Mittel darwider nachdrücklich angezeiget. O. O. (Nordhausen, Gross) 1754. 8°. Rar! (2 Thaler, Scheible, vor 1875.)

13 Bog. Handelt in burlesker Manier über eheliche Pflichten etc. Cat. Meissner, I. p. 982.

Frauenschönheit. Zeitschrift f. Körper- u. Schönheitspflege. Red.: Leo Joseph. 1. Jahrg. Septbr. 1901—Aug. 1902. 24 Nrn. hoch 4. (à ca. 10 S.) Neubrandenburg. Verlag der „Frauenschönheit". n. 8. —

Frauenschönheit. Berlin: Kraft u. Schönheit (1904). (22 S.) 8° [5.]
= **Kraft** u. Schönheit. Sonderh. 2. [05 1901]

Frauenschönheit. Wiener. Zeichnung von A. Kitzberger. Lichtdruck in Imp.-Format. Verlag von V. A. Heck in Wien. fl. 3 —.

Frauenschönheiten u. Dichterworte. (Einbd.: Schöne Frauen.) qu. gr. 4. (IV, 44 S. m. Abbildgn.) Berlin (902). Freier Verlag. Geb. 2. —; in Leinw. 3. —

Frauen-Schreib-Mappe f. d. J. 1899. gr. 4. (32 S. m. Lösch- u. Linienblättern.) München, A. Schupp. In Leinw.-Mappe n. 1. —

Frauen-Schreib-Mappe f. d. J. 1900. gr. 4. (25 S. m. Löschblättern.) München, A. Schupp. In Leinw.-Mappe 1. 50

Frauenschule, die. Ein Roman von d. Verf. von „Die einzige Tochter". Aus d. Engl. von W. A. Neumann. 3 Thle. 8. Braunschweig 843, Leibrock. 4 ℳ

Frauenschule, die neue. Ein Lustsp. in 3 Akten, v. Aug. v. Kotzebue. 8. Leipz. Kummer. 812.

Frauenschule, (Die) Neueste, oder Was fesselt uns Männer? Ein Lustspiel in fünf Aufzügen. Wien 1770. V: *Stephanie, Chn. Gottlob d. Ält.* (GGr IV/76, Nr. 16/2) (Bespr. Theaterjournal von Wien a. d. J. 1772. Wien. S. 55.) (Biblport)

Frauenschulen. Referate über von Frauen gegründete, in der Praxis bewährte Fortbildungsanstalten f. Frauen gesammelt u. hrsg. von d. Berliner Ortsgruppe d. Deutsch-Evang. Frauenbundes. Leipzig & Berlin: Teubner 1909. IV, 68 S. 8° [09. 10571]

Frauensee [Sachliches OW]

Frauensee, klimatischer Kurort u. Sommerfrische bei Eisenach. Wegweiser u. Gedenkbuch für Kurgäste u. Reisende, hrsg. vom Verschönerungsverein in Frauensee. Mit einer (lith.) Eisenbahnkarte, (lith.) Karte der Umgebung u. einer (lith.) Karte der Waldwege von Frauensee (in qu. gr. 4.). 8. (80 S.) Weimar 877. Geograph. Institut. n. 1. —

Frauensee [Schlagwort]

Frauensee. Ingber, O., Karte der Umgebung von Frauensee. Nach den neuesten Hilfsmitteln u. eigenen Aufnahmen im Auftrage des Verschönerungsvereins zu Frauensee bearb. im J. 1899. 1:25,000. 57,5×41,5 cm. Farbdr. Eisenach (901). H. Kahle. n.n. — 80

Frauen-Seite
v. Genossenschaftliches Volksblatt (I).

Frauenspiegel, der, s.a. **Kübler.**

Frauen-Spiegel
s.a. Tagblatt für die Kantone Luzern, Uri, Schwyz, Unter- und Obwalden und Zug.

Frauen-Spiegel. Ein Weihnachtsgeschenk für Deutschlands schöne Geschlecht, herausg. v. Declamator C. F. Solbrig. Mit 1 ill. Titelkupfer. 16. Leipzig 820. Lauffer. 18 gr.

Frauen-Spiegel. Vierteljahrschr. f. Frauen. Hrsg. v. Louise Marezoll. 1840. 4 Bde. u. 1841. 1. u. 2. Bd. gr. 8. Leipzig, Gebr. Reichenbach. à Bd. * 1⅓ Thlr.
Ist Fortsetzung der: Frauenzeitung.

Frauenspiegel. Vierteljahrschrift für Frauen. Unter Mitwirk. der geachtetsten Schriftstellerinnen herausg. von Louise Marezoll. 1r—4r Bd. 8. Leipzig 840. Gebr. Reichenbach. (à n. 1⅓ Thlr 5⅓ Thlr.) (NB. Ist eine Fortsetz. der Frauenzeitung.)

Frauen-Spiegel. Vierteljahrsschrift f. Frauen. Herausgeg. v. Louise Marezoll. 1841. 1. u. 2. Bd. gr. 8. Leipzig 841, Gebr. Reichenbach. à n. 1⅓ Thlr

Frauenspiegel, der, 1. Bdchn. v. A. A. Zeune, 2. Bdchn. fortgesetzt v. Frz. Otto Stichert. 8. Zwickau, Verein z. Verbreitg. guter u. wohlf. Volksschriften. [1. Bdchn. (... B.) 845. * 3 Ngr., 2. (8½ B.) 46. * 4 Ngr.] Thlr. *

-- der. Fortges. v. Frz. Otto Stichert. 2. Bdchn. 8. Zwickau 846, Verein z. Verbreit. guter u. wohlf. Volksschr. n. 4 ngr

Frauenspiegel. 3. Bd.: Sarah Martin und Elisabeth Inchbald, geb. Simson. Lebensbilder von C. W. 8. (122 S.) Zwickau 849, Verein z. Verbreitg. v. Volksschriften. n. 4 ngr (1—3: n. 12 ngr)

-- oder Schönheitspflege gegen die Verunstaltungen des weibl. Körpers. Nebst Mitteln z. Verschönerung des Halses, Busen u. Mundes, der Augen, Arme u. Waden, so wie zur Erlangung einer gesunden Gesichtsfarbe u. vielen Schönheitsmitteln. 2. Aufl. 8. Bautzen 846. Reichel. verklebt n. ⅓ Thlr

Frauenspiegel, der. Ein Festgeschenk für deutsche Frauen und Jungfrauen. Hrsg. von M. S. Kübler. 16. (XII und 346 S.) Leipzig 853, E. Fleischer.

Frauenspiegel. Lebensbilder christlicher Frauen u. Jungfrauen. Im Verein mit gleichgesinnten Freunden hersg. von W. Ziethe. Berlin 866—70. Wiegandt & Grieben. 8.
I. Ziethe, W., Elisabeth Christine, Gemahlin Friedrichs des Großen. Ein christliches Lebensbild. (VII, 135 S.) n. 10 ngr
II. — Anna Lavater. Ein christliches Lebensbild. (VI, 138 S.) n. 10 ngr
III. Strack, Karl, Elisabeth, Herzogin von Braunschweig-Calenberg, geb. Prinzessin von Brandenburg. Ein christliches Lebensbild aus der Reformationszeit. (VI, 104 S.) n. 10 ngr
IV. Ziethe, W., Anna Judson. Ein christliches Lebensbild aus der Mission. (VII, 150 S.) n. 12 ngr
V. Pressel, Fr., Johanna von Albret, Königin von Navarra. (VIII, 126 S.) n. 10 ngr
VI. Strack, K., Renata von Este [u. deren Leiden]. Mit Beziehung auf die Reformationsgeschichte Frankreichs u. Italiens, sowie auf das Drama Torquato Tasso von Goethe. (VIII, 140 S.) n. 12 ngr
VII. Frommel, Emil, Catharina Zell, Luise Scheppler, Pfarrfrau u. Pfarrmagd. Zwei Lebensbilder aus der elsäßischen Kirchengeschichte. (IX, 89 S.) n. 10 ngr
VIII. Pressel, Fr., Pauline von Montagu u. ihre Leidensgenossen. Eine Geschichte aus der französ. Revolution. (III, 156 S.) n. 12 ngr

Frauenspiegel. Lebensbilder christl. Frauen u. Jungfrauen. Im Verein m. gleichgesinnten Freunden hrsg. v. W. Ziethe. IX—XI. 8. Berlin 871—74. Wiegandt & Grieben. n. 3. 20 (I—XI.: n. 11. 80)
IX. Anna Maria v. Schürmann, die Jungfrau v. Utrecht. Ein christl. Lebensbild aus d. 17. Jahrh. geschildert v. Emil Quandt. (IX, 105 S.) n. 1. —
X. Maria Grotius, e. christl. Heldin. Ein christl. Lebensbild aus dem 17. Jahrh., geschildert v. Emil Quandt. (IX, 80 S.) n. 1. —
XI. Ludaemilia v. Schwarzburg-Rudolstadt. Maria v. Lippe-Schaumburg. Zwei Stillleben aus dem 17. u. 18. Jahrhundert dargestellt v. Emil Frommel. (VIII, 137 S.) n. 1. 20

Frauenspiegel. Lebensbilder christlicher Frauen u. Jungfrauen. Im Verein mit gleichgesinnten Freunden hrsg. von W. Ziethe. Neue wohlf. (Titel-)Ausg. (1. Bd.) 8. Berlin 880. Wiegandt & Grieben. n. 1. 50
F. Pressel: Pauline v. Montagu. (156 S.) (1870.)
— W. Ziethe: Anna Judson. (V, 150 S.) (1868.)
— Emil Quandt: Anna Maria v. Schürmann. (VII, 105 S.) (1871.)

Frauen- u. Mädchenspiegel, satyrischer, der heutigen Welt. Zum Scherz u. Lachen. In Knittel- u. Rüttelversen von Jocosus Spottvogel. 16. Quedlinburg 833. Basse. 5/12 Thlr

Frauenstädt, A., die Wandlung der Herzen. Roman. 3 Bde. gr. 8. (286, 272 u. 247 S.) Berlin 871. Posen, Merzbach. 11. 25

Frauenstädt, J. F., s. Frauenstädt, Julius

Frauenstädt, Jul., Blicke in die intellectuelle, physische u. moralische Welt nebst Beiträgen zur Lebensphilosophie. Leipzig 869. Brockhaus. gr. 8. (XXII, 472 S.) n. 2 Thlr 20 ngr

Frauenstädt, Jul., neue Briefe über die Schopenhauer'sche Philosophie. gr. 8. (XIII, 296 S.) Leipzig 876, Brockhaus. *
Vgl.: Schopenhauer, Arth.

Frauenstädt, Jul., Briefe über die Schopenhauer'sche Philosophie. Leipzig 854. Brockhaus. gr. 8. (XXXII, 345 S.) n. 2 Thlr

Frauenstädt, Jul., Briefe über natürliche Religion. 8. (XVI und 272 S.) Leipzig 858, Brockhaus. *

—— ästhetische Fragen. gr. 8. (VII und 205 S.) Dessau 853, Gebr. Katz.

— ästhetische Fragen. Dessau 853. Katz. gr. 8. (VII, 205 S.) 1 Thlr

Frauenstädt, J. F., die Freiheit des Menschen u. die Persönlichkeit Gottes. Ein Beitrag zu den Grundfragen der gegenwärt. Speculation. Nebst einem Briefe von G. A. Gabler an den Verfasser. 8. Berlin 838. Hirschwald. n. ⅔ Thlr

— s.a. **Kant, Immanuel.**

Frauenstädt, J.: Jmmanuel Kant. Lichtstrahlen aus seinen Werken. Mit einer Biographie und Charakteristik Kant's. Leipzig 1872

- - das sittliche Leben. Ethische Studien. Ebend. 866. gr. 8. (XIV, 504 S.) n. 2 ℛ 20 ngr.

— der Materialismus. Seine Wahrheit und sein Irrthum. Eine Erwiederung auf Dr. Louis Büchner's „Kraft u. Stoff". Leipzig 856. Brockhaus. 16. (XV, 208 S.) n. 1 ℛ

—— die Menschwerdung Gottes nach ihrer Möglichkeit, Wirklichkeit u. Nothwendigkeit. Mit Rücksicht auf Strauss, Schaller u. Göschel. 8. (9½ B.) Berlin 839, Voss'sche Bh.

— die Naturwissenschaft in ihrem Einfluß auf Poesie, Religion, Moral und Philosophie. Ebend. 855. 16. (XV, 198 S.) n. 1 ℛ

Frauenstädt, Jul., s. a. Schopenhauer, Arth., Lichtstrahlen aus seinen Werken.

—— Arthur Schopenhauer. Lichtstrahlen aus seinen Werken. Mit einer Biographie und Charakteristik Schopenhauer's. 8. (XXXIV und 256 S.) Leipzig (861)62, Brockhaus. *

Frauenstädt, Jul., Arthur Schopenhauer. Lichtstrahlen aus seinen Werken. Mit einer Biographie und Charakteristik Schopenhauer's. Leipzig 862. Brockhaus. 8. (XXXIV, 256 S.) n. 1 ℛ 10 ngr.

—— Arthur Schopenhauer. Lichtstrahlen aus seinen Werken. Mit einer Biographie und Charakteristik Schopenhauer's. 2. Aufl. 8. (XXXI und 232 S.) Leipzig 867, Brockhaus. *
geb. mit Goldschn. *

— Arthur Schopenhauer. Lichtstrahlen aus seinen Werken. Mit e. Biographie u. Charakteristik Schopenhauer's. 2. Aufl. Ebend. 868. 8. (XXXI, 232 S.) n. 1 ℛ; geb. n. 1 ℛ 10 ngr.

Frauenstädt, Jul., Arthur Schopenhauer. Lichtstrahlen aus seinen Werken. Mit e. Biographie u. Charakteristik Schopenhauer's. 5. Aufl. 8. (XXVIII, 232 S.) Leipzig 885. Brockhaus. n. 3. —; geb. m. Goldschn. n. 4. —

Frauenstädt, J., Arthur Schopenhauer. Lichtstrahlen aus seinen Werken. Mit einer Biographie u. Charakteristik Schopenhauer's. 6. Aufl. 8. (XXVIII, 232 S.) Leipzig 888. Brockhaus. n. 3. —; geb. n. 4. —

Frauenstädt, Julius [Hrsg.], s. Schopenhauer, Arthur: Parerga und Paralipomena.

Frauenstädt, Julius [Hrsg.], s. Schopenhauer, Arthur: Sämmtliche Werke.

— Schopenhauer-Lexikon. Ein philosoph. Wörterbuch, nach Arth. Schopenhauer's sämmtl. Schriften u. handschriftl. Nachlaß bearb. gr. 8. 2 Bde. (IX, 382 u. 508 S.) Leipzig 871. Brockhaus. n. 12. —; geb. n. 14. —

—— Studien u. Kritiken zur Theologie u. Philosophie. gr. 8. (26 B.) Berlin 840, Voss'sche Buchh. *

Frauenstädt, J., üb. das wahre Verhältniß der Vernunft zur Offenbarung. Prolegomena zu jeder künftigen Philosophie d. Christenthums. gr. 8. (XVI u. 96 S.) Darmstadt 848, Leske. 7/12 ℛ

Frauenstädt, J., Schelling's Vorlesungen in Berlin, Darstellung u. Kritik der Hauptpunkte derselben, mit besond. Beziehung auf das Verhältniß zwischen Christenthum u. Philosophie. gr. 8. Berlin 842, Hirschwald. 1 ℛ

Frauenstädt, Paul, Blutrache u. Todtschlagsühne im deutschen Mittelalter. Studien zur deutschen Kultur- u. Rechtsgeschichte. gr. 8. (XIII, 250 S.) Leipzig 881. Duncker & Humblot. n. 5. —

Frauenstädt, P., die Todschlagsühne d. deutschen Mittelalters, s.: Sammlung gemeinverständlicher wissenschaftlicher Vorträge.

Frauenstand. Lustsp. von Iffland. 8. Lpz. Göschen. 792.

Frauenstein [Schlagwort]

Frauenstein, s.: Freiberg.

v. **Frauenstein**, Eleonore; e. Geschichte aus d. Ritterzeit, (v. Ulr. Kraus), 8. Regensb. 795. Montag u. W. 12 gr

— Dass. ins Französ. übers. v. R. de St. Ch. 12. Braunschw. 798. Vieweg. 8 gr

Frauensteuer an d. Wiege d. wiedergebornen Vaterlandes, v. C. v. K. 8. Leipz., Rein. 4 gr

-- Stimmrecht, Zum, i. Oesterreich. Ber. üb. die am 9. Dezember 1893 im alten Rathaussaale stattgehabte allgem. freie Frauenversammlung. »4 Public. d. Allg. österr. Frauenvereins.« Wien 1894.

Pfälzer **Frauenstreben** (4, Nr 23 ff.: Frauenstreben). Organ d. bayer. Vereine f. Fraueninteressen (7 ff.: Veröffentlichungsorgan d. Hauptverbandes bayer. Frauenvereine). Jg. 1-15. [Mehr nicht ersch.] Neustadt a. H.: Aktiendruckerei (später andere, zuletzt: Frankenthal (Pfalz): Druck v. E. R. Grosser) 1904-1918. 2°, 4°

FRAUEN-STURM-PETIZION (so!) eines Norddeutschen Staates um das was Noth thut. 1 Bl. in 4to, gelbes Papier mit Zierleistenumrahmung. (In Wien, Stadtbibl.: Secr. E 527.)
Enth. 10 Punkte obszöner Anspielungen auf politische Forderungen im J. 1848.

Frauentaschenbuch, herausg. v. Fr. Baron de la Motte Fouqué u. Fr. Kinder. 1r—17r Jahrg. 1815—31, mit Kpf. 12. Nürnb. Schrag. Hbg. Pr. 8 ℛ 12 gr

Frauenthum (Das) und dessen hohe sociale Bedeutung. Ein Aufruf zur That von einem Verehrer edler Frauen. 8°. Berlin, Schneider u. Co., 1850.

Frauentracht, die neue. Mitteilungen der freien Vereinigg. f. Verbesserg. der Frauenkleidung. Red. u. hrsg. v. Ella Law. Oktbr. 1903—Dezbr. 1904. 15 Hefte. (IV, 240 S. m. Abbildgn. u. 2 Taf.) Lex.-8. München, G. D. W. Callwey. n. 3. 75

— dasselbe. 2. u. 3. Jahrg. 1905 u. 1906 à 12 Hefte. (II. Jahrg. IV, 208 S. m. Abbildgn. u. 2 Schnittmustern.) Lex.-8. Ebd. à Jahrg. n. 3. —

Frauentracht, die neue. Monatsschrift. Hrsg. u. red. v. Ella Law. 4—6. Jahrg. 1907—1909. à 12 Nrn. (184, 148 u. 144 S. m. Abb.) Lex. 8. München, G. D. W. Callwey.
Erscheint nicht mehr. à Jahrg. 3. —

Frauentreue, od. die Abenteurerin aus den Pyrenäen. 8. Leipz. Joachim. 815.

Frauentrost. Gedanken f. Männer, Mädchen u. Frauen. 8. (128 S.) München (902). C. H. Beck. Kart. n. 1. 80

Frauentrost. Gedanken f. Männer, Mädchen u. Frauen. (Von Wilh. Langewiesche.) 5. unveränd. Abdruck. (10.—12. Tausend.) (127 S.) 8. München (905). C. H. Beck. Kart. n. 1.80

FRAUENTROST (ps.), Gedanken für Männer, Mädchen und Frauen. München 1905. 8°. 127 S. Zahm. (1 Mk. 40 Pfg. H. Streisand, Berlin, 1908.)

Frauentrost. Gedanken f. Männer, Mädchen u. Frauen. (Von Wilh. Langewiesche.) 6. unveränd. Abdr. (13—15. Tausend.) (127 S.) 8. München (908). C. H. Beck. 1.80

Frauentugend, ein Gedicht zum Hochzeitgeschenk f. edle Mädchen. 8. Freyb. Craz u. G. 805.

Frauentugend. Ein Gedicht. 8. Freyb. 815. (Craz u. G. in Frberg.) 6 gr

Das Frauenturnen in der Turngemeinde Leipzig. m. Abb., Leipzig, Quer-8°.

Frauen=Verband, deutscher. Zeitung der vaterländ. Frauen= u. Hilfs=Vereine. Red.: P. v. Bojanowski. 1. Jahrg. April—Decbr. 1875. 9 Nrn. (à 1—1½ B.) gr. 8. Weimar 875. Berlin, C. Heymann's Verl. n. 3. —

— dasselbe. 2. Jahrg. 1876. 12 Nrn. (B.) gr. 8. Ebend. n. 4. —

Frauen=Verband, deutscher. Zeitung der vaterländischen Frauen= u. Hilfs=Vereine. Red.: P. v. Bojanowski. 3—8. Jahrg. 1877—1882. à 12 Nrn. (B.) gr. 8. Berlin, C. Heymann's Verl. in Comm. à Jahrg. n. 4. —

Frauen=Verband, deutscher. Zeitung der vaterländ. Frauen- und Hilfs=Vereine. Redact.: P. von Bojanowski. 6.—10. Jahrg. 1880—1884. à Jahrg. 12 Nrn. (Bog.) gr. 8. Berlin, (C. Heymann's Verlag.) à Jahrg. *

Frauen=Verband, deutscher. Zeitung der vaterländ. Frauen= u. Hilfs=Vereine. Red.: P. v. Bojanowski. 9—12. Jahrg. 1883—1886. à 12 Nrn. (B.) gr. 8. Berlin, (C. Heymann's Verl.) à Jahrg. n. 4. —

Frauen=Verband, deutscher. Zeitung der vaterländ. Frauen= u. Hilfs=Vereine. Red.: P. v. Bojanowski. 13.—16. Jahrg. 1887—1890. à 12 Nrn. (B.) gr. 8. Berlin, (C. Heymann's Verl.). à Jahrg. n. 4. —

Frauen=Verband, deutscher. Zeitung der vaterländ. Frauen= u. Hilfs=Vereine. Red.: P. v. Bojanowski. 17.—20. Jahrg. 1891—1894. à 12 Nrn. (Bog.) gr. 8. Berlin, (C. Heymanns Verl.). à Jahrg. n. 4. —

Frauen=Verband, deutscher. Zeitung d. vaterländ. Frauen= u. Hilfs=Vereine. Red.: P. v. Bojanowski. 21.—24. Jahrg. 1895—1898. à 12 Nrn. (Bog.) gr. 8. Berlin (C. Heymann's Verl.) à Jahrg. n. 4. —; einz. Nrn. n.n. — 40

Frauen=Verband, deutscher. Zeitung der vaterländ. Frauen- u. Hilfs=Vereine. Red.: P. v. Bojanowski. 25.—27. Jahrg. 1899—1901. à 12 Nrn. gr. 8. (212, 196 u. 192 S.) Berlin (C. Heymann). à Jahrg. n. 4. —
Erscheint nicht mehr.

Frauen-Verband, Schweizer, s. Schweizer-Frauen-Verband.

Frauen=Verein, Der — für Arbeitsschulen im Jahre 1854. 8. (8 S.) Wien. Mechitharisten=Buchdruckerei.

Frauen=Verein, der — für Arbeitsschulen im Jahre 1855. Wien. Mechitharisten=Buchdruckerei. (8 S. 8.)

Bayerischer Frauenverein vom Roten Kreuz. Protokolle u. Jahresberichte für 1888, 1889, 1891 ff. 1911. München 1888 1912.

Elberfelder **Frauen-Verein.** Kurze Darstellung s. Gründung u. s. Tätigkeit. Festschrift z. Feier d. 25j. Bestehens d. Vereins 1880—1905. Elberfeld (1905): A. Fastenrath. (46 S.) 8° [F.] 1-6. 6770 B

Frauenverein, Schwab. Jahresber. 1873-82. 89-97. 99. 1906 07. Stuttgart 1875-1908

Frauenvereine, Die; satyrisches Lustspiel in zwei Akten. Leipz. 1821. V: *Seckendorf, Christian Adolph von.* (Ky)

Frauenvereine, die; satyr. Lstspl. in 2 A. (von A. v. Seckendorf). gr. 8. Leipz. 821. Compt. f. Lit. (Cnobloch). 8 gr

Frauenvereins-Bibliothek: Nov. 1907 -1909. Milwaukee, WI
Monthly.

Frauen=Vereins=Blatt. Central=Organ deutscher Frauen=Vereine. Stellen=Anzeiger f. alle weibl. Berufszweige. Hrsg. v. der Deutschen Frauen=Erwerbs=Genossenschaft, E. G. Red.: J. Weinberg. 1. Jahrg. Juli 1892—Juni 1893. 52 Nrn. (Bog.) gr. 4. Berlin, R. v. Decker.
Mehr nicht erschienen. n. 4. —

Frauen=Vereins=Chronik, deutsche. Blätter f. die Gesamt=Interessen der Frauenwelt m. besond. Berücksicht. der Streitfragen der Gegenwart; zur Unterhaltg. u. Belehrg. der Familie, zur Hebg. v. Sitte u. Kunst im deutschen Hause. Einziges Organ f. alle deutschen Frauen=Vereine d. In= u. Auslandes; f. alle Institute, Schulen u. Bildungs=Anstalten der Frauenwelt. Anzeiger der Frauen=Vereine im Allgemeinen u. im Besonderen f. alle deutschen Frauen u. Mädchen. Beilage zur „Allgemeinen Hausfrauen=Zeitung". Hrsg. v. Fritz Frenzel. 1. Bd. Oktbr. 1886—Septbr. 1887. 24 Nrn. (B.) hoch 4. Leipzig, Reinboth. 2.40

Die Berliner **Frauen-Vereins-Conferenz** am 5. und 6. November 1869. Stenographische Aufzeichnung. Enthaltend die vollständigen Vorträge der Referenten: Franz von Holtzendorff ⟨Über Anbahnung eines regelmäßigen Verkehrs aller Frauen-Vereine⟩. [Arwed] Emminghaus u. Nöggerath(-Brieg) ⟨Über Fachschulen f. Frauen⟩; Jenny Hirsch ⟨Über Arbeits-Nachweisungs-Anstalten⟩; [Hermann] Schulze-Delitzsch ⟨Über Erwerbs-Genossenschaften⟩; [Rudolf] Virchow u. Louise Büchner ⟨Über Ausbildung zur Krankenpflege außerhalb der kirchl. Organisationen⟩. [Nebst Anhang.] — Berlin: Lüderitz 1869. 104 S. 8°
Angeb.: Runge, F[erdinand]: Die

Krankenpflege als Feld weibl. Erwerbstätigkeit. Berlin 1870. — 2. Aufl. 1869. 104 S.

Frauen-Versammlung. Von ***. Bonn 1909. V: *Heumann, Sarah.* (Berlzu 1915, I, 189)

Frauenwahlrecht u. Arbeiterinnenschutz. Verhandlungen der 3. socialdemokratischen Frauenkonferenz in Oesterreich. 8°. Wien, Wiener Volksbuchhdlg., 1908.

Frauenwelt, die. Wochenschrift f. kathol. Hausfrauen u. Töchter. Red.: Alb. Kleinsorge. 1. u. 2. Jahrg. Dezbr. 1898—Juni 1900. 84 Nrn. hoch 4. (à ca. 16 S. m. Abbildgn.) Dülmen, C. Pütz. n. 6. 25
Erscheint nicht mehr.

Frauenwelt. Illustrierte Rundschau üb. alle Gebiete des Frauenlebens. Red.: J. Loewinski. Jahrg. 1901. Juli —Dezbr. 26 Nrn. hoch 4. (à ca. 8 S.) Berlin (S. 42, Prinzenstr. 22), Schneider & Ludwig. n. 5. —

Frauenwelt. Hygienisch-, pädagogisch-, literarisch- u. hauswirtschaftl. Halbmonatsschrift. 12. Jahrg. 1904. 24 Nrn. (à ca. 8 S.) 4. Berlin [R. Skrzeczek], A. Sarganek. n. 3. 20
Vergl.: Kinderstube, die. — Fortsetzung u. d. T.: Frauenwelt, deutsche.

Frauenwelt, deutsche. Bibliothek ausgewählter Originalwerke zur Bildung, Belehrung u. Unterhaltung. 1—7. Bd. Wien 867—70. Hartleben. 8. Jeder Bd. 1 ₰ 10 ngr.; geb. 1 ₰ 20 ngr.
1. Bd.: Herzog, Herm., Diätetik für Frauen. Belehrungen über die naturgemäße Lebensweise im gesunden u. kranken Zustande. Mit besonderer Rücksicht auf die physiologischen Phasen im Leben des Weibes. Für denkende Frauen verfaßt. (XVI, 320 S.)
2. Bd.: — u. K. Schiller, das Kind. Anleitungen zur rationellen physischen Erziehungsweise u. Winke zur Entfaltung des Seelenlebens der Kinder. Für Mütter u. ihre erziehenden Stellvertreterinnen verfaßt. (VII, 303 S.)
3. Bd.: Baer, W., Chemie der Hauswirthschaft. Belehrende u. erklärende Einblicke in die alltäglichen Vorgänge u. Verrichtungen des häuslichen Lebens. Mit vielen Illustr. (Holzschn.) (XIII, 298 S.)
4. Bd.: Otto, Louise, der Genius des Hauses. Eine Gabe für Mädchen u. Frauen. (V, 309 S.)
5. Bd.: — der Genius der Menschheit. Frauenwirken im Dienste der Humanität. Eine Gabe für Mädchen u. Frauen. (V, 279 S.)
6. Bd.: Polko, Elise, Haus-Album. Lose Skizzenblätter. (V, 272 S.)
7. Bd.: Otto, Louise, der Genius der Natur. Harmonien der Natur zu dem Frauenleben der Gegenwart. Eine Gabe für Mädchen u. Frauen. (VI, 271 S.)

Frauenwelt, deutsche. Bibliothek ausgewählter Originalwerke zur Bildg., Belehrg. u. Unterhaltg. 8. u. 9. Bd. gr. 8. Wien 871. 72. Hartleben. à 4. —; geb. à 5. —
8. Der Zauber d. Fleißes. Die Kunst m. wenig Mitteln e. geschmackvolle Toilette herzustellen. Nebst Anleitg. zum Schnittzeichnen. Von Angela Banze. Mit 16 (eingedr.) Holzschn., 28 (lith.) Taf. u. e. Reductionstabelle (in Imp.-Fol.) gr. 8. (VIII, 239 S.)
9. Aesthetik in Mittheilungen an e. deutsche Frau. Von J. M. Söltl. (VIII, 215 S.)

Frauenwelt, deutsche. Geleitet v. Margarete Palfy-Rentsch. Jahrg. 1890. 24 Nrn. (Bog.) gr. 4. Mit der Beilage „Mode u. Heim". Fol. (Bog. m. Abbildgn.) Erfurt 890, Frauenschriften-Verlag. 3 —
—— dass. — 2. Jahrg. Oktbr. 1890—Septbr. 1891. 48 Nrn. (Bog. m. Abbildgn.) gr. 4. Ebd. 890. * 4 —
—— dass. — Mit Mode- u. Handarbeits-Beilage. Jahrg. 1891—1892. à Jahrg. 52 Nrn. (Bog. m. Abbildgn.) gr. 4. Kindelbrück, Naumburg. à Jahrg. * 4 —
Erscheint nicht mehr.

— deutsche. Hygienisch-, pädagogisch-, literarisch- u. hauswirtschaftl. Halbmonatsschrift. 13. Jahrg. 1905. 24 Hefte. (à ca. 8 S. m. Abbildgn.) Lex.-8. Ebd. n. 3. 20
Früher u. d. T.: Frauenwelt.

— dasselbe. Mit den 3 reichillustr. Beilagen: Aus unserer Moden-Mappe. Schnittmusterbogen. Die Kinderstube. Red.: H. Neelmeyer. 14. Jahrg. 1906. 24 Hefte. (à ca. 12 S. u. 4 S. in Lex.-8. m. Abbildgn.) 4. Berlin (A. Sarganek). n. 4 —
Erscheint nicht mehr.

Frauen-Werke. Oesterreichische Zeitschrift zur Förderg. u. Vertretg. der Frauenbestrebgn. in Schule, Haus u. Öffentlichkeit. Hrsg. v. Marianne Nigg. 1. Jahrg. Juni 1894—Mai 1895. 12 Nrn. (Bog.) hoch 4. Korneuburg, M. Nigg. n 3. 20

Frauen-Werke. Österr. Zeitschrift z. Förderg. u. Vertretg. d. Frauenbestrebgn. Hrsg. v. Marianne Nigg. 2.—5. Jahrg. 1895—1898. 12 Nrn. (Bog.) hoch 4. Korneuburg, M. Nigg. à Jahrg. n. 4. —

Frauen-Werke. Oesterreichische Zeitschrift zur Förderg. u. Vertretg. der Frauenbestrebgn. Geleitet u. hrsg. v. Marianne Nigg. 6. Jahrg. 1899. 12 Nrn. hoch 4. (à ca. 8 S.) Korneuburg, Verl. Frauenwerke (M. Nigg). n. 4. —

— dasselbe. 7.—9. Jahrg. Mit dem Beiblatt: Die Kindes-Seele. Blätter f. pädagog. Psychologie u. Pathologie u. insbesondere f. die Kinder-Seelen-Forschg. Hrsg. unter Mitwirkg. anerkannter Fachmänner v. Ferd. Maria Wendt. 1.—3. Jahrg. 1900—1902. à 12 Nrn. hoch 4. (à ca. 4 u. 4 S.) Ebd. à Jahrg. n. 4. —

Frauenwerth, Fr.

— üb. Erziehung u. Regierung. 8. Ronneb. 803. Schumann. 4 gr.

— über d. eigentl. Grund d. kalten Benehmens gegen d. Reinholdschen Beitrr. zur leichten Uebersicht d. Zustandes d. Philosophie beim Anfange d. 19ten Jahrh. 8. Straub. 802. Schorner. 3 gr.

— einige Grundlinien über Volksbildung, nebst e. zu Folge derselben verzeichn. Plane zu Errichtung e. Verlage-Bureaus f. Volksbildung. 8. Straub. 802. Schorner. 2 gr.

Frauenwerth, Fr., (Jos. Kurz), wer ist nun d. Betrogene? die bestehende Regierung in Frankreich oder d. Papst? 8. Straub. 802. Schorner. 2 gr.

— einige Worte üb. Bonapartes lebenslängl. Consulat. 8. Straubing. 800. Schorner. 2 gr.

FRAUENWIRTSCHAFT. Jahrbuch für das hauswirtschaftliche und gewerbliche Frauenwirken.
Herausgegeben vom Verband für soziale Kultur und Wohlfahrtspflege (Arbeitervohl).
Redigiert von Dr. WILHELM LIESE, Paderborn.
Jahrg. 1. Heft 1—11/12. 1910—1911. (Mit Abbildungen.) M. Gladbach 1911. Volksvereins-Verlag G. m. b. H. 4°.
Redigiert von Kreisschulinspektor WEBER, Merzig a. d. S.
Jahrg. 2. (Heft 1—11/12. 1911—1912. Mit Abbildungen.) ib. 1912. —
Jahrg. 3. (Heft 1—11/12. 1912—1913. Mit Abbildungen.) ib. 1913. —
Jahrg. 4. (Heft 1—11/12. 1913—1914.) ib. 1914. —
Jahrg. 5. (Heft 1—11/12. 1914—1915.) ib. 1915. —

Frauenwitz. Lustspiel in 1 Aufzuge von M. L-L. Wien 870. Perles. 16. (48 S.) n. 7⅓ ngr.

Frauenwohl. Zeitschrift f. Frauen-Interessen. Hrsg. vom Verein Frauenwohl. Red.: Frau Minna Cauer. 1. Jahrg. Mai—Dezbr. 1893. 16 Nrn. gr. 8. (134 S.) Berlin, (R. Jaffé). Für Mitglieder n.n.n. 1. —

— dasselbe. 2. Jahrg. 1894. 24 Nrn. (½ Bog.) gr. 8. Ebd. n. 2. 50; f. Mitglieder n.n.n. 1. —

Frauen-Wohlfahrt. Organ f. die Gesammt-Interessen der deutschen Frauenwelt. Offizielles Organ des gemeinnütz. Vereins Frauen-Hülfe. Red.: Rob. Kleinert. 1. Jahrg. Juni—Dezbr. 1899. 24 Nrn. gr. 4. (à ca. 8 S.) Quakenbrück, R. Kleinert. n. 1. 50

— dasselbe. Vacanzenblatt f. Frauen u. Mädchen aller Stände. 2. Jahrg. 1900. 52 Nrn. gr. 4. (à ca. 8 S.) n. 3. —

— dasselbe. 3. Jahrg. Jan.—Mai 1901. 21 Nrn. gr. 4. (à ca. 8 S.) Ebd. n. 2. 80
Fortsetzung s.: Volkswohlfahrt.

Frauenwürde, od. Sammlung schöner weiblicher Charaktere u. nachahmungswürdiger Beispiele weiblicher Tugenden. *Magdeb.*, Heinrichshofen. 811. 16 gl

Frauenwürde, von Caroline Pichler. 4 Bde. mit Kupf. (oder C. Pichler sämmtliche Werke. 20r bis 23r Theil, oder der sämmtl. Werke, N. Aufl. 821. 11r bis 14r Bd.) gr. 8. Leipzig, Liebeskind. 819.

Frauen-Zeitschrift, baltische. Hrsg. u. red. v. Elsb. Schütze. 1. Jahrg. Oktbr. 1906—Septbr. 1907. 12 Hefte. (à ca. 60 S.) gr. 8. Riga, E. Plates. n.n. 10. —

Frauen-Zeitschrift, baltische. Hrsg. u. red. v. Elsb. Schütze. 2. u. 3. Jahrg. Oktbr. 1907—Septbr. 1909. à 12 Hefte. (à ca. 48 u. 8 S.) gr. 8. Riga (Georgenstr. 9). Frl. Elsb. Schütze. à Jahrg. 11. —
Fortsetzg., s.: Leben u. Wirken.

Frauen-Zeitung, s.a. Damenkleider-Magazin.

Frauenzeitung (auch: Allgemeine Frauen-Zeitung), s.a. Der Republikaner.

— s.a. Schrattenthal.

– s.a. Volks-Zeitung, Schweizerische Freie.

– s.a. Der Werktag.

Frauenzeitung. Ein Unterhaltungsblatt f. u. von Frauen. Hrsg. v. Louise Marezoll. 1. u. 2. Jahrg. 1838 u. 39. gr. 4. Leipzig, Gebr. Reichenbach. [838. 75 Nrn., 39. 150 Nrn. (½ Bog.) à * 6 Thlr.] *
Vgl. Frauenspiegel.

Frauen-Zeitung. Red. von Louise Otto. 1. Jhrg. 1849, April—Dec. 39 Nrn. gr. 4⁰. Leipzig, Matthes. 2. Jhrg. 1850, 52 Nrn. gr. 4⁰. Grossenhaim. 3. u. 4. Jhrg. 1851 u. 52 à 104 Nrn. „Ein Organ für die höheren weiblichen Interessen." gr. 4⁰. Gera, Illgen's Erben.
[Mehr nicht ersch.]

—— allgemeine. Organ für weibl. Industrie, Frauen-Gerechtsame und Frauen-Interessen. Unter Mitwirkung ausgezeichneter Schriftstellerinnen und Schriftsteller. Hrsg. von P. A. Korn. 1. und 2. Jahrg. 1864 und 1865. à 12 Nrn. (Bog.) Mit Beiblatt: Zeitschrift für Volkserziehung. 12 Nrn. (½ Bog.) gr. 4. Leipzig, (Priber.) à Jahrg. *

—— dass. — Organ für weibl. Nationalökonomie, Frauenarbeiten und Frauenbildung. Unter Mitwirkung ausgezeichneter Schriftsteller und Schriftstellerinnen. Hrsg. von P. A. Korn. 3. Jahrg. 1866. 24 Nrn. (Bog.) Mit Beiblatt: Zeitschrift für Volkserziehung. 24 Nrn. (½ Bog.) gr. 4. Leipzig, (Werner.) *

—— dass. — 4. Jahrg. 1867. 24 Nrn. (Bog.) Mit Beiblatt: Zeitschrift für Volkserziehung. 24 Nrn. (½ Bog.) gr. 4. Stuttgart, Expedition. *
Zeitschrift für Volkserziehung apart *

—— allgemeine. Central-Organ für weibliche National-Oekonomie, Frauenarbeit und Frauenbildung. Unter Mitwirkung ausgezeichneter Schriftsteller und Schriftstellerinnen hrsg. von P. A. Korn. 5.—7. Jahrg. 1868—1870. à Jahrg. 24 Nrn. (Bog.) Mit Beiblatt: Zeitschrift für Volkserziehung, Fortbildung und sociale Reformen in Deutschland. à Jahrg. 24 Nrn. (à ½ Bog.) gr. 4. Stuttgart, Expedition. à Jahrg. *
Zeitschrift für Volkserziehung apart à Jahrg. *

—— dass. — Gegründet und hrsg. von P. A. Korn. 8. und 9. Jahrg. 1871 und 1872. à Jahrg. 24 Nrn. (Bog.) gr. 8. Wien, (Perles.) à Jahrg. *

—— dass. — Ein Central-Organ für Frauenrecht, weibl. Fortbildung und Hebung der Frauen-Industrie. Unter Mitwirkung ausgezeichneter Schriftsteller und Schriftstellerinnen. Gegründet und hrsg. von P. A. Korn. Mit Beiblatt: Social-Reform. Ein zeitschriftl. Organ für Realpolitik, Völkerrecht und Volkserziehung. Mit Beiträgen bewährter Staatsrechtslehrer, National-Oekonomen und Volkslehrer. Gegründet und hrsg. von P. A. Korn. 10. Jahrg. 1874. 24 Nrn. (Bog.) gr. 4. Gotha, (Gläser.) *
Social-Reform apart *

Frauen-Zeitung, allgemeine. Organ d. Schriftstellerinnen, Künstlerinnen u. Lehrerinnen. Zeitschrift f. Frauenrecht, Frauenarbeit u. geist. Fortbildg. Hrsg. v. Mathilde Korn u. Ath. Korn. Red.: Joh. Ludw. Weber. Jahrg. 1893. 24 Nrn. (à ca. 1½ Bog.) Imp.-4. Wien. Redaction: Wien, VII, Mechitaristengasse 2. n. 10. —

Frauenzeitung, allgem. deutsche, herausg. v. Fr. Keyser, J. M. Laubling u. Fr. Gleich. 1r—3r Jahrg. 1816—18. gr. 4. Erfurt, Keyser. 21 ℛ

Frauenzeitung, allgemeine deutsche. Die einzige allseitig nützl. u. unterhalt. Wochenschrift f. die Gesamtinteressen gebildeter Frauen. Chefred.: C. Uhlenberg. 1. Jahrg. 1888/89. 52 Nrn. (B.) gr. 4. Berlin, Direction der Allgemeinen deutschen Frauenzeitung. n. 5. —

— für weibliche Arbeiten, Moden und Hauswesen. Mit Muster- und Modeblättern. 2—7. Jahrg. 1853—58. à 24 Nrn. (à ½ Bgn. Text mit Beilagen u. jährlich 24 lith. u. color. Modekpfrn. u. 60 lith. Musterbeilagen. Nebst Beiblatt: Salon, Unterhaltungsblatt zur Frauen-Zeitung. 24 Nrn. à ½ Bgn.) Stuttgart, Verlag d. Frauen-Zeitung. Lex.-8. Jeder Jahrg. 2 ℛ

Frauen-Zeitung für weibl. Arbeiten, Moden- und Hauswesen. Mit (24 lithogr. und ill.) Modebildern und ca. 60 (lithogr.) Musterblättern. 7. und 8. Jahrg. 1858 und 1859. à Jahrg. 24 Nrn. (½ Bog.) Mit dem Unterhaltungsblatt: Salon. 24 Nrn. (½ Bog.) Lex.-8. Stuttgart, Verlag der Frauenzeitung. à Jahrg.

—— dass. — 9. Jahrg. 1860. 24 Nrn. (Bog.) Ebendas.

— für weibliche Arbeiten, Moden, Hauswesen und Unterhaltung. Mit zahlreichen Muster- u. Modeblättern u. mit Holzschn.-Illustr. im Text. 10. u. 11. Jahrg. 1861 u. 62. à 48 Nrn. (à 1 Bgn. m. 1 color. Modekpfr. oder 1 lith. Musterbog.) Ebend. gr. 4. Jeder Jahrg. n. 2 ℛ 20 ngr.

12. u. 13. Jahrg. 1863 u. 64. à 12 Nrn. (à 1½ Bgn. mit 2—4 Muster- u. Mode-Beilagen in 4. u. Fol.) Ebend. gr. 4. Jeder Jahrg. n. 1 ℛ 10 ngr.

Frauen-Zeitung, Bielefelder. Spezial-Ausg. d. „Frauen-Bund". Hauswirtschaftl. Ratgeber u. Familienblatt f. Bielefeld u. Umgegend. Red.: Chr. Hege. Septbr.—Dezbr. 1897. 17 Nrn. (à ca. 8 S. m. Abb.) Fol. Bielefeld, A. Helmich. n. 1. —

Frauen-Zeitung, Bielefelder. Jahrg. 1898. 52 Nrn. (à 8 S. m. Abb.) Fol. Ebd. n. — 75

Frauen-Zeitung, Bielefelder. Spezial-Ausg. des „Frauen-Bund“. Hauswirtschaftlicher Ratgeber u. Familienblatt f. das deutsche Haus. Red.: Ludw. Rohmann. Jahrg. 1899 u. 1900. à 52 Nrn. Fol. (à ca. 8 S. m. Abbildgn.) Bielefeld, A. Helmich. à Jahrg. n. 4. —

— **dasselbe.** Jahrg. 1901 u. 1902. à 52 Nrn. Fol. (à ca. 8 S. m. Abbildgn.) Ebd. à Jahrg. n. 3. —

Frauen-Zeitung, Bielefelder. Spezial-Ausg. d. „Frauen-Bund“. Frauenvereins-Zeitg. u. Familienblatt f. die Interessen der Frauen aller Stände. Red.: M. Nicolai. Jahrg. 1903—1906. à 52 Nrn. (à ca. 8 S. m. Abbildgn.) gr. 4. Bielefeld, A. Helmich. à Jhrg. n. 3. —

Frauen-Zeitung, Bielefelder. Spezial-Ausg. d. „Frauen-Bund“. Frauenvereins-Zeitung u. Familienblatt f. die Interessen der Frauen aller Stände. Red.: P. Claus. Jahrg. 1907 u. 1908. à 52 Nrn. (à ca. 8 S.) 38,5×27,5 cm. Bielefeld, A. Helmich. à Jahrg. 3. —
Erscheint nicht mehr.

Bündner Frauenzeitung
v. Der Freie Rhätier (II).

Chicagoer Frauen-Zeitung: Dec. 3, 1893- Dec. 25, 1898. Chicago, IL
Sunday edition of Chicagoer Freie Presse, Morgenblatt.

Frauen-Zeitung, deutsche. Blätter für Literatur, Kunst und die höhern weiblichen Interessen. 1. Jahrg. April — Decbr. 1853. 39 Nrn. (à 1—1½ Bog.) hoch 4. Leipzig 853, [Matthes.]

Frauen-Zeitung, deutsche. Organ für die Interessen deutscher Frauen. Redact.: A. Silber. 1. und 2. Jahrg. 1879 und 1880. à Jahrg. 36 Nrn. (Bog.) Fol. Berlin, Expedition. à Jahrg.
Nicht weiter erschienen.

Frauen-Zeitung, deutsche. Organ für die Interessen deutscher Frauen. Red.: A. Silber. 2. Jahrg. 1880. 36 Nrn. (B.) Fol. Berlin, Expedition, Zimmerstr. 30. 5. —

— **deutsche.** Regelmäßige Extrabeilagen: Illustr. Moden-Zeitung (24 Nrn.), Hausmusik (24 Nrn.) Schnittmuster-Bogen (12 Nrn.), Ernst u. Scherz fürs Mädchenherz (24 Nrn.), Jugendfreund (24 Nrn.) u. Hauspoesie (4 Nrn.). 17.—19. Jahrg. 1904—1906 à 52 Hefte. (II, 1126, 424, 192 u. 192 S.; II, 1082, 416, 192 u. 192 S.; IV, 1536, 192 u. 192 S.) Fol. Cöpenick-Berlin, H. Jenne. à Jhrg. n. 7. —

— **deutsche.** Regelmäßige Extrabeilagen: Illustrierte Moden-Zeitung (24 Nrn.), Hausmusik (24 Nrn.), Schnittmuster-Beilage (20 Bog.), Ernst u. Scherz fürs Mädchenherz (24 Nrn.), Jugendfreund (24 Nrn.) u. Hauspoesie (4 Nrn.) 20—23. Jahrg. 1907—1910. à 52 Hefte. (1540, 1526, 1514 u. 1388 S. m. Abb.) 35,5×27 cm. Cöpenick-Berlin, H. Jenne. à Jahrg. 7. —

Frauen- u. Moden-Zeitung, deutsche. Früher: „Moden-Zeitung fürs deutsche Haus“ (Wochen-Ausg.). Illustrierte Zeitschrift f. die Interessen des Haushalts u. d. Familie. Red.: A. Hochstein, Frau Erna Orth-Steinberg, M. Bade. Jahrg. 1908/09. (April 1908 — März 1909.) 52 Hefte. (à ca. 26 S. m. Schnittbog.) 32×24 cm. Berlin, W. Vobach & Co. à Heft — 15
Fortsetzg., s.: Vobach's Frauen- u. Moden-Zeitung.

— **Dresdner.** Praktische Zeitschrift f. die Hausfrau u. Familie. Hrsg. u. red. v. Leopoldine Wetzel. 1. 2. Jahrg. 1888. 1889. à 24 Nrn. (B. m. Musikbeilagen.) gr. 4. Dresden, Verlag der „Dresdner Frauen-Zeitung“ (L. Wetzel). à Jahrg. n. 2. 40

Frauenzeitung, Dresdner. Praktische Zeitschrift für die Hausfrau u. Familie. Hrsg. u. red. von Leopoldine Wetzel. 3. Jahrg. 1890. 24 Nrn. (B. m. Musikbeilagen.) gr. 4. Dresden, Rob. Jäger. n. 2. 40

— **Dresdner.** Praktische Zeitschrift f. die Hausfrau u. Familie. Schriftleitung: Clara Zöllner. 4. Jahrg. 1891. 26 Nrn. (1½ Bog.) gr. 4. Dresden, Rob. Jäger. n. 2. 40

Frauen-Zeitung, Dresdner. Praktische Zeitschrift f. die Hausfrau u. Familie. Schriftleitung: Adelaide v. Gottberg-Herzog. 5. Jahrg. 1892. 1.—3. Quartal. 20 Nrn. (1½ Bog.) gr. 4. Dresden, Rob. Jäger. n. 1. 80

— dasselbe. 5 Jahrg. 1892. 4. Quartal. 6 Nrn. (1½ Bog.) gr. 4. Dresden, Geschäftsstelle (Doberenz & Herzog). n. — 60

— dasselbe. Schriftleitung: Adelaide v. Gottberg-Herzog u. Marie Doberenz. 6. u. 7. Jahrg. 1893. 1894 à 26 Nrn. (1½—2 Bog.) gr. 4 Ebd. à Jahrg. n. 3. 20

— **Dresdner.** Prakt. Zeitschrift f. d. Hausfrau u. Familie. Schriftleitung: Adelaide v. Gottberg-Herzog. 8.—11. Jahrg. 1895—1898. à 26 Nrn. (à ca. 2 Bog.) gr. 4. Dresden, Exped. u. Verlag d. Dresd. Frauenztg. à Jahrg. n. 3. 20
Kann auch vierteljährlich bezogen werden.

— **Dresdner.** Praktische Zeitschrift f. die Hausfrau u. Familie. Schriftleitung: Frau Adelaide v. Gottberg-Herzog. 12. u. 13. Jahrg. 1899 u. 1900. à 26 Nrn. Mit Musikbeilage (4 Nrn.) u. Kinderbeilage: „Für unsere Lieblinge“ (4 Nrn.) gr. 4. (à ca. 12 S.) Dresden, Expedition u. Verlag der Dresdener Frauenzeitg. à Jahrg. n. 3. 20

— **dasselbe.** 14. Jahrg. Jan.—Juni 1901. 13 Nrn. Mit Musikbeilage (4 Nrn.) u. Kinderbeilage: „Für unsere Lieblinge“ (4 Nrn.) gr. 4. (à ca. 12 S.) Ebd. n. 1. 60
Fortsetzung s.: Frauenblatt, neues.

— evangelische. Organ des Deutsch-evangel. Frauenbundes. Hrsg. v. Paula Mueller. 5.—7. Jahrg. Oktbr. 1904—Septbr. 1907 à 12 Nrn. (à ca. 8 S.) Lex.-8. Groß-Lichterfelde, E. Runge. à Jhrg. n. 2. —

— **evangelische.** Organ des deutsch-evangel. Frauenbundes. Hrsg. u. red. v. Frl. Paula Mueller. 8—11. Jahrg. Oktbr. 1907—Septbr. 1911. à 24 Nrn. (à ca. 8 S.) Lex. 8. Gr.-Lichterfelde-Berlin, E. Runge. à Jahrg. 4. —

— Frankfurter. Familien-Journal u. Frauen-Vereinsblatt. Red.: Paul Claus. 14. Jahrg. 1906. 52 Nrn. (320 S.) gr. 4. Frankfurt a/M., J. Rosenheim. n. 3. —

— Frankfurter. Familien-Journal u. Frauen-Vereinsblatt. Red.: Paul Claus. 15. Jahrg. 1907. 52 Nrn. u. 16. Jahrg. 1908. Nr. 1—26. (à ca. 12 S.) 38×28 cm. Frankfurt a/M., J. Rosenheim. à Jahrg. 3. —
Erscheint nicht mehr.

— **Halberstädter.** Organ f. den bürgerl. Haushalt in Stadt u. Land. Jahrg. 1900 u. 1901. à 52 Nrn. gr. 4. (à ca. 12 S.) Harsleben, J. Briest. à Jahrg. n. 2. —
Die Wochenschrift „Die deutsche Hausfrau“ wurde hiermit vereinigt.

— **Halberstädter.** Organ für den bürgerl. Haushalt in Stadt u. Land. Mit Beilage: Welt im Bild. Red.: A. Ihring. 6. Jahrg. 1904. 52 Nrn. (à ca. 8 u. 4 S.) 4. Harsleben, J. Briest. n. 2. —
Erscheint nicht mehr.

Hamburger **Frauen-Zeitung.** Organ des Hamburger Hausfrauen-Vereins. Jg. 1-6. — (Hamburg: Lessmann) 1909-1914. 2°

Frauen-Zeitung für Hauswesen, weibliche Arbeiten und Moden. Mit ... dem Unterhaltungsblatte Salon ... 1.—14. Jahrgang. 1852—1865. Stuttgart, Verlag der Frauenzeitung. Mit kol. Modekupfern. 8° u. 4°.
7. Jg. ff. Verlag der J. B. Metzler'schen Buchhandlung in Stuttgart.
Mehr nicht erschienen.

Frauenzeitung Helvetia
v. Berna.

— illustrirte. Ausgabe der „Modenwelt" m. Unterhaltungsblatt. 1—3. Jahrg. 1874—1876. à 48 Nrn. (B. m. eingedr. Holzschn.) u. 12 Modenkpfr. Fol. Berlin, Lipperheide. à Jahrg. 10. —; Ausg. m. 48 Modenkpfr. 17. —

— illustrirte. Ausg. der „Modenwelt" mit Unterhaltungsblatt. 4—6. Jahrg. 1877—1879. à 48 Nrn. (2 B. m. eingedr. Holzschn., 12 Schnittmusterbeilagen u. 12 color. Modekpfrn.) Fol. Berlin, Lipperheide. à Jahrg. 8. 80; Ausg. m. 48 Modekpfrn. 17. —

— dasselbe. 7. u. 8. Jahrg. 1880—1882. à 24 Doppel-Nrn. (4 B. m. eingedr. Holzschn., 12 Schnittmuster-Beilagen u. 12 color. Modekpfrn.) Fol. Ebend. à Jahrg. 10. —; Ausg. m. 36 Modekpfrn. u. 24 Costümbildern 17. —

— dasselbe. Jahrg. 1882/83. 24 Hfte. Fol. (1. Hft. 28 S. m. eingedr. Holzschn., 1 Holzschntaf. u. 1 color. Modekpfr.) Ebend. à Hft. — 50

— dasselbe. Extra-Nummer. Die Vermählung Sr. königl. Hoh. des Prinzen Wilhelm v. Preußen mit Ihrer Hoh. der Prinzessin Augusta Victoria zu Schleswig-Holstein. Fol. (32 S. m. eingedr. Holzschn.) Ebend. 881. 1. —

— dasselbe. Weihnachts-Heft 1881. Fol. (52 S. m. eingedr. Holzschn., 1 color. Modekpfr. u. 1 Schnittmusterbogen.) Ebend. 882. n. 1. —

— dasselbe. Festnummer zur silbernen Hochzeit Ihrer k. u. k. Hoheiten d. Kronprinzen u. der Kronprinzessin d. Deutschen Reiches u. v. Preußen am 25. Jan. 1883. Text v. Ludw. Ziemssen. Mit (eingedr. Holzschn.-) Illustr. von H. v. Angeli, G. Bleibtreu, C. E. Doepler ꝛc. Fol. (35 S.) Ebend. n. 1. 50

Frauen-Zeitung, illustrirte. Ausg. d. „Modenwelt" m. Unterhaltungsblatt. 11—13. Jahrg. 1884—1886. à 24 Nrn. (à 5—6 B. m. eingedr. Holzschn.) Nebst 12 Schnittmuster-Beilagen u. 12 color. Modekpfrn. Fol. Berlin, Lipperheide. à Jahrg. 10. —; Ausg. m. 36 Modekpfrn., 12 Kostümbildern u. 12 Kinderbildern 19. —

—— illustrirte. Ausg. der „Modenwelt" mit Unterhaltungsblatt. 12.—14. Jahrg. 1885—1887. à Jahrg. 24 Nrn. (à Nr. 3—5 Bog. mit eingedr. Holzschn., 12 Schnittmuster-Beilagen und 12 color. Modekpfrn.) Fol. Berlin, Lipperheide. à Jahrg.
Ausg. mit 36 Modekpfrn., 12 Kostümbildern und 12 Kinderbildern. à Jahrg.

—— dass. — 15. Jahrg. 1888. [Große Ausg.] 52 Nrn. (à Nr. 1—2 Bog. mit eingedr. Holzschn., 12 Schnittmuster-Beilagen, 52 color. Modekpfrn., 8 Extra-Blättern und 8 farb. Stickmuster-Beilagen.) Fol. Ebendas. *

—— dass. — 15. Jahrg. 1888. [Kleine Ausg.] 52 Nrn. (à Nr. 1—2 Bog. mit eingedr. Holzschn., 12 Schnittmuster-Beilagen, 12 color. Modekpfrn., 8 Extrablättern und 8 farb. Stickmuster-Beilagen.) Fol. Ebendas.

— dasselbe. 15. 16. Jahrg. 1888. 1889. à 52 Nrn. (2 B. m. eingedr. Holzschn.) Nebst 12 Schnittmuster-Beilagen u. 12 color. Modekpfrn. Fol. Ebd. à Jahrg. n. 10. —; Ausg. m. 36 Modekpfrn., 12 Kostümbildern u. 12 Kinderbildern n. 17. —

— dasselbe. 17. Jahrg. 1890. 24 Doppel-Nrn. in Hftn. (4 B. m. eingedr. Holzschn.) Nebst 12 Schnittmuster-Beilagen u. 12 color. Modekpfrn. Fol. Ebd. n. 10. —; Ausg. m. 48 Kpfrn. n. 17. —

— illustrirte. 18.—21. Jahrg. 1891—1894. à 24 Doppel-Nrn. in Hftn. (à Hft. ca. 4 Bog. m. eingedr. Holzschn.) Nebst Schnittmuster-Beilagen, kolor. Modekpfrn., Musterblättern f. künstler. Handarbeiten u. Extrablättern. Fol. Berlin, F. Lipperheide. à Jahrg. n. 10. —; Ausg. m. 48—60 Kpfn. à Jahrg. n. 17. —

— illustr. 22.—25. Jahrg. 1895—1898. à 24 Doppel-Nrn. in Hftn. (à ca. 25 S.) Nebst 12 Schnittmuster-Beilagen, 24 kolor. Modekpfrn., 8 Musterblättern f. künstler. Handarbeiten u. 8 Extrablättern. Fol. Berlin, F. Lipperheide. à Jahrg. n 10. —; Ausg. m. 60 Kpfrn. 17. —
Die größere Ausgabe ist mit d. 1. VII. 1898 eingegangen.

— illustrirte. 26.—28. Jahrg. 1899—1901. à 24 Doppel-Nrn. in Hftn. Nebst 24 Schnittmuster-Beilagen, 24 farb. Modebildern, 2 Extra-Blättern f. Handarbeits-Curse. Fol. (à ca. 30 S.) Berlin, F. Lipperheide. à Jahrg. 10. —

— dasselbe. 29. Jahrg. 1902. 24 Doppel-Nrn. in Hftn. Nebst 24 Schnittmuster-Beilagen, 24 farb. Modebildern, 2 Extra-Blättern f. Handarbeits-Curse. Fol. (à ca. 30 S.) Ebd. 9. 50

— dasselbe. Red.: A. Grosse. 30. Jahrg. 1903. 24 Hfte. Fol. (à ca. 20 S. m. Schnittmusterbog. ꝛc.) Ebd. n. 8. —

— illustrierte. Red.: G. Schulz. 31. Jahrg. 1904. 24 Hefte. Nebst 24 Schnittmuster-Beilagen u. 48 farb. Modebildern. (270 S.) Fol. Berlin, F. Lipperheide. n. 8. —

Frauen-Zeitung, illustrierte. Red.: G. Beeg, Fr. Grünert, G. Schulz. 32 Jahrg. 1905. 24 Hefte. Nebst 24 Schnittmuster-Beilagen u. 48 farb. Modebildern. (270 S.) Fol. Berlin, F. Lipperheide. n. 8. 30

— dasselbe. Red.: G. Beeg, Fr. Grünert, für Österreich-Ungarn: R. Mohr. 33. Jahrg. 1906. 24 Hefte. Nebst 24 Schnittmuster-Beilagen u. 48 farb. Modebildern. (270 S.) Fol. Ebd. n. 8. 40

— illustrierte. Red.: Gunda-Beeg, f. Österreich-Ungarn verantwortl. f. Hrsg.: Rob. Mohr, f. Red.: Guido Bruck. 38. Jahrg. Oktbr. 1910—Septbr. 1911. 24 Hefte. Nebst 24 Schnittmuster-Beilagen u. 48 farb. Modebildern. (1. Heft. 10, 8, 2, 4 u. IV S. m. 2 Taf.) 41×29,5 cm. Berlin, F. Bruckmann, Zweigniederlassg. 8. 40

Frauenzeitung, illustrierte. Jetzt: Berlin, Ullstein & Co. Erscheint von 1912 an u. d. T.: „Die Dame".

— illustrierte. Monatschrift f. Kinderpflege, Jugend-Erziehg., prakt. Haushaltg. u. Frauenangelegenheiten jeder Art. Verantwortlich: Jos. Winkler. Jahrg. 1910. 12 Nrn. (à ca. 16 S.) Lex. 8. Klagenfurt, Buch- u. Kunsth. des St. Josef-Vereines. — 85

Frauenzeitung und Zürcherisches Intelligenzblatt
v. Wilhelm Tell.

— katholische. Illustriertes Wochenblatt für Unterhaltg. u. Belehrung zur Förderung christl. Frauenlebens in Familie u. Gesellschaft, zugleich Organ des schweizer. kathol. Frauenbundes. Red.: Frau Anna Winistörfer. 6. Jahrg. 1906. 52 Nrn. (à ca. 16 S.) 4. Einsiedeln, Verlagsanstalt Benziger & Co. n. 4. —
Erschien früher u. d. T.:

— katholische. Illustriertes Wochenblatt f. Unterhaltg. u. Belehrg., z. Förderg. christl. Frauenlebens in Familie u. Gesellschaft, Organ d. schweiz. kathol. Frauenbundes. Red.: Frau Anna Winistörfer. 7. Jahrg. 1907. 52 Nrn. (à ca. 12 S.) 31×23,5 cm. Einsiedeln, Verlagsanstalt Benziger & Co. 4.
Fortsetzg., f.: Sankt Elisabeths Rosen.

—— landwirthschaftliche. Monatsschrift für die Interessen der deutschen Landwirthinnen. Hrsg. von Christiane Steinbrecher. 1. und 2. Jahrg. 1876 und 1877. à Jahrg. 12 Hefte. (à 2 Bog. mit eingedr. Holzschn.) gr. 4. Leipzig, H. Voigt. à Jahrg. *
Nicht weiter erschienen.

Frauenzeitung, Neue schweizer., für 1879. Monatlich 3 Mal. Altorf (Uri), Högger'sche Buchdruckerei. Für die Schweiz per Jahr 3 50 per Semester 1 90

Posener Frauen-Zeitung. Organ f. d. Interessen d. Frauenwelt u. d. Familie. Jg. 1. 1899. — (Posen: Decker) 1899. 2°

Frauenzeitung der Zürcher Post
v. Züricher Post.

— sächsische. Spezial-Ausg. d. „Frauen-Bund". Frauenvereins-Zeitung u. Familienblatt f. die Interessen der Frauen aller Stände. Red.: Ludw. Rohmann. 2. Jahrg. Oktbr. 1898—Dezbr. 1899. 65 Nrn. Fol. (à ca. 8 S.) Leipzig-Volkmarsdorf (Bergstr. 26), R. Pröhl. 3. 75

— dasselbe. Verantwortlich f. den allgem. Tl.: Ludwig Löber, f. Handarbeit u. Hauswirtschaft 2c.: Chr. Hege. 3. u. 4. Jahrg. 1900 u. 1901. à 52 Nrn. Fol. (à ca. 8 S.) Ebd. à Jahrg. 3. —

— schwäbische. Organ f. d. Interessen d. Frauenwelt u. d. Familie. Einz. Hausfrauenzeitg. Württembergs. Red.: Chr. Hege. 1. Jahrg. Aug.—Dezbr. 1897. 13 Nrn. (Bog. m. Abb.) Imp.-4. Stuttgart, Administration. n. — 60

— dasselbe. 2. Jahrg. 1898. 52 Nrn. (Bog. m. Abb.) Imp.-4. Ebd. n. 2. 40
Kann auch vierteljährlich bezogen werden.

— schwäbische. Organ f. die Interessen der Frauenwelt u. der Familie. Erste Hausfrauenzeitg. Württembergs. Red.: Ludw. Rohmann. 3. u. 4. Jahrg. 1899 u. 1900. à 52 Nrn. Fol. (à ca. 8 S. m. Abbildgn.) Stuttgart, C. Dieterich. à Jahrg. n. 2. 40

Schweizer Frauen-Zeitung

① Blätter für den häuslichen Kreis (1879—25. 7. 1885). Organ des Schweizer Frauen-Verbandes. Blätter für den häuslichen Kreis (1. 8. 1885—10. 9. 1887). Organ für die Interessen der Frauenwelt. Blätter für den häuslichen Kreis (ab 17. 9. 1887) ④ Frauen- und Modenzeitung für die Schweiz (in der Bibliographie nicht verarbeitet) ⑤ 5. 7. 1879—29. 12. 1912 ⑥ 2° ⑦ Wochenblatt ⑧ St. Gallen: M. Kälin'sche Buchdruckerei (5. 7. 1879—12. 12. 1881), Th. Wirth'sche Buchdruckerei (19. 2. 1881—10. 12. 1881), M. Kälin'sche Buchdruckerei (17. 12. 1881—27. 12. 1891), Th. Wirth & Cie. (3. 1. 1892—1. 7. 1894), Th. Wirth AG (8. 7. 1894—20. 9. 1896), Wiser & Frey [Merkur] (27. 9. 1896—24. 12. 1911); Zofingen: Ringier & Cie. (31. 12. 1911—29. 12. 1912) ⑨ Für die Junge Welt. Mittheilungen des Schweizer Frauenverbandes. Für die Kleine Welt. Koch- und Haushaltungsschule. Blätter für den häuslichen Kreis ⑩ Altwegg-Weber (5. 7. 1879—10. 12. 1881), Elise Honegger (17. 12. 1881—23. 4. 1887), M. Kälin'sche Buchdruckerei (23. 4. 1887—27. 12. 1891), Elise Honegger (3. 1. 1892—24. 12. 1911), Ringier & Cie. (31. 12. 1911—29. 12. 1912) ⑪ Elise Honegger ⑬ BGSZ: 1046, 1047 ⑭ SG: Va: Be: I. (1881—1912) ⑮ Ab 1. 1. 1913 wurden die «Schweizer Frauen-Zeitung» und die «Frauen- und Moden-Zeitung für die Schweiz» textlich vereinigt unter dem Titel: «Frauen- und Moden-Zeitung für die Schweiz.»

— schweizer katholische. Wochenblatt f. Unterhaltung u. Belehrg. Mit monatl. Gratisbeilagen: Modebilder m. Schnittmuster u. Abbildgn. u. Beschreibgn. v. Handarbeiten. Red.: Frau A. Winistörfer. 3.—6. Jahrg. 1903—1905. à 52 Nrn. (à ca. 8 S.) gr. 4. Solothurn, Buch- u. Kunstdruckerei Union. (Nur direkt.) Postfrei à Jhrg. n.n. 6. —

— stenographische. Organ zur Verbreitung u. Förderung der Gabelsbergerschen Stenographie in Damenkreisen. Mit der monatl. Beilage: Uebertragungsaufgaben f. den Fortbildungsunterricht. Unter Mitwirkung vieler geschätzter Kunstgenossinnen hrsg. v. Hans Leue. 8.—11. Jahrg. 1903—1906. à 26 Nrn. (212, 208, 208 u. 208 autogr. S.) gr. 8. Wolfenbüttel, Heckner. à Jhrg. n.n. 2. —

— stenographische. Organ z. Verbreitg. u. Förderg. d. Gabelsbergerschen Stenographie in Damenkreisen. Mit der monatl. Beilage: Übertragungsaufgaben f. d. Fortbildungsunterricht. Hrsg. v. H. Leue. 12—15. Jahrg. 1907—1910. à 24 Nrn. (à Jahrg. IV, 192 S.) 8. Wolfenbüttel, Heckner. à Jahrg. nn 2. –

Weiss'] Frauen-Zeitung (2 u. d. T.: Schrattenthal's Rundschau. Zeitschr. f. Frauen-Lit.) Jg. 1. 2. — Preßburg 1893-95: Angermayer (2: Alkaly). 4°

— westdeutsche. Wochenschrift f. die Gesammtinteressen der Frauen zur Belehrg. u. Unterhaltg. Hierzu: Internationaler Stellen-Anzeiger. Central-Anzeiger für die Gesammtinteressen der deutschen Frauenwelt. Red.: Frau Emma Wagner. 2. Jahrg. 1890. 52 Nrn. (B.) gr. 4. Soest, Tappen. n. 4. —

— Wiener illustrierte. Familien- u. Modejournal. Hrsg.: Max Breitenstein. Red.: Fritz Lemmermayer u. E. Willoner. 1. Jahrg. Oktbr. 1897—Septbr. 1898. 24 Hfte. (à ca. 24 S.) gr. 4. Wien, M. Breitenstein. n. 6. —; einz. Hfte. — 25
Kann auch vierteljährlich bezogen werden.

Frauen-Zeitung, Wiener illustrierte. Familien- u. Modejournal. Hrsg.: Max Breitenstein. Red.: Fritz Lemmermayer. 2.—4. Jahrg. Oktbr. 1898—Septbr. 1901. 24 Hfte. Fol. (à ca. 20 S.) Wien, M. Breitenstein. à Jahrg. 6. —

— dasselbe. 5. Jahrg. Oktbr. 1901—Septbr. 1902. 24 Hfte. Fol. (à ca. 16 S.) Ebd. n. 4. —

— Wiener, f. Mode, Handarbeit u. Belehrung. Red.: J. J. v. Nagy. Hrsg.: Hermine Freund. 1. Jahrg. Oktbr. 1902—Septbr. 1903. 24 Nrn. Fol. (à ca. 24 S. m. Abbildgn. u. Schnittbog.) Wien (II. gr. Sperlg. 28), Administration. n. 7. 20

(F) **Wiener Frauen-Zeitung** für Mode, Handarbeit und Belehrung. Jahrg. 1904/05. 4°. erscheint in 24 Nrn. kompl. K 7 20
Wien: Perles 1904.

(F) **Wiener Frauen Zeitung** für Mode, Handarbeit und Belehrung. Jahrg. 1905/1906. 4°. erscheint in 24 Nrn. kompl. K 7.20
Wien: Moritz Perles 1905.

— Wiener, für Mode, Handarbeit u. Belehrung. Red.: Vincenz Tichy. Hrsg.: Hermine Freund. Oktbr. 1903—Septbr. 1907. à 24 Nrn. (à ca. 32 S. m. Abbildgn. u. Schnittbog.) 4. Wien, Verlag der Wiener Frauenzeitg. à Jhrg. n. 7. 20

— Wiener, f. Mode, Handarbeit u. Belehrung. Red.: Vincenz Tichy. Hrsg.: Hermine Freund. Oktbr. 1907—Septbr. 1908. 24 Nrn. (à ca. 30 S. m. Abb. u. 1 Schnittbog.) 34×27 cm. Wien, Freund's Verlag der Wiener Frauenzeitung. 7. 20

—— wirthschaftliche. Zeitschrift für die Interessen der deutschen Hausfrauen in Stadt und Land. Hrsg. von Christiane Steinbrecher. 1. Jahrg. Juli—Septbr. 1877. (7 Hefte.) (à 2 Bog.) 4. Berlin, Lorentz. *

— wirthschaftliche. Zeitschrift für die Interessen der deutschen Hausfrauen in Stadt u. Land. Hrsg. von Christiane Steinbrecher. 2. Jahrg. 1877. 2. Semester. 12 Hfte. (2 B.) 4. Ebend. n. 4. —; einzelne Nrn. n. — 60

Frauenzimmer

— —, Das, ein moralisches Wochenblatt. Th. 1. (einz.?). Leipzig, Sommer, 1755. Gr. 8°. Rar!
Cat. Monath I. Nürnb. 1782. p. 790.

Frauenzimmer, Das, oder die scherzende Venus in Begebenheiten nach der Mode. Amsterdam [Leipz.] 1761. V: *Kritzinger, Frdr. Adolph.* (BGE)

FRAUENZIMMER, Das. Eine Abhandlung aus den (sic!) Franzöfischen überfetzt. (Darin: Etwas über das Händeküffen von einem Mitgliede der Academie des guten Gefchmackes in Palermo.) Frankfurt und Offenbach 1779. 8°. 32 S.

Frauenzimmer, Das bürgerliche, nach der Mode. Ein Lustspiel von fünf Aufzügen. Franckfurt 1752. V: *Dancourt, Florent Carton & de Saint Yon.* (BrMm)

Frauenzimmer, über, u. Ehe; aus d. Französ. v. Gotth. Wlh. Rup. Becker, mit e. Vorr. v. A. G. Meißner I. 8. Leipz. 783. Weygand. 1 ʀ

Frauenzimmer, Das, in der Einsamkeit. Halle 1762. V: *Sturm, Chph Christian.* (ML) (Ky)

— das, in d. Einsamkeit. gr. 8 Halle... N. A. 763 u. 780. Renger. 6 gℓ

Frauenzimmer, Das entmaskete, oder die entdeckte Liebe. A. d. Franz. Jena 1762. V: *Quesnot de la Chesnée, Jean Jacques.* (BGE)

Anonym: „Das galante und in der Oekonomie geübte Frauenzimmer", Schwabach 1772 (Mizler); verbesserte Auflage, 2 Teile, Neustadt a. d. Aisch 1784 (Riedel).

Das galante und in der Oekonomie geubte **Frauenzimmer** . . Schweinfurt verlegts Jak. Sam. Friedrich Riedel 1797—1798.
2 Teile. 8°
1 1797: **Das galante u. in der Oekonomie geubte Frauenzimmer zeiget als eine wohlerfahrne Person die beßten Vortheile und Zugehorungen welche zur Zierde und Schonheit der Menschen erfordert werden. 3 . . verm. u. verb. Aufl.**
Titelkupfer. Tit., 2 Bl., 286 S., 9 Bl.
2 1798: **Das galante u. in der Oekonomie geubte Frauenzimmer zeiget die besten Vortheile welche in taglich vorkommenden hauslichen Angelegenheiten dem menschlichen Geschlechte grossen Nutzen schaffen.**
286 S. 9 Bl.
: Aufl. um 1790

FRAUENZIMMER, Das glücklich gewordene, oder Lebens- und Liebesgeschichte der Mademoiselle B*** eine(!) Comödiantin aus der Neuberischen Bande. Nürnberg, b. Zimmermanns Wittwe. 8°.
O. M. V. 1750, S. 60, sub libris futuris nundinis prodituris. — Wirklich erschienen?

Frauenzimmer, Das, im 19ten Jahrhunderte. Wien 1780. V: *Rautenstrauch, Johann.* (Adel) S. a. Nr. 4004.

— das, im 19ten Jahrh., (v. J. Rautenstrauch). 8. Wien 780. 2e A. 781. (Acad. B. in Linz). 12 gℓ

Frauenzimmer, Das, im neunzehnten Jahrhunderte. Ein Traumgesicht. Mit Titelvign. Wien 1781. Wien, Paris u. London [Linz] 1781. Neueste vermehrte Aufl. Frankfurt u. Leipz. 1782. V: *Rautenstrauch, Johann.* (BGE II², 420) Vgl. II, 3996.

Frauenzimmer, Die, im neunzehnten Jahrhundert. Ein Traumgesicht. Neueste, vermehrte Auflage. Frankfurt u. Leipzig 1782. V: *Rautenstrauch, Johann.* (BrMm) »Paris [Linz] 1780. N. A. 1781« (Wr) (Ky) (MGT) (Fiker) S. a. Nr. 3996.

Frauenzimmer, Das illustrierte. Humor, Satire und — Wahrheit. Leipz. 1851. 4. Aufl. 1852. V: *Henrici.* (Ky)

Frauenzimmer, das illustrirte. Humor, Satire u. — Wahrheit (v. Henrici). 16. (135 S.) Leipzig 851, Wengler. — Mit 15 (eingedr.) Holzschn. 2. verb. u. verm. Aufl. 16. (135 S.) Ebd. 851. — 3. verb. u. verm. Aufl. 16. (135 S.) Ebd. 851. — 4. verb. u. verm. Aufl. 16. (136 S. m. 23 eingedr. Holzschn.) Ebd. 852. n. ⅓ ʀ

Frauenzimmer, das illustrirte. Spaß — und das Gegentheil. Mit vielen Bildern (Holzschn. im Text). 6., völlig verwandelte Aufl. Leipzig 856. Wengler. 16. (143 S.) 10 ngr.

Frauenzimmer, das illustrirte. Spaß — und das Gegentheil. Mit 39 Bildern (in Holzschn.). 7., völlig verwandelte Aufl. Leipzig 860. Wengler. 16. (143 S.) n. 10 ngr.

Frauenzimmer, das illustrirte. Spaß — u. das Gegentheil. Mit 39 Bildern (in eingedr. Holzschn.) 8., völlig verwandelte Aufl. gr. 16. (144 S.) Leipzig 875. Verlags-Institut. n. 1. —

Frauenzimmer, das illustrirte. Spaß — u. das Gegentheil. Mit 39 (eingedr.) Bildern. 11. Aufl. 12. (144 S.) Reutlingen 884. Bardtenschlager. 1. —

FRAUENZIMMER, Das, in der Irre, oder Geschichte der Mademoiselle von Paisigny. Aus d. Frantzös. 2 Thle. Nürnberg b. Stein und Raspe 1744. 8°.
1 Alph. 20 Bogen. (Cat. Meissner II. p. 651.) Die Heldin erhebt den Anspruch, die vornehmste aller herumirrenden Frauen zu sein und dass die geringste ihrer unzähligen Gefahren eine nur mittelmässige Tugend würde haben sinken lassen!
Orig. (in Dresden u. Wolfenb.): La fille errante, ov memoires de Mlle de Paisigni. Ecrits par elle même. P. I—III. (cplt.) Paris. Et se vend A Liège. Ever. Kints. 1737. 8°. (Voir Cat. Milchsack.) — Rep. ibid. 1741. 8°. 9 pts. en 1 vol. (In München.)

— — Dasselbe. Mit 7 Kpfrn. Ebd. 1765. 8°. 640 S. (6 Mk. 75 Pfg. Alfred Lorentz, Lpz., 1905.)
— — Dasselbe (hier steht „Baisigny" auf d. Titel). Mit 8 Kpfrn. Ebd. 1770. 8°. (4 Kr. Bernh. Stern, Wien, 1901; 3 Kr. Halm & Goldmann, 1907.)

Frauenzimmer, Das im Irrgarten der Venus herumtaumelnde. O. O. 1763. V: *Cleland, John.* (BGE II², 420)

— für junge, sich und ihre Männer glücklich zu machen, nach d. Engl. 8. Leipz. Jacobäer. 793.

— — junge Frauenzimmer bei der Wahl ihres künftigen Ehegatten, oder väterlicher Rath an meine Tochter, wie sie als Gattin u. Hausfrau glücklich u. zufrieden leben kann. Frankfurt a. Main, bei Phil. Jac. Döring, o. J. (c. 1798). 16⁰. (Ldpr. 2 gr. = 8 xr.)
19 S., nebst 3 unbez. S. „Schriften f. junge Frauenzimmer".

Frauenzimmer, Das kluge, im 18ten Jahrhundert oder die Verwandtschaft im 17. Jahrhundert. 1782. V: *Nawarro, Ferdinand.* (wrztg 1782, Beil. zu Nr. 62) (H. W. Behrisch, Die Wiener Autoren 1784, S. 153) (Provinz. Nachr. 1782, S. 152) (BiblPort)

— das, in d. Küche u. Haushaltung unterrichtete. 8. Frankf. u. Leipz. 783. Reinhold. 5 gr

§ Frauenzimmer, Das lamentirende Jud-Süßische, unter dem großen eisernen Galgen vor Stuttgardt draußen, wie solches die wieder dahin gekommene zwey Würtembergische Bauren, nemlich Veit Dudium von Wurmberg und Hanß Michel Sauer von Plieningen antreffen, ansehen, und anhören, auch darüber raisoniren (!), anbey jeder dem andern was Neues communicirt. O. O. u. J. (1738.) Kl.-4⁰. (In München: Biogr. 242, 3.)

Das lamentirende *Jud-Süssische Frauenzimmer* unter dem grossen eisernen Galgen vor Stuttgardt draussen, wie solches die wieder dahin gekommene zwey Würtembergische Bauren, nemlich Veit Dudium von Wurmberg u. Hanss Michel Sauer von Plieningen antreffen, ansehen, u. anhören, auch darüber raisoniren (!), anbey jeder dem andern was Neues communicirt. O. O. u. J. (1738). Kl. 4. Nicht rein, wie wohl die meisten erhalt. Expl. Eleg. weiss. Pgmtb.
Prosa u. Verse, stellenw. sehr derb. 6 Bll., unpag., Rücks. d. 1. leer. Mit 1 Kpfst. auf gefalt. Folbl., links ob. „Wahre abbildung dess Eysernen Hochgerichts zu Stutgard, an welchen der geruffene Jud Joseph Süss Oppenheimer d. 4. Febr. Anno 1738 in einen Eysernen Kefig ist aufgehangen worden." — Sehr rar!

Frauenzimmer, Die, ohne Maske enth. die Jungfern-Anatomie etc. von Philantropos. O. O. ca. 1730. V: *Seyffart, Carl.* (BGE V³, 54) (Weller, Annalen II, 485)

§ **FRAUEN-ZIMMER,** Philosophierendes Galantes, In curieusen Gesprächen vorgetragen für Ergötz- und Gemüths(-) Ermunterung aller schön- und Edl-denckenden Damen, und Schönen. O. O. u. J. (c. 1740?). Kl. 8⁰. 128 S. (In München: Var. 623, 63. — Fehlt?) Rar!

Frauenzimmer, Das, und dessen Schönheiten in ihrem wahren Gesichtspunkt dargestellt . . . Frankfurt 1754. V: *Crollius, Georg Christian.* (ZP)

— — Die sind doch possirliche Dinger. Geschrieben von Einem, der die Frauenzimmer aus dem FF kennt. 10te verm. u. verb. Aufl. Mit vielen humorist. Illustrationen. Chemnitz, C. A. Hager, o. J. (c. 1882). 8⁰. (1 Mk., Expl. im illustr. Orig.-Umschl., A. Bielefeld.)
48 S. Mit Versen u. amüsanten Holzschnitten im Text. Umschlag roth u. schwarz gedr. — Zahm.

Frauenzimmer, Das, im dreyfachen Stande, als Tochter, Frau und Mutter . . . Leipzig 1782. V: *Wichmann, Christian August.* (Ky) (MGT)

Frauenzimmer, d., im dreyfachen Stande, als Tochter, Frau u. Mutter; eine wahre, moralische, komische Geschichte. 3 Thle. 8. Bresl. Korn d. ältere. 782.

Frauenzimmer, das persiflirte. Humor, Satyre und — Wahrheit. Etwas Neues vom Verf. des „illustrirten Frauenzimmers", ꝛc. Oschatz 854. Schumann. 16. (164 S.) n. 10 ngr.

Frauenzimmer, Das, von Vergnügen [a. d. Engl.] O. O. 1788. V: *Cleland, John.* (BGE)

§ — —, Das sich selbst verrathende. Nebst moralischen Lesungen. O. O. 1779. 8⁰. Höchst selten!

Frauenzimmer, die, wie sie waren, wie sie sind, wie sie seyn werden, oder vollständiger Catalog aller Neigungen ꝛc. des weiblichen Geschlechts. 8. Frankfurt a. M., Bock. 820.

Frauenzimmer, die, wie sie waren, wie sie sind, wie sie seyn werden, od. vollständ. Catalog aller Neigungen des weiblichen Geschlechts ꝛc. v. H. M. 2e Auflage. 8. Frankf. 822, Bock.

— die, wie sie waren, wie sie sind u. wie sie sein werden, oder vollständ. Katalog aller Neigungen ꝛc. d. weibl. Geschlechts, v. Hilarius Männerlieb. 8. Frankf. a. M. 820. 2e A. 822. Bock. 4e A. 8. Leipz. 828. Imm. Müller. 8 gr

Frauenzimmer, Das wohlgezogene, oder vollständige Anweisung zur weiblichen Erziehung . . . a. d. Engl. Rostock 1767. Ü: *Schwabe, Joh. Joachim.* (Ky) (ML)

— —, Das wohlerzogene, oder vollständige Anweisung zur weiblichen Erziehung, in einer Reihe Briefe einer Mutter an ihre Tochter. Aus d. Engländischen (übers. von Johann Joachim Schwabe). Mit Titelkpfr. Rostock, bei Johann Christian, Koppe 1768. 8⁰. (4 Mk., mit d. Jahrz. „1767", Wilh. Heims, Lpz., 1911.)
Anon.-Lex. II. p. 119 (nach Kayser u. Meusel). — Cat. Monath I, Nürnb. 1782. p. 790.

Anonym: „Das von einer Hauswirthin in der Küche und Haushaltung wohlunterrichtete Frauenzimmer", Frankfurt und Leipzig 1783 (Reinhold).

Frauenzimmeracademie, Philotheens, für Liebhaberinnen der Gelehrsamkeit. Augsburg 1783. V: *Erdt, Paulin.* (BB) (ML)

Frauenzimmer-Almanach f. d. J. . . . . (Leipzig) s. u.: Taschenbuch, Leipziger f. Frauenzimmer . . . . . .

Frauenzimmeralmanach, Leipziger. s. Kalender.

FRAUENZIMMER-Almanach zum Nutzen und Vergnügen. 1784—1800. Mit vielen Modebildern, einer ganzen Zahl Kupfer v. Chodowiecki u. A., wovon mehrere color., nebst einer Anzahl Musikbeilagen. 17 Bde. Leipzig 1784—1800. 16⁰. (55 Mk., cart. mit Goldschn., K. W. Hiersemann, Lpz., 1899.)
Der erste Jahrg. m. d. Tit.: „Leipziger Taschenbuch für Frauenzimmer". Verschiedene Erstlingsdrucke von Gedichten unserer grossen Dichter.

Frauenzimmer Almanach zum Nutzen u. Vergnügen für das Jahr . . . [Hrsg. Georg Karl Claudius, 1817 ff.: Friedrich Rochlitz.] (Mit Kupf. [von] D[aniel Nikolaus] Chodowiecki, [Johann David] Schubert, W[ilhelm] Jury [u. a — gest. v. H. W.] Hoppe, D[aniel] Berger, C[hristian] Schule [u. a. Mit Noten v.] G[eorg] C[arl] Claudius, C[hristian] G[otthilf] Tag, J[ohann] F[riedrich] Reichardt [u. a.].)
Leipzig: Ad. Friedr. Böhme (1818 ff.: Carl Cnobloch) [1786—1820]
16 ° (später 12°)
[Kupfert.]
[Nebent.:] Leipziger Taschenbuch für Frauenzimmer zum Nutzen und Vergnügen . . .
1812 u. 1816 [u. d. T.]: Leipziger Taschenbuch zum Nutzen und Vergnügen . .

1786: 8 Bl., 324 S., 3 Notenbl. [*Titelbl. u. sämtl. Kupf. fehlen.*]
1792: 4 Bl., 280 S., 14 Kupfertaf., 3 Notenbl. [*1 Kupf. (= Titelkupf.?,*

fehlt.]
1795: 8 Bl., 302 S., 3 Bl., 1 Titelkupf., 13 Kupfertaf. davon 1 kol., 2 Notenbl.
1796: 8 Bl., 312 S., 1 Bl., 2 Notenbl. [*Sämtl. Kupf. fehlen.*]
1797: 8 Bl., 300 S., 1 Titelkupf., 13 Kupfertaf., 2 Notenbl. [*1 kol. Kupf. fehlt.*]
1798: 8 Bl., 282 S., 1 Titelkupf., 13 Kupfertaf. davon 1 kol., 2 Notenbl.
1799: 8 Bl., 282 S., 2 Notenbl. [*Titelbl. u. sämtl. Kupf. fehlen.*]
1800: 8 Bl., 306 S., 1 Titelkupf., 12 Kupfertaf. davon 1 kol., 1 Notenbl.
1801: 8 Bl., 270 S., 1 Titelkupf., 13 Kupfertaf. davon 1 kol., 1 Notenbl.
1802: 11 Bl., 300 S., 1 Titelkupf., 10 Kupfertaf. davon 1 kol., 1 Notenbl.
1803: 316 S., 1 Titelkupf., 6 Kupfertaf., 1 Notenbl., 4 Bl. Stickmuster.
1804: 8 Bl., 2 Notenbl., 3 Bl. Stickmuster.
1805: 8 Bl., 284 S., 7 Kupfertaf., 2 Bl. Stickmuster. [*Titelkupf. fehlt.*]
1807: 10 Bl., 304 S., 1 Titelkupf., 7 Kupfertaf. davon 1 kol., 3 Bl. Stickmuster. [*1 Bl. Stickmstr. fehlt.*]
1812: IV, 284 S., 1 Bl., 1 Titelkupf., 9 Kupfertaf., 2 Notenbl.
1816 zugleich als Folge für die Jahre 1814 u. 1815: IV, 284 S., 1 Titelkupf., 8 Kupfertaf.
1818: VI, 351 S., 1 Bl., 1 Titelkupf., 6 Kupfertaf.
1819: IV, II, 416 S., 1 Titelkupf., 7 Kupfertaf.
1820: IV, II, 362 S., 1 Titelkupf., 5 Kupfertaf.
Forts. s. Jährliche Mittheilungen.

Frauenzimmerapotheke, wohleingerichtete, aus dem Engl. 8. Hamb. 741.

Frauenzimmerbelustigungen oder Sammlung verschiedener Begebenheiten . . . a. d. Franz. Frankf. u. Leipzig 1750—53. Ü: *Schröter, Joh. Frdr.* (Ky) (ML)

* — — (= Belustigungen, oder Sammlung verschiedener Begebenheiten (Erzählungen u. Anekdoten), welche von den besten Schriftstellern abgefasset worden. Aus d. Französ. übers. Von einem Frauenzimmer. (Vielmehr übers. von Joh. Friedr. Schröter.) 4 Thle. Frankfurt und Leipzig (Magdeburg. Scheidhauer) 1751—54. 8⁰. (In Berlin Xx 215; fehlt Th. 2.) Cplt. 6 Alphab. $3^1/_2$ Bogen.
M. M. V. 1750, S. 89; Cat. Meissner II; Cat. Monath I. Nürnb. 1782. 8⁰. p. 790 hat (wie auch Anon.-Lex. II. p. 119): „1750—53".
Bibliogr. des ouvrages relatifs à l'amour III. p. 377. hat die unrichtige Jahrz. „1780".

FRAUENZIMMER-BIBLIOTHECGEN (so!). Berlin, J. M. Rüdiger. 12⁰.
Frf. Fast. M. V. 1705. J. 2 a.

FRAUENZIMMER-BIBLIOTHECKGEN. Güstrau 1705. 12⁰.
So angezeigt im Cat. viduae J. N. Andreae, bibliop. Herborn. 1729. — Cat. libr. J. à Pritzbueri, Hanov. 1724. p. 150.

Frauenzimmerbibliothek

— —, Worin nützliche Betrachtungen über wichtige Stücke der Sittenlehre, fürnehmlich zum Gebrauch des Frauenzimmers, enthalten sind. . . . Aus d. Engl. (von Carl Frdr. Kretschmann). Hamburg 1756—61. 8⁰.
Anon.-Lex. II. p. 119. — Cat. Meissner I. p. 292 hat nur Th. 1—3. ebd. 1756—57. 3 Alph. 3 Bog.

FRAUENZIMMER-Bibliothek, worinn nützliche Betrachtungen über wichtige Stücke der Sittenlehre fürnemlich zum Gebrauch des Frauenzimmers enthalten find. Gefchrieben von einem Frauenzimmer und herausgegeben von R. Steele. Nach der 3. franzöfifchen Ausgabe in 4 Theile überfetzet. 2 Bde. Hamburg 1757—61. 8⁰.

FRAUENZIMMERBIBLIOTHEK, worinnen nützliche Betrachtungen zum Gebrauche des Frauenzimmers enthalten sind. 2 Thle. Danzig, bey D. Ludwig. Wedeln. 8⁰.
Nur Th. 2 im M. M. V. 1776. S. 139 angezeigt.

Frauenzimmerbibliothek aufs Jahr 1785. V: *Claudius, Gg Carl.* (Ky) (MGT)

Frauenzimmerbibliothek aufs J. 1785, (v. G. K. Claudius). 8. Leipz. 785. Schwickert. 12 gl.

Kleine Frauenzimmerbibliothek. Herausgeg. von M . . . . .r. 1—2. Bändchen. Altona. 1781—82. — 3. Bdchen. Hamburg. 1783. — 4—5. Bdchen. Herausgeg. von G . . . .h. Sm. St. 1785—86.

— kleine, 5 Bde. 8. Hamb. Hoffmann. 781—85.

Frauenzimmerbibliothek, Kleine. Hamburg 1782—86. H: *Müchler, Carl Friedrich.* (Ky) (MGT)

— kleine, (v. K. Müchler). 5 Bde. 8. Hamb. 782—86. (Campe). 2 Rthl. 12 gl.

Frauenzimmerbibliothek, Kompendieuse. O. O. 1800. V: *Petri, Friedrich Erdmann.* (MGT)

FRAUENZIMMER-BIBLIOTHEK, Curieuse, worinnen allgemeine Regeln, wie so wohl ein lediges als verheyrathetes Frauenzimmer bey allen vorfallend. Begebenh. Zeit ihres Lebens ihre Aufführung einrichten soll, durch e. Dame geschrieben u. von Ritter Richard Steele der Welt bekandt gemacht. Leipzig, Mor. Geo. Weidmann, 1717. 8⁰.
Frf. u. Lpz. O. M. V. 1717. K 2 b s. l. f. n. p. —Wirklich erschienen?

Frauenzimmerbriefe, gesammelte, (v. J. G. Gellius). 12 Bde. 8. Leipz. 761—64. Weidmann. 6 Rthl. Dessen Fortsetz., s. Unterr. u. Zeitvertreib f. d. schöne Geschlecht.

— moralische. 8. Halle 765. Renger. 6 gl.

— — Unterricht u. Zeitvertreib f. d. schöne Geschlecht (ist die Fortsetzung.). s. Unterricht.

Frauenzimmerbriefe. [Zürich 1775—76.] V: *La Roche, Marie Sophie geb. Gutermann.* (MGT)

FRAUENZIMMERBRIEFE, Gesammelte, zum Unterrichte und Vergnügen. (Uebersetzt von Johann Gottfried Gellius.) 12 Bde. Leipzig 1761—64. 8⁰. (In Breslau, Kgl. u. Univ.-Bibl.: Lit. Teut. I. 8⁰. 226.) Selten cplt.!
Das Anon.-Lex. hat II. p. 119: „1760—64" (nach Meusel u. Kayser). — Von Bd. 1 ersch. verschiedene Auflagen.

Frauenzimmer-Cabinet

— —, Historisches, in welchen (!) auserlesene sinnreiche Historien mit moralischen Anmerkgn befindlich. Frankf. u. Leipzig (Delitzsch, Vogelgsang) 1751. 8⁰. (1 Mk. 80 Pfg. W. Koebner, Breslau, c. 1885.)
Auct. Frh. v. Lindenthal, Lpz. 1859. p. 348.
— — Dasselbe. Ebd. 1755. 8⁰. (8 Mk. Heinr. Hugendubel, München, 1904.)
Darin u. a.: Beschreibung der Heyrathsinsel.

* **FRAUENZIMMER-CABINET,** Das Lustige Moral- und Satyrische, Oder: Sammlung artiger Gedancken über die unartige Art derselben in auserlesenen kurtzen Versen und Epigrammatibus vorgestellet (von J. J. Rembold). 12 Eröffnungen (Stücke) m. Regist. O. O. u. J. (Berlin 1724). 8⁰. (In Berlin nur Eröffn. 1—5 auf 80 SS., nebst TKpf.; cplt. (bis auf das TKpf.) in Stuttgart.) Ganz vollständig höchst selten!

Frauenzimmercabinet, lust. moral. u. satyr. von J. J. Rembold. 12 Stck. 8. Berl. 734.

Frauenzimmer-Calender, s. Frauenzimmerkalender

Frauenzimmerchen, drey wunderlichartige, aus dem Franz. 8. Bayreuth, 775. Lübecks. 15 gl.

FRAUENZIMMERFEHDE und die Entwickelung derselben .... Braunschweig, Meyer, 1792. 8°.
Bibl. Bülov. II. 4. p. 146.

Frauenzimmer-Freund, Der. Aus dem Frantzösischen. Berlin 1759. V: *Boudier de Villemert, P. J.* (II, 423/424)

Frauenzimmerfreund, der; aus d. Französ. 8. Berl. 761. Rüdiger. 10 gl.

Frauenzimmergedichte, gesammelte. 3 Thle. 8. Nürnb. 764 u. 65. Stein. 18 gl.

FRAUENZIMMERGEN, Drey wunderlichartige. (Aus d. Französ.) Amsterdam (Bayreuth, Lübeck's Buchhdlg.), 1775. 8°. 512 S. (8 Mk. J. Halle, München, c. 1905; 8 Mk. L. Rosenthal, 1907.)
(Weller, fing. Dr.)

Frauenzimmerhandbuch

— enth. e. Wäsch- und Kücheninventar. 8. Lpz. Dyk. 747.

Frauenzimmerhandbuch, bequemes u. nützliches. 8. Ulm 756. 16 gl.

Frauenzimmerkalender

FRAUEN(-)Zimmer(-)Calender. auf das Jahr 1790. Mit color. Modekpf. Zürich bey Johann Hofmeister . . . 12°. (Bibl. Lipperheide no. 4473.) Rar!

Frauenzimmerkalender, astronomischer, curioser. 3 Thle. 8. Erfurt 759. 2 Rthl 16 gl.

Frauenzimmerkunst- und Handbuch. 8. Nrnbg. 715.

Frauenzimmerkünste, Haushaltungskünste u. s. w. 8. Frberg 787. Reinhold. 1 Rthl

Frauenzimmerlaune, oder, sagten sie was? ein Lustspiel. Frankfurt a. M. 1786. V: *Pleissner, Hnr. Chn.* (MGT) *Pleischner, H. E.* (Ky)
Leipz. 1766. V: *Tröltsch, Carl Friedrich.* (Ky) (MGT)

Frauenzimmerlaune; od. sagten sie was? Lustspiel. 8. Frkft. Eßlinger. (a. Günther in Glogau.) 786.

Frauenzimmerlaune, oder sagten sie was? Lstspl. (von H. E. Pleischner). 8. Glogau 786. N. Aufl. 795. Chr. Fr. Günther. 6 gl

Frauenzimmerlexicon, s. Conversationslexico

Frauenzimmer-Lexikon, Berliner, ökonom.-technologisches ꝛc. 3 Bde. gr. 8. Berl. 800—805. Belitz. 5 Rthl

„Berlinisch ökonomisch-technologisch-naturhistorisches Frauenzimmerlexicon, worin alles gelehrt wird, was ein Frauenzimmer in der Oekonomie, Kochkunst, Zuckerbäckerey, Kellerey und sonst im gemeinen Leben gründlich zu wissen nöthig hat", zwei Bände, Berlin 1800, 1801 (Felisch).

„Nutzbares Frauenzimmerlexicon, worin alles, was ein Frauenzimmer zu wissen nöthig hat, zu finden ist", 2 Teile, Leipzig 1773 (Gleditsch).

— nutzbares, worin Alles, was ein Frauenzimmer zu wissen nöthig hat. 2 Thle. gr. 8. Leipz. 773. (Gerig). 3 Rthl 16 gl Hbg. Pr. 2 Rthl

Frauenzimmer - Lexicon, Nutzbares, galantes und curiöses, Worinnen der Frauenzimmer geist- und weltliche Orden, Aemter, Würden . . . gelehrter Frauenzimmer, Künstlerinnen . . . erkläret zu finden . . . Vermehrte u. verb. Aufl. Frankf. u. Leipz. 1739. V: *Corvinus*, *Glieb Siegm.* (Kat. d. Lipperheideschen Costüme-Bibl. Berlin 1896 ff.)

FRAUENZIMMERLOTTERIE, Zeitverkürzende, zur unschuldigen Ergötzung, bestehend in 90 Frauenzimmerportraiten und 90 Devisen, in drey Classen vertheilet. 2. Aufl. Breslau, b. J. Fr. Korn dem ältern.
O. M. V. 1767. S. 804. — Zuerst gedr. Frankfurt u. Leipzig (Breslau, Korn) 1765. 8. (J. Pauli, Buchh. in Berlin, O. M. Cat. 1765.) Eine Ausgabe o. O. u. J. 8. ist im Cat. Meissner I. p. 982 angezeigt.

FRAUENZIMMER-MORAL, Galante, Oder: Die Kluge Conduite des Honnetten Frauenzimmers in einer Entrevue zwischen drey Demoiselles, über ausserlesene und recht schöne Frantzösische Maximen gezeiget. Von †††. Leipzig 1722. 8°. 110 S. (Roth u. schwarz gedr. Titel). Selten! (6 Mk. G. Priewe, 1895; 7 Mk. 50 Pfg. Frdr. Klüber, 1898.)
— — Dasselbe. 2. Aufl. Ebd. 17 . . 8°.
* — — Dasselbe. 3. Aufl. Ebd. 1731. 8°. (6 Kr. Halm & Goldmann, 1907.)

Frauenzimmers, des illustrirten, anderer Theil oder Brautfahrt und Ende. Auch mit vielen Bild — Bildern Bieler (in Holzschn.) 16. (120 S.) Leipzig 856. Wengler. *

FRAUENZIMMER-SCHULE. Nürnberg 1731. 8°. (2 gr.)
So kurz im Cat. univ. der Waisenhausbuchhdlg. in Züllichau, c. 1740.

Anonym: „Frauenzimmerschule; oder Grundsätze zum Unterricht des schönen Geschlechts", Bamberg 1776 (Göbhardt); neue Auflage 1789.

— — dieselbe. 8. Wien, Trendler. 785.

Frauenzimmerschule. 8. Bamberg. Göbhardt. 804.

FRAUENZIMMER-TOILETTEN ohne Schminke, oder helvetischer Ehestands-Almanach auf 1795. Mit color. Kupf. Neuenstadt. 12°. (1/3 Rthl. Scheible, 1868; jetzt theurer!)

Frauenzimmerzeitung. 2 Bde. Kempten 1787. H: *Ehrmann, Theophilus Friedrich.* (MGT) »1788« (Ky)

Frauenzimmerzeitung, 6 Hfte. 8. Kempt. Typogr. 788.

— a. 1795. 96. 97. 8. Frft. Haller. (Jhg. à 2 Rthlr.)

Frauenzimmerzeitung, (v. Th. Fr. Ehrmann, mit Beitr. v. Mar. Ehrmann). 6 Hfte. 8. Kempt. 788. Typogr. Soc. 1 Rthl 12 gl. Dies. f. 1795, 96 u. 97. 8. Frankf., Haller. 6 Rthl

Frauenzimmerzeitung. Frankfurt a. M. 1798. H: *Gesellius, Georg.* (MGT)

Frauen-Zukunft. Eine Monatsschrift, hrsg. v. Gabriele v. Lieber, Meta Hammerschlag, Hanns Dorn. Jg. 1. Bd 1. 2. - 2. Bd 1. [Mehr nicht ersch.] — München u. Leipzig Frauen-Verl. 1910. 11. 8°

Frauer [Ferdinand], Regierungsassessor a. Ebersbach a. Fils: Rechtliche Stellung des württembergischen Konsistoriums geschichtlich entwickelt. Tübingen (o. J.): H. Laupp jr. (VI, 84 S.) 8° ¶ (Aus: Deutsche Zeitschrift f. Kirchenrecht Bd 17, 1907, S. 225—252 u. S. 319—374.)
Tübingen, Staatsw. Fak., Ref. Triepel, Diss. v. 2. Aug. 1906
(Nur in beschränkter Anzahl für den Austausch)
[Geb. 1. Okt. 78 Rottenacker; Wohnort: Eßlingen; Staatsangeh.: Württemberg; Vorbildung: Sem. Urach Reife M. 96; Studium: Tübingen 4, Berlin 1, Tübingen 3, Berlin 1 S.]

Frauer, L., neuhochdeutsche Grammatik m. besond. Rücksicht auf den Unterricht an höheren Schulen, zugleich als Leitfaden f. akadem. Vorträge. 2. (Titel-)Ausg. gr. 8. (XX, 332 S.) Heidelberg 887. C. Winter. n. 4.—; geb. n. 5.—

Frauer, Dr. Ludwig, in Tübingen, Gedanken über die Umbildung der deutschen Bundesverfassung mit vorwiegender Rücksicht auf das nächste Bedürfniß. Eingeleitet durch ein Sendschreiben an Herrn Professor Gervinus in Heidelberg. Tübingen. H. Laupp, 1848. 56 S. 8°.

Frauer, Ludw., neuhochdeutsche Grammatik mit besonderer Rücksicht auf den Unterricht an höheren Schulen, zugleich als Leitfaden für akademische Vorträge. gr. 8. (XX, 332 S.) Heidelberg 881. C. Winter. n. 6. —

Frauer, Ludw., neuhochdeutsche Grammatik mit besond. Rücksicht auf den Unterricht an höheren Schulen, zugleich als Leitfaden für akadem. Vorträge. 2. (Titel-)Ausg. gr. 8. (XX, 332 S.) Heidelberg (881)887, C. Winter's Universitäts-Buchh. * geb. *

Frauer, Ludw., Lehrbuch der althochdeutschen Sprache und Literatur. Für höhere Schulen und zum Selbstunterricht. Nebst einem Anh., Stücke aus der älteren Edda u. aus Hêliand enth. Oppenheim a. d. R. 860. Kern. gr. 8. (VIII, 311 S.) n. 1 *Thlr* 6 *ngr.*

Frauer, Ludw., Lehrbuch der althochdeutschen Sprache u. Literatur. Für höhere Schulen u. zum Selbstunterricht. Nebst e. Anh., Stücke aus dem Hêliand enthltd. 2., verb. Aufl. Oppenheim a. R. 869. Kern. gr. 8. (XI, 299 S.) n. 1 *Thlr* 15 *ngr.*

Frauer, Ludwig: „Die Reform des Zollvereins und die deutsche Zukunft. Zur Versöhnung von Nord und Süd", Braunschweig 1862 (Vieweg). — Vorh.: Büch. der Handelskammer Magdeburg.

— die Verwendung des deutschen Lesebuchs für den deutschen Unterricht in Gymnasien und Realschulen. Nachgewiesen an Götzingers Lesebuch. Schaffhausen 861. Hurter. gr. 8. (3 Bl., 106 S.) n. 10 *ngr.*

Frauer, Ldw., die Walkyrien der skandinavisch-germanischen Götter u. Heldensage. Aus d. nordischen Quellen dargestellt. gr. 8. Weimar 846, Landes-Industrie-Compt. 1/2 *Thlr*

Blechwaarenfabrik Fraulautern: Katalog. Fraulautern a. d. Saar 1896

FRAULEIN, Ein geiles. Abenteuer einer jungen Erzieherin mit einem 12jährigen Zögling. (c. 190*.) (Mk. 7—.)

FRÄULEIN, Ein geiles. Pikante Erlebnisse. (Um 1910.) 8°. Verb. d. Ldg. Chemnitz II 607/12.

Kunigunde. — Das Pommersche Fräulein, oder Historien von der schönen Kunigunde, welche nach vielen wunderbaren Begebenheiten eine Königin geworden ist. Mit Holzschnitten. Frankfurt a. O., Trowitzsch u Sohn, o. J. (c. 1785). 80 S. Selten! (8 Mk., Expl. mit Censurstempel, v. Zahn & Jaensch, Dresden, 1909.)

Fraeulein Malepeire

Das Fräulein von Malepeire. Aus dem Franz. Leipzig 1859. 127 S. 8°

Titelbl. fehlt.

Fräulein, Mamsell und Jungfer Kunkel, oder die Streitigkeiten in Alten-Wortlau, ein Zeitgemälde von Jul. v. Voß. 8. Berlin, Schüppel. 817.

Fräulein, Das, mit den geschornen Tituskopfen an die Zuchthausgretl in Wien. Wien 1800. 8°. V: *Richter, Joseph* (??). (Fam.-Fideicomiss-Bibl., Wien II, S. 700, Nr. 13876). (Hans Viktor Pisk: Josef Richter. Diss. Wien 1927. S. 149)

Fräulein, das, Wohlerzogen, Lstspl. (von J. M. Babo). 8. München 783. (Fleischmann). 4 *gr.*

Fräulein Wohlerzogen. Lustsp. 8. München, Strobl. 783.

FRÄULEINS. — Ueber die Fräulein in Wien. Wien 1781. 8°. 29 S.
Karajan's Bibl. II. — Rar!

FRAULEINS-EPISTEL. Allen Hamburger Damen . . . zugeeignet von einem Verehrer. O. O. 1814. 4 S. 8°.
Max Perl's Berliner Juni-Auct. 1912, no. 49.

FRAUMANN, Luz (ps.), „Weiberleute". Ein merkwürdiger Roman. Budapest, Schneider, 1906. Kl. 8°. (Mk. 2—.)
II u. 101 S. Kostümfetischismus.

Fraunberg, M. v., Margarita. Eine Perlenschnur kathol. Dichtgn. zur tägl. Erbaug. 16. (XV, 156 S.) Regensburg 892. Nationale Verlags-Anstalt. n. 1.

Fraunberg, W. v., am Scheideweg. Heimgefunden. Erzählgn. f. erwachsene Mädchen. (105 S. m. 2 Vollbildern.) kl. 8. Regensburg (910). J. Habbel. Geb. in Leinw. 1.50

Fraunberger, Fritz

Fraunberger, F., über Passivität der Metalle, s.: Muthmann. W.

Fraunberger, Fritz: Ueber das elektromotorische Verhalten von Metallen. [1905.] IV, 40 S. 8° ¶ Mit einigen Änderungen in: Sitzungsberichte d. math.-physik. Klasse d. K. B. Akademie d. Wissenschaften zu München. Bd 34. Jg. 1904.
München, Dr.-Ing.-Diss. v. 10. 1. 1905

Fraunberger, Geo., Edm. Harburger. (S. 77—92 m. Abb. u. 6 Taf.) 36×27 cm. München (908). F. Hanfstaengl.
Sonderabdruck aus „Die Kunst uns. Zeit". 4.—

Fraunberger, Georg: Studien über die jährlichen Niederschlagsmengen des afrikanischen Kontinents. Gotha: Perthes 1906. 12 S., 1 Kt. 4° ¶ Aus: Dr. A. Petermanns Mitteilungen aus J. Perthes' geogr. Anstalt. Bd 52.
München, Dr.-Ing.-Diss. v. 7. 8. 1905

Fraunce, Abraham, Victoria, a Latin comedy, s.a. **Materialien zur Kunde des älteren englischen Dramas. XIV.**

Victoria, a Latin comedy by Abraham **Fraunce**. Ed. from the Penshurst ms. by G. C. Moore Smith, Prof., Sheffield. Louvain: A. Uystpruyst; Leipzig: O. Harrassowitz 1906. (XI, 130 S.) 8°
— **Materialien** z. Kunde d. älteren engl. Dramas. Bd 14.

Fraundorfer, Rudolf, approb. Arzt aus Port Elizabeth: Über einen seltenen Fall von Adenocarcinom im Mesenterium eines Kindes. (Mit 1 Abb.) *München 1901: R. Oldenbourg.* (20 S.) 8°
München, Med. Diss. v. 1901

Fraune, Friedrich, appr. Arzt aus Bergheim (Erft): Aus dem Bürgerhospital zu Cöln (Oberarzt: Geh. Sanitätsrat Prof. Dr. Bardenheuer). Ein Beitrag zur Lehre von den Pankreascysten. Cöln 1904: M. Du Mont Schauberg. (23 S.) 8°
Bonn, Med. Fak., Ref. Bier, Diss. v. [7. Okt.] 1904
[Geb. 3. Apr. 78 Bergheim, Rheinland; Heimatsort: Bergheim; Staatsangeh.: Preußen; Vorbildung: Ritterakad. Bedburg Reife O. 98; Studium: Bonn 1, Würzburg 3, Bonn 2, München 2, Bonn 2 S.; Coll. 7. Okt. 04; Approb. 10. März 03.]

Fraune, Karl: Inwieweit ist Art. 340 des früheren Rheinischen Rechts durch Art. 208 Abs. 1 des Einführungsgesetzes zum Bürgerlichen Gesetzbuch aufrecht erhalten worden? Cöln a. Rh.: Greven 1909. VII, 60 S. 8°
Heidelberg, Jur. Diss. v. 18. Okt. 1909, Ref. Endemann
[Geb. 9. Aug. 82 Bergheim, Erft; Wohnort: Cöln; Staatsangeh.: Preußen; Vorbildung: Ritterakad. Bedburg Reife O. 02; Studium: Phil. Freiburg i. B. 1, Berlin 1, Jura Berlin, Münster, Bonn zus. 6 S.; Rig. 20. Juli 09.] [U 10. 1865

Fraungruber, Hans, der Aufstand der Tiere. In Reimen. (36 S. m. Abbildgn. u. 8 farb. Taf.) qu. Lex.-8. Nürnberg (904). Th. Stroefer. Kart. 4. 50

Bei uns dahoam. Gedichte in steirischer Mundart v. Hans Fraungruber. *Stuttgart: A. Bonz & Co. 1900.* (144 S.) 8° [J.]

— Bilder aus dem Natur- u. Volksleben in den oberösterreichischen Alpen, s.: Schlosser, Ant.

— das lustige Buch. Frohe Gestalten aus Dichtung u. Volksleben. Ausgewählt v. F. Mit Illustr. v. K. Alexander Leisenbichler. (178 S.) 8. Wien 907. Akadem. Verlag. Kart. n. 2. —; Prachtausg. geb. in Leinw. n. 4. —

(F) **Fraungruber,** H., Das lustige Buch. Frohe Gestalten aus Dichtung und Volksleben. [Jugendbibliothek des Akademischen Verlages.] 8°. (ill. 178 S.) geb. K 4.80
Wien: Schultz 1906.

— kleine Erzählungen, s.: Lesebibliothek, österreich., Gabelsberger.

Fraungruber, Hans: Kleine Erzählungen, s. Seidl, J. G.: Altwiener Novellen.

— Till Eulenspiegel, s.: Gerlach's Mart., Jugendbücherei. 6. Bdchn.

— Fahrten u. Abenteuer des Freiherrn v. Münchhausen, s.: Bürger, Gottfr. Aug.

Fraungruber, Hans, s.: Für d. Jugend d. Volkes.

Fraungruber, Hans, Gedichte in steirischer Mundart. 16. (VIII, 151 S.) Wien 893. A. Hartleben. Geb. in Leinw. n. 2. 70

— neue Gedichte in steirischer Mundart. 12. (VIII, 159 S.) Wien 895. A. Hartleben. Geb. in Leinw. n. 2. 70

Fraungruber, Hans [Hrsg.], s. Gerlachs Jugendbücherei

— Ausseer G'schichten, s.a. Universal-Bibliothek.

FRAUNGRUBER, Hans
(F) Ausseer G'schichten. Erzählungen und Schwänke von Hans Fraungruber. Linz. Wien. Leipzig. 1900. Oesterr. Verlagsanstalt. Gr.-8°. 160 S. K 2.40, geb. K 3.—

FRAUNGRUBER, Hans
(F) **Neue Ausseer G'schichten von Hans Fraungruber. Linz. Wien Leipzig. [1901.] Oesterreichische Verlagsanstalt.** Gr.-8°. 166 S.

— Hoch Habsburg! Bilder aus Österreichs alten u. jungen Tagen. Für die reifere Jugend. Mit 4 Bunt- u. 29 Textbildern v. Carl Fahringer. (VIII, 150 S.) 8. Stuttgart (909). Loewe. Geb. in Leinw. 3. —

— dasselbe. Volksausg. Mit 19 Voll- u. 10 Textbildern. (VIII, 150 S.) 8. Ebd. (909.) Geb. 2. —

— s.: Jugend, thierfreundliche.

— u. Cornelie Lechler, fröhliche Kinderzeit. Bilder v. W. Claudius, Fritz Reiß, J. Mukarowsky u. a. (40 S. m. z. Tl. farb. Abbildgn.) Lex.-8. Eßlingen (904). J. F. Schreiber. Geb. 4. —

Leben u. Treiben im Tierland, s.: Thompson, G. H.

Fraungruber, Hans. Poetische Legenden. Ausgewählt aus dem Schatze deutscher Dichtung. [Mit illustriertem Umschlag.] 232 S. 8. Einsiedeln *etc.*, Benziger & Co. A. G., 1905. [fr. 2.50, geb. 3.75]

Lug ins Land, s.a. Pichler's Jugendbücherei.

(F) **Fraungruber,** H., Lug ins Land. [Pichlers Jugendbücherei. 41. Bd.] 8°. (99 S.) geb. K 1.
Wien: Pichler 1907.

— ein Picknick der Tiere, in Reimen v. F. qu. gr. 4. (56 S. m. z. Tl. farb. Abbildgn.) Nürnberg (902). Th. Stroefer. Geb. 4. 50

— der Rattenfänger v. Hameln. Bilder v. T. Butler-Stoney. (26 S. m. z. Tl. farb. Abbildgn.) qu. 8. Nürnberg (906). Th. Stroefer. Geb. 3. —

— Rübezahl, der Herr des Riesengebirges, s.: Musaeus.

Fraungruber, Hans: Anton Schosser, s. Sauer, H.

(F) **Fraungruber** u. **Pommer,** Deutsches Schulliederbuch. I. Heft. 8°. (47 S.) K —.40, II. Heft. 8°. (65 S.) K —.50
Wien: Schulbücherverlag 1909.

— Theaterstücke, s.: Faust, Rich.

— Tier-Robinson. Die wunderbaren u. erstaunlichen Abenteuer Jumbo Robinsons, von ihm selbst erzählt. Illustriert v. G. Th. Thompson. (80 S.) Lex.-8. Ebd. (905). Geb. 3. —

Fraungruber, Hans: Unterwegs, s.a. Jessen's, A. Ch., Volks-u. Jugend-Bibliothek.

Unterwegs, s.a. Pichler's Jugendbücherei.

(F) **Fraungruber,** H., Unterwegs. [Pichlers Jugendbücherei. Bd. 31.] 8°. (76 S.) geb. K 1. -

— Veranügungs-Reise der Tiere zur See, s.a. Thompson, O. H.

— Vergnügungs-Reise der Tiere z. See, in Reimen v. F. qu. gr. 4. (86 S. m. z. Tl. farb. Abbildgn.) Nürnberg (900). Th. Stroefer. Geb. 5. —

— s.: Volkslied, das deutsche.

— Österreichs Walhalla. Namhafte Österreicher in Wort u. Lied. Für die reifere Jugend ausgewählt u. bearb. Mit (Text- u. 4 farb. Voll-)Bildern v. H. Grobet. (IV, 156 S.) 8. Stuttgart (910). Loewe. Geb. in Leinw. 3. —

— dasselbe. Mit (Text-)Vollbildern v. H. Grobet. Volksausg. (IV, 156 S.) 8. Ebd. (910.) Geb. in Halbleinw. 2. —

Fraungruber, Hans: Aus d. W a n d e r m a p p e , s. J e s s e n ' s , A. Ch., Volks-u. Jugend-Bibliothek.

— Weihnachten im Tierland, s.: Thompson, G. H.

— Deutsche Wiegenlieder, s.: Gerlach's, Mart., Jugendbücherei.

— aus des Knaben Wunderhorn, s.: Gerlach's Jugendbücherei. 4. Bdchn.

Zeitvertreib s.a. Pichler's Jugendbücherei.

(F) Fraungruber, H., Zeitvertreib. [Pichlers Jugendbücherei. Bd. 28.] 8°. (93 S.) geb. K 1.— Wien: Pichler 1907.

Fraunhofer, J. v., Gedächtnisrede auf ihn, s.: Bauernfeind, C. M. v.

FRAUNHOFER, JOSEPH VON.
[Biography] redigirt von E. Lommel. Herausgegeben im Auftrage der mathematisch-physikalischen Classe der königlichen bayerischen Akademie der Wissenschaften. (1888.) München. 1889. 8vo. Portrait.

Fraunhofer, Jos., Bestimmung des Brechungs- u. Farbenzerstreuungs-Vermögens verschiedener Glasarten in bezug auf die Vervollkommnung achromatischer Fernröhre, s.a. Ostwald's, Wilh., Klassiker der exakten Wissenschaften. Nr. 150.

Fraunhofer J. v. Bestimmung des Brechungs- und Farbenzerstreuungs-Vermögens verschiedener Glasarten. 1814—15. 4.

v. Fraunhofer, Jos., († d. 7. Juni 1826) Bestimmung d. Brechungs- u. Farbenzerstreuungs-Vermögens verschied. Glasarten &c. m. 3 Kpf. gr. 4. Münch. 817. (Franz). 1 ℳ (Auch in d. Denkschriften d. Acad. d. W.)

Bestimmung des Brechungs- und Farbenzerstreuungs-Vermögens verschiedener Glasarten in bezug auf die Vervollkommnung achromatischer Fernröhre. Von Joseph Fraunhofer. Hrsg. von Arthur v. Oettingen. Mit 1 Bildn., 6 Fig. im Text u. 2 Fig. auf 1 Taf. Leipzig: W. Engelmann 1905. (36 S.) 8°
— Klassiker, Ostwald's, d. exakten Wissenschaften. No 150. 1.40 11

Fraunhofer, Jos., Dr., Détermination du pouvoir réfringent et dispersif de différents espèces de verre, recherches destinées au perfectionnement des lunettes achromatiques. (Astronomische Abhandlungen, herausgegeben von Schumacher.) Altona 1823. (S. 5127)

— Nouvelle modification de la lumière par l'influence réciproque et la diffraction des rayons lumineux avec l'examen des lois de cette modification. (Astronom. Abhandl., herausgeg. von Schumacher.) Altona 1823. (S. 5127)

Fraunhofer. J. v. Neue Modifikation des Lichtes durch gegenseitige Einwirkung und Beugung der Strahlen und Gesetze derselben. 1820. 4.

— neue Modificationen d. Lichtes durch gegenseit. Einwirkung und Beugung d. Strahlen u. Gesetze derselben. m. 6 Kpft. gr. 4. Münch. 824. (Franz). 1 ℳ 12 ₰ (Auch in d. Denkschriften d. Acad. d. W.)

Fraunhofer, J., s.: Optik, meteorologische.

Fraunhofer's, J. v., gesammelte Schriften. Im Auftrage der mathematisch-physikal. Classe der königl. bayer. Akademie der Wissenschaften hrsg. v. E. Lommel. Mit e. Bildnisse Fraunhofer's u. 14 Taf. gr. 4. (XV, 310 S.) München 888. (Franz' Verl.) n. 12. —

Fraunhofer, J. v. Theorie der Höfe, Nebensonnen etc. 1825. 4.

— s. Voit.

Fraunhoffer, L., die Temperaturverhältnisse v. Ungarn, s.: Róna, Sigm.

Fraureuth, s.: Preussen. Messtischblätter. — Sachsen. Messtischblätter.

Frauscher, Karl, s.: Jahrbuch des naturhistorischen Landes-Museums v. Kärnten.

Frauscher, Karl Ferd., das Unter-Eocän der Nordalpen u. seine Fauna. 1. Thl. Lamellibranchiata. [Mit 12 Taf., 1 Holzschn. u. 3 Tab.] Imp.-4. (234 S.) Wien 886. (Gerold's Sohn.) n. 18. —

Fraustadt [Schlagwort]

— s. a.: Posen. Reg.-Bez.

Fraustadt, Kreis. s. a.: Forstkarten.

Fraustadt, Kreis, s.a. Kreiskarten.

Fraustadt. Baron, Paul, A. Hilscher's Nachf., Special-Karte des Kreises Fraustadt. 1 : 125,000. 34 × 29 cm. Farbdr. u. kolor. Lissa 897. F. Ebbecke. n.n. — 50

Fraustadt, Kreis. Baron, Paul, Spezial-Karte des Kreises Fraustadt. 1 : 100,000. 3. Aufl. 35×34 cm. Farbdr. Lissa (903). O. Eulitz. n. — 50

Fraustadt, Kreis. Spezialkarte des Kreises Fraustadt in 5fachem Farbendr. Rev. v. den zuständ. Behörden. 4. Aufl. 1 : 100,000. 34,5×38,5 cm. Lissa (909). O. Eulitz. — 50; auf Leinw. in Etui 1. —

— — Wandkarte des Kreises Fraustadt, entworfen nach den Messtischblättern der königl. preuss. Landes-Aufnahme. 1 : 35,000. 6 Blatt à 36,5 × 51 cm. Farbdr. u. kolor. Ebd. 897. n. 12. —; auf Leinw. m. Stäben n. 15. —

Fraustadt, Albert, die Einführung der Reformation im Hochstifte Merseburg, größtentheils nach handschriftl. Quellen dargest. gr. 8. Leipzig 843. Friedlein u. Hirsch. n. 1⅓ ℳ

Fraustadt, Alb., Geschichte des Geschlechtes v. Schönberg meissnischen Stammes. 1. Bd. Mit 4 Steindr.- u. Holzschn.-Taff. Leipzig 869. Giesecke & Devrient. Lex.-8. (XIV, 598 S.) n. 4 ℳ 20 ngr.; geb. n. 5 ngr. 10 ngr.

Fraustadt, Alb., u. Bernh. v. Schönberg, Geschichte des Geschlechtes v. Schönberg. Meissnischen Stammes. 2 Bde. in 3 Thln. gr. 8. Leipzig 878. Giesecke & Devrient. n. 50. — ; geb. n. 66. —; auf Velinp. n. 60. —; geb. n. 76. —
1. Bd. Die urkundliche Geschichte bis zur Mitte des 17. Jahrhunderts von A. Fraustadt. Abth. A. 2. Ausg. Mit 4 Ansichten u. 15 Familienbildnissen (in Lith.). (XVIII, 650 S.) — Abth. B. Mit 9 (lith.) Bildnissen. (VI, 553 S.)
2. Bd. Die Vorgeschichte von Bernh. v. Schönberg. Mit 10 (lith. u. chromolith.) Blatt Wappentaf. u. 2 Stammtaf. (in qu. Imp.-Fol.). (XII, 509 S.)

Fraustadt, Alb., Grimmenser-Stammbuch 1900. Lebensnachrichten üb. Zöglinge der Fürstenschule Grimma vom Jahre der Gründg. 1550 bis heute. Zum 350jährigen Stiftungsfeste der königl. Fürsten- u. Landesschule zu Grimma hrsg. v. Vereine ehemal. Fürstenschüler. Lex.-8. (XVI, 368 S.) Meißen 900. (Grimma, G. Gensel's Verl.) n.n. 8. 50; geb. n.n. 10. —

Fraustadt, Alb., die Wahlstadt von Keuschberg. Ein Abschnitt aus der Vorgeschichte des Hochstifts Merseburg. Leipzig 858. T. O. Weigel. gr. 8. (31 S.) 7½ ngr.

Fraustadt, Alexander *(geb. Kanigen in Schles. 26. 7. 1850)*: Anatomie der vegetativen Organe von Dionaea muscipula Ell. Breslau 1876. (34 S.) 8° *(Aus: Beiträge z. Biologie d. Pflanzen hrsg. v. F. Cohn. Bd 2. [1877.])*

Breslau, Phil. Diss. v. 24. März 1876

Fraustadt, Fedor [aus Kanigen]: Über das Verhältnis von Barclay's „Ship of Fools" zur lateinischen, französischen und deutschen Quelle ... Breslau, Druck v. R. Nischkowsky, 1894; 2 Bl., 50 S., 1 Bl. 8.

Breslau, Phil. Fak., Inaug.-Diss. v. 1894

Fraustadt, Georgius: Encomiorum in litteris Graecis usque ad Romanam aetatem historia. Lipsiae 1909: Noske, Borna. 127 S. 8°

Leipzig, Phil. Diss. v. 26. Okt. 1909, Ref. Lipsius, Bethe

[Geb. 1. Nov. 85 Dahlen i. S.; Wohnort: Schrebitz b. Leipzig; Staatsangeh.: Sachsen; Vorbildung: Fürstensch. Meißen Reife O. 05; Studium: Freiburg i. B. 1, Leipzig 7 S.; Rig. 2. Juli 09.] [U 10. 3129

Fraustadt, R. von, 90 Krokodileier — s. Krokodileier.

Fraustadt, Rudolph von [Pseud.], s.a. Stier, Rudolph

v. Fraustadt, Rud., (Rud. Stier), 90 Krokodileier u. 7 Notenblätter. 1e—4e Lfg. 8. Berl. 819. Petri. 1 ß

— Mährchen u. Träume. 8. Berl. 820. Petri. 1 ß 8 ℊ

Fraustadt, Rudolf v., Freies Wort trotz Hetzern und Zemlern! 1818, 45 S., 12°.

Fraustädter, Wern., die internationale Hilfssprache. Eine kurze Geschichte der Weltsprach-Bestrebgn. (127 S.) 8. Husum 910. C. F. Delff. 1. 50

Frauwallner, Jos., Astrognosie. I. Thl. Progr. gr. 8. (87 S.) Kremsier 897. (H. Gusek.) n. 1. —

Frauz, Emil: Die Verfassung der staatlichen Zahlungsmittel Italiens seit 1861. Strassburg: Trübner 1908. 78 S. 8° ¶ (Ersch. vollst. als Buch ebd.)

Straßburg, Rechts- u. staatswiss. Diss. v. 25. Juli 1908, Ref. Knapp

[Geb. 6. Jan. 81 Baden-Baden; Wohnort: Baden-Baden; Staatsangeh.: Baden; Vorbildung: Realgymn. Baden-Baden Reife Juli 99; Studium: Straßburg 11 S.; Rig. 25. Juli 08.] [U 09. 3780

Frauzem, A., Geschichte der deutschen National-Litteratur, s.: Hüppe, Bernh.

Frauzem, A., Leitfaden zur deutschen Litteraturgeschichte, s.: Damm.

Frauzem, J. Ludw., der Kreis Creuznach. Heimathskunde f. Schule u. Haus. Mit 1 (lith.) Karte (in qu. 4.) 8. (112 S.) Creuznach 876. Schmithals. n.n. — 75

Frauzem, Marie, grüß Gott! Gedichte. gr. 16. (80 S.) Moers 888. Spaarmann. geb. m. Goldschn. n. 2. —

Fravi, Hilarius, bacc. jur., Andeer (Schweiz): Die Konkurrenzklausel des Handlungsgehilfen nach dem Handelsgesetzbuch von 1897. *Borna-Leipzig 1903: R. Noske.* (IX, 88 S.) 8°

Leipzig, Jur. Diss. v. 1903

Fraxinus, Justus [Pseudon.] s.a. Greder, Joseph [Förster, ehem. Artillerie-Hauptmann, Solothurn].

Fraxinus, Just., die Kombattanten des schweizerischen Bundesheeres. Militärische Studie. I. Tl.: Die Armeedivision. II. Tl.: Das Bundesheer u. ordre de bataille der Kombattanten der schweizer. Armeedivision. (31 S. m. 1 Taf.) 8. Solothurn (904). A. Lüthy. n. — 60

Fray, ...(psdn.) s. Schofelschreck, Gedichte.

Frayot, Leop., († ...) Anbetung d. Ave Maria durch trost- u. lehrreiche Wallfahrtspredigten. 8. Wien 765.

— Christenlehrpredigten, in welchen d. Gebote Gottes u. d. Kirche ausgelegt werden. gr. 8. Wien 766. Trattner. 1 ß 4 ℊ

— Christenlehrpredigten über d. zwölf Glaubensartikel. 2 Thle. 8. Augsb. 770 u. 776. Veith. 1 ß 12 ℊ

— Christenlehrpredigten über d. 7 heil. Sacramente rc. 2 Thle. 8. Augsb. 769. Veith. 1 ß 8 ℊ

— Christenlehrpredigten von d. Schuldigkeit verschieden. Stände. 2 Thle. 8. Augsb. 774. Wolff. 1 ß 8 ℊ

— Christenlehrpredigten, f. allerhand Stände an Sonn- u. Feiertagen, über d. Gebote Gottes. 2 Thle. 8. Augsb. 771. Wolff. 1 ß

— Fastenpostille. gr. 8. Wien 764. Trattner. 1 ß 8 ℊ

— christkathol. Handpostille oder Erklärung d. Sonntäg. Evangelien. 4 Thle. gr. 8. Wien 759. Trattner. 2 ß 16 ℊ

— 40 Lob- u. Ehrenreden, oder marian. Lobsprüche. 8. Augsb. 770. Wolff. 16 ℊ Dies. gr. 8. Salzb. 772. Mayr. 16 ℊ

— marian. Lobsprüche. 8. Augsb. Wolf. 770.

— — dieselben. gr. 8. Salzburg, Mayr. 772.

— meditation. de foro austraegali etc. 4. Huxham. (Vandenhoek, Gött.) 772.

FRAYDT, LEOPOLD: Predigten. Carlstadt 1771

Fraydt, Leopold. Das gemeine Volk zur rechten Verrichtung des Gebeths unterwiesen. Klgft., Schotter, 1771. 430 S.

das gemeine Volk, in 31 auserl. Predigten unterwiesen. gr. 8. Salzb. 770. Mayr. 20 ℊ

— Wallfahrtspredigten. gr. 8. Wien 765. Trattner. 1 ß

— Wallfahrtspredigten. gr. 8. Wien, Trattner. 765.

Frech, J. H., Gedanken v. d. Austrägen nebst Fortsetz. Fol. Cassel. Hemmerde. 770.

Frayssinous, Denis de, das Christenthum, vertheid. geg. d. Irrthümer u. Vorurtheile d. Zeit. A. d. Franz. v. E. v. Mon. 1. Bd. gr. 8. (18 B.) Mainz 829, [Kirchheim, Schott u. Thielmann.]

de Frayssinous, Denis, d. Christenthum, vertheidigt gegen die Irrthümer u. Vorurtheile d. Zeit. Aus d. Französ. von E. v. Mon. 1r Bd. gr. 8. Mainz 829. Müller. 1 ß 8 ℊ

— Vertheidigung d. Christenthums, oder Vorträge über Religion. Aus d. Französ. 4 Thle. gr. 8. Pesth 830. Hartleben. 2 ß 18 ℊ

Fream, W., Landwirtschaft in England. Hrsg. auf Veranlassg. der kgl. Landwirtschafts-Gesellschaft v. England. Autoris. deutsche Ausg. v. W. Graf Goertz-Wrisberg. gr. 8. (VII, 410 S. m. 196 Abbildgn.) Berlin 893. P. Parey. In Leinw. geb. n. 8. —

Frech, Nebenbuhler von sich selbst. Schspl. in 1 A. 8. Wien 805. Rehm. 6 ℊ

— die Pfleglinge der heil. Katharina v. Siena. 8. Leipz. 794. Leo. 12 ℊ

— kleine Scenen. 8. Bresl. 793. W. G. Korn. 1 ß

Frech, A.

— Uebersicht der einfachen Körper, ihrer Eigenschaften, sowie ihrer wichtigern Verbindungen. 1 Bog. in Imp. Fol. St. Gallen 850, Scheitlin & Zollikofer in Comm. n. 8 ℊ

Frech A., Tabellar. Uebersicht d. einf. Körper ihrer Eigenschaften sowie ihrer Verbindgn. 1880. — .48

Frech, Alb., theoret.-prakt. Anleitung die Schiessbaumwolle u. das Schiesspulver sowie andere Ersatzmittel derselben näml. explosive Hobelspähne, Flachs oder Hanf zu bereiten. gr. 8. (14 S.) Heilbronn 847, Landherr. 6 ngl

Frech, B. G. B. u. Einführungsgesetz. Mit Anmerkgn. Berlin 899.

Frech, Alb., Bürgerliches Gesetzbuch f. das Deutsche Reich u. Einführungsgesetz. Mit dem Texte der im Gesetz in Bezug genommenen Vorschriften in der dem jeweil. Zusammenhang entsprech. Fassg., nebst Inhaltsangaben am Rande, kurzen Anmerkgn. u. Register hrsg. 2. verb. Aufl. gr. 8. (X, 602 S.) Berlin 901. A. Hauck & Co.
Geb. in Leinw. n. 8. 25
1. Aufl. (XI, 602 S.) Ebd. 899. n. 6. 40; geb. n. 7. 50.

Frech, Alexander: Über einen Fall von Extraction eines Fremdkörpers aus der Retina. *Strassburg i. E. 1897: C. & J. Goeller.* (33 S.) 8°
Strassburg, Med. Diss. v. 1897

Frech, C. W., die Sprachunterrichtsnoth in unsern deutschen Volksschulen nebst einigen Mitteln zu deren Abhilfe. Mit besonderer Berücksichtigung württembergischer Verhältnisse. Stuttgart 868. Schaber. 8. (VII, 143 S.) n. 16 ngl

Frech, Carl, s. Frech, Karl

Frech, Ch. G. Fr.: Ueber d. Frage: Ergreift das gesetzl. Pfandrecht d. Ehefrauen auch d. Gemeinschafts-Liegenbeiten od. nicht? *Freiburg,* Wagner. 825. 8. (6 Gr.)

Frech, Charles Alb., les organes génitaux de la femme et la menstruation. Stuttgart 864. Metzler in Comm. 4. (71 S.) n. 14 ngl

Frech, F., Beiträge z. Stratigraphie Central-Asiens, s.: Suess, E.

Frech, F., die Cyathophylliden u. Zaphrentiden d. deutschen Mitteldevons, s.: Abhandlungen, paläontologische.

Frech, F., Über Ergiebigkeit und voraussichtliche Erschöpfung der Steinkohlenlager. Stuttgart, 1901. 18 S. [Fl 41

Frech, F., Geologie der Umgegend v. Haiger, s.: Abhandlungen zur geolog. Specialkarte v. Preussen.

— die Korallenfauna der Trias. Monographisch bearb. I. Die Korallen der juvav. Triasprovinz [Zlambachschichten, Hallstätter Kalke, Rhaet]. [Aus: „Palaeontographica".] gr. 4. (116 S. m. Abbildgn., 21 Taf. u. 21 Bl. Erklärungen.) Stuttgart 890. Schweizerbart. n. 50. —

— u. Wilh. Volz, d. Korallenfauna d. Trias. Monographisch bearb. II. D. Korallen d. Schichten v. St. Cassian in Süd-Tirol v. Wilh. Volz. [Aus: „Palaeontographica".] gr. 4. (124 S. m. 49 Fig., 11 Taf. u. 11 Bl. Erklärgn.) Stuttgart 896. E. Schweizerbart. n. 30. — (I. u. II.: n. 80. —)

— üb. die Meeresprovinzen der Vorzeit, s.: Abhandlungen, naturwissenschaftliche.

Frech, Franz: Beiträge zum Klima von Dt. Krone in moderner Beleuchtung. *Deutsch-Krone 1902: P. Garms.* (20 S.) 4° [F.]
Dt. Krone, k. G, P 1902 (29)

[F.] **Frech,** *Franz:* Integration einiger bestimmten Integrale auf complexem Wege. Deutsch-Krone, Druck v. F. Garms, 1891; S. 3–16, 1 Taf. 4°
Deutsch Krone, k. G. P 1891 (26)

Frech, Franz: Kegelschnittaufgaben in geometrischer Behandlung. Mit 1 Figurentaf. *Deutsch-Krone 1900: P. Garms.* (16 S.) 4° [F.]
Deutsch-Krone, k. G, P 1900 (28)

Aus dem Tierleben der Urzeit. Von Dr. Friedrich **Frech,** Prof. Mit 8 Taf. u. 36 Abb. Osterwieck-Harz: A. W. Zickfeldt 1908. (116 S.) 8°
— **Natur,** Die. Eine Sammlung naturwiss. Monographien. Bd 5.

Frech, Fritz, die karnischen Alpen. Mit e. petrograph. Anh. v. L. Milch, s.a. Abhandlungen der naturforschenden Gesellschaft zu Halle.

Frech, Fritz: Die Karnischen Alpen. Ein Beitrag zur vergleichenden Gebirgs-Tektonik. Herausgegeben mit Unterstützung des Kgl. Preuss. Ministeriums der geistlichen, Unterrichts- und Medicinal-Angelegenheiten. Mit einem petrographischen Anhang von L. Milch. Mit 3 Karten, 16 Lichtkupferdrucken, 8 Profiltafeln und 96 Zinkdrucken. Halle a. S. 1894. XIV, 514 S. 8°. [E 1294

— die devonischen Aviculiden Deutschlands, s.a. Abhandlungen zur geologischen Specialkarte v. Preussen u. den Thüringischen Staaten.

Frech, Fritz, Die devonischen Aviculiden Deutschlands. Ein Beitrag zur Systematik und Stammesgeschichte der Zweischaler. Hierzu 5 Tabellen, 23 Textbilder und ein Atlas. Berlin 18.. 8.
Ist: Abhh. z. geol. Spec.-Karte d. Kgr. Preussen. Bd. 3. H. 3.

Frech, Fritz, Wilhelm Barnim Dames †, s.a. Abhandlungen, paläontologische. N. F. IV. 8.

Wilhelm Barnim Dames †. Von F[ritz] **Frech** in Breslau. *(Jena: G. Fischer 1900.)* (VIII S.) 4°
= **Abhandlungen,** Palaeontologische. N. F. Bd 4, H. 3.

Wilhelm Barnim Dames †. Von Fr[itz] **Frech,** Breslau. Jena [1900]: H. Pohle. (VIII S.) 4° [Umschlagt.]
Aus: Paläontol. Abhandlungen. N. F. Bd 4, H. 3.

— u. Fritz Noetling, die Dyas, s.: Lethaea geognost.

— über Ergiebigkeit u. voraussichtliche Erschöpfung der Steinkohlenlager. Lex.-8. (S. 435—452.) Stuttgart 901. E. Schweizerbart. n. —40
Sonderabdruck aus: „Lethaea palaeozoica".

Frech, Fritz, die Fauna u. Flora des Quartärs, s.: Geinitz, E., das Quartär v. Nordeuropa.

— u. E. Geinitz, Flora u. Fauna des Quartärs, s.: Lethaea geognostica. III, 2.

Führer für die geologische Exkursion des 13. Deutschen Geographentages nach Oberschlesien. Unter Mitw. von Privatd. Dr. R. Leonhard u. Dr. J. Wysogorsky bearb. von Prof. Dr. F[ritz] **Frech.** Breslau 1901: Genossensch.-Buchdr. 20 S. 8° n. 2

Gebirgsbau und Erdbeben. Von Dr. Fritz **Frech,** Prof. Mit 1 Titelbild, 57 Abb. 2, wesentl. erw. Aufl. Leipzig: Teubner 1910. 120 S. 8°
(Frech: Aus d. Vorzeit d. Erde. 2.)
(Aus Natur u. Geisteswelt. Bdch. 208.)

Frech, Fritz, über den Gebirgsbau der Tiroler Zentralalpen m. besond. Rücksicht auf den Brenner, s.a. **Zeitschrift des deutschen u. österreichischen Alpenvereins. Wiss. Erg.-Hefte. II. 1.**

Über den Gebirgsbau der Tiroler Zentralalpen mit besond. Rücks. auf d. Brenner. Von Fritz **Frech.** Hierzu e. geol. Karte der den Brenner umgebenden Gebirge zwischen Olperer u. Zuckerhütl, 25 Taf. u. 48 Textabb. Innsbruck: Deutscher u. österr. Alpenver. 1905. (X, 98 S.) 4° (8°)
— **Zeitschrift** d. D. u. Ö. Alpenvereins. Wissensch. Erg.H. Bd 2, H. 1.

— Geologie d. Radstädter Tauern, s.a. **Abhandlungen, geolog. u. palaeontologische. N. F. V. 1.**

Geologie der Radstädter Tauern. Von Prof. Dr. F[ritz] **Frech** in Breslau. Mit 1 geol. Karte u. 38 Abb. *Jena: G. Fischer 1901.* (66 S.) 4°
— **Abhandlungen.** Geologische u. palaeontologische. N. F. Bd. 5, H. 1.

Frech, Fritz [Dr.]: Geologie der Umgegend von Haiger bei Dillenburg (Nassau). Nebst einem palaeontologischen Anhang .... (Aus d. Abhandl. z. geol. Specialkarte v. Preussen u. d. Thüring. Staaten. Bd. VIII, H. 4.) Berlin, in Comm. bei d. Simon Schropp'schen Hof-Landkartenhandl. (J. H. Neumann.), 1887; 1 Bl. + 36 S. + 2 Bl. u. 3 Taf. 8°
Halle, Phil. Fak., Hab.-Schr. v. [18. Okt.] 1887

—— Die **Korallenfauna** der Trias. Monographisch bearb. I.: Die Korallen der juvav. Triasprovinz [Zlambachschichten, Hallstätter Kalke, Rhaet]. gr. 4. (116 S. m. Abbildgn., 21 Taf. u. 21 Bl. Erklärgn.) Stuttg. 890, Schweizerbart. * 50 —
Aus: Palaeontographica, besonders abgedruckt.

— s.: **Lethaea geognostica.**

—— Ueber die Meeresprovinzen der Vorzeit, s. Abhandlungen, allgemein-verständliche naturwissenschaftliche.

— die **Steinkohlenformation.** Mit 1 Karte der europ. Kohlenbecken u. Gebirge in Fol., 2 Weltkarten, 9 Taf. u. 99 Fig. gr. 8. (175 u. 24 S. illustr. Erklärgn. m. Tab.) Stuttgart 899. E. Schweizerbart. n. 24.—
Sonderabdruck aus: „Lethaea palaeozoica".

— dasselbe, s.a. **Lethaea geognostica. I. 2.**

— Aus dem Tierleben der Urzeit, s.: Natur, die.

— E. Philippi u. J. Wysogórski, Trias, s.: **Lethaea geognostica.**

Frech, Fritz: Die Tribulaungruppe am Brenner in ihrer Bedeutung für den Gebirgsbau. Mit acht Abbildungen und 2 Kärtchen.
in: Festschrift für Ferd. Frhr. v. Richthofen. S. 77–114. Berlin 1893. 38 S. 4°.
IA 7385

— aus der Vorzeit der Erde, s.a. **Aus Natur u. Geisteswelt. 61. Bdchn.**

Aus der Vorzeit der Erde. Vorträge über allgemeine Geologie von Fritz **Frech**, Breslau. Mit 49 Abb. im Text u. auf 5 Doppeltaf. Leipzig: B. G. Teubner 1905. (V, 135 S.) 8° [F.]
= Natur, Aus, u. Geisteswelt. Bdch. 61. [05. 10384

Frech F, aus der Vorzeit der Erde.
I-V. 2. Auflage. (Aus Natur und Geisteswelt 207-211) Leipzig 1906-11

Vulkane einst und jetzt. Von Dr. Fritz **Frech**, Prof. Mit 1 Titelbild, 80 Abb. 2., wesentl. erw. Aufl. Leipzig: Teubner 1910. 112 S. 8°
(Frech: Aus d. Vorzeit d. Erde. 1.)
(Aus Natur u. Geisteswelt. Bdch. 207.) [10. 13304

Frech, J. G.

— s. **Choralbuch, vierstimmiges.**

Frech, J. G., 136 vierstimmige Choräle, s. Kocher.

Frech, J. G., s.: **Orgelspielbuch.**

Frech, J. G., Polymelia, Samml. vierstimm. Lieder religiösen Inhalts für Kirchen, Schulen u. Singvereine, zum Gebrauche bei kirchl. Festen u. andern feierl. Veranlassungen, welche mit dem öffentl. Gottesdienste in Verbindung stehen. 1s Hft., enthalt. 12 Lieder, welche sowohl für gemischte (Sopran-, Alt-, Tenor- u. Baß-Stimmen), als auch für Männer-Stimmen allein gesetzt sind. 4. Stuttgart 834. Metzler. n. ½ ₰ — 2s Hft., enthalt. 13 Lieder, wovon die meisten sowohl für gemischte, als auch für Männerstimmen allein gesetzt sind, nebst e. etwas größeren Figural-Gesang. qu. 4. Ebd. 837. n. ½ ₰

— deutsche Prosodie. gr. 8. Stralsund 837. Löffler. 1 ₰

— **Vor- u. Nachspiele für die Orgel, zum Gebrauche bei den Gottesdiensten, nebst Angabe der Register, des Pedals u. des Fingersatzes. 1. Heft. 2. umgeänd. Aufl. qu. 4. Eßlingen 846. (Dannheimer.) n. 1½ ₰**

Frech, J. G. Fr., u. J. B. Kapferer, Entwurf einer Gemeinde-Ordnung f. constitutionelle Staaten. gr. 8. Karlsruhe 822. Braun. 8 gr

v. Frech, Jh. Hnr., († im Febr. 1792) Gedanken von d. Austrägen, worin d. 24. §. d. Reichsdeputations-Abschieds v. J. 1600 erläutert ꝛc. nebst Fortsetzung. Fol. Höxter 769, 770. (Vandenhöck u. R. in Götting.) 14 gr

— **meditationes de foro austraegali in consortio principis ecclesiastici in suo capitulo exutante a noviss. object. vindicatae. 4. Höxter 772. (Vandenhök u. R. in G.) 3 gr**

Frech, Joh. Sebastian (Wetzlar)
Periculum quaestionis utrum forensis de bonis suis collectas magistratui domicilii pendere obligetur.
Giessae 27. Mai 1779: Joh. Jac. Braun. 50 S. 4°
pro summis in utroque jure honoribus rite capessendis.

[Frech, Joh. Seb.: Sammlung von Geschichtserzählungen u. Pro memoriis etc. in Processen vor dem Reichs-Kammergericht aus den Jahren 1780–89. Wetzlar Sammelband.]
[Inhalt:] [illegible]

Frech, Karl: Der Pappverband nach (Louis Joseph) Seutin, seine Verfertigung, Wirkung und Anwendung...nebst einem geschichtlichen Überblicke des unverrückbaren Verbandes. 204 S., gbd., 3 Taf.

Mannheim: Hoff 1840

Stoff und methodische Behandlung der Elementarübungen im Gesangunterrichte der Volksschule ... von ... K[arl] **Frech**, Sem.-Musikl. Neuwied a. Rh.: Heuser 1909. 36 S. 8° [10. 9713

Frech, Carl, die russischen Thermaldampfbäder in Baden-Baden. Anleitung zum Gebrauche derselben, sowie der russ. Bäder überhaupt. gr. 8. (V und 103 S.) Labr 862, Schauenburg. *

Frech, Philipp Christoph (Wetzlar)
Dissertatio inauguralis juridica sistens quaestionem An jurisdictio camerae imperialis ex lege unica codicis quando imperator inter pupillos vel viduas etc. sit fundata ?
Giessae 12. Mai 1758: Braun. 8 S. 4°
pro summis in utroque jure honoribus rite consequendis.

Freche, Rhold., Gott ist die Liebe! Predigt üb. 1. Johannis 4, 16—21, geh. am ersten Sonntag nach Trinitatis den 14. VI. 1903 in der Kapelle der sep. ev.-luth. Trinitatis-Gemeinde zu Dresden. (16 S.) 8. Dresden 903. E. Steyer. n. —10

— **sollen wir denn in der Sünde beharren? Das sei ferne. Predigt üb. Römer 6, 3—11, geh. am 6. Sonntag nach Trinitatis, den 19. VII. 1903 in der Kapelle der sep. evangel.-luth. St. Trinitatis-Gemeinde u. A. K. zu Dresden. (16 S.) 8. Ebd. 905. n. —10**

— **Luthers Werk u. Vorbild. Reformationsfestpredigt, geh. am 31. X. 1904 in der sep. evang.-luther. St. Trinitatis-Gemeinde zu Dresden u. in Seifhennersdorf. (19 S.) kl. 8. Ebd. 905. n. —10**

Freche, T. E., Anleitung, den Unterricht in der Rechtschreibung auf eine erleichternde u. befestigende Art ertheilen zu können. 8. (36 S.) Neurode 850. (Breslau, Scholz.) n. n. ¹⁄₁₂ ₰

Frechen, s.: Geologische Karten. Karte (Preussen).

Frechheit ist Trumpf! od. Wer lacht da? Ein Satyrspiel zur internationalen Kunstausstellg., Düsseldorf 1904 v. Angelo Dämon (Eduard Daelen). 1. u. 2. Aufl. (Jo III, 63 S. m. Abbildgn.) gr. 8. Stuttgart (904). Klemm & Beckmann. n. 1. —

Frechland J.: Disquisitio de ubertate frumenti temporibus antiquissimis, messibus nostri aevi comparata ... [Bonnae] (1823). 26 S. (Særtr.). 4°.

Freckmann, Johannes, a. Gieboldehausen, Prov. Hannover: Die capitulatio perpetua und ihre verfassungsgeschichtliche Bedeutung für das Hochstift Osnabrück ⟨1648—1650.⟩ Osnabrück 1906: J. G. Kisling. (75 S.) 8° ¶(Erscheint in: Mitteilungen des histor. Vereins f. Osnabrück Bd 31.)
Münster, Phil. Fak., Ref. Spannagel, Diss. v. 2. Aug. 1906
[Geb. 22. April 81 Gieboldehausen; Wohnort: Münster; Staatsangeh.: Preußen; Vorbildung: Gymn. Heiligenstadt Reife O. 03; Studium: Freiburg i. B. 1, Münster 2, Berlin 1, Münster 3 S.; Rig. 29. Mai 06.]

de C . . ., le comte Fréd. Les chasseurs de France à la réorganisation de l'armée en 1871. 2e éd. (43) 8. Aachen 1871. 0,80.

Fred, Amor u. Mars. Novellen aus dem Leben des Offiziers. 8. (VII, 149 S.) Dresden 900. E. Pierson. n. 2. 50; geb. n. 3. 50

Fred, H., Agathe, s.d. Aus Vergangenheit u. Gegenwart. 63. Bd.

Agathe. Erzählung von H. Fred. Kevelaer: Butzon & Bercker [1900]. (60 S.) 8° [F.]
— Vergangenheit. Aus, u. Gegenwart. Bdch. 63. [07. 9005 5

Fred, H., nach langem Suchen, s.: Bachem's Novellen-Sammlung.

Fred, H., die Tochter d. Flüchtlings, s.: Bachem's Novellen-Sammlung.

Fred, H., die Tochter des Flüchtlings, s.: Roman- u. Novellenschatz.

Fred, W. 1900. [Pseud.]
s.a. Wechsler, Alfred. [10. 4200

Fred, W.(Hrsg.), s. A b a i l a r d , Pierre: Abälard u. Heloise

Fred, W., Briefe an e. junge Frau. Novellen. gr. 8. (VII, 127 S.) Berlin 900. Leipzig. Insel-Verl. Kart. n. 3. 50

Briefe an eine junge Frau. Novellen von W. Fred. Berlin & Leipzig: Schuster & Loeffler (1900). (127 S.) 8° [F.] [01. 1384

Fred, W., Benvenuto Cellini, s.a. Kunst, die. 44. Bd.

Benvenuto Cellini von W. Fred. Mit 16 Vollbild. (Berlin): Bard, Marquardt & Co. [1905]. (67 S.) 8°
= Kunst, Die. Bd 44. [06. 1097

— Leise Dinge. 8. (119 S.) Leipzig 902. H. Seemann Nachf. n. 2.—

— J. H. Fragonard, s.a. Kunst, die. 33. Bd.

Fragonard von W. Fred. Mit 1 Lichtdr., 15 Vollbild. u. zahlr. Vignetten. (Berlin): Bard, Marquardt & Co. [1904]. (60 S.) 8°
= Kunst, Die. Bd 33. [05. 0214

— mod Kunstgewerbe, s.a. Uber Kunst der Neuzeit. 6.

Fred W. Modernes Kunstgewerbe. Essays. (126 S) Strassburg 1901

— Madrid, s.a. Kunst, die. 44. Bd.

Madrid. Von W. Fred. Mit 22 Vollbild. (Berlin): Bard, Marquardt & Co. [1906]. (62 S.) 8°
= Kunst, Die. Bd 49. [07. 109

— die Prae-Raphaeliten, s.: Uber Kunst d. Neuzeit. 4.

— Psychologie der Mode s.a. Kunst, die. 28. Bd.

Psychologie der Mode von W. Fred. Mit 1 Heliograv., 10 Vollbild. u. mehreren Vignetten. (Berlin): Bard, Marquardt & Co. [1904]. (79 S.) 8°
= Kunst, Die. Bd 28. [05. 0700

— Indische Reise. Tagebuchblätter. Mit 73 Abbildgn. nach photograph. Aufnahmen. (VII, 214 S.) Lex.-8. München (906). R. Piper & Co. Geb. in Leinw. n. 8. —

Fred, W., indische Reise. Tagebuchblätter. Mit 78 Abbildgn. nach photograph. Aufnahmen. 2. Aufl. (VII, 214 S.) Lex. 8. München (907). R. Piper & Co. 6.—; geb. 8. —

— Roman e. Globetrotters. (264 S.) 8. Leipzig 903. Berlin, H. Seemann Nachf. n. 3. 50

— Salzburg, s.a. Kultur, die, 22. Bd.

Salzburg von W. Fred. Mit 12 Vollbild. z. Teil aus d. Werke 'Malerisches aus Salzburg'. Berlin: Marquardt & Co. (1907). (54 S.) 8°
= Kultur, Die. Bd 22. [07. 9437

FRED, W.

Giovanni Segantini von W. Fred. Mit einer farbigen Facsimile-Reproduction, zwei Lichtdruck-Tafeln und dreissig Autotypien. Wien. 1901. Wiener Verlag (Rosner). Fol. 31 S. K 7.20

— die Straße der Verlassenheit. 10 Jahre. (228 S.) 8. Berlin 905. Gebr. Paetel. n. 4. —; geb. in Leinw. n. 5. —

— die Wohnung u. ihre Ausstattung, s.a. Sammlung illustrierter Monographien. 11. Bd.

Die Wohnung und ihre Ausstattung. Von W. Fred. Mit 136 Abb. Bielefeld & Leipzig: Velhagen & Klasing 1903. (148 S.) 4°(8°) [F.]
= Sammlung Illustrierter Monographien. 11. [04. 3103

Frédal, V., Schi-ho-nanking u. Lalei-chignon. Keine Novelle. 8. (89 S.) Leipzig 887. F. Freund. n. 1. 50

Fredau, Gustav [Pseud.], s.a. F i s c h e r , Johann Carl Christian

Fredau, Gust., (Jh. Karl Chr. Fischer), Graf Pietro d'Albi u. Gianetta. 3 Thle. 8. Leipz. 798. Reai 1 ₰ 16 gr

Fredau, Gust., (Jh. Karl Chr. Fischer) s. Eleusinien des 19ten Jahrh.

Fredau, M., Chronologische Darstellung der Weltgeschichte in vier Tabellen. Dresden 817. f. 8 gr.

Fredau, M., (Maimon Fränkel) statist. Darstell. d. sämmtl. europäischen Staaten, eine Tab. in Fol. Dresd. 819. Arnold. 4 gr

— u. G. Salomon, d. Erziehungsschule. 8. Hamb. 821.

Fredau, M., s.a. Teutona.

— u. G. Salberg, Teutonia, oder Auswahl d. vorzügl. Stellen aus d. Originalwerken deutscher Schriftsteller. 8. Leipz. 812. 2e A. 2 Thle. Mit 1 Kpf. Ebd. 816. 3 ₰ 20 gr 3e A. 4 Thle. Mit Kpf. 8. Ebd. 824—26. Leo. 5 ₰ 8 gr Vel. P. 6 ₰

Freddi, siehe: *Montgomery.*

Käthchen und ihre Freunde. Eine Erzählung f. heranwachsende Mädchen von Gräfin Marta Freddi-Clausius. 2. Aufl. Mit d. Portr. d. Verf. (Vorr.: Marie Stona [d.i. Marie Scholz].) *Langensalza: H. Beyer & Söhne 1901.* (VIII, 197 S.) 8° [F.] [01. 6774 8

Freddi, Gräfin Marta (Lion-Clausius), neue Waldmärchen. Mit 6 farb. Bildern. 2. Aufl. gr. 8. (III, 74 S.) Langensalza 894. H. Beyer & Söhne. Kart. 2. 25

Freddy, oder der gute Hirte und sein Schäflein. Eine wahre Kindergeschichte. In-16°. 32 S. Basel, Jäger & Kober. 1895. — 25

Frede, [*Hans Christian Friedrich*] **August** [**aus Hannover**]: **Über die operative Behandlung deform geheilter Oberschenkelbrüche . . . Halle a. S., Hofbuchdr. v. C. A. Kaemmerer & C., 1893; 28 S., 1 Bl. 8.**
Halle, Med. Fak., Inaug.-Diss. v. 15. Juli 1893

Verlagsbericht von **Fredebeul** & Koenen, Essen-Ruhr, 1800–1910.
Essen-Ruhr: Fredebeul & Koenen (1910). 100 S. 8° [10. 3171 5

Verlagskatalog von **Fredebeul** & Koenen, Essen-Ruhr, 1800 1910.
Essen-Ruhr: Fredebeul & Koenen (1910). 114 S. 8° [10. 3171 5

Fredebold, K., s.: Handbuch, statistisches, üb. die Schul- u. Gehaltsverhältnisse usw. des Reg.-Bez. Hannover.

Fredegarii chronica, s.: **Monumenta Germaniae historica.**

Fredegar, Chronik, s.: **Geschichtschreiber** der deutschen Vorzeit, 5. Lfg.

Fredegunda. In einem Musicalischen Schauspiel . . . vorgestellt . . . 1715. N. Aufl. 1723. V: *König, Johann Ulrich von.* (schr)

Fredegunde, oder Denkwürdigkeiten zur geheimen Geschichte des Hannöverschen Hofes. Aus einer französ. Handschrift übers. mit histor. Erläut. Berlin, Dümmler, 1825. 8°. (Auch in Hannover, Stadtbibl.) (7 Mk. 50 Pfg. Fr. Waldau, 1908; 6 Mk. L. Rosenthal, 1910.)
VIII—370 SS. (incl. Anmerk. S. 201 sq.) Die Bibliothek zu Rouen besitzt das Orig.-Manuscr. dieser Geschichte der Herzogin von Hannover unter fingirten Namen: Histoire de Frédégonde, princesse de Chérusque; par le baron de Patocochi, avec une clef, 1685 (i. e. 1727). in 4°. Gedr. m. d. Tit.: Histoire secrette de la duchesse d'Hanover, épouse de Georg Ier, ses malheurs, sa prison, &c. Londres (Holl.) 1732. 12°. (Voir Gay IV. p. 74.)

Fredegundis. Trauerspiel in 5 Aufz. von H. **Friedrich** [d. i. **Friedrich H. Brandes**]. *Berlin: L. Frobeen [1901].* (84 S.) 8° [F.] [03. 1558

Fredegundis. Trauerspiel in 5 Aufzügen von H. Friedrich [d. i. Friedrich H. Brandes]. *Hannover: H. Ahlfeld 1898.* (84 S.) 8° [F.] [99. 2097

Fredeking, Marie: Zwischen zwei Feuern, s.a. Weichert's Wochen-Bibliothek.

[F.] Zwischen zwei Feuern. Zwei Novellen v. Marie **Fredeking.** M. 3 Vollb. *Berlin: A. Weichert [1897].* (96 S., 3 Taf.) 1 Bd 8.
= **Wochen-Bibliothek,** Weichert's. Bd 21. [97. 5459

Fredeking, Marie: Der Sträfling, s.a. Weichert's Wochen-Bibliothek.

[F.] Der Sträfling. Roman v. Marie **Fredeking.** M. 3 Vollb. *Berlin: A. Weichert [1897].* (91 S., 3 Taf.) 1 Bd 8.
= **Wochen-Bibliothek,** Weichert's. Bd 10. [97. 5459

Fredelig, Carl Jul., Lieb u. Leid. Gedichte. Ravensburg 870. Dorn. 16. (IV, 103 S.) n. 20 *ngr.*

v. Freden, z. Erläuterung d. Strassenrechts auf See. Hamburg 872.

Fredenhagen, Carl, s. Fredenhagen, Karl

Fredenhagen, Herm., Über den Gebrauch des Artikels in der französischen Prosa des XIII. Jahrh., s.a. **Zeitschrift f. romanische Philologie. 30. III.**

Über den Gebrauch des Artikels in der französischen Prosa des 13. Jahrhunderts mit Berücks. d. neufranz. Sprachgebrauchs. Ein Beitrag z. hist. Syntax d. Franz. von Hermann **Fredenhagen.** Halle a. d. S.: M. Niemeyer 1906. (XI, 195 S.) 8°
= **Zeitschrift** f. romanische Philologie. Beihefte. 3. [06. 1908 4

Fredenhagen, Hermann: Über den Gebrauch der Zeitstufen und Aussageformen in der französischen Prosa des 13. Jahrhunderts mit Berücksichtigung des neufranzösischen Sprachgebrauchs. Ein Beitr. z. Geschichte d. französ. Satzlehre. T. 1. Die Zeitstufen. Hamburg 1910: Lütcke & Wulff. X, 40 S. 8°
Hamburg, R in Hamm P 1910 (1013) [S 10. 116

Fredenhagen, Karl

Fredenhagen, C[arl], Dr.: **Spektralanalytische Studien. Leipzig: J. A. Barth 1906. (45 S.) 8°**
Leipzig, Phil. Fak., Hab.-Schr. v. 10. März 1906

Fredenhagen, Carl, aus Stralsund: **Zur Theorie der Oxydations- und Reduktionsketten.** *Leipzig 1902: Metzger & Wittig.* (69 S.) 8°
Göttingen, Phil. Diss. v. [6. Febr.] 1902

Fredenhagen, Carl, zur Theorie der Oxydations u. Reduktionsketten. Diss. gr. 8. (69 S. m. 1 Fig.) Leipzig 901. (Göttingen, Vandenhoeck & Ruprecht). n. 1. 80

Fredenhagen, Walter, Referendar: **Das Erbbaurecht des** deutschen Bürgerlichen Rechtes **unter Berücksichtigung** des gemeinen Rechtes **und des Preußischen Landrechtes.** Stralsund 1904: E. Moh. (54 S.) 8°
Greifswald, Jur. Fak., Ref. Frommhold, Diss. v. 2. Jan. 1905
[Geb. 17. Sept. 78 Loitz i. Pom.; Wohnort: Loitz i. Pom.; Staatsangeh.: Preußen; Vorbildung: Realgymn. Stralsund Reife O. 97, Erg.-Prüf. Stadtgymn. Stettin M. 98; Studium: Marburg 4, Greifswald 3 S.; Rig. 28. Juni 03.]

Freder, Heinrich

Gründliche Erörterung der Frage: Ob ein Mann seine Frau zu schlagen berechtigt sey? Welcher beygefüget sind *Corn. Agrippae* curieuse u. lesenswürdige Gedancken von dem „Vorzug des Weiblichen vor dem männlichen Geschlechte", u. mit einer Vorrede von der „Herrschafft des Mannes über die Frau" . . . . dem Druck übergeben von A. L. M. Mit 1 Kpf. Jena, b. J. F. Rittern. 1734. 8°. 7 Bogen.
— — Dasselbe. 2te Aufl. Ibid. 1736. 8°. 11 Bogen. (In Amsterdam, Bibl. Gerritsen.) (12 Sgr. Fischhaber, Reutl., vor 1870; jetzt theurer!)

Herrn *Heinrich Freders,* IC. Gründliche Erörterung der Frage: Ob ein Mann seine Frau zu schlagen berechtigt sey? Nebst CORNELII AGRIPPAE Curieuse u. lesenswürdigen Gedancken von dem Vorzug des Weiblichen vor dem Männlichen Geschechte; Mit einer Vorrede von der Herrschaft des Mannes über die Frau, worauf sich solche gründe, auch wie weit sie sich erstrecke, und ob also die Weiber mit unter das vierdte Gebot gehören? Dem Druck übergeben von M. A. L. M. Neue u. vermehrte Aufl. Mit Titelkpf. (2 Darstellgn. mit Ueber- u. Unterschriften.) Jena, bey Joh. Frdr. Rittern, 1755. 8°. (2 Mk. Ferd. Schöningh, Osnabr., 1905; jetzt theurer!)
8 Bll. Vorst., 152 S. (S. 91 ff.: „Cornelii Agrippae . . . . Gedancken . . . ., ehemals a. d. Lateinischen ins Französ. anjetzo a. d. Französ. ins Teutsche übersetzet von I. K. L.")

§ — — Dasselbe. (Neudruck der Ausgabe von 1736, auch titulo: „Antigynaekomastix.") Grimma, Bloch, 1852. 8°. 109 S. (In München: H. g. hum. 8m.) (12 [!] Mk. Hugo Streisand, Berlin, 1909.)
Satyre in Versen. — Heitz, Bibl. alsatique. Straßb. 1868, No. 3620.

Frédéric August Riflessioni critiche sopra il carattere et le gesta d'Alessandro Magno. Ediz. 2. Berlin 803. 8.

Frederic, Harold: Illumination, or the damnation of Theron Ware, s.a. Collection of British authors.

Illumination or The damnation of Theron Ware. By Harold **Frederic.** Copyright ed. In 2 vol. Vol. 1. 2. Leipzig: Tauchnitz 1896. 8°
(Collection of British authors. Tauchnitz Ed. Vol. 3155/6.) [11. 6131

Frederic, Harold: March hares s.a. Collection of British authors.

March Hares. By Harold **Frederic**. Copyright ed. Leipzig: Tauchnitz 1896. 278 S. 8°
(Collection of British authors. Tauchnitz Ed. Vol. 3164.)

Frédéric, Jacob: Beiträge zur Anatomie und Entwicklungsgeschichte der Aeste der Aorta descendens beim Menschen. *Jena: G. Fischer 1898.* (22 S. mit Taf.) 8°
Strassburg, Med. Diss. v. 1898

[F.] Ein Familienschmuck. Roman v. Golo Raimund [d. i. Bertha **Frederich**]. 4. Aufl. *Berlin: O. Janke [1896].* (2 Bl., 109 S.) 1 Bd 8.
(Collection Otto Janke.)

Frederich, Bertha

Ein neues Geschlecht. Roman. Von Golo Raimund [d.i. Bertha Frederich]. Berlin 1879.
In: Roman-Zeitung, Deutsche. Bd 1.

Frederich, Bertha

Gesucht und gefunden. Erzählung. Von Golo Raimund [d.i. Bertha Frederich]. Berlin 1880.
In: Roman-Zeitung, Deutsche. Bd 1.

[F.] Ein hartes Herz. Roman v. Golo Raimund [d. i. Bertha **Frederich**]. 4. Aufl. *Berlin: O. Janke [1897].* (2 Bl., 200 S.) 1 Bd 8.
(Collection Otto Janke.)

Frederich, Beate, für junge Herzen. Erzählungen f. junge Mädchen. (132 S. m. 3 Farbdr.) 8. Berlin (904). R. Gahl. Geb. 2. —

Frederich, Bertha

Mein ist die Rache. Von Golo Raimund [d.i. Bertha Frederich]. Berlin 1878.
In: Roman-Zeitung, Deutsche. Bd 1

Mein ist die Rache. Roman von Golo **Raimund** [d.i. Berta **Frederich**]. 4. Aufl. *Berlin: O. Janke [1899].* (312 S.) 8°
(Collection Otto Janke.)

Frederich, Bertha

Novellen. Von Golo Raimund [d.i. Bertha Frederich]. Bd 1.4.
Hannover: Rümpler 1860. 8°
Titelbl. zu Bd 1 fehlt.

[F.] Gebrüder Spalding. Erzählg v. Golo Raimund [d. i. Bertha **Frederich**]. 4. Aufl. *Berlin: O. Janke [1897].* (2 Bl., 140 S.) 1 Bd 8.
(Collection Otto Janke.)

Fräulein Ungestüm. Erzählungen f. junge Mädchen von Beate **Frederich**. Berlin: R. Gahl [1904]. (140 S.) 8° [F.]

Frederich, Bertha

Verwaist. Roman. Von Golo Raimund [d.i. Bertha Frederich]. Berlin 1876.
In: Roman-Zeitung, Deutsche. Bd 1.

Frederich, Bertha

Von Hand zu Hand. Roman. Von Golo Raimund [d.i. Bertha Frederich]. Berlin 1882.
In: Roman-Zeitung, Deutsche. Bd 1.

Frederich, Bertha

Zweimal vermählt. Roman. Von Golo Raimund [d.i. Bertha Frederich]. Berlin 1867.
In: Roman-Zeitung, Deutsche. Bd 4.

Frederich, E[duard]. Gedenkblätter des Festcarrousels welches zur Vorfeier des Allerhöchsten Geburtsfestes Ihrer Majestät der Königinn Maria am 13ten April 1853 im Königlichen Reithause zu Hannover statt fand. Gemalt v. E. Frederich. Farbendruck v. J. Giere [Hannover 1854.] [Umschlagtit.]
1 Bl. Text; 5 farb. Taf. gr 2°.

Frederich, Otto, Referendar: Zur Frage der Widerrechtlichkeit im § 123 BGB. Borna-Leipzig 1909: Noske. IX, 63 S. 8°
Heidelberg, Jur. Diss. v. 2. Jan. 1910, Ref. Gradenwitz
[Geb. 22. April 82 Lüneburg; Wohnort: Lüneburg; Staatsangeh.: Preußen; Vorbildung: Gelehrtensch. Ratzeburg Reife M. 03; Studium: München 4, Berlin 2 S.; Rig. 14. Dez. 09.] [U 10. 1866

Friedrichs, Friedr. Henning Leonh.: † Br. F[riedr.] H[ening] L[eonh.] **Fredrichs.** [Berlin: Büxenstein 1891.] 2 Bl. 8°. [Umschlagtit.]
aus: Bbl. 5 (1891).
Nachruf mit maure. Lebenslauf.

Friedrichs, Friedr. Henning Leonh.: **Fredrichs.** [Unterz.:] D. [Berlin: Wunder 1891.] 1 Bl. 2° [Kopftit.]
Als Beil. zu H. 1891 Nr. 7 erschienen. Mit Bildn.

Friedrichs. Die lateinische Grammatik und die vergleichende Sprachwissenschaft. Berlin, Dorotheenstädt. R., 1859. 21 S. 4. **Progr.**

Friedrichs, Friedrich

Friedrichs, *Friedrich* Der Freiheitsbegriff Kants und Fichtes. 8 (44 S.).
In: Festschrift z. d. 50jähr. Jubil. des Dorotheenst. Rg. *Berlin* 1886.
Nicht im Tauschverkehr.
Progr.

Friedrichs, F., der Freiheitsbegriff Kants u. Fichtes. gr. 8. (44 S.) Berlin 886. Gaertner. n. 1. —

Friedrichs, üb. den Schelling'schen Freiheitsbegriff, s.a. **Vorträge, philosophische.**

Ueber den Schellingschen Freiheitsbegriff. Vortrag geh. in d. Philos. Gesellsch. zu Berlin von Prof. Dr. [Friedrich] **Friedrichs.** nebst der dabei stattgehabten Diskussion. Halle a. S.: C. E. M. Pfeffer 1889. (33 S.) 8°
— **Vorträge,** Philosophische. N. F. H. 20, [1.]

Friedrichs, Frdr., über Berkeley's Idealismus. Berlin 870. (Adolf & Co.) 4. (31 S.) n. 12 ngr.

—— der phaenomenale Idealismus Berkeley's und Kant's. Eine kritisch-philosoph. Abhandlung. 4. (34 S.) Berlin 871, (Adolf und Comp.) *

Friedrichs, Frdr., der phaenomenale Idealismus Berkeley's u. Kant's. Eine kritisch-philosoph. Abhandlg. gr. 4. (34 S.) Berlin 872. (Dümmler's Buchh.) n. 1. —

Ueber das Princip der Autorität als der Grundlage des Rechts und der Moral von Prof. Dr. [Friedrich] **Friedrichs**, nebst d. Entgegnungen d. Präs. [Julius Hermann] v. Kirchmann [u. a.]. Halle a. S.: C. E. M. Pfeffer 1882. (64 S.) 8°
— **Vorträge,** Philosophische. N. F. H. 1.

— über Kant's Princip der Ethik. 4. (38 S.) Ebend. 875. n. 1. —

Friedrichs, über das realistische Princip der Autorität als der Grundlage des Rechts u. der Moral, s.: Vorträge, philosophische.

Friedrichs, Friedr. H. B. Rede zu Ehren des verstorbenen Direktor L. Kleiber. S. 19—21. **Progr.** Dor. Rg. *Berlin* 1880.

Friedrichs, Waldemar: Die Anwendung der allgemeinen Grundsätze über Beleidigungen speziell auf Majestätsbeleidigungen. *Greifswald 1897: J. Abel.* (35 S.) 8° [F.]
Greifswald, Jur. Diss. v. 1897

Fredericia, s.: Europa. Liebenow.

Frederick, s.a. Friedrich

Frederick and Felicia, in a series of lettres. Adopted for the Use of beginners in the english language. 8. Altona 803. Bechtold. 12 gl.

Fredericks, G. F. B. W.

— s. G. W. Lehmann, Handb.

Fredericks, G. F. B. W., Samml. auserles. Geschichten u. Erzähll., zum Nutzen u. Vergnügen f. diejen., welche d. deutsche Sprache erlernen wollen. gr. 12. Zütphen 827. Thieme. (Leipz. Central-Cptr.) 12 gGr
vgl.: Frederiks

Fréd éricq, Léon, Expériences sur l'innervation respiratoire, s. Archiv für Anatomie und Physiologie.

Fredericus, J., s. Vallae, Laur., de reciprocatione etc.

Frederik und Marie von Dänemark, Ihren Kön. Maj., bei Ihrer Anwesenheit in Heide . . . 1823. O. O. V: *Johannsen*, *Frederikke Marie.* (Bruun, Bibl. Danica III, 588)

Frederik VI., Sr. Maj. dem Könige von Dänemark, und Ih. Maj. der Königinn von Dänemark Maria. Gött. [1815]. V: *Wieding.* (Bruun, Bibl. Danica III, 584)

Beschreibung des in den Jahren 1853 und 1854 aus den Landesherrlichen Süderdithmarsischen Vorländereien eingedeichten **König Frederik VII. Koegs** nebst Bedingungen, unter denen die Ländereien desselben den 28. Nov. 1854 in Meldorf zum Verkauf aufgeboten werden sollen. Itzehoe. 1854. Fol.

Frederiks, G. F. B. W., Sammlung auserles. Geschichten u. Erzähln., z. Nutzen u. Vergnügen derer, welche d. deutsche Sprache erlernen wollen. 4., verb. Aufl. gr. 16. (13 B.) Zütphen 827. (Leipzig, Central-Compt.)
vgl.: Fredericks

Frederiks-Drape. Zum Gedächtniss des Königs der Dänen. Geb.: 28. Januar 1768. Gest.: 3. December 1839 etc. Hamburg 1840. 8°.

FRÉDÉRIQUE Sophie Wilhelmine. Denkwürdigkeiten aus dem Leben der Kgl. preuß. Prinzeſſin Fr. S. W., Schweſter Friedrichs d. Großen, Markgräfin v. Bayreuth, von 1709 bis 1733. Von ihr ſelbſt geſchrieben. Tübingen, Cotta, 1810/11. 3 Teile in 2 Bdn. Gr. 8°.
[B. II, 448.]
Seltene 1. deutſche Ausgabe des berühmten Werkes von Cotta herausgegeben, die im Bd. 2 auf S. 1—290 das Journal secret du baron Chr. L. de Seckendorff enthält.

— — Eine preußiſche Königstochter. Denkwürdigkeiten der Markgräfin v. Bayreuth, Schweſter Friedrichs d. Großen. Herausgegeben v. J. Armbruſter. Mit 1 Bildnis u. Buchſchmuck v. D. Polſter. Ebenhauſen 1910.

Frédérique, Sophie Wilhelmine, margrave de Bareith, soeur de Frédéric le Grand. Mémoires de . . . . . Écrit de sa main. (2 Bde.)
8. Brunswick 1845.

Frédérique Sophie Wilhelmine, Margrave de Bareith, soeur de Frédéric le Grand: Mémoires depuis l'année 1706 jusqu'a 1742, écrits de sa main. 5. éd., continuée jusqu'a 1758 et ornée du portrait de la Margrave. (618 S.) 8. Berlin 910. H. Barsdorf. 8.—; geb. 10.—

Frederking, A.: Preis-Verzeichniß der Fabrik für Transmissionen . . . , s. Frederking, T.

Frederking, Arthur: Beiträge zur Kritik und Exegese der Sophokleischen Antigone. Mainz, Druck v. H. Prickarts, 1893; 33 S. 4.
Mainz, grossh. G. P 1893 (620)

Frederking, Arthur, Prof.: **Eigenart** und Bedeutung der Dichtung und der Persönlichkeit Goethes. Eine Rede, zur Feier d. 150. Wiederkehr von Goethes Geburtstag geh. *Worms 1900: A. K. Boeninger.* (S. 3—11.) 4° [F.]
Worms, grossh. G u. R. P 1900 (680)

Frederking, Carl, s. Frederking, Karl

Frederking, Heinrich, aus Riga: Ueber **Nitroso-m-toluylendiamin und seine** Derivate. *Berlin 1903: A. W. Schade.* (54 S.) 8°
Berlin, Phil. Diss. v. 1. Aug. 1903

Frederking, Hugo, der Born der Liebe! Eine hess. Sage. Dichtung in 10 Gesängen. 8. (IX, 291 S.) Bromberg 886. Mittler. n. 3. —; geb. n. 4. —

Frederking, Hugo, errungen. Roman. 2. Tausd. (474 S.) 8. Leipzig (909). R. Mejo. 3.—; geb. 4.—

Frederking, Hugo, Jedem etwas! Sonettenkränze, Hymnen u. poet. Erzählgn. (VII, 128 S.) 8. Cassel 906. G. Dufayel. n. 2.—; geb. n. 3.—

— Jedem Etwas. Sonettenkränze, Hymnen u. poet. Erzählgn. 2. Aufl. (VII, 127 S.) 8. Cassel 907. [G. B. Dircks.] Leipzig, R. Mejo. 1.—; geb. 1.50

Schlangenminni. Roman von Hugo **Frederking**. Cassel: G. B. Dircks [1907]. (262 S.) 8° [F.] (ed. typ 4

— Schlangenminni. Roman. (Neue [Titel-]Ausg.) (262 S.) 8. Leipzig [907] (909). R. Mejo. 2.—; geb. n 2.50

Frederking, H., Stromschnellen. Roman. 3 Bde. 8. (V, 315; 270 u. 308 S.) Berlin 889. Janke. n. 10.—

Frederking, Karl, Grundzüge der Geschichte der Pharmacie u. derjenigen Zweige der Naturwissenschaft, auf welchen sie basirt. In 2 Abthlgn. gr. 8. (VIII, 303 S.) Göttingen 874. Vandenhoeck & Ruprecht. n. 6.

Frederking, C., Lehrbuch der gesammten Pharmacie, s. Casselmann, A.

Frederking, Carl, Tabellen über die Zusammensetzung anorganischer, pharmaceutisch und technisch wichtiger, chemischer Präparate nebst kurzer, zum Verstehen derselben nöthiger Einleitung. Berlin 859. Gaertner. 4. (XXVIII, 52 S.) n. 20 ngr.

Frederking, T., A. **Frederking:** Preis-Verzeichniß der Fabrik für Transmissionen und Eisengießerei T. und A. Frederking. (Leipzig 1886)

Der Schatzbehalter. Ein Brevier zeitgenössischer Lyrik. Ausgewählt von H(ertha) **Fredermann**. Königsberg Pr.: Deutschherren-Verl. 1900. IV, 104 S. 8°

Fredersdorf, B. Blancke-, s. Blancke-Fredersdorf

Cp. F. Fredersdorf's System d. Rechts d. Natur, a. bürgerl. Gesellschaften, Gesetzgeb. u. d. Völkerr. angewandt. *Brschw.*, Schulbuchh. 790. 8° 1 ß 8 gr

Fredersdorf, Leopold Friedrich: „Praktische Anleitung zu einer guten Eisenhütten-Oeconomie, Verfertigung der Eisenhütten-Ertrags-Anschläge oder jährlichen Hütten-Etats und zur zweckmässigen Einrichtung der Betriebs- und Handlungsrechnungen", nebst einem Register, Pyrmont 1802 (Helwingsche Hofbuchhandlung). — Vorh.: UB Bonn — Kb 86.

— prakt. Anleit. zur Landpolizei nach allgemeinen Grundsätzen. 4. Hannov. 800. Helwing. 2 ß 4 gGr

Fredersdorf, Leopold Fr.: „Practische Anleitung zur Landpolizey aus allgemeinen Grundsätzen, mit Hinweis auf die fürstl Braunschweig.-Wolfenbüttelschen Landesgesetze", Pyrmont 1800 (Helwing).

Fredersdorf, Leopold Friedrich: „Praktisch-ökonomisch-juristische Anleitung zu Veranschlagung der Domainen- und anderer Landgüter, nach allgemein anwendbaren Grundsätzen, nebst einem Anhange von den Erbpachten", Hannover 1798 (Helwing). Vollständiges Register dazu, ebenda 1798. — Vorh.: UB Bonn — Ka 744.

Fredersdorf, Leop. Fr. Anleitung zur Veranschlagung der Domainen nebst andern Landgütern etc. 4°. Hannover, Helwing, 1798.

Fredersdorf, Lp. F.: Anweis. f. angeh. Justiz-Beamte und Unterrichter. *Lemgo*, **Meyer. B. 772—74. 3 Thle. nebst Reg. 775. 4. (4 Thl. 12 Gr.)**

Fredersdorf, Lp. F. Ueber Bevölkerung und Brautkassen. Braunschweig 1782.

Fredersdorf. Ueber Bevölkerung und Brautkassen. 1781.

Fredersdorf, Leop. Fr., Ueber Bevölkerung und Brautkassen. gr. 8°. Braunschweig 1789.

Fredersdorf, Lp. F.: **Promptuarium d. fürstl. Braunschw.-Wolfenbütt. Landesverordn.: in e. wesentl. Auszuge ders.** *Braunschw.*, **Waisenh.-B. 775—97. 6 Thle. 4. (8 Thl. 16 Gr.) 7. Th. v. A. G. Küchendahl.** *Ebend.* **817. 4. (1 Thl. 16 Gr.)**

Fredersdorf, Promptuarium d. Fürstl. Braunschw. Wolfenbüttel'schen Verordnungen. Braunschw. 825. 8 Bde.

Fredersdorf, Leop. F.: System d. Rechts d. Natur, auf d. bürgerl. Gesellschaften, Gesetzgeb. u. d. Völkerrecht angewandt. *Braunschw.*, **(Schulbuchh.) Vieweg u. Sohn. 790. 8. (1 Thl. 8 Gr.)**

— Untersuchung d. Frage: ob die Usucapion unter freien Völkern statt finde? 8. Braunschw. 785. Schulbuchh. 4 ₰

Fredersdorf, Leop. F.: **Untersuch. d. Frage: ob d. Usucapio unt. freien Völkern stattfinde?** *Braunschw.*, **Vieweg u. Sohn. 785. 8. (1 Thl. 18 Gr.)**

Fredersdorf, Leop. Frid.: Rechtl. Untersuch., wie d. Concurskosten am billigsten zu bezahlen, nebst einigen zur Erhaltung des Credits der Privatleute sonderlich des Landmannes gethanen Vorschlägen. *Lemgo*, **Meyer. 774. 8. (2 Gr.)**

Fredershausen, Otto, Gottingensis: De iure Plautino et Terentiano. Cap. 1. Gottingae 1906: Goldschmidt et Hubert. (74 S.) 8° ¶(Der Rest erscheint später.)
Göttingen, Phil. Fak., Ref. Leo, Schwartz, Diss. v. 11. Mai 1906
[Geb. 12. April 83 Mörse bei Fallersleben; Wohnort: Göttingen; Staatsangeh.: Preußen; Vorbildung: Gymn. Göttingen Reife O. 01; Studium: Göttingen 9 S.; Rig. 13. Dez. 05.]

Frederus, Johs., eine kirchenhistor. Monographie, s.a. **Mohnike, G.**

Frederus, Johannes. Eine kirchenhistorische Monographie. Stralsund 1837. V: *Mohnike, Glieb Chn Frdr.* (Ky)

Frederus, Johannes. Eine kirchenhistor. Monographie. I. Frederus Jugend, sein Aufenthalt in Wittenberg, Hamburg und Stralsund (von G. Mohnike). Mit 2 Steintaf. u. 2 Vign. 4. Stralsund 837. Löffler. n. ²⁄₃ ₰ — II. Frederus Aufenthalt in Greifswalde u. Wismar (von G. Mohnike). 4. Ebd. 837. n. ½ ₰

Fredholm, Ivar, s.: Compte rendu du congrès des mathématiciens 1900.

Pro judice. Beitr. zu e. Reform d. Gerichtsverfassg. Von Dr. Alexander **Fredl.** *Wien: Buchdr. Helios 1896.* (2 Bl., 43 S.) 1 Bd 8. [96 ...]

Fredl, Alex, pro judice. Beiträge zu e. Reform d. Gerichtsverfassg. gr. 8. (III, 43 S.) Wien 896. (Manz.) n. 1. 20

Fredow, Rich., die Banditenbraut, s.: Radermacher's, J., Vereinsbühne.

Am Grabe der Mutter. Volksschauspiel in 5 Aufz. von Richard **Fredow.** *Bonn: J. Radermacher [1904].* (43 S.) 8° [F.]
— **Vereinsbühne**, J. Radermacher's. H. 4. [04. 16...]

Fredow, Rich., s.: Radermacher's, J., Vereinsbühne.

Unentbehrliches Taschenbuch für Theaterspieler der Vereinsbühne, nebst Anleitung f. diejenigen, die es werden wollen. Von Rich. **Fredow**, Regisseur. *Bonn: J. Radermacher [1904].* (43 S.) 8°
— **Vereinsbühne**, J. Radermacher's. H. 1. [04. 16888]

Das Vaterunser. Weihnachtsspiel in 3 Akten von Rich. **Fredow** (auf d. Umschl.: von Alexander Frey). Bonn: J. Radermacher [1904]. (23 S.) 8° [F.]
— **Vereinsbühne**, J. Radermacher's. H. 5. [07. 7618]

Verwaist. Schauspiel in 3 Akten von Rich. **Fredow.** *Bonn: J. Radermacher [1904].* (23 S.) 8° [F.]
— **Vereinsbühne**, J. Radermacher's. H. 7. [04. ...]

— **Wer nur den lieben Gott läßt walten, s.: Radermacher's, J., Vereinsbühne.**

Fredrich, Bernh., die Anbetung des allerheiligsten Altarssakraments, dogmatisch, historisch u. liturgisch dargestellt f. alle Liebhaber des göttl. Sakraments. (VIII, 199 S. m. 1 Abb. u. 1 Stahlst.) 16. Regensburg 909. F. Pustet. — 80; geb. in Leinw. 1. 10

Die wichtigsten Aeußerungen der Marien-Verehrung in der katholischen Kirche. Dargest. in kurzgefaßten Erwägungen f. d. kath. Volk. Von Bernhard **Fredrich**, Pfarrer. Dülmen i. W.: A. Laumann 1905. (VIII, 207 S.) 8° [F.] [06. 9...]

— Der katholische Christ auf dem Kranken- u. Sterbebett. Ein Leitfaden f. Kranke u. deren Pfleger. (348 S. m. Titelbild.) 16. Dülmen 908. A. Laumann. Geb. in Leinw. 1. 20

Fredrich, Karl

Fredrich, C., Bericht üb. e. Bereisung der Inseln des Thrakischen Meeres u. der nördlichen Sporaden. (8 S.) Lex.-8. Berlin 905. (G. Reimer.) n. — 50
Sonderabdruck aus: „Sitzungsber. d. preuss. Akad. d. Wiss."

Fredrich, Karl, Dr.: Halonnesos. Posen 1905: Merzbach. (18 S.) 4°
Posen, k. Friedrich-Wilhelms-G OP 1905 (195)

Fredrich, Carol, s.: Inscriptiones graecae.

Fredrich, Carolus *Ioannes* [Sedinensis]: De libro περὶ φύσιος ἀνθρώπου Pseudippocrateo ... Gottingae, *Frommannsche Buchdr. Jena*, 1894; 32 S. 8.
Göttingen, Phil. Fak., Inaug.-Diss. v. [16. Apr.] 1894

Fredrich, Carl, de libro περὶ φύσιος ἀνθρώπου pseudippocrateo. Diss. gr. 8. (32 S.) Gottingae 894. (Jena, H. Pohle.) n. — 80

Fredrich, Carl, Hippokratische Untersuchungen, s.a. **Untersuchungen, philologische.**

Hippokratische Untersuchungen v. Carl **Fredrich.** *Berlin: Weidmann 1899.* (VI S., 1 Bl., 236 S.) 1 Bd 8.
= Untersuchungen, Philologische. H. 15. [98. 11079]

Fredrich, Kurt

Das **Kommunalabgabengesetz** vom 14. Juli 1893 nebst d. minist. Ausführungsbestimmungen, Nebengesetzen u. Steuerordnungen f. Verwaltungsbeamte u. Steuerpflichtige erl. u. mit Beispielen f. d. prakt. Gebr. hrsg. von Kurt Fredrich, Bürgerm. zu Liegnitz. *Berlin-Gr. Lichterfelde: Schulze & Co. 1901.* (VIII, 219 S.) 8° [F.]
= **Gesetzsammlung**, Brandis. No 23.

Fredrich, K., Das Reichgesetz betr. die Gewerbegerichte vom 29. VII. 1890. Text-Ausg. m. Erläutergn., den ergänz. Bestimmgn. u. Sachregister. 8. (VI, 79 S.) Gr. Lichterfelde, Gesetzverlag Schulze & Co. 1901. Geb. 1. 20.

Fredrich, Lilli, Asta u. Gabriele. Die Geschichte zweier Schwestern. — Die Wahrsagung. Erzählungen f. junge Mädchen. (213 S. m. 3 Vollbildern.) 8. Mülheim-Ruhr (910). J. Bagel Geb. 2. —

Fredrich, Lilli, Christrosen. Kleine Weihnachtserzählgn. f. kleine Leute. (168 S.) 8. Gotha 905. F. E. Perthes. Geb. in Leinw. 2. 40

B — Christrosen. 905. (KVL 33.) Jetzt: Leipzig, Turm Verlag.

Die beiden Cousinen. Eine Erzählung von Lilli **Fredrich**. Mit Ill. Neu-Ruppin: G. Kühn [um 1904]. (96 S.) 8° [F.]
(Gustav Kühn's Jugendschriften. 736.)

— **Freud u. Leid der Jugendzeit.** 10 Erzählgn. f. die Jugend. (100 S. m. 4 Farbdr.) 8. Reutlingen (909). Enßlin & Laiblin. Geb. 1. 20

— **Schön-Suschens Heirat.** Eine luft. Geschichte. (258 S. m. Titelbild.) 8. Berlin (907). Globus Verlag. Geb. in Leinw. 1. 50

Fredrich, Lilli, das vierblättrige Kleeblatt. (Erzählung f. junge Mädchen.) (192 S. m. 4 Vollbildern.) 8. Mülheim-Ruhr (907). J. Bagel. Geb. 2. —

Elsens Schicksale. Eine Erzählung von Lilli **Fredrich**. Mit Ill. Neu-Ruppin: G. Kühn [um 1904]. (96 S.) 8° [F.]
(Gustav Kühn's Jugendschriften. 737.)

— **Schön-Suschen u. die beiden Grazien.** Eine lust. Geschichte. (200 S.) 8. Berlin (905). Globus Verlag. Geb. in Halbleinw. n. 1. —; in Leinw. n. 1. 40

— **Schwarzköpfchen u. andere Tiergeschichten.** Für die Jugend erzählt. (64 S.) kl. 8. Reutlingen (909). Enßlin & Laiblin. — 20; kart. — 25

— **Für kleine Tierfreunde.** Wahre Geschichten aus der Tierwelt. Gesammelt u. erzählt. Mit zahlr. Bildern v. E. Voigt. (80 S. m. 4 Farbdr.) Lex. 8. Ebd. (908.) Geb. in Leinw. 3. —

— **u. E. Ebeling, wie's uns daheim ergeht u. andere Erzählungen.** (108 S. m. 8 Farbdr.) 8. Mülheim-Ruhr (907). J. Bagel. Geb. 1. —

Fredrikshamm, s.: Junkor från Fredrikshamm.

Fredro, **Andr. Max.**, monita politico-moralia et icon. ingeniorum ed. Mizler. 8. Warschau 755. Mizler. 12 K
id. lib. 8. Ofen 763. Univers. Buchh. 4 K

Fredro, A., s. F r e d r o , J. Alexander

Fredro, J. Alexander

Fredro Vater, Graf Alex., Consilium facultatis. Das Licht ist ausgelöscht. Zwei Lustspiele. Autoris. Uebersetzg. von H. Loewenthal. 8. (V, 126 S.) Norden 888. Fischer Nachf. n. 1. 50

Fredro, Graf J. A., des Onkels Liebchen, s.: Theater-Repertoir, Wiener.

Fredro, Graf J. A., der Mentor, — **Doktor Müller; Prüfe, wer sich ewig bindet,** } s.: Universal-Bibliothek.

Fredro, A. Graf, die einzige Tochter, s.: Theater-Repertoir, Wiener.

— **seine einzige Tochter**, s.: Universal-Bibliothek.

Fredro, Jana Maxymil. Hrabiego, Tragedye. (Dydona. — Harald. — Wanda.) Wydanie Jana Nep. Bobrowicza z rekopismu autora. Lex.-8. Lipsku 837. Breitkopfa i Härtela. 1½ 𝔱𝔥

Fredy, Gerhard, cand. theol. aus Clausnitz i. S.: Zur Entstehung der landesherrlichen Huldigung. *Marburg 1899: (A. Hofmann, Leipzig-Reudnitz).* (64 S.) 8° [F.]
Marburg, Phil. Diss. v. [5. März] 1899

Fredy, Paul, approb. Arzt aus Clausnitz: Ein Beitrag zur Casuistik der otogenen Meningitis. *München 1901: M. Ernst.* (70 S.) 8°
München, Med. Diss. v. 1902

[Karte der] Provinz Hannover. Massst. 1 : 1500000. [Von **Free**.] *Hannover: Helwing [1899].* 1 Kubl. (2)

Free, Heinr., die Lehre Herbarts v. der menschlichen Seele, m. Herbarts eigenen Worten zusammengestellt. gr. 8. (VIII, 74 S.) Gotha 885. Behrend. n. 1. 20

— **ausführlicher Lehrplan f. e. dreiklassige Volksschule,** — **dasselbe f. e. zweiklassige Volksschule,** } s.: Meyer, J.

— **die Pädagogik d. Comenius.** Theorie u. Praxis d. Unterrichts nach Comenius' Grundsätzen m. besond. Berücksicht. d. 1—8. Schuljahres. gr. 8. Gotha 884. Behrend. n. 3. 40
1. 1. Schuljahr. (IV, 48 S.) n. 1. 40
2. 2—8. Schuljahr. (VIII, 156 S.) n. 2. —

Free, Heinr., d. experimentelle Psychologie, s.: Zeit- u. Streitfragen, pädagog

— **der muttersprachliche Unterricht in der Volksschule.** Eine eingeh. Darstellg. d. method. Verfahrens beim Unterrichte in der Muttersprache. gr. 8. (96 S.) Ebend. 884. n. 1. 40

—— **Zweck und Einrichtung des Volksschullesebuches und des Realienbuches**, s. a. Sammelmappe, pädagogische, 91.

— **Zweck u. Einrichtung d. Volksschullesebuches u. d. Realienbuches f. Volksschulen.** gr. 8. (47 S) Leipzig 886. Siegismund & Volkening. n. — 80; cart. n 1. —

von Freeden, Heinrich [aus Elsfleth]: Aus d. patholog. Institut in Bonn. Über topographische Anordnung des Fettes in den Zellen … Coblenz, Buchdr. v. Kindt & Meinardus, 1892; 42 S., 1 Bl. 8.
Bonn, Med. Fak., Inaug.-Diss. v. [15. März] 1892

Freeden, W. v., Reise- u. Jagdbilder aus Afrika. Nach den neuesten Reiseschilderungen zusammengestellt. Mit 88 Abbildgn. u. 1 Karte. gr. 8. (VIII, 390 S.) Leipzig 888. Brockhaus. n. 5. —; geb. n. 6. 50

Freeden, Wilhelm Ihno Adolf von

Freeden, W. v., Barometerbuch zum Gebrauch der Seeleute. Nach der neuesten Ausg. d. „Barometer Manual for the use of Seamen" d. „Meteorological Office" zu London aus dem Engl. übers. Mit 18 in den Text gedr. Holzschn. u. 2 lith. Taf. gr. 8. (III, 43 S.) Oldenburg 885. Schulze. n. 3. —; geb. n. 3. 80

Freeden, W. v., üb. die Dampferwege zwischen dem Kanal u. Newjork etc., s.a. **Mittheilungen aus der norddeutschen Seewarte.**

von Freeden, Wilhelm Ihno Adolf: Ueber die Dampferwege zwischen dem Kanal und Newyork, nach den Journal-Auszügen der Dampfer des Norddeutschen Lloyd in den Jahren 1860—1867 nebst Wind und Wetter in derselben Zeit. Hamburg 1870. 62 S., 6 Tf.
= Mittheilungen aus der Norddeutschen Seewarte. Heft 3. 4°.

— und **Neumayer**, G., Entwurf eines Organisationsplanes für das nautisch-meteorologische und hydrographische Institut, die Deutsche Seewarte. Auf der Basis der bereits in Hamburg bestehenden Norddeutschen Seewarte, I. Abtheilung: Für Seefahrt. Berlin 1871.

Freeden, Wilhelm Ihno Adolf: Über die wissenschaftl. Ergebnisse der ersten deutschen Nordpolfahrt, s.a. Mittheilungen aus der norddeutschen Seewarte.

von Freeden, Wilhelm Ihno Adolf: Ueber die wissenschaftlichen Ergebnisse der ersten deutschen Nordfahrt von 1868. Oeffentlicher Vortrag, gehalten im Verein für Kunst und Wissenschaft zu Hamburg, nebst besonderen Ausführungen des Wetterbuches und einer Karte, den gesegelten Weg der „Grönland", und die Strömungen, Isothermen, Isametralen und Isogonen des Nordmeeres enthaltend. Hamburg 1869. 22 S., 1 Krt.
= Mittheilungen aus der Norddeutschen Seewarte. Heft 1. 4°.

— zur Erläuterung d. Strassenrechts auf See. gr. Fol. (1 Bl.) Hamburg 872. Friederichsen & Co. auf Pappe. n. 1. 20

Freeden, W. v., Handbuch der Nautik und ihrer Hülfswissenschaften. Oldenburg 864. Schulze. Lex.-8. (XII, 404 S. m. Holzschn.) n. 3 ₰

Freeden, Wilhelm Ihno Adolf von [Hrsg.], s. Hansa, Zeitschrift für Seewesen.

von **Freeden**, W., Carl **Dantziger** und P. von **Rensen**: Der holländische Härings- und Frischfischfang. [Denkschrift der Hochseefischerei-Enquete-Commission in Emden.] Emden 1871. 22 S. 4°. [F 2657

— und T. **Köster**, nautische Hülfstafeln nebst Erläuterungen über deren Berechnung und Gebrauch. Mit 1 (lith.) Erdkarte. Oldenburg 862. Schulze. Lex.-8. (XXX, 284 S.) n. 2 ₰ 24 ngr.

— s.: Jahres-Bericht der norddeutschen Seewarte.

Freeden, W. [Hrsg.], s. Mittheilungen aus der Norddeutschen Seewarte, I - IV.

—— Nachrichten über innere und äußere Zustände der Großherzogl. Oldenburgischen Navigationsschule seit ihrer Reorganisation im J. 1856. gr. 8. (56 S.) Oldenburg 862, Stalling's Verlag.

Freeden, Wilhelm Ihno Adolf: Die Normalwege der Hamburger Dampfer zwischen dem Kanal und Newyork, s.a. Mittheilungen aus der norddeutschen Seewarte.

von Freeden, Wilhelm Ihno Adolf: Die Normalwege der Hamburger Dampfer zwischen dem Kanal und New York, nach den Journal-Auszügen derselben in den Jahren 1860—1869. Hamburg 1872. 31 S, 2 Tf., 1 Krt.
= Mittheilungen aus der Norddeutschen Seewarte. Heft 4. 4°.

— die Praxis der Methode der kleinsten Quadrate für die Bedürfnisse der Anfänger bearbeitet. 1. Thl. Elementare Darstellung der Methode nebst Sammlung vollständig berechneter physikalischer, meteorologischer, geodätischer u. astronomischer Aufgaben, welche auf lineare u. transcendente Gleichungen führen. Braunschweig 863. Vieweg & Sohn. gr. 8. (VIII, 114 S.) n. 1 ₰

Freeden. W. v., Die Seewarte und 1) das National-Einkommen, 2) der Suezkanal, 3) ihr Verhältniss zu den Navigationsschulen. Hamburg 1869. (S. 5469)

Freeden, Wilhelm Ihno Adolf: Norddeutscher Wetter-Kalender, s.a. Mittheilungen aus der norddeutschen Seewarte.

Freeden, W., Nordwestdeutscher Wetter-Kalender nach den 10jährigen Beobachtungen auf der meteorologischen Station Elsfleth an der Weser in den Jahren 1858—67 berechnet. Hamburg 1869. 4.
Ist: Mittheil. a. d. nordd. Seewarte II. . . . .

Freedley, (E. T.), Geschäft, Verkehr und Arbeit in den Vereinigten Staaten, oder praktische Anleitung in Amerika Geld zu erwerben, zu sparen, anzuwenden u. zu hinterlassen. Nach dem Engl. Für Deutsche bearb., welche das amerikan. Geschäftsleben kennen lernen und in Amerika ihr Fortkommen finden wollen. 1. Heft: „Einleitung u. Gelderwerb durch Landwirthschaft". — 2. Heft: „Gelderwerb durch Handel." Göttingen 853. Wigand. gr. 16. (125 S.) Jedes Heft 3⅓ ngr.

— Goldbuch, s. Volksbibliothek, neue.

Freedley, E. T., practical treatise on business, s.: Piening, Th., die Praxis d. Geschäftslebens.

Freedley, E. T., Practical treatise on business, Bearbeitg., s.: Treiber, F. A., die Praxis des Geschäftslebens.

Freedman, Louis Alexander, aus Boston, Mass. (U.S.A.): **Substanz** und Causalität bei Berkeley. *Strassburg i. E. 1902: C. & J. Goeller.* (53 S.) 8°
Strassburg, Phil. Diss. v. 1902

Freeland, Joseph; eine wahre Geschichte . . . Leipzig 1787. V: *Claudius, Georg Carl.* (Ky) (MGT)

Freeland, Joseph, e. wahre Geschichte z. Warnung u. Belehrung f. d. Jugend, (von G. K. Claudius). 8. Leipz. 787.

Freeland, Karl, eine Gesch. aus d. bürgerlichen Leben, aus d. Engl. 2 Thle. 8. Berl. Pauli. 785.

Freeman, Daniel Linford: Untersuchungen über die Stromabildung der Xylaria Hypoxylon in künstlichen Kulturen. Halle a. S. 1910: (Hopfer, Burg b. M.). 24 S. 8° ¶(Aus: Annales mycologici. Bd 8.)
Halle, Phil. Diss. v. 25. April 1910, Ref. Karsten
[Geb. 8. März 79 Aughton, Lancashire; Wohnort: Halle a. S.; Staatsangeh.: Großbritannien; Vorbildung: Harris Inst. Preston bis Mai 07; Studium: Agricultural Coll. Preston 2, Halle 5 S.; Rig. 25. Febr. 10.] [U 10. 1729

Freeman, Edward A., Augusta Treverorum. Historisch-archäolog. Skizze. Aus „The British Quarterly Review: Juli 1. 1875" übers. v. C. S. gr. 8. (50 S.) Trier 876. Lintz. n. 1. —

Freeman, Edward A.: Select historical essays, s.: Collection of brit. auth.

Freeman, E. A., three historical essays. Students' Tauchnitz edition. Mit deutschen Erklärungen von C. Balzer. gr. 8. (VIII, 115 S.) Leipzig 887. B. Tauchnitz. n. — 70; cart. n. — 80

Freeman, Edward, A., zur Geschichte d. Mittelalters. Ausgewählte histor. Essays. Aus dem Engl. übers. v. C. J. Locher. gr. 8. (VII, 329 S.) Straßburg 886. Trübner. n. 6. —

Freemann, Edward A., Geschichte Siciliens. Deutsche Ausg. v. Bernh. Lupus. 2 Bde. gr. 8. Leipzig, B. G. Teubner. à n. 20. —
1. Bd. D. Urbevölkerg., d. phoenik. u. griech. Ansiedlgn. (XXV, 564 S. m. Bild. u. 5 Karten.) 895.
2. Bd. Von d. ersten Zeiten d. griech. Kolonien bis zu d. Anfange d. athen. Einmischung. (XIII, 546 S. m. 4 Karten.) 897.

— Geschichte Siciliens unter d. Phönikiern, Griechen u. Römern. A. d. Engl. übers., m. e. d. Beschreibg. d. Münzen enthalt. Beigabe v. Jos. Rohrmoser. M. i. d. Text gedr. Fig. u. e. Karte v. Sicilien. gr. 8. (XVI, 420 S.) Leipzig 895. W. Engelmann. n. 7. —; geb. n.n. 9. —

Freeman, Edward A.: The growth of the english constitution, s.: Collection of brit. auth.

Freeman, Edward A., the history of the Norman conquest of England, hrsg. v. Frdr. Glauning, s.: Authors, English.

— A short history of the Norman conquest of England, hrsg. v. Fritz Meyer, s.: Schulbibliothek, französische u. englische. A 148. Bd.

Freeman, Edward A. Sketches from French travel, s. Collection of British authors.

Freeman, Linford, s. Freeman, Daniel Linford

Freeman's, Sam., Hand- u. Reisebuch für Auswanderer nach Wisconsin. Mit Belehrgn. üb. Ackerbau, Manufakturwesen, Wochenlohn 2c., nebst e. Skizze v. Milwaukee u. den übrigen Häfen d. Michigan-See's, m. Angabe der verschied. Reiserouten 2c. Aus d. Engl. übers. von e. Bürger v. Milwaukee. 8. (134 S.) Milwaukee 852. Würzburg, Etlinger. 1/3 ß

Freemann; od. wie wird das ablaufen. Schausp. v. Jester. 8. Königsb. Unzer. 790.

Freemann, Edward A., s. Freeman, Edward A.

Freemann, Strickland. Abhandlung über den Bau und Mechanismus des Pferdefusses . . . A. d. Engl. Leipz. 1797. Ü: *Buschendorf, Carl Friedrich.* (Ky) (EBHN)

Freemann, S., Abhandl. über d. Bau u. Mechanismus d. Pferdefußes, aus d. Engl. (v. K. F. Buschendorf). mit 16 Kpf. gr. 4. Leipz. 797. Breitkopf u. H. 1 ß 12 gr Herabges. Pr. 16 gr Schrbp. 1 ß 16 gr

Freemantle, Herward, s. Hesekiel, G., Maria Mancini.

Freemasons. Chi. Germania Loge, No. 182. Mitglieder Verzeichnis. Chicago, 1906.

Freemore, Gesch. s. Ehe, d. gezwungene.

Freeport, Andr., Theorie u. Praxis v. weißem u. braunem engl. Bierbrauen; nach d. besten Mustern u. Anweisungen in England u. Deutschland. 8. Hamb. 808. Verfass. 6 ß 2e A. mit 1 Kpf. 8. Berl. 808.

Freeport Banner: 1873–1918.

Independent weekly. For Sunday edition, see SONNTAGSBLATT. For supplement, see UNTERHALTUNGSBLATT. Circulation 1880, 725; 1890, 850; 1900, 1200. Edited & published by F. W. Fock, 1878–80; by W. Fock, 1881–83; by Joseph Fock, 1883–84; by H. W. Fock, 1885–96; by Charles H. Fock, 1896–1904.
Freeport, IL

Freeport Tribune: 1859–?

Republican weekly. Edited & published by Wilhelm Massenberg; by Hm. Reeke.
Freeport, IL

Freer, Paul, C. [aus Chicago U. S. A]: Ueber das Produkt der Einwirkung von Aethylenbromid auf Natracetessigester. Synthese von Hexamethylen Derivaten . . . . München, K. Hof- u. Univ.-Buchdr. v. Dr. C. Wolf & Sohn, 1887; 32 S. 8°.
München, Phil. Fak., Inaug.-Diss. v. 1887.

Freericks, Herm., der Apoll v. Belvedere. Eine archäolog. Studie. gr. 8. (79 S.) Paderborn 894. F. Schöningh. n. 1. 60

Freericks, Hermann, Dr.: Die drei Athenetempel der Akropolis. Münster 1905: Aschendorff. (S. 3—16.) 4°
Münster, k. Paulinisches G P 1905 (424)

Freericks, Herm., die drei Athenetempel der Akropolis. Progr. (16 S. m. 8 Taf.) Lex.-8. Münster 905. (H. Schöningh.) n. 1. 60

Freericks, Herm., de Aeschyli supplicum choro. gr. 8. (83 S.) Dudorstadii 883. (Leipzig, Fock.) n. 1. 50

Freericks, Hermann [Dr.]: Der Kehrreim in der mittelhochdeutschen Dichtung. Paderborn, Junfermannsche Buchdr., 1890; S. 3–31; 4°
Paderborn, f. G Theodorianum, P 1890

Freericks, Herm., eine Neuerung des Sophokles, s. Commentationes philologae quibus Ottoni Ribbeckio congratulantur Discipuli Lipsienses.

Freericks, Minna: Eine junge Heldin, s.: Erzählungen f. Schulkinder.

Freericks, Minna, Märchen. 8. (223 S. m. zahlreichen Illustr.) Paderborn 891. Junfermann. Kart. 2. 70

Freericks, Minna. Marienliederstrauss für den Maialtar der Himmelskönigin. Kl. in-8°, 72 S. Mit 8 Lichtdruckbildern. Einsiedeln, Gebr. C. & N. Benziger. 1886. eleg. gebdn. 3 75

Freericks, Minna: Die Rosenstöckchen, s.: Erzählungen f. Schulkinder.

— der verlorene Sohn, s.: Dilettanten-Theater.

Freerksen, P., Beitrag zur Geschichte d. ostfriesischen Deichwesens im Allgemeinen u. der niederemsischen Deichacht im Besonderen. gr. 8. (IV, 160 S. m. 6 Kartenbeilagen.) Emden 892. W. Haynel. n. 3. 60

Freese, Georg [app. Arzt aus Kaichen (Hessen)]: Ueber das Vorkommen des Müller'schen Eiweisskörpers im Harn. . . . München, Buchdr. v. M. Ernst, 1891; 25 S. 8°
München, Med. Fak., Inaug.-Diss. v. 1891

Freese. A., Studien über die Entstehung der Steinkohlenlager und anderer Mineralien und Gesteinsarten der Erdrinde. Saßnitz a. R., 1898. 8 S. [Dc 2151

Freese, A. G. F., s. Forsell: Statistik von Schweden.

— s. Gottelmann, Reise.

Freese, A. G. F., u. Karl Lappe, schwedisches Lesebuch, s.a. **Lesebuch.**

Freese, A. G. F., u. Karl Lappe, schwed. Lesebuch. Prosaischer Theil, mit e. vollständ. Wortregister. gr. 8. Stralf. 830. Löffler. 1 ß 8 gr

Freese, A. G. F., Schwedisches Lesebuch. 2r oder poet. Theil. gr. 8. Stralsund 834. Löffler. n. 5/6 ß (1r Thl. n. 1 1/3 ß [Thl. II. S. 57.)

Freese, A. G. F., s. Mellin, G. H.: Geschichte Schwedens.

Freese, A. G. F., s. Mellin, G. H.: Stockholm u. seine Umgebung.

Freese, A. G. F., Reise-Handbuch durch Schweden und Norwegen, s.a. **Reise-Handbuch.**

Freese, A. G. F., Reise-Handbuch durch Schweden u. Norwegen. Eine Anleitung, diese Länder mit Vergnügen u. Nutzen zu bereisen. Nebst einer Reisekarte mit der Umgegend von Stockholm u. der Fahrt durch den Götha-Canal. 12. Berlin 844. Morin. geb. 1 ℛ

— **Schwedisch-Deutsches Wörterbuch,** mit Benutzung der Arbeiten mehrerer älteren u. neueren Lexicographen u. der jetzigen Orthographie gemäß, mit beständ. Rücksicht auf nordische Geschichte, Alterthumskunde u. Mythologie, so wie auf Bergbau, Seefahrtskunde u. Naturgeschichte. Lex-8. Stralsund 842, Löffler'sche Buchh. (C. Hingst.) 2½ ℛ

Freese, Arhalis

Freese, Arth., Gustaf Vasa. Schauspiel in 5 Aufzügen. 8. (VII, 128 S.) Jena 891. H. Costenoble. n. 2. 50

Freese, Arth., das Haus Cenci. Preisgekrönte Tragödie in 5 Aufzügen. Frankfurt a. M. 867. Knatz. 16. (116 S.) n. 20 ngr.

Freese, Arth., aus deutschem Hause. Preisgekrönte Novelle. 8. (186 S.) Danzig 890. Hinstorff. n. 3. —

— aus deutschem Hause. Preisgekrönte Novelle. 2. (Titel-)Aufl. 8. (186 S.) Ebd. 893. n. 3. —; geb. n.n. 4. —

Freese, Arthalis, Karl der Fünfte. Drama in 5 Akten. (Den Bühnen gegenüber als Mskr. gedr.) 8. (138 S.) Berlin 856(57,) (Stage.) *

Freese, Arthalis, Karl der Fünfte. Drama in 5 Akten. Berlin 857. Stage. (Schlingmann.) 8. (138 S.) n. 1 ℛ

Freese, Arth., Kaiser Karl der Fünfte. Drama in 5 Akten. 8. (IV, 123 S.) Berlin 881. F. Luckhardt. n. 2. 40

— Mark Ravensberg. Historische Erzählg. 8. (430 S.) Ebd. 891. n. 6. —

Freese, Aug., e. Denkschrift üb. Forschgn. i. d. Kreideformation d. Insel Rügen. 2. Aufl. M. Abb. e. nach d. Natur aufgenomm. Kreidewand a. Ostseestrande. gr. 8. (23 S.) Sassnitz 898. Bergen a/Rügen. F. Becker. — 50

Freese, Aug., die Insel Rügen u. ihr Kreidegebirge. Von ihrer Entstehg. an bis zur Gegenwart. Eine geolog. Studie in 3 Tln. 3. u. verm. Aufl. (v. Rügens Kreideformation). Mit e. Handzeichng. d. Verf. (32 S.) gr. 8. Sassnitz 908. E. Fack. — 50

Freese, C., über deutsche Assonanzen. Eine Monographie. gr. 8. Stralsund 838. Löffler. [illegible]

Freese, C. [approb. Arzt aus Marienhafe]: Beitrag zur Casuistik der Sehnenscheidentuberkulose .... München, M. Possenbacher'sche [sic!] Buchdruckerei [sic!] (Eigenthümer Max Franz) 1887; 30 S. 8°. München, Med. Fak., Inaug.-Diss. v. 1887.

Freese, C.

Beziehungen zwischen den physikalischen Eigenschaften und der Zusammensetzung chemischer Verbindungen. Brieg, 1884.

—— die pädagog. Bildung d. künftigen Gymnasiallehrer. 8. (2 B.) Stargard 839, Hendeß.

—— das deutsche Gymnasium nach den Bedürfnissen d. Gegenwart dargestellt. gr. 8. (6½ B.) Dresden u. Leipzig 845, Arnoldische Buchh.

Freese, C. Gotthilf Samuel Falbe's Leben und Nachlaß. 48 S. u. Lithogr.

Stargard, Progr. 1850

Freese, C., griechisch-römische Metrik. gr. 8. Dresden u. Leipzig 842, Arnold. n. 2 ℛ

Freese, C. Der Philolog. Eine Skizze. (Bedeutung, Umfang u. Zweck der philologischen Studien.) 34 S. . . . .

Progr. Stargard 1841

—— deutsche Prosodie. gr. 8. (16 B.) Stralsund 837, Löffler'sche Buchh.

Freese, C., Zu der öffentlichen Prüfung der Zöglinge des Kgl. Gymnasiums. — Inh.: 1. C. Reichhelm, Probe e. etymologischen Wörterbuches d. romanischen Sprachen. 2. Jahresbericht. Stargard (C. F. Hendeß) 29. IX. 1847. 21 Seiten. (3.50) 9428

Freese, C. F. H. De manuscriptis Neapolitanis Pindari. 21 S. . .

Progr. Stargard 1835

Frege, C. G., Erinnerungen aus dem Osten. gr. 8. (14 B.) Leipzig 845, Hirschfeld.

Freese, Carl, s. Freese, Karl

Frege, Christian August, s. Agrippa v. Nettesheim, Heinrich Cornelius: Über d. Weibes Adel.

Freese, Conrad, s. Freese, Konrad

Freese, C., das deutsche Gymnasium nach den Bedürfnissen der Gegenwart dargestellt. gr. 8. Ebend. 845. ½ ℛ

Freese, Ernst, Zeichnungen für Korbmacher und Korbmöbelfabrikanten. 800 Abbildgn. auf 18 (lith.) Taf. (in Fol.) nebst (16 S.) erläut., die genaue Maßangabe enthalt. Texte. Kiel 864. Homann in Comm. Fol. n. 1 ℛ 15 ngr.

Freese, Ernst, Zeichnungen für Korbmacher u. Korbmöbelfabrikanten. 880 Abbildungen auf 20 (lith.) Taff., nebst (17 S.) erläuterndem, die genaue Maßangabe enthaltenden Texte. 2. verm. Aufl. Kiel 867. Homann. Fol. n. 1 ℛ 15 ngr.

Freese, Ernst, Zeichnungen f. Korbmacher u. Korbmöbel-Fabrikanten. 265 (lith.) Abbildgn. auf 8 Taf. nebst erläuterndem, die genaue Maßangabe in Metern enthaltendem Texte. 2. u. 3. Hft. Fol. (11 u. 18 S.) Kiel 871. 75. Homann. n. 7. — (1—2.: n. 11. 50)

Freese, Ernst, Zeichnungen für Korbmacher u. Korbmöbel-Fabrikanten. 4. Hft. 460 Abbildgn. auf 11 (lith.) Taf., nebst erläut., die genaue Maßangabe in Metern enth. Texte. Fol. (19 S.) Kiel 880. Homann. n. 4. — (1—4.: n. 15. 50)

Freese, Ernst, Zeichnungen f. Korbmacher u. Korbmöbelfabrikanten. 592 Abbildgn. auf 11 (lith.) Taf. m. erläut., die genaue Maßangabe in Metern enth. Text, nebst Anweisg. üb. Beizen, Lackiren, Bronciren u. Vergolden. 5. Hft. Fol. (29 S.) Kiel 885. Homann. n. 5. — (1—5.: n. 20. 50)

Freese, Fritz. Münchener Künstlernovellen. 8. (198 S.) Münch. 889, F. A. Ackermann's Verlag. * 2 —; geb. * 3 —

Freese, G., über Gartenbau-Ausstellungen, s.: Sammlung gemeinnütziger Vorträge auf dem Gebiete des Gartenbaues.

—— allgemeiner Garten-Kalender auf die J. 1882—1885. Notiz- und Jahrbuch für den gesammten Gartenbau. 1.—4. Jahrg. gr. 16. (à Jahrg. ca. IV, 300 S.) Wien, Perles. geb. à Jahrg. *

Freese, G., allgemeiner Garten-Kalender. 5. Jahrg., s. Gartenkalender, allgemeiner.

Freese, G.: Die Gartenrose, s.: Sammlung gemeinnütziger Vorträge u. Abhandlungen auf dem Gebiete des Gartenbaues.

Freese, G. [Hrsg.], s. Notizkalender, Allgemeiner, für Gartenbau.

Freese, G.: Die Rose, s.: Sammlung gemeinnütziger Vorträge u. Abhandlungen auf dem Gebiete des Gartenbaues.

Freese, Hans [aus Oldenburg i. Gr.]: Über Thiodiazoverbindungen ... Würzburg, Becker's Univ.-Buchdr., 1896; 49 S., 1 Bl. 8.
Würzburg, Phil. Fak., Inaug.-Diss. v. 1896

Freese, Heinr., Baugewerbe u. Bodenfrage, s.a Zeitfragen, soziale.

Baugewerbe und Bodenfrage. Von Heinrich **Freese**. Berlin: Bodenreform 1906. (21 S.) 8° [F. u. Ant.]
— **Zeitfragen**, Soziale. H. 31. [07. 6129]

Baugewerbe und Bodenfrage. Von Heinrich **Freese**. (2. u. 3. Taus.) Berlin: Bodenreform 1906. (21 S.) 8° [F. u. Ant.]
— **Zeitfragen**, Soziale. H. 31. [07. 9231]

Freese, Heinr., Das neue Baupfandgesetz. 8°.
Aus: Jahrbuch d. Bodenreform. Bd 3. 1907.

Bodenreform! Von Heinrich **Freese**. Gotha: F. E. Perthes 1907. (269 S.) 8° [F.] [07. 14890]

— Bodenreform! 2. [Titel-]Aufl. (269 S.) 8. Leipzig [907] 910. O. Himly. 2.80; geb. in Leinw. 3. 80

Freese, Heinr., Die Entwicklung des Verhältnisses von Miete und Einkommen. 8°.
Aus: Jahrbuch d. Bodenreform. Bd 4. 1908.

Die konstitutionelle Fabrik. Von Heinrich **Freese**. Jena: Fischer 1909. VIII, 170 S. 8° [09. 17155]

Freese, Heinr., Fabrikantenglück! Ein Weg, der dazu führen kann. 8. (87 S. m. 1 Abbildg.) Eisenach 899. [M. Wilckens.] Leipzig, F. E. Perthes. n. 1. 50

— **Fabrikantenglück!** Ein Weg, der dazu führen kann. 2. [Titel-]Aufl. (87 S. m. 1 Abbildg.) 8. Leipzig, O. Himly. 1. 50; geb. in Leinw. 2. —

— Fabrikantensorgen! (Arbeiterschutzgesetze, Achtstundentag, Wohlfahrtseinrichtungen und Arbeiterausschüsse, Gewinnbetheiligung, Arbeiterwohnungsfrage.) gr. 8°. Eisenach, M. Wilckens, 1896.

Freese, Heinr., die Gewinnbeteiligung der Angestellten. 1. u. 2. Aufl. (à 70 S.) 8. Gotha 905. F. E. Perthes. n. 1. —

Freese, Heinr., Die Gewinnbeteiligung der Angestellten. Gotha, F. E. Perthes, 1905. 2. (Titel-)Aufl. 8°. Leipzig, O. Himly, 1910.

Freese, Heinr., das Holzpflaster in Paris. [Aus: „Zeitschr. f. Transportwesen u. Strassenbau".] gr. 8. (32 S. m. Fig.) Berlin 891. J. Engelmann. n. — 75

Freese, Heinrich, appr. Arzt a. Itzehoe: Zur Kasuistik des Hirnabszesses. München 1904: C. Wolf & Sohn. (24 S.) 8°
München, Med. Fak., Ref. v. Bollinger, Diss. v. 24. Jan. 1905
[Geb. 15. Mai 72 Itzehoe (Schleswig-Holstein); Wohnort: Itzehoe; Staatsangeh.: Preußen; Vorbildung: Gymn. Gütersloh Reife O. 95; Studium: Marburg 1, Würzburg 5, Berlin 3, München 3 S.; Coll. 18. Jan. 04; Approb. 13. Juli 03.]

Das Pfandrecht der Bauhandwerker. Von Heinrich **Freese**. *Leipzig: F. E. Perthes 1901.* (VI, 340 S.) 8° [F.] [01. 6906]

Das Pfandrecht der Bauhandwerker. Von Heinrich **Freese**. 2. Aufl. Leipzig: Himly 1910. VIII, 340 S. 8° [10. 11762]

Freese, Heinr., die Prinzessin v. Ahlden oder drei Prophezeiungen. Ein Roman der Weltgeschichte. 8. (XXIV und 316 S.) Hamburg 855, Hoffmann und Campe.

— d. Schutz d. Bauhandwerker, s.a. Streitfragen, soziale.

[F.] Der Schutz der Bauhandwerker. Betrachtgn über d. Gesetzentwürfe z. Sicherg d. Baufordergn. Von Heinrich **Freese**, Fabrikbesitzer ... *Berlin: W. Müller [1898].* (70 S.) 1 Bd 8.
— **Streitfragen**, Soziale. H. III. [98. 3246]

— **das konstitutionelle System im Fabrikbetriebe.** 8. (108 S.) Eisenach 900. [M. Wilckens.] Leipzig, F. E. Perthes. n. 1. 80

Freese, Heinr., das konstitutionelle System im Fabrikbetriebe. 2. veränd. Ausg. (96 S.) kl. 8. Gotha 905. F. E. Perthes. n. 1. 80

Freese, Heinrich, Das konstitutionelle System im Fabrikbetriebe. 8°. Eisenach, M. Wilckens, 1900. 2. veränd. Ausg. 8°. Gotha, Perthes, 1905. 4. veränd. (Titel-)Ausg. 8°. Leipzig, O. Himly, 1910.

Freese, Henriette: Charakteristische Bilder des Herzens. 8. Leipz. 828. Krappe.

Freese, Henriette: Die Ehescheidung. – Karoline. – Das Schreibkästchen. – Der Ring. Vier Erzähln. Hrsg. v. A. Schoppe, geb. Weise. 8. (13 B.) Braunschweig 828, G.C.E. Meyer.

Freese, (Henriette,) Erzählungen u. kleine Romane. Herausgegeben v. Amalie Schoppe, geb. Weise. 8. Braunschw. 826, Meyer.

— **Frauenstolz.** 2 Thle. 8. Leipz. 827, Taubert.

Freese, Henriette, Frauenstolz. Roman. 2e Ausg. 8. Leipzig 837. Krappe. 1 1/2 ß

Freese, Henriette u. Th., Stockfleth, Welt- u. Lebensbilder. Schilderungen seemännischen Lebens. 8. Hamb. 827. Lübbers u. Schubert. 1 ß

Freese, Henriette [Hrsg.]

Welt- und Lebensbilder. Schilderungen seemännischen Lebens. Hrsg. von Henriette Freese und Th. Stockfleth. Hamburg: Meldau 1827. VI.224 S. 8°

— u. Th. Stockfleth, Welt- u. Lebensbilder. 8. Hamburg 827, jetzt Niemeyer. 1⅓ ℛ

Freese, Joh. Conrad, s. F r e e s e , Joh. Konrad

Freese, Jh. Hnr., Elementos de Conversação Nas Linguas, Portugueza, Ingleza, Franceza e Allemãa, começando pelas palavras mais triviaes na conversação, e continuando com phrases simples, até chegara dialogos completos. 8. Hamburg 846, G. Bödecker. 1⅙ ℛ

Freese, Joh. Konrad

— Erläuterung über d. neue Karte v. Ostfriesland ꝛc. 4. Aurich 807.

Freese, Joh. Conr., Geschichte u. Erläuterung der vormal. K. Preuss. Domainen- u. anderen Rentei-Gefälle in Ostfries- und Harrlingerland. 8. (XII u. 604 S.) Aurich 848. Hannover, Ehlermann. n. 1⅚ ℛ

Freese, Jh. Konr., († d. 8. Oct. 1819.) Ostfries- u. Harrlingerland, nach geograph., topograph., physikal., ökonom. ꝛc. Verhältnissen. 1r Bd. gr. 8. Aurich 796. (Laue in Berl.) 1 ℛ 12 ℊ (a. Müller in Bremen). 1 ℛ 4 ℊ

— über d. Behne oder Torfgräberei, mit 1 Karte. gr. 8. Aurich u. Leipz. 789. (Bremen, Müller). 12 ℊ

— üb. die Vehne oder Torfgräberey. mit 1 Karte gr 8. Bremen, Müller. 802.

Freese, Johannes: Die Entwicklung des christlichen Turmbaues in Deutschland bis zur gotischen Periode .... München, Druck d. F. S. Hübschmann'schen Buchdr. (E. Lintner), 1888; 64 S. 8°
München, Phil. Fak., Inaug.-Diss. v. 1888

Freese, Jul., Recht und Rechtspflege in Preußen, betrachtet an einem Beispiele. Insonderheit: Erwägung über die Entscheidung des Königl. Obertribunals in dem Civilprozesse Freese contra Matthes-Erben, sowie über die, vom Herrn Justiz-Minister abgelehnte Prüfung des Rechts-Fundaments und des Verfahrens in demselben. Eine Appellation an die öffentliche und besondere Competenz mit der Aufforderung zur Widerlegung zur Ehre des Rechts und der Wahrheit ꝛc. Berlin 858. Geelhaar in Comm. gr. 8. (36 S.) n. 5 Ngr.

Freese [Friedfeld], Jul., Wozu leben wir? — u. warum jetzt? Einladung zur Philosophie an Jedermann. Berlin 867. (Grieben.) gr. 8. (3 Bll., 74 S.) n. 12 Ngr.

Freese, Karl, Tierarzt in Leipzig: ⟨Aus dem Veterinärinstitut der Universität Leipzig.⟩ Ueber abgekapselte Eutergeschwülste beim Hunde. Jena: G. Fischer 1905. (30 S.) 8° ¶ Aus.: Zeitschrift f. Tiermedizin 1905.
Leipzig, Phil. Fak., Ref. Eber u. Chun, Diss. v. 11. März 1905
[Geb. 30. Jan. 79 Versmold, Westf.; Wohnort: Leipzig; Staatsangeh.: Preußen; Vorbildung: Gymn. Gütersloh Reife f. Prima O. 97; Studium: Hannover, Tierärztl. Hochsch. 8, Leipzig 6 S.; Rig. 1. Dez. 04.]

Freese, Car[olus]: De Hermanni metrica ratione dissertatio philosophica. Halis: Anton 1829. 35 S. 8°
[Halle-Wittenberg, Phil. Diss. v. 24. Okt. 1829]
Geb. [Stralsund 27. 4. 1807]

Freese, Carolus: Theses, quas loco dissertationis propediem edendae ... defendet. Halis (1829): Ploetz. 2 Bl. 8°
Halle-Wittenberg, Phil. Thesen v. 24. Okt. 1829

Freese, Carl, Referendar: Die Wahrheit der Firma. Borna-Leipzig 1909: Noske. VIII, 50 S. 8°
Leipzig, Jur. Diss. v. 5. Mai 1909
[Geb. 25. Mai 81 Emden; Wohnort: Emden; Staatsangeh.: Preußen; Vorbildung: Gymn. Emden Reife O. 01; Studium: Tübingen 3, Berlin 1, Göttingen 3 S.; Rig. 19. Dez. 05.] [U 09. 2507

Freese, Konrad

F r e e s e , C., Beitrag zur Casuistik der Sehnenscheidentuberkulose. Diss. München 1887, A. Buchholz. 8°. 20 S.

FREESE, Conrad (Marienhafe): Beitrag zur Casuistik der Sehnenscheidentuberkulose.- München: Pössenbacher 1887. 20 S.
27.7.1887 - Chr 1887/88,18; Jv 1886/87,186
Diss. Ingolst.-Landsh.-Mchn.

Freese, Leopold, s. F r e e s e , Wilhelm Leopold

Freese, R., s. W o c h e n b l a t t für Geflügel-, Singvögel- u. Kaninchen-Zucht . . .

Freese, S. M., Lehrbuch der Navigation u. ihrer Grundlagen zum Schul- u. Selbstunterricht f. Seeschiffer auf kleiner Fahrt, sowie für angehende Seesteuerleute auf großer Fahrt. gr. 8. (VIII, 642 S. m. 1 Tab., eingedr. Fig. u. 1 Sternkarte.) Stade 888. Pockwitz. geb. n. 9. —

Freese, Wilhelm [aus Harburg]: Aus d. zoolog. Institut zu Kiel. Anatomisch-histologische Untersuchung von Membranipora pilosa L. nebst einer Beschreibung der in der Ostsee gefundenen Bryozoen .... (Aus: Arch. f. Naturgesch. Jahrg. 1888. B. I. H. I.) Berlin, Nicolaische Verlagsbuchh. R. Stricker, 1888; 1 Bl. + 42 S. + 1 Bl. u. 2 Taf. 8°
Kiel, Phil. Fak., Inaug.-Diss. v. 18. Mai 1888

Freese, Wilhelm Leopold

Freese, (Guilelmus Leopoldus): *De animadversione censoria. Pars 1. 24 S. 4° (2°)
Halle-Wittenberg, Phil. Diss. v. 8. Sept. 1841
Geb. Stralsund [13. 8.] 1815. V.

Freese, L., Aufgaben zum Uebersetzen aus dem Deutschen ins Griechische zur Einübung der griechischen Syntax. Stralsund 854. Löffler. (Hingst.) gr. 8. (VIII, 103 S.) 9 Ngr.

Freese, L., Aufgaben zum Uebersetzen aus dem Deutschen ins Griechische zur Einübung der griechischen Syntax. 2. verm. Aufl. Stralsund 869. Hingst. gr. 8. (X, 238 S.) n. 28 Ngr.

Freese, Leop.: Die Freiheit der einzelnen in der attischen Demokratie. 22 S. Stralsund, Progr. 1858.

Freese, L., De manuscriptis Neapolitanis Pindari. Pr. 1885. 28 S. 4°.

Freese, W. L., der Parteikampf der Reichen u. der Armen in Athen zur Zeit der Demokratie. gr. 8. (IV u. 94 S.) Stralsund 848, Löffler. ½ ℛ

Freese: Ueber den P l a n , welchen Xenophon im 2. Theile seiner hellenischen Geschichte verfolgt. 15 S. -- Stralsund, Progr. 1865.

Freese, W. L. Wie lange erhielt sich die Gleichheit der lacedämonischen Bürger in ihrer politischen Berechtigung und in ihrem Grundbesitz? 14 S.
Stralsund, Progr. 1844

Freesen, Karl: S p e c i m e n exercitationum criticarum in versionem LXX interpretum ex Philone, s. H o r n e - m a n n

Fregar, F. C., Kunst, in zwei Stunden ein Dichter zu werden. 8. Pesth 823, Hartleben. 18 ℊ

Frege, Alexander

(Frege,) Aufgaben üb. die Regeln d. franz. Sprache f. Anfänger. gr. 8. (1¼ B.) Leipzig 843, Brockhaus u. Avenarius. *

(——) dieselben f. Geübtere. gr. 8. (8½ B.) Ebds. 843. *

Frege, Alex., Aufgaben über die Regeln der franz. Sprache. 2. Aufl. Schwerin 857. Oertzen u. Schloepke. gr. 8. (64 S.) n. 5 ngr

(——) Choix de poésies à l'usage des classes supérieures des écoles primaires. 8. (62 S.) Wismar 846(57). (Schwerin, Oertzen und Comp.) *

Frege, Alex., die Entwicklung des Gottesbewußtseins in der Menschheit in allgemeinen Umrissen dargestellt. Wismar 866. — Leipzig, (Förster &) Findel. 8. (3 Bll., 234 S.) n. 20 ngr

—— die Regeln der französischen Sprache systematisch geordnet. gr. 8. (60 S.) Schwerin 854(57), [Oertzen und Comp.] *

—— deutsche Sprachlehre für Kinder von 7 bis 9 Jahren. 8. (40 S.) Schwerin 847(57), [Oertzen und Comp.] *

—— Uebersicht der Weltgeschichte. gr. 8. (72 S.) Schwerin 847(57), [Oertzen und Comp.] *

Frege, Arnold, die Pferde- u. Rindviehzucht d. Grossherzogth. Oldenburg in ihrer Bedeutung f. die deutsche intensive Landwirthschaft. gr. 8. (47 S.) Leipzig 878. H. Voigt. n. 1. 20

Frege, C. A., s. Frege, Karl Alexander

Frege, C. E. Die Bedeutung der Zeitformen des Indicativs in der französischen Sprache. Wismar, gr. Stadtsch., 1837. 20 S. 4. Progr.

Frege, C. E., Schulgrammatik d. französ. Sprache. 2 Thle. gr. 8. Güstrow, [Opitz u. Comp.]
Thl. 1. Etymologie. Nebst e. Uebungsbuche z. Uebersetzen aus d. Deutschen ins Französ. (22½ B.) 837. 18 Gr.
„ 2. Syntax u. Orthoëpie. Nebst e. Uebungsb. z. Uebersetzen aus d. Deutschen ins Französische. (13½ B.) 838. 18 Gr.

Frege, Christian August

— Anleit. zur Kenntniß d. schädl. u. giftigen Pflanzen. 8. Kopenh. 796. Schubothe. 9 gr

Frege, Chr. Aug., Gartenflora, s. a. Taschenbuch, botanisches.

Frege, Chr. Aug., Gartenflora, Beschreib. d. Gartengewächse u. Blumen. A. u. d. T.: botanisches Taschenb. 1. u. 2. Abth. 12. Zeitz, 1813 u. 15. Webel. 3. 15

– s. Geschichte v. Sachsen.

— geograph. Handbuch bei Lesung d. heil. Schrift. 2 Thle. gr. 8. Gotha 788 u. 89. Ettinger. 2 rthl

– s. Kant, J.: Naturgeschichte.

– s. Lehrbuch d. mathemat. Erdbeschreib.

– s. Lehrbuch d. Sternkunde.

– s. Lustgärtner, d. kleine.

— Passionsgeschichte zum Vorlesen am Charfreitage, mit eingeschalteten Liederversen u. eingeschalteten Passionsliedern. 8. Delitsch 818.

--- Ders.: Die wichtigsten amerikanischen Reben, welche der Phylloxera widerstehen. Unter bes. Berücks. ihrer Verwendbarkeit in Deutschland und Oesterreich-Ungarn. Mit 13 Taf. Abb. Graz: Leykam 1884. IV, 36 S.

Frege, Ch. A., Deutsches botanisches Taschenbuch für Liebhaber der deutschen Pflanzenkunde; nach Hoffmann, Roth ... bearb. Bd. 1—4. Zeitz 1809—15. 12.

— Versuch eines allgem. botan. Handwörterbuchs, latein. u. deutsch u. deutsch u. latein., mit 4 Kpf. gr. 8. Zeitz 808. Webel. 2 rthl 16 gr

Frege, Christian August: Versuch einer Classifikation der Wein-Sorten nach ihren Beeren. Meissen: Erbstein 1804. XII, 171 S. -- 21°. Frei 100°
Bibliotheca oeconomica: Freege, Chr. Aug. -- Weber: Frege, C.X. 1803.

— Versuch einer Classifikation d. Weinsorten nach ihren Beeren. 8. Meißen 804. Goedsche. 14 gr

— Versuch e. Classifikation d. Weinsorten nach ihren Beeren. 8. Meissen, 1804. (Leipzig, Jackowitz.) — 17½

– s. Warum findet d. Einführung d. n. Gesangbücher...

– s.a. Wunderstern, der.

(Frege, C. A.), d. Wunderstern bei der Geburt des Erlösers. Zeitz 1812. 12.

Frege, Chr. Glo., Erinnerungen aus dem Osten. gr. 8. Leipzig 845, Hirschfeld. 1 rthl 6 ngr

Frege, F. C. A., Vereinfachung u. Erleichterung der doppelten Buchführung durch mechanische Hülfsmittel. gr. 8. (31 S.) Hamburg 893. Verlagsanstalt u. Druckerei. n. — 50

Frege, F. C. A., kaufmännische Zeitfragen. Die Ausbildung des Kaufmanns. Vortrag, gehalten am 22. März 1886 im Magdeburger Handlungs-Gehülfen-Verein „Union", Local- und Kreis-Verein des Verbandes deutscher Handlungs-Gehülfen zu Leipzig. gr. 8. (16 S.) Magdeburg 886, Wennhacke und Zincke.

Frege, Glob., Begriffsschrift, eine der arithmetischen nachgebildete Formelsprache des reinen Denkens. gr. 8. (X, 88 S.) Halle 879. Nebert. n. 3. —

Frege, G., üb. e. geometrische Darstellung der imaginären Gebilde in der Ebene. Inaugural-Dissertation. 8. (75 S. m. 1 Steintaf. in qu. 4.) Jena 873. Neuenhahn. 1. 50

Frege, G., Function u. Begriff. Vortrag, geh. am 9. Jan. 1891. gr. 8. (III, 31 S.) Jena 891. H. Pohle. n. 1. 20

-- Grundgesetze der Arithmetik. Begriffsschriftlich abgeleitet. 1. Bd. gr. 8. (XXXII, 253 S.) Ebd. 893. n. 12. —

Frege, G., Grundgesetze der Arithmetik. Begriffsschriftlich abgeleitet. 2. Bd. Lex.-8. (XV, 266 S.) Jena 903. H. Pohle. n. 12. —

Frege, G., die Grundlagen der Arithmetik. Eine logisch mathemat. Untersuchg. üb. den Begriff der Zahl. gr. 8. (VII, XI, 119 S.) Breslau 884. Koebner. n. 2. 80

-- Rechnungsmethoden, die sich auf e. Erweiterung d. Grössenbegriffs gründen. Dissertation. gr. 4. (26 S.) Jena 874. E. Frommann. n. 1. 20

Ueber die Zahlen des Herrn H. Schubert. Von Dr. G[ottlob] Frege, Prof., Jena. *Jena: H. Pohle 1899.* (VI, 32 S.) 8° [illegible]

Frege, K. A., s. Taschenbuch, botanisches.

Frege, K. Chr. W., prakt. Anleit. zur Behandl. d. Lesetafel, vorzügl. in solchen Volksschulen, in welchen wegen des unregelmäß. Schulbesuchs e. eigentl. Methode nicht wohl anwendbar ist; für Unkundige. 8. Leipz. 812. Barth. 4 gr

Frege, Karl Alex., Hülfsbuch zum Unterrichte in der deutschen Sprache f. Kinder v. 9 bis 13 Jahren. 2. durchaus umgearb. Aufl. gr. 8. (80 S.) Wismar 850. (Hinstorff.) n. n. 5/12 ℛ

Frege, K. A., Hülfsbuch zum Unterrichte in der deutschen Sprache für Kinder von 9—13 Jahren. 3. Aufl. Wismar 862. Hinstorff. 8. (XII, 163 S.) n. 10 Ngr

Frege, Karl Alex., das Leben Jesu, für Schulen und für Alle, welche sein Leben sich als Vorbild für ihr eigenes gewählt haben. Aus den vier Evangelien nach der Lutherischen Uebersetzung in eine einzige Erzählung gebracht u. mit den zum Verständniß nothwend. Einerklärungen und Nachrichten von dem Lande, dem Leben u. den Vorstellungen der Juden versehen. gr. 8. Custrow 837. Leipz. u. Frege. 1 ℛ, weiß Pap. 1½ ℛ — 2e Ausg. A. u. d. T.: Das Leben Jesu als treffliches Urbild ächter Frömmigkeit und der reinsten Liebe geweihten Lebens. Zum Schul- u. Hausgebrauch. gr. 8. Quedlinburg 840. Ernst. 1 ℛ

— das Leben Jesu in seinem ganzen Umfange. Zum Schul- u. Hausgebrauch. 2. Ausg. gr. 8. (XVI u. 256 S.) Quedlinburg 817, Ernst. ½ ℛ

— librorum sacrorum de Jesu Christo a mortuis revocato, atque in coelum sublato narrationem collatis vulgaribus illa aetate Judaeorum de morte opinionibus interpretari conatus est. 8 maj. Hamburg et Itzehoe 833. Niemeyer. 5 gr

Frege, C. A., librorum sacrorum de Jesu Christo a mortuis revocato atque in coelum sublato narrationem collatis vulgaribus illa aetate Judaeor. de morte opinionibus interpretari conatus est. 8 maj. (1½ B.) Hamburgi 833, Schuberth et Niemeyer.

Frege, Ldw., Berlin unter dem Einflusse der Reformation im 16. Jahrh. A. u. d. T.: Beiträge zur Geschichte der Reformation in der Mark Brandenburg. (Mit 1 Ansicht der Domkirche in Berlin im Anfange des 16. Jahrh.) gr. 8. Berlin 839. Gropius. 1⅓ ℛ

Frege, Ldw., das Buch für Dienstboten. Mit einem Anhange aus der allgemeinen preuß. Gesinde-Ordnung. 2. Aufl. gr. 8. Schwedt 843. Berlin, Heymann. n. ½ ℛ

— Geschichte der St. Gertraud-Kirche zu Berlin, s. F. G. Lisco, die St. Gertraud-Kirche.

(——) Geschichte d. Sophien-Kirche in Berlin, s. Nachrichten, geschichtl., üb. d. Sophien-Kirche.

Frege, Ludw., Zur Geschichte des preußischen Volksliedes m. e. Anh. v. Liedern aus neuester Zeit. Lex. 8. (52 S.) Berlin 850, Hayn. ⅓ ℛ

Frege, Ludw., das Interim und der Augsburger Religions-Friede. Ein Gedenkblatt zum 26. Septbr. 1855. Berlin 855. Hayn. gr. 8. (44 S.) 5 Ngr

— Deutschlands u. Preußens Jubel-Freude. Erinnerungen an die Jahre 1440, 1540, 1640 u. 1740. 8. Berlin 840. Gropius. ¼ ℛ

Frege, Ludw., Philipp Melanchthon. In seinem Wirken dargestellt nach dem Urtheil seiner Zeitgenossen. Ein Vortrag. Berlin 860. Hayn. gr. 8. (22 S.) n. 5 Ngr

— die Normalwege der Hamburger Dampfer zwischen dem Kanal u. Newjork, s.: Mittheilungen aus der norddeutschen Seewarte.

— das dritte Brandenburg. Reformations-Jubiläum, oder ausführl. Beschreibung aller bei Gelegenheit der 300jähr. Jubelfeier am 1., 2. u. 3. Novbr. 1839 in Spandow, Berlin u. mehreren andern Städten der Mark stattgefund. Festlichkeiten, mit Rücksicht auf die Reformations-Jubelfeste im 17. u. 18. Jahrh., nach amtl. u. Original-Berichten zusammengestellt, Mit 3 Abbildd. gr. 8. Berlin 839. Gropius. 1 ℛ Mit 3 ill. Abbildd. u. geb. 2 ℛ

Frege, Ludwig, Referendar: Die Voraussetzung der Drohung als Grund der Unwirksamkeit der Rechtsgeschäfte. Breslau 1908: Breslauer Genossenschafts-Buchdruckerei. (58 S.) 8°
Breslau, Jur. Fak., Ref. Schott-Gretener, Diss. v. 12. März 1908
[Geb. 28. Aug. 84 Potsdam; Wohnort: Klitschdorf b. Bunzlau; Staatsangeh.: Preußen; Vorbildung: Gymn. Görlitz Reife O. 03; Studium: Heidelberg 3, Berlin 1, Breslau 2 S.; Rig. 30. Juli 06.]

(Frege, Ludw.,) was hat es mit der Feier d. 300jähr. Reformations-Jubelfestes in d. Mark Brandenburg ꝛc. für eine Bewandniß ꝛc., s. Was.

Frege, V. E.

— s. Aufgaben über die Regeln der französ. Sprache.

Frege, V. E., Eugenie. Erzählungen zur Belebung e. edlen Sinnes. Ein Vorlesebuch f. Schulen u. Familien. 8. (VIII u. 186 S.) Freiberg 851, Engelhardt in Comm. n. ⅓ ℛ

— populäre Himmelskunde für Volksschulen, zunächst als Beilage zu der Wandkarte „das Planetensystem der Sonne". Nebst 1 lith. Taf. 8. Freiberg 846, Craz u. Gerlach. n. 2 Ngr

— Planetensystem der Sonne. gr. Fol. (12 lith. Tafeln auf schwarzem Grunde.) Meißen 844, Goedsche. n. 1⅓ ℛ — dass. Fol. (12 Bl.) Reichenbach 846, George. n. 1 ℛ

Frege, V. E., Planetensystem der Sonne. (Neue Aufl.) 12 lithogr. Blätter auf blauem Grunde. gr. Fol. Meissen 854. (Freiberg, Craz und Gerlach.) Thlr. *-

Frege, V. E., Tabelle über die Geschlechter der Nennwörter im Lateinischen für Schulen u. zum Privatunterricht, als Beilage zu jeder lateln. Grammatik. ½ Fol. Freiberg 841, Engelhardt. 2 Ngr

Frege, Woldemar (Leipzig), Meditationum de actione Pauliana I/II. Lpz. (Friedr. Niese) 10./19. V. 1836. 65 S. (5.—) 9429
Tl. I. gew.: Carl Friedrich Guenther.

Frege-Abtnaundorf, v., zum österreichisch-deutschen Handelsvertrag, s.: Arendt-Berlin, Otto.

FREGIER, H. A. (Büreau-Chef an d. Seine-Präfectur), Über die gefährlichen Classen der Bevölkerung in grossen Städten, und die Mittel, sie zu bessern. Von der Akademie der moral. u. polit. Wissenschaften gekrönte Preisschrift. Aus d. Französ. übers. von C. von M. 2 Bde. Coblenz, R. F. Hergt, 1840. Gr. 8°. (6 Mk. 50 Pfg. Adolf Weigel, Lpz., 1908.)
303 u. 375 S. (incl. Vorst. u. Inh.-Verz.).

Frégonneau, Carl. Weisen die in verschiedenen Substraten gefundenen Proteusbakterien biologische Unterschiede auf und welche? Diss. Phil. Bern ... von K' F'.... [Mit Figuren.] *Kopftitel:* Aus dem Institut zur Erforschung der Infektionskrankheiten [der] Universität Bern. 71 S. 8. Leipzig-Reudnitz, August Hoffmann, 1908.

Fregoso, der kühne Banditenführer; romant. Räubergemälde, aus d. 19. Jahrh. 8. Ludwigsb. 827, Nast.

Fregoso, der kühne Banditenführer. Romant. Räubergemälde aus dem 12. Jahrh. Ludwigsburg 828. (Hamburg, Berendsohn.) 1 ℛ

Freh, Wilh., was soll ich werden? Beiträge zur Berufswahl der männl. u. weibl. Jugend. 3. u. 4. Aufl. (à 91 S.) kl. 8. Wien (904). Deutsch-österr. Bürgerschullehrer-Bund. n. — 50
Erschien früher u. d. T.:

— dasselbe. Beiträge zur techn., kommerziellen u. maritimen Berufswahl des österreich. Volks-, Bürger-, Handels-, Gewerbe- u. Mittelschülers. 2. unveränd. Aufl. (23 S.) kl. 8. Ebd. 903. n. — 25

(F) Freh, W., Was soll ich werden? Beiträge zur Berufswahl der männlichen und weiblichen Jugend. 3. Aufl. 8°. (91 S.) Wien: Freh 1904. K —.60

(F) Freh, W., Was soll ich werden? 7. Arzt (Ärztin). 8°. (36 S.) Wien: Georg Szelinski 1907. K 1.60

Freh's, Wilh., Wegweiser. Was soll ich werden? 12. gr. 8. Wien, M. Braunschweig. 1. —
12. Kolonist, Kolonistin. Von Lanz v. Liebenfels, Jörg. (158 S. m. Abb. u. 1 farb. Karte.) (907.) 1.70; 2. Aufl. (158 S. m. Abb. u. 1 farb. Karte.) (908.) 1. —
Fortsetzg., s.: Was werde ich?

Freher, Marq., directorium, vide Hamberger.

Freher, Marq., De secretis judiciis olim in Westphalia aliisque Germaniae partibus usitatis, postea abolitis, commentariolus. Cui accedunt I. de Francfordia contra Feymeros tractatus et II. Ch. de Senckenberg Collectanea manuscr. Ratisbonae 1762. 4. . . . . (D.; HRG.)

Freher, Marq., de secretis judiciis, olim in Westphalia usit. ed. Göbel. 4. Regensb. 763. Montag u. W. 20 *ℳ*

Freher, Marq.: De secretis iudiciis olim in Westphalia usitatis, postea abolitis. Acc. Joa. de *Francfordia* contra Feymeros tract. etc. Edid. et praef. adj. J. H. Dav. Göbel. *Ratisbonae*, (Montag.) Manz. 763. 4. (20 Gr.)

— scriptores rer. germanicar. cur. Struvio. III Tmi. fol. Strasb. Dulsecker. 717.

Frehner, J., Erinnerungen aus meiner fünfjährigen Dienstzeit in der französischen Fremdenlegion in Afrika und Tonkin. 8. (56 S.) Herisau 889. (St. Gallen, Hasselbrink.) n. — 60

Frehse, A. F., bewährte Fang- u. Jagdmethoden gegen Füchse, Baummarder, Steinmarder, Iltisse, Fischottern, Dachse, verschied. Raubvögel etc. 2. verb. u. verm. Aufl. Mit 2 Steindrucktaf. 8. Quedlinburg 843, Ernst. 1/2 ℛ

Frehse, A. F., bewährte Fang- u. Jagdmethoden gegen Füchse, Baummarder etc., nebst Beschreibg. einer verbess. Construction d. Tellereisens. 2. (Titel-)Aufl. Mit 2 Steindrtaf. (in 4.) 8. (VI u. 108 S.) Quedlinburg (845) 850, Ernst. 1/2 ℛ

Frehse's, A. F., bewährte Fang- und Jagdmethoden gegen Füchse, Marder, Wiesel etc. Nach Hartig's, Winkell's u. den neuesten Jagdmethoden bearb. Mit einem verb. Tellereisen. 3. Aufl. Verbessert u. mit Zusätzen versehen von Ehrenkreutz. Mit 2 Steindr.-Taf. Quedlinburg 864. Ernst. 8. (VIII, 152 S.) 15 *ngr.*

Frehse's, A. F., bewährte Fang- und Jagdmethoden gegen Füchse, Marder, Wiesel, Fischottern, Dachse, Wildkatze, Raubvögel, wilde Gänse. — Wie Anweisung, Haasen sowie anderes Wildpret an einen belieb. Ort, aus der Ferne zahlreich herbeizulocken. Nach Hartig's, Winkell's und den neuesten Jagdmethoden bearb. Mit einem verb. Tellereisen. Aufs neue umgearb. und verm. von Baron Ehrenkreutz. 4. verb. Aufl. 8. (VIII, 152 S. mit 2 Stnt. in 4.) Quedlinburg 872, Ernst'sche Buchh.

— dass. — Neu bearb. von Baron v. Ehrenkreutz. 5. verb. Aufl. 8. (132 S. mit 1 Stnt. in qu. 4.) Ebendas. 874.

Frehse's, A. F., bewährte Fang- u. Jagdmethoden gegen Füchse, Marder, Wiesel, Fischottern, Dachse, Wildkatzen, Raubvögel, wilde Gänse. Nebst Anweisg. Hasen u. anderes Wildpret aus der Ferne herbeizulocken. Von den Fangmethoden der Vögel u. Mittel zur Vertilg. aller der Land- u. Hauswirthschaft schädl. Thiere. Auf's neue umgearb. vom Bar. v. Ehrenkreutz. 6. verb. Aufl. m. 2 Steindr.-Taf. 8. (VIII, 158 S.) Quedlinburg 876. Ernst. 1. 50

Frehse's, A. F., bewährte Fang- u. Jagdmethoden gegen Füchse, Marder, Wiesel, Fischottern, Dachse, Wildkatzen, Raubvögel, wilde Gänse. Nebst Anweisung, Hasen u. anderes Wildpret aus der Ferne herbeizulocken. Von den Fangmethoden der Vögel u. Mittel zur Vertilgung aller der Land- u. Hauswirthschaft schädl. Thiere. Auf's neue umgearb. vom Baron v. Ehrenkreutz. 7., verb. Aufl. Mit 2 Steindr.-Taf. 8. (VIII, 144 S.) Quedlinburg 879. Ernst. 1. 50

Frehse's, A. F., bewährte Fang- und Jagdmethoden gegen Füchse, Marder, Wiesel, Fischottern, Dachse, Wildkatzen, Raubvögel, wilde Gänse. Nebst Anweisung, Hasen und anderes Wildpret aus der Ferne herbeizulocken. Von den Fangmethoden der Vögel und Mittel zur Vertilgung aller der Land- und Hauswirthschaft schädl. Thiere. Aufs neue umgearb. vom Baron v. Ehrenkreutz. 8. verb. Aufl. 8. (VIII, 144 S. mit 2 Stnt.) Quedlinburg 883, Ernst'sche Buchh.

Frehse's, A. F., bewährte Fang- und Jagdmethoden gegen Füchse, Marder, Wiesel, Fischottern, Dachse, Wildkatzen, Raubvögel, wilde Gänse. Nebst Anweisung, Hasen und anderes Wildpret aus der Ferne herbeizulocken. Von den Fangmethoden der Vögel und von der Abrichtung der Hunde zum Haus-, Hof- und Jagddienste. Aufs neue umgearb. von Baron v. Ehrenkreutz. 9. verb. Aufl. 8. (VIII, 160 S. mit 2 Stnt.) Quedlinburg 886, Ernst'sche Buchh.

Frehse's, A. F., Jagd u. Fang d. einheim. Raubzeuges, m. e. Anh. üb. d. Dressur u. Pflege d. Gebrauchshundes. 10., vollst. umgearb., illustr. Aufl. v. Paul Andrae. 12. (VI, 168 S.) Halberstadt 896. Leipzig, Ernst. 1. 50

Frehse, A. F., das einheimische Raubzeug u. dessen Jagd u. Fang. Mit e. Anweisg., Hasen u. anderes Wildpret aus der Ferne herbeizulocken u. e. Anh.: Die Dressur u. Pflege des Gebrauchshundes. 11. Aufl. (VIII, 171 S. m. Abb.) 8. Leipzig (908). Ernst. 1. 50

Frehse, A. F., der zuverlässige Rauchwerksfänger, oder: Prakt. auf Erfahrung gegründ. Anweisung zum Fang der Raubthiere und Raubvögel, vermittelst einer neuerfund. Verbesserung des Tellereisens, wodurch dasselbe abwechselnd als Schwanenhals u. als Tellereisen benutzt werden kann, nebst einer kurzen Beschreibung der für diese Thiere üblichen Jagdmethoden. Mit 2 Steintaf. 8. Hamburg 836. Herold. 1/2 ℛ

Frehse, Carl Hermann, s. Frehse, Karl Hermann

Frehse, Ernst, lust. Fahlensprüng', s.a. Hesse's, Max, Volksbücherei.

Lustige Fahlensprüng'. Nige Läuschen un Rimels von Ernst **Frehse**. Mit d. Bildnis d. Dichters. Leipzig: M. Hesse [1908]. (107 S.) 8° [F.] (Max Hesse's Volksbücherei. No 486–488.) [08. 17672

Frehse, Ernst, was muss man von Orient-Teppichen wissen? Ein Leitfad. f. jedermann, d. echte Teppiche kaufen od. verkaufen will. (IV, 67 S. m. 1 Abbildg. u. 1 Karte.) gr. 8. Berlin (907). K. Koch-Krauss. 4. —

Frehse, F. Fr., grammatisch u. histor.-krit. Untersuchung über d. Stelle Evangel. Joh. Kap. 1, v. 1. 4. Rostock 820.

Frehse, Fr., Wörterbuch zu Fritz Reuter's sämmtlichen Werken. Wismar 867. Hinstorff. 8. (IV, 94 S.) n. 10 *ngr.*

Frehse, Karl Hermann

Frehse, Carl Hermann (Rostock), De adquisitione hereditatis dementi delatae. Dissert. jur. Präs. Gustav Bernhard Becmann. Götting. (Schulze) 5. IX. 1772. 112 S. (6.50) 9432
Widm. v.: Joh. Friedr. Bonhoeffer, Joh. David Tarnow (Rostock).

Frehse, N., de acquisitione hereditatis dementi delatae. 4. Götting. Vandenhoek. 772.

Frehsee, Mart., s. a.: Wagener, Mart.

Dreizehn. Kurze Geschichten von Martin **Frehsee**. Bielefeld & Leipzig: Velhagen & Klasing 1907. (192 S.) 8° [F.] (07. 1050

Frehsee, Mart., Michael. Dichtg. gr. 8. (14 S. m. 1 Abb.) Berlin 896. M. Schildberger. Mit Goldschn. n. 1. —

Frei, s. a. F r e y

Frei durch die Welt! Kalender der „Züricher Post" auf d. Jahr 1882. Hrsg. v. Rhold. Rüegg. gr. 8. (86 S.) Zürich, (Verlags-Magazin). — 80

Frei durch die Welt! Kalender der „Züricher Post" auf d. J. 1883. Hrsg. v. Rhold. Rüegg. 8. (69 S. Stuttgart 883. Schröter & Meyer. n. 1. —

Frei Russland. Deutsches Organ der Freunde der russischen Freiheit. 1. Jhrg., Nr. 1. Zürich, Jan. 1892. Schweiz. Grütliverein.

Frei Russland. Deutsches Organ der Freunde der russ. Freiheit. 1. Jahrg. 1892. 12 Nrn. (2 Bog.) gr. 4. Zürich. (Leipzig, Literar. Anstalt A. Schulze.) n. 3. —

Frei und gewiß im Glauben! Beiträge z. Vertiefung in das Wesen d. christl. Religion. 35 Referate aus d. Arbeit d. 'Religiösen Diskussionsabende'. Hrsg. von F[ranz] Koehler, Pfarrer. Berlin: Glaue 1909. VII, 204 S. 8° (09. ...)

— weg. Illustrierte Zeitschrift f. Touristik, Sport u. Weltverkehr. Organ f. sämtl. Sport-, Turn-, u. Touristen-Vereine u. Automobilisten. Red.: Alfr. Schultze. Jahrg. 1903. 52 Nrn. (à ca. 28 S.) gr. 4. Karlshorst, Sport-Verlag „Frei weg". n. 12. —
Erscheint nicht mehr.

Frei zum Dienst! Eine Diakonissengeschichte. 2. Aufl. gr. 8. (304 S.) Leipzig 902. E. Bredt, Sep.-Kto. n. 4. 20; geb. n. 5. —

— dasselbe. Lichtbilder aus dem Diakonissenleben. Von Th. v. S(aldern). 8. (78 S.) Wolfenbüttel 902. J. Zwißler. n. — 50; kart. — 75; geb. in Leinw. n. 1. —

Frei zum Dienst, 3. Aufl., s. a. **Algenstaedt, Luise.**

Frei zum Dienst. Eine Diakonissengeschichte. Leipzig 1903. V: *Algenstädt, Luise.* (Kürschners Deutscher Litteraturkalender. 31, 1909.) (Hinrichs)

Frei, ..., Pfarrer, s. Verhandll. d. schweiz. gemeinn. Gesellschaft.

Frei, A., Lehrer in Degersheim, neues Rechnungsbüchlein f. d. I. Klasse der Volksschule. Selbstverlag d. Verf. 48 S. mit Beilage. 1875.

Frei, Ad., Theorie u. Praxis des Billards. Für Anfänger u. Geübte u. z. genauen Kenntniß d. Reglements. Wissenschaftl. u. prakt. bearb. Mit 2 lith. Abbild. (in 4. u. Fol.) 12. (IV u. 110 S.) Weimar 847, Voigt. 1/3 rf

Frei, Aemilian

— einige offene Briefe an den Domkapitular, Domprediger rc., Hrn. Förster. 1. Serie. 2. Hft. der Flugschrift: Der Katholizismus u. Joh. Ronge. gr. 8. Ebend. 845. 6 ngl

Frei, Aemilian, der Katholizismus und Joh. Ronge. In Briefen an einen Freund. 1. Hftchn. 2. Aufl. gr. 8. Breslau 845, Günther. 3 ngl

Frei, Aug., kurzer Lebensabriß d. Erzherzog's Johann v. Oestreich. 8. (24 S.) Nürnberg 845, Endter. 4 ngl

Frei, August, Kgl. Reallehrer i. Bamberg: Untersuchungen über die Bestandteile der Haferkörner unter dem Einfluss verschiedener Witterungs- und Anbauverhältnisse. 1910. 150 S., 11 Taf. 8° ¶ **Aus:** Die landw. Versuchs-Stationen. Bd 72.
München, Dr.-Ing.-Diss. v. 4. 8. 1909

Frei, August: Untersuchungen über die Bestandteile der Haferkörner unter dem Einfluß verschiedener Witterungs- und Anbauverhältnisse. Diss. TH. München. Merseburg 1910

Frei, C., Clara, s.: Zeitgeist, der.

Frei, C. K., s. Lorrequer, Harry, Charles O'Malley.

Frei, Carl, s. F r e i , Karl

[F.] Berechnungen der Support- und Reitstockstellung zum Drehen, Bohren u. Hobeln v. Konusen u. schräger Flächen. M. e. geometr. Einl. nebst 53 Abb. u. 2 Tab. v. Charles **Frei**. *Giebichenstein: A. Loss 1897.* (38 S., 1 Bl.) 1 Bd 8. (97. 7449

[F.] Vortrag über die Gewindeberechnung geh. zu Leipzig ... nebst e. Leitfaden z. Ertheilg v. Unterr. aufgez. v. Charles **Frei**. *Giebichenstein: A. Loss 1897.* (17 S.) 1 Bd 8. (97. 7450

Frei, Chrph., "*Ὕμνος εἰς τὰ γενέθλια τοῦ κυρίου καὶ σωτῆρος ἡμῶν Ἰησοῦ Χριστοῦ.* Ex autographo anno 1576 exarato, et in Stirio Statuum tabulario asservato. (Griechisch u. Lateinisch.) 4. (12 S.) Graecii 847. (Dirnböck.) n. 4 ngl

Frei, Ernst (Pseud.), s. a. B a c k e s , Karl

Frei, Ernst, prakt. Arzt aus Zürich: Aus der medizinischen Klinik des Herrn Professor Dr. Eichhorst in Zürich. Ueber Aneurysmen der Hirnarterien. Zür. J. Schabelitz Dr. 1896. 53 S., 1 Bl. 8°.
Zürich, Med. Diss. [v. 20. April 1896].

Frei, Ernst, der Deutschen Bücherschatz, nebst brieflichem Unterricht in der deutschen Litteratur, e. unentbehrl. Ergänzungswerk u. Nachschlagebuch zu jeder Litteraturgeschichte. (In 25 Briefen.) 1—3. Brief. gr. 8. (42 S.) Neisse 886. (Hofmann.) à n. n. 1. —

— Nickel List und seine Spießgesellen. Eine romantische Schilderung des Räuber- und Gaunerlebens in Deutschland in der letzten Hälfte des 17. Jahrh. Mit (12 lith. u.) color. Abbildgn. Ebend. 853. 8. (384 S.) 1 rf

Frei, Ernst

Nickel List und seine Spießgesellen. Romantische Schilderung des Räuber- und Gaunerlebens in Deutschland. In der letzten Hälfte des 17. Jh. Bd 1.2. Mit color. Abb.
Neusalza: Oeser 1856. 381 S. 8°

—— der Mann mit der eisernen Maske. Eine historisch-romant. Erzählung aus dem 17. Jahrhundert. gr. 16. (64 S.) Neusalza 853, Oeser.

Frei, Ernst, Thaten der Finsterniß od. Nachtseiten unserer Civilisation. Erzählgn. u. Schildergn. merkwürd. Verbrechen u. Verbrecher unseres Zeitalters u. der Vorzeit. Nach öffentlichen Gerichtsverhandlgn. u. nach Criminalacten in romant. Gewande bearb. Mit vielen color. Abbildgn. 1—12. Lfg. 8. (S. 1—384 mit 13 color. Lith.) Neusalza 851. 52, Oeser. (à 1/12 ₰) 1 ₰

— Thaten der Finsterniß oder: Nachtseiten unserer Civilisation. Erzählungen u. Schilderungen merkwürdiger Verbrechen und Verbrecher unseres Zeitalters und der Vorzeit. Nach öffentlichen Gerichtsverhandlungen ꝛc. bearbeitet. 13. u. 14. (letzte) Liefg. Ebend. 852. 8. (S. 385—448 u. 3 color. Lithogr.) Jede Liefg. 2½ ngl

Frei, Ernst, Lips Tullian und seine Raubgenossen. Eine romantische Schilderung der Thaten dieses furchtbaren Räuberhauptmannes und seiner Bande, welche im Anfange des 18. Jahrh. ganz Sachsen, Böhmen und Schlesien mit Furcht, Schrecken und Entsetzen erfüllte. Mit fein color. Abbildgn. Neusalza 854. Oeser. 8. (448 S. u. 14 Lithogr.) 28 ngl

Frei, Ernst, Lips Tullian und seine Raubgenossen. Eine romant. Schilderung der Thaten dieses furchtbaren Räuberhauptmanns und seiner Bande, welche im Anfange des 18. Jahrh. ganz Sachsen, Böhmen und Schlesien mit Furcht, Schrecken und Entsetzen erfüllte. Mit ill. Abbildungen. 8. (448 S. mit 14 ill. Stnt.) Neusalza 855, Oeser.

Frei, Ernst

Lips Tullian und seine Raubgenossen. Eine romantische Schilderung der Thaten dieses furchtbaren Räuberhauptmanns und seiner Bande, welche im Anfange des 18. Jahrhunderts ganz Sachsen, Böhmen und Schlesien mit Furcht, Schrecken und Entsetzen erfüllte. Mit fein color. Abb. Bd. 1.
Neusalza: Oeser 1857. 190 S. 8°

Frei, Ernst, aus Wien: Über das **Verhalten** der Mangansalze an der Anode. *Giessen 1901: v. Münchow.* (37 S.) 8°
Giessen, Phil. Diss. v. 1901

Frei, Felix [cand. med. aus Wilhermsdorf]: Ein Beitrag zur Casuistik des Glaucoms ... München, Druck v. V. Höfling, 1892; 31 S. 8.
München, Med. Fak., Inaug.-Diss. v. [17. Dez.] 1891

Frei, Frieda, der Beruf der Krankenpflege u. die darin auftretenden Gegensätze. I. Pfleger od. Pflegerin. II. Dame od. Magd? III. Konfessionell od. frei? gr. 8. (24 S.) Stuttgart 902. (A. Liesching & Co.) n. — 60
Sonderabdruck aus: „Frauenberuf"

Frei, Frdr., Ansichten e. kathol. Landlehrers üb. Religion u. Religionsunterricht. (76 S.) gr. 8. Leipzig 907. Teutonia-Verlag. 1. 50

FREI, Frdr. (ps.), Geheimnisse des Menschenlebens in (3 zahmen) Erzählungen. (4 ital. Verszeilen, Motto aus Petrark.) Braunschweig, bei Carl Aug. Schröder. 1800. 8°. 360 S.

Frei, Fritz, Willa v. Waldkirch. Eine Erzählg. 8. (507 S.) Heidelberg 900. Kassel, G. Weiß, Verl. n. 5. —; geb. in Leinw. n. 6. —

Frei, H., u. E. Tissot

Frei & Tissot, schweiz. Eisenbahnkalender f. Bahnbeamte, Juristen, Fabrikanten und sonstige Gewerbtreibende pro 1877. Mit einer Eisenbahnkarte der Schweiz. Zürich, Selbstverlag der Verfasser. 1877. 3. 50

Frei, H. u. E. Tissot. Neueste Eisenbahnkarte der Schweiz nach offiziellen Angaben. 1 : 800,000. Zürich, Selbstverlag der Herausgeber. 1 — 1879.

Frei, H. & E. Tissot, Karte der schweizerischen Eisenbahnen (im Betrieb, im Bau, im Project) nach offic. Angaben herausgegeben. Zürich, J. Wurster & Co. 1876. 1. —

Frei, H. und E. Tissot, Karte der schweiz. Eisenbahnen (im Betrieb, im Bau, projektirt) nach offiziellen Angaben. 2. Aufl. Zürich. Wurster & Co. 1876. 1. —

Frei, Hans, s.a. F r e i , Johannes

Frei, Hans, aus Kappel (St. Gallen): [1.] Über den Einfluss von Zusätzen zu geschmolzenen Schwermetallen auf die Stromausbeute. [2.] Bestimmung der spezifischen Gewichte einiger Salzgemische in geschmolzenem Zustande. [Mit Figuren und 3 graphischen Tafeln.] Zürich 1906. 71 S. 8°. [3. I. 07.]
Zürich. Phil. Diss. II. S. 1906/1907.

Frei, Hans. [1.] Ueber den Einfluss von Zusätzen zu geschmolzenen Schwermetallen auf die Stromausbeute; [2.] Bestimmung der spezifischen Gewichte einiger Salzgemische in geschmolzenem Zustande. Diss. Phil. [II.] Univ. Zürich. [Mit Figuren und 3 graphischen Tafeln.] 71 S. 8. Zürich, Aktienbuchdr., 1906.

Frei, Heinr., Freiheit u. Glück. Ein Wort f. die Armen. gr. 8. (16 S.) Königsberg 848, Bornträger'sche Sort.-B. 6 ngl

Frei, H[ermann]. Die Witterung vom Sonnenjahr 1877, mit Berücksichtigung der Vegetation. Ein nützliches Nachschlagebuch für Aerzte... und Freunde der Natur. Beobachtet und zusammengestellt von H. F. Thierarzt. 8. Zürich 1878. Schultheß.

Frei, Hilarius, die vergötterte Tabackspfeife, oder die Götzenerhöhung der Tabackspfeife u. des Cigarro's. Ein durch Stellvertretung gehaltenes Paar Reden. gr. 8. Königsberg 846, Bornträger's Sort.-Buchh. n. ⅛ ₰

Frei, J. Ein Abend auf dem Aventein.

Frei, J., Einlagen („Et incarnatus" und „Et vitam") zu den vier Choralcredo des Kyriale Romanum für vier gemischte Stimmen. Gr.-8°. (6 S.) Graz: Styria 1906. K 1.20

Frei, J. G., Methodik des stenographischen Unterrichts. Vom allgemeinen schweizer. Stenographenverein preisgekrönte Arbeit. 8. (79 autogr. S.) Basel. Leipzig 879. Robolsky in Comm. n. 1. 20

Frei, J. G[eorg]. Erinnerungen an Oberammergau 1880. ⟨Manuscript für Freunde gedruckt.⟩ 8. Basel 1880.

Frei, J. L. Monographie über den Hagel. Zürich 1865. 12.

Frei, J. L. Das Siggenthal in geologischer Beziehung. Baden 1869.

Frei, J. L. . Ueber Zeitrechnung oder Chronologie. Ein Beitrag zur mathematischen Geographie. 8. Baden 1868.

Frei, Jak., das gerettete Kind, s.: Bibliothek f. Alle.

— **Jakob.** Schweizerbilder. Erzählungen aus der Heimath. Neue Volksausg. in 2 Bdn. 8°. Aarau, Sauerländer. 1878. 4 80

(Frei, [Johann Jacob.]) Aufruf an die freien Männer des Landes Appenzell A. Rh. zu einer Beisteuer für die bedrängten Griechen. 8. St. Gallen 1822.

Frei. [Johann Jacob]. Leichenpredigt bei der Beerdigung des weil. Herrn Landesstatthalter Johannes Meyer von Trogen, den 10. Herbstmonat 1833 in Trogen gehalten. 8. Trogen.

Frei, Joh[ann]. Drei Monate in New-York, oder: Die grosse Metropole der neuen Welt. Eine Volksschrift zur Belehrung..... insbesondere aber auch als Wegleiter für deutsche und schweizerische Auswanderer. 8. Zürich 1869.

Frei. [Johann Jacob]. Standrede, den 26. Brachmonat 1834 auf der Richtstätte in Trogen bei der Hinrichtung des unglücklichen Johannes Fischbacher von Heinberg gehalten. ⟨Auf mehrseitiges Verlangen dem Drucke übergeben.⟩ 8. Trogen 1834.

Frei, [Johann Jacob]. Standrede, den 30. April 1846 auf der Richtstätte in Trogen bei der Hinrichtung des unglücklichen Johannes Graf von Heiden gehalten von Pfarrer F. Nebst einem kurzen Lebensabriss des Delinquenten, dem... Verzeichnisse seiner Verbrechen und seinem Urtheil. 8. Trogen.

Frei. [Johann Jacob]. Standrede, den 25. Febr. 1851 auf der Richtstätte in Trogen bei der Hinrichtung des unglücklichen Hs. Konrad Frischknecht von Schwellbrunn gehalten. 8.

Ausg. A. Standr. bei der Hinr. des... H[an]s K. F.... Trogen. A 775[14]

Ausg. B. Standr. bei der Hinr. des... H[an]s K. F.... Mit beigedrucktem Todesurtheil. [Trogen.]

Frei, Johannes

Frei, Hans, Anleitung zur einzeiligen Kurzschrift [Stenographie]. Mit einem „Offenen Briefe" des Begründers der „Einzeiligen Kurzschrift", Hrn. O. S. Adler in Berlin, an den Verf. In 8 Lektionen zum Selbstunterricht dargestellt. Mit 16 autogr. Taf. gr. 8. (26 S.) Bern 880. Zürich, Schröter. n. 1. —

Frei. Joh. (Bearb.). s. a. Aufgaben zum Übersetzen ins Lateinische.

Frei, Johs., Aufgaben zum Übersetzen ins Lateinische, im Anschluß an Frei's latein. Schulgrammatik, II. Tl.: Syntax. In Verbindg. m. anderen Lehrern bearb. 1. Abtlg.: Congruenz, Casus, Numerus, Adjectivum, Pronomen. gr. 8. (IV, 161 S.) Zürich 883. Höhr. n. 1. 80

Frei, Johs., Aufgaben zum Uebersetzen in's Lateinische im Anschluß an Frei's latein. Schulgrammatik. 2. Tl.: Syntax. In Verbindung mit anderen Lehrern bearb. 2. und 3. Abtl. gr. 8. Zürich, Höhr. à Abtl. *M 1.80. *

Inhalt:

Abtl. 2. Die nominalen Formen des Verbums, das Verbum finitum und die Fragesätze. (IV, 157 S.) 884.

" 3. Die Nebensätze, die Negationen und die Oratio obliqua. Freie Aufgaben. (IV, 161 S.) 886.

1, Abtl. Ebendas. 1883. *M 1.80.

— Emil Spillmann, Alfr. Surber, Aufgaben zum Übersetzen ins Lateinische im Anschluß an Frei's lateinische Schulgrammatik, II. Tl.: Syntax. 1. Abtlg.: Kongruenz, Kasus, Numerus, Adjektivum, Pronomen. 2., vielfach verb. Aufl. gr. 8. (VI, 161 S.) Ebd. 891. n. 1. 80

Frei, Joh., Aufgaben zum Übersetzen ins Lateinische im Anschluß an Freis lateinische Schulgrammatik, II. Tl.: Syntax. Begründet v. F. 1. Abtlg.: Kongruenz, Kasus, Numerus, Adjektivum, Pronomen. Bearb v. Emil Spillmann u. Alfr. Surber. 3. verb. Aufl. gr. 8. (VI, 162 S.) Zürich 901. Fäsi & Beer. n. 1. 80

Frei, Johs., Aufgaben zum Uebersetzen ins Lateinische im Anschluß an Freis lateinische Schulgrammatik. II. Tl.: Syntax. Begründet v. F.: 3. Abteilg.: Die Nebensätze, die Negation u. die Oratio obliqua. Freie Aufgaben. Bearb. v. Emil Spillmann u. Alfr. Surber. 2., verb. Aufl. (IV, 168 S.) gr. 8. Zürich 904. Fäsi & Beer. n. 1. 80; geb. n.n. 2.20

Frei, Johannes [von Berneck (Kt. St. Gallen)]: Beiträge zur Kenntnis der Aryl-azo-Acetaldoxime. Zürich-Oberstrass 1900. 68 S. 1 Taf. 8°.

Zürich. Phil. Diss. II. S. 1900/1901.

Frei, Joannes [Basiliensis]: De certaminibus thymelicis. Basileae 1900. 78 S. 8°.

Basel. Phil. Diss. 1900/1901.

Frei, Ioa, de certaminibus thymelicis. Diss. gr. 8. (78 S.) Basel 900. (Leipzig, Buchh. G. Fock). n. 1. 50

(Frei, Hans.) Gedenkblatt zum 25-jährigen Bestehen der Sektion Basel ⟨Stadt und Land⟩ des Allgem. Schweizer. Stenographenvereins ⟨System Stolze-Schrey⟩. Den Mitgliedern und sonstigen Freunden der Kurzschrift gewidmet vom Verfasser. ⟨Separatabdruck aus dem «Schweizer Stenograph» [Jahrg. 46, №. 15] v. 31. Juli 1905⟩. 8 S. 8. Basel [Wetzikon, Aktienbuchdr.,] 1905.

Frei, Hans. Zur Kritik d. Adler'schen Reformbestrebungen. 8°, 24 S. Bern, Selbstverlag. 1878.

Frei, Joh., ausführliches Lehrbuch der deutschen Kurz-Schrift oder Stenographie. [Stolze's System.] Für die Schule u. den Selbstunterricht bearb. Mit zahlreichen Aufgaben zum Uebersetzen sowie Leseübungen u. 64 autogr. Taff. Solothurn 868. Jent & Gaßmann. gr. 8. (VIII, 72 S.) n. 26 ngr.

Frei, Hans, Lehrbuch der Stenographie. 3. umgearb. Aufl. Mit 32 Tfln. 8. Bern, Selbstverlag d. Verf. 1873. 2. —

Frei, Hs., Lehrbuch der deutschen Stenographie (Stolze's System). 4. verbess. Aufl. Mit 32 lithogr. Tafeln. 8. Bern, Selbstverlag des Verfassers. 1873. 2. —

Frei, Hans. Lehrbuch der deutschen Stenographie (Stolze's System). Für die Schule u. den Selbstunterricht. 6. Aufl. In-8°, 48 S. Bern, Jent & Reinert. 1878. 1 25

Frei, Hans, Lehr- und Uebungsbuch der deutschen Stenographie [Stolze's System]. Für die Schule und den Selbstunterricht. 2 Thle. gr. 8. Bern, (Jent und Reinert.) *

Inhalt:

Thl. 1. Lehrbuch. 5. Aufl. 1875. *M 1,80.; 6. umgearb. Aufl. (48 S.) 879. *M 1.

" 2. Uebungsbuch. Des „Lesebuches" 1. Aufl. 1873. * 80 Pf.; 2. Aufl. (48 S., wovon 32 lithogr.) 879. *M 1.

Die früheren Auflagen des Lehrbuchs waren nicht im Handel.

—— Lehr- und Uebungsbuch der deutschen Stenographie [Stolze's System]. Für die Schule und den Selbstunterricht bearb. 2 Thle. 8. [Zürich 882, Trüb'sche Buchh.] Leipzig, Hirt und Sohn. à Thl. (*M 1.) * 80 Pf. *

Inhalt:

Thl. 1. Lehrbuch. 7. verm. und verb. Aufl. (VI, 52 S.)

" 2. Uebungsbuch. 3. und 4. verm. und verb. Aufl. (IV, 48 S.)

—— dass. — 3. Thl.: Anleitung zum stenograph. Unterricht nach „Frei's Lehrbuch". 8. (64 S. und 25 autogr. S.) Leipzig 885, Hirt und Sohn. cart. *

Frei, Hans, Lehr- u. Übungsbuch der deutschen Stenographie [Stolze's System]. 1 — 3. Tl. gr. 8. Leipzig, Hirt & Sohn. cart. n. 3. 35

1. Lehrbuch. Als Leitfaden beim Unterricht bearb. 8., verb. Aufl. (500 S.) 886. n. 1. —
2. Übungs- u. Lesebuch. Für die Schule u. den Selbstunterricht bearb. 5. verm. u. verb. Aufl. 886. (70 S.) n. 1. —
3. Anleitung zum stenograph. Unterricht nach „Frei's Lehrbuch". Wegweiser f. Lehrer u. Selbstlernende. (IV, 89 S., wovon 25 lith.) 885. n. 1. 85

Frei, H., Lehr- u. Übungsbuch der deutschen Stenographie [Stolze's System]. Für die Schule und den Selbstunterricht bearb. 9., nach den neuesten Systemänderungen umgearb. Aufl. 8. (IV, 36 S. m. 40 autogr. Taf.) Wetzikon 889. (Leipzig, Robolsky.) cart. n. 1. —

Frei, Hans, Lehr- u. Übungsbuch der deutschen Stenographie [Stolze's System]. Für die Schule u. d. Selbstunterricht bearb. 10., umgearb. Aufl. gr. 8. (64 S.) Wetzikon b/Zürich 891. (Leipzig, J. H. Robolsky.) Kart. n. 1. —

Frei, Hans, Lehr- u. Übungsbuch d. deutschen Stenographie. (Stolze's System.) F. d. Schule u. d. Selbstunterr. bearb. 12., durchgesch. Aufl. gr. 8. (72 S.) Wetzikon 896. (Leipzig, J. H. Robolsky.) Kart. n.n. 1. —

Frei, Hans. Lehr- und Uebungsbuch der vereinfachten Stenographie. 14. Aufl. 8°. 60 S. Wetzikon, H. Bebie. 1899. 1 —

Frei, Hans. Lehr- und Übungsbuch der Vereinfachten Stenographie. ⟨Einigungssystem Stolze-Schrey.⟩ Für die Schule und den Selbstunterricht bearb. 16. Aufl. Mit einem Vorwort von Prof. A(dolf) Socin.... 52 S. 8. Wetzikon bei Zürich, Hermann Bebie, 1902. ([cart.] fr. 1. 35

Frei, Hans. Hans Frei's Lehr- und Übungsbuch der Vereinfachten Stenographie ⟨Einigungssystem Stolze-Schrey⟩. Für Schule und Selbstunterricht. Mit einem Vorwort von Professor A(dolf) Socin in Basel. 17. Aufl. Durchgesehen von Richard Frei. 56 S. 8. Wetzikon bei Zürich, Hermann Bebie; Berlin ...; Leipzig..., 1905. [cart. fr. 1. 35]

Frei's, Hans, Lehr- u. Übungsbuch der vereinfachten Stenographie (Einigungssystem Stolze-Schrey). Für Schule u. Selbstunterricht. Mit e. Vorwort v. A. Socin. 17. Aufl. Durchgesehen v. Rich. Frei. (52 S.) 8. Wetzikon 905. (Leipzig, J. H. Robolsky.) Kart. n. 1. —

—— stenographisches Lesebuch. 8. (32 autogr. Taf.) Berlin 878, Mittler und Sohn. *

Frei, Hans, stenographisches Lesebuch (zum Lehrbuch der Stenographie.) 32 autographirte Tafeln. 8. Bern, Selbstverlag d. Verf. 1873. 1. —

Frei, J., Zu Lysias. Pr. 1864. 31 S. 4°.

Frei, Ioannes, Turicensis [von Dorlikon (Thalheim), Kt. Zürich]: Quaestiones Protagoreae. Bonnae A. Marcus 1845. VIII, 199 S. 8°.
[Zürich, Phil. Diss. v. 17. Mai 1845].

Frei, J., der Rechtsstreit zwischen P. Quinctius u. S. Naevius. Eine Einleitg. zu Cicero's Rede f. P. Quinctius, mit besonderer Rücksicht auf das Bedürfniss der Philologen bearb. 8. (38 S.) Zürich 852, Höhr. n. 1/3 Thlr.

Frei, J[ohannes]: Der Rechtsstreit zwischen P. Quinctius und S. Naevius. Zür. Zürcher u. Furrer Dr. 1852. 38 S. 4°.
Programm der zürcher. Kantonsschule 1852.

Frei, Johs., lateinische Schulgrammatik. 1. u. 2. Thl. gr. 8. Zürich 874. Höhr. n. 2. 70
1. Lautlehre, Flexionslehre, Wortbildungslehre. 4. vielfach verb. Aufl. (VIII, 116 S.)
2. Syntax. Nebst e. Anh. üb. die röm. Maße, Gewichte, Münzen u. s. f. 2. vielfach verb. Aufl. (VIII, 160 S.)

—— lateinische Schulgrammatik für alle Klassen des Gymnasiums. 2 Thle. gr. 8. Ebendas. *
Inhalt:
Thl. 1. Lautlehre, Flexionslehre, Wortbildungslehre. 5. und 6. Aufl. (116 S.) 877, 81. Nicht einzeln zu haben.
" 2. Syntax. Nebst einem Anhang über die röm. Maße, Gewichte, Münzen u. s. f. 3. vielfach verb. Aufl. (VIII, 164 S.) *ℳ 1,80.

Frei, Joh. (Dr., Prof. am Gymnasium in Zürich). Lateinische Schulgrammatik für alle Klassen d. Gymnasiums. II. Theil: Syntax. Nebst einem Anhang über die römischen Masse, Gewichte und Münzen. Dritte, vielfach verbesserte Aufl. In-8°, VIII u. 164 S. Zürich, S. Höhr. 2 — 1880.

—— lateinische Schulgrammatik für alle Klassen des Gymnasiums. 2 Tle. gr. 8. Ebendas. à Tl. *ℳ 1.80. *
Inhalt:
Tl. 1. Lautlehre, Flexionslehre, Wortbildungslehre. 7. vielfach verb. Aufl. (XII, 118 S.) 886.
" 2. Syntax. Nebst einem Anhang über die römischen Maße, Gewichte, Münzen und die Kalenderverhältnisse. 4. vielfach verb. Aufl. (VIII, 184 S.) 885.

Frei, Johs., lateinische Schulgrammatik f. alle Klassen des Gymnasiums. 2 Tle. gr. 8. Zürich, Fäsi & Beer. à n. 1. 80
1. Lautlehre, Flexionslehre, Wortbildungslehre. Nebst e. Anh.: Zur Verslehre. 8., vielfach verb. u. z. Tl. neu bearb. Aufl., v. Alfr. Surber. (VIII, 117 S.) 891.
2. Syntax. Nebst e. Anh. üb. die röm. Maße, Gewichte, Münzen u. die Kalenderverhältnisse. 5., vielfach verb. Aufl. v. A. Surber u. E. Walder. (VIII, 185 S.) 890.

Frei, J. Lateinische Schulgrammatik für alle Klassen des Gymnasiums. 2 Thle. Gr. in-8°. Zürich, S. Höhr. à 2 —; geb. 2 50
I. Lautlehre, Flexionslehre, Wortbildungslehre. Nebst Anhang: Zur Verslehre. 8. Aufl., bearb. von *A. Surber*. VIII, 117 S.
II. Syntax. Nebst Anhang über die römischen Masse, Gewichte, Münzen und die Kalenderverhältnisse. 5. Aufl., bearb. von *A. Surber* und *E. Walder*. VIII, 185 S.

— lateinische Schulgrammatik f. alle Klassen d. Gymnasiums. 2 Tle. gr. 8. Ebd. à n. 1. 80
1. Lautlehre, Flexionslehre, Wortbildungslehre. Nebst e. Anh.: Zur Verslehre. Bearb. v. Alfr. Surber. 10., verb. Aufl. (VIII, 112 S.) 901.
2. Syntax. Nebst e. Anh. üb. die röm. Maße, Gewichte, Münzen u. die Kalenderverhältnisse. 6., vielfach verb. Aufl., bearb. v. A. Surber u. E. Walder. (VIII, 191 S.) 897.

— lateinische Schulgrammatik f. alle Klassen des Gymnasiums. 2. Tl. gr. 8. Ebd. 904. n. 1. 80;
m. dem 1. Tl. in 1 Bde. n n. 4. —
Syntax. Nebst e. Anh. üb. die röm. Maße, Gewichte, Münzen u. die Kalenderverhältnisse. 7. verb. Aufl., bearb. v. A. Surber u. E. Walder. (III, 190 S.)

Frei, J., Schulgrammatik der neuhochdeutschen Sprache. Zum Gebrauche beim Unterricht an Gymnasien, Lehrerseminarien, Industrie- und Gewerbsschulen, höheren Bürgerschulen und ähnlichen Anstalten bearbeitet. Zürich 853. Höhr. gr. 8. (XII, 228 S.) n. 21 ngr.

Frei, J., Schulgrammatik der neuhochdeutschen Sprache. Zum Gebrauche beim Unterricht an Gymnasien, Lehrerseminarien, Industrie- u. Gewerbsschulen, höheren Bürgerschulen u. ähnlichen Anstalten. 5., verb. Aufl. Zürich 864. Höhr. gr. 8. (XVI, 226 S.) n. 24 ngr.

Frei, J., Schulgrammatik der neuhochdeutschen Sprache. Zum Gebrauche beim Unterricht an Gymnasien, Lehrerseminarien, Industrieschulen etc. 6. verb. Aufl. Zürich 868. Höhr. gr. 8. (XIV, 226 S.) n. 24 ngr.

Frei, Dr. J., Gymn.-Prof., Schulgrammatik der neuhochdeutschen Sprache. 7. verb. Aufl. XIV u. 222 Stn. gr. 8. Zürich, S. Höhr. 1872. 2. 50

— Schulgrammatik der neuhochdeutschen Sprache. Zum Gebrauche beim Unterricht an Gymnasien, Lehrerseminarien, Industrie- u. Gewerbeschulen, höheren Bürgerschulen u. ähnl. Anstalten. 8., vielfach verb. Aufl. gr. 8 (XIV, 220 S.) Ebend. 874. n. 2. 40

— Schulgrammatik der neuhochdeutschen Sprache. Zum Gebrauche beim Unterricht an Gymnasien, Lehrerseminarien, Industrie- u. Gewerbeschulen, höheren Bürgerschulen u. ähnl. Anstalten. 9., verb. Aufl. gr. 8. (XIV, 220 S.) Ebend. 878. n. 2. 40

Frei, J. Schulgrammatik der neuhochdeutschen Sprache. Zum Gebrauch beim Unterricht an Gymnasien, Lehrerseminarien, Industrie- u. Gewerbeschulen, höheren Bürgerschulen u. ähnl. Anstalten. 10., verb. Aufl. gr. 8. (XIV, 220 S.) Zürich 881. Höhr. n. 2. 40

—— Schulgrammatik der neuhochdeutschen Sprache. Zum Gebrauche beim Unterricht an Gymnasien, Lehrerseminarien, Industrie- und Gewerbeschulen, höheren Bürgerschulen und ähnlichen Anstalten bearb. 11. vielfach verb. Aufl. 8. (XVI, 220 S.) Ebendas. 886. *

Frei, J. Schulgrammatik der neuhochdeutschen Sprache. Zum Gebrauch b. Unterr. an Gymnasien, Lehrerseminarien, Industrie- u. Gewerbeschulen, höhern Bürgerschulen u. ähnlichen Anstalten. Zwölfte, verbesserte Auflage, besorgt von *Dr. J. Frei* u. *Dr. K. Schnorf*, Professoren am Gymnasium in Zürich. In-8°. XVI, 220 S. Zürich, Höhr & Fäsi. 1892. 2 50; geb. 3 —

Frei, J[ohannes]. Dr. J. Freis Schulgrammatik der neuhochdeutschen Sprache. Zum Gebrauche beim Unterricht an Gymnasien, Lehrerseminarien, Industrie- und Gewerbeschulen, höheren Bürgerschulen und ähnlichen Anstalten neu bearb. von Dr. K[aspar] Schnorf.... 14., vielfach verbesserte Aufl. XIV + 230 S. 8. Zürich, Fäsi & Beer, 1904. [geb. fr. 3. —]

— aus Lessings Studentenjahren, s.a. Erzählgn. a. d. illustr. schweiz. Unterhaltungsblatt.

Frei, Hans. Aus Lessing's Studienjahren. Historisch-novellistische Skizze. In-8°, 32 S. Zürich, Trüb'sche Buchhandlung. 1881.

—— Für stille Stunden. Bilder und Skizzen. gr. 16. (VI, 160 S.) Bern 871, (Haller'sche Verlagsh.) *

—— über die griechische Tragödie, s.a. Vorträge, akademische.

Frei, J., Ueb. d. griech. Tragödie. S.-A. 1858. 28 S. u. 1 Tf.

— lateinisches Uebungsbuch f. Anfänger m. den nöth. Erläutergn. 4. vielfach verb. Aufl. gr. 8. (VIII, 148 S.) Ebend. 874. n. 1. 80

Frei, Johannes, (Prof. u. Rector am Gymnasium in Zürich). Latein. Uebungsbuch für Anfänger, mit den nöthigen syntactischen Erläuterungen. 5. verb. Aufl. Gr. 8°, 148 S. Zürich, Höhr. 2 —
*** Aug. Grotefend's lat. Elementarbuch. II. Abth. 8. Aufl.
1878.

Frei, J., lateinisches Übungsbuch für Anfänger, mit den nötigen syntakt. Erläuterungen. 7., verb. Aufl. [Ursprünglich Aug. Grotefend's latein. Elementarbuch II. Abteilg. 10. Aufl.] gr. 8. (X, 152 S.) Zürich 887. Höhr. n. 1. 80

lateinisches Übungsbuch f. Anfänger m. den nötigen syntaktischen Erläuterungen. 8. Aufl., besorgt v. E. Walder. [Ursprünglich Aug. Grotefend's latein. Elementarbuch, II. Abtlg. 11. Aufl.] gr. 8. (X, 152 S.) Ebd. 892. n. 1. 80

Frei, Jul[ius]. 17 Religiöse Gesänge für den protestantischen Kirchengesangverein Klein-Basel, gesammelt und hrg. von seinem Dirigenten Jul. Frei, Lehrer, Binningen bei Basel. [Mit Noten.] IV + 32 S. 8. Selbstverlag des Herausgebers (Basel, Buchdr. K. J. Wyss, 1903). fr. 1. —, Partie-Preis fr. —. 60

Frei, Karl

Frei, Carl, ein Sozialdemokrat und sein Pfarrer, s. Broschüren, social-politische.

Frei, L., Katechismus der monist. Weltanschauung. Frei nach E. Haeckel's Lehre. (VIII, 60 S.) 8. Stuttgart 908. F. Lehmann. — 60; kart. — 85

Frei, Leonore, der neue Gott. Roman aus d. Zeit Moses. 2 Bde. 8. (377 u. 239 S.) Leipzig 902. H. Seemann Nachf. n. 5. —; in 1 Bd. geb. n. 6. 50

Frei, Leonore (Frau Laura Reiche), der neue Gott. Roman aus der Zeit Moses. 2. Aufl. (377 u. 239 S.) 8. Berlin (905). Concordia. n. 5. —; geb. in Leinw. n.n. 6. 50

Kettenträger. Roman von L[eonore] Frei [d. i. Laura Reiche]. Berlin: Concordia [1906]. (428 S.) 8° [F.] [07. 11938]

Lebensflut. Gedichte von Leonore Frei. *Berlin: F. Dümmler 1899.* (128 S.) 8° [A.] [99. 9845]

Frei, Leonore (Frau L. Reiche-Frei), todgeweihte Seelen. Novellen. (168 S.) 8. Berlin (909). Concordia. 2. —; geb. 3. —

Sturm und Sonne. Gedichte von Leonore Frei [d. i. Laura Reiche]. Berlin: Concordia (1906). 107 S. 8° [06. 17?5]

— „Und sie bewegt sich doch", } s.: Frauen-Bibliothek, moderne.
— Wegwende, }

Frei, Leopold, Rechtspraktikant zu München: Zur Lehre von der gesetzlichen und gewillkürten Form der Rechtsgeschäfte. München 1906: B. Heller. (IV, 48 S.) 8°
Erlangen, Jur. Fak., Ref. Siber, Diss. v. 18. April 1906
[Geb. 3. Mai 81 München; Wohnort: München; Staatsangeh.: Bayern; Vorbildung: München Realg. Juli 00; Studium: München 5, Berlin 1, München 2 S.; Rig. 23. Febr. 06.]

Frei, Lorenz, Der deutsche Kaiser. Zeitgedanken. Dresden u. Leipzig, Arnoldi, 1848. 16 S. 8°.

Frei, Ludw., Nationalbilder, s. Nationalbilder.

Frei, Manfred Herald, Dschingis-Khan m. Telegraphen. 1.—3. Aufl. 8. (VII, 227 S.) Leipzig 896. München, A. Schupp. n. 2. 50

Frei, O. Die Technik der Betriebsrechnung. Berlin 1928

Frei, Richard. Das Lawinenunglück am Piz Blas, 26. Juni 1903. Denkschrift von Richard Frei, stud. Mit den Bildern der Verunglückten und Momentaufnahmen von der Begräbnisfeier [4 Tafeln]. II + 32 S. 8. Zürich, Th. Schröter, 1903. [fr. 1. —]
(Die Predigten und Reden wurden vom Verfasser stenographisch aufgenommen.)

Frei, Richard. Pfarrer Adolf Ritter, 1850—1906. Worte zu dessen Gedächtnis, gesammelt von R' F'. [Mit 4 Tafeln.] 64 S. 8. Zürich, Selbstverlag des Herausgebers: R' F', Druck von Müller, Werder & Co., [1906]. [fr. 1. 50]

Frei, Richard. Die Verantwortlichkeit des schweizerischen Offiziers in strafrechtlicher, zivilrechtlicher und moralischer Beziehung, mit besonderer Berücksichtigung der Verantw' des Militärarztes im Vergleich zu jener des Zivil- und Beamtenarztes. Bearb. auf Grund der Verhandlungen am schweiz. Offizierstag 1907 in Aarau. 23 S. 8. Zürich, Müller, Werder & Co., [1907].

Frei, Siegfr., moderne Unschuld. Lustspiel in 3 Akten. 8. (V, 58 S.) München 883. Rubinverlag. n. 1. —

— im Wespennest. Lustspiel in 1 Act. gr. 8. (25 S.) Brünn 883. (München, Rubinverlag). n. 1. —

Frei, Therese geb. Hüter (Darmstadt)
Die Metrorrhagien des Weibes während der Schwangerschaft, der Geburt, dem Wochenbett und im ungeschwängerten Zustande, sowie die Behandlung derselben und ihre nächsten Folgen.
[lt. Dekanatsbuch handschriftlich abgeliefert.]
Dr. der Geburtshilfe [!] Giessen 25.5.1847.

Frei, Walter. Palamas. Tragödie in fünf Aufzügen. 128 S. 8. Zürich ⟨*und* Leipzig⟩, Th. Schröter, 1904. [fr. 2. 50]

Frei, Walter. Zur Theorie der Hämolyse, unter Berücksichtigung der vet(erinär)-medizinisch wichtigen Verhältnisse und der vergleichenden Pathologie. Diss. Vet.-Med. Univ. Zürich. [Mit Figuren.] *Kopftitel:* Aus dem physiologischen Institut der veterinär-medizinischen Fakultät der Universität Zürich ⟨Prof. Dr. (H[einrich]) Zangger⟩. 74 S. 8. Berlin, Richard Schoetz, 1907.

Frei, Walter, Europa's Wiedergeburt. Ein politisch-wirthschaftl. Vorschlag. gr. 8. (IV, 47 S.) Leipzig 880. Reissner. n. 1. —

Frei, Wilhelm [aus Altstätten, St. Gallen]: Landerziehungsheime. Darstellung und Kritik einer modernen Reformschule. Leipzig 1902. 98 + 1 S. 8°.
Zürich. Phil. Diss. I. S. 1902/1903.

Frei, Wilh., Landerziehungsheime. Darstellg. u. Kritik e. modernen Reformschule. gr. 8. (VI, 98 S.) Leipzig 902. J. Klinkhardt. n. 1. 80

Frei, Wilhelm, und **Zuberbühler**, Werner. Landerziehungsheime. Schulprogramm des Schweizerischen Landerziehungsheims Schloss Glarisegg bei Steckborn am Bodensee. Mit 11 Tafeln in Lichtdruck. VIII + 80 S. 8. Zürich, Albert Müller, 1902. [fr. 3. —]

Frei, Wilhelm. Pfarrer, Lehrer, Gemeinden. Beitrag zur Lösung der socialen Frage, den Stämmen deutscher Zunge aller Glaubensbekenntnisse gewidmet. In-8°, 32 S. Biel, Buchdruckerei A. Schüler. 1878.

Freia. Romant. Dichtungen v. Blumenhagen, m. K. 8. Erfurt, Müller. 800.

Freia, Dichtungen von Wilhelm Blumenhagen. mit K. 8 Erf. Knick. 805.

Freia. Romantische Dichtungen v. W. Blumenhagen. 2te wohlf. Aufl. in 2 Bden. mit 1 K. 8. Erfurt, Müller. 811.

[illegible]

Freiämter: Der Freiämter
② Der Unerschrockene Freiämter (1841) ④ Die Stimme von der Limmat (Baden) ⑤ 17. 3. 1840—18. 3. 1842 ⑥ 4° ⑦ Wochenblatt ⑧ Bremgarten (Ag): Josef Huwyler ⑨ der Drucker ⑩ Dr. Jakob Ruepp, später Rektor Meienberg ⑫ katholisch konservativ ⑬ BGSZ: 911 ⑭ Be: I. (1842, unvollständig); Zh: Z (1841: 2. 7.–24. 12.); Lu: Z (1842) ⑮ «Unerschrockener Freiämter» 1841, Nr. 12: «Es war eine verhängnisvolle, stürmische Zeit, als der durch die Januar-Ereignisse erdrückte Freiämter wieder ins Dasein trat. Er hatte sich den Namen des Unerschrockenen beigelegt, und er durfte es auch.»

Freiämterkalender. Der F'-K' für das Jahr 1911. (Jahrg. 1. Redaktion: Eugen Fischer, Zürich....) [Mit Illustrationen und 3 Tafeln.] IV + 120 S. 4. Zürich, August Heller. (fr. —. 60)

Freiämterstimmen
① Freisinnig-demokratisches Blatt für das Freiamt. Organ der Freisinnigen des Freiamts (1911). Organ der Freisinnigen des Freiamts und des oberen Seetales ② Freiämter Zeitung (1911) ⑤ 1868 (cont.) ⑥ 2° ⑦ wöchentlich 2× ⑧ Wohlen (Ag): Johann Keller (bis 1911), Freiämter Zeitung AG ⑨ der Drucker; heute: Freiämter Zeitung AG ⑪ Dr. August Baumann, Wohlen (heute) ⑫ freisinnig-demokratisch ⑬ Freiämter Zeitung 1918, Nr. 1; Sondernummer August 1949 ⑭ Aa: K.

Freiämtler: Der Freiämtler
⑤ 1841—1842 ⑦ Wochenblatt ⑬ BGSZ: 12 (p. 13), ohne Angabe des Druckortes.

Freiberg [Sachliches OW]

Freiberg, Das am 8. Augusti ... 1732 ... Saltzburgische Emigranten ... freudig aufnehmde, ... kürtzlich beschrieben. Freyberg [1732]. V: *Ram, Joh. Paul* [?] (BrMm)

Freiberg. Freiberg u. Umgebung (m. besond. Berücksicht. der städt. u. Hospital-Forsten.) (Hrsg. vom Stadtrat zu Freiberg.) 1 : 15,000. 98×72 cm. Farbdruck. Freiberg (910). (Craz & Gerlach.) 1. 50

Freiberg [Schlagwort]

Freiberg, Umgebung von, s.a. **Bergbau.**

Freiberg, s.a. **Geologische Karten.** Spezialkarte. (Sachsen.)

Freiberg. Bezirk. s.a. **Nossen, Bezirk.**

— s. a.: **Sachsen.** Messtischblätter.

Freiberg i. S.: s.a. **Woerl's** Reisehandbücher.

Freiberg's Berg- u. Hüttenwesen. Eine kurze Darstellg. der orograph., geolog., histor., techn. u. administrativen Verhältnisse, hrsg. durch den bergmänn. Verein zu Freiberg. Mit 10 Taf. gr. 8. (VIII, 284 S.) Freiberg 883. Craz & Gerlach. n. 7. —

Freibergs Berg- u. Hüttenwesen. Eine kurze Darstellg. der orograph., geolog., histor., techn. u. administrativen Verhältnisse, hrsg. durch den bergmänn. Verein zu Freiberg. 2., neu bearb. u. verm. Aufl. gr. 8. (VIII, 344 S. m. 18 lith. Taf.) Freiberg i/S. 893. Craz & Gerlach. n. 8. —

Freiberg, Umgegend. **Gäbler**, Ed., Uebersichtskarte (Umschlag Touristen-Karte) der Umgegend v. Freiberg. Brand — Dippoldiswalde — Frauenstein — Lengefeld — Oederan — Olbernhau — Sayda. Auf Grund der Generalstabskarte gezeichnet. 1 : 125,000. 42,5 × 35 cm. Farbdr. Chemnitz 898. B. Troitzsch Nachf. n. — 60

Freiberg. **Kuhnert**, M., Heimatkarte vom Bez. Freiberg. 1 : 100,000. 47×31 cm. Farbdr. Dresden (906). A. Müller-Fröbelhaus. n.n. — 20; auf Pappe n.n. — 30

Freiberg, Stadt. Plan der Stadt Freiberg. 1 : 4250. Chromolith. gr. Fol. Freiberg i/S. 889. Craz & Gerlach. n. 1. 50

Freiberg [Verfasser]

Freiberg, s.a. **Heinrich v. Freiberg.**

Freiberg, Günth. v., s.a. **Günther v. Freiberg.**

Freiberg, Guenther von [Pseud.]
s.a. Pinelli-Rizzutto, Ada [Wirkl. Name]

Freiberg, Günther v., Aquarelle. 2 Thle. Leipzig 861. Baumgärtner. 8. (X, 537 S.) 1 *ℛ* 18 *ngr.*

Freiberg, Günther v., **Hildebrandt u. Schirmer.** gr. 16. (III, 94 S.) Berlin 871. Gebr. Paetel. 1. 50; geb. m. Goldschn. 2. 70

Don Juan de Maraña. Monodrama von Günther v. **Freiberg** [d. i. Ada Pinelli]. ⟨Musik von Dr. A. Boczek in Wien.⟩ Leipzig: O. Mutze 1894. (24 S.) 8° [J.]
[illegible]

— aus dem **Süden.** Novellen. 8. (217 S.) Ebend. 873. n. 4. —

Freiberg, H., Gedichte. Zerbst 854. (Leipzig.) Wallerstein. 16. (2 Bl., 97 S.) 22½ *ngr.*

Freiberg, Herm., Anti-Loofs I. 1., theoret. Tl. Eine deutl. Antwort auf den Anti-Haeckel des Hallischen Professors der Gottesgelahrtheit Dr. Friedrich Loofs. (Sammlung neudeutscher Schriften. 1. Reihe: Religionswissenschaftliche Werke u. Veröffentlichgn.) (XIX, 81 S.) gr. 8. Neu-Dölau 903. Neudeutscher Verlag. n. 2. 60

Freiberg, Hugo, experimentelle Untersuchungen üb. die Regeneration der Blutkörperchen im Knochenmark. Diss. gr. 8. (80 S.) Jurjew (Dorpat) 892. (E. J. Karow.) n. 1. 60

Freiberg, Johs., Preussische Chronik. Aus den auf der Königsberger Stadtbibliothek befindl. Handschriften hrsg. u. m. Anmerkungen von F. A. Meckelburg. gr. 8. (VIII u. 279 S.) Königsberg 848, Gebr. Bornträger. 1½ ℳ

Freiberg, K., Destillierkunst, s.: Schedel, C. F. B.

v. FREIBERG, **Max Frhr.: Geschichte der baier. Landstände u. ihrer Verhandlungen.** 3 Bde. *Sulzbach*, v. Seidel. 828. 29. gr. 8. (3 Thl. 8 Gr.)

Ders.: **Grundlinien einer Geschichte der baier. Landstände u. ihrer Verhandlungen.** *München*, Jaquet. 832. gr. 8. (4 Gr.)

Frhr. v. FREIBERG, **Max.: Sammlung von 370 lat. Rechtsregeln mit deutscher Uebersetzung und Erläuterung. Nebst Anh. v. 20 Rechtsreg. u. Reg. über alle 390 Rechtsregeln.** *Augsburg*, Bürglen. 823. 8. (12 Gr.)

Freiberg, Max, Referendar: Die Wiederverheiratung im Falle der Todeserklärung mit besonderer Berücksichtigung der Eheanfechtung nach dem Bürgerlichen Gesetzbuch. Borna-Leipzig 1908: Noske. VIII, 61 S. 8°

Leipzig, Jur. Diss. v. 2. Nov. 1908

[Geb. 29. März 81 Dresden; Wohnort: Dresden; Staatsangeh.: Sachsen; Vorbildung: Wettiner-Gymn. Dresden Reife O. 00; Studium: Leipzig 2, Berlin 3, Leipzig 3 S.; Rig. 22. Juli 04.] [U 09. 2508

Freiberg, Otto, aus Bitterfeld: **Die Quelle des Eckenliedes.** *Halle a. S. 1903: E. Karras.* (29 S.) 8° ¶(Erscheint vollst. in: Beiträge zur geschichte d. deutschen sprache u. literatur, bd 29.) Halle, Phil. Diss. v. 1903

Freiberg, Otto: **Ueber die Trepanation bei complicirten Frakturen des** Schädels. *Göttingen 1898: E. A. Huth.* (93 S.) 8° Göttingen, Med. Diss. v. [9. März] 1898

Freiberg, Wilh., Morgenrot. Drama in 5 Aufz. (184 S.) 8. Strassburg 907. J. Singer. 1. 50

Freiberg-Langhennersdorf [Schlagwort]

Freiberg-Langhennersdorf, s.: Geologische Karten. Spezialkarte (Sachsen).

FREIBERGER, Gustav

(F) Handbuch der österreichischen directen Steuern in systematischer Darstellung (unter vergleichender Rücksichtnahme auf die ausländische Gesetzgebung) von Gustav Freiberger. 2. vollständig neubearbeitete Auflage. Wien. 1899. Manz. Gr.-8°. XVII, 664 S. fl. 4.20, geb. fl. 4.80

Freiberger, Joh., Anknüpfungspunkte d. geschichtlichen Lehrstoffes an allgemeinen Volks- u. Bürgerschulen an Vaterhaus u. Geburtsort der Schulkinder u. dessen Vergangenheit. Durch e. concretes Beispiel veranschaulicht. gr. 8. (19 S.) Znaim 884. (Fournier & Haberler.) n. — 50

Freiberger, Sigismund [Pseud.] s. Wartmann, Sigismund Friedrich

Freibeuter, die, histor. Novelle aus d. 17. Jahrh. A. d. Schwed. v. C. Eichel. 3 Thle. 8. (53 B.) Leipzig 810, Kollmann.

Freibeuter, d. amerik., oder Leben R. Pierots. 1r Thl. 8. Kovenh. ... 4e A. 773. Schubothe. 10 gl

Freibeuter, der, von Paris. Ein histor. Gemälde der Pariser Welt im ersten Viertel des 16. Jahrh. Nach d. Franz.: „Les mauvais garçons par Merrimée" frei bearb. von Pelwesta. 3 Thle. 8. Leipzig 833 — 33. Hartmann. 3¾ ℳ (Vergl. Thl. VI. Romane, S. 43.)

Freibrief, der, s. a. Freybrief

Freibrief, Der. Singspiel in einem Akt. Berlin 1788. V: *Lüderwald, George Ernst genannt Lange.* (GGr) (Ky) (R-N)

Der Freibrief, Beschlüsse und Nebengesetze der Deutschen Vereinigten Unterstützungs-Gesellschaft, zu Germantaun, Incorporirt den 6ten December 1813. — *The charter, resolutions and by-laws of the German United Assistance Society of Germantown. Incorporated, December 6, 1813. Skippacksville, Montgomery Co.: Charles A. Pulte 1836. 29 S.; pp. 29.*

Freibrief der Deutschen Hochschule (College) in der Stadt Lancaster, in dem Staate Pennsylvanien; *nebst einer Anrede an die Deutschen dieses Staats, von der Ost-Pennsylvanischen Synode, welche sich am Dreieinigkeitsfeste A. D. 1830 in Lancaster versammelte. Baltimore, Md.: Gedruckt bei Johann F. Hanzsche 1830. 14 S.*

„Freibrief und Nebengesetze (vom 4. April 1843) der Deutschen Gesellschaft der Stadt Newyork", Newyork 1845. 4°. Deutsch und englisch. — Vorh.: Com. Bibl. Hamburg.

Freibrief und Nebengesetze der deutschen gegenseitigen Unterstützungs-Gesellschaft für Wittwen und Waisen. Gegründet in New-York am 19. Dez. 1836. New-York 1846: Ludwig. 27 S. 8° [Nebentit.:] Charter and by-laws of the German mutual assistance society for widows and orphans. Founded in New York, Dec. 19th 1836. Text deutsch u. englisch.

Freibriefe, die altbairischen landständischen, mit den Landesfreiheitserklärungen. Nach den officiellen Druckausgaben mit geschichtlicher Einleitung und kurzem Wörterverzeichnisse herausg. durch Gust. von Lerchenfeld. München 853. Kaiser. gr. 8. (14, CCCCL, 428 S.) n. 3 ℳ 15 ngl

Freiburg [Sachliches OW]

Freiburg in Baden, Die Universität, in der ersten Hälfte des XIX. Jhdts. Bonn 1892. V: *Mayer, Hermann.* (Berl)

Freiburg im Breisgau. Ein Führer durch die Stadt u. ihre Umgebg. 12. (68 S. m. Stadtplan.) Freiburg i/B. 894. Lorenz & Waetzel. n. — 50

— — — Illustrated guide to the town and its environs. Translated from the German by G. R. Green u. E. E. Warren. 12. (64 S. m. farb. Plan.) Ebd. 896. n. — 75

Freiburg im Breisgau. Ein Führer durch die Stadt u. ihre Umgebg. 5. Aufl. Mit e. Plan der Stadt, e. Umgebungskarte u. vielen Abbildgn. (74, 2 u. 6 S.) kl. 8. Freiburg i/B. 905. 906. F. P. Lorenz. n. — 50

Freiburg i. B. u. der südliche Schwarzwald in Bild u. Wort. Ca. 200 Abbildgn. nach Orig.-Aufnahmen v. G. Röbcke. Mit begleit. Text. qu. gr. 8. (IV, 204 S.) Schöneberg-Berlin (899). W. Sommer. Geb. in Leinw. 3.—

Freiburg im Breisgau, d. Stadt u. ihre Bauten. Hrsg. v. d. bad. Architecten- u. Ingenieur-Verein, oberrhein. Bezirk, Freiburg im Breisgau. gr. 8. (XII, 648 S m. üb. 600 Abb. u 15 Beilagen.) Freiburg i/B. 898. (Lorenz & Waetzel.) Geb. in Leinw. n.n. 20.—

Freiburg im Brisgöw. Ohne M. 1 Bl. Perspectiv-Ansicht.

Freiburg im Brisgow. Augsburg. Joh. Stridbeck jun. fec. et excudit. 1 : 70,000. Nach dem fehlerhaften Maasstabe blos 1 : 10,000. 1 Bl.

Freiburg. Canton F. Geschichte und Politik. Druckblätter. 8. *u.* 4.: fol.. *in Mappen.*

Freiburg — Canton — sive Pagus Helvetiae Friburgensis cum confinibus recenter delineatus per Gabrielem Walserum edentibus Homannianis Heredibus. Norimbergae 1767. Seb. Dom. sculps. 1 : 120,000. 1 Bl.

Freiburg in der Schweiz, die Universität u. ihre Kritiker, Antwort auf die Denkschrift der acht aus dem Verbande der Universität ausgeschiedenen Professoren. Hrsg. im Auftrage der Direktion des öffentl. Unterrichts. Gr. in-8⁰. 134 S. Freiburg, Univ.-Buchhandlg. 1898. 1 —

[5.] Die Universität **Freiburg** in der Schweiz und ihre Kritiker. Antwort auf d. Denkschr. der acht aus d. Verbande d. Univ. ausgeschiedenen Professoren. Hrsg. im Auftr. d. Direktion d. Oeffentl. Unterrichts. *Freiburg '(Schweiz)': Universitätsbuchh. 1898.* (134 S.) 1 Bd 8. (98. 1187

Freiburg, Die Universität, nach ihrem Ursprunge, ihrem Zwecke, ihren Mitteln und Stiftungsfonds, ihre Eigenschaft als geistliche Corporation und fromme Stiftung . . . Freiburg 1844. V: *Welzer, Heinrich Joseph.* (ADB) (Erman & Horn, Bibliogr. d. dtsch. Universitäten. 2. Leipz. u. Berl. 1904.)

Freiburg i. Breisgau [Schlagwort]

Freiburg, s.a. **Europa. Liebenow.**

s. a.: Europa. Spezialkarte.

— **s. a.: Radfahrerkarten. Mittelbach. Strassenprofilkarte.** —

— s. a.: Schwarzwald.

Freiburg i. Br.-St. Dié-Nancy, s.: Automobilkarten. Automobil-Tourenkarte.

Freiburg i. Br.-Ulm, s.: Automobilkarten. Automobil-Tourenkarte.

Freiburg i/B., Stadt. Beckmann's neuester Plan der Stadt Freiburg i/Br. 1 : 6500. 48×55 cm. Farbdr. (Mit Strassenverzeichnis an der Seite.) Stuttgart (902). Klemm & Beckmann. — 50

Freiburg i. Br. Beckmann-Plan, neuester, von Freiburg i. Br. 1 : 6,500. 48,5×55,5 cm. Farbdr. Mit Strassenverzeichnis an der Seite. Stuttgart (907.) W. Seifert. — 50

Freiburg, Kanton. Gerster, J. S., **Karte d. Kantons** Freiburg. 1 : 200,000. (Französisch u. deutsch.) Farbendruck. 39,5×83,5 cm. Freiburg, Schw. 891. Universitätsbuchh. P. Friesenhahn. n. — 50

Freiburg i/Br., Umgebung. Güther, Fr., Relief-Karte v. Freiburg u. Umgebung (Hoher Schwarzwald), f. Touristen bearb. 1 : 52,500. 2. Aufl. 49,5×62 cm. Farbendr. Freiburg i/B. 898. F. Wagner. n. 2. 50; auf Leinw. n.n. 3. 20

Freiburg i/B., Kreis. Hoffmann, J. J., u. Wilh. Rible, Handkarte des Kreises Freiburg für die Schüler. Nach den grossh. Kreisschulvisitatur vorgelegten u. in den freien Lehrer-Konferenzen geprüften Entwürfen gezeichnet. 1 : 140,000. 46×42,5 cm. Farbdr. Lahr 899. Ch. Schömperlen. n. — 50

— — — Wandkarte des Kreises Freiburg. Nach den grossh. Kreisschulvisitatur vorgelegten u. in den freien Lehrer-Konferenzen geprüften Entwürfen gezeichnet. 2 Blatt à 76×140 cm. Farbdr. Lahr 899. Ch. Schömperlen. n. 17.—; auf Leinw. m. Stäben n. 20.—

Freiburg i/B., Kreis. **Karte der Amtsbezz. Freiburg** u. Staufen im Breisgau f. d. Schulgebrauch. 1 : 112,500. 31×44 cm. Farbdr. Freiburg i/B. 899. F. P. Lorenz. Auf Pappe n.n. — 50

Freiburg i. B. Karte der Amtsbezz. Freiburg u. Staufen im Breisgau f. d. Schulgebrauch. 1 : 112,500. 31×44 cm. Farbdr. Freiburg i/B. (904). F. P. Lorenz. n. — 50

— Lorenz' neuester Plan der Stadt **Freiburg** i. Br. 1 : 12,000. 32,5×29 cm. Farbdr. Mit Strassenverzeichn. an den Seiten. Freiburg i/B. 899. F. P. Lorenz. n. — 50

— Lorenz' neuester Plan der Stadt Freiburg im Breisgau. 1 : 12,000. 76×50 cm. Farbdr. Nebst Strassenverzeichnis. (6 S.) kl. 8. Ebd. (904). n. — 50

— dasselbe. (Kleine Ausg.) 39,5×39 cm. Farbdr. Nebst Strassenverzeichnis. (5 S.) kl. 8. Ebd. (904). n. — 30

— Lorenz' neuester Plan der Stadt Freiburg im Breisgau. (Neue Ausg.) 1 : 12,000. 76×50 cm. Farbdr. Nebst Erklärg. (6 S.) kl. 8. Freiburg i/B. (909). F. P. Lorenz. 1.—; kleine Ausg. 39,5×39 cm. — 50

— Mayor, Otto, Karte der Amtsbezz. Freiburg u. Staufen im B'gau. 1 : 37,500. 2 Blatt à 89,5×64,5 cm. Farbdr. Ebd. 899. Auf Leinw. m. Stäben n.n. 17. 50

— Pharus-Plan. Freiburg i/Br. 51,5×38,5 cm. Farbdr. Nebst: Wissenswerte Angaben f. Einheimische u. Fremde m. Hinweis auf den Pharus-Plan Freiburg i. Br. (16 S.) 8. Freiburg i/B. (909). H. Zetzsche. — 60

Freiburg i/Br., Stadt. Plan der Stadt Freiburg im Breisgau. 1 : 12,000. 81,5×29 cm. Farbendr. Mit Strassenverzeichniss an den Rändern. Freiburg i/B. 894. Lorenz & Waetzel. — 25

Freiburg i/B., Stadt. Plan, neuester, der Stadt Freiburg im Breisgau. 1 : 12,000. Ausg. 1895/96. 31,5×29 cm. Farbendr. Mit Strassenverzeichnis an den Rändern. Freiburg i/B. 895. Lorenz & Waetzel. — 30; Schulausg. auf Pappe n. — 30

Freiburg im Breisgau — Karte der Landschaft — 6 Stunden im Umkreis, von J. E. Woerl. 100,000. Freiburg i/B. Herder'sche Verlagsh. 1848.

Freiburg i/Br. Woerl, J. E., **Karte der Landschaft** v. Freiburg im Breisgau, 6 Stunden im Umkreis. 1 : 100,000. Ausg. 1887. Lith. qu. gr. Fol. Freiburg i/Br. 887. Herder. n. 1. 50; auf Leinw. in Carton n. 2. 50

Freiburg i/Br., Landschaft. Woerl, J. E., Karte der Landschaft Freiburg im Breisgau 6 Stunden im Umkreis. 1:100,000. Neuer Abdr. 1891. Steindr. 49×57 cm. Freiburg i/Br., Herder. n. 1. 50; auf Leinw. in Karton n. 2. 50

Freiburg i/B., Landschaft. Woerl, J. E., Karte der Landschaft von Freiburg im Breisgau 6 Stunden im Umkreis. 1:100,000. Neudr. 1895. 49 × 57,5 cm. Lith. Freiburg i/B. 895. Herder.
Auf Leinw. in Mappe n. 2. 50

Freiburgs Zukunft. Die Bedingungen seiner Größe u. seines Wohlstandes. Von einem Bürger Freiburgs. 8. Heidelberg 841, C. F. Winter. 1/4 ℳ

Freiburg, Schweiz [Schlagwort]

Freiburg (Schweiz). s.a. **Militärkarten. Carte.**

Freiburg. Pittoreske Rundreisen im Kanton. Fremdenführer hrg. vom Freiburger Wirte-Verein. Mit zahlreichen Ansichten nebst einem Plan der Stadt und einer Karte des Kantons Freiburg. [Umschlag illustriert.] 8. Freiburg 1898.

Freiburg [Verfasser]

Freiburg, C. A., Offiziere ohne Epauletten. Erlebnisse e. verabschiedeten Offiziers. 8. (VII, 196 S.) Dresden 889. Minden. n. 3. —; geb. n.n. 4. —

Freiburg, Gust. Die Normalsteuer als Hauptgrundlage der socialen Reform. (Lösung des Problems der Peräquation der Steuer.) Vortrag, geh. im Frankfurter Handwerker-Verein am 4. Juni 1883. gr. 8°. Frankfurt a. M., Gebr. Knauer, 1883.

Freiburg, Johannes: Ueber den Luftwiderstand bei kleinen Geschwindigkeiten .... Bonn, Univ.-Buchdr. v. Carl Georgi, 1887; 31 + 1 S. + 1 Bl. 8°.
Bonn, Phil. Fak., Inaug.-Diss. v. 7. März 1887.

Freiburg, Johannes. über den Luftwiderstand bei kleinen Geschwindigkeiten. Diss. Bonn 1887, Emil Strauss. 8°. 31 S.

Freiburg, Joseph

Freiburg, die Verfassungsgeschichte der Saline Werl, s.a. Beiträge, Münstersche, zur Geschichtsforschg. XX.

Freiburg, Joseph: Die Verfassungsgeschichte der Saline Werl in Westfalen. Münster i. W.: Coppenrath 1909. 52 S. 8° ¶(Ersch. auch als: Münstersche Beiträge z. Geschichtsforschung. N. F. 20.)
Münster, Phil. Diss. v. 10. Febr. 1909, Ref. Meister
[Geb. 3. April 83 Allendorf, Kr. Arnsberg; Wohnort: Münster i. W.; Staatsangeh.: Preußen; Vorbildung: Gymn. Attendorn Reife O. 03; Studium: Münster 3, München 2, Münster 3 S.; Rig. 15. Juli 08.] [U 09. 3582

Freiburger, Em., ein Kunstgespräch in Versen. Hamburg 854. Hoffmann u. Campe. 8. (58 S.) 10 ngr

Freicorps, Das. Lustsp. in drei Aufzügen. Wien 1788. V: *Perinet, Joachim.* (Stockmayer, Das deutsche Soldatenstück. Weimar 1898. S. 110)

Freidank, s.a. Freidanks Bescheidenheit

Freidank. Von Wilh. Grimm. 2. Ausg. Göttingen 860. Dieterich. gr. 8. (XXIV, 316 S.) n. 2 ℳ 10 ngr

Freidank, mit kritisch-exegetischen Anmerkungen v. Frz. Sandvoss. gr. 8. (VIII, 388 S.) Berlin 877. Bornträger. n. 8. —

Freidank. Ein Wochenblatt f. das deutsche Volk. Nebst Unterhaltungsbeilage: Freie Sonntagsblätter. Red.: Hugo Rösch. 1. Jahrg. Apr.—Dezbr. 1891. 39 Nrn. (1¾ Bog. m. Abbildgn.) gr. 4. Leipzig, Rösch & Rühmann. n. 2. 50

dasselbe. 2. u. 3. Jahrg. 1892. 1893. à 52 Nrn. (2 Bog. m. Abbildgn.) gr. 4. Ebd. à Jahrg. n. 4.

Freidank, Der neue. Geschichte der deutschen National-Literatur ... Aarau 1838. V: *Rochholz, Ernst Ldw.* (Cat. d. Stadtbibl. Zürich. Zürich 1864—97.)

Freidank, der Neue, Geschichte d. Deutschen National-Literatur nach Sage, Religion, Sitte, Sprachentwickelung und Dichtung, aus vaterland. Dichtern dargestellt in Poesie u. Prosa. gr. 12. Aarau 838. Sauerlander. [illegible] ℳ, Druckvelinp. 1 ℳ

Freidank, Adph., geh' nicht üb. den Rubikon! Worte der Aufklärg. u. Warng. an angehende Theologen u. ihre Freunde. Aus den hinterlass. Papieren e. Altkatholiken gesammelt u. hrsg. br. 8. (VII, 56 S.) München 872. Renner. -- 75

Freidank, Konr., wie die Seligkeit gemacht wird. (47 S.) gr. 8. Dresden (904). H. L. Diegmann. n.n. — 75

Freidank, Kuno, vom Glauben zum Wissen. Ein lehrreicher Entwickelungsgang, getreu nach dem Leben geschildert. gr. 8. (III, 60 S.) Bamberg 892. Handelsdruckerei. n. 1.

Freidank, Max, Gedichte. Elberfeld 865. Bädeker. 16. (VIII, 391 S.) n. 1 ℳ 15 ngr; geb. n. 2 ℳ

Freidank, Paul, approb. Arzt aus Kirchhain N.-L.: **Über totale** doppelseitige **Oberkieferresektionen.** *Kirchhain N.-L. 1903: M. Schmersow.* (49 S.) 8°
Leipzig, Med. Diss. v. (14. Juli) 1903

[F.] Kunst und Afterkunst auf dem Gebiete der schönen Litteratur in unserer Zeit. E. deutsches Wort an d. deutsche Volk v. Willibald **Freidank.** *Leipzig: E. Schelper 1897.* (30 S.) 1 Bd 8. [98. 2359

Freidank's Bescheidenheit, s.a. **Bacmeister, A.**

Freidanks Bescheidenheit, s.a. Freidank

--- **Bescheidenheit,** s.a. **Universal-Bibliothek.** Nr. 1049, 1050.

Freidank's Bescheidenheit. Spruchsammlung aus dem 13. Jahrhundert. Neudeutsch bearb. von Adf. Bacmeister. Reutlingen 861. Palm. 16. (VIII, 112 S.) 16 ngr

Freidank's Bescheidenheit. Ein Laienbrevier. Neudeutsch von Karl Simrock. Stuttgart 867. Cotta. 16. (XIV, 231 S.) 1 ℳ 12 ngr

Freidank's Bescheidenheit. Spruchsammlung aus dem 13. Jahrh. Neudeutsch bearb. von Adf. Bacmeister. gr. 16. (VIII, 112 S.) Stuttgart 874, Neff.

—— dass. — mit kritisch-exegetischen Anmerkungen von Frz. Sandvoss. gr. 8. (VIII, 388 S.) Berlin 877, Bornträger. *

Freidberg, L(eja): Thrombose und Embolie nach gynäkologischen Operationen. Straßburg 1910: Du Mont Schauberg. 42 S. 8°
Straßburg, Med. Diss. v. 15. Dez. 1910, Ref. Fehling
[Geb. 15. Sept. 83 Svenciany; Wohnort: Tomsk; Staatsangeh.: Rußland; Vorbildung: Mädchengymn. Tomsk Reife M. 00, Erg. Tomsk; Studium: Straßburg 10 S.; Rig. 9. Dez. 10.] [U 11. 4238

Freidel, K[uwin]. Ueber das durch typhusähnliche Bacillen und abweichende Typhusrassen erzeugte Krankheitsbild. Diss. Med. Basel 1904. 29 S. 8. Basel, Kreis, 1905.

Freidenfelt, T., der anatomische Bau der Wurzel in seinem Zusammenhange m. dem Wassergehalt des Bodens, s.a. **Bibliotheca botanica. 61. Hft.**

Der anatomische Bau der Wurzel in seinem Zusammenhange mit dem Wassergehalt des Bodens. Von T. **Freidenfelt.** Mit 5 Taf. u. 7 Textfig. *Stuttgart: E. Nägele 1904.* (IV, 118 S.) 4°
= Freidenfelt: Studien über die Wurzeln krautiger Pflanzen. 2.
= Bibliotheca botanica. H. 61. [04. 5361]

Über den feinen Bau des Visceralganglions von Anodonta. Von T. **Freidenfelt.** Mit 4 Taf. Lund 1905: H. Ohlsson. (28 S.) 4°
= **Acta** universitatis Lundensis. Bd 40, Afd. 2, No 5. [06. 6… 9]

Morphologisch-systematische Bemerkungen über Ergasilus Sieboldii Nordm. nebst vorläufigen Mitteilungen über die Lebensgeschichte des Tieres. Von T. **Freidenfelt.** Aus d. Zool. Institut d. Univ. Lund. Mit 2 Textfig. Lund 1910: Ohlsson. 12 S. 4°
(Lunds Universitets Årsskrift. N. F. Afd. 2, Bd 6, Nr. 3.) A 12. 7405

Studien über die Wurzeln krautiger Pflanzen. Von T. **Freidenfelt.** 2. *Stuttgart: E. Nägele 1904.* 4°
= Bibliotheca botanica. H. 61. [04. 5360]

Freidenker, Der. Göttingen 1734. H: *Philippi, Johann Ernst.* (ML)

Freidenker, Der, eine Wochenschrift . . . Danzig 1741—42. H: *Waasberghe, Johann Anton Janson von.* (ML) (ErschDL) »Leipz. 1766« (Ky)

— der, (v. J. A. J. v. Waasberg). 2 Jahrgg. gr. 8. Leipz. 766. Jacobäer. 2 ℳ 8 ℊ

Freidenker, Der; a. d. Engl. Nürnberg 1780. Ü: *Panzer, Georg Wolfgang Franz.* (will) (MGT)

— der; aus d. Engl. v. G. W. Panzer. 8. Nürnb. 780. Grattenauer. 21 ℊ

Der Freidenker: Band 1–4?, Mar. 1871 – 1875?

Monthly, 1871–73; quarterly, 1874–75. Sub-title: Monatsschrift für Volksaufklärung, Religion, Wissenschaft, und Kunst. Offizielles Organ der Universellen Freidenker-Assoziation. Octavo, each issue 32 pages. Circulation, 1872, 2000 (est.); 1875, 1000. Edited & published by Dr. Fr. Leiss, 1871–73; edited by Dr. Friedrich Leiss, & published by Freethinkers' Publishing Co., 1874–75.
New York, NY

Freidenker: Jahrgang 1–71, no. 44, Apr. 1, 1872–Oct. 25, 1942.

It was intended to establish this paper as a weekly, but finances did not permit in the first "Jahrgang," which contains only no. 1–31, Apr. 1, 1872–Mar. 30, 1873; therafter, it appeared weekly, except for a short period when it was issued fortnightly. There are other irregularities in appearance: No issues were published because of "loss of mailing privileges," Nov. 17–Dec. 29, 1917, and Jan. 5–26, 1919. Irregularities in numbering involve whole nos. 502–542, Apr. 16, 1882 through Jan. 21, 1883, the printer started a new "Jahrgang" with no. 16 (whole no. 502), Apr. 16, 1882, and failed to make correction until Jahrgang 12, no. 4, Jan. 21, 1883. The entire set contains whole nos. 1–363; other irregularities might be discovered with closer collation. Established as a large quarto in 1872; most of the set is a large quarto, with slight variations, except 1890, when it became a small folio. All issues contain 8 pages, except at the time of fortnightly appearance, when each contains 16 pages. Many volumes paged continuously. Title-pages and indexes were not found. However, the entire set is a mine of information on Turner activities and related organizations; much original material was printed, and articles of political interest are numerous; there is some literary material, and many articles in the natural sciences; very little illustration. Because of its radical nature, the FREIDENKER was excluded from Germany and Austria by antisocialist laws of 1879. Sub-title: 1) Zeitschrift für freies Menschthum, Apr. 1–Dec. 1872; 2) Vormals "Milwaukee Freidenker," Apr. 5–Dec. 27, 1874; 3) A Radical Periodical of Free Thought for Progress and Liberty and Justice for All, ?–Oct. 25, 1942; 4) Sonntags-Blatt für freies Menschthum, Jan. 5, 1873–? For supplement, see FÜR UNSERE JUGEND, which appeared as a special page for a time. For supplement, see, also, TURNZEITUNG. Absorbed DER PIONIER (Boston, Mass.), with Jahrgang 9, no. 1 (whole no. 383), Jan. 4, 1880, with creation of title: FREIDENKER. DES PIONIER XXVII JAHRGANG. [The last "Jahrgang" of the PIONIER is Jahrgang 26.] "Freiheit, Bildung und Wohlstand" was adopted as the motto, also, when the paper was established, and continued for many years. Title varies: MILWAUKEE FREIDENKER, Apr. 1, 1872–Mar. 28, 1874; 2) BIRON & BRUCKER'S SONNTAGS-BLATT, Apr. 5–Dec. 27, 1874; 3) FREIDENKER, Jan. 3, 1875–Dec. 28, 1879; 4) FREIDENKER (DES "PIONIER" 27 JAHRGANG), Jan. 4, 1880–?; 5) FREIDENKER, ?–Oct. 25, 1942. Place of publication varies: Milwaukee, Jahrgang 1–45, no. 18, Apr. 1, 1872–May 7, 1916; Minneapolis, Jahrgang 45, no. 19–Jahrgang 48, no. 34, May 14, 1916–Sept. 8, 1918; New Ulm, Minn., Jahrgang 48, no. 35–Jahrgang 71, no. 44, Sept. 15, 1918–Oct. 25, 1942. Organ of: 1) Organ der Freidenker von Nordamerika und des Nordamerikanischen Turnerbundes, Jahrgang 5–7?; 2) Offizielles Organ des Bundes Freier Gemeinden von Nordamerika, sowie des Verbandes Freidenker Clubs in Milwaukee, Aug. 9, 1874–?; 3) Organ der Freidenker von Amerika [in 1907]; 4) Official Organ of the Free Thought League of North America (formerly Freidenkerbund von Nordamerika), [in 1933–42]. Circulation: 1876, 3534; 1885, 5250; 1895, 2400; 1915, 1500; 1925, 1000; 1931, 810. Edited & published by Michael Biron [briefly with Gustav F. Schnitzer as associate editor], Apr. 1, 1872–Mar. 8, 1874; by Michael Biron & Joseph Brucker, Mar. 15–Dec. 27, 1874; by Joseph Brucker, Jan. 3, 1875–?; edited by Carl Hermann Boppe, Jan. 28, 1877–Jan. 1899; by Heinrich Huhn, Apr. 2, 1899–Feb. 9, 1908; by J. Berandun, Aug. 30, 1908–Feb. 6, 1913; by Martin L. D. Bunge, Feb. 23, 1913–Dec. 9, 1917; by Albert Steinhauser, Dec. 16, 1917–Oct. 25, 1942. Associate editors: Henrick von Ende; Maximilian Grossman, 1883–86; Karl Heinzen, Jan. 4–Nov. 28, 1880. Published by Carl Dörflinger, [briefly with Schmitt], ?–Mar. 1880; by Dörflinger Book & Publishing Co., Apr. 4, 1880–Dec. 31, 1882, by Freidenker Publishing Co., Jan. 7, 1883–?; by Turner Publishing Co., ?–Oct. 25, 1942.
Milwaukee, WI

Freidenker, der. Correspondenzblatt u. Organ d. deutschen Freidenker-Bundes. Red.: W. Gerling u. Bruno Wille. 2. Jahrg. Juli 1893–Juni 1894. 12 Nrn. (à ca. 1 Bog.) gr. 8. Köln. (Solingen, Genossenschafts-Buchdruckerei.) n. 2. –
s.a. Correspondenzblatt des deutschen Freidenker-Bundes.

Freidenker, der. Correspondenzblatt u. Organ d. deutschen Freidenker-Bundes. Hrsg. v. Schrift- u. Kassenamt d. deutschen Freidenker-Bundes in Köln. Red.: Bruno Wille. 3. Jahrg. Juli 1894–Juni 1895. 24 Nrn. (à 1/2 Bog.) gr. 8. Köln. (Berlin, W. Rubenow.) à Jahrg. n. 2. –

— dasselbe. 4. u. 5. Jahrg. Juli 1895–Dezbr. 1897. 30 Nrn. (à 1/2 Bog.) gr. 8. Berlin (A. Hoffmann). à Jahrg. n. 3. 75
Jeder dieser beiden Jahrgänge umfaßt 6 Quartale. — Die Jahrgg. 1895–1897 sind vergriffen.

— dasselbe. Red. i. V.: J. Hoch. 6. Jahrg. 1898. 24 Nrn. (à 1/2 Bog.) hoch 4. Wiesbaden. Ebd. n. 3. 60
Kann auch vierteljährlich bezogen werden.

Freidenker, der. Hrsg. im Autrage des deutschen Freidenker-Bundes. Red.: Bruno Wille. Verantwortlich f. alle v. Schrift- u. Kassenamt ausgeh. Veröffentlichgn.: Rud. Penzig. 7.- 10. Jahrg. 1899-1902. a 24 Nrn. hoch 4: (a ca. 8 S.) Charlottenburg. (Berlin, A. Hoffmann.) à Jahrg. 3.60

Freidenker, der. Hrsg. im Auftrage des deutschen Freidenker-Bundes. Red.: Bruno Wille. 11.–14. Jahrg. 1903–1906. à 24 Nrn. (à Jhrg. 196 S.) hoch 4. Liegnitz. (Berlin, A. Hoffmann.) à Jhrg. n. 3. 60

Freidenker, der. **Die Zeitschrift des deutschen Freidenkerbundes u. seiner Zweigvereine. Eigentum des Bundes, geleitet v. Bunde. Hrsg. im Auftrage des deutschen Freidenker-Bundes. Red.: Bruno Wille. 15–18. Jahrg. 1907–1910. à 24 Nrn. (à ca. 8 S.) 30,5×23,5 cm. München, Geschäftsstelle d. deutschen Freidenker-Bundes. (Leipzig, L. Fernau.) à Jahrg. 4. 40**

Freidenker
① Organ der Freidenker der deutschen Schweiz (1. 1. 1908–1. 1. 1911). Offizielles Organ des Deutsch-Schweizerischen Freidenkerbundes (1. 2. 1911–Januar 1913). Zeitschrift des Deutschen Freidenkerbundes und des Deutsch-Schweizerischen Freidenkerbundes (15. 3. 1913–15. 9. 1914). Zeitschrift des Deutschen Freidenkerbundes, des Bundes freier religiöser Gemeinden Deutschlands und des Deutsch-Schweizerischen Freidenkerbundes (1. 10. 1914–?) ③ Der Freidenker (Fusion 15. 3. 1913). Geistesfreiheit. Zeitschrift des Bundes freier religiöser Gemeinden (Fusion 1. 10. 1914) ④ Der Freidenker (seit 1915 ?) ⑤ 1. 1. 1908–Ende 1914 (?) ⑥ 2° Verkleinerung 1. 6. 1911) (1. 1. 1908–Januar 1913). 4° (15. 3. 1913–?) ⑦ Monatsblatt (1908–Januar 1913). Halbmonatsschrift (15. 3. 1913–?) ⑨ Zürich: Conzett & Cie. (1. 1. 1908–1. 5. 1911). M. Vollenweider-Gubler (1. 6. 1911–Januar 1913); Gottesberg (Schlesien): Oskar Hensel (15. 3. 1913–?) ⑩ Freidenker-Verein Zürich (1. 1. 1908–1. 7. 1908). Deutsch-Schweizerischer Freidenkerbund (1. 8. 1908–1. 5. 1911). Freidenker-Pressgenossenschaft der deutschen Schweiz, Zürich (1. 6. 1911–Januar 1913). Deutscher Freidenkerbund (15. 3. 1913–?) ⑪ Gg. Eckert (1. 1. 1908–1. 9. 1908). A. Richter (1. 10. 1908–1. 11. 1909). Hans Conzett (in Vertretung während der Verhaftung A. Richters. 1. 4. 1909–1. 5. 1909). F. Bonnet (1. 12. 1909–1. 4. 1912. 15. 3. 1913). A. Attenhofer (1. 5. 1912–1. 7. 1912). Redaktionskommission des D.-S. F.-B. (1. 8 1910–1. 5. 1911). Redaktionskommission des Genossenschaftsvorstandes Zürich (1. 6. 1911–Januar 1913); Mitarbeiter während der ersten Jahre: Prof. Dr. August Forel ⑫ neutral ⑭ Zh: Z (1908–1914).

Der Freidenker ausser der Loge. Eine feierliche Rede an einem hohen Fest-Tage in der .·. Loge derer Freidenker, gehalten vom B. R. London [1770]. 15 S. 8⁰ [Umschlagtit.]
Kl. 891. Selten. Üb. das Wesen eines Freidenkers.

Freidenker, Der, in der Maurerei oder freimüthige Briefe über wichtige Gegenstände in der Frei-Maurerey. Berlin 1793. Neue Ausg. Leipz. u. Berl. 1811. V: *Ragotzky* (?), *Carl August* (SJL) oder V: *Moritz, Carl Philipp* (?) (kl) (wolfstieg I, 72) Vgl. II, 4033.

Freidenker, der, in d. Maurerei, oder freimüth. Briefe über wichtige Gegenstände in d. Freimaurerei. 8. Berl. 793. Reimer. 1 ℛ Mit n. Titel. 8. Leipz. 811. Hinrichs. 1 ℛ

Freidenker Almanach. Jg. 1. 1878 – ?
Annual Almanac, which contains only original material, of special interest to Turners und „Freigesinnte". Title varies Freidenker-Almanach und Amerikanischer Turner Kalender, 1901 –. Absorbed by Amerikanischer Turner-Kalender. Octavo, each ca. 116 pages. Edited by Carl Dorflinger, 1878 –. Published by Dorflinger Publishing Co., 1878 –. Published by Freidenker Publishing Co. 1884 –
Milwaukee, WI

Freidenker-Almanach. Freireligiöser Kalender auf d. J. 1890—1893. Hrsg. v. Aug. Specht. 19.—22. Jahrg. 8. (IV, 111; IV, 109; IV, 104; IV, 106 S.) Gotha 892, Stollberg. à Jahrg. * — 50

Freidenker-Almanach. Freireligiöser Kalender auf d. J. 1895. Hrsg. v. Aug. Specht. 24. Jahrg. 12. (IV, 105 S.) Gotha, Stollberg. n. — 50

Freidenker-Almanach. Freirelig. Kalender auf d. J. 1899. Hrsg. v. Karl Aug. Specht. 28. Jahrg. 12. (IV, 101 S.) Gotha, Stollberg. n. — 50

Freidenker-Almanach. Freireligiöser Kalender auf d. J. 1903. Hrsg. v. Karl Aug. Specht. 32. Jahrg. 12. (IV, 102 S.) Gotha, Stollberg. n. — 50

Freidenker-Almanach. Freireligiöser Kalender auf d. J. 1906. Hrsg. v. Karl Aug. Specht. 35. Jahrg. (IV, 101 S.) 8. Gotha, Stollberg. n. — 50

Freidenker-Almanach. Freireligiös. Kalender auf d. J. 1911. Begründet v. Karl Aug. Specht, weitergeführt v. Eug. Wolfsdorf. 40. Jahrg. (IV, 109 S.) 8. Gotha, Stollberg. — 50

Freidenker-Bibliothek. 1—4. Heft. 8. Nürnberg. (Leipzig, Leipziger Buchdruckerei.) à Heft — 10
Ankenbrand, Ludw., Darwins Leben u. Lehre. Kurz u. allgemein verständl. dargest. Mit Illustr. (16 S.) (907.) (Heft 4.)
Balßer, Eduard, freie Lieder. Dichtgn. (16 S.) (907.) (Heft 2.)
Weißwanger, Konr., Kampflieder a. d. Anfäng. d. freireligiös. Bewegung. Gesammelt v. W. (16 S.) (907.) (Heft 1.)
Gedanken-Perlen a. d. Werken hervorrag. Geister. Mit e. Anh.: Buddhistische Weisheit. (16 S.) (907.) (Heft 3.)

Freidenkerbund, deutscher. Trigamie u. Unfehlbarkeit. Eine aktenmäß. Erklärg., warum ich bleibe, was ich seit mehr als 50 Jahren bin, Freidenker, aber die Mitgliedschaft im „Deutschen Freidenkerbund" fortan ablehne. Von Cor. (52 S.) gr. 8. Hamburg 906. C. D. Radde. n — 50

Flugschrift d. Vereines d. Freidenker in Gablonz a. N. (2 fl.: Volkstümliche Freidenkerschriften.) 1. Gablonz a. N.: Selbstverl. d. Ver. (1905). 8° [07. 4860

Freidenkerthum, das, begründet durch Kritik der christl. Confessionen u. Darstellung der wissenschaftlichen Weltanschauung des Philosophen Chr. Planck, gest. im J. 1880 als Vorstand d. theolog. Seminars in Maulbronn (Württemberg). 8. (104 S.) Leipzig 887. Thiele. n. 1. —

Freidenkertum, das, u. sein Glaubensbekenntnis, s.: Volksbibliothek, apologetische, Nr. 8.

Freidhof, *Heinrich* [Prof., Oberl.]: Die sogenannten Gigantensäulen. Metz, Druckerei d. Lothr. Ztg, *1892;* 30 S., 4 Taf. 4.
Metz, L, MP 1892 (508)

Freidhof, Heinr. Die Städte Tusciens zur Zeit Manfreds. 30, 43 SS. Progr. Lyz. *Metz* 1879. 1880.

Freidhoff, Rud., Trauerrede auf das Hinscheiden d. Dekans Friedr. Wilhelm Eckert, Pfarrer in Königheim, geh. in d. Pfarrkirche z. Königheim am 25. X. 1897. 8. (11 S.) Tauberbischofsheim 897. F. X. Bott. — 15

Freidina, Eta. Beobachtungen über larvirte Diphtherie. Diss. Med. Univ. Zürich. *Kopftitel:* Aus dem Kinderspital Zürich. 17 S. 8. Zürich-Selnau, Gebr. Leemann & Co., 1907.

Freidsohn, Abraham: Zur Morphologie des Amphibienblutes. Zugleich e. Beitr. z. Lehre von d. Differenzierung der Lymphocyten. Bonn: Cohen 1910. 35 S. 8° [Umschlagt.] ¶ (Aus: Archiv f. mikrosk. Anat. u. Entwicklungsgesch. Bd 75.)
Straßburg, Med. Diss. v. 24. Febr. 1910, Ref. Schwalbe
[Geb. 31. Dez. 76/13. Jan. 77 Mohilew; Wohnort: Witebsk; Staatsangeb.: Rußland; Vorbildung: 1. Gymn. Orel Reife O. 03; Studium: Freiburg i. B. 1, Straßburg 9 S.; Rig. 23. Febr. 10.] [U 10. 4043

Freie-Gemeinde, die, deren Bildung, Verbindung mit den Schwester-Gemeinden, Bestimmungen ihrer Verfassung und Religions-Ansichten. Ein Wegweiser f. die, welche eine Freie-Gemeinde bilden, oder einer Freien-Gemeinde sich anschließen wollen. Hrsg. v. e. Freunde der Religionsfreiheit. 8. (30 S.) Stralsund 850, Helm. ¹/₆ ℛ

Freie-Gemeinde-Halle. Hrsgbr.: Ed. Balzer. Nr. 1—3. gr. 8. (16 S.) Nordhausen 851, (Förstemann.) à Nr. ** 1¼ Ngr. ** —

FREIEISEN, Johann
(F) Christoph IV. Andreas Freiherr von Spaur Bischof von Brixen (1601–1613) und das kirchliche Leben in seiner Diöcese. Von Dr. Johann Freisen. Separatabdruck aus dem „Priester-Conferenz-Blatt". Brixen. 1900. Weger. Gr.-8°. 109 S. K 1.50

Freieisen, Jh. Chr., die beiden Friedericken in Sesenheim. Wahrheit u. Dichtung. 8. Halle 838, Goldig'sche B. ¾ ℛ

Freieisen, Joh. Chrstph., die beiden Friederiken in Sesenheim. Wahrheit u. Dichtung. gr. 12. (8⅙ B.) Zürich 838. (Berlin, Stackebrandt; Leipzig, Wienbrack.) *

Freienschner, Heinr., deutsches Lesebuch für Volksschulen. gr. 8. (XII, 527 S.) Mainz 876. Kunze's Nachf. n. 1. 50

Freienstein, Die Burg. Bülach [1856]. V: *Utzingen, Joseph.* (Cat. d. Stadtbibl. Zürich. Zürich 1864—97.)

Freienwalde [Sachliches OW]

Bad Freienwalde a. O. bei Berlin. Eisen-, Trink- u. Badequellen. Vorzügl. Eisenmoorbäder. Künstl. Kohlensäurehalt. Soolbäder. Künstl. Bäder aller Art. Hrsg. v. der Bade-Dir. zu Freienwalde a. O. *Altenburg: C. Jakobsens Kunstanst. [1896].* (32 S., 4 Bl.) 1 Bd quer-8. [96. 3546

Freienwalde. Buckow mit Berücksichtigung der Ausflüge in die Märkische Schweiz. Praktischer Führer mit zwei Karten. 5. Aufl. (Griebens Reise-Bibliothek. Bd. 69.) Berlin. 1885. 8°.

Freienwalde, Eberswalde, Oderberg, Chorin und Umgebung. Prakt. Führer f. Reisende. 10., neu bearb. Aufl. Mit 2 Karten. Berlin: A. Goldschmidt 1906–07. (62 S.) 8°
— **Reiseführer,** Griebens. Bd 69. [07. 8317

Freienwalde, Eberswalde, Oderberg, Chorin und Umgebung. Prakt. Reiseführer. 11. Aufl., neu bearb. von J. Thilo. Mit 3 Kt. Berlin: A. Goldschmidt 1910–11. 64 S. 8°
(Griebens Reiseführer. Bd 69.) [10. 9397

Freienwalde a. d. Oder u. seine Umgegend. Ein Führer f. Badegäste u. Reisende. 12. (44 S. mit 1 lith. Karte in qu. Fol.) Berlin 848, Schropp & Co. n. ⅓ ℛ

Freienwalde [Schlagwort]

Freienwalde, s.a. **Berlin. Karte.**

— s. a.: **Berlin, Kiessling, A.**

Freienwalde, s.a. **Deutschland.** Kürschner-Pelp.

Freienwalde, s.a. Eberswalde, Kiessling, A.

— s. a.: Geologische Karten. Karte (Preussen). — Mark. — Wanderkarten.

Freienwalde-Oderberg, s.: Eberswalde, Straube.

Freienwalde. Kiessling's Special-Karte v. Freienwalde u. Umgegend, umfassend das Terrain v. Freienwalde bis Falkenberg. 1 : 15,000. Nebst einem Kärtchen der Tour nach dem Baasee. Mit praktischem Touristen-Führer. 2. Aufl., neu bearb. v. Gust. Müller. Farbendr. Berlin 888. Kiessling. n. — 75

Freienwalde. Kiessling's Special-Karte v. Freienwalde u. Umgegend bis Falkenberg, 1 : 50,000, mit Kärtchen der Touren nach Baasee u. Granitkoppe u. farbig eingetragenen Touren. 4. Aufl. 25 × 44,5 cm. Farbendr. Berlin (894). A. Kiessling. — 75

— — neue Special-Karte v. Freienwalde u. Umgegend Wriezen — Oderberg — Brodowin. Auf Grund der Generalstabs-Aufnahmen gezeichnet u. touristisch bearb. 1 : 50,000. 46,5 × 34,5 cm. Farbendr. Ebd. (894). 1. —

— Straube, J., Spezialkarte der Umgegend v. Freienwalde. 1 : 17,500. 30,5 × 47 cm. 6farbig. Berlin (893). J. Straube. n. — 75; nebst Führer durch d. märkische Schweiz. 12. (6 S.) n. 1. —

Freienwalde. Straube's, Jul., Spezialkarte der Umgegend v. Freienwalde (Umschlag: bis zum Baa-See). Entw. u. gez. 1:17,500. 48,5×47 cm. Farbdr. Berlin (910). J. Straube. — 75

Freier, s.a. Freyer

— die, oder worauf fällt ein Frauenzimmer nicht? gr. 8. Berl. 778. (Sander). 2 gl

Freier, Der Alte. Eine Erzehlung. Cölln 1747. V: *Gleim, Johann Wilh. Ludw.* (Gleim-Uz, Briefw. Tübingen 1899. S. 471)

Freier, Der alte, eine komische Oper. Frankf. a. M. 1775. V: *André, Johann.* (JL) (Ky)

Freier, der alte. Komische Oper in 1 Akt (von Jh. André). 8. Frankf. 775. Gebhardt u. K. 4 gl

— der betrogene, oder d. beschämte Braut. Lstspl. in 3 A. 8. Wien 805. Sammer. 8 gl

Freier, Der, ohne Frack. Originalschwank für drei Personen. Wien [1898]. V: *Neidl, Julius.* (EB)

— die kleinstädtischen. Lstspl. in 3 A. (von Aug. Wlh. Thümmel) 8. Coburg 807. Sinner. 12 gl

Freier, Der schüchterne, oder das gezwungene Geständniss. Singspiel in einem Akt. Darmstadt 1810. V: *Markwort, Jon. Chph.* (Ky)

— der schüchterne, oder das gezwungene Geständniß. Sgspl. in 1 A. (von J. C. Markwart). Darmst. 810. ... (NB. Ist wahrscheinl. nicht im Druck erschienen.)

— sechs, u. keine Braut. Lstspl. in 4 A. 8. Leipz. 783. Barth. 10 gl Vergl. Kaffka.

Freier, Der seltene, in drei Akten ... Wien 1781. V: *Meyer, Friedrich Ludwig Wilhelm.* (Ky) (MGT) (BrMm)

— der seltene, nach d. Französ. des Gernevaldes, (von Fr. Ldw. Wlh. Meyer). 8. Wien 781. N. A. 8. Berl. 782. Maurer'sche Buchh. 5 gl

— der seltsame. Lstspl. gr. 8. Lingen 793. Jülicher. 4 gl

Freier, der unentschlossene. Lstspl. in 5 Handlungen. 8. Leipz., Joachim. 6 gl

Freier, Der zudringliche, oder hat man nicht Noth mit euch Mädchen. Posse. Leipz. 17?? V: *Hafner, Phil.* (Ky)

— der zudringliche, oder hat man nicht Noth mit euch Mädchen. Posse (v. Ph. Hafner). 8. Leipz., Köhler. 8 gl

Freier, zwei, v. Dresdensius. s.: Reuter's Bibliothek f. Gabelsberger Stenographen. 158. Bd.

Freier. Vorschläge wegen einer in den preußischen Staaten zu errichtenden Brandkasse für Mobilien, Waaren und landwirtschaftlicher Produkte. Berlin 1800.

Freier, Ant., Antl-Lafontaine, oder kl. Romane. 8. Berlin, (Sommer in Lpz.) 800.

Freier, Berthold, de M. Manilii quae feruntur astronomicon aetate. Dissertatio inauguralis philologica. gr. 8. (III, 90 S.) Gottingae 880. (Berlin, Calvary & Co.) n. 2. —

Freier, Berth., de M. Manilii quae feruntur Astronomicon aetate. Dissertatio inauguralis. 8. (90 S.) Göttingen 880. (Vandenhoeck & Ruprecht.) n. 2. 40

Freier, Berthold, und Wilh. Freier, urkundliche Geschichte des Landes Sternberg. 1.—12. Lfg. 4. (S. 1—328 mit 1 Tab.) Zielenzig 888, Rosenzweig. à Lfg. * 50 Pf. *

Freier, Berthold u. Wilh. Freier. Urkundliche Geschichte d. Landes Sternberg. 13.—25. Lfg. 4. (VI, V u. S. 329—780 m. 4 Tab.) Zielenzig 889—92, Rosenzweig. à Lfg. * — 50; * 6 50
1.—12. Lfg. Ebd. 1888. * 6 —.

Freier, B., Leitfaden f. d. deutschen Unterricht auf höh. Lehranstalten, s.: Schwarz, W.

Freier, J. C. [Pseud.], s. Funke, K. Philipp

Freier, Jh. Paul, Vorschläge wegen einer Brandkasse für Mobilien u. Waaren in d. preuß. Staaten. 4. Berl. 800. Nauck. 6 gl

Freier, Wilh., deutsches Elementarbuch oder Lesestücke für mittlere Schulklassen. Mit besonderer Rücksicht auf Stilübungen, Gesang und Heimathskunde ausgewählt und geordnet. Leipzig 853. Stoll. gr. 8. (XVI, 190 S.) n. 7½ ngr

Freier, W., Elementarbüchlein für den Schreibleseunterricht. Mit besonderer Rücksicht auf die deutsche Orthographie bearb. br. 8. (22 S. wovon 8 lith.) Langensalza 852, Schulbuchh. d. Thür. Lehrervereins. 2 ngr

Freier, Wilh., Elementarbüchlein für den Schreibleseunterricht. Mit besonderer Rücksicht auf die deutsche Orthographie bearb. 2., verb. und verm. Aufl. 8. (46 S., wovon 10 lithogr.) Schwiebus 858, Wagner'sche Buchh. *

Freier, Wilh., urkundliche Geschichte d. Landes Sternberg. 23.—25. Lfg. 4. (VI, V u. S. 609—780.) Zielenzig 890—892. Rosenzweig. à n. — 50 (kplt. geb.: n. 17. —)

Freier, Wilh., des Lehrers Hausfrau. Ein Konferenzvortrag, geh. am 22. Mai 1877 zu Drossen in der Hauptversammlung der Lehrervereine der Kreise Ost- u. West-Stern[illegible] 8. (15 S.) Schwiebus 877. Wagner in Comm. n. — 20

— dasselbe. 2. Aufl. gr. 8. (20 S.) Ebend. 880. — 30

—— der Schreiblesеunterricht in der Elementarschule. Mit einem Vorworte von J. Schröder. 8. (VIII und 60 S.) Langensalza 852, Schulbuchhandlung des thüringer Lehrervereins.

—— deutsche Sprachkunst oder Uebungen im Gedankenausdrukke. Für Elementarschulen ausgewählt und geordnet. 2 Hefte. 8. (40 und 92 S.) Schwiebus 854, Wagner'sche Buchh. [1. Heft * 2 Ngr., 2. * 5 Ngr.] *

—— die Uebungen im Gedankenausdrukke in der Elementarschule. Eine Beilage zu Obigem. 8. (20 S.) Schwiebus 854(55,) Wagner'sche Buchh.

Freieret u. Drangsale des Doctors Schwefelleber, von Fr. Laun. Mit K. 8. Leipz. Hinrichs. 813.
Velinp.

Freierin, die reiche. Lstspl. 8. Wien 785. Kurzböck. 5 кr

Freiersbach [Schlagwort]

Freiersbach, s.: Baden. Woerl, J. E.

Freiersleben, F: Der Brennerei-Bau. Berlin 1885

Freiesleb, Christian Heinrich (Glauch. Misn.) u. **Johann Christoph Ulrici** (Torgau), De emendatione eruditionis et prudentia circa istam, seu de remediis non caute satis adhibitis alium saepe morbum gignentibus. Diss. philos. Lpz. (Imm. Titius) 10. X. 1722. 22 S. (5.—) 9434

— **Johann Jacob** (Eisenberg/Osterland), De famosis libellis vulgo von Paßquillen. Disp. jur. Präs. Johann Bernhard Friesen (Pösen). Jena (Werther) Okt. 1712. 31 S. (5.—) 9435

Freiesleben, s.a. Freisleben

Freiesleben, f.: Einweihung, die, der Lutherkirche zu Leipzig.

Freiesleben, Familienanwartschaft nach sächs. Rechte. Leipz. 868. (2. 25)

— **Christian Friedrich von,** Problema practicum mandato s. c. poenali ob exceptiones sub- et obreptionis impune non pareri. Götting. (J. Ch. L. Schultze) 11. V. 1754. 51 S. (5.—) 9445

— — Dasselbe. Ed. II. Götting. (Vict. Bossiegel). 55 S. (5.—) 9446

— **Christian Gottfried** (Eisenberg), Difficillima emancipationis Romanae et Germanicae capita. Präs. Jo. Casp. Heimburg. Jena (Fickelscherr) 30. VI. 1742. 76 S. (6.50) 9447

Freiesleben, Christian Heinrich

Freiesleben, Chr. Hnr., s. *Corpus* juris civil. academicorum.

— decisionum et responsorum de insignioribus juris quaestionibus volumen. 4. Nrnbg. 734.

— Einleit. zur bürgerlichen Rechtsgelahrtheit. 8. Altenburg, Richter. 726.

— **Christian Heinrich** (Glauch./Misn.), De difficultate jurisprudentiae hodiernae, ex retentis in statu monarchico doctrinis quae ad statum reipublicae aristocratico-democraticae aptatae erant, oriunda. Diss. jur. Rector Jo. Joachim Hahn. Erfurt (Grosch) 19. X. 1722. 24 S. (5.—) 9448

— — De jurisprudentia axiomatica, vera et falsa diss. & praelect. suas jur. indicat. Lpz., 10. X. 1723. 14 S. (3.20) 9449

— — De ratiocinatione ex argumento legis, quo ad orat. inaug. de rationibus institutionum Justin. plerumque incongruis, semper incongrue adjectis. Progr. jur. Altdorf (J. W. Kohles) 9. VI. 1730. 12 Bl. (4.—) 9450

— Schultzius illustratus et examinatus s. compendium juris Schultzio Lauterbachianum illustr. II. Tmi. 4. Altenb. Academ. Bchhdl. in Iena.) 735.

Freiesleben, Chr. Heinr.: Vertheidigung seines Buches: die Einleitung zur Teutschen Rechts-Gelahrheit, und Seiner selbst. Gera (1724).

Freiesleben, F., s.a. Freiesleben, Karl Friedrich Gottlob

Freiesleben, F.: De vitiis methodi Institt. et Pandectar. L. 722.

Freiesleben, Fr., der Brennerei-Bau. Praktisches Handbuch f. Brennereibesitzer, Ingenieure u. Bauhandwerker. Mit e. Vorwort v. Max Maercker. Mit 114 Holzschn. gr. 8. (XV, 190 S.) Berlin 885. Parey. geb. n. 6. —

Freiesleben, Franz L. G.

Freiesleben. F. L. G., vermischte Gedichte. 2 Bde. gr. 8. Leipz. Bruder. (in Comm.) 811—14. (à 12 gr.) Rthlr.

Freiesleben, (Franz L. G.,) Schaudergemälde a. d. wirkl. Welt. gr. 8. Halberst. 827, (Vogler.)

Freiesleben, G., s. Freiesleben, Karl Friedrich Gottlob

Freiesleben, Gerhard Julius, Referendar: Die Rechtsstellung der Geschäftsführer einer Gesellschaft mit beschränkter Haftung. Borna-Leipzig 1900: R. Noske. (VIII, 113 S.) 8° [J.]
Leipzig, Jur. Fak., Diss. v. 11. Juni 1906
[Geb. 4. März 80 Plauen i. V.; Wohnort: Leipzig; Staatsangeh.: Sachsen; Vorbildung: Thomassch. Leipzig Reife O. 99; Studium: Leipzig 6 S.; Rig. 31. Jan. 03.]

Freiesleben, Gf. Chr., († d. 24. Juni 1774.) kleine Nachlese zu Gottscheds nöthigem Vorrath zur Gesch. d. deutschen dramat. Dichtkunst. 8. Leipz. 760. (W. Vogel). 3 к

— s. 1) Falschheit d. neuen Propheten. 2) Prophezeihungen, neue.

— **Heinrich Ludwig** (O. Th.), De subofficialibus S. R. I. Von des Heil. Römischen Reichs Erb=Ambtmännern. / Diss. jur. publ. Präs. Georg Adam Struve. Jena (Nis) Jan. 1686. 24 Seiten. (5.—)
Gew.: Caspar Hendrich (Benndorf), Joh. Georg Döhler (Windischleuba), Joh. Christfrid Sagittarius, Friedr. Gotter. — Widm. v.: Pet. Müller, Caspar Sagittarius, G. Schubart.

— — Dasselbe. Wittbg. (J. G. Schlomach) 1729. Ohne Widm. (5.—) 9454

Freiesleben, (J. C. Frz.,) Harzblumen, in welchen d. romantischen Ansichten, Anlagen, Ruinen u. Schlösser, besonders im Oberherzogthum Anhalt-Bernburg, besungen sind. 8. Quedlinb. 825, Ernst.

— **Jo. Joachim Christian** (Leipzig) u. **Carl Christoph Klopstock** (Quedlinburg), Prodromus historiae literariae scripturae sacrae inprimis n. t. interpretum. Lpz. (Langenheim) 20. V. 1758. 19 S. (5.—) 9462
Gew.: Heinrich Grf. v. Bünau (Dahlen . .).

— — De psalmorum versionibus metricis. Lpz. (Langenheim) 1760. 12 S. (3.50) 9463

Freiesleben, Johann Christoph

— — (Steinpleissa/Misn.), De libris censualibus ac judicialibus, von Erb= und Gerichts=Büchern. / Disp. jur. Erfurt (Kirsch) 18. (28.) II. 1680. 20 Bl., tlws. dtsch. (5.50) 9466
Widm. v.: Quintus Septimius Florens Rivinus, Joh. Heinr. Ernesti, Joh. Barthol. u. Joh. Friedr. Freießleben

— — Dasselbe. Lpz. (Schede) 1718. Ohne Widm. (5.—) 9467

— — Dasselbe. Lpz. (Stopffel) 1745. (5.—) 9468

Freiesleben, Johann Friedrich

— — (Leipzig), De genuina legum civilum indole earumdemque a jure naturae. Erfurt (Jungnicol) 26. IX. 1718. 24 S. (5.—) 9460

— — (Glauch. Misn.) u. (Respond.) **Johann Georg Koch** (Meiningen), Meditatio de jurisprudentia scholastica seu praeparando juris studioso in scholis. Lpz. (Joh. Andr. Zschau) 30. IV. 1712. 12 Bl. (5.—) 9459
Gew.: Gottfr. Wilhelm v. Leibnütz, Stephan Schumann (Wernigerode), Joh. Chrph. u. Joh. Friedr. Freiesleben.

— Johann Friedrich von, Dissertat. de mutatione domini in subfeudis imperii absque consensu vasalli invalida. Götting. (G. L. Schultze) 10. V. 1754. 64, 12 S. mit Siegelabbild. (6.50) 9461
Gewidm.: Heinrich III., II., XII., XI., XXIV., XXX. Reuss ä. u. j. L. — Inhalt bezieht sich vorwiegend a. ds. Haus.

Freiesleben, Jh. Karl, geognostische Arbeiten. 6 Bde, mit 3 Kpf. u. Karten. (1r — 3r Bd. A. u. d. T.: geognost. Beitrr. zur Kenntniß d. Kupferschiefer=Gebirgs. 4 Thlr 15 gr 5r u. 6r Bd. A. u. d. T.: Beitrr. zur mineralog. Geographie v. Sachsen. 1e u. 2e Lief. 2 Thlr) gr. 8. Frberg 807—18. Craz u. G. 7 Thlr 18 gr
Auch unt. dem Titel:
Geognostische Beiträge z. Kenntniß d. Kupferschieferge=bürges.

Freiesleben, J. C.: Geognostischer Beytrag zur Kenntniss des Kupferschiefer-Gebirges, mit besonderer Hinsicht auf einen Theil der Grafschaft Mannsfeld und Thüringen", 6 Bände, Freiberg 1807—1817. — Vorh.: Preuß. Oberbergamt Dortmund — M. c. 9.

Freiesleben, J. C. Beiträge zur Geschichte des sächsischen Erzbergbaues. Aus s. Nachlasse von C. H. Müller. Freiberg 1848.

Freiesleben, J. C.: „Beiträge zur Geschichte, Statistik und Literatur des sächsischen Erzbergbaues, mit besonderer Berücksichtigung der Gangformationen", herausgegeben von Carl Hermann Müller, Freiberg 1848. — Vorh.: Preuß. Oberbergamt Dortmund — E. f. 55.

Freiesleben (J. C.). Beiträge zur mineralogischen Kenntniss von Sachsen. Lief. 1. 2. Freiberg 1817. 8. (Bildet den 5. und 6. Band seiner geognostischen Arbeiten.) — Desgl. ein 2. Exemplar.

Freiesleben, Joh. K.: „Bemerkungen über den Harz"; 1. Bd., 1. Teil: „Bergmännische Bemerkungen"; 2. Teil: „Mineralogische Bemerkungen", Leipzig 1795. — Vorh.: Preuß. Oberbergamt Dortmund — E. g. 45.

— mineralog. Bemerkk. über d. schillernde Fossil von d. Baste bei Harzburg. gr. 8. Leipz. 794. (Wagner in Merseb.) 4 gr

Freiesleben, J. C. Bemerkungen über den merkwürdigsten Theil des Harzes. Bd. I: Bergmännische Bemerkungen. Bd. II: Mineralogische Bemerkungen. Leipzig. 1795.

— bergmänn.=mineralog. Beschreib. d. größten Theils d. Harzes. 2 Thle, mit 3 Kpf. 8. Leipz. 795. Kuhn. 2 Thlr 12 gr

Freiesleben, Joh. Carl, die sächsischen Erzgänge in einer vorläufigen Aufstellung ihrer Formationen. Des Magazins f. d. Oryktographie von Sachsen 1. Extraheft. gr. 8. (7⅛ B.) Freiberg 843, Engelhardt. *

— — dass. 1. Abthl. Die Altenberger, Annaberger u. Freiberger Refiere. Des Magazins für die Oryktographie von Sachsen 2. Extraheft. gr. 8. (12½ B.) Ebds. 844. *

— — dass. 2. Abthl. Die Johanngeorgenstädter, Marienberger u. Schneeberger Refiere. Des Magazins für die Oryktographie von Sachsen 3. Extraheft. gr. 8. (13¾ B.) Ebds. 845. *

— siehe: Handbuch der Berggesetzgebung des Königreichs Sachsen.

Freiesleben, Joh. Carl, Magazin f. d. Oryktographie v. Sachsen. Ein Beytr. z. mineralog. Kenntniß dieses Landes u. z. Gesch. seiner Mineralien. 1—5. Hft. gr. 8. Freyberg, Craz u. Gerlach. [1. (11 B.) 18 Gr., 2. (15 B.) 828. 1 Thlr., 3. (12½ B.) 829. 21 Gr., 4. (13¼ B.) 830. 21 Gr., 5. (13¼ B.) 831. 22 Gr.]

— — dass. 6. Hft. gr. 8. (8 B.) Freiberg 834, Engelhardt.

Freiesleben, Joh. Carl, Magazin f. d. Oryktographie v. Sachsen. Ein Beitr. zur mineralog. Kenntniß dies. Landes u. zur Geschichte seiner Mineralien. In freien Hftn. 7—10. Hft. gr. 8. Freiberg, Engelhardt. [7. (19¾ B.) 836. * 1⅚ Thlr., 8. u. 9. (21¾ B.) 837. * 2 Thlr., 10. (13 B.) 839. * 1½ Thlr.] *
Hft. 8., 9. a. u. d. T.: Vom Vorkommen d. Apatit, Fluß, Gyps, Schwerspath u. Strontian in Sachsen, nebst einigen Bemerkn. üb. d. hieher gehör. sächs. Gang=Formationen.
* 10. a. u. d. T.: Vom Vorkommen d. salzigen Fossilien sowie d. Salz= u. Mineral=Quellen in Sachsen.
1—5. Hft. Freib. 828—31, Craz u. Gerlach. 4 Thlr. 10 Gr. — 6. Hft. Freib. 834, Engelhardt. 12 Gr.

— **Magazin für die Oryktographie von Sachsen. 11. Heft. A. u. d. T.: Vom Vorkommen der brennbaren Fossilien in Sachsen. gr. 8. Ebend. 845. n. 1⅓ Thlr**

— **dass. 12. Hft. A. u. d. T.: Vom Vorkommen der Gold= u. Quecksilber=Erze in Sachsen. gr. 8. Ebend. 846. n. 24 ngr**

Freiesleben, Joh. Carl, († d. 20. März 1846), Magazin f. die Oryktographie v. Sachsen. Ein Beitrag z. mineral. Kenntniß dieses Landes u. zur Geschichte seiner Mineralien. Aus dessen Nachlasse hrsg. v. C. Herm. Müller. 13. Hft. A. u. d. T.: Vom Vorkommen der Silbererze in Sachsen. 1. Abthlg. Vom Vorkommen des gediegenen Silber, Hornerz, der Silberschwärze u. des Glaserz. gr. 8. (202 S.) Freiberg 847, Engelhardt. n. 1 Thlr

— dass. 14. Hft. A. u. d. T.: Vom Vorkommen der Silbererze in Sachsen. 2. Abthlg. Vom Vorkommen des Sprödglaserz, Weißgiltigerz, Rothgiltigerz u. einiger and. Silbererze. gr. 8. (215 S.) Ebd. 847. n. 1 Thlr

— dass. 15. Hft. A. u. d. T.: Vom Vorkommen der Kupfererze in Sachsen. gr. 8. (281 S.) Ebd. 848. n. 1⅓ Thlr

— dass. 4. Extraheft. A. u. d. T.: Beiträge zur Geschichte, Statistik u. Literatur des Sächs. Erzbergbaues, mit besonderer Berücksichtigung der Gangformationen. Aus dessen Nachlaß hrsg. von Carl Herm. Müller. gr. 8. (VIII u. 139 S.) Ebd. 848. n. 1 Thlr

Freiesleben, J. C. Systematische Uebersicht der Literatur für Mineralogie, Berg- und Hüttenkunde von 1800—20. Freyberg 1822.

Freiesleben, J. C., Ueber das Vorkommen des Flotztrapps im alteren Sandstein des Kupferschiefer-Gebirgs. 1822. (S. 561)

Freiesleben, Johann Karl, s. Werner, A. G.: Letztes Mineralsystem.

Freiesleben, Karl Friedrich, s.a. Freiesleben, Karl Friedrich Gottlob

Freiesleben, Carl Friedrich (Leipzig), De adlegationibus quae veteribus jurisconsultis in usu fuerunt. Spec. jur. Romani. Präs. Christ. Gottl. Haubold. Lpz. (F. Ch. W. Vogel) 10. X. 1820. 50 S. (4.80) 9436
Gowidm. Christoph Wilhelm Eisenhuth. — Widm. v. Präs.

— — Solemnia inauguralia viri Ernst Carl Erdmann Heine (Leipzig). — Inest: de auctoritate et utilitate poetarum romanorum in explicando jure romano spec. I. Lpz. (Staritz) 30. V. 1843. 15 S. mit Biogr. H.'s. (M.: Ch. D. Reichel.) (3.—) 9442

— — De dictis jurisconsultorum Romanorum memorabilibus. Libellus quo viro Carl Friedrich Günther quo ante hos viginti quinque annos munus ordin. auspic. est gratul. Lpz. (E. Polz) 22. VII. 1854. 23 S. (4.—) 9443

— — u. **Ludwig Hoepfner,** Dubitationes adjus civile spectantes. Lpz. (Staritz) o. J. [1833.] 45 S. (4.20) 9438
Gew.: Carl Friedr. Günther.

— — De iis Ciceronis epistclis quae ad jus spectant et de Apolline juris perito. Capitum ad jurisprudentiam elegantiorem pertinent. biga. Lpz (Polz) 1839. 24 S. (4.—) 9440
Gew.: Carl Aug. Gottschalk, Wilhelm Siegm. Teucher, Wilhelm Carl v. Ammon.

— — u. (Respond.) Emil Kind, De exceptionibus quae mercibus emtis opponuntur. Diss. jur. Lpz. (Staritz) 5. II. 1835. 30 S. (4.20) 9439

— — De jurisprudentia opostoli Pauli, scripsit hacque prolusione viro Johann Ludwig Ritter (Roetha) diem, quo memoriam muneris in ecclesia ante quinquaginta annos in se collati mox renovabit gratulatur. Lpz. (Staritz) 1840. 16 S. (4.20) 9441

— — De sponsionibus earumque praesertim in jure Saxonico obligatione. Diss. jur. Lpz. (F. C. W. Vogel) 20. VI. 1822. 37 S. (4.50) 9437
Gew.: Joh. Georg Friedrich Frh. v. Friesen (Roetha . .).

Freiesleben, Karl Friedrich Gottlob

Freiesleben, Karl Fr., Beitrr. zur röm. Rechtsgeschichte. Bemerkk. über einige Eigenthümlichkeiten in d. Schriften d. alten röm. Juristen. 1s Heft. 8. Leipz. 826. Fest. 18 ℊℊ

Freiesleben, C. F.: Beiträge zur röm. Rechtsgeschichte, Bemerkungen über einige Eigenthümlichkeiten in den Schriften der alten röm. Juristen. Hft. I. *Lpz.*, **(C. Weygand.) 826. 8. (18 Gr.)**

Freiesleben, Karl Fr. Glob., Darstellung der Grundlagen der Sächs. Bergwerksverfassung. Aus d. Gesichtspunkte d. Rechts u. der Staatswirthschaft. Aus dessen Nachlaß herausg. u. mit einer Vorrede begleitet von Fr. Bülau. gr. 8. Leipzig 837. O. Wigand. 2 ℛ

Freiesleben, K. Fr. Glo.: Darstellung d. Grundlagen d. Sächs. Bergwerksverfassung. Aus dem Gesichtspunkte des Rechts u. der Staatswirthschaft. Aus dessen Nachlass herausgeg. u. mit ein. Vorrede begleitet von Fr. Bülau. *Leipzig*, **O. Wigand. 838. gr. 8. (2 Thl.)**

Freiesleben, F., Handbuch der Berggesetzgebung des Königr. Sachsen, s.a. Handbuch.

Freiesleben, F. Handbuch der Berggesetzgebung des Königreichs Sachsen. Leipzig, 1852.

Freiesleben, (Karl) Fr., Handbuch der vom Jahre 1572 bis auf die neueste Zeit erschienenen, noch jetzt gültigen Civil-Prozeß-Gesetze des Königr. Sachsen. 2 Thle. gr. 8. Leipzig 834, 35. Volckmar. $2^{2}/_{3}$ ℛ

Freiesleben, Fr., Handbuch der vom Jahre 1572 bis auf die neueste Zeit erschienenen noch jetzt gült. Civil-Proceß-Gesetze des Königr. Sachsen. 3. Thl. gr. 8. Leipzig 842, Serig'sche Buchh. $1^{1}/_{3}$ ℛ (1. u. 2. Thl. jetzt auch Serig: $2^{2}/_{3}$ ℛ)

Freiesleben, Carl Friedr. Otto., der Staat u. d. Bergbau, mit vorzügl. Rücksicht auf Sachsen. A. dess. Nachlass hrsg. u. mit e. Vorr. begl. v. Friedr. Bülau. 1. Aufl. (10 B.) 837. 2 Thlr., 2. Aufl. gr. 8. ($10^{1}/_{8}$ B.) Leipzig 839, Otto Wigand.

— der Staat u. der Bergbau, mit vorzügl. Rücksicht auf Sachsen. Aus dessen Nachlaß herausg. u. mit einer Vorrede begleitet von Fr. Bülau. 2e Aufl. gr 8 Leipzig 839. O. Wigand. n. $1^{1}/_{3}$ ℛ

— Versuch einer Darstell. über d. Berichtserstattungen u. d. einzelnen Berichtserstattungsfälle im Königreiche Sachsen. 1r Thl. gr. 8. Wien 824. Geistinger. 16 ℊℊ

Freiesleben, M., Jesus ist König. Predigt, am Himmelfahrtstag 1910 in der Erlöserkirche zu Dresden geh. (11 S.) 8. Dresden (910). (Dresden-Blasewitz, Th. Schuberth.) —20

Freiesleben, Otto, die Familienanwartschaft nach dem neuesten sächsischen Rechte. Erläuterungen zu den §§. 2527 bis 2541 des bürgerlichen Gesetzbuches für das Königr. Sachsen. Leipzig 868. Roßberg. gr. 8. (XII, 174 S.) $22^{1}/_{2}$ ℊℊ

Freiesleben-Poeschel, Hildeg., Wanderwege. (188 S.) 8. Leipzig (908). G. Merseburger. 2.50; geb. in Leinw. 3.50

Freie-Verkehr, der. Red. v. J. v. Herrfeldt. 1 u. 2. Jahrg. 1847 u. 1848. à 52 Nrn. gr. 4. (B.) Frankfurt a. M. (Leipzig, Kummer.) à Jahrg. n. 3 ℛ 3 ℊℊ Erschien statt des „Archivs für das Postwesen"; vom Jahrg. 1847 des Letzteren erschienen nur 4 Nrn., welche zu Obigem gratis beigegeben werden.

Freifahrt-Ordnung. [Aus: „Eisenbahn-Verordnungsbl."] gr. 4. (19 S.) Berlin 889. C. Heymann's Verl. n. — 80

Freifeld, Helene, von Taganrog (Russland): Morphologische Blutuntersuchungen mit einer modifizierten Schridde - Altmann'schen Färbung. ⟨Hämatologische Arbeiten unter der Leitung von Dr. Naegeli, Zürich.⟩ Zürich 1909. 19 S. 8°. [3. VIII. 09.]
Zürich. Med Diss 1908/09

Freifeldt, D. L., der Anschauungs-Unterricht in der russischen Sprache, s.a. Lawrow, N. O.

Freifeldt, D. L., u. N. O. Lawrow, d. Anschauungs-Unterricht in der russischen Sprache z. Gebr. in d. Vorbereitungsklassen u. d. unt. Klassen d. mittl. Lehranstalten des Dorpatschen Lehrbezirks. 1. Thl.: Der Mensch u. die Hausthiere. (2. Aufl.) gr. 8. (VII, 112 S. m. 1 Abbildg.) Reval 890. F. Kluge. Kart. n. 1.50

Freifeldt, D. L., methodisches Elementarbuch nebst systematischer Elementargrammatik der russischen Sprache f. die unteren Classen der mittleren Lehranstalten im Dorpat'schen Lehrbezirk. gr. 8. (IX, 216 S.) Reval 881. Kluge. cart. n. 2. —

Freigang, Karl, s. A. F. Chomel, Vorlesungen rc.

Freigang, Ludw., Fahrten u. Erlebnisse in der Südsee. Eine Erzählg. f. die Jugend. Neue umgeänd. Aufl. 4. (108 S. m. 8 Farbdr.) Stuttgart (902). Reutlingen, R. Bardtenschlager. Geb. 3. 30

Freigang, Ludw., deutscher Jugend Mut u. Glück. Eine Erzählg. f. die Jugend. 2. Aufl. gr. 8. (118 S. m. Textabbildgn. u. 4 Farbendr.) Reutlingen 891. R. Bardtenschlager. Kart. 3. —

Freigang, Ludw., auf Neu-Guinea. Neun Jahre unter den Orang-Woks. Eine Erzählung f. die Jugend. Mit 6 Holzschn. 8. (V, 276 S.) Leipzig 878. Zieger. geb. n. 6. —

Freigegeben, Bandausg., s.: Weltsterstimmen.

— dasselbe. Fortsetzg. s.: Schatzgräber, der.

Freigegeben! Blätter klass. Literatur. Red.: Rich. Tietz. Oktbr.—Dezbr. 1906. 13 Nrn. (216 S.) gr. 8. Berlin, G. Koenig. n. 1. 25
Fortsetzung wird u. d. T.: Schatzgräber erscheinen.

Freigeist, Der. Trauerspiel. Danzig 1768. V: *Brawe, Joach. Wilh. v.* (KY)

Freigeist, der. Trspl. (von J. W. v. Brawe). 8. Danzig 768. N. A. 774. (Jacobäer in Leipz.) 3 gr.

Der Freigeist: Jahrgang 1—2, no. 27, Nov. 29, 1876—Aug. 29, 1875.
Free-thought weekly. Sub-title: Eine freisinnige Wochenschrift (Wahrheit, Freiheit und Humanität). Title varies: Der Freie Geist, June 14, 1874—Aug. 29, 1875. Quarto, each issue 8 pages. For supplement, see Boston Anzeiger. Edited & published by H. Siegel & C. C. Heintzemann, Nov. 29, 1873—Apr. 4, 1874; by H. Siegel, C. C. Heintzemann & J. Wieland, Apr. 11—June 7, 1874; edited by H. Siegel, & published by H. Siegel & Co., June 14, 1874—Aug. 1875.
Boston, MA

Freigeist (Der). Sozialdemokratische Zeitschrift für das arbeitende Volk. Hrsg. von Schiller. 4°. Reichenberg in Böhmen 1889 ff.

— d. entlarvte s. a. Philosophie wider d. schönen u. starken Geister.

Freigeist, Der entlarvte, aus Gründen der Religion und Vernunft. Bamberg 1772. V: *Jordan, Simon.* (Simon Jordan: Wider die schönen und starken Geister 1771) (KY 4/344) (BiblPort)

Freigeist, der junge, s. a. Vereins-Theater, kathol.

Freigeist, Der junge. Schauspiel. Donauwörth 1785. V: *Mayr, Beda.* (ML) (Zeitschr. f. Büch. 1923, S. 85)

Freigeist, d. vernünftige; aus d. Engl. 3 Thle. 8. Leipz. 761—73. Gollner. 20 gr.

Freigeist, Ernst, mit gebrochnen Flügeln auf dem Pegasus. Lyrische Gedichte u. kom. Lyrik. (62 S.) 8. Leipz.-Gohlis 909. B. Volger. 1. —

— dasselbe. II. Tl. Komische Lyrik u. lyr. Gedichte. (40 S.) 8. Ebd. 910. 1. —

Freihafen, der, Galerie v. Unterhaltungsbildern aus d. Kreisen d. Literatur, Gesellschaft u. Wissenschaft. Hrsg. v. Theod. Mundt. 1—5. Jahrg. 1838—42. à 4 Vierteljahrshfte. à 3 Lfgn. 8. Altona, Hammerich. [838—40 à Hft. 1½ Thlr., 41. u. 42. à Hft. 1⅓ Thlr.]

Freihafen, der, Gallerie von Unterhaltungsbildern aus d. Kreisen d. Literatur, Gesellschaft u. Wissenschaft. Hrsg. v. Th. Mundt. 6. u. 7. Jahrg. 1843 u. 44. à 4 Vierteljahrshefte. Lex.-8. Altona, Hammerich. à Hft. 1 Thlr. 22½ Ngr.
1—5. Jahrg. 1838—42. Ebendas. 32 Thlr.

Freihafen, Deutscher. Wochenschrift f. Politik, Nationalökonomie und Literatur. Hamburger Handels- und Börsenblatt. Red.: H. Scherer. 1847. Octbr. — Decbr. 13 Nrn. gr. 4. (à 1½ B.) Hamburg, Perthes-Besser & Mauke. n. 1½ Thlr.

„Deutscher Freihafen. Wochenschrift für Politik, Nationalökonomie und Literatur. Hamburger Handels- und Börsenblatt", redigiert von H. Scherer, Hamburg 1847, 1848. — Fortgesetzt u. d. T.: „Deutsche Handelszeitung. Organ für Handelsfreiheit. Wochenschrift für Politik, Nationalökonomie und Literatur. Hamburger Handels- und Börsenblatt", ebenda. — Vorh.: Com. Bibl. Hamburg.

Freihafen von Triest, Der. Denkschrift, dem h. Reichsrathe ehrerbietig gewidmet von der Triester Handels- und Gewerbekammer. 8. Triest 1863.

— der, Triest u. die österreich. Industrie, s.: Triest, der Freihafen.

Freihafen oder Zollverein? (Als Manuscript gedruckt.) Hamburg. (1867.) 8°.

Freihäfen, Die deutschen, und der Zentralverein der deutschen Wollenwaaren-Fabrikanten. Berlin 1881.

Freihäfen oder Freiläger? Zur Frage des Zollanschlusses der Exclaven. Berlin 1880. V: *Israel, William.* (Cat. d. Bibl. d. dtsch. Reichstages. Berlin 1882.)

Freihäfen od. Freiläger? Zur Frage d. Zollanschlusses der Exclaven. 8. (28 S.) Berlin 880. Steinitz. — 75

Freihafenfrage, die, in ihren verschiedenen Interesse-Beziehungen. gr. 8. (85 S.) Hamburg 880. Hoffmann & Campe Verl. n. 1. —

Hamburger Freihafen-Lagerhaus-Gesellschaft — Beitrag zur Festschrift der Wanderversammlung Deutscher Architekten- u. Ingenieur-Vereine in Hamburg. 1890. 4.

Die Hamburger Freihafen-Lagerhaus-Gesellschaft. 1883—1910. Denkschr. zum 25jähr. Jubiläum. [Mit Abb. u. Pl.] Hamburg 1910: (Rademacher). 61 S. 4°

Freihafen-Stellung, die, vom nationalen Standpunkt aus betrachtet. gr. 8. (23 S.) Hamburg 880. O. Meißner. n. — 40

Freihandel, s.: Zeitfragen, schweizer.

Freihandel, Der, Hamburgs, ein Bedürfniss für Deutschland . . . Hamb. 1848. V: *Meister, Carl Ldw. Dan.* (CBH) (Schr)

Freihandel od. Schutzzoll in Mecklenburg. Zur Würdigung des Entwurfs zu e. Zolltarif f. d. vereinte Deutschland. Frankfurt 1848. Von F. W. Z. gr. 8. (40 S.) Wismar 849. (Schwerin, Stiller.) n. ¼ Thlr.

Freihandelskorrespondenz. 4. Jahrgang. 1878-79. Stettin 1878-79

Freihändler, die, u. die gewerbliche Organisation. gr. 8. (14 S.) Berlin. (Exped. der allgem. Gewerbe-Zeitung f. Preußen.) Leipzig 850, Gebhardt & Reisland in Comm. 2 ngr.

(F) Das Freihandzeichnen in Verbindung mit der geometrischen Formenlehre in der Volksschule. Methodisch durchgeführte Lehrgänge für das 3., 4. und 5. Schuljahr der fünfclassigen Volksschule. Auf Grund der gesetzlichen Bestimmungen bearbeitet von M. Wunderlich. 2. Auflage. Wien. 1900. Sallmayer'sche Buchhandlung. 16°. 1. Heft. Für die III. Classe 28 S. mit 20 Tafeln. fl. —.40. — 2. Heft. Für die IV. Classe. 2. Auflage. 27 S. mit 24 Tafeln fl. —.58. — 3. Heft. Für die V. Classe. 2. Auflage. 31 S. mit 32 Tafeln fl. —.60.

Frei - Hand - Zeichnungs-Schule für die k. k. Militär-Bildungs-Anstalten. Wien 1856. V: *Machold, Joseph.* (EB)

Freiheim, Ed., Rundreise-Combinationen mit 106 Routenkarten für die Linien der k. k. pr. Kaiserin Elisabeth-Westbahn, der Südbahngesellschaft etc. 8. (3S.) Graz 879, Cieslar.

Freiheim, Ed., Rundreise-Combinationen m. 200 Routenkarten f. die Linien der k. k. pr. Kaiserin-Elisabeth-Westbahn, k. k. pr. Kronprinz Rudolfbahn u. k. k. pr. Südbahn-Gesellschaft, m. besond. Berücksicht. der Ausflüge nach den österr. Alpenländern u. einem Rundreiseführer. 2. Aufl. 16. (XXVI, 204 S. m. 1 chromolith. u. color. Karte.) Graz 881. Cieslar. cart. 1. 20

Freiheit, s.a. **Freyheit.**

Freiheit (BS)
s.a. Basler Vorwärts (I).

— über die. 8. Berl. 786. Reimer. 3 ℳ

— über die, ein Zuruf an deutsche Fürsten u. deutsches Volk, (v. H. J. C. v. Hedemann). gr. 8. Altona 790. Hammerich. 3 ℳ

Freiheit. Hamburg 1791. V: *Reimarus, Joh. Albert Heinrich.* (Adel) (schr)

Freiheit, die, ein Marktgespräch zwischen zween Bauern u. einem Dorfschulmeister. 8. Coburg 793. Ahl. (Riemann). 2 ℳ

FREIHEIT. Über – in Bezug auf die Glückseligkeit des Bürgers und Dauer einer beglückenden Staatsverfassung ... Von W. L. Rehm, Wien 1793. 1 vol. 2 Bl. + 54 S.

Freiheit. An F. L. Schröders Gedächnisstage, am 3. Sept. 1818. o. O. [1818]. 1 Bl. 8° [Kopftit.]
Gedicht: „Der Du kühn auf Adlerschwingen ..."

Freiheit. Eine Wochenschrift dem deutschen Volke gewidmet. Redakt.: F. G. L. Greßler. 1. Jahrg. 1848. April — Decbr. 39 Nrn. (Bog.) 4. Langensalza 848, Schulbuchhandlung des thüringer Lehrervereins. *

Freiheit: Die Freiheit (Lu I)
① 1867: Tagblatt für die Centralschweiz ③ Der Volksfreund (Lu II) ④ Luzerner Anzeiger (II) ⑤ 1. 1. 1867 — 28. 12. 1872 ⑥ 4° ⑦ Tagblatt (1867), wöchentlich 1× (1868—1871), wöchentlich 2× (1872) ⑧ Willisau: Conrad Kneubühler ⑨ Unterhaltungsblatt ⑩ Conrad Kneubühler ⑪ Conrad Kneubühler ⑫ freisinnig ⑬ BGSZ: 290. 707. 1028. 1031; Willisauer Volksblatt 1951. Nr. 94. Beilage ⑭ Lu: Z ⑮ Die Zeitung beginnt mit dem 17. Jahrgang, weil der Herausgeber auch den »Hinterländer« und den »Volksfreund« miteinbezieht. »Die Freiheit« blieb bis jetzt die einzige Tageszeitung der Luzerner Landschaft.

Freiheit: Die Freiheit (Lu II)
① Freisinniges Organ der Mittelschweiz (4. 9. 1877—28. 12. 1877) ③ Luzerner Anzeiger (II) ④ Der Demokrat (Lu I) ⑤ 22. 12. 1875 (Probeblatt); 5. 1. 1876 (Nr. 1)—28. 12. 1877 ⑥ 4° ⑦ wöchentlich 2× ⑧ Willisau: Conrad Kneubühler (bis 8. 12. 1876). Alois Pfyl (12. 12. 1876—15. 12. 1876). Conrad Kneubühler (19. 12. 1876 — 14. 8. 1877). Conrad Brack (17. 8. 1877 — 28. 12. 1878) ⑨ Illustriertes Sonntagsblatt ⑩ Conrad Kneubühler, dann Pfyl, wieder Kneubühler und zuletzt Brack ⑪ die Verleger ⑫ freisinnig ⑬ BGSZ: 290. 707. 1028. 1032; Willisauer Volksblatt 1951, Nr. 94. Beilage ⑭ Lu: Z.

Freiheit : Jahrgang 1—32, no. 17, Jan. 4, 1879—Aug. 13, 1910

Irregular, Jan. 4, 1879 – Dec. 1880; weekly, Jan. 1, 1881—Dec. 1907; fortnightly, Jan. 4, 1908—Aug. 13, 1910. Other irregularities: no. 1—44 published [or, republished?], in 1882; May 1895—Sept. 1897, a time of financial crisis for the paper; issue of May 23, 1896 consists of only 2 pages; issue of Sept. 28, 1901 printed on one page. Errors in numbering: Jahrgang 18, no. 2—7, Jan. 11—Feb. 15, 1896, incorrectly called Jahrgang 19, no. 2—7; Jahrgang 18, no. 8, Feb. 22, 1896, called Jahrgang 20, no. 7. Not published Aug. 7 & Sept. 18, 1897. Imprints: (Rocker gives: London, Jan. 4, 1879 – June 3, 1882; Schaffhausen, Switzerland, July 8—Nov. 1882); London & New York, or London & Hoboken, N. J., 1883—87; Chicago & N. Y., Jan. 5—12, 1889; Buffalo, Sept. 18, 1897– July 30, 1898; New York, Aug. 1898—Aug. 13, 1910. Large quarto, [size varies slightly], each issue 4—8 pages, except as noted. Excluded from Germany by anti-Socialist laws of 1878, and not permitted entry until 1890. A European Edition is mentioned by Nomad [ca. 1896] which contains articles dealing exclusively with German and Austrian conditions. Circulation: 1892, 4300; 1896, 5000; 1905, 3500; 1910, 4250. Place of publication varies: London, Jan. 4, 1879—Sept. 1882; Berlin [date-line], Oct. 7, 1882; Exeter [date-line], Oct. 14—Nov. 18, 1882.

Sub-title: 1) Socialdemokratisches Organ, Jan. 4, 1879 –1882; 2) Organ der Revolutionären Socialisten, Dec. 9, 1882—1886; 3) Internationales Organ der Anarchisten deutscher Sprache, Jan. 1, 1886? – 1898. The Mottoes of the paper are of interest: 1) „Proletarier aller Länder, vereiniget Euch!", Jan. 4, 1879 – 1881. 2) Gegen die Tyrannen sind alle Mittel gesetzlich, Dec. 9, 1882 – 1883. 3) With Jahrgang 5, no. 32, Aug. 11, 1883, each page has running-title: a) Gegen die Tyrannen sind alle Mittel gesetzlich!; b) Arbeiter aller Länder, vereiniget Euch!; c) Nieder mit Thron, Altar und Geldsack!; 4) Agitation, Organisation, Rebellion! Title varies: 1) Freiheit, no. 1, Jan. 4, 1879; 2) Deutschland, no. 2, Jan. 4, 1879; 3) Bismarck [date-line: London], no. 3, 1879; 4) then, a series of single, and striking titles is used, *e.g.*, Trotzalledem, or, Thatsachen, or ???? [sic]; 5) then, issues for Aug. 30—Dec. 27, 1879 [date-line, Berlin] called Die Innere Mission; and with Jahrgang 2, no. 1, Jan. 3, 1880 [date-line, London], title is established as Die Freiheit. With Jahrgang 3, no. 1, [date-line, London], editor states that Die Freiheit is "registered for transmission abroad."

Published by Johann Joseph Most, Jan. 4, 1879—Dec. 1880?; by Communistischer Arbeiter-Bildungs-Verein [London], Jan. 1, 1881—1882?; Johann Joseph Most, Dec. 1882—Mar. 1906, [with following variations: by Justus H. Schwab, 1884—86; by John Mueller, 1887—97; by Publishers of Buffaloer Arbeiterzeitung, Sept. 18, 1897—July 30, 1898]; by Mrs. Helene Most, Mar.—Apr. 21, 1906; by Freiheit Publishing Association, Apr. 28, 1906—Aug. 13, 1910 [Ernst Bohm, 1907 – 10].

Edited by Johann Joseph Most, Jan. 4, 1879 – Mar. 1906 [with following assistant editors, or substitute editors—see dates for Most's activities, as far as can be determined—: Justus Schwab, editor of two numbers before Most arrived in N. Y., with materials sent by Most to him, Nov.—Dec. 1882; by Moritz Schultze, while Most was at Blackwell's; by L. T. Krämer, while Most was at Blackwell's; by Karl Schneidt, while Most was in prison in London; by John Mueller, Aug. 11, 1883 – Aug. 7, 1897.] Edited by Max Baginski, Jan. 4, 1908—Aug. 13, 1910. Johann Joseph Most: b. Feb. 5, 1848, Augsburg; d. Mar. 17, 1906, Cincinnati. Biographical highlights: 1. Expelled from Germany, 1878. 2. Imprisoned, London, on his 5th trip abroad: 1880?—Oct. 1882. 3. Landed in New York, Dec. 12th or 19th, 1882. 4. Haymarket Riot, May 4, 1886. Imprisoned, Blackwell's Island: June 1886—Apr. 1, 1887. 5. Imprisoned, Blackwell's Island: 1891?—Apr. 18, 1892. 6. Assassination of President McKinley: Sept. 6, 1901. Arrested Sept. 12, 1901 and placed in jail. 7. Imprisoned, Blackwell's Island: Apr. 11, 1902—Apr. 11, 1903.

Jubiläums-Ausgabe: Dec. 26, 1903 **New York, NY**

Freiheit (Sh)
⑤ 3. 1. 1879—190(?) ⑧ London: (3. 1. 1879—3. 6. 1882); Schaffhausen: Wilhelm Bührer (8. 7. 1882—4. 11. 1882); New York (vom 9. 12. 1882 an) ⑩ Johann Most, aus Augsburg († 1906 in New York; v. der Weckruf vom April 1906) ⑪ Hermann Stellmacher (während der Schweizer Zeit) ⑫ anarchistisch ⑬ Langhard: Die anarchistische Bewegung in der Schweiz (Berlin: 1903) ⑮ Langhard, p. 224: »Erst am 8. Juli 1882 erschien wieder eine Nummer, und diese wurde bereits in Schaffhausen bei Bührer gedruckt. Die dort hergestellten Nummern trugen, um die schweizerischen Behörden zu täuschen, als Druckort London. Die Nummer vom 14. Oktober 1882 enthält als Druckort Exeter, als Drucker ist angegeben ‚Druckerei der Freiheit', vom 4. November 1882 an figuriert als Drucker und Verleger Franz Fuhrich...« Dazu »Helvetische Typographia« 1882, Nr. 44: »Dem Vernehmen nach wurde seit einiger Zeit die in London polizeilich unterdrückte ‚Freiheit', als Organ der anarchistischen Partei herausgegeben von Most, in Zürich gedruckt. Da das Blatt keine Druckfirma trägt, so ist ihm in Zürich der Debit verboten worden.«

Freiheit: Die Freiheit (Be)
① Organ (später: Centralorgan) der bernischen Volkspartei. Ein politisches Wochenblatt für das Bernervolk. Dem obenstehenden Untertitel einige Zeit vorangestellt, dann allein: ⑤ Probeblatt im November 1882. 12 Probenummern im Dezember 1882; 6. 1. 1883—1885 ⑥ 2° ⑦ Wochenblatt, halbwöchentlich (ab 1. 1. 1885) ⑧ Herzogenbuchsee: Ulrich Dürrenmatt (1882); Bern: Heinrich Körber (1883 — 1885) ⑩ C. H. Mann ⑫ konservativ ⑬ BGSZ: 598, 973 ⑭ Be: L, S, St.

Freiheit, internationales Organ der Anarchisten deutscher Sprache. London u. New York 1879—90.

Freiheit, die. Blätter zur Bekämpfung des Trinkzwanges. Herausgegeben vom Ortsverein Basel des Int. Vereins zur Bekämpfung des Alkoholgenusses. Redaktion: DDr. Prof. Burckhard und H. Schluk. Seit 1892. Basel. Jährlich 12 Nrn. Fr. 1.60.

Freiheit (Die). Zeitschr. Graz, 5. April u. 6. Mai 1894. 2 Nrn.

Freiheit. Zeitschr. Heilbronn 1895—96.

Freiheit, die. Blätter z. Bekämpfg. d. Trinkzwanges. Hrsg. v. Ortsverein Basel d. internat. Vereins z. Bekämpfg. d. Alkoholgenusses. 3.—6. Jahrg. 1895—1898. à 12 Nrn. (Bog.) gr. 4. Basel, Schriftstelle des Alkoholgegnerbundes. à Jahrg. n.n. 6. —
Kann auch vierteljährlich bezogen werden.

Freiheit, die. Blätter zur Bekämpfg. des Trinkzwanges. Hrsg. vom Ortsverein Basel des Alkoholgegnerbunds (Intern. Vereins zur Bekämpfg. des Alkoholgenusses). Red.: E. Grosheintz. 7. Jahrg. 1899. 12 Nrn. gr. 4. (à ca. 8 S.) Basel, Schriftstelle des Alkoholgegnerbundes. n.n.n. 1. 60

Nicht mehr im Buchhandel.

Freiheit. Organ für die christliche Arbeiterschaft Oesterreichs. Hrsg. von Kunschak. fol. Wien 1896 ff.

Freiheit, Intern.-Organ d. Anarchisten Deutscher Sprache, Wochenblatt der Buffaloer Arbeiterzeitung.
GyStalog: B 176, 1897.
Buffalo, NY

Freiheit, Die. Off. Organ d. schweiz. Landesgruppe des Alkoholgegnerbundes 1900. In fol. 12 Nrn. Basel, Schriftstelle des Alkoholgegnerbundes. Jährlich 1 50, Ausland 2 –

Freiheit, academische. Lieder u. Gedichte e. „Alten Herrn". 12. (88 S.) Berlin 895. J. Harrwitz Nachf. Kart. n. 1. 50

Freiheit, akademische, u. die Zwangsjacke, v. Victor, s.: Broschüren-Folge „Continent". Nr. 14.

Freiheit (Die) der Arbeit. gr. 8⁰. Wien, M.S. f. Gesellsch.-Wiss., 1880.

Freiheit und Arbeit. Kunst und Literatur Sammlung. Hrg. vom Internationalen Komitee zur Unterstützung der Arbeitslosen, mit Vorwort von Eduard Bernstein. Selbstbiographien, Bildnisse und Faksimilen [28 Tafeln, sowie 1] Kunstbild von I(lia) Répin [und] Titelbild von Frl. (F) von Joeden. VIII + 304 S. 8. (Lausanne, Th. Sack-Reymond,) 1910. [fr. 7. 50]

— u. **Arbeit.** Kunst u. Literatur. Sammlung. Hrsg. vom internat. Komitee zur Unterstützg. der Arbeitslosen m. Vorwort v. Ed. Bernstein. Selbstbiographien, Bildnisse u. Fksms. Kunstbild v. J. Répin. Titelbild v. Frl. v. Joeden. (VIII, 304 S.) gr. 8. Leipzig 910. Xenien-Verlag. 6. —

Volkswirthschaftlicher Congress. 3. Versammlung 1860. DIE FREIHEIT DES BAUHANDWERKS. (Ohne bes. Titelblatt. — Druck von C. Schünemann in Bremen.) 4⁰.

— über, u. Beschränkung des Handels. 8. Gotha 817. Becker. 8 gr

„Freiheit, Brüderlichkeit, Arbeit". Wöchentl. 2 mal. Zuerst herausg. von Jansen und Jos. Moll, später von Ch. Esser. Köln, 1848—49.

Freiheit, christliche. Evangel. Gemeindeblatt f. Rheinld. u. Westfalen. Mit monatl. Beilage: Blätter f. religiöse Erziehg. Zweimonatl. Beilage: Blätter f. Jugendarbeit. Unter ständ. Mitarbeit v. Radecke, Strauß u. Mitwirkg. vieler evangel. Männer aus beiden Provinzen hrsg. v. Traub. 25. u. 26. Jahrg. 1909 u. 1910. à 52 Nrn. (à Jahrg. 832 Sp.) 33,5×25 cm. Bonn, C. Georgi. à Jahrg. 4. —

Freiheit, die deutsche christliche, in dem welthistorischen Kriegeskampfe gegen den staatlichen u. kirchlichen Absolutismus Paris u. Rom. München 870. L. Finsterlin. gr. 8. (15 S.) 3 ngr

Anonym: „Ueber deutsche Freiheit und Vertretung deutscher Völker durch Landstände", Leipzig 1814 (Baumgärtner).

Freiheit (Für die) Deutschlands. Die Abgesandten der deutschen Sozialdemokratie an die Gesinnungsgenossen in den Vereinigten Staaten. New York, 5. Febr. 1881. Flugblatt, unterzeichnet: F. W. Fritzsche und L. Viereck.

Freiheit und Eigentum der Bauern in den Domänen als ein Mittel zu einer großen Verbesserung des Bauernstandes in Mecklenburg. Schwerin 1787. V: *Bouchholtz, Ernst Friedr.* (Bachmann, Mecklenburg. Güstrow 1889.)

— u. Eigenthum, üb., d. alten baier. Nation, (v. S. Rottmanner). gr. 8. Frankf. u. Leipz. 801. (Krüll in Landsh.) 6 gr

Ueber Freiheit u. Eigenthum der alten baierschen Nation. *Frankf. u. Leipz.*, (Manz in *Regensburg.*) 801. gr. 8. (6 Gr)

— u. Einschränkung, über, d. Handelsgeschäfte; aus d. Engl. (v. Chr. A. Wichmann). gr. 8. Leipz. 792. Kue in Altona. 16 gr

Freiheit, die, der Elbschifffahrt. Geschichtliche Erläuterungen der staatsrechtl. Sachlage. 8. (29 S.) Hamburg 880. (Meissner & Behre.) n.n. — 30

Freiheit, Die, der Elbschiffahrt. Eine Frage des europäischen Rechtes. Dresden 1859. V: *Lüder, Carl & Fischer.* (CBII)

Freiheit, die, d. Elbeschifffahrt. Geschichtl. Erläutergn. d. staatsrechtl. Sachlage. Hamburg 880.

— **evangelische.** Monatsschrift f. d. kirchl. Praxis in der gegenwärtigen Kultur. In Gemeinschaft m. F. Niebergall, G. Traub, J. Jüngst, F. M. Schiele u. vielen anderen namhaften Vertretern der modernen Theologie hrsg. v. O. Baumgarten. 7—10. Jahrg. 1907—1910. à 12 Hefte. (VIII, 539; VIII, 540; VII, 487 u. VIII, 503 S.) gr. 8. Tübingen, J. C. B. Mohr. à Jahrg. 6. —

— über die, den geprüften Gefühlen d. Herzens zu folgen. 8. Memmingen 789. Seyler. 10 gr

— die, des Gewissens. gr. 8. Frankf. 776. Eichenberg. 4 gr

Freiheit und Gleichgültigkeit [im deutschen Logenwesen]. In: Latonia 3 (1880), S. 123—127. V: *Cramer, Benvenuto.* (wolfstieg II, 443)

— u. Gleichheit; e. Wort zu seiner Zeit (v. F. J. D. Tanck). gr. 8. Erlang. 793.

— u. Gleichheit, über. Hamb. 794. (Herold jun.) 2 gr

Freiheit-Gleichheit
⑤ 1. 4. 1799—10. 5. 1799 ⑥ 4° ⑦ wöchentlich 2× ⑧ Chur: Bernhard Otto ⑩ Bernhard Otto ⑪ Bernhard Otto und Andreas Otto (?) ⑬ BGSZ: 1c?? ⑭ Ch: K.

Freiheit u. Gleichheit! oder hat die oberste Gewalt ihre Quelle im Volke? Im Hinblick auf unsere religiösen u. polit. Verhältnisse u. insbesond. auf die Bestrebungen eines Ruge, Bruno Bauer, Herwegh u. A. 2. Aufl. 12. Düsselthal 843. (Leipzig, Barth.) n. 3¼ ngr

Freiheit, Gleichheit, Brüderlichkeit in der Praxis, oder Socialdemokraten unter sich, v. Registrator, s.: Volksaufklärung.

Gleichheit, Brüderlichkeit in der Sozialdemokratie, s.a. Volksbibliothek, soziale, Nr. 8.

Freiheit, Gleichheit, Brüderlichkeit in der Socialdemokratie. 8°. M.-Gladbach, Zentralstelle des Volksvereins f. d. kath. Deutschland, 1907. (Soziale Volksbibliothek, Nr. 8.)

— glückselige, entgegengestellt der beschwerlichen Dienstbarkeit, oder: Einfältige Herzens- u. Erfahrungs-Lehre e. durch die Wahrheit freigemachten schweizerischen Frau [Zerletter]. Für sie, ihre Kinder, u. andere heilsbegierige hungrige Gnaden-Kinder. 3. Aufl. Neu herdg. von J. D. Prochnow. Berlin 865. Buchh. d. Missions-Vereins. gr. 8. (210 S.) 12 ngr.

Freiheit, die, der Gottesverehrung in Frankreich, erbeten durch 90 Bittschriften an die französ. Abgeordneten-Kammer, u. siegreich verhandelt in der Sitzung derselben am 20. April 1844. Aus dem Französ. übers. mit geschichtl. Vorworte. gr. 8. Karlsruhe 844, Macklot. n. 1/4 ℛ

Freiheit, Die, des Herzens; ein Schauspiel in einem Akt ... Leipz. 1818. V: *Guehery, Louis Amanley de.* (Ky) (MGT)

Freiheit, die, des Herzens; Schausp. vom Prof. v. Guerri. In italien. u. deutscher Sprache. gr. 8. Berlin, Krause. (Leipzig, Lauffer in Comm.) 818.

Freiheit, die, des Herzens; e. Schspl. in 1 Akt, in deutscher u. italien. Sprache (von L. A. de Guehery). 8. Leipz. 818. Krause. 1

Hessens Freiheit garantirt durch die Proclamation vom 6. März 1848. Ein fliegendes Blatt an alle Hessen. Darmstadt 1848. 24 S. 8.

Die Freiheit der Kirche. Von einem kath. Juristen. Wien, Sartori, 1868, 8°, 15 S.

Eine bündige Schilderung wirklicher kirchl. Freiheit u. ein Mahnruf an d. österr. Regierung, die freie Bewegung der K. nicht zu hemmen. Vgl. Wiener Allg. Litztg 1868, S. 18.

— die, der kathol. Kirche in Würtemberg. Von e. kathol. Geistlichen. gr. 8. Ulm 832. Ebner. 8 gr.

— der Kirche u. Schule. Für Gelehrte u. Ungelehrte. gr. 8. (16 S.) Augsburg 848, Schmid. 1/24 ℛ

Freiheit u. Kirchenregiment. Meinungsstreit zwischen Frhr. W. E. v. Ketteler u. J. C. Bluntschli. gr. 8. (45 S.) Heidelberg 871. Bassermann. — 60

— die kirchliche, u. die bayerische Gesetzgebung mit Rückblick auf die Jesuitenfrage in Regensburg. Eine Ansprache des Bischofs von Regensburg an den Klerus seiner Diöcese. Regensburg 867. Manz. gr. 8. (120 S.) n. 12 ngr.

Freiheit, Die, und deren Knechtung durch Rom. Vortrag ... Olten 1881. V: *Gschwind, Paulin.* (BSchwLk V, 10 e γ)

Freiheit, Liebe, Menschlichkeit. Ein Manifest des Geistes v. hervorrag. Zeitgenossen. gr. 4. (79 S. m. Autographen u. 1 Lichtdr.-Taf.) Berlin 893. (R. van Groningen.) Geb. in Leinw. m. Goldschn. 12. —

Des Maurers **Freiheit.** [Gotha] o. J. 2 Bl. 8°. [Kopftit.]
Gedicht: „So manches Hohe liegt zerfallen" ... 358a.

—— der deutschen, Minne. Ausgewählte Lieder der deutschen Freiheitssänger. gr. 16. (IV und 84 S.) Dresden 863, Schöpff.

— die neue. Ein Beitrag zur Erziehg. der Menschen zur Solidarität. (128 S.) 8. Budapest 904. C. Grill. n. 2. —

Freiheit den Orden! Drama in 1 Aufzuge. Schauplatz: Das Kasino in X. von Socialis Politicus. 16. (29 S.) Trier 886. Paulinusdruckerei. n. — 25

Freiheit, Polnische ... Leipzig 1832. V: *Hegewisch, Franz Herm.* (BrVV)

Ueber die Freiheit der Presse. Kurzer Auszug aus d. in der Kammer der Abgeord. 1819 stattgeh. Verhandl. hinsichtl. d. Antr. des Abgeord. Behr auf Vollzug d. §. 2 d. Edictes üb. d. Frht. d. Presse. *München*, Franz. 831. (4 Gr.)

— protestantische. Der XXIII. deutsche Protestantentag in Wiesbaden v. 21. bis 24. V. 1907. 2. u. 3. Taus. (139 S.) gr. 8. Berlin-Schöneberg (907). Schriften-Vertrieb. — 75

— dasselbe. Verhandlungen des XXIV. deutschen Protestantentages in Bremen v. 21—24. IX. 1909. Vorträge v. Frdr. Naumann, Karl König, Traub, Hollmann, Alfr. Fischer u. Debattereden. 1—3. Taus. (IV, 220 S.) gr. 8. Ebd. (909). 1.50

Freiheit u. Recht! Antwort auf „Sorgen, Bedenken, Wünsche in bezug auf den Religionsunterricht in den öffentl. Schulen Hamburgs". (28 S.) 8. Hamburg 907. C. Boysen. — 40

Freiheit, die, das Recht und die Toleranz der katholischen Kirche. Zur Orientirung in den größten und dringendsten Angelegenheiten des öffentlichen und des inneren Lebens des Menschen. Von G. D. 8. (16 S.) Gratz, Kienreich. 1861. 20 kr.

Freiheit. Von der F. und den Rechten der Kantone Bern, Aargau und Waadt. 1814 s. [Zschokke, Heinrich].

Freiheit, Die, der Rheinschiffahrt: aus der wesentlichen Gerechtigkeit ... vertheidiget ... Offenbach u. Hanau 1776. V: *Schlettwein, Joh. Aug.* (Holz) (CBH)

Freiheit, die, d. Rheinschiffahrt, vertheidigt von d. Verf. d. wichtigsten Angelegenheiten für d. ganze Publikum. 8. Wien 774. Trattner. 4 gr.

— üb. die, d. Rheinschiffahrt, zwei Sendschreiben v. **** an ****** gr. 8. Frankf. 815. Körner. 16 gr.

Freiheit, Die, der Schiffahrt und Handlung neutraler Völker im Kriege ... a. d. Franz. Leipz. 1780. V: *Tose, Eobald.* (Oa)

— die, d. Schiffahrt u. Handlung neutraler Völker im Kriege. 8. Leipz. 780. Schwickert. 14 gr. Dess. 2r Thl., s. Versuch über Seerecht.

Freiheit und Selbständigkeit der Kirche. Ein Beitrag zur Weiterentwicklung der evangel.-luther. Kirche im Sinne des Antrages von Hammerstein-Kleist-Retzow, mit besond. Berücksicht. der Pommerschen Kirchenordnung von einem Laudator temporis acti. gr. 8. (24 S.) Berlin 887. Reuther. n. — 40

Freiheit, die, siegt! Liederbuch der Meklenburg. Dorfzeitung. 32. (61 S.) Wismar 850, Sievers. 1 1/2 Ngr

— u. Souverainität in Oesterreich. Ein offener Brief an den Reichstag in Kremsier, geschrieben im Februar 1849. Lex. 8. (27 S.) St. Pölten 849. (Wien, Rohrmann. — Sternickel & Sintenis.) n. 5 1/3 Ngr

— in Bezug auf d. deutsche Staatsrechts 1790, s. C. L. v. Pfeiffer, d. deutsche Freiheit.

Freiheit, Teutschlands. Eine Rede an die Fürsten und das Volk . . . Giessen 1814. V: *Welcker, Carl Theodor.* (MGT) (HS)

— u. Unmittelbarkeit, vertheidigte, d. heil. röm. Reichs-Ritterschaft in Franken, Schwaben u. am Rhein. 2 Thle u. Register. Fol. Nürnb. 750, 51. Felßecker. 8 Thlr 8 kr

Freiheit, Die, des Unterrichts. Erbstadt 1876. V: *Kobler, Andreas.* (Jes)

Freiheit, Die, des Unterrichts, mit besonderer Rücksicht auf das Königreich der Niederlande und die gegenwärtige Opposition in demselben; von einem wahrheitliebenden Schweizer. Bonn 1829. V: *Münch, Ernst.* (Russell III, 156)

—— die, d. Unterrichtes, mit besond. Rücksicht auf d. Königr. d. Niederlande u. d. gegenwärt. Opposition in demselben; von e. wahrheitlieb. Schweizer. gr. 8. (23 B.) Bonn 829, (Weber.)

Freiheit, Vertheidigte, der Pfarrer von der Concurrenz der Kriegsschäden . . . Hadamar 1803. V: *Kleber, Alex. Ans.* (Ky)

— vertheidigte, d. Pfarrer von d. Concurrenz d. Kriegsschäden rücksichtl. ihrer Pfarrbesoldungs-Güter ꝛc., (v. A. A. Kleber). 8. Hadamar 803. (Lanz in Weilb.) 5 kr

— d. wahre, d. Christen. 8. Bamb. (Wesché in Frkf.) 4 kr

Freiheit, die, und was die denkende Sprache darunter versteht. Eine Denkschrift für Denker zum Denken und Bedenken. Berlin 863. Martens in Comm. 8. (63 S.) n. 10 Ngr

— zweierlei! Eine social-politische Schrift von Carl v. B. Wien 863. Typogr.-literar.-artist. Anstalt. gr. 8. (19 S.) 6 Ngr

Freiheiten, Bayerns errungene, s. Bayern.

Freiheiten, Die Gallicanischen und Deutschen, Bossuet, Hontheim und die Erzbischöfe zu Ems und Pistoja . . . Leipzig 1839. V: *Henry, Paul.* (zu)

Freiheiten, die Gallicanischen u. Deutschen, Bossuet, Hontheim u. die Erzbischöfe zu Ems u. Pistoja an die kathol. Geistlichkeit deutscher Nation. Mit einigen Actenstücken des Congresses zu Ems u. der Synode zu Pistoja. gr. 8. Leipz. 839. Rein. 1/2 Thlr

Freiheiten, über d., d. gallikan. u. deutschen Kirche. gr. 8. Heidelb. 817. Winter. 6 kr

Freiheiten und Rechtsamen, Die, der Kantonsbürgerschaft Luzerns nach dem Laufe der Zeiten. O. O. [1814.] V: *Troxler, Ignaz Paul Vital.* (Bibliogr. d. Schweiz. Landeskunde. Bern 1892 ff. V, 10 e.)

Freiheiter-Gemeinde, die, zu Cassel und ihr Verhältniß zu ihren Predigern Hoffmann und Ruckert. Ein Beitrag zur Geschichte der zeitigen kirchlichen Bestrebungen und deren Folgen. Frankfurt a. M. 856. Brönner. gr. 8. (2 Bl., 56 S.) 7 1/2 Ngr

Freiheits-Album zur Erinnerg. an den 13., 14. u. 15. März 1848. gr. 8. (81 S. m. lith. Titel u. 1 Musikbeil.) Wien 848, Kaulfuß Wwe., Prandel & Co. n. 16 Ngr

Freiheitsandacht, ein patriot. Scherflein v. G. H. v. L., z. Besten unbemittelter Freiwilliger. 8. Görlitz 814. (Anton in Halle). 8 kr

Freiheits-Apostel, der, oder menge dich nicht unter die Aufrührische, denn ihr Unfall wird plötzlich entstehen. Sprüchw. Sal. Cap. 24, 21. 22. Eine wahre Geschichte. Erzählt von J. C. Stuttgart 853. (Quack.) gr. 8. (40 S.) nn. 3 Ngr

Freiheits-Apostel, die, in der Kirche, oder was ist von der Politik derer zu halten, die da wähnen den Staat zu schützen, wenn sie die Kirche preisgeben? Eine Meinung, vornehmlich gestützt auf protestant. Stimmen, wie die eines Johannes v. Müller, Herder, Goethe, Lord Russel, Ancillon u. a. m. gr. 8. Berlin 845, Hofmann u. Comp. 1/3 Thlr

Freiheits-Banner : 1895 (?) – 1915?

Independent weekly. Title varies: FREIHEITS BANNER UND DEUTSCHE ZEITUNG. Weekly edition of DEUTSCHE ZEITUNG, 18[illegible]–1911. Circulation: 1910, 3250; 1914, 2750 (est.). Edited by C. W. [illegible] & published by German-American Printing Co., 1912–15.

Wheeling, WV

Freiheitsbaum, Der. Lustspiel in einem Aufz. Strassburg 1796. V: ***Müller, Nicolaus.*** (Ky) (GGr)

Freiheitsbaum, der. Lstspl. in 1 A. (v. Nik. Müller). 8. Strasb. 796. [illegible]. (Leipz., Wienbrack). 6 kr

Freiheitsbaum, Der französische; in einer Rede über das Evangelium vom Senfkörnlein . . . Botzen 1792. V: *Komploier, Albert.* (MGT)

Freiheits-Bibliothek, russische. (In russ. Sprache.) Nr. 1—3. 8. Davos-Platz, Verlagsanstalt Buchdruckerei Davos. à n. 2. —

1. Unter dem Joche des Absolutismus. Sammlung russ. revolutionärer Gedichte. Von G. Wjerin. (IV, 108 S.) 901.
2. Zar Nikolaus II., seine Umgebung u. seine Ratgeber. Von P. Orloff. (80 S.) 905.
3. Die russische Revolution 1905—1906. Von P. Orloff. (93 S.) 906.

Der Freiheits-Bote : Jan. 1886–1914?

Monthly. Large quarto, each issue 8 pages; illustrated. Circulation: 1892, 13,500 (est.). Edited by E. Glaeser, 1886?–1914; published by New York Book Depository, 1886–1914?

New York, NY

Freiheitsbote. Sociale Monatsschrift. Hrsg. von C. Stern. Red.: A. W. Müller. 1. Jhrg., Juli 1896—Juni 1897, 12 Hefte. gr. 8⁰. Wien (XVIII/2 Gersthof).

Weiter nicht erschienen.

Freiheitsbote. Sociale Monatsschrift. 1896. Nr. 1. Inhalt: Stern, Das Recht auf Arbeit; Graf Ludw. Büchner, Schöpfung oder Entstehung; Corporative Genossenschaften im Auslande; H. v. Basedow, Hexenprocesse im 19. Jahrhunderte; Auguste Fickert, Die Frauenbewegung; Feuersegen. — Die Elend-Revue; Bele-mele. 8. (S. 1 bis 32.) Pro Jahrgang 2.20, einzelne Hefte —.20
Wien: Freiheitsbote-Verlag 1896.

Der Freiheitsbote von Concordia: 1827–1828.
Monthly. Edited & published by Heinrich Kurtz. Continued from DAS WIEDERGEFUNDENE PARADIES (Pittsburgh, Pa.).
Canton, OH

Der Freiheitsbote für Illinois: May? 1840.
Anti Nativist weekly. Printed in St. Louis, but issued from Belleville. Title varies: DER FREIHEITSBOTE FÜR ILLINOIS UND MISSOURI. Edited & published by Gustav Koerner.
Belleville, IL

Der Freiheitsbote für Illinois: no. 1–26, May 6–Oct. 28, 1840.
Anti Nativist, campaign organ issued weekly from Belleville, but printed by Wilh. Weber in St. Louis. Edited & published by Gustav Koerner. Title varies: DER FREIHEITSBOTE FÜR ILLINOIS UND MISSOURI, no. 1–13, May 6–July 29; and with no. 19, Sept. 9, the word DER was dropped from title. 12 × 16 inches, each issue 4 pages.
St. Louis, MO

Freiheitsbothe: 1810–1813?
Weekly. Established April 7, 1810. Published by Charles T. Melsheimer, who also published the "Plain Dealer" in 1813.
Fredericktown, MD

Freiheitsbrief d Dten Hohen Schule (Coll) d Stadt Lanc in d Staate P-ien .. Phila. 1787. See also D dte Pion. v15 (1883) 14-17.

Freiheitsbrief der Deutschen Hohen Schule (College) der Stadt Lancaster in dem Staate Pennsylvanien, *nebst einer Anrede an die Deutschen dieses Staats von den Trusties der besagten Hohen Schule. Philadelphia, Melchior Steiner. 1787. 16 S.*

Freiheitsfreund
v. auch Freyheitsfreund.

Freiheitsfreund, Der, oder **das alte helvetische Tagblatt . . . Bern 1799—1801. H (I. 1. u. 2. Quartal):** *Bronner, Franz Xaver.* (ABJP) (AarK)

Der Freiheits-Freund: 1834–1836.
Weekly. Continued at Pittsburgh, Pa. Edited by Viktor Scriba, & published by Heinrich Ruby, 1834–36.
Chambersburg, PA

Der Freiheits-Freund: 1834–Jan. 1901.
Weekly, 1836–48; daily, morning except Sunday, 1848?–1901. Democratic, 1836–56; Republican, 1857–1901. Continued from DER FREIHEITS-FREUND (Chambersburg, Pa.). For weekly edition, see FREIHEITS-FREUND UND PITTSBURGER COURIER. Circulation: 1870, 4500 (est.); 1880, 8000, 1890, 12,840, 1901, 12,443. Subscription held by Harmony Society, 1843–1866. Edited & published by Victor Scriba, 1836–1850?; edited by Louis Neeb & William Neeb, 1850–?; by Heinrich Bauer, 1843–65; by C. Wälti, 1854–?; by John N. Neeb; by Isaac E. & Louis Husch. Published by L. & W. Neeb, 1850–1901.
Pittsburgh, PA

Der Freiheitsfreund: 1841?–1860? Cincinnati, OH

Freiheits-Freund und Pittsburger Courier: 1844?–Jan. 1901.
Weekly edition of DER FREIHEITS-FREUND. Title varies: DER FREIHEITS-FREUND, WÖCHENTLICHE AUSGABE. Formed by union of DER FREIHEITS-FREUND, and DER COURIER. United with PITTSBURGER VOLKSBLATT to form VOLKSBLATT UND FREIHEITS FREUND. Circulation: 1870, 12,000 (est.); 1890, 4000; 1900, 5300. Subscription held by Harmony Society.
Pittsburgh, PA

Freiheitsfreund: Der schweizer. Freiheitsfreund
s.a. Zeitung vom Zürichsee.

Freiheitsfreund: Schweizerischer Freiheitsfreund
⑤ 1. 1. 1833—27. 11. 1834 (?) ⑥ 2⁰ ⑦ Wochenblatt ⑧ Zürich: Geßner, z. Schwänli; Stäfa: Bureau des schweiz. Freiheitsfreundes (Caspar Steiger als Druckerei-Chef) ⑪ J. J. Leuthy ⑫ radikal ⑬ BGSZ: 238; Fretz: Zeitungsgründer am See vor 1842; Leemann-van Elck: Druck, Verlag und Buchhandel im Kanton Zürich ⑭ Zh: Z (3. 7. 1834—27. 11. 1834).

Freiheits-Freund Kalender. 1845–? Pittsburgh, PA

Freiheitsfunken. Eine Sammlung von socialen Gedichten für das arbeitende Volk. Hrsg. u. verl. durch Joh. Haberfellner. Druck von Jos. Schwarzinger, Wien 1892.

Freiheits-Gedichte. 2 Bdchen. 8. Manh. 797. Kaufmann. 1 ℔

Freiheitsgedichte. 2 Bde. 8⁰. Paris 1797.

Freiheitsgesang. [Göttingen 1747.] V: *Schönborn, Gottlob Friedrich Ernst.* (MGT)

Freiheitsgesang aus dem Zwanzigsten Jahrhundert . . . [Zürich 1775.] V: *Stolberg, Frdr. Leop. Graf.* (GGr) (Mn)

Freiheitsgesang, Schweizer, in Musik von Egli. Zürich 1789. V: *Am Bühl, Johann Ludwig.* (MGT)

Der Freiheits-Herold: Apr. 1845?–? Cattawissa, PA
Weekly. Edited & published by Frederick Carl Goebel.

Freiheits-Hymne, gesungen am Heldengrabe im Friedrichshain. (Heil Euch im Siegerkranz.) Berlin, Z. Loewenherz 1848. 1 Bl. 8.
Flugblatt. Berlin, 1848/49.

Freiheitskampf, der, im span. Amerika, oder Bericht von d. Ursprunge, Fortgange u. gegenwärt. Stande d. Kriegs zwischen Spanien u. dem span. Amerika. Von e. südamerikan. Offizier. Aus d. Engl. gr. 8. Hamb. 818. Campe. 1 ℔ 4 ℊ

Der Freiheitskampf der Boeren. Von B. H. *(Berlin [1900]: Nationalzeitung.)* (20 S.) 8⁰ [F.]
[ov. 6 ...

Freiheitskampf, der, der Boeren. Von B. H. gr. 16. (32 S. m. Abbildgn.) Berlin (900). L. Schwarz & Co. — 10

Freiheitskampf, der Deutschen. Lieder zur Belebung des Volksgeistes. Leipzig 863. Dürr'sche Buchhdlg. 16. (32 S.) 2½ ngr.

— **der, d. Griechen gegen d. Türken in seinem Entstehen u. Fortgehen,** histor. dargestellt; bearbeit. v. Fr. Gleich, v. Halem, Rüder u. A. Herausg. v. E. Klein. 2 Bde in 6 Heften. 8. Lpz. 822. Klein. 3 ℔

Freiheits-Kampf, der, der Magyaren, s. Blatt, fliegendes. Nr. 5.

Freiheitskampf, der, d. Polen geg. d. Russen, (v. Gtfr. Wilh. Becker.) 3 Abthln. Altenburg 831. (Leipzig, Engelmann.) à 12 Gr.
 Abthl. 1. Von dem Augenblicke, wo Polen sich für unabhängig erklärte, bis zu dem Kampfe am 31. März. (6 B.)
 „ 2. Vom 1. April bis zum Tode d. Feldmarschalls Diebitsch. (7 3/4 B.)
 „ 3. Vom Tode des Feldmarschalls Diebitsch bis zu Polens Untergang. (8 1/4 B.)

Der ungarische Freiheitskampf 1848 49 vom ungarischen Standpunkte. Wortgetreuer Abdr. des aufgefundenen Ms. eines Zeitgenossen. *Sopron: E. Breiner's Sohn [1903].* (129 S.) 8° [F.] 104. 1165

Freiheitskampf, der ungarische, 1848—49, vom ungarischen Standpunkte. Wortgetreuer Abdr. des aufgefundenen Mskr. e. Zeitgenossen. (IV, 129 S.) gr. 8. Sopron (903). (Wien, G. Szelinski.) n. 1. 65

Schleswig-Holsteins | Freiheitskämpfe. | (Fig.: *Schlachtenszene, Stadt im Hintergrund,* 67 × 90) | Das Gefecht im Thiergarten. | Der Rückzug und Uebergang der Dä- | nen bei Sonderburg. | Das Treffen bei Hadersleben, | mit der Danksagung des Generals v. Wrangel an | den Prinzen Friedrich und die Schleswig- | Holsteinischen Truppen. | 1848.
o. O., 4 Bl. n. n., 184 × 112.
LBO Jahrmarktslit. R. c. 1, 27.

Freiheitskappe, d. rothe, zur Belehrung für d. gemeinen Mann. 8. Chemnitz 793, Starke. 4 Kr.

Freiheitsklänge. Gesammelt von einem Freunde des Rechtes und der Freiheit, und den zwanzigtausend Männern von Schwamendingen gewidmet. Ein Beitrag zur Feier des unvergesslichen Tages von Uster. 8. b. Baden. 1841.

Freiheitsklänge. Eine Sammlg. polit. Gedichte der vorzüglichsten Dichter des deutschen Volkes. Mit e. Einleitung: Die Politik u. die Dichtkunst der neuesten Zeit. 16. (XVI u. 210 S. mit 1 Lith.) Berlin 850, Simion. — 2. verm. Aufl. 16. (XVI u. 216 S. mit 1 Lith.) Ebd. 850. n. 1/3 ß

Freiheitsklänge. Eine Sammlg. v. Liedern u. Gedichten. Weckruf aus alten u. neuen Freiheitskämpfen. 8. (XII, 210 S. m. 1 Bildnistaf.) München 896. Verlagsgesellschaft Münchner freie Presse. n. 1. —; geb. n. 1. 60

Freiheitsklänge an und aus Schleswig-Holstein, in zwanglosen Heften. H. 1. 3. Aufl. St. Pauli. [1848]. 8°
 Vier neue Lieder. o. O. [1848.] 8°

Freiheits- u. Siegeskranz in mehrern deutschen Liedern. 8. Leipz. (814.) Baumgärtner. 8 Kr.

Der deutsche Freiheitskrieg. Eine Kantate zum Friedensfeste. Gedichtet für die Gr. Loge R[oyal] Y[ork z. Fr. in Berlin]. o. O. u. J. 2 Bl. 8° [Kopftit.] Ohne Noten.

Freiheitskrieg d. Franzosen am Oberrhein, an d. Saar u. d. Mosel 1792—94. 2 Thle. 8. Frankf. ... Behrens. 2 ß 12 Kr.

Freiheits-Krieg. Der französische, an dem Ober-Rhein, der Saar und der Mosel, in den Jahren 1792, 1793 und 1794. (Mit 4 Kupfern und 1 Karte.) (2 Bde.) 8. Frankfurt a. M. 1796.

Der französische Freiheitskrieg am Ober-Rhein, an Saar u. Mosel 1792—94. 2 Bd. 8. Frankfurt 1798. 7,50.

Nord-Amerikanischer Freiheits-Krieg 1775—1783 und See- und Colonial-Krieg Grossbritannien's und Portugal's gegen Frankreich, Spanien und Holland 1778—1783.

Freiheitskriege, die deutschen, s.: Miniatur-Bibliothek.

Freiheitskriege, Dichter der. Gedichte v. Ernst Mor. Arndt, Thdr. Körner, Max v. Schenkendorf, Frdr. Rückert. F. d. Schulgebr. hrsg. v. Rud. Windel. 12. (128 S.) Leipzig 895. G. Freytag. Kart. n. — 60

Freiheitslied der Braunschweiger. [Braunschweig 1830?] V: *Horneyer, Gottlieb.* (Mitth. Dr. H. Bäsecke.)

Freiheitslieder, Beitr. zur Unterhaltung f. Gebildete. 8. Hamb. 796. (Herold jun.) 6 Kr.

Freiheits-Lieder. Hamburg. 1863. 8°

Freiheitslieder, Zwölf. 2. Aufl. Zürich 1843. V: *Herwegh, Georg.* (zuwzür 1911)

Freiheitslieder, 12. 2. Aufl. (der Censurflüchtlinge.) 16. (1 1/4 B.) Zürich ... [Rothpletz.]

Freiheits- u. Nationallieder, Deutsche. Zusammengestellt v. Jul. Reiner. 32. (32 S.) Crefeld 848, Klein. 1 1/2 ngr

Freiheitslieder, Deutschlands, 1870. Hrsg. f. das Volk in Waffen u. f. Schule u. Haus v. Herm. Hoffmeister. 1. Hft. 16. (51 S.) Osterwieck a. H. 871. Zickfeld u. Körn. n. — 20

Freiheits- und Vaterlands-Lieder für das deutsche Volk. Ein Westen-Taschen-Lieder-Buch. 1. Aufl. 848. und 2. (Titel-) Aufl. 32. (144 S.) Eisenberg 849, Schöne'sche Buchh. **

Freiheits- u. Vaterlandslieder f. das deutsche Volk. Ein Westen-Taschen-Lieder-Buch. 32. (144 S.) Eisenberg 848, Schöne. — 2. (Titel-) Aufl. 32. (144 S.) Ebd. 849. n. 1/12 ß

Freiheitspoesie. Arbeiterlieder und Declamationen. Hrsg. von der Redaction der „Volksstimme". 1. Heft. 8°. Budapest 1879.

Freiheits-Posaune, die. Organ d. christl. Vereins f. gänzl. Enthaltsamkeit v. allen berausch. Getränken. Hrsg.: J. Wischhusen. 1. Jahrg. 1884. 26 Nrn. (1 1/2 B.) gr. 4. Bremen, Verl. d. Tractathauses. n. 1. —
 cfr.: Mässigkeits-Freund.

Demokratische Freiheits-Presse, und Schuylkill, Columbia und Northumberland Caunties Anzeiger: May? 1835 1856?
Weekly. Native Whig; then Democratic. Subscription held by Harmony Society, 1841. Edited & published by J. L. Werner, 1835? ?; by Charles W. Günther.
Pottsville, PA

Freiheitsschwindel, der deutsche, und seine verderbl. Folgen. Letztes Vermächtniß eines alten deutschen Schriftstellers. gr. 8. Leipzig 835. L. Schumann, jetzt Künzel. 1/8 ß

Freiheitsschwindel, der deutsche, u. seine verderbl. Folgen. Letztes Vermächtniß e. alten deutschen Schriftstellers. Ein wahres Wort f. Völkerwohl u. Völkerglück. gr. 8. (1 B.) Leipzig 835, [Künzel. ?] Thlr.

Der Freiheitsvogel: 1800? 1802.
Weekly. Edited & published by Jacob D. Breyvogel. Title varies: DER UNPARTHEYISCHE FREIHEITS-VOGEL UND SUNBURY ZEITUNG.
Sunbury, PA

Freiheitswacht
 (5) 1871 (7) Wochenblatt (8) Zürich (9) BGSZ: 12, p. 100.

Freiheits-Wächter: 1835–1836 Skippack, PA
Weekly. Edited & published by Dr. Arnold Puwelle

Freiherr, der, von Feldau, oder die Wahrheit d. evangel. Kirche, vertheid. geg. d. Schrift d. kathol. Dekans u. Pfarrers Göz: der Freiherr v. Wiesau, od. d. gemischte Ehe. gr. 12. (7⅝ B.) Frankfurt a. M. 811; Siegen, Friedrich'sche Brlsbuchh.

Freiherr. Der Freyh' von Rinkenberg wird gefangen. 1381. Njbl Bern 1825 s. [Stierlin, Emanuel].

—— der, von Sandau, auf d. Richtplatze e. unbefang. Kritik. (1. Thl.) gr. 8. (11 B.) Leipzig 839, (Geo. Wigand.)

—— dass. — 2. Thl. — A. u. d. T.: Anti-Bretschneider. Merkwürdige Nachrichten vom Selbstmordversuche e. bereits gerichteten Delinquenten; od.: Literar. Variazionen auf d. Thema: O si tacuisses! Von d. Doppelgänger d. Verf. d. Freiherrn v. Sandau auf d. Richtplatze. gr. 8. (10½ B.) München 840. (Regensburg, Manz.)
Vgl. Bretschneider.

Freiherr, Frz., Abenteuer der eilften Stunde. Nachtstück in 1 Akt. gr. 8. (24 S.) Wien 879. Neidl. n. — 40

Freiherren. Die F' von Regensberg. Bern 1866 s.a. [Locher, Friedrich].

Freiherren, Die, von Regensberg; Pamphlet eines zürcherischen Juristen. Bern 1866-72. V: *Locher, Friedrich.* (CLZür Forts. II)

Freiherrenstand, Der, in Deutschland und die Reichsritterschaft. Halle 1876. V: *Laroche-Starkenfels, v.* (Cat. d. Hof- und Landesbibl. Karlsruhe 1876—77).

Freihof, der, s.: Hausfreund, Hamburger.

Freihof, der, s. Schillings-Bücher des Rauhen Hauses.

Freihofer, J. G. Bibl. Geschichte f. mittl. u. obere Klassen. 5. Aufl. (X, 214 S. m. 1 Karte.) Eßlingen 892, Langguth. ** 1 —

Freihofer's, J. G., bibl. Geschichte f. Mittel- u. Oberklassen evangel. Schulen. 6. Aufl., neu bearb. v. Herm. Mosapp. (VIII, 190 S. m. 58 Holzschn.) 8. Stuttgart 907. A. Bonz & Co. Kart. nn 1. —

Freihofer, J. G., biblische Geschichte zunächst für mittlere Schulklassen, mit einem Leitfaden zum Bibellesen und einigen Schulgebeten. Tübingen 856. Fues. gr. 8. (VIII, 176 S.) n. 5½ ngr

Freihofer's, J. G., biblische Geschichte zunächst für mittlere Schulklassen, mit einigen Schulgebeten und Responsorien der Schüler. 4. mit dem württemberg. Normallehrplan in Uebereinstimmung gebrachte Aufl. 8. (VIII, 172 S.) Stuttgart 874, Nitzschke. * 60 Pf.; geb. *

Freihofer's, J. G., biblische Geschichte f. mittlere u. obere Schulklassen, nebst einigen Schulgebeten u. Responsorien der Schüler. Mit 58 (eingedr.) Bildern in Holzschn. 6. Aufl., neu bearb. u. hrsg. v. Wilh. Mosapp. gr. 8. (X, 214 S.) Stuttgart 883. Nitzschke. n. — 80; geb. n. 1. 10

Freihofer, J. G. s.a. Kinderbuch.

FREIHOFER, J. G. *Kinderbuch.* Für Kinder bis zum achten Jahre. Im Auftrage des württembergischen Volksschul-Vereins herausgegeben. 2. verb. u. verm. Aufl. Tübingen, L. Fr. Fues, 1853. XVIII, 172 S., 8 Bl. Musikbeilagen, 1 Bl. und 6 kolorierte Lithographien von A. CORRODI. 8°. Karton d. Z. mit aufgezogenem lithogr. farb. Titel v. Corrodi. Rücken erneuert. 22.—
Anthologie von Liedern, Sprüchen, Kinderreimen u. Gebeten aus der besten geistlichen u. weltlichen dt. Lit. zusammengestellt. Reizend illustr. Nicht bei Rümann. — Fleckig und benutzt.

Freihofer, J. G., Kinderbuch. Im Auftrage des württembergischen Volksschul-Vereins herausg. 3., verb. u. verm. Aufl. Tübingen 863. (Leipzig) Fues' Verlag. gr. 8. (XVIII, 182 S. u. 6 color. Lithogr.) n. 21 ngr

Freihofer, J. G., Kinderbuch. Im Auftrage d. württemberg. Volksschul-Vereins. hrsg. 4. verb. u. verm. Aufl. br. 8. (XIX, 196 S m. 5 color. Steintaf.) Stuttgart 870. Nitzschke. geb. 2. 70

— Kinderbuch. Kindergebete, Gedichtchen, Erzählgn., Märchen, Fabeln u. Spiele, geeignet f. Kinder von 2 bis 8 Jahren. Ein Führer f. Mütter u. Erzieher. Mit 5 fein color. Bildern v. F. Lossow, u. e. Melodien-Anh. 5. verb. u. verm. Aufl. 8. (XXIV, 196 S.) Ebend. 874. geb. 3. —

Freihofer, J. G, Kinderbuch. Kinderlieder, Erzählungen, Märchen, Kindergebete, Fabeln, Räthsel u. Spiele, geeignet f. Kinder von 2 bis 8 Jahren. Ein Führer für Mütter u. Erzieher. Im Auftrage d. württemberg. Volksschulvereins hrsg. Mit 5 fein color. (lith.) Bildern v. F. Lossow u. einem Melodien-Anhang. 6., durchgeseh. Aufl. gr. 8. (XX, 200 S.) Stuttgart 877. Nitzschke. cart. 3. —

Freihofer, J. G., Kinderbuch. Kinderlieder, Erzählgn., Märchen, Kindergebete, Fabeln, Rätsel u. Spiele, geeignet f. Kinder von 2—8 Jahren. Im Auftrage des württemberg. Volksschulvereins hrsg. Mit 4 Farbendr. nach Aquarellen v. F. Lossow u. e. Melodien-Anh. 7. Aufl. 8. (XVI, 184 u. 8 S.) Schw.-Hall 893. W. German's Verl. Kart. 3. —

Freihofer, J. G., Kinderbuch. Kinderlieder, Erzählgn., Märchen, Kindergebete, Fabeln, Rätsel u. Spiele, geeign. f. Kinder v. 2—8 Jahren. E. Führer f. Mütter u. Erzieher. Im Auftr. d. württemberg. Volksschulvereins hrsg. M. 4 Farbdr.-Bild. v. F. Lossow u. e. Melodien-Anh. 7. Aufl. 8. (XVI, 184 u. 8 S.) Stuttgart 896. F. Loewe. Geb. in Leinw. 2. 50

Freihofer, J. G., Kinderbuch. Gebete, Lieder, Erzählgn., Fabeln u. Märchen, Rätsel u. Spiele f. Kinder von 2—8 Jahren. Ein Führer f. Mütter u. Erzieher. 8. Aufl. (176 S. m. Abbildgn.) kl. 8. Stuttgart (906). Holland & Josenhans. Geb. in Leinw. n. 1. 50

Freihold, A. v. Methodischer Netz-Atlas zum Entwurf jeglicher Erdräume aus freier Hand. In 37 Blättern. 4. Berlin 1846.

Freihold, B., für Freunde dramat. Kunst. gr. 12. Hanau 831. König. 14 gr

Freihold, Eduard, allerlei lose Blätter aus dem Leben e. modernen Pädagogen. (174 S.) kl. 8. Strassburg 907. J. Singer. n. 3. —

Freihold, Ernst, Gedanken u. Empfindungen. 8. (VIII, 316 S.) Dresden 892. E. Pierson. n. 3. —; geb. in Leinw. m. Goldschn. n. 4. —

Freihold, Ernst (Ernst Frdr. Schlemm), Gedanken u. Empfindungen. 2. Bd. 8. (VIII, 214 S.) Stuttgart 897. Greiner & Pfeiffer. Geb. in Leinw. m. Goldschn. n. 4. —

Freihold, Ernst, Gedanken u. Erfindungen, 3. Bd., s.: Schlemm, Ernst Frdr.

Freihold, Friedrich (Pseud.), s. a. Eisele, Friedrich

Freihold, Frdr., die Lebensgeschichte der Menschheit. Kulturgeschichtliche Forschgn. u. Betrachtgn. 1. Bd. Das erste Leben der Menschheit, od. die sinnl. Richtg. gr 8. (VII, 266 S.) Jena 876. Costenoble. 4. 50

Freihold, Friedr., Licht und Schatten. Dichtungen. Frankfurt a. M. 856. Küchler. 16. (3 Bl., 162 S.) 15 ngr

Freihold, W., Natara, der Narr oder die Verirrungen e. Freigeistes. Eine wahre Geschichte aus der Jetztzeit. (In 12 Liefgn.) 1. Liefg. Straußberg 868. (Sternbeck.) 16. (1. Bd. S. 1—48.) 3 ngr

Freiling, Karl Otto, die Aera der Menschenbefreiung 1890—1950. Kulturhistor.-krit. Vortrag üb. die letztverflossene Entwicklungsphase Europa's, geh. im Harmoniesaale zu Innsbruck am 12. Nov. 2143. gr. 8. (32 S.) Zürich 893. C. Schmidt. n. — 60

Freikirch, Thomas, oder freimüthige Untersuchungen über die Unfehlbarkeit der katholischen Kirche. Von einem kath. Gottesgelehrten. Frankfurt u. Leipzig [Göttingen] 1791. V: *Werkmeister, Benedict Maria Leonhard von.* (ADB)

Freikirche, die evangelisch-lutherische. Zeitschrift zur Belehrg. u. Erbaug. f. evangelisch-luther. Christen. In Verbindg. m. einigen Amtsbrüdern hrsg. v. G. Stöckhardt. 1. Jahrg. Juli—Decbr. 1876. 6 Nrn. (à 3/4—1 B.) gr. 4. Planitz. Dresden, Naumann in Comm. n. 2. —

Freikirche, die evangelisch-lutherische. Zugleich als Fortsetzung der „Evang.-luther. Kirche u. Mission". Zeitschrift zur Belehrung u. Erbauung f. evangelisch-luth. Christen. Im Auftrag der Synode der ev.-luther. Freikirche v. Sachsen u. a. St. hrsg. v. deren Pastoren. 2—5. Jahrg. 1877—1880. à 24 Nrn. (B.) gr. 4. Zwickau. Dresden, H. J. Naumann in Comm. à Jahrg. n. 3. —

— dasselbe. 6. u. 7. Jahrg. 1881 u. 1882. à 24 Nrn. (B.) gr. 4. Ebend. à Jahrg. n. 4. —

Freikirche, die evangelisch-lutherische. Zugleich als Fortsetzg. der „Evang.-luther. Kirche u. Mission". Zeitschrift zur Belehrg. u. Erbaug. f. evangelisch-luther. Christen. Im Auftrag der Synode der ev.-luth. Freikirche v. Sachsen u. a. St. hrsg. v. deren Pastoren. 8—11. Jahrg. 1883—1886. à 24 Nrn. (B.) gr. 4. Zwickau (Dresden, H. J. Naumann.) à Jahrg. n. 4. —

Freikirche, die evangelisch-lutherische. Zugleich als Fortsetzg. d. „Evangel.-luther. Kirche u. Mission". Zeitschrift zur Belehrg. u. Erbaug. f. evangel.-luther. Christen. Im Auftrage der Synode der ev.-luth. Freikirche von Sachsen u. a. St. hrsg. v. deren Pastoren. 12.—15. Jahrg. 1887—1890. à 24 Nrn. (B.) gr. 4. Zwickau. (Dresden, H. J. Naumann.) à Jahrg. n. 4. —

Freikirche, die evangelisch-lutherische. Zugleich als Fortsetzg. der „Evang.-luther. Kirche u. Mission". Zeitschrift zur Belehrg. u. Erbauung f. evangelisch-luther. Christen. Im Auftrag der Synode der ev.-luth. Freikirche v. Sachsen u. a. St. hrsg. von deren Pastoren. Red.: Johs. Herrmann. 16.—19. Jahrg. 1891—1894. à 26 Nrn. (Bog.) gr. 4. Zwickau, Schriften-Verein. à Jahrg. n. 4. —

Freikirche, die evangelisch-lutherische. Zugl. als Fortsetzg. der „Evang.-luther. Kirche u. Mission". Zeitschrift zur Belehrg. u. Erbaug. f. evangel.-luther. Christen. Im Auftr. d. Synode d. ev.-luth. Freikirche v. Sachsen u. a. St. hrsg. v. deren Pastoren. Red.: Johs. Herrmann. 20.—23. Jahrg. 1895—1898. à 26 Nrn. (à ca. 1 Bog.) gr. 4. Zwickau, Schriften-Verein. à Jahrg. n. 4. —
Kann auch halbjährlich bezogen werden.

Freikirche, die evangelisch-lutherische. Zugleich als Fortsetzg. der „Evang.-luther. Kirche u. Mission". Zeitschrift zur Belehrg. u. Erbaug. f. evangelisch-luther. Christen. Im Auftrag der Synode der ev.-luth. Freikirche v. Sachsen u. a. St. hrsg. v. deren Pastoren. Red.: Johs. Herrmann. 24.—27. Jahrg. 1899—1902. à 26 Nrn. gr. 4. (à ca. 8 S.) Zwickau, Schriften-Verein. à Jahrg. n. 4.—

Freikirche, die evangelisch-lutherische. Zugleich als Fortsetzg. der „Evang.-luther. Kirche u. Mission". Zeitschrift zur Belehrg. u. Erbaug. f. evang.-luther. Christen. Im Auftrag der Synode der ev.-luth. Freikirche v. Sachsen u. a. St. hrsg. v. deren Pastoren. Red.: Johs. Herrmann u. seit 1905: O. Willkomm. 28.—31. Jahrg. 1903—1906. à 26 Nrn. (à Jhrg. IV, 208 S.) gr. 4. Zwickau, Schriften-Verein. à Jhrg. n. 4. —

Freikirche, die evangel.-lutherische. Zugleich als Fortsetzg. der „Evang.-luther. Kirche u. Mission". Zeitschrift zur Belehrg. u. Erbaug. f. evang.-luth. Christen. Im Auftr. der Synode der evang.-luth. Freikirche v. Sachsen u. a. St. hrsg. v. deren Pastoren. Red.: O. Willkomm. 32—35. Jahrg. 1907—1910. à 26 Nrn. (à Jahrg. IV, 208 S.) Lex. 8. Zwickau, Schriften-Verein. à Jahrg. 4. —

Die Evangelisch-Lutherische Freikirche.

Published bi-monthly by the Concordia Publishing House.
Monthly (quarterly, 1885–88). Cumulative index for 1–25 in Band 26. Sub-title: Monatsschrift für Erziehung und Unterricht [sub-title varies]: Organ of Die Deutsche Evangelische-Lutherische Synode von Missouri, Ohio u. a. Staaten. Followed by LUTHERAN SCHOOL JOURNAL. Title varies: LUTHERAN SCHOOL JOURNAL (SCHULBLATT) with sub-title: An Educational Monthly, Jan. 1921—Aug. 1929. Place of publication varies: Addison, Ill., Sept. 1865–?; River Forest, Ill. Circulation: 1870, 1000; 1890, 1000. Edited by Johann Christopher Wilhelm Kindemann, Sept. 1865–? (with Christian August Thomas Selle). Other editors: M. C. Barthel; F. Rechlin; W. C. Kohn; Martin Lochner. Published by the Schullehrer-Conferenz des Westlichen Districts für die Deutsche Evangelisch-Lutherische Synode von Missouri, Ohio u. a. Staaten.
St. Louis, MO

— süddeutsche evangelisch-lutherische. Zur Lehre u. Wehre hrsg. v. Hörger, Staudenmeyer u. Krauß. Red.: H. Staudenmeyer. 1. Jahrg. 1878. 12 Nrn. (1½ B.) gr. 4. Eßlingen. (Dresden, H. J. Naumann.) n. 3. 20

— dasselbe. 2—5. Jahrg. 1879—1882. à 24 Nrn. (B.) gr. 4. Ebend. à Jahrg. n. 3. 60

—— süddeutsche evangelisch-lutherische. Zur Lehre und Wehr hrsg. von Hörger und Staudenmeyer. Redact.: H. Staudenmeyer. 3. und 4. Jahrg. 1880 und 1881. à Jahrg. 24 Nrn. (Bog.) gr. 4. Eßlingen. (Dresden, H. J. Naumann.) à Jahrg. *

—— dass. — 5. und 6. Jahrg. 1882 und 1883. à Jahrg. 24 Nrn. (Bog.) gr. 4. Memmingen. (Frankfurt a. M., Alt.) à Jahrg. *

—— dass. — 7. Jahrg. 1884. 12 Nrn. (Bog.) gr. 4. Memmingen. (Ebendas.) *

— süddeutsche evangelisch-lutherische. Hrsg. von Hoerger und Staudenmeyer. 8.—11. Jahrg. 1885—1888. à Jahrg. 12 Nrn. (Bog.) gr. 4. Memmingen. (Frankfurt a. M., Alt.) à Jahrg. *

Freikirche, süddeutsche evangel.-luther. Hrsg. v. Hoerger u. Staudenmeyer. 12.—15. Jahrg. 1889—1892. à Jahrg. 12 Nrn. (Bog.) 4. Memmingen. (Frankf. a. M., Alt.) à Jahrg. ** 1 50

— süddeutsche evangelisch-lutherische. Zu Lehre u. Wehre hrsg. v. Hoerger, Eberle u. Staudenmeyer. 17. Jahrg. 1894. 6 Nrn. (Bog.) 4. Memmingen. (Frankfurt a/M., J. Alt.) n. — 75

— süddeutsche evang.-luther. Begründet 1878 u. fortgeführt bis 1894 v. Hörger, Staudenmeyer, Krauß u. Eberle; neuhrsg. v. Johs. Meisinger. 18. Jahrg. 1905. 12 Nrn. (à ca. 16 S.) gr. 8. Westheim bei Augsburg. (Leipzig, Th. Rother.) n. 2.—

Frei-Konzert. Belauscht v. H. Giacomelli. Lieder-Auswahl v. R. Rößler. qu. 8. (20 S. m. farb. Illustr.) Berlin 890. Meidinger. cart. m. Goldschn. n. 1.50

K. v. L. Adolf Lützow's Freikorps in den Jahren 1813 und 1814. Gegenüber der in die preussischen Jahrbücher, herausgegeben von Heinrich v. Treitschke, im April 1883 aufgenommenen Darstellung von A. Koberstein. gr. 8. Berlin 1884.

Freikugeln. Eine Sammlung größtentheils bisher noch ungedruckter, aus dem Leben genomm. Anekdoten ꝛc. Ludwigsburg 827. (Hamburg, Berendsohn.) 2/3 ℳ

Freikugeln. Eine Samml. großentheils bisher ungedruckter, aus d. Leben genommener Anekdoten. 8. Ludwigsb. 827. Nast. 16 Ngr.

Freikugeln, ein Unterhaltungsblatt f. Lit., Theater u. Novellistik. 1—6. Jahrg. 1827—32, redig. v. Eduard u. Rob. Philipp. 7. Jahrg. 1833, red. v. W. Gabriel. à 52 Nrn. (B.) Mit Titelvign. 4. Breslau, Schulz u. Comp. à J. 3 Thlr.

Freikugeln. Blätter für ernste u. heitere Unterhaltung. Redacteur: M. Bauschke. 1. Jahrg. 1842. October—Decbr. 48 Numm. (1/2 Bog.) Mit Holzschn. 4. Leipzig, Literar. Museum. 1 1/2 ℳ

— dass. 2.—5. Jahrg. 1843—1846. à 208 Numm. Ebend. 2. u. 3. J. à 4 ℳ 4. u. 5. J. à 3 ℳ

Freikugeln. Blätter f. ernste u. heitere Unterhaltung. Red.: M. Bauschke. 6—8. Jahrg. à 208 Nrn. 4. (1/2 B. Mit Abbildgn.) — Blätter f. ernste u. heitere Unterhaltg. 9. Jahrg. 1850. 208 Nrn. 4. (1/2 B.) Leipzig, Literarisches Museum. à Jahrg. n. 3 ℳ

Freikugeln. Blätter für ernste und heitere Unterhaltung. Redakt.: M. Bauschke. 7—9. Jahrg. 1848—50. à Jahrg. 208 Nrn. (1/2 Bog.) Mit mindestens 4 Abbildungen. gr. 4. Leipzig, Literarisches Museum. à Jahrg. *
Vgl. 10. Bd. 1. Abthl. S. 258.

— Entschleierte Jagd-Geheimnisse u. Waidmanns-Kunststücke. Eine Sammlg. v. 50 wichtigen Anweisgn., um auf der Jagd glücklich zu sein. Aus den Papieren e. alten Försters. gr. 8. (16 S.) Bautzen 847, Reichel. n. 1/3 ℳ

— — Eine Reihe pikanter Novellen, Erzählungen u. historischer Schilderungen aus der neuesten Zeit. Unter Mitwirkg. der beliebtest. Schriftsteller hrsg. v. O. Lindberg. I. (einz.?) Bd. (Vollständig für sich abgeschlossen.) Wien 1848. 8°. 384 S. (3 Mk. 50 Pfg. eine süddeutsche Firma.)

Freikuxgelderfonds. Der schlesische, geschichtlich, staatsrechtlich und volkswirtschaftlich beleuchtet. Beuthen, 1870. 22 S. [Kh 144

Frejlach, Guiseppe

— intorno all' andamento diurno cho ha la frequenza di rotazioni del vento nell' intervallo di 4 ore a Praga. [Aus: „Sitzungsber. d. böhm. Gesellsch. d. Wiss."] gr. 8. (10 S. m. 1 Fig.) Ebd. 894. n. —20

Frejlach, Gius., sulle condizioni anemometriche di Praga. [Aus: „Sitzungsber. d. k. böhm. Gesellsch. d. Wiss."] gr. 8. (7 S.) Prag 895. (F. Řivnáč.) n. —20

Frejlach, Guiseppe, Dr., Zur Kenntniss der anemometrischen Verhältnisse in Prag. (Sitzungs-Bericht der Königl. Böhm. Gesellschaft der Wissensch., mathem.-naturwissenschaftl. Classe, 1895.) Prag 1895.

Freiland. Organ der Freiland-Vereine. Hrsg.: Thdr. Hertzka. Red.: Heinr. Herrnfeld. 1.—4. Jahrg. Juli 1891—Juni 1895. à 24 Nrn. (1/2 Bog.) gr. 4. (Leipzig, Literar. Anstalt A. Schulze.) à Jahrg. n. 4.—

— Zeitschrift f. Sozialreform. Eigentum des Deutschen Bundes f. Bodenbesitzreform. 4. Jahrg. 1893. 24 Nrn. (Bog.) gr. 8. Berlin S.O., Wassergasse 18a, H. Freese. n. 4.—

— dasselbe. 5. Jahrg. 1894. 24 Nrn. (Bog.) gr. 8. Berlin W., Kanonierstr. 12, Expedition. n. 5.—

Frei Land. Zeitschrift f. friedl. Sozialreform. Eigentum d. Deutschen Bundes f. Bodenbesitzreform. Red.: Alb. Lehmann. 6. Jahrg. 1895. 24 Nrn. (Bog.) gr. 8. Berlin (C, Münzstr. 30), Expedition. 5.—

Freiland. Monatsschrift f. rhein. Kultur, Literatur, Wissenschaft u. Leben. Hrsg. v. Willy Redhardt. 1. Jahrg. März 1908—Febr. 1909. 12 Nrn. (249 S.) gr. 8. Coblenz, Redhardt. 3.60
Erscheint nicht mehr.

„Freiland" und die Freilandbewegung. Hrsg. vom Freiländischen Actions-Comité. kl. 8°. Dresden u. Leipzig, E. Pierson, 1891.

Freiland's Wirthschaftsordnung. Nach den von Dr. Hertzka am 29. und 30. Nov. und 1. Dec. 1893 zu Berlin gehaltenen Vorträgen, hrsg. von der Berliner Freilandsgruppe. 1. u. 2. Aufl. 8°. Berlin Gerstmann, 1894.

Unsere *Freiland-Stauden*. Anzucht, Pflege u. Verwendung aller bekannten, in Mitteleuropa im Freien kulturfähigen ausdauernden krautigen Gewächse. Herausg. v. E. Silva Tarouca. Leipz. u. Wien 1910. 285 S. Fig. 6 kol. Tfl. 4°.

Freilicht. Wochenschrift f. Litteratur, Kunst u. Kritik. Hrsg.: Max Geißler. VII. Jahrg. (der [Dresdner] Sonntagsblätter). 1895. 52 Nrn. (Bog.) Nebst Beilage: Deutsches Sonntagsblatt. (Bog.) gr. 4. Wachwitz-Dresden 894. M. Geißler. n. 6.—
Jahrg. I—VI kamen nicht in den Handel u. sind verarifien.

— Zeitschrift f. Litteratur u. Wissenschaft. Hrsg. u. Red.: Jos. Glaser. 1. Bd. Novbr. 1897—Dezbr. 1898. 12 Hfte. (à ca. 3 1/2 Bog.) gr. 8. Breslau (E. Peterson). n. 6.—; einz. Hfte. n. —50
Kann auch vierteljährlich bezogen werden.

Freilicht-Bühne, die. Zeitschrift f. Naturtheater u. Bühnenreform-Bestrebgn. Hrsg.: Adf. Teutenberg. 1. Jahrg. Mai 1909—April 1910. 10 Nrn. (à ca. 24 S.) Lex. 8. Zürich (Konradstr. 20), Emil Rüegg & Co. 5.50
Erscheint nicht mehr.

Freilichttheater, Das, Hertenstein-Weggis. [Luzern] 1909. V: *Schnyder, Michael.* (BBullschw 17, S. 165)

Freilieb, D. A., vier Predigten den Freunden einer Kirche der Zukunft gewidmet. Kiel 853. Schröder u. Co. gr. 8. (100 S.) n. 15 Ngr.

Freiligrath, Ferdinand (geb. 17. VI. 1810, gest. 18. III. 1876). (16 S. m. Abb.) 30,5×22,5 cm. Berlin (910). Buchh. Vorwärts. —50

Freiligrath's, Ferd., Biographie, s.: Buchner, W.

Freiligath's, F., Biographie, s.: Schmidt-Weißenfels.

Freiligrath, Ferdinand. Berlin. Neues Revolutionslied. Geschrieben zu London am 25. März 1848. London, Eggers. 7 S. 8.
Flugblatt. Berlin, 1848/49.

Freiligrath, F. Blum. 16. November (1848). 1 Bl. 4.
Flugblatt. Berlin, 1849

Freiligrath, Ferd., Blum. (Gedicht.) 1 Bl. in gr. 8. (Düsseldorf 849, Kampmann.) 1½ Ngr.

[Ferdinand] Freiligrath-Briefe hrsg. von Luise Wiens geb. Freiligrath. Mit 3 Bildn. Stuttgart & Berlin: Cotta 1910. VIII, 277 S. 8°

Freiligrath, Ferd., 1. Ça ira! Sechs Gedichte. 8°. Herisau, Literar. Inst., 1846.

Freiligrath, Ferd., Ça ira! Sechs Gedichte. 8. (5½ B.) Herisau 846. [Schläpfer'sche Buchh.]

Freiligrath, Ferd., Dichtung und Dichter, s.a. Dichtung und Dichter.

Freiligrath, Ferd., Dichtung und Dichter. Eine Anthologie. Dessau 854. Katz. 8. (XX, 748 S.) 2 Thlr. 15 Ngr.

Freiligrath, Ferd., gesammelte Dichtungen. (In 18 Liefgn.) 1. Liefg. Stuttgart 870. Göschen. 16. (1. Bd.: XV, S. 1—64 u. Portr. in Holzschn.) n. 4½ Ngr.

Freiligrath, F., gesammelte Dichtungen. 2—18. (Schluß-) Lfg. gr. 16. (1. Bd. S. 65—200; 2. Bd. 232; 3. Bd. IV, 219; 4. Bd. VI, 274; 5. Bd. VI, 272 u. 6. Bd. IV, 253 S.) Stuttgart 871. Goeschen. à n — 45

Freiligrath, Ferd., gesammelte Dichtungen. 6 Bde. in 18 Lfgn. gr. 16. Stuttgart 871, Goeschen'sche Verlagsh. à Lfg. * 45 Pf. *

Inhalt:
Bd. 1. Gedichte 1838: Eigenes. (XV, 200 S. mit Portr. in Holzschn.)
- 2. Gedichte 1838: Uebersetzungen. Zwischen den Garben 1849: Eigenes; Uebersetztes. (232 S.)
- 3. Politische und sociale Gedichte 1844 bis 1851. (IV, 219 S.)
- 4. Neueres und Neuestes 1852—1870. Uebersetzungen aus V. Hugo's Gedichten 1843. (VI, 274 S.)
- 5. Englische Gedichte aus neuerer Zeit 1846. (VI, 272 S.)
- 6. Hiawatha von Longfellow 1857; Venus und Adonis von Shakespeare 1849. (IV, 253 S.)

Freiligrath's, Ferd., gesammelte Dichtungen. 3. und 4. sehr verm. und vervollständigte Aufl. 6 Bde. oder 20 Lfgn. 8. Stuttgart 877, Göschen'sche Verlagsh. à Lfg. * 50 Pf. *

Inhalt:
Bd. 1. Biographie. — Widmungsgedicht. — Gedichte 1838: Eigenes. — Anhang: Bisher ungesammelte und zum Theil ungedruckte Jugendgedichte. (192 S. mit Portr.)
- 2. Gedichte 1838: Uebersetzungen. — Zwischen den Garben 1849: Eigenes; Uebersetztes. — Neueres und Neuestes 1858—1876. (IX, 330 S.)
- 3. Politische und sociale Gedichte: Ein Glaubensbekenntniß 1844. — Ça ira 1846. — Neuere politische und sociale Gedichte 1849. 1851. — Zwei poetische Episteln 1852. (V, 239 S.)
- 4. Scherzhaftes. Aelteres und Neueres 1837—1875. — Neuere und Neueste Uebersetzungen. Uebersetzungen aus V. Hugo's Gedichte 1845. (VII, 297 S.)
- 5. Uebersetzungen: Englische Gedichte aus neuerer Zeit 1846. (VI, 272 S.)
- 6. Uebersetzungen: Hiawatha von Longfellow 1857. — Venus und Adonis von Shakespeare 1849. (IV, 255 S.)

Einzelne Bände werden nicht abgegeben.
Die 2. Aufl. erschien 1871.

Freiligrath's, Ferd., gesammelte Dichtungen. 5. Aufl. 6 Bde. 8. (XLVIII, 231; IX, 330; V, 239; VI, 297; VI, 272; u. IV, 255 S.) Stuttgart 886. Göschen. n. 10 —

Freiligrath, Ferdinand. Gesammelte Dichtungen. 6. Aufl. Leipz. 1898. H: *Schmidt*, *Eduard*. (Berl)

Freiligrath's, Ferd., gesammelte Dichtungen. 6. Aufl. In 6 Bdn. 8. (XLVIII, 231; IX, 330; V, 239; VI, 297; VI, 272 u. IV, 255 S. m. Bildn.) Leipzig 898. G. J. Göschen. à n. 2. —

— Februar-Klänge. (Gedicht.) London, am 25. Febr. 1848. gr. 8. (8 S.) Berlin 848, Mometini. 1 Ngr.

Freiligrath, Ferd., Festlied der Deutschen in London zur Feier von Schiller's 100jährigem Geburtstage. 10. Novbr. 1859. London 859. Petsch & Co. in Comm. gr. 8. (7 S.) n. 5 Ngr.

— Zwischen den Garben. Eine Nachlese älterer Gedichte. 8. (X u. 185 S.) Stuttgart 849, Cotta. 1 Thlr.

— Gedichte, s.a. Bibliothek der Gesamtliteratur.

— Gedichte, s.a. Handbibliothek, Cotta'sche.

— dasselbe, s.a. Hesse's, Max, Volksbücherei.

— dasselbe, s.a. Meyer's Volksbücher.

dasselbe s.a. Universal-Bibliothek.

Freiligrath, Ferd., Gedichte. 1. Aufl. (29 B.) 838. 1⅚ Thlr., 2., verm. A. (32½ B.) 839., 3. A. ... 4., verm. A. 8. (... u. F's. Portr., Stahlst. v. Schwerdgeburth.) 841. à 2¼ Thlr., 5 A. 16. (28⅛ B. u. F's. Portr., Stahlst. v. Schwerdgeburth.) Stuttgart u. Tübingen 843, Cotta'sche Bh. *

Freiligrath, Fd., Gedichte. 4. verm. Aufl. (Mit Bildniß in Stahlstich.) Stuttgart u. Tübingen 841, Cotta'scher Verl. 2¼ Thlr. — 5. Aufl. 16. Ebend. 843. geb. n. 2⅔ Thlr. — 7. (der Miniatur-Ausg. 2.) Aufl. 16. Ebend. 844. geb. 2⅔ Thlr. — 8. um einige ältere Gedichte verm. Aufl. Mit 1 Stahlst. 8. Ebend. 845. 2¼ Thlr.

— Gedichte. 6. u. 7. (der Miniat.-Ausg. 1. u. 2.) Aufl. 16. (28¼ B. u. 1 Stahlst.) Stuttgart 844, Cotta'sche Buchh. In Leinw. geb. m. Goldschn.

dass. 8., um einige ältere Gedichte verm. Aufl. 8. (34 B. u. F's. Bildn., Stahlst.) Ebds. 845.

Gedichte. 10. Aufl. Mit dem Bildnisse des Verf. in Stahlst. 8. (X u. 532 S.) Stuttgart 848, Cotta. 2¼ Thlr. — 11., der Miniatur-Ausg. 4. Aufl. 16. (X u. 453 S.) Ebd. 848. In Engl. Einb. m. Goldschn. 2⅔ Thlr. — 12., der Miniatur-Ausg. 5. Aufl. 16. (X u. 453 S. mit 1 Stahlst.) Ebd. 851. In Engl. Einb. mit Goldschn. 2⅔ Thlr.

— dass. — 11. und 12., der Min.-Ausg. 4. und 5. Aufl. 16. (à X und 453 S. und 12. Ausg. mit 1 Stahlst.) Ebds. 848, 51.

— Gedichte. 13., der Miniatur-Ausg. 6. Aufl. 852. — 16., der Miniatur-Ausg. 7. Aufl. Ebend. 855. 16. (XII, 460 S. u. 1 Stahlst.) geb. 2 Thlr. 20 Ngr.

— Gedichte. Wohlfeile Ausg. 1. u. 2. Aufl. 855. — 3. Aufl. Stuttgart 856. Cotta. 8. (X, 355 S.) n. 1 Thlr.

— Gedichte. 16., der Min.-Ausg. 7. Aufl. 16. (XII und 460 S. mit 1 Stahlst.) Stuttgart 855, Cotta'sche Buchh.

— dass. — Wohlfeile Ausg. 1. und 2. Aufl. 8. (X und 355 S.) Ebds. 855.

— — 18. Aufl. Mit dem Bildnisse des Verfassers in Stahlst. Ebend. 857. 8. (X, 484 S.) n. 2 Thlr. 8 Ngr.; geb. n. 2 Thlr. 24 Ngr.

— — Wohlfeile Ausg. 4. Aufl. Ebend. 861. 8. (X, [illegible]) n. 1 [illegible]

- Gedichte. 20., der Miniatur-Ausg. 8. Aufl. Stuttgart 862. Cotta. 16. (VIII, 460 S.) geb. 2 ₰ 20 ngr.

— Gedichte. 30., der wohlfeilen Ausg. 14. Aufl. 8. (X, 355 S.) Stuttgart 873, Cotta'sche Buchh. (*M. 3.) *
— dass. — 31. der Min.-Ausg. 9. Aufl. 16. (XII, 460 S. mit Stahlst.) Ebendas. 874.

Freiligrath, Ferd., Gedichte. 32. und 33. Aufl. 1873; 34., der wohlfeilen Ausg. 17. Aufl. 8. (351 S.) Stuttgart 875, Cotta'sche Buchh. *M. 3,50.; geb. *

— Gedichte. 34., der wohlfeilen Ausg. 17. Aufl. 8. (351 S.) Stuttgart 876. Cotta. n. 3. 50

Freiligrath, Ferd., Gedichte. 35.—44. Aufl., der wohlfeilen Ausg. 18.—27. Aufl. 8. (X, 484 S.) Stuttgart 876—84, Cotta'sche Buchh. *

Freiligrath, F., Gedichte. 46. Aufl. d. ganzen Reihe (der wohlf. Ausg. 29.). 8 (VIII, 348 S.) Stuttgart 888. Cotta Nachf. n. 3. 50

Freiligrath, Ferd., Gedichte. 47., der wohlf. Ausg. 30. Aufl. 8. (VIII, 348 S.) Stuttgart 890. J. G. Cotta Nachf. n. 3. 50; geb. n. 4. 40

Freiligrath, Ferd. Gedichte. 47. Aufl. (d. wohlf. Ausg. 30. Aufl.) 8. (VIII, 348 S.) Stuttg. 892, Cotta Nachf. * 3 50

— Gedichte. 49. Aufl. 8. (VIII, 350 S.) Stuttgart 896. J. G. Cotta Nachf. n. 4. —; geb. n. 5. —

Freiligrath, Ferd., Gedichte. 50. u. 51. Aufl. 8. (à VIII, 350 S.) Stuttgart 897. 903. J. G. Cotta Nachf. n. 4. —; geb. in Leinw. n. 5. —

Gedichte von Ferdinand **Freiligrath**. Stuttgart & Berlin: J. G. Cotta Nachf. [1905]. (VIII, 300 S.) 8° [F.]
= **Handbibliothek**, Cotta'sche. No 123. 06. 3010

Gedichte von Ferdinand **Freiligrath**. Mit e. Vorbemerkung von Dr. Arthur Ploch u. d. Bilde d. Dichters. Halle a.S.: O. Hendel [1907]. (XII, 259 S.) 8° [F.]
(Bibliothek d. Gesamtliteratur d. In- u. Auslandes. No 2010–2013.) 07. 6589

— engl. Gedichte, s. Gedichte.

— s. Gedichte, englische, aus neuerer Zeit. — Hugo, V., lyrische Gedichte.

— neue Gedichte. 2. Aufl. (VIII, 342 S.) 1877; 3. Aufl. 8. (XVI, 335 S.) Ebendas. 880. *

— dasselbe, s.a. Handbibliothek, Cotta'sche.

— neue Gedichte. 3. Aufl. 8. (XVI, 335 S.) Stuttgart. 880. Cotta. n. 4. —

— neue Gedichte. 5. Aufl. (XVI, 322 S.) 8. Stuttgart 903. J. G. Cotta Nachf. Geb. in Leinw. n. 5. —

Neue Gedichte von Ferdinand **Freiligrath**. Stuttgart & Berlin: J. G. Cotta Nachf. [1905]. (VII, 322 S.) 8° [F.]
= **Handbibliothek**, Cotta'sche. No 124. 06. 3011

— neuere polit. u. soziale Gedichte. 1. Hft. 8. (84 S.) Köln 849. St. Louis, Schuster. (Düsseldorf, Schaub.) ½ ₰ — 2. Hft. 2. Abdr. 8. (80 S.) Köln 849. Düsseldorf, Schaub. n. ½ ₰

— ein Glaubensbekenntniß. Zeitgedichte. 2. (Titel-)Ausg. 8. (XVI u. 323 S.) Mainz (844) 849, v. Zabern. 1 ₰

— ein Glaubensbekenntniß. Zeitgedichte. Neue (Titel-)Ausg. Mainz 863. v. Zabern. 8. (XVI, 323 S.) geb. 1 ₰

Freiligrath, Ferdinand [Übers.]
s. Hugo, V.: Sämmtliche Werke. 1835 – 1839.

— rheinisches Jahrbuch, s. Jahrbuch.

— Karl Immermann. Blätter der Erinnerung an ihn. Mit Immermann's Bildniß in Stahlstich nach einer Zeichnung von C. F. Lessing. 8. Stuttgart 842, Krabbe. 1½ ₰

Freiligrath, Ferdinand. Der König und der Proletarier. Berlin, R. Liebmann 1848. 7 S. 8.
Flugblatt. Berlin, 1848/49.

Freiligrath, Ferdinand. Ein Lied vom Tode. Abdruck aus der Londoner Deutschen Zeitung. Den Berliner Arbeitern und Bürgerwehrmännern zur Todtenfeier ihrer gefallenen Brüder am 20. Oktober 1848. Gedruckt bei W. Fähndrich u. Comp. 2 Bl. 8.
Flugblatt. Berlin, 1848/49.

— Löwenritt, s. Lügenritt.

— der alte Matrose. Nach dem Engl. v. Coleridge. Illustrirt v. Gust. Doré. gr. Fol. (12 S. m. 38 Holzschntaf.) Leipzig 877. Amelang. geb. m. Goldschn. n. 50. —

— Nachgelassenes. Mazeppa nach Lord Byron. Der Eggesterstein, Erzählung. 16. (VIII, 88 S.) Stuttgart 883. Göschen. geb. m. Goldschn. n. 3. —

— Poems, s. Collection of German Authors.

Freiligrath, Ferdinand, s. Odeum, Rheinisches.

— Freie Presse. Berlin, Schlesinger 1848. 4 Bl. 8.
Flugblatt. Berlin, 1848/49.

Freiligrath, Ferdinand, s. Process, Erster politischer

— der Blumen Rache, f. die Darstellg. m. leb. Bilde eingerichtet v. Demetr. Schrutz, s.a. Heidelmann's A., Theaterbibliothek.

Der Blumen Rache. Von Ferdinand **Freiligrath**. Für d. Darstellung mit lebendem Bilde eingerichtet von Demetrius Schrutz. Die melodramat. Klavierbegl. von Julius Metz. Bonn: A. Heidelmann [1904]. (6 S.) 8° [F.]
= **Theaterbibliothek**, A. Heidelmann's. II. 122. 06. 0066

— Die Revolution. Leipzig, F. Andrä 1848. 4 S. 8.
Flugblatt. Berlin, 1848/49.

— die Revolution. Gedicht. gr. 16. (8 S.) Leipzig 848. (Grunow.) 1½ ngr.

— die Revolution. Gedicht. gr. 16. (8 S.) Leipzig 849, (Grunow.)

— Rolands-Album, (Gedichte.) 8. Köln 840. Du Mont-Schauberg. 7/12 ₰

— the rose, thistle and shamrok, s.a. Rose, the.

— the Rose, Thistle and Shambrock. A selection of English poetry, chiefly modern. 853. (XXVIII, 638 S.) — 2. edit. Stuttgart 857. E. Hallberger. 16. (XXIV, 574 S.) geb. n. 2 ₰

— the Rose, Thistle and Shamrock. A selection of english poetry, chiefly modern. 3. edit. Stuttgart 859. E. Hallberger. 16. (XXIV. 574 S.) geb. 2 ₰

— the Rose, Thistle and Shamrock. A selection of English poetry, chiefly modern. 4. edit. Stuttgart 869. E. Hallberger. 16. (XXIV, 544 S. u. 1 Holzschn.) 2 ₰

— the rose, thistle and shamrock. A book of english poetry, chiefly modern, selected a. arranged. 5. Ed. With illustr. (Holzschntaf.) 8. (XXIV, 496 S.) Hallberger. geb. m. Goldschn. 7. —

— the rose, thistle and shamrock. A book of English poetry, chiefly modern. Selected and arranged by F. F. 6. ed. With illustrations. 8. (XXIV, 499 S.) Stuttgart 887. Deutsche Verlags-Anstalt. geb. m. Goldschn. n. 7. —

— 3. Die Todten an die Lebenden. Juli 1848. 8°. Düsseldorf, Druck der Franckschen Buchdr.

— die Todten an die Lebenden. Juli 1848. (Gedicht.) 8. (3 S.) Düsseldorf 848, Kampmann in Comm. 1 1/2 ngl

Freiligrath, F. Die Todten an die Lebenden. Charlottenburg. Druck von Fr. Bäje. 2 Bl. 4.
Flugblatt. Berlin, 1848/49.

(——) Leipzigs Todten. (Gedicht.) 8. (1 B.) Belle-Vue 845. [Zürich, Rothpletz.]

Freiligrath, Ferdinand. Ungarn. Mitte August 1849. 1 Bl. 4.
Flugblatt. Berlin, 1848/49.

Freiligrath's, Ferd., Werke in 9 Bdn. Mit Einleitung v. Schmidt-Weißenfels. (XLVIII, 103; VII, 234; VI, 218; IV, 135; V, 154; VII, 256; IV, 124; IV, 154 u. IV, 262 S. m. Bildnis.) 8. Berlin 905. Th. Knaur Nachf. In 3 Leinw.-Bdn. n. 5. —
Ladenpreis aufgehoben.

Freiligrath's, Ferd., Werke in 6 Büchern. Mit e. Auswahl seiner Briefe u. e. Anh. bisher noch nicht in den Ausgaben veröffentl. Gedichte. Hrsg. v Walt. Heichen. (192, 173, 129, 143 u. 157 S. m. 2 Bildnissen.) kl. 8. Berlin (907). A. Weichert. Geb. in Leinw. 2. —

— sämtliche Werke in 10 Bdn. Hrsg. v. Ludw. Schröder. Mit 3 Bildnissen, 2 Abb. u. e. Briefe als Handschriftprobe. (119, 167, 244, 122, 108, 85, 322, 228, 204 u. 180 S.) kl. 8. Leipzig (907). Hesse & Becker Verl. 3.—; in 2 Bde. geb., Leinw. 4.—; feine Ausg., Halbfrz. 6.—; Luxusausg., Liebhaber-Halbfrz. 8. —

— dasselbe, s.a. Klassiker-Bibliothek, goldene.

(Ferdinand) Freiligraths Werke in 6 Teilen. Hrsg. mit Einl. u. Anm. versehen von Julius Schwering. T. 1–6 (in 2 Bden). Berlin, Leipzig, Wien, Stuttgart: Bong [1909]. 8°
1. Gedichte 1838. Zwischen d. Garben. Mit e. Lebensbild.
2. Ein Glaubensbekenntnis. Ça ira! Neuere polit. u. soz. Gedichte. Zwei poet. Episteln.
3. Neueres u. Neuestes. Jugenddichtungen. Gedichte u. Fragmente aus d. Nachlaß.
4. Übersetzungen. 1. 5. Übersetzungen. 2.
6. Der Eggesterstein. Ausgewählte Briefe.
(Goldene Klassiker-Bibliothek.) [09. 13131]

Ferdinand Freiligrath Werke. Neue Pracht-Ausg. Hrsg. von Prof. Dr. K[arl] Macke. Ill. von Hermann Tischler. Berlin: Herbert [1909]. XVI, 121 S. 8° [09. 11930]

Ferdinand Freiligraths sämtliche Werke in 10 Bden. Hrsg. von Ludwig Schröder, ([Lehrer,] Iserlohn). Mit 3 Bildn., 2 Abb. u. e. Briefe als Handschriftprobe. Bd 1–10 (in 2 Bden). Leipzig: M. Hesse (1907). 2 Bde 8° [F.]
1. Freiligrath. Leben u. Schaffen. 2. Gedichte 1838.
3. Gedichte. 1838. Übersetzungen. Mazeppa. Jugenddichtungen.
4. Zwischen d. Garben.
5. Ein Glaubensbekenntnis. (Zeitgedichte. 1844.) Ça ira! (1846).
6. Neuere polit. u. soziale Gedichte.
7. Neueres u. Neuestes. 1852–1870. 1870–1876.
8. Englische Gedichte aus neuerer Zeit.
9. Der Sang von Hiawatha. Venus u. Adonis. 10. Der Eggesterstein. Briefe.
(Max Hesses Neue Leipziger Klassiker-Ausgaben.) [07. 3631]

—— und Levin Schücking, das malerische u. romant. Westphalen. 10 Lfgn. M. 30 Stahlst. Lex.-8. (15 B.) Leipzig 841, Volckmar. à * 1/3 Thlr.

—— dass. — Supplement, s. Wiese, L.

— u. Levin Schücking, das malerische u. romantische Westphalen. 2. umgearb. Aufl. Mit 30 Stahlst. u. vielen Holzschn. im Text. (In ca. 12 Liefgn.) 1—5. Liefg. Paderborn. 870. Schöningh. gr. 8. (S. 1—160 u. 11 Stahlst.) Jede Liefg. n. 10 ngr

— u. Levin Schücking, das malerische u. romantische Westphalen. 2. umgearb. Aufl. Mit 30 Stahlst. u. vielen Holzschn. im Text. 6—13. Lfg. gr. 8. (IV u. S. 161—367 m. 17 Stahlst.) Paderborn 871. Schöningh. à n. 1. —

Freiligrath, F. Wien. Vereins-Buchdruckerei. 1 Bl. Fol.
Flugblatt. Berlin, 1848/49.

— Wien. (Gedicht.) 1 Bl. in gr. 8. Düsseldorf 849, Kampmann. 1 1/2 ngl

Freiligrath, F. Windischgrätz und Robert Blum. Den 26. April 1849. Druck von Friedr. Reichardt. 1 Bl. 8.
Flugblatt. Berlin, 1848/49.

Freiligrath, G., Beiträge zur Biographie Ferd. Freiligrath's. 8. (VI, 208 S.) Minden 889. Bruns. n. 1. 40; geb. n. 3. 50

Freiligrath, Gisberte, englische Dichter (Übersetzgn.), s.a. Bibliothek d. Gesamtlitteratur d. In- u. Auslandes.

[F.] Englische Dichter. Übs. nach Percy B. Shelley, Thomas Moore, John Keats, Algernon Charles Swinburne u. Anderen v. Gisberte Freiligrath. *Halle a. S.: O. Hendel [1898].* (XVIII S., 1 Bl., 145 S.) 1 Bd 8. = Bibliothek d. Gesamtlitteratur d. In- u. Auslandes. No 1110–1113. [98. 8970]

Freiligrath, J., zur Eröffnung der Kammern. (Gedicht.) gr. 8. (1 S.) Berlin 849, Reichardt & Co. 1 1/2 ngl

Freiligrath, J. Das deutsche Parlament. Glückstadt, den 23. Januar 1849. 2. Auflage. Im Selbstverlage. 2 Bl. 8.
Flugblatt. Berlin, 1848/49.

Freiligrath-Krocker, Käthe, s. Greenaway, Kate, am Fenster.

Freiling, Hans Heinrich: Duftorgane der weiblichen Schmetterlinge nebst Beiträgen zur Kenntnis der Sinnesorgane auf dem Schmetterlingsflügel und der Duftpinsel der Männchen von Danais und Euploea. Mit 6 Taf. u. 17 Fig. im Text. Leipzig: W. Engelmann 1909. 86 S. 8°
¶(Aus: Zeitschr. f. wissenschaftl. Zoologie. Bd 92.)
Leipzig, Phil. Diss. v. 12. Febr. 1909, Ref. Chun, Pfeffer
[Geb. 12. Dez. 79 Hasselbach, Reg.-Bez. Kassel; Wohnort: Niedergrenzebach; Staatsangeh.: Preußen; Vorbildung: Gymn. Hersfeld Reife O. 00; Studium: Marburg 2, Leipzig 13 S.; Rig. 29. Juli 09.] [U 09. 2960

Der Wegmacher. Schauspiel in 3 Aufz. von Richard Freiling [d.i. Richard Josef Fellinger]. Berlin 1900: E. Litfaß' Erben. (107 S.) 8° [F.] [06. 18843]

Freilingshausen, Thdr., s. Baird, R., Erinnerungen.

Freiman, Alexander, a. Warschau: Pand-Nāmak i Zaratušt. Der Pahlavi-Text mit Uebersetzung, kritischen und Erläuterungsnoten. Wien: A. Hölder 1906. (35 S.) 8°
¶(Erscheint vollst. in: Wiener Zeitschrift für die Kunde des Morgenlandes Bd 20. 1906.)
Gießen, Phil. Fak., Ref. Bartholomae, Diss. v. 28. Nov. 1906
[Geb. 15. Aug. (a. St.) 79 Warschau; Wohnort: Gießen; Staatsangeh.: Rußland; Vorbildung: Gymn. Warschau Reife Juni 99; Studium: St. Petersburg 8, Gießen 3 S.; Rig. 19. Dez. 05.]

Die Abtheilung der Israelitischen Ritualgegenstände im städtischen historischen Museum zu Frankfurt a.M. Von Dr. A[ron] Freimann. *(Frankfurt a. M. 1900: Intelligenz-Bl.)* (4 Bl.) 4° [F.] [00. 8353]

Freimann, A., Annalen der hebräischen Druckerei in Wilhermsdorf. (16 S.) gr. 8. Berlin 903. (Frankfurt a/M., J. Kauffmann.) n. 1. —

— Bibliographie der Schriften u. Aufsätze des Dr. A. Berliner. (25 S.) gr. 8. Ebd. 903. n. 1. —
2 Sonderabdr. a.: „Festschr. z. 70. Geburtstage A. Berliner's“.

— s.: Festschrift zum 70. Geburtstage A. Berliner's.

Freimann, Aron [aus Filehne]: Die Isagoge des Porphyrius in den syrischen Uebersetzungen ... Berlin, Druck v. H. Itzkowski, 1897; 32 S., 1 Bl. 8.
Erlangen, Phil. Fak., Inaug.-Diss. v. 21. Dez. 1896

Freimann, A., s.: Zeitschrift f. hebr. Bibliographie.

Freimann, E., Ex-Bürgermeister Krausnick — das Ministerium Hansemann is futsch — die Urwahlen, s.: Ex Ex Ex.

Freimann, Constantin, s. Freimann, Konstantin

Freimann, E. (Hrsg.), s. Abraham bar Chija ha Nasi: Sefer Hegjon ha Nefesch oder Sittenbuch.

Freimann, H., Annoncen u. Reklame od. die besten Mittel zur Erzielung e. raschen Geldumsatzes. Ratgeber f. Handel- u. Gewerbtreibende in Stadt u. Land. 8. (48 S.) St. Gallen 893. (**W. Hausknecht.)** n. — 40

Freimann, Hans. Zur Kenntnis der Azo-Derivate des Phenols u. der Phenolcarbonsäuren. Diss. Phil. [II.] Univ. Zürich. 91 S. 8. Zürich, Gebr. Leemann & Co., 1908.

Freimann, Heinr., 1813. Ein Gedicht in 17 Gesängen. Berlin 863. F. Duncker in Comm. gr. 8. (VI, 166 S.) n. 1 *rp*

Freimann, Heinr. (Heinr. Bauerreiß), Dichtungen. 8. (228 u. IV S.) Wien 890. Huber & Lahme. n. 2. —

Freimann, Heinr., Johannes. Eine poetische Erzählung aus dem deutsch-französ. Kriege 1870—71. 8. (78 S.) Kassel 881. Freyschmidt. n. 1. —

Freimann, Jac., Beiträge zur Geschichte der Bibelexegese. 1. Hft. gr. 8. Brünn 892. B. Epstein & Co. n. 2. —
Des Gregorius Abulfarag, gen. Bar-Hebräus, Scholien zum Buche Daniel. Hrsg., übers. u. m. Anmerkgn. versehen. (74 S.)

Freimann, Dr. Jacob, Des Gregorius Abulfarag, gen Bar—Hebräus. Scholien zum Buche Daniel. (Beiträge zur Geschichte der Bibelexegese Heft 1.) Gr.-8. (74 S.) 1.—
Berlin: Epstein 1892.

(**Freimann,** Jenny.) Muster-Album von Kreuzstichmonogrammen. (Berlin 1890) (Umschlagtit.)
36 Taf. m. bendkol. Monogrammen. 8°

Freimann, Johs., Religion u. Lebensweise od. die Quintessenz der Lebensweisheit. Auch e. Beitrag zur religiösen Bewegg. unserer Zeit m. Beziehg. zu M. v. Egidys Bestrebg. u. e. rev. christl. Glaubensbekenntnisse. 8. (16 S.) Berlin 892. K. Siegismund. n. — 25

FREIMANNS, Karl, Leben und Schicksale. Folgen des Leichtsinns, von ihm selbst. Stendal, Franzen u. Grosse, 1804. 8°.
228 SS. Nicht erotisch.

Freimann, Konstantin

Freimann, Konst., Bedenken gegen Errichtung einer paritätischen Kantonsschule für den Kanton St. Gallen. St. Gallen 856. Köppel. 8. (23 S.) 3 *ngr.*

Freimann, Max, die Entstehung u. Verhütung der Glatze. (82 S.) 8. Leipzig 907. K. Lentze. n. 2. —; geb. n. 2. 50

Freimann, Max: Über den physiologischen Stumpfsinn des Mannes. Berlin-Leipzig: Modernes Verlagsbureau Curt Wigand 1905. 192 S. 8°

Freimann, Thom., die Teufelsaustreibung in Möttlingen. Zusammengestellt, ergänzt u. hrsg. Wahrheitsgetreu erzählt v. Solchen, die dabei waren. Neue Ausg. 3. u. 4. Taus. (47 S.) 8. Berlin 905. W. Osterwald. n.n. — 30

Freimann, Thom., die Teufelsaustreibung in Möttlingen. (Durch Pfr. Christoph Blumhardt.) Zusammengestellt, ergänzt u. hrsg. Wahrheitsgetreu erzählt v. Solchen, die dabei waren, (u. nach amtl. Bericht an das königl. württ. Konsistorium in Stuttgart). (52 S.) gr. 8. Lorch 910. K. Rohm. — 75

Freimark H, die Reform der preussischen Zoll- und Handelspolitik von 1800-21 u ihre Bedeutung. (103 S) (Sammlung national-ökonomischer Abhandlungen 17) Jena 1898

Freimark, Hans, Anderes u. Drittes. Skizzen u. Studien. (70 S.) kl. 8. Leipzig 905. Verlag des „Harmonium". n. 1. —; geb. n. 1. 50

— Helena Petrovna Blavatzky, e. weiblicher Ahasver. Lebensbild. (S. 525—564 m. 3 Taf.) 8. Leipzig 906. M. Spohr. n. 1. —
Sonderabdruck aus: „Jahrb. f. sex. Zwischenstufen".

Freimark, Hans, Helena Petrovna Blavatzky. Eine Studie. Mit 4 Portr. u. e. Fksm. der Handschrift. (VII, 114 S.) 8. Leipzig (907). Th. Grieben. 2.40; geb. n 3. —

— Moderne Geisterbeschwörer u. Wahrheitsucher, s.a. Großstadt-Dokumente 30. Bd.

Moderne Geisterbeschwörer und Wahrheitssucher von Hans **Freimark**. 2. Aufl. Berlin & Leipzig: H. Seemann Nachf. [1908]. (104 S.) 8° [Kr.]
— **Großstadt-Dokumente.** Bd 36. [o8. 14,60

Freimark, Hans, Moderne Geisterbeschwörer und Wahrheitsucher. 3. Aufl. Berlin u. Leipzig [1907]. 8°.
(Grossstadt-Dokumente, hrsg. von Hans Ostwald. Bd 36.)

— Das Geschlecht als Mittler des Übersinnlichen. (112 S.) 8. Leipzig (907). Lotus-Verlag. 2.—; geb. n 3. —

— bunte Lieder. (VI, 52 S.) kl. 8. Leipzig 905. Verl. d. „Harmoniums". n. 1. —; geb. n. 1. 50

— Die anormalen Männer- u. Frauengestalten in den Memoiren der Markgräfin v. Bayreuth. Ein Beitrag zur Kultur- u. Sittengeschichte des 18. Jahrh. Mit dem Portr. der Markgräfin. (110 S.) 8. Berlin 909. H. Barsdorf. 1. 50

FREIMARK, Hans, Okkultismus und Sexualität. Beiträge zur Kulturgeschichte der Vergangenheit und Gegenwart. Leipzig. Leipziger Verlag, G. m. b. H., o. J. (190*). Gr. 8°. XVI — 433 S.
Recensirt von Krauss in Anthropoph. VI, p. 488—89.

FREIMARK, Hans. Das Sexualleben der Afrikaner. Leipzig (ca. 1910). Gr. 8°. XVIII, 422 S.

— der Sinn des Uranismus. (44 S.) gr. 8. Leipzig (905). M. Uhlig. n. 1. —

Freimark, Hans. Von Suchern und Strebern. ⟨Hierzu sieben Abbildungen nach photographischen Aufnahmen.⟩ 8.
In: Arena. Herausgeber Rudolf Presber. (Jahrg.) 1909/10, Heft 2. (Berlin, Verlag «Arena».) M. —.80. S. 185—192.

— Tolstoj als Charakter, s.a. Grenzfragen des Nerven- u. Seelenlebens. 66. Hft.

Tolstoj als Charakter. Eine Studie auf Grund s. Schriften. Von Hans **Freimark**. Wiesbaden: Bergmann 1900. 33 S. 4°(8°)
(Grenzfragen d. Nerven- u. Seelenlebens. 66.) 109. 2850

— Wie deute ich mein Schicksal aus Form u. Linien meiner Hand? Ein illustr. Beitrag zur Geschichte der Handlesekunst u. Handformenkunde mit gleichzeit. Abbildg. u. Beschreibung der Hände vieler bedeut. Zeitgenossen. (155 S.) gr. 8. Berlin (908). W. Bobach & Co. 1. 50

Freimark, R., s.: Taschen-Rangliste der Behörden u. Truppentheile des XVI. Armee-Korps.

— s.: Wohnungs-Verzeichniß der Offiziere ꝛc. der Standorte Metz ꝛc.

Freimaurer ꝛc., s.a. Freymaurer ꝛc.

Freimaurer, die. Aus J. N. Bouilly Récapitulations übers., s. Bouilly.

Freimaurer, Der, eine moralische Wochenschrift. Leipzig 1738. H: *Schwabe, Johann Joachim.* (SJL) (Kl) (ML)

Freimaurer, Der. Ein Lustspiel in einem Aufzug . . . Kaufbeuren 1780. V: *Wagenseil, C. D.* (Tt) ›[Ulm] 1780‹. V: *Wagenseil, Chn Jacob.* (Ky) (GGr;

Freimaurer, der. Lstspl. (von Chr. Jak. Wagenseil). 8. (Ulm) 780. Wohler. 3 gr.

— die, oder ihr Schönen forschet umsonst. Lstspl. 8. Lüneb. 780. Lemke. 6 gr.

Freimaurer, Die. Oder Ihr Schönen forschet umsonst. Ein Lustspiel in drey Aufzügen. Franckfurt u. Leipz. [Lüneburg] 1781. V: *Hensel, Joh. Dan.* (Kl 4024) (wolfstieg II, 905)

Freimaurer, Die. Ein Lustspiel in drey Aufzügen. Aufgeführt auf dem K. K. National-Hoftheater. Wien 1784. V: *Schröder, Fch. Ludwig.* (Kl 4027) (wolfstieg II, 906) (L. Abafi, Gesch. d. Freimaurer IV/179)

— Dass. 8. Wien 784. Kurzböck. 3 gr.

Freimaurer, der. 5 Thle. 8. Halle 790—93. Gebauer. 1 rß 6 gr.
(vergl. Bibliothek, compendiöse.)

Freimaurer, Der, oder kompendiöse Bibliothek alles Wissenswürdigen über geheime Gesellschaften. Göttingen 1790—96. H: *André, Chn Carl.* (SJL) (Kl) ›Gotha 1789—93‹ (MGT)

Freimaurer, Der, oder Compendiöse Bibliothek alles Wissenswürdigen über geheime Gesellschaften. H. 1—5. Göttingen 1793. Gotha u. Halle [1795—1796]. Eisenach u. Halle 1790—1796. Nachdruck in Gotha 1790. H: *André, Chn. Carl.* (wolfstieg I, 59) Vgl. II, 4062.

Der Freimaurer. Centralblatt zur Unterhaltung in Feierstunden. [Hrsg. und gesamm. von F. A. Giesel.] No 1. [Hamburg 1829: Hartwig & Müller.] 8 Sp. 4⁰ [Kopftit.]
Selten. Nicht mehr erschienen (?). Enthält: Einl., Gedicht z. Einweihung e. Brrtempels von W. Müller, Anfang e. Abhandl.: Wozu nützt Humanität? einer solchen üb.: Frmr., Jesuiten u. Juden i. Portugal (Uebers. aus d. Londoner Magazine), Anekdote üb. Wöllner, Ankündigung üb. Forts. d. Blattes.

Freimaurer, die. Aus J. N. Bouilly Récapitulations zu Lehr und Kurzweil für Freund wie Feind ins Deutsche übers. 1. und 2. Aufl. 12. (23 S.) Cassel 856, J. G. Luckhardt.

Freimaurer. [Zürich 1858.] V: *Bluntschli, Joh. Casp.* (Cat. d. Stadtbibl. Zürich. Zürich 1864—97).

Freimaurer, der. Illustrirte Zeitschrift f. die gesammte Freimaurerei. Red.: Carl **Fischer**. 1. Jahrg. 1876. 12 Nrn. (à 1—1½ B. m. eingedr. Holzschn.) Imp.-4. Wien 876. Brüder Winter. n. 11. —; halbjährlich n. 6. 60

Der Freimaurer. Ill. Monatschr. für die gesammte Freimaurerei. Red. Herm. Beigel. Jg. 1—4. Wien: Winter 1876 bis 1879. 4⁰
1. 154 S. 1876; 2. 144 S. 1877; ⁰3. 1878; ⁰4. 1879.
cf. DrL. 5 (1875—1876) S. 344.
Tt. 164. 1 in 358 a; 2 in 23.

—— dass. — Redact.: Carl Pilz. 33. Jahrg. 1879. 52 Nrn. (Bog.) hoch 4. Ebendas.

Der Freimaurer. Hrsg. Otto Heinrichs. Jg. 1. 2. Leipzig: [Mäder & Wahl, Nr 10 ff.:] Darmstadt: [Otto] 1889. 1890. 4⁰ [Kopftit.]
1. 1899 [unvollst.]; ⁰2. 1890.
cf. Bbl. 3 (1889) S. 139—140; L. 12 (1889) S. 32.

Der Freimaurer. Organ für die Interessen der Frmrei jüng. Datums. [Jg. 8;] Organ der Grossen Frm.-Loge von Deutschland. [Jg. 9ff.:] Organ der Symbolischen Grossloge des Schottischen Ritus in Deutschland. Hrsg. von der Grossmeisterschaft der Gr. Fr.-L. v. D. [Jg. 8ff.:] Hrsg. vom Grossbeamtenrat. [Redakt.: Paul Eberhardt. Jg. 11 Nr. 2ff.: Oskar Müller.] Leipzig: Böhme & Lehmann. 4. [Jg. 10ff.:] 8°.
Jg. 7. 1904 Nr. 2, 6, 12; 8. 1905 98 S.; 9. 1909 98 S.; 10. 1907 102 S.; °11. 1908 224 S.; 12. 1909 104 S.; 13. 1910 192 S.

die, nach ihren verschied. Absichten dargestellt. gr. 8. Wien 793. Kaiserer. 9 gr.

Freimaurer, Der bedächtliche. Stück 1—19. Hamburg 1742—1743. H: *Tentzel, Joh. Fch.* (wolfstieg I, 28) Vgl. II, 4064.

Freimaurer, Der nach einer glücklich vollendeten Reise sich mit der wahren Geometrie beschäftigende. Berlin 1777. V: *Gertinger, Johann.* (Abafi, L., Geschichte der Freimaurerei 5/220) (biblport) Vgl. II, 4065.

— die drei, s. a. Volks-Bibliothek, romantische.

Freimaurer, Die drei. Enthüllungen aus dem Leben und Treiben derselben seit dem Revolutionsjahre 1848. Als Seitenstück zu dem Leben und Treiben der Jesuiten. Aus den hinterlassenen Papieren eines verstorbenen Freimaurers. Hamburg 1855—1856. V: *Rathewitz, Jos. von.* (Taute, Ordens- und Bundesromane 324.) (wolfstieg II, 895)

Der **Freimaurer** in seiner wahren Gestalt. Philadelphia 1787. 8°
Kl. 503.

Freimaurer, Die gestürzten. Oder Folge des Buches: Die verrathene Freymaurerorden betitelt. Berlin u. Leipz. 1747. Neue Aufl. Berlin 1756. V: *Larudan.* Ü: *Gottsched, Luise Adelg. Vict. geb. Kulmus.* (wolfstieg II, 403) Vgl. II, 4066.

Freimaurer, Die gestürzten. A. d. Franz. Berlin u. Leipz. 1747. Ü: *Gottsched, Luise Adelg. Vict. geb. Kulmus.* (Waniek, Gottsched. Leipz. 1894. S. 393.)

— muß der, nothwendig Bekenner d. Christenthums sein? Als Manuscript f. Brüder. 8. Nürnb. 828. Fr. Campe. 12 gr.

Freimaurer, die schweizerischen, an ihre Mitbürger. 8. (16 S.) Bern 886. Nydegger & Baumgart. n. — 20

Freimaurer, die schweizerischen, an ihre Mitbürger. In-8°, 16 S. Bern, Paul Haller. 1886. — 25

u. Sozial-Demokrat. gr. 8. (22 S.) Klagenfurt 873. Bertschinger & Heyn. — 60

Sozialdemokratie: **Freimaurer** und Sozial-Demokrat. Klagenfurt: Karner 1873. 22 S. 8° [Umschlagtit.]
Bezeichnet die Sozialdemokratie als den natürlichen Feind der Frmrei.

Freimaurer, die, u. ihre Stellung zur Gegenwart. Offne Enthüllung der Geschichte u. Zwecke des Freimaurerordens nebst einer Abwehr der jüngsten Angriffe des Adv. E. E. Eckert zu Dresden. 8. (VIII u. 55 S.) Leipzig 852, Kollmann. 1/4 ℛ

Freimaurer, Der, studirt für das Herz. Eine Rede am Johannistage 1761 in der ger. vollk. und regelmässigen Dreikronenloge der Freimaurer in Königsberg in Preussen, gehalten vom Br. Redner. Königsberg [1761]. V: *Hippel, Theod. Gottlieb von.* (kl 844) (wolfstieg I, 170) Vgl. II, 4063.

Freimaurer, Der unüberwindliche, wurde bey der jährlichen Feyer des 5747ten Jahres in einer Ode besungen von einem Bruder in Halle. Halle 1748. V: *Weber, Andreas.* (kl 811) (wolfstieg I, 170)

— d. verklärte. gr. 8. Altona 791. Bechtold. 8 gr.

Freimaurer, Der wahre, unter seinen Feinden, eine Rede, in der ger. u. vollk. Loge F[erdinand] z[ur] g[ekrönten] S[äule in Hildesheim] gehalten von H. [Hildesheim] 1775. V: *Huebner.* (kl 915) (wolfstieg I, 171)

Freimaurer, Der wahre, in einer maurerischen Rede geschildert, als am 14. Jenner 1778 die Loge Royal Yorck zur Freundschaft [in Berlin] in ihren Versammlungen regelmässige Arbeiten in deutscher Sprache feyerlich einführte, von S.m.ch. Berlin [1778]. V: *Schumacher.* (kl 469) (wolfstieg I, 172)

Freimaurer, Die zerschmetterten, oder Fortsetzung des verrathenen Ordens der Freymäurer. Frankf. u. Leipz. 1747. V: *Larudan.* (Tt) »1746« (SJL)

— über, ernste Warnung. 8. Münch. 783. Lentner. 5 gr.

Goldenes Freimaurer-ABC. [Rostock] o. J.: [Behm]. 2 Bl. 8⁰ [Umschlagtit.]
In Versen.

Freimaurer-Almanach. O. O. ca. 1798]. V: *Schuler, von.* (MGT)

Freimaurer-Analecten der Loge Amalia zu Weimar: VI. Heft. 24. October 1845. Weimar. 8. 53 S.
Enthält die Denkrede an Ch. G. v. Voigt von K. W. v. Fritsch, eine Rede in der Schwesternloge vom 11. Aug. 1818, die Einleitung zur Trauerloge vom 16. April 1819 (Gedächtniss Kotzebue's), einen Beitrag zur Geschichte der Loge von v. Fritsch, einen Vortrag von Peucer zur Johannisfest- und Schwesternloge und drei Gedichte.

Freimaurer-Analecten der Loge Amalia zu Weimar. VII. Heft. Der 27. August 1849. Weimar. 8. 65 S. 1 Kpfr. (Abbildung des Festsaals).
Goethe's 100jähr. Geburtstagsfeier. Festrede von C. Ch. W. Weber, Festlied von K. W. v. Fritsch und Armenlied von H. K. F. Peucer.

Freimaurer-Analecten (der Loge Amalia zu Weimar). VIII. Heft. Weimar 1852. 8. 32 S.
Enthält die Gedächtnissrede auf Fr. v. Müller von K. W. v. Fritsch (abgedruckt Frmrztg. 1852. S. 76), die Gedächtnissrede auf v. Fritsch von Teuscher und die Anrede G. Th. Stichling's beim Antritt seines Meisteramts (abgedruckt Frmrztg. 1852. S. 255).

Freimaurer-Analecten der Loge Amalia) IX. Heft. Weimar 1854. 8. Tit. 53 S.
Einweihungsfest des neuen Logengebäudes am 24. October 1853. Reden von G. Th. Stichling und Teuscher. Schwesternloge am 15. Februar 1854. Reden von Stichling und E. Ch. W. Weber.

Freimaurer-Analecten, weimarische. XI. Heft. Die Saecularfestfeier der Loge Amalia. Weimar 1864. 8. 38 S.
Enthält die Beschreibung der Feier, den gehaltreichen Festvortrag von Stichling „Die Frmrei vor 100 Jahren und die Frmrei von heute" (auszüglich abgedr. Bauh. 1865. S. 177) u. eine kurze histor. Skizze über die Geschichte der Loge von Stiebritz.

Freimaurer-Analecten, Weimarische. XII. Heft. Zur Säkularfestfeier der Aufnahme Carl Augusts in die Loge Amalia zu Weimar am 5. Februar 1782. Herausgegeben von Dr. Carl Eduard Putsche. Mstr. v. St. Weimar (Böhlau). 1882. 8. 50 S.
Enthält: Notizen zur Geschichte der Loge von 1864 bis 1882 von Putsche, dann folgen Vorträge von Stichling (die Hauptaufgabe der Frmrei unserer Zeit), von Putsche (der Mrtempel, ein geistiger Gesundbrunnen und der Regierungsantritt Carl August's), von Wernekke (der Brudername und seine Pflichten) und von Stockhardt (die Tugend der Treue, verkörpert in Kaiser Wilhelm).

Freimaurer-Analecten, Weimarische. 15. Weimar 1908. V: *Wernekke, Hugo.* (wolfstieg I, 647)

Freimaurer-Autodafé in Wien. Wien 1786. V: *Kratter, Franz.* (EB)

Freimaurer-Beobachter. Organ der ungar. Fr:. M:. ei. Red.: Hollós László. 1. Jahrg. 1873. 24 Nrn. (1½ B.) gr. 4. Budapest, Fekete. n. 9. —

Freimaurerbibliothek. Berlin 1778. H (1. St.): *Hemmann, Joh. Alex.* (ML)

Freimaurerbibliothek. 3 Stücke. gr. 8. Leipz. 787. (Barth). 3s Stück 15 ℊ

Freimaurer-Bibliothek. 7 Bände. 8. 1. Stück. 2. Aufl. Berlin. Stahlbaum. 1782. 3. Aufl. Berlin. Schöne, 1792. XII, 204 S. 2. Stück. Berlin. Stahlbaum. 1782. 7 Bl. 234 S. 2 Bl. 3. Stück. Dessau. Gelehrtenbuchhandl. 1785. 8 Bl. 255 S. 4.—7. Stück. Berlin. Schöne. 1791—1794. XVI. 136 S., 152 S., 120 S., 1 Bl. 166 S.

Freimaurer-Bibliothek. Stück 1—3. Berlin 1785. Dessau 1791—1803. Berlin 1778—1803. H (Stück 1—3): *Hemmann, Joh. Alex & Joh. Wilh. Bernh. von Hymmen.* (wolfstieg I, 59) Vgl. II, 4070 und 4071.

Freimaurerbibliothek. Leipzig 1787. V: *Hymmen, Johann Wilhelm Bernhard von.* (KY)

Freimaurerbund, Der, in seiner gegenwärtigen Bedeutung dargestellt . . . 2. Aufl. Leipzig 1848. V: *Schletter, Herm. Theod.* (Tt) (SJL)

Freimaurerbund, der, in seiner gegenwärt. Bedeutung dargestellt. Zur Entgegnung auf die Schrift: „Der Freimaurerorden in seiner gegenwärt. Nichtigkeit dargestellt." gr. 8. (24 S.) Leipzig 848, Vogel. — 2. Aufl. gr. 8. (24 S.) Ebd. 848. n. 1 ngℊ

Der **Freimaurerbund seinem philosophischen, religiösen und geschichtlichen Standpunkte nach; nebst Hinblick auf das Verhältniss der Israeliten zu demselben. Ein Leitfaden zur Beantwortung höchstwichtiger Zeitfragen. Darmstadt 1843: Kichler. 72 S. 8⁰** 65.

Freimaurerclericat, d. protestantische, mit Protocoll. 8. Greiz 788. Henning. 8 ℊ

Freimaurerei, s.a. Freimäurerei

Freimaurerei. Skizzirt im Lichte der Wahrheit. Frankfurt a. M. 1785. V: *Boehm.* (SJL)

Freimaurerei, über. Zur Beruhigung und Belehrung der Unkundigen. Kempten.) 1786. 8. 40 S.

Die **Freimaurerei** oder Enthüllung der Geheimnisse und Geschichte der Freimaurerei, von ihrem Entstehen an und ihrer Verbreitung bis auf die jetzigen Zeiten, nebst einer Erklärung ihrer Symbole, Hieroglyphen und Allegorien, der Aufnahmen in den Orden, und einem Verzeichnisse sämmtlicher Logen, von L. . . Sondershausen: Eupel 1831. VII, 164 S. 8⁰
Kl. 657, Tt. 1555. Abhandlungen üb. Entstehung, Verbreitung, Begriff u. Zweck, Geheimnisse u. Aufnahmezeremonien der Frmrei.

Freimaurerei. Ausschnitt aus Wageners Staats- und Gesellschafts-Lexicon (ca. 1863). VII. S. 669—685.

Die **Freimaurerei.** Ein Wort der Aufklärung über Wesen, Grundsätze, Aufgaben, Geschichte und Organisation derselben mit besonderer Rücksicht auf unsere vaterländischen Verhältnisse. 2. Aufl. Budapest: Tauda 1888. 39 S. 8⁰.
Selten.

Freimaurerei, Die. Ein Wort der Aufklärung über Wesen, Grundsätze, Aufgaben, Geschichte und Organisation derselben. Mit besonderer Rücksicht auf unsere vaterländischen Verhältnisse. 2. verm. Aufl. Budapest 1888. 3. verb. Aufl. Budapest 1900. V: *Szontagh, Abrah.* (wolfstieg I, 109)

Wider die **Freimaurerei**. Für das Christenthum. Eine Antwort auf: Was sind die Freimaurer? Von G. K......n. *Hamburg: Gebr. Lüdeke*, *1892*. (46 S.) 8° [F.] 1/4 M

Freimaurerei, Die angenommene, ... Germanien [Stendal] 1780. V: *Rabe, Carl Ldw. Frdr.* (Mitth. M. Grolig.) S. a. II, 4080.

Die **Freimaurerei** in Baiern. Bonn: Hauptmann [1884]. 40 S. 8°
Aus: °Deutsche Reichsztg. 1884.
Tt. 1568a. Will die Schädlichkeit der Frmrei nachweisen. KB.

Freimaurerei, Die, als Beruf. Lehrlingsinstruktion (System der gr. Loge von Hamburg). Vortrag gehalten in der Loge »Emanuel« [in Hamburg] am 12. Sept. 1907. [Hamburg 1908.] V: *Clemens, Eberh.* (wolfstieg I, 113)

Freimaurerei und Christenthum. Letztes Wort über die Angriffe des Prof. Dr. Hengstenberg gegen den Freimaurer-Orden, vom Verf. der „Beleuchtung der Angriffe der Evangelischen Kirchenzeitung rc." Herausg. mit Genehmigung der Großen Landesloge der Freimaurer von Deutschland, mit einem Vorwort vom General v. Selasinsky. Berlin 851. Nauck'sche Buchhdlg. gr. 8. (XXXII, 112 S.) n. 25 ngr

Freimaurerei und Christenthum. [Greiz 1881: Henning.] 2 Bl. 4° [Kopftit.]
cf. Bh. 24 (1881) S. 81—82 (J. G. Findel).
Tt. 1565. Flugblatt von vier Greizer Pastoren gegen einen in Greiz gehaltenen öffentl. Vortrag von Emil Rittershaus üb. Gesch. u. Wesen der Frmrei.

Freimaurerei und Christentum. Ihr gegenseitiges Verhältnis dargest. von J. B. Mb. Köln a. Rh.: Westdeutscher Buch- u. Musik-Verl. [1898]. 27 S. 8° [Umschlagtit.]
Kommt zum Ergebnis, dass „unter den weltlichen Vereinigungen die Loge vielleicht die idealste" sei, aber ein „Kind Gottes" dort nicht hingehöre.

Freimaurerei u. Christentum. Ihr gegenseit. Verhältnis, dargestellt v. J. B. Mb. 12. (27 S.) Köln 898. Westdeutscher Buch- u. Musik-Verlag. (Leipzig, H. G. Wallmann.) n. —40

Freimaurerei, Die, in Deutschland. Ihre Geschichte ... Hildburghausen 1892. V: *Recknagel.* (SJL)

Freimaurerei, die, in Deutschland. Ihre Geschichte, Geheimnisse u. Ziele in kurzer Darstellg. Nebst e. Anh.: Die alten Steinmetzen. gr. 8. (X, 54 S.) Hildburghausen 892. Kesselring. n. 1.—

Freimaurerei! Erwache! Von Einem Bruder. Berlin: Hüttig [1898]. 31 S. 8°
Recens: L. 21 (1898) S. 184; Bh. 41 1899 S. 416 (Ch. Gotthold). cf. G. 1 (1899) Nr 2.
Mahnruf, zur praktischen Verwertung der Mrei in Erziehung der Brr zu einem starken u. freien Männergeschlecht.

Freimaurerei, die, in 10 Fragen u Antworten. 4 A. St. Gallen 1870

— d. Frauenzimmer. 8. Frankf. u. Leipz. 774. Hilscher. 2 gr

Freimaurerei und Freimaurerpflichten. Ihren neu aufgenommenen Brdrn d. g. u. v. Loge zum goldnen Apfel im Or. Dresden. Dresden [ca 1850]: Gärtner. 6 S. 8° [Umschlagtit.]

[Dasselbe.] Ihren neu aufgenommenen Brdrn d. g. u. v. Loge zum goldnen Apfel [in Dresden]. Dresden o. J.: Liepsch & Reichardt. 6 S. 8°
In 7 Paragraphen.

Ideale und praktische **Freimaurerei.** [Berlin 1902?] 1 Bl. 2° [Kopftit.]
Betr. Genossenschaftsbank Bruderhand.
L. G. Rat Fischer, Gera.

Freimaurerei u. **Jesuitismus.** Eine Zeitbetrachtg. 8. (16 S.) Leipzig 891. J. G. Findel. — 30

Die **Freimaurerei** in unserm Kanton. [Unterz.:] Der Vorstand des Freimaurer-Vereins in Schaffhausen. [Dat.:] Schaffhausen 1882. 1 Bl. 2° [Kopftit.]
Tt. 1567. Zurückweisung des Uehlingerschen Angriffs auf die Frmrei.

Freimaurerei, Die, in ihrem schönsten Lichte. Aus mehreren Schriften gezogen und nach eigener Erfahrung aufgest. von einem Veteran der Maurerei. Leipzig 1836. 2. verb. u. mit den Ceremonien der Aufnahme in die Eleusinischen Geheimnisse des Tempels der Weisheit verm. Aufl 1837. 3. verb. u. verm. Aufl. Schwäbisch Hall 1850. 4. verb. u. verm. Aufl. Schwäb. Hall 1851. V: *Krebs, Joh. Baptist.* (KL 669) (TT 1556) (wolfstieg I, 158) Vgl. VI, 4862.

— die, in ihrem schönsten Lichte. Aus mehreren Schriften gezogen u. nach eigener Erfahrung aufgestellt von einem Veteran der Maurerei. 2e verb. u. mit den Ceremonien der Aufnahme in die Eleusinischen Geheimnisse des Tempels der Weisheit verm. Aufl. 8. Leipzig 837. Zirges. 1/4 ng

Freimaurerei, die, in ihrem schönsten Lichte. Aus mehreren Schriften gezogen und nach eigener Erfahrung aufgestellt von einem Veteran der Maurerei. 3. verb. und mit den Ceremonien der Aufnahme in die Eleusinischen Geheimnisse, des Tempels der Weisheit, vermehrte Aufl. Schwab. Hall. Haspel. 1850. 8. 47 S.

— skizzirt im Lichte d. Wahrheit. 8. Frankf. 785. Varrentrapp. 4 gr

Freimaurerei, Die, im Lichte der Zeit. Eine Abwehr der Angriffe der Ultramontanen . . . 2. Aufl. Leipz. 1873. V: *Büchle, A.* (Tt) (SJL)

Freimaurerei, die, im Lichte der Zeit. Eine Abwehr der Angriffe der Ultramontanen u. Socialdemokraten. [Aus der „Bauhütte".] 2. Aufl. gr. 8. (25 S.) Leipzig 873. Findel. n. — 40

. Die **Freimaurerei** in einer Nuss. Ein Vademecum für Profane. Leipzig: Kollmann 1825. 72 S. 8°

[Dasselbe.] 2. Aufl. Ebendas. 1827. 72 S. 8°
Recens: AZ. 1825 S. 339.
Kl. 641. Kurze Entstehungsgeschichte der Frmrei, Erklärung ihrer Gebräuche u. Rituale. In AZ. mit Kästner's Worten rezens.: „Das Buch ist auf sehr schlechtes Papier gedruckt, schade um das schöne Papier."

Freimaurerei, Die offenbarte, und das entdeckte Geheimnis der Mopse, aus d. Franz. übers. von dem Br. Phidias mit einem Schreiben des Übers. für die Glaubwürdigkeit dieses Buches und einem Anh. einiger Freymaurer-Lieder und Reden verm. Leipzig 1745. V: ***Pérau, Gabr. Louis Calabre.*** (wolfstieg II, 401/2)

Die **Freimaurerei** im Or. von Hannover. Erinnerungsblätter an die Feste vom 14. und 15. Jan. 1857. Hannover: Rümpler 1859. 124 S. 3 Taf. 8°
Recens: Bh. 2 (1859) S. 86 (J. G. Findel); FZ. 13 (1859) S. 261—262.
cf. L. 17 (1859) S. 189—191; Histor.-polit. Blätter f. d. kathol. Deutschland. 121 (1898) S. 108—123.
Tt. 509. Enth. die Gesch. der Loge Friedrich zum weissen Pferde von F. Voigts, zum schwarzen Bären von W. Nöldeke, zur Ceder von J. T. A. Richter nebst Mitglverzeichn.; einen Bericht üb. die Aufnahme Georgs V. von Hannover in den Mrbund von W. Nöldeke, die Einweihung des neuen Logenhauses von F. Voigts, u. Bericht üb. die Entstehung des Logenhaus-Baues von M. Schmand.

Die **Freimaurerei** Oesterreich-Ungarns. Zwölf Vorträge am 30. und 31. März und 1. April 1897 zu Wien gehalten. [Hrsg. von Karl Graf Chorinsky u. a.] Wien: Herder 1897. V, 387 S. 8°
Recens: Stimmen aus Maria-Laach. 53 (1897) S. 324—325.
cf. Bk. 16 (1897) No 54 (M. Corens); HL. 30 (1897) S. 2564—2566; O. 22 (1897) S. 206 bis 210; S. 4 (1897) S. 73—77 (J. G. Findel); °Beil. zu d. Neuen Tiroler Stimmen. 1897 Nr 107; °Vaterland (Wien) vom 11. Mai 1897, abgedr. in: Bh. 40 (1897) S. 177—179, 188—190.

Freimaurerei, Die, und das evangelische Pfarramt. Berlin 1854. V: *Hengstenberg, Ernst Wilhelm.* (SJL) (Ky)

— die, und das Evangelische Pfarramt. (Von Hengstenberg.) Aus der Evangelischen Kirchenzeitung, mit einigen Zusätzen. 3 Thle. Berlin 854, 55. Schlawitz. 8. (56; 62; 41 S.) Jeder Thl. n. 7½ ngl

Freimaurerei u. Sozialdemokratie oder: Ist ausser der Sozialdemokratie auch die Freimaurerei nachweisbar religions-, staats- und gesellschaftsgefährlich? Ein Mahnruf an Fürsten und Völker von einem deutschen Patrioten. Verb. u. verm. Abdr. aus d. „Deutschen Reichszeitung". Stuttgart: Süddtsche Verl.-buchh. [1891]. VIII, 9—168 S. 8°

[Dasselbe.] 2. verb. Aufl. XII, 13 bis 172 S. 8°

[Dasselbe.] 3. verb. Aufl. XIV, 15—175 S. 8°

[Dasselbe.] 4. neudurchges. Aufl. XIV, 15—175 S. 8°

[Dasselbe.] 5. gänzl. neubearb. Aufl. 1901. XI, 206 S. 8°

[Dasselbe.] 6. gänzl. neubearb. Aufl. 1902. 203 S. 8°
Recens: FZ. 45 (1891) S. 100—101 (K. Pilz); L. 14 (1891) S. 186 (B. Cramer).
Aufforderung, gegen Frmrei u. Sozialdemokratie Stellung zu nehmen.

Freimaurerei, die, im Staate, von einem früheren Ordensmitgliede. Nach d. Französ. von *A. Eschweiler*. Mit e. Vorworte von ***Alban Stolz.*** Aachen, J. Hensen, 1863. 8°. Ppb.
4 Bll. u. 108 S. „Darstellung des Freimaurerbundes als eines Revolutionsheerdes; die Logenbrüder werden von den Romlingen in einem Athem bald als Dummköpfe, bald als die nichtswürdigsten Schlauköpfe geschildert." Taute no. 1440.

Die **Freimaurerei** und die geistigen Strömungen der Gegenwart. [Berlin 1910: Litfass.] 1 Bl. 8° [Kopftit.]
Aus: ArSt. 7 (1910) S. 405—406.
Besprechung eines von H. Möller gehaltenen Vortrages (Bst. 1910 Nr 11 S. 180), in welchem auf die Comenius-Gesellsch. hingewiesen wird, als auf das Organ zur Verwirklichung der frmrischen Ideen.

Allgemeines: **Freimaurerei** und Ultramontanismus. o. J. u. O. 10 S. 8°. [Kopftit.]

Die ungarische **Freimaurerei** und das k. k. Heer. Wien: Austria 1889. 32 S. 8°
Aus: °Vaterland. (Wien) 1889.

°[Dasselbe.] 2. Aufl.?

[Dasselbe.] 3. Aufl. Ebendas. 1889. 32 S. 8° [Umschlagtit.]
Nennt die ungar. Frmrei ihrem Ursprunge u. ihrer ganzen Gesch. nach eine „revolutionäre par excellence", verlangt, dass die k. k. Armee vor den „schurkischen Umtrieben" der Frmr geschützt werde. Empfiehlt die Schriften Pachtlers.

Freimaurerei und Unterricht. Graz: Volksblatt 1885. 52 S. 8°
Aus: °Grazer Volksblatt. 1885.
TB. 405. Das Grazer Volksblatt hatte den Artikel wiederum dem °Salzburger Kirchenblatt entnommen.

Die **Freimaurerei** in ihrem Ursprung, ihren Entwicklungen und Verwicklungen. Kulturhistor. Zeitbilder mit besonderer Rücksicht auf den Freimaurer-Convent am Wilhelmsbade bei Hanau 1782. Hanau: König 1862. 84 S. 8°
Recens: Bh. 5 (1862) S. 222—223 (J. G. Findel); FZ. 16 (1862) S. 207; L. 22 (1863) S. 243. Tt. 292. Von einem Nicht-Mr verf.

Freimaurerei, Die, betrachtet in ihren . . . Verhältnissen zu dem Zeitalter der Gegenwart. Schmalkalden 1822. V: *Gerber, Carl.* (Ky)

— die, betrachtet in ihren mögl. u. nothwend. Verhältnissen zu dem Zeitalter d. Gegenwart, (v. K. Gerber). 8. Schmalkald. 822. (Meining., Keyßner). 9 gl.

Freimaurerei, Die, der gerade Weg zur Glückseligkeit . . . A. d. Engl. Frankf. u. Leipz. [Berlin] 1769. V: *Thompson, John.* (BrMm) Ü: *Baumann, Hans Carl.* (SJL)

Freimaurerei, Die, und die Welt. Ein Programm der Kgl. Bayr. Friedrich-Alexanders-Universität . . . Erlangen 1843. V: *Leutbecher, J.* (Tt)

Freimaurerei, die, und die Welt. Ein Programm, der K. Bayer. Friedrich-Alexanders-Universität, als Beweis inniger Theilnahme an deren erster Säcularfeier, gewidmet von der Loge Libanon zu den drei Cedern. gr. 4. Erlangen 843. (Palm's Verlagshdlg.) 1/8 ₰

— die, u. die Welt. Ein Programm. Der königl. bayer. Friedrich-Alexanders-Universität als Beweis inniger Teilnahme an deren 1. Säkularfeier im J. 1843 gewidmet v. der Loge Libanon zu den drei Cedern. 2. Aufl. gr. 8. (16 S.) Erlangen 891. F. Junge. n.n. — 25

Freimaurerei, Die, ihr Wesen, ihre Grundsätze, ihre Aufgaben, ihre Geschichte und Organisation mit besonderer Rücksicht auf unsere vaterländische Verhältnisse. Hrsg. von der Freimaurer-Grossloge in Ungarn. Budapest 1882. V: *Szontagh, Abraham.* Ü: *Till.* Revidirt: *Groller, Balduin.* (wolfstieg I, 109)

Freimaurerei, die, ihr Wesen, ihre Grundsätze, ihre Aufgaben, ihre Geschichte u. Organisation, mit besonderer Rücksicht auf unsere vaterländischen Verhältnisse. Hrsg. v. der Freimaurer-Grossloge in Ungarn. gr. 8. (35 S.) Budapest 882. Aigner in Comm. n.n. — 60

Freimaurerei, Die zergliederte, worin eine allgemeine und richtige Beschreibung aller ihrer Äste . . . enthalten . . . Frankf. u. Leipz. 1788. V: *Prichard, Samuel.* (Tt)

Freimaurerei, die, in ihrem Zusammenhang mit d. Religionen d. alten Aegypter, der Juden u. d. Christen. N. d. Franz. d. F. W. K. de S. . . Für denk. Geschichtsfreunde frei bearb. u. mit Anmerkn. begleit. v. † R. S. Acerrellos. 4 Bde. 1. Aufl. 835. * 8 Thlr., 2. Ausg. a. m. d. Umschlagtit.: Geschichte d. Freimaurerei v. Anfang d. histor. Kenntniss bis auf unsere Tage. 4 Bde. (od. 12 Lfgn.) gr. 8. (à 32 B. m. Atlas, Emblemen u. Documenten.) Leipzig 836, Weber. [Frankfurt a. M., J. Baer.] 6 Thlr., hrbgs. Pr. *

Freimäurerei, s.a. Freimaurerei

Die **Freimåurerei** der gerade Weg zur Glůkseligkeit[!]. Zur Beantwortung der Schrift die Freimåurerei der Weg zur Hőlle aus d. Engl. ůbers. [von Hans Karl Baumann]. Frankfurt u. Leipzig [Berlin: Winter] 1769. 48 S. 8°
Kl. 368.

Die **Freimåurerei,** der Weg zur Hőlle. Eine Predigt, worinn deutlich aus Schrift und Vernunft gezeiget wird, dass alle, die zu diesem Orden gehőren, in einem Stande der Verdamniss sind. [Braunschweig: Meyer] 1768. 52 S. 8°

[Dasselbe.] 2. Aufl. Ebendas. 1770. 47 S. 8°
cf. Eleusinien d. 19 Jhs. 1 (1802) S. 249—251. Kl. 363, Tt. 1552. KB.; 2. Aufl. auch in 23.

Freimaurerei-Orden, Der, und die Congregationen der Katholischen Kirche gegenüber dem preussischen Vereinsgesetze. Berlin 1875. V: *Schneemann, Gerhard.* (ADB) (SO)

Freimaurer-Encyklika Leos XIII. Separat-Abdruck des 8. Heftes des „Bonifacius-Broschüren" pro 1884. Mit kirchl. Druckerlaubniss. Paderborn, Bonifacius-Druckerei. 1884. 16. Tit. 32 S.
Die Encyklika ist auch abgedr.: Frmrztg. 1884. S. 136. Monde Maçonnique 1884/85. S. 24. Bulletin maç. A. 1884/85. S. 24

Freimaurer-Encyklika Leos XIII. Mit kirchlicher Druckerlaubnis. Paderborn: Bonifacius-Dr. 1884. 32 S. 8°
Aus: Bonifacius-Broschüren. 15 (1884) S. 257 bis 288.

Freimaurer-Gebete beym Schlusse des 18ten Jahrhunderts. Leipzig 1800. V: *Erhard, Chn Dan.* (MGT) (Ky) (GGr)

Freimaurer-Gebete beim Schlusse d. 18ten Jahrh., (v. Chr. D. Erhard). 8. Leipz. 800. (W. Rauck). 8 gl.

Freimaurer-Gesänge zum Gebrauch der Loge Harm[onie] in Hohenst[ein] der Brüderschaft zum Andenken von von C. R. [Waldenburg 1811.] V: *Rahlenbeck, Carl.* (wolfstieg II, 804) (Kl 1689b) Vgl. II, 4079.

Freimaurer-Gesänge für Logen, (gedruckt auf Kosten Brs von Broek). Crefeld: 1801. 8°
Kl. 1630.

Freimaurergesundheiten u. Wünsche. gr. 8. Berl. 777. Rottmann. 5 gl.

Freimaurerin, Die angenommene, oder die Freimaurerei der Damen. Germanien [Stendal] 1789. V: *Rabe, Carl Ludwig Friedrich.* (wr) (Ky) (MGT)

Freimaurerin, die angenommene, oder d. Freimaurer d. Damen, (v. K. L. F. Rabe). 8. Germanien 789. Franzen u. Gr. in Stendal. 6 gl.

Freimaurer-Institut. Öffentliche Realschule Lehr- u. Erziehungs-Anstalt für Knaben zu Dresden-Striesen. [Dresden 1909: Stengel & Co.] 32 S. quer 4°
[Umschlagtit.]
Mit Abb. Schildert Erziehung, Leben u. Treiben der Zöglinge.

Das neue **Freimaurer-Institut** in Dresden-Striesen, eine Lehr- und Erziehungsanstalt für Knaben. Mit 2 Ill. in: Illustrierte Ztg. 1900 No 2995.
[Bibliographie d. deutsch. Zeitschriften-Litteratur. 7 (1900) S. 123.]

Lüderitz, Phil.: 1852—1877. Fünfundzwanzigjähriges **Freimaurer-Jubiläum** des ehrw.·. u. gel.·. Br.·. Ph. Lüderitz. Am Johannistage 1877. [Celle 1877.] 1 Bl. 2° [Kopftit.]
Gesang ohne Noten. „Wer ist der Bruder Jubilar, . . ."

Pfingsten, Georg Heinr.: 1853—1878. Fünfundzwanzigjähriges **Freimaurer-Jubiläum** des gel.·. Br.·. G. H. Pfingsten. Am Johannistage 1878. [Celle 1878.] 1 Bl. 2° [Kopftit.]
Gesang ohne Noten: „Ihr Brüder, erhebt Eu're Stimmen . . ."

Das fünf und zwanzigjährige **Freimaurer-Jubiläum** des Brs. Georg Aug. Thiemann, Begründers des Freimaurer-Sterbecasse-Vereins in Hannover am 5. Nov. 1854. Hannover 1855: Jänecke. 15 S. 8° [Umschlagtit.]

Wehrmann, Karl Friedr.: Loge zur Weltkugel in Lübeck. Siebenzigjähriges **Freimaurer-Jubiläum** des Br. Friedr. Carl Wehrmann. Lübeck den 16. März 1897. 2 Bl. 8° [Umschlagtit.]
Programm u. 3 Liedertexte.

Freimaurer-Kalender auf das Jahr 1852. 1855/56. 1860. Maurisches Taschenbuch (im Verein mit Mehreren) herausgegeben von Horst Bretschneider. Dr. med. 1.—3. Jahrg. Gotha. Müller. 1852, 1855 u. 1860. 16.
Der werthvolle Inhalt besteht aus Logenreden und aus Verzeichnissen der deutschen Logen mit zahlreichen statistischen und historischen Bemerkungen. Der 3. Jahrg. erschien erst nach dem Tode Bretschneiders.

Freimaurer-Kalender auf das Jahr 1852 bis 1860. Maurerisches Taschenbuch im Verein mit Mehreren hrsg. von Horst Bretschneider. Gotha: Müller 1852—1860. 8°
1852 XX, 182 S.; 1855/56 VIII, 207 S. 1855; 1860 VI, 253 S.
Recens f. 1852: A. 16 (1851—1852) S. 301—302; f. 1860: Bh. 3 (1860) S 54—55; FZ. 14 (1860) S. 167—168.
Tt. 166.

Für Freimaurerlehrlinge. o. O. [nach 1864.] 24 S. 8°
Enth. den Katechismus für den Lehrlingsgrad etwas üb. dessen Symbole. ein Gebet u. J. B. Krebs: Abhandlung „Die Stufen der Liebe".

Freimaurer-Lexikon s. a. J. G. Gädike.

Freimaurer-Lexicon. Nach vieljährigen Erfahrungen und den besten Hülfsmitteln ausgearbeitet. Hrsg. von Joh. Christian Gädicke. Berlin: Gädicke 1818. VIII, 528 S. 8°

Auszug in engl. Übers. in: FQR. 1843 S. 246—254, 364—368; 1844 S. 22 - 26, 163—170, 407—419; 1845 S. 26—32, 295—304, 430—440; 1846 S. 82—36, 158—166, 292—298, 420—424; 1847 S. 32—39, 148—153, 275—282, 415—421.
Recens: AZ. 1823 S. 140—141.

cf. Bazen, F. J.: Mrischer Blüthenkranz. 1 (1822) S. 243—246; 2. Aufl. 1841.
Kl. 2004, Tt. 294. Vorläufer u. Grundlage d. Allgem. Hdb. d. Frmrei.

Freimaurer-Lexikon enth.: Kurze Abhandlungen über alte und neuere Geschichte, Symbole, Gebräuche, Systeme und Grade der Freimaurer. Die geheimen Orden oder Mysterien der Alten, Orden der neuern Zeit, die Magier, Goldmacher, Rosenkreuzer, biogr. Nachrichten von vielen merkwürdigen Freimaurern und mehreren andern dem Freimaurer nöthige Notizen. Hrsg. von Joh. Christian Gädicke. 2. Aufl. Quedlinburg u. Leipzig: Ernst 1831. VIII, 528 S. 8°

Tt. 295.

Freimaurer-Lied. Gesungen am Tage der Einweihung der erneuerten Loge zu den drei Balken des neuen Tempels am 12ten Oct. 5802. [Münster 1802.] 2 Bl. 8° [Umschlagtit.]

Kl. 1782 b, Tt. 2486. Ohne Noten: „Es leb' der König hoch!"

Freimaurer-Lied auf die glückliche Wiederkunft des Prinzen Carl von Hessen. Altona 1778. 4°

Kl. 1741.

Freimaurer-Lieder, s.a. Freimäurer-Lieder.

[Freimaurer-Lieder.] o. O. u. J. VIII, 40 S. 4°

Ein Gebet, 14 deutsche, 6 französische Liedertexte.

Freimaurer-Lieder. Altenburg 1746. 1751. V: *Lenz, Ludwig Frdr.* (ML) (Kl)

Freimaurerlieder. Eutin 1772. 2. Aufl. Gotha 1776. In: Sammlung f. d. freyen u. angenommenen Mr. 1776. 2. Pag., 3. Aufl. [Gotha] 1780. H: *Reichard, Joh. Friedrich.* (Kl 1524. 1537. 1538. 1539) (Tt 2266. 2267) (wolfstieg II, 792)

Freimaurer-Lieder, Einige. O. O. 1775. V: *Bachoff von Echt, Ludwig Heinrich Freiherr.* (ML)

Freimäurer-Lieder Gotha, Ettinger, 1776.: 12. 104 S. 2 Bl. — Kloss 1538.

Freimaurerlieder der Magdeburgischen Loge zur Glückseeligkeit gewidmet. Im Oct. 1778. Magdeburg 1778. Zweiter Versuch. Magdeburg 1778. H: *Klewitz, Joh. Friedr.* (Kl 1543) (Tt 2269) (wolfstieg II, 794)

Freimaurer-Lieder der Magdeburgischen Loge zur Glückseligkeit gewidmet von dem Br. K. Magdeburg, Creutz. 1778. 8. 8 S.

Freimauror-Lieder. Elbing: 1806. 8°
Kl. 1646 c.

-- mit e. Anhang. 8. Gotha 780. Ettinger. 8 ℘

Freimaurer-Lieder, Auserlesene. Rostock 1798. 2. Aufl. 1804. H: *Stiller, Carl Christoph.* (Ky) (Kl)

– drei mal fünf. 8. Hannov. 785. Hahn. 4 ℘

Prinz von Preussen z. d. 3 Schwertern: **Freimaurer-Lieder** zum Feste der Einweihung der St. Johannis-Freimaurer-Loge Prinz von Preussen zu den drei Schwertern in Solingen durch den Landes-Gross-Meister der Grossen Landes-Loge der Freimaurer von Deutschland Br. Graf Henckel v. Donnersmarck. 5840. Schwelm [1840]: Scherz. 30 S. 8°.

Freimaurerlieder, Fünfzig, aus und nach dem Englischen. Ein Anh. zu jedem maurerischen Liederbuche. Nürnberg 1814. H: *Wetzel, Friedrich Gottlob.* (Kl 1672) (wolfstieg II, 805)

Freimaurer-Lieder, funfzig; aus u. nach d. Engl. v. F. G. Wetzel. 8. Nürnb. 814. Schrag. 12 ℘

Freimaurerlieder für die St.·.·. J.·.·. Loge Hieronymus Napoleon zur Treue in O.·.·. von Cassel. Kassel [1813]. H: *Riesch, Aug.* (wolfstieg II, 804)

Freimaurer-Lieder, Gesammelte, zum Gebrauch der Loge zum Schwerdt in Riga . . . Riga 1779. H: *Bergmann, Liborius von.* (Ky) (R-N) (GGr)

gesammelte, zum Gebr. d. Loge zum Schwerdt in Riga. (Herausg. v. Lib. v. Bergmann.) 8. Riga 779. (Meinshausen). 10 ℘

- gesammelte, d. Loge St. Knuth. 8. Odensee 779. Iversen. 16 ℘

Freimaurer-Lieder zum Ersten Jahres-Fest der Einweihung der St. Johannis-Loge genannt Prinz von Preussen zu den drei Schwertern in Solingen. Am 5. Dezember 5841. Schwelm [1841]: Scherz. 30 S. 8°.

Freimaurerlieder zum Gebrauch der ger. u. vollk. Loge zum (!) drey H[ammern in Naumburg a. S.] aufgesetzt von E. Joh. Georg S. (1). Hrsg. von F. F. (2). Mit Melodien von Fenee. Leipzig 1774. V (1): *Schmid* (?), *Ernst Joh. Gg.* (2): *Freitag* (?), *Friedr. Gotthilf.* (wolfstieg II, 793)

Freimaurer-Lieder zum Gebrauch der Loge zur teutschen Redlichkeit in Iserlohn. Hrsg. zum Besten der Armen. [Iserlohn] o. J. 99 S. 8°
28 Gesänge ohne Noten.

— zum Gebrauch d. Loge zu den 3 Sternen. 8. Kempten 786. Typogr. Soc. 3 gl.

Freimaurer-Lieder zum Gebrauch der Loge zur kleinen Welt in Riga. Riga 1793. V: *Collins, Gg Ludw.* (R-N) (MGT)

— für d. Loge zur kleinen Welt in Riga. gr. 8. Riga 793. Meinshausen. 12 gl.

Freimaurer-Lieder zum Gebrauche der vereinigten Logen in Russland. I. Sammlung. St. Petersburg 1780. V: *Boeber, Joh.* (Kl)

Freimaurerlieder mit Melodien. Berlin 1771. H: *Hymmen, Joh. Wilh. Bernh. von.* (Kl 1519) (Tt 2274) (wolfstieg 792) Vgl. II, 4083.

— mit Melodien v. Bach, Naumann u. Schulz 4. Kopenh. 788. (Brummer). 1 rℓ 12 gl.

Freimaurer-Lieder mit Melodien zum bequemen Gebrauche in den Logen eingerichtet. Rinteln: Bösendahl 1789. 40 S. 8 Bl. Noten. 8°
Kl. 1594, Tt. 2271. 17 Lieder u. 2 mrische Gebete.

Freimaurerlieder mit Melodien zum Gebrauch der von der Gr. Landes-Loge der Freymaurer in Deutschland constituirten Logen. Hrsg. von einem Mitgliede der Brüderschaft. Mit Bewilligung der Gr. Landes-Loge zu Berlin. Samml. 1, 2. Hamb. 1778. 2. Aufl. 1781. 3. Aufl. 1784. 4. Aufl. Hamb. o. J. H: *Telonius, Chn. Gottfried.* (Kl 1544) (wolfstieg II, 794) Vgl. II, 4084.

Freimaurer-Lieder mit neuen Melodien. Regensburg 1772. 4. 5 Bl. 100 S. 2 Bl. und 39 Bl. mit Musiknoten in Kupferstich.

Freimaurer-Lieder zum Gebrauch für die Mitglieder der ger. und gesetzmässigen Loge Charlotte zu den drey Sternen [in Kaufbeuren]. [Kempten]: 1786. 60 S. 8°
Kl. 1580, Tt. 2270. 22 Lieder ohne Noten.

Freimaurerlieder in Musik gesetzt zum Gebrauch einiger Logen in Riga und Livland. Riga im Jahr 1785. Leipzig [1785]. H: *Bergmann, Liborius von.* (wolfstieg II, 796) Vgl. II, 4082.

Freimaurer-Lieder der deutschen Nationalloge in Stockholm. 1787.
Kl. 1586.

— neue. 8. Rothenb. 779. Hermbstädt. 6 gl.

Freimaurer-Lieder, Neue, mit angehängten Freymäurergesundheiten. Berlin 1772. V: *Hymmen, Joh. Wilhelm Bernhard von.* (Kl) (SJL)

Freimaurerlieder, Neue, mit Melodien von J. P. S. Braunschweig 1772. V: *Schönfeld, Joh. Phil.* (Kl 1521) (wolfstieg II, 792)

Neue **Freimaurer-Lieder** mit Melodien. Hamburg 1781. 4°
[Neumüller, J. W.: Hs. Catalog d. Grloge Carl z. d. drei Schlüsseln, Regensburg. 1881 Nr 20.]

Freimaurer-Lieder, Neue, mit bequemen Melodien . . . Kopenh. 1749. H: *Scheibe, Johann Adolph.* (Bruun, Bibliothek Danica III, 1082) (schr)

Freimaurerlieder zum Gebrauch für die St.*.* J.*.* Loge. Kassel 1813. H: *Riesch, August.* (wolfstieg II, 804)

Sechs und funfzig **Freimaurer Lieder.** Zum Gebrauch der Loge zur Brudertreue in Sangerhausen. Sangerhausen 1839: Weichelt. 68 S. 8°
Ohne Noten.

Freimaurerlieder, Sieben neue, hrsg. von der Loge zu den drey Weltkugeln in Berlin. Berlin 1776. H: *Hymmen, Joh. Wilh. Bernhard von.* (Kl 983, 1532) (Tt 2276) (wolfstieg II, 792) Vgl. II, 4092.

— sieben neue. gr. 8. Berl. 776. Rottmann. 3 gl.

Freimaurer-Lieder, Vierzig. In Musik gesetzt von Herrn Kapellmeister [Johann Gottlieb] Naumann zu Dresden. Zum Gebrauch der deutschen und französischen Tafellogen. Berlin 1782. H: *Hymmen, Joh. Wilh. Bernh. von.* (Grolig, Die Freimaurerbibliothek in Brünn. Wien 1908. S. 26.)

— vollständige, Samml. zum Logengebrauch. 18 u. 28 Bdchen. 8. Leipz. 791. (W. Nauck), 1 ℛ 8 gr

– zwei u. sechzig, mit Melodien. 4. Halle 812. Schimmelpfennig. 1 ℛ 6 gr

F[rei]M[aurer] Lieder, Zwölf, mit eigenen Melodien, zum Vergnügen der ächten deutschen Freymaurer-Loge der Wachsenden zu den dreien Schlüsseln in Regensburg. Zusammengetragen und gewidmet von L. L. S. den 24. Juni 5. 7. 84. Regensburg 1784. H: *Schkler* (?), *L. L.* (Kl 1570) (Wolfstieg II, 795)

Freimaurerlieder, Zwölf neue. 3 Forts. des bei der Berlinischen Mutterloge zu den drey Weltkugeln eingeführten Liederbuchs. Berlin 1781. H: *Hymmen, Joh. Wilh. Bernh. von.* (Wolfstieg II, 792) Vgl. II, 4093.

Freimäurer-Lieder, s.a. Freimaurer - Lieder.

Freimäurerlieder, zum Gebrauch der E. Loge Muse Urania [in St. Petersburg]. St. Petersburg 1783: Schnoor. 51 S. 8°
Kl. 1565. 37 Gesänge ohne Noten.

Freimäurer-Lieder und Gesänge zum Gebrauch der Ehrw. Loge gen. Die Wachsende zu den dreien Schlüsseln in Regensburg. Zusammengetragen von dem Bruder Redner und Sekretär. 5. 7. 67 / 1767. [Regensburg: 1767.] 32 S. 8°
Selten. 17 Lieder ohne Noten.

Neue **Freimäurerlieder** der vereinigten Logen zu Braunschweig, gewidmet von dem K. D. L. Z. G. L. Lauterbach 1773: Hegelund. 16 S. 8°

[Dasselbe.] Neue Freymaeurer-Lieder, den vereinigten Logen . . . gewidmet. Amsterdam 1779. 15 S. 8°
Kl. 1525. Selten. 10 Lieder ohne Noten.

Sieben neue **Freimäurerlieder** herausgegeben von der Loge zu den drey Weltkugeln in Berlin. Zum Besten der Armen. Berlin: Decker 1776. 16 S. 8°. [Umschlagtit.]
7 Lieder ohne Noten.
Selten.

Linz: Die **Freimaurerloge** auf der G[impel-] I[nsel] in ihrer Entstehung und das Advokatenlogis ebendaselbst in seinem Verfalle. o. O. 1783. 40 S. 8°
cf. WJ. 1, 2 (1784) S. 255; Abafi, L.: Gesch. d. Frmrei i. Oesterreich-Ungarn. 4 (1893) S. 349—350.
Kl. 446. Sehr selten. Ein gegen die Loge zu den sieben Weisen gerichtetes Pamphlet. Veranlasst durch die am Joh.fest 1783 erfolgte Bekleidung von 9 Schülern durch die Loge.

An die Hochw. und Sehr-Ehrw. **Freimaurerlogen.** [Unterz.:] Directorium der Gr. Mutterloge Friedrich zur grünenden Linde. [Dat.:] Magdeburg den 20. Juli 5811. 32 S. 8° [Umschlagtit.]
Betr. Streitigkeiten mit der Gr. Nat.-M. zu Berlin.

Freimaurer-Logen, Die, und die Annexion . . . Oldenburg 1867. V: *Merzdorf, Joh. Frdr. Ldw. Theod.* (Tt)

Die **Freimaurerloge** zum goldenen Apfel im Or. Dresden 1776—1876. Festschrift zur Säcularfeier am 26. und 27. Nov. 1876. [Mit einer Einl. von Jul. Adolf Pabst.] (Hs. f. Frmr.) Dresden [1876]: Heinrich. XI, 198, 49 S. 1 Taf. 4°
Enth. einen geschichtl. Überblick üb. das 1. Jh. des Bestehens der Loge von K. J. Sperber, Annalen der Loge, Matrikel, Zsstellung des Beamten-Kollegiums von der Gründung der Loge bis 1876 von F. Zimmermann, u. dem Archiv entnommene Beil.

Freimaurerloge, Die, Balduin zur Linde in Leipzig 1776 bis 1876. Festschrift... 1876. Leipzig. V: *Fuchs, Johann Friedrich.* (Tt)

Freimaurerloge „An Erwins Dom" in Strassburg i. Els. (Eingetragener Verein.) Gedr. als Ms. der Loge „An Erwins Dom". [Strassburg i. E.: Strassburger Dr.- u. Verlagsanstalt.] 1906. 23 S. 1 Bl. 8°
Enth. Satzung der Loge, der Witwen- u. Waisenkasse, u. das Hausgesetz.

Freimaurer-Logen, die, u. die Annexion. Von e. alten Freimaurer. Oldenburg 867. Schulze. gr. 8. (31 S.) n. 5 ngr.

Freimaurer Logen, an die, und an die evangel. Geistlichkeit Deutschlands, mit besond. Beziehung auf Preußen, v. einem Nichtfreimaurer. 8. Berlin 821, Burchhardt.

Pfarramt und Freimaurerei: An die **Freimaurer-Logen** und an die evangelische Geistlichkeit Deutschlands, mit besonderer Beziehung auf Preussen. Von einem Nicht-Freimaurer. Nebst einem Vorschlage für edle Nicht-Freimaurer. Berlin: Burchhardt 1824. XX, 276 S. 8⁰

Recens: AZ. 1825 S. 116—117.
cf. LCBl. 1824 Nr 269; JALZ. 12, 2 (1824) S. 175.
Kl. 632. Vorschlag zu einer nähern Vereinigung der Geistlichen u. Frmr. Am Schlusse Aufforderung zu einem evang. Christenbunde.

Freimaurer-Logen, an die, u. an d. evang. Geistlichkeit Deutschlands rc. 8. Berl. 824. (Maurer). 1 ℛ 6 ℛ

Freimaurer-Logenbuch, G. U. V. Enthaltend das vollständige Rituale, und Ceremoniale aller drei Johannisgrade nach dem System der Grossen Landes-Loge sowie das Rituale und Ceremoniale des dritten und siebenten Grades nach dem Royal Yorker-System. Endlich Fesslers kritische Geschichte der Maurerei oder Achter Grad für Obermeister der höheren Erkenntniss-Stufen. Ein Nachtrag zum Hephata oder Denkwürdigkeiten und Bekenntnisse eines Freimaurers. Leipzig 1836. H: *Schuba, E.* (wolfstieg II, 529/530)

Freimaurer-Logenbuch, G. U. V., enthaltend das vollständ. Rituale u. Ceremoniale aller drei Johannisgrade nach d. Systeme der großen Landes-Loge, so wie das Rituale u. Ceremoniale des dritten bis siebenden Grades nach dem Royal Yorker Systeme. Endlich Feßler's krit. Geschichte der Maurerei, oder achter Grad fur Ober-Meister der höheren Erkenntnißstufen. Ein Nachtrag zur Hephata. gr. 8. Leipz. 836. Andrä. (Breslau, Pelz.) 1 ¹ ; ℛ

Freimaurer-Logenbuch, G. U. V., enthalt. d. vollständ. Rituale u. Ceremoniale aller drei Johannisgrade nach d. Systeme d. grossen Landes-Loge, so wie das Rituale u. Ceremoniale d. dritten bis siebenten Grades nach d. Royal Yorker Systeme. Endlich Fessler's krit. Gesch. d. Maurerei od. achter Grad f. Ober-Meister d. höhern Erkenntniss-Stufen. Ein Nachtr. zum Hephata. gr. 8. (16½ B.) Leipzig 836, [Hunger.]
Vgl. Hephata.

Ueber den Freimaurerorden. Germanien 1752.
Gegen die willkürlichen Abänderungen des Londoner Grossmeistertums in der Frmrei gerichtet. Nach Krause: Kunsturkunden 1753 erschienen
[Wedekind, G. v.: D. Johannisfest in d. Frmrei. 1818 S. 10.]

Freimaurer-Orden, über den, oder was ist nach dem Sturze Napoleons noch zu thun übrig? gr. 8. Augsb. 816. (Leipz., Herbig). 6 ℛ

Der Freimaurerorden in seiner gegenwärtigen Bedeutung. Beleuchtung der in Leipzig bei Biedermann 1847 erschienenen Schrift: Der Freimaurerorden in seiner gegenwärtigen Nichtigkeit. Magdeburg: Fabricius & Schäfer 1848. 30 S. 8⁰ [Umschlagtit.]

Freimaurer-Orden, der, und sein Einfluß auf die Rechtspflege. Von einem Laien. Döbeln 860. (Schmidt.) gr. 8. (XVIII, 96 S.) n. 7½ ngr.

Freimaurerorden, der, und sein Einfluss auf die Rechtspflege. Von einem Laien. [illegible] 1860 gr. 8 XVIII, 96 S.

Freimaurer-Orden? — oder Freimaurer-Bund? — Eine Gabe zu den Brudermalesliedern für das Silberfest in der Freimaurerloge Archimedes z. d. 3 R[eiss]br[etern] in Altenburg, am 12. Nov. 5846. [Altenburg 1846.] 2 Bl. 8⁰ [Kopftit.]
2 Lieder. Ohne Noten; das 1. von B. Lützelberger.

Der **Freimaurer-Orden,** verwandt mit dem Jesuiten-Orden. Ein reproducirtes Freimaurer-Citat, begleitet von Seinesgleichen. Selbstverl. Köln 1872: Greven. 35 S. 8⁰ [Umschlagtit.]
Von kathol. Seite verf. Veranl. durch das Inkrafttreten des Jesuitengesetzes vom Juni 1872. Stützt sich auf Lindners Mac-Benac. (s. später Abt. Ritualistik).

Der **Freimaurerorden** in seiner gegenwärtigen Nichtigkeit dargestellt. Leipzig: Biedermann 1847. 27 S. 8⁰

[Dasselbe.] 2. Aufl. Ebendas. 1848. 27 S. 8⁰

[Dasselbe.] 3. Aufl. Ebendas. 1848. 27 S. 8⁰

[Dasselbe.] 4. Aufl. Ebendas. 1848. 27 S. 8⁰ [Umschlagtit.]
Kapitel 3 (D. Ordensverfassung) abgedr. in: Die Ameise. Vaterländ. Blätter f. Haus u. Leben. (Grimma) 1848 No 26.
Recens: FZ. 2 (1848) S. 31—32; A. 14 (1849) S. 294—300.
cf. L. 11 (1848) S. 137—145.
Tt. 1569.

Der **Freimaurer-Orden** und die Ordens-Congregationen der katholischen Kirche gegenüber dem preussischen Vereins-Gesetze. Berlin: Germania 1875. 60 S. 8⁰
Will die ungesetzliche Stellung des Frmrbundes dartun.

Freimaurer-Rede, gehalten in der Loge »Zur Sicherheit« im Or. von Pressburg, bei Gelegenheit des erschienenen kk. Befehls vom Br. R[edne]r 5785 23/XII. Pressburg 1786. V: *Weber, Simon Peter.* (wolfstieg I, 673)

Freimaurerreden. Königsberg 1768. V: *Hippel, Theodor Gottlieb von.* (Kl) (JL) (Ky) (ML)

Freimaurerreden. 8. Königsb. 768. Kanter. 8 gr

Freimaurerreden, gehalten in den Jahren 1775—1782 von a Lapide Cubico. O. O. [Brünn] 5785. V: *Boedecker, Joh. Eubert.* (M. Grolig, Die Freimaurerbibliothek. Wien 1908. Nr. 25) (Biblport) S. a. II, 4096.

Freimaurerreden gehalten von a Lapide Cubico. Brünn 1789. V: *Boedecker, Eubert.* (Kl)

Freimaurerreden, herausgegeben von einem Mitgliede des Ordens. Leipzig 1793. II: *Sommer, Johann Christian.* (MGT)

Freimaurerreden, herausgegeben von einem Mitgliede des Ordens. Sammlung 1. 2. [Breslau] 1794. V: *Eugen Herzog von Württemberg.* (Kl 2657) (Tt 1924) (wolfstieg I, 71)

— herausg. v. e. Mitgliede d. Ordens. 2 Sammll. 8. Leipz. 794. (W. Nauck). (Ist neuer Tit. d. Buchs: Versammlungsreden, freimaurer. Bresl., Löwe.)

— drei, beim Johanniswechsel. 8. Lübeck 781. Riemann. 4 gr

Freimaurerreden, Drey, nicht im Freymaurerischen Styl gehalten vor dem 12. Dez. 1785 in der Loge zum Biedermann zu Lemberg. Lemberg [Wien] 1786. V: *Kortum, Ernst Traugott von.* (L. Abafi, Gesch. d. Freimaurerei V/356) (wolfstieg I/71) (Biblport)

— drei, nicht in maurerischem Styl gehalten zu Lemberg. 8. Leipz. 780. Heinsius. 8 gr

— drei, welche in d. Loge zu S*** gehalten v. W... 8. Berl. Schöne. 3 gr

Freimaurerreden und Gedichte. Breslau 1780. V: *Rahmel, August Wilhelm Leopold von.* (GGr) (Ky) (MGT)

— u. Gedichte, (v. A. W. L. v. Rahmel). 8. Bresl. 780. (W. Nauck in Leipz.) 12 gr

— d. wahre Größe e. Helden. 4. Halle 763. Schwetschke u. S. 2 gr

Freimaurerreden beim Neujahrsfest 5*.*7*.*72 in der ger. und vollk. Loge, der Wachsenden zu den dreien Schüsseln in Regensburg bei Eröffnung und beim Schluss der Versammlung abgelesen von dem damaligen vorsitzenden Logenmeister K. Regensburg 1772. V: *Kämmerer* (?). (wolfstieg I, 624)

— neun neue, gehalten in d. Loge zur Bescheidenheit. 8. Basel 780. Haas. 6 gr

Freimaurerreden, Neun, gehalten in der Sch***-Loge zur Bescheidenheit in Z[ürich] . . . [Basel] 1780. V: *Lavater, Diethelm, Chph Kaiser* & *J. N.* (SJL) »Freimaurerreden, Neue«. V: *Kaiser, Chph.* (Kl)

Freimaurer Reden, neun, gehalten in der Sch[illegible] Loge zur Bescheidenheit in Zuerich. Herausgegeben im Br. F. M. von Chr. Kaiser. Im Jahr [illegible] (Basel, Thurneisen.) 1780. [illegible]

— verschiedene, gesammelt v. H. gr. 8. Berl. 777. Rottmann. 16 gr

Freimaurerreden, Vier, gehalten in der L. z. b[iedern] V[ereinigung] in G[logau] vom Br. G. v. C. Bloss f. L. Br. bestimmt. Berlin 1811. V: *Carmer, H. W. Graf.* (?) (Kl 1170) (wolfstieg I, 74)

Freimaurerregeln. 8. Danzig 785. Brückner. 3 gr

Freimaurer-Regeln. [Elbing] 1785. V: *Dürkheim, Joh. Baron v.* (SJL)

[N. Ausg. u. d Tit.:]
Freimaurer Regeln als Ms. f. Brr. [Kopenhagen] 1795. 41 S. 8⁰
Sehr selten.

[Dasselbe.] Anderweitige Aufl. Palmira 1803. 32 S. 8⁰

[Dasselbe.] Neue Aufl. o. O. 1818. 32 S. 8⁰ [Umschlagtit.]

Freimaurer-Regeln. Als Manuscript für Brüder. 5825 [1825] Kopenh. V: *Münter, Frdr. Chn Carl Hinr.* (Bruun, Bibl. Danica II, 1081.) (Collin, Anonymer. Kiobenh. 1869.)

Freimaurerregeln nach dem Französischen des Conventschlusses zu Wilhelmsbad den Brüdern gewidmet von B**. O. O. im Jahre 1785. [Wien.] V: *Born, Ign. Edler von.* (L. Abafi, Gesch. d. Freim. 4/179) (Provinc.-Nachr. 1785, S. 111.) V: *Beyerle, Jean Pierre Louis de.* Ü: *Cornill, Heinrich Anton von.* (M. Grolig, Die Freimaurer-Bibliothek. Wien 1908. S. 26) (BIBLPORT)

Freimaurer-Regeln nach dem Französischen des Conventschlusses zu Wilhelmsbad . . . Frankf. 1829. Ü: *Cornill, Heinrich Anton.* (KI)

Freimaurer-Statuten der Pester Loge zur „Grossmuth", gegründet im Jahre 1780 reactiviert im Oktober 1869. Genehmigt von einem K. K. ungarischen Ministerium des Innern. Pest, am 2. Juni 1840. Pest 1870: Pester Buchdruckerei Aktges. 8 S. 8°. [Umschlagtit.]

Freimaurer-Stiftung, Deutsche. Ein Vorschlag für die Jahresversammlung des Vereins »deutscher FrMr« bestimmt. Bauhütte 12 [1869], S. 266—267. V: *Seydel, Rud.* (wolfstieg II, 732)

Freimaurertraum, besonderer, e. Profanen; mit e. doppelten Erklärung u. Erfüllung. 8. Bresl, 789. J. F. Korn. 6 K

Freimaurertum

Freimaurerthum und Christenthum, s.a. Fensch, Ludwig

Freimaurerthum und Christenthum. Eine Beleuchtung der gleichnamigen Schrift des [Friedr.] Nielsen und ein Beitrag zur maurerischen Reform von einem deutschen Freimaurer. [Forst i. L. 1886.] 2. Aufl. Forst i. L. 1886. V: *Fensch, Ludwig.* (wolfstieg II, 547)

Freimaurerthum und Christenthum. Eine Beleuchtung der gleichnam. Schrift des Prof. Dr. Nielsen in Kopenhagen und ein Beitrag zur maurerischen Reform von einem deutschen Freimaurer. 1. und 2. Aufl. 8. (127; 125 S.) Forst i/L. 886, (Janssen.) Koobs. *

Freimaurertum, das, u. seine Geheimnisse, s.a. Miniatur-Bibliothek.

Das Freimaurertum und seine Geheimnisse. Leipzig: Paul [1903]. 112 S. 8° (Miniatur-Bibliothek. 463—465.)
Recens: H. 15 (1904) Nr 42; L. 27 (1904) S. 173 (R. Fischer); ML. 34 (1905—1906) S. 92 (J. V. G. Bluhm).
Aufklärungsschr. üb. Wesen, Zweck, Ursprung, Verfassung, Ausbreitung, Gesch. usw. d. Frmrei in e. d. Bunde frdl. Sinne.

Das Freimaurerthum in seinen sieben Graden. Nach den Archiven der Grossen Loge Englands von einem Royal-Arch-Mason dargest. Leipzig: Mendelssohn 1857. XII, 271 S. 8°
cf. FZ. 12 (1858) S. 55 (R. Barthelmess); L. 14 (1858) S. 68—75.

Freimaurerthum, das, in seinen 7 Graden. Nach den Archiven d. Grossen Loge Englands von einem Royal-Arch-Mason dargestellt. Leipzig, Herm. Mendelssohn. 1857. 8°. Ppb.*)
Ist Uebersetzung von David Bernhard's „light on Masonry". 1829 etc.
XII—271 S., 1 S. Err. Vorw. beg.: Vorliegendes Werk ist eine treue, wörtl. Uebertragung handschriftl. engl. Dokumente, die ein Royal-Arch-Mason den Archiven d. Grossen Loge abschriftl. entnommen hat." Betrifft nur die amerikanische Royal-Arch-Maurerei. Vgl. Taute no. 1298.

Der schweizerische Freimaurerverein. Ein offenes Wort an das Schweizervolk. Neuenburg: Sandoz [1873]. 22 S. 8°

[Dasselbe.] 2. Aufl. Ebendas. 22 S. 8°

°[Dasselbe.] 3. Aufl.

[Dasselbe.] 4. Aufl. Ebendas. [1874]. 22 S. 8°
Abgedr. in: UMS. 2 (1873) S. 154—169.
Recens: FZ. 28 (1874) S. 71.
cf. Zürcher Presse. 3 (1847) No 37 (H. Gysi).
Tt. 1573, 1574. Verteidigung der Frmrei, veranlasst durch ultramontane Angriffe.

Freimaurerverein, der schweizerische. Ein offenes Wort an das Schweizervolk. 22 Sn. 8. Neuenburg, J. Sandoz. 1873. —. 50

Freimaurerverein, [illegible] Wort an das Schweizervolk. [illegible] Aufl. [illegible] S. 22 S.

Freimaurer-Zeitung. [Stück 1—6. Berlin 1783: Spener.] 48 S. 1 Tab. 4°
[Fortges. u. d. Tit.:]
Wochenblatt für Freunde der Weisheit und Litteratur. [Stück 1—6.] Berlin 1783: Spener. 48 S. 4°
Kl. 19, 20, Tt. 167. Äusserst selten.

Freimaurerzeitung. Neuwied 1786—87. H: *Meyer, Ant. Andr.* (MGT)

Freimaurerzeitung von A. und M. (?) herausgegeben. Neuwied 1787. H: *Andreä, Dietr. Wilhelm, M.* (?): *Joh. Phil. Jac. Winz, Phil. Jac. Engel, Franz Dietr. v. Ditfurth.* (wolfstieg I, 29) Vgl. II, 4104.

Freimaurerzeitung. Neuwied 1788. V: *Andreä, Dietrich Wilh.* (MGT)

Freimaurer-Zeitung. Manuscript für Brüder. Redakt.: Rud. Rich. Fischer. (1—6.) Jahrg. 1847—52. à Jahrg. 52 Nrn. (Bog.) 4. Leipzig, Weinedel. à Jahrg. *

Freimaurer-Zeitung. Manuscript für Brüder. Redig. von Mor. Alex. Zille. 7—10. Jahrg. 1853—56. à Jahrg. 52 Nrn. (Bog.) hoch 4. Leipzig, Weinedel. à Jahrg. *

Freimaurer-Zeitung. Handschrift für Brüder. Redig. von Mor. Zille. 11—15. Jahrg. 1857—61. à Jahrg. 52 Nrn. (Bog.) hoch 4. Leipzig, Fries. à Jahrg. *

Freimaurer-Zeitung. Handschrift für Brüder. Redact.: Mor. Zille. 16.—21. Jahrg. 1862—67. à Jahrg. 52 Nrn. (Bog.) hoch 4. Leipzig, Fries. à Jahrg. *

Freimaurer-Zeitung. Handschrift für Brüder. Redact.: Mor. Zille. 22.—27. Jahrg. 1868—1873. à Jahrg. 52 Nrn. (Bog.) hoch 4. Leipzig, Fries. à Jahrg. *
—— dass. — Für die Redact. verantwortl. O. Henne-Am Rhyn. 28. Jahrg. 1874. 52 Nrn. (Bog.) hoch 4. Leipzig, Zille. *

Freimaurer-Zeitung. Handschrift f. Brüder. Für die Red. verantwortl. O. Henne-Am Rhyn. 28—30. Jahrg. à 52 Nrn. (B.) hoch 4. Leipzig 874—76. Zille. à Jahrg. n. 12. —

Freimaurer-Zeitung. Hdschr. f. Brüder. Red.: O. Henne-Am Rhyn u. Carl Pilz. 31—36. Jahrg. 1877—1882. à 52 Nrn. (B.) hoch 4. Leipzig, Zille. à Jahrg. n. 12. —

Freimaurer-Zeitung. Red.: Carl Pilz. 37—40. Jahrg. 1883—1886. à 52 Nrn. (B.) hoch 4. Leipzig, Zille. à Jahrg. n. 12. —

Freimaurer-Zeitung. Red.: C. Pilz. 41.—44. Jahrg. 1887—1890. à 52 Nrn. (B.) hoch 4. Leipzig, Zille. à Jahrg. n. 12. —

Freimaurer-Zeitung. Red.: Carl Pilz. 45.—48. Jahrg. 1891—1894. à 52 Nrn. (Bog.) hoch 4. Leipzig, M. Zille. à Jahrg. n. 12. —

Freimaurer-Zeitung. Red.: Carl Pilz. 49.—52. Jahrg. 1895—1898. à 52 Nrn. (Bog.) hoch 4. Leipzig, M. Zille. à Jahrg. n. 12. —
Kann auch halbjährlich bezogen werden.

Freimaurer-Zeitung. Red.: Carl Pilz. 53.—56. Jahrg. 1899—1902. à 52 Nrn. hoch 4. (à ca. 8 S.) Leipzig, M. Zille. à Jahrg. n. 12. —

Freimaurer-Zeitung. Red.: Rhold Bachmann. 57. bis 60. Jahrg. 1903—1906. à 52 Nrn. (IV, 416; IV, 416; IV, 430 u. IV, 416 S.) Lex.-8. Leipzig, M. Zille. à Jhrg. n. 12. —
1903 u. 1904 v. C. Pilz, 1905 v. H. G. Thenau redig.

Freimaurer-Zeitung. Schriftleiter: Rhold. Bachmann. 61—64. Jahrg. 1907—1910 à 52 Nrn. (à 8 S.) Lex. 8. Leipzig, M. Zille. à Jhrg. 12.

Allgemeine österreichische **Freimaurer-Zeitung.** Hrsg. unter der verantwortl. Red. von Jul. Goldenberg u. Emil Meschorer. Jg. 1—7. Wien: Finsterbeck, [1877:] Spies & Co., [1878—1880:] Rosner 1874—1880. 4⁰
1. 88 S. 1874; 2. 148 S. 1875; 3. 180 S. 1876; 4. 166 S. 1877; 5. 138 S. 1878; 6. 166 S. 1879; 7. 1880 [unvollst.].
cf. Z. 10 (1880) S. 32 (M. Amster); Rosner, L.: D. Loge Zukunft, Pressburg. 1899 S. 6—7, 22—26.
Tt. 169. Mehr nicht erschienen.

Freimissionar, e. deutscher, unter den Santals, s. a. Missions-Traktate, kleine.

Freimissionar, e. deutscher, unter den Santals. 16. (16 S.) Basel 882. Missionsbuchh. n. — 4

Freimond s. Freymond.

Freimund, oder der übel angebrachte Stolz. Ein Lustspiel. Wien 1771. V: *Pfeffel, Conrad Gottlieb.* (Adel)

Freimund. Evangelisch-lutherischer Hauskalender auf die J. 1851 und 1852. Besorgt von Abthl. II. der Gesellschaft für innere Mission nach dem Sinne der luther. Kirche. 8. Nördlingen, Beck'sche Buchh. [1851. (47 S. mit 1 Holzschn.) 850., 52. (37 S. mit 1 Holzschn.) 851. à * 2½ Ngr.] *

Freimund. Evangelisch-lutherischer Haus-Kalender auf die J. 1853—57. Besorgt von Abthl. II. der Gesellschaft für innere Mission nach dem Sinn der luther. Kirche. 4. Nördlingen, Beck'sche Buchh. à Jahrg. *
Bd. II. Bd. I. Abthl. S. 293.

Freimund. Evangelisch-lutherischer Haus-Kalender auf die J. 1858—62. Besorgt von Abthl. II. der Gesellschaft für innere Mission. 4. (à Jahrg. ca. 50 S.) Nördlingen, Beck'sche Buchh. à Jahrg. * 2½ Ngr.; durchschossen

Freimund. Evangelisch-luther. Haus-Kalender auf die J. 1863—68. Besorgt von Abthl. II. der Gesellschaft für innere Mission. 4. (à Jahrg. ca. 48 S.) Nördlingen, Beck'sche Buchh. à Jahrg. *

Freimund. Evangelisch-luther. Haus-Kalender auf die J. 1869—1875. 4. (à 42—54 S.) Nördlingen, Beck'sche Buchh. à Jahrg. * *
Durchschossen *

Freimund. Evangelisch-luther. Haus-Kalender auf die J. 1876—1880. 4. (à 44 S.) Nördlingen, Beck'sche Buchh. à Jahrg. *
durchschossen à Jahrg. *

Freimund. Evangelisch-luther. Haus-Kalender auf die J. 1881—1884. Besorgt von Abt. II. der Gesellschaft für innere Mission nach dem Sinne der luther. Kirche. 4. (à ca. 44 S.) Nördlingen, Beck'sche Buchh. à Jahrg. *
durchschossen à Jahrg. *

Freimund. Evangelisch-luther. Haus-Kalender auf die J. 1886—1889. Besorgt von Abtl. II der Gesellschaft für innere Mission im Sinn der luther. Kirche. 4. (à Jahrg. 48 S. mit Illustr.) (Nördlingen.) München, Beck'sche Buchh. à Jahrg. *

Freimund. Evangelisch-luther. Haus-Kalender auf d. J. 1890—1893. Besorgt v. Abtl. II der Gesellschaft f. innere Mission im Sinn der luther. Kirche. 4. (à Jahrg. 48 S. m. Illustr.) Nördlingen, Beck. à Jahrg. * — 20

Freimund. Evangelisch-luther. Hauskalender auf d. J. 1895. Besorgt v. Abt. II. der Gesellschaft f. innere Mission im Sinn der luther. Kirche. 4. (48 S.) Nördlingen 894. C. H. Beck. n. — 20

Freimund. Evang.-luther. Hauskalender auf d. J. 1899. Besorgt v. Abt. II. d. Gesellschaft f. inn. u. äuß. Mission im Sinn d. luther. Kirche. 4. (48 S.) Nördlingen 898. C. H. Beck. n. — 20

Freimund. Evangelisch-luther. Haus-Kalender auf d. J. 1903. Besorgt v. Abt. II der Gesellschaft f. innere u. äußere Mission im Sinn der luther. Kirche. 4. (48 S.) Nördlingen, C. H. Beck. n. — 20

Freimund. Evangelisch-luther. Haus-Kalender auf d. J. 1907. Besorgt v. Abt. II der Gesellschaft f. innere u. äußere Mission im Sinn der luther. Kirche. (48 S.) gr. 8. Nördlingen, C. H. Beck. n. — 20

Freimund. Evangelisch-luther. Haus-Kalender auf d. J. 1911. Besorgt v. Abt. II der Gesellschaft f. innere u. äußere Mission im Sinn der luther. Kirche. (44 S.) 8. Nördlingen, C. H. Beck. — 20

Freimund, d. Judenthum im Spiegel der Geschichte. München 888.

Freimund, die intellektuelle Persönlichkeit des deut. Reichskanzlers. Berlin 887.

Freimund, was verlangt uns. Zeit in Staat u. Kirche ꝛc., s. a. **Was** ꝛc.

Freimund, ..., (psdn.) was verlangt unsere Zeit in Staat u. Kirche von d. Regierungen u. Völkern? Ein Wort d. Ernstes u. des Friedens. 8. Neust. 831. Wagner. 3 gr

Freimund's kirchlich-politisches Wochen-Blatt für Stadt u. Land. Red.: Wucherer. 1—4. Jahrg. 1855—58. à 52 Nrn. (à ½—1 Bgn.) Ebend. gr. 4. Jeder Jahrg. n. 1 ℳ

Freimunds kirchlich-politisches Wochenblatt für Stadt und Land. Red.: Wucherer. 5—7. Jahrg. 1859—61. à 52 Nrn. (à ½—¾ Bgn.) Nördlingen, Beck. gr. 4. Jeder Jahrg. n. 1 ℳ

Red.: Weber. 8—10. Jahrg. 1862—64. à 52 Nrn. (à ½ Bgn.) Ebend. gr. 4. Jeder Jahrg. n. 1 ℳ

Freimund's kirchlich-politisches Wochen-Blatt für Stadt u. Land. Red.: Weber. (11—16.) Jahrg. 1865—1870. à 52 Nrn. (à ½ Bgn.) Ebend. gr. 4. Jeder Jahrg. n. 1 ℳ

Freimund's kirchlich-politisches Wochen-Blatt f. Stadt u. Land. Red.: Weber. (17—19. Jahrg.) 1871–1873. à 52 Nrn. (½ B.) gr. 4. Nördlingen 871. Beck. à Jahrg. n. 3. —

— dasselbe. (20—22. Jahrg.) 1874—1876. à 52 Nrn. (½ B.) gr. 4. Ebend. à Jahrg. n. 3. 50

—— kirchlich-politisches Wochen-Blatt für Stadt und Land. Redact.: J. E. Fischer. 22.—26. Jahrg. 1875—1879. à Jahrg. 52 Nrn. (à 1 Bog.) gr. 4. Ebendas. à Jahrg.

Freimund, A., Zur Frage d. Regulirung d. Lehrergehalte. Eine zeitgemässe Erörterung. 8. (16 S.) Wien, *Sallmayer'sche Buchh. (Julius Schellbach). 20 kr. N. b. 1885.

Freimund, A. s. a. : Kalender (Demokratischer).

Demokratischer Kalender für 1840. Herausg. von A. Freimund. 2. Aufl. (Mit Holzschnitten.) Mainz, Joh. Wirth. 7 Bl. 130 S. 8.

Freimund, A., Kritik des preußischen Volksschulwesens u. Vorschläge zu e. Reform desselben nach freisinnigen Grundsätzen. Ein Beitrag zur Schulgesetzgebung der Gegenwart. Leipzig 869. Brandstetter. gr. 8. (XII, 131 S.) n. 12½ ngr

Freimund, A., politisches Volksbüchlein. gr. 12. (130 S.) Mainz 819, Wirth Sohn. 3 ngr

Freimund, A., üb. körperliche Züchtigung beim Unterrichte in Volksschulen, s.: Sammelmappe, pädagogische.

Freimund, Adolph, die historisch-polit. Schule u. Böhmers geschichtl. Ansichten. Eine deutsche Kritik. gr. 8. (3½ B.) Berlin 845, Herm. Schultze.

Freimund, C. G., s. Bemerkk. über d. Zustand Polens ꝛc.

Freimund, Chr., Belehr. wegen der Schriften D. Martin Luthers letzt. ernstl. Bekenntn. einig. allgem. christl. Lehr. 8. Lpz. Graffe. 805.

Freimund, Chr., Belehrung wegen d. Schriften Dr. Mart. Luthers, letzte ernstl. Bekenntnisse e. allgem. christl. Lehre. 8. Leipz. 805. Graffe. 5 gr

— **Examen e. mystischen Kandidaten. 8. Nürnb. 838. Raw. 1 gr**

Freimund, Christoph, die Mystiker, als die nichtswürdigsten Menschen, die gröblichsten Gotteslästerer u. die ärgsten Feinde Christi, der Völker u. aller Fürsten vor der ganzen Christenheit angeklagt. 2e unveränd. Aufl. 8. Hildburghausen 838. (Kesselring.) ½ gr

Freimund, Dan. Gli s. a. Lachstoffgas.

FREIMUND, Daniel Gottlieb, Dr., keiner gelehrten Gesellschaft Mitglied (ps.), L a c h s t o f f g a s. Ein neu entdecktes Mittel, die Hypochondrie radical zu heilen. Erfunden von —. 1ste Portion. Rathenow, Haase, 1835. 8°. 2 Bogen.
A. G. Schmidt, Gallerie etc.

Freimund, Elias: Extrasitzung des Herrn Diabolus mit seinen Gesellen und Lehrlingen, gehalten im 19. Jahrhundert in seiner Haupstadt Teuflingen. Allentown, Pa.: Selbstverlag 1873.

Freimund, Elias. Extrasitzung des Herrn Diabolus. Allent, 1876.

Freimund, Elmar, s. a. **Capitel, drei, zum österreichischen Schulstreite.**

Freimund, Elmar, Drei Capitel zum österreichischen Schulstreite. Social-politische Erwägungen. 8. (36 S.) Wien: „Austria", Drescher 1890. —.30

Freimund, Elmar, Der Clerus u. d. Wahlen. gr. 8. (52 S.) Wien Carl Fromme. 30 kr. 1885.

Freimund, Ernst (H. Trachsler), das diätetische Naturheilverfahren in chronischen Krankheiten. Nach spezifisch Schroth'schen Heilgrundsätzen in allgemein verständlicher Sprache f. das Volk bearb. gr. 16. (XII, 301 S.) Winterthur 868. Westfehling. n. 2.

— Johann Schroth's Naturheilverfahren in hitzigen Krankheiten, m. besond. Berücksicht. der Kinderkrankheiten u. der am häufigsten vorkomm. Volkskrankheiten. 1. Aufl. gr. 16. (III, 396 S.) Ebend. 876. n. 2.

Freimund, Ernst [H. Trachsler], Johann Schroth's Naturheilverfahren in chronischen Krankheiten. 2., auf's Neue durchgeseh. u. verb. Aufl. 12. (X, 288 S.) Winterthur 881. Westfehling. n. 2. —

Freimund, Ernst, ein Preußen-Gruß an Alt-England. Berlin 857. Behr. gr. 8. (16 S.) n. 5 ngr

Freimund, Fr., der Zeitgeist in seinen Bestrebungen u. Behauptungen oder die falsche Aufklärung betrachtet im Lichte der Wahrheit. gr. 8. Basel 846, Schneider. ¾ ngr

Freimund, Friedr., das Judenthum im Spiegel der Geschichte. Ein Mahnruf an das Volk Israels. gr. 8. (32 S.) München 888, (Uebelen.)

Freimund, Geo., offenes Sendschreiben an den königl. bayerischen Staatsminister des Innern. Mainz 867. Kirchheim. 8. (16 S.) 1 ngr

Freimund, Geo., offenes Sendschreiben an den königl. bayerischen Staatsminister des Innern. 8. (16 S.) Mainz 869, Kirchheim.

FREIMUND, Georg (ps.), R o m ' s S ü n d e n r e g i s t e r; ein S t r e i f z u g d u r c h d i e G e s c h i c h t e d e s P a p s t t h u m s. Potsdam 1883. 8°. (65 Pfg. M. Hauptvogel, 1898.)

Freimund, Guido, Zu Muße-Stunden! **Dichtungen.** Berlin 863. Mode in Comm. 8. (**VIII, 72 S.**) n. 10 ngr

† Freimund, Hans, die Abenteuer der sieben Schwaben, s.a. Abenteuer.

Freimund, Hans, die Abenteuer der sieben Schwaben. Lustige Schwänke mit Figuren (Holzschn. im Text). Abermalen renovirt u. an's Licht gestellt. Reutlingen 865. Fleischhauer & Spohn. 8. (64 S.) 2 ngr.

Freimund, Hans, die Abenteuer der sieben Schwaben. Lustige Schwänke m. Figuren (in eingedr. Holzschn.) Abermalen renovirt u. an's Licht gestellt. gr. 16. (64 S.) Reutlingen 872. Fleischhauer & Spohn. 20

Freimund, J. (ps.), der böse Dämon des Königs, oder: Eines Königs Glück u. Unglück. Orig.-Roman f. d. Neue freie Volkszeitung. München, Druck von Magg u. Marchner, o. J. (1886). 8°. Eleg. blau Srsb. *) m. Goldtit. auf d. Deckel.
204 S. -- Unterhaltungs-Beilage der „Neuen freien Volkszeitung" (partikularist. Schundblatt). Nr. 1--1)
In diesem Machwerk feiert der höchste Blödsinn seine Triumphe.

Freimund, J. Th. (ps.), Das Drama von Mayerling oder der Sieg der bösen Dämonen. Histor. Roman. J. Marchner's Buchdruckerei, Verlag d. Neuen Freien Volkszeitung, München. Mit 4 Bildern. (1889.)
In Oesterreich verboten.

Freimund, Jos., neuester praktischer Briefsteller für das geschäftliche und gesellige Leben. Enthaltend Muster zu Briefen aller Art, zu Kontrakten, Vollmachten rc. sowie die üblichen Titulaturen und Adressen und eine Anweisung zum Buchführen in allen Geschäften. Aachen 863. Jensen. 12. (274 S.) 7½ ngr.

Freimund, Julius [Pseudon.] s. Meyer, Conrad II.

Freimund, Justus, s. Bemerkk., krit., über d. kurhess. Verfassungsurkunde rc.

Freimund, Just., Oesterreichs Zukunft entwickelt aus seiner Vergangenheit u. Gegenwart. Brüssel 867. (Hamburg, Hoffmann & Campe.) 8. (3 Bll., 108 S.) 15 ngr.

Freimund, R., die Wiederaufrichtung d. deutschen Kaiserreichs, s.: Beiträge zum Geschichtsunterricht.

Freimund, Theophil., Johann Joseph v. Görres in seinem Leben u. Wirken. Eine biograph. Skizze. 2. Aufl. gr. 8. (15 S.) Erfurt 872. Brodmann. 15

Freimund Lichtfreund, s. Lichtfreund, Freimund

† Freimund Ohnesorgen, s. Falckenstein, C. Frh. v., u. † Ohnesorgen, Freim.
Vgl. Freymund.

Freimund's Lieder. 16. (IV und 178 S.) Nördlingen 867, (Beck'sche Buchh.) 15 Ngr.; cart. mit Goldschn. *

Freimut, unsere confessionellen Gesetze, s.: Sammlung gemeinnütziger Vorträge.

Freimut, A., Hemmnisse nationaler Einheit. Ein Mahnwort in ernster Zeit an alle, die es angeht. 2., verm. Aufl. (28 S.) gr. 8. Berlin 910. Spree-Verlag. — 50

Freimut, A., ebene Wege. Eine Erzählg. für Jung u. Alt. 12. (44 S.) Basel 888. Spittler. n. — 25

Freimut, Bernardin, d. jüdischen Blutmorde v. ihrem ersten Erscheinen in d. Geschichte bis auf uns. Zeit. 8. (VII, 187 S.) Münster 895. A. Russell. n. 1. 50

— altjüdische Religionsgeheimnisse u. neujüdische Praktiken im Lichte christlicher Wahrheit. Eine Kritik d. Talmud. 2., verm. u. verb. Aufl. v. „Jüdische Religionsgeheimnisse nach dem Talmud". 8. (144 S.) Ebd. 893. n. 1. —

Freimut, Bernardin, jüdische Religionsgeheimnisse nach dem Talmud. Eine Lehre u. Mahng. f. das christl. Volk. 8. (83 S.) M.-Gladbach 893. (Münster i/W., A. Russell.) 1. —

Freimut, Ernst, s. a.: Sommert, Hans.

— frisches Blut in den Reichstag! In ernster Zeit ein ernstes Wort zu ernster Beachtg. f. Wähler u. Gewählte aller Parteien. (32 S.) gr. 8. Dresden 903. O. Damm. n. — 60

Freimut, E., Fruchtkeime. Pädagogische Aphorismen in poet. Form. 12. (VIII, 174 S.) Stuttgart 889. Lutz. n. 1. 25; geb. n. 1. 50

Freimut, Ernst, Gedanken am Wege. Reiseplaudereien aus Deutsch-Südwestafrika. (214 S.) gr. 8. Berlin (909). Deutscher Kolonial-Verlag. Geb. in Leinw. 4. --

Freimut, Ernst, Spitzwegerich. 200 vierzeil. Geschichten, großenteils auf Grund alten deutschen Volksgutes erzählt. 8. (IX, 93 S.) Dresden 902. E. Pierson. n. 1. 20; geb. n. 2. 20

Der Tillenberg. Ein Sagenschatz aus d. Egerlande. Von Ernst Freimut [d. i. Hans Sommert, Wien]. Mit e. Anh. u. 1 Kartenskizze. Wien & Leipzig: C. Fromme 1904. (208 S.) 8° [F.] [05. 4660

Vom Scheitel bis zur Sohle. Eine Spruchreihe. (Mit besond. Rücksicht auf die deutschen Redensarten.) (IV, 151 S.) kl. 8. Wien 910. A. Pichler's Wwe. & Sohn. 2. 50

Freimut, G. H., Charakterbildung, Erziehung u. Pflege unserer Kinder u. der heranwachsenden Jugend. Neue Mittel u. Wege, die Fähigkeiten der Kinder zu steigern, ihren Charakter zu stählen u. sie zu körperl. Harmonie zu erziehen. (Neue [Titel-] Ausg. v.: „Was tue ich f. meine Familie".) (IV, 393 S.) 8. Leipzig [905] (907). Modern-medizin. Verlag. 3. --

Freimut, G. H., was tue ich f. meine Familie? Goldene Ratschläge f. Eltern. Neue Mittel u. Wege zur Beseitigg. der Familiensorgen u. zur Erziehg. gesunder u. begabter Kinder, sowie zur Pflege des Familiensinnes. (IV, 393 S.) 8. Leipzig (906). Modern-medizin. Verlag. n. 4. —

Freimut, Hans, aus meinem Tagebuch. Erinnerungen e. einsamen Blaukreuzlers. (32 S.) 8. Barmen (905). Elim, Buchh. des Blauen Kreuzes. n. — 15

Freimut, Hans, aus meinem Tagebuch. Erinnerungen e. einsamen Blaukreuzlers. (Neue Aufl.) (32 S.) 8. Barmen (907). Buchh. des Blauen Kreuzes. --15

Freimut, Jos., Schneeglöckchen. Lieder aus dem Leben. 12. (XI, 187 S.) Kempten 899. Klöckner & Mausberg. n. 2. —; geb. in Leinw. m. Goldschn. 3. —

Freimut, P., die Bedeutung der studentischen Korporation u. die wahre Aufgabe d. deutschen Studenten. Ideen zur Beurteilg. der stud. Verhältnisse. 8. (46 S.) Hagen 890. Risel & Co. n. — 50

Freimut, P., die Bedeutung der studentischen Korporation u. die wahre Aufgabe d. deutschen Studenten. Ideen zur Beurteilg. der student. Verhältnisse. 8. (46 S.) Hagen i. W. 891. Risel & Co. n. — 50

Freimut, S., deutsche Handelspolitik, s.: Miniatur-Bibliothek

Freimut, Siegfr., der bayer. Volksschullehrerverein im Spiegel der bayer. Lehrerzeitung. (1878—1893.) Ein pädagog. Zeitbild. Zum Nachdenken f. Mitglieder u. zur Belehrg. f. Fernstehende gezeichnet. 1.—4. Aufl. gr. 8. (124 S.) Regensburg 893. J. Habbel. n. — 60

Freimut, W., s.: Rückblicke, allgemeine, auf den Kulturkampf in seinen verschiedenen Phasen vom religiös-politischen Standpunkte.

Freimut, Wahrlieb

Freimut, W., s. a. Kampf um die Schule.

Kampf um die Schule. Modern-hist. Reminiscenzen als handliches Material z. sachl. Nutzanwendung bei d. bevorstehenden Aburteilung d. Windthorstschen Schulantrags. Dem deutschen resp. preuß. Volke u. s. Vertretern gewidmet von Wahrlieb **Freimut.** Barmen: D. B. Wiemann [1889]. (28 S.) 8° [J.]
= Streitschriften, Freundschaftliche. No 8.

Freimut, Walth., Eckmann u. Sohn, s.: Danner's, W., Deutsche Volksbühne.

— Grube Elise, s.: Meißner's Arbeiter-Bühne.

— Der neue Herr, s.: Meißner's Arbeiter-Bühne.

— Der Schneider-Streit, s.: Meißner's Arbeiter-Bühne.

— Verlobt, s.: Aufführungen f. Weihnachten u. Neujahr.

Freimuth, s. a. Freymuth

Freimuth der Sachse, Der Lügner und sein Sohn, oder: Treumund Wanderer und sein Buch: „Dresden und die Dresdener." Daguerreotypen u. Stahlstiche in deutscher Manier. Dresden 1846. 8°. (In Hamburg, Bibl. der „Harmonie".) (3 Mk. G. Priewe, 1895.) Scharfe Gegenschrift, bereits selten!

Freimuth, ..., 12 ökonom. Hausrecepte u. Anweisungen. 3e Ausg. Fol. (Leipz. 822. Leich). Versiegelt 6 ℳ

Freimuth's, Vater, deutsches Volksbuch u. illustr. Familien-Kalender f. d. ostdeutschen Provinzen a. d. J. 1899. 3. Jahrg. Hrsg.: Paul Fischer. 12. (224 S. m. 1 Lichtdr.) Graudenz, J. Gaebel. n — 50

Freimuth, B. W., Samml. vorzügl. nützl. Mittel u. Recepte, welche neu entdeckt, durch Versuche bewährt gefunden, u. im In- u. Auslande öffentl. empfohlen wurden. 1s—3s Heft. 2e Aufl. 8. Bamb. 822—24. Drausnick. 22 gℓ

Freimuth, Carl Alexander, s. Freimuth, Karl Alexander

Freimuth, Chr. Gottl., d. polit. Bestrebungen unserer Zeit. Ein Wort d. Mahnung an d. constitutionellen Völker Deutschlands u. ihre Vertreter. Aus d. Voigtländ. Blättern abgedruckt. gr. 12. Leipz. 832. Glück. 9 gℓ

Freimuth, E., erfüllt die Volksschule ihre Aufgabe? Ein Wort zur Erwägg. f. Behörden, Lehrer u. Eltern. gr. 8. (31 S.) Rostock 886. Koch. n. — 60

Freimuth, Er. Wahrlieb, neueste Gegensätze in der Pädagogik. Oder über die psychologische Grundlage der Erziehungs- u. Unterrichtslehre Dr. Beneke's. Ein offenes Sendschreiben an Herrn Otto Schulz zur Beleuchtung seines Angriffs auf Dr. Beneke. Nebst einer Beilage über Herbart. gr. 8. Bautzen 844. Schlüssel. 1/6 ℳ

— die wichtigsten Grundlehren u. Vorzüge der neuen Psychologie Dr. Beneke's dargestellt u. begründet in einem Sendschreiben an den Beurtheiler von Dreßler's Seelenlehre als Naturwissenschaft. gr. 8. Ebend. 845. 18 ngℓ

Freimuth, Franz [Pseudon.] s. Lang, Julius [Basel].

Freimuth, Fürchtegott. Welchen Einfluss hat die Einrichtung der indirecten Steuern auf die Sittlichkeit der Unterthanen? Mit besonderer Beziehung auf den Beitritt Oldenburgs zum hannover.-braunschweig. Zollverbande. gr. 8°. Bremen, Heyse, 1836.

Freimuth, Gfr., der Lehrstuhl für die physiologische Arzneimittellehre, e. unabweisbares Erforderniß unserer Zeit. Eine Denkschrift, gerichtet an alle Aerzte, Studirende der Medicin, medicinische Facultäten, hohe Minister u. Kammern. Sondershausen 865. Eupel. (Lübeck, Bolhoevener.) 8. (18 S.) n. 10 ngℓ

— Romano. Ein Trauerspiel in 5 Akten. Bonn 868. Cohen & S. 16. (166 S.) n. 24 ngℓ

Freimuth, Gleb., ein Wort der Unbefangenheit über das Geldwesen auf österreichischem Boden. Wien 862. F. Klemm in Comm. Lex.-8. (81 S.) n. 20 ngℓ

Freimuth, Heinr., neue Akkorde. Poesieen. 2., verm. Ausg. der „Gedichte". 12. (330 S.) Paderborn 891. F. Schöningh. n. 4. —; geb. n. 5. —

Freimuth, Heinr., Ardennen-Wanderg. M. 5 Bild. (nach Skizzen v. W. Altenburg), e. Touren-Verzeichniss u. 1 Karte. 8. (VIII, 124 S.) Köln 895. J. P. Bachem. Geb. n. 1. 60

Freimuth, Heinr., Aachen's Dichter u. Prosaisten. Eine Anthologie. Mit (eingedr. Holzschn.-)Portraits. 1. Bd. 1—3. Lfg. 8. (S. 1—192.) Aachen 882. Kaatzer in Comm. à — 75

Freimuth, Heinr., Aachen's Dichter u. Prosaisten. Eine Anthologie. Mit Portraits. 1. Bd. 4—8. Lfg., 2. u. 3. (Schluß-)Bd. 8. Aachen 883. (Kaatzer.) n. 10. 50 (cplt: n. 12. —; geb. n. 15. —)
I. 4—8. (S. 193—512.) à n. — 50. — II. III. (à 512 S.) à n. 4. —

Freimuth, Heinr., Eifelstrauß. Poesieen. 12. (136 S.) Prüm 890. Plaum. n. 1. 50

Freimuth, Heinr., Gedichte. Leipzig 863. Wengler. 16. (VIII, 208 S.) 22½ ngℓ

— das Wohlthätigkeitswesen der Städte Aachen u. Burtscheid. gr. 8. (23 S.) Aachen 882. Barth in Comm. n. — 50

Freimuth, J., die Sozialdemokratie und unsere Arbeiter. Ein belehr. Wort. Nebst e. Unterricht üb. die Reichstagswahl. 2. Aufl. 16. (29 S.) Trier 890. Paulinus-Druckerei. n. — 10

Freimuth, Karl Alexander

Freimuth, Carl Alex., Journalistenloos. Aus den Erinnerungen e. Redakteurs. 8. (96 S.) Zürich 894. Verlags-Magazin. n. 1. 60

Freimuth, Philalethes, das moderne deutsche Kaiserreich und die Katholiken. 1. und 2. Aufl. gr. 8. (183 S.) Luxemburg 872, Brück.

— die katholische Kirche u. die modernen Staatsmänner. Ein ultramontanes Vergißmeinnicht, gepflückt u. in e. Sträußchen gebunden. gr. 8. (205 S.) Ebend. 871. 2.

— der deutsch-französische Krieg u. die Katholiken. gr. 8. (VII, 148 S.) Luxemburg 871. Gebr. Heintze. 1. 50.

— das moderne Recht u. die Katholiken. gr. 8. (219 S.) Luxemburg 873. Brück. 2. —

Freimuth, Rud., Jugend heraus! Ein Körnchen Wahrheit üb. d. österr. Steuerreform. Lex.-8. (24 S.) Eger 898. (Wien, F. Schalk.) n. — 40

Freimuth, W., Bim baum! Helfe Dir Gott aus Deinem Traum! E. Beitrag z. Klärg. d. Urteils üb. G. Hauptmann's deutsches Märchendrama Die versunkene Glocke. gr. 8. (29 S.) Berlin 897. Fussinger. — 60

Freimuth, W., Streitfragen. Zeitgemäße sociale u. literar. Betrachtungen in zwanglosen Heften. 1. u. 2. Hft. gr. 8. Minden 881. Köhler. à n. 1. —
1. Die Frauenbewegung in Deutschland. (49 S.) — 2. Natur u. Kultur. (54 S.)

Freimuth, Wilh., In's Kloster. Ein Familienbild aus den Rheinlanden. Roman. Düsseldorf 869. Stahl. 8. (VII, 130 S.) 1 ℛ

Freimuth, William, Deutschlands Armee auf der Höhe der Zeit? Eine Studie f. Deutschlands Volk u. Jugend. (125 S.) 8. Berlin (905). Verlag Continent. n. 1. 50

— Duellantenwaffe od. Richterspruch? Ein Sittenroman aus der Gegenwart. (48 S.) 8. Essen (906). O. Schiefelbein. n. 1. —

⊙ Schleswig-Holstein-Lauenburg. Der „offene Brief" des Königs von Dänemark. Protestation der Herzogthümer dagegen und die vorzüglichsten bis jetzt erschienenen Adressen deutscher Städte . . . Ein Beitrag zur Geschichte unserer Tage zsgest. v. Wilibald Freimuth. Leipzig. 1846. 8°

Freimuth Volksfreund, s. Volksfreund, Freimuth

Freimüthigkeiten. Ein Seitenstück zu den Expektorationen. Lstspl. 8. Süneb., Herold u. W. 8 ℊ

Freimütige

— der, eine wöchentl. Sittenschrift, herausg. v. Mart. Gli. Böhm. 8. Bresl. 751. Seibel. 20 ℊ

Freimüthige, Der, eine periodische Schrift. Ulm 1782—87. H: *Ruef, Caspar, Matthias Dannenmayer & Joseph Andr. Sauter.* (Ky) (MGT) (ErschDI.)

Freimüthige, der, eine period. Schrift, (v. K. Ruef). 4 Bde. 8. Ulm 782—84. Wohler. 4 ℛ Dazu 1e, 2e u. 3e Beilage. 8. Ebd. 786 u. 87. 16 ℊ

Freimüthige, der. Lstspl. in 2 A. in Versen à la Gustel. 8. Berl. 803. (Curths). 8 ℊ

FREIMÜTHIGE, Der, oder Ernst und Scherz. Jahrg. 1—4. Hrsg. von August v. Kotzebue und Garlieb Merkel. Berlin 1803—Juni 1806. 4°. — Jahrg. 5—26, titulo: Der Freimüthige, oder Unterhaltungsblatt für gebildete, unbefangene Leser. Hrsg. von A. v. Kotzebue und August Kuhn. Berlin 1808—1829. 4°.
Wurde unter verschiedenen Titeln noch bis zur Mitte vorigen Jahrhunderts fortgesetzt. — Näheres bei Goedeke VIII, 15, 50.

— der, oder Ernst u. Scherz, herausg. v. A. v. Kotzebue u. Garl. G. Merkel. 1r Jahrg. 1803, mit Kpf. gr. 4. Berl., Sander. 8 ℛ 2r u. 3r Jahrg. 1804 u. 5. gr. 4. Berl., Duncker u. H. 16 ℛ Dess. 4r Jahrg. 1806. Jan. -Juni, herausg. v. G. Merkel. gr. 4. Ebd. 4 ℛ Dies., fortges. v. Aug. Kuhn. Jahrg. 1809—29. u. J. 1830—32, herausg. v. W. Häring. gr. 4. Ebd., Schlesinger. à Jahrg. 8 ℛ

Freimüthige, Der, oder Berlinisches Unterhaltungsblatt . . . Berlin 1804—29. H (Jg. 1—4): *Kotzebue, Aug. Frdr. Ferd. von & Garlieb Merkel.* (Jg. 5—26): *Frdr. Aug. Kuhn.* (ErschDL) (GGr) Leipzig 1799. V: *Bornschein, Joh. Ernst Daniel.* (Ky) (MGT) (NN)

Freimüthige, der, od. Unterhaltungsblatt, s. a. Kuhn.

Freimüthige, der, od. Unterhaltungsblatt f. gebild., unbefang. Leser. Hrsg. v. Aug. Kuhn. († 6. Aug. 1829.) 25. u. 26. Jahrg. 1828. u. 29. à 12 Hfte. Mit Vign. 4. Berlin, Schlesinger. à
—— dass. (mit d. Zusatz:) od.: Berliner Conversationsblatt. 27—31. Jahrg. 1830—34. Redig. v. W. Häring † (W. Alexis.) à 260 Nrn. (½ B.) Mit Titlvign. gr. 4. Berlin, Schlesinger. à
„Der Freimüthige od. Ernst u. Scherz, hrsg. v. A. v. Kotzebue u. G. Merkel." 1. Jahrg. 1803. Berlin, Sander. — 2—4. J. 1804—6. Jan.—Juni. Berlin, Duncker u. Humblot. — 5—24. J. 1808—27, mit kleinen Abänderungen d. Tit. hrsg. v. Aug. Kuhn. (1808—16. Berlin, Kunst- u. Ind.-Compt., 1817—27. Berlin, Schlesinger.) à J. 8 Thlr.

Freimüthige, der, ein Unterhaltungsblatt für gebildete Leser. Jahrg. 1833 — 1835. Redig. von W. Häring. gr. 4. Berlin, Schlesinger. à J. 8 ℛ — Jahrg. 1836 — 1839. Redig. von A. G. Gentzel. gr. 4. Ebd., Plahn'sche Buchh. (Nitze.) à J. 8 ℛ — Jahrg. 1840. Red. von dems. gr. 4. Ebd., Hentze; von Juli an bei Klemann. n. 6 ℛ

Freimüthige, der, (mit d. Zusatz:) ein Unterhaltungsblatt f. gebildete Leser. 33 — 36. Jahrg. 1836 — 39. Redig. v. A. G. Gentzel. à 260 Nrn. (½ Bog.) 4. Berlin, Plahnsche Buchh. à J. Thlr. •
—— dass. — 37. Jahrg. 1840. Jan.—Juni. Redig. v. dems. No. 1—78. (½ B.) Nebst Literatbl. u. lit. Anzeiger. gr. 4. Berlin [u. Leipzig], Hentze. •
Vgl. 8. Bd. 1. Abthl. S. 243.

Freimüthige: Der Freimüthige (SG 1)
① eine Zeitschrift für freie Öffentlichkeit und Entwicklung des bürgerlichen Selbstbewußtseins im Volke (Jahrestitelblatt 1830); ein Schweizerblatt für Öffentlichkeit und Volkssinn (3. 1. 1831–17. 8. 1831); eine wöchentliche Zeitschrift für freie Öffentlichkeit und Entwicklung des Selbstbewußtseins im Volke (Jahrestitelblatt 1832). Politische Zeitschrift (Jahrestitelblatt 1836). Politische und kirchliche Zeitschrift (Jahrestitelblatt 1837) ② Der Freimütige (1832) ④ Der Bürger- und Bauernfreund ⑤ 6. 1. 1830–28. 12. 1838 ⑥ 8° und 4° ⑦ Wochenblatt (1830, 1831, 1837, 1838), wöchentlich 2× (1832—1836) ⑧ St. Gallen: Wegelin & Wartmann (1830). Büreau des Freimütigen (ab 1831). Zollikofer'sche Offizin (ab 1836) ⑩ Josef Anton Henne ⑫ freisinnig ⑬ BGSZ: 1045. 1047 ⑮ SG: Va.

— der, e. Zeitschrift für freie Oeffentlichkeit u. Entwickelung des Selbstbewußtseins im Volke. Herausg. v. A. Henne. Jahrg. 1831 u. 32. St. Gallen, Bureau d. Freimüthigen. 2 ℛ 16 ℊ

Freimüthige, der, od.: Berliner Conversat.-Blatt. 32. Jahrg. 1835. Redig. v. W. Häring. 260 Nrn. (½ Bog.) Mit Titlvign. gr. 4. Berlin 835, Schlesinger'sche Buchh. •

Freimüthige: Der Freimüthige (SG 11)
⑤ 11. 12. 1841 (Probenummer)—25. 3. 1844 ⑦ Wochenblatt ⑧ Flawil: Johann Caspar Steiger ⑨ Mitteilungen aus dem Gebiete der Wahrheit, des Nützlichen und Schönen: Blätter für Unterhaltung und Belehrung des Volkes ⑩ der Drucker ⑫ freisinnig ⑬ BGSZ: 1045—1047.

Der Freimuthige: Jan. 1, 1843 – Aug. 1845.
Weekly, then as weekly edition of BUFFALO TELEGRAPH, May – Aug. 1845. Non partisan; later a Whig organ. Title varies: DER FREIMÜTHIGE UND WEST NEW YORKER ANZEIGER. Edited & published by Alexander J. Krause & Adolphus Meyer [or, Johann A. Meyer], 1843 – 45, by Ernst Oesten, May – Aug. 1845.
Buffalo, NY

Freimüthige, der. 1.—4. Jahrg. 1843—1846. Redakteur: J. Lasker. à 156 Numm. (½ Bog.) gr. 4. Berlin, Reichardt u. Comp. u. (Rieß.) à n. 5⅓ ß

Freimuthige, der. Red: J. Lasker. Jahrg. 1848. 144 Nrn. 4. (½ B.) Mit 4 Kunstbeilagen. Berlin, R. Liebmann. n. 2 ß 7 ngr — Jahrg. 1849. 144 Nrn. 4. (½ B.) Mit 4 Kunstbeilagen. Ebd. n. 2 ß 4 ngr — 5—7. Jahrg. 1850—1852. à 144 Nrn. 4. (½ B.) (Jeder Jahrg.:) Mit 4 lith. u. col. Kunstbeilagen. Ebd. à Jahrg. n. 2⅓ ß

Freimüthige, der. Eine Unterhaltungs-Bibliothek fur das deutsche Volk. 8—12. Jahrg. 1853—57, à 12 Liefgn. (oder 36 Nrn. à 1 Bgn.). Berlin, Röhring. 4. Jeder Jahrg. n. 2 ß 10 ngr

Freimütige: Der Freimütige
① 1. 1. 1857—30. 6. 1857 ⑥ 4° ⑦ wöchentlich 2× ⑧ St. Gallen: Büreau des »Freimütigen« ⑩ Josef Anton Henne ⑪ J. A. Henne ⑫ freisinnig ⑬ BGSZ. 1045. 1047 ⑭ SG: Kb ⑮ Henne versuchte, mit dieser Zeitung seinen in den Dreißigerjahren erschienenen »Freimuthigen« (SG I) wieder erstehen zu lassen.

Freimüthige: Der Freimüthige (SG—Zh)
① Ein ostschweizerisches Wochenblatt (1878: 1879 noch erweitert). Organ der Demokratie (1882) ⑤ 23. 6. 1878 (Probenummer)—13. 4. 1883 ⑥ 2° ⑦ Wochenblatt, später wöchentlich 2× ⑧ St. Gallen: Zollikofer'sche Buchdruckerei (1878): Wattwil: J. J. Keller (Januar 1879—Juni 1879): Pfäffikon (Zh): Th. Wirth (Juli 1879—Dezember 1880): St. Gallen: Th. Wirth (1881—1883) ⑪ Th. Wirth ⑫ linksfreisinnig ⑬ BGSZ: 1045—1047 ⑭ SG: Va (unvollständig).

DER FREIMÜTIGE. Südungarisches Volksblatt. Organ für Politik und öffentliche Interessen. Wbl. Schriftl. u. Verl. Anton Kádár, seit 25. August 1893: Franz Blaskovics. Temeswar 1888-1918: Südungarische Buchdruckerei. (Die Nr. je 8 S.) - 42 mm. Wöchentliche Beilage (seit 1889): Sonntagsblatt. Temeswar 1888-1918.

Freimütige, der. Hrsg.: Herm. Strauß. Oktbr. 1909—Septbr. 1910. 52 Nrn. (à ca. 32 S.) 8. Berlin-Schlachtensee, H. Strauß. 12.—

FREIMÜTHIGE, Der, für Deutschland. Zeitblatt der Belehrung und Aufheiterung. Hrsg. von K. Müchler und J. D. Symanski. Erster Jahrg. 1819. Januar bis Juni. Berlin. Nr. 1—130 und 1820, Nr. 1—98 (dann verboten). 4°. Rar!
Die Mitarbeiter nennt Goedeke VII, 419, 46, 9.

Freimüthige, der, f. Deutschland. Zeitung d. Belehrung u. Aufheiterung f. 1819. Hrsg. v. K. Müchler u. J. D. Symanski. gr. 4. Berl., Maurer. [illegible] Jahrg. 1820. Jan.—Mai. gr. 4. Berl., Schmidt. 3 ß 8 ngr

— der österreichische. Für Politik, Tagesereignisse u. Satire. Red: Mahler. Red. d. polit. Theils: Tuvora. 1. Jahrg. 1848. 234 Nrn. Imp. 4. (½ B.) Wien, Gerold & Sohn in Comm. n. 9⅓ ß

— der, für alle Stände auf d. J. 1807, in 104 Nummern. gr. 4. Leipz., Joachim. 5 ß

Freind, I., Emmenologia. 8. Amst. 726.

— hist. medicinae etc. 8. Leid. 734.

— comment. ad Hippocrat. de morbis popular. et de febrib. 8. Oxon. 717.

— opera omn. med. 4. Paris. (Walther in Dresden.) 735.

— Praelectiones, s. operationes chymicae. 8. Oxon. 718.

Freindaller, Frz. Seraph. Jos., († d. 25. Dec. 1825.) Ablaßpredigt. 8. Salzb. 816. Mayr. 3 kr

— animadversiones in libellum, cui titulus: recensio critica, dissertat. de Rosario a Linciensibus theologis editae. 8. Linz 805.

— über d. Benehmen d. Seelsorgers in Ertheilung d. wöchentl., in den k. k. Staaten bei dem Uebertritt zu einer tolerirten Confession gesetzl. vorgeschrieb. Religionsunterrichts. 8. Linz 812. (Salzb., Mayr). 5 kr

— über d. Bibellesen d. gemeinen Mannes. Ein Gespräch. 8. Linz 815. (Haslinger). 5 kr

— Denkschrift auf Georg Rehberg in Linz. 8. Linz 809. Haslinger. 5 kr

— Caji Romani Presbyteri (uti videtur) fragmentum acephalum de canone divinorum novi foederis librorum commentatur etc. 8. Linz 803. Haslinger. 7 kr (Salzb., Mayr). 4 kr

— Handbuch zur gleichförmigen Ertheilung d. wöchentl. in den kais. österr. Staaten beim Uebertritt zu e. tolerirten Confession gesetzl. vorgeschrieb. Religionsunterrichts. Sammt e. nachträgl. Anweis., wie dasselbe bei andern seelsorgl. Amtshandlungen zu gebrauchen ist. gr. 8. Linz 813. (Salzb., Mayr). 1 ß 8 kr

— ewig denkwürd. Maifest d. Jahres. 8. Salzb. 817. Mayr. 3 kr

— neueste theolog. prakt. Linzer Monatschrift, s. Monatschrift.

Freindaller, F., neueste theolog. prakt. Linzer Monatschrift. s. Quartalschriften.

— Predigt von d. Nachfolge Jesu. gr. 8. Salzb. 797. Mayr. 2 kr

— Predigt am Namensfeste Maximilian Josephs, Königs von Baiern. gr. 8. Salzb. 810. Mayr. 2 kr

— Predigten. 8. Salzb., Mayr. 12 kr

— kurze Predigten bei d. nachmittäg. Andacht am Ostertage ꝛc. 8. Wien 790.

— Rede über d. Pflicht studirender Jünglinge, in den Religionswissenschaften ꝛc. fortzuschreiten. gr. 8. Salzb. 800. Mayr. (Haslinger in Linz). 4 kr

— Rede von d. priesterl. Sendung. 8. Linz 782.

— Reden bei d. academ. Gottesdienste. 8. Linz (799.) Mayr in Salzb. 20 kr

— vertraute Reden an junge Diener d. Kirche ꝛc. gr. 8. Salzb. 817. Mayr. 15 kr

— Skizze d. christl. Dogmatik. 8. Linz... 2e Aufl...

— Trauerrede auf d. Kaiserin Maria Theresia. Fol. Wien 781. Heubner. 8 kr

— Versuch e. Leitfadens zu e. stufenweisen fortschreit. Unterricht d. Kinder. 8. Linz 806.

FREINKEL, MOISEI. Zur Kenntniss der Phosphorwolframsäuren. (Basel) Aachen, 1892.

Freinshem, Johann, De S. Rom. Imperii electorum & S. Rom. eccles. cardinalium praecedentia. Diatr. quinque. Strassburg (Simon Paulli) 1663. 99 S. (8.—) 9471
Gew.: Joh. Christian Frh. v. Bolneburg.

— — Dasselbe. o. O. u. J. Ohne Widm. (8.—) 9472

Frei-Pyramiden. I. u. II. Hft. kl. 8. Leipzig (903). Rauh & Pohle. à n. 1.--
I. Pyramiden, 30, ohne Gerät f. 9—24 Turner. (16 S.)
II. 24 originelle Gruppen f. 5—16 Turner. Von O. Liebers. (24 S.)

Freire de Carvalho, F., primero ensaio sobre historia litteraria de Portugal, desde a sua mais remota origem até o presente tempo. 8. Lisboa 845. (Leipzig, Brockhaus.) n. n. 2 ß

Freireiß, G. W., († d. 1. April 1825.) Beitrr. zur nähern Kenntniß d. Kaiserth. Brasilien, nebst e. Schilderung d. neuen Kolonie Leopoldina u. d. wichtigsten Erwerbzweige für europ. Ansiedler rc. 1r Thl. 8. Frankf. a. M. 824. Sauerländer. 18 3/4 Pestp. 1 ʌf

Freisauff von Neudegg, F., Beschreibung einer Selbstwirkenden-Abhängevorrichtung für Dampf- u. Eisenbahnwagen. gr. Fol. Wien 841. (Wallishausser.) Verklebt n. 2²/₃ ʌf

Freisauff v. Neudegg, Felix, Beschreibung d. Ektypographie f. Blinde, nebst ihrer Anwend. f. Sehende, od.: Die Kunst, erhabene Abdrücke v. gewöhnlicherweise gestoch. Metall- od. Steinplatten, v. Holzstichen u. Buchdrucker-Lettern, u. selbst v. Handschriften u. Handzeichnungen zu machen, u. sie beliebig zu vervielfätigen. gr. 4. (2 B.) Wien 837, (Mechitaristen-Congreg.-Buchh.) *

Freisauff v. Neudegg, Felix, Beschreibung d. neuen Planetariums. Zur Erleichterung u. Beförderung d. Elementar-Studiums d. Welt- u. Erdbeschreibung, ohne Voraussetzung mathemat. Vorkenntnisse, f. Liebhaber dieser Wissenschaften bearb. gr. 8. (Planetarium, 5½ B. Text incl. 3 Tab. u. Stnt.) München 829. (Stuttgart, Cotta.)
1. Gattung. 2 Thlr. 16 Gr. — 2. 6 Thlr. 16 Gr. — 3. 33 Thlr. 8 Gr. — 4. 66 Thlr. 16 Gr.

Freisauff v. Neudegg, Felix, das fortschreitende Bewegungsprincip f. Dampf- u. Eisenbahn-Wagen, auf ebenen u. geneigten Bahnen, mittelst dessen Anwendung die Semmeringer-Preislocomotive „Bavaria" den von der k. k. österreich. Regierung im J. 1850 ausgeschriebenen ersten Preis v. 20000 Stück Dukaten, erhielt; erfunden u. beschrieben. Nebst Andeutungen, die ausserordentl. Vortheile e. militar. Organisation d. Baues, Betriebes u. der Verwaltung der Land- u. Wasser-Communicationen e. Landes etc. betr., u. e. Anh., Aufsätze üb. Torfgewinnung etc., Torfheitzung überhaupt, u. f. Locomotiven insbesondere etc., dann die Correspondenz des Verf. mit dem Constructeur der „Bavaria", enthaltend. gr. 4. (VIII u. 121 S. m. 2 lith. Taf. in qu. Imp.-Fol.) Wien 852, Wallishausser. baar n. n. 3½ ʌf

Freisauff v. Neudegg, F., (ektypograph.) encyklopäd. Bilderwörterbuch (für Blinde). Enthalt.: die vorzügl. bildlich darstellbar. Wörter, aus allen Zweigen der Wissenschaften, Künste u. Handwerke, größtentheils in deutscher, latein., französ. u. engl. Sprache, mit Abbildungen, jede in der Begrenzung eines (Lexikon-) Octav-Blattes, nach den besten Mustern gezeichnet u. mit einem kurzen erklär. Texte versehen. Heft Nr. 1—6. Lex.-8. Wien 838. (Mechitaristen-Congreg.-Buchh.) 2 ʌf

Freisauff v. Neudegg, Felix, Lieut. im k. k. Pionnier Corps. Elementar-Unterricht der mathematischen Geographie; als Einleitung zu dem Studium der Erdbeschreibung überhaupt, zum Selbst und öffentlichen Unterricht, besonders aber für Militär Schulen. Ohne Voraussetzung irgend einiger mathematischen Vorkenntnisse. Mit Benützung der neuesten und besten Quellen bearbeitet und populär vorgetragen. 8. Wien 1828.

Freisauff von Neudegg, Rudolf von

Freisauff, Rud. v., der Kurort Badgastein u. das Gasteiner Tal. Praktischer Führer m. Ortsplan u. Umgebungskarte. Anh.: Gasteiner Volkssagen. (11 u. 57 S. m. 1 Taf.) kl. 8. Salzburg (907). E. Höllrigl. 1. —

Freisauff v. Neudegg, Rud., der Birnbaum auf d. Walserfelde. Ein kleiner Beitrag zur Salzburger Landeskunde. gr. 16. (IV, 12 S.) Salzburg 876. Oberer. n. 80

— f. L. A. Kallon, Hypsometrie.

— encyklopäd. Handwörterbuch. Enth. u. s. w. 1. Hft. Schmal gr. 4. (8 Stnt.) Wien 838, (Mechitaristen-Congreg.-Buchh.) Für 6 Hfte 2 Thlr., col.
Die Fortsetzung wurde wahrscheinl. nicht geliefert.

Freisauff v. Neudegg, Rud., Hohensalzburg und die Festungs-Bahn. Ein Geleit- u. Erinnerungsbuch. Mit 15 Illustr. u. e. Panorama v. Tony Grubhofer. 2. Aufl. 8. (40 S.) Salzburg (901). E. Höllrigl. n. — 55

Freisauff, Rud. v., Hohensalzburg u. die Festungsbahn. Ein Geleit- u. Erinnerungsbuch. Mit 15 Illustr. u. 1 Panorama v. Tony Grubhofer. 3. Aufl. (40 S.) 12. Salzburg (904). E. Höllrigl. n. — 55

— Hohensalzburg u. die Festungs-Bahn. Ein Geleit- u. Erinnerungsbuch. Mit 15 Illustr. u. 1 Panorama v. Tony Grubhofer. 4. Aufl. (40 S.) kl. 8. Ebd. (907.) — 55

Freisauff, R. v., Mozart's Don Juan 1787—1887. Ein Beitrag zur Geschichte dieser Oper. Hrsg. anlässlich der 100jähr. Jubelfeier der Oper „Don Juan" v. der „Internationalen Stiftung Mozarteum in Salzburg". Mit 9 Kunstbeilagen. gr. 8. (VIII, 188 S.) Salzburg 887. Kerber. n. 4. 50

Freisauff von Neudegg, Rud.: Oberbayern, Salzburg, Salzkammergut. s.: Grieben's Reisebücher.

Freisauff v. Neudegg, R., Oesterreich-Ungarn, s.: Grieben's Reise-Bibliothek.

— Salzburg, nebst Ausflügen nach Reichenhall, Berchtesgaden u. Königsee, s.: Städte-Bilder u. Landschaften aus aller Welt.

Freisauff v. Neudegg, Rud., das Salzkammergut, Salzburg, Oberbayern u. Tirol, s.: Grieben's Reisebücher.

Freisauff v. Neudegg, R., das Salzkammergut, Salzburg u. Tirol, s.a. Grieben's Reise-Bibliothek.

Freisauff von Neudegg, R.: Das Salzkammergut, Salzburg und Tirol. Prakt. Handbuch f. Reisende. 14. Aufl. Berlin 1884. 192 S. (Griebens Reise-Bibliothek. 20.)

Freisauff v. Neudegg, Rud., das Salzkammergut, Tirol u. Oberbayern, s.: Grieben's Reise-Bibliothek.

— die Schafbergbahn u. ihre Zufahrtslinien, s.a. Bergbahnen, österreichische.

Freisauff, R. von. Die Schafbergbahn und ihre Zufahrtslinien. Illustrationen von Tony Grubhofer. Panorama von A. Baumgartner. (Oesterreichische Bergbahnen. 3.) 8 (48 S.) —.40
Salzburg: Kerber 1893.

Freisauff von Neudegg, Rud.: Tirol, s.a. Grieben's Reisebücher.

Tirol. Handb. f. Reisende. 22. Aufl., neu bearb. von Rudolf Freisauff v. Neudegg. Mit 5 Kartenbeil. *Berlin: A. Goldschmidt 1900.* (VIII, 184 S.) 8°
— Reisebücher, Griebens. Bd 67. [oo. 10631

Freisauff von Neudegg, Rud.: Venedig, Mailand etc., s.: Grieben's Reisebücher.

Freisauff, R. v., Salzburger Volkssagen. 14 Lfgn. gr. 8. (VIII, 663 S. m. eingedr. Chemityp.) Wien 879. Hartleben. à — 60

Freisberg, Heinr., Gedichte. (XV, 239 S. m. Bildnis.) 8. Dresden 904. E. Pierson. n. 3. —; geb. n. 4. —

Freisberg, Heinr., Schopenhauers Grundansichten, s.a. Beiträge zur Literaturgeschichte 30. Heft.

Schopenhauers Grundansichten von Heinrich **Freisberg**. Leipzig: Verl. f. Lit., Kunst u. Musik 1907. (97 S.) 8° [F.]
— **Beiträge** z. Literaturgeschichte. H. 30.

— **in stillen Stunden**. **Dichtungen. 2., verm. Aufl. (XI, 248 S. m. Bildnis.) 8. Ebd. 906.** n. 3. —; geb. n. 4. —

Freischar . . .

Freischaar, die deutsch-katholische, und die kathol. Kirche in Deutschland. Eine Protestation aus dem Südwesten Deutschlands. gr. 8. Schaffhausen 845, Hurter. 3/8 ₰

Freischaar für Polen. Blatt des Berliner deutschen Comitees zur Wiederherstellung Polens. Red. Dr. Solger. Nr. 1 (6. Mai) u. Nr. 2 (9. Mai 1848. 4.

Freischar — . . .

Der Freischaren-Feldzug in Schleswig-Holstein u. Jütland, von e. Freiwilligen des v. d. Tann'schen Corps. (42) 8. Frankfurt a./M. [1848].

Freischaarenfest. Das F' in Langenthal... 1870. Langenthal s. [Gut, Johannes].

Freischaarenzug. Der F' gegen Luzern. Bern 1893 s.a. [Zeerleder von Steinegg, Bernhard].

Freischaarenzug, Der, gegen Luzern im Jahre 1845. Notizen eines Zeitgenossen. Bern 1893. V: *Zeerleder von Steinegg* (?), *Bernhard*. (Berlzu 1918, I, 144)

Der **Freischaarenzug** gegen Luzern im Jahre 1845. Notizen eines Zeitgenossen. Gr. in-8°. 159 S. Bern, Druck und Verlag der Buchdr. Berner Tagblatt. 1893. 2 —

Freischaarenzug, der, des badischen Oberlandes im Frühjahr 1848. Kurze Entwicklg. desselben u. Darstellung der zwischen den Freischaaren u. Regierungstruppen stattgehabten Gefechte. Nebst einem (lith.) Plane üb. die Erstürmung der Stadt Freiburg (in 4.) gr. 8. (IV u. 42 S.) Dießenhofen 848. (Schaffhausen, Beck & Sohn.) n. 1/6 ₰

Freischaarenzug. Der F' und das Schicksal der Gefangenen in Luzern. Bern 1845 s.a. [Leemann,].

Freischaarenzug, der, u. das Schicksal der Gefangenen in Luzern im März u. April 1845. Dargestellt nach zuverlässigen Quellen u. den Berichten von Augenzeugen. Mit 1 Plane u. Uebersichtskarte. 8. Bern 845, Jenni, Vater. (Leipzig, Voigt u. Fernau.) n. 16 ngl

Freischarenzug, Der, der Berner Studenten 1844. Bern [1894]. V: *Rothpletz, A.* (Cat. d. Stadtbibl. Zürich. Zürich 1864—97.)

Freischaarenzüge. Die F'. Erinnerungen an traurige Zeiten. Luzern 1876 s.a. Wapf, A[nton]. Erinnerungen. Luzern 1876–1878.

Freischarenzüge, Die; Erinnerung an traurige Zeiten. Vortrag. Luzern 1876. V: *Wapf, Anton.* (Cat. d. Stadtbibl. Zürich. Zürich 1864—97.)

Freischaarenzüge. Die Freischarenz' nach Luzern. Luzern 1895 s. [Weibel, Joseph Leonz].

Die **deutsch-kath. Freischar** u. die kath. Kirche in Deutschland. Eine Protestation aus dem Südwesten Deutschlands. Schaffh., Hurter (jetzt Regensburg, Verlagsanst.). 1845. 8°. 1,10 Mk.

Freischärler, die, od. Folgen ein. gemischten Ehe, s. Bibliothek kathol. Novellen.

Freischärler, der. Für Kunst u. sociales Leben. Red. v. Louise Aston. 1. Jahrg 1848. Novbr. u. Decbr. 9 Nrn. gr. 4. (1/2 B.) Berlin. (Lassar.) n. 1/3 ₰

Freischäärler. Der F' von 1845 (von L Bwrt). ⟨S.A.⟩ 8. ([Bern] 1870.)

Freischiessen, Das, oder das glückliche Bauernmädchen; eine Operette in zwei Aufzügen. Göttingen 1786. V: *Weppen, Johann August.* (Ky) (EE)

Freischießen, das, oder d. glückl. Bauermädchen. Operette (von Jh. Aug. Weppen). 8. Leipz. 786. Kummer. 5 gl

Freischießen, eidgenössisches, in Luzern 1853. Offizielles Fest-Bulletin. 14 Nrn. Luzern 853. Kaiser. gr. 8. (238 S. u. 3 Lithogr. in 4. u. Fol.) n. 1 ₰ 6 ngl

Freischiessen. Das F' von 1504 in Zürich. Njbl. Zürichs.a. [Vögelin, Anton Salomon].

Freischiessen, Das, von 1504. Zürich [1867]. V: *Vögelin, Anton Salomon.* (Cat. d. Stadtbibl. Zürich. Zürich 1864—97.)

Freischießen, das, zu Leipzig im Juli 1559. Nach e. gleichzeit. amtl. Bericht zum erstenmale hrsg. 8. (VI, 63 S. m. 1 Holzschn.-Portr.) Leipzig 884. Seemann. n. 1. —; auf holländ. Pap. n. 2. —; geb. n. 5. —

Freischießen in Ulm. Sonntagsbeilage des Ulmer Tagblattes, 1904, Nr. 19

Freischmidt, H., Kochbuch f. Diabetiker. 400 Kochrecepte. (112 S.) gr. 8. Charlottenburg 904. W. Freischmidt. n. 1. 80

Freischöppen, die; Gemälde d. Barbarei in 4 A. 8. Wien 807. Wallishausser. 6 K

Freischütz, der, von Adalb. vom Thale, s. Novellen aus der Theaterwelt.

Freischütz: Der Freischütz
s.a. Schweizerische Illustrierte Wochenzeitung.

Freischütz, der. Volks-Oper in drei Aufzügen von Friedr. Kind. Musik von C. M. v. Weber. Für das k. k. Hofoperntheater in Wien eingerichtet. (Textbuch.) 8. (56 S.) Wien, Kunast. *

Freischütz, der, eine Wochenschrift, hrsg. v. P. L. Gottfriedt. 1—10. Jahrg. 1825—34. à 52 Nrn. (B.) Mit Titvign. gr. 4. Hamburg, (Herold.) [825—30. à 2 Thlr. 14 Gr., 31—33. à 2 Thlr. 12 Gr., 34. 3 Thlr.]

Freischütz, der, eine Wochenschrift. 11. u. 12. Jahrg. 1835 u. 36, hrsg. v. P. L. Gottfriedt (u. 13—18. Jahrg. 1837—42., hrsg. v. H. H. Röhrs. à 52 Nrn. (Bog.) Mit Titvign. gr. 4. Hamburg, (Heroldsche Bh.; Kittler.) [835—38. à * 3 Thlr., 39—42. à * 3⅓ Thlr.] *
Vgl. 8. Bd. 1. Abthl. S. 243.

Freischütz, der. Eine Wochenschrift. Hrsg. v. H. H. Röhrs. 19—22. Jahrg. 1843—46. à 52 Nrn. (Bog.) Imp.-4. Hamburg. (Verlags-Comptoir; Nestler u. Melle; Herold.) à 3. *

—— dass. Hrsg. v. Dems. 23. Jahrg. 1847. 52 Nrn. Fol. Hamburg, Verlags-Comptoir. *
Vgl. 9. Bd. 1. Abthl. S. 240.

Freischütz, der. 24—28. Jahrg. 1848—52. Hamburg, Verlags-Comptoir. [24. Jahrg. (52 Nrn., Bog.) gr. Fol., 25. Jahrg. (104 Nrn., Bog.) gr. Fol. à Jahrg. 3 Thlr., 26—28. Jahrg. (à 156 Nrn., Bog.) Imp.-Fol. à Jahrg. * 4 Thlr.] *
Der 24. und 25. Jahrg. wurde von H. H. Röhrs, der 26—28. Jahrg. von Ludw. Lenz herausgegeben.

Freischütz, der. Politik — Unterhaltung — Lokal-Zeitung. Red.: Ludw. Lenz. 29—34. Jahrg. 1853—58. à 156 Nrn. (à 1 Bgn.) Hamburg, Verlags-Comptoir. Imp.-Fol. Jeder Jahrg. n. 4 ℛ

—— der. Redig. von Ludw. Lenz. 33—37. Jahrg. 1857—61. à Jahrg. 156 Nrn. (Bog.) Imp.-Fol. Hamburg, (Kittler.) à Jahrg. *

Freischütz. –
Hamburg. – 1826, Nr. 45 – 31.I.1878.
Vorh. u. d. T. : Gemeinnützige Unterhaltungsblätter.

Der Freischütz. Hamburg.
1831–1836, Nr. 45 hrgg. v. P. L. Gottfriedt.
1836, Nr. 46 – 1842, Nr. 26 v. H. H. Röhrs. 4°
1842, Jg. 18, Nr. 27 – 1848, Jg. 24, Nr. 31. Fol.
1848, Jg. 24, Nr. 32—43. Redacteur: Ludwig Lenz. Fol.

Freischütz: Der Freischütz (Be)
(5) 1841 (8) Langenthal (9) Der Sentis (SG) v. 7. 7. 1841: »Der Freischütz, der erst vor einem halben Jahre in Langenthal zu erscheinen angefangen hatte und damals sehr unterhaltsam geschrieben war, hat sich in der letzten Zeit bloß nach dem Abfall fremder Tische erhalten und kündigt nun an, daß er mit dem Anfang des Semesters ganz aufhören werde.«

Der Freischütz. Hrgg. u. gedr. v. H. H. Röhrs. Jg. 24. Nr. 1—26. vom 1. Jan. bis 24. Juni. Hamburg. 1848. Fol.
—— Redacteur: Ludwig Lenz. Jg. 26—27. Hamburg. 1850—51. Fol.

Freischütz: Der Freischütz (Zh)
(1) Zeitschrift für das gesellschaftliche und Familienleben. Im Verein mit [illegible] Schriftstellern herausgegeben von J. J. Leuthy (5) März 1853 – Ende M[illegible] 1854 (6) 8° (7) [illegible] (8) Zürich: Friedrich Schultheß (?) (9) Johann Jakob Leuthy [illegible] der Herausgeber [illegible] Unterhaltungsblatt [illegible] politisch-satirische Beiträge im radikalen Sinn. Die »Guckkastenbilder aus dem Vaterland« in Fortsetzungen und eine Kritik der politischen Verhältnisse in der Innerschweiz (6) J. J. Leuthy: Abonnementsanzeige für den Freischütz. »Freischütz« 1854, p. 3—4 (9) Zh: Z; Be: L; Lu: Z.

Freischütz: Der Freischütz (Ag)
(1) Katholisch-konservatives Organ und Anzeigeblatt für das Freiamt und den übrigen [illegible] Aargau wie auch für die angrenzenden Kantone Luzern und Zug; heute: Katholisches Organ aus dem Freiamt für Stadt und Land (3) Der Henrupfel (5) 1862 (cont.) (6) 2° (7) wöchentlich 2× (8) Muri (Ag): Anton Bernhard Heller [illegible] Anton Heller-Stöckli († 1955), F. Heller (9) Die Waidtasche (bis 1875) (10) der Drucker (11) Redaktionskommission (12) katholisch-konservativ (13) BGSZ 941: Freiämter Zeitung, Sondernummer vom August 1949.

Der Freischütz : Jahrgang 1—42, Aug. 1866—1908?
Humorous weekly. Sub-title: Humoristisch-saytrisches-Wochenblatt. For supplement, see Sport. Large quarto [folio, 1876 - 90?], each issue 8 pages; illustrated, including cartoons. Circulation: 1875, 1200 (est.); 1890, 10,500; 1900, 10,500; 1905, 10,000. Edited & published by Hermann A. Rost, 1866? -1876?; by William V. Weber, 1877- -1885?; by Carl Hauser [with Erb], 1886? - 1908.
New York, NY

Freischütz, der. Organ für das Musik u. Theaterleben insbes. Süd- u. West Deutschlands. Herausgbr.: A. Palm u. E. Maschek. Jahrg. 1869. 52 Nrn. (à 1 Bgn. mit Holzschn.) Stuttgart, Stirmer. gr. 4. n. 1 ℛ 18 ngr

Freischütz, der. Volks-Oper in drei Aufzügen, von Friedrich Kind. Musik v. C. M. von Weber. Neuer revidirter Abdruck. kl. 8. (64 S.) Wien, Wallishausser'sche B. (Josef Klemm.) 1870. 35 kr.

Der Freischutz. 1871? - ? Milwaukee, WI

Freischuetz, Der. Romantisches Schauspiel in 3 Aufzügen. Für Kindertheater frei nach Friedrich Kind bearbeitet. Wien [ca. 1885]. V: *Molitor, Caroline von.* (EB) S. a. V, 3492.

Freischütz, Der. Romantisches Schauspiel in drei Aufzügen ... Wien [1885]. V: *Molitor, Therese von.* (EB)

Freischütz, Der, für Kindertheater nach Friedrich Kind. [Wien 1900.] V: *Neidl, Julius.* (EB)

Freischütz, e. neuer. Militärisches Lustspiel in 2 Bildern. gr. 8. (26 S.) Berlin 892. R. Eisenschmidt. n. — 50

Freise, Bernhardus (geb. am 26 März 1830 in Neuenkirchen Westf.): De sanguinis in morbis nonnullis metabole ... Bonnae, form. I. F. Carthausii (1855). 30 S., 1 Bl. 8.
Bonn, Med. Fak., Diss. v. 29 Dez. 1855

Freise, Eduard, a. Göttingen: Beitrag zur bakteriologischen Beurteilung des Schwimmbassinwassers. Göttingen 1906: W. F. Kaestner. (28 S.) 8°
Göttingen, Med. Fak., Ref. v. Esmarch, Diss. v. 13. Febr. 1907
[Geb. 25. Sept. 82 Göttingen; Wohnort: Göttingen; Staatsangeh.: Preußen; Vorbildung: Gymn. Göttingen Reife O. 01; Studium: Göttingen 8, München 1, Straßburg 1 S.; Coll. 26. Juli 06; Approb. 7. Aug. 06.]

Freise, Ed., s.: Drogisten-Kalender, deutscher.

Freise, Frd., Aufbereitung v. Erzen u. Kohle, s.a. Bibliothek der gesamten Technik.

Freise, F., Aufbereitung von Erzen und Kohle. Hannover, 1908. 206 S. mit 195 Abb. [Ea 3237

— Ausrichtung, Vorrichtung u. Abbau v. Steinkohlenlagerstätten. (VIII, 154 S. m. 161 Fig. u. 5 lith. Taf.) Lex. 8. Freiberg 908. Craz & Gerlach. 6.—; geb. 7.—

— Geschichte der Bergbau- u. Hüttentechnik. 1. Bd.: Das Altertum. (VIII, 187 S. m. 87 Fig.) gr. 8. Berlin 908. J. Springer. 6.—

— Skizzen zur Geschichte der bergmännischen Förderung bis um die Mitte des XIX. Jahrh., s.a. Sammlung berg- u. hüttenmännischer Abhandlungen 13. Heft.

Skizzen zur Geschichte der bergmännischen Förderung bis um die Mitte des 19. Jahrhunderts. Von Dr.-Ing. Fr[iedrich] **Freise.** Kattowitz: Gebr. Böhm 1907. (32 S.) 8°
Aus: Berg- u. Hüttenmännische Rundschau.
= **Sammlung** Berg- u. Hüttenmännischer Abhandlungen. H. 13. 108. 3445

Freise, Frd., Stratameter u. Bohrlochsneigungsmesser. Diss. (71 S. m. 4 Taf.) gr. 8. Aachen 906. (Freiberg, Craz & Gerlach.) n.n. 3.—

Freise, Fr[ie]d[rich]: Stratameter und Bohrlochneigungsmesser. 1906. 69 S., 4 Taf. 8° ¶ Auch bei Craz & Gerlach in Freiberg i. S.; Ausz. in: Oesterr. Zeitschrift f. Berg- u. Hüttenwesen. Jg. 54 u. in Organ d. Vereins d. Bohrtechniker. Vereinsj. 13. (Beibl. z. Allg. österreich. Chemiker- u. Techniker-Zeitung. Jg. 24.)
Aachen, Dr.-Ing.-Diss. v. 29. 3. 1906

— Vorkommen u. Verbreitung der Steinkohle. (VI, 54 S. m. 12 Abb.) Lex. 8. Stuttgart 908. F. Enke. 1.60

Freise, H., wer saget denn ihr, daß ich sei? So steht geschrieben Matth. 16, V. 15. Vortrag, geh. im evangel. Vereinshause zu Braunschweig. (20 S.) gr. 8. Braunschweig (903). H. Wollermann. n. — 15
Sonderabdruck aus: „Monatsbl. d. ev. Lehrerbundes".

Freise, Herm., Unkraut. Ein Lieder-Büchlein. gr. 16. (VI, 138 S.) Metz 894. G. Scriba. n. 2.—; geb. n. 3.—

Freise, Herm., Unkraut. Ein Lieder-Büchlein. 2. verm. Aufl. 16. (211 S. m. Bildnis.) Stuttgart 900. Deutsche Verlags-Anstalt. Geb. in Leinw. m. Goldschn. n. 3.—

Freise, Kurt: Pieter Lastman, sein Leben und seine Kunst. Ein Beitr. z. Geschichte d. holländ. Malerei im XVII. Jahrh. Halle a. S. 1910: (Freise, Parchim). 134 S. 4° ¶(Vollst. als: Kunstwissensch. Studien. Bd 5. 1911.)
Halle, Phil. Diss. v. 12. Okt. 1910, Ref. Goldschmidt
[Geb. 22. Sept. 84 Metz; Wohnort: Metz; Staatsangeh.: Preußen u. Mecklenburg-Schwerin; Vorbildung: Gymn. Parchim Reife O. 03; Studium: Berlin 1, Halle 3, Wien 1, Berlin 1, Halle 3 S.; Rig. 9. Mai 10.] [U 11. 1827

Freise, Kurt, beschreibendes u. kritisches Verzeichnis der Werke der hervorragendsten holländischen Maler des 17. Jahrh., s.: Hofstede de Groot, C.

Freise, Otto: Die drei Fassungen von Wielands Agathon. Göttingen 1910: Kaestner. VIII, 106 S. 8°
Göttingen, Phil. Diss. v. 5. Okt. 1910, Ref. Schröder
[Geb. 14. Sept. 83 Holzminden; Wohnort: Holzminden; Staatsangeh.: Braunschweig; Vorbildung: Gymn. Holzminden Reife O. 04; Studium: München 2, Berlin 2. Göttingen 6 S.; Rig. 2. März 10.] [U 11. 1493

Freise, Walter (geb. Magdeburg 26. 11. 1856): Über einen Fall von Arthritis deformans des Schultergelenkes mit chronischem Hydrops und Luxation. Ein Beitrag zur Casuistik der Arthritis deformans. Magdeburg 1879. (23 S.) 8°
Berlin, Med. Diss. v. 29. Okt. 1879

Freise, Werner, a. Göttingen: Beiträge zur Kenntnis der Reduktionsprodukte des Acetophenons und einiger Derivate derselben. Braunschweig 1905: F. Vieweg u. Sohn. (38 S.) 8°
Leipzig, Phil. Fak., Ref. Hantzsch u. Beckmann, Diss. v. 2. Febr. 1905
[Geb. 16. Sept. 74 Göttingen; Wohnort: Braunschweig; Staatsangeh.: Preußen; Vorbildung: Gymn. u. Realsch. Braunschweig; Studium: Braunschweig T.H. 3, Leipzig 10 S.; Rig. 19. Nov. 04.]

Die Einbecker Nachbarschaften von Wilhelm **Freise**. 2. Aufl. Einbeck [um 1908]: J. Schroedter. (38 S.) 8° [Umschlagt. F.] [[illegible] 7

Freiseisen, Johs., das Abendgebet der Kirche. Erklärungen u. religiöse Gedichte, gesammelt f. Klerus u. Volk. (IV, 115 S.) kl. 8. Brixen 907. (Preßvereins-Buchh.) 1.—

Freisleisen, Joh., Christoph IV. Andreas Freiherr v. Spaur, Bischof v. Brixen (1601—1613) u. das kirchl. Leben seiner Diöcese. gr. 8. (V, 109 S.) Brixen 900. A. Weger. 2.—
Sonderabdruck aus: „Priester-Conferenz-Blatt".

— **Rückblick** auf die 300jährige Geschichte des Priesterseminars in Brixen m. Berücksicht. der Bischofs- u. Stadtgeschichte. (224 S.) kl. 8. Ebd. 908. 2.40
Sonderabdruck aus „Brixener Chronik".

— **Maria Victoria Gräfin v. Sarnthein**, Gründerin d. Klosters der Annunziaten zu Rottenbuch bei Bozen. Ein kurzes Lebensbild, den Marienkindern gewidmet u. zusammengestellt. 16. (31 S.) Brixen 901. (Buchh. des kath.-polit. Preßvereins.) n. — 25

Freiseisen, Johs., Vesperbüchlein. Gedanken üb. fünf Vesperpsalmen u. das Magnifikat, gesammelt f. Klerus u. Volk. (XII, 116 S.) 16. Brixen 907. (Preßvereins-Buchh.) n.n. — 40

Freisen, s.: Preussen. Messtischblätter.

Freisen, J., s. Festschrift f. H. v. Burckhard.

Freisen, Jos., Geschichte d. canonischen Eherechts bis zum Verfall der Glossenlitteratur. gr. 8. (XX, 918 S.) Tübingen 888. Fues. n. 20.—

Freisen, Jos., Geschichte d. canonischen Eherechts bis zum Verfall der Glossenlitteratur. 2., m. e. Vorbemerkg. verm. (Titel-)Ausg. gr. 8. (XL, 918 S.) Paderborn 893. F. Schöningh. n. 20.—

Freisen, Jos., die bischöfliche Jurisdiktion üb. die Katholiken im Grossh. Sachsen-Weimar-Eisenach, s.: Festschrift f. Hugo v. Burckhard.

Freisen, Jos., Landeshospital, Kapuzinerkloster, Genossenschaft der barmherzigen Schwestern zu Paderborn. Historisch-juristische Abhandlung. gr. 8°. Paderborn, Junfermann, 1902.

Freisen, Jos., Liber agendarum ecclesie et diocesis Sleszwicensis. Kathol. Ritualbuch d. Diözese Schleswig im Mittelalter. Hrsg. m. histor. Einleitg. gr. 8. (XXXI, 160 S. m. Abb.) Paderborn 898. Junfermann. n. 6.—

— Manuale Curatorum secundum usum ecclesie Roskildensis. Kathol. Ritualbuch d. dän. Diözese Roeskilde i. Mittelalter. Hrsg. m. histor. Einleitg. gr. 8. (XXXV, 68 S. m. 2 Abb.) Ebd. 898. n. 3.—

Freisen, Jos., Manuale Lincopense, Breviarium Scarense, Manuale Aboense. Katholische Ritualbücher Schwedens u. Finnlands im Mittelalter. Mit Einleitg. u. Erläutergn. hrsg. (LXXIII, 260 S.) gr. 8. Paderborn 904. Junfermann. n. 7.50

— die Universität Paderborn. 1. Tl.: Quellen u. Abhandlgn. v. 1614—1808. gr. 8. (VIII, 247 S.) Ebd. 898. n. 4.—

— der katholische u. protestantische Pfarrzwang u. seine Aufhebung in Österreich u. den deutschen Bundesstaaten. Ein Beitrag zur Rechtsgeschichte der Toleranz. Mit Abdr. der staatskirchenrechtlichen Erlasse. (XII, 195 S.) gr. 8. Paderborn 906. F. Schöningh. n. 5.—

— Die katholischen Ritualbücher der nordischen Kirche u. ihre Bedeutung f. die germanische Rechtsgeschichte, s.a. Beiträge, deutsch-rechtliche. III, 2.

Die katholischen Ritualbücher der nordischen Kirche und ihre Bedeutung für die germanische Rechtsgeschichte. Von Joseph Freisen. Würzburg. — Heidelberg: Winter [illegible] S. 8°
(Deutschrechtliche Beiträge. Bd 3, H. [illegible]) [illegible]

— **Staat u. katholische Kirche in den deutschen Bundesstaaten**: Lippe, Waldeck-Pyrmont, Anhalt, Schwarzburg-Rudolstadt, Schwarzburg-Sondershausen, Reuss-Greiz, Reuss-Schleiz, Sachsen-Altenburg, Sachsen-Coburg u. -Gotha s.a. Abhandlungen, kirchenrechtliche. Hft. 25. 26.

Staat und katholische Kirche in den deutschen Bundesstaaten: Lippe, Waldeck-Pyrmont, Anhalt, Schwarzburg-Rudolstadt, Schwarzburg-Sondershausen, Reuss-Greiz, Reuss-Schleiz, Sachsen-Altenburg, Sachsen-Coburg und -Gotha. Nach amtl. Aktenstücken rechtshist. u. dogmat. dargest. v. Joseph **Freisen**. T. 1. 2. Stuttgart: F. Enke 1906. 2 Bde 8°
1. Lippe u. Waldeck-Pyrmont. 2. Anhalt ... Sachsen-Coburg-Gotha.
= **Abhandlungen**, Kirchenrechtliche. H. 25 u. 26, 27 bis 29. [[illegible]

Freisen, Jos., Vorbehalt von dinglichen Rechten bei Eigenthumsübertragung nach römischem Recht. Inaugural-Dissertation. gr. 8. (77 S.) München. Paderborn 881. F. Schöningh in Comm. n. 1.20

Freisenhaus, Frz., aus dem Leben e. gefangenen französ. Fremdenlegionärs. (165 S.) 8. Lorch 908. K. Rohm. 1.50; geb. 2.—

Freisfeld, Franz [aus Hamm '(Westf.)']: Über Anschlagzuckungen ... Würzburg, P. Scheiner's Buchdr., 1894; 30 S. 8.
Würzburg, Med. Fak., Inaug.-Diss. v. 1894

Freising [Sachliches OW]

Freising im Jahre 1810. Vom k. Steuerkataster. 1 : 2500.
1 Bl.

FREISING, Karl. Ein Specktakelstück (sic!) auf dem Theater der grossen Welt. Dem Volke Gottes gewidmet. 2 Thle. Berlin, bei C. Quien, 1803. 8°.
Ausser Titeln 398 u. 358 SS. Pikante Liebschaften eines jüdischen Arztes, mit Ordens-Geschichten untermischt. (5 Mk. Lesser; 6 Mk. Kühl.)

Freising, Carl, ein Spektakelstück auf dem Theater der großen Welt. 2 Thle. 8. Berlin, Quien. 803. (Weygand in Leipzig.)

Freising, Karl, ein Spektakelstück. 2 Thle. 8. Leipz. 803. (Krappe). 2 ₰

Freising [Schlagwort]

Freising, s.: Deutschland. Karte (Abt. Bayern).

Freising, A.

— Anleitung zum bessern Verständniß der Ball-Ordnung nebst einer Sammlung der neuesten und beliebtesten Polka-Mazurka, Quadrille à la Cour, und Cotillon-Touren sowie aller andern modernen Tänze. Berlin (857). Plan. 32. (46 S.) 7 1/2 ngr

Freising, A., Leitfaden f. den Tanz-Unterricht, verbunden m. e. Anleitg. zur Ausbildg. d. Körpers auf Grundlage der französ. Tanzschule u. der vom Verf. begründeten ästhet. Gymnastik f. Tanzlehrer, Schuldirektoren, Vorsteher v. Erziehungs-Anstalten u. Freunde der Tanzkunst. gr. 8. (XV, 210 u. Nachträge 4 S. m. Abbildgn.) Nebst Notenheft. Imp.-4. (37, 7, 4, 11 u. 7 S.) Berlin 892. O. Dreyer. Geb. in Leinw. u. kart. n. 20. —

Freising, A., Quadrille à la cour. (Les lanciers.) Zusammengestellt von Mitgliedern des Königl. Corps de Ballet zu Berlin. Zur besseren Verständigung herausg. Berlin (857). Plahn. 64. (8 S.) 2 1/2 ngr

Freising, A. Deutsche Quadrille ... Dessin choreographique ... Berlin 1861.
Tit. u. 13 S. 8°.

Freising, A., Rundgang. gr. 4. (3 S. mit Abbildgn.) Berlin 890. (Plahn.) n. 3. —

—— neuestes Saison-Tanz-Album. Anleitung zum besseren Verständniss der Ball-Ordnung nebst einer Sammlung der neuesten und beliebtesten Tänze. 6. Aufl. 16. (79 S.) Berlin 865, Plahn'sche Buchh.

Freising, A., neuestes Saison-Tanz-Album. Anleitung zum bessern Verständniss der Ball-Ordnung nebst e. Sammlung der neuesten u. beliebtesten Tänze. 6. Aufl. 865. — 7. Aufl. Berlin 869. Schroeder. 16. (82 S.) 7 1/2 ngr

Freising, A., neuestes Saison-Tanz-Album. Anleitung zum besseren Verständniss der Ball-Ordnung nebst einer Sammlung der neuesten und beliebtesten Tänze. 7. Aufl. 1869, und 8. Aufl. 16. (83 S.) Berlin 873, Schroeder's Verlag.

Freising, A., neuestes Saison-Tanz-Album. Anleitung zum besseren Verständniss der Ball-Ordng., nebst e. Sammlg. der neuesten u. beliebtesten Tänze. 9. Aufl. 16. (86 S.) Berlin 876. Plahn. geb. m. Goldschn. — 75

Freising, A., neuestes Saison-Tanz-Album. Anleitung zum besseren Verständniss der Ball-Ordnung nebst einer Sammlung der neuesten und beliebtesten Tänze. 12. Aufl. 16. (112 S.) Berlin 885, Plahn'sche Buchh. *

FREISING, A., Der Tanz. Nach alteren Schriften bearbeitet. Berlin (1882). Gr. 8°. (2 Mk. Kühl, Berlin, c. 1882.)
War nicht im Handel.

—— neuestes Tanz-Album. Anleitung zum bessern Verständniß der Ball-Ordnung nebst einer Sammlung der neuesten und beliebtesten Tänze. 8. Aufl. 82. (68 S.) Berlin 859, Plahn'sche Buchh.

Freising, A., neuestes Tanz-Album. Anleitung zum bessern Verständniss der Ball-Ordnung nebst einer Sammlung der neuesten und beliebtesten Tanze. 3. Aufl. 859. (68 S.) — 5. Aufl. Berlin 863. Plahn. 16. (80 S.) 7 1/2 ngr

— neuestes Tanz- und Ball-Album. Anleitung zum bessern Verständniß der Ball-Ordnung nebst einer Sammlung der neuesten und beliebtesten Polka-Mazurka, Contretanz u. Cotillon-Touren sowie aller andern modernen Tänze. Berlin (854). Plahn. 32. (31 S.) 7 1/2 ngr

—— neuestes Tanz- und Ball-Album. Anleitung zum bessern Verständniß der Ball-Ordnung nebst einer Sammlung der neuesten und beliebtesten Polka-Mazurka, Quadrille à la Cour und Cotillon-Touren sowie aller anderen modernen Tänze. 32. (46 S.) Berlin 857, Plahn'sche Buchh.

— Tanz-Commando-Büchlein. Enth.: Contredanse. — Quadrille à la Cour. — The Lancers. — Quadrille allemande. — Les Variétés Parisiennes. 32. (31 S.) Ebend. 876. geh. m. Goldschn. — 30

—— Tanz-Commando-Büchlein. Enthaltend: Contre-danse. — Quadrille à la Cour. The Lancers. — Quadrille allemande. Les Variétés Parisiennes. 3. Aufl. 32. (32 S.) Ebendas. 886. *

Freisinger, Joh. Bapt., *Bäckermeister*. Der Geschäftsfreund, ein Handbuch für Müller und Bäcker, wie auch: Mehlberechnung nach dem neuen Münzfusse in österr. Währ. *Wien* 1859. *Sallmayer et Comp.* 122 S., 6 Bl. kl. 8°.

Freisinn, B., Renata. 12. (110 S.) Dresden 881. Pierson. n. 1. 60; geb n. 2. 50

FREISINN, Ed. (ps.), Das Pfaffenbuch, oder So sind die Pfaffen alle. 1853.
Weller, Lex. Ps. p. 211.

Freisinnige, der, od. allgem. Zeitschr. f. Kunst, Lit., Theater u. Geselligkeit, hrsg. v. A. Bechtold. 1. Jahrg. 1831. 104 Nrn. (½ B.) Mit Kpfr. gr. 4. Nürnberg, Zeh.

Freisinnige. – Der Freisinnige. – Freiburg. – 1.III.1832–25.VII.1832.

Der Freisinnige: Aug. 28 – Dec. 1837.
Daily. "Probeblatt" issued Aug. 23, 1837. Established as an independent paper, but, under Walz, supported Whigs. Edited, in turn, by Wilhelm Beschke, Stephan Molitor, von Lehrenthal, F. L. Walz. Published by Ludwig August Wollenweber
Philadelphia, PA

Der Freisinnige: Oct.? 1841—1845?
Daily, Oct. 19, 1841—Feb. 1844?; weekly, Mar. 1844 – 1845?. Radical, abolitionist in character. Motto: „Vorwärts! Stillstand ist Rückgang, darum Vorwärts! Wir gehen für die Constitution, für Wahrheit und Recht." Supported Dallas & Polk. Edited & published by C. F. B. Scho und Co.
Cincinnati, OH

Freisinnige: Der Freisinnige (Ag)
⑤ April 1842—Ende 1842 ⑥ Baden: Jak. Diebold ⑪ Pfarrhelfer Rochus Diebold ⑰ Haberbosch: Badener Zeitungen (1950) ⑱ Über die Gründung v. »Schweizer Bote« 1842, Nr. 37; über den Redaktor: »Stimme von der Limmat« 1842, Nr. 26 und 67. — Am 4. 12. 1839 schreibt die Aargauer Zeitung (II): »Es liegt eine neue Zeitung im Wurf, sie soll in Baden erscheinen. Wird wohl Herr D. bessere Geschäfte damit machen als einst Z. mit der ‚Aargauer Volkszeitung' gemacht hat.« (D. = Diebold, Z. = Zehnder). — Die Dorfzeitung meldet dann am 30. 3. 1842, daß sie gute und böse Kameradschaft erhalte; gute: »Der Freisinnige«; schlechte: »Die Stimme von der Limmat«. — Schon die erste Nummer des »Freisinnigen« brachte Rochus Diebold einen Presseprozeß, an dem sich auch der Drucker Jak. Diebold beteiligte. — In Nr. 3 vom 11. 1. 1843 schreibt »Die Stimme von der Limmat«: »Der ‚Freisinnige' hat aufgehört zu existieren.«

Der Freisinnige: Nov. 24, 1846–?
Weekly. Edited by Joseph Schoberlechner, & published by L. F. Volland. Rationalistic; Liberal.
St. Louis, MO

Freisinnige: Der Freisinnige (Be)
④ Der freie Schweizer ⑤ Januar 1847—1848 ⑥ 4° ⑦ wöchentlich 3×, wöchentlich 7× (ab 1. 7. 1847) ⑧ Burgdorf: Karl Hablützel ⑨ ein täglich 1—2× erscheinendes Bülletin (ab 5. 11. 1847 mit Druckort Zürich) — v. Tägliches Bülletin ⑫ freisinnig ⑬ BGSZ: 973 ⑭ Be: S, St.

Freisinnige: Der Freisinnige (Zh)
① Anzeiger des Bezirkes Hinweil (Nachfolger des Allmann) (seit 4. 1. 1871). Obligatorisches Publikationsmittel der Gemeinden Bärentschweil, Bubikon, Dürnten, Gossau, Grüningen, Rüti, Seegräben, Wetzikon (30. 7. 1870). Tagblatt für das Zürcher Oberland (1. 6. 1912) ③ Der Allmann (I; ⑤ 31. 7. 1870 (cont.) ⑥ 2° ⑦ wöchentlich 2× (bis 1880), wochentlich 3× (bis April 1912), wöchentlich 6× ⑧ Wetzikon: Konrad Altorfer, Aktienbuchdruckerei Wetzikon (ab 26. 4. 1871), Aktienbuchdruckerei Wetzikon und Rüti (1911) ⑨ Feierabend (1891); Heimatspiegel (1928) ⑩ Aktienbuchdruckerei Wetzikon und Rüti ⑪ Konrad Altorfer (bis 1898), Fritz Lehmann (1898–1915), Traugott Ganz (1915–1916), Dr. Eduard Gubler (1917–1918), Emanuel Schäppi (1918–1936), Dr. Georg Schmidt (1934–1942), Jakob Hauser (seit 1918), Dr. Karl Eckinger (seit 1943) ⑫ freisinnig-demokratisch ⑬ BGSZ: 259; Der Freisinnige 1945, Nr. 176 und 1952 Jubiläumsnummer zum Abschluß des 100. Jahrganges (Dezember) ⑭ Zh: Z.

Freisinnige: Der Freisinnige (SG)
① Organ der liberalen Katholiken (1874–28. 12. 1878) ⑤ 4. 1. 1873–30. 12. 1882 ⑥ 2° ⑦ Wochenblatt ⑧ St. Gallen: Joh. Buff ⑩ Centralcomite des Vereins freisinniger Katholiken des Kantons St. Gallen ⑫ freisinnig ⑬ BGSZ: 1045, 1047 ⑭ SG: Va.

Freisinnige: Der Freisinnige (Ge I)
① Liberales Organ der deutschen Schweizer in Genf ⑤ 7. 11. 1876 und 2. 7. 1884 (1 und 3 Nummern) ⑥ 2° ⑧ Genf: Charles Pfeffer ⑫ liberal ⑭ Ge: P.

Freisinnige: Der Freisinnige (BS)
⑤ 1881 (?) ⑧ Basel ⑬ BGSZ: 12, p. 40.

Freisinnige: Der Freisinnige (Ge II)
① Organ des Vereins freisinniger Deutsch-Schweizer in Genf (Nr. 1 und 2). Organ der radikal-liberalen Deutsch-Schweizer (Richtung Carteret) (6. 11. 1889) ⑤ 9. und 12. 11. 1886; 6. 11. 1889 ⑥ 2° ⑧ Genf: Ch. Pfeffer ⑩ Verein freisinniger Deutsch-Schweizer, Genf ⑫ freisinnig ⑭ Ge: P.

Freisinnige: Der Freisinnige (Lu)
⑬ BGSZ: 1028 ⑮ Im Dezember 1896 wollte Seb. Schmidlin, damals Redaktor in Luzern, unter diesem Titel in Willisau (bei Meyer) eine Zeitung herausgeben.

Freisinnige: Vereinigte Freisinnige
① Anfänglich: Bulletin des Centralvorstandes ② Bulletin des Centralvorstandes (als selbständiger Titel belegt am 8. 4. 1892; andere Namensform bei BGSZ 12, 973) ⑤ 1886–1891 ⑥ 8° und 4° ⑦ unregelmäßig ⑧ Bern: Centralvorstand der Vereinigten Freisinnigen ⑫ Parteiorgan ⑬ BGSZ: 12, 973 ⑭ Be: L.

Die **Freisinnigen** und die Bauern. Berlin-Schöneberg 1909.

Freiskorn, Diss. de veneno viperarum. Vienn. 8°. *Doering*, I, 261. 1782.

Freisleben, s.a. Freiesleben

. Freisleben, die weiblichen Freiheiten und der Personal-Kredit in Württemberg. Heidenheim 1869

Freisleben, Christ. Friedr. (Glaucha/Schoemburg), **Singularia quaedam capita doctrinae de jurejurando in specie de juramentis minorum et impuberum. Diss. acad. Präs. Gottfr. Ludwig Mencke. Wittbg. (Wwe. Gaeberdt) 23. IX. 1729. 24 S. (5.—)** 9473

Freisleben, C., s. 1) J. T. Irving, die Jäger der Prairie. 2) W. Irving, Abentheuer d. Capitain Bonneville. 3) Lebens- u. Charakterschilderungen Nr. 1. 4) Saint-Pierre, Paul u. Virginie.

Freisleben, F. C. G., (Uhrmacher in Ballenstädt), Gedichte. 3 Bde. 8. Dessau 811, 14 u. 23. Verf. 1 ₰

Freisleben, J. C. Frz., Harzblumen, in welchen d. romant. Ansichten, Anlagen, Ruinen u. Schlösser, besonders im Oberherzogth. Anhalt-Bernburg besungen sind. 8. Quedlinb. 825. Ernst. 9 ℊ

— Johann David (Eisenberg), De salvo conductu. Diss. jur. Präs. Wilhelm Hieronymus Bruckner. Jena (Müller) Dez. 1712. 46 S. (5.—) 9474

Freisleben, Josef: Katalog der Lehrerbibliothek. 26 S. Arnau, St. G., Progr. 1898

FREISLEBEN, L. G. Franz, Schauder-Gemählde aus der wirklichen Welt. Bernburg 1827. Gedr. bei Fr. Wilh. Grüning. (In Commiss. in H. Vogler's Buch- u. Kunsthandl. in Leer.) Gr. 8°.
Tit., 1 Bl. Vorw. (dat. Ballenstedt, Juli 1827), 118 S. Ganz in Versen.

Freisprechungen, zwei, wegen antisemitischer Agitation. I. Prozeß gegen Theod. Fritsch u. Genossen in Leipzig. II. Prozeß gegen Fr. Buchholtz u. Genossen in Dortmund. gr. 8. (16 S.) Leipzig 888. Th. Fritsch. n. — 10

Freist, Friedrich, aus Engelnstedt i. Hzgt. Braunschw.: **Beiträge zur Kenntnis des Thujons, Isothujons und Thujamenthons.** *Kiel 1900: P. Peters.* (32 S.) 8°
Kiel, Phil. Diss. v. [15. Dez.] 1900

Freist, Gustav, aus Engelnstedt: **Ueber β-Isobutylisochinolin.** *Kiel 1902: H. Fiencke.* (31 S.) 8°
Kiel, Phil. Diss. v. [12. Juli] 1902

Freistaat (Im), oder Gesetz und Sitte der Freiheit. 8°. Triest, gedr. bei L. Hermanstorfer, 1880.

Freistaat, der, unter jedem Himmelsstrich. 8. Berl. 795. Maurers W. 16 ℊ

Freistaat (Der) unter jedem Himmelsstrich, oder die Constitution des Menschengeschlechtes. 8°. Berlin 1795.

Freistadt [Sachliches OW]

(F) **Die Freistadt.** Wochenschrift für alle Gebiete des öffentlichen Lebens. Gr.-8°. I. Jahrg. 1909 pro kompl. K 12.—

Freistadt [Schlagwort]

Freistadt. Hilscher, A., Karte d. Kreises Freistadt. 1 : 150,000. Ausg. ohne Amtsbezirksgrenzen. Chromolith. qu. Fol. Liegnitz 887. Zippel. n. — 75

Freistaedt, Wilhelm, Rechtsprakt.: **Die Körperschaften, Stiftungen und Anstalten des öffentlichen Rechts nach § 89 B.G.-B.** München 1909: Schön. 65 S. 8°
Erlangen, Jur. Diss. v. 11. Juli 1909, Ref. Binder
[Geb. 25. März 83 München; Wohnort: München; Staatsangeh.: Bayern; Vorbildung: Wilhelms-Gymn. München Reife Juli 02; Studium: München 8 S.; Rig. 9. Juni 09.] [U 10. 680

Freistädte, die. 4. Buch Mosis 35, 9—28. 5. Buch Mosis 19, 1—7. Josua 20. Notizen e. Ansprache, in Kasernen geh. [Aus dem Engl. übers.] 16. (14 S.) Barmen 883. Wiemann. n. — 10

Freistatt, die. Wochenschrift f. angenehme u. sittlich-bildende Unterhaltung. Hrsg. v. Malmène. 1—4. Jahrg. 1849—1852. à 52 Nrn. 8. (Bog.) Jeder Jahrg. m. 8 color. Stickmustern. Berlin, Malmène. à Jahrg. n. 2⅔ ₰

Freistatt, die. Wochenschrift für angenehme und sittlich-belehrende Unterhaltung. Herausgbr: Malmène. 5. u. 6. Jahrg. 1853 u. 54. à 52 Nrn. (à 1 Bgn.) Mit 8 color. Stickmustern. Berlin, Hahn. 8. Jeder Jahrg. 2 ₰ 20 ngl

Freistatt. Kritische Wochenschrift f. moderne Kultur. Früher Münchner Salonblatt. Hrsg. v. Adf. Frdr. Brüggemann. 4. Jahrg. 2. Halbj. Juli—Dezbr. 1902. 26 Hfte. gr. 8. (à ca. 10 S.) München, Freistatt-Verlag. n. 5. —

Freistatt. Kritische Wochenschrift f. Politik, Literatur u. Kunst. Begründet v. Fritz Brüggemann. Schriftleiter: Alex. v. Bernus. 5. Jahrg. 1903. 52 Hefte. (à ca. 20 S.) gr. 8. München, Freistatt-Verlag. n. 10. —

— dasselbe. Schriftleitung: Alex. Frhr. v. Bernus u. Adf. Dannegger. 6. Jahrg. 1904. 52 Hefte. (à ca. 20 S.) gr. 8. Ebd. n. 8. —

— dasselbe. Süddeutsche Wochenschrift f. Politik, Literatur u. Kunst. Chefred.: Alfr. Scheel. Schriftleitung: Für Politik u. Volkswirtschaft: Alfr. Scheel; f. Literatur u. Kunst: Frdr. Huch, Adf. Dannegger. 7. Jahrg. Jan.—Septbr. 1906. 39 Hefte. (à ca. 16 S.) 4. Ebd. n. 6. —
Erscheint nicht mehr.

Freistatt, die. Wochenschrift f. alle Gebiete des öffentlich. Lebens. Hrsg.: Frdr. Frhr. v. Vogelsang. Red.: Jos. Schönberger. 2. Jahrg. 1910. 52 Nrn. (à ca. 16 S.) Lex. 8. Wien, „Austria" F. Doll. 12. —

FREISTEIN, Fritz. Lebenslauf eines Advokaten. Heilbronn, 1807 bei Theodor Friedrich Rausche. Kl. 8°.
Zahmer Roman. Tit. u. 174 S.

Freistein, Fritz, d. unbestechl. 8. Heilbronn, Rausche. 808.

Die **Freistellenordnung** für die höheren Knaben- und Mädchenschulen *der Stadt Barmen*. Barmen, Druck v. Steinborn & C., 1894; 26—27 S. 4.
Barmen, G. P 1894 (424)

Der **Freistudent**. Organ d. Halleschen Freien Studentenschaft. Verantw. Red.: Erich Kirchner, stud. theol. et phil. No 1. Halle a. S.: H. John 1907. 4° [07. 6979 3

Freistudentenblätter. (Begründet v. Verband ehem. Leipziger Finken.) ⟨Nur f. Mitglieder d. Verb.⟩ Nr 1. Waldenburg, Sachsen 1909: Kästner. 8° [11. 13300

Freistunde: Die Freistunde
v. Oberländisches **Volksblatt**.

Fur Freistunden: 1800
Sub-title: Erzählungen, Schilderungen, Skizzen aus der Natur und dem Leben. Published by The Pilger Publishing House.
Reading, PA

Freistunden, Meine, den Kindern gewidmet. Schneeberg 1802. V: *Collenbusch, Daniel.* (NN) »1803« (Ky)

Freistunden, meine, den Kindern gewidmet, (v. D. Collenbusch). 2 Thle. 8. Schneeb. 803. Verlagsbuchh. 1 ℳ 12 𝒦

Freitag s.a. Freytag.

Freitag, der erste, des Monats u. die Herz-Jesu-Andacht. (31 S. m. Abbild.) 16. Strassburg (908). F. X. Le Roux & Co. 10. —

Freitag zu Nacht: 1881—1882 New York, NY
Weekly Jewish paper, printed in English and German. Edited by Louis Schnabel.

Freitag, ..., die Concessionalgerechtigkeits-Theorie. gr. 8. Gotha 846, Gläser. 1⅙ ℳ

Freitag, Kreisflächen. Früher L. V. Enders in Neutitschein, nun Wien, II Winkler. 40 kr. 1883.

Freitag, die infektiösen Sexualleiden, s.: **Kampf**, der, gegen die Infektionskrankheiten. VII.

Freitag's illustrirter Volks-Kalender für das deutsche Reich auf das Schaltj. 1876. 4. (32 S.) Dresden. (Leipzig, G. Schulze.) *
Nicht weiter erschienen.

Freitag: Verzeichnis von Fabrikanten und Arbeiten in Stampfbeton . . . , s. Wayss, G. A.

Freitag, A., Professions and trades in the United States of North America. Zum Gebr. f. Auswanderer u. in Schulen hrsg. gr. 8. (VI u. 370 S.) Gottingen 849, Dieterich. n. 1 ℳ

Freitag, A. G., amerikan. u. deutsche Lebensversicherungsgesellschaften. gr. 8. (8 S.) Berlin 890. Siegismund. n. — 40

Freitag, Albert, Predigtamtskandidat. Liebau i. Schlesien: Über die Entwürfe Luthers zu den Schriften Von der Winkelmesse und Pfaffenweihe 1533, Warnung an seine lieben Deutschen 1531. Liegnitz 1905: C. Seyffarth. (54 S.) 8° [F.]
Breslau, Ev.-theol. Fak., Ref. Arnold, Diss. v. 19. Dez. 1905
[Geb. 13. Dez. 80 Brieg; Wohnort: Liebau; Staatsangeh.: Preußen; Vorbildung: Gymn. Gr.-Strehlitz Reife O. 00; Studium: Halle 3, Breslau 4 S.; Rig. 3. Nov. 05.]

Freitag, Alfr., auf d. Scheibenstande, s.a. **Bloch's, Ludw.,** Herren-Bühne.

Auf dem Scheibenstande. Milit. Genrebild mit Gesang in 1 Akt von Alfred **Freitag**. *Berlin: E. Bloch (1898).* (16 S.) 8° [F.]
= **Herren-Bühne**, Ludwig Blochs. No 44. [01. 11619

Freitag, Augustine. Professions and trades in the USA. Z Gebrauch für Auswanderer u in den Schulen. Göttingen, 1849.

Freitag, C., de sacris gentium in montibus. Lips. 1718. 4.

Freitag, Carl, s. Freitag, Karl

Freitag, Claudius, die Kunst der Oel-, Aquarell-, Holz-, Stein-, Porzellan- u. Stoffmalerei, d. Zeichnens, der Laubsägerei in Holz u. Metall, Schnitzerei, Einlegearbeit, der Pyrografie, d. Aetzens in Metall u. Elfenbein, d. Colorirens v. Photographien, der Glasmalerei, d. Photographirens 2c. od. der Dilettant auf allen Gebieten. Ein ausführl. Handbuch f. Dilettanten zur Ausführg. der genannten Arbeiten nach eigenen prakt. Erfahrgn. Mit 44 Abbildgn. 8. (VIII, 223 S.) Wien 885. Hartleben. n. 2. —

Freitag, Claudius, die Kunst der Oel-, Aquarell-, Holz-, Stein-, Porzellan- und Stoffmalerei, des Zeichnens, der Laubsägerei in Holz und Metall, Schnitzerei, Einlegearbeit, der Pyrographie, des Aetzens in Metall und Elfenbein, des Colorirens von Photographien, der Glasmalerei, des Photographirens 2c., oder der Dilettant auf allen Gebieten. Ein ausführl. Handbuch für Dilettanten zur Ausführung der genannten Arbeiten nach eigenen prakt. Erfahrungen. 8. (VIII, 223 S. mit 44 Abbild.) Wien 886, Hartleben. *

Freitag, Claudius, Die Kunst der Oel-, Aquarell-, Holz-, Stein-, Porzellan- und Stoffmalerei, des Zeichnens, der Laubsägerei in Holz und Metall, Schnitzerei, Einlegearbeit, der Pyrographie, des Aetzens in Metall und Elfenbein, des Colorirens von Photographien, der Glasmalerei, des Photographirens 2c. oder Der Dilettant auf allen Gebieten. Ein ausführliches Handbuch für Dilettanten zur Ausführung der genannten Arbeiten nach eigenen praktischen Erfahrungen. Mit 100 Abbildungen. Zweite, gänzlich umgearbeitete Auflage. 8. (XIV, 340 S.) Wien: Hartleben 1894. 1.65
Dasselbe. Geb. (nur fest) 2.20

Freitag, F. Von der vortheilhaftesten Verkohlung des Holzes in Meilern. Quedlinburg. 1831.

Freitag, Fritz, appr. Tierarzt a. Hüttchen ⟨Kr. Czarnikau⟩: Aus dem veterinär-anatomischen Institut der Universität Gießen. ⟨Prof. Dr. Paul Martin.⟩ Zur Entwickelung und Einteilung des Kleinhirnes der Haussäuger. Gießen 1906: O. Kindt. (69 S. u. 2 Taf.) 8°
Gießen, Veterinär-Med. Koll., Ref. Martin, Diss. v. 22. Okt. 1906
[Geb. 14. Apr. 77 Hüttchen, Kr. Czarnikau; Wohnort: Gießen; Staatsangeh.: Preußen; Vorbildung: Gymn. Schneidemühl Reife O. 98; Studium: Tierärztl. Hochsch. Berlin 6, Hannover 2 S.; Rig. 22. Dez. 04.]

Freitag, Georg. (Maximil. Car.) (geb. Danzig 10. 12. 1843): De rheumatismo. Berolini (1867). (31 S.) 8°
Berlin, Med. Diss. v. 30. März 1867

Freitag, Geo., die contagiösen Sexualkrankheiten. Ein kurzes Lehrbuch f. pract. Aerzte u. Studirende. 8. (XII, 416 S.) Leipzig 893. A. Abel. Geb. in Leinw. n. 6. 75

Freitag, Geo., Vorträge üb. d. Nierenkrankheiten. gr. 8. (XII, 524 S.) Leipzig 898. J. A. Barth. n. 10.—

Freitag, Gerhard, Referendar: Die Rechte des Ehemannes und der Ehefrau an dem der Frau vom Manne gegebenen Haushaltungsgeld und Nadelgeld und an Ersparnissen der Frau von diesen Geldern. Nürnberg 1910: Hilz. 51 S. 8°

Erlangen, Jur. Diss. v. 20. Jan. 1910, Ref. Siber

[Geb. 27. April 86 Danzig; Wohnort: Wiesbaden; Staatsangeh.: Preußen; Vorbildung: Kgl. Gymn. Danzig Reife M. 04; Studium: Tübingen 3, München 1, Königsberg 3 S.; Rig. 20. Dez. 09.] [U 10. 681

Wolf Graf Baudissin v. Gustav Freitag. Separatabdruck a. der Wochenschrift: „Im neuen Reich". 1880. Nr. 2 u. 3. Lex. 8°. Bb 92

Freitag, Gust., die Erschaffung der Künstler. Gedicht. Leipzig 867. Leiner. gr. 8. (4 S.) 1 ngr.

Freitag, Gustav, prakt. Arzt a. Mirchau (Westpreußen): Aus der Kgl. Universitäts-Frauenklinik zu Breslau. (Direktor: Geh. Medizinalrat Prof. Dr. Küstner.) Über die künstliche Unterbrechung der Schwangerschaft wegen Tuberkulose. Breslau 1900: Breslauer Genoss.-Buchdr. (35 S.) 8°

Breslau, Med. Fak., Ref. Küstner, Diss. v. 27. Juli 1906

[Geb. 13. Aug. 70 Mirchau, Kr. Carthaus; Wohnort: Marienfelde, Kr. Pr.-Holland; Staatsangeh.: Preußen; Vorbildung: Gymn. Pr.-Stargard Reife O. 95; Studium: München 1, Würzburg 3, Königsberg 1, Berlin 4 S.; Coll. 18. Juli 00; Approb. 28. Juli 00.]

Freitag, Gustav. Die beiden Verbannten. (35 S.) 8. Aarburg, Buchdr. Aarburg, 1902.

Schweiser Familien-Bibliothek. Band 11. 109 S. (fr. —. 20.(S. 75—109.

Freitag, Hnr., erprobte Mittel u. Anweisung zum Färben u. Waschen der seidenen, baumwollenen, wollenen Zeuche u. Kleidungsstücke ꝛc., sowie zum Vertilgen aller Flecke aus denselben. 2. Aufl. gr. 12. Leipzig 843. (Fort.) n. 1/3 Thlr.

Freitag, J. A., wir sahen seine Herrlichkeit. Vier Predigten v. Gekreuzigten u. Auferstandenen, gehalt. 1834. 8. (5 B.) Celle, Schulze.
Vgl. Freytag.

Freitag, Jos., die Zündwaaren-Fabrikation. Anleitung zur Fabrikation der Zündhölzchen, Zündkerzen, Zigarren-Zünder u. Zündlunten, der Fabrikation der Zündwaaren m. Hilfe v. amorphem Phosphor u. gänzlich phosphorfreier Zündmassen, sowie der Fabrikation d. gewöhnl. u. amorphen Phosphors. In leicht faßl. Weise für den Groß- u. Kleinbetrieb bearb. Mit 14 erläut. (eingedr. Holzschn.-)Abbildgn. 8. (156 S.) Wien 876. Hartleben. 2.50

Freitag, J: Die Zündwaaren-Fabrikation. Wien, Pest und Leipzig 1876

Freitag, Jos., die Zündwaaren-Fabrikation. Anleitung zur Fabrikation der Zündhölzchen, Zündkerzchen, Cigarren-Zünder und Zündlunten, der Fabrikation der Zündwaaren mit Hilfe von amorphem Phosphor und gänzlich phosphorfreier Zündmassen, sowie der Fabrikation des gewöhnl. und amorphen Phosphors. In leicht faßl. Weise für den Groß- und Kleinbetrieb bearb. 2. vollständ. neu bearb. Aufl. 8. (VI, 171 S. mit 28 erläut. Abbild.) Wien 887, Hartleben. *
geb. *

Freitag, Jos., die Zündwaren-Fabrikation. Anleitung zur Fabrikation der Zündhölzchen, Zündkerzchen, Zigarren-Zünder- u. Zündlunten, der Fabrikation der Zündwaren m. Hilfe v. amorphem Phosphor u. gänzlich phosphorfreien Zündmassen, sowie der Fabrikation des gewöhnl. u. amorphen Phosphors. In leicht faßl. Weise f. den Groß- u. Kleinbetrieb bearb. 3., vollst. neu bearb. Aufl. (VIII, 167 S. m. 30 Abbild.) 8. Wien (907). A. Hartleben. 2.50; geb. 3.30

Freitag, Karl

Freitag, Carl, approb. Zahnarzt a. Berlin: Beiträge zur Völkerkunde von Ostafrika. (Berlin 1908: E. Ebering.) (77 S.) 8°

Berlin, Phil. Fak., Ref. v. Luschan, Diss. von 4. Aug. 1908

[Geb. 20. Juni 82 Berlin; Wohnort: Berlin; Staatsangeh.: Preußen; Vorbildung: Luisenstädt. Realgymn. Berlin Reife M. 01; Studium: Marburg 3, Berlin 8 S.; Rig. 21. Mai 08.]

Freitag, Max: Ueber die quantitative Bestimmung des Arsens als Trisulfid und Pentasulfid. 1910. 124 S. 8°
München, Dr.-Ing.-Diss. v. 2. 3. 1910

Freitag, O., die feindlichen Brüder od. die Thugs in Indien. Roman. 36 Hfte. gr. 8. (571 S. m. 36 Bildern.) Neusalza 891. H. Oeser. à — 10

Freitag, Otto [Referendar]: Die Besitzverhältnisse an der gefundenen Sache ... *Halle a. S., Hofbuchdr. v. C. A. Kaemmerer & C.*, 1896; 42 S., 1 Bl. 8.
Erlangen, Jur. Fak., Inaug.-Diss. v. 1896

Freitag, Otto, die sogenannte Chronik v. Weihenstephan, s.a. Hermaea. I.

Freitag, Otto, a. Glötzin: Die sogenannte Chronik von Weihenstephan. Ein Beitrag zur Karlssage. Halle a. S. 1904: E. Karras. (43 S.) 8° ¶ (Ersch. 1905 vollst. bei M. Niemeyer, Halle a. S. als H. 1 der Hermaea.)

Halle, Phil. Fak., Ref. Strauch, Diss. v. 10. Okt. 1904

[Geb. 3. Jan. 82 Glötzin b. Belgard, Pommern; Wohnort: Halle; Staatsangeh.: Preußen; Vorbildung: Gymn. Belgard Reife O. 00; Studium: Halle 8 S.; Rig. 28. April 04.]

Freitag, Otto [Red.]
s. Concordia. Unterhaltungsblatt für den Familienkreis. [o. J.]

Freitag, Otto, eine Doppelehe, s.: Fischer's Roman-Bibliothek 5. Bd.

Freitag, Otto. Zehn Jahre im dunklen Afrika. Reiseabenteuer eines deutschen Arztes u. e. jungen Dame unter den Negerstämmen d. schwarzen Erdtheils. Illustr. v. Max Henze. (In 25—30 Bdn.) 1. Bd. 12. (236 S.) Dresd. 892, Münchmayer. geb. 1 —

— zehn Jahre im dunklen Afrika. Reiseabenteuer e. deutschen Arztes u. e. jungen Dame unter den Negerstämmen d. schwarzen Erdtheils. Illustr. v. Max Henze. 1.—18. Bd. 12. (à 240 S.) Dresden 893. H. G. Münchmeyer. Geb. in Leinw. à 1. —

— die Ritter der Nacht. Roman. 40 Hfte. gr. 8. (636 S. m. 40 Bildern.) Neusalza 893. H. Oeser. à — 10

— die Rose v. Chicago. Roman. 40 Hfte. gr. 8. (638 S. m. 40 Bildern.) Ebd. 894. à — 10

Freitag, Otto, der Sperlingskrug, s.a. Goldschmidt's Bibliothek f. Haus u. Reise.

Freitag, Otto, der Sperlingskrug. Novelle. 8. (112 S.) Berlin 881. Goldschmidt n. — 50

Freitag, Paul Hermann: Untersuchung I. der Kurve $\left(\frac{x}{a}\right)^{\frac{2}{3}} + \left(\frac{y}{b}\right)^{\frac{2}{3}} = 1$, II. der Fläche $\left(\frac{x}{a}\right)^{\frac{2}{3}} + \left(\frac{y}{b}\right)^{\frac{2}{3}} + \left(\frac{z}{c}\right)^{\frac{2}{3}} = 1$. Schneeberg. Druck v. C. M. Gärtner, 1896; 1 Bl., 24 S. 4.
Schneeberg, k. G., OP 1896 (555)

Freitag's, R., deutscher Hülfsrechner, oder Rechenknecht f. 1/16 bis 1000 Pfund, Meter-Ellen, Liter, Stück ꝛc. nach Thalern zu 3 Mark à 10 Groschen zu 10 Pfennigen. Nebst ausführl. Einnahme- u. Ausgabe-Tabellen, Zinstabellen von 2½ bis 6½ Prozent in Thalern, Groschen u. Pfennigen, Münztabellen u. v. A. m. 8. (IV, 332 S.) Eisenach 873. Baemeister. geb. n. 2. —

Freitag, Rud., die Existenzfrage des Kunstbaues des ehemaligen Franziskanerklosters zu Danzig und des darin vorhandenen vaterländischen Museums. Ein Vortrag, gehalten im Refectorium des benannten Klosters Sonntag, den 22. März 1863. Danzig, Anhuth in Comm. 8. (28 S.) n. 5 ngr.

Freitag, S. H., unentbehrlicher Briefsteller f. alle möglichen Fälle d. bürgerl. Lebens. Enthaltend: Glückwünschende, danksagende u. benachrichtigende Briefe, Bittschreiben rc. 8. (IV u. 59 S.) Erfurt 852, C. Gebhardt. 1/6 ₰

Freitag, S. H., unentbehrlicher Briefsteller für alle möglichen Fälle des bürgerlichen Lebens. Erfurt 861. C. Gebhardt. 8. (63 S.) 5 ngr.

Freitag, Wilhelm, cand. prob. u. wiss. Hilfslehrer am Gymn. zu Torgau: **Diskussion des dreifach orthogonalen Flächensystems, dessen eine Schar in Cartesischen Koordinaten durch die Gleichung $x^m y^n z^n = c$ dargestellt wird.** *(Torgau) 1904: (Buchdr. d. Torgauer Bank).* (28 S.) 4°
¶[= Progr. Torgau, Gymn. 1904.]
Münster, Phil. Diss. v. [19. Apr.] 1904

Freitagabend, der, eine Familienschrift. Red.: Leop. Stein und S. Formstecher. Jahrg. 1859. 52 Nrn. (à 1 Bgn.) Frankfurt a. M., Auffarth. gr. 8. n. 2 ₰ 8 ngr.

— Red. von L. Stein. Jahrg. 1860. 12 Liefgn. (à 1½ Bgn.) Ebend. gr. 8. n. 27½ ngr.

Freitags-Blatt
(1) [illegible] Zeitung für das Volk (2) Zürcherischer Freitagsbote (5) 5. 1. 1834 – 9. [illegible] (6) 4° (7) Wochenblatt (8) Zürich: Geßner'sche Buchdruckerei zum Schwan; Inhaber A. [illegible] (bis 12. 9. 1834). Joh. Rud. Wild (Geßner'sche Buchdruckerei) (ab 29. 9. 1834) (9) die Drucker (10) J. J. Rothardt, Rud. [illegible] Dr. Konrad Bleuler (12) radikal (13) Leemann-van Elck: Druck, Verlag und Buchhandel im Kt. Zürich, p. 129; Lutz: Zeitungsverzeichnis am See vor 1842 (1942), p. 33 (13) Zh. Z.

Freitags-Blätter (etc.)
v. auch Freytags Blättlein.

Freitagsbote: Der Freitagsbote
(2) Schweizerisches Sonntagsblatt (5) 3. 1. 1833 – 26. 12. 1834 (6) 4° (7) Wochenblatt (8) Herisau: Fr. [illegible] Lichtensteiger (12) freisinnig (13) BGSZ. 914; Der Hochwächter am Säntis 1833, Nr. 52 (14) Tr. K.

Freitagsbote: Zürcherischer Freitagsbote
(1) [illegible] Zeitung für das Volk (2. 6. 1837 – 29. 9. 1837); Schweizerische Nationalzeitung (2. 1. 1838 – 6. 1. 1838); Monatsschrift, herausgegeben vom Volksboten (die so bezeichneten Blätter, Monatsschrift, herausgegeben von J. H. Meyer [illegible] bezeichnete Ausgabe); Schweizerisches Nationalblatt (19. 6. 1838 – 28. 12. 1838); (2) Der Volksbote (Zh) (3. 1. 1837 – 6. 3. 1837; 8. 5. 1838 – 8. 6. 1838 und ab 29. 6. 1838); Die Dampfwaren (? 1. 1. 1838 – 11. 5. 1838; 12. 6. 1838 – 17.); Ameise (? 13. 4. 1838, 15. 5. 1838, 15. 6. 1838); Der Demokrat (Zh) (? 17. 5. 1838, 18. 5. 1838); Das Füllhorn (? 26. 4. 1838 – 22. 5. 1838); Das Veto (? 11. 5. 1838 – 25. 5. 1838); Wächter an der Limmat (? 27. 4. 1838 – 29. 5. 1838); Die Biene (? 1. 6. 1838, 1. 6. 1838); Schweizerisches Nazionalblatt (? 4. 5. 1838, 5. 6. 1838). (3) Freitags-Blatt (5) 2. 6. 1837 – 3. 9. 1839 (6) 4° (7) Wochenblatt (bis 29. 9. 1837), wöchentlich 2× (3. 12. 1838) (8) Zürich: Meyer, Vater & Sohn (2. 6. 1837 – 10. 11. 1837), Meyer'sche Buchdruckerei im Großen Erker (14. 11. 1837 – 27. 4. 1838), Meyer & Kahn (1. 5. 1838 – 1. 6. 1838), Meyer (5. 6. 1838 – 1. 2. 1839), Buchdruckerei des Neuen Berichthauses u. Literatur-Bureau (5. 2. 1839 – 15. 3. 1839), R. Meyer im großen Erker (19. 3. 1839 – 7. 6. 1839), Im großen Erker (11. 6. 1839), Bureau des Volksboten (14. 6. 1839 – 28. 6. 1839), S. Mann im großen Erker (2. 7. 1839 – 3. 9. 1839) (9) J. H. Meyer, Publizist (11) J. H. Meyer (12) radikal, antiklerikal (13) Leemann-van Elck: Druck, Verlag u. Buchhandel im Kt. Zürich, p. 129 (14) Zh. Z; Be. L. (15) Um den Zeitungsstempel zu entgehen, änderte J. H. Meyer im April 1838 seine 2× wöchentlich erscheinende Zeitung in Monatsblätter mit verschiedenen Titeln (v. sub 2), kehrte aber am 19. 6. 1838 wieder zur alten Ausgabe zurück, als man auch von seinen getarnten Monatsblättern den Zeitungsstempel verlangte.

Freitagsbüchlein od. kurze Andacht zum liebenswürdigsten Herzen unseres Erlösers. Zur Feier d. ersten Freitags im Monate. 12. (16 S.) Steyl 883. Missionsdruckerei. per Dutzend n. — 60

Freitagsfeier, Katholische,
in das Deutsche übersetzt . . . Ulm 1808.
Ü: *Storr, Johann Nepomuk.* (MGT)

Freitags-Gesellschaft, der Berliner, Gespräche, Meinungen, Ansichten u. Verhandlungen. Ohne Vorwissen der Gesellschaft herausg. durch Ehrenfried Neumagen, vorm. Diakonus. 16 u. 26 Hft. gr. 12. (Mit 1 Titelb.) Berl. 838. Morin. n. 7/12 ₰

Bieler Freitags-Zeitung
(1) Publikationsorgan für das Seeland und den Jura (5) 1891—1892 (6) 2° (7) Wochenblatt (8) Biel: Druckerei des Neuen Pressvereins (10) Neuer Pressverein (11) Hans Mettier, früher Redaktor am Volksfreund in Chur, dann am Murtenbieter (13) BGSZ. 1. 748, 959, 973 (14) Be. S.

Freitagszeitung: Die demokratische Freitagszeitung
v. Der Bote aus den Bezirken von Uster, Hinweil und Pfäffikon.

Freitagszeitung: Zürcherische Freitagszeitung
v. Ordinari Wochen-Zeitung (Zh).

Freithal, Fridolin vom, das Hochgericht im Birkachwald,
s.a. Volksbücherei. Nr. 3. 4.

Freithal, Fridolin vom, das Hochgericht im Birkachwald. Ein Lebens- u. Kulturbild aus dem obersteir. Murtale, nach wahren alten Begebenheiten. 3. Aufl. (142 S.) kl. 8. Graz 903. Styria. Geb. in Leinw. n. 1. —

Freitheilbarkeit, Über die, der B a u e r n g r ü n d e , s. S t i m m e n aus Oesterreich. 3. Heft

Freitheilbarkeit (Die) des Bodens. Ein Beitrag zur Beleuchtung des vom Landtagsabgeordneten Libor Sadil gestellten Antrages auf Theilbarkeit der Bauerngüter und Aufhebung der bäuerlichen Erbfolge in Böhmen. gr. 8°. Prag, Tempsky, 1863.

Freitheilbarkeit und Bodengebundenheit. Verhandelt beim böhmischen Landesausschusse in Folge Landtagsantrags des Abgeordneten L. Sadil. Hrsg. von F. Seidl. 8°. Prag 1863.

Die allgemeinen Freiübungen für das 7. deutsche Turnfest in München. Leipzig 1889. 14 S. Sonderdr. aus: Deutsche Turn-Zeitung.

Freiübungen für das Gauturnfest des Gauverbandes des L e i p z i g e r S c h l a c h t f e l d e s 30. 6. 1878, 4 S., 8°.

F r e i - u n d G e r ä t ü b u n g e n für die Kreis-Vorturnerstunde des VI. Turnkreises (Hannover), 23. 11. 1890, Hannover 1890, 6 S., 8°.

Frei- u. Gewehrübungen, die, nach dem Entwurf der Turnvorschrift f. die Infanterie vom 3. V. 1910 in Gruppen zusammengestellt. (20 S.) kl. 8. Berlin 910. E. S. Mittler & Sohn. p — 20

Freivogel, Ludwig

F r e i v o g e l, Ludwig. Die Landschaft Basel in der zweiten Hälfte des achtzehnten Jahrhunderts. 1., einleitender [einziger] Teil. (Geschichte der L. B. nach dem Urkundenbuch und andern Urkunden und Aktenstücken.) [Diss.] Phil. Bern. 8. Basel 1893.

Freivogel, Ludw., die Landschaft Basel in der 2. Hälfte d. 18. Jahrh. 1., einleit. Tl. Diss. gr. 8. (IX, 198 S.) Basel 893. (R. Reich.) n. 2. 80

Froiwald, Die Lage der Schuhmachergehilfen. 8°. Gotha 1890.

Freiwald, Franz, Kammergerichts-Referendar: **Vergleichung der Vorschriften des Bürgerlichen Gesetzbuches über den Grenzüberbau mit den nach gemeinem Recht und nach Preußischem Landrecht geltenden Rechtssätzen.** Friedenau [1904]: L. Schultz. (96 S.) 8°
Rostock, Jur. Fak., Ref. Lehmann u. Bernhöft, Diss. v. 30. Aug. 1904
[Geb. 9. Mai 80 Posen; Wohnort: Berlin; Staatsangeh.: Preußen; Vorbildung: Gymn. Plotts Reile O. 99; Studium: Berlin; Rig. 30. Juni 04.]

Freiwaldau [Schlagwort]

Freiwaldau. Klose, Alois, Stadt-Plan v. Freiwaldau. 27,5 × 36 cm. Farbdr. Freiwaldau 909. A. Blažek. — 25

Freiwaldau. Wegekarte des Quellengebietes von Freiwaldau u. Gräfenberg. 33,5 × 25,5 cm. Lith. Freiwaldau 895. B. Titze. n. — 35

Freiweg, Max., Soldatesken. Leipzig 858. Schlicke. 12. (4 Bl., 96 S.) n. 6 ngr

Freiwerber, die beglückte Tugend. 8. Bresl. 763. W. G. Korn. 1 ℔

Freiwerber, Die. Lustspiel. Leipzig 1805. V: *Hell, Theodor* (= *Carl Gottfried Theodor Winkler*). (streisandkat. 24)

Freiwillige, Der

—— s.a. Heinemann, Abvh. — Petri, Eug.

Freiwillige, der. Hrsg: E. Lohmann. 1. Jahrg. 1895. 12 Nrn. (à 2 Bog.) gr. 4. Schildesche, Past. E. Lohmann. n. 1. 60

— dasselbe. 2. u. 3. Jahrg. 1896—1897. à 52 Nrn. (Bog.) gr. 4. Bielefeld, E. Siedhoff. à Jahrg. n. 2. —

— dasselbe. 4. Jahrg. 1898. 52 Nrn. (Bog. m. Abb.) gr. 4. Ebd. n. 2. 60
Seit d. 2. Quartal d. 4. Jahrg. m. d. Beilagen: „Unter des Königs Fahnen" (Nachrichten aus d. Heidenmission), „Auf der Warte" (Nachrichten aus d. Orient) u. „Bibelforscher". Kann auch vierteljährlich bezogen werden.

Freiwillige, der. Mit den Beilagen: „Unter des Königs Fahnen" (Nachrichten aus der Heidenmission), „Auf der Warte" (Nachrichten aus dem Orient), „Bibelforscher". Hrsg.: E. Lohmann. 5. Jahrg. 1899. 12 Nrn. gr. 8. (à ca. 28 S. m. Abbildgn.) Bielefeld, E. Siedhoff. n. 4.—

— der. Hrsg. u. Schriftleiter: E. Bowinckel. 6.—8. Jahrg. 1900—1902. à 12 Nrn. gr. 8. (à ca. 24 S. m. Abb.) Frankfurt a/M. Bonn, J. Schergens. à Jahrg. n. 2. —
Die Jahrgge. 6 u. 7 wurden v. E. Lohmann mithrsg.

Freiwillige, der. Evangelisches Monatsblatt. Hrsg. u. Schriftleiter: E. Bowinkel. 9. Jahrg. 1903. 12 Nrn. (à ca. 16 S.) gr. 8. Frankfurt a/M. Neukirchen, Buchh. d. Erziehungsver. n. 2. —
Erscheint nicht mehr.

Freiwillige, der einjährige. 48 Unterrichtsbriefe zur Vorbereitung auf das Freiwilligen-Examen herbg. von e. Verein praktischer Schul- u. Fachmänner. Oldenburg 869. Schulze. gr. 8. (776 S.) 8 ℛ

— — 16 Unterrichtsbriefe im Englischen als Anhang zu den 18 Unterrichtsbriefen in Geschichte, Geographie, Physik 2c. zur Vorbereitung auf das Freiwilligen-Examen. 1—13. Brief. Ebend. 870. gr. 8. (S. 1—208.) Jeder Brief 5 ngr.

— — 16 Unterrichtsbriefe im Lateinischen 2c. 1—13 Brief. Ebend. 870. gr. 8. (S. 1—208.) Jeder Brief 5 ngr.

— — 16 Unterrichtsbriefe im Französischen 2c. 1—13. Brief. Ebend. 870. gr. 8. (S. 1—208.) Jeder Brief 5 ngr.

Freiwillige, der einjährige. 48 Unterrichtsbriefe zum Selbststudium u. zur Vorbereitg. auf das Examen f. den einjähr. Freiwilligendienst in Geschichte, Geographie, Physik, Mathematik, deutscher Sprache u. Literatur nebst e. Anh. v. je 16 Unterrichtsbriefen in Lateinisch, Franz. u. Engl. Hrsg. v. e. Verein prakt. Schul- u. Fachmänner. 4. Aufl. gr. 8. (à 24 S.) Oldenburg 870. Schulze. à — 50

— dasselbe. Supplement. gr. 8. (8 S.) Ebend. 874. n. — 50

— dasselbe. Anhang. 16 Unterrichtsbriefe im Englischen. 14—16. Brief. gr. 8. (S. 209—256.) Ebend. 871. à — 50

Freiwillige, der einjährige. 48 Unterrichtsbriefe zum Selbststudium 2c. Anhang. 16 Unterrichtsbriefe im Französischen. 14—16. Brief. gr. 8. (S. 209—256.) Oldenburg 871. Schulze. à — 50

— dasselbe. 16 Unterrichtsbriefe im Lateinischen. gr. 8. (S. 209—256.) Ebend. 871. à — 50

Freiwillige, der einjährige, im Preußischen Heere. Gesetze, Verordnungen, Erlasse, Bestimmungen über die Zulassung u. die erforderlichen Kenntnisse zum einjährigen Militairdienst, die besonderen Verhältnisse während der Dienstzeit im stehenden Heere, bei der Reserve und Landwehr, über das Landwehr-Offizier-Examen 2c. Nach amtlichen Quellen systematisch zusammengestellt. Potsdam 857. Stachert. gr. 8. (IV, 68 S.) n. 15 ngr

Freiwillige, der einjährige, im preußischen Heere. Eine systematische Zusammenstellung und Bearbeitung sämmtlicher Gesetze, Verordnungen, Erlasse und Bestimmungen, so wie genaue Nachweisung über die Meldung, die Zulassung und die erforderlichen Kenntnisse zum einjährigen Militairdienst, über die besonderen Verhältnisse und den Dienst im stehenden Heere, bei der Reserve und Landwehr, über das Landwehr-Officier-Examen 2c. 2c. Nach amtl. Quellen. 1. Aufl. (IV und 68 S.) 1857., 2. Aufl. 1859. und 3., nach den neuesten Bestimmungen umgearb. und verm. Aufl. gr. 8. (76 S.) Potsdam 860. [Berlin,] Schlesier.

Freiwillige, der einjährige, im preußischen Heere. Eine systematische Zusammenstellung und Bearbeitung der Gesetze, Verordnungen, Erlasse und Bestimmungen über die Berechtigung zum einjährigen Militärdienst, sowie eine Instruction für den Dienst des einjährigen Freiwilligen. Nach amtlichen Quellen. 2. Aufl. 859. — 3. Aufl. 860. (76 S.) — 4., nach den neuesten Bestimmungen vollständig umgearb. und bedeutend verm. Aufl. Berlin 862. Schlesier. 8. (100 S.) n. 15 ngr.

Freiwillige, der einjährige, im preußischen (norddeutschen) Heere. Eine systemat. Zusammenstellung und Bearbeitung der Gesetze, Verordnungen, Erlasse 2c. über die Berechtigung zum einjähr. Militärdienst, sowie eine Instruction für den Dienst des einjähr. Freiwilligen. Nach amtl. Quellen. 4. und 5. Aufl. 1862,67. und 6., nach den neuesten Bestimmungen bearb. und wiederum verm. Aufl. 8. (128 S.) Berlin 867, Schlesier.

— — im preußischen [norddeutschen] Heere. Eine systematische Zusammenstellung u. Bearbeitung der Gesetze, Verordnungen, Erlasse 2c. über die Berechtigung zum einjährigen Militairdienst, sowie eine Instruction für den Dienst der einjährig Freiwilligen. Nach amtlichen Quellen. 5. Aufl. 867. — 6., nach den neuesten Bestimmungen bearb. u. wiederum verm. Aufl. Berlin 868. Schlesier. gr. 8. (128 S.) 15 ngr

— der, des Kaisers, s. Welt, die, der Jugend.

Freiwillige vor! Vorträge u. Bericht v. der 4. allgemeinen Studenten-Missionskonferenz. Halle a. S. 16—20. IV. 1909. Hrsg. vom Studentenbund f. Mission (S. f. M.). (203 S.) 8. Halle (909). Wischan & Burkhardt. 1. 60

Freiwilligen, die; vaterländ. Schspl. in 1 A. 8. Cassel 815. Griesbach. 8 gr.

— die, ein Gemälde d. Zeit, mit Gesang in 1 Akt. Wien 706. Wallishausser. 5 gr.

Wiener-Freiwilligen, Die, in den Jahren 1796 und 1797. Eine historische Skizze. 8. Wien 1797.

Freiwilligen-Corps, die, Oesterreich's im Jahre 1859. gr. 4. (48 S. mit 18 chromolithogr. Abbild.) Wien 860, Hof- und Staatsdruckerei.
Feine Ausg.

Freiwilligen-Corps, Die ungarischen, im Jahre 1859 Mit 3 chromolithographischen Abbildungen. 4. Wien 1860.

Freiwilligen-Jäger-Bataillon, Das krainisch-küstenländische, im Jahre 1859. Mit 1 chromo-lithogr. Abbild. Aus dem Werke: „Die Freiwilligen-Corps Oesterreichs im Jahre 1859". Fol. Wien 1860.

Freiwilligen-Kavallerie-Regementer, Über die

— die Freiwilligen Kavallerie-Regimenter. Nürnberg 1862. 30 S.

Freiwilliger, ein, s.: Schillings-Bücher.

Freiwirth, S., der Arzt für Hand und Handschrift, oder neuestes Lehrsystem, nach welchem sich ein jeder Schlechtschreibende ohne Lehrer in nicht mehr als acht Lectionen eine Fertigkeit im Schön-Schnellschreiben aneignen kann. Mit 8 lithogr. Vorlegeblättern, mehreren Holzschn. und Lithogr., nebst einem Anhang, enthaltend die Vortheile, wie man ohne Linien und Unterlage gerade zu schreiben mit Leichtigkeit im Stande ist. 1. Thl.: Die deutsche Handschrift. 1. und 2., verm. und verb. Aufl. gr. 16. (39 S.) Leipzig 855, E. H. Mayer. *

(Freiwirth.) — Der Arzt für Hand und Handschrift, oder S. Freiwirth's Lehrsystem, nach welchem sich ein jeder Schlechtschreibende ohne Lehrer in nicht mehr als acht Lectionen eine Fertigkeit im Schön-Schnellschreiben aneignen kann. Mit 8 lith. Vorlegeblättern, mehreren Holzschn. u. Lithogr. (im Text), nebst einem Anhange, enthaltend die Vortheile, wie man ohne Linie und Unterlage gerade zu schreiben mit Leichtigkeit im Stande ist. 1. Thl.: Die deutsche Handschrift. 1—3. verm. u. verb. Aufl. Potsdam. — Leipzig (855, 56). (E. H. Mayer in Comm. 16. (VIII, 32 S.) n. 12 ngr

— — 2. Thl.: Die Lateinschrift, mit 8 lith. Vorlegeblättern. Ebend. 857. 16. (44 S.) n. 12 ngr

Freizüge, politische. Hrsg. v. Rob. Blum. Eine neue (Titel-)Ausg. des Volkstaschenbuches Vorwärts. 1. Jahrg. gr. 12. (XII u. 217 S.) Leipzig (843) 848, Friese. n. 1/3 rf

Freksa, Frdr., das Königr. Epirus. Komödie in 5 Akten. (98 S.) 8. München 908. G. Müller. 2. 50

Die Fackel des Eros. Ein Dramencyclus. (150 S.) gr. 8. Ebd. 909. 3.—; geb. 4.—

Ninon de l'Enclos, e. Spiel aus dem Barock. (97 S.) 8. Ebd. 907. 2. 50

Josef Ruederer u. das Wolkenkuckucksheim, s.: Broschüren, Münchener. 5. Hft.

Freksa, Margarete
s. **Beutler** [früherer Name]. [II. 1371]

Frels, Rudolf [approb. Arzt aus Osternburg (Oldenburg)]: **Ueber die anatomischen Grundlagen des phthisischen Habitus** .... München, Druck v. M. Ernst (vorm. Georg Pollner). 1888; 45 S. 8°
München, Med. Fak., Inaug.-Diss. v. 1888

Fünfzig Jahre zur See. Die Marine, wie ich sie gekannt habe [The navy, as I have known it]. 1849–1899. Von Admiral Sir E[dmund] R[obert] **Fremantle**. In d. Deutsche übers. von Kontre-Admiral z. D. M[ax] Plüddemann. Berlin: K. Siegismund 1906. (XXIV, 559 S.) 8° [F.] [14.190]

Frembgen, Ignatius (Coloniensis Belga), Semicenturiam potiorum differentiarum donationis simplicis et remuneratoriae. Positiones jur. Präs. Christian Ferdinand Harpprecht. Tübing. (Bauhof & Franck) Juni 1754. 36 S. (5.—) 9477
Widm. v.: Jo. Friedr. Cotta, Präs., Ernst Philipp Heller (dtsch.), Christoph Heinr. Hetzel (Hall i. Schwab.; dtsch.), Ruoff (Stuttgart), G. F. Liesching (dtsch.), M. W. C. Glanz (dtsch.), M. Stokmaier, Leop. Friedr. Blanchot.

Fremd, Willy, das zerbrochene Dintenfaß. Mährchen f. Jung u. Alt. Eine Festgabe. 16. (77 S.) Lübeck 873. Schmidt's Wwe. geb. m. Goldschn. n.n. 2. 70

Fremde, Der. Ein Wochenblatt. Kopenhagen 1745—46. H: *Schlegel, Joh. Elias.* (Collin, Anonymer. Kiobenh. 1869.)

Fremde, der, eine moralische Schrift. 2 Thle. gr. 8. Rosenh. Proft. 770.

Fremde, der,. Lustsp. v. Friedel. 8. Presb. Löwe. 785.

— der,. Schausp. 8. Prag. Diesbach. (Hilscher in Lpz.) 788.

Fremde, der; Schspl. (von J. G. Haller). 8. Prag 788. (Hinrichs in Leipz.) 2 ℛ

— der,. Lustsp. v. A. W. Iffland. 8. Lpz. Göschen. 800.

Fremde, der, in Augsburg. Eine Beschreibung aller Merkwürdigkeiten, sammt einer kurzen Geschichte der Stadt Augsburg. Mit 1 Grundriß. 16 Augsburg 838. Kranzfelder. 1/3 rf

Fremde, der, in Bonn. Neuester u. zuverlässigster Wegweiser beim Besuche dieser Universitätsstadt u. ihrer Umgebung. 12. (Mit 5 Kupf. u. 1 Plan.) Bonn 844, Pleimes. 5/12 rf

Fremde, Der, in dem Englischen Garten zu Thannhausen an der Mindel ... Augsburg 1840. V: *Schmid, Joh. Chph.* (Ky)

— der, in dem Engl. Garten zu Thannhausen an der Mindel. Eine Idylle von dem Verf. der Ostereier. 32. Augsburg 840. (Kollmann.) 1/12 rf

— der, in Hamburg. Malerischer Fremdenführer in Hamburg, Altona u. deren Umgebungen. Nach den neuesten u. besten Quellen bearb. Mit einem Grundriß von Hamburg u. vielen in den Text gedr. Holzschn. 8. Hamburg 846, Berendsohn. geb. 1 1/2 rf

Fremde, der, in Hamburg. Maler. Fremdenführer durch Hamburg, Altona u. deren Umgebungen. Mit einem (lith.) Grundriß v. Hamburg (in 1.) u. eingedr. Holzschn. (2. wohlf. Ausg.) Hamburg 847, Berendsohn. n. 24 ngr

— der, in Leipzig. Ein unentbehrl. Hilfsbüchlein für alle Diejenigen, welche sich in Leipzig einige Tage aufzuhalten gedenken. Nebst einem Anhange: Leipzigs Völkerschlacht v. 16.—19. Oct. 1813. kl. 16. Leipzig 843, Glück. 3 ngr

Fremde, Der, in Pesth und der Pesther in der Vaterstadt ... Pesth 1833. V: *Tekusch, Aug.* (KU) (Pk)

— der, in Salzburg. Neuester u. vollständ. Wegweiser in der Stadt Salzburg u. ihren Umgebungen. Nebst e. Anhange der für Fremde nöthigen Adressen. Mit 1 lithogr. Ansicht v. Salzburg u. Mozart's Geburtshaus. gr. 12. Salzburg 836. Mayr. 1/2 rf, ohne Ansicht 3/8 rf

— der, in Salzburg. Neuester u. vollständ. Wegweiser in der Stadt Salzburg u. ihren Umgebungen. 3. verb. u. verm. Aufl., red. von Frz. Ant. Alex. v. Braune. Mit 1 Ansicht. 12. Salzburg 843, Mayr. 1/2 rf

— der, in Stuttgart. Neuester u. getreuer Wegweiser durch Stuttgart u. seine Umgebungen. Mit 14 Ansichten u. 1 Plane von Stuttgart. 8. Stuttgart 843, Beck u. Fränkel. 1/2 rf

Fremde, der, in Wien. Verläßlicher Fremdenführer für Alle, welche das Sehens- und Merkwürdigste von Wien in kürzester Zeit kennen lernen und sich orientiren wollen, wo und wie man in der Kaiserstadt gut und billig lebt. Mit einem ausführlichen Plane von Wien und den Vorstädten. 16. (78 S.) Wien, Dirnböck's B. (G. Draudt.) cart. 50 kr.
— — Dasselbe. 2. Auflage. 16. (78 S.) Ebds. cart. **1868.** 50 kr.

Fremde, der, in Wien. Verläßlicher Fremdenführer für Alle, welche das Sehens- und Merkwürdigste von Wien in kürzester Zeit kennen lernen und sich orientiren wollen, wo und wie man in der Kaiserstadt billig lebt. Mit einem ausführlichen Plane von Wien und den Vorstädten. 3. Auflage. 12. (78 S.) Wien, Dirnböck's B. (Georg Draudt.) cart. **1870.** 50 kr.

Fremde, der, in Wien u. d. Wiener in d. Heimath. Vollständ. Auskunftsbuch f. d. Reisenden nach Wien, u. während seines Aufenthalts in d. Residenz; auch genaue Anzeige alles dessen, was in Wien sehenswerth u. merkwürdig ist, f. d. Fremden u. Einheimischen. (Von Wilh. Hebenstreit.) Mt. 1 Plane d. innern Stadt (in Fol.) 1. Aufl. (12½ B.) 829. 22 Gr., 2., verm. u. durchaus verb. A. (13½ B.) 12. Wien 832, Armbruster.

Fremdenbesuch, Der, in Kärnten. Eine Zusammenstellung der im Kärntner Gemeindeblatte erschienenen Artikel über Fremdenpflege ... Klagenfurt 1884. V: *Herrmann, Eduard.* (Bücherverz. d. Zentralbibl. d. D. u. Ö. A. V. München 1906.)

Fremdenbesuch, der, in Kärnten. Eine Zusammenstellg. der im kärntner. Gemeindeblatte erschienenen Artikel üb. Fremdenpflege in Kärnten, sammt e. Verzeichnisse der Sommeraufenthaltsorte. Hrsg. zur Erinnerg. an den 12jähr. Bestand d. kärntner. Gemeindeblattes m. Schluß d. J. 1884. Redactionelle Beilage d. kärntner. Gemeindeblattes v. Mitte Decbr. 1884. gr. 8. (98 S.) Klagenfurt 885. (v. Kleinmayr.) cart. n.n. 2. —

Fremdenblatt und Täglicher Anzeiger.– Wuppertal:
1.I.1833 - 31. XII. 1834.
Vorh. u. d. T.: Fremdenverzeichniß.
Fortges. u. d. T.: Täglicher Anzeiger.

Fremden-Blatt, Red. G. Deml, Eigenthümer G. Heine. Verlag und Druck K. Gerold u. Sohn. 4. 2spaltig. Erscheint täglich excl. Montag. 1 fl. 30 kr. vierteljährig. 1853.

Fremden-Blatt. (VIII. Jahrg.) Eigenthümer Gustav Heine. Redakteur P. Deml. Druck von K. Gerold und Sohn. 4. 2spaltig. Täglich excl. Montag und Normatage. 1 fl. 30 kr. und 2 fl. 30 kr. vierteljährig. Wien: 1854.

Fremden-Blatt. IX. Jahrgang. Eigenthümer: Gustav Heine. Verantwortlicher Redakteur: P. Deml. Druck und Verlag von C. Gerold u. Sohn. 4. 2spaltig. Täglich, mit Ausnahme der Montage und Normatage. 6 und 10 fl. ganzjährig. Wien: 1855.

Fremden-Blatt. (X. Jahrg.) Eigenthümer: Gustav Heine. Verantw. Redakteur: P. Deml. Druck und Verlag von Karl Gerolds Sohn. 4. 2spaltig. Erscheint täglich mit Ausnahme der Montage und Normatage. Wien: 1856.

Fremden-Blatt. XI. Jahrg. Eigenthümer: Gustav Heine. Redakteur: P. Deml. Druck und Verleger: A. Dorfmeister. Erscheint täglich, außer den Montagen und Normatagen. 4. 2spaltig. 1857.

Fremden-Blatt. XII. Jahrg. Eigenth.: *Gust. Heine.* Verantw. Red.: *P. Deml.* Druck u. Verl. v. *A. Dorfmeister.*
Erscheint in **Wien,** tägl. mit Ausnahme der auf Sonn- und Feiertage folgenden Tage, 1 Bog. in 4°. mit Beilage. 2spaltig. Prän.-Pr. ¼-jähr. 2 fl. 30 kr.; pr. Post 3 fl. 30 kr. Einzelne Blätt. 3 kr.

Fremdenblatt. Internationales Bade- und Reise-Journal. Herausgegeben und redigirt von Hans Feller. XIV. Jahrg. 1894. Folio. Pro complet mit Postversendung 2.25, Nummer apart —.12
Carlsbad: Feller 1894.

Fremdenblatt. Internat. Bade- u. Reise-Journal. 15.—18. Jahrg. Mai—Septbr. 1895—1898. à 22 Nrn. (à 12 S.) Fol. Karlsbad, H. Feller. à Jahrg n. 6. —

Fremdenblatt. Beilage: „Neueste Nachrichten". 20. Jahrg. Mai—Septbr. 1900. 21 Nrn. Fol. (à ca. 12 S.) Karlsbad, H. Feller. n. 3. —

— Gazette des étrangers. Hrsg. v. Wilh. Ehrlich u. Lucien Perroud. Dir.: Lucien Perroud. Réd. de la partie française: A. d'Ailly-Vaucherot. Texte allemand: Fr. Holl. 1. Jahrg. Juni—Dezbr. 1898. 26 Nrn. (Bog.) hoch 4. München (C. Fritsch). n. 2.40; einz. Nrn. n. — 10
Kann auch vierteljährlich bezogen werden.

Fremden-Blatt. 55. und 56. Jahrgang vom Jahr 1901 und 1902 nur die (11) militärische Beilage in je einem Band gebunden. Jahrgang 57 und 58: 1903 und 1904 (Morgen und Abendblatt vierteljährig, die militärische Beilage pro Jahr in je 1 Band gebunden.) (12 Bde.) Fol. Wien 1901–1904.

Eifeler **Fremdenblatt**. Sommer 1902. Gratisgabe d. 'Eifel-Zeitung' z. Hebung d. Fremden-Verkehrs. Jg. 1, No 1–13. [Mehr nicht erschienen.] (Daun; 11 ff.: Bitburg: A. Schneider 1902.) (Getr. Pag.) 4° [F.] 1.. 4..

Fremden-Blatt. – Hamburger Fremden-Blatt. –
10.XII.1863 – 31.VIII.1944.
1.IX.1954–31.X.1954.
Vorh. u. d. T.: Liste der angekommenen Fremden in Hamburg.

Karlsbader Fremdenblatt mit Beilage „Neueste Nachrichten". 24. Jahrg. 1904. Fol. erscheint vom Mai bis September wöchentlich einmal. Karlsbad: Feller 1904. K 3 —

Fremdenblatt f. die böhmischen Kurorte. Fest-Nummer zur Enthüllg. d. Goethe-Denkmals. Hrsg.: Hans Feller. Fol. (8 S. m. eingedr. Holzschn.) Karlsbad 883. Feller n. — 80

Fremdenblatt, Marburger. Hrsg. vom Verein zur Hebg. d. Fremdenverkehrs zu Marburg. Fol. (10 S. m. Abbildgn.) Marburg 893. O. Ehrhardt. — 10

Fremdenblatt. – Münchener Fremdenblatt. –
5.III.1878–31.V.1893.

Fremden-Blatt. Neues. Vom 4 August 1865 bis 31 Dezember 1866 (Beigebunden:) Fremden-Blatt. Vom 16 Juli bis 23 Oktober 1866. Fol. Wien 1865–1866.

Scheliha's Fremden-Blatt: May 1876–1880
Weekly. Published in interests of immigrants. Small folio, each issue 4 pages. Edited & published by Victor Ernst Karl Rudolf von Scheliha
New York, NY

Fremden-Blatt für die Sommerfrischen und Ausflugsorte im Osten des Riesengebirges... Hrsg. von d. Vereinigung der R.-G.-V.-Ortsgruppen im Osten d. Riesengebirges. Verantw. Schriftleiter: Rudolf Werner. Jg. 1. Landeshut i. Rsgb.: A. Werner 1905. 4° 1.. 333. 2

Fremden(-blatt): Tägliches Fremden- und Anzeigeblatt der Stadt Basel
② Tagblatt der Stadt Basel (1840—16. 6. 1862) ④ Schweizerischer Volksfreund und Tagblatt der Stadt Basel (Fusion 17. 6. 1862) ⑤ 19. 7. 1838—16. 6. 1862 ⑥ 8° (19. 7. 1838—1851). 4° (1852—14. 12. 1854). 2° (15. 12. 1854—16. 6. 1862) ⑦ Tagblatt ⑧ Basel: Fretz & Baur (19. 7. 1838—22. 9. 1838). J. W. Baur (23. 9. 1838—30. 6. 1852). J. W. Baur sel. Erben (1. 7. 1852—16. 6. 1862) ⑨ Mittheilungen (1842—16. 6. 1862) (Fortsetzung unter gleichem Titel im Schweizerischen Volksfreund: Mittheilungen). 8° (1840—1853) 4° (1854—1862). Wochenblatt (1840—1846), wöchentlich 3× (1847—1862). Titel des Jahrganges: Mittheilungen aus dem Gebiete der neuesten Literatur. Ernsten und scherzhaften Inhalts (seit 1851): Kirchenzettel (»Sonntägliches Predigerverzeichnis«) (1840—1844). Wochenblatt ⑩ J. E. Fretz (19. 7. 1838—April 1839). J. G. Wölfflin (1. 4. 1839—30. 6. 1852). J. W. Baur sel. Erben und Th. G. Schmidt (1. 7. 1852—18. 1. 1860). Th. G. Schmidt (19. 1. 1860—16. 6. 1862). Wilhelm Klein (von 1851 alleiniger Besitzer) ⑪ J. G. Wölfflin (1. 4. 1839—1848). Wilhelm Klein (1850—1852). Dr. Peter Feddersen (1853—1859). Dr. Fritz Göttisheim (1859—1862) ⑫ bis 1847 konservativ, später liberal, zeitweise mit radikaler Färbung ⑬ BGSZ: 705 (Fritz Brändlin ..., p. 16—18); Ferd. Holzach: Wilhelm Klein als Staatsmann und Persönlichkeit. »Der Basilisk« (Beilage der Nationalzeitung) 13. 3. 1952. Nr. 5; Paul Siegfried. Wilhelm Klein. »Sonntagsblatt der Basler Nachrichten« 4. 10. 1925. Nr. 40, p. 174; Paul Burckhardt: Geschichte der Stadt Basel von der Zeit der Reformation bis zur Gegenwart (Basel 1942; p. 234. 277; Heiner Gautschy: Die Schweizer Presse um die Mitte des 19. Jahrhunderts (Basler Beiträge zur Geschichtswissenschaft 33) p. 57 ⑭ Bs: U (Beilagen unvollständig) ⑮ Ursprünglich Anzeigeblatt mit Rätseln und Erzählungen im Anhang, später vereinzelten Artikeln historischen, wirtschaftlichen und politischen Inhalts. Seit 1840 bleibt der Textteil hauptsächlich auf die Beilage der »Mittheilungen belletristischen und statistischen Inhalts« beschränkt. Erst seit 1852 erscheint im Tagblatt selbst ein ausführlicherer politischer Nachrichtenteil.

Fremdenblättchen. s.a. Anzeiger, Täglicher.– Wuppertal.

Fremdenbuch. Unsere Freunde u. Gäste. Handschriften-Album der Familie. (Neue Ausg.) gr. 8. (Umrandetes Papier m. 1 Farbendr.) Leipzig 893. E. Haberland. Geb. in Halbfrz. n. 3. 60

Das **Fremdenbuch.** Hrsg.: Hermann Kiehne. No 1. (Nordhausen: H. Kiehne) 1906. 8° [F.] 106. 13180 3

Fremdenbuch der Familie .... 1.—3. Aufl. gr. 8. (200 Bl. mit 1 Photogr.) Hannover 875—79, Feesche. geb. mit Goldschn. *

Fremdenbuch der Familie .... 2. Aufl. gr. 8. (184 S. m. 1 Photogr.) Hannover 877. Feesche. geb. m. Goldschn. n. 6. —

Fremdenbuch der Familie ... 4.—6. Aufl. gr. 8. (192 S. mit 1 Lichtdr.) Hannover 881,83, Feesche. geb. mit Goldschn. *

Fremdenbuch der Familie ... 7.—9. Aufl. gr. 8. (192 S. mit 1 Lichtdr.) Hannover 885—87, Feesche. geb. mit Goldschn. *

—— dass. — 10. Aufl. gr. 8. (192 S. mit 1 Bild.) Ebenda. 888. geb. mit Goldschn. *

Fremdenbuch der Familie. 11. Aufl. gr. 8. (192 S. m. 1 Bild.) Hannover 890. Feesche. geb. m. Goldschn. n. 5. —

der Familie. 13. Aufl. gr. 8. (IV, 188 S. Schreibpap. m. Randeinfassgn. u. 1 Lichtdr.) Hannover 894. H. Feesche. Geb. in Leinw. m. Goldschn. n. 5. —

Fremdenbuch der Familie. 15. Aufl. gr. 8. (IV, 188 S. m. 1 Lichtdr.) Hannover 900. H. Feesche. Geb. in Leinw. m. Goldschn. n. 5. —

Fremdenbuch der Familie. (192 S.) Lex.-8. Hannover (904). H. Feesche. Geb. in Leinw. m. Goldschn. n. 6. —

— für das christliche Haus. Mit Spruch u. Lied. Mit Zeichngn. v. F. Wanderer. Hrsg. von K. A. Gutmann. gr. 8. (VII, 192 S.) Nürnberg 889. Herdegen-Barbeck. geb. m. Goldschn. 6. —

Fremdenbuch für Haus u. Familie. gr. 8. (VII, 192 S.) Nürnberg 889. Herdegen-Barbeck. geb. m. Goldschn. 6. —

— Deutsche Seewarte, Fremdenbuch I. der —. Begonnen am 1. April 1876, abgeschlossen 21. Juli 1889. Hamburg.

— unser. Blätter der Erinnerg. an unsere Gäste. Lex.-8. (III, 96 S.) Hanau 888. Alberti. geb. n. 4. —

Fremdenbuch, unser. Blätter d. Erinnerg. an uns. Gäste. Lex.-8. (V, 76 S. m. Vignetten u. Umrandgn.) Hanau 895. G. M. Alberti. Geb. in Leinw. n. 4. 50; in Seiden-Calico m. Goldschn. n. 5. 50; in Saffian m. Goldschn. n. 7. 50

Fremdenbuchpoesie. Fremdenbuch-Poesie. Eine Sammlung ernster und heiterer Verse und Sprüche aus Fremdenbüchern. Heft 1. [Illustriert.] II + 14 S. 8. Grüningen, J. Wirz, 1901. fr. —. 50.

A. u. d. T.: Fremdenbuch-Poesie vom Stanserhorn. Grüningen-Zürich, J. Wirz, 1901.

Fremdenführer, der, oder Hamburg u. seine Umgebung, s. H. Meyer, Hamburg ꝛc.

Der Fremdenführer; oder wie kann der Fremde in der kürzesten Zeit, alle Merkwürdigkeiten in Berlin, Potsdam, Charlottenburg und deren Umgebungen, sehen und kennen lernen. Von J[ohann] D[aniel] F[riedrich] Rumpf ... (Taschenbuch.)
Berlin: C. G. Flittner 1826. X S., 4 Bl., 162 S., 3 Bl. Reg., 1 Titelkupf. 12°
Ausg. ohne Grundriß von Berlin.

Fremdenführer. Flugblatt. s. l. Abdruck des Artikels: „Auf Schritt und Tritt faule Schäden", aus Nr. 7 der in London erscheinenden Zeitschrift die „Freiheit", vom 12. Febr. 1881.

— allerneuester Münchener, für 1860. 4. Aufl. München 860. Lentner. 16. (2 Bl., 143 S. u. 1 lith. Plan in Fol.) 12 ngr.

—— allerneuester Münchener. 16. (176 S. mit 1 lithogr. Plan in gr. Fol.) München 874, Stahl. cart. *

—— alphabetisch geordneter, in den Gassen, Strassen und Plätzen Wien's nach den neuen Benennungen. Mit Angabe, in welchem Quadrate des Planes dieselben zu finden sind. 8. (15 S. mit 1 Plane.) Wien 863, Beck'sche Universitäts-Buchh. cart. *

Fremden-Führer durch die mittelfränkische Kreishauptstadt Ansbach u. deren Umgebung. Hrsg. vom Ver. z. Hebung d. Fremden-Verk. Ansbach. 2. Aufl. *Ansbach 1895: E. Schnug.* (55 S.) 8° 01. 3394 9

Fremdenführer von Baden-Baden. 4. Aufl. 8. (38 S.) Baden-Baden 887. Sommermeyer. n. — 25

Fremdenführer. Basler F' = Strangers' Guide (Basle =) Bâle Guide-Journal. Hrg. vom Verkehrsverein Basel — Saison 1891. [Mit 1 Vignette und 1 Plan.] 4. (Basel.)

Fremdenführer. Basler F'. (Basel) 1892 *s.* Guide de Bâle.

Fremdenführer. Basler F'. Hrg. vom Verkehrsverein Basel. 1896. [Mit Illustrationen und 1 Plan.] 8.
Ausg. A. Basel.
Ausg. B ([Mit Anhang:] Nachträge und Änderungen.) (Basel.)

Fremdenführer. Basler F'-F'. [Hrg. vom Verkehrsverein Basel.] Aufl. 1895. [Mit Illustrationen und 1 Plan.] 8. (Basel.)

— nach u. durch Bentheim. [Deutsch u. holländisch.] Mit Illustr. u. 2 Kärtchen. gr. 16. (26 S.) Amsterdam 888. Seyffardt. n. 1. —

Fremdenführer für die Stadt Bern. [Humoreske.] ([Mit] Anhang: Archäologische Studien des Prof. Feuilletont. Programm des Historischen Umzuges vom 8. und 18. Mai 1882.) 8. Bern *o. J.* [1882 89].

— f. d. Besucher d. 41. Generalversammlg. d. Katholiken Deutschlands, s.: Köln u. s. Kirchen.

— dasselbe, 43. General-Versammlung zu Dortmund, s.: Dortmund.

Fremdenführer, der, f. Bunzlau. Zum IV. schles. Provinzial-Schützen-Fest. gr. 8. (56 S.) Bunzlau 872. Kreuschmer. — 75

Fremdenführer, für Cannstadt, Berg u. Umgebung. Mit Ansichten (Holzschn.) u. 1 (lith.) topograph. Karte der Umgegend (in 4.). Cannstadt 867. Bosheuyer. gr. 8. (IV, 143 S.) n. 20 ngr

— der, f. Cannstatt u. die Umgegend. Mit Angabe der Gelegenheiten d. Königl. Schlösser, Parks rc. besuchen zu können, einem Wohnungs-Anzeiger u. Boten-Verzeichniß v. Cannstatt. Mit (lith.) Karten der Umgegend (in gr. 4.) u. Fahrten-Plan der württemb. Eisenbahn. gr. 16. (40 S.) Cannstatt 851, Bosheuyer. 1/3 ℛ

— für Cannstatt und dessen Umgegend. Mit Beschreibung seiner Brunnen, Bäder etc. 2. Auflage. Cannstatt 1859

— für Coburg und die Umgegend. Coburg (853). Riemann-sche Hofbuchhdlg. 8. (25 S. m. 1 Lithogr.) n. 5 ngr

Fremden-Führer für Seebad Cranz mit Ill. *Königsberg i. Pr.: E. Erlatis Nachf. 1898.* (22 S.) 8° [03. 6n 10

—— durch Dresden, seine Umgebungen und Sehenswürdigkeiten. Mit Ansichten und Plan der Stadt, Verzeichniss der Strassen, wichtigen Gebäude, Denkmäler, Vergnügungsorte, Kunstsammlungen etc. Fahrpläne der Eisenbahnen und Dampfschiffe etc. (1 lithogr. Plan mit angedr. Tabellen in qu. Fol.) Dresden 856, Schäfer's Sortimentsh.

Fremdenführer, Dresdener.

Dresden 1855. V: *Domann, C. G.* (Kat. d. stat. Bureaus. Dresden 1890.)

—— dresdner. Handbuch für Fremde, enthaltend: Münz-Tabelle — Practische Notizen für Reisende — Nachweis aller Sehenswürdigkeiten etc. nebst einer Uebersicht des Abganges und der Ankunft aller Posten, Eisenbahnen und Dampfboote — Briefporto- und Telegraphen-Taxe. Sommerhalbjahr 1855. gr. 16. (21 S. mit 1 lithogr. Plan von Dresden in gr. 4. und 1 Tab. in qu. Fol.) Dresden 855, Domann. Thlr.

Fremdenführer durch Elbing und Umgegend. Hrsg. von dem Ver. z. Hebung d. Fremdenverkehrs f. Elbing u. Umgegend. 1902. *(Elbing 1902: E. Wernich.)* (16 S.) 8° [F.] [02. ... 10

Fremdenführer durch Elbing und Umgegend. Hrsg. von dem Verein zur Hebung d. Fremdenverkehrs f. Elbing u. Umgegend. 3. Aufl. (Elbing) 1904: (E. Wernich). (32 S.) 8° [F.] [04. 12277 10

— der, in Ems u. seinen Umgebungen, m. besond. Berücksicht. der Ausflüge nach der Lahn, dem Rhein u. der Mosel, verbunden m. e. Adressbuch der Stadt f. Kurgäste u. Reisende. Mit e. Plane der Stadt u. e. Karte der Umgegend v. Ems. 7. Aufl. 12. (VIII, 109 S.) Ems 884. Kirchberger. n. 1. —

Fremdenführer in Ems und seinen Umgebungen mit 1 Plane der Stadt, 1 Karte der Umgegend und einem Adreßbuch. fl. 8. (200 S.) Bad Ems 888, Kirchberger.

Fremden-Führer, der, in Ems u. seinen Umgebungen, m. besond. Berücksicht. der Ausflüge nach der Lahn, dem Rhein u. der Mosel, f. Kurgäste u. Reisende. Mit 1 Plane der Stadt u. 1 Karte der Umgegend v. Ems. 10., umgearb. u. bedeutend verm. Aufl. 12. (VIII, 180 S.) Ems 894. L. J. Kirchberger. n. 1.

—— Görlitz-Zittauer. gr. 16. (54 S.) [Görlitz 877.] Leipzig, König. *

Fremdenführer des Königsberger Grundbesitzer-Vereins, Abtheilung z. Förderung d. Fremden- u. Geschäftsverkehrs. *Königsberg i. Pr.: Königsb. Grundbes.-Ver. 1900.* (16 S.) 4° [Umschlagt.] [0. ... 10

Fremdenführer für Hallein und

Umgebung. Hallein 1884. V: *Niedermayer, Wilhelm.* (EB)

— durch Hamburg-Altona u. Umgegend. [Ganz Hamburg in der Westentasche.] 32. (96 S. m. 15 Lith. u. e. lith. Plan in qu. gr. 4.) Hamburg 851, Richter. 1/4 ℛ

— durch Hamburg-Altona und Umgegend. 3. verm. Aufl. Mit 1 (lith.) Plane der Stadt (in gr. 4.) u. 23 (lith.) Ansichten. Hamburg 854. Richter. 32. (123 S.) 7 1/2 ngr

— Hamburg-Altonaer, nebst (lith.) Situationsplan. Fol. (4 S.) Hamburg 880. Niemeyer Nachf. n. — 20

— humorist., durch Königsberg. Mit (4) Ansichten. 16. Königsberg 840. Voigt u. Fernitz. n. 1/3 ℛ

Fremdenführer, Humoristischer,

durch Königsberg . . . 2. Aufl. Königsberg 1847. V: *Walesrode, Ldw.* (EngG)

Fremdenführer, der illustrirte, durch Hamburg. Andenken an Hamburg u. seine Umgebungen. Malerische Ansichten nach Original-Zeichnungen von A. H. Payne, mit Text von Geo. Werner. Nebst Plan von Hamburg. A. u. d. T.: Das illustr. Hamburg rc. 16. (Mit 30 Stahlst.) Hamburg 845, Niemeyer. n. 1 2/3 ℛ

Fremdenführer. Illustrirter F. von Basel. Mit 34 Ansichten und einem Plane der Stadt. Den Theilnehmern am 16. eidgenössischen Sängerfest in Basel (12.-15. Juli 1875) gewidmet von Gebrüder Hug.... 8. (Basel 1875.)

Fremdenführer, illustrirter, durch Berlin und Potsdam. Mit einem Vorwort und einer Schilderung des berliner Volkslebens von Hans Wachenhusen. 16. (X und 149 S. mit eingedr. Holzschn. nebst lithogr. Plänen von Berlin und Potsdam in qu. 8.) Berlin 859, Huber. Thlr.

— illustr., f. d. Besucher d. Spicherer Schlachtfeldes, d. Rathhaussaales, d. Ehrenthals, sowie der Städte Saarbrücken u. St. Johann nebst Umgegend. M. farb. Schlachtfeldkarte u. 1 Städteplan, sow. ein. der „Saarbrücker Kriegs-Chronik" entnomm. Zeichngn. v. C. Roechling. 8. (III, 43 S.) Saarbrücken 895. H. Klingebeil's Verl. n. — 80

Fremdenführer, illustrierter, durch Bad Freienwalde a. O., Falkenberg (Mark) u. Umgegend. Mit e. Spezialkarte. Neu bearb. nach A. Böhncke's Führer. (25 S.) 8. Freienwalde a/O. 907. Emil Pilger. (Nur direkt.) - - 50

Fremdenführer. Illustrirter F. durch Genf und Umgebung. (Acht Tage in Genf.) [Mit 1 Karte im Text und 1 Plan. Herausgeber:] Genève. Hôtel de la Poste. 8. (Genève) *o. J.* [1894, 95].

— illustrirter, durch Zürich u. Umgebung. Mit ca. 40 Ansichten in (eingedr.) Orig.-Holzschn. v. J. R. Müller. Nebst e. Plane der Stadt u. Umgebg., wie allen nöth. Verkehrs-Tarifen etc. 12. (34 S.) Zürich 883. (Meyer & Zeller.) n. — 40

Fremdenführer durch Cassel und seine Umgebung. Ein unentbehrlicher Begleiter durch die Natur- und Kunstschätze Cassels. Mit einem reichen Anhang praktischer dem Fremden wissenswürdiger Notizen. Cassel 858. Scheel. 32. (2 Bl., 109 S.) n. 5 ngr

— durch Cassel u. seine Umgebung. Ein Begleiter durch die Natur- u. Kunstschätze Cassels. Mit 1 ausführlichen (lith.) Plane der Stadt Cassel (in Fol.). Cassel 870. Scheel. 16. (XI, 52 S.) 7 1/2 ngr

Fremdenführer, kleiner, v. Baden-Baden, nebst kleinem Stadtplan. gr. 16. (XXIX, 44 S.) Baden-Baden (902). F. Spies. n. — 50

— kleiner, durch Hamburg, Altona rc., s. a. Röding, C. N.

Fremdenführer, Kleiner, durch Hamburg, Altona und deren Umgegenden ... Hamb. 1842. V: *Röding, Carl Nic.* (EngG)

— für Constantinopel und Umgegend nebst einer kurzen geschichtlichen Einleitung. Constantinopel 860. Schimpff & Co. 16. (VIII, 232 S.) n. 1 *℞* 10 *ngr.*

— der, im Bad Kreuznach und dessen Umgebungen. — Guide des Etrangers aux Bains de Creuznach et dans ses Environs. Kreuznach (854). Voigtländer. qu. 8. (2 Bl., 16 S. u. 2 lith. Karten.) n. 10 *ngr*

— kurzgefasster, f. Minden, Porta Westfalica u. nähere Umgebung. gr. 16. (4 S. m. 2 farb. Karten.) Minden (900). J. Bleek. n. — 20

— für Leisnig u. Umgegend. Mit 1 (lith.) Karte (in Fol.). Leisnig 868. Ulrich. 8. (16 S.) n. 6 *ngr.*

— für Leisnig u. Umgegend. Mit e. die Leisniger Gegend umfass. Karte u. Specialplänen der Stadt u. der Maylust-Anlagen. (Lith. qu. Fol.) 8. (20 S.) Leisnig 874. Ulrich. n. — 50

— Münchener, für 1865. München 865. Leutner. 16. (236 S. u. 1 lith. Plan in Fol.) n. 12 *ngr.*

— für 1869. Ebend. 869. 16. (176 S. u. 1 lith. Plan in Fol.) n. 12 *ngr.*

— Münchener. 1. Aufl. (VIII, 156 S. mit lithogr. Plan in qu. gr. 4.) 1877; 2. Aufl. 16. (VIII, 164 S. mit 1 lithogr. Plan in qu. gr. 4.) München 879, Stahl. cart.

— Münchener. 16. (132 S. m. 1 lith. Plan.) München 881. Stahl. n. 1. —

— neuer, in Bad Ems u. Umgegend. Mit 1 Stahlst. Ems 867. Fahdt. gr. 16. (43 S.) 10 *ngr.*

— neuer, in Bad Ems und Umgegend. 4. veränd. Aufl. 16. (V, 52 S. mit Stahlst.) Ems 872, Fahdt. *

— neuer Hamburger. 12. (72 S. m. Abbildgn. u. 1 farb. Plan.) Hamburg 891. Mertens & Friedländer. n. — 60

— neuer illustrirter, durch die Stadt Triest u. Umgebung. Mit 16 (eingedr.) Holzschn., dem neuen (chromolith.) Strassenplane von Triest (in Imp.-Fol.) u. e. (eingedr.) Orientirungsplane f. das Lloyd-Arsenal. 8. (IX, 63 S.) Triest 880. Dase. cart. n. 2. —

— neuer illustrirter, durch die Stadt Triest und Umgebung mit 20 Holzschn., dem neuen Strassenplan von Triest und 1 Orientirungsplan für das Lloydarsenal. 2. Aufl. 8. (VIII, 80 S.) Triest 887. Dase. n. 2. —

Fremdenführer, neuer illustr., durch d. Stadt Triest u. Umgebg. M. 21 Holzschn. u. d. neuen (farb.) Strassenplane v. Triest. 3. Aufl. 12. (VII, 87 S.) Triest 897. J. Dase. Kart. n. 2. —

— neuer mitteleuropäischer. Handbuch f. Reisende durch Deutschland, Österreich-Ungarn, Ober-Italien inkl. Rom u. Neapel, die Riviera (m. Ausflug nach Paris), Belgien u. Holland. Hrsg.: Rud. E. Kostelezky. 24. Jahrg. Ausg. Nr. 282. 1905. (578 u. L S. m. Karten u. Plänen.) kl. 8. Budapest, R. E. Kostelezky. Geb. n. 10. —

— neuer mitteleuropäischer. Handb. f. Reisende. 1910. 29. Jahrg. Hrsg.: Rud. E. Kostelezky. (549 u. XLIX S. m. Karten u. Plänen.) kl. 8. Budapest (IV, Ferencz-József Rakpart 6—7), R. E. Kostelezky. Geb. 10. —

— neuer practischer v. Grado, Aquileja u. Umgebung. 8. (38 S. m. Abbildgn. u. 1 Plan.) Triest (902). F. H. Schimpff. n. — 50

Fremdenführer, neuer practischer, v. Grado. Aquileja u. Umgebung. 2. Aufl. (48 S. m. Abbildgn. u. 1 Plan.) 8. Triest (904). F. H. Schimpff. n. — 60

— neuer praktischer, durch Hamburg m. Umgegend. [Hamburg wie es heute ist.] gr. 8. (15 S.) Hamburg 851, Verlags-Comptoir. — 2. Ausg. hoch 4. (18 S.) Ebd. 852. n. 3 *ngr*

— neuester, oder Anleitung, Potsdam m. Umgebungen in 6, 8 od. 12 Stunden zu sehen. 8. (48 S.) Potsdam 850, (Berlin) Janke. n. 1/6; m. Plan v. Potsdam u. Umgebung n. 1/4 *℞*

Fremdenführer, neuester, durch Berlin. 8. (32 S. m. 1 color. Plan in Fol.) Berlin 848, Stargardt. 1/3 *℞*

Fremdenführer, neuester, f. Berlin u. d. umliegende Gegend; enthalt.: eine kurze Nachricht von allen daselbst befindl. Merkwürdigkeiten. Mit Berücksichtigung alles Neuen, a. d. besten vorhand. Quellen zusammengetr. (Von Geo. Gropius.) M. 9 Stahlst. u. e. (ill.) Plane (in Fol.) 16. (13 B.) Berlin 834, Gropius.
Dass. mit d. Plane, ohne Stahlst. 1 Thlr., ohne beides 18 Gr. Französ. Uebersetzung dess., vgl. Ekkenstein, Jean, le nouv. conducteur etc.

Fremdenführer, neuester, für Berlin u. d. umlieg. Gegend; enthalt. e. kurze Nachricht von allen daselbst befindl. Merkwürdigkeiten. Mit Berücksicht. alles Neuen, aus d. besten vorhand. Quellen zusammengetragen. 2. Aufl. 16. (19½ B.) Berlin 838, G. Gropius. * 3/4 Thlr., m. 1 Plane * 1 Thlr., m. 9 Stahlst. u. 1 Plane *

Fremdenführer, neuester, in Bad Ems und Umgegend. 5. Aufl. (79 S.) 1873; 6. veränd. Aufl. (IV, 63 S.) 1876; 7. veränd. Aufl. 8. (80 S. und Anhang 20 S.) Ems 878, Pfeffer.

Fremdenführer, neuester, in Bad Ems u. Umgegend, m. amtl. Taxen u. (lith.) Situationsplan. 8. veränd. u. verm. Aufl. 12. (IV, 95 S.) Ems 880. Pfeffer. n. 1. —

Fremdenführer, neuester, in Bad Ems u. Umgegend. Mit amtl. Taxen u. (lith.) Situationsplan. 10. Aufl. 12. (IV, 100 S.) Ems 883. Pfeffer. n. 1. —

— neuester, durch die Kurstadt Bad Ems u. ihre Umgebung. Führer durch das Lahn-, Rhein- u. Moselthal. Mit amtl. Taxen, Situationsplan u. Karte der Umgegend. 13., verm. Aufl. gr. 16. (IV, 120 S.) Bad Ems 889. Pfeffer. 1. —

Fremdenführer, neuester, durch Bad Ems u. Umgebg., sow. n. d. besuchtesten Orten d. Lahn-, Rhein- u. Moselthales. M. amtl. Taxen, Situationsplan u. Karte d. Umgegend. 5., stark verm. u. verb. Aufl. 1896. 12. (110 S.) Ems 896. C. L. Lotz. n. 1. —

Neuester Fremdenführer durch Bad Ems und Umgebung sowie nach d. besuchtesten Orten d. Lahn-, Rhein- u. Moselthales. Mit amtl. Taxen, Situationspl. u. Kt. d. Umgegend. 6. stark verm. u. verb. Aufl. Ems: Lotz (1896). 108 S. 8° [illegible]

— neuester illustrirter, in Graz und Steiermark. Wegweiser für Graz und Umgebung, sowie auf Ausflügen in weitere Entfernungen, Bergtouren, Heilbäder, Sommerfrischen etc. Steiermark's. Mit 1 (lithogr.) Total-Ansicht und dem neuesten (lithogr.) Plane von Graz, zahlreichen (lithogr.) Abbild. hervorragender Etablissements und Sehenswürdigkeiten, sowie 1 (chromolithogr.) Karte von Steiermark. 2.—4. verm. Aufl. gr. 16. (160 S.) Graz 876,77, Cieslar. *

— neuester illustrirter, in Graz u. Umgebung sowie auf Ausflügen in weitere Entfernungen, Bergtouren, Heilbaeder etc. Mit dem neuesten (lith.) Plane v. Graz (in Fol.) u. e. (chromolith.) Eisenbahnkarte v. Steiermark (in gr. 4.) 16. (90 S.) Graz 873. Cieslar. geb. 2. —

Fremdenführer, neuester, durch Magdeburg und Umgegend. Ein Wegweiser, der in kurzer Zeit und ohne besondern Führer jedem Fremden alles Sehenswerthe vorführt u. ihn sicher leitet. Magdeburg 853. Quednow. 24. (72 S.) 7 1/2 ngl

— neuester, in Paris. Mit (lith.) Plan von Paris (in Fol.). Leipzig 855. Wengler. 16. (128 S.) 10 ngl

Neuester praktischer Fremdenführer von Triest und Umgebung. Mit Illlustrationen und neuestem Strassenplan. 4. verbesserte Auflage. Triest. 1900. Schimpff. 8°. 68. XXIV. S. mit 1 Tafel K —.80

— neuester praktischer, v. Triest u. Umgebung. Mit Ausflügen nach Miramar, Opcina, Portorose, Sistiana, Duino, Grado, Aquileja, den Höhlen v. Adelsberg, St. Canzian u. der Kronprinz Rudolphsgrotte. 5. verb. Aufl. 8. (57 S. m. Abbildgn. u. Plan.) Triest (902). F. H. Schimpff. n. — 75

— neuester praktischer, v. Triest u. Umgebung. Mit Ausflügen nach Miramar, Opcina, Portorose, Sistiana, Duino, Grado, Aquileja, den Höhlen v. Adelsberg, St. Canzian u. der Kronprinz Rudolphsgrotte. 6. neubearb. Aufl. (84 S. m. Abbildgn. u. 1 farb. Plan.) kl. 8. Triest (907). M. Quidde. 1. —

— neuester vollständiger u. zeitsparender, in Wien u. seinen Umgebungen. Mit dem neuesten (lith.) Plane der Stadt u. der Vorstädte (in gr. Fol.) 16. (IV u. 142 S. m. Holzschntaf.) Wien 852, Wenedikt. n. 2/3 ₰

—— neuester vollständiger und zeitsparender illustrirter, in Wien und seinen Umgebungen. 1. Aufl. (IV und 142 S. mit 1 Plane und 5 Holzschnt.) 1852. und 2., verb. Aufl. 16. (136 S. mit dem neuesten lithogr. Plane der Stadt und Vorstädte, nebst 1 lithogr. Karte der Umgebungen in gr. Fol. und 30 Ansichten von Wien in Holzschn.) Wien 855(56,) Wenedikt. *

— neuester, vollständiger und zeitsparender illustrirter, in Wien und seinen Umgebungen. Mit dem neuesten (lith.) Plane der Stadt und Vorstädte (in Fol.) nebst 1 (lith.) Karte der Umgebungen und Ansichten von Wien (in Fol.). 2. verb. Aufl. 856. (136 S.) — 3. bedeutend verm. rc. Aufl. Wien 858. Wenedikt. 16. (152 S. m. Holzschn. im Text u. 1 Holzschn.) n. 20 ngl

neuester, vollständiger und zeitersparender illustrirter, in Wien und seinen Umgebungen. Mit dem neuesten (lith.) Plane der Stadt und Vorstädte, nebst 1 (lith.) Karte der Umgebungen (in Fol.) und vielen Ansichten von Wien (in Holzschn.). 4. bedeutend verm. u. verb. Aufl. Wien 863. Wenedikt. 16. (176 S.) 21 ngr.

— neuester in Wien m. Umgebung u. zur Weltausstellung 1873. Mit den Plänen v. Wien, der Ausstellg., v. Laxenburg, der Südbahnstrecke bis Vöslau, der Umgebg. v. Wien, den Detailplänen der Ausstellg., d. Volksprater u. der 6 Haupttheater Wiens (lith. u. chromolith. in gr. Fol.) Nebst e. einleit. Genrebild: Wien bei Tage u. Nacht. Erlebnisse e. deutschen Kleinstädters. Mitgetheilt von Arnold Wellmer. 8. (XXVIII, 93 S.) Teschen 873. Prochaska. n. 2. — ; geb. n. 3. —

— neuester Wiener, für Alle, welche die Merkwürdigkeiten der Residenz in kürzester Zeit sehen u. kennen lernen wollen; nebst einigen Ausflügen in die nächsten u. reizendsten Umgebungen. Mit 1 Plane u. 1 Ansicht von Wien. 12. Wien 841, Singer u. Goering. 1 ₰

neuester, von Würzburg und dessen nächsten Umgebungen von F. N. Mit 1 (lith.) Plane der Stadt (in 4.). Würzburg 865. Staudinger. 32. (64 S.) n. 6 ngr.

Fremdenführer, neuester, von Würzburg u. dessen nächsten Umgebungen von F. N. Mit 1 (lith.) Plane der Stadt (in 4.). 2. Aufl. Würzburg 868. Staudinger. 16. (76 S.) n 6 ngr.

neuester, v. Würzburg u. dessen nächste Umgebung v. F. N. 6. Aufl. 12. (56 S. m. 1 Plan.) Würzburg 892. Staudinger n. — 50

— neuester u. zuverlässigster, v. Frankfurt am Main u. Umgegend. Mit ausführl. Strassenplan. 12. (III, 67 S.) Frankfurt a/M. 884. Erras. n. 1. —

Fremdenführer. Ostschweizerischer Fremden-Führer und Geschäfts-Anzeiger. Hrg. von J[ohannes] Brändle, St. Gallen. Jahrg. 3. 1901. [Illustriert.] IV + 184 S. 8. St. Gallen, Buchdr. Merkur. [geb. fr. —. 80]

Fremdenführer. Ostschweizerischer Fremden-Führer und Geschäfts-Anzeiger. Hrg. von J[ohannes] Brändle, St. Gallen. [Illustriert.] 8. St. Gallen, Merkur. [je geb. fr. 1. —]
Jahrg. 4. 1902. IV + 200 S. — Jahrg. 5. 1903. VIII + 244 S.

Fremdenführer. Ostschweizerischer F"-F" und Geschäfts-Anzeiger pro 1904. Hrg. von J[ohannes] Brändle, St. Gallen. Jahrg. 6. [Illustriert.] X + 230 S. 8. St. Gallen, Merkur. [geb. fr. 1. —] Q

Fremdenführer. Ostschweizerischer F"-F" und Geschäfts-Anzeiger pro 1905. Hrg. von J[ohannes] Brändle, St. Gallen. Jahrg 7. [Illustriert.] X + 238 S. 8. St. Gallen, Merkur. [geb. fr. 1. —]

Fremdenführer. Ostschweizerischer F"-F" und Geschäfts-Anzeiger pro 1906. Jahrg. 8. Hrg. von J[ohannes] Brändle, St. Gallen. [Illustriert.] X + 236 S. 8. St. Gallen, Merkur. [geb. fr. 1. —]

Fremdenführer in Paris. Ein zuverlässiger Rathgeber für deutsche Reisende ... Berlin 1855. V: *Beccard, Theodor.* (EngG)

— in Paris. (Ein zuverlässiger Rathgeber für deutsche Reisende von einem Deutschen in Paris. Mit besonderer Berücksichtigung der Sitten und Gewohnheiten des Pariser Lebens, einer Uebersicht der zahlreichen Neubauten und Veränderungen der Hauptstadt, einem Fahrplan der Pariser Omnibus-Linien und einer Beschreibung von Brüssel und Straßburg. Mit 1 neuen (lith. u. color.) Plane von Paris (in Fol.). Berlin 855. Springer. gr. 16. (VI, 154 S.) 20 ngl

Fremden-Führer [für] Schaffhausen und seine Umgebung (° *Umschlag:* Führer durch Sch'). Offizielle Ausgabe von der (° *Umschlag:* Hrg. durch die) stadt. Verkehrs-kommission. [Mit Illustrationen, 5 Tafeln. 1 Plan, 2 Karten und 1 Panorama.] 8. Schaffhausen 1900.

— schweizerische, s. Berlepsch.

Fremdenführer, Der, durch Stettin, Swinemünde und die Insel Rügen ... Stettin 1845. V: *Müller, Ferdinand.* (EngG)

Fremdenführer, der, durch **Stettin,** Swinemünde u. die Insel Rügen mit den Plänen von Stettin und der Berlin-Stettiner Eisenbahn, der Stettin-Stargarder Eisenbahn, dem Wasserwege von Stettin nach Swinemünde, dem Plan von Swinemünde u. einer Karte von der Insel Rügen. 11.8. (Stettin 845. Müller u. Gemp. geb. n. 2/3 ℳ

— der, durch **Stuttgart** u. Umgegend. Mit e. (lith. u. color.) Plane der Stadt. gr. 16. (13 S.) Stuttgart 870. Lubrecht. — 40

— dasselbe. 3. Aufl. Mit e. Ansicht (in Holzschn.) u. e. (lith. u. color.) Plane (in hoch 4.) der Stadt, e. (lith.) Kärtchen (in qu. gr. 8.) der Umgegend u. e. (lith. u. color.) Karte (in qu. gr. 8.) d. Bodensee's. 16. (IV, 44 S.) Ebend. 872. — 75

— der Stadt **Traunstein** u. Umgebung, hrsg. vom Kur- u. Verschönerungs-Verein Traunstein. (40 S. m. 1 Abbildg.) 12. Traunstein (903). (M. Endtor.) n.n. —35

durch **Weimar** und seine Umgebung. Mit 1 Grundriss von Weimar (in Kpfrst. u. color. in 4.), 1 (lith.) Specialkarte der nachsten Umgebung (in 4.), dem Fahrplan der Thuringer- und Werrabahn etc. Weimar 861. Geograph. Institut. 16. (39 S.) n. 10 ngr

—— **Wiener,** für die Sommer-Saison 1862. 1. und 2., verm. und verb. Aufl. 4. (38 S.) Wien, Waldheim. *

—— dass. — für die Sommer-Saison 1863. 4. (25 S.) Ebendas. *

Wiener. Praktischer Wegweiser mit Berücksichtigung der Sehenswürdigkeiten u. grossem ausführlichen (lith.) Plane. Mit Hinzugabe vieler praktischer Notizen. 3–6. sehr verm. Aufl. Wien 867–70. Beck. 8. (53 S.) n. 16 ngr

— **Wiener.** Praktischer Wegweiser m. Berücksicht. d. Sehenswürdigkeiten u. grossem, ausführl. (chromolith.) Plane (in gr. Fol.) Mit Hinzugabe vieler prakt. Notizen. 7., sehr verm. Aufl. gr. 16. (53 S.) Wien 871 Hölder. geb. n. 1. 60

— durch **Wiesbaden** u. seine Umgebung. (In russ. Sprache.) (38 S.) 8. Berlin 903. M. Sukennikoff. n. 1.—

Fremdenführer durch **Wittenberg** u. Umgegend. Wittenberg 867. Herrosé. 16. (2 Bll., 13 S.) 5 ngr

— durch **Wittenberg** u. Umgegend. 2., m. e. Geschichtskalender versch. Aufl. (52 S.) Wittenberg 876. Herrosé's Verl. — 50

— wohlfeilster u. zuverlässigster, durch **Pesth** u. **Ofen** u. ihre Umgebungen. Nebst 3 Stahlst. u. 1 neuen Plane beider Städte. 3. Ausg. 12. Pesth 844, Kilian u. Co. n. 1/2 ℳ

— durch die Stadt **Würzburg.** Nebst Orientirungsplan. 16. (24 S.) Würzburg 889. Stuber's Verl. n. — 40

Fremdenführer. Der F' durch die Stadt Zürich und ihre Umgebungen. Nach den besten Quellen bearbeitet. Mit einer Abbildung der St' Z' [Tafel]. 8. Zürich 1851.

Fremdenführer durch Zürich und Umgebung. Zurich s.a. Guide of Zurich and it's Environs.

Fremdenführer durch Zürich und Umgebung = **Guide** de Zurich et des environs. Souvenir de l'Hôtel ... Bellevue .... [Mit Illustrationen und 1 Panorama.] 8. Zürich (1883). — *Text nur deutsch.*

Fremdenlegion, die deutsche, in England. (Aus England.) Leipzig 855. O. Wigand. gr. 4. (84 S.) n. 12 ngr

Fremdenliste f. das königl. Seebad Norderney. 7. Jahrg. 1885. gr. 4. (Nr. 1: 1. B.) Norderney, Braams. n. 3. —

Fremdenliste für das königl. Seebad **Norderney.** 8.—11. Jahrg. 1886—1889. à Jahrg. ca. 75 Nrn. (à Nr. ca. 1. B.) gr. 4. Norderney, Braams. à Jahrg. n. 3. —

Fremdenliste der Bäder zu Baden v. Der Neue Aargau.

Fremdenliste der Bäder zu Baden und Schinznach v. Schweizer Freie Presse.

Fremdenliste für das Bad **Reichenhall**

Amtliche Fremden-Liste für das Bad —, pro 1868—69. (4 vol.) Mit Titelvignette. (Abbild. von R.) Reichenhall, Druck von M. Zugschwerdt. 4°. Cart.*) 1868 Nr. 1—... (12. Mai—3. Juni.) 1869 Nr. 1—27. (15. Mai—12. Juli.) Mit einer Menge interess. Annoncen

Wörishofener Fremdenliste 1902 – 1907

— **Zürcher,** verbunden m. Theater- u. Concert-Blatt. Hrsg. auf Veranlassg. der offiziellen Verkehrs-Kommission. 4. Jahrg. 15. Mai—1. Oktbr. 1889. Fol. Zürich, Schröter & Meyer. n. 4. —

Fremden- und Paß-Polizey-Verfassung des Preuß. Staats. s. Benda, O.

Ischler Fremden-Salon. Eigenthümer und verantwortl. Redakteur: Leop. Mayer. Druck von Duyle. 4. 2spaltig. Vom 1. Mai bis 16. Juni jeden Dienstag und Samstag. Von da ab dreimal die Woche. Endet mit letztem September.

Fremden-Verkehrs-Zeitung, Kärntner, u. Fremdenliste v. Kärnten. Schriftleiter u. Hrsg.: E. Pummer. 1. Jahrg. 1887. gr. 4. (Nr. 1: 1 1/4 B.) Klagenfurt, (Raunecker). n. 6. —

Fremden-Verkehrs-Zeitung, Kärntner, und Fremdenliste von Kärnten. Klgft., v. Kleinmayr, 1887—88. 2 Jgg. (Jg. 2 mit dem Titel: Fremden-Zeitung.)

Fremdenverzeichniß. – Wuppertal. – 1. ? 1831 – 31. XII. 1832. Vorh. u.d.T.: Verzeichniß der hier anwesenden Fremden. Fortges. u.d.T.: Fremdenblatt und Täglicher Anzeiger.

Fremden-Zeitung, s.a. Fremden-Verkehrs-Zeitung, Kärntner.

[Ant u. Russ.] **Fremden-Zeitung.** Führer durch d. Sehenswürdigkeiten d. Stadt Berlin. Foreigner Times. Guide through the sight of Berlin. Žurnal Priězžij. Putevoditel' po dostoprimečatel'nostjam goroda Berlina. Chefred.: M[ary] Berg-Lindeman. Jg. 1, No 1. Berlin: Verl. d. 'Fremden-Ztg.' (1910). 4° (10. 1910)

Fremden-Zeitung, Tiroler. Hrsg. u. Leiter: F. Pitra. Jahrg. 1889/90. gr. 4. (Nr. 1: 4 S.) Innsbruck, (Wagner). n.n. 18. —

Fremdenzimmer, das verhexte. Ein Fastnachtsschwank in 1 Akte. 2. Aufl. 8. (28 S.) Regensburg 886. (Amberg, Habbel.) n — 80

EIN fremder Kaufmann reißt(!) bloß mit Galanterie verschiedne Orte durch, und kommt nach faurer Müh denn auch nach Merseburg zu Vogels Hochzeitschmaus.... O.O. 1767. Merkwürdiger scherzhafter Gelegenheitsdruck, von rechts nach links zu lesen.

Fremdes und Eigenes. Novellen, Dramatisches, Gedichte, Biographisches, Sagen rc. Herausgeg. v. J. Günther. 12. Erfurt 845, Hennings u. Hopf. 1 ℳ

Fremdling, der, Lustsp. v. Hagemann. 8. Hannov. Hahn. 793.

Fremdling, d. gerettete, in d. Gesch. ein. neuen Profession. 8. Lpz. Walther. 773.

Fremdling, Der, an Spiegels Grabe. Halberstadt 1796. V: *Rassmann, Chn Frdr.* (MGT)

Fremdling, M., Grundzüge der Kranken-, Unfall- u. Invaliden-Versicherung, s.: Heinze, L. u. M. Hübner.

Fremdling, M., die Kranken-, Unfall-, Invaliditäts- u. Altersversicherung, s.: Heinze, L.

Fremdlinge s.: Urban's christliche Volksbücher.

Fremdlinge, die, in unserem Heim. Ein Mahnwort an das deutsche Volk von einem Berliner Bürger. Berlin, M. A. Niendorf, 1876. 8°. 52 S. Beibd.

Fremdlinge, die, in unsrem Heim! Ein Mahnwort an das deutsche Volk von e. Berliner Bürger. gr. 8. (52 S.) Berlin 877. Verlagshandlung (F. Graf Behr). n. 1. —

Fremdlinge, die kleinen. Eine Kindergeschichte. 8. (31 S.) Stuttgart 876. Buchh. der evangel. Gesellschaft. n. — 10

Fremdlinger, Jos., über Todesstrafen u. Beitrag zur wohlthätigen Stiftung. 8. Berl. 785. Rottmann. 10 gGr

Fremdnamen, Die im Schulunterricht gebräuchlichen geographischen. Breslau 1887. V: *Hirt, Ferdinand.* (Cat. d. Stadtbibl. Zürich. Zürich 1864—97.)

Wer wird das Erdreich besitzen? Missions-Ansprache über Matth. 5,5 von Jakob **Fromdt**, Pfarrer in Dillenburg. *Barmen: Wupperthaler Traktat-Gesellsch. [1901].* (16 S.) 8° [Z.]
= [Schriften d. Wupperthaler Traktatgesellschaft.] No 704.

Fremdwort, das, der Colonien, zur Sprachreinigung empfohlen. Eine Anfrage an Freunde derselben. gr. 8. (IV, 106 S.) Berlin 889. Mittler & Sohn. n. 1. 50

Fremdwörter

– s.a. Algier, J. J. – Bodeusch, W. – Eubasch, E. – Henke, Rud. – Heyse – Kaltschmidt, Jak. H. – Kiesewetter, L. – Korneyer. – Mylius, G.

– s. Nordheim, H.

– s.a. Petri. – Prätorius, Greg. – Roß, G. M. v. – Sanders, Dan. – Weber, J.

Fremdwörter. Zum Lesen, Erklären u. Lernen in Schulen, in denen fremde Sprachen nicht gelehrt werden, zusammengestellt. 16. (45 S.) Aschersleben 850. (Manniske.) n. n. 1/21 Rthlr

Fremdwörter. Zum Lesen, Erklären und Lernen . . . 2. Aufl. Aschersleben 1854. V: *Völcker.* (Ky)

Fremdwörter. Zum Lesen, Erklären und Lernen in Schulen, in denen fremde Sprachen nicht gelehrt werden, zusammengestellt. (Von Völcker.) 2. verm. Aufl. Aschersleben 854. Manniske. 12. (48 S.) 1 1/4 ngr

Fremdwörter u. Ausdrücke, zwanzig Tausend, mit Bezeichnung ihrer Aussprache, welche in Zeitungen, in der Umgangs- u. Gerichtssprache, in der Literatur, im Handel u. Verkehr, in Künsten u. Wissenschaften ꝛc. vorkommen. Nebst Erklärung der gebräuchlichsten Schriftabkürzungen. Neue wohlf. Ausg. Leipzig 869. Zander. 16. (XIII, 447 S.) 10 ngr

Fremdwörter, Münchener, u. etliche Redensarten. Mühsam gesammelt u. wissenschaftlich erklärt v. Lusticus, Mitglied mehrerer feuchter Ecken und sonstigen gelehrten Gesellschaften, geprüfter Rumpel-, Percat- u. Tarockspieler ꝛc. 32. (16 S.) München 887. (Behrens & Hoffmann.) — 25

— dasselbe. Nebst e. Anh.: 100 fidele Schnadahüpfeln, Münchens Sehenswürdigkeiten. 10. Tausend. 12. (55 S.) München 888. (Keller.) — 80

Fremdwörter u. Redensarten, Münchener. Mühsam gesammelt u. wissenschaftlich erklärt v. Lusticus, Mitglied mehrerer feuchten Ecken u. sonst. gelehrten Gesellschaften. Mit vielen lust. Bildern u. Schnadahüpfeln. Neue Ausg. gr. 16. (50 S.) München (902). W. Keller. — 50

Fremdwörter, die wichtigsten, s. Miniatur-Bibliothek des Nützlichen und Angenehmen.

Fremdwörterbuch

— oder alphabet. Verzeichniß der in d. Schriftsprache u. dem gewöhnl. Leben vorkomm. fremden Ausdrücke ꝛc. gr. 8. Oppeln 831. Gräff. 8 gGr

Fremdwörterbuch, enthaltend d. Verdeutschung u. Erklärung der im gewöhnl. Leben u. in d. Kunstsprache vorkomm. fremden Ausdrücke. gr. 8. Marienwerder 832. Baumann. 12 gGr 2e umgearb. u. mit sämmtl. in d. Gerichtssprache vorkomm. Ausdrücken verm. Aufl. 8. Bresl. 832. Schulz u. C. 12 gGr

Fremdwörterbuch, enthalt. die Verdeutschung u. Erklärung der im gewöhnl. Leben, in der Kunst- u. Gerichtssprache vorkomm. fremden, so wie die Erklärung der in der Gerichtssprache vorkomm. deutschen Ausdrücke. 2e verm. u. verb. Aufl. gr. 8. Breslau 834. Aderholz. 1/2 Rthlr

Fremdwörterbuch. Ein Handb. f. alle Stände z. Gebr. u. zur nöthigen Erklärung der in unserer Sprache vorkommenden fremden Wörter. 8. (8 B.) Guben 846, Bölitz.

Fremdwörterbuch mit besonderer Berücksichtigung der fremden Ausdrücke, welche in Künsten u. Gewerben, in der Gerichtssprache u. in den Zeitungen vorkommen. 8. (232 S.) Schwerin 847. (Hildebrand.) 1/2 Rthlr

— erklärendes, der in d. Gerichts- u. Umgangssprache vorkomm. fremden Redensarten u. Kunstausdrücke. Ein Nachschlagebuch für d. Bürger u. Landmann. gr. 8. Leipzig 837. Polet. 3/4 Rthlr — Neue verb. Ausg. gr. 8. Ebd. 839. 3/4 Rthlr (Hat mit dem Werke: „Erklärendes Handwörterbuch" gleichen Inhalt.)

Fremd-Wörterbuch, erklärendes, der in der Schrift- u. Umgangssprache vorkommenden fremden Redensarten nebst Angabe ihrer richtigen Aussprache, Betonung u. Abstammung. 3—5. umgearb. u. verm. Aufl. Leipzig 869, 70. Baensch. 8. (IV, 288 S.) 9 ngr

Fremd-Wörterbuch, erklärendes, der in der Schrift- u. Umgangssprache vorkomm. fremden Redensarten nebst Angabe ihrer richt. Aussprache, Betong. u. Abstammg. 6. umgearb. u. verm. Aufl. 8. (IV, 288 S.) Dresden 871. Baensch. — 90

Fremdwörterbuch, erklärendes, der in der Schrift- u. Umgangssprache vorkommenden fremdländischen Ausdrücke u. Redensarten, nebst Angabe ihrer richtigen Aussprache, Betonung u. Abstammung. 7. Aufl. 8. (IV, 288 S.) Leipzig 878. Möller. 1. —

Fremdwörterbuch, nebst Erklär. der in uns. Sprache vorkomm. fremden Ausdrücke. 2. u. 3., verm. Aufl. gr. 8. (10 1/2 u. 20 1/4 B.) Leipzig 837, 41, Otto Wigand. à

Fremdwörterbuch nebst Erklärung der in unserer Sprache vorkommenden fremden Ausdrücke. 5. stark verm. Aufl. gr. 16. Leipzig 844, O. Wigand. 2/3 Rthlr. — 6. verm. Aufl. gr. 16. Ebend. 844. 2/3 Rthlr. — 8. Aufl. 845. 1/2 Rthlr.

—— nebst Erklärung der in unserer Sprache vorkommenden fremden Ausdrücke. 5—8., verm. Aufl. 16. (à 20 B.) Leipzig 844, 45, Otto Wigand. (5—7. Aufl. à 2/3 Thlr.) 8. Aufl.

— nebst Erklärung der in unserer Sprache vorkommenden fremden Ausdrücke. 9. stark verm. Aufl. gr. 16. (413 S.) Leipzig 849, O. Wigand. — 10. Aufl. gr. 16. Ebd. — 11. Aufl. gr. 16. Ebd. — 12. Aufl. gr. 16. Ebd. 850. — 13. Aufl. gr. 16. Ebd. 850. — 14. Aufl. gr. 16 (à 413 S.) Ebd. 851. — 15. stark verm. Aufl. gr. 16. (413 S.) Ebd. 852. 1/2 Rthlr.

— gedrängtes, aber vollständ., oder Hülfsbuch zum Verstehen u. Vermeiden der in deutscher Schrift u. Umgangssprache gangbaren fremden Wörter u. Redensarten, mit Bezeichnung der Betonung u. Aussprache derselb. Vollständ. in 3 Hftn. herausg. v. L. Dicke. 3 Hfte. A — Z. 8. Wesel 838, 39. Bagel. 1/4 Rthlr.

Fremdwörterbuch f. Kaufleute, s.: Miniatur-Bibliothek.

Fremdwörterbuch, Kleines, enthaltend zirka 3000 Fremdwörter zum Gebrauche im täglichen Leben mit besonderer Berücksichtigung schweiz. Verhältnisse nach neuer Rechtsschreibung bearbeitet. Kl. 8°. 40 S. cart. Aarau, Emil Wirz. 1900. — 60

Fremdwörterbuch, kleines, enth. ca. 4000 Fremdwörter zum Gebrauche im tägl. Leben m. besond. Berücksicht. der schweizer. Verhältnisse, nach neuer Rechtschreibg. bearb. (174 S.) 16. Aarau 910. E. Wirz. Geb. — 80

— kleines musikalisches. Erklärung der gebräuchlichsten italien. Kunstausdrücke, welche auf den Charakter, Vortrag u. auf die Bewegung der Musikstücke Bezug haben. Nebst einem Anhange: Die Lehre vom Vortrage. Neustadt a. d. Aisch 855. (Nürnberg, Korn.) 32. (68 S.) n. 6 ngr.

— kleines musikalisches. Erklärung der gebräuchlichsten italien. Kunstausdrücke, welche auf den Charakter, Vortrag u. auf die Bewegg. der Musikstücke Bezug haben. Nebst e. Anh.: Die Lehre vom Vortrage. 2. Aufl. 64. (63 S.) Neustadt a/A. 874. Engelhardt. — 50

Fremdwörterbuch, kleines, für Volksschulen. (Von F. C. Bode.) Querfurth 852. Schmid. 16. (20 S.) 1 ngr.

— zur theosophischen Literatur. 3. Aufl. v. Erich Bischoff. (IV, 48 S.) kl. 8. Leipzig (909). Th. Grieben. — 50

— militairisches, des Soldaten-Freundes. gr. 8. (IV, 168 S.) Berlin 877. (Mittler & Sohn.) n. — 60

—— neues erklärendes, der in d. Gerichts- u. Umgangssprache vorkomm. fremden Redensarten u. Kunstausdrücke, nebst Angabe ihrer richt. Aussprache u. Betonung. 1. Aufl. u. neue verb. Ausg. gr. 8. (à 25 1/2 B.) Leipzig 837, 39, Polet. ½

Hat gleichen Inhalt mit: Erklärendes Handwörterbuch 2c.

— neues gemeinnütziges, oder Erklärung der in unserer Sprache aufgenomm. fremden Wörter u. seltenen Redensarten. Nebst einem genauen Verzeichnisse aller in den verschied. Ländern der Erde eingeführten Münzen, Maaße und Gewichte. 3 Lfrgg. gr. 8. Ulm 838. Ebner. 1 1/6 Rthlr.

— neues, in welchem mehr als 14,000 fremde Wörter m. ihrer Aussprache kurz u. bündig erklärt sind. Ein Nachschlagebuch f. Jedermann, f. Alt u. Jung, Geistlich u. Weltlich 2c. 2., verm. u. vielfach verb. Aufl. 8. (266 Sp.) Augsburg 877. Schmid's Verl. — 60

— neuestes, od. Erklärung u. Rechtschreibung der im gewöhnl. Leben vorkomm. fremden Wörter. Ein unentbehrl. Hülfsbuch f. Zeitungsleser, Geschäftsleute 2c. 12. (IV u. 176 S.) Frankfurt a. O. 849, Kosky & Co. 12 ngr. — 2. Aufl. 12. (IV u. 176 S.) Ebd. 850. 1/4 Rthlr.

— neuestes vollständiges, mit Angabe der richtigen Aussprache. Enthält über 10,000 fremde Wörter u. Redensarten, welche in Zeitungen, Büchern, in der Umgangssprache etc. vorkommen. Ein Nachschlagebuch für Zeitungsleser, Beamte, Studirende etc. Erfurt 867. Körner'sche Buchh. in Comm. 16. (114 S.) n. 4 ngr.

— für Schulen u. für den allgemeinen Gebrauch. In vierfacher methodischer Abstufung. Mit vielen etymolog. Erläuterungen u. e. Anleitung zur richtigen Schreibung u. Aussprache histor. u. geograph. Eigennamen. gr. 8. (X, 332 S.) Erlangen 878. Deichert. n. 2. —; geb. n.n. 2. 50

Fremdwörterbuch f. Schulen u. f. den allgemeinen Gebrauch. In vierfacher method. Abstufg. 2., verm. Aufl. gr. 8. (X, 288 S.) Leipzig 887. Deichert Nachf. n. 2. —; geb. n. 2. 50; u. d. T.: „Gemeinnütziges Fremdwörterbuch" zu gleichen Preisen.

— für Volks- u. Fortbildungsschulen. Mit Angabe der Schreibung, Aussprache u. Bedeutung der wichtigsten Fremdwörter u. einiger seltner vorkommenden deutschen Wörter. 16. (III, 64 S.) Ebend. 878. — 30; cart. n. — 40

Fremdwörterbuch f. Volks- u. Fortbildungsschulen. Mit Angabe der Schreibg., Aussprache u. Bedeutg. der wichtigsten Fremdwörter u. einiger seltner vorkomm. deutschen Wörter. 2. Aufl. 16. (III, 64 S.) Erlangen 885. Deichert. n. — 20

Fremdwörterbuch, volksthümliches. Ausführliche Erklärg., nebst Angabe der Aussprache u. Betonung v. ungefähr 4000 Fremdwörtern. 5. Aufl. 8. (95 S.) Leipzig 891. E. Herrmann sen. — 75

Fremdwörterbuch, vollständiges. Erklärung der im Umgange, im Geschäftsleben und in den Zeitungen vorkommenden fremdartigen Wörter. 1869. 16. (594 S.) Wien, Benedikt. 1868. 32 kr.

Fremdwörterbüchlein, neuestes, zum Gebrauche f. Zeitungsleser, Gewerbetreibende u. alle diejen., welchen die Aussprache u. das Verständniß der Fremdwörter v. Interesse ist. 32. (96 S.) Reutlingen 871. Enßlin & Laiblin. — 20

Fremdwörterbüchlein, neuestes, zum Gebrauche für Zeitungsleser, Gewerbetreibende und alle diejenigen, welchen die Aussprache und das Verständniß der Fremdwörter von Interesse ist. 1871, und Neue Ausg. 32. (96 S.) Reutlingen 875, Enßlin und Laiblin.

Fremdwörterbüchlein, unentbehrl., f. Alle, welche Zeitungen u. andere politische Schriften nicht nur lesen, sondern auch verstehen wollen. Enth. die Erklärg. von wenigstens 2000 fremden Wörtern. 2. Aufl. gr. 16.° (44 S.) Villingen 849, Förderer. — Enthaltend die Erklärg. v. wenigstens 2500 fremden Wörtern. 3. verm. Aufl. 32. (79 S.) Ebd. 849. 3 ngr.

Fremdwörtersucht, die, in der deutschen Sprache. Ein ernstes Wort an Schulmänner, Beamte u. Kaufleute. Nebst einem Fremdwörterbuche allen Deutschen zur Lehre. 8. Leipzig 844, Jackowitz. 1/2 Rthlr.

Fremdwörterwesen, Das, und seine Nachtheile in der deutschen Sprache. Ein ernstes Wort . . . Leipzig 1844. V: *Brugger, Joseph.* (Alemannia N. F. 8, S. 67 f.) (Zeitschr. f. Büch. 1923, S. 85)

Fremdwörterwesen, das, u. seine Nachtheile für deutsche Sprache, Gesinnung u. deutsches Leben. Ein Gedenkbuch für vaterlandliebende Deutsche v. J. D. C. B. kl. 8. Stuttgart 844, Franckh. 2/3 ₰

Frementle, W. R., Leben und Wirken des früh vollendeten Spencer Thornton, Pfarrer zu Wendover. Aus dem Engl. Mit einer Vorrede von Ernst Stähelin. Basel 863. Spittler. 8. (XII, 298 S. u. Portr. in Stahlst.) n. 24 ngr

Fremerey, Wilhelm. Gedichte. Hsg. von einem Freunde. Marburg 1830. H: *Justi, Carl Wilhelm.* (Ky)

Fremerey, Wlh., Gedichte. Herausg. von e. Freunde (K. W. Justi). 2 Thle. 8. Marb. 830. (Mayer in Aachen). 2 ₰ 12 K

Aus meinen Schubladen. Gelegentliches von Friedrich **Fremery**. Gedichtet u. gesichtet f. meine Freunde. Geschenkausg. Als Ms. gedr. Köln 1909. 200 S. 8° [illegible]

Fremery, H. N. de, das Hellsehen der Somnambulen. Aus dem Holl. übers. v. Karl Grimm. (29 S.) kl. 8. Lorch 905. K. Rohm. n. — 30

— Telepathie (Gedankenübertragung). Aus dem Holl. ins Deutsche übertr. (100 S. m. Abbildgn.) 8. Leipzig 905. M. Altmann. n. 1. 20

Fremery, J. P. v., Observationes juris ad quaedam Nepotis loca in vita Attici. Diss. 1828. 78 S.

Fremery, Max. Ueber Arsenwolframsäure und ihre Salze. Freiburg i. B., 1884.

Fremery, Nicol. Dieder. Woltherus Petrus de, Disput. historico-politica inaug., de defectione proavorum nostrorum a Philippo II. 8 maj. Groningae 839. van Boekeren. (Lipsiae, Barth.) n. 1 1/6 ₰

Fremke, H., Heimatkunde des Kreises Schmiegel. Unter Benutzg. amtl. Quellen bearb. gr. 8. (16 S.) Lissa 900. F. Ebbecke. n. — 20: m. Karte n. — 60

Fremling, Matth., de somniis, resp. Car. **Beronius.** Lund. 793. 4.

S. C. J. T., Gedanken vom Schlafe u. den Träumen, nebst einem Schreiben, daß man ohne Kopf empfinden könne. Halle 756. 8.

La Frémoire, A. Sammlung von Lehrsätzen und Aufgaben der Elementargeometrie. Deutsch von Kauffmann. Stuttgart, 1862.

Fremont's, Dr., sichere und bewährte Heilmethode gegen Bleichsucht und Blutarmuth. Ein neues und zuverläss. Verfahren ohne Anwendung der nutzlosen Eisenmedicamente. Aus dem Französ. von Jul. Berg. 16. (32 S.) Leipzig 865, Poenecke.

Fremont, Oregon u. Californien, siehe: Weltpanorama, 130—133. Bdchn.

Fremont, Jessie B. Die Leibgarde: Eine Gesch aus d Kriege. N. p., 1863.

Fremont, John Charles. Reisen durch d VS v NA . . . Lpz, 1848.

Fremont Courier: 1859 - 1923?

Democratic weekly. Sub title: Officielles Organ für Stadt und County. Circulation: 1875, 864; 1880, 1100; 1890, 1264; 1900, 1264; 1905, 1200; 1910, 900; 1917, 929.
Edited by Dr. F. Wallmer, & published by Knerr & Wallmer, 1870 - 78; edited by Paul Knerr, 1878 - 81; by Joseph Zimmermann, 1882 - 1902; by Adam Welsch & G. A. Magrum, 1903 - 05; edited by Christian Vollmer, & published by Courier Publishing Co., 1906 - 07; edited by Louis Schloenbach, & published by Max Latte, 1908; edited & published by Max Latte, 1909; by Christian Vollmer, 1910 - 23.
Fremont, OH

Fremont Courier: 1870 ? Fremont, NE

Fremore u. Melime. Schsp. m. Gesang in 5 A. 8. Frkft. Andreä. 778.

Frémy, Arn., la comédie du printemps. 4 Vols. (Bibliothèque choisie. Vol. 521—524.) 16. (601 S.) Naumburg 862, Pätz.

Fremy, Arnould, Journal d'une jeune fille pauvre. 2. Édit. gr. 12. (VIII und 356 S.) Leipzig 861, A. Dürr. *

Fremy, Arnould, die Putz-Unterhändlerin, s. Franzosen, die, der neuesten Zeit.

Fremy, E., und J. Pelouze, Handbuch der Chemie, s. Pelouze.

Fremy, E., chemische Untersuchungen üb. das Reifen d. Früchte; Pektose, Pektase. Deutsch v. R. Graeger. gr. 8. (17 S.) Halle 851, Graeger. 1/4 ₰

Der Zug in die Grossstadt und die Vorteile und Entwickelungsmöglichkeiten der Kleinstadt. Vortrag von Bürgermeister Dr. **Frenay**-Bensheim nebst Diskussion auf d. Jahresversammlung d. Deutschen Vereins f. Wohnungsreform 1910 in Frankfurt a. M. Hrsg. v. Deutschen Verein f. Wohnungsreform, Frankfurt a. M. Göttingen: Vandenhoeck & Ruprecht 1910. 24 S. 8° [illegible]

Frencel

— s. a. **Frentzel.**

— — s. a. **Frenzel.**

Frencel, Johann Abraham (Schoenau/Laus.), Jus testandi prodigo contra communem sententiam assertum. Disp. jur. Präs. Christian Hanack (Wittenberg). Wittbg. (Creusig) 18. IV. 1724. 52 S. (5.—) 9478

— Johann Gottfried (Dewitz/Misn.), Commentatio historica de artium, literarum ac disciplinarum usu. Friedrichstadt (Imm. Friedr. Harpeter) 1736. 16 S. (1.20) 9479
Gew.: Christian v. Los, Jac. Friedr. Schilling, Bernh. Walter Marperger, Valentin Ernst Loescher, Joh. Michael Wislau, Paul Christian Schroeter, Gottlob Heinrich Heydenreich, Andreas Heinrich Beyer.

French, B. F., Geschichte der Entstehung und des Fortschrittes des Eisenhandels der Vereinigten Staaten von Nord-Amerika vom Jahre 1621 bis 1857 mit vielen statistischen Tabellen, welche die Erzeugung, die Ein und Ausfuhr, und die Preise des Eisens für mehr als ein Jahrhundert nachweisen. Aus dem Engl. Wien 860. Wallishausser. Lex.-8. (XI, 150 S.) n. 1 ₰

French, G.

G. French's Funfzehn Minuten Unterricht für jeden der da wünschet von der venerischen Krankheit curirt zu seyn. Nebst e. vollst. Nachricht von der Zubereitung der nothwendigsten Arzeneymittel u. e. Anh. von der besondern Eigenschaft dieser Krankheit. Aus d. Engl. Hamburg: Matthiessen 1784. 46 S. 8°

French, James Leslie, the correspondence of Caspar Schwenckfeld of Ossig and the Landgrave Philip of Hesse 1535—1561. Ed. from the sources with historical and biographical notes. (V, 107 S.) Lex. 8. Leipzig 908. Breitkopf & Härtel. 4.—; geb. 5.—

French-Inseln [Schlagwort]

French-Inseln, s.: Seekarten.

FRENCKEL, GEORG HENR., Das Denkmahl der tiefsten Ehrfurcht bey dem ... in denen hohen Vermählten I. K. H. Herrn Peter Feodorowitz und I. K. H. Fr. Catharina Alexiowna so sichtbar gewordenen Glanz der göttlichen Gnade ... d. 19. Nov. 1745 zur Heide in der Kirche in einer Standrede aufgerichtet. Hamburg. Fol. P.

— Das göttliche ... Denkmal seiner besten Segnungen in der hohen Gebuhrt I. K. H. Paul Petrowitsch im J. 1755 d. 9. Mai zur Heide in der Kirchen daselbst in einer Standrede gewogen. Hamburg. Fol. P.

FRENCKEL, GOTTFR. NIC. (autor), Controversiæ inter duum-viros Phil. Limborchium ac Camp. Vitringam de sensu Scripturæ mystico jam nuper agitatæ discussio. Kilonii. 1716. 4. [Praes. Henr. Muhlius].

Frenckel, J. Gottl., Hist. der Lehrer z. Oschatz. 8 Dresden. Hilscher. 755.

Frenckel, Karl, d. 2. u. 3. Gebot n. reform. Zählung, s.: Allotria, ernste.

Frencl, Innoc. Anton, s.a. F r e n z l, Innoc. Anton

Frencl Anton, Liturgica. Prag, Credner u. Kleinbub 1852. 8.

Frencl, Innoc. Ant., s. Liturgik oder Erklärung der gottesdienstlichen Handlungen der kathol. Kirche.

Frencl, Innoc. Ant., Liturgika, čili: Vysvětlení služeb Božích a obřadů svaté katolické církve. Kniha k náboženskému vyučování katolické mládeže na c. k. gymnasiích rakouské říše. Prag 857. Bellmann. gr. 8. (IV, 178 S.) n. 10 ngr

—— Postilla, s.a. Postilla.

— Postilla aneb wýklady a rozgjmánj na ewangelia nědelnj a swáteénj celého roku, gakož i umučenj Pána nasseho Gežjisse Krista; ku poučenj a wzdělánj katolických křesťanů sepsanál. Dil 1—3. Prag 854, 57. (Credner.) Lex.-8. (4 Bl., 702, XI; 2 Bl., 876; 2 Bl., 650 S.) n. 5 rf 2 ngr

v. Frendel, Steph., die Kunst, Seide zu erziehen, oder prakt. Abhandl. eines d. Klima Ungarns u. Oesterr. angemessenen Seidenbaues. 8. Preßb. 796.

Frendhofmeier, Alois, Die Schriften d. engl. Jünglings Aloisius von Gonzaga aus d. Gesellschaft Jesu. Aus d. Ital. übers. 8. (111 S.) geh. 50 kr. Wien: Mayer & Comp., 1881.

⊙ Ueber den Werth einer Verfassung. Rede bei der Feier des Königl. Geburtsfestes am 28. Januar 1834 im größeren Hörsaale des Gymnasiums in Altona geh. v. P[eter] S[chreiner] Frendsen. Altona. 1834. 8°

Frendt, Therese, Disharmonien. — Eva Hartwig. 2 Novellen. 8. (III, 252 S.) Wien 901. C. Konegen. n. 2.50

Frendt, Therese, Thränen. Lieder u. Gedichte der Einsamkeit. (V, 46 S.) 8. Dresden 903. E. Pierson. n. 1.—; geb. n. 2.—

Frener, C., method. Lehrgang zur latein. Handschrift. qu. 4. (20 S.) Einsiedeln 888. Benziger & Co. n. — 35

Frener, Chr., Methodischer Lehrgang z. lateinischen Handschrift. Auf Anordng. d. Erziehungsrathes d. Kantons Luzern. 2. Aufl. qu. gr. 8. (20 S.) Einsiedeln 897. Verlagsanstalt Benziger & Co. n.n. — 32

Frener. Gallus Anton. Ein Mann voll der Tägen! Oder Lob, und Leich-Rede Über den bedaurlichen Hintritt Des ... Herrn Roberti Balthasar. Des ... Gottshauß ... Zu S. Urban Prälaten .... An dem 17. Jenner [1752]. Als am dreißigsten Tag seiner ... Leich-Besingnuß. Vorgetragen Ab ... Dño Gallo Antonio F.... fol. Lucern 1752.

Frener, Peter August

Ueber nervöse Taubheit. Von Peter August Frener Würzburg 1823: Becker. 66 S. 8°

Frener, Thdr. K. Die Staatswirthschaft. 1. Thl. gr. 8°. Würzburg 1819. (Nürnberg, Riegel u. W.)

Freninger, Frz. Xav., das Matrikelbuch der Universitaet Ingolstadt-Landshut-München. Rectoren, Professoren, Doctoren 1472—1872, Candidaten 1772—1872. gr. 8. (440 S.) München 873. (Lindauer. — L. Finsterlin.) n. 6. 50

Freninger, Frz. Xav., die Matrikeln oder Verzeichniß sämmtlicher Studirenden, welche die Studienanstalt zu Freising in den J. 1835 bis 1864 absolvirt haben. Zur Erinnerung an die Studiengenossen zusammengestellt. Freising 865. Datterer. gr. 8. (28 S.) 6 ngr

Frenius, Fr.

Aus Siebenbürgens Vorzeit und Gegenwart. Mittheilungen v. Fr. Frenius, J. Haltrich, V. Kästner, M. Malmer rc. 2 Aufl. gr. 8. (84 S.) Hermannstadt, Steinhaussen. 1860. 75 kr.

Frenk, B., „Machne Israel" מחנה ישראל ein Lehrbuch für Sitten- und Verhaltungsregeln nebst moralischen Erzählungen. 5. Aufl. 2 Thle. 8. (140 S.) Wien 860, Knöpflmacher und Söhne.

Frenkel: A b r i ß der Geschichte des Ingenieurskomitees ..., s. G e i ß l e r

Frenkel, Geschichts-Tabellen, s. Schuricht, H.

Frenkel, Rangliste der Offiziere u. Beamten d. Ingenieur-Komitees, s.: Geißler, Abriß der Geschichte d. königl. preußischen Ingenieur-Komitees.

Frenkel, Ad. Theod. Die Vegetationsverhältnisse von Pirna und dessen unmittelbarer Umgebung. 21 S. *Progr. Pirna* 1883.

Frenkel, Balbina Barbara, aus Petrokoff (Rußl.): **Meningitis in ihren verschiedenen Formen.** *Freiburg i. B.: Speyer & Kaerner 1902.* (68 S.) 8°
Freiburg i. B., Med. Diss. v. 1903

Frenkel, Bronislaw, aus Warschau: Ueber das Verhalten des Morphins im Froschorganismus. (Aus dem pharmakologischen Institut der Universität Zürich. Direktor: Prof. Cloetta.) Leipzig, F. C. W. Vogel, 1910. 12 S. 8°. S.-A. aus dem Archiv für experim. Pathol. und Pharmakologie. [27. X. 10.]
Zürich. Univ. Med. Diss. 1910/11.

Die Leidensgeschichte des Herrn nach den vier Evangelien. Im Dialekt d. deutschen Zigeuner aufgeschrieben von C. **Frenkel** (1830). In einheitl. zigeunerischer Schreibung hrsg. von der Mission für Süd-Ost-Europa. T. 1. Striegau: Urban in Komm. [1908]. 4°
vgl. Frenkel, E. [10 :3;3

Frenkel, C. E., Tempelstimmen, od. christlichreligiöse Ansprachen u. Gemüthserhebungen, mit Berücksichtig. vorgeschrieb. Predigttexte in gebund. Rede. 8. (11¾ B.) Chemnitz 840. (Leipzig, Binder.)

Frenkel, E., die Leidensgeschichte des HErrn nach den vier Evangelien. Im Dialekt der deutschen Zigeuner aufgeschrieben. (1836.) In einheitl. zigeuner. Schreibg. hrsg. v. der Mission f. Süd-Ost-Europa. 1. Tl. (4 S.) Lex. 8. Kattowitz (908). (Striegau, Th. Urban.) — 10
vgl. Frenkel, C.

Frenkel, Ernst, s.a. An-Naḥḥâs' Commentar zur Mu'allaqa des Imruul-Qais.

Frenkel, Ernst *Eduard* [Dr.]: Gedächtnisrede auf Dr. Oskar Richard Enderlein '(† am 30. März 1893)' geh. am 13. Apr. in d. Aula. Dresden, Druck v. B. G. Teubner, 1894; 3—7 S. 4.
Dresden-Neustadt, k. G, OP 1894 (538)

Frenkel, Ernst [Dr.]: Die israelitische Geschichte in den Psalmen. Dresden, Druck v. B. G. Teubner, 1895; 22 S. 4.
Dresden-Neustadt, k. G, OP 1895 (548)

Frenkel, Ernst: An-Naḥḥâs' Commentar zur Mu'allaqua des Imruul-Quais. Th. 1. Halle 1876: Kreysing in Leipzig. X, 22 S. 8°
Halle-Wittenberg, Phil. Diss. v. 5. Aug. 1876
Geb. Halle a. d. S. 1. 12. 1853. V.
[Zwischent. arab.]
Vollst. Ausg. dieses Kommentars des Ibn-An-Na'ḥās zu Imru' al-Qais b. Hugr ersch.: Nach der Leidener und der Berliner Handschrift hrsg. v. Ernst Frenkel. Halle: Lippert 1876. XIV, 63 S. — Verf. erlebte die Diplomerneuerung 1926 als Professor, Konrektor a. D. in Dresden, vgl. Anh Nr. 704.

Frenkel, F., s. Bibliotheca historico-naturalis.

Frenkel, Fd. Ghd., Gedichte. 8. Neust. 812. Wagner. 18 gl

Frenkel, Ferd., die Lehre vom Skelet des Menschen, unter besond. Berücksicht. entwicklungsgeschichtl. u. vergleichend-anatom. Gesichtspunkte u. der Erfordernisse des anthropolog. Unterrichtes an höh. Lehranstalten bearb. gr. 8. (VI, 176 S. m. 81 Fig.) Jena 900. G. Fischer. n. 4. 50

Frenkel, Ferd., anatomische Wandtafeln für d. naturgeschichtl. Unterr. an höh. Lehranst. (In 8 Taf.) I.—IV. Taf. 6 Blatt à 90 × 112,5 cm. Farbendr. Mit Text. gr. 8. (51 S.) Jena, G. Fischer. à Taf. n. 5. —; aufgez. à n.n. 10. —
I. Frontalschnitt d. Brustkorbes, obere Bauchorgane, Zwerchfell. 896.
II. Vorderansicht d. Lungen im Zustande d. Einatmg., Kehlkopf, Luftröhre u. Schilddrüse. 2 Blatt. 896.
III. D. Bauchhöhle nach Abtragg. d. Bauchdecken. 1½ Blatt. 897.
IV. D. Bauchhöhle nach Entferng. d. Leber, d. Magens, d. Milz u. d. Darmes. 1½ Blatt. 897.

– anatomische Wandtafeln für den naturgeschichtl. Unterricht an höher. Lehranstalten. V. u. VI. Taf. à 140 x 109 cm. Farbdr. Mit Text. gr. 8. (54 S.) Ebd. 901. à n. 5.–; auf Leinw. m. Stäben à n. n. 10.–

Frenkel, Ferd., anatomische Wandtafeln f. den naturgeschichtlichen Unterricht an höheren Lehranstalten. VII. Taf. [1 Blatt] u. VIII. Taf. [2 Blatt] (Schluss.) Jedes Blatt 96,5×112 cm. Farbdr. Mit Text. (98 S. m. 39 Abbildgn.) Lex.-8. Jena 906. G. Fischer.
Jede Taf. n. 5. —; auf Leinw. m. Stäben n.n. 10. —

Frenkel, s.a. Fränckel. – Fränkel

Frenkel, Ferdinand Gotthelf

– s. 1) Erläuterung d. Perikopen.

Frenkel, Ferd. Gotthelf (Hrsg.), s. Kreisbote, Der Neustädter.

Frenkel, Ferd. Gthe., Predigt am 24. Trinitatissonntage 1834 als d. 50jähr. Jubelfeste d. Einweihung d. Stadtkirche zu Triptis. 8. (1 B.) Neustadt a. d. O., Wagner.

Frenkel, Ferd. Ghf., Predigten über das Gebet des Herrn und das Gleichniß vom verlorenen Sohn. Saalfeld 855. Niese. gr. 8. (1 Bl., 130 S.) 10 ngl

Frenkel, Ferd. Ghelf., Predigten auf alle Sonntage u. Feste d. Kirchenjahres. 3 Hfte. gr. 8. 1. Hft., umfass. die Predigten vom 1. Advent bis zum Palmsonntage. (XII u. 204 S.) — 2. Hft., umfassend die Predigten vom Gründonnerstage bis zum 2. Pfingstfeiertage. (VI u. 122 S.) — 3. Hft. umfassend die Predigten der Trinitatissonntage. (VIII u. 286 S.) Saalfeld 848. 49. Niese. (à Hft. ½ ℳ) 1½ ℳ

— Predigten auf alle Sonntage und Feste des Kirchenjahres. 2. Jahrg. (In 3 Heften.) Ebend. 857. gr. 8. (IV, 508 S.) 1 ℳ 15 ngl

Frenkel, Ferd. Ghelf., Predigten auf alle Sonntage u. Feste des Kirchenjahres. Neue Ausg. Saalfeld 867. Niese. gr. 8. (IV, 508 S.) n. 1 ℳ 10 ngl

Frenkel, H. S.

Frenkel, d. Behandlg. d. tabischen Ataxie durch Wiedereinübg. d. Coordination. Vortrag, geh. auf d. XII. internat. Congress in Moskau 1897. gr. 8. (14 S.) Frankfurt a/M. 899. J. Alt. n. — 80

Die Behandlung der tabischen Ataxie mit Hilfe der Uebung. Compensatorische Uebungstherapie, ihre Grundlagen u. Technik von Dr. H. S. **Frenkel**, Arzt in Heiden. Mit 132 Abb. im Text. *Leipzig: F. C. W. Vogel 1900.* (VIII, 287 S.) 8° [00. 10493

— mein Standpunkt in der „Uebungstherapie" der Tabes. gr. 8. (8 S.) Berlin 902. J. Goldschmidt. n. 1. —
Sonderabdruck aus: „Deut. medicin. Presse".

Frenkel, Heinr., Indiens Frauen im Spiegel der indischen Litteratur, s.: Lotosblumen, indische. Nr. 3. 4.

Frenkel, J. G., de origine episcoporum. Lips. 1737. 4.

Frenkel, Joach., Friedrich Hebbels Verhältnis zur Religion, s.a. Hebbel-Forschungen. Nr. 2.

Friedrich Hebbels Verhältnis zur Religion von Dr. Joachim **Frenkel.** Berlin: B. Behr 1907. (VI, 103 S.) 8° [F.]
— **Hebbel-Forschungen.** No 2. [07. 18028

Frenkel, Isaak, a. Kischineff (Rußland): Ueber die Einwirkung von Hydrazinhydrat auf Bromacetophenon. Heidelberg 1907: K. Rössler. (42 S.) 8°
Heidelberg, Naturw.-math. Fak., Ref. Curtius, Diss. v. 9. März 1908
[Geb. 27. Nov. 77 Kischineff (Rußland); Wohnort: Kischineff; Staatsangeh.: Rußland; Vorbildung: Realsch. Kischineff bis 97; Studium: Techn. Hochsch. Berlin 1, Univ. 4, Bonn 1, Zürich 1, Heidelberg 5 S.; Rig. 3. Dez. 07.]

Frenkel, K. Ernst, ein Jahr in den Vorhöfen des Herrn. Vollständ. Jahrgang Predigten, zunächst über die für die evangel. Kirchen des K. Sachsen vorgeschriebenen evangel. Perikopen auf alle Sonn- und Festtage des ganzen Kirchenjahres mit Einschluß der Bußtage, des Ernte- und des Kirchweihfestes. (6 Lfgn.) gr. 4. (XII und 548 S.) Pirna 847, (Diller und Sohn. **

Frenkel, K. Ernst, Ein Jahr in den Vorhöfen d. Herrn. Vollst. Jahrg. Predigten, zunächst über die für die evangel. Kirchen d. K. Sachsen vorgeschriebenen evangel. Perikopen auf alle Sonn- u. Festtage des ganzen Kirchenjahres mit Einschluß der Buß- tage, des Ernte- u. des Kirchweihfestes. 6 Lfgn. gr. 4. (XII u. 548 S.) Pirna 848. (Diller u. Co.) baar 2 ₰

Frenkel, Michael [aus Warschau]: **Beitrag zur Analyse der Palladiumverbindungen ... Freiburg i. B., Buchdr. v. Chr.** Ströcker, 1891; 40 S., 1 Bl. 8.
Freiburg i. B., Phil. Fak., Inaug.-Diss. v. 1891

Frenkel, P. M., de Deo Melitensium Act. 28, 6. Jen. 1752. 4.

Frenkel, Paul, zur Pathogenie der Haematocele retrouterina. Inaugural-Dissertation. gr. 8. (31 S.) Breslau 872. (Maruschke & Berendt.) n. — 80

Frenkel, Phoebus, Liber Zijun Li-Dorasch seu index rerum et sententiarum talmudicarum. Krotoschin 860. (Berlin, Adolf & Co.) gr. 8. (2 Bl., 296 S.) n. 2 ₰ 10 ngr

Frenkel, Reinhold

Frenkel, R., die leichte Holzarbeit in Verbindung m. dem Linearzeichnen, s.a. Lehrbücher f. den Werkunterricht.

Die leichte Holzarbeit in Verbindung mit dem Linearzeichnen. Ein Lehrgang d. Arbeits-Unterrichts f. Schulen ... u. f. d. Selbstunterr. von R[einhold] **Frenkel**, Lehrer in Berlin. Berlin: Albrecht Dürer-Haus 1906. (45 S.) 4° [F.]
= **Lehrbücher** f. d. Werkunterricht. 1. [06 10378

Lehrmittel für den Handfertigkeits-Unterricht. Vorlagen f. Hobelbank-Arbeiten mit Kerbschnitt-Verzierung. Ein method. geordneter Lehrgang; entworfen von R. **Frenkel**, Lehrer. [Lfg] 1. [Mehr nicht erschienen.] *Berlin: Siemenroth & Troschel 1897.* (20 Taf.) gr. 2° [98 4631

Frenkel, R., Vorlagen f. Hobelbank-Arbeiten m. Kerbschnitt-Verzierungen, s.a. Lehrmittel f. d. Handfertigkeitsunterricht.

Vorlagen für Hobelbank-Arbeiten mit Kerbschnitt-Verzierung. E. method. geordn. Lehrg. entworfen v. R. **Frenkel**, Lehrer. *Berlin: Siemenroth & Troschel 1897.* (2 Bl., 20 Taf.) 1 Bd gr. 2.
= **Lehrmittel** f. d. Handfertigkeits-Unterricht. [Bd] 1. [98. 1631

Frenkel, Rosalie. Das Delict der Fundunterschlagung nach modernem Recht, mit besonderer Berücksichtigung der schweizerischen kantonalen Gesetzgebungen und der Vorentwürfe zu einem schw' Strafgesetzbuch. Diss. Jur. Univ. Zürich ... von R' F' geb. Grossmann ... V + III + 87 S. 8. Oerlikon, H. Kraut, 1910.

Frenkel, Th. F., die Hauspostille für christl. Bürgersleute, auf alle Sonn- u. Festtage im Jahre. (3 Bdchn.) gr. 8. Grimma 835. Verlags-Compt. 3/4 ₰

— Stunden der Andacht für Kirche u. Haus, oder Predigten über das ganze christl. Kirchenjahr, zum Vorlesen in Kirchen u. für häusliche Erbauung. 1r Bd. gr. 8. Grimma 835. Verlags-Comptoir. 1 1/4 ₰

Frenkel, Theodor Ferd. Gust. (Triptis/Weimar), De vi quam zoologia exserit in physiologiam et pathologiam. Diss. zool.-med. Jena (Schlotter) 15. VIII. 1838. 92 S. (5.50) 9480
Gewidm.: Fr. Jes. Adlph. Spizner (Dresden), Adph.. Schellenberg (Neustadt).

Frenkel, W., Herzogin Annemarie u. der Dachdecker v. Dornburg. 12. (98 S. m. 4 Abbildgn.) Altenburg 894. St. Geibel. Kart. — 75; geb. n. 1. —

Frenkel, W., Herzogin Annemarie u. der Dachdecker v. Dornburg. 1. Aufl., 2. Abdr. (98 S. m. 4 Abbildgn.) 12. Altenburg 903. St. Geibel. Kart. n. — 50; geb. n. — 75

s.: Schrader, O., Jenaische Bismarcklieder.

Frenkel, Wilh., Abschieds-Predigt über 1. Korinth. 15, 58, am 16. p. trinit. 1881 in der St. Salvatorkirche zu Gera geh. Anh.: Festrede bei der Grundsteinlegung der neuen St. Johanneskirche am 18. Septbr. 1881. gr. 8. (16 S.) Gera 881. Burow. — 30

Frenkel, Wilh., d. Altarbild. E. Erzählg. aus d. Orlagau. 12. (103 S.) Herborn 896. Buchh. d. Nass. Colportagevereins. n. — 60; geb. in Bibliotheksbd. n. — 80; eleg. geb. n. 1. —; mit: D. Salzgraf in 1 Bde. n. 1. 20; in Bibliotheksbd. n. 1. 50; eleg. geb. n. 1. 80

— dein Reich komme! Predigt über Evangel. Matth. 6, 10 zur Jahresversammlung des Gustav-Adolf-Zweigvereins Gera am 11. Sonntage nach Trinitatis 1880 in der Salvatorkirche zu Gera geh. 8. (15 S.) Gera 880. Burow. — 25

Frenkel, Wilh., Farm Deutschental. Dramatische Dichtg. in 5 Aufzügen. (VII, 108 S.) 8. Arnstadt 907. Gimmerthal. 2.—; geb. 3. —

— frisch auf zu fröhlicher Wanderung im neuen Jahr! Predigt am Epiphaniasfest 1880, als am Tage seiner feierl. Einführung in das Amt des Diaconus medius an der St. Johanneskirche in Gera, über Matthäus 2, 1—12 geh. gr. 8. (16 S.) Ebend. 880. — 30

— Gott grüße das Handwerk! E. Erzählg. aus d. Zeit d. 30jähr. Krieges. 12. (95 S.) Neustadt (Orla) 897. R. Hertel. n. — 60; in Bibliotheksbd. n. — 80; in Leinwbd. n. 1. —

— Gustav-Adolf-Lieder. 10.—19. Taus. gr. 8. (4 S.) Ebd. 897. 100 Stück n. 1. —

Frenkel, Wilh., auf Helgoland. Eine Reiseerinnerung. 16. (VII, 141 S.) Gifhorn 883. Schulze. cart. n. 1. 25; geb. n. 1. 50

— immer höher hinan. Worte der Erbauung, für Geist u. Herz. Ausgewählte Predigten. gr. 8. (VIII, 144 S.) Gera 877. Amthor. n. 2. —

Frenkel, Wilh., französisches Lehr- u. Uebungsbuch f. Gastgewerbetreibende. Zum Gebrauche in Fachschulen f. Kellner u. Köche sowie zum Selbstunterrichte. 3. stark verm. u. verb. Aufl. (143 S.) 8. Leipzig (905). (E. Heitmann.) Geb. in Leinw. n.n. 2. 50

Frenkel, Wilh., Missionslieder. 5. Aufl. (4 S.) 8. Neustadt (Orla) 905. Hertel. 100 Stück n. 1. 50

— unser Pfingstgebet. Predigt über 2. Timoth. 1, 7. geh. am ersten Pfingstfeiertag 1878 in der Trinitatiskirche zu Gera. 8. (16 S.) Gera 878. Kanitz' Verlag. — 30

— d. Salzgraf. E. Erzählg. aus d. Orlagau. 12. (96 S.) Herborn 896. Buchh. d. Nass. Colportagever. n. — 60; geb. in Bibliotheksbd. n. — 80; eleg. geb. n. 1.; mit: D. Altarbild in 1 Bde. n. 1. 20; geb. in Bibliotheksbd. n. 1. 50; eleg. geb. n. 1. 80

— Georg Voigt. E. Erzählg. aus d. Zeit d. Reformation. 8. (IV, 257 S.) Altenburg 897. St. Geibel. n. 2. 50; geb. n. 3. 50

— Wendelin. E. Erzählg. f. d. Jugend u. d. Volk. M. 4 Vollbild. v. R. Starcke. 12. (109 S.) Ebd. 896. Kart. — 75; geb. n. 1. —

— Wendelin. Eine Erzählg. f. die Jugend u. das Volk. Unverkürzte Orig.-Ausg. 2., v. J. Erler durchgeseh. Abdr. Mit 4 Vollbildern v. R. Starcke. (109 S.) kl. 8. Altenburg 909. St. Geibel. Kart. p — 50; geb. in Bibliotheksbd. od. in Leinw. p — 75

Wulf, der Harrasmüller. Eine Erzählung aus d. Zeit d. Bauernkrieges von Wilhelm Frenkel. *Berlin-Schöneberg: Verl. d. 'Hilfe' 1900.* (114 S.) 8° [F.] [wo. 9664

Frenkel-Norden, Richard

Hans Huckebein, der Unglücksrabe, s.: Herrenbühne.

— An der Kaserne, s.: Herrenbühne.

— Serenissimus als Brautwerber, s.: Lustspiele.

Frenkel-Norden, Rich., und Friede auf Erden, s.: Weihnachtsbühne.

Frenken, das Schicksal der Werthgegenstände des Cölner Domes, s. Schicksal, das.

Frenken, I[oannes] Petrus (geb. am 12 Aug. 1824 in Karken Rgbz. Aachen): De calculis in vesica urinaria non libere sitis ... Tab. adiecta est. Bonnae, litt. C. Georgii (1848). 3 Bl., 10 S., 1 Taf. 4.
Bonn, Med. Fak., Diss. v. 7 Aug. 1848

Frenken, Wilhelm [aus Loecken]: Ueber Aneurysma und die chirurgische Behandlung desselben .... Bonn, Jos. Bach Wwe., 1886; 28 S. 8°.
Bonn, Med. Fak., Inaug.-Diss. v. 31. Jul. 1886.

Frenken, Wilhelm, über Aneurysma und die chirurgische Behandlung desselben. Diss. Bonn 1886, Emil Strauss. 8°. 28 S.

Frenking, Anton (geb. Billerbeck in Westf. 1. 8. 1814): De cutis humanae functionibus. Berolini (1839). (36 S.) 8°
Berlin, Med. Diss. v. 4. Nov. 1839

Frensberg, Schlaf u. Traum, s.a. Sammlung gemeinverständlicher wissenschaftlicher Vorträge.

Frensberg, Schlaf u Traum. (Sammlung wissensch. Vorträge 466) Berlin 1885

Frensdorf, Victor Egon: Peter Winter als Opernkomponist. Erlangen 1908: Junge. 122 S. 8°
München, Phil. Diss. v. 27. Juli 1907, Ref. Kroyer, Lipps
[Geb. 16. Okt. 82 Berlin; Wohnort: Berlin; Staatsangeh.: Preußen; Vorbildung: Joachimsth. Gymn. Berlin Reife O. 00; Studium: Phil. Freiburg i. B. 1, München 2, Wien 5, Staatsw. Zürich 2, München 1, Phil. München 4 S.; Rig. 27. Juli 07.] [U 09. 3461

W. Frensdorf, Ueber Benutzung und Verpachtung der Domainengüter. Gießen, 1815.

Frensdorff, Carl, s. Frensdorff, Karl

Frensdorff, Emile, de l'Allemagne moderne. Lex. 8. (310 S.) Paris 817, Renouard et Co. Bruxelles, Kiessling et Co. n. 1 1/2 ₰

Frensdorff, Emile, le nouveau Catholicisme allemand. (Der Deutschkatholicismus.) Lex.-8. Bruxelles 840. (Kiessling et Comp.) n. 1/3 ₰

— Lamartine. (Abdruck aus Lfg. 1 u. 2 v. desselben Verf. Werke „Männer u. Frauen d. Auslandes".) Lex. 8. (108 S.) Berlin 848, A. Duncker. 24 ngr

— Männer u. Frauen des Auslandes. Nach authent. u. zum Theil unbenutzten Quellen dargestellt. 1 u. 2. Lfg. (Lamartine. — Töpfer.) gr. 8. (112 S.) Ebd. 848. (à 9 ngr) 18 ngr

— Joseph von Radowitz. Eine Charakterschilderung. gr. 12. (133 S.) Leipzig 850, Brockhaus. 1/3 ₰

Frensdorff, Ernst (Hrsg.), s. Beiträge zur Lebensgeschichte des Dichters Chr. Fr. Dan. Schubart...

FRENSDORFF, Ernst, Die Berlinerinnen im 18 ten Jahrhundert. Vortrag, gehalten im Verein für die Geschichte Berlin's. Mit Titelvign. („Berlinische Folgsamkeit.") Berlin 1903. Verlag von Ernst Frensdorff. 8°. (Tit. m. Bordüre.) (Mk. 0,50.)

Bibliothek Ernst Fronsdorff. Katalog No 1. *Berlin [1900]: G. Chasté.* 8° [wo. 10795

Schlusswort Carl v. Holteis bei Beendigung seiner Vorlesungen zu Berlin am 7. April 1826. Der „Gesellschaft für Theatergeschichte" zu ihrer Generalversammlung am 3. Mai 1908 gewidmet von ERNST FRENSDORFF, Verlagsbuchhändler, Berlin. (Berlin, Ernst Frensdorff.) (Ohne bes. Titelbl.) 8°.

Frensdorff, Ferdinand

Frensdorff, F., die Aufnahme d. allgemeinen Wahlrechts in das öffentliche Recht Deutschlands. [Aus: „Jhering. Festgabe f. ihn".] Lex.-8. (76 S.) Leipzig 892. A. Deichert Nachf. n. 2. —

— Briefe König Friedrich Wilhelms I. v. Preussen an Hermann Reinhold Pauli. Hrsg. u. eingeleitet v. F. F. [Aus: „Abhandlgn. d. k. Gesellsch. d. Wiss. zu Göttingen".] gr. 4. (58 S.) Göttingen 893. Dieterich's Verl. n. 3. 60

Frensdorff, F., Karl Friedrich Eichhorn. Rede, zur Feier seines 100jährigen Geburtstages am 19. Novbr. 1881 im Namen der Georg-Augusts-Universität geh. gr. 4. (36 S.) Göttingen 882. (Peppmüller.) n. 1. 20

Frensdorff, F., die Erbauung d. Göttinger Rathhauses. [Aus: „Festgabe f. Geo. Hanssen".] Lex.-8. (20 S.) Tübingen 889. Laupp. n. 1. —

F. FRENSDORFF, Zur Erinnerung an Dr. Heinrich Thöl. (Veröffentlicht durch die Gesellschaft für Kirchenrechtswissenschaft zu Göttingen.) Freiburg i. B. 1885. Akademische Verlagsbuchhandlung von J. C. B. Mohr (Paul Siebeck). 8°.

Zur Erinnerung an Georg Waitz. Vortrag v. Ferdinand Frensdorff. Ausschnitt aus: Hansische Geschichtsblätter Jg. 14. Leipzig 1886. 8°.

Festrede im Namen der Georg-Augusts-Universität zur akademischen Preisvertheilung am IV. Jun. 1888 gehalten von Ferdinand Frensdorff d. z. Prorector. Göttingen, Druck d. Dieterichschen Univ.-Buchdr. W. Fr. Kaestner (1888); 24 S. 4°

Frensdorff, Ferd., Stadt und Universität Göttingen. Vortr. [Leipzig 1910.] 8°.
(Hansische Geschichtsbl. Jg. 1909.)

Frensdorff, F., Göttingen in Vergangenheit und Gegenwart. 8. (39 S.) Göttingen 878, Peppmüller. *

— Göttingen in Vergangenheit u. Gegenwart. 2., verm. Aufl. gr. 8. (IV, 43 S.) Göttingen 887. Peppmüller. n. 1. —

—— Jacob Grimm in Göttingen. gr. 8. (44 S.) Göttingen 885, Dieterich's Verlag. *
Aus: Nachrichten von der k. Gesellschaft der Wissenschaften etc. zu Göttingen, besonders abgedruckt.

Halle u. Göttingen. Rede zur Feier d. Geburtstages Sr. Maj. d. Kaisers u. Königs am 27. Jan. 1894 geh. Lex.-8. (28 S.) Ebd. 894. n.n. — 40

Die ersten Jahrzehnte des staatsrechtlichen Studiums in Göttingen. Festschrift zur 150jährigen Jubelfeier der Georg-Augusts-Universität im Namen und Auftrag des Senats verfasst von F. Frensdorff. 7. 8. 9. August 1887. Gottingen, Druck d. Dieterichschen Univ.-Buchdr. W. Fr. Kaestner, 1887; 1 Bl. + 42 S. 4°.

Frensdorff, Ferdinand [Bearb.] s. Kraut: Grundriss zu Vorlesungen über das deutsche Privatrecht

Über das Leben und die Schriften des Nationalökonomen J. H. G. von Justi. Von F[erdinand] Frensdorff. *Göttingen: [Ges. d. Wiss.; Dieterich in Komm.] 1903.* (S. 355–503.) 8°
Aus: Nachrichten d. Ges. d. Wiss. z. Göttingen, phil.-hist. Klasse. 1903. H. 4.
[o. 6614 7

Frensdorff, F., s.: Münchhausen's, G. A. v., Berichte üb. seine Mission nach Berlin.

—— Reinhold Pauli [geb. 1823 Mai 25., gest. 1882 Juni 3.]. Rede, gehalten in der öffentl. Sitzung der k. Gesellschaft der Wissenschaften am 9. Decbr. 1882. gr. 4. (18 S.) Göttingen 882, Dieterich'sche Verlagsh. *
Aus: Abhandlungen der k. Gesellschaft der Wissenschaften zu Göttingen, besonders abgedruckt.

Frensdorff, F., das Lübische Recht nach seinen ältesten Formen. gr. 8. (VI, 83 S.) Leipzig 872. Hirzel. n. 2. —

— das statutarische Recht der deutschen Kaufleute in Nowgorod. 2 Abtheilgn. [Aus: „Abhandlgn. der k. Gesellsch. d. Wiss. zu Göttingen".] gr. 4. (35 u. 55 S.) Göttingen 887. Dieterich's Verl. n. 4. —

Frensdorff, F., Rede zur Feier d. 25jähr. Bestehens d. deutschen Reichs, am 18. Jan. 1896 im Namen d. Georg-Augusts-Universität geh. V. alten Reiche zum neuen. Lex.-8. (24 S.) Göttingen 896. Leipzig, Dieterich's Verl. n. — 30

Rede zur Feier des Geburtstages S. M. des Kaisers und Königs am 27. Jan. 1894 im Namen der Georg-Augusts-Universität geh. v. *Ferdinand* Frensdorff. Halle und Göttingen. Göttingen, Druck d. Dieterich'schen Univ.-Buchdr., *1894*; 28 S. 8.

Das Reich und die Hansestädte. Von Prof. F[erdinand] Frensdorff in Göttingen. *Weimar: H. Böhlaus Nachf. 1899.* (51 S.) 8°
Aus: Zeitschrift d. Savigny-Stiftung f. Rechtsgesch. Bd. 20, Germ. Abth. [o. 6017 II

Frensdorff, F., von u. üb. Schlözer, s.a. Abhandlungen der königl. Gesellschaft der Wissenschaften zu Göttingen. Philol.-histor. Kl. XI, 4.

Von und über Schlözer. Von F[erdinand] Frensdorff. Berlin: Weidmann 1909. 114 S. 4°
Abhandlungen d. Kgl. Gesellsch. d. Wiss. zu Göttingen. Phil.-hist. Kl. N. F. Bd 11, Nr 4.)
[10. 62

Frensdorff, Ferd., die Stadt- und Gerichtsverfassung Lübecks im XII. und XIII. Jahrhundert. gr. 8. (VIII und 207 S.) Lübeck 861, v. Rohden'sche Buchh. *

— die Stadtverfassung Hannovers in alter u. neuer Zeit. Vortrag, geh. bei der 12. Jahresversammlg. d. Hansischen Geschichtsvereins zu Hannover am 31. Mai 1882. gr. 8. (38 S.) Leipzig 883. Duncker & Humblot. n. 1. —

— Dortmunder Statuten u. Urtheile, s.a. Geschichtsquellen, Hansische.

Dortmunder Statuten u. Urtheile v. Frensdorff. Halle 882.

— Das Wiedererstehen des deutschen Rechts. Zum 100jähr. Jubiläum v. K. F. Eichhorns Rechtsgeschichte. (78 S.) gr. 8. Weimar 908. H. Böhlau's Nachf. 2. —
Sonderabdr. a. „Ztschr. d. Savigny-Stiftg. f. Rechtsgesch."

Frensdorff, G. in Vergangenheit u. Gegenwart. Göttingen 878.

Frensdorff, G. F. W. Ueber Benutzung und Verpachtung der Domainen-Güter. gr. 8°. Giessen, Heyer, 1815.

Frensdorff, Karl

Frensdorff, Carl [cand. med. aus Hannover]: Statistische Mitteilungen über die Grössenverhältnisse des Herzens bei compensierter Mitralinsufficienz ... [o. O.], *1896;* 32 S. 8.
München, Med. Fak., Inaug.-Diss. v. 1896

Frensdorff, Phpp. F., Scatus. Ein Epos in 9 Gesängen. 3. Aufl. 16. (60 S.) Harburg 878. Elkan. n. 1. —; in Plakatform, Imp.-Fol. n. 1. —

— dasselbe. 3. Aufl. 12. (61 S.) Ebend. 881. geb. 1. 50

Frensdorff, Sal., Fragmente aus der Punctations- u. Accentlehre der hebräischen Sprache angeblich von R. Moses Punctator. Festschrift. gr. 8. (92 S.) Hannover 847, Helwing. n. 2/3 ₰

Frensdorff, die Massora Magna nach den ältesten Drucken m. Zuziehung alter Handschriften. 1. Thl. A. u. d. T.: Massoretisches Wörterbuch od. Massora in alphabet. Ordng. gr. 4. (X, 20 u. 384 S.) Hannover 876. Cohen. n. 21. --

Frensdorff, S., Wahlpredigt gehalten am Sabbath פנחס 5605 (den 19. Juli 1845) in der Synagoge zu Hannover. 8. Hannover 845, Hahn'sche Hofbuchh. 1/8 ₰

Frensdorff, Walt., Kaiser Tod. Tagebuchblätter u. Briefe. (60 S.) kl. 8. Leipzig 905. Modernes Verlagsbureau. n. 1. 20

Klaus Hinrich Baas. Roman von Gustav Frenssen. Berlin: Grote 1900. 584 S. 8°
(Grote'sche Sammlung v. Werken zeitgenöss. Schriftsteller. Bd 69.) [o9. 18460

Frenssen, Gust., Dorfpredigten. 1.—3. Bd. 8. Göttingen 902. Vandenhoeck & Ruprecht. Geb. in Leinw. à n. 3. —
1. 3. Aufl. 4. u. 5. Tauf. (190 S.) — 2. 3. durchgeseh. Aufl. 3.—5. Tauf. (184 S.) — 3. 1.—4. Tauf. (169 u. V S.)

Frenssen, Gust., Dorfpredigten. 1—3. Bd. gr. 8. Göttingen, Vandenhoeck & Ruprecht. Geb. in Leinw. à n. 3. —
I. 7. Aufl. 13—15. Tauf. (190 S.) 904.
II. 5—7. Aufl. (8—16. Tauf.) (à 184 S.) 903—905.
III. 3. Aufl. 8—10. Tauf. (170 S.) 903.

— Dorfpredigten. I. u. II. Bd. 8. Göttingen, Vandenhoeck & Ruprecht. Geb. in Leinw. à 3. —
I. 11. Aufl. (25—27. Tauf.) (190 S.) 910.
II. 9. Aufl. (20—22. Tauf.) (184 S.) 908.

— Peter Moors Fahrt nach Südwest. Ein Feldzugsbericht. (210 S.) 8. Ebd. 906. n. 2. —; geb. n. 3. —

Peter Moors Fahrt nach Südwest. Ein Feldzugsbericht von Gustav Frenssen. 108. Taus. Berlin: G. Grote 1907. (210 S.) 8° [F.]
= Sammlung, Grote'sche, von Werken zeitgenöss. Schriftsteller. Bd 89.
[07. 6131 II

Peter Moors Fahrt nach Südwest. Ein Feldzugsbericht von Gustav Frenssen. Berlin: Grote 1909. 210 S. 8°
(Grote'sche Sammlung von Werken zeitgenöss. Schriftsteller. Bd 89.)
(Bibliothek August Scherl. Bd 517.) [10. 15904

[F.] Die drei Getreuen. Roman v. Gustav **Frenssen**. *Berlin: G. Grote 1898.* (3 Bl., 479 S.) 1 Bd 8.
= Sammlung, Grote'sche, v. Werken zeitg. Schriftsteller. Bd 62. [9.. 5105

— **die drei Getreuen.** Roman. 4. Tauſ. 8. (479 S.) Berlin 900. G. Grote. n. 3. 50

— daſſelbe. 6. Tauſ. 8. (479 S.) Ebd. 901. n. 4.—; geb. n. 5.—

— **die drei Getreuen.** Roman. 29—77. Tauſ. (à 490 S.) 8. Berlin 903—905. G. Grote. n. 4. —; geb. in Leinw. n. 5. —

Die drei Getreuen. Roman von Gustav **Frenssen**. Berlin. Grote 1910. 490 S. 8°
(Grote'sche Sammlung von Werken zeitgenöss. Schriftsteller. Bd 62.) A 12. 3490 5

— eine Hand voll Gold, ſ.: **Pilgergrüße** Nr. 4.

Das Heimatsfest. Schauspiel in 5 Akten von Gustav **Frenssen**. *Berlin: G. Grote 1903.* (105 S.) 8° [F.] [04. 285

Hilligenlei. Roman von Gustav **Frenssen**. Berlin: G. Grote 1905. (615 S.) 8° [F.]
= **Sammlung**, Grote'sche, v. Werken zeitgenöss. Schriftsteller. Bd 86. [06. 8845

— **Hilligenlei.** Roman. 121. Tauſ. (V, 616 S.) kl. 8. Berlin 907. G. Grote. 5.—; geb. in Leinw. 6. —

Das Leben des Heilands dargest. von Gustav **Frenssen**. Berlin: G. Grote 1907. (109 S.) 8° [F.] [07. 8310

— **die Sandgräfin.** Roman. 2. Aufl. 8. (VII, 416 S.) Berlin 901. G. Grote. n. 4. —; geb. n. 5. —

— **die Sandgräfin.** Roman. 16—44. Tauſ. (à VII, 426 S.) 8. Ebd. 903—905. n. 4. —; geb. in Leinw. n. 5. —

Die Sandgräfin. Roman von Gustav **Frenssen**. Berlin. Grote 1906. 426 S. 8°
(Grote'sche Sammlung von Werken zeitgenössischer Schriftsteller. Bd 70.) A 12. 6077 10

Die Sandgräfin. Roman von Gustav **Frenssen**. Berlin: Grote 1910. 426 S. 8°
(Grote'sche Sammlung von Werken zeitgenöss. Schriftsteller. Bd 70.) A 12. 3136 5

Gustav **Frenssen**: Schlußwort zu Hilligenlei. Berlin: G. Grote 1906. (10 S.) 8° [F.] [07. 6280 2

Die zweite Schwere bei Gravelotte, ſ.: **Graeser's** Schulausgaben klassischer Werke 79. Heft.

Spruchsammlung aus Gustav **Frenssens** Werken zsgest. v. Cl. Hahn. Dresden. 1906. 8°.

— **Jörn Uhl.** Roman. 1.—8. Tauſ. 8. (à 535 S.) Ebd. 901. 902. n. 4. —; geb. n. 5. —

— daſſelbe. 9. Tauſ. 8. (535 S. m. Bildnis.) Ebd. 902. n. 4.—; geb. in Leinw. n. 5.—

Jörn Uhl. Roman von Gustav **Frenssen**. 71. Taus. *Berlin: G. Grote 1903.* (525 S.) 8° [F.]
= **Sammlung**. Grote'sche, von Werken zeitgenöss. Schriftsteller. Bd 73. [4. 7914 4

Jörn Uhl. Roman von Gustav **Frenssen**. 86. Taus. *Berlin: G. Grote 1902.* (525 S.) 8° [F.]
— **Sammlung**. Grote'sche, von Werken zeitgenöss. Schriftsteller. Bd 73. [03. 4077 11

— **Jörn Uhl.** Roman. 100—193. Tauſ. (à 525 S. m. Bildnis.) 8. Ebd. 902—905. n. 4. —; geb. n. 5. —

— **Jörn Uhl.** Roman. 200. Tauſ. (525 S. m. Bildnis.) 8. Berlin 908. G. Grote. 4.—; geb. 5.

Gustav **Frenssen**: Wie ein Roman entsteht. (Aus einem Vortrag, 1898 nach dem Erscheinen der „Drei Getreuen" in Hamburg gehalten.) Ausschnitt aus: Weihnachts-Almanach der G. Grote'schen Verlagsbuchhandlung. Berlin. 1903. 8°.

Wie „Peter Moor" entstanden ist v. Gustav **Frenssen**. (Berlin. 1909.) 8° Ausschnitt aus: G. Grote's Weihnachts-Almanach 1909.

Frenssen, Mor. (Frau Umhöfer), **der Herr Ephorus.** Komödie in 4 Akten. (IV, 119 S.) 8. Dresden 904. E. Pierson. n. 1. 60

FRENTIU, Valerius Tr.: De rituum ecclesiae catholicae relatione ad invicem. — (1902) 105 S. 4° (Handschr.) Diss. 634
Diss. Wien, Univ.

Frentrop, Carl, s. Frentrop, Karl

Frentrop, Emanuel (Bocholt/Westf.), **De nuce vomica.** Diss. med. Bln. (Nietack) 9. XII. 1835. 32 S. mit Biogr. (M.: E. Tacke.) (4.20) 9482
Oppon.: B. van Cleve, B. Halsband, A. Richters.

Frentrop, (Franc. Guil.) Eman. (geb. Bocholt 1811): De nuce vomica. Berolini (1835). (32 S.) 8°
Berlin, Med. Diss. v. 9. Dez. 1835

Frentrop, Karl

Frentrop, Carl (geb. Bocholt in Westf. 18. 10. 1854): Die neueren Untersuchungen zur Milzbrandaetiologie. Berlin (1877). (39 S.) 8°
Berlin, Med. Diss. v. 10. Aug. 1877

Frentz s. a. Raitz v. Frentz.

— s. a. **Frenz.**

Frentz, Hans, Lyriſch-epiſche Dichtungen. 8. (V, 105 S.) Braunſchweig 902. R. Sattler. n. 2.—

Frentz, Michael (Strassburg), **De didrachmis à Christo solutis. Matth. XVII. vers. 24 seqq.** Disp. theol. Präs. Sebastian Schmidt. Strassburg. Neudr.: Wittbg. 1701. 24 Bl. (5.—) 9483

— — **Dasselbe.** Neudr. o. O. 1730. (5.—) 9484

Frentz, M., de didrachmis a Christo solutis. Viteb. 1737. 4.

Frentz-Gemmingen, Gabriele v., Schweſter Thereſia vom Kinde Jeſu. Karmeliterin. 1873—1897. „Geſchichte e. Seele", v. ihr ſelbſt verf. Nach dem franzöſ. Originale frei bearb. u. überſ. 8. (XXXVI, 277 S. m. Abbildgn.) Eſſen, 902. Fredebeul & Koenen. n. 2. 40; geb. in Leinw. n. 3. —

Frentzel

— s. a. **Frencel, Frenzel.**

Frentzel, Referat über die Erhöhung der landwirtschaftlichen Zölle, erstattet in der ausserordentl. Plenarversammlung des deutschen Handelstages am 29. Nov. 1887 zu Berlin. 8°. Berlin, Druck von Liebheit u. Thiesen, 1887.

Frentzel, Adolf [app. Arzt in Strassburg]: Zur Semiotik und Therapie mesenterialer Cysten ... Leipzig, Druck v. J. B. Hirschfeld, 1892; 1 Bl., 53 S. 8.
Strassburg, Med. Fak., Inaug.-Diss. v. 1892

Frentzel, Alexander: Das Passauer Granitmassiv. Petrographisch-geologische Studie. 1911. S. 105-192, 2 Taf. 4° ; Aus: Geognost. Jahreshefte. Jg. 24.
München, Dr.-Ing.-Diss. v. 10. 3. 1909

Frentzel, Aug. Imm., (†...) Zusätze zu Steinersdorf's hebräischer Grammatik. 8. Stend. 781. Kranzen u. Gr. 1 ℳ

Frentzel, Heur. Ferd. (geb. Köslin 25. 1. 1830): De rara quadam calculi formatione. Berolini (1852). (27 S.) 8°
Berlin, Med. Diss. v. 2. März 1852

Frentzel, J., Wandtafel d. Coccen-, Bacterien-, Spirillen-Formen. 100 × 133.5 cm. Lith. Berlin 897. P. Parey. n.n. 5. —

Frentzel's, J. P., Familientafeln d. englischen Vollbluts. [General Stud Book Vol. I—XIV.] Familienweise Zusammenstellg. der Stuten m. leb. weibl. Nachzucht, sowie der aus ihnen geborenen Hengste m. weibl. zur Zucht benutzten Nachkommen, unter Angabe ihrer u. ihrer Mütter Rennleistgn. u. Register der Hengste u. ihrer namhaft gemachten Töchter. Hrsg. vom landwirtschaftl. Central-Verein f. Littauen u. Masuren in Insterburg. Für den Druck bearb. von E. v. Bonin. (Deutsch u. englisch.) Fol. (XXVIII, 867 S.) Berlin 889. Parey. cart. n.n. 60. —

Frentzel, J. P., üb. die Landespferdezucht im Reg.-Bez. Gumbinnen, s.a. Sammlung gemeinverständl. wissenschaftl. Vorträge.

Frentzel, J. P.: Über die Landespferdezucht im Regierungsbezirke Gumbinnen. Vortrag, gehalten ... 1865. Berlin 1875. 65 S.
(Sammlung gemeinverständlicher wissenschaftlicher Vorträge. Ser. 10, H. 237.)

Stut-Buch des Königlich Preuss. Haupt-Gestüts Trakehnen. Von J. P. **Frentzel** (Bd 2. 3: von Burchard v. Oettingen). Hrsg. v. Landw. Central-Verein f. Litthauen u. Masuren. (Bd [1])–3. Berlin: Wiegandt, Hempel & Parey (2. 3: Parey) 1878–1910. 8°
[1.] 1878. 2. [Nebst Taf.] 1901. 3. 1910. [11. 13595

Frentzel, Johannes (geb. Berlin 24. 6. 1859): Ein Beitrag zur Kenntniss des normalen primären Hexylalkohols und seiner Derivate. Berlin 1883. (33 S.) 8°
Berlin, Phil. Diss. v. 4. Aug. 1883

Frentzel, Johs., Ernährung u. Volksnahrungsmittel, s.a. Aus Natur u. Geisteswelt.

Ernährung und Volksnahrungsmittel. 6 Vorträge geh. von Prof. Dr. Johannes **Frentzel.** Mit 6 Abb. u. 2 Taf. Leipzig: B. G. Teubner 1900. (121 S.) 8° [ℨ.]
= Natur, Aus, u. Geisteswelt. Bdch. 19. [08. 18005 3

Frentzel, Johs., Ernährung u. Volksnahrungsmittel. Neubearb. v. N. Zuntz, s.a. Aus Natur u. Geisteswelt.

Ernährung und Volksnahrungsmittel. 6 Vorträge von weil. Prof. Dr. Johannes **Frentzel**. Neubearb. von Prof. Dr. N[athan] Zuntz. Mit 7 Abb. u. 2 Taf. 2. Aufl. Leipzig: Teubner 1909. (120 S.) 8°
(Aus Natur u. Geisteswelt Bdch. 19.) [09. 6044

Frentzel, Johs., Untersuchgn. üb. d. Stoffwechsel d. Pferdes, s.: Zuntz, N.

FRENTZEL, Joh. Gottl., Weiber als schädliche, doch mehr aber auch als nützliche und nöthige Geschöpfe betrachtet. O. O. 1742. 4°.
— — Dasselbe. Erfurt 1743. 4°.

Frentzel, K., Musterarbeiten f. die Sekretärprüfung, s.: Dankwort, K.

Frentzel, Karl Heinrich

CHARAKTERISTIK der Sitten Berlins .... (von *Carl Heinr. Frentzel*) (Gera 1783—84.)
Anon.-Lex. I. p. 317 (nach Meusel).

Frentzel, Karl Heinrich, s.a. Elminni

ELMINNI, oder die Perle des Morgenlandes (von *Carl Heinr. Frentzel*). Gera, Beckmann, 1789. 8°.
Einiges etwas frei. — Anon.-Lex. II. p. 19 (nach Kayser u. Meusel).

Frentzel, Karl Heinrich [app. Arzt aus Küstrin]: Vier Fälle von Kopfschuss ... Berlin, Druck v. F. W. Schapke, 1893; 48 S. 8.
Leipzig, Med. Fak., Inaug.-Diss. v. 18. Juni 1893
(Nicht für den Austausch)

Frentzel, Karl Hnr., († b. 14. Mai 1824.), s. 1) Geschichte d. Verschwörung d. Pazzi. 2) Leben Borgia's. 3) in Romanen.

BORGIA, Cesare (c. 1470—1507). — Leben des Cäsar Borgia, Herzogs von Valentinois (von *C. H. F.* d. i. *Carl Heinr. Frentzel*). 2 Thle. Berlin, bei Friedr. Maurer, 1782. 8°. (2 Mk. Franz Teubner, 1898.)
XXII—279 fortlauf. gez. S. Nur die Anfangsbuchstaben d. Namens d. Vf. unter der undat. Vorr. Anon.-Lex. III. p. 14 (nach Kayser u. Meusel).
Vielleicht mit Benützung von: Tomasi, Tomaso, La vita di Cesare Borgia, detto poi il Duca Valentino. S. l. 1671. 12°. 18 Bog. (Bibl. Ludovici nominalis curiosa. Vitemb. 1705.)

ROMANE, Morgenländische (von *Karl Heinr. Frentzel*) 2 Thle. Hirschberg, Ußner, 1791. 8°.
Enth. nur den einen, stellenw. etwas freien Roman: Elminni, oder die Perl (sic!) des Morgenlandes. I TKpf., Tit. u. 256 S. II: 192 S. Zuerst unter letzterem Titel gedr. Gera, Beckmann, 1789. 8°. — Obiger Titel fehlt Kayser p. 104, ebenso im Anon.-Lex.

Frentzelii, M. Simon. Frid., diss. de spiritu, in monte giganteo Silesiorum, qui vulgari nomine Rübezahl nuncupatur, apparente. 673. 4. rec. c. praefat. Chr. Gotfr. Sterzelii. Witteb. 711. 4.

Frentzel, Otto (Berlin), Ueber Melanosarcom. Diss. med.-chir. Bln. (Knoll & Wölbling) 12. XI. 1886. 31 S. mit Biogr. (3.50) 9485
Oppon.: A. Westphal, G. Breiderhoff, Frentzel-Beyme.

Der Stadthaushaltetat von Charlottenburg für das Rechnungsjahr 1907. Referat d. Stadtverordneten Dr. Otto **Frentzel** erstattet in d. Versamml. d. Liberalen Vereins am 22. März 1907. Charlottenburg 1907: R. Münch. (15 S.) 8° [ℨ.] [07. 15409

— Simon Friedrich, De cadaveribus humanis ad praesentiam occisoris cruentalis. Oder: Vom Bluten todter Cörper in Gegenwart des Thäters. Comment. histor. Frankfurt u. Lpz. 1753. 30 S. (4.50) 9486

Frentzel, W. [aus Berlin]: Zur Kenntnis der aromatischen Cyanate und ihrer Polymerisationsproducte .... Berlin, Buchdr. Knoll & Wölbling (1888); 29 + 1 S. + 1 Bl. 8°
Berlin, Phil. Fak., Inaug.-Diss. v. 17. Jul. 1888

Frentzel-Beyme, Rob. (August) (geb. Grünhaide bei Memel 20. 5. 1862): Die Kapselexstirpation am Kniegelenk. Berlin (1885). (20 S.) 8°
Berlin, Med. Diss. v. 23. Juli 1885

Frentzen, Aug., die wahre Ursache der Ebbe u. Flut nicht Mond-Anziehung, sondern Sonnenwärme! (84 S.) 8. Leipzig-Gohlis (Breitenfelderstr. 7) (908). Selbstverlag. 1 —

Frentzen, H.: Die Bonner Rheinbrücke, s.: Menzel, Hans

Frenz

— s. a. **Frentz.**

von Frenz, Nachricht von brandigem Weizen. Bamb. 8°. 1768

Frenz, Alex., Trifolium, s.: Leiffmann, Mor.

Frenz, D. [Hrsg.], s. Weinberichte, Rheinische.

Frenz, Gottlob Otto (Dresden), De marito ex legibus Saxonicis, uxoris mortuae, si ejus cognati adsint, in immobilia ab intestato non succedente. Diss. jur. Präs. Gottlieb Wernsdorf. Wittbg. (A. Ch. Charisius) 16. IV. 1792. 40 S. (4.50) 9487
Gew.: Aug. Gottlieb v. Gaertner.

Frenz, Herm., der Gesellschaftstanz. Anleitung zum besseren Verständnis und zum richt. Kommandieren der Tourentänze. Nebst Anhang: Deutsche Erklärung und Beschreibung der einzelnen Tanzfiguren. Nach den Anforderungen der neuesten Zeit bearb. 2. neu bearb. Aufl. 16. (63 S.) Rostock 884, (Werther's Verlag.)
Die 1. Aufl. erschien im Selbstverlage des Verfassers.

Frenz, Herm., Menuet à la reine, getanzt am Hofe Sr. Maj. d. Kaisers Wilhelm II. Choreographie, Erklärg. u. Beschreibg. gr. 8. (13 S. m. 18 Fig.) Rostock i/M. 893. H. Frenz's Selbstverl. 3. —

Frenz, Herm., Hoddelmann u. Wuschelkopf, s.: Hollstein, Geo.

Frenzel, s.a. Frencel. – Frentzel

Frenzel, Michael, und sein Sohn Abraham in der Lausitz. [Leipzig 1807.] V: *Reinwald, Wilh. Frdr. Herm.* (MGT)

Frenzel, der Belus oder Sonnendienst auf den Anden oder Kelten in Amerika. Leipzig 867. Denicke. gr. 8. (14 S.) n. 5 *ngr.*

Frenzel, A., Denkschrift zur Beleuchtung des Wesens u. Nutzens einer Cautions-Credit-Anstalt. Als Mscr. gedr. Frankfurt a. M. 865. Knatz. gr. 4. (IV, 38 S.) n. 22½ *ngr.*

Frenzel, A., s.: Werke üb. Kartenzeichnen.

Frenzel, A., die Zwergpapageien, s.: Universal-Bibliothek f. Thierfreunde.

Frenzel, Albert [aus Gröbnig '(Schles.)']: Ueber Sarkome der Tibia ... Greifswald, Druck v. J. Abel, 1897; 24 S. 8.
Greifswald, Med. Fak., Inaug.-Diss. v. 15. Apr. 1897

Frenzel, Alfr., Geographieunterricht, s.: Regel, Fritz.

Frenzel, Ant., de indissolubilitate matrimonii commentarius. Paderborn 863. Schöningh. gr. 8. (V, 136 S.) 21 *ngr.*

Frenzel, Ant., num dogma catholicum est, matrimonii vinculum inter vivos conjuges nullo in casu solvi posse? ed. Th. A. Dereser. 8. Bresl. 818. Holäufer. 8 *gr.*

Frenzel, Aug., mineralogisches Lexicon f. das Königr. Sachsen. 8. (VI, 380 S.) Leipzig 874. Engelmann. n. 6. —

Frenzel, Bernhard: Der Associationsbegriff bei Leibniz. *Leipzig 1898: F. Peter.* (108 S.) 8°
Leipzig, Phil. Diss. v. [29. Juli] 1898

Frenzel, Bernh., d. Associationsbegriff b. Leibniz. Diss. gr. 8. (109 S.) Leipzig 898. (Buchh. G. Fock.) n. 2. —

Frenzel, Bertha u. **Max Lehrs,** Ludwig v. Gleichen-Russwurm. gr. Fol. (11 S. m. Abbildgn., 1 Photograv., u. 1 Farbdr.) Wien 903. Gesellschaft f. vervielfältig. Kunst. n. 5. —
Sonderabdruck aus: „Graph. Künste".

Frenzel, C. A., ausführlicher Commentar zu den an der Berliner Börse etc. Cours habenden Industrie-Actien, s.: Saling's Börsen-Papiere.

Frenzel, C. A., Reise-Agenda, s. Jagor.

Frenzel, Carl, s. Frenzel, Karl

Westfälischer-Hof-Walzer. Gretchen, Lenchen, Traudchen, Marie! Klänge aus d. Siebengebirge. Text v. Fritz Klein. Comp. v. Christian **Frenzel**. *(Bonn [1901?]: J. Bach Wwe.)* (2 Bl.) 4° 1904. 1970

Frenzel, Chrf. G., die arithmetische Integration der Dämme u. Einschnitte. Ein auf analyt. Grundlage beruh. Abkürzungsverfahren der Erdberechnung bei beliebig geformtem Terrain, nebst einem Anhang über Berechnung der Grund- u. Böschungs-Flächen u. der Trägheits-Momente irregulärer Querschnitte. gr. 8. (123 S. m. 5 autogr. Taf.) Wien 882. (Bloch & Hasbach.) n.n. 4. 80

Frenzel, Dn. Gf., († d. 25. Jan. 1785.) Natur u. Wirkung d. mineral. Wassers zu Lauchstädt, durch Versuche u. Erfahrr. bestätiat. 8. Halle 768. Waisenh.-B. 6 *gr.*

Frenzel, F., Album-Blätter aus Auerbachs-Keller. Ein vollständ. Auszug aller in heiterer Stunde v. fröhl. Zechern im Fremdenbuch niedergeschriebenen Trinksprüche mit Orig.-Beiträgen der bedeutendsten Dichter der Gegenwart. 4. Aufl. 8. (VII, 183 S.) Leipzig 887. [Peterson.] Buchbinder Knorr. geb. n. 1. 50

Frenzel, F. A., der Führer durch das historische Museum zu Dresden. Mit Bezug auf Turnier- und Ritterwesen und die Künste des Mittelalters. Nebst einem Sach- und Namenregister, sowie einer Literatur der betreff. Schriften. gr. 8. (XI und 147 S.) Leipzig 850, R. Weigel. -

Frenzel, F. A. Dresdens **Museen**, ihre Kunstschätze, Merkwürdigkeiten und Seltenheiten aus sämmtlichen Königl. Sammlungen. Herausgegeben von P. G. Hilscher. 1. und 2. Lieferung. Dresden 1835—1836. 8°.

Frenzel, Ferdinand Heinrich

— philosoph. Bedenken wegen Meyers philosoph. Betrachtt. über d. Religion. 2 Stücke. 8. Hof 762—64. Vierling. 6 *gr.*

Frenzel, Fd. Hnr., († d. 27. Sept. 1764.) Fest- u. Casualreden. 2 Thle. 8. Hof 763 u. 64. Vierling. 16 *gr.*

Frenzel, Ferdinand Heinrich (Weisdorf/Bayreuth), Num ad plura simul attendere possimus? Inquisitio logica. Curat. Daniel v. Superville. Präs. Johann Friedrich Klett. Erlangen (Joh. Friedr. Becker) 19. VIII. 1747. 18 S. (4.80) 9488
Gew.: Dan. v. Superville. — Widm. v. Präs.

Frenzel, Franz

Frenzel, Frz., die schriftlichen Arbeiten in der Hilfsschule. (19 S.) 8. Leipzig (907). K. G. Th. Scheffer. 1. —

-- Neuere Bestrebungen auf dem Gebiete des ersten Leseunterrichts. Vortrag m. Demonstrationen, geh. im Lehrerverein zu Stolp i/Pomm. (24 S. m. Fig.) 8. Berlin 907. (Stolp, H. Hildebrandt's Bh.) 1. 50
2 Sonderabdrucke aus „Monatsschr. f. Sprachheilkde.".

Frenzel, Frz., die Hilfsschulen f. schwachbegabte Kinder in ihrer Entwicklung, Bedeutung u. Organisation. (88 S.) gr. 8. Hamburg 903. L. Voss. n. 1. —

-- s.: Kalender f. Lehrer u. Lehrerinnen an Schulen u. Anstalten f. geistig Schwache.

-- s.: Kalender f. heilpädagogische Schulen u. Anstalten.

Frenzel, Fr., der erste Leseunterricht auf phonetischer Grundlage. Ein Beitrag zur Hygiene der Sprache. gr. 8. (13 S.) Stolp (900). H. Hildebrand's Buchh. n. — 40
Sonderabdruck aus: „Medic.-pädagog. Monatsschr. f. d. ges. Sprachheilkunde".

Der Sach- und Sprachunterricht bei Geistesschwachen. Von Franz Frenzel, Stolp i. P. Wernigerode (1904): B. Angerstein. (18 S.) 8° [Umschlagt. F. u. Ant.]
Aus: Med.-pädag. Monatsschr. f. d. ges. Sprachheilkunde. Jg. 14. [05. 9904 9

Frenzel, Franciscus Angelus (*geb. Mähr.-Trübau 1790*): Dissertatio . . . sistens unguium et pilorum corporis humani disquisitiones anatomicas, physiologicas et pathogenicas ad nonnullorum morborum prognosin stabiliendam. Vratislaviae (1822). (44 S.) 8°
Breslau, Med. Diss. v. 6. Nov. 1822

FRENZEL, Franz Christoph: Chemie für Forstmänner, Ökonomen und Botaniker. - Leipzig 1800. 416 S.

-- der Sach- u. Sprachunterricht bei Geistesschwachen. (18 S.) gr. 8. Stolp (905). (H. Hildebrandt.) n. 1. —
Sonderabdruck aus: „Medizin.-pädag. Monatsschr. f. d. ges. Sprachheilkunde".

— Veröffentlichungen üb. Sprache, Sprachstörgn. u. Sprachunterricht bei geistig schwachen Kindern. Eine Uebersicht. (S. 171—183.) 8. Berlin 907. (Stolp, H. Hildebrandt.) — 60
Sonderabdruck aus „Monatsschr. f. Sprachheilkde."

Frenzel, Frz. Cph., Anfangsgründe d. gemeinen Arithmetik u. Algebra. 8. Eisenach … 2e Aufl. 809. Bärecke; (a. Andrä in Leipz.) 6 ℊℊ

— Anleit. zum Gebrauch d. Hoseschen Vorlegeblätter ꝛc., s. J. H. Hose.

Frenzel, F. C., Kritische Bemerkungen über einige lateinische Schriftsteller. Gol. 1819. 18 S. 1 —

Frenzel F. C.: Chemie f. Forstmänner, Oeckonomen u. Botaniker. Nebst c. Vorr. v. Lampadius. Leipz. 1800. 416 S. 7 Tvl.

– s. Cicero: Rede an d. Senat.

— Franz Christoph, Elementa geographiae mathematicae. Prolusio ad examen 8./9. X. Eisenach (Goeckel) 1822. 32 S. mit Namen. (3.50) 9489

Frenzel, Frz. Christ., chemisches Handb. f. Forstmänner, Oekonomen u. Botaniker. Mit e. Vorrede v. W. A. Lampadius. Mit 7 Kpf. 8. Leipzig, 1800. (H. Fritzsche.) 1. 15

– s. Lez, J. H.: Beleuchtung.

— von d. Nothwendigkeit d. Privatfleißes auf gelehrten Schulen u. den Mitteln, ihn aufzuregen. 8. Eisenach 817. Bärecke. 5 ℊℊ

— praecepta logica scholarum usibus accommodavit. 8. Soest 802.

— Probe eines erklär. Commentars über Homers Odyssee. 8. Eisenach 808. Bärecke. 4 ℊℊ

Frenzel, F. C., Specimen notarum criticarum in scriptores Romanos (praecipue in Ciceronem). Pr. 1828. 19 S. 4°. 1.—

— specimen observationum criticarum etc. 8. Soest 800.

— über d. Verwandtschaft zwischen d. griech. u. deutschen Sprache. gr. 8. Eisenach 825. Bärecke. 6 ℊℊ

Frenzel, Fritz, Album-Blätter aus Auerbachs-Keller. Mit Illustr. 3. Aufl. 8. (VI, 183 S.) Leipzig 886. Peterson. cart. n. 2. —; geb. n. 2. 50

Frenzel, Fritz, die Hühner- u. die Hasenjagd waidgerecht zu betreiben. Ein Lexikon f. deutsche Jäger u. solche, die es werden wollen. 1. Bd. 12. (103 S.) Leipzig 891. M. Sängewald. Kart. — 60

Frenzel, Fritz, deutsche Jagd u. deutsche Fürsten. I. Bd. Se. Hoh. Herzog Ernst v. S.-Altenburg. (III, 130 S. m. Abbildgn. u. 4 Taf.) 8. Pößneck 905. F. Gerold's Nachf. Kart. n. 3. —

Frenzel, Frits [aus Oletzko in Ostpreussen]: Das Itinerarium des Thomas Carve. Ein Beitrag zur Kritik der Quellen des dreissigjährigen Krieges . . . . (Aus: Hallesche Abh. z. neuer. Gesch. XXIII.) Halle a/S., Druck v. Ehrhardt Karras, 1887; 30 S. + 1 Bl. 8°
Halle, Phil. Fak., Inaug.-Diss. v. 21. Dez. 1887

— Theodor Körner, Dichter u. Held in den Kämpfen d. Lützowschen Freikorps. Ein Gedenkblatt zum 100jähr. Geburtstag d. Helden-Dichters. 8. (VIII, 96 S. m. 1 Bildnis.) Ebd. 891. n. 1. —; geb. n. 1. 50

— s.: Polter-Abende, fröhliche.

— Schelmenweisen, s. a. Unterwegs.

— Schelmenweisen. Eine Sammlg. humorist. Dichtgn. u. Essays der besten Sänger d. deutschen Dichterwaldes. 1. Bd. 8. (VI, 184 S.) Leipzig 888. Werther. n. 2. 50

— Umgangsformen unter Menschen, nebst e. Ratgeber f. die Hauswirtschaft. 3 Tle. in 1 Bd. 8. (172 S.) Ebd. 889. n. 1. —

Frenzel, F., Die überhandnehmende Verrohung v. Jugend u. Volk. (VII, 48 S.) 8. Pössneck, F. Gerold. 1904. —. 80.

Frenzel, Fritz, im Wandel der Zeiten. Reflexionen, Bilder und Träume. 8. (138 S.) Leipzig 887, Peterson. geb. mit Goldschn. *
—— dass. — 2. Aufl. 12. (V, 138 S.) Leipzig 888, G. Engel. geb. mit Goldschn. *

– im Wandel der Zeiten. Reflexionen, Bilder u. Träume. 2. Aufl. 12. (V, 138 S.) Leipzig 888. G. Engel. geb. m. Goldschn. n. 2. —

Frenzel, Fritz, Wildwestjagd in Germanien. Jäger-, Jagd-, Wild- u. Hundegeschichten. (54 S.) 8. Leipzig (908). M. Sängewald. — 50

Frenzel, Frz.

Frenzel, F., s. a. Adreßbuch f. die Residenzstadt Dessau.

—— Adreßbuch für die Residenzstadt Dessau. Unter Mitbenutzung amtl. Register hrsg. gr. 8. (IV, 177 S.) Dessau 875, (Reißner.) cart. *

Frenzel, Frz., Geschäfts- und Adreß-Handbuch für die herzogl. Haupt- und Residenzstadt Dessau. Unter Mitbenutzung amtl. Register bearb. 8. (145 S.) Dessau 878, Heine. cart. *

Frenzel, Frz. Just., physiolog. Beobacht. üb. d. Umlauf d. Saftes in d. Pflanzen u. Bäumen, u. üb. d. Entstehung d. Erdschwämme. Preisschrift. Aus d. Latein. 8. Weimar, 1804. (Berlin, Gädicke.) 1. 20

[F. u. Ant.] Über die Entstehung des römischen Rechtsbegriffs naturalis obligatio. Ein psycholog. Versuch v. Georg Frenzel, Amtsrichter. *Leipzig: Breitkopf & Härtel 1897.* (3 Bl., 51 S.) 1 Bd 8. [97. 7451]

Frenzel, G., die deutsche Gewerbeordnung, s.: Vorträge üb. Gesetzeskunde u. Verwaltung. 13—15.

Leitfaden für die Einrichtung der Kanzleien, Registranden und Akten der deutschen Stadtgemeinden. Vom Vorst. d. deutschen Städteausstellung 1903 zu Dresden gekr. Preisschrift. Von Ratsobersekr. G. Frenzel in Dresden. *Leipzig: F. Leineweber 1903.* (52 S.) 8° [03. 9411]

Frenzel, G., Leitfaden f. die Einrichtung der Kanzleien. Registranden u. Akten der deutschen Stadt- u. Landgemeinden. Vom Vorstand der deutschen Städteausstellg. 1903 zu Dresden gekrönte Preisschrift. 2. erweit. Aufl. (57 S. m. 5 Fig.) 8. Leipzig 906. F. Leineweber. n. 1. —; geb. in Leinw. n. 1. 60

Frenzel, Geo., Recht u. Rechtssätze. Eine Untersuchg. üb. den Rechtsbegriff der positiven Rechtswissenschaft. gr. 8. (VII, 111 S.) Leipzig 892. Breitkopf & Härtel. n. 2. —

Frenzel, Georg, Referendar: Theorien über die rechtliche Natur des Küstenmeeres. Borna-Leipzig 1908: Noske. VIII, 53 S. 8°
Leipzig, Jur. Diss. v. 21. Dez. 1908
[Geb. 7. Mai 84 Fürsten b. Rochlitz; Wohnort: Dresden; Staatsangeh.: Sachsen; Vorbildung: Fürstensch. Grimma Reife O. 03; Studium: Grenoble 1, Berlin 7 S.; Rig. 15. Juli 08.] [U 09. 2509

Frenzel, Geo., die Vorstellung vom Eigentum in den römischen Juristen, psycholog. entwickelt. (120 S.) gr. 8. Königsberg 908. Gräfe & Unzer. 3. 50

Frenzel, Hans, der Menschenfreund. Ein Merkbüchlein f. Jung u. Alt. (I. Erste Hilfeleistg. bei Unglücksfällen. II. Der Weg zum Glück.) (41 S.) 8. Linz (908). (Oberösterreich. Buchdruckerei- u. Verlagsgesellschaft) Kart. 1. —

Frenzel, Hans, d. Telegraphist. E. Prüfungsbehelf f. Eisenbahn-Bedienstete. gr. 8. (54 S. m. 45 Abb.) Wien 895. Spielhagen & Schurich. n. 1. 60

Frenzel, Hermann: Adreßbuch der Stadt Haynau in Schlesien, s. Franke, Hugo

Frenzel, J., Mikrographie der Mitteldarmdrüse [Leber] der Mollusken. 1. Thl.: Allgem. Morphologie u. Physiologie d. Drüsenepithels. (Aus: Acta nova acad. caes. Leopold.-Carol., Tom. 48.) Mit 3 Taf. gr. 4. (216 S.) Halle 886. (Leipzig, Engelmann.) n. 18. —

Frenzel, J. C., Chemie f. Forstmänner, Beamte und Botaniker. m. K. gr. 8. Leipz. Leo. 800.

Frenzel, J. C. F., prakt. Rathschläge zur Verminderg. d. Proletariats auf dem Lande u. in den Städten. gr. 8. (23 S.) Breslau 850, Schulz & Co. 1/6 ₰

Frenzel, J. G., die vollkommene Cirkelkunst, s. Schauplatz der Künste u. Handwerke 41r Bd.

Frenzel, J. G. W., meine Gedanken von d. Welt, daß sie muß einmal aufhören zu seyn, bewiesen. 8. Arnst. (ohne Jahrz.)

— **Johann Abraham** (Schönau/Laus.), De accessionibus juris in marchionatu Lusatiae superioris. Diss. jur. Präs. Tobias Jac. Reinharth. Erfurt (Hering) 16. VIII. 1734. 30 S. (5.—) 9490

Frenzel, Joh. Gfried. Abr., die Bekehrung des Paulus, ein dem Albr. Dürer zuzueignendes bis jetzt unbekanntes Kupferblatt aus des Meisters frühester Periode in lithogr. Facsimile (in Tondr.) mit (4 S.) Erläuterungen. Fol. Leipzig 854, R. Weigel. *

Frenzel, J. G. A., die Bekehrung des Paulus, ein dem Albr. Dürer zuzueignendes bis jetzt unbekanntes Kupferblatt aus des Meisters frühester Periode in lith. Facsimile mit Erläuterungen. 854. n. 1 ₰ 10 ngr. — (Neue Titel-Ausg.) Leipzig 858. R. Weigel. Fol. (1 Bl., 4 S.) n. 15 ngr

Frenzel, J. G. A. Catalogue raisonné des Estampes du Cabinet de feu Madame la Comtesse d'Einsiedel de Reibersdorff. 2 Bde. Dresden 1833. 8°.

—— König Friedrich August als Kunstfreund und Kunstsammler dargestellt. gr. 8. (16 S.) Dresden 854, Arnoldische Buchh. *

— s. a. Gemälde der königl. Gallerie in Dresden.

Frenzel, J. G. A., die vorzüglichsten Gemälde d. Kgl. Gallerie in Dresden, s. Gemälde etc.

—— die Kanzel in der Domkirche zu Freiberg gez. und gest. nebst einer kurzgefassten histor. Darstellung dieses Kunstwerkes. Imp.-Fol. (7 S. mit 1 Kpfrt.) Leipzig 856, R. Weigel. *

Frenzel, J. G. A. Die Kunstsammlung des Freiherrn C. F. L. F. von Rumohr. Lübeck 1846. 8°.

— die Kupferstichsammlung Friedrich August II. König v. Sachsen, beschrieben u. mit e. histor. Ueberblick der Kupferstecherkunst begleitet. Nebst 1 chromolithogr. Abbildung. Leipzig 854. R. Weigel. Lex.-8. (XVI, 150 S.) n. 2 ₰ 20 ngr

—— Sammlung d. Kupferstiche u. Handzeichnungen d. Grafen Frz. v. Sternberg-Manderscheid etc. 1—IV. Bd. gr. 8. Dresden 836. (Leipzig, R. Weigel.)
Bd. I. Die italienische Malerschule u. mehr. Kupfer d. ältern Sculptur u. Architektur enthalt. (75 B. u. 8's. Bildn.) 836. * 1 Thlr. 6 Gr.
II. Die deutsche Malerschule enthalt. (50½ B.) 838. * 15 Gr.
III. Die niederländische u. holländische Malerschule enthalt. (38½ B.) 840. * 16 Gr.
IV. Die französische u. englische Malerschule, so wie die Bildnissamml. enthalt. (16 B.) 842. * 16 Gr.
Sämmtliche Gegenstände kamen in den bemerkten Jahren zur Versteigerung.

Frenzel, Jh. Gf. Abr., s. 1) Verzeichniß e. Samml. Kupferstichdenkmal.

— **Johann Gottlieb** (Schönau aufn Eigen/Laus.), Observationes de jure connubiorum speciatim in Lusatia superiore et de caussa universali prohibitarum nuptiarum. Präs. Christoph Ludwig Crell. Wittbg. (Scheffler) Juni 1753. 23 S., tlws. dtsch. (4.50) 9492

Frenzel, J(ohann) S(amuel) T(raugott): Gerichtlich-policeyliche Arzneiwissenschaft für alle Stände und zu academischen Vorlesungen. 556 S., gbd.

Leipzig: Voß & Leo 1791

JB 5.267

Frenzel, Jo. Sam. Traug., († d. 8. Nov. 1807.) gerichtl.-polizeil. Arzneiwissenschaft für alle Stände. 8. Wittenb. 789. 2e Aufl. 8. Leipz. 794. Voß. 1 ₰ 4 ℊ

— Beschreib. d. Vögel u. ihrer Eier in d. Gegend v. Wittenberg. 8. Wittenb. 801.

Frenzel, Jh. Sam. Traug., über d. Erlernung d. Thierarzneikunst auf Academien. 8. Wittenb. 789. Kühne. 2 ℊ

— über d. Franzosenkrankheit d. Thiere. 8. Leipz. 799. (Gnobloch). 9 ℊ

— von dem Unvermögen zur Fortpflanzung. 1e Abtheil. 8. Wittenb. 800. Kühne. 12 ℊ

— Unterr. für Wehmütter auf dem Lande. 8. Leipz. 791. 2e A. 794. Hertel. 10 ℊ

— Verzeichniß wild wachsender Pflanzen u. ihres Standortes in d. Nähe um Wittenberg. 8. Wittenb. 799. Kühne. 3 ℊ

Frenzel, Joh. Theodor Gottlieb

- collectio plantarum cryptogamarum circa Dresdam crescentium in speciminibus siccis. Decas I. Görlitz 813.

— s.a. Handbuch für Accis-, Geleits ꝛc.

(Frenzel, J. Thdr. Gtl.): „Praktisches Handbuch für Accis-, Geleits-Zollbediente, Kauf- und Handelsleute und alle die, welche in den kurfürstlich sächsischen Landen mit den Consumtions- und Handelsabgaben in Verbindung stehen; nach Anleitung der kurfürstl. sächs. ergangenen Landesgesetze auszugsweise in alphab. Ordnung gebracht", Leipzig 1794 (Schwickert).

Frenzel, Johann Theodor Gottlieb: Praktisches Handbuch für Thierärzte und Oekonomen nach alphabetischer Ordnung... Th.1 - 3, gbd., Tab.

Leipzig: Schwickert 1795 - 1797

JB 5.889

— Hausbuch für Landwirthe, d. kranke Vieh selbst zu heilen. gr. 8. Leipz. 806. Schwickert. 12 ℊ

— Samml. für prakt. Thierärzte u. Landwirthe. 2 Bde. gr. 8. Leipz. 801 u. 2. Schwickert. 1 ₰ 20 ℊ

Frenzel J. Th. G.: Skizze üb. die Thierarzneiwissenschaft. Wien 1788. (29) S. P.

— Skizzen über d. Thierarzneikunst. 8. Wittenb. 789. Kühn. 2 ℊ

Frenzel, Johs., üb. Bau u. Thätigkeit d. Verdauungskanals der Larve d. Tenebrio molitor m. Berücksicht. anderer Arthropoden. gr. 8. (50 S.) Göttingen 882. (Vandenhoeck & Ruprecht.) n. 1. 20

Frenzel, Johs., s.: Handwörterbuch d. Zoologie, Anthropologie u. Ethnologie.

— Mikrographie der Mitteldarmdrüse [Leber] der Mollusken. 1. Thl. Allgemeine Morphologie u. Physiologie d. Drüsenepithels. Mit 3 (1 lith. u. 2 chromolith.) Taf. gr. 4. (216 S.) Halle 886. (Leipzig, Engelmann). n. 18. —

Frenzel, Johs., Mikrographie der Mitteldarmdrüse (Leber) der Mollusken. 2. Thl. 1. Hälfte. Specielle Morphologie des Drüsenepithels der Lamellibranchiaten, Prosobranchiaten u. Opistobranchiaten. [Aus: „Nova Acta d. kgl. Leop.-Carol. deutschen Akad. d. Naturforscher".] gr. 4. (92 S. m. 4 farb. Taf.) Halle 893. (Leipzig, W. Engelmann.) n. 20. (I u. II, 1.: n. 38.)

— Untersuchgn. üb. d. mikroskop. Fauna Argentiniens. Protozoen, s.a. Bibliotheca zoologica.

Untersuchungen über die mikroskopische Fauna Argentiniens. Tl. 1: Die Protozoen. Eine Monographie d. Protozoen Argentiniens ... v. Dr. Johannes **Frenzel**, ehem. Prof. an d. Univ. Córdoba '(Argentinien)'. Abt. 1. u. ... *Stuttgart: E. Nägele 1897.* 4.
= Bibliotheca zoologica. II. 12. [58. 1550

Frenzel, Joannes *(geb. Kostenthal in Oberschles. 1.10.1817)*: De somnambulismo spontaneo. Vratislaviae (1844). (36 S.) 8°

Breslau, Med. Diss. v. 29. Okt. 1844

Frenzel, Joseph: Zur **Behandlung** der griechischen Modalsyntax. *Wongrowitz 1900: P. Schwarz.* (S. 1—8.) 4° ¶ (Aus: 'Gymnasium'. 1899.)
Wongrowitz, k. G, P 1900 (181)

Frenzel, J., die Entwickelung d. relativen Satzbaues im Griechischen. gr. 8. (82 S.) Paderborn 889. F. Schöningh. n. 1. 20

Frenzel, Jos.: Die Entwickelung des relativen Satzbaues im Griechischen. Wongrowitz, Druck v. P. Schwarz, 1889; 82 S. 8°
Wongrowitz, k. G, OP 1889 (158)

Frenzel, Josef: Die Entwickelung des temporalen Satzbaues im Griechischen. I. Die Entwickelg d. Sätze m. πρίν. Wongrowitz, Druck v. P. Schwarz, 1890; 30 S. 8.
Wongrowitz, k. G, P 1890 (172)

Frenzel, K. F., Lebensgeschichte Heinrich Friedrich Lehmann's, Hauslehrers u. Bibliothekars der christl. Volksbibliothek in Teichnitz. Nach hinterlassenen Schriften u. mündl. Erzählungen verf. u. dargeboten. Mit (phototyp.) Portr. gr. 8. (48 S.) Bautzen 877. Weller in Comm. n. — 80

Frenzel, Karl, s.a. Frenzel, Karl Wilhelm Theodor

Frenzel, Karl, das Abenteuer, s.: Reclam's Novellen-Bibliothek.

Frenzel, Karl, das Abenteuer, s. Universal-Bibliothek Nr. 1601.

Frenzel, C. Ueber die Abhängigkeit der Structur der Massengesteine vom geologischen Alter. Halle, 1882.

Frenzel, Carl: Ueber die Abhängigkeit der mineralogischen Zusammensetzung und Structur der Massengesteine vom geologischen Alter. (Inaugural-Dissertation. Leipzig.) Halle 1882. 67 S. 8°. |B 6006

Frenzel, C.: Anwendung der Weierstrass'schen Theorie der elliptischen Funktionen zur Bestimmung der Bewegung eines materiellen Punktes auf einem Kreise, einer Kettenlinie und einer Parabel. Danzig, Druck v. A. W. Kafemann, 1889; 38 S. 4°
Lauenburg i. P., PG, OP 1889 (128)

Frenzel, Carl, aus Brünn: I. Ueber das Auftreten von Sauerstoff bei Reduktionsprozessen. II. Zur Synthese aromatischer Aldehyde. *Heidelberg 1899: J. Hörning.* (43 S.) 8°
Heidelberg, Naturw.-math. Diss. v. [27. Apr.] 1899

Frenzel, Karl, die technische Ausnutzung des atmosphärischen Stickstoffes, s.: Donath, Eduard.

Vanitas. Ein Roman in 6 Büchern. 3 Thle. Hannover 860, 61. C. Rümpler. 8. (VIII, 865 S.) 4 ₰ 15 ngr.

Frenzel, K. Beiträge zum geometrischen Unterricht. 28 S. u. 1 Taf.
Progr. *Lauenburg Po.* 1883.

Frenzel, Karl, Büsten und Bilder. Studien. Hannover 864. C. Rümpler. 8. (V, 303 S.) 1 ₰ 15 ngr.

[F.] Rokoko. Büsten und Bilder v. Karl **Frenzel**. 2. Aufl. *Berlin: Allg. Ver. f. Deutsche Litt. 1895.* (2 Bl., 351 S.) 1 Bd 8.
(Allg. Verein f. Deutsche Litt. Abt. 21. [No 2.]) [96. 150

Frenzel, Karl, Chambord. Novelle. 8. (234 S.) Berlin 883. Gebr. Paetel. n. 4. —; geb. n. 5. 50

Charlotte Corday. Historischer Roman v. Karl Frenzel. Hannover. 1861. 8°.

Frenzel, Carl, Dichter und Frauen. Studien. 1. und 2. Sammlung. 8. (V und 298 S., V und 367 S.) Hannover 859. 60, C. Rümpler. à Sammlung * 1 Thlr. 10 Ngr.

— Dichter u. Frauen. Studien. 3. Sammlung. Ebend. 866. 8. (378 S.) n. 1 ₰ 10 ngr.

— Berliner Dramaturgie. 2 Bde. gr. 8. (IV, 444 u. IV, 468 S.) Hannover 877. Erfurt, Bartholomäus. n. 12. —

— Dunst. Roman. 8. (290 S.) Stuttgart 887. Deutsche Verlags-Anstalt. n. 5. —

— dasselbe. (Billige Ausg.) 8. (292 S.) Ebd. 890. n. 1. 50; geb. n.n. 1. 75

Frenzel, *Carl:* Die Durchführbarkeit der neuen Lehrpläne in der Mathematik bis zur Abschlussprüfung. Leipzig, G. Fock, 1894; 16 S., 1 Taf. 4.
Lauenburg i. P., PG, OP 1894 (137)

Frenzel, Karl, auf heimischer Erde. Neue Novellen. 2 Bde. Hannover 865. Rümpler. 8. (VIII, 562 S.) 2 ₰ 15 ngr.

Frenzel, Karl, deutsche Fahrten. [Welt-Bibliothek.] 8. (III, 186 S.) Berlin 868, Lesser. [Leipzig, Schulze und Comp.]

— Frauenrecht. Novellen. 8. (297 S.) Berlin 892. Gebr. Paetel. n. 5. —; geb. in Leinw. n.n. 6. 50

Frenzel, C(arl): Die Fundamente für eine elementare Einleitung in die Differential- und Integralrechnung. Mit 19 Fig. im Text u. auf 1 Taf. Leipzig 1910: Teubner. 47 S., 1 Taf. 8°
Lauenburg i. Pom., G, Festschr. z. 50j. Jubelfeier 1910, P 1911 (205) [S 11. 132

— Geld. Novelle. 8. (218 S.) Ebend. 886. n. 4. —; geb n.n. 5. 50

— die Geschwister. Roman in 4 Büchern. 4 Bde. 8. (205, 214, 173 u. 208 S.) Berlin 881. Paetel. n. 12. —; in 2 Bde. geb. n. 15. —

Frenzel, K., „Gefunden“, s.: Reiselectüre.

— die drei Grazien. Ein Roman in 3 Büchern. 3 Bde. Breslau 862. E. Trewendt. 8. (847 S.) 4 ₰ 15 ngr.

Frenzel, Carl, über die Grundlagen der exakten Naturwissenschaften. 6 Vorlesgn. (V, 145 S.) gr. 8. Wien 905. F. Deuticke. n. 3. —

Frenzel, C., Hauptsätze der Elementar-Mathematik, s.: Mehler, F. G.

Frenzel, Karl, der Hausfreund, s.: Reclam's Unterhaltungs-Bibliothek.

—— der Hausfreund, s. Universal-Bibliothek Nr. 1820.

— deutsche Kämpfe. gr 8. (VII, 460 S.) Hannover 873. Rümpler. 7. 50

Frenzel, C., Deutschlands Kolonieen. Kurze Beschreibg. v. Land u. Leuten unserer außereurop. Besitzgn. Mit vielen Abbildgn. u. 1 Übersichtskarte der deutschen Kolonieen. gr. 8. (102 S.) Hannover 889. C. Meyer. n. 2. 50

— dasselbe. 2., verm. Aufl., m. e. Beschreibg. der Samoa-Inseln hrsg. v. G. Wende. Mit 44 Abbildgn. u. je 1 Karte der deutschen Kolonieen u. der Hauptinsel v. Samoa: Upolu. gr. 8. (128 S.) Ebd. 889. n. 2. 50

Frenzel, C., u. G. Wende, Deutschlands Kolonieen. Kurze Beschreibg. v. Land u. Leuten unserer außereurop. Besitzgn. Nach den neuesten Quellen bearb. 3., verm. Aufl. Mit 44 Abbildgn. u. je 1 Karte der deutschen Kolonieen u. der Hauptinsel v. Samoa: Upolu. gr. 8. (180 S.) Hannover 893. C. Meyer. Kart. n. 3. —; geb. n. 3. 20

—— die Kunst und das Strafgesetz. 1.—4. Aufl. gr. 8. (13 S.) Berlin 885, Walther und Apolant. *

Frenzel, Karl: Fanny Lewald. S. 148-161 in: Frenzel: Erinnerungen u. Strömungen. [1890].

— nach der ersten Liebe. Roman. 2 Bde. 8. (227 u. 191 S.) Stuttgart 884. Deutsche Verlags-Anstalt. n. 8. —

Frenzel, C. Neue Lösung eines Rotationsproblems. 22 S. u. Taf. Progr. *Belgard* 1881.

Frenzel, C[arl], Prof.: Genaue und vollständige **Lösungen** des Problems der Dreiteilung eines Winkels. Mit 1 lithogr. Taf. *Leipzig 1901: B. G. Teubner.* (20 S.) 8°
Lauenburg i. P., PG, OP 1901 (150)

—— Melusine. Roman. 8. (308 S.) Breslau 860, E. Trewendt.

— Novellen. Frankfurt a. M. 860. Meidinger & Co. (Berlin, Janke.) 8. (2 Bl., 291 S.) 1 ₰ 15 ngr.

— neue Novellen. 2 Bde. [Die Mutter. Die Verlobung. — Der Spielmann. Das Kind.] 8. (293 u. 310 S.) Berlin 886. Waldern. à n. 5. —

— neue Novellen. 2 Bde. [Die Mutter. Die Verlobung. — Der Spielmann. Das Kind.] 2. Aufl. 8. (293, 310 S.) Berlin 888. Waldern. à Bd. n. 3. —

— zwei Novellen. [Verjährt. Die Wohlthäterin.] 8. (247 S.) Leipzig 884. Elischer. n. 5. —; geb. n. 6. —

— La Pucelle. Roman in 3 Büchern. 3. Bde. 8. (316, 224 u. 234 S.) Hannover 871. Rümpler. 15.

Frenzel, Carolus (Leopoldus) *(geb. Breslau 15. 5. 1809)*: De ramis ex arcu aortae insolite prodeuntibus. Vratislaviae (1835). (15 S., 1 Taf.) 4°
Breslau, Med. Diss. v. 11. Nov. 1835

— Renaissance u. Rococo, s.: Verein, allgemeiner, f. deutsche Literatur.

Frenzel, Karl, Rokoko. Büsten u. Bilder. 2. Aufl. gr. 8. (III, 351 S.) Berlin 895. Allgem. Verein f. deutsche Litteratur. n. 5. —; geb. in Halbfrz. n. 6. —

—— der Schmuck des Inka, s. Novellenschatz, neuer deutscher.

— Schönheit. Novelle. 8. (284 S.) Berlin 887. Gebr. Paetel. n. 5. —; geb. n.n. 6. 50

Frenzel, Carl, geb. Berlin 6. 12. 1827. De Sabae Malaspinae et Raymundi Muntaneri scriptis. Berolini (1853). [illegible] S.) 8°
Berlin, Phil. Diss. v. 10. Febr. 1853

— neue Studien. Berlin 868. Dümmler's Verlhdlg. gr. 8. (VII, 369 S.) n. 1 ₰ 20 ngr.

Frenzel, Karl, des Lebens Ueberdruß. Eine Berliner Geschichte. 8. (163 S.) Minden 886. Bruns. n. 2. 40

—— die Uhr, s. Universal-Bibliothek Nr. 1435.

—— Frau Venus. Roman. 2 Bde. 8. (203; 158 S.) Stuttgart 880, Hallberger. *

— Frau Venus. Roman. 2 Bde. 2. Aufl. 8. (203 u. 158 S.) Stuttgart 882. Deutsche Verlags-Anstalt. n. 8. —

— Wahrheit. Novelle. 8. (359 S.) Ebd. 890. n. 5. —; geb. n.n. 6. 50

— Watteau. Ein Roman. 2 Bde. Ebend. 864. (563 S.) 2 ₰

Frenzel's, Karl, gesammelte Werke. (In ca. 30 Lfgn. od. 10 Bdn.) 1.—16. Lfg. (à 7 B.) gr. 8. Leipzig 890. Friedrich. à n. 1. —

Frenzel's, Karl, gesammelte Werke. 17.—31. Lfg. 8. (92½ Bog.) Leipzig 891. 892. W. Friedrich. à n. 1. —

— dasselbe. 1.—4. Bd. 8. Ebd. 890. n. 20. —; geb. n. 22. —
1. Erinnerungen u. Strömungen. (V, 480 S. m. Portr.) n. 4. 50; geb. n. 5. —
2. Deutsche Kämpfe. (IX, 515 S.) n. 4. 50; geb. n. 5. —
3. Vanitas. (VII, 567 S.) n. 5. 50; geb. n. 6. —
4. Ganganelli. (604 S.) n. 5. 50; geb. n. 6. —

— dasselbe. 5. u. 6. Bd. gr. 8. Ebd. n. 11. 50; geb. n. 12. 50 (1—6.: n. 31. 50; geb. n. 34. 50)
5. Antoine Watteau. Charlotte Corday. (597 S.) 891. n. 5. 50; geb. n. 6. —
6. La Pucelle. (583 S.) 892. n. 6. —; geb. n. 6. 50

Frenzel, *Karl Otto:* Über Gellerts religiöses Wirken ... Bautzen, E. M. Monse, 1894; 72 S., 1 Bl. 8.
Leipzig, Phil. Fak., Inaug.-Diss. v. [3. Nov.] 1894

Frenzel, K. O., üb. Gellerts religiöses Wirken. gr. 8. (73 S.) Bautzen 894. (F. A. Reichel.) n.n. 1. 20

Frenzel, Karl Wilhelm Theodor, s.a. Frenzel, Karl

Frenzel, Karl Wilhelm Theodor
Freier Boden. Hist. Roman. Bd 1-3.
Hannover: Rümpler 1868. 8°

— Freier Boden. Historischer Roman. 3 Bde. Ebend. 868. 8. (808 S.) 5 ₰

Frenzel, Karl Wilhelm Theodor
Papst Ganganelli. Hist. Roman. Bd 1-3.
Berlin: Gerschel 1864. 8°

— Papst Ganganelli. Ein historischer Roman in 5 Büchern. 3 Bde. Berlin 864. Gerschel. (Liebrecht.) 8. (901 S.) 4 ₰ 20 ngr.

— Geheimnisse. Novellen. 2 Bde. 8. (216 u. 195 S.) Leipzig 871. E. J. Günther. 6. —

Frenzel, Karl Wilhelm Theodor
Geheimnisse. Novellen. Bd. 1.2.
Leipzig: Günther. New-York: Schmidt 1871. 8°

Frenzel, Karl Wilhelm Theodor
Lebensräthsel. Novellen. Bd. 1.2.
Leipzig: Günther 1874. 8°

— Lebensräthsel. 2 Bde. 8. (237 u. 322 S.) Leipzig 874. E. J. Günther. n. 6. —

Frenzel, Karl Wilhelm Theodor
Lucifer. Roman. Aus der Napoleonischen Zeit. Bd 1-5.
Leipzig: Günther 1873. 8°

—— Lucifer. Ein Roman aus der Napoleonischen Zeit. 5 Bde. 8. (219; 225; 259; 210; 189 S.) Leipzig 873. E. J. Günther.

Frenzel, Karl Wilhelm Theodor
Silvia. Roman. Bd. 1 - 4.
Leipzig: Günther 1875. 8°

— Silvia. Roman. 4 Bde. 8. (229; 193; 275; 209 S.) [Leipzig 875, E. J. Günther.] Berlin, Nicolai'sche Buchh. *

Frenzel, Karl Wilhelm Theodor
Vanitas. Roman. Th. 1-3.
Hannover: Rümpler 1860. 8°

Frenzel, Karl Wilhelm Theodor
Im goldenen Zeitalter. Roman. Bd 1-4.
Hannover: Rümpler 1870. 8°

—— Im goldenen Zeitalter. Roman in 4 Büchern. 4 Bde. 8. (VI, 276; VI, 294; VI, 210; VI, 248 S.) Hannover 870, Rümpler.

Frenzel, Curt Arthur: Major James Rennell der Schöpfer der neueren englischen Geographie. Ein Beitrag zur Geschichte der Erdkunde. ⟨Gedruckt mit Unterstützung des Vereins für Erdkunde zu Leipzig.⟩ Pulsnitz 1904: E. L. Förster. (VIII, 104 S.) 8°
Leipzig, Phil. Fak., Ref. Ratzel u. Lamprecht, Diss. v. 15. März 1905
[Geb. 27. März 73 Pulsnitz; Wohnort: Leipzig; Staatsangeh.: Sachsen; Vorbildung: Seminar Bautzen Wahlfähigkeit Nov. 95; Studium: Leipzig 6 S.; Coll. 19. Juli 04.]

Frenzel, L. J. G. T., Verzeichn. wildwachs. Pflanzen u. s. w. um Wittenberg. 8. Wittenb. Kuhne. 802.

Frenzel, Martha, unter den Fittichen des Genius. Poetische Erinnerungs-Blätter, gewidmet einem Grossen. (79 S.) 8. Dresden 910. F. E. Boden. Geb. 2. —

Frenzel, O., Breslauer Stadtbuch, s. Markgraf, H.

Katalog der Bibliothek der Vereinigten Loge zu den drei Todtengerippen, zur Säule und zur Glocke in Breslau von [Otto] Frenzel. Als Ms. gedr. Breslau [1886]: Grass, Barth & Co. 32 S. 8°

[Dasselbe.] 2. neubearb. Aufl. Breslau 1897: Friedrich. 68 S. 8°

Aus vergangenen Tagen. Zum 150jährigen Jubelfeste der vereinigten St. Johannis-Loge gen. Zu den drei Todtengerippen, Zur Säule und Zur Glocke in Breslau am 18. Mai 1891. [Von Otto Frenzel. Breslau 1891: Friedrich.] 65 S. 8°
Gesch. der Loge auf Grund der Protokollbücher u. Verzeichn. der vors. Mstr.

Frenzel P, das Gas und seine moderne Anwendung. (227 S) (Bibliothek Chemisch-technische 259) Wien 1902

Frenzel, Paul, das Gas u. seine moderne Anwendung. Mit besond. Berücksicht. der Gasglühlicht-Intensivbeleuchtung, der Gasheizapparate u. der Mittel, welche geeignet sind, e. Gasersparnis zu erzielen. Mit 179 Abbildgn. in 218 Fig. 8. (XII, 227 S.) Wien 902. A. Hartleben. n. 4. —; geb. n. 4. 80

Frenzel, Paul: Dittes' Verhältnis zu Beneke. Ein Beitr. z. Gesch. d. Pädagogik des 19. Jhs. (Leipzig 1908: Klinkhardt.) 80 S. 8° ¶ (Ersch. auch als Buch ebd.)
Leipzig, Phil. Diss. v. 2. Nov. 1908, Ref. Volkelt, M. Heinze
[Geb. 9. April 73 Sebnitz; Wohnort: Frankenberg i. S.; Staatsangeh.: Sachsen; Vorbildung: Sem. Bautzen bis O. 93, Wahlfähigkeitszeugnis Dez. 95; Studium: Leipzig 6 S.; Rig. 4. Juni 08.] [U 09. 2961

Frenzel, Reinhard: Malthe Conrad Bruun (Malte-Brun), Frankreichs bedeutendster Geograph im ersten Viertel des 19. Jahrhunderts. Ein Beitrag zur Geschichte der geographischen Wissenschaft. Crimmitschau 1908: R. Raab. (127 S.) 8°
Leipzig, Phil. Fak., Ref. Partsch-Volkelt, Diss. v. 26. März 1908
[Geb. 19. Jan. 80 Oberseifersdorf b. Zittau; Wohnort: Oberseifersdorf; Staatsangeh.: Sachsen; Vorbildung: Sem. Löbau Wahlfähigkeitsprüfung Nov. 01; Studium: Leipzig 6 S.]

Frenzel Rob.: Discussion der Gleichungen III. u. IV. Grades. 38. Jägerndorf R. 83.
Progr.

— Flächen zweiter Ordnung, die durch die Rotation eines ebenen Gebildes um einen im Raume befindlichen Strahl entstehen. 14. ibd. 98.
Progr.

Frenzel Robert: Directe Construction der Tangenten der Selbstschattencurven von Rotationsflächen. 10. Jägerndorf R. 92.
Progr.

Frenzel, Rob., die Orgel u. ihre Meister. Ein Büchlein zum Preise der Königin unter den Instrumenten. 12. (III, 145 S.) Dresden 894. J. Naumann. n. 1. 20; geb. n. 2.

Frenzel, Sal. Göttl. Chronik v. Hoyerswerde. 8. Budiss. Drachstädt. 744.

Frenzel, W., die Anilinfarben u. ihre Wichtigkeit u. Anwendg. im Dienste d. Unterrichts, m. 8 erläut. Taf. in Farbendr. (in gr. 8. u. qu. gr. 4.) gr. 8. (59 S.) Leipzig 875. M. Schäfer. n. 1. 50

— die Neugestaltung d. Rechenunterrichts nach dem neuen Münzgesetze vom November 1871, nebst e. kurzen Ueberblick über die Geschichte d. Geldes u. e. Anzahl v. Aufgaben f. das Kopf- u. Schnellrechnen. gr. 8. (40 S.) Leipzig 872. deutsche Volksbuchh. n. — 50

Frenzen, Peter

Die Entwickelung und der gegenwärtige Stand der Landwirtschaft im Kreise Gladbach, mit Berücks. der von d. Lokalabt. Gladbach d. Landwirtschaftl. Ver. f. Rheinpreußen getroffenen Förderungsmaßnahmen. Von P. **Frenzen**. (M.Gladbach 1905: A. Korten.) (92 S.) 8° [F.]
[Umschlagt.:] Festschrift z. Feier d. 50jähr. Bestehens d. Lokalabt. Gladbach d. Landwirtschaftl. Vereins f. Rheinpreußen, 1855–1905. 07. 13430

Frenzen, Peter, a. Suderburg (Hannover): Untersuchungen über die Entwickelung der Landwirtschaft im Kreise Gladbach in den letzten fünfzig Jahren mit Berücksichtigung der von der Lokalabteilung Gladbach des Landwirtschaftlichen Vereins für Rheinpreußen getroffenen Förderungsmaßnahmen. M.-Gladbach 1907: A. Korten. (86 S.) 8° [F.]
Königsberg, Phil. Fak., Ref. Albert, Diss. v. 22. März 1907
[Geb. 26. Jan. 77 M.-Gladbach; Wohnort: Suderburg (Prov. Hannover); Staatsangeh.: Preußen; Vorbildung: Gymn. M.-Gladbach Reife O. 98; Studium: Bonn 8 S.; Rig. 27. Febr. 07.]

Frenzius, C. D., neue arithmet. Uebungsbeispiele, s. Löhmann, Fr.

Frenzl, Anton: Katalog der Lehrer-Bibliothek (des k. k. dt. Staats-Gymnasiums in Olmütz). [1—3.] Olmütz 1899—'01. Olmütz, dt. Staats-G., P. 1899—1901.

Frenzl, Christof G., Die arithmetische Integration der Dämme und Einschnitte. Ein auf analyt. Grundlage beruhendes Abkürzungsverfahren der Erdberechnung bei beliebig geformtem Terrain, nebst einem Anhange über Berechnung der Grund- und Böschungsflächen und der Trägheitsmomente irregulärer Querschnitte 8 Mit fünf Tafeln. (123 S.) geh. 2 fl. 40 kr. In Comm. nur baar.
Wien: Bloch & Hasbach 1882.

Frenzl, Innoc. Anton, s.a. F r e n c l , Innoc. Anton

Frenzl, Innoc. Ant., Liturgika čili krátké vysvětlení služeb Božích a obřadů sv. katolické církve. gr. 8. (X u. 197 S.) Prag 852. (Credner & Kleinbub.) n. 16 ngr.

Frenzl, J. A., Postilla aneb wýklady a rozgjmánj na evangelia nedělnj a swatečnj celého roku, s. Postilla.

Frenzl, Ludw., Taschenbibliothek f. Offiziere der k. u. k. Fusstruppen. Dienstreglement u. Exerzierreglement. gr. 16. Nagyszombat (Tyrnau) (903). (Pressburg, G. Heckenast's Nachf.) à n. 1. 50; in 1 Bd. geb. n. 2. 60
Dienstreglement. 2. Tl. (3. Aufl. des Reglements v. J. 1874.) 1896. (V, 110 S.) — Exerzierreglement 1903. (V, 109 S.)

Frenzl, L., Zielstreifen. Perspektivisch verkleinerte Soldatenfigurenzielpunkte für alle Truppen. Fünfteilig. 120 *cm* + 36 *cm* K 1.20
Pressburg: G. Heckenast's Nachfolger Rudolf Drodtleff, 1905.

Frenzl, Zielstreifen I—V. Angriff v. 1, 2 u. 3 feindl. Compagnien, Angriff e. feindl. Bataillons. 84×101 cm. Lith. Mit Text an der Seite. Pressburg (902). G. Heckenast's Nachf. 2. 50

Freppel, A., kritische Beleuchtung der Ernest Renan'schen Schrift: das Leben Jesu. Aus dem Französ. nach der 11. Aufl. übersetzt von C. A. Kallmus. Wien 861. Mechithar. Congreg.-Buchhdlg. 8. (VII, 160 S.) n. 12 ngr.

— Renan als Gelehrter, Volksfreund und Geschäftsmann. Nach dem Französ. von J. Mozlberger. Frankfurt a. M. 860. Verlag für Kunst und Wissenschaft. gr. 8. (16 S.) n. 2 ngr.

—— Renan als Gelehrter, Volksfreund und Geschäftsmann. Nach dem Französ. von J. Mozlberger. gr. 8. (16 S.) Frankfurt a. M. 864, Hamacher.

Freppel, C. A., die französische Revolution gelegentlich der 100jährig. Gedenkfeier v. 1789. Nach der 19. Aufl. m. Autoris. d. hochw. Verf. übers. v. L. Walther. gr. 8. (IV, 114 S.) Stuttgart 889. Süddeutsche Verlagsbuchhandlg. (D. Ochs) n. 1. 50

Frequenz-Übersicht (Studienj. 1896/1897 ff.: **Besuchs-Uebersicht**) der Herzogl. technischen Hochschule (W.-S. 1894/95 ff.: zu Braunschweig) im Studienj. 1882/83; 1883/84; W.-S. 1884/85; Studienj. 1884/85 [usw.] — Studienj. 1891/92; Studienj. 1892/93; W.-S. 1893/94 [usw.] — W.-S. 1895/96; W.-S. 1896/97; Studienj. 1896/97; Studienj. 1897/98; S.-S. 1898; W.-S. 1898/99; Studienj. 1898/99; Studienj. 1899/1900; S.-S. 1900; Studienj. 1900/01; W.-S. 1901/02; S.-S. 1902 [usw.] — W.-H. 1912/13. [Autogr.]

Frequenzverhältnisse, die, der königl. Lehrer- u. Lehrerinnen-Seminare in Preußen. gr. 8. (64 S.) Berlin 877. Hertz. n. 1. —

FRERE, M. *Märchen aus der indischen Vergangenheit.* Hindustanische Erzählungen aus dem Süden von Indien . . . Übersetzt v. A. Passow. Autorisirte Ausgabe. Nebst 4 Illustrationen in Farbendruck und 47 Holzschnitten. Jena, H. Costenoble [c. 1868]. VIII, 382 S. 1 Bl. 8°. Chromolithogr. Or.Kart. 22.—
Sehr selten! ★ Erste deutsche Ausgabe. — Ex. m. einigen Gebrauchsspuren, teilw. lose, Rücken sauber mit Leinen überklebt.

Frere, M., Märchen aus der indischen Vergangenheit Hindustanische Erzählgn. aus dem Süden v. Indien. Nach mündl. Ueberliefergn. niedergeschrieben u. gesammelt. Nach der 2. Aufl. aus dem Engl. übers. v. A. Passow. Autoris. Ausg. Nebst 4 Illustr. in Farbendr. u. 17 Holzschn. 8. (381 S.) Jena 874. Costenoble. geb. 6. —

Freret, Nicolas. Über Gott, Religion und Unsterblichkeit; a. d. Franz. Dessau 1794. Ü: *Paalzow, Chn Ludw.* (MGT)

Freret, ..., über Gott, Unsterblichkeit, Religion; aus d. Französ. (v. Chr. L. Paalzow.) 8. Dessau 794. Mit n. Tit. 8. Hamb. 817. (Verlohren.) 14 gl.

Frerich, Carl, s. Frerich, Karl

Frerich, Jac., Gastpredigt über den Frieden des christl. Glaubens. Ev. Luc. 2, 25—32. Gehalt. zu Bremen, den 23. Janr. 1848. gr. 8. (14 S.) Bremen 848, Heyse.

Frerich, Karl

Frerich, Carl (geb. Dorstfeld in Westf. 25. 4. 1856): Neuere Beobachtungen über die heissen Scheidenirrigationen bei Frauenleiden. Berlin (1882). (30 S.) 8°
Berlin, Med. Diss. v. 29. Juli 1882

Frerichs, Albrecht

Frerichs, A., allein Gott in der Höh sei Ehr! 19 Predigten. gr. 8. (IV, 125 S. m. Bildn.) Aurich 896. A. H. F. Dunkmann. n. 1. —

Frerichs, A., Blicke in die Reformationsgeschichte Ostfrieslands. Vortrag, im Evangel. Vereinshause zu Hannover am 15. Novbr. 1882 gehalten. gr. 8. (26 S.) Emden 883, Haynel.

Frerichs, A., der christliche Glaube. Kurze Entwickelung des zweiten Hauptstücks für den Confirmanden-Unterricht. Aurich 869. Frerichs. 8. (24 S.) 1½ ngr.

Frerichs, A., die Neubildung der evangelisch-lutherischen Gemeinde zu Emden. Zur Säkularfeier am 9. Juli 1875 dargestellt. 8. (64 S.) Emden 875. Haynel in Comm. n. — 90

— unsere Stellung zum Protestantenverein. Vortrag auf der Generalconferenz zu Aurich am 3. Juli 1872. gr. 8. (40 S.) Ebend. 872. n. — 50

Frerichs, Ernst, Beiträge zur Lehre von der Tuberkulose. Mit 3 lith. (u. color.) Taf. gr. 8. (VII, 184 S.) Marburg 882. Elwert's Verl. n. 3. 60

Frerichs, F., Rechentafeln zur quantitativen chemischen Analyse, s. Kohlmann, B.

Frerichs, Frerich Jürgens (Ostfriesland), De instinctu ejusque in morbis hominum curandis momento. Diss. phys.-med. Götting. (Dieterich) 26. XI. 1830. 62 S. (5.—) 9494

Frerichs, Friedrich Theodor

— pathologisch-anatomischer Atlas zur Klinik der Leberkrankheiten. 1. Heft, enthltd. 12 sorgfältig color. Stahlst.-Taf. (mit 20 S. Text.) Ebend. 858. n. 5 ℛ

Frerichs, Fr. Th. v., üb. den Diabetes. Mit 5 (chromolith.) Taf. gr. 8. (VI, 292 S.) Berlin 884. Hirschwald. n. 10. —

Frerichs, Frdr. Theod., über Gallert- od. Colloidgeschwülste. Mit 2 Kpfrtaf. [Abgedr. aus d. Göttinger Studien. 1847.] gr. 8. (84 S.) Göttingen 848, Vandenhoeck & Ruprecht. ¼ ℛ

Frerichs: Klinik der Leberkrankheiten. 409 S. Vieweg & Sohn. Braunschweig. 1858.

Frerichs, Friedr. Thdr., die medizinische Klinik. Nach eigenen Beobachtungen bearbeitet. 1. Bd. A. u. d. T.: Klinik der Leberkrankheiten. In 2 Bdn. 1. Bd. Braunschweig 858. Vieweg. Lex.-8. (XVII, 409 S. mit Holzschn. im Text.) n. 2 ℛ 20 ngr.

Frerichs, Frdr. Thdr., die medicinische Klinik nach eigenen Beobachtungen bearb. 1. Bd. 2. verb. Aufl. u. 2. Bd. A. u. d. T.: Klinik der Leberkrankheiten. 2 Bde. Mit 1 Atlas (in gr. 4.) u. zahlreichen in den Text eingedr. Holzst. Braunschweig 861. Vieweg & Sohn. Lex.-8. n. 16 ℛ 25 ngr.
1. Bd. (XIX, 416 S.) n. 2 ℛ 20 ngr.; Atlas dazu. 12 color. Stahlstaf. (20 S. Text.) n. 5 ℛ — 2. Bd. (XIV, 519 S.) n. 3 ℛ 10 ngr.; Atlas dazu. 14 color. Stahlsttaf. (22 S. Text.) n. 5 ℛ 25 ngr.

— die Bright'sche Nierenkrankheit u. deren Behandlung. Eine Monographie. Mit 1 Kpfrtaf. (in qu. gr. 4.) gr. 8. (XII u. 286 S.) Braunschweig 851, Vieweg & Sohn. n. 1⅔ ℛ

Frerichs, Fr. Thdr., de polyporum structura penitiore. Commentatio anatomico-pathologica. Adjecta est tabula lithogr. 4. Leerae 843. (Prätorius et Seyde.) n. ⅓ ℛ

Frerichs, Fritz, üb. Thihydrobenzoësäure u. Dithiobenzoësäure. Inaugural-Dissertation. 8. (38 S.) Göttin- 874. (Vandenhoeck & Ruprecht's Verl.) n. — 80

Frerichs, Fr. Th. und G. Städeler. Ueber das Vorkommen von Allantoin im Harn bei gestörter Respiration. Zürich 1855.

Frerichs, Fr. Th. und G. Städeler. Ueber das Vorkommen von Leucin und Tyrosin in der menschlichen Leber. Zürich 1855.

Frerichs, G., s.: Abhandlungen aus den Gebieten der Mathematik etc.

— s.: Jahresbericht üb. d. Fortschritte in d. Untersuchung d. Nahrungs- u. Genussmittel.

Frerichs, Georg, aus Etzel (Ostfriesland): **Ueber die Einwirkung von alkylsulfinsauren Salzen sowie von Kaliumsulfhydrat und Kaliumrhodanat auf Chloracetylurethane und Chloracetylharnstoffe.** *Berlin [1899]: Denter & Nicolas.* (49 S.) 8°
Rostock, Phil. Diss. v. [10. Mai] 1899

Frerichs, Geo., Lehrbuch der Chemie f. Pharmazeuten, s.: Fischer, Bernh.

Frerichs, Geo., Spezial-Seefisch-Kochbuch, s.: Braune, Clara.

Frerichs, Gerhard (Clamor) (geb. Hooksiel in Oldenb. 17. 4. 1858): Zur Lehre von der spastischen Spinallähmung. Berlin (1881). (30 S.) 8°
Berlin, Med. Diss. v. 8. Aug. 1881

Frerichs, H., s.: Jahresbericht üb. usw. Nahrungs- u. Genussmittel.

— s.: Jahresbericht der Pharmazie.

Frerichs, Heinrich. Ueber die Einwirkung von Selencyankalium auf Verbindungen der Chloressigsäure. Diss. Phil. Basel. 50 S. 8. Berlin, Dentor & Nicolas, 1903.

Frerichs, Henricus: Quaestiones Lucretianae. Oldenburg, Druck v. G. Stalling, 1892; 3—16 S. 4.
Oldenburg, grossh. G, OP 1892 (666)

[F.] **Frerichs,** *Hermann* [Dir. Hofr. Dr.]: *Bericht über die Feier des 50jährigen Bestehens der Anstalt.* Eisenach, Hofbuchdr., 1894; 13—15 S. 4.
Eisenach, grossh. RG, OP 1894 (675)

Frerichs, Herm., Dido. Ein Trauerspiel. gr. 8. (86 S.) Norden 893. D. Soltau. 1. 50

Frerichs, *Hermann* *Die Feier des 50jährigen Bestehens der Anstalt.* 4 (S. 13—15). **Progr.** Grofsherz. Rg. *Eisenach* 1894 (675).

[F.] **Frerichs,** *Hermann* [Dir. Hofr. Dr.]: Festrede zur Feier des 50jährigen Bestehens des Realgymnasiums. Eisenach, Hofbuchdr., 1894; 3 8 S. 4.
Eisenach, grossh. RG, OP 1894 (675)

Frerichs, [Hermann], Dir. Hofrat Dr.: Gedächtnisrede auf Se. Kgl. Hoheit den Grossherzog Karl Alexander. *Eisenach 1901: Hofbuchdr.* (S. 3—7.) 4° [Umschlagt. F.]
Eisenach, grossh. RG, OP 1901 (738)

Frerichs (H.). Die Hypothesen der Physik. Ein Versuch einer einheitlichen Darstellung derselben. Bremen 1879. 8.

Frerichs, H., die Hypothesen der Physik. Ein Versuch e. einheitl. Darstellg. derselben. 2. (Titel-)Aufl. gr. 8. (143 S.) Norden 889. Fischer Nachf. n. 2. 50

Die Materie. Von Hermann **Frerichs.** Neumünster. 1878. Neumünster, Realschul-Progr.

Frerichs, Hermann Mechanismus und Zweckmäfsigkeit in der Natur. 20 S. **Progr.** *Greifenberg* 1881.

Frerichs, Herm., zur modernen Naturbetrachtung. 4 Abhandlungen. gr. 8. (148 S.) Norden 882. Fischer Nachf. n. 2. 50

— zur modernen Naturbetrachtung. Vier Abhandlungen. 2. (Titel-)Aufl. gr. 8. (III, 148 S.) Ebd. 889. n. 2. 50

Frerichs, Herm., über Naturerkenntniss. gr. 8. (36 S.) Bremen 878, Kühtmann und Comp. *

— Zur physikalischen Naturerklärung. 17 S. **Progr.** *Greifenberg* 1882.

Frerichs, Herm., zur Naturgeschichte d. Menschen. gr. 8. (VII, 362 S.) Norden 886. Soltau. n. 6. —

— zur Naturgeschichte d. Menschen. 2. (Titel-)Aufl. gr. 8. (VII, 362 S.) Norden 891. Soltau. n. 6. —; geb. n.n. 7. 50

Ueber das Princip der Erhaltung der Kraft. Von Hermann **Frerichs.** Siehe in: (7.) Progr. der höheren Bürgerschule zu Itzehoe. Itzehoe. 1875. 4°.

Frerichs, Hermann Das Vorstellen und das Wirkliche. 4 (S. 3—18). **Progr.** Rg. *Eisenach* 1888 (633).

Frerich, Jac., Gastpredigt über den Frieden des christlichen Glaubens. Ev. Luc. 2, 25—32. Gehalten zu Bremen, den 23. Januar 1848. gr. 8. (14 S.) Bremen 848, Heyse. ⅛ ℛ︎

Frerichs, Joan. Plutarchi libelli duo politici. Diss. 1929. 46 S. 2.—

Frerichs, (Joh. Henr. Frid.,) de Petri Abaelardi doctrina dogmatica et morali. Commentatio theol. praemio academico ornata. 4. Jenae 823. Bran.

Frerichs, Jh. Hnr. Friedr., Predigten. Auswahl, herausg. aus dessen Nachlaß. 8. Oldenburg 839. (Schulzesche B.) n. 1 ℛ︎

Frerichs, Johann Hinrich

Frerichs, J. H., Eros. 16. (VII, 276 S.) Norden 878, Soltau's Verlag. *
geb. mit Goldschn. *

Frerichs, J. H., Eros. Das Gedächtniß. — Die Phantasie. — Die Freiheit des Willens. — Ueber Dummheit. — Sokrates u. Christus. 2. Aufl. gr. 16. (VII, 276 S.) Norden 880. Soltau. n. 3. 50; geb. m. Goldschn. n. 5. —

Frerichs, Johann Hinrich Das Gedächtnis. 19 S. **Progr.** *Norden* 1876

Frerichs, J. H., Geist und Herz. Norden 863. (Hannover, Hahn.) 16. (VII, 143 S.) n. 15 *ngr.*

Frerichs, J. H., Geist u. Herz. 2. Ausg. Norden 865. Soltau. 16. (VII, 143 S.) 15 *ngr.*

Frerichs, J. H., Geist u. Herz. 2. Aufl. 16. (VII, 143 S.) Bremen 872. Kühtmann & Co n. 1. 50; geb. n. 2. 25

— der Mensch. Traum. Herz. Verstand. Ebend. 866. 16. (VIII, 174 S.) 17½ *ngr.*; geb. m. G. n. 25 *ngr.*

— der Mensch. Traum. — Herz. — Verstand. 2. Aufl. 16. (VIII, 174 S.) Ebend. 872. n. 1. 80; geb. n. 2. 50

das Spiel. Ebend. 868. 16. (50 S.) 6 *ngr.*; geb. n. 12½ *ngr.*

— das Spiel. 2. Aufl. 16. (50 S.) Ebend. 872. n. — 60; geb. n. 1. 20

Frerichs. Der Sprachunterricht. Norden, Pg., 1868. 18 S. **Progr.**

Frerichs, J. H., die Unsterblichkeit der Seele. (51 S.) 8. Norden 891. Leipzig, O. Lenz. 60
Auch die übrig. Schriften desselb. Verf. aus d. Verlage v. D. Soltau Norden sind an obige Firma übergegangen.

Frericks, H., Der Apoll von Belvedere. Gel. 1894. 78 S.

Frerk jr., Frdr. Wilh., Sportphotographie, s.a. Miniatur-Bibliothek f. Sport u. Spiel.

Frerk jr., Friedr. Willy, Die Sportphotographie, m. Abb., Leipzig, 142 S., 8°.

Das Wanderfahren des Radlers, s.a. Miniatur-Bibliothek f. Sport u. Spiel.

Frerk, F. W.: Das Wanderfahren des Radlers. Leipzig 1910. 136 S. m. Abb. (Miniaturbibl. f. Sport u. Spiel. 29.)

Frerk, Willy, s.a. Liederbuch f. deutsche Kegelbrüder.

[F.] Liederbuch für deutsche Kegelbrüder. Hrsg. v. Willy Frerk. M. e. Vorwort v. Hermann Brügner, Vors. d. 'Verbandes deutscher Kegelklubs' ... 4. Aufl. *Mülheim a. d. R.: J. Bagel (1894).* (176 S.) 1 Bd 8. [96. 68]

Frerking, Wilhelm

Frerking, Wilhelm: Ahnen u. Epigonen, s.: Wallner, E., deutsche Festspiel-Halle.

Frerking, W., die Bauleute von Marienwerder, s. Wallner, E., deutsche Festspiel-Halle.

— ein reizender Ehemann, s.: Wallner's allgemeine Schaubühne.

— Eintagsfliegen, s.: Universal-Bibliothek.

Frerking, Wilh.: Des Komos Erdenfahrt. — Ariadne auf Naxos, s.: Fastnachts-Bühne.

Frerking, Wilhelm, Geburtstagsgesellschaft, s.a. Danner's, G., deutsche Jugendbühne Nr. 26.

Geburtstagsgesellschaft. Eine Scene aus d. Kinderleben von Wilhelm Frerking. *Mühlhausen i. Th.: G. Danner [1904].* (10 S.) 8°
— Jugendbühne, G. Danner's Deutsche. No 26. [04. 13747 3

Frerking, Wilh., Prinz Carneval u. Frau Musika, s.a. Carnevals-Bühne. Nr. 7.

Prinz Carneval und Frau Musika. Fasching-Aufführung von W[ilhelm] Frerking. *Mühlhausen i. Th.: G. Danner [1901].* (20 S.) 8° [F.]
— Karnevals-Bühne. No 7. [01. 9119 3

Frerking, Wilh.: Marmorbilder. Mit e. Vorspiel: Die Schulreform in Alt-Griechenland, s.a. Fastnachts-Bühne.

Frerking, Wilhelm, Marmorbilder, Ausführl. Anleit. z. Stellen v. Bild. u. Grupp. als gesellschaftl. Unterhaltung, m. 10 Skizzentaf. u. einem Vorsp.: Die Schulreform in Alt-Griechenland, Berlin, 20 S., 8°.

Frerking, W., nur Mut, es wird schon schief gehen, s.: Fastnachts-Bühne.

Frerking, Wilh.: Prolog zur Fastnachtsfeier. Professor Bindemann's sprechendes Panoptikum, s. Fast-Nachts-Bühne.

– Sammlung wirkungsvoller Tafelreden u. Trinksprüche, s.: Kollmann, Rich.

– eine Sängerfahrt nach Afrika, s.: Fastnachts-Bühne.

Frerking, Wilhelm: Onkel Scharfrichter, s.: Wallner's allgemeine Schaubühne.

— drei Schwänke für Liebhaberbühnen, s. Universal-Bibliothek Nr. 1835.

Frerking, Wilhelm: Auf Socken, s.: Wallner's allgemeine Schaubühne.

– deutsche Turner u. griechische Götter, s.a. Fastnachts-Bühne.

Frerking, Wilhelm, Deutsche Turner u. griechische Götter, Festsp. m. Gesang u. 2 turnerischen Aufführungen, Berlin, 29 S., Kl.-8°.

Frerking, Wilhelm: Unverbesserlich, s.: Wallner's allgemeine Schaubühne.

– das Volksfest in Zopflingen, od. e. neuer Sängerkrieg, s.: Fastnachts-Bühne.

– Vor Weihnachten, s.a.: Danner's G., deutsche Jugendbühne.

Vor Weihnachten. Eine Szene aus d. Kinderleben von Wilhelm Frerking. *Mühlhausen i. Th.: G. Danner [1900].* (10 S.) 8° [F.]
= Jugendbühne, G. Danner's Deutsche. No 16. [01. 7023 3

Frerking, Wilh., s.: Wenzl, E.

– Wie unsere Jungen Schillers „Tell" spielen, s.a.: Danner's, G., deutsche Jugendbühne.

Wie unsere Jungen Schiller's „Tell" spielen. Zur Aufführung bei Schulfesten mit e. Vorspiel vers. von Wilhelm Frerking. *Mühlhausen: G. Danner [1900].* (16 S.) 8° [F.]
= Jugend-Bühne, G. Danner's Deutsche. No 14. [00. 8008

Frerks, K. A., Predigt am Neujahrstage 1877. gr. 16. (12 S.) Bredstedt 877. Christl. Buchhandlung. — 20

Frerks, K. A., u. Ludw. Reuter, 2 Predigten, geh. auf dem Gustav-Adolph-Feste in Apenrade den 14. Juli 1875. gr. 8. (20 S.) Bredstedt 875. christl. Buchh. n. — 30

Frers, August [aus Buenos-Ayres]: Ein Beitrag zum Erfolg der Iridektomie bei glaucoma simplex. ... Kiel, Druck v. A. F. Jensen, 1890: 26 S. + 1 Bl. 8°
Kiel, Med. Fak., Inaug.-Diss. v. 27. Jun. 1890

Frers, A., e. Beitrag zum Erfolg der Iridektomie bei glaucoma simplex. Inaug.-Diss. gr. 8. (26 S.) Kiel 890. (Lipsius & Tischer.) n. 1. —

Fresacher, Eduard Maria

— erbaul. Lobreden von den Heiligen Gottes. 1r Thl. 4. Linz 753. 2e Aufl. 4. Augsb. 766 u. 2r Thl. 763.

Fresacher, Ed. Maria, († ...) erbaul. Reden vom Leiden Christi u. Mitleiden Mariä. 4. Wien 753.

— erbaul. Sittenlehren, enth.: was e. Christen in seinem Stand u. Pflicht zu thun u. zu lassen vorfällt. 2 Thle. 8. Augsb. 771.

Fresacher Walter: Die Besitzungen des Hochstiftes Bamberg in Kärnten bis 1400.
II. 1006 PN 2090 Diss. Wien, Univ. 940

Freschot, Kasimir

Der Galante Congreß in der Stadt Utrecht, oder Einige Zeit währender letzten Friedens-Handlung daselbst vorgefallene Liebes-Begebenheiten, Aus Frantzösischen Briefen, von einem Anwesenden entworffen, und durch andere Avanturen vermehrt. (Aus d. Französ. des Jesuiten *Casimir Freschot.*) Mit (unsign.) Titelkpfr. Cöln, bey Peter Marteau seel. Söhnen und Erben. 1714. 8°. (12 Kr., Prgtbd., Halm & Goldmann, Wien, 1904; 7 Mk. 50 Pfg. Emil Hirsch, München, 1909.)

RELATION von dem Kayserlichen Hofe zu Wien, worinnen 1. Beschreibung der Stadt Wien, 2. Der jetzige Staat des Hofes, 3. Anmerkgn. über das Leben des Kaysers, 4. Interesse des Kays. Hofes in Betrachtg. des jetzigen Kriegs, 5. Der jetzige Zustand der Kays. Familie. Aufgesetzt von einem Reisenden, 1704. Aus d. Französ. des *(Casimir Freschot,* O. S. B.) von Eucharius Gottlieb Rinck. Cölln (fing.) 1705. Kl. 8°. (In Wien, Stadtbibl.) 190 SS. 8°. (12 Mk. L. Rosenthal, 1911; 18 Kr. Gilhofer & Ranschburg, 1912.)
Anon.-Lex. III p. 370 (nach Weller).

Freschot, Casimir. Des Königreichs Dalmatien historische und geographische Vorstellung, enthaltend die Thaten aller Könige, so über Kroatien und Dalmatien jemals geherrscht haben etc. Ins Hochdeutsche übersetzt durch H. H. v. R. C. 12. Leipzig 1686.

Fresco-Anecdoten, gesammelt . . . Berlin 1823. V: *Lami*, *Heinrich*. (Hitzig) (MGT)

Fresco-Anekdoten, gesammelt u. herausg. von H. C*** Mit 20 Kupf. 2e Aufl. 12. Berlin 826, Logier.

Frescogemälde, Die, unter den Arkaden des Königlichen Hofgartens zu München . . . München [1830]. V: *Hormayr zu Hortenburg*, *Joseph Freih. von*. (EngG) (Ky)

Fresdorf, *Christian Heinrich Gustav* Die Methoden der Bestimmung der mittleren Dichte der Erde. 4 (30 S.).
Progr. G. *Weissenburg i. Els.* 1894 (524)

Fresdorf G. Ueber die Geometrie und die Potentialfunction in Gauss'schen u. Riemann'schen Räume. 187? S. Diss. Göttingen.

Fresdorf, *Gustav* *Aus der* Festrede *zum 90. Geburtstage Kaiser Wilhelms* I. 4 (S. 22). Progr. G. mit Rkl. *Hagenau* 1887 (473).

Fresdorf, *Gustav* [Dr., Prof.]: Die Methoden zur Bestimmung der mittleren Dichte der Erde. Weissenburg i. E., Druck v. C. Burckardt's Nachf., 1894; 30 S. 4.
Weissenburg i. E., G, MP 1894 (524)

Frese, A., Festbericht zur 50. Jahresfeier der Taubstummen-Anstalt in Riehen am 30. Mai 1889. gr. 8. (IV, 123 S. m. 2 Porträts u. 1 Ansicht in Lichtdr.) Basel 889. [Detloff.] **R. Reich.** n. 1. 20

Frese, K., s.: **Wort**, e., e. alten Bibelfreundes, s. d. alte Bibel.

Frese, Arnold, Referendar aus Duisburg: **Das gesetzliche Zurückbehaltungsrecht nach gemeinem Recht und dem Recht des bürgerlichen Gesetzbuchs mit besonderer Berücksichtigung der §§ 273, 274 und des § 320 des B.G.-B.** *Bonn 1902: J. F. Carthaus.* (66 S.) 8° [Umschlagt.]
Rostock, Jur. Diss. v. [20. Nov.] 1902

Frese, Bened., aus dem gräko-ägyptischen Rechtsleben. Eine papyrolog. Studie. (VIII, 78 S.) gr. 8. Halle 909. M. Niemeyer. 2. 40

Frese, Bernard Gerh. (geb. Münster in Westf. 12. 2. 1844): Ueber die chronische fungöse Gelenkentzündung. Berlin (1867). (32 S.) 8°
Berlin, Med. Diss. v. 2. Aug. 1867

Frese, C. (Bearb.), s. Armee-Märsche u. altpreußische Märsche.

Frese, Carl, s. Frese, Karl

Frese, Carl Heinrich, s. Frese, Karl. – Frese, Heinrich.

Frese, F., zur gemeinrechtlichen Lehre v. der beauftragten Vermögensverwaltung u. Willensvertretung m. besond. Berücksicht. der Reichsgesetzgebung u. d. Entwurfes zu e. bürgerlichen Gesetzbuch f. das Deutsche Reich. (In 2 Hftn.) 1. Hft. gr. 8. (VI, 208 S.) Rostock 889. C. Meyer's Verl. n. 6. —

Frese, F., z. gemeinrechtl. Lehre v. d. beauftragten Vermögensverwaltg. u. Willensvertretg. m. bes. Berücksicht. d. Reichsgesetzgebg. u. d. Entwurfes zu e. bürgerl. Gesetzbuch f. d. Deutsche Reich. II. (Schluß-)Hft. gr. 8. (VIII u. S. 209–405.) Rostock 889. (Berlin, Struppe & Winckler.) n. 6. —

Frese, Frz., C. Valerius Catullus, e. biograph. Skizze m. neuen Übersetzungsproben. gr. 4. (20 S.) Salzwedel 890. (Leipzig, Fock.) n. 1. —

Frese, Franz: C. Valerius Catullus, eine biographische Skizze mit neuen Übersetzungsproben. Salzwedel, A. Menzels Buchdr. (1890); 20 S. 4°
Salzwedel, k. G, OP 1890 (236 statt 242)

Die **Unannehmbarkeit** des Entwurfes des bürgerlichen Gesetzbuches für das Deutsche Reich ohne die zuvorige Aufnahme eines leitenden volkserziehlichen Grundprinzips in denselben von F[riedrich] **Frese.** *Rostock 1896: C. Hinstorff.* (18 S.) 8° [F.]
— **Frese:** Der **Zweck** d. bürgerl. Rechts. Beil. 2. [oo. 10495 9]

[F.] Achtzehn **Monate** Untersuchungshaft bei 6 Monaten urtheilsmässiger Strafe! Das Strafverfahren gegen den Versichergsdir. Hermann Marci aus Güstrow i. Meckl. wegen Betrugs in d. Jahren 1894 1896. E. Nachweis prinzipieller Mängel d. deutschen Strafrechts u. Strafprozesses dargest. an e. prakt. Falle v. F[riedr.] **Frese,** Notar. *Rostock: A. Mahn 1898.* (106 S., 2 Bl.) 1 Bd 8. [98. 12393 6]

Der **Zweck** des bürgerlichen Rechtes und die Erörterung der Mittel, welche zur Erreichung dieses Zweckes für das deutsche Reichsrecht erforderlich sind. Von F[riedrich] **Frese,** Notar. [Nebst] Beilage [1.] 2. *Rostock 1896–1900: C. Hinstorff.* 3 Bde 8° [F.]
Beilage 2 u. d. T.: Die Unannehmbarkeit d. Entwurfes des BGB. 1896. [oo. 10494 9]

Frese's, G., Allgem. Gartenkalender a. d. Schaltj. 1884. III. Jahrg. Taschenf. (294 S.) Wien, Moritz Perles. Geb. 1 fl. 60 kr., in Leder 2 fl. 20 kr. **1883.**

Frese, H., s.: **Arbeiten** der agrik.-chem. Versuchsstation Halle a. S. usw.

Frese, Hans, Assist. am chem. Inst. d. Kgl. Univ. Breslau: **Aus d. chemischen Institut d. Universität Breslau. Beiträge zur Kenntniss der Pyridinreihe.** *Breslau 1901: H. Fleischmann.* (42 S.) 8°
Breslau, Phil. Diss. v. 20. Juli 1901

Frese, *Carolus* **Henricus [Uetersenensis]: Quae ratio intercedat inter librum Theognideorum priorem et posteriorem . . . Kiliae, ex offic. H. Fiencke, 1895; 2 Bl., 44 S., 1 Bl. 8.**
Kiel, Phil. Fak., Inaug.-Diss. v. [16. März] 1895

Frese, J. Heinrich

Frese, J., prakt. Anleitung zur Uebung der regelmäßigen Formen der latein. Sprache. 8. Münster 842, Theissing. 1/4 ₰

Frese, J. H., die doppelte Buchführung, s.: **Buch- u. Geschäftsführung,** die, f. Buchdruckereien u. verwandte Geschäfte.

Frese, J. H., die doppelte Buch- u. Geschäftsführung, s. Buch- u. Geschäftsführung, die doppelte.

Frese, Heinr., Reduction v. Thaler Gold Bremer Rechnung in Reichsmünze u. umgekehrt. 3. Aufl. 16. (10 S.) Bremen 872. Kühtmann. & Co. n. — 30

— **Reductions-Tabellen,** s.: Gesetz üb. die Ausprägg. v. Reichsgoldmünzen.

Frese, Joan. (geb. Titmaringhausen in Westf. 1821): De morbo Brightii. Berolini (1848). (25 S.) 8°
Berlin, Med. Diss. v. 11. Aug. 1848

Dem Königlichen Universitäts-Pedell Herrn Johann Anton Frese an Seinem funfzigjährigen Amts-Jubiläum den 16ten Februar 1823 gewidmet von den Studierenden der Breslauer Universität. (Breslau 1823.) (2 Bl.) 4° [F.] *[Deutsches Gedicht.]*

Frese, John Benedict, aus Reval, Experimentelle Beiträge zur Aetiologie des Fiebers. Diss. Dorpat. 8°. 52 pp. **1866.**

Frese, Jul., s. **Goethe-Briefe.**

Frese, Julius (geb. Lübbecke in Westf. 13. 2. 1824): De Einhardi vita et scriptis specimen. Berolini (1846). (22 S.) 8°
Berlin, Phil. Diss. v. 3. Apr. 1846

Frese, Karl: Beitrag zur Casuistik der Spontanluxationen mit Pfannenwanderung. Halle (1872): Lipke. 32 S., 1 Taf. 8°
Halle-Wittenberg. Med. Diss. v. 23. Juli 1872
Geb. Lübbecke (Westf.) 10. 4. 1847. V.

Frese, Carl. Gesch d Dten Hospitals in Phila. Phila, 1891.

Frese, Karl, Tierarzt a. Korbach: Aus d. physiol. Institut d. Kgl. Tierärztl. Hochschule in Berlin. Untersuchungen über die Verwertbarkeit des Nahrungskalkes in verschiedenen Bindungsformen zum Ansatz beim wachsenden Hund. Berlin: J. Springer 1908. (43 S.) 8°
Gießen, Veterinär-Med. Koll., Ref. Frank, Diss. v. 29. April 1908
[Geb. 14. Dez. 82 Korbach (Waldeck); Wohnort: Landsberg a. Lech; Staatsangeb.: Waldeck; Vorbildung: Gymn. Korbach Reife O. 03; Studium: Gießen 1, Tierärztl. Hochsch. Berlin 3, München 1, Berlin 2 S.; Rig. 20. Dez. 07.]

Frese, Karl [aus Brooklyn, Oberhausarzt am deutsch. Hospital in Philadelphia, P.]: Ueber die Wirkung der Monochloressigsäure und verwandter Körper. . . . Rostock, Univ.-Buchdr. v. Adler's Erben, 1889; 54 S. 8°
Rostock, Med. Fak., Inaug.-Diss. v. 8. Apr. 1889

Frese, Maria, prakt. Arzt in Bern: Ueber das Verhalten der Zahl der Blutplättchen bei Tuberkulösen im Hochgebirge. Bern, Genossenschafts-Buchdruckerei, 1910. 32 S. 8°. [10. XI. 10.]
Bern. Med. Diss. 1910 11.

Frese, N., Geschichte d. Altertums. Zum Gebrauch in den oberen Klassen höherer Lehranstalten hrsg. 2 Abteilgn. 8. Hamburg 888. Mitau, E. Behre's Verl. n. 2. 40
1. Griechische Geschichte. (VII, 63 S.) n. — 90
2. Römische Geschichte. (VI, 112 S.) n. 1. 50

Frese, N., Geschichte des Altertums. Zum Gebrauch i. höh. Lehranstalt. 2 Abtlgn. 8. Hamburg 888. Riga, C. J. Sichmann. n. 1. 90
1. Griech. Geschichte. (VII, 63 S.) n. — 90
2. Röm. Geschichte. (VI. 112 S.) n. 1. —

Frese, O., Beiträge zur Zuckerfabrikation. Eine Sammlung der wichtigsten, beim Gebrauch des Aräometers und Polarisations-Apparates vorkommenden Tabellen. Ein Hülfsbuch für Fabrikherren, Directoren u. Siedemeister. Braunschweig 863. Vieweg & Sohn. gr. 8. (VIII, 56 S.) n. 1 ₰

Frese, Otto, Dr. med., Assistenzarzt an d. med. Klinik: **Aus d. med. Univers.-Klinik zu Halle a. S. (Prof. v. Mering.) Experimentelle Beiträge zur Frage nach der verschiedenen Vulnerabilität der Recurrensfasern.** *Berlin 1902: L. Schumacher.* (16 S.) 8° ¶Aus: Archiv f. Laryngol., Bd 13, H. 3.
Halle, Med. Hab.-Schr. v. 1902

Frese, Otto [app. Arzt aus Bremen]: Die Convergenzbreite und die musculäre Asthenopie ... Strassburg i. E., Buchdr. C. & J. Gœller, 1896; 50 S., 1 Bl. 8.
Strassburg, Med. Fak., Inaug.-Diss. v. 1896

Frese, Reinhard, approb. Arzt von Elberfeld: **Ein Fall von Aneurysma der Arteria fossae Sylvii dextra.** *München 1904: F. Straub.* (27 S.) 8°
München, Med. Diss. v. 1904

Frese, Richard, Dr.: **Beiträge** zur Beurteilung der Sprache Caesars mit besonderer Berücksichtigung des bellum civile. *München 1900: J. B. Lindl.* (72 S.) 8° ¶[= Phil. Diss. München 1899.]
München, k. Luitpold-G, P 1900*

Frese, Wilhelm Ludwig

Frese, die den Gerichten übertragenen Angelegenheiten der freiwilligen Gerichtsbarkeit u. das gerichtliche Hinterlegungswesen, s.a. Handbibliothek, juristische, 148. Bd.

Die den Gerichten übertragenen Angelegenheiten der freiwilligen Gerichtsbarkeit (mit Ausschluß der Grundbuchsachen) und das gerichtliche Hinterlegungswesen. Reichsrecht u. Kgl. Sächs. Landesrecht. Von Oberjust.R. Dr. [Wilhelm Ludwig] **Frese.** Meißen. Leipzig: Roßberg 1903. XI., 658 S. 8°
(Jurist. Handbibliothek. Bd 148.) 〈09. 14278 II〉

Frese, die Executions-Intervention nach der Reichscivilprozeßordnung an e. prakt. Falle dargestellt u. erläutert. 8. (31 S.) Leipzig 880. Roßberg. n. — 50

— die Prinzessin Luise v. Sachsen-Coburg u. Gotha, geb. Prinzessin v. Belgien. Eine forensisch-psychiatr. Studie. (188 S.) gr. 8. Halle 905. C. Marhold. n. 2. —

Frese, der Querulant und seine Entmündigung, s.a. Grenzfragen, juristisch-psychiatrische. VI, 8.

Der Querulant und seine Entmündigung. Von Oberjustizr. Dr. [Wilhelm Ludwig] **Frese.** Halle: Marhold 1900. 53 S. 8°
(Juristisch-psychiatrische Grenzfragen. Bd 6, H. 8.) 〈09. 6318 3〉

Fresen, Josef, a. Winterberg 〈Westfalen〉: **Ascaris lumbricoides ausserhalb des Darmes, speziell in perityphlitischen Abszessen.** Greifswald 1908: J. Abel. (30 S.) 8°
Greifswald, Med. Fak., Ref. Payr, Diss. v. 10. Aug. 1908
[Geb. 1. Nov. 80 Winterberg; Wohnort: Winterberg; Staatsangeh.: Preußen; Vorbildung: Gymn. Brilon Reife O. 02; Studium: Freiburg i. B. 1, Leipzig 4, Berlin 5 S.; Coll. 15. Juli 08; Approb. 15. Juli 08.]

Freseni. Von H. L. [Veckenstedt ca. 1910.] V: *Lietz, Hermann.* (Berl 1918, S. 854)

Fresenius, Friedrich Karl. Züge aus dem Lebensbilde eines Schulmannes, s. Finger, F. A.

Fresenius, Ideen und Tabell. zur Erleicht. der Organisir. neu erworbn. Landesbezirke. 8. Frft. Körner. 802.

Fresenius, A.: Allzu scharf macht schartig, s.: Universal-Bibliothek.

Fresenius, A.: Die Lebensretter, s.: Universal-Bibliothek.

Fresenius, August

Fresenius, A., s. Thom. Aniello.

Fresenius, Aug., nach d. Ball. Schwank in 1 Akt aus d. Französ. 16. (25 S.) München (898). Rubinverlag. n. 1. —

Fresenius, Augustus 〈geb. am 28 Sept. 1850 in Wiesbaden〉: De λέξεων Aristophanearum et Suetonianarum excerptis Byzantinis capita quinque ... Darmstadiae, typ. C. F. Winteri 1875. 40 S. 8.
¶ Erschien vollständig (9 Kap. u. Appendices) in dems. J. bei Kreidel in Wiesbaden.
Bonn, Phil. Fak., Diss. v. 14 Aug. 1875

Fresenius, Aug., († 1813.) Gedichte. 8. Darmst. 812. (Leske). 20 gl.

Fresenius, Aug., e. schlimmer Handel, Schwank nach L. Boyer u. Ch. Nuitter, s.: Universal-Bibliothek.

Fresenius, A., das liebe Ich, s.: Kühling's, A., Volks-Schaubühne.

— ich verspeise meine Tante, s.: Theater-Repertoir, Wiener.

Fresenius, A., Liebe u. Liebelei, s.: Kühling's, A., Volks-Schaubühne.

— falsche Locken, s.: Theater-Repertoir Wiener.

— ein Minister unter Ludwig XV., s.: Wallner's allgemeine Schaubühne.

— hinterlassene Schriften. Herausg. v. Fr. Baron de la Motte Fouqué. 1r Bd. Thom. Aniello. 8. Frankf. a. M. 818. Körner. 1 ℛ 8 ℊ Schrbp. 1 ℛ 16 ℊ

— auf dem Sprung, s.: Theater-Repertoir, Wiener.

— Vergriffen. Posse in 1 Akt. 4. (29 autogr. S.) Ebd. (898). n. 1. —

Fresenius, A., Vollblut, s. Theater-Repertoir, Wiener.

Fresenius, B. R., s. F r e s e n i u s , Karl Remigius

Fresenius, C., s. F r e s e n i u s , Karl Remigius

Fresenius, C. R., s. F r e s e n i u s , Karl Remigius

Fresenius, Eduard, a. Frankfurt a. M.: Zur Reform des Apothekenwesens. Gießen 1906: v. Münchow. (90 S.) 8°
Gießen, Phil. Fak., Ref. Biermer, Diss. v. 13. Juli 1906
[Geb. 17. Nov. 74 Frankfurt a. M.; Wohnort: Frankfurt a. M.; Staatsangeh.: Preußen; Vorbildung: Realgymn. Wöhlerschule Frankfurt a. M. Reife O. 94; Studium: München 4, Gießen 2 S.; Rig. 5. März 06.]

Fresenius F. A.: Praktische Wetterkunde nach alten Bauererfahrungen ... Gotha 1799. 267 S.

Fresenius, F. C. Die psychologischen Grundlagen der Raumwissenschaft. Wiesbaden 1868.

Fresenius, Ferdinand, aus Frankfurt ⟨Main⟩: Ueber die Einwirkung von Ammoniak und Phenylhydrazin auf 2 Chlor-3.5 Dinitrobenzoësäure. *Marburg 1901: Köster & Schell.* (50 S.) 8°
Marburg, Phil. Diss. v. [20. Dez.] 1901

Fresenius, Fr. Ant., (✝ d. 11. Juni 1815.) Bemerkk. über d. Ziebensche Propbezeihung. 8. Frankf. 786. Bayrhofer. 2 ℊ

— über etliche Hindernisse d. Erziehung u. Ausbildung d. Kinder. 8. Frankf. 786. Bayrhofer.

— gemeinnützige Kalenderlesereien. 5 Thle. 8. Leipz. 786—89. Fr. Fleischer. 4 ℛ 4 ℊ

— d. Lebenslauf aus Kindespflicht, oder Schicksale u. Tod Jh. Fr Fresenius. 8. Hersf. 789.

— allgem. deutscher Musterungskalender. 1e u. 2e Probe. Weissenburg 788. 90.

— Volkskatechismus u. Lesebuch über d. Kunst des Menschen, sein Leben zu verlängern. 8. Hamburg 797. Rößler.

— prakt. Wetterkunde nach alten Bauererfahrungen 8. Gotha 799. Ettinger. 16 ℊ

Zypressenzweige. Zeugnisse ehrerbietigster und dankbarster Erinnerung an die hochverdienten und unvergesslichen Häupter der s.·. e.·., ger.·. u.·. vollk.·. St.·. Joh.·. ▭ „Sokrates zur Standhaftigkeit" im Or. Frankfurt a. M., Friedr. Wilh. v. Ellrodt, den Stifter der ▭, und Phil. Jac. Cretzschmar, den Nutritor derselben, gezollt von Franz Fresenius. Frankfurt a. M.: Boselli 1861. 15 S. 8° [Umschlagtit.]
Tt. 2038. 2 Grabreden.

Fresenius, Frdr. Carl, die psychologischen Grundlagen der Raumwissenschaft. Wiesbaden 868. Kreidel. 8. (VIII, 193 S.) n. 24 ℳ

Fresenius, **G., syllabus observationum de Menthis, Pulegio et Prealia. 8maj. Frankf 829. (Gulbaumann). 8 ℊ**

Fresenius, Georg (Frankfurt/M.)
Ueber die traumatische Amblyopie und Amaurose.
Frankfurt/M.: J.F. Wenner 1829. 32 S.
Diss. med. Giessen 27.7.1829. vorh. 7.

Fresenius, Geo., Beiträge zur Kenntniss mikroskopischer Organismen. Mit 3 (lith.) Taf. (Abgedr. aus d. Abhdlgn. d. Senckenberg. naturforsch. Gesellschaft.) Frankfurt a. M. 858. Brönner. gr. 4. (1 Bl., 34 S.) n. 1 ℛ

Fresenius, Geo., Beiträge zur Mykologie. 1 u. 2. Hft. Mit 9 Steintaf. gr. 4. (S. 1—80) Frankfurt a. M. 850. 53, Brönner. (à n. 1 ℛ) n. 2 ℛ

Fresenius, Geo., Beiträge zur Mykologie. 3. Heft. Frankfurt a. M. 863. Brönner. gr. 4. (VIII, S. 81—111 u. 3 lith. Taf.) n. 1 ℛ

Fresenius, Geo., Grundriss d. Botanik, z. Gebr. bei seinen Vorlesn. gr. 8. (5¼ B.) Frankfurt a. M. 840, Sauerländer.

Fresenius, Geo., Grundriß der Botanik zum Gebrauche bei s. Vorlesungen. 2. verb. u. verm. Aufl. gr. 8. Frankfurt a/M. 843, Sauerländer. ½ ℛ

— zur Controverse über die Verwandlung von Infusorien in Algen. Mit 1 lith. Taf. gr. 8. (18 S.) Frankfurt a. M. 847, Zimmer. n. ⅟₁ ℛ

— Taschenbuch z. Gebr. auf botan. Excursionen in d. Umgegend v. Frankfurt a. M., enthalt. e. Aufzählung d. wildwachs. Phanerogamen, mit Erläutern. u. krit. Bemerkn. im Anh. 2 Abthln. gr. 12. Frankfurt a. M., Brönner. [1. (14 B.) 832. 1 Thlr. 3 Gr., 2. (12 B.) 833. 15 Gr.]

Fresenius, H. C. Chr., Abhandll. über forst- u. staatswirthschaftl. Gegenstände. gr. 8. Frankf. 811. Körner. 8 ℊ

— ganz neue, mögl. kürzeste u. leichte Methode, d. körperl. Inhalt walzen- u. kegelförm., wie auch vierkant. Hölzer zu berechnen. 8. Heidelb. 817. 2e A. 824. Oswald. 8 ℊ

Fresenius, (H. C. Chr.,) ganz neue, mögl. kürzeste u. leichte Methode, d. körperl. Inhalt walzen- u. kegelförm., wie auch vierkant. Hölzer zu berechnen. 2e Ausg. 8. Heidelb. 824, Oßwald.

— Tabellen zur Reduction aller Hölzer, welche beim Bauwesen vorkommen, d. h. aller vierkantig beschlagenen Bauhölzer auf runde Stammstücke, u. umgekehrt dieser auf jene. 8. Frankf. 819. Jäger. 8 ℊ Strbp. 12 ℊ

— gründl. Unterricht über d. Reduction kreisrunder Hölzer auf vier- u. mehrkantige, u. umgekehrt vier- u. mehrkantiger auf kreisrunde, nebst e. andern Aufgaben u. e. Anh. für Forstmänner u. Bauverständige. 8. Frankf. 812. 2e A. 819. Jäger. 16 ℊ

Fresenius, Heinr., ueb. das Corallin. Inaugural-Dissertation. gr. 8. (24 S.) Leipzig 872. (Wiesbaden, Kreidel.) n. 1. —

— zur Erinnerg. an R. Fresenius. S. verstorb. Vater in d. Zeitschrift f. analyt. Chemie gewidmeter Nachruf. gr. 8. (XVIII S. m. 1 Bildnis.) Ebd. 898. n. 1. 20

Fresenius, H., Geschichte d. chem. Laboratoriums z. Wiesbaden währ. d. zweiten 25 Jahre s. Bestehens. Zur Feier d. 50jähr. Bestehens d. Anst. Lex.-8. (XX, 128 S. m. 2 Grundrissen, 1 Bildnistaf. u. 1 Bl. Erklärgn.) Ebd. 898. n. 2.40

— norwegische Reisebilder. Vortrag, geh. auf d. Sectionsversammlg. d. nassauischen Vereins f. Naturkunde zu Rüdesheim, am 23. Septbr. 1894. [Aus: „Jahrbb. d. nass. Vereins f. Naturkde."] gr. 8. (10 S.) Ebd. 895. n. — 60

— chemische Untersuchung des Bellthal-Moselsprudels im Bellthal bei Cobern an der Mosel. Im Auftrage der „Bellthal" Moselsprudel-Aktiengesellschaft ausgeführt im chem. Laboratorium Fresenius. (20 S.) gr. 8. Wiesbaden 906. C. W. Kreidel. n. — 80

— chemische Untersuchung des Benedictus-Sprudels in Selters in Hessen. Ausgeführt im chem. Laboratorium Fresenius. (23 S.) gr. 8. Ebd. 906. n. — 80

— Chemische Untersuchung der Georgen-Quelle, der Marien-Quelle, der Wiesen-Quelle, der Mariannen-Quelle u. der Friedrichs-Quelle zu Bad Landeck in Schlesien. Im Auftrage des Magistrats zu Landeck ausgeführt im chem. Laboratorium Fresenius. (68 S.) gr. 8. Ebd. 910. 2.

Fresenius, Heinrich: Chemische u. physikalisch-chemische Untersuchung...

— dasselbe des Charlottensprudels zu Altheide in Schlesien sowie Untersuchung desselben auf Radioaktivität. Ausgeführt im chem. Laboratorium Fresenius. (24 S.) gr. 8. Ebd. 909. — 80

— Chemische u. physikalisch-chemische Untersuchung des Gertrudis-Sprudels zu Biskirchen im Lahntale, sowie Untersuchung desselben auf Radioaktivität. Ausgeführt im chem. Laboratorium Fresenius. (26 S.) gr. 8. Ebd. 908. — 80

Fresenius, Heinr., chemische u. physikalisch-chemische Untersuchung der Kaiserin Auguste-Viktoria-Quelle zu Bad Homburg v. d. Höhe. Ausgeführt im chem. Laboratorium Fresenius. (28 S.) gr. 8. Wiesbaden 907. C. W. Kreidel. — 80

— dasselbe der König Ludwig-Quelle zu Fürth bei Nürnberg sowie Untersuchung derselben auf Radioaktivität. Ausgeführt im chem. Laboratorium Fresenius. (28 S.) gr. 8. Ebd. 910. — 80

— chemische u. physikalisch-chemische Untersuchung des Landgrafenbrunnens in Bad Homburg v. d. H. Ausgeführt im chem. Laboratorium Fresenius. (S. 101—125.) gr. 8. Wiesbaden 905. J. F. Bergmann. n. — 80
Sonderabdruck aus: „Jahrbb. d. nass. Ver. f. Naturkde."

— dasselbe d. Glashäger Mineralbrunnens sowie Untersuchg. desselben auf Radioaktivität. Ausgef. im chem. Laboratorium Fresenius. (26 S.) gr. 8. Ebd. 907. — 80

— dasselbe der Mineralquelle zu Colberg bei Coburg, sowie Untersuchung derselben auf Radioaktivität. Ausgeführt im chem. Laboratorium Fresenius. (30 S.) gr. 8. Ebd. 908. — 80

— chemische u. physikalisch-chemische Untersuchung der Solquelle v. Bad Sooden-Werra. Im Auftrage der Badeverwaltg. zu Bad Sooden a. d. Werra ausgeführt im chem. Laboratorium Fresenius. (24 S.) gr. 8. Wiesbaden 906. C. W. Kreidel. n. — 80

— dasselbe des grossen Sprudels zu Altheide in Schlesien sowie Untersuchung desselben auf Radioaktivität. Ausgeführt im chem. Laboratorium Fresenius. (26 S.) gr. 8. Ebd. 909. — 80

— chemische Untersuchung der Römer-Quelle in Bad Ems. Ausgeführt im chem. Laboratorium Fresenius. (23 S.) gr. 8. Wiesbaden 905. C. W. Kreidel. n. — 80

— dasselbe. (S. 63—85.) gr. 8. Wiesbaden 905. J. F. Bergmann. n. — 80
Sonderabdruck aus: „Jahrbb. d. nass. Ver. f. Naturkde."

Fresenius, Heinr., chemische Untersuchung der Schützenhof-Quelle zu Wiesbaden. Im Auftrage d. Gemeinderathes der Stadt Wiesbaden ausgeführt. gr. 8. (38 S.) Wiesbaden 886. Kreidel. n. — 80

— Chem. Untersuchg. d. neuen Selterser Mineralquelle zu Selters b. Weilburg a. d. Lahn. Ausgef. im chem. Laboratorium Fresenius. gr. 8. (21 S.) Ebd. 898. n. — 80

— chemische Untersuchung der Soolquelle in Kreuzkamp bei Lippstadt. Ausgeführt im chem. Laboratorium Fresenius. gr. 8. (20 S.) Ebd. 901. n. — 80

Fresenius, H., chemische Untersuchung des Kiedricher Sprudels im Kiedrichthal bei Eltville am Rhein. Ausgeführt im chem. Laboratorium Fresenius. gr. 8. (21 S.) Wiesbaden 900. C. W. Kreidel. n. — 80

— chemische Untersuchung des Lamscheider Stahlbrunnens Emma-Heilquelle. Ausgeführt im chem. Laboratorium Fresenius. gr. 8. (18 S.) Ebd. 899. n. — 80

— chemische Untersuchung des Staufenbrunnens zu Göppingen. Im Auftrage des Gemeinderathes der Stadt Göppingen ausgeführt im chem. Laboratorium Fresenius. (26 S.) gr. 8. Ebd. 903. n. — 80

— chemische Untersuchung des Victoria-Melita-Sprudels in Vilbel bei Frankfurt am Main. Ausgeführt im chem. Laboratorium Fresenius. gr. 8. (16 S.) Wiesbaden 901. J. F. Bergmann. n. — 80
Sonderabdruck aus: „Jahrbb. des nass. Vereins f. Naturkde."

— neue chemische Untersuchung d. Kochbrunnens zu Wiesbaden u. Vergleichung der Resultate m. den 1849 v. mir erhaltenen. gr. 8. (22 S.) Ebend. 886. n. — 80

— s.: Zeitschrift f. analytische Chemie.

— die chemische Zusammensetzung der Emser Mineralquellen. (Aus der v. der königl. Staatsregierg. den Teilnehmern der 3. ärztl. Studienreise am 12. IX. 1903 überreichten Festschrift „Ems".) (S. 99—111.) gr. 8. Wiesbaden 903. J. F. Bergmann. n. — 80
Sonderabdruck aus: „Jahrbb. des nass. Ver. f. Naturkde."

FRESENIUS, Heinrich Carl Christian: Abhandlungen über forst- und staatswissenschaftliche Gegenstände. - Frankfurt a. M. 1811. XIV, 72 S.

FRESENIUS, Heinrich Carl Christian: Ganz neue, möglich kürzeste und leichteste Methode, den körperlichen Inhalt walzen- und kegelförmiger, wie auch vierkantiger Hölzer zu berechnen; ein Verfahren, welches alle Kubiktabellen entbehrlich macht. - Heidelberg 1817. 71 S. - 2. Aufl. Mannheim 1824
vgl.: Fresenius, J. C. Ch.

FRESENIUS, Heinrich Carl Christian: Tabellen zur Reduktion aller Hölzer, welche beym Bauwesen vorkommen, das heisst aller vierkantig beschlagenen Bauhölzer auf runde Stammstöcke und umgekehrt dieser auf jene. - Frankfurt a. M. 1817. 41 S.

FRESENIUS, Heinrich Carl Christian: Gründlicher Unterricht über die Reduktion kreisrunder Hölzer auf 4- und mehrkantige und umgekehrt ... für Forstmänner und Bauverständige. - Darmstadt 1812. 114 S. - 2. unveränd. Aufl. Frankfurt a. M. 1817. 114 S.

Fresenius (J. B. G. W.). Flora von Abyssinien. Frankfurt, 1837–45. 4°.

Fresenius, J. C. Ch.: „Neue Methode, den Inhalt walzen- und kegelförmiger Hölzer zu berechnen . . .", 2. Ausgabe, Heidelberg 1824 (Oswald).

vgl.: Fresenius, Heinrich Carl Christian

Fresenius, J. F. Th., zur biblischen Alterthumskunde. Frankfurt a. M. 853. Auffarth. gr. 8. (VIII, 100 S.) n. 10 ngl

Fresenius, J. F. Th., Leitfaden für den ersten Unterricht in der Bibelkenntniß. 2. Aufl. gr. 8. Frankfurt a/M. 841, Sauerländer. 1/8 ß

Fresenius, J. L. Ch.: Meditationen f. Rechtsgelehrte. *Giessen*, Krieger. 775—80. 4 Thle. (1. B. m. 3 Fortss.) 8. (1 Thl. 18 Gr.)

Fresenius, J. Ph., kleines Beicht- u. Kommunion-Buch. Auszug aus dessen größerem Beicht- u. Kommunionbuch, veranstaltet v. G. F. Jaeger. 8. (IV, 127 S.) Calw 886. Vereinsbuchhandlg. geb. n. — 60

Fresenius, J. P., die Bekehrung des General-Lieutenants v. Dyhern. 6. Aufl. [Stereot.-Ausg.] Barmen 866. (Berlin, E. Beck.) 8. (16 S.) 1 ngr

Fresenius, J. P., Bibel rc. s. Bibel.

Fresenius, J. P., evangelische Predigten. 3. Aufl. 2 Bde. gr. 8. Frankfurt a/M. 872. 73. Winter. n. 11. —

1. Auserlesene heil. Reden üb. die Sonn- u. Festtags-Evangelien durch's ganze Jahr. (844 S.) n. 6. —
2. Epistelpredigten od. auserlesene heil. Reden üb. die epistel. Texte aller Sonn- u. Festtage. Auf's neue hrsg. m. e. Lebensabriß d. Verf. v. Karl Frdr. Ledderhose. (XVI, 704 S.) n. 5. —

Fresenius, Jak. Hnr., de interventione in judicio et speciatim de tertii appellatione atque effectu praeventionis circa eum. 4. Tübing. 803.

Fresenius, Jac. Heinrich Samuel (Frankfurt/M.), De **interventione in judicio, et speciatim de tertii appellatione atque effectu praeventionis** circa **eum. Diss. jur. Präs. Julius Friedrich Malblanc. Tübing. (Fues) 23. X. 1803. 80 S. (6.—)** 9495

Fresenius, Jh. Chr. Ldw., († ...) von d. Austheilung d. Ehre im Staate. 8. Frankf. 776. Eichenberg. 2 gl

— Entwurf e. ganz neuen Gesetzbuchs für vollkommen bürgerl. Gerichtspflege. gr. 8. Frankf. 797. (Schäfer). 14 gl

Fresenius, Jh. Chr. Ldw., Entwurf e. neuen gerichtl. Verfahrens. 8. Frankf. 779. Keßler. 4 gl

UEBER Frankfurt, aus der Brieftasche eines Reisenden *(Joh. Chrn. Ludw. Fresenius)*. O. O. 1791.
Anon.-Lex. IV. p. 235 (nach Scriba u. Meusel). — Rar!

Fresenius, Jh. Chr. Ldw., Herrmann. Schspl. 8. Frankf. 784. (Schäfer). 8 gl

— Dass. 8. Glogau 796. Chr. Fr. Günther. 6 gl

Fresenius, Joh. Chr. Ludw.: In wie fern kan eine Schuldforderung durch Verjährung verloren gehen? Und Kan ein Richter von Amtswegen in Schuldsachen auf die Verjährung sprechen? E. rechtl. Abh. Frankfurt 1773.

LAUNEN, Empfindsame (von *Joh. Christian Ludw. Fresenius*). Frankfurt und Leipzig 1777.
Anon.-Lex. III. p. 11 (nach Heine, Roman in Deutschland. Halle 1892. S. 8.)

— empfindsame Launen. 8. Frankf. 777. Keßler. 8 gl

Fresenius, Joh. Chr. Ludw.: Meditationen für Rechtsgelehrte. Bd 1. 2. [Nebst] (Anh.) *Frankfurt u. Leipzig 1778. 79.

(Anh.) [u. d. Tit.:]
Fresenius: Betrachtungen über versch. Rechtsfragen bey Einziehung der Jesuitengüter. In Briefen. Bey Gelegenheit der Streitigkeiten der Häuser Nassau-Oranien u. Wied-Runkel wegen d. Güter des Klosters u. nachm. Hospitals Beselich. 1779.

— Meditationes für Rechtsgelehrte. 16 Stück. 8. Marb. 775. Krieger. 6 gl 1e – 3e Fortsetz. dazu. 8. Frankf. 777—79. Hermann. 1 ß 4 gl

— Nereis, in 4 Gesängen. 8. Frankf. a. M. 776.

— Polemon u. Crates, oder über d. Werth d. Liebe; e. Kapitel aus d. sanften Philosophie. 8. Frankf. a. M. 775.

— für Regenten u. Staatsmänner. 1e Lief. 8 Frankf. 776. Bayrhofer.

— s. d) Reichskriegsheer.

— neue Theorie über d. Bewegung d. Aethers zur Erklärung des Magnetismus rc. 8. Frankf. 776. Bayrhöfer.

Fresenius, Jh. Fr., († d. 12. Febr. 1783.) Abhandl. von d. Rechtfertigung e. armen Sünders vor Gott, mit e. Vorrede v. Jh. Ph. Fresenius. gr. 8. Frankf. a. M. 747. 2e Ausg. 2 Thle. gr. 8. Ebd. 767. Brönner. 18 gl

Fresenius, Joh. Friedr., Abhandlung über die Rechtfertigung eines armen Sünders vor Gott. Ein Belehrungs- und Erbauungsbuch für Geistliche u. Laien. Neue Ausg., mit einem Vorwort von A. F. C. Vilmar. Marburg 857. Koch. gr. 8. (VI, 506 S.) n. 1 ß

Fresenius, Joh. Friedr., Abhandlung über die Rechtfertigung eines armen Sünders vor Gott. Ein Belehrungs- und Erbauungsbuch für Geistliche und Laien. Neue Ausg. mit einem Vorwort von A. F. C. Vilmar. gr. 8. (VI und 506 S.) Marburg 857(58). [Sipmann.] *

Fresenius, Joh. Frdr., über die geistliche Wachsamkeit. Eine Wächterstimme in der Adventszeit. gr. 8. (47 S.) Rostock 851, Stiller. 6 ngl

Fresenius, Jh. Fr. Thdr., neue, sehr einfache Theorie, krummlinige Flächen zu quadriren, auf Summation unendlicher Reihen gegründet. Mit 1 Kpf. 8. Frankf. a. M. 806.

Fresenius, Joh. Philipp

Fresenius, Jh. Ph., († d. 4. Juli 1761.) Abwiegung d. Gründe rc., daß man den Reformirten eine Kirche in Frankf. a. M. erlauben solle. Fol. Frankf. 751. Andreä. 4 gl

— actenmäßige Anmerkk. über Withofs ungegründete Nachricht, wie es mit Valerando Pollano zugegangen. Fol. Frankf. 752. Andreä. 8 gl

Fresenius, Joh. Phil., Anti-Weislingerus, oder: Gründliche Wiederlegung (!), einer unter dem Titul: Friss Vogel, oder Stirb! Sonderlich gegen die Evangelisch-Lutherische Wahrheit und deroselben Bekennere, v. *J. N. Weislinger* herausgegebenen Schmäh- u. Läster-Schrifft. O. O. 1731. 8⁰. 9 Bll., 811 S., 15 Bll. Reg. (2 Mk. M. Hauptvogel, Gotha, 1907; jetzt theurer!)

— kurzer Begriff d. christl. Lehre. 12. Frankf. 752. Schäfer. 6 gr

Fresenius, Jh. Ph., Beicht- und Communionbuch. 8e verb. Ausg. gr. 12. Frankfurt a. M. 833. H. L. Brönner. 1/2 ß Velinp. 7/8 ß Vgl. Thl. II. S. 260.

Fresenius, Jh. Phl., Beicht- u. Communion-Buch. 9. verb. Ausg. 12. Frankfurt a. M. 845, Brönner. n. 1/2 ß — fein Papier n. 5/6 ß

Fresenius, Joh. Phil., Beicht- u. Communionbuch. Hrsg. v. evangel. Bücher-Verein. gr. 8. (VIII u. 319 S.) Berlin 852. (Grobe.) baar n. n. 9 ngr

Fresenius, Joh. Phil., Beicht- u. Communionsbuch. 3. Aufl. Berlin 859. (Wiegandt & Grieben.) gr. 8. (X, 316 S.) n. 10 ngr

Fresenius, Joh. Phpp., Beicht- u. Kommunionbuch. 10. Aufl., durchgesehen u. bearb. v. G. F. Jaeger. 8. (XVII, 403 S.) Frankfurt a/M. 885. Calw, Vereinsbuchh. n. 3. —; geb. n. 3. 60; m. Goldschn. n. 4. 20; in Ldr. n. 6. —

Fresenius, Joh. Philipp, Beicht- u. Communionbuch. 4. Aufl. (XVIII, 316 S. m. Bildnis.) 8. Berlin (892). Hauptverein f. christl. Erbauungsschriften. Geb. in Halbfrz. 1.80

—— kleines Beicht- und Kommunion-Buch. Auszug aus dessen größerem Beicht- und Kommunion-Buch, veranstaltet von G. F. Jaeger. 8. (IV, 127 S.) Calw 886, Vereinsbuchhandlung. * geb. ·

—— die Bekehrung des General-Lieutenants v. Dyhern. 6. Aufl. [Ster.-Ausg.] 8. (16 S.) Barmen 866. (Berlin, Beck.)

— Beleuchtung d. Vertheidigung u. Widerlegung Withofs gegen d. Anmerkk. ꝛc. Fol. Frankf. 754. Andreä. 10 gr

— Betracht. v. Christo. 1r Th. 8. Jena, Frommann. 743.

— heilsame Betrachtt. über Sonn- u. Festtags-Evangelien; nebst e. Anh. einiger Casualpredigten ꝛc. 4. Frankf. 750. 2e A. 769. Brönner. 2 ß 16 gr

— — dieselben. 3 Thle. 8. Frkf. Hermann. 748.

— Betrachtungen über die Nothwendigkeit unser. Erlösung . . ., 4 Thle. 8. Zullich. Frommann. 741-45.

f. Bibel, die, od. die ganze heil. Schrift A. u. N. Testam.

— f. Biblia, die Frankfurter.

— Buß-, Beicht- u. Communionbuch. 12. Frankf. a. M. 746, 48. 753 u. 58. N. A. lang 12. 785. Brönner. 9 gr

Fresenius, Joh. Phil., Epistel-Predigten oder auserlesene heilige Reden über die epistolischen Texte aller Sonn- und Festtage. Auf's Neue herausg. mit einem Lebensabriß des Verf. von K. F. Ledderhose. Frankfurt a. M. 858. Brönner. Lex.-8. (XVI, 703 S.) n. 1 ß 16 ngr

— s. Fresenius, Johann Friedrich: Abhandl.

* FRESENIUS, J. Ph., Gedancken vom Tantzen und Spielen. O. O. 1761. 8⁰. (In Berlin: an Yf 10, 275.)

Fresenius, Jh. Phl., Knihi wot Spowedźe a świateho Wotkasanja, sPśchidawkom wubernych Modlitwow evangelskeje Zyrkwje we ßerskej Ryczi wohndate wot Jana Kiliana, Duchomneho w Kotezy. gr. 8. Budyschinl 841. (Weller, Schlüssel.) n. 1 1/3 ß

— Nachricht von d. sonderbaren Bekehrung eines Naturalisten, des Baron Geo. Karl v. Dyhern. 8. Leipz. 760. Gleditsch. 2 gr

— merkwürd. Nachricht von d. Bekehrung e. Naturalisten (d. Barons v. Wunsch), welcher darauf als ein gläubiger Christ gestorben. 8. Frankf. a. M. 750.

— Nachrr. von d. Leben, Tode u. Schriften Jh. Albr. Bengels. 8. Frankf. 756. Andreä. 3 gr

Fresenius, Johann Philip: Johann Philip Fresenius bewährte Nachrichten von Herrnhutischen Sachen. *Dritter Band. Worin die fünfte und sechste Samlung nebst einem Register enthalten. Frankfurt und Leipzig: Heinrich Ludwig Brömer 1748. (16), 999, (1) S.*
Das dritte Stück. **Americanische Nachrichten von Herrnhutischen Sachen.** *S. 87—872.*

— Nachrr. von d. herrnhutbischen Sachen. 4 Bde oder 8 Thle. (1r Bd. 2e A. 748.) 8. Frankf. 747—51. Andreä. 3 ß 16 gr

— — Pastoralsammlung. 24 Thle. 8. Frankft. Hermann. (Brönner.) 748—61.

— — dasselbe. Frankf. Gebhardt und K. 748—52.

— — Beyträge dazu. 1r Thl. 8. Ebend. 752.

— Pastoralversammlungen. 24 Thle, mit Beitrr. 8. Frankf. 748—61. Hermann, a. Gebhardt u. K. 11 ß 6 gr Brönner. 11 ß 14 gr

Fresenius, Joh. Phil., evangelische Predigten. 3. Aufl. 1. und 2. Bd. gr. 8. Frankfurt a. M., Winter. *

Inhalt:

Bd. 1. 2 Hälften. Auserlesene heil. Reden über die Sonn- und Festtags-Evangelien durch's ganze Jahr. (S. 1—432; 433—844.) 872. *ℳ 6.

„ 2. Epistelpredigten oder auserlesene heil. Reden über die epistol. Texte aller Sonn- und Festtage. Aufs neue hrsg. mit einem Lebensabriß des Verf. von Karl Friedr. Ledderhose. (XVI, 704 S.) 873. *ℳ 5.

— Johann Philipp (Frankfurt/M.), De prudentia pastorali ad signa hujus temporis composita. Diss. theol. Götting. (Abr. Vandenhoeck) 1749. 40 S. (5.20) 9496

— nöthige Prüf. d. Zinzendorf. Lehrart v. d. heil. Dreyeinigkeit. 8. Ebend. 748.

— s. Rambach, Jh. Jak.: Betrachtt.

— auserl. heil. Reden über Sonn- und Festtägl. Epist. ꝛc. 4. Ebend. 782.

— auserlesene heil. Reden über d. Sonn- u. Festtägl. Evangelien durchs ganze Jahr. gr. 4. Frankf. 754. 2e A. 767. Brönner. 2 ß 8 gr

— auserlesene heilige Reden über die Sonn- und Festtags-Evangelien durchs ganze Jahr. Aufs Neue herausgeg. von J. F. v. Meyer. (In 4 Liefg.) gr. 8. Frankf. a. M. 843, 44, Brönner. (1. L. n. 1/2 ß — 2. L. n. 1/3 ß — 3. 4. L. à n. 2/3 ß) n. 2 1/6 ß

Fresenius, Joh. Phil., auserlesene heilige Reden über die Sonn- und Festtags-Evangelien durchs ganze Jahr. Aufs Neue hrsg. von Joh. Friedr. v. Meyer. 2. (Titel-)Ausg. gr. 8. (VIII und 1120 S.) Frankfurt a. M. 854, Brönner. *

— auserles. heil. Reden üb. epistol. Texte durchs ganze Jahr. gr. 4. Frankf. 755. 2e A. 782. Brönner. 2 ₰ 8 𝒦

— auserlesene heil. Reden über evang. Texte. d. ganze J. 4. Ebend. 767.

Sieg der Wahrheit, s.a. Sieg.

— Sieg d. Wahrheit über d. Unglauben, den d. Barmherzigkeit Gottes hat offenbar werden lassen an d. Baron v. Wunsch u. General Dyhern rc. 8. Frankf. 760. 2e A. 766. Brönner, auch Hermann. 8 𝒦

§ * VIELWEIBEREY, Die, nach den wichtigsten Gründen behauptet und durch unumstössliche Beweise entkräftet (von *Joh. Phil. Fresenius*). Franckf., b. J. G. Garbe. 1756. 8°. (In Berlin: Da 9320.) 592 SS. (26 Sgr. Scheible, vor 1875.)
Anon.-Lex. IV. p. 326 (nach Hayn).

— evang. Wahrheitsklang. Frkf. Brönner. 760.

— Zwillinge fürs Theater; zwei Schauspiele. 8. Hersf. 780

— **Jo. Philipp Elisa** (Frankfurt/M.), De alienatione bonorum uxoriorum partim valida partim invalida ex jure praecipue Francofurtano. Diss. jur. Präs. Jo. Christoph Koch. Giessen (Joh. Jac. Braun) Okt. 1773. 48 S. (5.50) 9497

Fresenius, Karl, unsere Einführung in den geograph. Unterricht. [Aus dem Programm der Bender'schen Anstalt.] gr. 8. (28 S.) Frankfurt a. M. 850, Brönner. 1/6 ₰

Fresenius, Karl, die Raumlehre, eine Grammatik der Natur. Entwurf zu einer genetischen Schulmethode der Elementargeometrie. Frankfurt a. M. 854. Brönner. 8. (VIII, 90 S.) 10 𝓃𝒦

Fresenius, Karl, die Raumlehre, e. Grammatik der Natur. Entwurf zu e. genet. Schulmethode der Elementargeometrie. 2. Aufl. 8. (VIII, 102 S.) Frankfurt a/M. 875. Winter. n. 1. 50

Karl Fresenius. Über arithmetischen Unterricht. S. 19—34. Weinheim, P 1847

—— über mathematischen Unterricht. gr. 8. (18 S.) Frankfurt a. M. 848, Brönner.

Fresenius, Karl Remigius

— Analyse der Carls-Quelle zu Bad Helmstedt. gr. 8. (22 S.) Ebend. 873. n. — 60

Fresenius, C. R., chemische Analyse der Antonien-Quelle zu Warmbrunn in Schlesien. Unter Mitwirkg. v. H. Fresenius. gr. 8. (23 S.) Wiesbaden 890. Kreidel. n. — 80

— chemische Analyse der Soolquelle „Bonifacius" in der Badeanstalt „Soolquelle Bonifacius" [Lützowstr. 74], Filiale vom Admiralsgarten-Bad zu Berlin. Unter Mitwirkg. v. H. Fresenius. gr. 8. (23 S.) Ebd. 890. n. — 80

— u. E. **Hintz**, chemische Analyse d. Carola-Quelle zu Rappoltsweiler [Oberelsass]. gr. 8. (23 S.) Wiesbaden 889. Kreidel. n. — 80

— chemische Analyse der Caspar-Heinrich-Quelle zu Bad Driburg unter Mitwirkg. v. H. Fresenius. gr. 8. (16 S.) Ebd. 889. n. — 80

Fresenius, C. Remig., chemische Analyse d. Elisabeth- u. Victoriaquelle zu Kreuznach. Unt. Mitwirkg. v. Heinr. Fresenius. gr. 8. (34 S.) Wiesbaden 895. C. W. Kreidel. n. — 80

— chemische Analyse der Kaiser Friedrich-Quelle. [Natron-Lithionquelle] zu Offenbach a/M. Unter Mitwirkg. v. Ernst Hintz. gr. 8. (13 S.) Ebd. 889. n. — 80

— chemische Analyse der Königsquelle in Neustadt-Eberswalde. gr. 8. (16 S.) Ebd. 892. n. — 80

— chemische Analyse der Soolquelle „Louise" im „Bad Oranienplatz" (Louisenufer 22), Filiale vom Admiralsgarten-Bad zu Berlin, unter Mitwirkg. v. H. Fresenius. gr. 8. (23 S.) Ebd. 889. n. — 80

Fresenius, [C.] Remigius, chemische Analyse der Marien-Quelle zu Oelheim. gr. 8. (18 S.) Wiesbaden 886, Kreidel. *

— chemische Analyse der Soolquelle „Martha" [Friedrichstr. 8], Filiale vom Admiralsgarten-Bad zu Berlin. Unter Mitwirkg. v. H. Fresenius. gr. 8. (23 S.) Ebd. 890. n. — 80

— chemische Analyse der Mineral-Quelle bei Biskirchen im Lahnthale. gr. 8. (20 S.) Ebend. 876. n. — 60

— chemische Analyse der Natron-Lithionquelle zu Offenbach a/M. gr. 8. (20 S.) Ebd. 888. n. — 80

— chemische Analyse des Oberbrunnens zu Salzbrunn in Schlesien. gr. 8. (24 S.) Ebend. 882. n. — 80

— chemische Analyse d. Oberbrunnens zu Salzbrunn in Schlesien. 2. Aufl. gr. 8. (24 S.) Ebend. 883. n. — 80

— dasselbe. 3. Aufl. Ausg. f. Mediciner. gr. 8. (12 S.) Ebend. 884. n. — 60

— chemische Analyse der Soolquelle „Paul I" in der Badeanstalt „Soolquelle Paul I" (Paulstr. 6), Filiale vom Admiralsgarten-Bad zu Berlin unter Mitwirkg. v. H. Fresenius. gr. 8. (23 S.) Ebd. 889. n. — 80

— chemische Analyse der Soolquelle im Admiralsgarten-Bad zu Berlin. gr. 8. (20 S.) Ebd. 888. n. — 80

— chemische Analyse der warmen Soolquelle zu Werne in Westphalen. gr. 8. (28 S.) Ebend. 877. n. — 80

— chemische Analyse d. Wassers der Gertruds-Quelle bei Biskirchen im Lahnthale, Kreis Wetzlar, Rheinprov., Preussen. Unter Mitwirkg. v. E. Hintz. gr. 8. (18 S.) Ebd. 890. n. — 80

—— chemische Analyse der Wilhelmsquelle im „Neuen Soolbade" zu Kolberg. gr. 8. (23 S.) Wiesbaden 882, Kreidel's Verlag. *

— Analyse d. Deutsch-Kreuzer Sauerbrunnens. gr. 8. (20 S.) Ebend. 874. n. — 60

— Analyse der 5 Eisen-Quellen in Bad Neudorf in Böhmen. gr. 8. (58 S.) Ebend. 876. n. 1. —

Fresenius, C. Remig., Analyse der Elisabethen-Quelle zu Homburg vor der Höhe. Wiesbaden 864. Kreidel. gr. 8. (24 S.) n. 8 ngr.

Fresenius, C. Remig., Analyse der Felsenquelle Nr. II. in Bad Ems. Wiesbaden 866. Kreidel. 8. (15 S.) n. 6 ngr.

— — Analyse d. Driburger Hauptquelle, d. Herster-quelle u. d. Badeschlammes 1860. —.25

—— Analyse des Tönnissteiner Heilbrunnens und des Tönnissteiner Stahlbrunnens im Brohl-Thale. gr. 8. (34 S.) Wiesbaden 869, Kreidel's Verlag. *

Fresenius, C. Remig., Analyse d. Julianenbrunnens u. d. Georgenbrunnens im fürstl. Bade Eilsen. Nebst e. Anh.: Analyse d. Eilser Badeschlammes v. R. Fittig. gr. 8. (37 S.) Wiesbaden 891. C. W. Kreidel. n. 1. 20

Fresenius, C. R., Analyse des Kaiser-Brunnens zu Bad Ems. gr. 8. (21 S.) Wiesbaden 878. Kreidel. n. — 80

Analyse des Kaiser-Brunnens und des Ludwigs-Brunnens zu Homburg vor der Höhe. Ebend. 863. gr. 8. (35 S.) n. 10 ngr.

— Analyse der im Jahre 1856 erbohrten Louisenquelle zu Bad Homburg. Ebend. 859. gr. 8. (24 S.) n. 6 ngr.

— Analyse der Mineral-Quelle bei Birresborn in der Eifel gr. 8. (27 S.) Ebend. 876. n. — 80

Fresenius, C. R., Analyse der warmen Quelle zu Assmannshausen. gr. 8. (22 S.) Wiesbaden 876. Kreidel. n. — 80

— Analyse der Römer-Quelle in Bad-Ems. Mit e. (lith.) Situationsplan. gr. 8. (20 S.) Ebend. 870. n. — 80

— Analyse d. Stahl-Brunnens zu Homburg vor der Höhe. gr. 8. (23 S.) Ebend. 873. n. — 60

— Analyse der Trinkquelle, der Badequelle u. der Helenenquelle zu Pyrmont. Arolsen 865. Speyer in Comm. gr. 8. (63 S.) n. 6 ngr.

— Analyse der Trinkquelle zu Driburg, der Herster Mineralquelle sowie des zu Bädern benutzten Satzer Schwefelschlammes. Ebend. 866. 8. (41 S.) n. 8 ngr.

Analyse der Trinkquelle zu Driburg, der Herster Mineralquelle, sowie d. zu Bädern benutzten Satzer Schwefelschlammes. 2., unveränd. Abdr. gr. 8. (44 S.) Ebd. 892. n. — 80

Fresenius, C. Remig., Analyse der Victoria-Quelle in Bad Ems. Ebend. 869. 8. (15 S.) n. 6 ngr.

Analyse des Victoria-Sprudels zu Oberlahnstein. gr. 8. (20 S.) Ebd. 893. n. — 80

— Analyse der Wappen-Quelle zu Bad Ems. gr. 8. (18 S.) Ebend. 876. n. — 60

die Analysen der Driburger Hauptquelle, der Hersterquelle u. des Badeschlammes. Nebst e. Vorw. u. balneolog. Briefen von A. T. Brück. Osnabrück 860. Rackhorst. 8. (46 S.) n. 7½ ngr.

Fresenius, Remig., Anleitung zur qualitativen chem. Analyse, od. systemat. Verfahren zur Auffindung der in d. Pharmacie, den Künsten u. Gewerben häufiger vorkomm. Körper. Für Anfänger bearb. gr. 8. (5¼ B.) Bonn 841, Henry u. Cohen.

Fresenius, Karl Remigus (Frankfurt/M.)
Anleitung zur qualitativen chemischen Analyse, oder die Lehre von den Operationen, von den Reagentien und von dem Verhalten der bekannteren Körper zu Reagentien, sowie systemat. Verfahren zur Auffindung der in der Pharmacie etc häufiger vorkommenden Körper ...
Mit einem Vorwort von Justus Liebig.
Braunschweig: Vieweg & Sohn. 1843. 2. verm. u. verb. Aufl.
[Auf Grund dieser 2. Aufl. promoviert.]
Dr. phil. Giessen 23.7.1842.

— Anleitung zur qualitativen chem. Analyse, oder die Lehre von den Operationen, von d. Reagentien u. von dem Verhalten der bekannteren Körper zu Reagentien, sowie systemat. Verfahren zur Auffindung der in der Pharmacie etc. häufiger vorkomm. Körper etc. etc. Mit e. Vorwort von Just. Liebig. 2. verm. u. verb. Aufl. gr. 8. Ebend. 843. n. 1⅓ rthlr — 3. Aufl. 844. n. 1⅓ rthlr
Vierte Auflage, 1844.

Fresenius, C. Remigius, Anleitung zur qualitativen chemischen Analyse od. die Lehre v. den Operationen, v. den Reagentien u. v. dem Verhalten der bekannteren Körper zu Reagentien, sowie systemat. Verfahren zur Auffindung der in der Pharmacie, den Künsten, Gewerben u. der Landwirthschaft häufiger vorkommenden Körper in einfachen u. zusammengesetzten Verbindungen. Für Anfänger bearb. Mit e. Vorwort v. Just. (v.) Liebig. 5. verb. Aufl. gr. 8. (XXII u. 293 S. m. eingedr. Holzschn.) Braunschweig 848, Vieweg & Sohn. n. 1⅓ rthlr — 6. verb. Aufl. gr. 8. (XX u. 293 S. m. eingedr. Holzschn.) Ebd. 850. n. 1⅓ rthlr — 7. sehr verm. u. verb. Aufl. gr. 8. (XX u. 321 S. m. eingedr. Holzschn.) Ebd. 852. n. 1⅔ rthlr

Fresenius, C. Remigius, Anleitung zur qualitativen chemischen Analyse oder die Lehre von den Operationen, von den Reagentien u. von dem Verhalten der bekannteren Körper zu Reagentien, sowie systemat. Verfahren zur Auffindung der in der Pharmacie etc. häufiger vorkommenden Körper in einfachen u. zusammengesetzten Verbindungen. Für Anfänger u. Geübtere bearb. Mit einem Vorw. von Just. v. Liebig. 8. verb. Aufl. 853. (XXIV, 307 S. mit Holzschn. im Text.) n. 1 rthlr 20 ngr. — 9. neu bearb. etc. Aufl. Braunschweig 856. Vieweg. gr. 8. (XIX, 348 S. mit Holzschn. im Text.) n. 1 rthlr 25 ngr.

— Anleitung zur qualitativen chemischen Analyse oder die Lehre von den Operationen, von den Reagentien und von dem Verhalten der bekannteren Körper zu Reagentien, sowie systematisches Verfahren zur Auffindung der in der Pharmacie, den Künsten, Gewerben und der Landwirthschaft häufiger vorkommenden Körper in einfachen und zusammengesetzten Verbindungen. Für Anfänger und Geübtere bearb. Mit einem Vorwort von Just. v. Liebig. Mit in den Text gedr. Holzschn. 10. Aufl. 860. (XIX, 376 S.) n. 1 rthlr 25 ngr.

—— Anleitung zur qualitativen chemischen Analyse oder die Lehre von den Operationen, von den Reagentien und von dem Verhalten der bekannteren Körper zu Reagentien, sowie systemat. Verfahren zur Auffindung der in der Pharmacie, den Künsten, Gewerben und der Landwirthschaft häufiger vorkommenden Körper in einfachen und zusammengesetzten Verbindungen. Für Anfänger und Geübtere bearb. Mit einem Vorwort von Just. v. Liebig. 11. Aufl. 1862. * 2 Thlr. 5 Ngr. und 12., neu bearb. und verb. Aufl. gr. 8. (XXI und 452 S. mit in den Text gedr. Holzschn. und 1 Kpfrt. in Farbendr.) Braunschweig 866, Vieweg und Sohn. *

— Anleitung zur qualitativen chemischen Analyse oder die Lehre von den Operationen, von den Reagentien u. von dem Verhalten der bekannteren Körper zu Reagentien, sowie systematisches Verfahren zur Auffindung der in der Pharmacie, den Künsten, Gewerben u. der Landwirthschaft häufiger vorkommenden Körper in einfachen u. zusammengesetzten Verbindungen. Für Anfänger u. Geübtere. Mit e. Vorw.

von Justus v. Liebig. Mit in den Text eingedr. Holzst. u. 1 farb. Spectraltafel. 12. Aufl. 866. (XXI, 452 S.) n. 2 ℛ 15 ngr. — 13. neu bearb. u. verb. Aufl. Braunschweig 870. Vieweg & S. gr. 8. (XXII, 482 S.) n. 2 ℛ 20 ngr.

— Anleitung zur qualitativen chemischen Analyse. Für Anfänger u. Geübtere. Mit e. Vorwort v. Justus v. Liebig. Mit in den Text eingedr. Holzst. u. e. farb. Spectraltaf. (in gr. qu. 4.) 14. Aufl. gr. 8. (XXII, 482 S.) Braunschweig 874. Vieweg & Sohn. n. 9. —

— Anleitung zur qualitativen chemischen Analyse. Für Anfänger u. Geübtere bearb. Mit e. Vorwort von Just. v. Liebig. 15. neu bearb. u. verb. Aufl. Mit Holzst. (in 2 Abthlgn.). gr. 8. (XX, 582 S.) Braunschweig 885. Vieweg & Sohn. n. 11. —

— dasselbe. 15. Aufl. 2. Abdr. Mit Holzst. u. 1 farb. Taf. gr. 8. (XX, 582 S.) Ebend. 886. n. 11. —

— Anleitung zur quantitativen chem. Analyse oder die Lehre von der Gewichtsbestimmung u. Scheidung der in der Pharmacie, d. Künsten, Gewerben u. der Landwirthschaft häufiger vorkommenden Körper in einfachen und zusammengesetzten Verbindungen. Für Anfänger und Geübtere. Mit in den Text eingedr. Holzschn. 2 Liefg. gr. 8. Braunschw. 845, 46, Vieweg u. Sohn. 2 1/3 ℛ — 4. verm. u. verb. Aufl. Mit e. Vorwort von Just. Liebig. gr. 8. Ebend. 846. n. 1 3/4 ℛ

— Anleitung zur quantitativen chemischen Analyse etc. Für Anfänger u. Geübtere. 2. Aufl. Mit eingedr. Holzschn. gr. 8. (XVIII u. 518 S.) Ebd. 847. n. 2 1/3 ℛ

Fresenius, C. Remigius, Anleitung zur quantitativen chemischen Analyse oder die Lehre von der Gewichtsbestimmung u. Scheidung der in der Pharmacie etc. häufiger vorkommenden Körper in einfachen u. zusammengesetzten Verbindungen. Für Anfänger u. Geübtere bearb. 3. Aufl. 853. (XX, 619 S.) n. 3 ℛ 10 ngr. — 4. sehr verm. etc. Aufl. Mit in den Text eingedr. Holzschn. Braunschweig 858. Vieweg. gr. 8. (XXIII, 810 S.) n. 4 ℛ 10 ngr.

— Anleitung zur quantitativen chemischen Analyse oder die Lehre von der Gewichtsbestimmung, und Scheidung der in der Pharmacie, den Kunsten, Gewerben und der Landwirthschaft haufiger vorkommenden Körper in einfachen und zusammengesetzten Verbindungen. Für Anfänger und Geübtere bearb. 5. verm. u. verb. Aufl. Mit in den Text gedr. Holzschn. Braunschweig 862. Vieweg & Sohn. gr. 8. (1. Abth.: XIV, 320 S.) n. 5 ℛ

— Anleitung zur quantitativen chemischen Analyse. Für Anfänger u. Geübtere bearb. Mit 190 in den Text eingedr. Holzst. 5. stark verm. u. verb. Aufl. 3. Abdr. Ebend. 870. gr. 8. (XXII, 992 S.) n. 5 ℛ

— Anleitung zur quantitativen chemischen Analyse. Für Anfänger u. Geübtere. Mit in den Text eingedr. Holzst. 6. stark verm. u. verb. Aufl. 1—4. Lfg. gr. 8. (1. Bd. XVIII, 668 S.) Ebend. 873—75. n. 16. —

— Anleitung zur quantitativen chemischen Analyse oder die Lehre von der Gewichtsbestimmung u. Scheidung der in der Pharmacie, den Künsten, Gewerben u. der Landwirthschaft häufiger vorkomm. Körper in einfachen u. zusammengesetzten Verbindungen. Für Anfänger u. Geübtere bearb. Mit in den Text eingedr. Holzst. 6., stark verm. u. verb. Aufl. [In 2 Bdn.] 1. Bd. gr. 8. (XVIII, 668 S.) Braunschweig 873—76. Vieweg & Sohn. n. 12. —

— dasselbe. 2. Bd. 1—5. Lfg. gr. 8. (544 S.) Ebend. 877—82. n. 10. 60

— Anleitung zur quantitativen chemischen Analyse. Für Anfänger u. Geübtere bearb. Mit in den Text eingedr. Holzst. 6. stark verm. u. verb. Aufl. [In 2 Bdn.] 2. Bd. 6. Lfg. gr. 8. (S. 545—656.) Ebend. 884. n. 2. 20 (I—II, 6.: n. 28. 80)

— Anleitung zur quantitativen chemischen Analyse. Für Anfänger u. Geübtere bearb. Mit in den Text eingedr. Holzst. 6., verm. Aufl. [In 2 Bdn.] 2. Bd. 7. (Schluss-)Lfg. gr. 8. (XVI u. S. 657—871.) Braunschweig 887. Vieweg & Sohn. n. 5. 20 (cplt.: n. 34. —)

Anleitung zur qualitativen chemischen Analyse. F. Anfänger u. Geübtere. M. e. Vorwort von Just. v. Liebig. 16., neu bearb. u. verb. Aufl. M. 48 Holzst. u. 1 farb. Taf. 2. Abth. gr. 8. (XXIII u. S. 465—637.) Braunschweig 895. F. Vieweg & Sohn. n. 3. — (kplt.: n. 12. —)

— Anleitg. z. quantitativen chem. Analyse, od. d. Lehre v. d. Gewichtsbestimmg. u. Scheidg. d. in d. Pharmacie, d. Künsten, Gewerben u. d. Landwirthschaft häuf. vorkomm. Körper in einf. u. zusammenges. Verbindgn. Für Anfänger u. Geübtere bearb. 6., stark verm. u. verb. Aufl. In 2 Bdn. gr. 8. Ebd. n. 30. —
1. 3. Abdr. d. 1895 erschien. Werkes. (XVIII, 668 S. m. Holzst.) 898. n. 12. —
2. 2. Abdr. d. 1877—1887 erschien. Werkes. (XVI, 871 S. m. Holzschn.) 896. n. 18. —

Fresenius, C. Remigius, Anleitung zur quantitativen chemischen Analyse, od. die Lehre v. der Gewichtsbestimmg. u. Scheidg. der in der Pharmacie, den Künsten, Gewerben u. der Landwirthschaft häufiger vorkomm. Körper in einfachen u. zusammengesetzten Verbindgn. Für Anfänger u. Geübtere bearb. 6. stark verm. u. verb. Aufl. 2 Bde. gr. 8. Braunschweig, F. Vieweg & Sohn. n. 30. —; geb. in Halbfrz. n. 33. —
1. 4. Abdr. (XVIII, 668 S. m. Holzst.) 900. n. 12. —; geb. n. 13. 50
2. 3. Abdr. (XVI, 871 S. m. Holzst.) 901. n. 18. —; geb. n. 19. 50

Fresenius, C. Remigius, Anleitung zur quantitativen chemischen Analyse, od. die Lehre v. der Gewichtsbestimmung u. Scheidung der in der Pharmacie, den Künsten, Gewerben u. der Landwirtschaft häufiger vorkomm. Körper in einfachen u. zusammengesetzten Verbindgn. Für Anfänger u. Geübtere bearb. 6. stark verm. u. verb. Aufl. 2 Bde. gr. 8. Braunschweig, F. Vieweg & Sohn. n. 30. —; geb. in Halbfrz. n. 33. —
I. 5. Abdr. (XVIII, 668 S. m. Holzst.) 903. n. 12. —; geb. n. 13. 50
II. 4. Abdr. (XVI, 872 S. m. Holzst.) 905. n. 18. —; geb. n. 19. 50

Chemische Brunnen-Analysen. 53 Abhandlungen. Wiesbaden, 1890–93. 8vo. Ill.

Fresenius, R. Chemie für Landwirthe, Forstmänner, etc. Braunschweig 1847.

— E. **Neubauer,** u. E. **Luck,** die künstlichen Dünger. Gutachten üb. die besten Methoden der Analyse derselben. [Aus „Zeitschrift f. analyt. Chemie."] gr. 8. (28 S.) Ebend. 871. n. 60

Fresenius, C.
Entstehung, Gewinnung, Reinigung und Verwerthung des Erdwachses mit kritischer Beleuchtung der bekanntesten Naphta-Hypothesen. Brüssel, 1902. 8vo.

Fresenius, Karl Remigus (Frankfurt/M.)
Ueber einen unter allen Umständen sichern Gang, Arsen bei gerichtlich-chemischen Untersuchungen zu ermitteln und quantitativ zu bestimmen.
[In: Bericht über die Versammlung der Deutschen Naturforscher und Aerzte. 1843, S. 212 - 227.]
Habil. phil. Giessen 25.6.1843.

— Geschichte d. chemischen Laboratoriums zu Wiesbaden. Zur Feier d. 25jähr. Bestehens der Anstalt. Mit Portrait (Photogr.) aus d. Kunst-Anstalt v. J. Obervetter in München u. 2 (chromolith.) Grundrissen (in 4.) gr. 8. (106 S.) Wiesbaden 873. Kreidel. n. 2. —

FRESENIUS, C. Remigius: Lehrbuch der Chemie für Landwirthe, Forstmänner und Cameralisten. Zum Gebrauch bei Vorlesungen und zum Selbstunterricht. - Braunschweig 1847. XXIII, 657 S., m. Holzschn.

Fresenius, C. Remig., über die Schwankungen im Gehalte der Mineralwasser. Vortrag, geh. im Novbr. 1893. [Aus: „Jahrbb. d. Nass. Vereins f. Naturkde."] gr. 8. (11 S.) Wiesbaden 894. J. F. Bergmann. n. — 80

— die Thermalquellen Wiesbadens in chemischer Beziehung. [Aus: „Jahrbb. d. Nass. Vereins f. Naturkde."] gr. 8. (15 S.) Ebd. 890. n. — 80

— u. Heinr. **Fresenius**, chem. Untersuchg. d. **Adler-Quelle zu Wiesbaden u. Vergleichg. d. Resultate m. d. Analyse d. Wiesbadener Kochbrunnens. gr. 8. (19 S.) Wiesbaden 896. C. W. Kreidel. n. — 20**

——— (R.) und Will (H.). Chemische Untersuchung der Mineralquelle „Bonifaziusbrunnen" zu Salzschlirf im Kreise Fulda. Giessen 1844. 8.

— u. Hintz, chem. Untersuchg. d. artes. Brunnens d. Theresienbades zu Hamburg-Barmbeck. gr. 8. (20 S.) Ebd. 897. n. — 80

— chem. Untersuchg. d. **Eulenhöfer-Quelle a. Ronneburg (Herzogth. Sachsen-Altenburg). Unt. Mitwirkg. v. Ernst Hintz. gr. 8. (21 S.) Ebd. 895. n. — 80**

— chemische Untersuchung der Georg-Victor-Quelle zu Wildungen. gr. 8. (23 S.) Wiesbaden 892. C. W. Kreidel. n. — 80

— chemische Untersuchung der Hunyadi János-Bittersalz-Quellen des Herrn Andr. Saxlehner in Budapest. gr. 8. (25 S.) Wiesbaden 878. Kreidel. n. — 80

— chemische Untersuchung d. Kränchens, Fürstenbrunnens, Kesselbrunnens u. der neuen Badequelle zu Bad Ems. Im Auftrag der königl. Regierg zu Wiesbaden ausgeführt. gr. 8. (64 S.) Ebend. 872. n. 1. -

— chemische Untersuchung des Lamscheider Mineralbrunnens. Wiesbaden 869. Kreidel. 8. (20 S.) n. 6 ngr.

— chemische Untersuchung der wichtigsten Mineralwasser des Herzogth. Nassau. I—III. (Hft.) I: Der Kochbrunnen zu Wiesbaden. gr. 8. (44 S. m. 2 Tab. in qu. Fol.) II: Die Mineralquellen zu Ems. gr. 8. (S. 45—102 mit 3 Tab. in qu. gr. 4.) III: Die Quellen zu Schlangenbad. (S. 103—124.) Wiesbaden 850—52, Kreidel. (1 u. 2. à n. 1/3 ℛ 3. n. 6 ngr) n. 26 ngr

—— chemische Untersuchung der wichtigsten Mineralwasser des Herzogth. Nassau. 4. (Heft:) Die Quellen zu Langenschwalbach. gr. 8. (S. 125—172.) Wiesbaden 855, Kreidel und Riedner. *

—— dass. — 5. (Heft:) Die Schwefelquelle zu Weilbach. gr. 8. (S. 173—206.) Ebds. 856. *.
1—3. Heft. Ebendas. 1850—52. * 26 Ngr.

—— chemische Untersuchung der wichtigsten Mineralwasser des Herzogth. Nassau. VI. (Heft.) Die Mineralquelle zu Geilnau. gr. 8. (S. 207—233.) Wiesbaden 857, Kreidel's Verlag.

Fresenius, C. Remig., chemische Untersuchung der wichtigsten Mineralwasser des Herzogthums Nassau. VII. (Heft.) Die neue Natronquelle zu Weilbach. Wiesbaden 861. Kreidel. gr. 8. (S. 234—249.) n. 4 ngr.

— chemische Untersuchung der wichtigsten nassauischen Mineralwasser. VIII. u. IX. Ebend. 868. gr. 8. Jedes Heft n. 8 ngr.
VIII. Die Mineralquelle zu Niederselters. (35 S.)
IX. Die Mineralquelle zu Fachingen. (23 S.)

— chemische Untersuchung der warmen Quellen zu Schlangenbad im Auftrage der königl. Regierung zu Wiesbaden. 8. (25 S.) Ebend. 878. n. — 80

— chemische Untersuchung der Stettiner Stahlquelle. gr. 8. (19 S.) Wiesbaden 884. Kreidel. n. — 80

— chem. Untersuchg. d. **Augusta Victoria Bades** zu Wiesbaden u. Vergleichg. d. Resultate m. d. Analysen d. übrigen Wiesbadener Thermalquellen. Unt. Mitwirkg. v. Ernst Hintz. gr. 8. (21 S.) Wiesbaden 896. C. W. Kreidel. n. — 80

— chemische Untersuchung der Trink- od. Bergquelle d. königl. Bades Bertrich. Im Auftrage der königl. Regierg. zu Coblenz ausgeführt unter Mitwirkg. v. Ernst Hintz. gr. 8. (28 S.) Ebd. 891. n. — 80

—— neue chemische Untersuchung des Kochbrunnens zu Wiesbaden und Vergleichung der Resultate mit den 1849 von mir erhaltenen. gr. 8. (22 S.) Wiesbaden 886, Kreidel. *

— Untersuchung des grossen Sprudels zu Bad Neuenahr im Ahrthale. Ausgeführt unter Mitwirkg. v. Ernst Hintz. gr. 8. (23 S.) Ebd. 894. n. — 80

— u. H. **Will**, neue Verfahrungsweisen zur Prüfung der Pottasche u. Soda, der Aschen, der Säuren, insbesondere des Essigs, sowie des Braunsteins auf ihren wahren Gehalt und Handelswerth. Für Chemiker, Pharmaceuten, Techniker und Kaufleute, lediglich nach eigenen Versuchen bearb. 8. Heidelberg 843, C. F. Winter. 7/8 ℛ

— s.: **Zeitschrift f. analytische Chemie.**

Fresenius, Ludwig, aus Hanau a. M.: **Ueber Tetrahydrocarvonisoxim, seine Constitution und seine Spaltungsproducte.** *Göttingen 1901: W. F. Kaestner.* (58 S.) 8°
Göttingen, Phil. Diss. v. [12. Febr.] 1902

Fresenius, Ludw., über Tetrahydrocarvonisoxim, seine Constitution u. seine Spaltungsproducte. Diss. gr. 8. (58 S.) Göttingen 901. (Vandenhoeck & Ruprecht.) n. 1.40

Fresenius, Moritz (Gladenbach)
Geschichte der Forschungen über den Geburtsmechanismus während des dritten Viertels des 17. Jahrhunderts.
Giessen: Brühl 1855. 66 S. (in Δ mit Thesen)
Diss. med. 31.10.1855. vorh. 26. 11. Δ

Fresenius, Otto [app. Arzt aus Büdingen]: Aus d. gynäkolog. Klinik d. Herrn Prof. Dr. Löhlein zu Giessen. Drei Beobachtungen von Sarcoma ovarii. . . . Büdingen, A. Heller'sche Hofbuchdr., 1889; 88 S.
Giessen, Med. Fak., Inaug.-Diss. v. 1889

Fresenius, Phil., das Grammen-Gewicht u. seine Anwendung in der ärztlichen Praxis. Dem ärztlichen Verein zu Frankfurt a. M. vorgelegt. Frankfurt a. M. 868. Alt. gr. 8. (15 S.) 6 ngr.

Fresenius, R., s. F r e s e n i u s , Karl Remigius

Fresenius, Remigius, aus Wiesbaden: Über Abkömmlinge der Acetylsalicylsäure. *Wiesbaden: C. W. Kreidel 1902.* (53 S.) 8°
Bonn, Phil. Diss. v. 21. Juni 1902

Fresenius, Sigism. Wilh., über staatsbürgerliche Erziehung. s.a. K u l t u r u. F o r t s c h r i t t.

Fresenius S W, über staatsbürgerliche Erziehung. (16 S) (Kultur und Fortschritt 331) Gautzsch 1910

— Der Staat e. sittliches Ideal. Ein Mahnwort an alle Vaterlandsfreunde. (IV, 34 S.) 8. Wiesbaden 909. C. W. Kreidel. - 50

Fresenius, Th. Wilh., Anleitg. z. chem. Analyse d. Weines, s.: Borgmann, Eug.

— Beiträge zur Kenntniss der Süd- u. Süssweine. Mittheilgn. aus d. chem. Laboratorium v. R. Fresenius z. Wiesbaden. [Aus: „Zeitschr. f. analyt. Chemie".] gr. 8. (48 S.) Wiesbaden 897. (C. W. Kreidel.) n. 1. 40

Fresenius, Th. Wilh., üb. d. Entwickelg. d. analyt. Chemie in d. letzten 50 Jahren. Vortrag, geh. b. Festact zur Feier d. 50jähr. Bestehens d. Laboratoriums Fresenius am 25. V. 1898. gr. 8. (16 S.) Wiesbaden 898. J. F. Bergmann. n. — 60

Fresenius. Theodor Wilhelm [aus Wiesbaden]: Ueber den Phillipsit und seine Beziehungen zum Harmotom und Desmin. Leipzig, Wilhelm Engelmann, 1878. 8. 34 S.

— s.: Weinstatistik, chem., f. Deutschland.

Fresenius, W., welche Grundsätze sollen bei der chemischen Untersuchung u. Begutachtung der Weine allgemein als Richtschnur dienen? (Internationaler land- u. forstwirthschaftl. Congress zu Wien 1890. Hft. 139.) gr. 8. (10 S.) Wien 890. (W. Frick.) n. 1. —

Fresenius, Wilh., s.: Zeitschrift f. analyt. Chemie.

Freseniußa, Jana Phil., Knihi wot Spowedźje a swjateho Wotkasanja, sPschidawkom wubernych Modlitwow evangelskeje Zyrkwje we Serskej Ryczi wohndate wot Jana Kiliana, Duchomncho w Kotczy. gr. 8. (35⅛ B. u. Titbild.) Budyschini 841, (Weller.) •

Fresenus, Fritz, freyse Staatjes u. Lieder o. wandernden Friesen. (97 S.) gr. 8. Emden 905. Schoneboom & Peters. n. 1. 20

Freses, G., Allgemeiner Gartenkalender auf das Gemeinjahr 1883. Notiz- und Jahrbuch für den gesammten Gartenbau. II. Jahrg. Taschenformat. (314 S) In Leinwand geb. 1 fl. 60 kr.
— — In Leder geb. 2 fl. 20 kr.

Fresken, Die, Barzaghi's in der Kirche zu Horg. [Basel] 1874. V: *Salomon, Friedrich Salomon.* (Cat. d. Stadtbibl. Zürich. Zürich 1864—97).

[illegible]

Fresken, Die, im Conciliumssaal in Konstanz. O. O. 1896. V: *Leiner, Ldw.* (BaBb)

Fresken, Die geschichtlichen. München 1834. V: *Hormayr zu Hortenburg, Joseph Freih. von.* (Ky)

Die *Fresken d. neuen Trinkhalle* zu Baden von *J. Götzenberger.* In Stahl gestoch. von *Ed. Wagner* u. erlaut. von *Otto Moser.* Baden-Baden. D. R. Marx, o. J. 8°. Gepr. u. vergold. Orig.-Lwdb. 52 S. Mit 14 Stahlstichen.

Fresko-Anekdoten, gesammelt u. herausg. v. H. C*** Mit 20 Kpf. 2e Aufl. 12. Berl. 826. Lauer. 12 gl.

Die Fresko-Bilder aus der Geschichte Karl's des Grossen im Kaisersaale zu Aachen. Nach den Original-Zeichnungen photographirt. 10 Blatt. München. Fol.

Fresko-Bilder aus dem Leben des genialen Gabriel Hippeltanz, Directors einer herumstreichenden Komödianten-Bande, von dem reisenden Kosmopoliten Anselmus Rabiosus. Mit 1 Steindr. 8. München 834. Fleischmann. ¼ rß

Fresko-Gemälde, oder freimüth. Recensionen d. Verhandll. d. baier. Stände-Versamml. 2ter Kammer, durch e. Vaterlands-freund, in zwanglosen Heften. 1s Heft. 8. Leipz. 819. (Fr. Fleischer). 9 gl.

Fresko-Gemälde, die, unter den Arkaden des königl. Hofgartens zu München. A. u. d. Titt.: Die geschichtl. Fresken. 2e wohlf. Ausg. Begleiter zu den landschaftl. Freskogemälden rc. (Von Jos. Frhrn. v. Hormayr.) Mit 1 Bildn. 8. München 834. Franz. 1⅓ rß

Fresko-Gemälde aus d. Geschichte d. Baiern, in den Arcaden des Hofgartens zu München, lithogr. u. herausg. v. einigen d. Maler derselben. 35 Blätter in Fol. (Münch.) 832. v. Cotta. 6 rß

Freskogemälde, die, zu München, s. Hormayr, Jos. Frh. v.

Fresne, s.a. D u f r e s n e

de Fresne, die wahre Eleganz u. Noblesse in Haus, Gesellschaft u. Welt. Belehrungen über Takt, Ton, Tournüre rc. zur Erlangung des savoir vivre im Umgange mit der großen Welt. 2. Aufl. Weimar 866. B. F. Voigt. 8. (X, 214 S.) 18 ngr.

de Fresne, Baronesse, Maximen der wahren Eleganz und Noblesse in Haus, Gesellschaft und Welt. Belehrungen über Tact, Ton, Tournüre, Gewohnheiten und Manieren der heutigen feinen Gesellschaft, zur Erlangung des savoir vivre im Umgange mit der großen Welt. Weimar 859. Voigt. 8. (XII, 214 S.) 17½ ngr.

Fresne, du, de Marion, u. de Surville Reisen n. d. nördl. Theil von Neuseeland u. s. w. a. dem Franz. mit K. gr. 8. Nrnbg. Weigel. 788.

Fresne du Cange, Car. du

Fresne, C. du, Dissertatio de imperator. Constant. c tab. aene. fol. maj. Basel. Schweighaeuser. 762.

Fresne du Cange, Car. du, Glossarium ad scriptores mediae et infimae latinitatis. Paris. 678. 2 Vol. f. Francof. 681. 2 Vol. f. Ib. 710. 2 Vol. f. Lugdun. 688. 2 Vol. f. Ed. nova multo auctior opera monachor. Bened. Paris. 733. 6 Vol. f. 35 rthlr. Basil. 762. 6 Vol. f. 20 rthlr.

— **Glossarium** ad scriptor. med. et infimae latinit. III. Tmi. fol. Bas. Turneisen. (Schweighaeuser.) 762.
Schreibv.

— Illyricum, s. hist. regnor. Dalmatiae etc. fol. Poson. (Monath. Nor.) 746.

Fresnel, A. Ueber die doppelte Strahlenbrechung. — Brewster, Dav. Ueber eine neue Zerlegung des Sonnenlichtes, die in drei Grundfarben, welche coincidirende Spectra von gleicher Länge bilden. (Aus Poggendorf's Annalen.) Leipzig 1831. 8.

Fresnel, F. Entdeckungen in Babylonien. Brief an C. Ritter. 1853.

Fresnoy, s.a. Lenglet du Fresnoy

Fresnoy et Marsy de pictura carmina, ed. Klotz. 8. Frft. et L. Schwickert. 774.

Fresnoy, C. A. du, Kunstgründe der Zeichnung u. Mahlerey. 4. Wien. 731.

Fresnoy, Lenglet du, s.a. Lenglet du Fresnoy

— Anweisung zur Erlernung d. Historie. 4 Theile 8. Gotha. Dietrich. 752—54.

Fresnoy, L. du, vollständ. Anweis. die franz. Sprache zu erlernen. 8. Ulm, Stettin. 755.

— Géographie abrégé, divisée p. Leçons pour l'Instruction de la jeunesse. 8. Vien. Teudler. 774.

Fresnoy, Lenglet du, Geographie des enfans av. Cart. 12. Bern, Typ. Soc.

— kurzgef. Kindergeogr. mit 8 illum. Landcharten. Fol. Nürnb. Monath. 781.

— chronolog. Tafeln der allgem. Historie. 2 Thle. 8. Halle. Gebauer. 752.

— — dieselben a. dem Franz. v. Picot. 8. Lpz. Steinacker. 808.

Fresnoy, S. du, Analyse raisonnée des Langues anglaise et française etc. II. Vol. gr. 8. Par. (Walther, Dresd.) 806.

Fresow, Frdr., der Wasserbau, s.a. Unterricht, der, an Baugewerkschulen.

Der Wasserbau. Leitfaden f. d. Unterr. an Baugewerkschulen u. verwandten techn. Lehranst. Von Reg.Baumeister Friedrich **Fresow**. Mit 180 Abb. Leipzig & Berlin: B. G. Teubner 1908. (VI, 95 S.) 8°
= **Unterricht**, Der, an Baugewerkschulen. 24. [illegible]

Fresques, les, de la Trinkhalle de Bade. Peintes par J. Goetzenberger, gravées par E. Wagner. gr. 8. (31 S. mit 14 Taf.) Baden-Baden 886, Marx. geb. ✝

Fressel, C., d. Radfahren d. Damen v. techn.-prakt. u. ärztlich-gesundheitl. Standpunkte. 2. Aufl. M. vielen Illustr. Lex.-8. (VIII, 184 S.) Neuwied 898. Heuser's Verl. Geb. in Leinw. n. 5. —

Fressel, C., d. Radfahren d. Damen. 2. Aufl. Lex.-8. (VIII, 184 S.) Neuwied 898. Leipzig, H. Seemann Nachf. Geb. n. 5. —

— der Radfahr-Sport v. techn.-prakt. u. ärztl.-gesundheitl. Standpunkte. Illustr. Handbuch. 4., neubearb. Aufl. gr. 8. (VIII, 249 S.) Ebd. 898. Geb. in Leinw. 3. —

— d. Radfahr-Sport. Kl. Handbuch. 4. Aufl. gr. 8. (VIII. 249 S.) Ebd. 898. Geb. n. 3. —

Fressel, C., was muss jeder Radfahrer unbedingt wissen? Für die deutschen Radfahrer geschrieben. 1.—3. Aufl. 12. (77 S.) Neuwied 894. Heuser's Verl. n. 1. —

— was muss jeder Radfahrer unbedingt wissen? Merkbüchl. f. Radfahrer u. f. Solche, die es werden wollen. 4. (u. 5.) Aufl. 8. (88 S.) Ebd. 895. n. 1. —

— was muss jeder Radfahrer unbedingt wissen?, neue Bearbeitg., s.: **Romberg, E.**, ärztl. Ratgeber f. Radfahrer.

Fressel, Jul., intrauterine Retention der abgestorbenen Frucht. Inaugural-Dissertation. gr. 8. (22 S.) Göttingen 881. (Vandenhoeck & Ruprecht.) n. — 80

Fressel, *Otto Gustav* Berthold [app. Arzt aus Lüneburg]: Endocarditis gonorrhoica ... Leipzig, Druck v. A. Edelmann, Univ.-Buchdr., *1894*; 21 S., 1 Bl. 8.
Leipzig, Med. Fak., Inaug.-Diss. v. 28. Mai 1894
(Nicht f. d. Austausch)

Fressel, Rich., das Ministerialenrecht der Grafen v. Tecklenburg s.a. Beiträge, Münstersche, zur Geschichtsforschung.

Fressel, Richard: Das Ministerialenrecht der Grafen von Tecklenburg. Ein Beitrag zur Verfassungs- und Ständegeschichte des Mittelalters. Münster i. Westf. 1907: Westf. Vereinsdruckerei. (44 S.) 8° ¶(Erscheint vollst. als: „Münstersche Beiträge zur Geschichtsforschung" H. 12 b. F. Coppenrath, Münster i. W.)
Münster, Phil. Fak., Ref. Meister, Diss. v. 30. Jan. 1907
[Geb. 31. Mai 82 Ibbenbüren; Wohnort: Osnabrück; Staatsangeh.: Preußen; Vorbildung: Gymn. Osnabrück Reife O. 02; Studium: Freiburg i. B. 3, Berlin 2, Münster 4 S.; Rig. 31. Juli 06.]

Fressl, Johannes

Fressl, J., die Musik d. baiwarischen Landvolkes vorzugsweise im Königreiche Bayern. 1. Tl.: Instrumentalmusik. [Aus: „Oberbayer. Archiv. d. histor. Vereines v. Oberbayern".] gr. 8. (66 S.) München 888. Lindauer. n. 1. 50

Fressl, Johs., die Skythen-Saken die Urväter der Germanen. gr. 8. (XVI, 340 S.) München 886. Lindauer. n. 10. —

Fresstournier, das. Ein ritterl. Schaustück in 4 Aufzügen. Text v. Coque; Musik v. Wetperi. 8. (31 S.) Lohr a/M. 886. Liebe. n. — 50

Freter, Julius

— u. Hugo **Ludwig**, Fachzeichnen f. Buchbinder, Maler bezw. Schriftsetzer u. Buchdrucker, s.: Lehrhefte f. das Fachzeichnen an gewerblichen Schulen.

Freter, Jul., u. E. **Heinze**, Fachzeichnen f. Gärtner, s.: Lehrhefte f. das Fachzeichnen an gewerblichen Schulen.

— u. R. **Schröder**, Fachzeichnen f. Goldarbeiter, s.: Lehrhefte f. das Fachzeichnen an gewerblichen Schulen.

u. Willib. **Nitschke**, Fachzeichnen f. Sattler, s.: Lehrhefte f. das Fachzeichnen an gewerblichen Schulen.

— u. Geo. **Schönfelder**, Fachzeichnen f. Schlosser, s.: Lehrhefte f. das Fachzeichnen an gewerblichen Schulen.

Freter, Jul., Fachzeichnen f. Schornsteinfeger. s.: Lehrhefte f. das Fachzeichnen an gewerblichen Schulen.

— u. Johs. **Klar**, Fachzeichnen f. Tapezierer u. Dekorateure, s.: Lehrhefte f. das Fachzeichnen an gewerbl. Schulen.

— u. Erich **Schaker**, Fachzeichnen f. Tischler, s.: Lehrhefte f. das Fachzeichnen an gewerblichen Schulen.

Freter, J., Projektionslehre f. Handwerkerschulen, gewerbl. Fortbildungsschulen, sow. z. Selbstunterr. M. e. Vorwort v. J. F. Ahrens. gr. 8. (III, 18 S. m. 3 Fig. u. 16 lith. Taf.) Kiel 897. Lipsius & Tischer. Kart. n. — 50

— s.: Rechenwerk f. die Fachklassen der gewerblichen Fortbildungsschulen des Ostens.

— u. Heimann, Wirtschaftsbuchführung. (20 S.) Lex. 8. Breslau (910). Priebatsch. nn — 25

— — dasselbe f. die städtischen gewerblichen Fortbildungsschulen in Breslau. (20 S.) Lex. 8. Ebd. (910). nn — 25

Zirkelzeichnen für gewerbliche Fortbildungsschulen, sowie z. Selbstunterr. von J[ulius] Freter, Zeichenlehrer. Kiel & Leipzig: Lipsius & Tischer 1904. (16 S.) 8° [F.] (06. 13007 8

Fretwell jun., John, volkswirthschaftliche Perspectiven in England. Ein vom Präsidenten William Newmarch F. R. S. in Leeds gehaltener Vortrag. Vom Verf. autoris. Uebersetzung. gr. 8. Berlin 872, Habel. *

Rede gehalten bei der Centenar-Feier in der Loge zur Bundeskette i. O. Soest von John Fretwell. Soest: Ritter [1897]. 9 S. 8° [Umschlagtit.]
Lob der Politik Kaiser Wilhelms I.

Fretwork designs. Nr. 1 and 2. qu. 4. (à 12 Taf.) München 894. Mey & Widmayer, Verl. à — 60

Fretwork designs. Nr. 3. qu. 4. (12 Taf.) München 897. Mey & Widmayer, Verl. n. — 60

Fretworker, the young. qu. 4. (24 Bl. in Tondr.) München 891. Mey & Widmeyer. 1. 70

Fretwurst, A., die Kartenschrift. Anleitung zum Schreiben derselben f. kartograf. u. techn. Zwecke. gr. 4. (8 S. m. 4 Taf.) Stuttgart 891. Wittwer's Verl. n. 1. —

Fretwurst, A., die Kartenschrift. Anleitg. zum Schreiben derselben f. kartograph. u. techn. Zwecke. 2. Aufl. (8 S. m. 4 Taf.) Fol. Stuttgart (903). K. Wittwer. n. 1. —

Fretwurst, A., die Karten-Schrift. Anleitung zum Schreiben derselben f. kartograph. u. techn. Zwecke. 3. Aufl. (8 S. m. Fig. u. 4 Taf.) 31,5×22 cm. Stuttgart (909). K. Wittwer. 1.

Fretz, D., f. Anleitung zum Hopfenbau.

Fretz, J. R., Fundgrube. Sammlung v. mehr als 150 pract. Recepten, Hausmitteln u. anderen nützl. Anweisgn. f. Haushaltgn. u. besonders f. Farmer. Eine Wohlstandsquelle f. Solche, die e. einträgl. Nebengeschäft suchen. 1. u. 2. Hft. gr. 16. Allentown, Pa. (Philadelphia, Schäfer & Koradi.) à n. 1. —
1. (63 S.) 869. — 2. (68 S.) 874.

Fretzdorff, d. japan.-chines. Krieg, s.: **Kunowski,** v.

Fretzdorff, der Krieg in Südafrika, s.: **Kunowski,** v.

Fretzdorff, H., s.: **Germania.**

Freu' dich, Kind! E. Bilderbuch v. Tante Marie. 16. (11 S. m. farb. Bild.) Fürth 895. (Leipzig, W. Opetz.) — 15

Freuchen P.: Beweis f. Lehmann's Sätze üb. die Stellung d. gesuchten Punktes z. fehlerzeigenden Dreiecke beim Rückwärtseinschneiden. [Stuttg. 1877]. (2) S. Fig. (Udsnit). P.

[F.] In **Freud** und **Leid.** E. Blumenstrauss religiöser Gedichte alter u. neuer Zeit. Hrsg. v. d. Diakonissenanst. Bethesda. *Elberfeld: Bethesda-ver. [1895].* (VIII, 152 S.) 1 Bd 8. (96. 3138

Freud und Leid der Kinderzeit. Zwölf Holzschn. nach Zeichnungen von Friedr. Lipps. Mit Gedichten von J. Trojan. 1. und 2. Aufl. 4. (24 S.) Eßlingen 879,81, Schreiber. geb. *

—— dass. — fl. 4. (6 Bl. in Farbendr.) Ebendas. 886. steif broch.

— dasselbe. Unzerreißbares Bilderbuch. 4. (6 Chromolith. auf Carton.) Ebd. 887. geb. n. — 50

Freud u. Leid der Kinderzeit. 4. (12 Chromolith. m. untergedr. Text.] Stuttgart 888. G. Weise. cart. — 50

Des Ruderers Freud' und Leid. 8. (57 S.) Wien, Verlag der „Allg. Sportzeitung" (Victor Silberer.) 1 fl. 20 kr. 1884. 580

Freud, Alex., die Eisenbahntarife in ihren Beziehungen zur Handelspolitik. s.: **Seidler, Ernst.**

Freud Arthur: Zwei Hagestolz-Dramen. („Erbschleicher" u. „Die Hagestolzen".)
II. 1906 PN 2003 Diss. Wien, Univ. 174

Freud, G.: Vergleichende Untersuchungen über die bakterielle Zersetzung verschiedener Zuckerarten. (Freiburg.) Königsberg i. Pr. 1897.

Freud, Mich., Abscheulicher Greuel des Kinder-Mords (c. 1695). 4°. Höchst selten!

Freud, Oscar. Adelbert. (geb. Schwarzensee in d. Uckerm. 22. 11. 1820)
De hernia umbilicali. Berolini (1845). (36 S.) 8°
Berlin, Med. Diss. v. 31. März 1845

Die mathematischen Schulbücher an den Mittelschulen und verwandten Anstalten. Von Dr. Philipp **Freud.** Wien: Hölder in Komm. 1910. III, 53 S. 8°
(Berichte über d. mathematischen Unterricht in Österreich H. 6.) (11. 1295

Freud, Sigm., drei Abhandlungen zur Sexualtheorie. (84 S.) gr. 8. Wien 905. F. Deuticke. n. 2. —

Freud, Sigm., 3 Abhandlungen zur Sexualtheorie. 2. Aufl. (III, 87 S.) gr. 8. Wien 910. F. Deuticke. 2. —

Freud Siegmund: Arbeiten aus dem zoologisch-vergleichend-anatomischen Institute der Universität Wien: 7. Beobachtungen über Gestaltung und feineren Bau des als Hoden beschriebenen Lappenorgans des Aals. mit 1 Taf. S. 75 I. 419 . . . . . . — .50
Separatabdruck

Freud, Sigm., zur Auffassung der Aphasien. Eine krit. Studie. gr. 8. (107 S. m. 10 Holzschn.) Wien 891. F. Deuticke. n. 3. —

Freud, Sigm., über den Bau der Nervenfasern u. Nervenzellen beim Flusskrebs. [Mit 1 (lith.) Taf.] [Aus: „Sitzungsber. d. k. Akad. d. Wiss."] Lex.-8. (38 S.) Wien 882. (Gerold's Sohn.) n. 1. —

— Beobachtungen über Gestaltung u. feineren Bau der als Hoden beschriebenen Lappenorgane des Aals. [Aus dem zoologisch-vergleichend-anatom. Institute der Universität Wien.] [Mit 1 (lith.) Taf.] [Aus: „Sitzungsber. d. k. Akad. d. Wiss."] Lex.-8. (13 S.) Ebend. 877. n.n. — 50

— Bruchstück e. Hysterie-Analyse. (S. 285—467.) gr. 8. Berlin (905). S. Karger. n. 2. 50
Sonderabdr. a.: „Monatsschr. f. Psychiatrie u. Neurologie".

Freud, Sigm., d. infantile Cerebrallähmung, s.a. **Pathologie u. Therapie, specielle.**

Die infantile Cerebrallähmung. Von Dr. Sigm. **Freud,** Privatd. an d. Univ. Wien. *Wien: A. Hölder 1897.* (3 Bl., 327 S., 3 Tab.) 8.
= **Pathologie, Specielle, u. Therapie.** Bd IX. Th. II. Abth. II. (97. 904

Freud, Sigm., üb. Coca. Neu durchgeseh. u. verm. Sep.-Abdr. aus dem „Centralblatt f. die gesammte Therapie". gr. 8. (26 S.) Wien 885. Perles. n. 1. —

— s.: **Jahrbuch f. psychoanalytische u. psychopathologische Forschungen.**

Freud, Sigmund: Zur Kenntniss der cerebralen Diplegien des Kindesalters (im Anschluss an die Little'sche Krankheit), s.a. Beiträge zur Kinderheilkunde.

Zur Kenntniss der cerebralen Diplegien des Kindesalters '(im Anschl. an d. Little'sche Krankheit)' v. Dr. Sigm. **Freud,** Privatd. ... Wien. *Leipzig & Wien: F. Deuticke 1893.* (3 Bl., 168 S., 2 Tab.) 1 Bd 4.(8.)
— **Beiträge** z. Kinderheilkunde a. d. 1. Öffentl. Kinder-Krankeninstitute in Wien. N. F. [Bd] III. [93. 7477

Eine Kindheitserinnerung des Leonardo da Vinci, s.a. Schriften zur angewandten Seelenkunde.

Eine Kindheitserinnerung des Leonardo da Vinci. Von Sigm[und] **Freud.** Mit 1 Titelbild. Leipzig & Wien: Deuticke 1910. 71 S. 8°
(Schriften z. angewandten Seelenkunde. H. 7.) [10. 9374

— Über Psychoanalyse. 5 Vorlesgn., geh. zur 20-jähr. Gründungsfeier der Clark University in Worcester Mass. Septbr. 1909. (62 S.) gr. 8. Wien 910. F. Deuticke. 1.—

Freud, Sigm., zur Psychopathologie d. Alltagslebens (Vergessen, Versprechen, Vergreifen), nebst Bemerkungen üb. e. Wurzel des Aberglaubens. Lex.-8. (80 S.) Berlin (901). S. Karger. n. 3. —
Sonderabdruck a.: „Monatsschrift f. Psychiatrie u. Neurologie."

Freud, Sigm., zur Psychopathologie des Alltagslebens. (Ueber Vergessen, Versprechen, Vergreifen, Aberglaube u. Irrtum.) (92 S.) gr. 8. Berlin 904. S. Kargor. n. 3. —
Sonderabdr. a.: „Monatsschr. f. Psychiatrie u. Neurologie".

Zur Psychopathologie des Alltagslebens (Über Vergessen, Versprechen, Vergreifen, Aberglaube u. Irrtum). Von Prof. Dr. Sigm. **Freud** in Wien. 2., verm. Aufl. Berlin: S. Karger 1907. (132 S.) 8°
Erw. aus: Monatsschrift f. Psychiatrie u. Neurologie. Bd 10. 1901. [07. 10230

— Zur Psychopathologie des Alltagslebens. (Über Vergessen, Versprechen, Vergreifen, Aberglaube u. Irrtum.) 3., verm. Aufl. (149 S.) Lex. 8. Berlin 910. S. Karger. 4.—; geb. 5. —
2. Aufl. (132 S.) 907. 3.50; geb. 4.50.

— Sammlung kleiner Schriften zur Neurosenlehre aus den J. 1893—1906. (V, 234 S.) gr. 8. Wien 906. F. Deuticke. n. 5. —

— Sammlung kleiner Schriften zur Neurosenlehre aus den J. 1893—1906. 2. unveränd. Aufl. (V, 229 S.) gr. 8. Wien 911. F. Deuticke. 5.

— dasselbe. 2. Folge. (III, 206 S.) gr. 8. Ebd. 909. 5.

Schriften zur angewandten Seelenkunde. Hrsg. von Prof. Dr. Sigm[und] Freud. H. 1. Wien & Leipzig: H. Heller & Cie (auf d. Umschl.: Leipzig & Wien: F. Deuticke) 1907. 8° [08. 7904

— über Spinalganglien u. Rückenmark d. Petromyzon. [Aus dem physiolog. Institute der Wiener Universität.] [Mit 4 (lith.) Taf. u. 2 (eingedr.) Holzschn.] [Aus: „Sitzungsber. d. k. Akad. d. Wiss."] Lex.-8. (87 S.) Ebend. 878. n. 4. —

Freund, Sigmund, u. Oskar Rie: Klinische Studie üb. die halbseitige Cerebrallähmung der Kinder, s.: Beiträge zur Kinderheilkunde.

Freud, Doc. Dr. Sigm. und Dr. Oscar Rie, Klinische Studie über die halbseitige Cerebrallähmung der Kinder. (Beiträge zur Kinderheilkunde aus dem I. öffentlichen Kinderkranken-Institute in Wien. Herausgegeben von Dr. Max Kassowitz. III. Heft.) Gr.-8. (220 S.) Wien: Moritz Perles, 1891. 3.50

— Studien üb. Hysterie, s.: Breuer, Jos.

Freud, Sigm., über den Traum, s.a. Grenzfragen des Nerven- u. Seelenlebens. 8. Hft.

Über den Traum von Dr. Sigm. **Freud** in Wien. *Wiesbaden: J. F. Bergmann 1901.* (S. 307-344.) 8°
= Grenzfragen d. Nerven- u. Seelenlebens. H. 8. [01. 60

— die Traumdeutung. gr. 8. (IV, 375 S.) Wien 900. F. Deuticke. n. 9. —

— Die Traumdeutung. 2. verm. Aufl. (VII, 389 S.) gr. 8. Wien 909. F. Deuticke. 9. —

— s.: Über den Selbstmord.

— über den Ursprung der hinteren Nervenwurzeln im Rückenmark v. Ammocoetes [Petromyzon Planeri]. [Aus dem physiolog. Institute der Wiener Universität.] [Mit 1 (lith.) Taf.] [Aus: „Sitzungsber. d. k. Akad. d. Wiss."] Lex.-8. (13 S.) Ebend. 877. n. — 80

— Der Wahn u. die Träume in W. Jensens „Gradiva", s.a. Schriften zur angewandten Seelenkunde. 1.

Der Wahn und die Träume in W. Jensens 'Gradiva'. Von Prof. Dr. Sigm[und] **Freud.** Wien & Leipzig: H. Heller & Cie 1907. (81 S.) 8°
= **Schriften** z. angewandten Seelenkunde. H. 1. [08. 7905

Der Witz und seine Beziehung zum Unbewußten. Von Prof. Dr. Sigm. **Freud** in Wien. Leipzig & Wien: F. Deuticke 1905. (205 S.) 8° [05. 6550

— s.: Zentralblatt f. Psychoanalyse.

Freudberg, (H. W.,) üb. die Ziege von Thibet, u. üb. d. Versuche, Möglichkeit u. Art, diese Thiere in Europa, u. vorzügl. in Oestreich einheimisch zu machen. Mit 1 Abbild. 8. Brünn 824, Traßler.

Freudberg, Hilarius v. (Pseud.), s.a. Abraham a Santa Clara

NARREN-NEST, Neu ausgehecktes, welches *Hilarius v. Freudberg* unter Obsicht seines Hofmeisters Frölichii Wohlgemuth angetroffen und an den Tag gegeben. 2 Thle. in 1 Bde. Mit 2 Titelkpfrn. Frankf. 1707. 8°.
4 Bll., 264 S. u. 7 Bll. 236 S. — Auction Lobris-München, L. Rosenthal, 1895, no. 1462. — Der Pseud. von Weller p. 257 nicht enthüllt.

An die **Freude.** Maurerlied. [Hamburg] o. J. 2 Bl. 8° [Umschlagtit.]
Ohne Noten: „Freude, dich preisen ..."

An die **Freude.** Ein maurerischer Rundgesang. o. O. 1800. 4 Bl. 8° [Umschlagtit.]
Ohne Noten: „Freude! Schwester edler Seelen . . ."

Freude. Die Freude. Ein deutscher Kalender für das Jahr 1903. [Illustriert.] 91 + *Beilage* 4 S. 8. Düsseldorf und Leipzig, Karl Robert Langewiesche, 1902. ([geb.] M. 1. 20)
Am Schluss Musikalische Beilage: Prinzenlied aus «Dornröschen» von Ricarda Huch: Komm' mein Herz und lass uns glücklich sein. Lied für eine Singstimme mit Klavierbegleitung... komponiert von Franz Naumann-Dresden. 4 S. quer-8.

Freude, die. Ein deutscher Kalender f. d. J. 1905. (105 S. m. Abbildgn.) 8. Düsseldorf, K. R. Langewiesche. n. 1. 20

Freude. Die F'. Ein Hausbuch deutscher Art. Band 4. [Mit Illustrationen und 4 Tafeln.] 248 S. 8. Düsseldorf, Karl Robert Langewiesche, 1905. ([cart.] M. 1. 80)
Darin S. 50-78: «Des Volkes stille Schönheit.» Alte deutsche Sprüche von Haus und Gerät; aus Dorf und Stadt. Ausgewählt von Hans Thun (*S. 53/58. 64. 68. 71. 74 Sprüche aus der* Schweiz); *S. 224-230:* Landschaften-Folge [7 Bilder] von Hermann [Robert Catumby] Hirzel; *s. auch S. 177 f. 195. 207. 211/3* Johannes Brahms *betr.*

— dasselbe. Ein Hausbuch deutscher Art. 4. u. 5. Bd. (230 S. m. Abbildgn. u. 4 Taf. u. 212 S. m. Abbildgn. u. 8 Taf.) 8. Ebd. 905. 906. à n. 1. 80

Freude, die. Ein Hausbuch deutscher Art. 6. Bd. (208 S. m. Abbildgn. u. 8 Taf.) 8. Düsseldorf 907. K. R. Langewiesche. 1. 80
Erscheint nicht mehr.

— üb. Freude. (12 S. m. z. Tl. farb. Abbildgn.) schmal Lex.-8. Wesel (904). W. Düms. — 30; auf Pappe, geb. — 60; auf Leinw. (6 Bl.) geb. — 75; als Malvorlagen. (6 farb. u. 6 schwarze Bl.) Geb. — 35

Freude, Die Allgemeine. Als in der Allerhöchsten Person des Allerdurchlauchtigsten Erzherzogs und Cron-Prinzens Josephi die Höchstbeglückte Wahl eines Römischen Königs zum allgemeinen Wohl des Heil. Röm. Reichs den 27ten Märtz 1764 zu Frankfurt am Mayn einmüthig getroffen, und das Allerhöchste Crönungs-Fest den 3ten April gemelten Jahrs mit feyerlichsten Gepränge vollzogen wurde. Coblentz. V: *Anschütz, Franz.* (BiblPort)

Die **Freude** am Herrn ist unsere Stärke! 14 kurze Betrachtungen von einem jahrelangen Kranken. Breklum: Christl. Buchhandlung [1905]. (16 S.) 8° [F.] 06. 13165

-- die, am HErrn ist unsere Stärke! 14 kurze Betrachtgn. v. einem jahrelang Kranken. 2. Aufl. (16 S.) 8. Breklum (907). Christl. Buchh. -- 10

Rumpf: Brüderliche **Freude** über den fortdauernden Besitz des Br.·. Rumpf. Giesen [!] 1818. 2 Bl. 4⁰ [Umschlagtit.]
Gedicht: „Freude strahlet aus den Blicken, ..."

Freude, Der Christen gerechte, . . . Breslau 1761. V: *Burg, Johann Friedrich.* (Kat. d. Druckschr. üb. Breslau. Breslau 1903. S. 252.)

Freude, Die in . . . Schlesien . . . Entstandene ungemeine, . . . Breslau 1716. V: *Knor von Rosenroth, Christian Anton.* (Kat. d. Druckschr. üb. Breslau. Breslau 1903. S. 12.)

Freude, Die Durch neulich höchst gewünschte . . . Zeitung . . . erweckete . . . Neisse 1716. V: *Neudek, Johann Heinrich.* (Kat. d. Druckschr. üb. Breslau. Breslau 1903. S. 12.)

Karl Eugen, Herzog von Württemberg: Die **Freude** der Freymåurer der Loge der vollkommenen Einigkeit über die wiedererlangte Gesundheit Ihres Durchlauchtigsten Beschûzers [!] Carl, in einer feyerlichen Versammlung dieser Loge geschildert von dem Br. Redner. Ludwigsburg, den 10.ten Julii 1772. 8 S. 4⁰ [Umschlagtit.]
Kl. 896. Selten. Enth. Worte des Dankes für den vom Herzog den Frmrn gewährten Schutz. — Üb. Karl Eugen s. Allgem. Deutsche Biographie Bd 15 1882 S. 376 bis 393 (Stälin); Herzog Karl Eugen u. seine Zeit. Hrsg. vom Württemb. Geschichts- u. Altertumsverein Bd 1. 2 1903—1909.

Freude über Freude. W[esel]: W. D[üms 1904]. (6 Taf.) 4° [Umschlagt. F.] 08. 9148

Gerechte **Freude** der getreuen Holsteiner, bey der Ankunft un Allerhöchsten Gegenwart . . . Christian Des Siebenden in Holstein, aus aufrichtiger Freude entw. von einen [!] wahren Patrioten. o. O. 1767. 2 Bl. 4⁰ k.

Freude in Gott! Ein Gebet- und Andachtsbuch von einem Priester der Diözese Rottenburg. 859. — 2. Aufl. 861. — 3. Aufl. Passau 862. Elsässer & Waldbauer. 32. (318 S. u. 1 Lithogr.) n. 5 ngr.

Freude in Gott! Ein Gebet- u. Andachtsbuch von e. Priester der Diözese Rottenburg. 4. Aufl. Passau 867. (Elsässer &) Waldbauer. 32. (323 S. u. 1 Lithogr.) 5 ngr.

Freude in Gott! Ein Gebets- u. Andachtsbuch v. e. Priester der Diözese Rottenburg. 17. Aufl. 16. (323 S. m. 1 Stahlst.) Passau 888. Waldbauer. — 40

Freude in Gott. Ein kurzgef. Gebetbuch f. Katholiken. 32. (240 S. m. 1 Farbendr.) Einsiedeln 894. Verlagsanstalt Benziger & Co. Geb. m. Goldschn. n. — 60

Freude in Gott. Ein kurzgef. Gebetbuch f. Katholiken. 5. Aufl. *Einsiedeln, Köln: Benziger & Co. [um 1902].* (240 S.) 8° [F.] 03. 13682

-- in Gott durch Gebet und Andacht, der katholischen Jugend gewidmet. Von einem Priester der Diözese Brixen. 3. Aufl. Mit 1 Stahlst. Innsbruck 861 C. Rauch. 12. (173 S.) n. 5 ngr.

Freude holdes Götterkind . . . Zerbst o. J. V: *Mahlmann, Aug.* (wolfstieg II, 859)

Freude, Die grosse. Geistliche Gedichte von W. B. Diesdorf [1905]. V: *Becker, Wilh.* (Berl)

— die große. Geistliche Gedichte von W. B. (31 S.) kl. 8. Diesdorf bei Gäbersdorf, Kr. Striegau (906). Buchdruckerei der Schreiberhau-Diesdorfer Rettungsanstalten. (Nur direkt.) n. — 10

— große, f. kleine Leute. Ein lust. Bilderbuch m. 6 Bildern v. Carl Offterdinger u. Text in Versen v. Victor Blüthgen. gr. 4. (6 S. Text.) Stuttgart 888. F. Loewe. Auf Leinw. m. Lackanstrich geb. 3. —

Freude, die heilige, in aller Noth. (Meine Seele soll sich rühmen des Herrn, daß die Elenden hören und sich freuen.) Eine Predigt für die Barmherzigen. Buchholz 855. Adler in Comm. (Ronne.) gr. 8. (16 S.) 2½ ngr.

Freude, d. Herzens, am Gebet. Katholisches Gebetbüchlein m. e. Auswahl vorzügl. Andachten. Besonders f. die Jugend. 32. (287 S. m. e. Steintaf. u. e. lith. Titelbl.) Einsiedeln 872. Wyß, Eberle & Co. — 40

Die **Freude** der Jugend. Kath. Gebetbüchlein f. Kinder. Dülmen: A. Laumann 1906. (VIII, 120 S.) 8° [F.] 07. 11008

Die Freude des Kindes an der Natur [Stuttg., G. Weise, ca. 1910]. 23 S. (auf starkem Karton) mit Versen, schwarzen und bunten Bildern. Gr.-4°. Farb. illustr. Or.Pappbd. 8.—

Freude, d. ländliche; od. so ehren Unterthanen ihren Landesfürsten. E. ländliches Gemälde in 3 A. v. Räckel. 8. Lpz. Kleefeld. 802.

Freude und Leid in Jugendjahren. [Mainz 1884.] V: *Mayer, E.* (Mitt. von M. Grolig, Wien.)

Freude und Zuflucht, meine, ist Gott! Ein Gebetbuch für die kathol. Jugend. Von einem kathol. Geistlichen des Bisthums Augsburg. 12. (Mit 1 Kupfer.) Thannhausen 845. (Augsburg, Kollmann'sche Buchh.) 1/6 ß

Freude, Die, eines Patrioten über die glückliche Inokulation der Königl. jüngsten Prinzen . . . Berlin 1789. V: *Mercy, Joseph Alois.* (MGT)

Freude, Hertzog Rudolph Augusts, als dessen . . . Tochter Dorothea Sophia und . . . Frau Elisabeth Sophia Maria die . . . Bibliothek auf der Academie zu Helmstädt a. 1716 gnädigst besuchet. Helmstädt 1716. V: *Hardt, Hermann von der.* (EB)

Freude, Schlesiens ungemeine, . . . O. O. 1716. V: *Berger, Augustus.* (Kat. d. Druckschr. üb. Breslau. Breslau 1903. S. 11.)

Freude, Die, der Preussischen Staaten, als ihr . . . König . . . Hrn. Grafen von Herzberg, zum Curator der Akademie der Wissenschaften ernannte. Berlin 1786. V: *Splittegarb, Carl Friedrich.* (MGT)

Freude der Unterthanen bey der Anwesenheit des Kaisers Joseph II. Prag 1769. V: *Michaelis, Johann Benjamin.* (ML) (OL) (JL) S. a. Nr. 4137.

— wahre. 12. (35 S.) Basel 900. Kober. n. — 20

Freude, Adm. G., Ursachen, welche ihn bewogen, d. christl. Religion anzunehmen. 4. Danzig 757. Schreiber. 4 K

Freude, C. G. A., Handbuch der Erziehung oder Wegweiser älterer und neuerer gemeinnütziger Schriften aus verschiedenen Wissenschaften. 3. Bd. 2. und 3. Abthl. und 4. Bd. gr. 8. Ebersbach 860. 61. (Bautzen, Köhler.) Thlr. *

Inhalt:

Bd. 3. Pädagogie. 2. Abthl. (634 S.) * 1 Thlr. 23 Ngr. und 3. Abthl. (78 S.) * 6 Ngr.
" 4. Jugend- und Volksschriften. (IV und 192 S.) * 15 Ngr.

Freude, C. G. A., Versuch e. Darstellung der Arbeiterbewegung in den letzten Monaten des vorigen Jahres, deren Wichtigkeit nach ihren Parteien. Was muß gewünscht werden, wenn eine Verbesserung der Lage der Arbeiter eintreten soll, wodurch kann dieselbe verbessert u. diese Bewegung auf richtige Bahnen geleitet werden? rc. 1. Abth. Ebersbach 869. (Leipzig, Hinrichs.) gr. 8. (2 Bll., 142 S.) 22 ngr.

Freude, C. G. A., der Weg zu e. glücklichen Ehe- u. Familienleben. 1. Thl. gr. 8. (351 S.) Ebersbach 876. Leipzig, Hinrichs' Verl. in Comm. 4. 50

Freude, C. G. A., der Weg zu einem glücklichen Ehe- u. Familienleben. 2. Thl. gr. 8. (VIII, 368 S.) Ebersbach 877. Leipzig, Hinrichs' Verl. in Comm. 4. 50 (2 Bde.: 9.—)

Freude, C. G. A., Wegweiser älterer und neuerer gemeinnütziger Schriften aus verschiedenen Wissenschaften nebst Versuch den Geist und Inhalt derselben darzustellen. 1—3. Bd. gr. 8. Ebersbach. (Bautzen, Helfer.) * 4

Inhalt:

Bd. 1. Theologie und Moral. (VIII und 465 S.) 858. * 1 Thlr. 22½ Ngr.
" 2. Philosophie. (IV und 440 S.) 859. * 1 Thlr. 18 Ngr.
" 3. A. u. d. T.: Handbuch der Erziehung. 3. Bd.: Pädagogie. (1. Abthl.) (VIII und 334 S.) 860. * 1 Thlr. 4 Ngr.

Freude, C. G. A., Wegweiser älterer und neuerer gemeinnütziger Schriften aus verschiedenen Wissenschaften, nebst Versuch, den Geist und Inhalt derselben darzustellen. 5. Bd. 2 Abthlgn. gr. 8. Ebersbach 863. (Bautzen, Köhler.) *

Inhalt:

Abthl. 1. Haus- und Landwirthschaft, Fabrik und Gewerbe, Staats- und Rechtskunde, Medicin. (X und 200 S.) * 20 Ngr.
" 2. Geschichte, Biographie, Geographie, Länder- und Völkerkunde, Reisen, Naturkunde, Chemie, Classiker, Romane, Gedichte, Schauspiele, Freimaurerei, Militärwissenschaften, Musik und Literatur. (186 S.) * 18 Ngr.

1.—4. Bd. Ebendas. 1859—61. * 7 Thlr. ½ Ngr.

Freude, Fel., die kaiserl. Franciscische Akademie der freien Künste u. Wissenschaften in Augsburg. (IV, 132 S.) gr. 8. Augsburg 909. J. A. Schlosser. nn 3.

Freude Felix: Die Societas Incognitorum (1746—51) nach Aktenstücken und Briefen.
H. 1887 PN 475 Diss. Wien, Univ. 36

Freude, Gustav, aus Blaesendorf: Fieber bei Gallensteinkolik. *Berlin (1898): E. Ebering.* (35 S.) 8°
Berlin, Med. Diss. v. 30. Sept. 1898

Freude, Heinrich (Liegnitz/Schles.), Dissertatio de veterum et recentiorum ratione excitandi juventutem ad litterarum culturam. Präs. Abraham Kriegel (Volckersdorf/Laus.). Lpz. (Schede) 17. VI. 1719. 15 S. (5.—)
Gew.: Christian Gottfried Hoffmann (Leipzig), Johann Adolph Stoll (Zittau).

Freudeberg, J. S. ling. lat. conversus. 20 S. . . . .

Progr. Kreuznach 1831

Freudel, A. H., Anleitung zur Kenntniß der wesentlichen Bestimmungen für d. administrat. Wirkungskreis d. Landgerichte in Bayern. 2. Nachtrag. Mit e. systemat. u. ganz neu ausgearb. alphabet. Register über das Hauptwerk sammt beiden Nachträgen. gr. 8. (XVI, 89 u. XXVI S.) Bayreuth 847, (Bamberg) Buchner. ½ ß — 3. Nachtrag. 1847 — 1850. gr. 8. (XIV u. 255 S.) Bamberg 851, Buchner. n. 1 ß (Das Hauptwerk u. Nachtr. 1—3 n. 3¾ ß)

Freudel, G. H., Anleitung zur Kenntniß der wesentlichen Bestimmungen für den administrativen Wirkungskreis der Landgerichte in Bayern. gr. 8. Bayreuth 845, Buchner'sche Buchh. n. 1 5/6 ß

— dass. 1. Nachtrag. gr. 8. Ebend. 846. n. 5/12 ß

—— dass. 2. Nachtrag. Mit e. systemat. u. ganz neu ausgearb. alphabet. Register über das Hauptwerk sammt beiden Nachträgen. gr. 8. (8¼ B.) Ebds. 847.
Das Werk vollständig 2 Thlr. 20 Ngr.

FREUDELIEB, Hilarius (ps.). — Das Buch des Frohsinns und heiterer Laune, oder: Auswahl der witzigsten Züge, lustigsten Schwänke und Anekdoten. Allen Missvergnügten u. Grillenfängern zur Aufheiterung mitgetheilt von *Hilario Freudelieb.* 9 Hefte. (Cplt.?) Hamburg, Vollmer, o. J. (1808). 8°. Selten! (Heft 1—3 unter verschied. Titeln, mit 1 Musikbeilage, 8 Mk. Bernh. Liebisch, Lpz., 1908.)
Die Jahrzahl bei Weller, Lex. Ps. p. 212.

Freuden, (v. ... Heilmann). 8. Biel 768. Typogr. Soc. 5 K

— des Christen in Gott u. Religion. Ein vollständ. Gebetbuch zum allgem. Gebrauche. 8. Kempt. 826. Kösel. 8 K

Freuden des Christen in Gott u. Religion. Ein vollständiges Gebetbuch zum allgemeinen Gebrauch. 8. Einsiedeln 833. (M. Rieger in Augsburg.) 5/12 ℛ

Freuden des Christen in Gott u. Religion. Ein vollständ. Gebetbuch. gr. 18. (300 Seit., Titelbild u. lith. Ttl. m. Vign.) Einsiedeln 839. (Regensburg, Manz.) * 5/12 Thlr., Vlnp. m. 9 Bild. *

—— dass. — großer Druck. gr. 18. (381 Seit., Titelbild u. lith. Ttl. m. Vign.) Ebdſ. 839. 1/6 Thlr., Vlnp.

Freuden des Christen in Gott u. Religion. Ein vollständiges Gebetbuch für Katholiken. 30. von Al. Ad. Waibel durchgeſ. 1. Aufl. gr. 12. (Mit 1 Lithogr.) Einsiedeln 843, Benziger. Druckp. 3/8 ℛ — Velinp. 1/2 ℛ — mit 8 Bildern 5/6 ℛ — 31. Aufl. 12. Ebend. 844. 1/3 ℛ — Velinp. mit 9 Lithogr. 7/12 ℛ — feiner Druck 1/3 ℛ — mit 8 Bildern 1/2 ℛ

—— dass. Velinp. mit 9 Stnt. in Goldeinfassg. u. Ttl. in Farbendr. 12. (16 B.) Ebdſ. 845.

Freuden des Christen in Gott u. Religion. Ein vollständ. Gebetbuch f. Katholiken. Durchgesehen v. Alois Adalb. Waibel. 35. Aufl. 12. (380 S. m. 1 Lith. u. lith. Titel.) Einsiedeln 851, Gebr. Benziger. 1/3 ℛ Velinp. m. 9 Lith. u. lithochrom. Titel 21 ngr

Freuden des Christen in Gott und Religion. Vollständiges Gebet- u. Andachtsbuch für kathol. Christen. Nebst der Bruderschafts-Andacht von Jesus, Maria u. Joseph, dem 40stündigen Gebete u. der freitägigen Fasten-Andacht. Auf's Neue durchges. u. verm. von Ant. Lorenz. Saarlouis 856. Stein. 8. (368 S.) 10 ngr; Velinp. m. lith. Titel 15 ngr

Freuden d. Christen in Gott und Religion. Ein vollständ. Gebetbuch für Katholiken. Durchgesehen von Alois Adalb. Waibel. 42. Aufl. gr. 12. (381 S. mit 1 Stnt. und lithogr. Titel.) Einsiedeln 860, Gebr. Benziger.

Freuden des Christen in Gott und Religion. Ein vollständ. Gebetbuch für Katholiken. Durchgesehen von Aloys Adalb. Waibel. 43.—46. Aufl. Ausg. 1. in feinem Druck und kleinem Format. 12. (332 S. mit 4 Chromo-Bildern und Vignetten in Holzschn.) Einsiedeln 861—67, Gebr. Benziger.
feine Ausg. mit 4 Stahlst.

Freuden meiner Ehe; ein Gemälde häusl. Glückseligkeit (von Cr. Bornschein). 8. Leipz. 799.

Freuden d. Ehestandes, v. P. v. Arnim; ein Pendant zum Unterröckchen wie es seyn sollte. 8. Lpz. Ind. Comt.pt. 804.

— —, Die, des Ehestandes. Leipzig, Heinr. Hunger (c. 1830). (1/4 Rthl.) (1 Mk. Gust. Klötzsch, Lpz., 1885.)

Freuden, Ehrmanns ländliche. Bayr. 1793. V: *Heinsius, Otto Friedrich Theodor.* (Ky) (MGT) (NN)

Freuden der Ewigkeit, eine reiche Vergeltung der irdischen Leiden eines Christen. Lübeck 1774. V: *Cramer, Carl Friedrich.* (GGr)

Freuden, Fünfzehn, der Ehe aus einem uralten Werke gezogen ... A. d. Franz. Gotha 1794. V: *La Sale, Antoine de.* (Griesebach, Kat. e. Biblioph. Leipz. 1894. S. 78-80.) *Mursinna, Frdr. Sam.* (BGE) (Ky) (MGT) (Adel)

— 15, d. Ehe; aus e. uralten Werk gezogen, (v. F. S. Mursinna). 8. Gotha 794. Ettinger. 14 ℊℊ

Freuden, Die, der Gegenwart. [Tübingen 1798.] V: *Helwig, Amalie von geb. Freiin von Imhoff.* (NN)

— die, d. Kinder. Ein Bilderbuch mit erklär. Texte, zur Uebung im Lesen. Mit 33 color. Kpf. gr. qu. 8. Wien 825. Müller. 1 ℛ 8 ℊℊ

die, des Landlebens. Nr. 1—4. Moers 864. Spaarmann, 4. Jede Nr. (à 10 color. Lithogr.) n. 5 ngr

Freuden, über die, d. Lebens. 1r Thl. gr. 8. Dessau 794. (Wien: bract in Leipz.) 6 ℊℊ

— — die Freuden des Lebens. Th. 1. (einz.?). Neue Auflage. Leipzig, Heinrich Gräff. 1794. 8°. (1/4 Rthl.) Anzeige d. Verlegers

Freuden, d. Lebens. Decorativer Fries in Bildern enth. 15 deutsche Lieder, illustrirt durch Photographie nach Gemälden v. J. Carpey in Lüttich. qu. gr. 4. (15 S. Text u. 15 Photographien.) Lüttich 873. Claesen. geb. m. Goldschn. n. 24.

Freuden des ehelichen Lebens. Wien ca. 1784. V: *Reinhard, Melchior.* (M. Reinhard, Prakt. Ehestandskatechismus) (BiblPort)

Freuden und Leiden einer kleinen Bergreise. Luzern 1839. V: *Pfyffer zu Neueck, J. J. Xaver.* (Bibliogr. d. Schweiz. Landeskunde. Bern 1892 ff. III.)

Freuden Leiden Commis Voyageur

Freuden und Leiden eines Commis Voyageur. 1885 .

s.a. Rau, Heribert [Verf.]

— und Leiden eines Commis Voyageur. 2 Thle. 8. Stuttgart 844, Franckh. 2 ℛ

Freuden und Leiden eines Commis Voyageur. 2. Aufl. 855. — 3. Aufl. Stuttgart 858. Franckh. 16. (2 Bl., 329 S.) 20 ngr

Freuden u. Leiden e. Commis Voyageur. (Neue Ausg.) Stuttgart 870. Franckh. 16. (256 S.) 15 ngr

— u. Leiden e. Commis Voyageur. Schilderungen voll Witz u. Humor. Mit Illustr. (Holzschntaf.) gr. 16. (253 S.) Stuttgart 875. Franckh. 1. 50

Freuden u. Leiden e. Commis Voyageur. Schilderungen voll Witz u. Humor (v. Heribert Rau). Mit Illustr. (Neuer Abdr.) 12. (VII, 253 S.) Stuttgart 885. Conradi. 1. 50

Freuden u. Leiden e. Commis Voyageur. Schilderngn. voll Witz u. Humor. (Von Heribert Rau.) M. 6 Illustr. 50.—60. Tausd. 8. (VII, 243 S.) Stuttgart 897. Franckh. n. 1. 50

Freuden u. Leiden e. Commis Voyageur. Schilderungen voll Witz u. Humor. (Von Herib. Rau.) (VIII, 248 S.) 8. Offenbach (910). J. P. Strauß. 1. -

Freuden und Leidee des Chinamissionars Hanspach. Berlin 1893. V: *Sauberzweig-Schmidt.* (Berl)

Freuden und Leiden des edlen Baron Just Friedrich auf der Semmelburg, von C. G. Cramer.. 2 Theile. 8. Leipzig, Wienbrack. 817.

Freuden u. Leiden im menschl. Leben; (v. G. F. Pöschmann). 1r Thl. 8. Riga 775. (Meinshausen). 20 gr

Freuden und Leiden im menschlichen Leben oder Geschichte der Familie Hochberg. Riga 1798. V: *Pöschmann, Georg Friedrich von.* (Ky) (R-N)

— u. Leiden im menschlichen Leben, oder Gesch. der Familie Hochberg. 1r Thl. 8. Riga, Müller. (Meinshausen.) 798.

Schreibp.

— — der Liebe, Die. Practischer Rathgeber für junge Mädchen und Männer. 3te revidirte u. verbess. Aufl. Amsterdam, 1892. 8⁰. Lat. Lett.
69 S. (incl. Schmutztit. u. Haupttitel).

Freuden und Leiden eines Schulmeisters. Bern 1838. V: *Bitzius, Alb.* (pseud. *Jeremias Gotthelf*). (Heindl, Gallerie 1860, S. 51) (Zeitschr. f. Büch. 1923, S. 85)

Freuden u. Leiden, Leipziger, im J. 1830. Oder das merkwürd. Jahr meines Lebens. Ein Nachtrag z. Lebensreise v. U****s. (Wilh. Traug. Krug.) gr. 12. (2 B.) Leipzig 831, Kollmann.
(Urceus) Lebensreise in 6 Stazionen rc. gr. 8. Leipzig, Baumgärtner. 1825. 1 Thlr 18 Gr.

FREUDEN, Die, der Liebe. Praktischer Ratgeber für junge Mädchen und Männer. Rom 1905. Gedruckt im Vatican. 8⁰. 69 S. [E. II, 432.]
Beide verb. d. Ldg. Köln II Ul. 48/95.

MEINE Freuden wie Leiden im Bade oder Bad-Ereignisse. Mit 7 Bildern. Leipzig 1858. 8⁰.
Prager's ehemal. Leihbibl. in München, no. 2862.

— meine, und Leiden im Bade. Oder Bad-Ereignisse. Mit 7 Bildern (Holzschn.). Leipzig 856. Wengler. 16. (104 S.) 10 ngr

— und Leiden, meine, als Gattin und Mutter, eine Fortsetzung des vorigen von Amalie Will, herausgegeben von Fr. Rochlitz, 8. Daselbst, 798. Derselbe. 1 Rthl. 8 sgl.

Freuden und Leiden, meine, als Jungfrau und Gattin, ein Geschenk an alle meine Schwestern, die die ersten mit mir theilen und die zweyten vermeiden wollen, von Amalie Will. Herausgegeben von Fr. Rochlitz, 8. Daselbst, 797. Supprian. 1 Rthl.

Freuden und Leiden, Ludwig Müllers. 3 Theile. Stendal 1780—1782. V: *Leopold, Gg. August Julius.* (BGE V[a], 197) Vgl. II, 458.

PECHVOGELS, Jeremias, große Freuden u. kleine Leiden im menschlichen Leben. E. tragi-komische Geschichte f. Ehegatten u. solche, die es werden wollen. (Großer Holzschnitt mit Unterschrift.) Druck u. Verlag v. A. Ludwig in Oels (c. 1855). 8⁰.
Bereits seltene Jahrmarktsschrift. 48 S. Mit Gedichten.

Freuden der Religion. Leipzig 1783—87. V: *Lötze, Wilhelm August.* (MGT) »1783—88« (Ky)

— d. Religion, (v. W. A. Lötze). 4 Bde. gr. 8. Leipz. 783—88. Compt. f. Liter. 3 rf 20 gr

— —, Die 36, einer Frau. O. O. u. J. (c. 1895). 12⁰. 15 S. (Lat. Typen.) (1 Mk. 50 Pfg. eine böhmische Firma, 1901.)

FREUDEN, Die 36, der Liebe. (Um 1890.)

Freuden und Leiden, Der Stewards. [Berlin 1842.] V: *Jachtmann, Ludwig Friedr. Heinrich.* (wolfstieg II, 17/18)

Freuden, Die, der Studierenden in den Herbst-Ferien. Salzb. [1816]. V: *Maier, Alois.* (Hr)

Freuden der Unterthanen bei der Anwesenheit des Kaisers. Prag 1769. V: *Michaelis, Johann Benjamin.* (Schr) S. a. Nr. 4130.

Die Freuden, Vorempfindungen und Wünsche der Freymaurer über die Fortschritte der sittlichen Welt. Eine Rede vorzüglich an die Schwestern gerichtet, womit die Brüder der Loge Alexander zu den 3 Sternen [in Ansbach] die Mitternacht des Jahres 1802 in einer öffentlichen Gesellschaft gefeiert haben. [Ansbach] 1802. 36 S. 8⁰

Freuden des jungen Werthers, Leiden und Freuden Werthers des Mannes . . . Berlin 1775. V: *Nicolai, Friedrich Christoph.* (BrMm) (EE) (Ky) »N. A. Schaffhausen [Berlin] 1775«. H: *Breidenbach, H. von.* (Wr)

— des jungen Werthers; Leiden und Freuden Werthers des Mannes, (von Fr. Nicolai). 8. Berl. 775. Nicolai. 3 gr Schrbp. 4 gr

Freuden, Des jungen Werthers, in einer bessern Welt. Ein Traum . . . Berlin u. Leipzig [1780]. V: *Cranz, August Friedrich.* (Ky) (GGr)

— des jungen Werthers in einer bessern Welt, (von A. F. Cranz). 8. Berl. 780. Stahlbaum. 4 gr

— — der Wollust. (2 Mk., eine böhm. Firma, 1901.)

— geselliger Zirkel. 8. Zeitz 798. (Webel). 5 gr

— — s. a. Adolphi.

— —, Die zwölf, des Ehemanns, von einem Freudigen. Weimar (1853). 8⁰. (6 Sgr. Heberle, Cöln, 1870.)

Freudenberg [Sachliches OW]

Freudenberg: Der Freudenberg v. Uzwyler Zeitung.

Freudenberg, (Vater,) unter seinen Kindern. Ein Bilderbuch mit 8 illum. Kupfern. 8. Leipz. 827, Gerig.

Freudenberg [Schlagwort]

Freudenberg, s.a. **Preussen. Messtischblätter.**

Freudenberg — Panorama gezeichnet im Wirthshaus auf dem — bey St. Gallen von Heinrich Keller. Zürich bey Füessly et Comp. zur Meisen 1821. Ohne M. 1 Bl.

Freudenberg [Verfasser]

Freudenberg, Vater, Unterhaltungen mit seinen Kindern über mancherlei Gegenstände, mit 8 ill. Kpf. 8. Leipz. 812. (Gerig). 8 gr.

Freudenberg, Alb., die chirurgische Behandlung der Prostatahypertrophie. Rapport, auf Einladg. des Komitees erstattet f. den XV. internationalen medizin. Kongress zu Lissabon, April 1906. (48 S.) Lex. 8. Wien 907. Urban & Schwarzenberg. 2. —
Sonderabdruck aus „Wiener Klinik".

Freudenberg, Alb., die Behandlung der Prostatahypertrophie mittels d. galvanokaust. Methode nach Bottini, s.a. **Sammlung klinischer Vorträge.**

— dasselbe, s.a. **Klinik, Wiener. 1907. 1.**

Die Behandlung der Prostatahypertrophie mittels der galvanokaustischen Methode nach Bottini von Albert **Freudenberg** (Berlin). *Leipzig: Breitkopf & Härtel 1902.* (S. 299–338.) 8°
– Sammlung Klinischer Vorträge. N.F. No 328. [illegible]

Freudenberg, A., Kombinations-Kystoskop für Irrigationskystoskopie, Evakuation u. Katheterismus des e. od. beider Ureteren. (8 S. m. Abbildgn.) gr. 8. Leipzig 906. Verlag der Monatsschrift f. Harnkrankh. n. — 50
Sonderabdruck aus: „Monatsschr. für Harnkrankh. u. sex. Hygiene".

Freudenberg, Albert (geb. Berlin 23. 3. 1860). Ueber gastrische Krisen (Crises gastriques). Berlin (1882). (30 S.) 8°
Berlin, Med. Diss. v. 14. Aug. 1882

Meine letzte Serie von 25 Fällen der Bottini'schen Operation bei Prostata-Hypertrophie. Von Dr. Albert **Freudenberg**. *(Palermo 1902: Tip. Matemat.)* (64 S.) 4°
Aus: Memorie Chir. pubbl. in onore di Enrico Bottini per il 25. anno del suo insegnamento. [illegible]

Freudenberg, Alwin

— Kreuz u. quer durchs Kinderland. Gedichte f. die Jugend u. ihre Freunde. Bilder u. Buchschmuck v. Johs. Gehrts. 1—5. Taus. (III, 49 S.) gr. 8. Dresden (910). A. Huhle. Geb. 1. 60

— Kunstgemäß u. schulgerecht. Zur Methodik unterrichtl. Gedichtsbehandlg. in d. Volksschule. (32 S.) 8. Ebd. 908. — 50

— Sonnenschein. 16 Lieder des Frohsinns f. 2- u. 1 stimm. Kindergesang in Schule u. Haus. Worte u. Weisen. (Die Umschlagzeichng. [„Jung-Frühling"] ist v. Johs. Gehrts.) (24 S.) 8. Dresden 910. A. Huhle. — 20

Freudenberg, Alwin, was der Jugend gefällt. Deutsche Gedichte aus neuerer u. neuester Zeit. Für die Jugend vom 10. Lebensjahre an ausgewählt u. zusammengestellt. Mit Bildern u. Buchschmuck von Fel. Elßner. 1.—6. Taus. (XVI, 239 S.) 8. Dresden (904). A. Köhler. Geb. in Leinw. n. 1. 60

- - Was d. Jugend gefällt. Deutsche Gedichte aus neuer. u. neuester Zeit. Ausgewählt u. zusammengestellt. Mit Bildern u. Buchschmuck v. Fel. Elßner. 7—12. Taus. (XV, 311 S.) 8. Dresden (909). A. Köhler. Geb. in Leinw. 2. 60

Freudenberg, Alwin, was schreibe ich ins Album? Lebensweisheit deutscher Dichter u. Denker in 150 ausgewählten Worten. Für Jugend u. Volk hrsg. (32 S.) kl. 8. Dresden 910. A. Huhle. — 10

Freudenberg, C. v., neue Blumenkränze, oder Muster zur feinen Stickkunst. gest. von Vogel. gr. Fol. Nürnberg, Geyer. 817.

Freudenberg, Carl von, s. Freudenberg, Karl

Freudenberg, Chr., Versuch e. Erörterung, die bürgerl. Gesetze erkennbar u. anwendbar darzustellen. gr. 8. Hadamar 824. (Lanz in Weilb.) 1 [illegible]

— Vorschläge z. Verbess. d. deutschen bürgerl. Gesetze, mit Rücksicht auf d. bisherigen Theorien über Einführung neuer Gesetzbücher. gr. 8. Marburg 827. Krieger. 14 gr.

Freudenberg, E., s.: Taschenkalender f. Militäranw.

Freudenberg, Eduard, Referendar: **Die Verzeihung nach den Bestimmungen des Bürgerlichen Gesetzbuches für das Deutsche Reich.** *Berlin 1903: W. Pilz.* (X, 77 S.) 8°
Rostock, Jur. Diss. v. [21. Febr.] 1903

Freudenberg, Eduard, die Verzeihung nach den Bestimmungen des bürgerl. Gesetzbuches f. das Deutsche Reich. (VIII, 77 S.) gr. 8. Berlin 903. Struppe & Winckler. n. 2. 40

FREUDENBERG, Elias (schles. Meistersinger, Ende des XVI. Jahrh.), Ein Lobspruch der weitberühmten Hauptstadt Breslau (hrsg. von J. G. Büsching). (S.-A.) Breslau 1812. 8°.
Dr. Franz Schnitzer's Bibl. München 1902. No. 786 (Beibd.).

Ein Lobspruch der weitberühmten Hauptstadt Breslau in Schlesien, von Elias Freudenberg. Aus dem Anhange des ersten Bandes einer Geschäftsreise durch Schlesien von Büsching besonders abgedruckt. Breslau, 1812. 8°.
W. 1 S. 366 Nr. 434: Ein Lobspruch der weitberümbten Kayserlichen vnd Königlichen Hauptstadt Breßlau. Briegk, Caspar Siegfriedt. 1611. 4°. Mit Hlzschn.

Freudenberg, E., ein Lobspruch d. weitberühmten Hauptstadt Breslau in Schlesien. 8. Bresl. 812. W. G. Korn. 2 gr.

FREUDENBERG, Erh. Mich. (ps.), Erörterung d. Frage, obs besser seye sich zu verheirathen, als ledig zu bleiben etc. O. O. 1724. 12°. Rar!

— — Etwas für Alle in einer aingemachten ALLABATTRITTA oder Lustigen Gesellschaft, das ist: Zur Zeit-Verkürtzung, so wohl denen Reisenden, als auch in angenehmer Gesellschafft, item allen Melancholischen Grillen-Fängern und Stuben-Sitzern, als eine heilsame Artzney wider das Podagra, sehr annehmlich zu lesen; mit allerhand ausbündig-schönen, kurtzweiligen und lächerlichen Geschichten, versehen und ans Liecht gebracht von —. Mit Titelkpf. (unsign.). Hall, bey Johann Andreas Scharff. 1732. 12°.
288 S. (incl. Tit. in Roth- u. Schwarzdr. u. 1 S. „Vorr. an den günstigen Leser"). Enth. 298 Nrn., 2. Theil derb u. frei. Einiges in Reimen. Sehr selten! — Goedeke III, 267, 42 hat die Jahrzahl „1731" (nach Germania 17, 329).

FREUDENBERG, Ernst (Weinheim): Versuche mit Diureticis an chlorarm gemachten Tieren.- München: Wolf 1910. 26 S.
1.7.1911 - Chr 1911/12,24; U 11.3623
Diss.Ingolst.-Landsh.-Mchn.

Freudenberg, **Alkarnose.** gr. 8. (4 S.) Leipzig 899. B. Konegen. n. 1.—

— eine **Anregung** behufs Erleichterung der Abdominaluntersuchung. gr. 8. (4 S.) Ebd. 901. n. 1.—
2 Sonderabdrucke aus: „Der Frauenarzt".

— zu Dr. E. **Toff's** Aufsatz: Ueber Styptol in der Frauenheilkunde. (4 S.) 8. Ebd. 904. n. 1.—
2 Sonderabdrucke aus: „Der Frauenarzt".

— üb. mechan. Behandlung von **Gebärmuttergeschwülsten.** gr. 8. (14 S.) Neuwied 890. Leipzig, E. Fiedler. n. — 60

Freudenberg, üb. mechanische Behandlung v. Gebärmuttergeschwülsten. [Aus: „Frauenarzt".] gr. 8. (14 S.) Neuwied 890. Heuser's Verl. n. — 60

Freudenberg, Frz., ein **Fall** v. Morbus Basedow, behandelt m. Antithyreoidin [Möbius]. (11 S.) gr. 8. Leipzig 906. B. Konegen. n. 1.—
Sonderabdruck aus: „Der Frauenarzt".

Freudenberg, s.: **Frauenarzt**, der.

Freudenberg, Frz., aus d. älteren Gesch. d. Rosenkreuzer. (43 S.) gr. 8. Meerane (Berlin, H. Bermühler). (Urspr. Pr. — 75)

Aus der älteren Geschichte der Rosenkreuzer. Von Franz Freudenberg. Dresden: Engel 1905. 43 S. 8⁰
Aus: D. Wort. (Dresden) 10 (1904) S. 257—271, 289—302, 321—334.
Auszug in: DrL. 35 (1904—1905) S. 241—253.
Recens: Psychische Studien. 1906 S. 60 (W. Bohn); Die übersinnliche Welt. 1906 S. 159 bis 160.
Preist den Kern der Rosenkreuzerei als echt, fromm u. tiefsittlich u. rühmt den Rosenkreuzern Bestrebungen zu einer ruhigen Fortentwicklung der Religion, Wissenschaft u. Kunst nach.

Freudenberg, Franz (geb. am 23 Dez. 1852 in Bonn): Giebt es ein essentielles Fieber? ... Bonn, Univ.-Buchdr. v. C. Georgi 1876. 26 S., 1 Bl. 8.
Bonn, Med. Fak., Diss. v. 18 Juli 1876

Zum Konvent von Wilhelmsbad. Von [Franz] Freudenberg. 8⁰
Aus: BZC. 35 (1906) S. 242—251.
Abgedr. in: DrL. 36 (1905—1906) S. 307—314.
Üb. J. L. v. Beyerle's Buch: „De Conventu generali latomorum". 1782. 110.

— lässt sich die **Fortdauer** des Menschen nach dem Tode naturwissenschaftlich begreifen? gr. 8. (15 S.) Bitterfeld (898). F. E. Baumann. — 25

— das **Leukrol.** (12 S.) gr. 8. Leipzig 906. B. Konegen. n. 1.—

Freudenberg, die **Brandtsche Massage** bei Frauen-Krankheiten u. ihre glänzenden Heilerfolge, gemeinverständlich dargestellt. 8. (96 S.) Dresden 894. Verlagsanstalt „Zum Merkator". 2.—

— üb. neuere **Nähr- u. Anregungsmittel.** I. Fleischsaft „Puro". [Aus: „Der Frauenarzt".] gr. 8. (4 S.) Leipzig 898. Verlag d. „Reichs-Medicinal-Anzeigers" B. Konegen. n. 1.—

— neuere **Nähr- u. Genussmittel.** Hygiama u. Dr. Theinhardt's lösl. Kindernahrg. gr. 8. (16 S.) Leipzig 899. B. Konegen. n. 1.—

— üb. **Naturheilkunde** m. besond. Berücksicht. der Vorschriften derselben üb. Behandlung v. Geburt u. Wochenbett. [Aus: „Frauenarzt".] gr. 8. (6 S.) Neuwied 890. Heuser's Verl. — 30

— nochmals üb. **Naturheilkunde.** Zugleich e. Entgegng. [Aus: „Frauenarzt".] gr. 8. (7 S.) Ebd. 890. — 30

— **Sanguinal.** gr. 4. (4 S.) Ebd. 899. n. 1.—
2 Sonderabdrucke aus: „Reichs-Medizinal-Anzeiger".

— **Valyl.** gr. 8. (4 S.) Ebd. 902. n. 1.—
Sonderabdruck aus: „Der Frauenarzt".

Freudenberg, Frdr. Carl, **Grundrente**, Grundkredit u. d. Entwickelung d. Grundstückspreise in Karlsruhe u. Vergleich m. d. entsprechend. Verhältn. in Mannheim m. besond. Berücksicht. d. derzeit. Krise im Baugewerbe. Nach amtl. Material bearb. (VII, 91 S. m. 7 Tab. u. 1 farb. Plan.) gr. 8. Karlsruhe 907. G. Braun'sche Hofbuchdr. 2. 40

Freudenberg, Frdr. Carl, das Verhältnis v. Verschuldung u. Mietzins in der Stadt Mannheim, nach dem Stand vom 1. I. 1903 u. im allgemeinen bearb. (VIII, 127 S. m. 1 eingedr. Plan u. 2 Tab.) gr. 8. Karlsruhe 906. G. Braun'sche Hofbuchdr. n. 2. 40

— Die **Wertzuwachssteuer** in Baden. (VI, 44 S. m. 5 Taf.) gr. 8. Ebd. 908. 1. 40

Freudenberg, Fr(iedr.) Theodor, approb. Arzt aus Schönbaum b. Bischofswerda: Über **Vesicocervicalfisteln** und ihre Behandlung besonders durch Hystero- resp. Hysterocolpocleisis und über Sterilisation durch Tubenunterbindung. *Leipzig 1900: A. Edelmann.* (53 S.) 8⁰
Leipzig, Med. Diss. v. (30. Juni) 1900

Freudenberg, G. Über das psychophysische Grundgesetz. Versuch einer populären Darstellung des von E. H. Weber entdeckten und von Th. Fechner weiter begründeten Gesetzes der Empfindung. 8 S. **Progr.** Zeidl. *Dresden* 1883.

Freudenberg, Geo., Heinr. Frauenlob. Ein rhein. Gedicht. 16. (60 S.) Wiesbaden 864, Limbarth. cart. mit Goldschn. * geb. *

Freudenberg, G., Heinrich **Frauenlob.** Ein rhein. Gedicht. 2. Aufl. 16. (60 S.) Wiesbaden 889. Limbarth. geb. m. Goldschn. n. 2.—

Freudenberg, Geo., Gedichte. Wiesbaden 860. Limbarth. 16. (99 S.) n. 15 ngr.

— **Gedichte.** 2. Aufl. 16. (99 S.) Ebd. 889. geb. m. Goldschn. n. 2.—

Freudenberg, G., gründl. Hülfe f. Blinde in geistiger u. leibl. Beziehung. Mit e. Vorw. v. **Aug. Zeune.** gr. 8. (71 S.) Berlin 848, Vereins-Buchhandlung. ⅓ ♂

— **Lore-Ley.** Ein Rheinmärchen in 7 Bildern. 2. Aufl. 16. (VI, 66 S.) Ebd. 889. geb. m. Goldschn. n. 2.—

Freudenberg, *Gotthold* Die bekannteren der bei uns kultivierten Nadelhölzer mit besonderer Berücksichtigung der Coniferenpflanzung zu Pillnitz. 4 (S. 3—10).
Progr. Rsch. mit G.- u. Elementarkl. *Dresden* 1886 (518).

Freudenberg, H.
Ueber die Bedeutung der elektromotorischen Kraft für elektrolytische Metalltrennungen. Leipzig, 1893. 8vo.

Freudenberg, Henricus (geb. 1800 in Odenkirchen Rgbz. Düsseldorf): De tuberculorum in hepate et pulmonibus causis atque cura ... Bonnae, ex typogr. P. Neusseri (1824). 3 Bl., 21 S., 1 Bl. 4. ¶ In Komm. bei Habicht in Bonn.
Bonn, Med. Fak., Diss. v. 13 März 1824

Freudenberg, *Hermann Johann Gerhard* [aus Bremen]: Über die Bedeutung der elektromotorischen Kraft für elektrolytische Metalltrennungen ... (Aus: Zeitschr. f. physik. Chemie, Bd. XII Heft 1.) Leipzig, W. Engelmann, 1893; 32 S., 1 Bl. 8.
Leipzig, Phil. Fak., Inaug.-Diss. v. [4. Aug.] 1893

Freudenberg, J., Urkundenbuch des röm. Bonn. Pr. 1851. 46 S. m. 1 Karte. 4°.

Freudenberg, J., s. Volksschriften d. Nationalvereins, II. 3.

Freudenberg, **J., s. *Voss*, J. H., Commentarius nonus eclogae etc.**

Freudenberg, J. C. T. Heinrichii Schedae Lycurgeae. 40 S. .
Bonn, Progr. 1850

Freudenberg, J. G. Dissertatio physico-medica de lapide ... Giessae. 1762.4.

Freudenberg, Ika: Der Bund deutscher Frauenvereine, s. Stritt, Marie

Freudenberg, Ika, die Frau u. die Kultur d. öffentl. Lebens, s.a. Kulturaufgaben, die, der Frau.

Die Frau und die Kultur des öffentlichen Lebens. Von Ika **Freudenberg**. Leipzig: Amelang 1911. VIII, 332 S. 8°
(Die Kulturaufgaben d. Frau. 2.)

- u. Wilh. **Ohr**, d. Frau u. d. Politik, s.a. Volks-Schriften d. Nationalvereins f. d. liberale Deutschland.

Freudenberg, Ika, u. Wilhelm Ohr: Die Frau und die Politik. — München: Nationalver. [1908]. 20 S. 8° [Umschlagt.] (Volks-Schriften d. Nationalvereins f. d. Liberale Deutschland. 3.)
2 Aufsätze: 1. Ohr: D. polit. Eingliederung d. Frau. — 2. Freudenberg: D. Frau im öffentl. Leben,

Freudenberg, J., Frauenbewegung, s. Lebensziele, neue.

— I.: Frauenbewegung u. Sexualethik.

Freudenberg, J., s. Kulturaufgaben.

Freudenberg, Ika: Was die Frauenbewegung erreicht hat. — München: Buchh. National-Verein 1910. 40 S. 8°

- Wendet sich die Frauenbewegung an die Jugend? s.a. Lebensziele, neue. 1.

Freudenberg, Ika: Weshalb wendet sich die Frauenbewegung an die Jugend? — Leipzig: Voigtländer 1907. 15 S. 8° (Neue Lebensziele. 1.)

Freudenberg, Ika, ein Wort an die weibl. Jugend. (25 S.) 8. Leipzig 903. Berlin, Verlag der Frauen-Rundschau. n. — 60

— Ein Wort an die weibliche Jugend. 2. Aufl. — Leipzig: Frauen-Rundschau 1903. 25 S. 8°

Freudenberg, Johann Georg (Straßburg)
Disputatio inauguralis medica de maculis infantum volaticis Epilepsia comitatis, vulgo von dem Gicht-Flug der kleinen Kinder.
Giessae Hassorum 22. Febr. 1704. 22 S. 4
auch in: Valentini Michael Bernh.: Praxis Medicinae infallibilis. 1711 u. 1721 (S. 687 - 699).

Freudenberg, Johannes

Freudenberg, J. Annotationum in Cic. orat. p. S. Roscio Amer. specim. 14 S. . . . .
Progr. Münstereiffel 1837

Freudenberg, Joh., das Denkmal des Hercules Saxanus im Brohlthal. Fest-Programm zu Winckelmanns Geburtstage am 9. Decbr. 1862. Hrsg. vom Vorstande des Vereins von Alterthumsfreunden im Rheinlande. gr. 4. (29 S. mit 1 chromolithogr. Taf.) Bonn 862, Marcus. *

Freudenberg, Joh., das Denkmal des Hercules Saxanus im Brohlthal. Fest-Programm zu Winckelmann's Geburtstage am 9 December 1862. Herausg. vom Vorstande des Vereins' von Alterthumsfreunden im Rheinlande. Hierzu 1 (lith.) Taf. Bonn 862. Marcus. gr. 4 (20 S.) n. 20 ngr.

Freudenberg, Joh. Observationes Livianae [Praef. §. 6. I. 9. 5. I. 22. 5. I. 41. extr. II. 17 init. II. 30 init. II. 32. 9. II. 41 post. init. III. 44. 6. VI. 1 sub fin.] 14 S.
Bonn, Progr. 1854

— observationes Livianae. Bonn 862. (Habicht.) gr. 4. (16 S.) n. 6 ngr.

Freudenberg, J. Quaestiones hist. in Corn. Nep. vitas. Part. I. 32 S.
Progr. Münstereiffel 1839

Freudenberg, Jo., Quaestt. histor. in Corn. Nepotis vitas quae vulgo inscribuntur excell. imperatt. Part. I. 8maj. Coloniae 839. (Bonnae, Habicht.) n. 1/6 Thlr

Freudenberg, J. Quaestiones historicae in Cornelii Nepotis vitas excellentium imperatorum. Partic. II. 16 S. . .
Bonn. Progr. 1842

Freudenberg, J. Vindiciarum Virgilianarum specimen. 30 S. [Aen. I, 8. I, 286. II, 12. II, 74. II, 62. II, 120. III, 179. 721. III, 134. III, 618.] . . .
Bonn. Progr. 1845

Freudenberg, Jh., Vindiciarum Virgilianarum specimen. Nebst Jahresbericht über den Schulcursus 1844—1845 am Königl. Gymnasium zu Bonn. Von Nic. Biedermann. gr. 4. Bonn 846. (Marcus.) n. 1/3 Thlr

Freudenberg, Julius August, s.a. Freudenberg, Julius Chr. August. – Freudenberg, Julius August

Freudenberg, J. A., über Staats- und Privatbordelle &c. s.a. Gynealogie 15s Bdchn.

Freudenberg, J. A., über Staats- und Privatbordelle &c. 8. Berlin, Oehmigke d. j. 796.

FREUDENBERG, Jul. Aug. Über Staats- und Privatbordelle, Kuppelei und Konkubinat nebst einem Anhang über die Organisierung der Bordelle in alten und neuen Zeiten. O. O., Selbstverlag, 1796. 8°. 173 S.

Freudenberg, Julius Chr. August, s.a. Freudenberg, Julius August. – Freudenberger, Julius August

Freudenberg, J. Chr. A., (Ch. G. Flittner) über Staats- u. Privatbordelle, Kuppelei u. Konkubinat, nebst e. Anhange über d. Organisirung d. Bordelle in alten u. neuen Zeiten. 8. Berl. 796. (Sander). 16 gr.

Freudenberg, Karl

Freudenberg, Carl von (Hessen), Delectus florum ex juribus nobilitatis Germanicae. Diss. acad. Präs. Heinrich Christian Senckenberg. Giessen (E. H. Lammers) 26. I. 1743. 22 S. (4.—) 9500

Freudenberg, Karl: Ueber Depside, Esteranhydride der Phenolcarbonsäuren. (Berlin 1910: Ebering.) 46 S. 8°
Berlin, Phil. Diss. v. 15. Juni 1910, Ref. E. Fischer
[Geb. 1. Jan. 86 Weinheim, Baden; Wohnort: Berlin; Staatsangeh.: Baden; Vorbildung: Goethe-Gymn. Frankfurt a. M. Reife O. 04; Studium: Bonn 5, Berlin 5 S.; Rig. 26. Mai 10.] [U 10. 154

Freudenberg, Carl, nachgelassene Gedichte. Hrsg. von seinem Bruder. 8. (VI u. 122 S.) Löbau 849, Dümmler. n. ½ ℳ

Freudenberg, Karl, menschliche Macht. Lehrbuch des Hypnotismus u. Magnetismus, der Autohypnose, der posthypnot. Suggestion, des Hellsehens, der Traumsuggestion, der Wach-Selbstsuggestion, des persönl. Magnetismus, des Heilmagnetismus. (72 S.) 8. Hannover (905). Gebr. Jiller. n. 2.—

Freudenberg K. die Wertzuwachssteuer in Baden. (44 S 5 T) Karlsruhe 1908

— menschliche Zukunft. (Bibliothek Menschliche Wohlfahrt.) (47 S.) 8. Ebd. (905). n. 1.—

Freudenberg, Karl Gottlieb

Freudenberg, Carl Glieb., aus dem Leben e. alten Organisten. Nach den hinterlass. Papieren d. Verf. bearb. u. hrsg. v. W. Viol. Mit dem wohlgetroffenen Portrait Freudenberg's. (in Holzschn.) 2. Aufl. Billige Ausg. 8. (VIII, 226 S.) Leipzig 872. Leuckart. n. 1. 50

v. Freudenberg, Karoline, neue Blumensträuße, od. Muster zur feinen Stickkunst. gest. von Vogel. gr. Fol. Nürnb. 814, 17. (Geyer. 2 ℳ

Freudenberg, Kurt [pr. Arzt aus Scharley i. O.-Schl.]: Über das primäre Carcinoma corporis uteri ... Leipzig, Druck v. Sellmann & Henne, 1896; 39 S. 8.
Leipzig, Med. Fak., Inaug.-Diss. v. 30. Juli 1896

Freudenberg, Curt, s.: Congreß, der, der Krankenkassen Deutschlands in Leipzig.

Freudenberg, Curt [aus Berlin]: Ueber Waugenplastik. . . . Berlin, Buchdr. v. Gustav Schade (Otto Francke) ([illegible]); [illegible] S. + 1 B. 8°
Berlin, Med. Fak., Inaug.-Diss. v. 11. Okt. 1900

— **Ludwig von (Hessen),** Dissertatio de origine et progressu specialium Romano-Germanici Imperii rerumpublicarum. Präs. Johann Nicolaus Herte. Giessen (Henning Müller) 1701. 56 S. (5.50) 9501

Freudenberg, M., die auf der Bleihütte bei Ems zur Gewinnung d. Flugstaubs getroffenen Einrichtungen. gr. 8. (30 S. m. 3 Steintaf.) Ems 883. Kirchberger. n. 2. 50

Freudenberg, Rich., unser Bismarck. Ein Bild deutscher Mannesgröße f. junge Geschlecht. (31 S. m. 1 Bildn.) gr. 8. Radebeul 910. M. Lämpe. —40

Freudenberg, Rich., Erinnerungen an das Mittelmeer. Mit 14 Landschaftsbildern. (V, 139 S.) gr. 8. Krefeld (904). Kramer & Baum. n. 3. —

Freudenberg, R

Eine deutsche Pflanzung am Corantin. Roman. Berlin 1882.

s.a. Roman-Zeitung, Deutsche. Bd 2.3.

Freudenberg, Rich., eine deutsche Pflanzung am Corantin. Roman. 3 Bde. 8. (221, 232 u. 264 S.) Berlin 882. Janke. n. 10. —

Freudenberg, R., Söitelsch Plött [Süchtelner Plattdeutsch] m. Wörterverzeichnis u. Dialektproben. Ein Beitrag zum Studium der niederrhein. Mundart. 8. (VI, XI, 105 S.) Viersen 888. Hoster. n. 1. 50

— Streifzüge durch London. Novellen u. Bilder. (2. Aufl.) 8. (301 S.) Köln 890. J. G. Schmitz. n. 2. —

Freudenberg, Rich., verknüpft u. getrennt. Roman. 3 Bde. 8. (224, 215 u. 225 S.) Berlin 886. Janke. n. 10. —

Freudenberg, V., wenn die Sonne erkaltet, s.: Schulze's Zehnpfennigbücher. Nr. 43.

Freudenberg, Vict., s.: Spectator.

Allgegenwart ⟨Grillparzer⟩. Für Männerchor comp. von Wilhelm **Freudenberg.** Leipzig & Zürich: Gebr. Hug & Co. 1906. (11 S.) 4°

Freudenberg, Wilhelm, Dr.: Der Anophorit, eine neue Hornblende vom Katzenbuckel. Heidelberg: C. Winter 1908. (40 S., 1 Taf.) 8° ¶ (Aus: Mitteilungen d. Bad. geol. Landesanstalt Bd 6 S. 47—84.)
Tübingen, Naturw. Fak., Hab.-Schr. v. 1908
(Nicht für den Austausch)

Ave Maria. ⟨H. Leuthold.⟩ Für Männerchor comp. von Wilhelm **Freudenberg.** Leipzig & Zürich: Gebr. Hug & Co. 1906. (10 S.) 4°

— **Wilh. Salomon u. Adf. Sauer,** Berichte üb. die Ausflüge d. oberrheinischen geolog. Vereins in die Umgebung v. Heidelberg. (89 S. m. 20 Fig.) 8. Heidelberg 909. G. Koester. —40
Sonderabdr. aus „Berichte üb. d. Versammlgn. d. oberrhein. geol. Ver., 42. Versammlg.

Er ist's. ⟨E. Möricke.⟩ Für Männerchor comp. von Wilhelm **Freudenberg.** Leipzig & Zürich: Gebr. Hug & Co. 1906. (7 S.) 4°

Fest-Gesang zur feierlichen Einsetzung der Loge Friedrich zur Gerechtigkeit vom 18. Okt. 1893. Comp. von Wilh. **Freudenberg.** [Berlin 1893.] 2 Bl. 8° [Umschlagtit.]
Ohne Noten: „In hellen Tönen lasst ein Jubellied erschallen . . .“

Freudenberg, Wilhelm, a. Weinheim: Geologie und Petrographie des Katzenbuckels im Odenwald. Heidelberg: C. Winter 1906. (VII, 160 S.) ¶ (Aus: Mitteilungen der Großh. Badischen Geologischen Landesanstalt Bd 5, H. 1.)
Heidelberg, Naturw.-math. Fak., Ref. Rosenbusch, Diss. v. 6. Aug. 1900
[Geb. 27. Mai 81 Weinheim; Wohnort: Weinheim; Staatsangeh.: Baden; Vorbildung: Lessing-Gymn. Frankfurt a. M. Reife O. 98; Studium: Tübingen 3, Heidelberg 2, Freiburg i. B. 1, Heidelberg 3 S.; Rig. 23. Juni 05.]

Freudenberg, W., german grammar. Key. 8. (III, 179 S.) Heidelberg 885. C. Winter. cart. n. 2.— (Hauptwerk u. Key: n. 8.—)

Johannisnacht. Oper in 3 Aufz. Von Wilhelm **Freudenberg**. Charlottenburg [1896]: Münch. 59 S. 8° [09. 18213

Die Klause am Sulmenbach. Oper in 3 Akten. Nach d. gleichnamigen Novelle von Gustav Pfarrius von Wilhelm **Freudenberg**. Berlin [1904]: Bernstein. 90 S. 8° [09. 18214

Kleopatra. Eine Oper in 4 Acten von Ernst Pasqué. Musik von W[ilhelm] **Freudenberg**. [Textbuch.] Berlin: G. Bernstein [1898]. (52 S.) 8° [F.] [16. 14339

Freudenberg, Wilh., die Lehre v. den Intervallen. Eine prakt. Anleitg. zur systemat. Entwickelg. der Intervalle aus dem Tonsystem. 8. (23 S.) Berlin (902). Globus-Verlag. n. — 50

Freudenberg, W., deutsches Lesebuch, s.a. Lesebuch.

Freudenberg, Wilh., Deutsches Lesebuch. Unter Mitwirkung mehr. Lehrer hrsg. 1. Cursus. Für d. Alter von 6 bis 7 Jahren. 2. verb. Aufl. gr. 12. (IV u. 116 S.) Koblenz 849, Bädeker. 1/6 ₰ — 2. Cursus. Für das Alter v. 8 bis 10 Jahren. 2. verb. Aufl. gr. 12. (VI u. 235 S.) Ebd. 849. 1/3 ₰ — 2. Cursus. Für das Alter v. 9 bis 12 Jahren. 3. verm. u. verb. Aufl. 8. (240 S.) Ebd. 851. 1/3 ₰

— a new practical method of learning the german language. 2 parts. gr. 8. Ebend. 884. geb. n. 6. —
1. Grammar and exercises. (VIII, 304 S. m. 1 lith. Schrifttaf.) n. 3. 60. — 2. Introductory german reader; prose and poetry. (VI, 166 S.) n. 2. 40

Motetten des Kaiser Wilhelm Gedächtnis Kirchenchors zu Berlin von W[ilhelm] **Freudenberg**. [Partitur.] No 1. Leipzig & Zürich: Gebr. Hug & Co. in Komm. (1905). 4° [F.] [06. 8846

Nordmännerlied. (Aus 'Ekkehard' von Scheffel.) Für Männerchor comp. von Wilhelm **Freudenberg**. Leipzig & Zürich: Gebr. Hug & Co. 1906. (9 S.) 4° [06. 13406

Freudenberg, Wilh., die Säugetierfauna des Pliocäns u. Postpliocäns v. Mexiko, s.a. Abhandlungen, geologische, u. palaeontologische.

Die Säugetierfauna des Pliocäns und Postpliocäns von Mexico. Von Wilhelm **Freudenberg**. 1. Jena: Fischer 1910. 4° (Geologische u. palaeontologische Abhandlungen. N. F. Bd 9, H. 3.) [10. 16011

Freudenberger, s.: Fürsorgewesen.

Freudenberger, Andreas: Ragman Roll. Ein spätmittelenglisches Gedicht. Erlangen 1909: Junge. XIV, 20 S. 8°
Erlangen, Phil. Diss. v. 27. Okt. 1909, Ref. Varnhagen
[Geb. 18. Dez. 70 Nürnberg; Wohnort: Nürnberg; Staatsangeh.: Bayern; Vorbildung: Realgymn. Nürnberg Reife 02; Studium: Erlangen 12 S.; Rig. 22. Juli 08.] [U 10. 853

Freudenberger, G.

—— Über das Fehlen d. Auftakts in Chaucers heroischem Verse, s. Beiträge, Erlanger, zur englischen Philologie.

Freudenberger, G., Heilbronn, seine Umgebung u. das untere Neckarthal bis Heidelberg. Ein Führer f. Fremde u. Einheimische. Mit 1 (farb.) Karte 1:200,000 u. 1 (farb.) Stadtplan 1:15,000. 12. (IV, 52 S.) Heilbronn 892. E. Salzer. n. 1. —

Freudenberger, G. A., Haat're un ernschde G'schichtle vunn Hallbrunn odder Was d'r alt Beißnaachel uffg'schriewe hat. Verzehlt vunn F. (64 S.) kl. 8. Heilbronn (905). (F. Stritter.) n.n. 1. 25
Allg. Bücher-Lexikon. XXXIII. Band. (XIV. Supplement-Band

Freudenberger, Hermann, Dr.: Hamburgs **Streit** mit Christian IV. von Dänemark über den Glückstädter Zoll 1630–1645. *Hamburg 1902.* (87 S.) 8° ¶ [= Rostocker Dissertation 1902.]
Hamburg, Talmud Tora R, P 1903 (844)

Freudenberger, J. G., hist. recentior controversiarum de Clem. Rom. epistolis. Lips. 1735. 4.

FREUDENBERGER, Josef (Abensberg): Über das Conchinin und seine therapeutische Verwendung. Nach Beobachtungen auf der Klinik des Herrn Prof. Dr. v. Ziemssen in München Mit 11 Curven.- Leipzig: Hirschfeld 1879. 32 S.
26.7.1879 - Urk (Titel: De conchinino deque eius usu therapeutico.); Chr 1879/80,14
Diss.Ingolst.-Landsh.-Mchn.

Freudenberger, Jos., ein Sommersemester in der Klinik des Hrn. Prof. Dr. v. Ziemssen zu München. Mit Genehmigung des Hrn. Prof. Dr. v. Ziemssen nach Stenogrammen hrsg. gr. 8. (VI, 184 S.) München 883, J. A. Finsterlin. *

Freudenberger, Julius August [Pseud.], s.a. Flittner, Christian Gottfried

Freudenberger, Julius August, s.a. Freudenberg, Julius August. – Freudenberg, Julius Chr. August

Freudenberger, Markus

Freudenberger, M., Beiträge zur Naturgeschichte der Sprache. 8. (V, 147 S.) Leipzig 900. E. Avenarius. n. 2.—

Freudenberger, M., üb. das Fehlen d. Auftakts in Chaucer's heroischem Verse, s.a. **Beiträge, Erlanger, zur englischen Philologie.**

Freudenberger, M. Ueber das Fehlen des Auftaktes in Chaucers heroischem Verse. Diss. Erlangen 1889. 84 S. **Progr.**

Freudenberger, Markus [aus Heidingsfeld]. Über das Fehlen des Auftakts in Chaucers heroischem Verse. ... Erlangen, Druck d. Univ.-Buchdr. v. Junge & Sohn, 1889: 2 Bl. + 84 S. 8°
Erlangen, Phil. Fak., Inaug.-Diss. v. 1889

Freudenberger, Sigmund

Freudenberger, Sigm. (1745—1801), 10 kolor. Stiche. Im Dreifarbendr. reproduziert. (Mit IV S. Text.) 34 × 28 cm. Bern 909. Stämpfli & Co. 9

Freudenberger, Uriel, († im März 1768.) Beschreib. des im Bisthum Basel gelegenen Münsterthales. 8. Neustadt in d. Schweiz 758. Mit e. neuen Titelbl. 773.

[Freudenberger, Uriel.] Der Wilhelm Tell. Ein Dänisches Mährgen. Aus dem Französischen in das Deutsche übersetzt. 8. *o. O.* 1760.

— s. A. L. v. Watteville, Stadtbeschreibung.

Freudenbezeigungen des K. K. Theresianischen Kollegiums bey der Krönung Josephs II. ... Wien 1764. V: *Denis, Joh. Nep. Michael Cosmas.* (Jes)

Freuden-Bezeugung, Aller-Unterthänigste, über des . . . Herrn Carl des VI . . . Verrichtete . . . Regierungs-Anstalten und Krieges-Helden-Thaten in Hispanien . . . Breslau 1711. V: *Kretschmar, Gottfried von.* (Kat. d. Druckschr. üb. Breslau. Breslau 1903. S. 11.)

Freudenburg, James, Referendar: Der Handelsmäkler. Jena 1906: A. Kämpfe. (60 S.) 8°

Jena, Jur. Fak., Ref. Rosenthal, Diss. v. 31. März 1906

[Geb. 11. Dez. 75 Braunschweig; Wohnort: Braunschweig; Staatsangeh.: Braunschweig; Vorbildung: Gymn. Braunschweig Reife M. 95; Studium: München 1, Berlin 5, Kiel 1 S.; Rig. 9. März 06.]

Freudenburg, S., der Croup, wie man denselben erkennen, v. Lungenkatarrh u. Keichhusten unterscheiden kann. Ein Leitfaden für Eltern &c. 8. (16 S.) Hannover 848, Helwing. n. 1/6 ₰

Allerunterthänigstes **Freuden-Denckmahl,** Welches Bey Ankunfft des zu Schleswig Hollstein etc. Regierenden Hertzoges Carl Friederich und Gemahlin Anna Petrowna von Burgermeister und Rath wie auch der Bürgerschaft zu Kiel [illegible] errichtet worden Nebst [illegible] kurtzen Beschreibung des am 26 Aug. 1727 gehabenen Ein[illegible] Kiel (1727 [illegible]

Freudenernte. Festbericht üb. die Jubelfeier des 200jähr. Bestehens der bad. Waldenserkolonien Palmbach-Untermutschelbach. (Hrsg v. Gust. Meerwein.) gr. 8. (80 S.) Karlsruhe 901. A. A. Reiff. n.n. — 50

Freudenfeld, Bernhard H.

Freudenfeld, Bhd. H., Frühlingsgeschenk, od. Samml. kleiner Gedichte. gr. 8. Götting. 811. Vandenhoeck u. R. 10 ℊ

— d. Glaubensbekenntniß d. römisch-kathol. Kirche nebst Uebersetzung, einleitenden u. erläuternden Bemerk. 8. Münster 820. 2e A. 821. Coppenrath. 6 ℊ

— Weihnachtsgeschenk. 8. Götting . . .

— f. Zeitschrift f. Poesie.

Freudenfeldt, C. A., Leitfaden zum ersten Unterr. im Klavierspielen, f. Lehrer u. Lernende; nebst 1 Musik-Beilage mit Erläut. qu. Fol. Berl. 822. Trautwein. 10 ℊ

Freudenfeldt, H., Erwerbungen Preussens und Deutschlands. Eine Karte in Farbendr. zum Gebrauch beim Unterricht in der vaterländ. Geschichte. Neue Ausg. Fol. Berlin 872, Seehagen. *

Freudenfeldt, H., Die Erwerbungen des Preuss. Staates, eine Karte zum Gebrauch für die Schule etc. Berlin, 1857. qu.-Fol.

Freudenfeldt, H., u. F. **Pfeffer,** Preußen u. Deutschland unter den Regenten aus dem Hause Hohenzollern. Eine Tab. zum Gebrauch beim Unterricht in der vaterländ. Geschichte. Mit e. Karte in Farbendr.: die Erwerbgn. Preußens u. Deutschlands (in qu. Fol.) 11. verm. Aufl. gr. 8. (IV, 47 S.) Berlin 873. Seehagen. n. — 70; ohne Karte n. — 40

— dasselbe. 12. Aufl. gr. 8. (IV, 49 S. m. e. chromolith. Karte in qu. Fol.) Ebend. 875. n. — 80; ohne Karte n. — 40

Freudenfeldt, H., und F. **Pfeffer,** Preußen und Deutschland unter den Regenten aus dem Hause Hohenzollern. Eine Tabelle zum Gebrauch beim Unterricht in der vaterländ. Geschichte. 13. verm. Aufl., besorgt von F. Pfeffer. gr. 8. (IV, 50 S.) Berlin 878, Seehagen. *

Mit chromolithogr. Karte *

Freudenfeldt, H., u. F. **Pfeffer,** Preußen u. Deutschland unter den Regenten aus dem Hause Hohenzollern. Eine Tabelle zum Gebrauch beim Unterricht in der vaterländ. Geschichte. 14., verb. Aufl., besorgt von F. Pfeffer. gr. 8. (IV, 48 S.) Berlin 882. Seehagen. n. — 40; m. 1 chromolith. Karte n. — 80

Freudenfeldt, H., u. F. **Pfeffer,** Preußen u. Deutschland unter den Regenten aus dem Hause Hohenzollern. Eine Tabelle zum Gebrauch beim Unterricht in der vaterländ. Geschichte. 15. Aufl., besorgt v. F. Pfeffer. gr. 8. (IV, 48 S.) Berlin 887. Seehagen. n. — 40; m. Karte n. — 80

Freudenfeldt, H., u. F. **Pfeffer,** Preußen u. Deutschland unter den Regenten aus dem Hause Hohenzollern. Eine Tabelle zum Gebrauche beim Unterricht in der vaterländ. Geschichte. 16. Aufl., vollständig umgearb. v. Paul Schwartz. 8. (IV, 60 S.) Berlin 892. O. Seehagen. Kart. n. — 50; m. 1 farb. Karte n. — 80

Freudenfeld, H., u. F. **Pfeffer,** Preußen u. Deutschland unt. d. Regenten aus d. Hause Hohenzollern. E. Tabelle z. Gebr. b. Unterr. in d. vaterländ. Geschichte, vollst. umgearb. v. Paul Schwartz. 17. Aufl. 8. (IV, 60 S.) Berlin 897. O. Seehagen. Kart. n. — 50; m. farb. Karte n. — 80

Freudenfeldt, H., und F. **Pfeffer,** Preußen unter den Regenten aus dem Hause Hohenzollern. Eine Tabelle zum Gebrauch beim Unterricht in der vaterländ. Geschichte. 853. — 2. Aufl. Berlin 857. Vieler u. Co. 8. (48 S.) 3 ngr.

Freudenfeldt, H., und F. **Pfeffer,** Preußen unter den Regenten aus dem Hause Hohenzollern. Eine Tabelle zum Gebrauch beim Unterricht in der vaterländischen Geschichte. 3—6. unveränd. Aufl. Berlin 860—64. Seehagen. gr. 8. (48 S.) n. 3 ngr.; mit 1 (lith.) Karte in Farbendr. (in Fol.) n. 6 ngr.

Freudenfeldt, H., u. F. **Pfeffer,** Preußen unter den Regenten aus dem Hause Hohenzollern. Eine Tabelle zum Gebrauch beim Unterricht in der vaterländischen Geschichte. 7—10. unveränd. Aufl. Berlin 865—70. Seehagen. 8. (48 S.) n. 3 ngr.; Ausg. mit 1 (lith.) Karte (in Fol.) n. 6 ngr.

—— dass. — Mit einer Karte in Farbendr.: die Erwerbungen Preußens und Deutschlands (in qu. Fol.). 11. verm. Aufl. 1873, und 12. Aufl. gr. 8. (IV, 47 S.) Ebendas. 875. (* 70 Pf.) *
Ohne Karte *
Karte apart *

Freudenfeldt, H., und C. L. **Ohmann,** Der preussische Staat in seiner territorialen Entwickelung unter den Hohenzollern. 1.–10. Aufl. Berlin 1869—92. gr. Fol. Chromolith. . . . . (Br. Mu., z. T.)

—— und C. L. Ohmann, der preussische Staat in seiner territorialen Entwickelung unter den Hohenzollern. 1.—7. Aufl. Fol. Berlin 869—75, F. Lobeck. [Anders.]

Freudenfeldt, H., und C. L. **Ohmann,** der preussische Staat in seiner territorialen Entwickelung unter den Hohenzollern. 8. Aufl. Neue, nach den letzten Erwerbungen vollständig umgearb. Ausg. Lithogr. und color. qu. gr. Fol. Berlin 878, Friedberg und Mode. *

— Wechselklagen und Wechseleinreden nach der Wechselordnung u. dem bürgerlichen Rechte, leichtfasslich dargestellt unter besond. Rücksichtnahme auf die Praxis d. Reichs-Ober-Handels-Gerichts u. Reichs-Gerichts. [Aus: „Blätter f. popul. Rechtswissenschaft".] 2. (Titel-)Ausg. gr. 8. (IV, 78 S.) Leipzig 889. Fock. n. — 50

Freudenfeldt, Hermann

FREUDENFELDT & SAUER. *Das Buch der Kindheit.* Lieder, Fabeln, Erzählungen etc. zum Gebrauch für Schule u. Haus zusammengetragen von den Lehrern Herm. Freudenfeldt u. Wilh. Sauer mit 7 [statt 8 handkolor. lithogr.] **Bildern v. TH. HOSEMANN [inkl. Titel]. 319 S. Kl.-8°. Ganz reizend (wohl von Hosemann) illustr. Or.Karton in Mehrfarbendruck.** 16.—
Brilobr. 214. R. 791. ★ Erstausgabe. — Das Frontispiz fehlt. Hie u. da leichte Flecken, Einband etwas bestoßen, Rücken lädiert.

Freudenfels, Felix v., eine Gesch. menschlicher Freuden u. Leiden. 4 Thle. s. neue Originalromane der Deutschen 27r — 30r.

Freudenfest einer Dorfgemeinde in Ungarn. Ländl. Gemälde in 1 A. 8. Wien, Wallishausser. 5 K

Hochzeitliches Freuden-Fest des Pegnitz-Schäfers Rosidans mit seiner herzliebsten und liebwerthen Rosillis: angestellt den 30 Herbst M. und besungen von MYRTILLUS / mit Beysprache etlicher seiner Weidgenossen. Anno 1668. 4°. (8°.)

Freudenfest, Das, guter Unterthanen zum Empfange ihrer wohlthätigen Herrschaft. O. O. [1778]. V: *Meyer, Franz Anton von.* (GGr)

FREUDENGEFÜHLE am Tage der Consecration des Hochw. Herrn Martin von Miskolczy . . . zum Tinnier Weihbischof, . . . den 21. März 1841. Ausgedrückt durch C. B. R. Gran (1841): Jos. Beimel 2 f. - 4°

Freudengeister, von G. Schilling. (Sämmtliche Schriften. 41r Bd.) 8. Dresden, Arnold. 817.

FREUDEN Gesang Seiner Exzellenz des Herrn . . . Ernest Fürst zu Schwarzenborg &c. Durchlaucht, bey dem feyerlichen Einzuge, als Bischof zu Raab . . . gewidmet von den Priestern der frommen Schulen zu Ungarisch-Altenburg 1819. Ungarisch Altenburg 1819: Druck von Leopold Streibig. 8 S. - 4°

Freuden-Gesang zur Feyer der . . . Anwesenheit unseres Landesvaters Franz des Ersten usw. Pesth 1820. V: *Saphir, Moriz Gottlieb.* Vgl. Petrik Bibliogr. Hungariae 3 (1891), S. 280. — Saphirs Verfasserschaft bezweifelt von Kertbeny. (DARP)

Freudenhammer, Gerh. (geb. Geldern 9. 3. 1850): Carcinoma oesophagi. Berlin (1873). (32 S.) 8°
Berlin, Med. Diss. v. 15. Aug. 1873

Freudenheim, Ida, die Zahnärztin, s. a. Frauen-Berufe. Nr. 17

Freudenheim, Ida: Die Zahnärztin. — Forderungen, Leistungen, Aussichten in diesem Berufe. — Leipzig: Bange [1904]. 24 S. 8° (Frauen-Berufe. 17.)

Freudenheim, Martin, aus Berlin, Referendar am kgl. Landgericht I Berlin: Die rechtliche **Stellung** des Testamentsvollstreckers nach gemeinem Rechte und dem Rechte des bürgerlichen Gesetzbuches. *Berlin 1900: M. Silberberg.* (33 S.) 8°
Erlangen, Jur. Diss. v. 15. März 1899

Freudenhöfer, Franz Dietr. [d. i. **Thomasius**, Chr.]: Gründliche Erörterung der Frage: Ob es einem Scribenten, wenn seines Gegenparts Streit- und Schutz-Schrifft eine auswärtige Obrigkeit durch den Hencker verbrennen lassen, zu einer Ehre und Rechtfertigung seiner Sache, seinem Gegner aber zu einer Unehre und Zernichtung seiner Sache gereichen könne? 2. Aufl. Freystadt 1715.

Freudenhymnus, der, in der 9. Symphonie v. Ludwig van Beethoven nach Strophen aus Friedrich v. Schillers „Lied an die Freude", s.: Textbibliothek zum Musikführer. Nr. 30.

Freudenkranz, der, Neujahrsangebinde auf 1798. Halle, Dreyssig. 6 K

Freudenlied beym Einzuge unsers Regiments. Halberstadt 1795. V: *Kassmann, Chn. Frdr.* (MGT)

Freudenlied gesungen im Lande der Preussen den 24. Januar 1786 . . . Berlin 1786. V: *Gleim, Johann Wilh. Ludwig.* (GGr) (Gleim-Uz, Briefw. Tüb. 1899. S. 521.)

Freudenlied der Jünger Lavaters in Bremen . . . Bremen 1787. V: *Ummius, Johann Ludwig.* (GGr) (ML)

Karl, Herzog von Kurland: Maurerisches **Freudenlied.** Zur glücklichen Genesung Sr. Königl. Hoheit des Herzogs Carl zu Curland, von den beiden g. u. v. Logen zu den 3 Schwerdtern und wahren Freunden in Dresden. [Dresden] 1788: Meinhold. 2 Bl. 8° [Umschlagtit.]
Kl. 1766. Lied mit Chor ohne Noten: „Sanft tönt das Lied der Fröhlichkeit, . . ." Kl. gibt auch eine Ausg. mit Noten an. — Üb. Karl s. Allgem. Deutsche Biographie Bd 15 1882 S. 297–298 (Diederichs).

Freudenlied eines kaiserl. königl. Salzschiffmanns am Stadel nächst Lambach in Oberösterreich. Steyr [1770]. V: *Lindemayer, Peter Gottlieb.* (BiblPort)

Freudenmädchen, Das. Bekenntnisse eines jungen Landmädchens. Paris [Altona] o. J. [ca. 1870]. B: *Lambert, Claude Fr.* (?) oder *Lambert, Societatis Jesu* (?). B: *Fougeret de Montbron, Charles Louis* (?). (BGE II³, 434)

FREUDEN-MAHL, HIMMLISCHES, der Kinder Gottes auf Erden. Oder Geistreiche Gebehte . . . Christl. Lebens-Reguln [etc.] Helmstedt, G. W. Hamm, 1713. 12°. *Mit 10 Kupfertafeln (inkl. Frontispiz und gestoch. Titel). Brauner Kalbldbd. d. Z. m. reicher Vergoldung* (Rosetten in dunkelbraunen Bordüren, kleine Goldsterne), Rücken etwas lädiert. 110.—

Freudenmahl d. Kinder Gottes auf Erden, od. geistreiche Gebete vor u. nach d. heil. Abendmahl. 12. Berl. 771. (Rauck). 5 K

Freudenmann, J., Andeutungen über Veranlassung u. Zweck der ars poetica des Horaz und über einige von ihm in derselben aufgestellten poetischen Principien. Ehingen 854. (Tübingen, Fues' Sortholg.) 4. (47 S.) 12 ngr

Freuden-Ode, über die . . . glücklich befochtene Campagne . . . Bresl. 1709. V: *Stöckel, Gottfried.* (Kat. d. Druckschr. üb. Breslau. Breslau 1903. S. 10.)

Freudenopfer an der Königin . . . Geburtstag. Kopenh. 1726. V: *Høyer, Andr.* (Collin, Anonymer. Kiobenh. 1869.)

Freudenreich, (Vater,) allerliebste Bilder, s. Bilder.

Freudenreich, A., lustige u. fidele Polterabend-Scherze oder Hochzeitsgedichte u. Vorträge nebst Aufführungen für 1, 2 u. mehrere Personen in Hochdeutsch u. Plattdeutsch. 8. (96 S.) Bremen 881. Haake. 1. 50

Freudenreich, Ant. Heinr. Aug. (Posen), De lingua. Diss. med.-chir. Bln. (Nietack) 23. III. 1833. 52 S. mit Biogr. (4.50) 9502
Oppon.: A. v. Leinweber, M. v. Celinski, S. Ephraim.

Freudenreich, Eduard

Freudenreich, Ed. v., die Bakteriologie in der Milchwirthschaft. Kurzer Grundriß zum Gebrauche f. Molkereischüler, Käser u. Landwirthe. 8. (78 S.) Basel 893. C. Sallmann. Kart. n. 1. 20

Freudenreich, Ed. v., d. Bakteriologie in d. Milchwirtschaft. Kurzer Grundriß z. Gebrauche f. Molkereischüler, Käser u. Landwirte. 2., verm. u. verb. Aufl. gr. 8. (79 S. m. 4 Abb.) Jena 898. G. Fischer. Kart. n. 1. 50

Freudenreich, Ed. v., die Bakteriologie in der Milchwirtschaft. Kurzer Grundriß zum Gebrauche für Molkereischulen, Käser u. Landwirte. 3., verm. u. verb. Aufl. (106 S. m. 4 Abbildgn. u. 1 Taf.) gr. 8. Jena 906. G. Fischer. n. 1. 80; geb. n. 2. 40

Freudenreich E. v. u. Jensen, Orla-: [Saertryk]. P.
(Ueber den Einfluss d. Naturlabes auf die Reifung d. Emmenthalerkäses. (Jena 1897). (9) S. — Die Bedeutung d. Milchsäurefermente f. die Bildung v. Eiweisszersetzungsprodukten in Emmenthalerkäsen . . . [1899]. 29 S.).
— — [Saertryk]. 4°.
(Ueber die im Emmentalerkäse stattfindende Propionsäuregärung. (Bern) 1906. 19 S. 2 Tvl. — Ueber die im Schabzieger stattfindende Buttersäuregärung. (Bern) 1906. 8 S.).

Freudenreich, Er. Go., (Ernst Gotthlf. Albr. Tillich), der erste Unterricht. gr. 8. Leipz. 803. Rum. 12 gl. 2e umgearb. Aufl. 2 Thle. Ebd. 809 u. 810. N. Aufl., s. Er. Tillich, Lesebuch.

Freudenreich, Hans, Oberlehrer am Realgymnasium zu Barmen: Fechners psychologische Anschauungen. Leipzig 1904: Greßner & Schramm. (123 S.) 8°
Leipzig, Phil. Fak., Ref. Wundt u. Heinze, Diss. v. 17. Okt. 1904
[Geb. 25. Juli 76 Leipzig; Wohnort: Barmen; Staatsangeh.: Preußen; Vorbildung: Gymn. Leipzig Reife O. 95; Studium: Leipzig 11 S.; Rig. 4. Juli 04.]

Freudenreich, Jos., das k. k. Lustschloß Schönbrunn, dessen Geschichte, sowie Erläutergn. üb. die im Bereiche d. Parkes errichteten Bau- u. Bildhauerwerke nebst e. Anh.: Geschichtliches üb. Hietzing. — Mit Rücksicht auf das reifere Jugendalter dargestellt. 8. (103 S.) Wien 873. (Brüder Winter.) n. 1. 20

Freudenreich, Jos., das k. k. Lustschloss Schönbrunn, dessen Geschichte, sow. Erläutergn. üb. d. im Bereiche d. Parkes erricht. Bau- u. Bildhauerwerke. 2., gänzl umgearb. Aufl. 12. (66 S. m. 6 Abb. u. 1 Plan.) Wien 895. B. Thiel. n. — 75

Freudenreich, Jul., (J. H. Meynier) Arno od. bildende u. unterhalt. Erzähll. f. Knaben u. Mädchen v. 6—12 Jahren. Mit ill. Kpfrn. gr. 12. Berl. 822. Amelang. 1 ₰ 12 gl.

— Hugo's u. Lina's Erholungsstunden, od. kl. Erzählungen z. Bildung d. Herzens u. d. Sitten f. Kinder v. 4 bis 9 Jahren. Mit 5 fein ill. Kpfrn. u. 1 Vign. gr. 12. Berl. 826. Amelang. 1 ₰

— Similde, od. moral., bildende u. unterhalt. Erzähll. f. Töchter von 6—12 Jahren. 2e Aufl. mit 7 fein ill. Kpf. 12. Berl. 825. Amelang. 1 ₰ 12 gl.

Freudenreich, Otto, d. Familie Orloff als Mörder d. russ. Kaiser, deren Familie u. Anhänger überhaupt als Erzfeinde d. russ. Monarchie. Durch wahre Erzähll. bewiesen. 8. Merseb. 833. (832). Weidemann. 8 gl.

Freudenreich's, Jh. u. Anna Mar. Albrechtin, erste Jugendjahre. Ein Kinderroman, zur Beherzigung f. Eltern u. Lehrer (v. Jh. Ludwig). Mit 1 Kpf. 8. Augsb. 784. v. Jenisch u. St. 16 gl.

Freudenschläge und Jubelklänge zur 50. jährigen Jubelfeier unseres verehrten Vorsitzenden der ger. u. vollk. St. Joh.-Loge „Zur Brudertreue a. d. Elbe" [in Hamburg d. i. Joh. Friedr. Hoffmann]. Am 21. Juni 1880. Hamburg [1880]: Kümpel. 2 Bl. 8° [Autogr.] [Umschlagtit.]
Lied ohne Noten. Musik arrangiert von Gust. Jahncke: „Nun frisch an die Arbeit, den Hammer geschwungen . . ."
Rekt. Kneisner, Hamburg.

Freuden-Sieg, Ein dreyfacher, in Messias . . . wider Mag. Seb. Edzardi. O. O. 1705. V: *Paulli, Holger.* (Bruun, Bibl. Danica I, 248.)

Annotationum in Euripidis Phoenissas particula prior. Scrips. Seb. Freudensprung, G. P. — 1834. Ibid. — S. 3—16.
Progr. München.

Historische und pädagogische Bemerkungen über Gymnasialunterricht mit besonderer Rucksicht auf Bayern von Seb. Freudensprung, P. — 1828. Ebend. — S. 3—28.
Progr. München.

Freudensprung, Sebast., Geschichte des Königreiches Bayern für den Schul- u. Selbst-Unterricht statt einer 8. Aufl. des J. Milbiller'schen u. einer 2. des A. Mengein'schen Lehrbuches. Neue, vielfach berichtigte rc. Ausg. Mit 4 Tab. (in 4. u. Fol.) München 856. Lindauer. gr. 8. (VII, 451 S.) n. 28 ngl.

Commentatio de Jornande sive Jordane ejusque libellorum natalibus. Scrips. Seb. Freudensprung, R. Consil. Eccl. et L. P. — 1837. Monaci, Wild. — S. 3—28.
Progr. Freising

Freudensprung, Seb., Commentatio de Jornande sive Jordane ejusque libellorum natalibus. 4maj. Monaci 837. (Regensburgi, Manz.) n. 1/3 ₰

Freudensprung, Sebast. (k. b. geistl. Rath, Prof. u. Rector d. k. Lyceums etc.), die im I. Tomus der *Meichelbeck'sche Historia Frisingensis* (s. ob. Nr. 650) aufgeführten, *im Kgre. Bayern gelegenen Oertlichkeiten.* (Progr.) Freysing (o. A. d. V. u. D.) 1856. 4°. Ppb. (aus Roming's Bibl.: Ex dono amici Geiss).
VI—79 S.

Freudenstadt [Schlagwort]

-- s. a.: Deutschland. Kürschner-Peip.

Freudenstadt, s. a. Geognostische Karten (Württemberg).

Freudenstadt, s. a. Geologische Karten. Spezialkarte. (Württ.).

Freudenstadt, s. a. Schwarzwald. Karte.

Freudenstadt, s. a. Württemberg, Höhenkurvenkarte.

Freudenstadt. Karte von Freudenstadt u. Umgegend. 1 : 200,000. 24×18 cm. Photolith. u. Farbdr. Bruchsal (901). O. Katz. — 30; auf Leinw. — 40

Freudenstein & Co., Stahlbahnwerke: Katalog über Lokomotiven. Berlin (1905?)

Freudenstein & Co., Stahlbahnwerke, Lokomotivfabrik und Feldbahnfabriken: Katalog. Berlin und Dortmund (1905?)

Freudenstein, Carl, s. Freudenstein, Karl

Freudenstein, G., s. Freudenstein, Gustav. – Freudenstein, Karl Gustav

Freudenstein, Gustav

Freudenstein, G., Der Bierboykott der Brauereien und Vorschläge zum Ersatz seiner Schäden. 8⁰. Minden i. W. 1894.

Freudenstein, Gustav [aus Märk. Friedland in Westpr.]: Über Fieber und eieberhafte [!] Komplikationen bei perniciöser Anämie und Leukämie ... Berlin, C. Vogts Buchdr., 1895; 32 S., 2 Bl. 8.
Berlin, Med. Fak., Inaug.-Diss. v. 28. März 1895

Freudenstein, Dr. G., Der landwirthschaftliche Pachtvertrag, nach den Rechtssystemen Deutschlands und der Schweiz und unter Hinblick auf seine nationalökonomischen und landwirthschaftlichen Beziehungen gemeinverständlich dargestellt. gr. 8⁰. Leipzig, Urban, 1884.

Freudenstein, d. landwirthschaftl. Pachtvertrag, nach d. Rechtssystemen Deutschlands u. d. Schweiz. Minden 884.

Freudenstein, Gust., die Standes-Verhältnisse der im Gastwirthschafts-Betriebe Angestellten nach deutschem Recht. gr. 8. (22 S.) Leipzig 888. P. M. Blüher. n. — 50

Lehrbuch der Bienenzucht. Von H. Freudenstein. Marbach b. Marburg. 2. Aufl. des 1. Jg. d. 'Neuen Bienen-Zeitung'. *Marburg: Neue Bienenzeitung (1904).* (VIII, 140 S.) 8° [F.]

Lehrbuch der Bienenzucht. Von H. **Freudenstein** in Marbach bei Marburg. 3. verb. u. verm. Aufl. Marburg (Bez. Cassel): Neue Bienenzeitung [um 1906]. (VIII, 328 S.) 8° [F.]

Freudenstein, Karl

Freudenstein, Carl [prakt. Arzt aus Homberg, Regierungsbezirk Cassel]: Beitrag zur Trachomfrage .... Berlin, Buchdr. v. Gustav Schade (Otto Francke), 1887; 31 + 1 S. u. 1 Taf. 8⁰.
Marburg, Med. Fak., Inaug.-Diss. v. [5. Apr.] 1887.

Freudenstein, Karl [app. Arzt aus Gudensberg '(Hessen-Nassau)']: Über Geschwülste der Bauchdecken ... Cassel, Druck v. Weber & Weidemeyer, 1893; 40 S., 2 Bl. 8.
Marburg, Med. Fak., Inaug.-Diss. v. [7. Apr.] 1893

Freudenstein, Karl Gust., die Banquerutt-Strafgesetze, für den Handels-, Gewerbs-, Bürger- u. Bauernstand gemeinverständlich u. übersichtlich dargestellt u. erläutert. 8. (VII, 46 S.) Rinteln 881. (Leipzig, Friedrich.) n. — 80

Freudenstein, Karl Gust., die Banquerottstrafgesetze, sowie die Verpflichtung zu Inventur u. Bilanz, gemeinverständlich u. übersichtlich dargestellt u. erläutert. 2. Aufl. gr. 8. (X, 46 S.) Minden 883. Bruns. n. — 60

— s.: Blätter f. populäre Rechtswissenschaft.

— Börsensteuer, Zeitgeschäft u. Differenzspiel, nach privaten, rechtl. und publicist. Gesichtspunkten erörtert. 2. unveränd. Aufl. gr. 8. (VIII, 64 S.) Minden 883. Bruns. n. — 80

— decerpta quaedam capita de personarum quae vocantur fictae ratione atque indole, praecipue apud Romanos nec non de piis causis commentatio. 8. (39 S.) Hannoverae 881. (Leipzig, Friedrich.) n. 1. —

— landwirthschaftliche Fragen der Gegenwart, s.: Zeitfragen, soziale.

— die kaufmännischen Fristen im Handels- u. Wechselverkehre u. die Rechtsnachtheile bei deren Versäumniss. gr. 8. (IV, 72 S.) Minden 884. Bruns. n. 1. —

— die Gebrechen u. die Reform der Bauverträge oder Rathschläge für Bauten-Unternehmer u. Bauinteressenten, besonders die Bauaccorde betr., m. Formular. 8. (IV, 59 S.) Minden 882. Bruns. n. — 80

Freudenstein, G.: Der pecuniäre Contract in der Ehe und andere Bestimmungen des deutschen Rechts über Mitgift, Eherecht, Ehescheidung etc. Gemeinverst. bearb. 2. Aufl. Leipzig 1884.

— der pecuniäre Contract in der Ehe u. andere Bestimmungen d. deutschen Rechts üb. Mitgift, Eherecht, Ehescheidung ꝛc. Gemeinverständlich bearb. 3. Aufl. gr. 8. (IV, 143 S.) Leipzig 884. Urban. 2. —

— Partei u. Rechtsanwalt, sowie deren rechtliche Beziehungen in Civil- u. Strafsachen, f. beide Theile gemeinverständlich erläutert, zugleich als Material f. die künft. gerechte Abmessg. der Gebühren f. die advocator. Dienstleistgn. zusammengestellt. gr. 8. (XI, 183 S.) Ebend. 884. n. 2. —

— die Polizeiübertretungen d. Reichsstrafgesetzbuchs m. Anmerkungen f. Jedermann aus dem Volke. gr. 8. (IV, 46 S.) Rinteln 881. (Leipzig, Friedrich.) n. 1. 20

— die Polizeiübertretungen d. Reichsstrafgesetzbuchs, gemeinverständlich erläutert. 2. Aufl. gr. 8. (IV, 46 S.) Ebend. 883. n. — 60

— die Rechte u. Pflichten der Polizei u. ihrer Beamten gegen das bürgerliche Publicum, nebst Commentar zum Gesetz betr. den Erlass polizeil. Straf-Verfüggn. wegen Uebertretgn. v. 23. April 1883, sowie zur Anweisg. vom 8. Juni 1883 zur Ausführg. d. Gesetzes v. 23. April 1883. [Aus: „Blätter f. populäre Rechtswissenschaft".] gr. 8. (VIII, 155 S.) Ebend. 883. n. 2. —

— die Rechtskraft nach der Reichscivilprocessordnung u. ihre Wirkungen auf die subjectiven Rechte. gr. 8. (XXVI, 288 S.) Hannover 881. Helwing's Verl. n. 6. —

— die Rechtskraft nach der Reichscivilprocessordnung u. ihre Wirkung auf die subjectiven Rechte. 2. Aufl. gr. 8. (XXVI, 288 S.) Hannover 884. Helwing's Verl. n. 6. —

— die Rechts-Verhältnisse aus dem kaufmännischen Contocorrent. Für die Geschäftswelt bearb. [Blätter f. populäre Rechtswissensch. 2. Bd. 4. Hft.] gr. 8. (IV, 57 S.) Minden 883. Bruns. n. 1. —

— die Reform d. Submissionswesens bei baulichen Verdingungen u. die Reorganisation d. Zuschlagsprincips, nebst posititiven pract. Vorschlägen, sowie e. krit. Beurtheilg. der vom „Verbande deutscher Baugewerksmeister" preisgekrönten Concurrenzschriften üb. die uneingeschränkte Submission im Bauwesen. gr. 8. (XXIV, 232 S.) Ebend. 884. n. 4. —

— das Reichsstempelgesetz nebst Tarif vom 1. Juli 1881, unter Benutzung der Gesetzesmotive u. d. Berichts der Reichstagscommission, m. den Ausführungsverfügugn. des Bundesraths, sowie den Formularen unter Anführung der einschläg. Finanzministerial-Rescripte, der Auslegungspraxis der Steuerbehörden rc., auch mit Beibringung zahlreicher oberstrichterlicher Erkenntnisse in Stempelsachen, sowie e. Darstellung d. richterlichen u. d. administrativen Stempelstrafverfahrens, gemeinverständl. commentirt u. auf Grund d. Stempelrechts erläutert f. die Interessenten v. Handel u. Verkehr. Nebst vollständ. Wort- u. Sachregister v. Max Silberstein. gr. 8. (LXXV, 271 S.) Minden 883. Bruns. n. 7. —

— das Reichsstempelgesetz nebst Tarif vom 1. Juli 1881, unter Benutzg. der Gesetzesmotive u. d. Berichts der Reichstagscommission, m. sämmtl. Ausführungsverfügn. d. Bundesraths, sowie den Formularen, unter Anführg. der einschläg. Finanzministerial-Rescripte, der Auslegungspraxis der Steuerbehörden rc., auch m. Beibringg. zahlreicher oberstrichterl. Erkenntnisse in Stempelsachen u. e. Darstellg. d. richterl. u. d. administrativen Stempelstrafverfahrens, sowie der Zuständigkeit d. Rechtswegs, gemeinverständlich commentirt u. auf Grund d. Stempelrechts erläutert f. die Interessenten v. Handel u. Verkehr, Behörden, Rechtsanwälte u. Notare. Nebst vollständ. Wort-, Sach- u. Materienregister v. Max Silberstein. 2. bedeutend verm., verb. u. bis auf die neueste Zeit fortgeführte Aufl. gr. 8. (LXXV, 362 S.) Minden 883. Bruns. n. 8. —

—— der Reichswechselproceß nach Theorie und Praxis gemeinfaßl. und leichtverständl. dargestellt. 8. (72 S.) Minden 882. Leipzig, Fock. [*M 1.—.] ·

Freudenstein, G., der Reichs-Wechsel-Process nach Theorie u. Praxis, gemeinfasslich u. leichtverständlich dargestellt. [Aus: „Blätter f. popul. Rechtswissenschaft".] 2. (Titel-)Ausg. gr. 8. (VIII, 68 S.) Leipzig 889. Fock. n. — 50

— das Reichs-Wuchergesetz vom 24. Mai 1880, nebst dem preuß. Gesetz, betr. das Pfandleihgewerbe vom 17. Mai 1881, sowie den Vorschriften über das unerlaubte Creditgeben an Minderjährige auf Grund der Gesetzesmotive, d. Berichts der Reichstags-Commission, d. Rechtslehre u. der Urtheile der Gerichte, gemeinverständlich u. übersichtlich dargestellt u. erläutert. gr. 8. (XII, 239 S.) Ebend. 882. n. 3. 50

Freudenstein, Karl Gust., Resumé u. Rechtsbelehrung im Schwurgerichts-Verfahren v. Frankreich, England u. Deutschland, ein Beitrag zur vergleich. Strafprocesslehre. gr. 8. (IV, 76 S.) Minden 883. Bruns. n. 1. 50

— die Strafrechtspflege im Schatten der Politik, mit besond. Beziehung auf die neueste Geschichte der Schwurgerichte u. Staatsgerichtshöfe u. deren Urtelssprüche. Eine volksmäß. u. gemeinverständliche Skizze. gr. 8. (77 S.) Leipzig 882. Siegismund & Volkening. 1. 20

— System d. Rechts d. Ehrenkränkungen nach Theorie u. Praxis des Strafgesetzbuches u. der Strafprocessordnung f. das deutsche Reich. gr. 8. (XVIII, 222 S.) Hannover 880. Helwing's Verl. n. 5. —

Freudenstein, Karl Gust., System d. Rechtes der Ehrenkränkungen nach Theorie u. Praxis d. Strafgesetzbuches u. der Strafprocessordnung f. das Deutsche Reich. 2. Aufl. gr. 8. (XVIII, 222 S.) Hannover 884. Helwing's Verl. n. 5. —

— der Viehhandel nach deutschem, österreichisch-ungarischem u. schweizerischem Recht. Handbuch f. Viehhändler, Fleischer, Landwirte, Tierärzte, Juristen u. Behörden. gr. 8. (142 S.) Leipzig 889. Blüher. n. 1. 50

—— Wechselklagen und Wechseleinreden nach der Wechselordnung und dem bürgerl. Rechte leichtfaßl. dargestellt unter besond. Berücksicht. der Praxis des Reichs-Ober-Handelsgerichts und Reichs-Gerichts. 8. (84 S.) Ebendas. 881. [*M 1.—.] *

—— Wechselklagen u. Wechseleinreden nach der Wechselordnung u. dem bürgerlichen Rechte, leichtfasslich dargestellt unter besond. Rücksichtnahme auf die Praxis d. Reichs-Ober-Handels-Gerichts u. Reichs-Gerichts. 2. (Titel-)Ausg. gr. 8. (IV, 78 S.) Lpz. 889, Fock. * — 50

— die hannoversche Welfenpartei, ihre Existenzberechtigung und wahren Ziele, sowie die Vereinbarkeit d. behaupteten Rechtsanspruchs d. Herzogs v. Cumberland auf Hannover m. d. Thronerbfolge in Braunschweig, staats- u. völkerrechtlich beleuchtet. Ein offenes Wort an Frhrn. Langwerth v. Simmern u. die deutsch-hannoverschen Legitimisten. gr. 8. (VII, 108 S.) Minden 885. Bruns. n. 1. 50

Freudenstein, d. Zur Dispositions-Stellung der Waaren. Minden 882.

Freudenstein, Martha. Über die Entwicklung des Knochenmarkes in heterotopen Knochenbildungen. Diss. Med. Univ. Zürich. Mit 2 Tafeln. [Sep.-Abdr. aus: Frankfurter Zeitschrift für Pathologie.... Band 2, Heft 4.] *Kopftitel:* Aus dem pathologischen Institut in Zürich.... 19 S. 8. Würzburg, H. Stürtz, 1909.

Freudenstein, Otto, Geschichte des Waldeigenthums in der vormaligen Grafschaft Schaumburg. [Mit Urkunden.] Ein Beitrag zur Lehre v. den Markgenossenschaften. gr. 8. (VII, 120 S.) Hannover 879. Helwing's Verl. n. 2. —

Freudenstein, Otto, u. Graf v. Mirbach, welcher Kapitalwert des Grundbesitzes ist gerechterweise bei der Veranlagung zur Vermögenssteuer zu Grunde zu legen? Referate, erstattet in der XXIX. Generalversammlg. der Vereinigung der Steuer- u. Wirtschafts-Reformer am 16. II. 1904. (28 S.) gr. 8. Berlin 904. (Friedenau, Allgemeine Verlags-Agentur.) n. — 40

Freudenstimme

קיל שׂשׂון Freuden-Stimme, oder: Purim-Gebete, nebst dem Buche Esther mit Commentar Ibn Esra und hierauf bezügl. Erläuterungen: Pituche Chotham; angehängt: Targum Scheni, übersetzt von R. J. Fürstenthal. 2. Aufl. 8. Krotoschin 845, Monasch u. Sohn. 12 ngl

Freuden-Tag, Der, eines Landes . . . Breslau 1742. V: *Quasius, Johann Adam.* (Kat. d. Druckschr. üb. Breslau. Breslau 1903. S. 15.)

Freudentag, Oesterreich's —. (Hebräisch). 8. (16 S.) Lemberg, Gedruckt bei M. F Poremba, 1853.

Freudentage, Leipzigs, im September 1818. Beschreibung der Feierlichkeiten . . . Leipzig o. J. V: *Klein, Ernst.* (Kat. d. Stat. Bureaus. Dresden 1890.)

Freudentaumel der Hoffnung, oder: Liebliche Täuchung. Hamb. 1830. V: *Anderssen, Joh. Frdr. Wilh.* (schr)

Freudenthal [Sachliches OW]

Freudenthal, Ludwig, oder die glückliche Retirade des Weisen von edlerm Gelichter. Liegnitz 1781. V: *Stutz, Johann Ernst.* (ML) (KY)

— Ludwig, oder die glückliche Retirade des Weisen von edlem Gelichter. 2 Thle. 8. Liegnitz, Siegert. 781.

Freudenthal, Philipp von, eine Geschichte ... Berlin 1781—82. V: *Keck, Johann Erdmann.* (GGr IV[3], I, 609) (Zeitschr. f. Büch. 1923, S. 85)

v. **Freudenthal,** Philipp; eine Geschichte, so wie sie sich untre dem Monde zugetragen hat. 3 Thle. 8. Berl. 781 u. 782. Hesse. 20 gl.

— Philipp von, 2 Theile, mit 1 Kupf. 8. Berlin, 781. 82. Nauck. 1 Rthl. 25 sgl.

FREUDENTHAL, Philip (sic!) von. (Vorr. unterz. *E***.) 2 Thle. Mit 1 freien Titelkpf., gez. u. gestoch. von Dan. Chodowiecki (Engelmann 390). Berlin, bei Sigism. Friedr. Hesse. 1781—82. 8°. (6 Kr. Halm & Goldmann, 1904; 12 Mk. Adolf Weigel, 1904; 12 Mk. 50 Pfg. Edm. Meyer, Berlin, 1909.)
I: 7 Bll. Vorst., 416 S. II: 4 Bll. Vorst., 497 S. u. S. 498—504 „Nachrede des Verf.", nebst 2 Bll. Druckf. In Theil 2 einige verfängliche und üppige Scenen.

Freudenthal [Schlagwort]

Freudenthal, s.a. Geologische Karten. Spezialkarte (Oesterr.-Ungarn).

Freudenthal. Schächer, W., Karte des politischen Bez. Freudenthal, f. die Hand der Schüler an Volksschulen gezeichnet. 1 : 150,000. 27,5×29 cm. Farbdr. Sternberg (904). (A. R. Hitschfeld.) n.n. — 17

Freudenthal [Verfasser]

Freudenthal, Alex., neueste Methode des Selbst-Unterrichts zur Erlernung der englischen Sprache ohne Lehrer. Berlin 862. Geelhaar. 8. (32 S.) n. 5 ngr.

Freudenthal, Arnold

Freudenthal, die Erkrankungen der oberen Luftwege u. Unterleibsbrüche. gr. 8. (59 S.) Neuwied 892. Heuser's Verl. n. 1. 50

Freudenthal, Arnold, die Erkrankungen der oberen Luftwege u. Unterleibsbrüche. 2. [Titel-]Aufl. (59 S.) gr. 8. Leipzig [892] (903). O. Borggold. n. 1. 50

— Perityphlitis in der Kassenpraxis. (8 S.) gr. 8. Berlin 906. J. Goldschmidt. n. 1. —

Freudenthal, August

—— und Wilh. Sauer, das Buch der Kindheit. Lieder, Fabeln, Erzählungen rc. Zum Gebrauch für Schule und Haus zusammengetragen. br. 8. (III und 319 S. mit 8 ill. Steint., Bildern von Th. Hosemann.) Berlin 853, Winckelmann und Söhne. *

-- und W. Sauer, das Buch der Kindheit. Lieder, Fabeln, Erzählungen rc. Zum Gebrauch für Schule u. Haus zusammengetragen. Mit 8 (lith. u. color.) Bildern von Th. Hosemann. Berlin (854.) Winckelmann u. Söhne. 8. (1 Bl., 319 S.) 1 ₰ 10 ngr

Freudenthal, Aug., Gedichte. gr. 16. (VIII. 165 S.) Bremen 877. Fischer. n. 3. —; geb. m. Goldschn. n. 4. 50

Freudenthal, Aug. Gedichte. gr. 16. (VIII, 165 S.) Bremen 879, Kühtmann und Comp. *
geb. mit Goldschn. *

Freudenthal, Aug., Gedichte. 2., verm. Aufl. 12. (VIII, 280 S.) Bremen 888. Schünemann. 4. —; geb. 5. —

— die Heide. Stimmungs- u. Lebensbilder in Dichtgn., gesammelt v. A. F. Mit vielen bislang ungedr. Beiträgen leb. Dichter. gr. 8. (XI, 276 S.) Ebd. 890. geb. m. Goldschn. n. 6. —

— Heidefahrten. Ausflüge in die hohe Heide u. in das Flußgebiet der Böhme. Für Freunde der Heide geschildert. 8. (VI, 180 S. m. 2 Bildern.) Bremen 890. Heinsius Nachf. n. 2. —

— Heidefahrten. Für Freunde der Heide geschildert. II. III. gr. 8. Ebd. n. 4. 75
(I—III.: n. 6. 75; Einbde. à n. 1. —)
II. Ausflüge am Nordost- u. Südweststrand der Lüneburger Heide. (VIII, 250 S. m. 5 Bildern.) 892. n. 2. 50; geb. n. 3. 50
III. Ausflüge in die Flußgebiete der oberen Luhe u. Oertze u. in die Heide des ehemaligen Stifts Verden. (VIII, 186 S.) n. 2. 25; geb. n. 3. 25

Freudenthal, Aug., Heidefahrten. IV. Ausflüge in d. Wurster Heide, in d. Land Uelzen u. zu d. Heidehöhen im Teufelsmoor. Für Freunde d. Heide geschild. gr. 8. (VIII, 183 S. m. 9 Illustr.) Bremen 897. Leipzig, M. Heinsius Nachf. n. 2. 25; geb. n. 3. 25
(I—IV: n. 9. —; Einbde. à n. 1. —)

Freudenthal, Aug., Heidefahrten. 1. Ausflüge in die hohe Heide u. in das Flußgebiet der Böhme. Für Freunde der Heide geschildert. 2. durchgesch. Aufl. (3.—4. Taus.) (VIII, 188 S. m. 3 Abbildgn. u. Bildnis.) 8. Leipzig 906. M. Heinsius Nachf. n. 2. 25; geb. n. 3. 25

— Heidekern. Dilt un Dat in noordhannöversch Platt. 8. (VII, 110 S.) Bremen 895. C. Schünemann.
n. 1. 80; geb. in Leinw. n. 2. 50

Freudenthal, Aug., aus dem Calemberger Lande. Mit 12 Illustr. nach Photographien. 8. (VIII, 120 S.) Bremen 895. M. Heinsius Nachf. n. 1. 60; geb. n. 2. 40

Freudenthal, August [Hrsg.], s. Niedersachsen

— aus Niedersachsen. Schildergn., Erzählgn., Sagen u. Dichtgn. Ein Volksbuch f. Alt u. Jung. gr. 8. (IX, 375 S.) Bremen 893. C. Schünemann. n. 3. —;
geb. in Callico n. 4. —

Freudenthal, Aug., aus Niedersachsen. II. Schildergn., Erzählgn., Sagen u. Dichtgn. Ein Volksbuch f. Alt u. Jung. gr. 8. (VIII, 384 S.) Bremen 895. C. Schünemann. n. 3. —; geb. in Leinw. n. 4. —

— die Stiftskirche zu Bücken, ihre Kunstschätze u. Alterthümer. 16. (V, 32 S.) Ebd. 890. n. — 60

Freudenthal, Aug., Gott Zufall. Lustspiel in e. Aufzuge nach e. Novelle d. A. G. Barrili. Den Bühnen gegenüber Mscr. 8. (48 S.) Bremen 875. Tannen. n. 1. —

Freudenthal, Berth., s.: Bankerutt._Untreue usw.

Freudenthal, Berthold, Dr. jur., Gerichtsass.: **Die Begegnungsdelikte, ein Beitrag zur Lehre von der sog. nothwendigen Theilnahme.** *Breslau: Schletter 1899.* (49 S.) 8° ¶ (Erscheint vollst. u. d. T.: 'Zur Lehre von d. sog. nothwendigen Theilnahme' in d. Strafrechtl. Abhandlungen.)
Breslau, Jur. Hab.-Schr. v. 30. Juni 1899

— amerikanische Kriminalpolitik. Öffentlicher Vortrag, auf der Versammlung der Internationalen kriminalist. Vereinigg., Landesgruppe Deutsches Reich, am 8. VIII. 1906 geh. (23 S.) gr. 8. Berlin 907. J. Guttentag. n. — 60

Freudenthal, die staatsrechtl. Stellung d. Gefangenen, s.: Rektoratswechsel an d. Akademie f. Sozial- u. Handelswissenschaften zu Frankfurt a. M.

— s.: **Zum ältesten Strafrecht der Kulturvölker.**

Freudenthal, Berthold: Strafzumessung, s. Rosenfeld, Ernst Heinrich

Freudenthal, Berth., die nothwendige Theilnahme am Verbrechen, s. a. **Abhandlungen, strafrechtliche.**

Die nothwendige Theilnahme am Verbrechen. Von Berthold **Freudenthal**, Privatd. *Breslau: Schletter 1901.* (194 S.) 8°
[Abschn. 1 erschien als Breslauer Hab.Schr. 1899 u. d. T.: Die Begegnungsdelikte.]
— Abhandlungen, Strafrechtliche. H. 37. [01. 3835 4

Freudenthal, B., Verbrechen, s. Abhandlgn., strafrechtl.

Unbestimmte Verurteilung, s.: Darstellung, vergleich., d. deutsch. u. ausländ. Strafrechts. III.

Freudenthal, Berth., die Wahlbestechung, s. a. **Abhandlungen, strafrechtliche.**

Freudenthal, Berthold [Referendar bei d. Kgl. Landger. zu Breslau]: **Die Wahlbestechung.** 1. Abschn.: Die Geschichte d. Wahlbestechg ... [Erschien vollst. als Heft 1 von: Strafrechtl. Abh. hrsg. v. H. Bennecke.] Breslau, Schletter'sche Buchh., 1895; 2 Bl., 39 S. 8.
Breslau, Jur. Fak., Inaug.-Diss. v. 7. Dez. 1895

Freudenthal, Carl Gottfried, s. Freudenthal, Karl Gottfried

Freudenthal, D., Taschen-Geheimbuch. Statistische Uebersichts-Tabelle für jeden Geschäftsbetrieb. qu. schmal Fol. Breslau 880. Fiedler in Comm. n. — 60

Freudenthal, Emerich v., der unverwüstliche Gesellschafter für Haus und Familie oder die Kunst, sich und Andere in der anregendsten und gemüthvollsten Weise zu unterhalten und auf allen Gebieten des gesellschaftl. Lebens als Mann von Welt sich beliebt zu machen. Eine Fundgrube der zahlreichsten Vergnügungen und Gelegenheitssachen. Fernerhin ein Gelegenheitsdichter für alle Fälle des menschl. Lebens, in Verbindung mit Toasten und Polterabendscherzen, nebst einer Blumensprache für Damen und Herren. 8. (IV, 160 S.) Wien 883, Winkler. *M* 1.; geb.

Freudenthal, Felix: **Die Volksabstimmung bei Gebietsabtretungen und Eroberungen....** Erlangen, k. b. Hof- u. Univ.-Buchdr. v. F. Junge, *1891;* VIII, 84 S. 8°
Erlangen, Jur. Fak., Inaug.-Diss. v. 1891

Freudenthal, Fel., die Volksabstimmung bei Gebietsabtretungen u. Eroberungen. Eine Studie aus dem Völkerrecht. gr. 8. (VIII, 84 S.) Erlangen 891. Th. Blaesing. n. 1. 40

Freudenthal, Frdr., Bele v. Höltingshof u. and. Heidegesch. (140 S.) kl. 8. Bremen (910). C. Schünemann. 1.—; geb. in Leinw. 1. 50

Freudenthal, Frdr., der Cambridge-Dragoner u. andere Heidegeschichten. gr. 8. (III, 143 S.) Bremen 902. C. Schünemann. n. 2.—; geb. n. 3.—

Freudenthal, F., in de Fierabendstied. En plattdütsch Geschichtenbook. 8. (194 S.) Oldenburg 889. Stalling's Verl. n. 1. 40; geb. n.n. 2. 40

— in de Fierabendstied. En plattdütsch Geschichtenbook. 2. Aufl. 8. (193 S.) Oldenburg (901). G. Stalling's Verl. n. 1. 75; geb. n. 2. 25

— De Freewarwer. En Bur'nstück in 1 Uptogg. (26 S.) gr. 8. Ebd. (908). — 60

Freudenthal, H. Frd., bi'n Füer. Geschichten un Gedichten ut de Lüneborger Heide. 8 (VIII, 158 S.) Bremen 880. Fischer. n. 2. —

Freudenthal, H. Friedr., bi'n Füer. Geschichten un Gedichten ut de Lüneborger Heide. 8. (VIII, 158 S.) Bremen 880, Kühtmann und Comp. *

Freudenthal, H. Frdr., bi'n Füer. Geschichten un Gedichten ut de Lüneborger Heide. 2. Aufl. 8. (VI, 158 S.) Norden 883. Fischer Nachf. n. 2.—

— Bi'n Für. En plattdütsch Geschichtenbook. 3. Aufl. 8. (VI, 168 S.) Bremen 899. C. Schünemann. n. 2.—; geb. n. 2. 50

Freudenthal, Frdr., im Hause des Gerichtsvogtes. Jugenderinnerungen. (256 S.) gr. 8. Bremen (906). C. Schünemann. n. 2. 50

— Heidekraut u. Ginster. Gedichte. gr. 8. (IV, 148 S.) Ebd. (901). n. 1. 80; geb. in Leinw. n. 2. 50

Lienhop un annere Geschichten. Von Friedrich **Freudenthal.** *Bremen: C. Schünemann [1904].* (165 S.) 8° [F.] [04. 4461

Freudenthal, Friedrich [Hrsg.], s. Niedersachsen

Freudenthal, Frdr., Sonderlinge u. Vagabunden. Bilder u. Erzählgn. aus der nordhannoverschen Heide. 8. (III, 200 S.) Oldenburg 891. G. Stalling's Verl. n. 2.—; geb. n.n. 3.—

— Sonderlinge u. Vagabunden. Bilder u. Erzählgn. aus der nordhannov. Heide. (2. [Umschlag-]Aufl.) 8. (III, 200 S.) Oldenburg (901). G. Stalling's Verl. n. 2.—; geb. n. 2. 80

[F.] Von Stade bis Gravelotte. Erinnergn e. Artilleristen. Von Friedrich **Freudenthal.** *Bremen: C. Schünemann (1898).* (4 Bl., 171 S.) 1 Bd 8. [98. 12080

Uennern Strohdack. En plattdütsch Geschichtenbook von Friedrich **Freudenthal.** Bremen: C. Schünemann [1897]. (179 S.) 8° [F.] [07. 3783 0

Ünnern Strohdack. Von Friedrich **Freudenthal.** 2. Upl. Bremen: Schünemann [1909]. IV, 188 S. 8° [09. 13237

— wied un sied. En plattdütsch Geschichtenbook. 8. (V, 204 S.) Ebd. 901. n. 2.—; geb. in Leinw. n. 3.—

Freudenthal, Gustav [aus Grossrhüden]: **Ueber das Sarcom des Uvealtractus....** (Aus: Graefe's Arch. f. Ophthalmol. XXXVII. Bd. 1. Abth.) Leipzig, W. Engelmann, 1891; 2 Bl., 48 S. 8°
(Göttingen, Med. Fak., Inaug.-Diss. v. [14. Mai] 1891

Freudenthal, Gust., üb. das Sarcom d. Uvealtractus. [Aus: „Archiv f. Ophthalmologie".] Diss. gr. 8. (48 S.) Leipzig 891. (Göttingen, Vandenhoeck & Ruprecht.) n. 1. —

Freudenthal, H., s. Rektoratswechsel an der Akademie f. Sozial- u. Handelswissenschaften zu Frankfurt a. M.

Freudenthal, H. Friedrich, s. Freudenthal, Friedrich

Freudenthal, Heinrich [aus Theilheim (Bayern)]: Ueber Kolporrhaphie bei Prolapsus Uteri .... Würzburg, Paul Scheiner's Buchdr., 1887; 32 S. + 1 Bl. 8°
Würzburg, Med. Fak., Inaug.-Diss. v. 1887

Freudenthal, Hugo, Grundriß z. Einführg. i. d. bürgerl. Gesetzbuch, s.: Grünewald, Ed.

Freudenthal, Jahrbuch der neuesten Rechtsprechung zur Civilprozeßordng. u. zum Gerichtsverfassungsgesetz. Unter Berücksicht. des Kostenwesens, der neuesten Literatur u. Reichsgesetzgebg. hrsg. 1. Jahrg. gr. 8. (XI, 215 S.) Berlin 898. Siemenroth & Worms. n. 4.—; geb. in Leinw. n. 5.—

— dasselbe. 2. Jahrg. gr. 8. (X, 280 S.) Ebd. 894. n. 4. 50; geb. n. 5. 50

— Jahrbuch d. neuesten Rechtsprechg. z. Civilprozeßordng. u. z. Gerichtsverfassungsgesetz. Unt. Berücksicht. d. Kostenwesens, d. neuesten Litteratur u. Reichsgesetzgebg. hrsg. 3. Jahrg. gr. 8. (X, 275 S.) Berlin 895. Siemenroth & Troschel. n. 4. 50; geb. in Leinw. n. 5. 50

Freudenthal, Hugo, Civilprozeßordnung nebst dem Einführungsgesetze in neuer Fassung. Handausg. m. Erläutergn. auf Grund des vom 1. I. 1900 ab gelt. Reichsrechts. 8. (XI, 801 S.) München 900. C. H. Beck. Geb. in Leinw. n. 5.—

Freudenthal, Hugo, Civilprozeßordnung nebst dem Einführungsgesetze in der neuen Fassung. Handausg. mit Erläutergn. u. e. Anh. 2., verm. u. verb. Aufl. (XVI, 962 S.) gr. 8. München 904. C. H. Beck. Geb. in Leinw. n. 6.—

Freudenthal, Hugo, Civilprozeßordnung in d. Fassung d. Bekanntmachung v. 20. V. 1898 u. d. Gesetze v. 5. VI. 1905 u. 1. VI. 1909 nebst d. Einführungsgesetz. Handausg. m. Erläutergn. u. e. Anh., enth.: d. Gerichtsverfassungsgesetz (auszugsweise), die Einführungs- u. d. Aenderungsgesetze, sowie d. Kostengesetze (auszugsweise) u. d. Haager Abkommen nebst d. Ausführungsgesetz. 3., umgearb. u. verm. Aufl. (XVI, 1064 S.) 8. München 910. C. H. Beck. Geb. in Leinw. 7.—

— dasselbe, Nachtrag, enth. d. Gesetz, betr. d. Zuständigkt. d. Reichsgerichts, v. 22. V. 1910 m. Erläuterg. seiner civilprozessualen Bestimmngn. (20 S.) 8. Ebd. 910. —30

Freudenthal, Jakob

Freudenthal, J., über den Begriff des Wortes φαντασία bei Aristoteles. Göttingen 863. Rente. gr. 8. (60 S.) n. 12 ngr.

Freudenthal, J., die durch **Averroes** enthaltenen Fragmente Alexanders zur Metaphysik d. Aristoteles, untersucht u. übers. Mit Beiträgen zur Erläuterg. d. arab. Textes v. S. **Fränkel**. gr. 4. (134 S.) Berlin 885. (G. Reimer.) n. 3.—

Immanuel Kant. Rede bei der von d. Breslauer Univ. veranstalteten Gedenkfeier 1904 geh. von Prof. Dr. J[akob] **Freudenthal**. *Breslau: M. & H. Marcus 1904.* (32 S.) 8° [04. 189

Die Lebensgeschichte Spinoza's in Quellenschriften, Urkunden u. nichtamtl. Nachrichten. M. Unterst. d. K. preuss. Akad. d. Wiss. hrsg. v. J[acob] **Freudenthal**, o. ö. Prof. ... zu Breslau. *Leipzig: Veit & C. 1899.* (XVI, 304 S.) 1 Bd 8. [98. 10070

Freudenthal, J., s. Lemoine, die Savoyardin.

Freudenthal, J., die Flavius Josephus beigelegte Schrift über die Herrschaft der Vernunft. [4. Makkabäerbuch], eine Predigt aus dem ersten nachchristl. Jahrhundert, untersucht. Breslau 869. Schletter. gr. 8. (174 S.) n. 1 ℛ 10 ngr.

— Spinoza. Sein Leben u. seine Lehre. 1. Bd. Das Leben Spinozas. (XIV, 349 S.) gr. 8. Stuttgart 904. F. Frommann. n. 6. 80; geb. n.n. 7. 80

Freudenthal, J., Spinoza u. die Scholastik, s.: Aufsätze, philosophische.

Freudenthal, J., hellenistische Studien. 1. u. 2. Hft.: Alexander Polyhistor u. die v. ihm erhaltenen Reste judäischer u. samaritan. Geschichtswerke. gr. 8. (239 S.) Breslau 875. Skutsch. n. 6.—

Freudenthal, J., hellenistische Studien. 3. Hft. A. u. d. T.: Der Platoniker Albinos u. der falsche Alkinoos. gr. 8. (S. 241—327.) Berlin 879. Calvary & Co. n. 2. 40 (1—3.: n. 8. 40)

Xenophanes. Freudenthal, J., Ueber die Theologie des Xenophanes. [= Jahresbericht des jüdisch-theologischen Seminars „Fraenckel'scher Stiftung".] Breslau 1886.

— über die **Theologie** d. Xenophanes. gr. 8. (48 S.) Breslau 886. Koebner. n. 1. 20

Freudenthal, J., Turner-Lieder. [Zweistimmig.] 1. Hft. qu. 8. (15 S. in Zinkdr.) Braunschweig 848, Wehrt. 3 ngr.

Freudenthal, Ign., historisch-dogmatische Darstellung der Verfangenschaft, Grundtheilung u. Einkindschaft in den fränkischen Rechten u. insbesond. im Würzburger Landrechte. Inaugural-Dissertation. gr. 8. (58 S.) Augsburg 878. Wolff. n. 1.—

Freudenthal, Karl Gottfried

Freudenthal, Carl Gottfried (Hannover), **Venaesectionis et hirudinum applicationis perlibrationem atque aestimationem, definiendo simul, quo in casu venaesectio non solum sit anteponenda hirudinibus, sed et absolute necessaria, et quibus in morbis oporteat larga, vel parca, saepius vero reiterata, uti venaesectione.** Comment. med.-chir. Götting. (J. C. Baier) 4. VI. 1821. 79 S. (5.—) 9503

***Freudenthal*, Karl Gottfr., Commentat. medico-chirurg. sistens venaesectionis et hirudinum applicat. perlibrat. etc. 4. Götting. 821. Brose.** 6 gl.

Freudenthal, (Carl Gottfr.,) Commentat. medico-chirurg. sistens venaesectionis et hirudinum applicat. perlibrat. etc. 4. Götting. 821. Brose.

Freudenthal, M. [aus Würzburg]: Untersuchungen über die Reactionszeit auf Schallreize. ... Würzburg, Buchdr. d. „N. Bayer. Landeszeitung", 1888; 36 S. 8°
Würzburg, Med. Fak., Inaug.-Diss. v. 1888

Freudenthal, Martin, Referendar: Zur Entwickelungsgeschichte der römischen Condictio. Breslau: Marcus 1910. 57 S. 8°
Breslau, Jur. Diss. v. 16. Sept. 1910, Ref. O. Fischer, Leonhard
[Geb. 23. Aug. 85 Breslau; Wohnort: Breslau; Staatsangeh.: Preußen; Vorbildung: Wilhelms-Gymn. Breslau Reife O. 03; Studium: Breslau 2, Genf 1, Leipzig 1, Breslau 3 S.; Rig. 6. März 07.] [U 11. 601

Freudenthal, Max [pr. Arzt]: Beiträge zur Kenntniss der idiopathischen Herzerkrankung in Folge von Ueberanstrengung. (Aus d. K. med. Klinik zu Breslau.) ... Breslau, Druck v. Hermann Hannach, 1889; 56 S. + 2 Bl. 8°
Breslau, Med. Fak., Inaug.-Diss. v. 28. Dez. 1889

Freudenthal, Max, die jüdischen Besucher der Leipziger Messen in den J. 1675—1699. Ein Beitrag zur Geschichte der Juden. gr. 8. (52 S.) Frankfurt a/M. 902. J. Kauffmann. n. 1. 50

— die ersten Emancipations-Bestrebungen der Juden in Breslau. Nach archival. u. anderen Quellen, dargestellt. gr. 8. (115 S.) Breslau (892). (Frankfurt a/M. J. Kauffmann.) n. 2. —
2 Sonderabdrucke aus: „Monatsschr. f. Gesch. u. Wiss. des Judenthums".

Freudenthal, Max, die Erkenntnislehre Philos v. Alexandria, s. a. Studien, Berliner, f. classische Philologie u. Archäologie.

Freudenthal, Max: Die Erkentnislehre Philos von Alexandria.... Berlin, Druck d. Berl. Buchdr.-Act.-Ges., Setzerinnenschule d. Lette-Ver., *1891*; 2 Bl., 77 S., 1 Bl. 8°
Greifswald, Phil. Fak., Inaug.-Diss v. 6. Jul. 1891

Die Erkenntnislehre Philos von Alexandria. Von Max **Freudenthal.** Berlin: S. Calvary & Co. 1891. (77 S.) 8°
= **Studien**, Berliner, f. classische Philologie u. Archaeologie. Bd 13, H. 1.

Freudenthal, Max: Zur Geschichte jüdischer Familien. Tl. 3, s. Kaufmann, David

Freudenthal, Max, d. Familie Gomperz, s.: Kaufmann, Dav.

Freudenthal, Max, aus der Heimat Mendelssohns. Moses Benjamin Wulff u. seine Familie, die Nachkommen des Moses Isserles. (Mit 3 Lichtdr. u. 1 Familien-Taf.) gr. 8. (VIII, 304 S.) Berlin 900. F. E. Lederer. n. 5. —; geb. in Leinw. n. 6.50

Jahresbericht der Religionsschule der Synagogengemeinde zu Danzig, erstattet von d. Schuldir. Rabbiner Dr. (Max) Freudenthal. [1.] Danzig 1902: M. Kahan. 8° [J. u. Ant.] 10

Freudenthal, Max, zum Jubiläum des ersten Talmuddrucks in Deutschland. [Aus: „Monatsschr. f. Gesch. u. Wiss. d. Judenthums".] gr. 8. (39 S.) Berlin 898. (Frankfurt a/M., J. Kauffmann.) n. 1. 25

Freudenthal, Thdr., auf zum Niederwald! Reiseerinnerungen e. schwäb. Provisors aus sonnigen Tagen. 8. (113 S.) Reutlingen 891. Kocher. — 90

Freudenthal, W., über e. eigentümlichen Fall v. Paralysis glosso-pharyngo-labialis. (Vortrag.) gr. 8. (10 S.) Halle 901. C. Marhold. n. — 40

— Rhinitis rheumatica. gr. 8. (12 S.) Ebd. 902. n. — 40
2 Sonderabdrucke aus: „Sammlg. zwangl. Abh. a. d. Geb. d. Nasen- usw. Krankheiten".

Freudenthal, W., üb. das Ulcus nasi perforans. [Aus: „New-Yorker Medicin. Monatsschr."] gr. 8. (6 S.) New-York 891. (Berlin, K. Siegismund.) n. n. — 40

Freudentheil, G. N., s. Freudentheil, Wilhelm Nikolaus

Freudentheil, Dr. G. W.
Beitrag zur Erläuterung des §. 28. Cap. III. des Staatsgrundgesetzes für das Königr. Hannover. gr. 8. Hannover 834. Hahn. 1/8 ₰
vgl.: Freudentheil, T. W.

Freudentheil, G. W., Blüthen aus d. Weihestunden meines Lebens. (Gedichte.) 12. (7 1/4 B. u. viel. Bign.) Hannover 836, Helwingsche Hofbuchh.

— historische Darstellung der Criminal-Rechtspflege u. der Criminal-Gesetzgebung in Hannover, s. a. Archiv des Criminalrechts 1838. Beilageheft.

Freudentheil: Historische Darstellung der Criminal-Rechtspflege und der Criminal-Gesetzgebung im Königreich Hannover. Halle 1838.

Freudentheil, G. W., Geschichte des Advocatenstandes des vormaligen Königr. Hannover bis zum J. 1831. gr. 8. (24 S.) Stade 900. A. Pockwitz. n. — 60

Freudentheil, G. W., zur Geschichte des Advocatenstandes des Königr. Hannover bis zum J. 1837. Mitgetheilt v. Chr. W. C. Freudentheil. (47 S.) gr. 8. Stade 903. (A. Pockwitz.) n. 1. —

Freudentheil aus Stade, Abgeordneter zur deutschen Nationalversammlung für den 16ten hannöverschen Wahlbezirk, Zur Geschichte der letzten Tage der Paulskirche. Ein Bericht an meine Wähler und Freunde. Als Manuscript gedruckt. Offenbach a. M, Fr. Krähe, 1849. 27 S. 8°.

Freudentheil, Abgeordneter, Zur Geschichte der letzten Tage der Paulskirche. Stuttgart und Gotha. Zweiter Beitrag. Bericht an meine Wähler und Freunde. Als Manuscript gedruckt. Stade, J. C. Hergeröder, 1849. 41 S. 8°.

Freudentheil I., die Justizvorlagen und der Anwaltstag in Celle. Stade 858. (Pockwitz.) gr. 8. (56 S.) n. 7 1/2 ngl

Freudentheil, f.: Reform d. Advocatenstandes.

Freudentheil, Dr.... Votum in d. 2n Kammer d. allgemeinen Ständeversammlung zu Hannover, über d. im April u. Mai 1831 debattirten Antrag wegen Reform d. Advocatenstandes. 8. Hannov. 831. Hahn. 4 gl
vgl.: Freudentheil, T. W.

Freudentheil, Gottlieb Wolter

Hymne an den Bund der Freimaurer. [Unterz.: Herm.] G[ottlieb] W[olter] **Freudentheil.** [Stade] o. J. 2 Bl. 8°
[Kopftit.]
Ohne Noten: „O heil'ger Bund Dir töne meine Leyer, . . ."

G. W. **Freudentheil** üb. d. Mysticismus. *Lüneb.*, Herold u. Wahlstab. 833. 8° 4 gl

Stade: **Religion. Glaube, Liebe, Hoffnung. Der Bund des Maurers. Weisheit, Schönheit, Stärke. Das Jubelfest. Danklied. Zur Feier des 50jährigen Stiftungsfestes der Loge zum grossen Christoph. [Unterz.: Herm.] G[ottlieb] W[olter] Freudentheil. Stade 1827: Pockwitz & S. 12 S. 8° [Umschlagtit.]**
Gedichte.

Sammlung maurerischer Lieder zum Gebrauch der zum Sprengel der Provinzial-Loge von Niedersachsen [in Hamburg] gehörigen Logen. [Zsgest. von Möller u. Herm. Gottlieb Wolter Freudentheil.] Hamburg: Hamann 1823. 271 S. 8°
Selten; nur noch in wenigen Exemplaren vorhanden. 147 Lieder ohne Noten. 193. 358.

. FREUDENTHEIL, T. W.: Beitrag z. Erläut. d. §. 28. Cap. III. des Staatsgrundgesetzes f. d. K. Hannover. *Ebend.* 834. gr. 8. (3 Gr.)
vgl.: Freudentheil, G. W.

FREUDENTHEIL, T. W.: Votum in der zweiten Kammer d. allgem. Ständeversamml. zu Hannover, über d. im April u. Mai 1831 debattirten Antrag wegen Reform d. Advocatenstandes. *Hannover*, Hahn. 831. 8. (4 Gr.)
vgl.: Freudentheil, G. W.

Freudentheil, Wlh., Nic., comment. de codice sacro, more in reliquis antiquitatis libris solemni ingenuo interpretando. 8maj. Chemnitz 791. Starke. 7 gGr

Freudentheil, G. N., comment. de codice sacro etc. interpretando. 8. maj. Chemnitz, Mauke. 791.

Freudentheil, W. N., das Ende der Kirche St. Nicolai. (Gedicht.) Ein Scherflein zu ihrem Wiederbau. gr. 8. Hamburg 842. (Herold'sche Buchh.) n. 1/6 ℛ

Freudentheil, W. N., Eustach von Saint Pierre, oder Triumpf d. Bürgertreue; e. dramat. Gedicht in 5 Aufz. gr. 8. Oldenb. 811. Schulze. 20 gGr

[Gedicht.] Zur Jubelfeier. Am 25sten Junii 1820. [Unterz.:] W[ilh.] N[ikol.] Freudentheil. o. O. [1820]. 2 Bl. 8° [Umschlagtit.]
„Sei gesegnet, Tag des Hohen, . . .“

— Gedichte. 8. Hannov. 803. Helwing. 18 gGr Schrbp. 1 ℛ

— Gedichte. (N. A.) gr. 16. Hamb. 831. A. Campe. 1 ℛ 8 gGr

Freudentheil's, Wilh. Nicol., Gedichte. Letzte Sammlung, mit einer biograph. Einleitung hrsg. von Johs. Geffcken. 12. (XXII und 364 S. mit Portr. in Stahlst.) Hamburg 854. [Nolte und Köhler.] *

— Siona, Darstellungen, das alte Testament betreffend. Hamburg, Hofmann. Bog.
Schreibpap.

Freudentheil, W. N., Siona, Darstellungen das alte Testament betreffend. Neue Ausg. gr. 8. Hamburg, Hoffmann und Campe. 820.

Freudentheil's, Wilh. Nic., Gedichte. Letzte, zum Besten des St. Nicolai-Kirchenbaues veranstaltete Sammlung, mit einer biographischen Einleitung herausg. von Johs. Geffken. Hamburg 854. Herold in Comm. 12. (XXII, 364 S. u. Bildniß in Stahlst.) n. 1 ℛ 18 ngr

Freudenvoll, D. u. F., Anweisung, Möbel und andere Holzarbeiten farbig anzustreichen, zu firnissen, zu masern und zu beitzen, nebst mehrern andern praktischen Mittheilungen. Für Schreiner, Lakirer, Tüncher 2c. gr. 8. Mainz 846. (v. Zabern.) n. 1/3 ℛ

Bereitung u. Anwendung mehrerer neuerfundener Möbel-Polituren, nebst Anweisung, das Durchschlagen des Oels zu verhindern und Erfahrungen über Raffiniren und Bleichen des Schellacks 2c. Für Schreiner, Dreher 2c. 2. verm. u. verb. Aufl. Mit in den Text eingedr. Abbild. gr. 8. Ebend. 846. n. 1/3 ℛ

— prakt. Erfahrungen über die gesammte Firnißfabrikation nebst Angabe neuer vorzüglicher, auf kaltem Wege bereiteter spirituöser und öliger Kopalfirnisse. Für Schreiner 2c. 2. verm. Aufl. Mit Abbild. gr. 8. Ebend. 846. n. 1/3 ℛ

—— neuestes mainzer Journal für Bauschreiner. 1—8. Lfg. Fol. (à Lfg. 4 Stnt.) Mainz 858, (v. Zabern.) à Lfg. * 15 Ngr. *

Freudenvoll, D., s. a. Möbel-Journal, Mainzer.

Möbel-Journal, Mainzer. Herausg. v. D Freudenvoll. Jahrg. 1-3. qu 4° Mainz

— s. Möbel-Journal, neues Mainzer.

Freudenvoll, D., neuestes mainzer Möbel-Journal. 2. Jahrg. 6 Lfgn. und 3. Jahrg. 1. und 2. Lfg. (à 8 Stnt. in qu. Fol. und Imp.-Fol.) qu. Fol. Mainz 855—57, (v. Zabern.) à Lfg. * 25 Ngr. *
1. Jahrg. Ebendas. 1846—47. * 5 Thlr. 3 Ngr.

Freudenvoll, D., neuestes mainzer Möbel-Journal. 3. Jahrg. 3—6. Lfg. (à Lfg. 8 Stnt. in qu. Fol. und Imp.-Fol.) qu. Fol. Mainz 857—61, (v. Zabern.) à Lfg. * 25 Ngr. *
1—3. Jahrg. Ebendas. 1846—57. * 11 Thlr. 23 Ngr.
Vgl.: Möbel-Journal, neuestes mainzer.

Freudenzögling, d., a. d. Engl. d. Hrn. Pratts, übersetzt v. L. Th. Kosegarten. 2 Bdchn. 8. Lpz. Gräff. 789.

Freudhofmeier, Alois, Marco d'Aviano, in harter Zeit der Schutzgeist v. Österreich. gr. 16. (24 S. m. Bild.) Wien 891. (Kirsch.) n. — 24

Freudig bereit. Lebensskizze Harry Mac Innes' v. der Hand seiner Mutter. Nach dem Engl. v. M. Karstens. 8. (III, 167 S. m. 1 Portr. u. 12 Illustr.) Basel 892. A. Geering. n. 1. 60; geb. in Leinw. n. 2. 80

Freud- und Wunsch-Lied, abgesungen als . . . Zürich . . . Gott . . . für ihre hergestellte Vereinigung das schuldige Danck- und Fried-Opffer abgestattet. O. O. [1714.] V: *Dürsteler*, *Erh.* (Cat. d. Stadtbibl. Zürich. Zürich 1864—97.)

Freudmann, G., s.: Maimonides' Commentar zum Tractat Kethuboth.

Freudmann, Gottfried. Maimonides' (= Mose ben Maimûni's) Commentar zum Tractat Kethuboth, Abschnitt 6, 7, 8. Arabischer Urtext nebst hebräischer Uebersetzung auf Grund von vier Handschriften zum ersten Male hrg., ins Deutsche übersetzt und mit kritischen Anmerkungen versehen. Diss. Phil. Bern. 44 + 20 S. 8. Berlin, H. Itzkowski, 1904.
Teil 2: Text, mit hebr. Titel: «... von Simchâh [d. i. Freude] F'...».

Freudvoll und Leidvoll. Liebesgrüsse aus nah und fern. Berlin 1859. 3. Aufl. 1887. H (V?): *Forck*, *L.* (Kürschner, Deutscher Literatur-Kalender XII, 1890)

Freudvoll und leidvoll. Liebesgrüße von nah und fern. 859. 1 ℛ 27 ngr — 2. Aufl. Berlin 860. Guttentag. 16. (XVII, 448 S. u. 1 Stahlst.) 1 ℛ 15 ngr

Freudvoll u. leidvoll. Liebesgrüße von nah u. fern. 3. Aufl. 866. — 4. Aufl. Berlin 869. Guttentag. 16. (XVI, 448 S.) n. 1 ℛ 15 ngr

Freudvoll u. leidvoll. Liebesgrüße v. nah u. fern. 6. Aufl. 16. (XVII, 448 S. m. chromolith. Titelbl.) Berlin 870. Guttentag. geb. m. Goldschn. In Carton. 1. 50

Freudvoll u. Leidvoll. Liebesgrüße v. nah u. fern. 7., verm. Aufl. 12. (XX, 438 S.) Berlin 886. Brachvogel & Ranft. geb. m. Goldschn. 3. 60

Freudvoll und Leidvoll. Poetische Liebeskunde. Gesammelt aus deutschen Dichterwerken. 16. (64 S.) Mülheim 884, Bagel's Verlag. *

Freudvoll u. Leidvoll. Poetische Liebeskunde. Gesammelt aus deutschen Dichterwerken. 16. (64 S.) Mülheim 885. Bagel. n. — 50

Freudvoll u. leidvoll. Eine Sammlung der schönsten Liebeslieder. Hrsg. v. Franz Schrödter. 2. Aufl. 16. (96 S.) Reutl. 888, Enßlin u. Laiblin. — 60; geb. — 80

Freudweiler, [Frl.] Hedwig. Studien über das Gefässsystem niederer Oligochäten. Diss. Phil. [II.] Univ. Zürich. Mit 2 Tafeln. [Sep.-Abdr. aus: Jenaische Zeitschrift für Naturwissenschaft. Band 40, Heft 2.] II+42 S. 8. Jena, Gustav Fischer, 1905.

Rede des Br.·. J. C. Freudweiler. Gehalten am Johannisfeste 1866. Zürich 1866: Orell, Füssli & Co. 11 S. 8°
[Umschlagtit.]
Rückblick auf die Ereignisse während Verf. 6jähr. Hammerführung in der Modestia; Mahnung, der Organisation der Alpina u. den mrischen Grundsätzen treu zu bleiben.

Freudweiler, Max, Lungenschemata. 4 Taf. auf 1 Blatt. Mit Text auf der Rückseite. gr. 8. Zürich 900. Schulthess & Co. In Umschlag n. — 25

Freudweiler, Max, med. pract. in und von Zürich: Aus dem Pathologisch-anatomischen Institut der Universität Zürich. Ueber experimentelle Phlebitis. (S.A. aus: Virchow's Archiv f. pathol. Anatomie u. Physiologie. Bd 141 (S. 526–548). Berl. (G. Reimer) 1895. 25 S. 8°.
Zürich, Med. Diss. v. 31. Oct. 1895.

Freudweiler, Dr. Max [I. Assistent der medizinischen Klinik in Zürich]: Experimentelle Untersuchungen über die Entstehung der Gichtknoten. Naumburg a. S. 1900. 53 S. 1 Taf. 8°.
Zürich. Med. Hab.-Schr. 1900/1901.

Freuedich, Jocosus

Freuedich, J., d. Sorgenbrecher rc. 18 u. 28 s. a. Buch zum Todtlachen. 11 u. 13 Hft.

FREUEDICH, Jocosus (ps.), Der Sorgenbrecher, ein unterhaltendes Lesebuch zur Erschütterung des Zwergfells. Allen Lachlustigen gewidmet von —. Erstes (einz.?) Bdchn. 1813.
Weller, Lex. Ps. p. 212.

Freuer, Gottlieb Samuel

*Freuer, Gli. Sam., pr. de eo quod nimium est circa potentiam Diaboli adstruendum. Helmst. 727. 4.

Freuet euch des Lebens, eine Samml. d. auserlesensten Gesänge; nebst einem Anhange, enthalt. Lieder komischen Inhalts. 8. Bremen 822. Kaiser. 18 gr.

Freuet euch mit Zittern! Predigten u. Ansprachen bei den in Folge der Attentate auf Se. Maj. den Kaiser u. König im Jahre 1878 stattgehabten Dank-, Bitt- u. Buß-Gottesdiensten; geh. v. namhaften Geistlichen der evangel. Kirche Deutschlands. Hrsg. v. Balduin Fischer. gr. 8. (VIII, 278 S.) Striegau 880. Hoffmann. n. 3. —; geb. n. 4. —

Freuler, August. (geb. Schaffhausen 29. 12. 1841): Conformationis nasi osteoplasticae duorum speciminum notabilium descriptio. Berolini (1864). (42 S.) 8°
Berlin, Med. Diss. v. 25. Juni 1864

Freuler, B. Mein bleibender Christus. Ein Glaubens- u. Liebesbild. In-8°. 544 S. Glarus, J. Vogel. 1892. 3 75; eleg. geb. 5 —

Freuler, Bernh., mein bleibender Christus. Ein Glaubens- u. Liebesbild. (Gedichte.) gr. 8. (588 S.) Glarus 893. (J. Vogel.) 3. 75

Freuler, Bernhard. Ein Gang durch dunkle Kammern. Correferat zum „Altglarnerischen Heidenthum" ([von Gottfried] Heer) im Historischen Verein Glarus. 8.
Ausg. A. Glarus. o. J. [1888 89].
Ausg. B. Zürich 1888 (*Umschlag:* 1889).

Freuler, Bernh., e. Gang durch dunkle Kammern. Correferat z. „Altglarner Heidenthum" im histor. Verein Glarus. gr. 8. (162 S.) Glarus 895. B. Vogel. n. 2. 50

Freuler, Bernhard. Gedächtnisspredigt über Dekan Johannes Marti (1812–1874). Pfarrer in Ennenda, gehalten ... den 12. Oktober 1874. 8. Glarus.

Freuler, B., die Herminen. Eine Tragödie. 16. Glarus 846. (St. Gallen, Huber u. Comp.) n. 1½ ngr

Freuler, B., forstliche Vegetationsbilder aus dem südlichen Tessin, s.a. Exkursionen, botanische, u. pflanzengeographische Studien in der Schweiz. 2. Hft.

Freuler, B[ernhard]. Forstliche Vegetationsbilder aus dem südlichen Tessin. Mit 18 vom Verfasser aufgenommenen Photographien auf 9 Tafeln. (Separat-Abdruck aus: Atti della Società Elvetica di scienze naturali, Locarno 1903.) IV + 24 S. 8. Zürich, Albert Raustein, 1904. [fr. 1. 50]
Botanische Exkursionen und pflanzengeographische Studien in der Schweiz. Hrg. von Dr. C[arl] Schröter.... Heft 2.

Freuler, Caspar, s. Freuler, Kaspar

Freuler, Cosmus, Volksgespräche u. Erzählgn. in Glarnerischer Mundart. 2., verm. Aufl. 8. (187 S.) Ebd. 894. 2. —

Freuler, D. J., üb. d. Geschichte, Kennzeichen u. Heilart d. oriental. Cholera, eine leicht faßliche Abhandl. aus d. besten u. neuesten Schriften d. russ., poln., engl. u. östreich. Aerzte gezogen, f. Nichtärzte. gr. 8. Schaffhaus. 831. Hurter. 3 gr.

Freuler, Franz. Die Kultusfreiheit und die Kultuspolizei im Bunde und in den Kantonen. VI + VI + 140 S. 8. Stans, Hans von Matt & Cie., 1908.
Ausg. A: Diss. Jur. Freiburg (Schweiz) ... von F' F'... .
Ausg. B: Von Dr. jur. F' F', Glarus. [fr. 8.50]

Freuler, Franz Theophil: De feudi alienatione valida. 11 S.—
Basel, Jur.Diss.v. 14.Sept.1744.

Freuler, Frz. Theoph., († im Febr. 1764.) d. triumphirende Ehrenkrone d. Freistaats Basel, aus Anlaß des d. 15. April 1760 zu begehenden dritten Jubelfestes d. hohen Schule daselbst rc. 8. Basel 760.

Freuler, Frz. Theoph., deutsch. Rechtsgelehrte. 6 Thle. 8. Basel, Imhof. 732.

— d. neuvermehrte u. verbess. deutsche Rechtslehrer, enth. e. kurze Verfassung d. kaiserl. päpstl. oder gemeinen Rechts rc. 8. Basel (2e Aufl.) 752.

Freuler, Hans, Zinsberechner zu 2, 2¼, 2½, 2¾, 3, 3¼, 3½, 3¾, 4, 4¼, 4½, 4¾ u. 5 Prozent. D. Jahr zu 360 Tagen gerechnet. M. e. Wechselstempeltarif f. d. Schweiz u. d. übrige Europa. 8. (VIII, 103 S.) Zürich 897. Fäsi & Beer. Kart. n. 2. 20

Freuler, H[ermann]. Juristisches Gutachten des Herrn H. Freuler, ...betreffend die Elektrische Strassenbahn Schaffhausen-Schleitheim-Oberwiesen. (1901 Mai 12.) II + 8 S. 4. Schaffhausen, H. Meier & Cie., 1901.

(Freuler, H[ermann].) Klage der Continentalen Gesellschaft für angewandte Elektrizität in Glarus contra Actiengesellschaft Brown, Boveri & Comp. in Baden, Vertragsbruch und Schadenersatz betreffend. Eingereicht dem Handelsgericht des Kantons Aargau in Aarau im Juni 1902. IV + 46 S. fol. Schaffhausen, H. Meier & Co.

Freuler, H[ermann]. Die Liquidation der Schweiz. Nordostbahn und die Stellung der Aktionäre und Obligationäre bei derselben. Ein Gutachten abgegeben an die Revisions-Kommission der Gesellschaft. Schaffhausen 1901 (Mai). IV + IV + 28 S. 4. Schaffhausen, H. Meier & Cie., 1901.

Freuler, H., die Liquidation der schweiz. Nordbahn u. die Stellung der Aktionäre u. Obligationäre bei derselben. Ein Gutachten, abgegeben an d. Revisions-Kommission der Gesellschaft. gr. 4. (II, IV, 28 S.) Schaffhausen 901. Selbstverlag. n. 4.—

Freuler, H[ermann]. Rhein und Rheinfall bei Schaffhausen. Apologetische Studien. (3 Hefte.) Mit verschiedenen Karten und Abbildungen [4 Tafeln]. 8. Schaffhausen 1888.

Freuler, H. (Abgeordn. des Kantons Schaffhausen). Für die Todesstrafe! Bericht der Mehrheit der ständeräthlichen Kommission betr. die Revision des Artikels 65 der Bundesverfassung. Dem Schweizerischen Ständerathe am 18. März 1879 erstattet. Schaffhausen, Schoch. 1879. — 75

Freuler, J., üb. d. Geschichte, Kennzeichen u. Heilart d. orient. Cholera, e. leicht faßl. Abhandl. aus d. besten u. neuest. Schriften d. russ., poln., engl. u. östreich. Aerzte gezogen f. Nichtärzte. gr. 8. (1 B.) Schaffhausen 831, Hurter.

Freuler, J. J., Monographia Caviae Porcelli zoologica. Dissert. inauguralis. Cum V tabb. aen. 4maj. Götting. 820. Vandenhöck u. R. 16 gr

Freuler, Joh. Rudolf: Dissertatio philosophica to gnothi seauton pro principio juris naturalis tradens, s. Thurneysen, Joh. Rudolf (Praes.)

Freuler, Ioannes Henricus, Helveto-Scaphusiensis: De catalepsi. Tur. ex offic. Zürch. et Furr. 1841. 41 S. 8°.
Zürich, Med. Diss. v. 11. Sept. 1841.

Freuler, Kaspar [med. pract. von Ennenda, Ct. Glarus]: Über Familientyphus. Zürich 1900. 40 S 13 Tab. 8°.
Zürich. Med. Diss. 1899 1900.

Freuler, Kaspar

Freuler, C[aspar]. «Veleda», Brancard portatif en forme de sac militaire, inventé par le docteur K. Freuler à Zurich ⟨Suisse⟩. Invention brevetée dans tous les Etats civilisés. [Illustré.] 20 p. 8. Zurich, F. Rosenberger, 1903.

Freuler, C[aspar]. «Veleda», Tragbare im Tornister von Dr. med. K. F' in Zürich ⟨Schweiz⟩. In allen Kulturstaaten patentiert. [Illustriert.] 20 S. 8. Zürich, F. Rosenberger, 1903.

Freuler, Markus

Freuler, M. Kurze Geschichte des veränderten Schicksals u. kriegerischer Auftritten, welche den alten Kanton Glarus v. J. 1798 bis 1800 betroffen. (48) 8. Glarus 1800.

Freuler. M[arcus]. Kurze Geschichte des veränderten Schicksals und kriegrischer Auftritten, welche den alten Kanton Glarus vom Jahr 1798 bis 1801. betraffen. Hrg. von Pfr. M. F'. 8. Glarus 1800.

Festrede an der feierlichen Grossloge v. 12. Juni 1881 im Or. Zürich gehalten von W. Freuler. Bern 1881: Haller. 7 S. 8° [Umschlagtit.]
Aus: Al. 7 (1881) S. 177—183.
Abgedr. in: Bh. 24 (1881) S. 251—258.
Üb. d. Aufgabe d. Frmrei i. d. Gegenwart.

[Freuler. Wilhelm.] Rede am Grabe von Herrn Albert Bürkli sel. [1815–1886]. *Lithographiert.* 8. *o. O.* [1886].

Freuler. W[ilhelm]. Worte der Erinnerung an Jungfrau Caroline Hirzel. geb. 24. Dezember 1809. gest. 25. Februar 1891, gesprochen... von Herrn Pfarrer W. F' bei der Beerdigung, den den 28. Februar 1891. 8. Zürich 1891. A 793[a]

(Freuler-Ringk. [J Heinrich].) Die Wasserheilanstalt Buchenthal im Kanton St. Gallen. 8. (Schaffhausen) 1859.

Freuler-Ringk, das russische Dampfbad, in Verbindg. mit der Kaltwassercur, ein heilkräftiges Curverfahren gegen chronische Hautkrankheiten, Flechten, Gicht u. Rheumatismen, chronische Katarrhe, Scropheln, Nervenkrankheiten 2c. gr. 8. (VI u. 38 S.) Schaffhausen 848, Brodtmann. 1/3 rf

Freulich, A.: Das goldene Buch der Land- und Forstwissenschaft in Oesterreich-Ungarn, s. Pribyl, Leo

Freund
S.a. Der Schweizer Freund.

Freund, Der. Wochenschrift. Ansbach 1754—56... Neue Aufl. Göttingen 1773. V: *Cronegk, Joh. Frdr. Reichsfreih. v., Joh. Georg Albrecht Kipping & Johann Zach. Leonh. Junckheim.* (Gensel, Cronegk. Leipz. 1894. S. 55.) (Gleim-Uz, Briefw. Tüb. 1899. S. 490.) (ML) »1754-57« V: *Uz, Joh. Pet., Joh. Jac. Rabe & Joh. Chph Hirsch* [?] (BB) (Ky)

Freund, der, eine Wochenschrift, (v. J. F. Frhrn. v. Cronegk, J. Z. L. Junkheim, Uz, Rabe u. Hirsch). 3 Bde. 8. Ansbach 754—57. N. A. 773. (Gassert). 1 rf 16 gr

Freund, Der, eine moralische Wochenschrift. Liegnitz 1761. H: *Volkelt, Johann Gottlieb & Lang.* (ML)

Freund, der alte. Offenes Wort an die lieben Lüneburgischen Landsleute über den alten und den neuen Katechismus. 1—3. Aufl. Harburg 862. Danckwerts in Comm. 8. (16 S.) 2½ ngr

Der Auserwählte Freund: 1896?– Chicago, IL
Fraternal monthly. Edited & published by George Henkel.

Freund, Dem, und Bruder [Karl Back] als er in sein 66tes Lebensjahr eintrat; am 23. Horn. 1864. Zeitz 1864. V: *Höfler, Joh. Gottfried & Rich. Glass.* (wolfstieg I, 708)

Anonym: „Der berathende Freund für das bürgerliche Leben, als erfahrner Arzt, Thierarzt, Rechtsverständiger, Haus- und Landwirth, Künstler, Fabrikant und Handwerker, Kapitalist, Geschäftsmann, Familienvater und kluger Weltbürger in verschiedenen Lagen und Lebensverhältnissen. Ein gemeinnütziges Haus- und Familienbuch für alle Stände zu Beförderung menschlichen Glücks und häuslichen Wohlstandes“, Eisenberg 1832 (Schöne). 2. verb. Auflage ebenda 1834.

—— der berathende, f. d. bürgerl. Leben, als erfahr. Arzt, Thierarzt, Rechtsverständiger, Haus- u. Landwirth, Künstler, Fabrikant u. Handwerker, als Kapitalist, Geschäftsmann, Familienvater u. kluger Weltbürger in verschied. Lagen u. Lebensverhältnissen. 3. u. 4. Ausg. 8. (à 28 B.) Eisenberg 838, 40, Schöne'sche Buchh. à

Der Deutsche Freund: 1819?
We erred in listing this title under York, Pa. It might have been published by Eduard Schäffer on his return from a trip to Germany in 1819, but it is more likely that the publisher was Frederick C. Schaffer, because the former's family had remained in Lancaster, Ohio, during his absence and in a letter to Frederick Rapp dated Nov. 1, 1819 he states that he had returned to Lancaster, Ohio, three weeks ago.
New York, NY

Freund, Der, in der Einsamkeit . . . O. O. [177?] V: *Kritzinger, Friedrich Adolph.* (ML)

— d. Eintracht, oder Versuch über Beweggründe, d. Processe zu vermeiden rc. aus dem Französ. 8. Frankf. 780. Schneider. 6 gl.

Freund, d. falsche, ein Roman d. Miß Robinson, a. d. Engl. v. Schenk. 3 Bde. 8. Rudolstadt, Klüger. 800. (I. 1 Rthlr. 4 gr. II. III. 2 Rthlr.)

Freund, d. falsche. Drama v. Mercier. 8. Bresl. Gutsch. (Sommer in Lpz.) 805.

Freund und Feind. Lustspiel in 5 A. Wien 1769. V: *Pelzel, Joseph Bernhard.* (GGr)

— u. Feind. Lustsp. 8. Frankf. u. Lpz. Gutsch. 771

Freund u. Feind. Patriot. Festsp. in 4 Aufzügn. v. W. S. 2. Aufl. 8. (20 S.) Berlin 897. Buchh. d. Ostdeutschen Jünglingsbundes. n. — 30

— d. Frauenzimmers; aus d. Französ. 8. Wien 759. Trattner. 4 gl.

— des Fürsten u. d. Vaterlandes. 8. Nördl. 773. Beck. 6 gl.

— der, des Gesanges. Sammlung gefälliger Lieder u. Arien, herausg. v. G. H. Schröter. 4 Hfte. 8. Leipzig u. Naumburg 833. Franke. 1 ₰

— —, Der, des schönen Geschlechts, oder Sammlung von Briefen, Gedichten, Schilderungen berühmter Frauenzimmer, Anekdoten u. andern lehrreichen Unterhalt (!) für Frauenzimmer. Frankfurt, 1781. bey J. J. Keßlern. 8°. (3 Mk. L. Rosenthal, München, 1907.)
Magaz. d. Buch- u. Kunst-Handels. Jahrg. 1781. Lpz. Gr. 8°. S. 47.

Freund, Der, des schönen Geschlechts . . . V: *Escherich, Carl.* (Kalender ohne Heiligen 1782, S. 42) (Neue Annalen der Litteratur 1811, 1/401) (BiblPort)

Freund, Der, des schönen Geschlechts. Taschenbuch f. d. J. . . .
Hg.: 1823 — J. Ritter v. Seyfried, 1825/27 — F. Gräffer, 1828/48 — J. G. Seidl.
1804—1848.
1813. A 26 = 6.— 1816.
1828. A 26 = 4.20 1832.
1842. A 26 = 3.60
Wien. Goed. VIII, 61, 68 a.

Freund, der, des schönen Geschlechtes. Taschenbuch f. d. J. 1825 — 28. Mit schw. u. illum. Kpfrn. kl. 12. Wien (Leipzig, Liebeskind.) à 1 Rthlr. 8 gr.

—— der, des schönen Geschlechtes. Taschenb. f. d. J. 1829—35. (Jed. m. 7 Kpfr., 6 Modebild. u. weiß Pap.) kl. 16. Wien, Buchholz. (Leipzig, Liebeskind.) [829—32. (à 5 B.), 33, 34. (à 5½ B.), 35. (8½ B.) à 1 Thlr. 8 Gr.]

—— der, des schönen Geschlechtes. Taschenbuch f. d. J. 1836—42. 16. Wien, Riedl's sel. Wwe. u. Sohn. [836. (8 B., 7 Kpfr. u. 6 Modebild.), 37. (9 B., 7 Kpfr. u. 6 Modebild.), 38. (9½ B., 7 Kpfr. u. 6 Modebild.), 39. (9½ B., 7 Kpfr. u. 6 Modebild.), 40. (. . .) à 1⅓ Thlr., 41. (9 B., 7 Kpfr. u. 6 Modebild.), 42. (12½ B., 6 Kpfr. u. 6 Modebild.) à * 1⅙ Thlr.] *

Freund, der, d. schönen Geschlechtes. Taschenb. f. d. J. 1843—47. Jahrg. 40—44. 16. Wien, Riedl's Wittwe u. Sohn. [1843. (14 B.) 44. u. 45. (à 12 B.) 46. u. 47. (à 12⅜ B.) à Jahrg. 7 Stahlst.] à J. *
Vgl. 9. Bd. 1. Abthl. S. 281.

Freund, der, des schönen Geschlechts. Taschenbuch für das Jahr 1848. 45. Jahrg. 16. (VI und 192 S. mit 7 Stahlst.) Wien 847, [Lienhart.] *
Vgl. 10. Bd. 1. Abthl. S. 29.

— der, d. weibl. Geschlechts, nach d. Französ. v. J. G. Grohmann. 16. Leipz. 797. Leupold. 12 gl.

— des weiblichen Geschlechts. a. d. Franz. von Grohmann. 16. Lpz. Leupold. (Herzog) 801.

— der, ohne Gleichen. 68. Aufl. 12. Düsselthal 844, Rettungs-Anstalt. (Berlin, Grobe. Leipzig, Barth.) n. $^{1}/_{12}$ ₰

— der, ohne Gleichen. Neu-Ruppin 861. Bergemann. 16. (48 S.) 1½ ngr.

Freund, der, ohne Gleichen. 72. Aufl. Düsselthal 869. (Barmen, Buchh. der ev. Gesellsch.) 8. (46 S.) n. 4 ngr.

— Gottes, eine Wochenschrift. 1r Thl. 8. Lpz. 754.

Freund, der gute. Kalender f. das J. 1907. 7. Jahrg. (64 S. m. Abbildgn.) gr. 8. Stuttgart, W. Kohlhammer. n. — 30

Freund, der gute. Kalender f. d. J. 1911. 11. Jhrg. (64 S. m. Abbildgn.) gr. 8. Stuttgart, W. Kohlhammer. — 30

— der gute, d. studirenden Jugend, od. erweiterte Grundregeln d. latein. Sprache. 8. Augsb. . . . N. A. 800. Wolff. 9 gl.

— guter, d. Studirenden. 4. Münch. 778. Crätz. 10 gl.

— d. helfende, beim Schreibunterrichte. Ein Hülfsbuch f. Lehrer u. Lernende, von einem Freunde d. Jugend. 8. Eisenberg 825. 2e A. 829. Schöne. 6 gl.

Freund: Der Freund Israels
S.a. Nachrichten von der Ausbreitung des Reiches Gottes unter Israel.

—— Israels, der, Nachrichten von d. Ausbreitung d. Reiches Gottes unt. Israel. Hrsg. v. d. Vereine v. Freunden Israels in Basel. 1—3. Bdchn. No. 1—6. (à 3 Hfte. à 3 Lfgn.) 8. (à Lfg. ca. 2 B.) Basel 835—42, Schneider. à J. (od. 3 Hfte.) * ⅓ Thlr. *

— Israels, der, Nachrichten von der Ausbreitung des Reiches Gottes unter Israel. Herausgeg. von dem Vereine von Freunden Israels in Basel. Jährlich 3 Hefte, von 1845 ab à 4 Hefte. Jahrgang 1840 — 1847. Basel, Schneider. à Jahrg. n ¼ ₰

— der, Israels. Hrsg. von dem Vereine von Freunden Israels in Basel. 5 u. 6. Bdchn. à 12 Hfte. 8. (à 32 S.) od. Jahrg. 1847—1852. (à 4 Hfte.) Basel. (Schneider — Bahnmaier.) à Hft. n. ⅓ ₰ à Jahrg. n. 1⅓ ₰

— der, Israels. Herausg. von dem Vereine von Freunden Israels in Basel. 7. u. 8. Bdchn. à 12 Hefte (à 2 Bgn.) oder Jahrg. 1853—58. Basel. (Bahnmaier. — Schneider.) 8. Jeder Jahrg. von 4 Heften n. 10 ngr

— Israels, der. Herausg. von dem Vereine von Freunden Israels in Basel. Red.: Ed. Bernoulli. 9. u. 10. Bd. à 12 Hefte (à 2 Bgn.) oder Jahrg. 1859—64. Basel. (Schneider. — Bahnmaier.) 8. Jeder Jahrg. von 4 Heften n. 10 ngr

Freund Israels, der. Herausg. von dem Vereine von Freunden Israels in Basel. Red.: Ed. Bernoulli. Jahrg. 1865—1870. à 4 Hefte (à 2 Bgn.). Basel, Bahnmaier. Schneider. 8. Jeder Jahrg. n. 10 ngr

Freund, der, Israels. Hrsg. v. dem Vereine v. Freunden Israels in Basel. Red.: Ed. Bernoulli. Jahrg. 1871—1874 à 4 Hfte. (à 2 B.) 8. Basel, Schneider in Comm. à Jahrg. n. 1. —

— dasselbe. Jahrg. 1875. 6 Hfte. (à 1½—2 B.) gr. 8. Ebend. n.n. 1. 50

— dasselbe. Jahrg. 1876. 6 Hfte. (à 1½—2 B.) gr. 8. Ebend. n.n. 1. 20

Freund Israels, der. Hrsg. von dem Verein von Freunden Israels in Basel. Redact.: F. Heman. Der neuen Folge 2.—6. Jahrg. 1875—1879. à Jahrg. 6 Hefte (à 1½—2 Bog.) gr. 8. Basel, (Schneider.) Jahrg. 1875—1877 à ** Jahrg. 1878 und 1879 à **

Freund Israels, der. Hrsg. von dem Vereine von Freunden Israels in Basel. Der neuen Folge 7.—11. Jahrg. 1880—1884. à Jahrg. 6 Hefte. (à Heft 1½—2 Bog.) gr. 8. Basel.
Nicht im Handel.

Der Freund Israels: 1850–1907

Monthly Jewish paper, printed in German. Dated also at Pomeroy, Ohio? Edited by Dr. P. Weber, & published by Schneidereith & Sons.

Baltimore, MD

— der Jugend, in kleinen moral. Aufsätzen; aus d. Engl. 8. Lpz. 775. Weidmann. 10 gr

Freund, Der, der Jugend, oder die deutschen klassischen Schriftsteller für die Jugend eingerichtet. O. O. 1792. V: *Eglauer, Anton.* (SO) (JES)

— der, d. Jugend auf d. Pfad. d. Tugend u. d. Moral, od. Auswahl denkwürd. Begebenheiten, belehrend. Anekdoten u. moral. Erzählungen z. Einweihung edler Grundsätze u. z. Bildung des Styls u. d. Sprache. Mit 1 Steindr. 8. Dinkelsbühl 826. Walthr. (Leipz., Central-Compt.) 14 gr

— der, der Kinder. 100 zweiseit. Traktate m. Bildern v. H. v. R. I. u. II. Serie. gr. 8. Striegau (904. 906). Th. Urban. à n. — 40

— der, der Kinder. 100 zweis. Traktate m. Bildern v. H. v. R. (2. Aufl.) 8. Striegau (908). Th. Urban. — 40

Freund, der kleine, der Natur-, Länder- u. Völkerkunde, mit Erklärungen in deutscher, französischer, italien., böhm., ungar. u. neugriechischer Sprache, mit 52 illum. K. Wien, Geistinger. (Leipz. Weygand.) 811.

Freund, d. kluge; e. Lstspl. 8. Augsb. 777. v. Jenisch u. St. 4 gr

— d. kluge. Lustsp. v. Capazelli. 8. Augsb. Stage. 777.

— des Landmannes. 18 Stck. 4. Wien, Camesina. 779.

„Der Freund des Landmanns, d. i. nützlicher und getreuer Unterricht für den Land- und Bauersmann", Stück 1, Wien 1779 (Heubner). — Vorh.: Preußische Staatsbibliothek Berlin. —

Freund, Der, des Landmanns. Eine Volksschrift. Breslau 1791—93. H: *Mogalla, Georg Philipp.* (Nowack, Schles. Schriftst.-Lex. Bresl. 1836—43. VI, 79.)

— des Landmannes. 2 Stcke. 8. Bresl. 791 u. 93. (Gosohorsky). 7 gr

— des Landmannes. 2 Stck. 8. Bresl, Meyer. 791. 93.

Freund, Der, des Landmanns. Eine Wochenschrift für den Landmann der Herzogthümer Schleswig und Holstein. 1. u. 2. Vierteljahr 1805. O. O. H: *Schneider, Chn Jacob von & Matthias Harmsen.* (LS)

— der, des Landmanns. 1s u. 2s Heft. Altona, Hammerich. 806.

— der, des Landmannes. 1s u. 2s Heft. 8. Glückstadt, Schneider. 806.

FREUND, Der, guter Laune und Scherzes. Eine Sammlung von vielen Anekdoten u. naiven Einfällen; militärischen Skizzen und historischen Denkwürdigkeiten; sammt einer Auswahl vorzüglicher Gedichte berühmter deutscher Dichter. 2 Bde. Wien 1815. 8°.
Gmähle's Leihbibl.-Cat., München, Nr. 4924—25.

Freund, der, der guten Laune und des Scherzes. Eine Sammlung von Anekdoten, naiver Einfälle, militair. Skizzen rc. 2 Bände. 8. Prag und Wien, Haas. 815.

Freund, Der, junger Leute von M. G .... A. d. Franz. Leipzig 1765. Ü: *Garve, Christian.* (JL) (KY)

— junger Leute; aus d. Französ. (v. Chr. Garve). 8. Leipz. 765. Gurich. 14 gr

Freund, Der, des grauen Mannes; auch eine Volksschrift. Frankfurt a. M. 1800—02. V: *Eylert, Johann Rulemann Ludwig.* (MGT) »1800—05« (KY)

— des grauen Mannes, eine Volksschrift, (v. Jh. Rul. Ldw. Eylert). 12 Stcke. 8. Frankf. 800—805. Hermann. 3 rß

— guter, aber nicht aufgeklärter Menschen, od. neue ländliche Philosophie. (Aus d. Franz. v. d. Labourdiniere.) 8. Leipz. 795. Kummer. 4 gr

— d., in d. Noth; od. d. zwey Schwestern. Lstsp. v. Flurer. 8. Dresd. (Schöne, Berl.) 794.

Nützlicher Freund: 1882–1892

Religious monthly. Large quarto, each issue 8 pages. Circulation: 1890, 1750. Edited & published by the Rev. M. Busdicker, 1882–92.

Dayton, OH

— der rathende, f. d. bürgerl. Leben, als erfahrner Arzt, Thierarzt, Rechtsverständiger, Haus- u. Landwirth, Künstler, Fabrikant rc. 8. Eisenberg 832. Schöne. (a. Fr. Weber in Ronneb.) 1 rß

Freund: Der Freund der Religion und des Vaterlandes
v. Igl Amitg della Religiun e della Patria.

FREUND, Der, des Scherzes und der Laune. Berlin, S. Fr. Heſſe & Co., 1789. 8°. 206 S.
Z. T. ziemlich gewürzte Anekdoten. Das Vorwort M. (Müchler?) unterzeichnet; vgl. Gotth. Weißſtein Bibl. Nr. 969.)

— —, Der, des Scherzes und der Laune. Berlin 1789. 8°. 206 S. (60 Pfg. Kössling, Lpz., c. 1875; jetzt theurer!)

Freund, der, des Scherzes u. der guten Laune. 2 Bde. mit 1 K. 8. Brünn, Traßler. (Leipz. Gesf.) 811.

Freund, Der, der Schooshündchen; ein Neujahrsgeschenk für Damen. Königsberg 1797. V: *Jester, Frdr. Ernst.* (MGT) ›1796‹ (Ky)

– der Schooßhündchen, Neujahrsgeschenk f. 1797. (v. E. F. Jester). mit Kpf. 16. Königsb. 796. Univerſ.-Buchh. 1 ℛ 8 g.

— der, der Schreber-Vereine. Zentral-Organ für die Interessen der Schreber-Vereine u. Anhänger der Schrebersache. Hrsg. unter Mitwirkg. erfahrener Schulfachmänner, Erzieher, Aerzte u. Gartentechniker von F. M. Lehr. Verantwortlich f. den gärtner. Tl.: Karl Hinze. April–Dezbr. 1905. 9 Hefte. (à ca. 32 S. m. Abbildgn.) Lex.-8. Leipzig (Hohestr. 15), Verlag „Der Freund der Schrebervereine". R. Scheibe. n. 2. 25

— dasselbe. Blätter f. Jugenderziehg. u. Körperpflege; Mitteilgn. üb. Gartenbau u. alle die Schreber- u. Gartenbauvereine berühr. Interessen. Hrsg. unter Mitwirkg. erfahrener Schulfachmänner, Erzieher, Aerzte u. Gartentechniker. Red.: Karl Hinze. 2. Jahrg. April 1906–März 1907. 12 Hefte. (à ca. 16 S. m. Abbildgn.) gr. 8. Ebd. n. 2. 40

— der, der Schreber-Vereine. Monatsschr. d. Verbandes Leipziger Schrebervereine u. d. allgem. Verbds. d. Schrebervereine. Familienbl. f. Jugendpflege, Familienleben, Volkserziehg. u. Volksgesundg. Monatsschrift f. Schreber-, Eltern-, Erziehungs-, Jugendspiel- u. aller Vereine f. Jugend- u. Volkswohl. Schriftleitung: Verband Leipziger Schrebervereine. 6. Jhrg. 1910. 12 Hfte. (1. Heft. 24 u. 12 S. m. Abbildgn.) gr. 8. Leipzig-Eutritzsch (Wilhelminenstr. 17), Böhme & Lehmann. 2. —

Freund: Der Freund der Schuldenbauern, Handwerker, sog. Arbeiter, der Armen und Bedrängten

⑤ 1896 ⑥ 4° ⑦ halbmonatlich ⑨ Friswil ⑪ J. Marti, Lehrer ⑬ BGSZ: 973 (Auszug aus dem Einführungsartikel. p. 75) ⑭ Be: L. ⑮ Der Redaktor tritt für ein gerechtes Steuergesetz und für die Entlastung der Schuldenbauern ein. Er bespricht innenpolitische Fragen. Daneben Nachrichten. – Originell ist der Aufruf, daß sich die Mittellosen der im Titel genannten Klassen an den Redaktor wenden sollen, der versuchen will, ihnen zu helfen. — Marti war vorher an der Goldküste als Lehrer unter Negerkindern tätig.

Freund, Schweizer, s. Schweizerfreund.

Der seltene Freund; eine Monatsschrift.
[Hrsg.: J. C. Ihn.]
Potsdam 1786. 8°

Freund, Der, der Tugend: eine Wochenschrift. Petersb. 1767—69. H: *Windisch, Carl Gottlieb von.* (Ky) (ML)

Freund, unser alter. Berlin 852. Herz. (IV, 120 S.) n. 16 ℊ

Freund, Ein, des Vaterlands an seine helvetischen Mitbürger. O. O. [1799?] V: *Meyer, Sen.* (AarK)

Freund, Der verdächtige; Lustspiel in fünf Akten. A. d. Engl. Hamburg 1785. Ü: *Leonhardi, Johann.* (Ky)

— d. verdächtige; Lstspl. in 5 A. Aus d. Engl. (v. Jh. Leonhardi). 8. Hamb. 785. (Ernst in Quedlinb.) 6 g.

—— des jungen Verlegers, e. Fortsetz. d. „Gefahren d. Autorschaft." A. d. Engl. 8. (2¾ B.) Leipzig 838, [Hartung.] *

— des jungen Verlegers, eine Fortsetzung der Gefahren der Autorschaft. Aus d. Engl. 8. Leipz. 838. Wunder. n. ⅓ ℛ

FREUND, Der, der Wahrheit. Hrsg. v. Neumann. Bd. I. (einz.?) Wien 1782. 8°. (9 Kr., Ppbd., Franz Malota, Wien, 1910.)

— der, der Wahrheit und des Vergnügens, in Gemählden des Lebens, von dem Verf. der Lieblingsstunden, 8. Berlin, 782. Stahlbaum. 15 ſgl.

Freund d. Wahrheit u. d. Vergnügens, in Gemälden d. Lebens, (v. A. F. Cranz). 8. Berl. 791. Schöne. 12 g.

Freund, der, der Wahrheit und des Vergnügens, in Gemählden des Lebens, von dem Verfasser der Lieblingsstunden, (H. Cranz) zweyte Auflage, 8. Berlin, 793. Schöne. 15 ſgl.

Freund, Der, der Wahrheit und des Vergnügens am Niederrhein . . . 1773-82. H: *Cranz, Aug. Frdr.* (Schr) ›1774—82‹ (Ky) (MGT)

— der Wahrheit und des Vergnügens am Niederrhein. 1r Jahrg. 4 Quart. und 2r Jahrg. 1s bis 3s Quartal. 8. Frankf. Gebhardt u. K. 775.

– d. Wahrheit u. d. Vergnügens am Niederrhein, e. Wochenschr. (v. A. F. Cranz). 1r Jahrg. 4 Quart. u. 2r Jahrg. 1s — 3s Quart. 8. Frankf. 774—82. Gebhardt u. K. 2 ℛ

— d. Wahrheit u. d. reinen Vergnügens, eine Monatsschr. 12 Stcke. 8. Stendal 776. Franzen u. Gr. 1 ℛ 12 g.

— d. Wahrheit und des reinen Vergnügens, eine Monatsschrift. 12 Stck. 8. Stendal, Franzen. 779

Freund. – Der Freund der Wahrheit und des Volkes. –
Bamberg. – 14.VIII.1848 – 31.I.1849.

Freund, Der, der ganzen Welt. Eine freye Uebersetzung in zwei Aufzügen nach d. Franz. [des Le Grand]. Wien 1772. V: *Otterwolf, Franz Freiherr von.* (GGr)

Westlicher Freund: 1895–1898

Independent weekly. Place of publication varies: Seattle, Wash., 1895–97. Circulation: 1897, 1000. Edited & published by F. W. Buchholz, 1895–98.
Spokane, WA

Freund, Der, in Wiesbaden. Ein versificirter Wegweiser für dortige Kurgäste, dem Herrn Geheimen Rathe Dr. Lehr ... zugeeignet ... Wiesbaden 1829. V: *Bedeker*. (Linde, Nassauer Brunnenlitt. Wiesbaden 1883.)

— des Witzes u. d. Laune. 8. Altona 796. Bechtold. 8 gr.

— des Witzes u. d. Laune. 3 Thle. 8. Hamb. 798. (Herold jun.) 8 gr.

Freund. Ausfuhrerleichterungsmassregeln d. Schutzzollsystems. Bresl. 889.

Freund's politische Handbücher. Oeffentliches Recht u. öffentl. Leben in volksthüml. Darstellung. 1.—6. Bd. 8. Breslau 890. Freund. à n.n. — 75
1. Der deutsche Reichstag v. Karl Baumbach. (III, 74 u. 6 S.)
2. Der Kampf geg. die Socialdemokratie v. Otto Ehlers. (68 S.)
3. Der Freisinn in seinem Verhältniß zu Schule u. Kirche von W. Volkmann. (64 S.)
4. Das deutsche Genossenschaftsgesetz vom 1. Mai 1889 v. Fritz Schneider. (60 S.)
5. Das Invaliditäts- und Altersversicherungs-Gesetz von Max Hirsch. Mit e. Anh.: Gesetz betr. die Invaliditäts- u. Altersversicherung vom 22. Juni 1889. (III, 130 S.)
6. Gewerbegerichte u. Einigungsämter v. E. G. Eberty. Mit e. Anh.: Gesetz betr. die Gewerbegerichte vom 29. Juli 1890. (III, 108 S.)

Freund's politische Handbücher. Oeffentliches Recht u. öffentl. Leben in volksthüml. Darstellg. Bd. 7, 8a, b, c, 9 u. 10. 8. Breslau 891. Leipzig, H. Paul. [à — 75 (kplt. geb. in 2 Leinw.-Bde.: 5. —)]; herabg. Pr.: kplt. geb. 2. 25; à Bd. — 20
7. Das Recht der Völker auf Frieden. Von Ernst Harmening. (72 S.)
8a, b, c. Die Militär-Gesetzgebung im Deutschen Reich v. Hugo Hinze. 3 Tle. (III, 76, III, 86 u. III, 51 S.)
9. Das deutsche Reichs-Preßrecht. Von Arth. Hellborn. (IV, 79 S.)
10. Die Arbeiterschutz-Gesetzgebung v. Max Hirsch. Mit e. Anh.: Gesetz, betr. Abänderg. der Gewerbeordng. v. 1. Juni 1891. (IV, 127 S.)

Freund, die Konstitut. d. Materie, s.: Rektoratswechsel an d. Akademie f. Sozial- u. Handelsw. zu Frankfurt a. M.

Freund's Schüler-Bibliothek, s.: Freund, Wilh.

Freund, A. s. a. Blüthen u. Blumen.

Freund, A., Blüthen und Blumen des Geistes und Gefühls. Aus Kotzebue's Schriften gesammelt und mit Anmerkungen begleitet. 12. Wien, Tendler und Mannstein. 819.

Freund, A., Frauengestalten aus deutschen Fürstenhäusern. (453 S.) München 1891. Beck.

Freund, A., Licht. Erzählung. 8. (212 S.) Dresden 902. E. Pierson. n. 2. 50; geb. n. 3. 50

Freund, A. B., Leselehr- u. Bilderbuch für Kinder, die bald lesen lernen und sich nützlich unterhalten u. belehren wollen. In naturgemäßer Methode abgefaßt. 2. Aufl. Mit (8) ill. Kupf. gr. 12. Berlin 841, Hasselberg. 1/4 Rthlr — 3. Aufl. mit ill. Kupf. kl. 8. Ebend. 846. 1/4 Rthlr

Freund, Albin, Beiträge zur antiochenischen u. zur konstantinopolitan. Stadtchronik. Inaugural-Dissertation. gr. 8. (53 S.) Jena 882. (Deistung.) n. 1. 20

Freund, Alexander, Im Guten geht alles! Ein Turnerstücklein, Schwank m. Gesang in 1 Aufz., Güstrow 1896, 39 S., 16°.

Freund, Alexander Guilelmus: De fistula uretero-uterina conspectu historico fistularum urinariarum mulierum praemisso. Vratislaviae (1860). (49 S.) 8° *[Verf. nannte sich später Wilhelm Alexander, vgl. Nr 1181.]*

Breslau, Med. Fak., Hab.-Schr. v. 24. Juli 1860

Freund, Alfr., s.: Assanierung, die v. Wien.

Freund, Alfr., technische Elementarmechanik fester Körper f. gewerbliche Lehranstalten u. zum Selbststudium. (VII, 51 S. m. 57 Fig.) gr. 8. Leipzig (Kochstrasse 28) 906. Vögele & Schultze. Kart. n. 1. —

Freund, Alfr., techn. Elementarmechanik fester Körper f. gewerbl. Lehranstalten u. z. Selbststudium. 2., erweit. Aufl. (VI, 50 S. m. 56 Fig.) 8. Leipzig 910. F. Brandstetter. Geb. in Halbleinw. 1. —

Freund, Alfr., techn. Elementarmechanik fester Körper. Jetzt: Leipzig, Dr. Seele & Co.

Freund, Alfr., die Entseuchung der Viehwagen nach den gesetzlichen u. gesundheitstechnischen Anfordergn. u. die wirtschaftl. Schäden d. Viehseuchen, insbesond. beim Eisenbahnverkehre. gr. 4. (32 S.) Wiesbaden 900. C. W. Kreidel. n.n. 1. 30
Sonderabdr. a.: „Organ f. d. Fortschritte d. Eisenbahnwesens".

— Gewerbe u. Schule in München. (19 S.) 8. Zittau (908). P. Haeckel's Nachf. — 20

Gewindeschneiden, s.: Müller, Emil.

Freund Alois: Geschichte der Juden in Innerösterreich im 13., 14. und 15. Jahrhundert.
II. 1895 PN 914 Diss. Wien, Univ. 770

Freund, Anna, Frauengestalten aus deutschen Fürstenhäusern. 8. (III, 453 S. m. 1 Bildnis.) München 891. C. H. Beck. n. 4. —; geb. in Leinw. n. 5. —

Freund, August

— Beiträge zur Kenntnis der [illegible] und der Phenylschwefelsäure. S. 44. II. [illegible] . . . . vgr.
Separatabdruck

— Über die Bildung und Darstellung von Trimethylenalkohol aus Glyzerin. S. 84. II. 671 . . . . vgr.
Separatabdruck

— Zur Kenntnis des Vogelbeersaftes und der Bildung der Sorbose. I. Mitteilung. S. 90. IIb. 58[illegible] . . . . vgr.
Separatabdruck

— Über die Natur der Ketone. S. 41. [illegible] . . . — 30
Separatabdruck

Freund, August. Ueber die Produkte der sauren Gährung von Waizenkleie. Leipzig, 1871.

Freund August. Über die Synthese der Acetone und über die Einwirkung der Oxychloride einbasischer Säuren auf Natriumamalgam. Vorläufige Mitteilung. S. 39. 85 . — 20
Separatabdruck

— Über Trimethylen. Vorläufige Mitteilung. S. 84. II. 677 vgr.
Separatabdruck

Über Trimethylen. S. 86. II. [illegible] vgr.
Separatabdruck

Freund, Aug., üb. vermeintliches Vorkommen v. Trimethylcarbinol unter den Producten der alkoholischen Gährung, u. e. vortheilhafte Darstellungsweise dieses Alkohols. [Aus: „Sitzungsber. d. k. Akad. d. Wiss."] Lex.-8. (13 S.) Wien 875. (Gerold's Sohn.) n.n. — 30

Freund, B., Beschreibung u. Kritik üb. Poullet's neu erfundene Geburts-Zange. Mit Holzschn. [Aus: „Frauenarzt".] gr. 8. (14 S.) Neuwied 888. Heuser's Verl. — 75

Freund, Bruno, Confetti. Indiskrete u. heitere Verse. (104 S.) gr. 8. Leipzig 909. Reform-Verlag. 2.—; geb. 3.—

Freund, C. S., die Erkrankungen des Nervensystems nach Unfällen, s.: Sachs, Heinr.

Freund, C. S., Labyrinthtaubheit u. Sprachtaubheit. Klin. Beiträge z. Kenntniss d. sogen. subcorticalen sensor. Aphasie, sow. d. Sprachverständnisses d. m. Hörresten begabten Taubstummen. gr. 8. (VIII, 115 S.) Wiesbaden 895. J. F. Bergmann. n. 3. 60

Freund, C. S., Schemata zur Eintragung v. Sensibilitätsbefunden. qu. gr. 4. (40 Taf.) Berlin 892. A. Hirschwald. n. 2. —

— ein Überblick üb. den gegenwärtigen Stand der Frage v. den sogenannten traumatischen Neurosen, s.: Sammlung klinischer Vorträge.

Freund, Carl, s. Freund, Karl

Freund, Carl Samuel, s. Freund, Karl Samuel

Freund, David [aus Sohrau (Oberschlesien)]: Ueber die normalen Druckverhältnisse im Becken und die pathologischen Veränderungen derselben mit Rucksicht auf die Entstehung des Prolaps .... Würzburg, Druck d. Ferdinand Rohrl'schen Buchdr., 1888; 38 S. 8°
Wurzburg, Med. Fak., Inaug.-Diss. v. 1888

Freund, E, Anweisg. z. Behandlg. v. vom elektr. Strom Betäubter. 8. (8 S. m. 2 Abb.) Oerlikon-Zürich 897. J. Hallauer. n. — 80

Freund, E. Anweisung zur Behandlung und ersten Hülfeleistung von vom elektrischen Strom Betroffenen. Gr. 8°. 16 S. m. 3 Illustr. Oerlikon-Zürich, J. Hallauer. 1900. — 80

Freund, E., und O. **Jellinek:** Ueber die Beziehungen zwischen Gerinnung und der Wirkung der Antitoxine. Wien 1895

Freund, E., eine mehr als tausendjährige Illusion d. menschl. Geistes u. ihre Folgen od. die Beseitigg. d. grossen Hindernisses, welches der Lösg. der Flugfrage im Wege liegt. gr. 8. (22 S.) Wien 899. (Spielhagen & Schurich). n. — 80

Freund, E. S., Rätselschatz, s. Universal-Bibliothek Nr. 2091—2095.

Freund Emil: Über eine Begrenzungslinie. 12. Pilsen R. 96.
Progr.

Freund Emil: Elemente der Differential- und Integralrechnung. 31. Pilsen R. 02.
Progr.

Freund, Emil, milchwirtschaftl. Maschinen u. Geräte. Ein ausführl. Leitfaden f. d. Unterricht an Molkerei- u. landwirtschaftl. Lehranstalten sowie z. Selbstunterricht, m. umfass. Erläutergn. f. die Wahl, Anwendg. u. Behandlg. milchwirtschaftl. Maschinen u. Geräte. 1. Bd. 8. Berlin 908. Landwirtsch. Schulbh. Geb. in Leinw. 2. —
1. Maschinen, Geräte u. Anlagen f. d. Gewinng., den Transport, Molkerei-Annahme u. Ausgabe, sowie z. Untersuchung u. Prüfung d. Milch. Mit 141 Abb. im Text. (VIII, 182 S.)

Freund, Emil, Scheckgesetz v. 3. IV. 1906, RGBl. Nr. 84. In Versen. (47 S.) 8. Wien 907. Manz. — 85

Freund, Erich [aus Breslau]: Ueber einige Ausfuhrerleichterungsmassregeln des Schutzzollsystemes. ... Breslau, Druck v. Leopold Freund, 1889; 4 Bl. + 98 S. + 1 Bl. 8°
Leipzig, Phil. Fak., Inaug.-Diss. v. 27. Jun. 1889

Freund, E., üb. einige Ausfuhrerleichterungsmassregeln d. Schutzzollsystems. gr. 8. (IV, 98 S.) Breslau 889. Koebner. n. 2. —

Freund, Erich, Streifzüge im Süden. Reiseskizzen aus Italien u. Tunis. (Unterwegs u. Daheim.) schmal 8. (184 S.) Breslau 897. Schles. Buchdruckerei etc. n. — 75; geb. n. 1. —

[F.] Streifzüge im Süden. Reiseskizzen aus Italien u. Tunis. Von Erich **Freund.** *Breslau: S. Schottlaender 1897.* (184 S.) 1 Bd 8.
(Unterwegs u. Daheim.) [97. 6350

Freund, Ernst, d. Gerinng. d. Blutes, s.: Limbeck, Rud. R. v., Grundriss d. klin. Pathologie d. Blutes.

Freund, Ernst, über Schwund in der Skeletmuskulatur, s. Frankl, Lothar.

— s.: Tuberculose, die.

Freund, Erwin: Chronischer Gelenkrheumatismus und Gicht. Ein Beitr. z. Differentialdiagnose. Leipzig 1909: Lehmann. 25 S. 8°
Leipzig, Med. Diss. v. 27. Mai 1909, Ref. Hoffmann
[Geb. 30. Mai 77 Karchowitz; Wohnort: Steglitz; Staatsangeh.: Preußen; Vorbildung: Friedrichs-Gymn. Berlin Reife O. 98; Studium: Berlin 12 S.; Coll. 21. Juni 09; Approb. 31. März 05.] [U 09. 2778

Freund, Eugen: Entwicklung willkürlicher Funktionen vermittelst meromorpher. Breslau: Fleischmann 1909. 60 S. 8°
Breslau, Phil. Diss. v. 14. Aug. 1909, Ref. Kneser
[Geb. 4. Okt. 85 Neu-Heiduk, Kr. Beuthen O.-S.; Wohnort: Königshütte; Staatsangeh.: Preußen; Vorbildung: Oberrealsch. Kattowitz Reife O. 05; Studium: Berlin 3, Breslau 6 S.; Rig. 26. Mai 09.] [U 09. 594

[Umschlagtit.:] [F.] Text der Gesänge zu 'Eine tolle Nacht'. Grosse Ausstattgsposse m. Gesang in 5 Bild. v. F. **Freund** u. W[ilh.] Manstädt, bearb. u. den Kölner Verhältnissen angepasst v. W[ilh.] Millowitsch. Musik v. J. Einoedshofer ... *Bonn: Buch- u. Steindr. J. Bach Wwe [1897].* (16 S.) 1 Bd 8.
(Millowitsch's Volks-Bühne. Plattkoelnisches Ensemble.) [98. 3764 Bo

Freund, Fedor. Berliner Fahr-Sport. Jubiläums-Betrachtungen Berlin. Josef Neuß 1907 277 S. m. zahlr. Abb., 12 Taf. 4°

Freund, Fed. (Amicus), der „kluge" Hans. Ein Beitrag zur Aufklärg. (86 S.) 8. Berlin 904. Boll & Pickardt. n. 1. —

Freund, Fed., Maximilian Harden, der Vaterlandsretter. 3. Aufl. (66 S.) gr. 8. Berlin (907). H. Seemann Nachf. — 50
Aus d. Handel zurückgezogen.

Maximilian Harden der Vaterlandsretter. Von Fedor **Freund.** 6. Aufl. Berlin & Leipzig: H. Seemann Nachf. [1908]. (60 S.) 8° [08. 1311 H

— Schnuckchen od. Das Pferd mit den vielen Anteilen. Eine Historie f. Lebeleute. (VIII, 200 S.) 8. Ebd. 904. n. 2. —

Schnuckchen oder Das Pferd mit den vielen Anteilen. Eine Historie f. Lebeleute von Fedor **Freund** ⟨Amicus⟩. (2. Aufl.) Berlin: Boll & Pickardt 1904. (VIII, 200 S.) 8° [05. 1017

Schnuckchen oder Das Pferd mit den vielen Anteilen. Eine Historie f. Lebeleute von Fedor **Freund** ⟨Amicus⟩. (3. Aufl.) Berlin: Boll & Pickardt 1904. (VIII, 200 S.) 8° [08. 16313 H

— Sport 1905. (IV, 71 S. m. Abbildgn.) qu. gr. 4. Ebd. 905. Geb. in Leinw. n. 8. —

Freund, Fedor, s.: Weihnachts-Album d. deutschen Rennsports.

Freund, Ferdinand [prakt. Arzt]: Ueber intermittirende Albuminurie .... Göttingen, Druck d. Dieterichschen Univ.-Buchdr. W. Fr. Kaestner, 1886; 1 Bl. + 20 S. 8°.
Göttingen, Med. Fak., Inaug.-Diss. v. 1886.

Freund, F., üb. intermittirende Albuminurie. Inaug.-Diss. gr. 8. (20 S.) Göttingen 886. (Vandenhoeck & Ruprecht's Verl.) n. — 60

Freund, Franz: Ueber Aethylenäther des Dinitrophenols, der Oxybenzoësäuren und Nitrooxybenzoësäuren ... Leipzig, Druck v. L. Seidel, 1895; 1 Bl., 29 S., 1 Bl. 8.
Leipzig, Phil. Fak., Inaug.-Diss. v. [20. Mai] 1895

Freund, Frz., der gute Ton. Lehrbuch der feinen Lebensart u. guten Sitte. Nach den neuesten Anstandsregeln bearb. 2. u. 3. Aufl. gr. 8. (à IV, 126 S.) Schweidnitz (901. 902). G. Brieger. n. — 50; geb. in Leinw. n. 1.—

Freund, Frdr., über die Abwanderung v. Steuerzahlern aus d. Stadt in die Vorortgemeinden u. üb. d. Petit. d. Stadt Berlin um Ausdehnung d. Forensalsteuerrechts auf d. Einkommen aus gewinnbringender Beschäftig. (11 S.) 8. Berlin (907). C. Heymann. — 20
Sonderabdr. aus „Preuß. Verwaltgsbl."

Freund, Frdr., die gesetzlichen Beschränkungen d. Grundeigenthums im römischen Recht. gr. 8. (38 S.) Berlin 883. (Bahr.) n. 1. 20

Freund, Friedrich: Die gesetzlichen Beschränkungen des Grundeigenthums im römischen Recht. Berlin, Druck von Gebr. Unger (Th. Grimm), 1883. 8. 38 S.

Freund, Frdr., zur Gerechtigkeit u. Buße! Ein Nachwort an die Berliner landeskirchl. Versammlg. vom 2. V. 1905. (16 S.) 8. Langensalza 905. (J. Beltz.) n. — 30

Das Kommunalabgabengesetz v. 14. VII. 1893, s.: Nöll, F.

— das Kreis- u. Provinzial-Abgabengesetz vom 23. IV. 1906 nebst Ausführungsanweisung u. Mustersteuerordnungen. Erläutert v. F. (XXVII, 227 S.) gr. 8. Berlin 907. C. Heymann. n. 5. — ; geb. n. 6. —

Freund, Friedr., Das Kreis- und Provinzial-Abgabengesetz vom 23. April 1906 nebst Ausführungsanweis. u. Mustersteuerverordn. Erl. Berlin 1907. 8°.
(Dasselbe.) 2. Aufl. Berlin 1907. 8°.

— Verwaltungsgesetze, s.: Brauchitsch, M. v.

Freund, F., Was schickt sich u. was schickt sich nicht? Ein Rathgeber f. Jung u. Alt in allen Regeln d. Anstandes, der feinen Sitte u. des guten Tones. 8. (IV, 122 S.) Schweidnitz 888. Brieger. n. 1. —

Freund, Friedrich August (Leipzig), Dissertatio de insignibus regiis Polonicis. Präs. Joh. Wolfgang Trier. Lpz. (Imman. Titius) 3. VIII. 1712. 30 S. (5.50) 9504

Freund, Fritz (Hrsg.). s. a. Abgeordnetenhaus, Das österreichische.

Freund, Fritz, Das österreichische Abgeordnetenhaus. E. biogr.-statist. Handbuch. 1907—1913. XI. Leg.-Per. (18. Sess.) Wien u. Leipzig (1907). 8°.

Freund, Fritz, das österr. Abgeordnetenhaus. E. biographisch-statist. Handbuch. 1907—1913. (XI. Legislaturperiode. (XVIII. Session.) 1—20. Taus. (638 S. m. eingedr. Bildn., 1 Taf. u. 1 Plan.) 9,6×7 cm. Wien(907), Berlin, J. Singer & Co. — 85; geb. in Leinw. 1. 50

Freund, F., Das österreichische Abgeordnetenhaus. Ein biographisch-statist. Handbuch. 1907—1913. XI. Legislaturperiode. (XVIII. Session.) 1—20 Taus. (638 S.) Wien, Wiener Verl. — 85; geb. in Leinw. 1. 50.

Freund, G. Plan von Wittenberg und Umgebung. 1 : 12 000. Wittenberg 1894. 1 Bl. c. l.

Freund, Geo., das allerheiligste Altarssacrament. Betrachtungen u. Gebete. 16. (VI, 231 S. m. 1 Farbendr.) Wien 893. St. Norbertus, Verlagsbuchh. Geb. in Leinw. n. 1. —

Freund, G., Andachtsbüchlein zum heil. Joseph. Betrachtungen u. Gebete. 16. (VIII, 247 S. m. 1 Holzschn.) Wien 887. Kirsch. n. 1. —

— dasselbe. 2. Aufl. 32. (VIII, 247 S.) Ebd. 888. n. — 60

Freund, Geo., Andachtsbüchlein zur schmerzhaften Mutter Gottes. Betrachtgn. u. Gebete. 16. (VIII, 305 S. m. 1 Stahlst.) Wien 892. H. Kirsch. Geb. in Leinw. n. — 80

Freund, Geo., C. Ss. R., Bedenken u. Einwendungen. Populäre Abhandlgn. 1. u. 2. Aufl. (à VIII, 246 S.) 12. Münster 903. Alphonsus-Buchh. n. 1. 70

— Beleuchtung antireligiöser Schlagwörter. Ein Beitrag zur Lösg. der brennendsten Zeitfrage. 1. u 2. Aufl. 8. (79 S.) Ebd. 894. n. — 80

Freund, Geo., C. Ss. R., Beleuchtung antirelig. Schlagwörter. E. Beitrag z. Lösg. d. brennendsten Zeitfrage. 3. Aufl. 8. (79 S.) Wien 895. H. Kirsch. n. — 80
Neue Aufl. u. d. T.: F., Phrasen.

— Betrachtgn. üb. d. Allerheiligste Altarssakrament. 2., verm. Aufl. 16. (VIII, 160 S. m. 1 Farbendr.) Münster 896. Alphonsus-Buchh. Geb. in Leinw. n. — 50

[F.] Betrachtungen über das Allerheiligste Altarssakrament. Von P. Georg **Freund** ... 3. verm. Aufl. *Münster i. W.: Alphonsus-Buchh. 1898.* (150 S., 1 Taf.) 1 Bd 8. [illegible]

[F. u. Ant.] Einst und Jetzt! Entweder Rückkehr zu Gott oder Ende der Welt! Sociale Passionsbilder u. ihr Wiederschein. Von P. Georg **Freund,** C. Ss. R. ... 1.—5. Taus. *Münster i. W.: Alphonsus-Buchh. 1895.* (51 S.) 1 Bd 8. [illegible]

— Einst u. Jetzt. Entweder Rückkehr zu Gott od. Ende d. Welt! Soc. Passionsbilder u. ihr Wiederschein. 2. Aufl. 6.—10. Taus. gr 8. (51 S.) Ebd. 896. — 30

Freund, Geo., C. Ss. R., einst u. Jetzt. Eine Rückkehr zu Gott od. Ende d. Welt! Soziale Passionsbilder u. ihr Widerschein. 3. Aufl. (124 S.) kl. 8. Münster (907). Alphonsus-Buchh. — 50

— Freiheit, Gleichheit, Brüderlichkeit. gr. 8 (35 S.) Wien 896. H. Kirsch. n. — 40

[F.] Die Früchte des Geistes. Populäre Abhandlgn üb. St. Paulus, Galaterbrief C. 5. v. 22, 23. Von Georg **Freund** ... *Münster i. W.: Alphonsus Buchh. (1897).* (266 S.) 1 Bd 8. [illegible]

— die Früchte des Geistes. Populäre Abhandlgn. üb. St. Paulus Galaterbrief C. 5, v. 22, 23. 2., neu durchgeseh. Aufl. 12. (260 S.) Münster 898. Alphonsus-Buchh. 1. 70; geb. n. 3. —

Gedenkblatt zum 100jährigen Todes-Gedächtniss des heil. Alphonsus, Bischof, Kirchenlehrer und Ordensstifter, am 1. Aug. 1887. 24. (39 S.) Wien, St. Norbertus-Buchdruckerei. fl. —.05.

— Gedenkblatt zum 100jährigen Todes-Gedächtniß des heil. Alphonsus, Bischof, Kirchenlehrer u. Ordensstifter am 1. Aug. 1887. 2., unveränd. Aufl. 16. (39 S. m. 1 Portr.) Freiburg i/Br. 887. Herder. n. — 10

[F.] Die Gesellschaft. Populäre Abhandlgn v. P. Georg **Freund,** C. Ss. R. *Münster i. W.: Alphonsus-Buchh. (1897).* (185 S., 1 Bl.) 1 Bd 8. [illegible]

— die Gesellschaft. Populäre Abhandlgn. 2. Aufl. 12. (186 S.) Ebd. 897. n. 1. 20; geb. n. 2. —

— das Glück, Katholik zu sein. Skizzen der Predigten, welche F. im Novbr. 1904 in der Metropolitankirche zu St. Stephan in Wien geh. hat. 2. Aufl. 4.—6. Taus. (40 S.) kl. 8. Wien 904. H. Kirsch. n. — 20

[F.] Das göttliche Herz Jesu. Von P. Georg **Freund**, C. Ss. R. ... *Münster i. W.: Alphonsus-Buchh. (1898).* (2 Bl., 208 S.) 1 Bd 8. [98. 8346

— Der hl. Klemens Maria Hofbauer, Generalvikar d. Kongregation d. Allerheiligsten Erlösers. E. Lebensskizze. 3., verm. Aufl. Zur Feier d. Heiligsprechg. neu hrsg. m. einigen Ändergn. v. Frz. Weimann, C. Ss. R. (179 S. m. Abbildgn.) kl. 8. Regensburg 909. F. Pustet. Geb. in Leinw. — 85

— der selige Clemens Maria Hofbauer. Gedrängte u. übersichtl. Darstellg. seines Lebenslaufes. (208 S. m. Abbildgn. u. 1 Bildnis.) kl. 8. Wien 905. (Buchh. Reichspost.) Geb. in Leinw. n.n. 1. 20

— Leo XIII. Der soziale Papst. 2. Aufl. 12. (45 S.) Ebd. 898. n. — 80

Freund, Geo., C. Ss. R., Leo XIII. Erinnerung an den 25. Jahrestag der Erwählg. zur päpstl. Würde. 12. (45 S. m. 1 Bildnis.) Münster (902). Alphonsus-Buchh. n. — 30

Freund, Georg, Der Liberalismus. Ebendas. 1896, 12°, 16 S., 20 Pf.

— der Liberalismus. 12. (16 S.) Wien 898. H. Kirsch. n. — 20

Freund, Georg: Liberalismus und Sozialdemokratie. Tl. 2. Die Sklaverei oder Heidentum u. Christentum, s. Moser's Sammlung zeitgem. Broschüren.

—— I. Liberalismus u. Socialdemokratie. II. Die Sklaverei oder Heidentum u. Christentum. Graz, Moser, 1897, 16°, 47 S., 16 Pf. (Mosers Sammlung zeitgemäß. Broschüren, Heft 7.)

— d. Liebe Jesu im allerheiligsten Altarssakramente. Betrachtgn., Anmutgn. u. Gebete. 16. (X, 382 S. m. 1 Farbendr.) Münster 896. Alphonsus-Buchh. Geb. in Leinw. 1. 50

Freund, Georg [Hrsg.], s. Liguori, Alphons Maria: Besuchungen des allerheiligsten Sakramentes und der allerseligsten Jungfrau Maria.

— Maria die Schutzfrau Oesterreichs. Predigt, geh. in der Pfarrkirche Maria vom Siege in Fünfhaus am 4. Octbr. 1891. 12. (14 S.) Ebd. 891. n. — 20

— d. Marien-Verehrung. Mai-Monatspredigten. 2. u. 3. Aufl. 12. (à 383 S.) Ebd. 899. 901. n. 2. —; geb. n. 3. —

— die Marien-Verehrung. Mai-Monatspredigten. 4. u. 5. Aufl. (à 383 S.) kl. 8. Münster 904. Alphonsus-Buchh. n. 2. —; geb. in Leinw. n. 3. —

— Missionsandenken. E. Weckruf z. kathol. Glauben. gr. 16. (32 S. m. 5 z. Tl. farb. Taf.) Smichow 894. (Kapr & Kotek.) Kart. n.n. — 40

— im Norden. Ein Tagebuch vom 6.—24. IX. 1904. 1. u. 2. Aufl. (à 157 S. m. 20 Abbildgn. u. 1 Karte.) kl. 8. Ebd. 905. Geb. n. 1. 50

— die Opfer d. Erlösers. D. Menschen z. Mahng. u. z. Troste. 16. (112 S.) Warnsdorf 896. A. Opitz. n. — 25

— moderne Phrasen u. Schlagwörter. 4., verm. Aufl. (d. Beleuchtung antireligiöser Schlagwörter.) 12. (VII, 227 S.) Wien 898. H. Kirsch. 1. 80

— Pilgerreise ins hl. Land. Mein Tagebuch vom 23. IV. bis 15. V. 1900. Mit e. Pilgerbilde aus Jerusalem. gr. 8 (48 S.) Wien 90. (H. Kirsch). n 1.–

— Rette deine Seele! Missionserinnerg. 3. Aufl. 16. (70 S.) Warnsdorf 896. A. Opitz. n. — 20

— rette deine Seele! Missionserinnerung. 5. Aufl. 16. (70 S.) Warnsdorf 898. A. Opitz. n. — 20

— eine Rom-Reise. gr. 16. (104 S.) Wien 888. Kirsch. cart. n. — 40

Freund, Georg, Referendar: Die dingliche Sicherung des Wiederkaufsrechts an Grundstücken unter Berücksichtigung des besonderen Wiederkaufsrechts an preussischen Rentengütern. Breslau 1908: Schatzky. 69 S. 8°
Rostock, Jur. Diss. v. 30. Jan. 1909, Ref. Lehmann
[Geb. 11. Juli 86 Breslau; Wohnort: Bernstadt; Staatsangeh.: Preußen; Vorbildung: Johannes-Gymn. Breslau Reife O. 05; Studium: München 4, Breslau 2 S.; Rig. 25. Nov. 08.] [U 09. 3658

— vor d. Tabernakel, s.: Blüten a. d. Himmelsgarten.

Freund, Georg [aus Stettin]: Vergleichende Untersuchung über die bacterielle Zersetzung verschiedener Zuckerarten ... Königsberg i. Pr., Druck v. R. Leupold, 1897; 36 S. 8.
Freiburg i. B., Med. Fak., Inaug.-Diss. v. 1897

FREUND, Georg
(F) Historisch-religiöse Vorträge über St. Paulus und seine Widersacher durch P. Georg Freund. C. SS. R. Mit Bewilligung der geistl. Oberen und f.-e. Approbation. Wien. 1900. Kirsch. 8°. 103 S. K —.80

[F.] Sociale Vorträge. Von P. Georg **Freund**, C. Ss. R. *Münster i. W.: Alphonsus-Buchh. 1898.* (2 Bl., 252 S., 1 Bl.) 1 Bd 8. [95. 67

— Sociale Vorträge. 2., verm. Aufl. 12. (IV, 272 S.) Münster 898. Alphonsus-Buchh. 2. —; geb. n. 3. —

— sociale Vorträge. 3. verm. Aufl. 12. (IV, 273 S.) Münster 900. Alphonsus-Buchh. n. 2. —; geb. n. 3. —

— Sociale Vorträge. 4. verm. Aufl. (IV, 272 S.) kl. 8. Münster 907. Alphonsus-Buchh. 2. —; geb. 3. —

Freund, Georg. Augustus (geb. Berlin 17. 10. 1836): De aeris motu circa cylindrum qui rotatur. Berolini (1862). (17 S.) 4°
Berlin, Phil. Diss. v. 2. Aug. 1862

Freund, Guenther Siegfried

— u. Jul. **Magnus**, Gesetz zum Schutz d. Warenbezeichnungen v. 12. V. 1894 s.a. Guttentag's Samml. deutsch. Reichsgesetze.

Freund, G[uenther] S[iegfried], u. Jul. *Magnus.* Gesetz zum Schutz der Warenbezeichnungen vom 12. Mai 1894. 3. völlig neubearb. Aufl. Berlin 1903. 8°.

Freund, G. S., die Rechtsverhältnisse d. öffentl. Anleihen. (XIV, 293 S.) gr. 8. Berlin 907. J. Guttentag. 7.

Der Schutz der Gläubiger gegenüber auswärtigen Schuldnerstaaten, insbes. bei auswärtigen Staatsanleihen. Von Dr. G[ünther] S[iegfried] **Freund**, Geh. Reg.R. Berlin: Guttentag 1910. 55 S. 8° [10. 3449

Freund, Gustav

Zirkus Dumsky Bumsky, s.: Schattenfiguren zum Ausschneid. für Schattenspiel. IV.

Freund, Gust., Zauber-Apparate selbst herzustellen, s.: Spiel und Arbeit.

Freund, H., die Religion u. ihre sittliche Bedeutung insonderheit im Staats- u. Wirtschaftsleben. Ein Vortrag. [Aus: „Crefelder Zeitg."] gr. 8. (19 S.) Crefeld 893. Kramer & Baum. — 30

Freund, H., die sämmtl. unregelmäßigen Zeitwörter der franz. Sprache durchkonjugirt, alphabet. geordnet u. mit einem Anh. versehen zum Gebrauche f. Schulen u. beim Privat-Unterricht. 8. (IV u. 115 S.) Berlin 847, Ferd. Bethge (jetzt: Danz). 1/4 Thlr.

Freund, H. D., die Kunst, Gartenrosen während d. Winters im Zimmer zur Blüte zu bringen. 8. Halberst. 830. (Weinedel in Leipz.) 10 gr

— Predigten. gr. 8. Bernb. 828. Gröning. (Halle, Schwetschke u. S.) 18 gr.

Freund, H. W., die Antisepsis in der geburtshülflichen Poliklinik und in der Hebammenpraxis, s.: Klinik, Berliner.

Freund, H. W., Operation e. ausgetragenen Abdominalschwangerschaft; Versenkung der Placenta in die Bauchhöhle, s.: Sammlung klinischer Vorträge.

— Vorschläge zur Reform d. Hebammenwesens in Elsaß-Lothringen. gr. 8. (16 S.) Straßburg 889. Trübner, Berl. n. — 60

— Vorschläge z. weiteren Reform d. Hebammenwesens. (62 S.) Wien 1902. F. Deuticke.

der gewöhnliche u. ungewöhnliche Wanderungsmechanismus wachsender Eierstocksgeschwülste, s.: Sammlung klinischer Vorträge.

Freund, Hans, a. Mühlhausen in Thüringen: Neue Versuche über die Wirkungen der Außenwelt auf die ungeschlechtliche Fortpflanzung der Algen. Halle a. S. 1907 (A. Kämpfe, Jena). (60 S.) 8° ¶(Aus: Flora, Allg. Bot. Zeitung, Bd 98 H. 1.)

Halle, Phil. Fak., Ref. Klebs, Diss. v. 30. Juli 1907

[Geb. 24. Sept. 85 Mühlhausen i. Thür.; Wohnort: Halle a. S.; Staatsangeh.: Preußen; Vorbildung: Gymn. Mühlhausen Reife O. 03; Studium: Halle 2, Heidelberg 1, Halle 5 S.; Rig. 2. März 07.]

Freund, Hans, was muß man von der Finanzwissenschaft wissen? Die Grundzüge der Lehre v. d. Staatsausgaben u. Staatseinnahmen allgemeinverständl. bearb. 8. (72 S.) Berlin (901). H. Steinitz. n. 1. —

Freund, Heinrich

Freund, H. La chanson de Gui de Bourgogne et ses rapports avec la chanson de Roland et la chronique de Turpin. Crefeld, R., 1885. 43 S. 4. Progr.

Freund, Heinrich, approb. Arzt aus St. Ludwig i. Els.: Aus d. pathol. Institut d. Universität Freiburg. Über die Fibromyome der Ligamente des Uterus. *Freiburg i. B.: Speyer & Kaerner 1902.* (34 S.) 8°

Freiburg i. B., Med. Diss. v. 1902

— Heinrich (Brieg/Schles.), Historia phthiseos pulmonalis hereditariae. Diss. med. Bln. (Aug. Wilh. Schade) 14. VIII. 1826. 28 S. mit Biogr. (M.: J. Wollner.) (4.50) 9505

Oppon.: Kalckstein, Guttmann, Sittenfeld. — Gew.: Mayer Sittenfeld.

Freund, Heinr., Salzbrunn in Schlesien gegen die wichtigsten Krankheiten der Athmungsorgane. Ein balneolog. Beitrag. 8. (VIII u. 102 S.) Breslau 851, Trewendt & Granier. 1/2 ℛ︀

Freund, Heinr., über die Verbalflexion der ältesten französischen Sprachdenkmäler bis zum Rolandslied einschliesslich. Inaugural-Dissertation. gr. 8. (32 S.) Marburg 878. Heilbronn, Henninger in Comm. n. 1. —

Freund, Heinrich Daniel

— die Kultur der Garten-Nelke. Nach eigenen, vieljährigen Erfahrungen. Mit 1 nach d. Natur gezeichneten Nelkentabelle. gr. 8. Quedlinburg 840. Basse. 5/6 ℛ︀

Freund, Heinr. Dan., die Kunst, Gartenrosen während d. Winters im Zimmer z. Blüte zu bringen. Nach mehrjähr. Erfahrn. dargest. 8. (5 B.) Halberstadt 830. [Leipzig, O. Wigand.]

Freund, Hnr. Dan., die Kunst, Gartenrosen während des Winters im Zimmer zur Blüte zu bringen. Nach mehrjähr. Erfahrungen dargestellt. 2e Ausg. 8. Leipzig 835. Glück. 1/6 ℛ︀ u. 1837 Ebd. Weinedel. n. 5/12 ℛ︀

— dass. 8. Pesth 836. Heckenast. 3/8 ℛ︀

Freund, Heinr. Dan., die Kunst, Gartenrosen während des Winters im Zimmer zur Blüthe zu bringen. Nach mehrjähr. Erfahrungen dargestellt. 3. Aufl. 8. (VIII und 69 S.) Leipzig 856(57,) Haynel. *

Freund, Heinr. Dan., die Kunst, Gartenrosen während des Winters im Zimmer zur Blüthe zu bringen. Nach mehrjährigen Erfahrungen dargestellt. 3. Aufl. Leipzig 857. Haynel. 16. (VI, 69 S.) 10 ngr

—— die Kunst schöne Gartenrosen zu ziehen u. während d. Winters im Zimmer zur Blüthe zu bringen. Nach mehrjähr. Erfahrn. dargest. 8. Pesth 836. Heckenast.

Freund, Hermann: Stoechiometrische Aufgaben für höhere Bürgerschulen. Erfurt, Ohlenroth'sche Buchdr., 1891; 21 S. 8°

Erfurt, st. HB, P 1891 (263)

Freund, Hermann, Gerichtsassessor: Beweisaufnahme durch deutsche Gerichte auf Ersuchen ausländischer Behörden. Borna-Leipzig 1909: Noske. VII, 41 S. 8°

Breslau, Jur. Diss. v. 8. Mai 1909, Ref. Fischer-Brie

[Geb. 6. Jan. 80 Landeshut; Wohnort: Breslau; Staatsangeh.: Preußen; Vorbildung: Johannes-Gymn. Breslau Reife M. 98; Studium: Breslau 6 S.; Rig. 10. März 08.] [U 09. 474

Freund, Herm., grammatisch-kritisch-lexikalisches Hilfsbuch für Lehrende u. Lernende des Pentateuchs. Nebst e. Einleitung von S. L. Rapoport. n. 1 ℛ︀ 15 ngr. — 2. unveränd. Abdr. Wien 865. Beck. Lex.-8. (XXII, 274 S.) n. 20 ngr

Freund, Herm., grammatisch-kritisch-lexikalisches Hilfsbuch für Lehrende und Lernende des Pentateuchs. Nebst einer Einleitung von S. L. Rapoport. 2. unveränd. (Titel-)Abdr. Lex.-8. (XXII, 274 S.) Wien 865, Hölder. *

Freund, Herm., grammatisch-kritisch-lexikalisches Hilfsbuch für Lehrende und Lernende des Pentateuchs. Nebst einer Einleitung von S. L. Rapoport. gr. 8. (XXIII und 274 S.) Wien 866, (Gerold's Sohn.) *

Freund, Hermann, cand. med. a. Breslau: Aus dem landwirtschaftlich-technologischen Institut der Universität Breslau. Über Isopropyl-γ-Stilbazol, m-Methyl-γ-Stilbazol und m-Methyl-α-Stilbazol. Breslau 1906: H. Fleischmann. (46 S.) 8°

Breslau, Phil. Fak., Ref. Ladenburg, Diss. v. 15. März 1906

[Geb. 11. Aug. 82 Breslau; Wohnort: Breslau; Staatsangeh.: Preußen; Vorbildung: Magdalenen-Gymn. Breslau Reife O. 00; Studium: Freiburg i. B. 1, Breslau 3, München 3, Breslau 1, Freiburg i. B. 2, Breslau 2 S.; Rig. 20. Febr. 06.]

Freund, Herm. (gen. Brieg): De [illegible] ex [illegible]. Berolini 1845 (30 S.) 8°

Berlin, Med. Diss. v. 20. Juni 1845

Freund, Hermann, Dr. phil., Volontär-Assist. d. med. Klinik. (Aus d. Labor. d. inn. Abt. d. städt. Krankenh. zu Wiesbaden. Dir.: Weintraud.) Das biologische Verhalten jodierter Eiweisskörper. Berlin: Springer 1909. 15 S. 8° ¶(Aus: Biochem. Zeitschrift. Bd 20.)

Heidelberg, Med. Diss. v. 4. Okt. 1909, Ref. Krehl

[Geb. 11. Aug. 83 Breslau; Wohnort: Heidelberg; Staatsangeh.: Preußen; Vorbildung: Maria-Magdalena-Gymn. Breslau Reife O. 00; Studium: Phil. Freiburg i. B. 1, Breslau 3, München 3, Med. Breslau 1, Freiburg i. B. 2, Breslau 5 S.; Coll. 30. Juni 09; Approb. 16. Febr. 09.] [U 10. 2055

Freund, Hermann Wolfgang

Freund, Herm. W. Die Antisepsis in der geburtshülflichen Poliklinik u. in der Hebammenpraxis, s. Klinik, Berliner.

Freund, Herm. W., neue Befunde bei Zerreissung der Gebärmutter u. des Scheidengewölbes. [Aus: „Festschrift der Gesellsch. f. Geburtshilfe u. Gynäkol."] gr. 8. (17 S.) Wien 894. A. Hölder. n. 1. —

Freund, Herm. W., die Beziehungen der weibl. Geschlechtsorgane zu and. Organen, s.a. **Sammlung klinischer Vorträge.**

Die Beziehungen der weiblichen Geschlechtsorgane zu anderen Organen von **Herm. W. Freund**, (Strassburg). *Leipzig: Breitkopf & Härtel 1900.* (16 S.) 8°
= **Sammlung** Klinischer Vorträge. N. F. No 274. [00. 5694

Freund, Hermann Wolfgang [aus Strassburg i. E.]: Die Beziehungen der Schilddrüse zu den weiblichen Geschlechtsorganen. Leipzig, Druck von J. B. Hirschfeld, 1882. 8. 42 S.

Operation einer ausgetragenen Abdominalschwangerschaft; Versenkung der Placenta in d. Bauchhöhle. Von H[ermann] W[olfgang] **Freund.** Straßburg. Leipzig: Breitkopf & Härtel 1907. (16 S.) 4°(8°) [Umschlagt.]
= **Sammlung** Klinischer Vorträge. N. F. No 448. 07. 3131

—— **Vorschläge zur Reform d. Hebammenwesens in Elsaß-Lothringen.** gr. 8. (16 S.) Straßb. 889, Trübner Verlag. * — 60

FREUND, Hermann W.
Vorschläge zur weiteren Reform des Hebammenwesens. Von Professor Dr. Hermann W. **Freund.** Leipzig und Wien. 1902. Deuticke. Gr.-8°. 62 S. K 1.80

—— **Der Wanderungsmechanismus wachsender Eierstockgeschwülste, s. Sammlung klinischer Vorträge.**

Freund, Hubert: Aus der deutschen Gesellschaft des 18. Jahrhunderts. Nach Stammbuchblättern. *Berlin: R. Gaertner 1902.* (54 S.) 4°
Charlottenburg, k. Kaiserin Augusta-G, OP 1902 (70)

Freund, Hub., aus der deutschen Gesellschaft des 18. Jahrh. Nach Stammbuchblättern. gr. 4. (54 S.) Berlin 902. [R. Gaertner.] Weidmann. n. 1. 40

Freund, Hubert: Aus der deutschen Gesellschaft des 18. Jahrhunderts. Nach Stammbuchblättern T. 2. Berlin: Weidmann 1904. (32 S.) 4° ¶ (Forts. d. P-Beil. 1902.)
Charlottenburg, k. Kaiserin Augusta-G OP 1904 (74)

Freund, Hugo *(geb. Tarnowitz 30. 11. 1858)*: Beitrag zur Pathologie des Diabetes mellitus. Breslau (1884). (37 S.) 8°
[Im Buchhandel 1884 bei Köhler in Breslau.]
Breslau, Med. Diss. v. 19. Febr. 1884

Freund, Hugo, Beitrag zur **Pathologie** d. **Diabetes** mellitus. gr. 8. (37 S.) **Breslau 884.** (Köhler.) n. 1. —

Freund, Hugo, Esterka, Königin v. Polen, s.: **Lehmann's** jüdische Volksbücherei.

FREUND, Hugo (Weilmünster): Über Hinterscheitelbein-Einstellung.- München: Steinicke 1910. 45 S. 11.12.1911 - Chr 1911/12,26; U 12.3670
Diss.Ingolst.-Landsh.-Mchn.

Freund, J. A., praes. G. W. **Wedel,** De ϰραμπο cynico. 24 pp. Jen. 4°. 1701

Freund, J. E., erster Unterricht im Schreiben und Lesen, verbunden mit Anschauungs-, Denk-, Sprech- und Gedächtnißübungen. 2. Aufl. Torgau 855. Wienbrack in Comm. 8. (1 Bl., 48 S.) n. 5 ngr

Freund, J. W., De C. Suetonii Tranquilli usu atque genere dicendi. Diss. 1900. 68 S. 1.20

Freund, Jakob

Freund, Jac., Festkränze. Neue Gelegenheits-Gedichte für Kinder. Breslau 857. Hainauer. gr. 12. (V, 138 S.) 10 ngr

Freund, Jac., Festkränze. Original-Gelegenheits-Gedichte für Schule u. Haus. 2. Aufl. Breslau 866. Schletter. 8. (144 S.) 10 ngr

Freund, Jac., Festkränze. Orig.-Gelegenheits-Gedichte f. Schule u. Haus. 2. Aufl. 8. (144 S.) Erfurt 876. Bartholomäus. n. 1. —

Freund, Jac., biblische Gedichte. Breslau 860. Schletter. 12. (VI, 86 S.) n. 10 ngr

Freund, Jac., Biblische Gedichte. Ein Hilfsbuch f. den Unterricht in der bibl. Geschichte u. zum Vortrag u. zur Gedächtnisübg. f. Schule u. Haus. Neue verb. Aufl. (IV, 86 S.) 8. Breslau 904. W. Jacobsohn & Co. Geb. in Leinw. n. 1. 25

— **Hanna.** Gebet- u. Andachtsbuch für israelit. Mädchen u. Frauen. Mit Beiträgen von A. **Geiger,** M. **Güdemann,** M. **Joël** rc. Ebend. 867. 8. (XV, 283 S. u. 1 Lithogr.) 1 ₰; geb. m. G. n. 1 ₰ 10 ngr

Freund, Jac., Hanna. Gebet- und Andachtsbuch für israelit. Mädchen und Frauen. Mit Beiträgen von A. Geiger, M. Güdemann, M. Joël und M. A. Levy. 2.—4. Aufl. 8. (XV, 283 S.) Breslau 874—84, Koebner. *ℳ 3.; geb. * Ausg. auf Schreibpap. *ℳ 4.; geb. in Sammet *

Freund, Jac., Hanna. Gebet- und Andachtsbuch für israelit. Frauen und Mädchen. Mit Beiträgen von A. Geiger, M. Güdemann, M. Joël und M. A. Levy. 5. Aufl. 8. (XV, 283 S.) Breslau 887, Koebner. geb. mit Goldschn. * Ausg. auf Velinpap., in Sammetbd. mit Schloß **

Freund, J., Hanna. Gebet- u. Andachtsbuch für israelit. Frauen u. Mädchen. Mit Beiträgen v. A. Geiger, M. Güdemann, M. Joël u. M. A. Levy. 6. Aufl. 8. (XV, 283 S. m. 1 Titelbild.) Breslau 890. Koebner. geb. m. Goldschn. n. 4. 50

Freund, Jac., Hanna. Gebet- u. Andachtsbuch f. israelit. Frauen u. Mädchen. Mit Beiträgen v. A. Geiger, M. Güdemann, M. Joël u. M. A. Levy. 7. Aufl. 8. (XV, 283 S. m. 1 Titelbild.) Breslau 893. W. Jacobsohn & Co. n. 3. —; geb. in Leinw. m. Goldschn. n. 4. 50; in Sammet m. Goldschn. n. 12. —

Freund, Jac., Hanna. Gebet- u. Andachtsbuch f. israel. Mädchen. Mit Beiträgen v. A. Geiger, M. Güdemann, M. Joël u. M. A. Levy. Ausg. B. Auszug aus der größ. Ausg. f. israel. Mädchen u. Frauen. (VIII, 184 S. mit Titelbild.) 8. Breslau 908. W. Jacobsohn & Co. 1.60; geb. n 2.10; m. Goldschn. n 2. 50

Hochzeits-Komödien von **Jacob Freund.** Bd 1-3. *Erfurt: F. Bartholomäus [1904].* 3 Bde 8° [F.]
[Umschlagt.:] Theaterstücke zu Polterabend u. Hochzeit von J. Freund. [04. 10772 S

— **Konfirmationsreden.** Nebst Anh.: Konfirmationslehre, Glaubensbekenntnis u. Vermehrg. der Reden für die Konfirmanden. Neue Ausg. (VI, 204 S.) 8. Breslau 908. J. B. Brandeis. 2. —

Freund, Jak., neue Polterabend-Vorträge, s.: Nebelung, M.

— **Rübezahl.** Sagen u. Erzählungen v. dem alten Berggeiste. Aus dem Munde d. Volkes gesammelt u. poetisch bearb. 16. (68 S.) Warmbrunn 873. Liebl. n. — 50

— **Synagogen- u. Schul-Lieder.** Text-Buch zu den deutschen Synagogen- u. Schulliedern, zu Festen u. Gelegenheiten rc. componirt von M. Deutsch. Ebend. 867. 8. (16 S.) 2 ngr

Freund, Jac., Theaterstücke zu Polterabend u. Hochzeit. 3 Hefte. 8. Erfurt (904). F. Bartholomäus. à n. — 75
I. 1. Faust. 2. Ein Schulstündchen. 3. Drei Herrscherstäbe. 4. Schneiders Abschied. (IV, 51 S.)
II. 1. Die alte u. die neue Zeit. 2. Der geprellte Eheteufel. 3. Des Dichters Lied u. Lust. 4. Das Schicksalsbuch. (53 S.)
III. 1. Im Standesamt. 2. Damenfreundschaft od. Die vier alten Jungfern. 3. Aufpratlon. 4. Der alte u. der neue Gelst. (52 S.)

Freund, Johannes, Dr.: Bemerkungen zum dialogus de oratoribus des Tacitus. Aus dem Nachlasse von C. F. W. Muller, ehem. Direktor d. Johannes-Gymnasiums. Breslau 1907: Grass, Barth u. Comp. (19 S.) 4°
Breslau, st. Johannes-G OP 1907 (222)

Freund, Johannes Wolfgang, Silesius: De C. Suetonii Tranquilli usu atque genere dicendi. *Berolini (1901): Imberg & Lefson.* (68 S.) 8°
Breslau, Phil. Diss. v. 14. Jan. 1901

Freund, Josef

Freund, Jos., s. Bild des Lebens.

Zur Zwangsversteigerung zwecks Aufhebung einer Gemeinschaft. Ein Beitrag f. die Praxis unter Verwerthung d. mathemat. Formel. Von Dr. J[osef] Freund, Amtsger.R. in Breslau. *Breslau: J. U. Kern 1901.* (17 S.) 8° [J.]

Freund, J., die Zwangsvollstreckung in Grundstücke im Gebiete d. Allgemeinen Landrechts, auf Grund d. Gesetzes vom 13. Juli 1883, betr. die Zwangsvollstreckg. in das unbewegl. Vermögen, u. d. Kostengesetzes vom 18. Juli 1883, in systemat. Anordng. zum prakt. Gebrauche gemeinfaßlich dargestellt u. durch Beispiele erläutert, nebst Tabellen betr. die Gerichtsgebühren u. die Gebühren der Rechtsanwälte. 8. (XI, 274 S.) Breslau 884. Kern's Verl. cart. n. 4. —

Freund, J., die Zwangsvollstreckung in Grundstücke im Gebiete d. Allgemeinen Landrechts, auf Grund d. Gesetzes vom 13. Juli 1883, betr. die Zwangsvollstreckg. in das unbewegl. Vermögen, u. d. Kostengesetzes vom 18. Juli 1883, in systemat. Anordng. zum prakt. Gebrauche dargestellt, nebst Tabellen, betr. die Gerichtsgebühren u. die Gebühren der Rechtsanwälte. 2., neu bearb. Aufl. 8. (XIV, 338 S.) Breslau 891. J. U. Kern's Verl. Geb. in Leinw. n. 5. —

— dass. — Nachtrag, enth. die Allgem. Verfügung vom 7. März 1892, betr. die Geschäftsführung der Verwalter. 8. (S. 339—346.) Für Abnehmer des Hauptwerkes kostenlos.

— die Zwangsvollstreckung in Grundstücke, in systemat. Anordnung zum prakt. Gebrauche dargestellt, nebst (4) Tabellen, betr. die Gerichtsgebühren u. die Gebühren d. Rechtsanwälte. 3., auf Grund d. Reichsgesetzes vom 24. III. 1897 u. d. preuß. Ausführungsgesetzes v. 23. IX. 1899 neu bearb. Aufl. gr. 8. (XVI, 335 S.) Ebd. 901. Geb. in Leinw. n. 8. —

Freund, Ismar, die Rechtsstellung der Juden im preuß. Volksschulrecht nebst den bezüglichen Gesetzen, Verordnungen u. Entscheidungen. Im Auftrage des Verbandes der deutschen Juden systematisch dargestellt. (XIII, 401 S.) gr. 8. Berlin 908. J. Guttentag. 5. —; geb. in Leinw. 6. —

Freund, Ismar, die Regentschaft nach preussischem Staatsrecht, s.a. Abhandlungen aus dem Staats- u. Verwaltungsrecht. 6.

Freund, Ismar, aus Breslau: Die Regentschaft nach preussischem Staatsrecht. Th. 1. *Breslau: M. & H. Marcus 1900.* (41 S.) 8° ¶ (Erscheint vollst. im gleichen Verlag.)
Breslau, Jur. Diss. v. 1. Aug. 1900

Die Regentschaft nach preussischem Staatsrecht unter Berücks. des in d. übrigen deutschen Bundesstaaten geltenden Rechts von Ismar Freund. *Breslau: M. & H. Marcus 1903.* (108 S.) 8°
= Abhandlungen aus d. Staats- u. Verwaltungsrecht. H. 6.

Freund, Julius

Freund, J., Bühnensterne. Bilder aus der Theaterwelt. 12. (III, 209 S.) Berlin 890. Schorer's Verl. n. 2. 50; geb. n. 3. 50

Freund, Jul., v. der Burschenwanderung. Allerlei Sängo. gr. 8. (VII, 72 S.) Wien 884. Perles. n. 2. —

Freund, Jul., das muss man seh'n! Gr. Revue in 4 Akten (12 Bildern). Musik v. Vict. Hollaender. Vollständ. Text der Gesänge m. Illustr. (32 S.) gr. 8. Berlin (907). E. Bote & G. Bock. 50

— Geschminktes u. Ungeschminktes, s.: Mehring's Unterhaltungsbibliothek.

Halloh!!! Die grosse Revue!!! Dramatisch-satirische Jahresrevue m. Gesang u. Tanz in 7 Bildern. Musik v. Paul Lincke. In Szene gesetzt vom Direkt. Rich. Schultz. Tänze u. Ballets v. Willi Bishop. (Umschlag: Grosse Ausstattungsrevue.) (Textbuch.) (40 S. m. Bildnissen.) 8. Ebd. (909). 50

Freund, Jul., Hauptsätze f. d. Konfirmanden-Unterricht n. Luther's Katechismus. 12. (36 S.) Saalfeld 897. W. Wiedemann. n. — 25

Freund, Jul., Hausinschriften aus Marburg's Umgebung. [Aus: „Marburger Tagebl."] gr. 8. (32 S.) Marburg i/H. 891. (Ehrhardt.) n. — 30

Freund, J., in der Höhle d. Löwen, s.: Theater, neues Wiener.

Hurra! Wir leben noch! Dramat.-satir. Jahres-Revue m. Gesang u. Tanz in 7 Bild. von Julius Freund. Musik von Victor Hollaender. ...[Textbuch.] Berlin: Bote & Bock [1910]. 39 S. 8°

— m. flacher Klinge. Moderne Humoresken u. Satiren. 8. (VI, 224 S.) Berlin 894. M. Zuelzer & Co. 3. —

— Mit flacher Klinge. Moderne Humoresken u. Satiren. (VIII, 224 S.) 8. Berlin (905). Harmonie. 3.

Freund, J., Confirmationsreden, s. Gelegenheits-Predigten jüdischer Kanzelredner.

— der Lebende hat Recht. Novelle. 8. (88 S.) Berlin 887. Steinitz. n. 2. —; geb. n. 3. —

— die wilde Madonna. Novelle. 8. (101 S.) Berlin 891. R. Wilhelmi. n. 1. 50

Freund, Jul., Mandanika, s.: Lazarus, Gust.

Freund, Jul., „Neuestes!!" „Allerneuestes!!!" Große satyrisch-parodist. Revue in 5 Bildern. Musik v. Vict. Hollaender. 1.—7. Tauf. (72 S. m. Abbildgn.) 8. Berlin (904). Harmonie. n. 1. —

Freund, J., Polterabend-Gedichte u. Toaste in Versen bei Hochzeiten, s.: Kern, J., u. M. Osten, neue Polterabendscherze.

— Sportgeschichten, s.: Bloch's, Ed., Theater-Korrespondenz.

— Der Teufel lacht dazu! Phantastisch-satyr. Revue. Musik v. Vict. Hollaender. Vollständiger Text der Gesänge m. Illustr. (32 S.) gr. 8. Berlin (907). E. Bote & G. Bock. 50

Freund, Julius, Lektor d. deutschen Sprache an d. Univ. Lund: Huttens Vadiscus und seine Quelle. *Marburg 1899: E. Malmström in Lund.* (33 S.) 4° ¶ Aus: Lunds Universitets Årsskrift, T. 30.
Marburg, Phil. Diss. v. [3. Aug.] 1899

Freund, Karl: Die vorgeschichtlichen Altertümer im Lübecker Gebiete. *Lübeck 1898: M. Schmidt.* (3—29 S.) 4°
Lübeck, R, OP 1898 (784)

Freund, Karl, üb. einige galvanische Eigenschaften v. wässerigen Metallsalzlösungen. Inaugural-Dissertation. gr. 8. (50 S. mit 2 Steintaf.) Breslau 878. (Koebner.) n. 1. —

Freund, Carl: Über die Hydrazinodiphenylessigsäure. Heidelberg 1910: Zöller. 44 S. 8°
Heidelberg, Naturw.-math. Diss. v. 28. Okt. 1910, Ref. Curtius
[Geb. 15. Okt. 83 Elberfeld; Wohnort: Heidelberg; Staatsangeh.: Preußen; Vorbildung: Oberrealsch. Bonn Reife O. 02; Studium: Berlin Techn. Hochsch. 2, Bonn 4, Heidelberg 3 S.; Rig. 20. Juni 10.] [U 11. 2338

Freund, Karl: Wand- und Tafelmalerei der Münchener Kunstzone im Ausgange des Mittelalters. Darmstadt 1906: E. Roether. (88 S.) 8° [J.]
München, Phil. Fak., Ref. Riehl, Diss. v. 12. Juli 1906
[Geb. 9. Juli 82 Nußloch in Baden; Wohnort: Darmstadt; Staatsangeh.: Baden; Vorbildung: Ludwig-Georgs-Gymn. Darmstadt Reife O. 00; Studium: Jura Heidelberg 1, Berlin 1, Phil. München 1, Freiburg i. B. 1, Heidelberg 3, München 4 S.; Rig. 12. Juli 06.]

Freund, Karl Samuel

Freund, Carl Samuel [prakt. Arzt]: Ueber Knochenentzündungen in der Reconvalescenz von Typhus abdominalis .... Breslau, Druck d. Bresl. Genossenschafts-Buchdr., 1885; 6 + 106 S. 8°.
Breslau, Med. Fak., Inaug.-Diss. v. 28. Nov. 1885.

Freund, Carl Sam., üb. Knochenentzündungen in der Reconvalescenz v. Typhus abdominalis. gr. 8. (104 S.) Breslau 885. (Köhler.) n. 1. —

Freund, L., des geliebten Königs und der hochverehrten Königin erste Anwesenheit in Ihrer treuen Haupt- und Residenzstadt Breslau am 13., 14. u. 15. September 1841, ausführlich und nach den besten Quellen beschrieben. Mit Abbildung der Ehrenpforte und der Ritterhalle. gr. 8. Breslau 841, Freund. 1/4 ₰

Freund, L., Kindersegen u. Kindersorgen. Worte zur Beherzigg. f. christl. Eheleute. 1. u. 2. Aufl. (Je 36 S.) 8. Donauwörth 907. L. Auer. p — 40

Freund, Leonh., Einiges üb. Eduard Lasker. Geschrieben bei Gelegenheit v. krit. Randglossen zu e. überflüss. Note. 8. (IV, 63 S.) Leipzig 885. (Pfau.) n. 1. 60

— Einiges üb. Eduard Lasker. Neue (Titel-)Ausg. 12. (63 S.) Ebd. 893. n. 1. 50

— zur Formenlehre der Herrschaftsprincipien. Ein geschichtsphilosoph. Essay. gr. 8. (III, 33 S.) Ebend. 886. n. — 60

— Forschungen üb. Staat u. Gesellschaft. I. Studien u. Streifzüge auf social-wissenschaftl., jurist. u. culturhistor. Gebieten. 1. u. 2. Hft. gr. 8. (VII, 99 u. 144 S.) Leipzig 884. 86. Fock. n. 4. 80

Freund, L., zur Geschichte des Ehegüterrechtes bei den Semiten, s.a. Sitzungsber. d. k. Akad. d. Wiss. in Wien. Philos.-hist. Klasse 162, I.

Freund, L., Zur Geschichte des Ehegüterrechtes bei den Semiten. (56 S.) gr. 8. Wien, A. Hölder. 1. 30.
Sitzungsberichte der kais. Akademie der Wissenschaften in Wien. Philosophisch-histor. Klasse. 162. Bd. I. Abhandlung.

Freund, Leonh., Herrschaft u. Priesterthum. Ein geschichtsphilosoph. Essay. 2. (Titel-)Aufl. gr. 8. (33 S.) München 893. C. Mohrlich. n. — 50

Freund, Leonh., Lug und Trug. Vom Standpunkte des Strafrechts und der Geschichte dargestellt. 1. Bd. Berlin 863. v. Decker. gr. 8. (XXXV, 294 S.) 1 ₰ 7½ ngr
Inhalt: Lug und Trug unter den Germanen. Von den ältesten Zeiten bis zum Erlöschen der Herrschaft der Karolinger.

— Lug u. Trug nach moslemischem Recht u. nach moslemischer Polizei. Ein Beitrag zur vergleich. Rechts- u. Staatswissenschaft. 1. u. 2. Hft. gr. 8. Hannover, (C. Meyer). n. 2. 70
1. (III, 60 S.) 893. n. 1. 50. — 2. (III, 42 S.) 894. n. 1. 20.

—— über das Recht auf Wahrheit. Ein Versuch. 8. (VI und 78 S.) Berlin 862, Decker'sche geheime Ober-Hofbuchdruckerei.

— aus der Spruchweisheit des Auslandes. Parömiologische Skizzen. gr. 8. (44 S.) Ebd. 893. n. 1. —

Freund, Leonh., Thaten u. Namen. Forschungen üb. Staat u. Gesellschaft, m. besond. Rücksicht auf Lor. Stein u. Rud. Gneist. gr. 8. (51 S.) Berlin 871. München, Th. Ackermann. n. — 80

Freund, Leonhard, (Dr.). Texte und Glossen. Resultate kritischer Gänge durch politische und unpolitische Gebiete mit besonderer Rücksicht auf socialpsychiatrische Phänomene. I. Parteiwesen, Tagespresse und Justiz im Spiegel deutscher Gegenwart. II. Nachworte zur Signatur der Zeit. In-8°, 186 S. Zürich, Verlagsmag. 3 — **1881.**

— Titanen u. Pygmäen. Wanderungen auf wissenschaftl., polit. u. socialen Gebieten. gr. 8. (VII, 292 S.) Ebend. 871. n. 4. 80

— Volksweisheit u. Weltklugheit. Studien u. Streifzüge auf den Gebieten der vergleich. Völkerpsychologie u. Socialhistologie. 1. Hft. A. u. d. T.: Treue u. Untreue in deutschen Sprüchen u. Sprichwörtern. gr. 8. (38 S.) Ebend. 886. n. — 75

— Volksweisheit u. Weltklugheit. Studien auf völkerpsycholog. u. socialeth. Gebieten. 1. Hft. Die Treue im Spiegel der Spruchweisheit. I. Deutsche Sprüche u. Sprichwörter. 2., durch „Nachträge" verm. Ausg. gr. 8. (50 S.) Leipzig 892. (Hannover, C. Meyer.) n. 1. 20

Freund, Leop., krit. Bemerkungen zu dem von den Apothekern Dr. Fr. Lucanus u. J. E. Schacht verfassten Entwurf einer Apotheker-Ordnung für den preuss. Staat. Nebst Vorschlägen, die Regelung der Apotheker-Verhältnisse betreff. gr. 8. (47 S.) Berlin 849. (Gärtner.) n. 8 ngr

Freund, Leop., die Berufskrankheiten der gebildeten Stände, s.: Vorträge des Vereines zur Verbreitung naturwiss. Kenntnisse in Wien. 40. Jahrg. 8. Heft.

Freund, Leop., die Berufskrankheiten u. ihre Verhütung, m. besond. Berücksicht. der graph. Gewerbe. Nebst e. Anleitg. zur ersten Hilfeleistung bei plötzl. Unglücksfällen. gr. 8. (VIII, 124 S.) Halle 901. W. Knapp. n. 3. —

Freund, Leop., Blüthen von den Gefilden Juda's. Traditionen u. Versionen auf dem Gebiete d. jüd. Schriftthums. gr. 8. (XV, 150 S.) Budapest 882. (Brünn, Epstein.) n. 2. 50

- Einiges üb. Schönheitspflege, s.: Vorträge des Vereines zur Verbreitung naturwiss. Kenntnisse in Wien. 48. Jhrg. 1. Heft.

– Die elektrische Funkenbehandlung (Fulguration) der Karzinome. (44 S. m. Abbildgn.) Lex. 8. Stuttg. 908. F. Enke. 1. 60

Freund, Leop., Geschichte des k. u. k. Feld-Jäger-Bataillons Nr. 25. Mit 11 Portr., 1 Bild der Wenzelskapelle, 10 in den Text gedr. Abbildgn., 3 Karten u. 3 Plänen. gr. 8. (VI, 268 S.) Mosty Wielkie 902. (Brünn, C. Winkler). n.n. 5. —; geb. n.n. 6. —

Freund, Leop., Grundriss der gesammten Radiotherapie f. praktische Aerzte. (VIII, 423 S. m. 110 Abbildgn. u. 1 Taf.) gr. 8. Wien 903. Urban & Schwarzenberg. n. 10. —; geb. in Leinw. n. 12. —

Freund's Coursbuch der Eisenbahnen von Nord- und Mittel-Deutschland. Mit 1 (lithogr.) Eisenbahnkarte von Deutschland, einem alphabet. Verzeichnisse der Fahrpreise für sämmtl. auf den Bahnhöfen zu Breslau zur Ausgabe kommenden Billets, nebst Fahrplänen der Extrazüge, Rundreise-Billets, sowie Breslauer Strassen-Eisenbahn-Fahrplan und Droschken-Tarif. 22.—26. Jahrg. 1880—1884. à Jahrg. 2 Hefte. 16. (à Heft ca. 140 S.) Breslau, (Max und Comp.) à Heft *

— Radium- u. Lichtstrahlen als Heilmittel, s.: Vorträge des Vereines zur Verbreitung naturwissenschaftlicher Kenntnisse in Wien. 46. Jhrg. 8. Hft.

— die Röntgenstrahlen u. ihre Anwendung in der Medicin, s.: Vorträge d. Vereines zur Verbreitg. naturwiss. Kenntnisse in Wien. 39. Jahrg. 6. Hft.

Freund's, Leop., Taschen-Fahrplan. Uebersicht der Eisenbahn- u. Post-Fahrten Schlesiens u. der angrenzenden Länder. Mit 1 (lith.) Eisenbahnkarte von Mittel-Europa (in Fol.). Breslau 870. (Maruschke & Berendt.) 16. (48 S.) n. 3 ngr.

Freund's, Leop., Taschen-Fahrplan. Uebersicht der Eisenbahn- u. Post-Fahrten Schlesiens u. der angrenzenden Länder. Mit e. (lith.) Eisenbahnkarte v. Mittel-Europa (in Fol.) gr. 16. (IV, 48 S.) Breslau 871. (Maruschke & Berendt.) n. — 30

Freund's, Leop., Taschen-Fahrplan. Uebersicht der Eisenbahnfahrten Schlesiens u. der angrenz. Länder. Aus amtl. Quellen zusammengestellt. Mit einer (lith.) Eisenbahnkarte v. Mittel-Europa. Sommer 1879. 16. (124 S.) Breslau 879. Maruschke & Berendt in Comm. — 30

—— Taschen-Coursbuch der Eisenbahnen Nord- und Mittel-Deutschlands. Mit 1 Eisenbahnkarte von Mittel-Europa. Jahrg. 1880—1884. à Jahrg. 3 Hefte. 16. (à Heft ca. 140 S.) Ebendas. à Heft *

— die physikalische Therapie in der Vorzeit u. in der Gegenwart, s.: Vorträge d. Vereines zur Verbreitg. naturwiss. Kenntnisse in Wien. 42. Jahrg. 12. Hft.

FREUND, Leopold
Die physiologischen Wirkungen der Polentladungen hochgespannter Inductionsströme und einiger unsichtbaren Strahlungen von Dr. Leopold Freund. (Mit 1 Tafel und 17 Textfiguren.) (Aus den Sitzungsberichten der kaiserl. Akademie der Wissenschaften in Wien. Mathem.-naturw. Classe; Bd. CIX. Abth. III. October 1900.) Wien. 1900. In Comm. Gerold's Sohn. Wien. Gr.-8°. 72 S. K 1.60

Freund, Louis (geb. Jastrow in Westpr. 23. 10. 1846): Ueber Diphtheritis des Darms im Puerperalfieber. Berlin (1871). (32 S.) 8°
Berlin, Med. Diss. v. 5. Aug. 1871

Ludwig FREUND Osteologischer Bau der Flossen von Halicoreflosse
Diss., Prag 1902/1903

Freund, Ludw., Beiträge zur Entwickelung-geschichte des Schädels v. Halicore dugong Erxl, s.a. Denkschriften der medicinisch-naturwiss. Gesellschaft zu Jena. IV, 4.

Aus d. K. k. Thierarztl. Inst. d. Deutschen Univ. in Prag. Beiträge zur Entwickelungsgeschichte des Schädels von Halicore dugong Erxl. Von Dr. Ludwig Freund. Mit 50 Fig. (Jena: Fischer 1908.) 108 S. 2°(4°)
(Semon, Richard: Zoolog. Forschungsreisen in Australien. Bd. 4, Lfg. 4.) [...]
(Denkschriften d. med.-naturw. Gesellschaft zu Jena. Bd. [...]

Freund, Ldw., Gelegenheitsgedichte und Stammbuchverse in deutscher und französischer Sprache ausgewählt für die Jugend u. ihre Erzieher. 8. Königsberg 843, Theile. 1/2 ℳ

Freund, Ludw., Kommentar zur neuen Signalordnung u. zu den neuen Grundzügen der Vorschriften f. den Verkehrsdienst, s.a. Schriften üb. Verkehrswesen. I. 7.

Kommentar zur neuen Signalordnung und zu den neuen Grundzügen der Vorschriften für den Verkehrsdienst. Von Ludwig Freund. Reg.R. *Wien: A. Hölder 1901.* (80 S.) 8°
Aus: Österr. Eisenbahn-Zeitung. 1904, No 14. 17–26
= Schriften über Verkehrswesen. Reihe 1, H. 7.

Der wissenschaftliche Verein der Ärzte und die öffentlichen Heilanstalten zu Stettin. Zum 50jähr. Jubiläum, 1858–1908 ... hrsg. von Dr. [Ludwig] Freund. Stettin 1908: Susenbeth. 64 S. [...]

Freund Ludwig, Dr.: Walstudien (mit 2 Taf. und 10 Textfiguren). S. 121. I. 1911 3.10
Separatabdruck

Freund, M., der beste Helfer in der Not. Wie verschaffe ich mir sofort u. leicht e. Verdienst od. e. gutes Nebeneinkommen? Winke u. Ratschläge zum Geldverdienen f. strebsame Leute jedes Alters, Standes u. Geschlechtes auch f. Stellenlose u. solche, die sich rasch aus plötzlicher Notlage befreien wollen. Zu Nutz u. Frommen der bedrängten Mitwelt bearb. (39 S.) 8. Leipzig (904). A. F. Schlössel. n. — 75

Freund, M., Vorbereitungs-Unterricht für die Aufnahmeprüfung in die erste Klasse der Latein- u. Realschule. Wiederholungen aus der deutschen Sprach- u. Rechtschreiblehre, zusammengestellt nach gegebenen Prüfungsaufgaben. 2., verb. Aufl. 8. (23 S.) Würzburg 890. Bucher. n.n. — 50

Freund, M., Zusammenstellung aller auf dem Almemor vorzutragenden Gebete. (In hebr. Sprache.) (27 S.) Lex.-8. Rödelheim 905. M. Lehrberger & Co. Geb. in Leinw. n. 3. 50; m. Goldschn. n. 5. —; in Ldr. m. Goldschn. n. 12. —

Ein Missstand im Hochschullehreramt u. e. Weg zu s. Ausgleiche von M. B. Freund. *Goslar: F. A. Lattmann (1901).* (8 S.) 8° [Umschlagt.]
Aus: Revue franco-allem. 1901.

Freund, Martin [aus Görlitz]: Ein Beitrag zur Kenntnis chromogener Spaltpilze und ihres Vorkommens in der Mundhöhle ... Erlangen, k. b. Hofbuchdr. v. A. Vollrath, 1893; 48 S., 1 Bl., 2 Taf. 8.
Erlangen, Phil. Fak., Inaug.-Diss. v. 1893

Freund, Mart., Stypticin, e. neues Hämostaticum. gr. 8. (16 S.) Berlin 899. S. Karger. n. — 40
Sonderabdruck aus: „Monatsschr. f. Geburtshülfe u. Gynaekologie".

Freund, Max, a. Hainichen: Die moralischen Erzählungen Marmontels. Halle a. d. S. 1904: E. Karras. (VIII, 122 S.) 8° ¶(Ersch. selbst. bei M. Niemeyer, Halle a. S.)
Leipzig, Phil. Fak., Ref. Wülker u. Birch-Hirschfeld, Diss. v. 22. Nov. 1904
[Geb. 27. Febr. 79 Hainichen; Wohnort: Leipzig; Staatsangeh.: Sachsen; Vorbildung: Realgymn. Leipzig Reife O. 98; Studium: Leipzig 6, Paris 1 S.; Rig. 11. Nov. 02.]

Freund, Max, die moralischen Erzählungen Marmontels, e. weitverbreitete Novellensammlg. Ihre Entstehungsgeschichte, Charakteristik u. Bibliographie. (Diss.) (VI, 123 S.) gr. 8. Halle 905, M. Niemeyer. n. 3. —

Freund, Max, der Revolutionär. Schauspiel in 3 Akten. (96 S.) 8. Köln (906). W. Hassel. 1.

Freund, Max, Sklaven der Gewohnheit. Ein Kaufmanns-Roman. (196 S.) 8. Köln 906. P. Neubner. n. 2. 50

Freund, Maximilian Bernhard

Freund, Maximilianus *(geb. Krappitz in Schles. 27. 1. 1835)*: [illegible]e dignitate therapeutica venaesectionis in pneumonia, dis[illegible]usitione physiologica de ejus effectibus praemissa. Vratis[illegible]laviae (1857). (40 S., 1 Tab.) 8°. *(Verf. nannte sich später: Maximilian Bernhard)*

Breslau, Med. Diss. v. 29. Aug. 18[illegible]

Freund, M. B., das Cervixmyom unter der Geburt, s.: Sammlung klinischer Vorträge.

Freund, Max. Bernh., Grundzüge der Homologie im Baue der drei Doppelhöhlen des Wirbelthier-Körpers. Breslau 864. Maruschke & Berendt. gr. 8. (2 Bl., 26 S.) n. 7½ ngr.

Freund, M. B., Halbkanäle i. d. chirurg.-gynäkolog. Praxis, s.a. Samlung klin. Vorträge.

1. Halbkanäle in der chirurgisch-gynäkologischen Praxis v. M[aximilian] B[erth.] **Freund**. 2. Üb. d. Exstirpation der Scheide u. des Uterus bei primärem Vaginalcarcinom v. Dr. (Albrecht) Funke, (Strassburg). *Leipzig: Breitkopf & Härtel 1898.* (8, 8 S.) 8.
= Sammlung klinischer Vorträge. N. F. No 226. (98. 100)8

die Lageentwickelung der Beckenorgane, insbesondere des weiblichen Genitalcanals, und ihre Abwege. Breslau 863. Morgenstern. gr. 8. (2 Bl., 98 S. m. Holzschn.) n. 16 ngr.

Freund, Maxim. Bernh., zur Prophylaxe der Impfsyphilis u. d. Impferysipels. Eine Untersuchung über den Schutzwert der gegen beide Gefahren zu Gebote steh. Massregeln. Habilitations-Schrift. 8. (18 S.) Breslau 880. (Koebner.) n. 1. —

Freund, M. B., die animale Vaccination in ihrer technischen Entwickelung u. die Antiseptik der Impfung. Im Anschluss an eigene Anstalts-Versuche dargestellt. gr. 8. (III, 120 S.) Breslau 887. Morgenstern's Verl. n. 2. —

Freund, Modestus, Vorbereitungs-Unterricht f. die Aufnahmeprüfung in die erste Klasse der Lateinschule. Wiederholungen aus der deutschen Sprach- u. Rechtschreiblehre. 8. (16 S.) Würzburg 884. Bucher. n. — 35

Freund, Modestus. Vorbereitungs-Unterricht f. die Aufnahmeprüfung in die erste Klasse der Latein- u. Realschule. Wiederholungen aus der dtschn. Sprach- u. Rechtschreiblehre, zusammengest. nach gegeb. Prüfungsaufgaben. 2. verb. Aufl. 8. (23 S.) Würzb. 890, Bucher. ** — 50

Freund, Moritz

[illegible] S. 106. Hb. [illegible] ngr.
Separatabdruck

Freund, Moritz [illegible] S. 105. Hb. [illegible] ngr.
Separatabdruck

Freund, Moriz [aus Pilsen]: Ueber die Reduktion des p-Toluolazophenetols und des p-Brombenzolazophenetols ... Heidelberg, Univ.-Buchdr. v. J. Hörning, 1890; 34 S., 1 Bl. 8.
Heidelberg, Naturw.-math. Fak., Inaug.-Diss. v. [12. März] 1890

Freund, Osk. (geb. Bernstadt in Schles. 25. 1. 1849): Ueber das Fett im thierischen Organismus. Berlin (1873). (32 S.) 8°
Berlin, Med. Diss. v. 5. Juli 1873

Freund, Otto [aus Görlitz]: Über Ventrofixation bei Retroversio-flexio uteri ... Würzburg, P. Scheiner's Buchdr., 1891; 43 S. 8.
Würzburg, Med. Fak., Inaug.-Diss. v. 1891

Freund, Paul [app. Zahnarzt in Breslau]: Beiträge zur Entwicklungsgeschichte der Zahnanlagen bei Nagethieren ... (Aus: Arch. f. mikrosk. Anat. Bd 39. M. Abbild.) Bonn, F. Cohen, 1892; 3 Bl., 525—554 S. 8.
Erlangen, Phil. Fak., Inaug.-Diss. v. 1892

Freund, Paul, Geiler v. Kaysersberg, s.: Lebensbilder, evangel., aus dem Elsaß. 1. Hft.

Freund, Paul, Johannes Tauler, s.: Lebensbilder, evangelische, aus dem Elsaß. Nr. 7.

Freund, Richard

Freund, Dr. Rich., u. Malachowski, Herm., Zur Berliner Arbeiterwohnungsfrage. Ein Beitrag. gr. 8⁰. Berlin, J. J. Heine, 1892. 52 S. m. 4 Taf.

Freund, Rich., Der Arbeitsnachweis. Eine socialpolitische Studie. Erweiterter Sonderabdruck aus der „Socialen Praxis". gr. 8⁰. Leipzig, Duncker u. Humblot, 1899. 23 S.

Freund, Rich., Der allgemeine Arbeitsnachweis in Deutschland im J. 1896. I. Geschäftsbericht des Centralvereins für Arbeitsnachweis zu Berlin f. d. J. 1896. II. Uebersicht über die Organisation und den Geschäftsbetrieb der allgem. Arbeitsnachweise in Deutschland. gr. 4⁰. Berlin, C. Heymann's Verlag, 1897. 68 S.

— Armenpflege u. Arbeiterversicherung, s.a. Schriften d. deutschen Vereins f. Armenpflege u. Wohlthätigkeit.

Freund, Dr. Rich., Armenpflege und Arbeiterversicherung. Prüfung der Frage, in welcher Weise die neuere soziale Gesetzgebung auf die Aufgaben der Armengesetzgebung und Armenpflege einwirkt. (Schrift. d. Dtsch. Ver. f. Armenpflege u. Wohlthätigk., Heft 21.) gr. 8⁰. Leipzig 1895.

Freund, Richard: Über den Ausgang der acuten gelben Leberatrophie in Cirrhose. *Freiburg i. B. 1897: E. Kuttruff.* (40 S.) 8°
Freiburg i. B., Med. Diss. v. 1897

Freund, Dr. Rich., Bemerkungen zu dem Entwurfe eines Gesetzes betreffend die Alters- und Invalidenversicherung der Arbeiter. 8⁰. Berlin, J. J. Heine, 1888. 40 S.

Freund, Entscheidungen d. Reichsversicherungs-Amts in Invaliditäts- u. Altersversicherungssachen als Erläuterungen zu dem Reichsgesetz vom 22. Juni 1889. Berlin 893.

— Entscheidungen u. Verfügungen der Gewerbe-Deputation d. Magistrats zu Berlin zum Reichsgesetz betr. die Krankenversicherung der Arbeiter, s.: Mugdan, L.

— Geschäftsbericht des Centralvereins für Arbeiternachweis zu Berlin f. d. J. 1894, nebst Referat betreffend die Errichtung eines städtischen Arbeitsnachweises, mit einer Uebersicht über den gegenwärtigen Stand der Organisation des allg. Arbeitsnachweises in Deutschland. 4°. Berlin, Mosse, 1895. 55 S.

Freund, Rich., das lübische eheliche Güterrecht in ältester Zeit. Eine Habilitationsschrift. gr. 8. (XI, 98 S.) Weimar 884. Böhlau. n. 2. 40

Freund, Invalidenversicherung u. Arbeiterwohlfahrt, s.: Elle.

— das Invalidenversicherungsgesetz vom 13. VII. 1899. Handausg. m. Anmerkgn. 8. (IV, 165 S.) Berlin 899. [J. J. Heine.] J. Guttentag. Geb. n. 2. —

— dasselbe, nebst den Ausführungsverordngn. d. Reichsbehörden u. d. preuß. Landes-Zentralbehörden sow. e. Uebersicht üb. die zuständ. Landesbehörden. 2. verm. u. verb. Aufl. 8. (VIII, 302 S.) Ebd. 900. Kart. n. 2. 80

Freund, Rich., das Invalidenversicherungsgesetz vom 13. VII. 1899. Handausg. m. Anmerkgn., nebst den Ausführungsverordngn. der Reichsbehörden u. der preußischen Landeszentralbehörden, sowie e. Uebersicht üb. die zuständ. Landesbehörden. 3., verm. u. verb. Aufl. (339 S.) gr. 8. Berlin 906. J. Guttentag. Geb. in Leinw. n. 5. —

Freund, Richard, Dr. med.: ⟨Aus d. Kgl. Universitäts-Frauenklinik u. d. Kgl. anat. Institut zu Halle a. S.⟩ Zur Lehre von den Blutgefäßen der normalen und kranken Gebärmutter. *Jena: G. Fischer 1904.* (VI, 78 S.) 8° ¶ [Erschien vollst. 1904 im gleichen Verl.]
Halle, Med. Hab.-Schr. v. 1904

— Leitfaden f. die Anwendung d. Invaliditäts- u. Altersversicherungsgesetzes. Eine Darstellg. d. Gesetzes-Inhalts. [Aus: „Kommentar zum Reichsgesetz betr. die Invaliditäts- u. Altersversicherung".] gr. 8. (46 S.) Berlin 890. J. J. Heine. n. — 80

— Materialien zur Frage der Arbeitslosenversicherung, s.a. Schriften des Verbandes deutscher Arbeitsnachweise. Nr. 4.

Materialien zur Frage der Arbeitslosenversicherung. Zsgest. von Dr. jur. Richard **Freund**, Vorsitz. d. Landesversich.-Anst. Berlin. *Berlin: C. Heymann 1903.* (32 S.) 8° [F.]
= **Praxis**, Soziale. Jg. 1903, Beil. (03. 391)

— Das berufsgenossenschaftliche Prinzip im Krankenversicherungsgesetze unter besonderer Berücksichtigung der Kassenorganisation im Stadtbezirke Berlin. (Jahrb. f. Gesetzgeb., Verwaltung etc., XI, 1887.)

— Referat betreffend die Errichtung eines städtischen Arbeitsnachweises in Berlin. 8°. Berlin s. a.

Freund, Richard, Zur Reform der Arbeiterversicherung. Tag, 1906, 4. Mai.

— Die Reform der Arbeiterversicherung. Sociale Praxis, 1907, 14. Nov.

— das Reichsgesetz betr. die Invaliditäts- u. Altersversicherung vom 22. Juni 1889, erläutert. gr. 8. (L, 223 S.) Ebd. 890. n. 6. —; geb. n. 7. —

Freund, Rich., das Reichsgesetz betr. die Invaliditäts- u. Altersversicherung vom 22. Juni 1889, nebst sämmtl. Ausführungs-Verordngn. der Reichsbehörden u. d. preuß. Landeszentralbehörden, sowie e. Uebersicht üb. die zuständ. Landesbehörden, erläutert. 2., verm. u. verb. Aufl. gr. 8. (X, 312 u. CXXXIX S.) Berlin 891. J. J. Heine. n. 8. —; geb. n. 9. —

— die Rekurs-Entscheidungen, Bescheide u. Beschlüsse, sowie sonstigen Veröffentlichungen d. Reichs-Versicherungsamts, als Erläutergn. zu dem Unfall-Versicherungsgesetz vom 6. Juli 1884 u. dem Gesetze üb. die Ausdehng. der Unfall- u. Krankenversicherg. vom 28. Mai 1885 bearb. 5 Lfgn. gr. 8. (IV, 464 S.) Ebd. 888. à n. 1. 20 (Ladenpr. cplt.: n. 7. 50; geb. in Leinw. n. 8. 50; in Halbfrz. n. 9. —)

— die Revisionsentscheidungen, Bescheide, Beschlüsse ꝛc. d. Reichsversicherungs-Amts in Invaliditäts- u. Altersversicherungssachen als Erläuterungen zu dem Reichsgesetz vom 22. Juni 1889. 12. (VIII, 109 S.) Ebd. 893. Kart. n. 1. 60

Freund, Rich., der Satz: Was in der Were verstirbt, erbt wieder an die Were u. seine Anwendung besonders im Lübischen Recht. Inaugural-Dissertation. gr. 8. (53 S.) Breslau 880. (Köhler.) n. 1. —

— Sozialdemokratie u. Arbeiterschaft. gr. 8. (15 S.) Leipzig 902. Duncker & Humblot. n. — 40
Sonderabdruck aus: „Soziale Praxis".

— Sozialdemokratie u. Arbeiterschaft. (20 S.) gr. 8. Leipzig 906. Duncker & Humblot. n. — 40

— d. Vereinfachg. d. Arbeiterversicherung. [Aus: „Preuß. Jahrbb."] gr. 8. (21 S.) Berlin 896. H. Walther. n. — 50

— Die Vereinheitlichung der Arbeiterversicherung. Sociale Praxis, 1905 (8. Beilageheft).

— was hat d. deutsche Arbeiterversicherung im 1. Jahrzehnt ihrer Wirksamkeit f. d. Arbeiter geleistet? Drei Tabellen. 12. (16 S.) Berlin 897. Siemenroth & Troschel. — 25

Freund, R., Wegweiser durch das Invaliditäts- u. Altersversicherungs-Gesetz. Zum prakt. Gebrauch f. Arbeitgeber u. Versicherte. Im Auftrage des Berliner Magistrats. 1.—100. Tausend. 16. (23 S.) Berlin 890. J. J. Heine. n. — 30

Wegweiser durch das Invaliditäts- u. Altersversicherungs-Gesetz. Zum prakt. Gebrauch f. Jedermann. 11., insbesondere unter Berücksicht. der Ausführungs-Verordngn. gänzlich umgearb. Aufl. 12. (32 S.) Ebd. 891. n. — 50

— Wegweiser durch d. Invalidenversicherungsgesetz. 12. u. 13. auf Grund des Invalidenversicherungsgesetzes gänzlich umgearb. Aufl. 12. (à 32 S.) Berlin 899. [J. A. Heine.] A. Guttentag. n. — 60

— Die Centralisation der Arbeiter-Versicherung unter bes. Berücksichtigung der „Grundzüge zur Alters- u. Invaliden-versicherung der Arbeiter". Eine Skizze. gr. 8°. Berlin, J. J. Heine, 1888.
III, 48 S.

Freund, Robert: Über die Synthese von Aminobenzoesäuren. o. O. (1910). 44 S. 8°
Berlin, Phil. Diss. v. 9. März 1910, Ref. E. Fischer
[Geb. 19. Aug. 85 Hamburg; Wohnort: Hamburg; Staatsangeh.: Hamburg; Vorbildung: Gymn. Eutin Reife O. 04; Studium: München 1, Berlin 1, Genf 1, Berlin 9 S.; Rig. 3. Febr. 10.] [U 10. 155

Freund, Robert, approb. Arzt aus Mülhausen i. E.: Ueber die durch Erkrankung der weiblichen Genitalien mechanisch bedingten Veränderungen der Harnorgane. *Strassburg i. E. 1900: C. & J. Goeller.* (48 S.) 8°
Strassburg, Med. Diss. v. 1900

Freund, Rob., was sollen unsere Kinder werden? Allgemeiner Ratgeber u. Führer durch die hauptsächlichsten Berufszweige, enth. e. Zusammenstellg. der f. die Berufswahl maßgeb. Gesichtspunkte u. Vorschriften, m. besond. Berücksicht. der gelt. Bestimmgn. üb. Annahme, Ausbildg., Prüfg., Anstellg. u. Aussichten in allen Zweigen des Reichs- u. Staatsdienstes, sowie der Militär- u. Marinelaufbahn, als auch der wissenschaftl. Anforderg. u. Prüfgn. der Aerzte, Thierärzte, Zahnärzte, Apotheker, Chemiker, Patentanwälte u. s. w. u. des Personals der Handelsmarine, sowie auch verschied. Frauenberufe für Eltern, Vormünder u. die vor die Wahl e. Berufs gestellten jungen Leute. (XVI, 186 S.) gr. 8. Berlin (903). S. Mode. n. 2. —

Freund, Rud., der Eingriff in fremde Rechte als Grund des Bereicherungsanspruchs, s.a. Studien zur Erläuterung des bürgerl. Rechts. 7. Hft.

Der Eingriff in fremde Rechte als Grund des Bereicherungsanspruchs von Dr Rudolf Freund. *Breslau: M. & H. Marcus 1902.* 168 S., 8°
Studien z. Erläuterung d. bürgerl. Rechts. H. 7.

Freund, Rudolf, Referendar beim Kgl. Landger. zu Breslau: Die stillschweigende Vertragsannahme (§ 151 B. G. B.). *Breslau 1899: Bresl. Genossenschafts-Buchdr.* (40 S.) 8°
Breslau, Jur. Diss. v. 11. Dez. 1899

Freund, S. B., Lese- Schreib- u. Memorirstoff. Ein Hilfsbuch f. utraquist. Schulen. 2. Aufl. gr. 8. (16 S.) Ratibor 875. Schmeer & Söhne. — 15

Freund, Saly, a. Kleinwallstadt a. M.: Ueber quantitative Trennungen von Titan, Zirkonium und Thorium. Heidelberg 1907: K. Rössler. (42 S.) 8°
Heidelberg, Naturw.-math. Fak., Ref. Curtius, Diss. v. 22. März 1907
[Geb. 30. Sept. 83 Kleinwallstadt a. M.; Wohnort: Kleinwallstadt; Staatsangeh.: Bayern; Vorbildung: Oberrealsch. Worms Reife O. 04; Studium: Würzburg 4, Heidelberg 4 S.; Rig. 31. Okt. 06.]

Freund, Sam., Ir Hazedek oder das Sefer Mizwot Gadol von R. Mose de Coucy [in der kürzern Fassung], mit eingehenden Erläuterungen u. Forschungen. (In hebräischer Sprache.) Prag 863. (Leipzig, Rossberg.) gr. 4. (VI, 174 S.) n. 2 *ℛ*

Freund, S., s. Mayer, Wolf, Toldoth Jeschurum.

Freund, S., Predigt geh. am Dank- u. Friedens-Feste den 18. Juni 1871 in der Synagoge zu Görlitz. gr. 8. (16 S.) Görlitz 871. Koblitz. n.n. — 30

Freund, S., Predigt am Grabe eines den Anstrengungen des Feldzuges gegen Frankreich erlegenen deutschen Kriegers gehalten auf dem jüdischen Kirchhofe zu Cottbus den 23. Septbr. 1870. Cottbus 870. Heine. gr. 8. (4 S.) n. 2 *ngr*

Freund, S., Predigt zur Trauerfeier für unsern hochsel. Kaiser u. König Friedrich III. den 24. Juni 1888. gr. 8. (12 S.) Görlitz 888. Sattig. n.n. — 30

Freund, S., „Wie steht's um Euern alten Vater?" Antrittsrede gehalten am Sabbath Chanuka 5617 (am 27. Dezbr. 1856). Görlitz 857. Koblitz. 8. (18 S.) n. 3 *ngr*

— Worte, gesprochen am Grabe des edlen Menschenfreundes Hrn. H. Prausnitz. Görlitz 857. Heyn. 8. (10 S.) n. 4 *ngr*

Freund, Samuel [aus Breslau]: Die Zeitsätze im Arabischen, m. Berücks. verwandter Sprachen u. moderner arab. Dialecte ... *Kirchhain N.-L., Druck v. G. Zahn & H. Baendel, 1892;* 4 Bl., 107 S. 8.
Heidelberg, Phil. Fak., Inaug.-Diss. v. [30. Juli] 1892

Freund, S., die Zeitsätze im Arabischen, m. Berücksicht. verwandter Sprachen u. moderner arab. Dialecte. gr. 8. (VII, 107 S.) Breslau 893. W. Jacobsohn & Co. n. 3. —

Freund, Siegfried

Freund, S., der Beruf d. Sollicitators. Zum Gebrauche f. Sollicitatoren u. Jene, die Sollicitatoren werden wollen. gr. 8. (VII, 127 S.) Wien 878. (Hölder.) n. 2. 40

Freund, S., d. Führg. v. Vereins-Abzeichen. Eine vereinsrechtl. Erörterg. z. Gebr. f. polit. Beamte u. Vereine. 8. (24 S.) Wien (IX, Eisengasse 15) 898. Selbstverlag. n.n. — 85

Freund, Siegfriedus *(geb. Schmiegel in Pos. 3. 8. 1829)*: De rebus die resurrectionis eventuris. Fragmentum ex libro cosmographico „Margarita mirabilium" Sein ed-Dini Ibn al-Vardi e codd. mss. bibl. Vratislav. et Lugd. Batav. praemissis de auctoris vita, scribendi ingenio etc. etc. primum editum, Latine versum notisque illustratum. Vratislaviae (1853). (62, 13 S.) 8°
Breslau, Phil. Diss. v. 11. Nov. 1853

Freund, Siegfried [aus Breslau]: Vorzeitige Rückzahlung und einseitige Conversion von verzinslichen Anlehn .... Berlin, Buchdr. v. Gustav Schade (Otto Francke) (1888); 58 S. + 2 Bl. 8°
Berlin, Jur. Fak., Inaug.-Diss. v. 2. Jul. 1888

Freund, S., vorzeitige Rückzahlung u. einseitige Conversion v. verzinslichen Anlehn. Inaug.-Diss. gr. 8. (59 S.) Berlin 888. (Bahr.) n. 1. 80

Freund, Siegfried, aus Ratibor: Verdrängungen in der Berylliumgruppe. *Heidelberg 1904: J. Hörning.* (37 S.) 8°
Heidelberg, Naturw.-math. Diss. v. 1904

— das in Oesterreich geltende Vereins- u. Versammlungs-Gesetz. Erläutert. Zum Gebrauche f. Verwaltungs-Beamte u. Vereine. 8. (VII, 111 S.) Wien 885. (Manz.) n. 3. —

— Siegfried, Die Vorträge auf dem Ornithologen-Congresse Wien 1884. 8. (60 S.) Wien, Wallishausser'sche Hofbuchh. (A. W. Künast.) 60 kr. 1884.

Freund, Siegmar, Jugendgeschichte. 12. Berl. 829. Reimer 12 *gl*

Freund, Siegmar, Jugendgeschichte. 2e durchgesehene u. verm. Ausg. Mit dem Bruchstück einer Reise durch Italien. Mit Titelkpfr. 16. Berlin 832, Reimer. 1 *ℛ*

Freund, Siegmar, Probe- u. Bruchstück e. deutschen Grammatik für die Rheinlande, mit Beiträgen zur vergleichenden Sprachkunde u. einer Nachlese von lesbarem Ungelesenen. (Mit einer Zugabe über den Zweikampf.) 16. Ebd. 832. 5/6 *ℛ*

Freund, Sigmund, Simon (geb. [illegible]-Zabrze in Schles. [illegible] 1816): De delirio tremente [illegible] Berolini (1844). (25 S.) 8°
Berlin, Med. Diss. v. 11. Apr. 1844

Freund, Simon *(geb. Zabrzeg in Oberschles. 30. 7. 1824)*: De vibratione et mobilitate thoracis in morbis diversis. Vratislaviae (1849). (31 S.) 8°
Breslau, Med. Diss. v. 10. Nov. 1849

Freund, Stefan, dipl. Chemiker aus Budapest: Ueber den Einfluss der Stellungsisomerie auf das Drehungsvermögen optisch activer organischer Körper. Uster-Zür. A. Gull Dr. 1894. 74 S. 8°.
Zürich, Phil. Diss. [v. 21. April 1894].

Freund, W., d. Geflügel-Zucht. Enth.: Eine ausführl. Darstellg. d. ges. Geflügelzucht, spez. Hühner, Tauben, Enten, Gänse, Truthühner, Fasanen u. d. künstl. Hühnerzucht. Unt. Berücksicht. d. Krankheiten, deren Verhütg. u. Heilg. 8. (8, 104, 56, 63 u. 88 S. m. Abb.) Berlin 896. Aug. Schultze's Verl. 3. —; kart. n 3. 50

Freund, W., die Geflügel-Zucht. Enth.: Eine ausführl. Darstellg. der gesamten Geflügelzucht, speziell d. Hühner, Tauben, Enten, Gänse, Truthühner, Fasanen u. der künstl. Brut u. Zucht u. der Krankheiten, deren Verhütg. u. Heilg. 5. Aufl. (VIII, 96, 56 u. 72 S. m. Abbildgn.) 8. Berlin 907. Aug. Schultze, Verl. 3. —; kart. 3. 50

— d. Hühnerzucht. E. ausführl. Darstellg. d. ges. Hühnerzucht, d. Nutz- u. Zier-Geflügels. M. bes. Berücksicht. d. Krankheiten, deren Verhütg. u. Heilg. 8. (IV, 104 S. m. Abb.) [Ebd. 895.] Braunschweig, Frdr. Euler's Verlag. n. 1. —

— Die Hühnerzucht. Eine ausführl. Darstellg. der gesamten Hühnerzucht. Mit Berücksichtig. der künstl. Brut u. der Krankheiten, deren Verhütg. u. Heilg. 10. Aufl. (VII, 96 S. m. Abbildgn.) 8. Berlin 910. F. Euler. 1. —

Freund, W., die künstliche Hühnerzucht. Enth.: Eine ausführl. Darstellg. der künstl. Hühnerzucht. Speziell: Das künstl. Brüten. Die künstl. Aufzucht der Küken. 8. (III, 63 S. m. Abb.) Berlin 898. Braunschweig, F. Euler. n. 1. —

Freund, W., Dr. Rupp u. die freie evangel. Gemeinde in Königsberg. Ein Zeugniß für die alte evangelische Freiheit wider die neue. gr. 8. (32 S.) Güstrow 847, Opitz & Co. n. 1/6 ₰

— d. Taubenzucht. Enth.: E. ausführl. Darstellg. d. ges. Taubenzucht. M. bes. Berücksicht. d. Krankheiten, deren Verhütg. u. Heilg. 8. (IV, 88 S. m. Abb.) Ebd. 896. n. 1. —

Die Taubenzucht. Enth.: Eine ausführl. Darstellg. der gesamten Taubenzucht. 9. Aufl. (VII, 72 S. m. Abbildgn.) 8. Ebd. 910. 1. —

Freund, W. G., methodische Entwürfe u. Präparationen zu dem Heidelberger Katechismus f. Religionslehrer u. Katechismusfreunde. 58 Fragen, logisch zergliedert, frageweise disponiert u. erläutert. 8. (203 S.) Siegen 894. Selbstverl. n. n. 1. 80

Freund, W. G., Method. Entwürfe u. Präparationen z. d. Heidelberger Katechismus f. Religionslehrer u. Katechismusfreunde. 58 Fragen, logisch zergliedert, frageweise disponiert u. erläut. gr. 8. (208 S.) Siegen 894. (Kogler.) n. 1. 80

Freund, Walther: Chlor und Stickstoff im Säuglingsorganismus. (Stoffwechseluntersuchungen aus der Universitäts-Kinder-Klinik zu Breslau.) *Breslau 1898: Bresl. Gen.-Buchdr.* (28 S.) 8°
Breslau, Med. Diss. v. 27. Juni 1898

Freund, Walter, a. Lübeck: Zur Kenntnis der Condensation von Alkoholen mit Isochinolin. Lübeck 1906: Ch. Coleman. (44 S.) 8°
Kiel, Phil. Fak., Ref. Harries, Diss. v. 8. Aug. 1906
[Geb. 21. Okt. 82 Lübeck; Wohnort: Lübeck; Staatsangeh.: Lübeck; Vorbildung: Realgymn. Lübeck Reife O. 01; Studium: Gießen 2, Rostock 2, Kiel 4 S.; Rig. 14. Juli 06.]

Freund, Wilhelm, a. Babitz in Böhmen: Ueber das Anhydrid und Anil der Oxalessigsäure. (Berlin 1906: L. Schumacher.) (30 S.) 8°
Berlin, Phil. Fak., Ref. Gabriel, Diss. v. 17. März 1906
[Geb. 4. Okt. 80 Babitz; Wohnort: Prag; Staatsangeh.: Österreich; Vorbildung: Gymn. Prag Reife Juli 00; Studium: Prag 2, Straßburg 1, Berlin 5 S.; Rig. 5. März 06.]

Freund, Wilh., Cicero historicus. Cicero's Geschichtsangaben über die bedeutendsten griech. u. römischen Staatsmänner, Dichter, Historiker, Philosophen, Mathematiker, Redner u. Künstler. Für die Schüler der Oberklassen d. höheren Lehranstalten zur Privatlectüre u. als prakt. Vorschule für den correcten latein. Ausdruck aus Cicero's Werken gesammelt u. inhaltlich geordn. Nebst e. phraseolog. Glossar. gr. 8. (VI, 194 S.) Leipzig 881. Violet. n. 2. —

— s. Cicero Oratio pro T. Annio Milone.

— u. Elpenor, Formenlehre der Homerischen Mundart, s.: Violet's Bücherei. I.

Freund, Wilh., Gesammtwörterbuch d. latein. Sprache, zum Schul- u. Privat-Gebr., enthalt. sowohl sämmtl. Wörter der altlateinischen Sprache bis zum Untergange d. weström. Reiches, mit Einschluss der Eigennamen, als auch die wichtigsten mittel- u. neulatein. Wörter etc. Nebst einem sprachvergleichenden Anhange. 4 Lfgn. Lex.-8. (114 1/8 B.) Breslau 844, G. P. Aderholz. à Lfg. 25 Ngr. Thlr.

Freund, Wilh., d. klassische Griechenland. Z. Einführg. i. d. Kulturgeschichte d. Griechen. F. Studierende, Schüler der Oberklassen höh. Lehranst. u. z. Selbststudium. M. Ortsplänen u. Abb. (Titel-Ausg. v.: „F., Wandergn. auf klass. Boden".) 8. (87, 73 u. 68 S) Leipzig (889. 90) 895. H. Paul.
Geb. in Leinw. 1. 50

Freund, Guilelmus *(geb. Krappitz in Schles. 26. 8. 1833)*: De indicationibus venaesectionis rationalibus. Vratislaviae (1855). (39 S.) 8° *[Verf. nannte sich später: Wilhelm Alexander, vgl. Nr 2717.]*
Breslau, Med. Diss. v. 15. Aug. 1855

Freund, Wilhelm [Hrsg.], s. Zur Judenfrage in Deutschland.

Freund, Wilh., praktisches Lehr- und Lesebuch der englischen Sprache, in 2 Cursen. Nach mehrjähr. Beobachtungen des in der gebildeten Gesellschaft Englands gegenwärtig herrschenden Sprachgebrauchs bearb. gr. 8. Breslau, Korn. [1. (VIII und 160 S.) 855. * 12 Ngr., 2. (III und 262 S.) 856. * 18 Ngr.] *

Freund, Wilh, Maria hilft, s. a. Dasbach's Novellenkranz.

Freund, W., Maria hilft, s. a. Novellenkranz.

Maria hilft. (Nach d. Franz. frei übers. von Wilh. Freund.) *Trier: Paulinus-Dr. [1900].* (S. 117–135.) 8° [F.]
— Novellenkranz. Hrsg. von F. Dasbach. Bdch. 9, [?]. [?? 4030 6

Freund, Guilelmus: * De Silesiae occupatione per Fridericum Magnum patrata. Specimen 1. 29 Bl. 8° (4°)
Halle-Wittenberg, Phil. Diss. v. 29. Dez. 1827
Geb. Breslau 23. 7. 1805. V.

— und Marx, Präparationen zum Alten Testament. Präparation zum Pentateuch. Zum Gebrauch für die Schule und den Privatunterricht. 3 Hefte. Ebend. 863, 64. 16. (297 S.) Jedes Heft 7 1/2 ngr.

— u. **Marx'** Präparationen zum alten Testament. 1. Abth. Präparation zum Pentateuch. Zum Gebrauch f. die Schule u. den Privatunterricht. 2. Aufl. 1. Hft. Genesis. Exodus, Cap. 1–13. gr. 16. (96 S.) Ebend. 875. — 75

— u. **Marx'** Präparationen zum Alten Testament. 1. Abth. Präparation zum Pentateuch. Zum Gebrauch f. die Schule u. den Privatunterricht. 3. Aufl. 1. Hft. 12. (96 S.) Leipzig 885. Violet. — 75

— u. **Marx'** Präparationen zum Alten Testament. Zum Gebrauch für die Schule u. den Privatunterricht. 1. Abth. 2. u. 3. Hft. 12. Leipzig. Dresden-Strehlen, W. Violet. à Hft. — 75
2. Präparationen zum Pentateuch. 2. Hft. Exodus, Cap. 14–40. Leviticus. Numeri, Cap. 1–31. 2. Aufl. (S. 97–192.) 891.
3. dasselbe. 3. Hft. Numeri, Cap. 32–36. — Deuteronomium. 2. Aufl. (S. 193–282.) 892.

— u. **Marx'** Präparationen zum Alten Testament. I. Abth. Präparation zum Pentateuch. Zum Gebrauch f. die Schule u. den Privatunterricht. 1. Hft. Genesis. Exodus, Cap. 1–13. 4. Aufl. 12. (S. 1–96.) Ebd. 901. — 75

— u. **Marx'** Präparationen zum Alten Testament. 2. Abth.: Präparation zu den Psalmen. Zum Gebrauch für die Schule u. den Privatunterricht. 3 Hefte. Ebend. 870. 16. (288 S.) Jedes Heft 7½ ngr.

Freund's u. Marx' Präparationen zum Alten Testament. 2. Abth. Präparation zu den Psalmen. Zum Gebrauch f. die Schule u. den Privatunterricht. 2. Aufl. 1. Hft. Psalm 1–48. 12. (96 S.) Leipzig 884. Violet. — 75

— und **Marx'** Präparationen zum Alten Testament. 2. Abth. Präparationen zu den Psalmen. Zum Gebrauch f. die Schule u. den Privatunterricht. 2. Aufl. 2. u. 3. Hft. 12. Leipzig, Violet. à — 75.
2. Psalm 49–95. (S. 97–192.) 888.
3. Psalm 96–150. (S. 193–288.) 889.

— u. **Marx'** Präparationen z. Alten Testament. 2. Abth. Präparation zu d. Psalmen. Z. Gebr. f. d. Schule u. d. Privatunterr. 1. Hft. Psalm 1–48. 3. Aufl. 12. (S. 1–96.) Ebd. 898. — 75

— — dasselbe. 3. Abth. Präparationen zum Jesaias. 1–3. Hft. gr. 16. (286 S.) Ebend. 873. 74. à — 75

— — dasselbe. 3. Abthlg. Präparation zum Jesaias. Zum Gebrauch f. die Schule u. den Privatunterricht. 3. Hft. 2. Aufl.) 12. (S. 193–286.) Ebd. (902). — 75

Freund, Wilh., u. Marx' Präparationen z. Alten Testament. 3. Abth. Präparation zum Jesaias. Zum Gebrauch f. die Schule u. den Privatunterricht. 2. durchgeseh. u. verb. Aufl. 2. Hft. Kap. 23–41. (S. 97–192.) kl. 8. Stuttgart (904). W. Violet. n. — 75

— dasselbe. 3. Abth. Präparation zum Jesaias. Z. Gebr. f. d. Schule u. d. Privatunterr. 2. Aufl. 1. Hft. Cap. 1–22. 12. (96 S.) Ebd. 897. — 75

— — dasselbe. 4. Abth., 1. Thl. Zum Gebrauch f. die Schule u. den Privatunterricht. 1–3. Hft. 12. Ebend. 885. 86. à — 75
Präparation zum Buch der Richter, Ruth u. Hiob. 1–3. Hft. (1. Thl. 94 u. 2. Thl. 190 S.)

— dasselbe. 5. Abth. 1. u. 2. Hft. 12. Ebd. 890. à — 75 (I–V, 2.: 10. 50)
1. Präparation zu den kleinen Propheten. 1. Hft. Hosea, Joel Amos, Cap. 1–7. (80 S.)
2. dasselbe. 2. Hft. Amos, Cap. 8 u. 9, Obadja, Jona, Micha Nahum, Habakuk, Cap. 1–3. (S. 81–160.)

— — dasselbe. 5. Abth. 3. (Schluß-)Hft. 12. Ebd. 891. — 75
Präparationen zu den kleinen Propheten. 3. Hft. Habakuk (Schluß), Zephanja, Haggai, Zacharia, Maleachi. (S. 161–243.)

— — dasselbe. 6. Abth. 1.–3. Hft. 12. Ebd. 892. à Hft. — 75
1. Präparationen zu den Büchern Samuelis. 1. Hft. Buch I, Cap. 1–19. (80 S.)
2. — dasselbe. 2. Hft. Buch I, Cap. 20. — Buch II, Cap. 8. (S. 81–160.)
3. — dasselbe. 3. Hft. Buch II, Cap. 9–24 (Schluß). (S. 161–235.)

— — dasselbe. 7. Abth. 3 Hfte. 12. Ebd. 893. à Hft. — 75 (I–VII, 3.: 15. 75)
Präparationen zu Jeremia u. zu den Klageliedern Jeremia's. 3 Hfte. (241 S.)

Freund's Schüler-Bibliothek. 1. Abth.: Präparationen zu den griechischen und römischen Schulklassikern. Leipzig (858). Violet. gr. 16. Jedes Heft n. 5 ngr.
Inhalt: Präparation zu Xenophon's Anabasis. Zum Gebrauch für die Schule u. den Privatunterricht. 1. 2. Heft. 2. verb. Aufl. — 3. Heft. (S. 1–288.) — Präparationen zu Ovid's Metamorphosen. Zum Gebrauch rc. 2. Aufl. (In 5 Liefgn.) 1. Liefg. (S. 1–96.)

Freund's, (Wilh.), Schüler-Bibliothek. 1. Abth.: Präparationen zu den griechischen und römischen Schulklassikern. Zum Gebrauch für die Schule und den Privatunterricht. Leipzig 859–61. Violet. 16. Jedes Heft (à ca. 96 S.) n. 5 ngr.
Präparationen zu Cäsar's gallischem Kriege. 5 Hefte.
zu Cicero's Werken. 1–4. Heft. (1.: Cato major. — 2.: Laelius. — 3. 4.: Catilinarische Reden.)
zum Cornelius Nepos. 3 Hefte.
zu Homer's Ilias. 14 Hefte.
zu Homer's Odyssee. 13 Hefte.
zu Ovid's Metamorphosen. 5 Hefte.
zu Sallust's Werken. 1. Heft.
zu Sophokles' Werken. 1. Heft.
zu Vergil's Aeneis. 6 Hefte.
zu Xenophon's Anabasis. 6 Hefte.
zu Xenophon's Cyropädie. 6 Hefte.
Einzelne Hefte in 2. u. 3. Aufl.

Freund's Schülerbibliothek. 1. Abth.: Präparationen zu den griechischen u. römischen Schulklassikern. Leipzig 865–70. Violet. 16. Jedes Heft (à 96 S.) n. 5 ngr.
Inhalt: Cäsar's Bürgerkrieg. 1–6. Heft.
— gallischer Krieg. 2. Aufl. 1–6. Heft. — 3. Aufl. 1–4. Heft.
Cicero's Werke. 5–17. Heft. — 2. Aufl. 1. 2. 6–8. Heft. 3. Aufl. 3. 4. Heft.
Cornelius Nepos. 3. Aufl. 3 Hefte.
Demosthenes' philipp. Reden. 1. Heft.
Herodot's Geschichte. 1–9. Heft.
Homer's Ilias. 2. Aufl. 3–11. Heft. — 3. Aufl. 1–6. Heft.
Odyssee. 2. Aufl. 3–13. Heft. — 3. Aufl. 1–8. Heft. — 4. Aufl. 1. Heft.
Horaz' Werke. 1–6. Heft.
Livius' röm. Geschichte. 1–13. Heft. — 2. Aufl. 2. 3. Heft. — 3. Aufl. 1. Heft.
Ovid's Metamorphosen. 3. Aufl. 3–5. Heft. — 4. Aufl. 1. Heft.
Sallust's Werke. 2. Aufl. 1–5. Heft.
Sophokles' Werke. 2–12. Heft. — 2. Aufl. 1. 2. Heft.
Virgil's Aeneis. 2. Aufl. 1–5. Heft. — 3. Aufl. 1–5. Heft. — 4. Aufl. 1. Heft.
Xenophon's Anabasis. 3. Aufl. 3–6. Heft. — 4. Aufl. 1–4. Heft. — 5. Aufl. 1. 2. Heft.
— Cyropädie. 2. Aufl. 1. 2. Heft. — 3. Aufl. 1. Heft.
— Hellenica. 1–5. Heft.

Freund's, Wilh., Schüler-Bibliothek. 1. Abth. Präparationen zu den griech. u. röm. Schulklassikern. 16. (à Hft. ca. 96 S.) Leipzig 871—76. Violet. à n. — 50

Cäsar's Bürgerkriege. 1. u. 4. Hft. 2. Aufl.
gallische Kriege. 1—3. Hft. 4. Aufl., 5. Hft. 3. Aufl., 6. Hft. 2. Aufl.
Cicero's Werke. 1. u. 2. Hft. 3. Aufl., 3. Hft. 4. Aufl., 5., 6. u. 8. Hft. 3. Aufl., 9. 10. 13. u. 14. Hft. 2. Aufl., 18. 20—29. Hft.
Cornelius Nepos. 1. u. 2. Hft. 4. Aufl.
Demosthenes' philippinische Reden. 1—3. Hft. 2. Aufl.
Herodot's Geschichte. 1. u. 2. Hft. 2. Aufl.
Homer's Ilias. 1. Hft. 5. Aufl., 2—4. Hft. 4. Aufl., 10—13. Hft. 3. Aufl.
— Odyssee. 1. Hft. 5. Aufl., 2—7. Hft. 4. Aufl., 8—13. Hft. 3. Aufl.
Horaz' Werke. 1—4. Hft. 3. Aufl., 5. Hft. 2. Aufl., 6—16. Hft.
Livius' römische Geschichte. 1. Hft. 4. Aufl., 2. 3. 4. 8—10. Hft. 3. Aufl., 5—7. 11—13. Hft. 2. Aufl.
Ovid's Metamorphosen. 1. Hft. 5. Aufl., 2. u. 3. Hft. 4. Aufl.
Plato's Apologie u. Sokrates. 1. u. 2. Hft. 2. Aufl.
Sallust's Werke. 1—5. Hft. 3. Aufl.
Sophokles' Werke. 1—3. Hft. 3. Aufl., 4—12. Hft. 2. Aufl. 14. u. 15. Hft.
Tacitus' Werke. 1. u. 2. Hft. 2. Aufl., 3—10. Hft.
Vergil's Aeneis. 1—4. Hft. 5. Aufl., 5. Hft. 4. Aufl., 6. Hft. 3. Aufl.
Xenophon's Anabasis. 2. Hft. 6. Aufl. 3. u. 5. Hft. 5. Aufl.
— Cyropädie. 2. Hft. 3. Aufl., 3—6. Hft. 2. Aufl.
— Hellenica. 1. Hft. 2. Aufl.
— Memorabilien. 1. u. 2. Hft. 2. Aufl. u. 3. u. 4. Hft.

— Schüler-Bibliothek. 1. Abth.: Präparationen zu den griech. u. röm. Schulklassikern. Präparation zu:

Arrian's Anabasis. 1—4 Hft.
Cäsar's Bürgerkrieg. 1. Hft. 3. Aufl., 5. u. 6. Hft. 2. Aufl.
— gallischem Krieg. 1. u. 2. Hft. 5. Aufl., 4. u. 5. Hft. 4. Aufl.
Cicero's Werken. 1. u. 2. Hft. 4. Aufl., 3. Hft. 5. Aufl., 4—9. Hft. 4. Aufl., 10. Hft. 3. Aufl., 11. u. 12. Hft. 2. Aufl., 13. u. 14. Hft. 3. Aufl., 15., 16., 18—22., 23., 26. u. 27. Hft. 2. Aufl., 31—34., 38—46 Hft.
Cornelius Nepos. 1—5. Hft. 4. Aufl.
Curtius' Alexander d. Gr. 6 Hfte.
Demosthenes' philipp. Reden. 1. Hft. 4. Aufl., 2. u. 3. Hft. 3. Aufl., 4—6. Hft.
Herodot's Geschichten. 1. Hft. 3. Aufl., 3. u. 4. Hft. 2. Aufl., 10. 12—20. Hft.
Homer's Ilias. 1. Hft. 6. Aufl., 2. Hft. 5. Aufl., 5. Hft. 3. Aufl.
— Odyssee. 1. u. 2. Hft. 6. Aufl., 4. u. 6. Hft. 5. Aufl., 7. u. 8. Hft. 4. Aufl.
Horaz' Werken. 1—3. Hft. 4. Aufl., 5. u. 6. Hft. 3. Aufl., 7. 8. 10—15. Hft. 2. Aufl.
Isokrates' ausgewählten Reden. 1. u. 2. Hft.
Livius' römischer Geschichte. 2. u. 3. Hft. 4. Aufl., 5. u. 6. Hft. 3. Aufl., 10. Hft. 4. Aufl., 11. u. 12. Hft. 3. Aufl., 14—20. 22. u. 28. Hft.
Lysias' ausgewählten Reden. 3 Hfte.
Ovid's Metamorphosen. 1. Hft. 6. Aufl., 2. Hft. 5. Aufl., 5. Hft. 4. Aufl.
Phädrus' Fabeln.
Plato's Werken. 1. u. 2. Hft. 3. Aufl., 3. Hft. 2. Aufl., 4—11. Hft.
Plutarch's Werken. 1. u. 2. Hft.
Sallust's Werken. 1., 3. u. 4. Hft. 4. Aufl.
Sophokles' Werken. 4—8., 10—12. Hft. 3. Aufl., 16. u. 17. Hft.
Tacitus' Werken. 1., 2. u. 5. Hft. 3. Aufl., 3. Hft. 4. Aufl., 6—9. Hft. 2. Aufl., 11—16. Hft.
Thucydides' Werken. 1—9. Hft.
Vergil's Aeneis. 1. u. 2. Hft. 8. Aufl., 5 Hft. 5. Aufl., 6. Hft. 4 Aufl., 7—10. Hft.
Xenophon's Anabasis. 1. u. 2. Hft. 8. Aufl., 3. Hft. 7. Aufl., 4. Hft. 6. Aufl., 5. Hft. 5. Aufl., 6. Hft. 4. Aufl.
— Cyropädie. 1. Hft. 4. Aufl.
— Hellenica. 3—5. Hft. 2. Aufl.
Memorabilien. 1—3. Hft. 2. Aufl.

12. (à Hft. ca. 30 S.) Leipzig 876—82. Violet. à Hft. n. — 50

Freund's, W., Schüler-Bibliothek. 1. Abth. Präparation zu den griech. u. röm. Schulklassikern:

Arrian's Anabasis. 5. Hft.
Cäsar's Bürgerkriege. 2. u. 3. Hft. 5. Aufl.
— gallischer Krieg. 1. Hft. 6. Aufl., 3. Hft. 5. Aufl. u. 6. Hft. 3. Aufl.
Cicero's Werke. 1. Hft. 5. Aufl., 3. Hft. 6. Aufl., 4. 7. 8. Hft. 5. Aufl., 17. Hft. 2. Aufl., 18. Hft. 3. Aufl., 24. 25. 31. 33. Hft. 2. Aufl., 47—59. Hft.
Demosthenes' Reden. 2. Hft. 4. Aufl.
Euripides' Werke. 1—4. Hft.
Herodot's Geschichte. 6—8. 10—14. Hft. 2. Aufl.
Homer's Ilias. 1. Hft. 7. Aufl., 2. Hft. 6. Aufl., 3. u. 4. Hft. 5. Aufl.
— Odyssee. 1. Hft. 7. Aufl., 3. Hft. 5. Aufl., 4. Hft. 6. Aufl., 10. u. 11. Hft. 4. Aufl.
Horaz' Werke. 1. Hft. 5. Aufl., 4. u. 5. Hft. 4. Aufl., 8. u. 12. Hft. 3. Aufl., 16. Hft. 2. Aufl.
Livius' römische Geschichte. 2. Hft. 5. Aufl., 4. Hft. 4. Aufl., 7. Hft. 3. Aufl., 8. u. 10. Hft. 5. Aufl., 11. Hft. 4. Aufl., 29—33. Hft.
Lysias' ausgewählte Reden. 1. Hft. 3. Aufl., 2. Hft. 2. Aufl.
Ovid's Werke. 1. Hft. 7. Aufl., 6—13. Hft.
Plato's Werke. 1. Hft. 4. Aufl., 3. Hft. 3. Aufl., 4. u. 5. Hft. 2. Aufl., 12. u. 13. Hft.
Plutarch's Werke. 3—8. Hft.
Sallust's Werke. 2. Hft. 4. Aufl., 3. Hft. 5. Aufl.
Sophokles' Werke. 2. Hft. 4. Aufl., 9. Hft. 3. Aufl., 13. 14. 16. Hft. 2. Aufl., 18. u. 19. Hft.
Tacitus' Werke. 6. Hft. 3. Aufl., 10. Hft. 2. Aufl.
Thucydides' Werke. 1. Hft. 2. Aufl., 11—16. Hft.
Vergil's Werke. 1. Hft. 10. Aufl., 2. Hft. 9. Aufl.
Xenophon's Anabasis. 1. Hft. 9. Aufl., 3. Hft. 8. Aufl., 4. Hft. 7. Aufl.
— Cyropädie. 1. Hft. 5. Aufl., 3. u. 5. Hft. 3. Aufl.
— Memorabilien. 1. Hft. 4. Aufl.

12. (à Hft. ca. 80 S.) Leipzig 883—86. Violet. à Hft. n. — 50

Freund's, Wilh., Schülerbibliothek. 1. Abthlg.: Präparationen zu den griech. u. röm. Schulklassikern. 12. Leipzig 887—890. Violet. à Hft. (à ca. 80 S.) n. — 50

Aeschylus' Werke. 1. u. 2. Hft.
Cäsar's Bürgerkrieg. 4. Hft. 3. Aufl.
— gall. Krieg. 2. Hft. 6. Aufl., 4. Hft. 5. Aufl.
Cicero's Werke. 3. Hft. 7. Aufl., 6. Hft. 5. Aufl., 8. Hft. 6. Aufl., 19. Hft. 3. Aufl., 26. Hft. 3. Aufl., 27. Hft. 3. Aufl., 30. Hft. 2. Aufl., 32. Hft. 3. Aufl., 34. Hft. 2. Aufl., 36. Hft. 2. Aufl., 60.—69. Hft.
Demosthenes' Reden. 1. Hft. 5. Aufl.
Euripides' Werke. 5. u. 6. Hft.
Herodot's Geschichte. 9. Hft. 2. Aufl., 10. Hft. 3. Aufl., 11. Hft. 3. Aufl., 13. Hft. 3. Aufl., 14. Hft. 4. Aufl., 15. Hft. 2. Aufl., 18. Hft. 2. Aufl., 19. u. 20. Hft. 2. Aufl.
Homer's Ilias. 10. Hft. 4. Aufl.
— Odyssee. 2. Hft. 7. Aufl., 5. Hft. 6. Aufl., 7. Hft. 5. Aufl., 8. Hft. 5. Aufl., 12. Hft. 4. Aufl.
Horaz's Werke. 2. Hft. 5. Aufl., 3. Hft. 5. Aufl., 9. Hft. 3. Aufl., 15. Hft. 3. Aufl.
Livius' röm. Geschichte. 1. Hft. 7. Aufl., 3. Hft. 5. Aufl., 8. Hft. 6. Aufl., 12. Hft. 4. Aufl., 16. Hft. 2. Aufl., 17. Hft. 2. Aufl., 18. Hft. 2. Aufl., 19. Hft. 2. Aufl., 34.—36. Hft.
Lucian's ausgewählte Schriften. 1.—3. Hft.
Lykurgus' Rede gegen Leokrates. 1. u. 2. Hft.
Lysias' ausgew. Reden. 3. Hft. 2. Aufl.
Plato's Werke. 2. Hft. 4. Aufl.
Quintilian's Beredsamkeit. 1. Hft.
Sallust's Werke. 1. Hft. 5. Aufl.
Sophocles' Werke. 1. Hft. 5. Aufl., 3. Hft. 4. Aufl., 15. Hft. 2. Aufl., 17. Hft. 2. Aufl.
Tacitus' Werke. 3. Hft. 3. Aufl., 4. Hft. 4. Aufl., 7. Hft. 3. Aufl., 17.—26. Hft.
Thukydides' Werke. 2. Hft. 2. Aufl., 4. Hft. 2. Aufl.
Vergil's Werke. 2. Hft. 10. Aufl., 3. Hft. 8. Aufl.
Xenophon's Anabasis. 1. Hft. 10 Aufl., 2. Hft. 9. Aufl., 4. Hft. 8. Aufl., 5. Hft. 6. Aufl.
— Cyropädie. 2. Hft. 4. Aufl., 6. Hft. 3. Aufl.
— Hellenica. 1. Hft. 4. Aufl., 2. Hft. 4. Aufl., 5. Hft. 3. Aufl.
— Memorabilien. 3. Hft. 3. Aufl.

Freund's, Wilh., Schüler-Bibliothek. 1. Abth.: Präparationen zu den griech. u. röm. Schulklassikern. 12. (à Hft. 5–6 Bog.) Leipzig 891–894. Dresden-Strehlen, W. Violet. à Hft. n. — 50

Aeschylus' Werke. 3. 7. Hft.
Cäsar's gallischer Krieg. 1. Hft. 7. Aufl., 3. Hft. 6. Aufl.
Catull's ausgewählte Gedichte. 1. u. 2. Hft.
Cicero's Werke. 2. Hft. 5. Aufl., 3. Hft. 8. Aufl., 4. Hft. 6. Aufl., 5. Hft. 5. Aufl., 7. Hft. 6. Aufl., 11. Hft. 3. Aufl., 20. Hft. 3. Aufl., 23. Hft. 3. Aufl., 28. Hft. 2. Aufl., 33. Hft. 3. Aufl., 70. Hft., 71. Hft.
Curtius, Alexander d. Gr. 1. Hft. 2. Aufl.
Demosthenes' Reden. 2. Hft. 3. Aufl.
Herodot's Geschichte. 3. Hft. 4. Aufl., 12. Hft. 3. Aufl.
Homer's Ilias. 2. Hft. 7. Aufl., 3. Hft. 6. Aufl., 5. Hft. 5. Aufl., 7. Hft. 4. Aufl., 11. Hft. 4. Aufl.
— Odyssee. 1. Hft. 8. Aufl., 4. Hft. 7. Aufl.
Horaz' Werke. 1. Hft. 5. Aufl., 6. Hft. 4. Aufl., 11. Hft. 3. Aufl., 13. Hft. 3. Aufl., 14. Hft. 3. Aufl., 17. Hft. 6. Aufl.
Livius' römische Geschichte. 1. Hft. 8. Aufl., 2. Hft. 6. Aufl., 8. Hft. 7. Aufl., 9. Hft. 6. Aufl., 10. Hft. 6. Aufl., 11. Hft. 6. Aufl., 20. Hft., 23. Hft. 2. Aufl., 24. Hft. 2. Aufl., 26. Hft. 2. Aufl., 37. bis 50. Hft.
Lysias' ausgewählte Reden. 2. Hft. 3. Aufl.
Ovid's Werke. 1. Hft. 8. Aufl., 2. Hft. 6. Aufl., 3. Hft. 5. Aufl.
Plato's Werke. 1. Hft. 5. Aufl., 4. Hft. 3. Aufl., 9. Hft. 2. Aufl., 11.–17. Hft.
Sallust's Werke. 3. Hft. 6. Aufl., 4. Hft. 5. Aufl., 5. Hft. 4. Aufl.
Sophokles' Werke. 2. Hft. 5. Aufl., 10. Hft. 4. Aufl., 11. Hft. 4. Aufl.
Tacitus' Annalen. 1. Hft. 4. Aufl., 8. Hft. 3. Aufl.
Thucydides' Werke. 3. Hft. 2. Aufl., 5. Hft. 2. Aufl.
Tibull's Gedichte. 1. u. 2. Hft.
Vergil's Werke. 1. Hft. 12. Aufl., 2. Hft. 11. Aufl., 7. Hft. 2. Aufl.
Aeneis. 5. Hft. 6. Aufl.
Xenophon's Anabasis. 2. Hft. 10. Aufl., 3. Hft. 10. Aufl., 6. Hft. 6. Aufl.
— Cyropädie. 1. Hft. 6. Aufl.
— Memorabilien. 4. Hft. 3. Aufl.

— Schüler-Bibliothek. 1. Abth.: Präparationen zu den griech. u. röm. Schulklassikern. 12. (à 5–6 Bog.) Dresden 895–898. W. Violet. à Hft. n. — 50

Cäsar's Bürgerkriege. 5. Hft. 3. Aufl.
Cicero's Werke. 1. Hft. 6. Aufl., 6. Hft. 6. Aufl., 8. Hft. 7. Aufl., 9. Hft. 5. Aufl., 13. Hft. 4. Aufl., 14. Hft. 4. Aufl., 24. Hft. 8. Aufl., 34. Hft. 3. Aufl., 35. Hft. 2. Aufl., 37. Hft. 2. Aufl.
Demosthenes' Reden. 1. Hft. 6. Aufl., 3. Hft. 4. Aufl., 4 Hft. 2. Aufl.
Herodot's Geschichte. 4. Hft. 3. Aufl., 13. Hft. 4. Aufl., 19. Hft. 3. Aufl., 20. Hft. 3. Aufl.
Homer's Ilias. 1. Hft. 8. Aufl., 12. Hft. 4. Aufl.
— Odyssee. 3. Hft. 6. Aufl.
Horaz' Werke. 3. Hft. 6. Aufl., 5. Hft. 5. Aufl., 7. Hft. 4. Aufl., 10. Hft. 3. Aufl.
Livius' röm. Geschichte. 2. Hft. 7. Aufl., 5. Hft. 4. Aufl., 8. Hft. 9. Aufl., 10. Hft. 7. Aufl., 12. Hft. 5. Aufl., 13. Hft. 4. Aufl., 25. Hft. 2. Aufl.
Lysias' ausgew. Reden. 1. Hft. 4. Aufl., 3. Hft. 3. Aufl.
Plato's Werke. 3. Hft. 4. Aufl., 6. Hft. 2. Aufl., 10. Hft. 2. Aufl., 11. Hft. 2. Aufl.
Sallust's Werke. 2. Hft. 5. Aufl.
Sophokles' Werke. 1. Hft. 6. Aufl., 7. Hft. 4. Aufl., 12. Hft. 4. Aufl., 16. Hft. 3. Aufl.
Tacitus' Werke. 2. Hft. 4. Aufl., 5. Hft. 4. Aufl., 9. Hft. 3. Aufl.
Thucydides' Werke. 1. Hft. 3. Aufl., 4. Hft. 3. Aufl., 6. Hft. 2. Aufl., 12. Hft. 2 Aufl., 13. Hft. 2. Aufl.
Vergil's Aeneis. 3. Hft. 9. Aufl., 6. Hft. 5. Aufl., 8. Hft. 2. Aufl.
Xenophon's Anabasis. 1. Hft. 11. Aufl., 2. Hft. 11. Aufl., 3. Hft. 11. Aufl.
— Hellenica. 1. Hft. 5. Aufl., 2. Hft. 5. Aufl., 3. Hft. 4. Aufl.
— Memorabilien. 1. Hft. 5. Aufl., 2. Hft. 4. Aufl.

Freund's Schüler-Bibliothek. 1. Abth.: Präparationen zu den griech. u. röm. Schulklassikern. 8. Dresden 899–902, Stuttgart, W. Violet. à n. — 50

Cäsar's Bürgerkriege. 1. Hft. 4. Aufl. (80 S.)
Cicero's Werke. 3. Hft. 9. Aufl. (98 S.); 4. Hft. 7. Aufl. (73 S.); 7. Hft. 7. Aufl. (80 S.); 10. Hft. 4. Aufl. (81 S.); 12. Hft. 3. Aufl.; 15. Hft. 3. Aufl.; 16. Hft. 3. Aufl. (à 80 S.); 17. Hft. 3. Aufl. (87 S.); 21. Hft. 3. Aufl. (80 S.); 25. Hft. 3. Aufl. (76 S.); 29. Hft. 2. Aufl.; 31. Hft. 3. Aufl.; 32. Hft. 4. Aufl.; 42. Hft. 2. Aufl. u. 62. Hft. 2. Aufl. (à 80 S.)
Curtius, Alexander d. Gr. 1. Hft. 3. Aufl.; 2. Hft. 2. Aufl. (à 80 S.)
Demosthenes' Reden. 2. Hft. 6. Aufl. (80 S.); 5. Hft. 2. Aufl. (80 S.); 6. Hft. 2. Aufl. (72 S.)
Herodot's Geschichte. 10. Hft. 4. Aufl. (80 S.); 15. Hft. 3. Aufl. (96 S.)
Homer's Ilias. 4. Hft. 6. Aufl.; 8. Hft. 4. Aufl.; 9. Hft. 4. Aufl. (à 96 S.) u. 14. Hft. 4. Aufl. (120 S.)
— Odyssee. 9. Hft. 4. Aufl. (98 S.) u. 13. Hft. 4. Aufl. (88 S.)
Horaz' Werke. 1. Hft. 7. Aufl.; 2. Hft. 6. Aufl.; 4. Hft. 6. Aufl.; 8. Hft. 4. Aufl.; 12. Hft. 4. Aufl. u. 16. Hft. 3. Aufl. (à 80 S.)
Livius' röm. Geschichte. 1. Hft. 9. Aufl. (96 S.); 3. Hft. 6. Aufl.; 8. Hft. 10. Aufl.; 9. Hft. 8. Aufl.; 10. Hft. 8. Aufl.; 11. Hft. 6. Aufl.; 14. Hft. 2. Aufl.; 18. Hft. 3. Aufl.; 19. Hft. 3. Aufl.; 20. Hft. 3. Aufl.; 21. Hft. 2. Aufl.; 27. Hft. 2. Aufl. (à 80 S.) u. 33. Hft. 2. Aufl. (76 S.)
Ovid's Werke. 6. u. 8.–10. Hft. 2. Aufl. (à 80 S.)
Plato's Werke. 1. Hft. 6. Aufl. (80 S.); 2. Hft. 5. Aufl. (84 S.); 3. Hft. 5. Aufl. u. 5. Hft. 3. Aufl. (à 80 S.)
Sallust's Werke. 1. Hft. 6. Aufl. u. 3. Hft. 7. Aufl. (à 96 S.)
Sophokles' Werke. 2. Hft. 6. Aufl. (96 S.); 3. Hft. 5. Aufl. (76 S.); 5. Hft. 4. Aufl. (96 S.); 10. Hft. 5. Aufl.; 13. Hft. 3. Aufl.; 14. Hft. 3. Aufl. (à 80 S.) u. 17. Hft. 3. Aufl. (90 S.)
Tacitus' Werke. 4. Hft. 5. Aufl.; 6. Hft. 4. Aufl. u. 11. Hft. 2. Aufl. (à 80 S.)
Vergil's Werke. 1. Hft. 13. Aufl. u. 4. Hft. 9. Aufl. (à 96 S.)
Xenophon's Anabasis. 3. Hft. 12. Aufl.; 4. Hft. 10. Aufl. u. 5. Hft. 7. Aufl. (à 96 S.)
— Cyropädie. 1. Hft. 6. Aufl. (98 S.)
— Hellenica. 1. u. 2. Hft. 6. Aufl.; 4. Hft. 3 Aufl. (à 80 S.)

— Schüler-Bibliothek. 1. Abth.: Präparationen zu den griech. u. röm. Schulklassikern. 8. Ebd. (903–906). à n. — 50

Cäsar's Bürgerkrieg. 6. Heft. 3. Aufl. (80 S.)
— gall. Krieg. 1. Heft. 8. Aufl. (96 S.); 2. Heft. 7. Aufl. (96 S.); 4. Heft. 6. Aufl. (96 S.) u. 5. Heft. 5. Aufl. (96 S.)
Cicero's Werke. 3. Heft. 10. Aufl. (96 S.); 5. u. 6. Heft. 6., umgearb. u. verb. Aufl. (155 S.); 7. u. 8. Heft. 8., umgearb. u. verb. Aufl. (84 u. 58 S.); 26. Heft. 4. verb. Aufl. (80 S.); 30. Heft. 3. Aufl. (80 S.) u. 36. Heft. 3. verb. Aufl. (80 S.)
Cornelius Nepos. 4. u. 5. Heft. 5. Aufl. (96 u. 100 S.)
Curtius, Alexander d. Gr. 3. Heft. 2. Aufl. (S. 161–240.)
Demosthenes' Reden. 1. Heft. 7. Aufl. (80 S.); 3. Heft. 5. Aufl. (S. 161–241.)
Herodot's Geschichte. 1. Heft. 4. Aufl. (80 S.)
Homer's Ilias. 6. Heft. 5. Aufl. (96 S.)
— Odyssee. 6. Heft. 7. Aufl. (96 S.)
Horaz' Werke. 1. Heft. 8., umgearb. u. verb. Aufl. (92 S.); 3. Heft. 7., umgearb. u. verb. Aufl. (84 S.); 5. Heft. 6. Aufl. u. 6. Heft. 5. Aufl. (S. 321–483.)
Livius' römische Geschichte. 1. Heft. 10. Aufl. (96 S.); 2. Heft. 8. Aufl. (96 S.); 4. Heft. 4. Aufl. (80 S.); 10. Heft. 9. Aufl. (80 S.); 12. Heft. 6. Aufl. (80 S.) u. 32. Heft. 2. Aufl. (80 S.)
Ovid's Werke. 1. Heft. 9. Aufl. (96 S.)
Plato's Werke. 7. Heft. 2. Aufl. (80 S.)
Sallust's Werke. 4. Heft. 6. Aufl. (96 S.)
Sophokles' Werke. 1. Heft. 7. Aufl. (96 S.); 9. Heft. 4. Aufl. (80 S.)
Vergil's Werke. 2. Heft. 12. Aufl. (96 S.)

— dasselbe. Ovids Verwandlgn., zum Gebrauch f. die Schule u. den Privatunterricht erklärt u. übersetzt. (Ausg. m. Uebersetzg.) 15 Hfte. kl. 8. Ebd. (905). n. 7. 10

1. 2. Buch 1 u. 2. (88 u. 61 S.) à n. — 50. — 3.–6. Buch 3–6. (48, 51, 48 u. 55 S.) à n. — 40. — 7.–15. Buch 7–15. (76, 79, 64, 64, 85, 65, 84, 63 u. 61 S.) à n. — 50.

Freund's, Wilh., Schüler-Bibliothek. Präparationen zu den griech. u. röm. Schriftstellern. Zum Gebrauch f. die Schule u. den Privatunterricht erklärt u. übersetzt. kl. 8. Stuttgart, W. Violet.

Cicero's Werke. 3. Heft: Erste catilinar. Rede. 11., umgearb. u. verb. Aufl. (83 S.) (908.) — 50
Homer's Odyssee. 1–3. Heft, 4. Heft 2 Hälften u. 5. Heft. Gesang 1–5. (88, 86, 77, 123 u. 78 S.) à — 50. — 6. 7. Heft. Gesang 6 u. 7. (50 u. 56 S.) à — 40
Horaz' Werke. 2. Heft: Oden. Buch I, Ode 13–38 (Schluß). 7., umgearb. u. verb. Aufl. (80 S.) (908.) — 50. — 4. Heft. 2 Hälften: Oden. Buch III. 7., umgearb. u. verb. Aufl. (123 S.) à — 40. — 5. Heft: Oden. Buch IV. 6., umgearb. und verb. Aufl. (73 S.) (908.) — 50
Isokrates' ausgewählte Reden. 1. Heft. Areopagitikos. 2. verb. Aufl. (64 S.) (907.) — 50. — 2. u. 3. Heft. Panegyrikos. 3., verb. Aufl. (123 S.) (907.) à — 50
Livius' römische Geschichte. 1. Heft u. 2. Heft, 2 Hälft. Buch I, Kap. 1–60. 11., umgearb. u. verb. Aufl. (S. 1–250.) (908.) à — 50. — 8. Heft: Buch XXI, Kap. 1–28. 11., verb. Aufl. (S. 1–80.) (908.) — 50. — 9. Heft: Buch XXI, Kap. 29–56. 9., umgearb. Aufl. (S. 81–160.) (908.) — 50
Plato, Werke. 8. Heft. Gorgias, Kap. 65–83 (Schluß). 2. verb. Aufl. (S. 161–229.) (908.) — 50. — dasselbe, 9. u. 10. Heft. Phädon, Kap. 1–26 u. 27 bis Schluß. 3., umgearb. Aufl. (173 S.) (908.) à — 50

Sophokles' Werke. 11. Heft. König Oedipus, Vers 24—104. 1. Aufl. (S. 81—160.) (907.) 50
Tacitus' Werke. 1. Heft. 2. Hälften: Germania. 5., veränd. u. verb. Aufl. (117 S.) (908.) à 40
Vergil's Werke. 12. Aufl. 2. Heft. Aeneis, Buch II, V. 200 bis Buch IV, V. 20. (S. 97—192.) (907). 50
Xenophon's Kyropädie. 1. Heft: Buch I, Kap. 1—6. 7., verb. Aufl. (96 S.) (907). 50

Freund's, Wlh., Schüler-Bibliothek des griechischen und römischen Alterthums. 1. Abthl. Präparationen zu den griechischen und römischen Schulklassikern. 1. Bd. Präparationen zum Cornelius Nepos. 1.—3. Heft. kl. 8. Berlin 846, Vossische Buch. à n. $^1/_6$ ₰

— dies. 1. Abthl. Präparationen zu Ovid's Metamorphosen. 1.—3. Heft. kl. 8. Ebend. 846. à n. $^1/_6$ ₰

— dies. 1. Abthl. Präparationen zu Xenophon's Anabasis. 1. Heft. kl. 8. Ebend. 846. à n. $^1/_6$ ₰

Freund's, Wilh., Schüler-Bibliothek des griech. u. röm. Alterthums. 1. Abth. Präparationen zu den griech. u. röm. Schulklassikern. 2. Bd. Präparation zu Ovid's Metamorphosen. Hft. IV u. V. 16. (S. 289—463.) Berlin 847, Literatur-Comptoir. à n. $^1/_6$ ₰

— dies. 1. Abth. Präparation zu Xenophon's Anabasis. Hft. II. 16. (S. 97—192.) Ebd. 847. n. $^1/_6$ ₰ (Die früher erschienenen Hefte sind in den Verlag des Literatur-Comptoir übergegangen.)

— Lateinisch-deutsches u. deutsch-latein.-griechisches Schulwörterbuch. I., latein.-deutscher Thl. Lex. 8. (X u. 980 S.) Berlin 848, G. Reimer. $2^1/_2$ ₰

— lateinisch-deutsches u. deutsch-lateinisch-griechisches Schulwörterbuch. 2., deutsch-latein.-griech. Theil. A. u. d. T.: Deutsch-lateinisch-griechisches Schulwörterbuch. Berlin 855. G. Reimer. Lex.-8. (2 Bl., 845 S.) 2 ₰

Freund, Wilh., 6 Tafeln der griechischen, römischen, deutschen, englischen, französischen u. italienischen Literaturgeschichte. Für den Schul- u. Selbstunterricht. I—III. 2. Aufl. gr. 8. Leipzig 871. Violet. à n. — 50
I. Tafel der griech. Literaturgeschichte. (50 S.)
II. Tafel der röm. Literaturgeschichte. (40 S.)
III. Tafel der deutschen Literaturgeschichte. (42 S.)

— 6 Tafeln der griechischen, römischen u. deutschen Literaturgeschichte. Für den Schul- u. Selbstunterricht. Imp.-Fol. Ebend. 873—75. à n. — 50
1. Tafel der griechischen Literaturgeschichte.
2. Tafel der römischen Literaturgeschichte.
3. Tafel der deutschen Literaturgeschichte.
4. Tafel der englischen Literaturgeschichte. (30 S.)
5. Tafel der französischen Literaturgeschichte. (36 S.)
6. Tafel der italienischen Literaturgeschichte. (31 S.)

—— Sechs Tafeln zur griechischen, römischen, deutschen, englischen, französischen und italienischen Literaturgeschichte. Für den Schul- und Selbstunterricht. I—III. 2. Aufl. gr. 8. Leipzig 877, Violet. à Tafel * 50 Pf. *
Inhalt:
I. Tafel der griechischen Literaturgeschichte. (50 S.)
II. Tafel der römischen Literaturgeschichte. (40 S.)
III. Tafel der deutschen Literaturgeschichte. (42 S.)

— 6 Tafeln der griechischen, römischen, deutschen, englischen, französ. u. italienischen Literaturgeschichte. Für den Schul- u. Selbstunterricht. III. Tafel der deutschen Literaturgeschichte. 3. Aufl. gr. 8. (44 S.) Ebend. 884. n. — 50

—— sechs Tafeln der griechischen, römischen, deutschen, englischen, französischen und italienischen Literaturgeschichte. Für den Schul- und Selbstunterricht. I. Taf. der griech. Literaturgeschichte. 3. Aufl. gr. 8. (50 S.) Ebendas. 887. *
—— dass. — II. Tafel der röm. Literaturgeschichte. 3. Aufl. gr. 8. (40 S.) Ebendas. 887. *
—— dass. — V. Tafel der französ. Literaturgeschichte. 2. Aufl. gr. 8. (36 S.) Ebendas. 886. *

— sechs Tafeln der griechischen, römischen, deutschen, englischen, französischen u. italienischen Literaturgeschichte. Für den Schul- u. Selbstunterricht. I. II. IV. gr. 8. Ebd. à n. — 50
I. Tafel der griech. Literaturgeschichte. 3. Aufl. (50 S.) 887.
II. Tafel der röm. Literaturgeschichte. 3. Aufl. (40 S.) 887.
IV. Tafel der engl. Literaturgeschichte. 2. Aufl. (31 S.) 889.

— triennium philologicum od. Grundzüge der philolog. Wissenschaften, f. Jünger der Philologie zur Wiederholg. u. Selbstprüfg. 1—6. Sem.-Abth. à 4 Hfte. gr. 8. (à Hft. ca. 60 S.) Ebend 874—76. à Hft. n. 1. —

— Triennium philologicum od. Grundzüge der philologischen Wissenschaften, f. Jünger der Philologie zur Wiederholung u. Selbstprüfung bearb. 1—4. Sem.-Abth. à 4 Hfte. 2., verb. Aufl. gr. 8. (304, III, 362, III, 348 u. III, 336 S.) Ebend. 879—82. à Hft. n. 1. —

— Triennium philologicum od. Grundzüge der philologischen Wissenschaften, f. Jünger der Philologie zur Wiederholg. u. Selbstprüfg. bearb. 5. u. 6. Semester-Abth. 2. verb. Aufl. gr. 8. (304 u. III, 300 S.) Ebend. 884. 85. à n. 4. —; geb. à n. 5. —

— Triennium philologicum od. Grundzüge der philolog. Wissenschaften, f. Studierende u. Freunde der klass. Philologie bearb. 3., vollständig umgearb. Aufl. I. Abtlg. 5 Hfte. (IV, 422 S.) gr. 8. Ebd. 905. n. 5. —; erh. Preis n. 6. —; geb. in Leinw. n. 7. —

Triennium philologicum oder Grundzüge d. philol. Wissenschaften f. Studierenden. Freunde d. klass. Philologie bearb. von Wilhelm **Freund**. 3., vollst. umgearb. Aufl. Abt. 1. Stuttgart: W. Violet 1906. 8° [07.10313] II

Freund, Wilh., Triennium philologicum od. Grundzüge d. philol. Wissensch. f. Studierende u. Freunde der klass. Philologie. 3., vollständig umgearb. Aufl. II. Abtlg. 1. Bd. Griechische Grammatik. Neu bearb. v. Rhold. Wagner. (IV, 218 S.) gr. 8. Stuttgart 908. W. Violet. 3.50; geb. 4.50

dasselbe. Neubearbeitung, s.: Maurenbrecher, Bertold, u. Rhold. Wagner, Grundzüge der klassischen Philologie.

Freund, Wilhelm, Referendar: **Das völkerrechtliche Verbot des Agentenzwangs und die damit zusammenhängenden Bestimmungen in den Handels- und Schiffahrtsverträgen, abgeschlossen zwischen dem Deutschen Reiche und aussereuropäischen Staaten.** *Greifswald 1899: J. Abel.* (43 S.) 8°
Greifswald, Jur. Diss. v. 1899.

— Wanderungen auf klassischem Boden. Zur Einführung in die Kulturgeschichte der Griechen u. Römer. Für Studierende, Schüler der Oberklassen höherer Lehranstalten u. zum Selbststudium. Mit Ortsplänen u. Abbildgn. 1.—3. Hft. gr. 8. Breslau 889. 890. [Wohlfarth.] Freund. à n. 1. —
1. Das alte Athen u. seine bedeutendsten Denkmäler. (87 S.)
2. Die griech. Ruhmesstätten: Marathon, Thermopylae, Salamis, Plataeae. (73 S.)
3. Delphi u. Olympia. (68 S.)

— Wanderungen auf klassischem Boden. Zur Einführung in die Kulturgeschichte der Griechen u. Römer. Für Studierende, Schüler der Oberklassen höherer Lehranstalten u. zum Selbststudium. Mit Ortsplänen u. Abbildgn. 4. u. 5. Hft. gr. 8. Breslau 891. [L. Freund.] Leipzig, H. Paul. à n. 1. —
(kplt. geb. in Kaliko: n. 6. —; in Halbfrz. n. 7. —)
Rom. Bearb. v. Miller. (169 S.)

—— Wie studirt man Philologie? Eine Hodogetik für Jünger dieser Wissenschaft. 1. und 2. unveränd. Aufl. (158 S.) 1872, und 3. verb. und verm. Aufl. gr. 8. (162 S.) Leipzig 875, Violet. *

— wie studirt man Philologie? Eine Hodegetik f. Jünger dieser Wissenschaft. 3. verb. u. verm. Aufl. gr. 8. (162 S.) Ebend. 875. n. 1. 50

— wie studirt man Philologie? Eine Hodegetik für Jünger dieser Wissenschaft. 4., verm. u. verb. Aufl. gr. 8. (162 S.) Ebend. 880. n. 1. 50

— wie studirt man Philologie? Eine Hodegetik f. Jünger dieser Wissenschaft. 5. verb. u. verm. Aufl. gr. 8. (170 S.) Ebend. 885. n. 1. 50; geb. n. 2. —

Freund, Wilh., wie studiert man klassische Philologie? Ein Ratgeber f. alle, die sich dieser Wissenschaft widmen. 6., verm. u. verb. Aufl., unter besond. Berücksicht. der Vorschriften üb. Staatsprüfg. u. Promotion bearb. v. H. Deiter. (IV, 212 S.) gr. 8. Stuttgart 903. W. Violet. n. 2. 60

Freund, Wilh., Wörterbuch d. Latein. Sprache, nach historisch-genetischen Principien, mit steter Berücksichtigung d. Grammatik,

Synonymik u. Alterthumskunde bearb. Nebst mehr. Beilagen linguist. u. archäolog. Inhalts. 1. Bd. A—C. gr. 8. (75 B.) Leipzig 834, Hahn. Thlr.

Freund, Wilh., Wörterbuch d. lateinischen Sprache nach histor.-genet. Principien, mit steter Berücksicht. d. Grammatik, Synonymik u. Alterthumskunde bearb. 2. Bd. 1. Abthl. D—excio. u. 4. Bd. R—Z. gr. 8. Leipzig, Hahn'sche Vrlsbuchh. [2. 1. (25 B.) 836. 1⅓ Thlr., 4. (65 B.) 840. 4 Thlr.]

—— Wörterbuch der latein. Sprache, nach historisch-genetischen Principien, m. steter Berücksichtig. der Grammatik, Synonymik u. Alterthumskunde bearb. Nebst mehrer. Beilagen linguist. u. archäolog. Inhalts. 2. Bd. 2. Abthl. u. 3. Bd. Lex.-8. Leipzig, Hahn'sche Vrlgsbh. [2. Bd. 2. A. (51 B.) 844. 3 Thlr. 10 Ngr., 3. Bd. (72½ B.) 45. 5 Thlr.]

Freund, Wilh. Alex., Beiträge zur Histologie der Rippenknorpel im normalen und pathologischen Zustande. Mit 3 Steindrucktaf. (in Farbendr.). Breslau 858. Gosohorsky in Comm. gr. 4. (VIII, 65 S.) n. 1 ₰

Freund, Wilh. Alex., Blicke in's Culturleben. 8. (VIII, 101 S.) Breslau 879. Schletter. n. 2. 40; geb. n. 3. 60

Freund, Wilh. Alex., Gedächtniss-Rede auf Ludwig Traube, weil. Professor an der Universität Berlin u. Geh. Medizinal-Rath, geh. in der Sitzg. der medizin. Section der schles. Gesellschaft f. vaterländ. Cultur u. Wissenschaft zu Breslau am 28. April 1876. gr. 8. (28 S.) Breslau 876. Bial & Freund. n. — 90

Freund, Wilhelm A., Referendar: Zur Lehre vom einfachen Bankrott. (§ 240 KO.) Borna-Leipzig 1910: Noske. 42 S. 8°
Breslau, Jur. Diss. v. 11. Juli 1910, Ref. Gretener, Schott
[Geb. 22. Jan. 88 Kauth; Wohnort: Hermsdorf; Staatsangeh.: Preußen; Vorbildung: Elisabeth-Gymn. Breslau Reife M. 06; Studium: Heidelberg 2, Leipzig 1, Breslau 3 S.; Rig. 3. Mai 10.] [U 10. 485

Freund, Wilh. Alex. Akromegalie, s. Sammlung klin. Vorträge.

Freund, W. A., über die Indikationen zur operativen Behandlung der erkrankten Tuben, s. Sammlung klinischer Vorträge.

Freund, W. A., s.: Klinik, gynäkologische.

Freund, W. A., eine neue Methode der Exstirpation d. ganzen Uterus, s.: Sammlung klinischer Vorträge.

Freund, Wilh. Alex., die Neurasthenia hysterica u. die Hysterie der Frau, s.a. **Bibliothek, moderne ärztliche. 3. Hft.**

Über Neurasthenia hysterica und die Hysterie der Frau. Von Wilh. Alex. Freund. *Berlin: L. Simion 1904.* (40 S.) 8°
= Bibliothek, Moderne ärztliche H. 3.

Freund, Wilh. Alex., klinische Notizen zu d. voluminösen Adenomyomen d. Uterus, s.: Recklinghausen, Frdr. v., d. Adenomyome u. Cystadenome etc.

— e. neue Operation zur Schliessg. gewisser Harnfisteln b. Weibe, s.: Sammlung klin. Vorträge.

Freund, Wilh. Alex., zur Pathologie u. Therapie der veralteten inversio uteri puerperalis u. des complicirten prolapsus uteri. Mit 8 Holzschn. (im Text). Breslau 870. Bial & Freund. gr. 8. (VI, 41 S.) n. 12½ ngr.

— Rede zur Eröffnungsfeier der neuen Universitäts-Frauenklinik zu Strassburg i/E., geh. am 14. Novbr. 1887. gr. 8. (19 S.) Strassburg 888. Trübner, Verl. n. — 80

— über primäre Thoraxanomalien speziell üb. die starre Dilatation des Thorax als Ursache e. Lungenemphysems. Nach neuen im patholog. Institute des Krankenhauses im Friedrichshain (Prosektor: D. v. Hansemann) ausgeführten Untersuchgn. (28 S. m. 4 Abbildgn.) Lex.-8. Berlin 906. S. Karger. n. — 80

Freund, Wilh. Alex., wie steht es um die Nervosität unseres Zeitalters? Lex.-8. (22 S.) Leipzig 894. Breitkopf & Härtel. n. — 80

Freund, W. A., u. L. **Mendelsohn,** der Zusammenhang des Infantilismus des Thorax u. des Beckens. (VIII, 70 S. m. 18 Abb. Lex. 8. Stuttg. 908. F. Enke. 2. 40

Freund, Wilh. Alex., der Zusammenhang gewisser Lungenkrankheiten mit primären Rippenknorpelanomalien. Mit 7 lith. Taf. Erlangen 859. Enke. Lex.-8. (VIII, 127 S.) n. 28 ngr.

Freundberg, H. M., (Domain.-Secret. Diesing), über d. Ziege v. Thibet, aus deren Wolle d. kostbaren oriental. Shawls verfertigt werden, dann über d. Versuche, Möglichkeit u. Art, diese Thiere in Europa u. vorzügl. in Oestreich einheimisch zu machen. Mit 1 Kpf. Brünn, Traßler. 10 gl.

Freunde, Die. Eine Wochenschrift. Göttingen 1753. H: ***Schröder, Heinr. Eilh. & J. F. Rauchfus.*** **(GGr)**

Freunde, die, eine Wochenschrift. 8. Göttingen 753. Kübler. 12 gl.

Freunde, die,. Lustsp. 8. Bayreuth, Lübeck. 760.

— die, od. d. Vogelschießen; Lstspl. 8. Lpz. 781. (W. Vogel). 4 gl.

— —, Die, oder die Wette zu Malta. Lüneburg, 1781 verl. J. F. W. Lenke. 8°.
So im Magaz. d. Buch- u Kunst-Handels. Jahrg. 1781. Lpz. 8°. S. 924. — Fehlt bei Kayser unter Romanen.

— die, eine Geschichte in Briefen, von C. F. St. 2 Theile, 8. Stendal, 781. Franzen. 25 sgl.

— die; Lstspl. 8. Leipz. 790. (Aue in Altona). 8 gl.

— die,. Lustsp. 8. Lpz. Jacobäer. 790.

— die,. Schsp. v. F. W. Ziegler. 8. Lpz. Voß. 797.

— — dass. a. d. Sammlung v. Zieglers Schsp. 8. Wien, Wallishäuser.

Freunde, Die. Novelle . . . A. d. Schwed. übers. von C. Eichel. Leipz. 1837. V: *Knorring, Sophie Gräfin von geb. Tieck.* (EE)

Freunde, die Novelle von der Verfasserin der Cousinen, der Frauen rc. Aus dem Schwed. übersetzt von C., Eichel. 2 Bde. 8. Leipzig 838. Kollmann. 2 ℛ

An die Freunde. Vertrauliche d. i. nicht f. d. Öffentlichkeit bestimmte Mitteilung. (Hrsg.: Martin Rade.) Nr. 1. Marburg: [Christl. Welt] 1903. 4° A 12. 5362 4

Freunde, Die akademischen; eine Geschichte in Briefen. Königsberg 1783. V: *Baczko, Ldw. Adph Fz Jos. v.* (Ky)

Freunde, die akademischen, eine Geschichte in Briefen, 8. Königsberg, 783. Hartung. 15 sgl.

Freunde, die akademischen; e. Geschichte in Briefen, (v. Ldw. v. Baczko). 8. Königsb. 783. (Unzer). 12 gr

— d. alten; Lstspl. in 5 A. nach Picard, s. Th. Hell.

Freunde, Die, des Alten, oder vormahls waren gute Zeiten, ein Lustspiel in drey Aufzügen. Wien 1770. V: *Gebler, Tobias Philipp Freiherr von.* (Ky) (ML)

— d. des Alten; od. vormals waren gute Zeiten. Lustsp. 8. Wien, Trattner. 770.

Freunde, die, d. Alten, oder vormals waren gute Zeiten. Lstspl. (v. T. Ph. v. Gebler). Wien, Trattner. 4 gr N. Ausg. unt. d. Tit.: Gertrud v. Ohlden, oder d. Tante u. d. Nichte. 8. Frankfurt 775.

Freunde, die alten, Erzählung. Palmyra. Phantasiestück. A. d. Dän. v. L. Kruse. 8. (18½ B.) Leipzig 832, Kollmann.

Freunde. An die Baselischen F. und Wohlthäter der Badischen Wasser-Beschädigten. ([Mittheilung des] Verein[s] zur Unterstützung der Wasserbeschädigten im Badischen. Basel den 28. Merz 1825.) 8. *o. O.*

Freunde, die beyden, von A. Lafontaine. s. Schilderungen aus dem menschl. Leben, 9r 10r Bd.

— d. beyden; od. d. Kaufmann a. Lyon. Schausp. v. Beaumarchais. 8. Frkft. Andreä. 771.

— — dass. v. Beaumarchais. 8. Prag, Widtmann. 771.

Freunde, Die beiden; eine Geschichte in Briefen. Stendal 1781. V: *Struve, C. F.* (Ky)

— d. beyden, eine Gesch. in Briefen. 2 Thle. 8. Stendal, Franzen. 781.

— die beyden. Schausp. von Claudine. 8. Frkft. Brönner. 784.

Freunde, Die beiden, oder der Kaufmann aus Lyon. Schauspiel. Schwerin 1792. V: *Schröder, Frdr. Ludw.* (Ky)

— die beiden, oder d. Kaufmann aus Lyon. Schspl. (von F. L. Schröder). 8. Schwerin 792. Bödner. (Andreä in Leipz.) 6 gr

— —, Die beiden, oder Beispiele von Verirrungen des menschlichen Herzens. Neu-Ruppin, bei Joh. Bernh. Kühn. 1801. 8°. 179 S. Zahm.

Freunde, die beyden, Schauspiel in 3 Akten, von C. Hahn. 8. Leipzig, Kollmann. 819.

— die beiden, zwei Erzähln., a. d. Franz. u. Altdeutschen mitgeth. u. eingeleit. durch F. W. Carové. gr. 12. (1½ B.) Leipzig 831, (Kayser.)

— die beiden, zwei Erzählungen, aus d. Französ. u. Altdeutschen mitgetheilt u. eingeleitet v. F. W. Carové. gr. 12. Leipz. 831. Wolbrecht. 6 gr

Freunde, die beiden. Eine wahre Geschichte. 16. (.. S.) Straßburg 847. Levrault. 3 ngr

Freunde, die beiden. [Aus dem Kinder-Sonntagsblatt.] Bern 870. Mann & Baeschlin. 16. (24 S.) n. 2 ngr

FREUNDE, Die beiden eifersüchtigen. Eine englische Geschichte. Leipzig, Müller, 1769. 8°. (¼ Rthl.)

Freunde und Nebenbuhler, Die beyden, oder der edle Klausner. Erzählung in Briefen. A. d. Engl. 3 Thle. Leipzig 1777. •1799• (?). Ü: *Bode, Johann Joach. Chp.* (BGE II², 435) Vgl. II, 4189.

— die beyden, und Nebenbuhler, oder der edle Klausner, eine Erzählung in Briefen, aus dem Engl. 3 Theile, 8. Leipz. 777. Weidmanns. 1 Rthl. 10 sgl.

— die beiden, u. Nebenbuhler; aus d. Französ. (v. J. J. Chph. Bode). 8. Leipz. 777. Weidmann. 1 ℛ 8 gr

Freunde, Bürger und Arbeiter in Stadt und Land. Flugblatt, Druck in Hottingen-Zürich, s. a.

— die drey, oder die sieben Wunder, von K. Müchler. 8. Berlin, Schmidt. 820.

Freunde, Die drei, von der Rasenbank und das Denunciationsprotocoll. Ein Beitrag zu den Idealen und Irrthümern . . . [Leipzig 1823.] V *Zarncke, Friedrich.* (Erman & Horn, Bibliogr. d. dtsch. Universitäten. 1. Leipz. u. Berl. 1904.)

— die edeln; Schspl. 8. Leipz. 779. Hilscher. 3 gr

— die eifersüchtigen, eine engl. Gesch. 8. Lpz. Müller. 769.

— u. Feinde d. Arbeiter od. christlichsocial od. socialdemokratisch? B. vier Freunden d. Wahrheit. 3. Aufl. 16. (56 S.) Warnsdorf 898. A. Opitz. n. — 12

Freunde, Die, und die Feinde des Kreuzes Christi . . . Berlin 1844. V: *Bötticher, Wilhelm.* (Ky) (ZU)

— die, und die Feinde des Kreuzes Christi. Zuruf e. Gymnasiallehrers an christlich gesinnte Amtsgenossen aller Confessionen, sowie an alle, denen das Seelenheil der Jugend am Herzen liegt, nebst einem apologetischen Zeugnisse für die innere Lebenseinheit der Kirche und der Gymnasien. (Von W. Bötticher.) gr. 8. Berlin 844. (L. Oehmigke.) 5/12 ℛ

Für Freunde und Feinde des Trinkens. Gesammelte Vorträge und Schriften aus dem Deutschen Verein gegen den Missbrauch geistiger Getränke. Hildesheim 1896. 12, 16, 16, 11, 16, 10, 27, 47, 48, 16, 8, 15 und 16 S. Mk. 1.80.

— feindliche und freundliche Feinde. Roman von Ad. von Schaden. Mit einem Vorworte von Jul. von Voß. 8. Berlin, Petri. 820.

— und Freundinnen von zwey sehr verschiedenen Jahrhunderten, und die Badbekanntschaft, (von Sophie v. la Roche), 8. Offenb. 789. Brede. 8 sgl.

Freunde, gefiederte. Fol. (10 farb. Bildertaf.) Nürnberg 896. Th. Stroefer. 1. 50

Freunde und Genossen! Arbeiter! Flugblatt. s. l. Deutschland, Anfang Oct. 1881.

Freunde, gute. 8. (8 Chromolith. m. eingedr. Text.) Reutlingen 884. Enßlin & Laiblin. cart. — 40; unzerreißbar — 60

Freunde, gute. Unzerreißbares Bilderbuch. 8. (8 Chromolithogr. mit eingedr. Text.) Reutlingen 886, Enßlin und Laiblin. geb.

Freunde, gute. 12. (8 farb. Taf. m. Text.) Leipzig 889. Fr. Pfau. cart. — 15

Freunde, gute. (Ausgestanzt.) 12. (8 z. Tl. farb. S.) Weimar 893. A. Karrer. — 10

Freunde, gute. gr. 8. (12 S. m. z. Tl. farb. Bildern.) Stuttgart 894. F. Loewe. n. — 40

— gute. (Ausgestanzt.) schmal Fol. (14 S. m. z. Tl. farb. Bild.) Eßlingen 896. J. F. Schreiber. Kart. n. — 80

Freunde, gute. (12 [6 farb.] S. Abbildgn. m. eingedr. Text.) 8. Stuttgart (903). G. Weise. n. — 10

Freunde, gute. (7 S. m. farb. Abbildgn. auf Pappe.) 33,5 ×21 cm. Weißensee-Berlin (910). E. Bartels. Geb. 2. —

— gute in Haus u. Feld. gr. 4. (8 S. m. z. Tl. farb. Abb.) Konstanz 897. C. Hirsch. — 50

Freunde, gute, aus Haus u. Feld. gr. 4. (16 S. m. z. Tl. farb. Abbildgn.) Konstanz (902). C. Hirsch. — 60

Freunde, Die guten. Lustspiel. Nach Sardou's »Nos intimes« deutsch bearbeitet f. das k. k. Hofburgtheater. Wien 1862. Ü & B: *Laube, Heinrich.* (Rub, Das Burgtheater.)

— die, Heinrichs des IV. a. d. Franz. f. Sevrin.

— kleine, s.a. Unterhaltungs-Bibliothek. Stebler. Nr. 25.

— kleine. Mal-Buch. (20 S. m. z. Tl. farb. Abbildgn. ohne Text.) qu. 16. Hannover (906). A. Molling & Co. — 15

Freunde, die kleinen, (Bilderbuch) No. 22. qu. gr. 4. (12 lith. u. ill. Blätter.) Düsseldorf 842. Arnz u. Comp. 1/2 ₰

— komische. 12. (12 S. m. z. Tl. farb. Abb.) Ebd. 895. — 25

Freunde, Die, machen den Philosophen. Eine Komödie. Lemgo 1776. V: *Lenz, Jacob Michael Reinhold.* (ML) (R-N) (Ky) (GGr) (BrMm)

— die, machen den Philosophen; e. Comödie (von J. M. R. Lenz). 8. Lemgo 776. Meyer. 5 gr.

— meine kleinen. Von M. J(osenhans.) (95 S. m. Abb. u. 4 farb. Einschaltbildern.) 8. Stuttgart (910.) Buchh. der evangel. Gesellschaft. — (Holland & Josenhans.) Geb. in Leinw. 1. 50

Für Freunde des Obstbaues. Eine Zeitschrift z. Beförder. d. Obstbaues in Deutschland. Hrsg. unter Leitung d. Obstbau-Vereins in d. Oberlausitz. gr. 8. 1. Bd. in 4 Heftn. 1843. Leipzig, Arnold. 1. 22 1/2

— — 2. Bd. Ebend. 1. Hft. 1844. — 11 1/4. 2. Hft. 1847 — 12. 3. Hft. 1850 — 15.

Freunde. An die F' von Johann Georg Ott (1782[-1808]). ([Von J G M .) 8. o. O. 1808.

Freunde und Parteigenossen! Flugblatt der socialist. Arbeiterpartei Deutschlands. s. l. Mit der Unterschrift: Deutschland, Ende Febr. 1880.

Freunde, Protestantische, und freie Gemeinden in der Provinz Sachsen. Leipzig 1859. V: *Pröhle, Heinrich.* (ZU) (ADB 39. 173)

Freunde, protestantische, und freie Gemeinden in der Provinz Sachsen. Leipzig 859. Gräbner. gr. 8. (2 Bl., 228 S.) n. 1 ₰ 12 ngr.

— die protestantischen, und ihre Gegner, beurtheilt aus den Schriften von Findeis, Guericke, Harnisch, John, König, Müller, Neuenhaus, Pistorius, Pröhle, Steinbrecher, Uhlich, Wegener, Wislicenus u. mehrer Ungenannten. 8. Oschersleben 845, Hänlche. 1/6 ₰

— die protestantischen, nach dem Leben gezeichnet von M. A. 8. Leipzig 845, Einhorn's Verl.-Exped. 1/4 ₰

Freunde, Die, des verstorbenen (Br.) Christoph Riesemann v. d. L. z. d. 3 St[reit] H[ammern] an seinem Grabe. »Es starb ein Edler! —« O. O. 1785. H: *Arvelius.* (wolfstieg I, 906)

treue. Deklamatorium f. christl. Jünglingsvereine v. F. A. (27 S.) 8. Elberfeld 908. Luther. Bücherverein. 20

Freunde, Die ungleichen; ein Lustspiel in zwei Aufz. Leipzig 1778. V: *Thilo, Friedrich Theophilus.* (MGT) (NN) »1780« (Ky)

— d. ungleichen. Lustsp. 8. Lpz. Schneider, (a. Linke.) 780.

— unsere. Malbuch. (24 S. m. z. Tl. farb. Abbildgn. ohne Text.) qu. 16. Hannover (901). A. Molling & Co. — 15

— unsere. (8 S. m. Abbildgn. u. 6 farb. Taf.) qu. gr. 8. Eßlingen (906). J. F. Schreiber. Geb. 1. 80; auf Leinw. 2. 40

Freunde (An unsere) und Parteigenossen in Berlin. Flugblatt, mit den Worten schliessend: Es lebe das Proletariat! Es lebe die Sozialdemokratie! Mit sozialdemokratischem Gruss (folgen 24 Namen). 8⁰. Berlin, Druck d. Allg. deutsch. Assoc.-Buchdr., s. a.

Freunde (An unsere) und Gesinnungsgenossen und alle rechtlich denkenden Leute in Leipzig und Umgegend. Flugblatt. s. l. Unterzeichnet: „Im Namen sämmtl. Ausgewiesener: A. Bebel, W. Hasenclever, W. Liebknecht."

Freunde (An die) des Volks. Flugschrift. 8⁰. Leitmeritz, Karl Pickert, s. a.

— dem, der **Wahrheit**. Gedankenspiele aus dem Leben f. das Leben. Von e. Laien f. Laien. 12. (44 S.) Fulda 894. Fuldaer Actiendruckerei. — 15

— der protestantischen, Wollen, Wirken und Glauben. Von e. protestantischen Nichtgeistlichen. gr. 8. Dessau (846) 847, Fritsche. n. 2/3 Rthlr

Freunde. An F' des Wortes Gottes in Basel. Beim Jahreswechsel 1831. und 1832. 8. (Basel.)

Freunden, Allen, Gleims am zweyten April 1786 zugeschrieben. Berlin [1786]. V: *Karschin, Anna Luise.* (Bresl 31, S. 112)

Freunden, Den, der Bierbrauerei am Uetliberg gewidmet zum 25-jähr. Jubiläum. [Zürich 1898.] V: *Hafter, Adam.* (Zuwachsverz. d. Bibl. Zürich 1898 ff.)

Freunden, Den, Paul Gerhardts. 2. Druck. Berlin 1847. H: *Friedländer, Emil Gottl.* (Mn) »1842« (Koner)

Freunden, Meinen, von K. A. B. Die Neujahrslampe. [Weimar 1800.] V: *Böttiger, Carl Aug.* (OL) (MGT) »1803« (call) (NN)

Freunden, Polihimnia's. [1785.] V: *Schubart, Christian Friedrich Daniel.* (schstr S. 256)

Freunden. Den F' und Verehrern des seligen Prof. Dr. Heinr(ich) Schweizer-Sidler von Zürich, geb. 12. September 1815, gest. 30. März ... 1894, gewidmet. [Mit Porträt.] 8. Zürich 1894.

Freunden, Den, in Winterthur zum Neujahr. O. O. [1883]. V: *Forrer, Ldw.* (Cat. d. Stadtbibl. Zürich. Zürich 1864—97.) (BSchwLk V, 9 b)

Freundesbriefe, deutsche, aus 6 Jahrhunderten. (Titel u. Einbd. v. Walt. Tiemann.) (VIII, 508 S.) 8. Leipzig 909. J. Zeitler. 5.50; geb. 7.—; Luxusausg. 25.—

Freundesgabe. Ein Taschenbuch für christliche Leser. 8. Berl. 835. (Eichler.) 1 1/3 Rthlr

Freundesgaben f. Carl August Hugo Burkhardt zum 70. Geburtstag, 6. VII. 1900, von P. v. Bojanowski, O. Francke, K. Kehrbach, F. Sandvoß, A. Sauer, E. Schmidt, C. Schüddekopf, B. Seuffert, J. Trefftz, H. Weber, G. Weisstein, R. M. Werner. gr. 8. (III, 212 S.) Weimar 900, H. Böhlau's Nachf. n. 5.—

Freundes-Gräber. Berlin 1833. V: *Theremin, Ludwig Frdr.* (Ky) (Zu) (EE)

Freundes-Gräber. (Relig. Gedichte v. Graf Chr. v. Bernstorff.) gr. 12. (1 B.) Berlin 833, Duncker u. Humblot. Forts. der: Stimmen aus Gräbern,

Freundes-Gräber. (Religiöse Gedichte v. Franz Theremin. Fortsetzung der „Stimmen aus Gräbern.") gr. 12. Berlin 833. Duncker u. H. 1/4 Rthlr

Freundesgrüße an Alfred Klaar. Zum 60. Geburtstage 7. XI. 1908. (VI, 73 S.) 8. Stuttgart 908. J. G. Cotta Nachf. 2.—; geb. in Leinw. 3.20

Freundesmörder, der, Stephan Werner v. Bleichstetten. Seine Lebensbeschreibung, Flucht, Verurtheilung und Hinrichtung. Nach den öffentl. Verhandlungen vor dem Schwurgerichte zu Tübingen vom 28. Juni bis 2. Juli 1858. 2., verb. Aufl. gr. 8. (16 S. mit 1 Abbild. der Guillotine in Holzschn.) Tübingen 859, Riecker.

Freundestrost. Ein Sommertaschenbuch f. . . . . Hg.: Gg. Döring. 1830.
Cassel. Goed. VIII, 126, 334.

Freundeswort, Ein, zum Dank-, Buss- und Bettag 1892. [Zürich 1892.] V: *Wenger, Rud.* (Zuwachsverz. d. Bibliotheken in Zürich 1898 ff.)

Freundes-Worte. kl. 4. (12 S. m. farb. Bildern.) Nürnberg 894. Th. Stroefer. Mit Goldschn. n. 1.50

Freundesworte gesprochen am Grabe des seligen Justizraths Gross . . . Erlangen 1808. V: *Stutzmann, Johann Josua.* (MGT)

Freundgen, Josef

Freundgen, J., geschichtl. Bilder u. Vorträge. Beiträge z. Unterr. i. d. Geschichte. gr. 8. (334 S.) Leipzig 896. Dürr'sche Buchh. n. 3.—

Freundgen, Jos., geschichtliche Bilder u. Vorträge. Beiträge zum Unterricht in der Geschichte. 2., durchgeseh. Aufl. (339 S.) gr. 8. Leipzig 907. Dürr'sche Buchh. 3.—; geb. in Leinw. n 4.

Freundgen, Jos., geschichtliche Bilder u. Vorträge. Jetzt: Berlin, Union, Zweigniederlassg.

Freundgen, J., Geschichte f. katholische Schulen, s.: Vorbereitungen u. Entwürfe aus dem gesamten Unterrichtsgebiete der deutschen Volksschule.

Freundgen, Jos., Jak. Wimpheling's pädagogische Schriften, s.: Sammlung der bedeutendsten pädagogischen Schriften aus alter u. neuer Zeit

s.: Weiterbildung, die, des Lehrers im Amte.

Freundhold, Glieb., Gedichte. gr. 12. Augsburg 838. Kranzfelder. 3/4 Rthlr

FREUNDIN, Die, eine Wochenschrift. 7 Stück (soviel ersch.?). Leipzig, d. 7. März bis 18. April 1764. 56 S. 8°. Rares Periodicum!
Bibl. Kürschner. Lpz., Mai-Auction 1904, no. 78. — Nicht im Anon.-Lex.

Freundin, die. Zeitung des Vereins ev. Hausangestellter. Herausgeberin: M. Schmidt. 1. u. 2. Jahrg. 1909 u. 1910. à 12 Nrn. (à 8 S.) Lex.8. Stuttgart, Holland & Josenhans. à Jhrg. 1.

Freundin, die gute. Illustriertes Sonntagsblatt f. Deutschlands Töchter. Hrsg. v. E. Schlieben. 1. Jahrg. 1889. 52 Nrn. (½ B.) gr. 8. Berlin, Eckstein Nachf. n. 4. —

Die gute **Freundin.** Monatl. Verbandsblatt der kath. weibl. Jugendvereine Süddeutschlands (Anf. u. d. T.: D. gute Freundin. Organ f. jugendl. kath. Arbeiterinnen). (Schriftl.: E. Schneider.) Jg. 1 ff. — München: Leohaus 1906 ff.

Freundin, die, und Lehrerin der weiblichen Jugend. Nach Anais Martin. Eine von der französ. Academie gekrönte Preisschrift. Bearb. von Frankliew. Mit 5 Steinzeichn. 8. Berlin 844, Berliner Verlags-Buchh. geb. ¾ ₰

THEURE Freundin! Mit Abbild. New-York, Datum d. Poststempels.
Verboten vom K.-G. Budweis, 14. December 1883. § 516, wie die beiden folgenden Schriftchen. Sämmtlich kaum noch zu erlangen.

— —! Lilla Putzig. Mit lithogr. Bild.

— —! Deine liebende Rosa. (1876.)

Freundinnen, Die. Berlin 1756. V: *Müchler, Joh. Georg.* (Adel) (MGT)

Freundinnen, d., eine rührende Gesch. worinnen die Liebe als e. Tugend u. e. Leidenschaft beschrieben wird, a. d. Engl. 2 Thle. 8. Danzig, Voß. 756

Freundinnen, Die, oder das Geheimniss, eine Erzählung ... O. O. 1814. V: *Ehrhardt, Elisa Charlotte.* (schl)

Freundinnen, die, od. d. Geheimniß, eine Erzählung in Briefen von Elisa Erhard. 8. Nordhausen, Nitzschke. (in Comm.) 814.

Freundinnen, Die drei. Die Freiheitsjünger. — Joseph der Pompier. Drei Erzählungen . . . Berlin 1834. V: *Sydow, Wilhelmine Fr. Caroline v.* (GGr)

Freundinnen, den, der jungen Haushälterin, f. junge Frauenzimmer. 8. Luzern 787. (Haslinger in Linz). 16 ₰

Freundinnen, Den, der Jungen Haushälterinn. Eine Nachlese von dem Verfasser derselben. Luzern 1787. 2. Aufl. 1790. V: *Zimmermann, Joseph Ignaz.* (ADB 45, 663) (BSchwLk V, 10c)

Freundlich, Muhme, e. angenehm belehrendes Bilderbuch f. fleißige, gehorsame u. fröhliche Knaben u. Mädchen, von Karl Lang, mit ill. K. 8. Chemnitz, Mauke.

— **Nettchen,** ein Pendant zu Joseph Houdry, von Hempel. 2 Bde. s.a. Originalromane, neue, d. Deutschen vor 21r.

Freundlich, Nettchen. Ein Pendant zu Joseph Houdry. 2 Bde. Leipzig 1736 bis 1786. V: *Hempel, Gottlob Ludwig.* (BGE II², 436) (KY 8/62)

Freundlich, Nettchen, ein Pendant zu Joseph Houdry, 2 Thle. 8. Leipz. 786/87. Lincke. 1 Rthl.

Freundlich, Alb., Erholungsstunden s.a. Erholungsstunden.

Freundlich, Albert, Erholungsstunden für gebildete Bürger u. Landleute beiderlei Geschlechts. Ein Beitrag zur nützlichen u. angenehmen Beschäftigung in den Feierstunden. 2 Bdchn. 8. Nordhausen 835. (Eupel in Sondersh.) (à ½ ₰) 1 ₰

Freundlich, Arthur: Das Verfahren nach dem Reichsgesetz, betreffend die Gewerbegerichte vom 29. Juli 1890 in seinen Abweichungen vom ordentlichen Verfahren. *München: J. Schweitzer 1897.* (33 S.) 8° [J.]
Erlangen, Jur. Diss. v. 1897

Freundlich, Emmy, Frührot. Dichtungen. (41 S.) kl. 8. Wien 907. H. Heller & Co. 2.50

Freundlich, Erwin: Analytische Funktionen mit beliebig vorgeschriebenem unendlich-blättrigem Existenzbereiche. Göttingen 1910: Dieterich. 40 S. 8°
Göttingen, Phil. Diss. v. 11. April 1910, Ref. Klein
[Geb. 29. Mai 85 Biebrich a. Rh.; Wohnort: Biebrich; Staatsangeh.: Preußen; Vorbildung: Gymn. Wiesbaden Reife O. 03; Studium: Berlin Techn. Hochsch. 2, Göttingen 2, Leipzig 1, Göttingen 6 S.; Rig. 26 Jan. 10.] [U 10. 1410

Freundlich, Helmuth Finlay: Untersuchungen über die Entwicklung und Regeneration der Gefässbündel in Kotyledonen und Laubblättern. Mit 31 Textfig. Leipzig: Borntraeger 1908. 70 S. 8° ¶(Aus: Jahrbücher f. wiss. Botanik. Bd 46.)
Leipzig, Phil. Diss. v. 8. Dez. 1908, Ref. Pfeffer, Chun
[Geb. 19. Okt. 82 Biebrich a. Rh.; Wohnort: Biebrich; Staatsangeh.: Preußen; Vorbildung: Realprogymn. Biebrich; Studium: Leipzig 8 S.; Rig. 4. Juni 08.] [U 09. 2962

Freundlich, Herbert: Über das Ausfallen kolloidaler Lösungen durch Elektrolyte. (Mit 2 Fig. im Text.) *Leipzig: W. Engelmann 1903.* (36 S.) 8° ¶(Aus: Zeitschr. f. physikal. Chemie, Bd 44. H. 2.)
Leipzig, Phil. Diss. v. [27. Juni] 1903

Freundlich, Herb., Kapillarchemie. Eine Darstellg. d. Chemie der Kolloide u. verwandter Gebiete. (VIII, 591 S. m. Fig.) Lex. 8. Leipzig 909. Akadem. Verlagsgesellschaft. 16.30; geb. 17.50

— Kapillarchemie u. Physiologie. Habilitations-Vorlesung, geh. am 29. X. 1906. (28 S.) 8. Dresden 907. Th. Steinkopff. 1. —
Sonderabdr. a.: „Ztschr. f. Chemie u. Industr. d. Kolloide".

Freundlich, J. F. (Pseud.), s. Ebner, Jacob Friedrich

Freundlich, Leonor, Referendar: Das Indossament bei kaufmännischen Anweisungen und Verpflichtungsscheinen. Greifswald 1905: J. Abel. (51 S.) 8°
Greifswald, Jur. Fak., Ref. Frommhold, Diss. v. 28. Febr. 1906
[Geb. 25. Febr. 79 Neustettin; Wohnort: Köslin; Staatsangeh.: Preußen; Vorbildung: Fürstin-Hedwig-Gymn. Neustettin Reife M. 01; Studium: Berlin 3, Freiburg i. B. 1, Greifswald 2 S.; Rig. 3. Febr. 05.]

Freundlich, Ludwig, Referendar: Die gemeinrechtliche Lehre vom dolus causam dans und incidens. Wie verhält sich zu derselben d. Bürgerl. Gesetzbuch? *Greifswald [1903]: J. Abel.* (56 S.) 8° [J. u. Ant.]
Greifswald, Jur. Diss. v. [25. Juli] 1903

Freundlich, Luise, böswillig verlassen! s.: Meißner's Damenbühne.

Klatsch!, s.: Meißner's Damenbühne.

-- Pensionsmädels, s.: Meißner's Damenbühne.

Freundlich, Max [aus Neu-Stettin '(Pomm.)']: Zwei Fälle von Aneurysma dissecans aortae ... Würzburg, P. Scheiner's Buchdr., 1893; 31 S. 8.
Würzburg, Med. Fak., Inaug.-Diss. v. 1893

Freundlich, Simplicius, der geheimnißvolle Topf, s.: Familien-Bibliothek.

Freundliches für freundliche Kinder ... Stuttgart 1840. V: *Hoffmann, Frdr.* (Ky)

Freundliches für freundliche Kinder von 4—6 Jahren. (Von Fr. Hoffmann.) Mit 20 Bildern. gr. 8. Stuttg. 840. Weise u. Stoppani. 7 sgr

Freundliches in Wort und Bild zur angenehmen Unterhaltung für freundliche Kinder. Frankfurt a. M. 856. Krebs-Schmitt. qu. 16. (16 S. u. 6 lith. u. color. Taf.) n. 5 ngr

Freundschaft, Die. Hamburg 1748. V: *Hagedorn, Friedrich von.* (Schr)

Freundschaft, Die, eine Ode. [Erfurt 1755.] V: *Schwarz, Gg Chph.* (ML)

Freundschaft, die; Sittenspiel. 8. Hamb. 763. Harmsen. 12 gr

Freundschaft, Die. Ein Gedicht. Offenbach 1775. V: *Lavater, Johann Kaspar.* (schstr S. 111)

Freundschaft, über die, (v. J. J. Natter). 8. Leipz. 796. (Heinrichshofen in Magdeb.) 22 gr

— u. Argwohn. Lustsp. v. Jünger. 8. Leipz. Dyk. 78unnb.

Freundschaft, die brüderliche, oder der Triumph der Tugenden, aus dem Franz. 2 Theile, 8. Magdeburg, 788. Scheidhauer. 25 sgl.

Freundschaft u. Bruderliebe, ein Schausp. in 2 Akten, von H. Cuno. 8. (Leipz. Joachim.) 811.

— die, d. Deutschen mit d. Franzosen. 8. Halle 795. Hendel. 6 gr

Freundschaft mit Gott. s. a. Jones, R.

— mit Gott, nach dem Engl. d. Rich. Jones. 8. Berl. Ro...mann. 771.

Freundschaft mit Gott ... Nach d. Engl. des R. Jones. Leipzig 1810. V: *Netto, E. F. C.* (BrMm)

Freundschaft, gute. Ein Bilderbuch in Versen u. Weihnachtsgesprächen f. Kinder von M. v. O. gr. 8. (16 S.) Schwerin 898. F. Bahn. n.n. — 10

— u. Herzensschwäche. Schausp. v. Guttenb. 8 Schwan. 797.

Freundschaft und Herzensschwäche. Schauspiel in fünf Aufz. Mannheim 1798. V: *Guttenberg, Andr. Jos. v.* (GGr)

Freundschaft, Die, am Hofe; Lustspiel. Leipzig 1787. V: *Ihn, J. C.* (Ky)

— die, am Hofe; Lstspl. (von J. C. Ihn.) 8. Leipz. 787. Gleditsch. (Brockhaus). 10 gr

Die Freundschaft im Kloster oder der Amerikanische Flüchtling, enthaltend eine vollständige Beschreibung der Erziehung in Klöstern in hoher u. niedrer Kost; der Sitten u. Karaktere der Nonnen; der Künste, deren man sich bedient junge Personen zu dieser Lebensart anzulocken und ihrer traurigen Wirkungen auf die menschliche Gesellschaft. Von einem Frauenzimmer. Leipzig, im Schwikkertschen Verlage. 1781. 8⁰. 374 (incl. Titel). (In München: P. o. germ. 8⁰ 398.)

— die kranke; Lstspl. 8. Gera 774. Rothe. 3 gr

Freundschaft und Liebe. Weimar [1777]. V: *Jacobi, Frdr. Hnr.* (MGT)

— und Liebe, oder Geschichte der Miß Louise Byron, aus dem Engl. 2 Theile, 8. Lübeck, 779. Bohn. 15 sgl.

— u. Liebe, od. d. Gesch. d. Miß Louise Byron, a. d. Engl 2 Thle. 8. Lübeck, Donatius. 779.

— u. Liebe; ein Familiengemälde v. F. Lindheimer. 8. Lpz. Hinrichs. 804.

Freundschaft und Liebe, oder die Befreiung aus der Gefangenschaft in Syberien. Ein Roman. (2 Thle.) 8. Leipzig 837. Krappe. 1 1/3 rthl

Freundschaft, Liebe und Grausamkeit. Eine Geschichte. O. O. [Leipzig] 1796. V: *Baculard d'Arnaud, Fr. Th. M.* (BGE II³, 436)

— Liebe u. Grausamkeit. 8. Leipz. 796. (Rauck). 10 gr

— Liebe und Grausamkeit, 8. Leipzig, 796. Sommer. 13 sgl.

Freundschaft, d., nach d. Mode. Lustsp. 8. Copenh. Proft. 766. Rthlr.

— d., nach d. Mode. Lustsp. v Guttenberg. 8. Wien, Pichler. 807.

— auf d. Probe. Lustsp. v. Weiße. 8. Lpz. Dyk.

— auf d. Probe. Singsp. 8. Frkft. Andreä. 772.

FREUNDSCHAFT, Sonderbare, Irmizenens gegen Zelinden, in einer gantz ungemeinen Liebes-Geschichte (aus d. Französ.) von Talcontes. Naumburg (Hamburg?) 1730. 12⁰.
5 Bog. Sehr rar! Cat. Meissner II.

Freundschaft mit den Thieren. Ein unterhaltendes Bilderbuch für Kinder. Mörs 869. Spaarmann. qu. 4. (6 Bll. u. 5 color. Lithogr.) 3 ngr

Freundschaft m. den Thieren. Ein belehr. u. unterhalt. Bilderbuch f. Kinder. qu. 12. (6 farb. Taf. m. 10 S. Text.) Leipzig 889. Fr. Pfau. cart. — 15

— die, im Tode, e. Passionscantate. 8. Magdeb. 801. Heinrichshofen. 1 xr

— — im Tode, durch 20 Briefe von den Verstorbenen an die Lebenden vorgestellet. Hamburg 1734. 8°. Rar! (3 Mk. H. Kerler, Ulm, 1892.)

— treue, 12. (12 S. m. z. Tl. farb. Abb.) Konstanz u. Emmishofen 895. C. Hirsch. — 25

— treue. E. Erzählg. aus d. Zululande in Süd-Afrika. 8. (110 S. m. 5 Farbdr.) Berlin 898. Schriftenvertriebsanstalt. Kart. 1. 50

— die verdächtige; Lustsp. in 4 A. 8. Wien 783. Kurzböck. 4 xr

— Dass. 8. Münch. 784. (Fleischmann). 5 xr

— — dass. 8. München, Strobl. 784.

Freundschaft, Die, der Weiber. Ein Lustspiel in zwey Aufzügen. Wien 1782. V: *Ayrenhoff, Cornel Hermann von.* (Tulla, A., Kleine Bausteine z. Bibliogr. des Wr dtsch. Theaters. In: Zeitschr. f. Büch. 1919/20, S. 85)

FREUNDSCHAFT, Die, der Weiber. // Ein Lustspiel / in / zwey Aufzügen. (Zierstück.) Aufgeführet im K. K. Nationalhoftheater. // Wien / zu finden beym Logenmeister, 1782. 61 S. u. 1 weißes Blatt.
Verfasser: Obrist von Ayrenhoff; vgl. Tulla in Zeitschrift für Bücherfreunde 1919/20, S. 85.

Freundschaft, Die, der Weiber nach der Mode. Sittengemälde in zwei Akten. Wien 1803. V: *Ayrenhoff, Cornel Herm. von.* (Ky) (GGr)

— die, d. Weiber nach d. Mode. Sittengemälde in 2 A. (von Karl Hnr. v. Ayrenhoff). Wien 803. Pichler. 3 xr

Freundschaften, (v. H. W. Berisch). 8. Leipz. 775. Weygand. 14 xr

Freundschaften. Leipz. 1776. V: *Behrisch, Henrich Wolfgang.* (Behrisch, die Wiener Autoren. 1784.) (Ky)

Die Freundschaftliche, Organ d. Ausschusses f. d. freundschaftlichen Zusammenkünfte d. Hamburger Turnerschaft v. 1816, Jg. 1—10, Hamburg 1877—1886, 2°.

Freundschafts-Blätter dem (° *Umschlag:* Zum) Andenken an... M. Joh(ann) Rudolf Huber (1766–1806), gewesenen Pfarrer... zu Basel, gewidmet von einigen seiner... Freunde. [Mit Porträt-Tafel.] 8. Basel 1806.

Freundschaftsbruch, Der. Ein Trauerspiel. Leipzig 1800. V: *Horn, Franz.* (Euphorion 19, S. 676) (Zeitschr. f. Büch. 1923, S. 85)

Freundschaftsbruch, der; Trspl. in 5 A. Leipz. 801. Rein. 12 xr

Freundschaftsbund, ein neues Gesellschaftsspiel mit Räthsel- und Pfänder-Karten, Gesängen und illum. Spieltaf. geb. Leipzig. Fleischer.

Freundschaftsbund, Der... O. O. 1801—02. H: *Gleich, Johann Alois.* (NN) (MGT)

Freundschaftsdienst, Der, oder: wie macht es der Onkel in der Comödie. Lustspiel in drei Aufz. Leipzig 1794. V: *Frikke.* (GGr) (Stockmayer, Das deutsche Soldatenstück. Leipz. 1898. S. 113.)

Freundschaftsdienst, der; od. wie macht's d. Onkel in d. Comödie. Lustsp. v. Frikke. 8. Lpz. Compt. f. Literat. 794.

Freundschafts-Gesang zur Feier unserer Geburts-Tage im Aug. 1842. Frankfurt a. M. [1842]. 2 Bl. 8° [Umschlagtit.] Ohne Noten: „Auf, Freunde! singet nun,..."

Freundschaftsgeschenk für künftige Ehegenossinnen . . . Halberstadt 1796. V: *Hollman, Johannes Franciscus Christianus (Friedrich).* (Ky) (GGr) (Schr)

Freundschaftsgeschenk für künftige Ehegenossen, (v. Fr. Hollmann). 8. Halberst. 796. (Ernst in Quedlinb.) 9 xr

Freundschafts-Kreis : Jahrgang 1—2, no. 29, Mar. 14, 1885—Sept. 16, 1886.
Semi-monthly, Mar. 14—Oct. 1885; weekly, Nov. 5, 1885—Sept. 1886. Sub-title: Ein politisches Blatt. Organ of Mennonitische Brüdergemeinde. Large quarto, each issue 8 pages. Circulation: 800 (est.). Edited & published by John W. Fast & Son.
Hillsboro, KS

Freundschaftslieder, zwei. I. Lob der Freundschaft. Gedicht von Sim. Dach; Singweise von Mr. Moltke. II. Stiftungslied zum Allerfreundefest. Gedicht und Singweise von Mr. Moltke. Berlin 858. Moltke. 16. (8 S.) 3 ngr; Velinp. 5 ngr

Freundschafts- und Handelsnachrichten, internat. 1876-84. fol Stuttgart 1876-84

Freundschaftsräthe a. d. Franz. übers. von Joseph Edlen von Gall. Wien 1761. H: *Denis, Joh. Nep. Cosmas Mich.* (Jes)

Freundschaftsräthe, die, aus d. Französ. übersetzt. gr. 8. Wien 767. Trattner. 4 xr

Freundschafts-, Handels- und Niederlassungsvortrag zwischen der Schweiz und Dänemark. Abgeschlossen den 10. Feb. 1875. Ausgegeben den 16. Nov. 1875.

Freundschafts-, Handels- und Schifffahrts-Vertrag zwischen Seiner Maj. d. Kaiser v. Oesterreich und Seiner Maj. d. Schahinschach v. Persien. Geschlossen zu Paris am 17. Mai 1857. In den beiderseit. Ratificat. ausgew. ebend. am 13. Novemb. 1857. Im persisch-französ. Urtexte und in deutsch-italien. Uebersetzung. *Wien* 1858. *K. k. Hof- u. Staatsdr.* 24 S. 4°. 30 kr.

Freundschaftsvertrag zwischen dem Deutschen Reich und den Samoa-Inseln vom 24. Januar 1879, nebst Denkschrift mit Tabellen, Karten und Aktenstücken. (Drucksachen des Bundesraths. Session von 1878/1879. No. 96.) Berlin 1879. XXXIII, 216 S., 7 Krt. 4°. [K 4231

Freundschaftszirkel, mit scherzhaften Fragen u. Antworten in Versen, ein Gesellschaftsspiel. Ulm, J. Ebner. 12 xr

Freundstück, Emil. Muster für Feuervers.-Dokumente mit verbindendem Text u. fachmännischen Anmerkungen. Frankfurt a. M. 1895.

Freundstück, Ferd., das Jute-Kies-Dach nach Beschaffenheit, Herstellung u. Vorzüge, nebst Anweisung zur Conservirung der Pappdächer u. Anlagen von Kies-Isolirschichten. Erfunden u. auf Grund vieljähr. Erfahrung bearb. gr. 8. (16 S.) Elbing 882. Saunier. n. — 40

Freundt, Augustinus *(geb. Groß-Nossen in Schles. 19. 3. 1833)*: Num bilis secretio artificiali diabete mutetur, quaeretur? Vratislaviae (1861). (28 S.) 8°

Breslau, Med. Diss. v. 4. Nov. 1861

Freundt, Karl [Rechtsanwalt in Hamburg]: Die rechtliche Natur des Geldwechslergeschäftes. . . . Hamburg, Druck v. H. Carly, 1890; 2 Bl. + 51 S. 8°

Tübingen, Jur. Fak., Inaug.-Diss. v. 1890

Freundt, Carl, das Wechselrecht der Postglossatoren. 1. Tl. gr. 8. (XI, 144 S.) Duncker & Humblot. n. 3.20

Freundt, Carl, das Wechselrecht der Postglossatoren. 2. Tl. Präsentationspapier, Inhaberpapier, Indossament. (VII, 153 S.) gr. 8. Leipzig 900. Duncker & Humblot. 3.60 (1 u. 2: 6.80)

— Wertpapiere im antiken u. frühmittelalterlichen Rechte. 2 Bde. (VII, 219 u. IV, 229 S.) gr. 8. Ebd. 910. 10. —

Freundt, L., Freiherr v. Liebig und der Königlich Preußische Landes-Oekonomie-Rath Dr. Koppe oder Chemie und Landwirthschaft im Streite. (Abdr. aus dem Landwirthschaftl. Anzeiger der Bank- und Handels-Zeitung.) Berlin 861. C. Heymann. gr. 8. (29 S.) n. 5 ngr.

Freundt, Leop., der deutsche Kaiser. Ein Votum dem deutschen konstituirenden Parlamente gewidmet. gr. 8. (31 S.) Königsberg 840, Theile. 1/6 ₰

Freundt, Leop., der deutsche Kaiser. Ein Votum dem deutschen konstituirenden Parlamente gewidmet. gr. 8. (31 S.) Königsberg 848, Theile.

— eine oder zwei Kammern? Ein Wort zur Verständigung üb. diese Frage. gr. 8. (19 S.) Königsberg 848, Bornträger'sche Sort.-B. n. 4 ngr

Freune, Euf., (Gottfr. Hnr. Neuffer), Aufruf u. Vorschlag zu e. Veränderung d. evangel. Gottesdienstes. 8. Gmünd 819. Ritter. 6 kr

Freune, Euf., (Gf. Hnr. Neuffer), Melina v. Corinth, od. die Beweggründe zum Christenthum, e. romant. Geschichte. 8. Reutling. 821. (Hartmann in Leipz.) 1 ₰ 8 gr

Freunthaler, Ed. Ig., Panorama vom Hochkohr [1799 Motor]. 2 Blatt. Lith. qu. Fol. Waidhofen a/Ybbs 886. Lex. n. 1.60

Freusberg, Adolf (geb. am 8 Dez. 1849 in Geseke Westf.): Normal und Pathologisch ... Bonn, Druck v. J. F. Carthaus (1871). 28 S., 1 Bl. 8.

Bonn, Med. Fak., Diss. v. 28 Juli 1871

Freusberg, Fried. Adolph (Arnsberg/Westf.), De hypertrophia cordis. Diss. med. Bln. (Nietack) 27. IX. 1834. 40 S. mit Biogr. (M.: B. v. Bigeleben.) (4.50) 9506
Oppon.: Franz Brisken, Adam Sauer, Ferd. Scheele. — Gew.: G. Adolph Freusberg, F. Eng. v. Bigeleben.

Freusberg, Jos., dreiunddreißig Gelegenheitsreden. Paderborn 863. Schöningh. 8. (VIII, 340 S.) 1 ₰

Freußmuth, Frdr., s.: Geschichte der evangel. Kirchengemeinde A. B. zu Pozsony-Preßburg.

Freuszmuth, Frdr., u. Sam. Frühwirth, des Kindes erstes Lesebuch (f. deutsch sprechende Ungarn). 8. (95 S. m. Abbildgn.) Pressburg 894. Heckenast Nachf. Kart. n. — 60

Freuszmuth, Frdr., u. Sam. **Frühwirth,** des Kindes zweites Lese- u. erstes Sprachbuch. F. d. II. Classe d. Volksschule. (Zum Thl. in ungar. Sprache.) gr. 8. (IV, 85, 22, 34, 18 u. IV S.) Pressburg 895. (G. Heckenast's Nachf.) Kart. n. 1.20

Freuszmuth, Frdr. u. Sam. Frühwirth, des Kindes erstes Lesebuch. (In deutscher u. ungar. Sprache.) 8. (95 S. m. Abbildgn.) Pressburg 901. G. Heckenast's Nachf. Kart. n. — 60

Freut

— Euch des Lebens! s. a. Taschen-Liederbuch.

Freu't euch des Lebens, eine Sammlung der auserlesensten Gesänge; nebst einem Anhange, enthaltend Lieder komischen Inhalts. 8. Bremen 822. Kaiser.

Freut Euch des Lebens! . . . Hamb. 1834. H: *Hoffmann*, *Peter Frdr. Ludwig*. (schr)

Freut euch des Lebens! Oder: Wollen wir lachen und fröhlich sein? Ein Universal-Rathgeber zum Genusse geselliger Freuden, ein Scherz- und Lach-Cabinet zur Verkürzung langer Winterabende u. Erheiterung trüber Stunden. Von Sperling, Edlen von Spatz, vazirenden Haus- und Zimmerpoeten zu Krähwinkel. 6 Bdchn. 16. Wien 839. Mausberger. (Leipzig, Hunger.) 5/6 ₰

— euch des Lebens! Auswahl von mehr als 420 der beliebtesten Gesellschaftslieder. Hrsg. v. Chr. Ludw. Hoffmann. 5. umgearb. Aufl. 32. (168 S.) Hamburg 848, Bödecker. 1/8 ₰ — 6. stark verm. Aufl. 32. (IV u. 219 S.) Hamburg 850, Jowien. n. 4 ngr

Freut euch des Lebens! Auswahl von mehr als 400 beliebten Gesellschaftsliedern, Gedichten u. Trinksprüchen. 6. ganz umgearb. Aufl. 32. (VIII u. 184 S.) Leipzig 851, Brandstetter. 1/4 ₰

Freu't Euch des Lebens! Auswahl von mehr als 500 der beliebtesten Gesellschaftslieder von Methfessel, Langbein, Schiller rc. Hrsg. von Chr. Ludw. Hoffmann. 8. Aufl. 1853. und 9. Aufl. 32. (III und 220 S.) Hamburg 855, Jowien. *

Freu't Euch des Lebens! Auswahl von mehr als 500 der beliebtesten Gesellschaftslieder von Methfessel, Langbein, Schiller rc. Hrsg. von Chr. Ludw. Hoffmann. 10. Aufl. 32. (III und 220 S.) Hamburg 857, Jowien. *

Freut Euch des Lebens! Taschen-Liederbuch für deutsche Sänger. Eine Auswahl von 300 der besten Volks-, Studenten-, Jäger-, Soldaten- rc. Lieder. Gesammelt von Fröhlich v. Fröhlichenstein. 8., verm. rc. Aufl. Einbeck (858). Ehlers. 16. (180 S.) 5 ngr

Freut euch des Lebens! Eine Sammlung der besten und beliebtesten Gesellschafts- und Trinklieder. Speyer 860. Lang. 32. (96 S.) 3 ngr

Freu't Euch des Lebens! Auswahl von mehr als 500 der beliebtesten Gesellschaftslieder von Methfessel, Langbein, Schiller rc. Hrsg. von Chr. Ludw. Hoffmann. 14. Aufl. 82. (224 S.) Hamburg 862, Jowien. *

—— Euch des Lebens! Taschen-Liederbuch für deutsche Sänger. Eine Auswahl von 500 der besten Volks-, Studenten-, Jägerlieder rc. 12., verm. und verb. Aufl. 12. (180 S.) Einbeck 866, Ehler's Verlag.

Freut Euch des Lebens! Taschen-Liederbuch für deutsche Sänger. Eine Auswahl von 500 der besten Volks-, Studenten-, Jägerlieder rc. 12., verm. u. verb. Aufl. Einbeck 869. Ehlers. 12. (180 S.) 9 ngr.

Freut Euch des Lebens! Lieder für fröhliche Gesellschaften. 16. (31 S.) Crefeld 880. Kramer & Baum. n. — 10

Freut euch des Lebens! | Eine Sammlung der neuesten und beliebtesten | Volks-, Gesellschafts-, Vaterlands- Lieder u.s.w. | Neue Stereotyp-Ausgabe. | Reutlingen. | Druck- und Verlag von Enßlin und Laiblin. (= Nr. 575).
o. J. (1888). 64 S., 134 × 90. Vignette auf dem U.: *Lyra*. 42 × 32.
LBS d. D. oct K 3313.
Eine spätere Auflage (ebenda 3314) hat einen kol. U. mit *zechendem Landsknecht*. 120 × 77.

— dasselbe. Neue Ster.-Ausg. 16. (96 S.) Ebd. 890. — 30

— dasselbe. Taschen-Liederbuch f. deutsche Sänger. Eine reichhalt. Auswahl der besten Volks-, Studenten-, Jäger-, Soldaten-, Liebes-, Trink-, Wander-, Opern- u. Gesellschafts-Lieder. Gesammelt von Fröhlich v. Fröhlichenstein. 20., verb. Aufl. 16. (160 S.) Einbeck 888. Ehlers. — 60

Freut euch, freut euch in diser zeit. Ein preisslied götlich worts ... Nürnberg o. J. V: *Alberus, Erasmus.* [?] (Dagegen: Schnorr, Alberus. Dresden 1893. S. 105.) (Wack. III, Nr. 165.)

Freuthal, Siegmund [aus Tremessen]: Zelleinschlüsse in Sarcomen ... Würzburg, P. Scheiner's Buchdr., 1896; 23 S. 8.
Würzburg, Med. Fak., Inaug.-Diss. v. 1896

Frevel, die, der Revolution. Eine Flugschrift, herausg. bei Gelegenheit der Ereignisse in Köln. gr. 8. Berlin 838. Heymann. 1/3 ₰

Der mit Schwerd u. Rad bestrafte **Frevel-Mordt** an einen armen Sünder, Nahmens Joh. **Mauer**, ein Tischler-Gesell, von Stockholm geb., welcher am 29. May itzigen 1737. Jahres, eines hiesigen Tischlers Sohn, Jac. Straube ermordet. Leipzig 1737.

Frevelthat, unerhörte, an einem Priester der kath. Kirche, verubt zu München am Tage Mariä Geburt (8. Sept.) 1848. Munchen 1848. 4°. Cat.
2 Bll. Betrifft einen Kaplan Weingärtner, der in der Frauenkirche über die angeblich in der kath. Kirche immer mehr überhandnehmenden Missbräuche von der Kanzel herab gepredigt hatte, und dafür von einem Domherrn, dem Dompfarrer u. dem Kirchendiener insultirt u. am weitern Predigen verhindert wurde. — Selten!

Frevert, Frdr., der Winter, s.: Universal-Bibliothek.

Freville, A. F. J., s.a. Freville, F. J. — Freville, J. — Freville, J. F. J.

Freville, A. F. J. Beitrag zur Beurtheilung der Thierschöpfung. Leipzig 1797. Ü: *Gruber, Johann Gottfried.* (NN)

Freville, A. F. J., Cäciliens Briefe, s. Cäcilie.

FREVILLE, A. F. J.: Geschichte berühmter Hunde. Ein Beitrag zur Beurtheilung über die Thierschöpfung. Nebst einem Anhange interessanter Bemerkungen und Nachrichten aus der Naturkunde. - Leipzig 1797. 182 S., 6 Taf. A. d. Franz. übers.

Freville, A. F. J. Geschichte berühmter Hunde ... a. d. Franz. Leipzig 1797. Ü: *Gruber, Johann Gottfried.* (Ky) (MGT)

Freville, A. F. J., Lebensbeschr. von Kindern, die sich durch ihre Talente, od. durch ihre guten Eigenschaften, berühmt gemacht haben; als Muster zur Nachahmung für d. jugendliche Alter. 5 Bdchen. 8. Leipzig, Sommer. 816.

(A.. F.. J..) **Freville's** Lebensbeschreibb. merkw. Kinder, od. Muster d. Nachahm. f. d. jugendl. Alter; auch unt. d. Tit.: Vermischte Züge kindl. Liebe u. and. Tugenden an Kindern. *Lpz.*, (Linke. 799. u. a. A.) N. A. Hinrichs. B. 813. 5 Bdch. 8° m. K. 2 ₰ 8 gl

— Lebensbeschr. merkwürdiger Kinder. 5 Bdch. a. d. Fr. 8. Lpz. Gleditsch. 798–99. (1ß 12 gr. 2ß 8 gr. 3ß 8 gr. 4ß 12 gr. 5ß 8 gr.)

Freville, F. J., s.a. Freville, A. F. J. — Freville, J. — Freville, J. F. J.

— d. Buch der Kindheit od. d. gelb. Erzähl. von Wila. verm. m. illum. K. 8. Ebend. 805.

Freville, F. J., Les contes jaunes, ou le livre de l'Enfance, avec figures; die gelben Erzählungen, od. das Buch d. Kindheit. Franz. u. Deutsch. 5te von neuem durchgesehene u. verb. Aufl. durch G. Wila. Mit illum. K. 8. Berl. Neue Societ. Buchh. 812.

Freville, F. J., les contes jaunes ou le livre de l'Enfances. Die gelben Erzählungen oder das Buch der Kindheit. Mit 9 ill. Kpfrn. (Franz. u. deutsch.) 6e verb. Aufl. 8. Berlin 834, Sandersche Buchh. 1 ₰

Freville, J., s.a. Freville, A. F. J. — Freville, F. J. — Freville, J. F. J.

Fréville, J., der Hund, e. treuer Gefährte des Menschen. Eine Samml. anzieh. u. unterhalt. Züge v. d. Muthe, d. Dankbarkeit u. Treue d. Hunde, allen Freunden dies. Thiergeschlechtes gewid. N. d. 3. Ausg. d. Orig. a. d. Franz. übers. 8. (9½ B.) Büdingen 831. (Frankfurt a. M., Guilhaumann.)

—— (dass. u. d. T.:) die Hunde, od. neue u. interess. Erzähln. u. Beispiele v. d. bewundernswürd. Treue, d. Muthe u. d. Diensten dieser ausgezeich. Thiere. N. d. 3. Aufl. a. d. Franz. bearb. u. verm. v. C. F. D****. M. 1 ill. Stndr. 8. (24 B.) Stuttgart 832, Schweizerbart.

—— (dass. u. d. T.:) Hundetreue u. Hundescharfsinn. Eine Samml. v. mehr als 100 interess., in Deutschland meist noch unbekannter Erzähln. d. auffallendsten Züge v. d. außerord. u. merkwürd. Eigenschaften d. Hundes. N. d. 3. Ausg. d. franz. Orig. bearb. u. mit vielen Anecdoten u. Erzähln. verm. gr. 8. (13½ B., Titkpfr. u. Titvign.) Leipzig 831, Rein.

Freville, J. F. J., s.a. Freville, A. F. J. — Freville, F. J. — Freville, J.

Freville, J. F. J., Cäciliens Briefwechsel mit ihren Kindern, od. lehrr. unterhalt. Briefe, vorzügl. zur Bildung d. Briefstyls f. junge Leute. Aus d. Französ. 3 Bdchn. Mit Kpf. 8. Leipz. ... N. A. 810. Hinrichs. 2 ₰

— les contes jaunes, ou le livre de l'Enfance, avec figures; d. gelben Erzählungen, oder d. Buch d. Kindheit. Französ. u. deutsch. 8. Berl. 798. 5e verb. Aufl. durch G. Mila. Mit 6 ill. Kpf. 8. Berl. 812. (Sander). 1 ℛ

— d. kleine Emilius, mit d. Beinamen: d. Muster d. Kindheit. Aus d. Französ. 8. Leipz. 800. Linke. 12 gl.

— Gesch. berühmter Hunde; aus d. Französ. (v. J. G. Gruber). mit 6 Kpf. 8. Leipz. 797. (Brockhaus). 16 gl.

— d. Hund, ein treuer Gefährte d. Menschen. Eine Samml. anziehender u. unterhalt. Züge von d. Muthe, d. Dankbarkeit und Treue d. Hunde, allen Freunden dieses Thiergeschlechtes gewidmet. Nach d. 3ten Ausg. d. Originals aus d. Französ. übersetzt. 8. Büdingen 831. (Frankf., Guilhaumann.) 6 gl.

— d. Hunde, od. neue u. interessante Erzähll. u. Beispiele von d. bewundernswürdigen Treue, d. Muthe u. d. Diensten dieser ausgezeichneten Thiere. Nach d. 3n Aufl. aus d. Französ. bearb. u. verm. von C. F. D****. Mit 1 ill. Steindr. 8. Stuttg. 832. Schweizerbart. 1 ℛ

— Hundetreue u. Hundescharfsinn. Eine Samml. von mehr als 100 interessanten, Deutschland meist noch unbekannten Erzählungen. 8. Leipz. 817. Rein. 1 ℛ 12 gl.

— Lebensbeschreib. merkwürd. Kinder. 5 Bdchn. aus d. Französ. mit Kpf. 8. Leipz. 810. Hinrichs. 2 ℛ 8 gl.

Frew, William [aus Perth in Schottl.]: Über Beziehungen des Napthalins [!] zur Isochinolin- und Isocumaringruppe ... München, Buchdr. V. Höfling, 1893; 75 S., 1 Tab. 8.
München, Phil. Fak., Inaug.-Diss. v. 1893

Frey: Ablaß von d. vermeintlichen Rechten d. Staatsgewalt üb. d. Kirchengut . . . , s. Ablaß . . .

Frey, die homöopathische Behandlung der Zähne. 8. (15 S. m. eingedr. Holzschn.) Frankfurt a. M. 871. Hamacher. n. — 50

Frey, Justus, ein verschollener österreichischer Dichter . . . Leipzig 1898. V: *Jeitteles, Adalbert.* (Berl)

Frey, Justus, ein verschollener österr. Dichter. Von dessen Sohne. 8. (VIII, 104 S.) Leipzig 898. G. H. Meyer. n. 1. —

Justus Frey, ein verschollener österreichischer Dichter. Von dessen Sohne [Frey]. (Vorr.: Adalbert Jeitteles.) *Leipzig: G. H. Meyer 1898.* (VII, 104 S.) 1 Bd 8.

Frey. Ueber Geheimmittel. Vortrag gehalten in der gemeinnützigen Gesellschaft des Bezirkes Meilen. In-8°. 34 S. Zürich, Comm.-Verlag von Ed. Loemann. 1892. -- 50
*** Sonderdruck aus der „Schweizer. Zeitschrift für Gemeinnützigkeit, 1892. Heft 1."

Frey, Landschaftsgartenkunst nach den neuesten u. vorzügl. Werken. 12. Wien, Sammer. 812.

Frey, Lehrbuch der Debattenschrift, s.: Sohrey, Ferd.

Frey, ... lettres à M. l'Abbé Raynal sur la vie de feu M. Pierre de Roques. 8. Berl. 784. Rottmann. 6 gl. Dasselbe, deutsch. 8. Leipz. (W. Nauck). 3 gl.

— — dies. deutsch. 8. Leipzig, Sommer.

Frey, Pfr., Reimgebete u. kurze Denkverse für die liebe Jugend zum andächtigen Beten und leichten Behalten eingerichtet. 3e Aufl. 12. Chur ... Grubenmann. 1/12 ℛ

Frey, neutestamentl. Theologie, s.: Theologie, die, der Gegenwart.

Frey. Tidskrift för Vetenskap och Konst. 1841. Häft. 1.—3. (Häft. 1, andra Upplagan. stor. 8. Upsala 842. (Berlin, Schröder.) baar 1 5/6 ℛ

Frey, d. Zinkgewinnung im oberschles. Industriebezirk u. ihre Hygiene seit Erlass der Bekanntmachg. des Bundesrats betr. die Einrichtung u. den Betrieb der Zinkhütten v. 6. II. 1900. (60 S. m. 9 Fig. u. 3 Taf.) gr. 8. Berlin 907. A. Hirschwald. 2. —
Erweit. Sonder-Abdr. aus: „Vierteljahrsschr. f. gerichtl. Medizin u. öffentl. Sanitätswesen".

Frey, A., Baden-Baden. gr. 8. (36 S.) Baden-Baden 891. D. R. Marx. n. — 60
Sonderabdruck aus: „Der Schwarzwald u. s. Kurorte".

Frey, s.: Baden-Baden u. seine Kurmittel.

—— Baden-Baden als Kurort. Seine Kurmittel, deren Anwendg. u. Erfolge, populär dargestellt in 23 Briefen. 2. Aufl. gr. 8. (VIII, 178 S.) Baden-Baden 891, Spies. * 2 —; geb. * 2 70

Frey, A., Baden-Baden als Kurort Seine Kurmittel, deren Anwendg. u. Erfolge, populär dargestellt in 23 Briefen. 3. Aufl. 8. (VIII, 178 S.) Baden-Baden 894. F. Spies. n. 2. —; geb. n.n. 2. 70

—— Baden-Baden as watering-place. A popular description of its healing propensities, their application and results. Translated by W. H. Gilbert. 8. (IV, 148 S. m. 2 Illustr.) Ebd. 891. * 2 —

—— u. W. H. Gilbert. Bericht, üb. das 3. Betriebsj. 1891 des Sanatoriums Baden-Baden. gr. 8. (4 S.) Lpz. 892, Verlag des Reichs-Medicinal-Anzeigers, B. Konegen. * — 20
Aus: Balneolog. Centralblatt, besonders abgedruckt.

Frey A. ein Bilderregen. (15 S) Aarau 1894

Frey, A., Briefe aus Baden-Baden. Populäre Darstellg. d. Kurortes, seiner Kurmittel, deren Anwendg. u. Erfolge. gr. 8. (III, 240 S.) Baden-Baden 887. (Marx.) n. 2. —

Frey, A., (Dr. u. Prof.) Entwurf d. Lehrmethode, nach welcher d. Ober-Gymnasiasten a. d. K. Würtemberg. Lehranstalt Ellwangen in d. Studium d. mathemat. Wissenschaften eingeleitet werden. 8. Ellwangen 822. Schönbrod. 3 gl.

FREY, A.: Das Feld- und Forstpolizei-Gesetz vom 1. April 1880. Aus den Motiven erläutert und in praktischen Veranschlagung mit Ausführungs-Formularen versehen. - Limburg 1880. 68 S.

Frey, A. Kurzer Lebensabriss des Reichsverwesers Erzherzogs Johann von Österreich. 12. Nürnberg 1848.

— u. F. **Heiligenthal,** die heissen Luft- u. Dampfbäder in Baden-Baden. Experimentelle Studie über ihre Wirkung u. Anwendung. Mit 4 (lith.) Taf. gr. 8. (VI, 170 S. mit 1 Grundriss in Holzschn.) Leipzig 881. F. C. W. Vogel. n. 5. —

Frey, A., Schema zum Einzeichnen der Resultate der objectiven Krankenuntersuchung. gr. 16. (75 Steintaf. in gr. 16. u. qu. gr. 8. mit 2 S. Text.) Bruchsal 878. Katz, Sohn. In Etui. n. 2. —

— s.a: Schwarzwald, der, u. seine Kurorte.

Frey A. der Schwarzwald und seine Kurorte. Baden-Baden 1891

— die Schwitzbäder in physiolog. u. therapeut. Beziehung, s.: Sammlung klinischer Vorträge.

Frey, A., d. Segen e. Wallfahrt. Roman aus d. Leben. 8. (214 S.) Leipzig 895. W. Friedrich. n. 3.—; geb. n.n. 4.—

Frey, A. (II.), Stufengang für den Zeichnungsunterricht in der Primarschule, s. Kühlenthal, G.

Frey, Adam

Frey, A., Hand-Wörterbuch der russischen u. deutschen Sprache, s.: Booch-Arkossy, F.

—— Schul-Wörterbuch der deutschen und russischen Sprache. Auf Grundlage des Handwörterbuches der deutschen und russ. Sprache von Fr. Booch, Adam Frey und Fr. Messer bearb. gr. 8. (336; 445 S.) Leipzig 875, Haessel. ℳ 6.; geb.

— Schul-Wörterbuch der deutschen u. russischen Sprache. Auf Grundlage des Handwörterbuches der deutschen u. russischen Sprache von Fr. Booch, Adam Frey u. Fr. Messer bearb. 2. Aufl. gr. 8. (VI, 336 u. 445 S.) Leipzig 881. Haessel. 6. -

— Schul-Wörterbuch der deutschen u. russischen Sprache. Auf Grundlage d. Handwörterbuches der deutschen u. russ. Sprache v. Fr. Booch, Adam Frey u. Fr. Messer bearb. 3. Aufl. gr. 8. (VI, 336 u. 445 S.) Leipzig 886. Haessel. 6.—

—— deutsche Sprachlehre für russische Gymnasien. Нѣмецкая грамматика для русскихъ гимназій. 1. Aufl. 1866. und 2., verb. Aufl. gr. 8. (XIV und 169 S.) St. Petersburg 868. Leipzig, Hässel. *

Frey, Adam, deutsche Sprachlehre für russische Gymnasien. — 2. verb. Aufl. St. Petersburg 868. — Leipzig, Hässel. gr. 8. (XIV, 169 S.) n. 20 ngr.

— Deutsche Sprachlehre f. russische Gymnasien. 3. Aufl. (XIV, 169 S.) 8. St. Petersburg 880. Leipzig, H. Haessel Verl. 2. 25

— deutsche Sprachlehre für die höheren Classen der russischen Gymnasien. 7. Aufl. 866. — 8., umgearb. Ausg. Ebend. 870. gr. 8. (X, 178 S.) n. 20 ngr.

— — Russische Ausg. Ebend. 866. gr. 8. (XIV, 158 S.) n. 20 ngr.

—— deutsche Sprachlehre für die höheren Classen der russischen Gymnasien. 9. und 10. umgearb. Ausg. gr. 8. (X, 178 S.) Leipzig 873,77, Hässel.

—— deutsch-russisches und russisch-deutsches Taschen-Wörterbuch. Auf Grundlage des Handwörterbuches der russ. und deutschen Sprache von Fr. Booch und Adam Frey zum Hand- und Schulgebrauch bearb. 2 Thle. 8. Leipzig, Haessel.

Inhalt:
Thl. I. Deutsch-russisches Wörterbuch (IV, 624 S.) 871. ℳ 2.
» II. Russisch-deutsches Wörterbuch. (VIII, 828 S.) 875. ℳ 4.

-- deutsch-russisches und russisch-deutsches Taschen-Wörterbuch. Auf Grundlage des Handwörterbuches der russ. und deutschen Sprache zum Hand- und Schulgebrauch bearb. 2 Thle. in 1 Bd. 2. Aufl. 12. Ebendas. 882. geb. *

Inhalt:
Thl. 1. Deutsch-russisches Taschen-Wörterbuch. (VIII, 524 S.) ℳ 2.
» 2. Russisch-deutsches Taschen-Wörterbuch. (828 S.) ℳ 4.

— deutsch-russisches u. russisch-deutsches Taschen-Wörterbuch. Auf Grundlage d. Handwörterbuches d. russ. u. deutschen Sprache v. Fr. Booch u. Adam Frey zum Hand- u. Schulgebr. bearb. 2 Tle. 4. Aufl. 8. Leipzig 896. H. Haessel. n. 6.—; geb. n. 9.—

1. Deutsch-Russisch. (IV, 624 S.) n. 2.—; geb. n. 3.50
2. Russisch-Deutsch. (VIII, 828 S.) n. 4.—; geb. n. 5.50

— Deutsch-russisches u. russisch-deutsch. Taschenwörterbuch. Auf Grundlage d. Handwörterbuches der russ. u. deutschen Sprache v. F. Booch u. Adam Frey zum Hand- u. Schulgebrauch bearb. 2 Bde. kl. 8. Leipzig (906). H. Haessel Verl. 6.— geb. in Halbleinw. 8.—; in 1 Bd. geb. 7. -

1. Deutsch-russisch. 8. Aufl. (IV, 624 S.) 2.—; geb. 3. —
2. Russisch-deutsch. 6. Aufl. (VIII, 828 S.) 4.—; geb. 5. —

Frey, Adf., die helvetische Armee u. ihr Generalstabschef J. G. v. Salis-Seewis im J. 1799. gr. 8. (97 S.) Zürich 888. Schulthess. n. 1. 80

Frey, d. schweizer. Armee, s.: Estoppey, D.

Frey, Adf., Arnold Böcklin. Nach den Erinnergn. seiner Zürcher Freunde. Mit e. Jugendbildnis Böcklins v. Rud. Koller. (IX, 272 S.) gr. 8. Stuttgart 903. J. G. Cotta Nachf. n. 4. 50; geb. in Leinw. n. 5. 50

Frey, Adf., Arnold Böcklin in Zürich, s.a. Neujahrsblatt der Kunstgesellschaft in Zürich. 1902.

Arnold Böcklin in Zürich. (Verf.: Adolf Frey.) *(Zürich 1902: Berichthaus.)* (32 S.) 4°
— Neujahrsblatt d. Kunstgesellschaft in Zürich f. 1902.

Frey, Adf., Duss u. underm Rafe. Füfzg Schwizerliedli. 12. (64 S.) Frauenfeld 891. J. Huber's Verl. n. 1. 40

Frey, Adolf. Duss und underm Rafe. Füfzig Schwizerliedli Kl. in-8°. 64 S. Frauenfeld, J. Huber. 1895. 1 60

— Duss u. underm Rafe. Fützg Schwizerliedli. 2. Aufl. 12. (64 S.) Frauenfeld 899. Huber & Co. Geb. in Leinw. n. 1. 60

— Erinnerungen an Gottfried Keller. 8. (III, 165 S.) Leipzig 892. H. Haessel. n. 3.—; geb. in Leinw. n. 4.—

— dasselbe. 2., erweit. Aufl. Mit G. Keller's Bild u. 2 facsm. Compositionen Baumgartner's. 8. (VII, 184 S.) Ebd. 893. n. 3.—

Frey, Adolf. Ahasvers Erwachen. Dichtung von A' F'. Für Bariton-Solo, gemischten Chor und Orchester komponiert von Friedrich Hegar. Op. 34. Textbuch. 12 S. 8. Leipzig und Zürich *etc.*, Gebrüder Hug & Co., [1904]. M. —. 15

Frey, A., Erzählungen aus Sage u. Geschichte, s.: Jugendbibliothek, deutsche.

Frey, A., Erzählungen aus Sage u. Geschichte, s.a. Schmidt's, F., deutsche Jugendbibliothek.

Erzählungen aus Sage und Geschichte von Adolf Frey. Mit 5 Abb. 4. Aufl. *Berlin: Neufeld & Henius [1902].* (145 S.) 8° [J.]
— [Jugendbibliothek, Deutsche. Bd 63.]

— Zürcher Festspiel 1901. Zur Erinnerg. an Zürichs Eintritt in den Schweizerbund (1. V. 1351). Mit Zeichngn. v. Cuno Amiet. 4. (V, 195 S.) Zürich 901. (A. Müller's Verl.) Geb. in Leinw. n. 7.—

Frey, Adolf. Zürcher Festspiel 1901. Zur Erinnerung an Zürichs Eintritt in den Schweizerbund (1. Mai 1351). Mit Zeichnungen von Cuno Amiet. VIII + 196 S. 8. Zürich, Sechseläuten-Centralcomité. 1901. [geb. fr. 7. —]

— **Fest-Spiele zur Bundesfeier 1891. 1.—3. Aufl. gr. 8. (37 S.) Aarau 891. H. R. Sauerländer & Co.** n. — 80

Frey, Adf., Jakob Frey. E. Lebensbild. M. 1 Bildnis. gr. 8. (140 S.) Aarau 897. H. R. Sauerländer & Co. n. 1. 80; geb. n. 2. 60

Frey, Adf., Gedichte. 8. (VIII, 255 S.) Leipzig 886. Haessel. n. 4. —; geb. n. 5. —

Frey, Adf., Gedichte. 2. verm. Aufl. (XI, 356 S.) 8. Leipzig 908. H. Haessel Verl. 5.—; geb. in Leinw. 6.—; Luxusausg. nn 15. —

Frey, Adf., Albrecht v. Haller u. seine Bedeutung für die deutsche Literatur. Von der Universität Bern gekrönte Preisschrift. gr. 8. (IV, 214 S.) Leipzig 879. Haessel. n. 6. —

l.: Keller's, Gottfr., Frühlicht.

Frey, Adolf [Hrsg.], s. Keller, Gottfried: Ausgewählte Gedichte.

Frey, Adolf. Der Tiermaler Rudolf Koller, 1828—1905. Mit dreizehn Heliogravüren und zwei Originalradierungen [15 Tafeln]. VI + 164 S. 4. Stuttgart und Berlin, J. G. Cotta Nachfolger, 1906.
A: Gewöhnliche Ausgabe. [geb. Lwd. M. 8. —]
B: (Vorzugs-Ausgabe, mit den Abbildungen auf Japanpapier, umfassend 25 numerierte Exemplare. — Ex. Nummer 22.) [geb. Ldr. M. 20. —]

Frey, Adolf. **Die Kunstform des Lessingschen Laokoon, mit Beiträgen zu einem Laokoonkommentar. IV + 194 S. 8. Stuttgart und Berlin, J. G. Cotta Nachfolger, 1905. [M. 3. —]**

Frey, Adolf. Aus dem Leben des Tiermalers Rudolf Koller. Verkehr mit (Arnold) Böcklin und Lebensausgang. Sonderabdruck [aus:] Deutsche Rundschau. Hrg. von Julius Rodenberg. Jahrg. 32. Heft 10. Juli 1906. 1 S. + S. 116—130. 8. Berlin, Gebrüder Paetel.

— **Conrad Ferdinand Meyer. Sein Leben u. seine Werke. gr. 8. (V, 384 S.) Stuttgart 900. J. G. Cotta Nachf. n. 6. —; geb. n. 7. —**

Conrad Ferd. Meyer. Sein Leben u. seine Werke. 2., durchgeseh. Aufl. (3. Taus.) (VII, 410 S.) gr. 8. Stuttgart 909. J. G. Cotta Nachf. 6.—; geb. in Leinw. 7. —

Frey, Adolf [Hrsg.], s. Meyer, Konrad Ferdinand: Briefe.

(Frey, Adolf.) Rothpletz, Christian Emil, schweizerischer Oberstdivisionar.... 21. Februar 1824 .... † 13. Oktober 1897 .... [Necrolog. A.] 8. [Berlin 1898.]

Frey, Adolf. Johann Gaudenz von Salis-Seewis (1762—1834). Mit Salis' Bildnis [Tafel] und einer Ansicht des Familiensitzes Bothmar ([Tafel, nebst] Beilagen). 8. Frauenfeld 1889. Huber.

(Frey, Adolf.) Schumann, Albert, Professor ... an der Kantonsschule in Aarau. * 4. Februar 1835 .... † 24. Februar 1897 .... [Necrolog. A.] 8. [Berlin 1898.]

— **Schweizersagen. Mit eingedr. Holzschn. nach Orig.-Zeichnungen deutscher Künstler. gr. 8. (VII, 79 S.) Leipzig 881. A. Dürr. cart.** n. 3. —

Frey, Adf., Sinn der Weltgeschichte. (28 S.) gr. 8. Stuttgart 910. W. Kohlhammer. — 60

Frey, Adolf, Fürsprech in Zurzach (Schweiz): Das System der Freiheitsstrafen im Vorentwurf zu einem schweizerischen Strafgesetzbuch. Borna-Leipzig 1906: R. Noske. (VII, 109 S.) 8° [F.]

Leipzig, Jur. Fak., Diss. v. 7. Jan. 1907

[Geb. 17. Sept. 80 Zurzach, Kanton Aargau; Wohnort: Zurzach; Staatsangeh.: Schweiz; Vorbildung: Kantonales Gymn. Aarau Reife O. 00; Studium: München 1, Zürich 1, Genf 1, Leipzig 3 S.; Rig. 8. Juni 03.]

Frey, A. Totentanz. Gr. in-4°. 84 S. Aarau, H. R. Sauerländer. 1895. geb. 4 —

Frey, Adolf. Conrad Ferdinand Meyer's »Petrus Vinea«. Sonderabdruck [aus:] Deutsche Rundschau. Hrg. von Julius Rodenberg. Jahrg. 27. Heft 5. Februar 1901. II S. + S. 191—209. 8. Berlin, Gebrüder Paetel.

— **Erni Winkelried. Historisches Trauerspiel. 8. (IV, 119 S.) Frauenfeld 893. (J. Huber's Verl.) n. 2. —**

Frey, Alex., v., zwey philosophische Sendschreiben an Alex. v. Joch. Lpz. Wilschel. 771.

v. Frey, Alex., (Ph. ...) zwei philosoph. Sendschreiben an Alexander v. Joch. 8. Lpz. 771. Central-Cptr. 9 gr.

Frey, Alexander von. Zwey Sendschreiben an Alexander von Joch. Leipz. 1772. H: *Sattler, Joh. Thom.* (ML)

Frey, Alex., das Vaterunser, l.: Fredow, Rich.

[Fre]y, [Alfre]d. Deutschland und der Schweizerische Mehlzoll. Von Y. D. 75 S. 8. Zürich, Orell Füssli, 1908. [fr. 1. —]

Frey, Aloys., (Jo. Bapt. Heinr. Meincke), d. Finsterlinge unserer Zeit. 8. Quedlinb. 822. Basse. 16 gr.

— Zweifel u. Fragen über d. vermeinten Unterschied zwischen Katholicismus u. Papismus. 8. Quedlinb. 823. Basse. 14 gr.

Frey, des P. Alphons, Erklärung der Offenbarung des heil. Apostels Johannes, als prophetischer Schlüssel, zu den Schicksalen der Kirche u. der Staaten. Das ist: Fragmente und Ahnungen einer Universalhistorie der christkathol. Kirche von der Sendung des heil. Geistes bis zu Ende der Zeiten. 2 Bde. 8. Kirchdorf an der Iller 831, 32. (Regensburg u. Landshut, Manz.) 5 fl.

Frey, **Ambros., conspectus institutionum physicarum. 8. Salzb. 788.**

— **materia tentaminis publici ex logica et metaphysica. 4. Salzb. 787.**

— **positiones ex logica, metaphysica et mathesi pura. 4. Altd. u. Vineas. 782.**

Frey, Anselm: Das Problem der Menschenliebe ⟨φιλανθρωπία⟩ in der älteren Stoa. Heiligenstadt ⟨Eichsfeld⟩ 1908: Cordier. 38 S. 8°

Münnerstadt, k. G P 1908° [S 08. 110

Frey, Anselm: Das Problem der Menschenliebe (φιλανθρωπία) in der älteren Stoa. 38 S. 8. Kgl. Hum. Gymn. *Münnerstadt* 1908.
§ 1. Die Stellungnahme der einzelnen Philosophenschulen zur φ. § 2. Die φ. bei den Stoikern im allgemeinen. § 3. Der Begriff der φ. bei der älteren Stoa. § 4. Die mittlere Stoa (Cicero). § 5. Die jüngeren Stoiker (Seneka und Mark Aurel). Rückblick.
Progr

Frey, Anton (Grevoniae/Westf.), De colica saturnina. Diss. med. Bln. (Nietack) 1. X. 1836. 32 S. mit Biogr. (M.: C. Osterhoff.) (4.20) 9507
Oppon.: C. Bisschopinck, A. Wilkinghoff, H. Zumnorde. — Gew.: Franz Darup.

Frey, Ant., die Eilschrift. Ein neues System deutscher Stenographie. Zum Selbstunterrichte geeignet. Autogr. v. Alois Aue. (VIII, 183 S.) gr. 8. Wien 906. K. Graeser & Co. Geb. in Leinw. n. 5. —

Frey, Ant., u. Alois Aue, die Eilschrift. Ein neues System deutscher Stenographie. Für d. Selbstunterricht bearb. Hrsg. v. Systemerfinder F. u. dem Leiter der Eilschriftkurse A. Autographiert v. Alois Aue. Nebst: Übertragung v. stenograph. Übungen. 2., verb. Aufl. (80 S. u. 24 S. in 8.) gr. 8. Wien (910). (J. Deibler.) Geb. in Leinw. 2. 50

Frey, Ant. Jos., deutsche Lieder und Gedichte. 16. (IV und 126 S.) Frankfurt a. M. 851, Lizius.

Frey, Anton. Joseph. Joan. (geb. Sendenhorst in Westf. 19. 5. 1842): De intestini obturatione. Berolini (1865). (32 S.) 8°
Berlin, Med. Diss. v. 17. Juli 1865

Frey, Arth., s.: Analecta germanica.

Frey, Arthur, Robert Blum. Ein Charakterbild f. Freunde u. Gegner. 2. verm. Aufl. 8. (37 S.) Mannheim 848, Grohe. n. 8 Ngr — 3. verm. Aufl. 8. (31 S.) Ebd. 848. 3 Ngr — 4. verm. Aufl. 8. (31 S.) Ebd. 848. 3 Ngr — 5. bedeutend verm. Aufl. 8. (47 S.) Ebd. 848. n. 1/6 Thlr — 6. bedeutend verm. Aufl. 8. (47 S.) Ebd. 848. n. 1/6 Thlr

—— Charaktere der Gegenwart. Nach authent. Quellen geschildert. Mit Portraits. 1 Bd. (2 Hefte.) 8. Mannheim 848, Grohe. (à Heft * 20 Ngr.) *
Heft 1. J. G. A. Wirth. R. Blum. K. Heinzen. M. G. Oberländer. Fr. v. Sallet. K. Th. Welker. A. v. Itzstein. J. Jacoby. H. Simon. K. G. Todt. J. Rösing. W. M. Schaffrath. (1. Bd. S. 1—272. mit 1 lithogr. Portr.)
" 2. H. Joseph. F. Freiligrath. A. Ruge. (S. 273—442 mit 1 lithogr. Portr.)

—— dass. — 2. Bd. 1. Heft. (Robert Blum.) 8. (216 S.) Ebds. 849. *

— zur Erinnerung an einen Todten. Robert Blum als Mensch, Schriftsteller u. Politiker. Mit einem (in Stahl gest.) Portr. R. Blum's. 8. (VIII u. 216 S.) Mannheim 849, Grohe. n. 2/3 Thlr

— Ludwig Kossuth u. Ungarns neueste Geschichte. Unter Mitwirkung ungar. u. östreich. Schriftsteller hrsg. 1. Bd. Mit den (lith.) Portraits v. Kossuth, Dembinski, Bem, Perczel. 8. (260 S.) Ebd. 849. n. 1 1/3 Thlr — 2. Bd. 2 Abthlgn. Mit dem (lith.) Portr. v. Görgey, einer Kossuthnote u. einer Karte von Ungarn. 8. (298 S.) Ebd. 849. n. 1 2/3 Thlr — 3. Bd. 2 Abthlgn. Mit den (lith.) Portraits v. Aulich, Guyon, L. Batthyany, L. Teleki u. einer (lith. u. color.) Karte v. Ungarn. 8. (XII u. 208 S.) Ebd. 849. n. 1 1/2 Thlr (cplt. n. 4 1/2 Thlr)

— notice nécrologique sur Robert Blum. Traduite sur la seizième édition par ***. gr. 12. (57 S.) Cassel 849, Raabe & Co. 6 Ngr

—— Oberländer. Biographische Skizze. (87 S.) Leipzig 848, Arnoldische Buchh. *

— siehe: Redner u. Reden der deutschen Revolution.

Frey, A. A. Der Hausgarten. Kleiner Ratgeber im Gemüsegarten. Gr. in-8°. 112 S. Aarau, Emil Wirz. 1897. 1 60

Frey, A. A., die Milchwirthschaft d. Klein- u. Mittelbauern, nebst Hauskäserei. Preisgekrönte Schrift an der landwirthschaftl. Ausstellg. in Neuenburg 1887. gr. 8. (III, 67 S. m. eingedr. Bildern.) Liestal 888. (Bern, Jenni.) n. 1. 50

Frey, A. A., d. Milchwirtschaft d. Klein- u. Mittelbauern, nebst Hauskäserei. Preisgekr. Schrift an der landwirtschaftl. Ausstellg. in Neuenburg. 1887. 2., verm. Aufl. gr. 8. (VI, 89 S. m. Abb.) Bern 895. K. J. Wyß. n. 1. 20

Frey, (A. B.,) Observationes ad juris criminalis Teutonici praesertim Caroli V. Constitutionis criminalis historiam. Dissert. inaug. historico-juridica. 8maj. Heidelb. 825, Winter.
vgl.: Frey, A. R.

Frey, A. M., Stimmungen, s.: Beuttenmüller, Herm.

Frey, A. R., Observationes ad juris criminalis Teutonici, praesertim Caroli V. Constitution. criminal. histor. Dissert. inaug. historico-juridica. 8maj. Heidelb. 826. Winter. 8 gr
vgl.: Frey, A. B.

Frey, Aug., das Volksschulwesen in Estland. 8. (54 S.) Riga 879, Stieda. *
Aus: Baltische Wochenschrift, besonders abgedruckt.

Frey, August Emil: Eliot, Brainerd und Zeisberger. *Drei Glaubenszeugen unter den Indianern. Allentown, Pa.: Brobst, Diehl u. Co. 1883. pp. IV, 5—139, ill. = Missions-Bibliothek für Jung und Alt. Vol. V.*

Frey, Rev August Emil. Kurze Gesch der Dten Ev-Luth St Markus Gmde. Bklyn. vorgetragen bei d Jubelfeier ihres 25-jhr Bestehens. N. p., 1893.

Frey, Aug. Emil, lasset uns aufsehen auf Jesum, d. Anfänger u. Vollender d. Glaubens. Ebr. 12, 2. E. Jahrgang Evangelien-Predigten. Seiner Gemeinde gewidmet n. 25jähr. Dienstzeit an derselben. gr. 8. (XII, 568 S. m. Bildn.) Gütersloh 896. C. Bertelsmann. n. 5. —; geb. n. 6. —

Lasset uns aufsehen auf Jesum, den Anfänger und Vollender des Glaubens. Ebr. 12,2. Ein Jahrgang Evangelien-Predigten. Von August Emil Frey, Pastor zu Brooklyn. 2. (Ster.-)Aufl. *Gütersloh: C. Bertelsmann (1901).* (XII, 575 S.) 8° [B.i]
[illegible] 6

Frey, Aug. Emil, lasset uns aufsehen auf Jesum, den Anfänger u. Vollender des Glaubens. Ebr. 12, 2. Ein Jahrgang Evangelien-Predigten. Seiner Gemeinde gewidmet nach 25jähr. Dienstzeit an derselben. 2. (Ster.-) Aufl. (XII, 575 S. m. Bildnis.) gr. 8. Gütersloh (903). C. Bertelsmann. Geb. in Leinw. n. 6. —

Frey, A. E., Bartholomäus Ziegenbalg, s.a. Missions-Bibliothek für Jung u. Alt.

Frey, Aug. Emil, Bartholomäus Ziegenbalg, oder die ersten Anfänge der luther. Mission unter den Tamulen in Ostindien. 12. (113 S. mit eingedr. Holzschn. und Portr. in Holzschn.) New-York 879. (Dresden, H. J. Naumann.) *

Frey. August Wilhelm Martin

Frey, A. W. M., die Befugnisse der Bergverwaltungs-Behörden zur Reservation gewisser Distrikte für den fiskalischen Bergbau und die Rechtsgültigkeit der in Schlesien bereits stattgefundenen Reservationen nach der preußischen Berggesetzgebung und der schlesischen Bergordnung insbesondere, mit Bezug auf den Plenarbeschluß des königl. Obertribunals vom 3. Oktober 1849. Breslau 863. Gosohorsky in Comm. gr. 8. (VII, 80 S.) n. 12 1/2 Ngr

Frey, Aug. Wilh. Mart., praktische Erläuterung d. Ablösungsgesetzes vom 2. März 1851 zum Gebrauche für die Partheien, Schiedsrichter u. Spezial-Kommissarien, nebst einem Anh.: üb. drei wichtige Kontroversen d. Gesetzes. gr. 8. (VIII u. 170 S.) Breslau 851, Gosohorsky. n. 5/6 ₰

Frey, A. W. M., Replik in Sachen der Befugnis der Bergbehörden zur Reservation von Grubenfeldern für den fiskalischen Bergbau. Beuthen O/S., 1863. 27 S. [Kh 103

Frey, B. A., s.: Indianer- u. Volksbibliothek.

Frey, B. A., die Rache der Apachen, — ein schwarzer Teufel, — der graue Wolf, der Häuptling der Commanchen, } s.: Jugend- u. Volksbibliothek.

Frey, Bernh(ard). Denkschrift zur Feier des 50-jährigen Bestandes der Basler Liedertafel 1852—1902. Im Auftrage des Vereins verfasst. [Mit illustriertem Umschlag, Vignetten und 5 Tafeln.] VIII + 327 S. 8. Basel, Schweighauser, 1902.

Frey, Bernh., die Erbin v. Glückshafen. Roman. 8. (306 S.) Berlin 883. Goldschmidt. 1. 50

Frey, Bernh., die Erbin v. Glückshafen. Roman. Roman-Beilage zur „Preßburger Zeitung". gr. 8. (159 S.) Preßburg 883. (G. Heckenast's Nachf.) 1. 20

Frey, Bernh., d. Erbin v. Glückshafen, 2. Aufl., s.: Bernhard, Marie.

Frey, Bernh., aus alter Fehde. 8. (286 S.) Berlin 880. Goldschmidt. 3. 50

Frey, Bernh., Führer von Wien bis Genf. Unter Mitwirkg. namhafter Touristen Oesterreichs u. der Schweiz hrsg. 2. Aufl. 8. (XXVII, 354 S. m. Illustr., Karten u. Plänen.) Weinfelden 886. Gleditsch. geb. n. 3. 20

Frey, Bernhard. Frey's praktischer Schweizerführer. Herausgeber: B. F.... (2. Aufl.) [Mit Illustrationen, 1 Tafel und 1 Karte.] 8. Buchs 1889.

†Frey, Bernh. (Marie Bernhard), auf der Woge des Glücks, s. Engelhorn's allgemeine Romanbibliothek.

Frey, B., die Zunahme d. Deutschenhasses in Frankreich. Politische Betrachtgn. 8. (32 S.) Basel 887. Bernheim. n. — 80

Frey. Bernhardus Conradus, Scaphusensis: De fungo medullari oculi. Tur. ex offic. Zurch. et Furr. 1838. 31 S., 2 Taf. 4°.
Zürich, Med. Diss. v. 16. Juni 1838.

Frey, C. Bericht über die Thätigkeit des landwirtsch. Bezirksvereins Zurzach seit 1847. 4°. 19 S. Klingnau, Bürli. Nicht im Buchhandel 1899.

Frey, C., Rittmeister a. D. Das Reitpferd. Erkennen des Alters. Ankauf, Pflege, Wartung, Krankheiten etc. Trainiren, Sport. 2. verm. und verbess. Auflage. mit 4 lithogr. Tafeln.
12. Darmstadt und Leipzig 1872.
vgl.: Frey, L.

Frey, Carl, s. Frey, Karl

Frey, Carl Alexander, s. Frey, Karl Alexander

Frey, Carl Otto Emil, s. Frey, Karl

Frey, Caroline, s. Frey, Karoline

Nachschlage-Büchlein über Offertbriefe, Geschäftsverkehr und Postwesen mit e. Litt.-Verz. über Metallindustrie u. Elektrotechnik. Zsgest. von Charles Frei [Frey]. *Giebichenstein: A. Loss 1898.* (72 S.) 8° [F.] (01. 3378 3

Die Schraube und ihre Anfertigung auf der Drehbank. Ein prakt. Selbstunterr. in d. Berechnung d. Wechselräder z. Gewindeschneiden. Mit 90 Abb. u. 65 Tab. Von Charles Frey. 4. Aufl. *Giebichenstein-Halle a. S.: A. Loss 1900.* (144 S.) 8° [F.]
[Umschlagt.:] Prakt. Selbstunterricht im Gewindeschneiden. (01. 3378 3

Frey, Charles, die Schraube u. ihre Anfertigung auf der Drehbank. Ein prakt. Selbstunterricht in der Berechng. der Wechselräder zum Gewindeschneiden. 6. Aufl. (VII, 141 S. m. 90 Abb. u. 65 Tab.) 8. Giebichenstein 900. A. Loß. 1. 75

Winkel-Skala mit 18 Abb. von Charles Frey. *Giebichenstein-Halle a. S.: A. Loss [1900].* (12 S.) 8° [Umschlagt. F.] (01. 3378 3

Frey, Dav. Alfr. (geb. Aarau): De temporis spatio, quo medicamenta in corpore inveniantur. Berolini (1843). (30 S.) 8°
Berlin, Med. Diss. v. 9. Sept. 1843

Frey, E, Beiträge zur Anatomie des Steigbügels. Diss. gr. 8. (41 S. m. 1 Taf.) Königsberg 897. (W. Koch.) n. 1. 20

Frey, E. A., u. F. Münichsdorfer, Berichte über die Erzeugung etc. von Bessemer Stahl, s. Münichsdorfer, F.

Frey, Edmund Ferdinand

Frey, Ed. Ferd. u. R. Gollmer. Bühnenreform und Volkstheater. Ein Fortschritt oder Rückschritt? 2 Aufsätze zur Warng. u. Aufklärg. gr. 8. (20 S.) Kreuznach 890, Schmithals. — 50
Aus: Deutsche Bühnen-Genossenschaft, besonders abgedruckt.

Frey, E. Ein Essay über die Dramen Robert Brownings. In-8°. 56 S. Winterthur, Pr. (Basel Georg & Co.). 1893.

Frey, Edm., Gott — los. Erzählung. 1. Freiheitsdrang. 2. — sondern das Schwert. 3. Mit Feuer gesalzen. (54 S.) kl. 8. Nürnberg (907). Mainbernheim, Buchh. d. bayer. Bundes d. christl. Ver. junger Männer. — 20

— Andreas Hofer. Trauerspiel in 5 Akt., nach Karl Lebrecht Immermanns dramat. Gedicht „Das Trauerspiel in Tirol" bearb. (96 S.) kl. 8. Bregenz 909. J. N. Teutsch. — 70

— Der Hofnarr. Eine Erzählg. aus der Gegenwart. (36 S.) kl. 8. Neumünster (907). Vereinsbuchh. G. Ihloff & Co. — 20

— Wallenstein. Drama in 5 Akten nach der „Wallenstein-Trilogie" v. Frdr. v. Schiller. Für das Schultheater bearb. (135 S.) 8. Ebd. 910. p 1. 20

Frey, Ed. Ferd., aus der Werkstatt d. Schauspielers. Dramaturgische Aufsätze. 8. (VIII, 172 S.) Leipzig 886. Schloemp. n. 2. 50; geb. n. 3. —

[F.] Chronik für den Amtsbezirk Crossen a. E. Vf. v. Eduard Frey, beendet v. Robert Becker in Crossen a. E. *Crossen a. E.: R. Becker [1898].* (175 S., 1 Bl.) 1 Bd 8. (98. 5019

Frey, Emil, Briefe des alt Cordonnier Sebastian Gäugeli. N. e. Anh. v. Aprilscherzen hrsg. v. Adf. Frey. 3. Ausg. 8. (84 S.) Aarau 898. H. R. Sauerländer & Co. Geb. in Halbleinw. n. 1. 80

Frey, Emil, die Diplomatenkonferenz f. Arbeiterschutz, s.a. Vereinigung, schweizer., zur Förderg. d. internat. Arbeiterschutzes.

Frey, E[mil]. Die Diplomatenkonferenz für Arbeiterschutz ⟨Bern, 17.—26. September 1906⟩. Bericht v. alt-Bundesrat E. F', Bern. 8.

Schweiz. Vereinigung zur Förderung des internationalen Arbeiterschutzes. Heft 18. Bern, Scheitlin, Spring & Cie., 1907. [1:] S. 3—6.

(Frey, E[mil].) Aus den Erlebnissen eines Schweizers im Sezessionskriege. (Uebersetzt aus der New-Yorker „North-American-Review".) [SA.] 8. Bern 1895.

Frey, E[mil]. Die Erziehung der schweizerischen Jungmannschaft zur Erfüllung ihrer Bürgerpflichten. Vortrag, gehalten in der Jahresversammlung der Schweizerischen Gemeinnützigen Gesellschaft in Liestal am 18. September 1906 von a. Bundesrat Oberst E. F'. 8.

Ausg. A: Der vaterländischen Jungmannschaft dargeboten von der Schw' Gem' Ges'. [Sep.-Abdr. aus: Schweizerische Zeitschrift für Gemeinnützigkeit. Jahrg. 44, 1906, Heft 10.] 23 S. Zürich, Gebr. Leemann & Co., 1906.

Ausg. B: Jahresbericht der Schulen von Wohlen, Schuljahr 1906/07.... Wohlen, Joh. Keller, [1907]. [Beilage:] S. 56—77.

Zur Geschichte der Idee des internat. Arbeiterschutzes, s.: Vereinigung, schweizer., zur Förderg. d. internat. Arbeiterschutzes.

— das Grab auf d. alten Farm, s.: Verein f. Verbreitg. guter Schriften, Bern.

Frey, Emil, der Hausgarten. Kleiner Ratgeber im Gemüsegarten. Den Hausfrauen gewidmet. gr. 8. (III, 110 u. II S.) Aarau 897. E. Wirz. n. 1. 60

Frey, Emil. Die Kriegstaten der Schweizer, dem Volk erzählt von Oberst E' F', alt Bundesrat. (Reich) Illustriert von Evert van Muyden. [Mit 109 Tafeln.] 688 S. gr.-8. Neuenburg, F. Zahn, [1905].

[Subscr.: 15 Liefg. *à* fr. 1.25, *cpl.* br. 18. 75 *u.* geb. 25. —; im Buchh.: *à* fr. 2.—, *resp.* 25. — *u.* 32. —]

Frey, E. Die Kriegstaten der Schweizer dem Volk erzählt. Mit Abb. Neuenburg 1906. 688 S. 4°

— s.: Künzli, Oberst Arnold.

(Frey, Emil.) Schweizerisches Militärwesen. Separatabdruck aus dem «Handwörterbuch der Schweizerischen Volkswirtschaft, Sozialpolitik und Verwaltung».... Band 3. II + 12 S. 8. Bern, Verlag Encyklopädie, 1906.

Frey, E[mil]. Neutralität. Sonderabdruck [aus:] Handwörterbuch der Schweizerischen Volkswirtschaft, Sozialpolitik und Verwaltung.... Band 3. II + 3 S. 8. Bern, Verlag Encyklopädie, 1906.

Frey, Emil, die Neutralität der Schweiz. Rede, geh. am 16. XI. 1899 in der demokrat. Vereinigg. Winterthur. gr. 8. (35 S.) Winterthur 900. Geschw. Ziegler. n. — 60

Die Verhandlungen der internat. Arbeiterschutzkonferenz in Bern im Mai 1905, s.a. Vereinigung, schweizer., zur Förderung des internat. Arbeiterschutzes.

Frey, Emil. Die Verhandlungen der Internationalen Arbeiterschutzkonferenz in Bern im Mai 1905. Nach einem Vortrag, gehalten in der Generalversammlung der Vereinigung vom 27. Juni 1905 durch E' F'. II + 8 S. 8. Bern, Scheitlin, Spring & Cie., 1905.

Schweizer[ische] Vereinigung zur Förderung des internationalen Arbeiterschutzes. Heft 13.

Frey, Emil, s.a. Zolltarife, die, d. Schweiz.

Frey, Emil. Die Zolltarife d. Schweiz, d. Deutschen Reichs, Oesterreich-Ungarns, Frankreichs und Italiens, sammt den wichtigsten Bestimmungen der Zollgesetze. Gr. in-8°, 186 S. Brugg, Fisch Wild & Cie. 1885.

Frey, E. Die Zolltarife der Schweiz, des deutschen Reichs, Oesterreich-Ungarns, Frankreichs und Italiens, sammt den wichtigsten Bestimmungen der Zollgesetze. 2. erweit. Aufl. Gr. in 8°. XXI, 199 S. Brugg, Verlag des „Effingerhof". 1890. Leinwd. 4 —

[Frey, Emil Remigius.] (Gem[alde] v[on] Baselland. 1. [einziger] Theil: ... Landesgeschichte.) 8. *o. O. u. J.* [St. Gallen 1845/60]. A 2624

Geplant als 2. Hälfte des Heftes 11 von: Historisch-geographisch-statistisches Gemälde der Schweiz; aber nie veröffentlicht.

Frey, Emil. R., d. Quellen d. Baseler Stadtrechts, namentlich d. Gerichtsordnung v. 1719. Ein Beitr. zur Bildungsgeschichte Schweizer. Stadtgesetze. Nebst e. Nachr. über d. Schicksale d. Röm. Rechts in einzelnen Gegenden d. Schweiz, besonders in Basel. gr. 8. Basel 830. Schweighäuser. 15 gl

Frey, Emilie [aus Basel]: Beitrag zur Aetiologie der Rachitis. Basel 1896. 68 S. 8°.

Basel. Med. Diss. 1896/97.

Frey, Erich M(ax), Dr. jur., Kammergerichtsreferendar: Das spanische Kolonialsystem im 19. Jahrhundert. Heidelberg 1908: J. Hörning. (32 S.) 8° ¶ (Erscheint vollst. u. d. T.: „Die vormals span. Kolonialbesitzungen Kuba, P. Rico u. d. Philippinen" usw.)

Heidelberg, Phil. Fak., Ref. Gothein, Diss. v. 2. März 1908

[Geb. 16. Okt. 82 Breslau; Wohnort: Berlin; Staatsangeh.: Preußen; Vorbildung: Gymn. Berlin Reife O. 01; Studium: Lausanne 1, Berlin 5, München 1 S.; Rig. 19. Febr. 08.]

Frey, Erich M(ax): Strike und Strafrecht. Heidelberg: C. Winter 1906. (114 S.) 8°

Heidelberg, Jur. Fak., Ref. v. Lilienthal, Diss. v. 21. Mai 1906

[Geb. 16. Okt. 82 Breslau; Wohnort: Berlin; Staatsangeh.: Preußen; Vorbildung: Luisenstädt. Gymn. Berlin Reife O. 01; Studium: Berlin 5, Lausanne 1, München 1 S.; Rig. 26. Jan. 06.]

Frey, Ernst (Pseud.), s.a. Backes, Karl

Frey, Ernst, pract. Arzt aus Steinau a. d. Oder: Über die Behandlung hochgradiger Kurzsichtigkeit. *Breslau 1901: Bresl. Genossenschafts-Buchdr.* (53 S.) 8°

Breslau, Med. Diss. v. 3. Aug. 1901

Frey, *Ernst* [pr. Arzt]: Aus d. Kgl. anatom. Institut zu Königsberg i. Pr. No. 25. Beiträge zur Anatomie des Steigbügels. M. e. Taf. ... Königsberg i. Pr., Buchdr. E. Rautenberg, 1897; 40 S., 1 Bl., 1 Taf. 8.

Königsberg, Med. Fak., Inaug.-Diss. v. 23. Juli 1897

Frey, Ernst, zehn Briefe zweier deutschen Protestanten. gr. 8. ($4\frac{1}{2}$ B.) Dresden u. Leipzig 837, Arnoldische Buchh. *

Frey, Ernst, Estonus. Ein Beitrag zur Casuistik der multiplen Exostosen. Diss. Dorpat. 8°. 54 pp. mit einer lithographirten Tafel. 1874.

Frey, Ernst, Dr. med.: ⟨Aus dem pharmakologischen Institut der Universität Jena.⟩ Der Mechanismus der Salz- und Wasserdiurese. Ein Beitrag zur osmotischen Arbeit der Niere. Mit 4 Textfiguren. Jena 1906. (Pierer, Altenburg.) (57 S.) 8°

Jena, Med. Fak., Hab.-Schr. v. 1906

Frey, Ernst, ein Stück deutscher Geschichte und Italien im J. 1848. Eine Studie. gr. 8. (75 S.) Dresden 887, v. Grumbkow. *

Frey, Ernst, e. Stück deutscher Geschichte u. Italien im J. 1848. 2. (Titel-)Ausg. gr. 8. (75 S.) Berlin 893. (E. L. Knecht.) n. 1. 50

Frey, Ernst, die Verhältniswahl als Gemeinde-Wahlverfahren. (49 S.) gr. 8. Karlsruhe 910. G. Braun'sche Hofbuchdr. — 60

Frey, Ernst, welches Stenographie-System ist das beste? E. krit. Studie z. Orientirg. auf stenograph. Gebiete f. Stenographen u Nichtstenographen. gr. 8. (54 S.) Berlin 894. F. Schrey. n. 1. 20

Frey, Ernst: Welches Stenographiesystem ist das beste? 2. Aufl. 1910 s. Schrey, Ferdinand: Welches … (10, 6302

Frey, Ernst. Zugvogel. Skizzen. Aus der Heimat und überm Ozean. 175 S. 8. Zürich, Arnold Bopp, 1906. [geb. fr. 2. 40]
(Neue Sammlung Schweizerischer Autoren.)

Frey, Eugen

Frey, E. v., der Kohlensäuregehalt der Luft in u. bei Dorpat, bestimmt in den Monaten Septbr. 1888 bis Jan. 1889. Inaug.-Diss. gr. 8. (49 S.) Dorpat 889. (Karow.) n. 1. —

Frey, Eugen. William Morris. Eine Studie. Beilage zum Programm des Gymnasiums und der Industrieschule Winterthur für das Schuljahr 1901/1902. 140 S. 8. Winterthur, Geschwister Ziegler, 1901.

Frey, Eugen Julius, prakt. Arzt in Berlin: Zur Frage der Ovariotomie in der Schwangerschaft mit Berücksichtigung des vaginalen Operationsweges. *Leipzig 1904: B. Georgi.* (23 S.) 8°
Leipzig, Med. Diss. v. (31. Juli) 1904

Frey, Ewald, Dr.: Nordische Mythologie auf höheren Schulen. *Berlin: R. Gaertner 1902.* (26 S.) 4°
Berlin, Luisenstädt. OR, OP 1902 (122)

Frey, Ewald, die Temporalconjunctionen der deutschen Sprache in der Uebergangszeit vom mhd zum nhd, besprochen im Anschluß an Peter Suchenwirt u. Hugo v. Montfort, s.a. Beiträge, Berliner, zur germanischen u. romanischen Philologie

[J.] **Frey,** Ewald [aus Guben]: Die Temporalconjunctionen der deutschen Sprache in der Uebergangszeit vom mhd zum nhd, bespr. im Anschl. an Peter Suchenwirt u. Hugo von Montfort … (Erscheint vollst. in: Berliner Beitr. z. german. u. roman. Philol.) Berlin, C. Vogt's Buchdr., 1893; 32 S., 2 Bl. 8.
Berlin, Phil. Fak., Inaug.-Diss. v. 12. Aug. 1893

Frey, F., der Flüchtling, s. Kühling's, A., Album für Solo-Scenen.

[F.] Was braucht man aus dem Invaliditäts- und Altersversicherungsgesetz v. F. Frey, Pr. Eylau … *Pr. Eylau: R. Schejller [1897].* (2 Bl., 30 S.) 1 Bd 8. [98. 3511

Frey, Fr., s. Geheimnisse d. Menschenlebens.

Frey, Franz Andreas s. Abhandlung von d. Rechte d. Staatsgewalt.

s. Bemerkungen zu der Schrift: Ideen …

s. Bemerkungen zu der Schrift: Von d. Frieden der Kirche.

s. Bemerkungen über Gregels Schrift.

s. Eigenthum. Über d., an d. Stiftswohnungen.

s. Ernennung. Über die, v. Wessenbergs.

[illegible] ist d. westfäl. Frieden im J. 1648 d. Bestimmungen [illegible] nach, in [illegible] zustand d. christlichen Hauptconfessionen in [illegible] d. [illegible] und [illegible] Bamb. 810. [illegible] 4 gr.

Frey, F. X., allgemeines Kirchen- u. Kirchen-Staatsrecht. gr. 8. Bamberg, Dederich. 809. Ribler.

Frey, Franz Andr.: Kritischer Kommentar über das Kirchenrecht frei bearb. nach Ant. Michl's Kirchenrecht für Katholiken u. Protestanten. (Th. 4. 5, Abth. 1:) Fortges. von Jos. Scheill. Kitzingen a. M. 6 Bde
Th. 1. Das allgem. kathol. Kirchen- u. Kirchenstaatsrecht. 2. Aufl. 1823.
2. Personenrecht. 2. Aufl. 1823.
3. Sachenrecht. 2. Aufl. 1824.
4, Abth. 1. 2. 1826. 28.
5, Abth. 1. Über d. nach d. Standpunkte d. philos. Rechtes, d. Geschichte u. d. positiven gemeinen Rechtes entwickelte geistl. Gerichtsbarkeit in streitigen Angelegenheiten. 1833.

Frey, Frz. Andr., († d. 24. [illegible] 1820) kritischer Commentar über d. Kirchenrecht, frei [illegible] nach Michl's Kirchenrecht, f. Katholiken u. Protestanten. 4 Bde gr. 8. Bamb. 812 – 20. Dederich. 6 ℛ 8 gr. 1r – 3r Bd. 2e Aufl. u. 4r Bd. 1e u. 2e Abtheil. fortgesetzt v. J. Scheill. gr. 8. Kitzingen 822 – 28. Gundelach. 12 ℛ 4 gr.

Frey, Frz. Andr., kritischer Kommentar über das Kirchenrecht, frei bearbeitet nach Anton Michl's Kirchenrecht für Katholiken und Protestanten. Fortgesetzt von Jos. Scheill. 5r Thl. 1e Abthl. A. u. d. T.: Scheill, die geistliche Gerichtsbarkeit in streitigen u. strafrechtl. Angelegenheiten; philosophisch, historisch u. nach d. positiven, gemeinen Rechte entwickelt. 1r Thl. gr. 8. Kitzingen 833. Gundelach. 2 1/4 ℛ 1r—4r Thl. 12 1/6 ℛ Vgl. Thl. II. S. 262.

vgl.: Frey, Friedrich Andreas

— allgem. Religions-, Kirchen- u. Kirchenstaatsrecht, aus Grundbegriffen entwickelt. 8. Bamb. 809. 2e Aufl. gr. 8. Kitzingen 822. Gundelach. 12 gr. Schrbp. 16 gr.

— s. Souveräne, An die.

— Theses ex theologia exeget.-dogmatica morali, nec non ex historia eccles. 4. Bamb. 788.

— Theses theolog. de religione, nec non principiis theologicis. 4. Bamb. 787.

Frey, F[ranz] X[aver], approb. Arzt aus Donzdorf: Aus d. Tübinger Universitäts-Augenklinik. Beitrag zur Casuistik der retrochorioidealen Blutung nach Staroperation. *Tübingen 1903: H. Laupp jr.* (46 S.) 8°
Tübingen, Med. Diss. v. 1903

Frey, Frdr., mein Abschiedsgruß. Abschiedspredigt, geh. am 2. VII. 1899. gr. 8. (16 S.) Düsseldorf 899. C. Schaffnit. n. — 20

Frey, Fr., die Banknotenfrage u. die schweizerischen Emissionsbanken. Vortrag, gehalten den 31. Octbr. 1879 im Basler Gewerbeverein. gr. 8. (27 S.) Basel 879. (Jenke.) — 25

Die | Geschichte | der Stadt | Jerusalem, | von | ihrer Erbauung bis auf unsere Zeiten. | Ein Volksbüchlein | von | Friedrich Frey. | Reutlingen, | Verlag der B. G. Kurtz'schen Buchhandlung. | 1841.
Ohne Angabe des Druckers, 83 S., 172 × 99, Fig. neben Titel: *Ansicht von Jerusalem*, 79 × 122.
LBS d. D. oct K 3445.

—— die Geschichte Muhameds u. der Stiftung u. Ausbreit. seiner Religion. Ein Volksbüchlein. gr. 12. (3 1/2 B. u. Titelbild.) Reutlingen 811, Kurtz'sche Buchh.

Frey, F., e. Hallelujah in Thränen. Predigt am Sonntage nach dem Heimgange Sr. Maj. d. hochsel. Kaisers u. Königs Friedrich III. geh. gr. 8. (24 S.) Düsseldorf 888. Voß & Co. n. — 20

Frey, Frdr., das Prießnitz'sche Heilverfahren u. Pfarrer Kneipp. 12. (56 S.) Berlin 896. (W. Möller.) n. — 50

Frey, [Friedrich]. Das neue Konkordat der Schweizerischen Emissionsbanken. Vortrag von Herrn Bankdirektor F" gehalten in der Statistischen Gesellschaft in Basel. 15 S. 8. [Basel,] Basler Druck- und Verlags-Anstalt, 1902.

—— Kaiser Nero, das Ungeheuer in Menschengestalt, od.: das Laster u. seine Strafe. Ein Volksbüchlein gr. 12. (2⅙ B. u. Ttlbild.) Reutlingen 811, Kurtz'sche Buchh.

(Frey, F[riedrich].) Zu dem Projekt einer schweizerischen centralen Notenbank. Separatabdruck aus den Basler Nachrichten. 4. ... [bis] 7. Dez. 1904, Nrn. 332 ... [bis] 335. 19 S. 8. [Basel, Basler Berichthaus.]

Frey, Frdr., u. Rud. Maresch, Sammlung v. Gutachten u. Entscheidungen üb. den Umfang der Gewerberechte. Nach amtl. Quellen hrsg. 19 Lfgn. gr. 8. (VI, 1128 S.) Wien 894. M. Perles. à n. 1. —

Frey, Frdr., u. Rud. Maresch, Sammlg. v. Gutachten u. Entscheidgn. üb. d. Umfang d. Gewerberechte. Nach amtl. Quellen hrsg. 2. Bd. (Nr. 2523—3534.) gr. 8. (VI, 506 S.) Wien 897. M. Perles. n. 10. —; geb. n. 11. 60 (1. u. 2.: n. 29. —; geb. n. 32. 60)

Frey, Frdr., u. Rud. Maresch, Sammlung v. Gutachten u. Entscheidungen üb. den Umfang der Gewerberechte. Nach amtl. Quellen hrsg. 3. Bd. (Nr. 3535—4707.) Chronologisches Register der Entscheidgn. u. General-Sachregister zu Bd. I—III. gr. 8. (VI, 772 S.) Wien 901. M. Perles. n. 16. —; geb. n.n. 18. —

Frey, Frdr., u. Rud. Maresch, Sammlung v. Gutachten u. Entscheidungen üb. den Umfang der Gewerberechte. Nach amtl. Quellen hrsg. IV. Bd. (Nr. 4708—6901) m. chronolog. Register der Entscheidgn. u. Sachregister. (VI, 1100 S.) gr. 8. Wien 905. M. Perles. n. 19. —; geb. in Halbfrz. n.n. 21. —

— an Kaiser Wilhelm's Sarge. Predigt, zum Andenken an d. hochsel. Kaisers u. Königs Maj. Wilhelm I. geh. am 22. März 1888 in der Johanniskirche zu Düsseldorf. gr. 8. (23 S.) Ebd. 888. n. — 30

— die Ungarnschlacht, oder die Zeiten Kaiser Heinrichs I. und Otto's des Großen. Ein unterhaltendes Lesebuch für's Volk u. seine Jugend. Mit Titelkupf. 8. Nördlingen 844, Beck'sche Buchh. 8¾ ngl

Frey, Friedrich Andreas. Kritischer Kommentar über das Kirchenrecht ... Kitzingen 1823—24. H: *Jäck, Joach. Heinrich.* (NN)
vgl.: Frey, Franz Andreas

Frey, Friedr. Herrm., Bertha und Ludwig. Trauerspiel in 5 Aufzügen. (Den Bühnen gegenüber Mscr.) gr. 16. (84 S.) München 861, Finsterlin. *

[F.] Das erste Blatt zum Helden-Kranz. Dramat. Scene als Festspiel z. 80j. Geburtstag des Fürsten Bismarck v. Martin Greif [d. i. Friedr. Herm. **Frey**]. *Wittenberg: P. Wunschmann 1895.* (27 S.) 1 Bd 8. [96. 151

Frey, Friedr. Herm., Frühlingssturmlieder. 8. (III und 37 S.) München 864, Gummi. *

— Gedichte. gr. 16. (184 S.) München 860, Franz. *

Frey, Fr. Herm., Hans Sachs. Dramatisches Gedicht in 5 Aufzügen. Den Bühnen gegenüber Mscr. Augsburg 866. Schlosser. 16. (2 Bll., 129 S.) n. 15 ngr; geb. m. G. n. 27 ngr

— die Schlacht von Leipzig. Eine epische Dichtung. München 863. Fleischmann. 8. (29 S.) 4 ngr

—— die Schlacht von Leipzig. Eine epische Dichtung. 8. (29 S.) München 863, [Merhoff's Verlag.]

[F.] Martin Greifs. [d. i. Friedrich Hermann **Frey**] Gesammelte Werke. 6., reich verm. Aufl. Bd 1—3. *Leipzig: C. F. Amelang 1895. 96.* 3 Bde 8.
1 Gedichte. 1895. (1 Bl., 300 S.)
2. 3. Dramen. Tl 1. 2. ... 1896. (2 Bl., 431 S.; 2 Bl., 558 S., 1 Bl.) [96. 7088

Frey, Friedrich Wilhelm

Frey, F. W. Zur Erinnerung an den Heimgang der Frau Eduard Hosemann, geb. Baurrit, geboren zu Cologny bei Genf den 27. März 1852, gestorben ... den 16. März 1887 .... Rede am Sarge gehalten den 19. März 1887. 8. (Düsseldorf.)

Frey, Fr. Wlh., Gedanken über Lutherthum u. Union u. über Kirche u. Staat in ihrem gegenseit. Verhältnisse. Angeknüpft an die Beurtheilung mehrerer über diese Gegenstände erschien. Schriften unserer Zeit. Eine Ansprache an d. Lehrer der christl. Kirche. gr. 8. Darmstadt 842, Pabst. ⅚ ℔

Frey, F. W., Stehet fest! Fahret fort! Haltet aus! Predigt bei der Provinzial-Versammlung des westfälischen Haupt-Vereins der Gustav-Adolf-Stiftung den 9. Juli 1867 in der Neustädter Kirche zu Bielefeld gehalten. 1. u. 2. Aufl. Witten 867. Krüger in Comm. gr. 8. (31 S.) n. 5 ngr

Frey, Frid. Guil. Leop. (geb. Poln.-Wartenberg 21. 6. 1817): De scarlatinae pathologia. Berolini (1842). (34 S.) 8°
Berlin, Med. Diss. v. 7. Febr. 1842

Frey, Fritz, Führer durch d. Ruinen v. Augusta Raurica. Hrsg. unter Mitwirkg. der histor. u. antiquar. Gesellschaft zu Basel. (91 S. m. 21 Abb. u. 3 Taf.) 8. Liestal 907. Gebr. Lüdin. 1. 85

Frey, G., neue Erde und neuer Himmel der gereinigten Kirche. ic. 1ste Abthl. gr. 8. Nrnb. Stein. 802.

Frey, G[eorg]. Ueber regionäre Anästhesierung des Kehlkopfes. Diss. Med. Bern. ⟨Sonder-Abdruck aus dem Archiv für Laryngologie. Bd. 18. Heft 2.⟩ *Kopftitel:* Aus der Poliklinik von Prof. [Adolf] Valentin, Bern. 19 S. gr.-8. Berlin, L. Schumacher, 1906.

Frey, Georg, 82 Freipyramiden, Mainz, 8°.

Frey, Georg: Die Verwendung von Sublimatseide bei Sehnenplastiken. Eine experimentelle Untersuchung. Stuttgart 1906: Union. (17 S.) 8° ¶ [Aus: Zeitschrift f. orthopäd. Chirurgie Bd 16. 1906.]
München, Med. Fak., Ref. v. Bollinger, Diss. v. 21. Juli 1905
[Geb. 18. März 81 Tettnang in Württemberg; Wohnort: Ravensburg; Staatsangeh.: Württemberg; Vorbildung: Gymn. Ravensburg Reife M. 99; Studium: München 5, Freiburg i. B. 1, München 3 S.; Coll. 21. Juli 05; Approb. 14. Dez. 04.]

Frey, Georg Friedrich, appr. Arzt: Ueber 'Carcinom und Schwangerschaft'. Mit e. Zsstellung von 39 Fällen, gesamm. aus d. gynäkol. u. Geburtsjournalen d. Univ.-Frauenklinik zu München. Breslau 1910: Schatzky. 41 S. 8
Leipzig, Med. Diss. v. 31. Jan. 1910, Ref. Zweifel
[Geb. 14. Sept. 72 Namslau; Wohnort: Breslau; Staatsangeh.: Preußen; Vorbildung: Johannes-Gymn. Breslau Reife M. 92; Studium: Jura Breslau 1, Med. 7, München 2, Greifswald 1, Berlin 1, München 1, Würzburg 1 S.; Coll. 19. Febr. 10; Approb. als Arzt 99, als Zahnarzt 09.] [U 10. 2968

Frey, Gottfried *Julius Ottokar* [aus Schwetz, Westpr.]: Das Angiokeratom ... Berlin, C. Vogt's Buchdr., *1893;* 33 S., 1 Bl. 8.
Berlin, Med. Fak.. Inaug.-Diss. v. 4. Aug. 1893

Frey, Gottfried: Drei mikrocephalische Geschwister. *Danzig 1897.* in: (Grunau, Herm.): Die ersten 40 Jahre d. Westpreuss. Prov.-Irren-Anst. zu Schwetz. [97. 4749

Frey, Gottfried Julius Ottokar, s. Frey, Gottfried

FREY, Gregorius Augustinus: De beneficiis ecclesiae. — (1869) 142 S. 4° (Handschr.) Diss. 242
Diss.Wien, Univ.

Frey, Gustav (A[dolf]). Fragmenta Raurica. [Gedichte. Mit illustriertem Umschlag.] II + 214 S. 8. Aarau, Emil Wirz, 1907. [fr. 3.—]

Frey, Gustav Adolf [aus Wölflinswil, Aargau]: Die Wasserfallenbahn, eine volkswirtschaftliche Untersuchung. Basel 1899. III, 2, 90 S., 7 Tab., 1 Karte 4°.
Basel. Phil. Diss. 1899/1900.

Frey, Gust(av) Ad(olf). Die Wasserfallenbahn. Eine volkswirtschaftliche Untersuchung. 2., umgearbeitete Aufl. III + V + 105 S. 4. Basel, G. Krebs, 1901. [fr. 4.—]

Frey, Gust. Ad., die Wasserfallenbahn. Eine volkswirtschaftl. Untersuchg. 2. umgearb. Aufl. hoch 4. (III, IV, 105 S.) Basel 901. (Solothurn, A. Lüthy.) n. 3. 60

Frey, Gutlieb, neue Erde u. neuer Himmel, durch gereinigte Religion, Kirchen- u. Staatsverfassung. 1e Abthl. gr. 8. Nürnb. 799. 3c A. 802. Stein. 10 gr.

Frey, H. M., Erzählungen, s. Jugendschatz, deutscher.

Frey, H. M., Pierre de Fouché, | s.: Jugendschatz,
— fröhliche Ostern, | deutscher

— **aus Kaiser Wilhelms Reich. Kleine Erzählgn. in Wort u. Bild f. Knaben u. Mädchen. gr. 8. (V, 107 S.) Breslau 891. (H. Preiser.) Kart. n. 2. 25**

— „unserer Töchter Schaffen u. Wirken." 3 Novellen f. junge Mädchen von 14—18 Jahren. 8. (232 S. m. Illustr.) Kattowitz 885. Siwinna. geb. n. 3.—

— dasselbe. Neue Folge. Zwei Novellen f. junge Mädchen von 14 bis 18 Jahren. 8. (XVII, 206 S. m. Portr. in Holzschn.) Ebend. 886. geb. n. 3.—

Frey, H. M., unserer Töchter Schaffen u. Wirken. Erzählungen f. junge Mädchen von 12—16 Jahren. 3. Thl. 8. Kattowitz 888. Siwinna. geb. n. 3.— (1—3.: n. 9.—)
Blätter aus der Vergangenheit. Eine Erzählg. aus der Zeit der ersten französ. Revolution. (VI, 184 S.)

Frey, H. M. (Emilie Schuppe), Sonnenwende, od.: Die Macht d. Gebets. Harte Jugend — frohes Alter. — D. Hauses Ehr. 3 Erzählungen. 8. (75 S. m. farb. Titelbild.) Kattowitz (896). G. Siwinna. Kart. n. — 75

— d. Lebens Stützen: Frommer Sinn u. starker Mut. Zwei Erzählgn. f. Knaben u. Mädchen von 10—13 Jahren. 8. (III, 98 S.) Breslau 890. Preiser. cart. n.n. - 90

Frey, H. M., e. wahres Weihnachtsgeschichtchen. Aus eiserner Zeit. Wilhelm Behrend. 3 Erzählgn. f. Knaben u. Mädchen im Alter von 10—18 Jahren. 8. (70 S. m. farb. Titelbild.) Kattowitz 894. G. Siwinna. Kart. n. — 75

Frey, Hans

55. **Neujahrsblatt,** hrsg. v. d. Gesellschaft z. Beförderung des Guten und Gemeinnützigen pr. 1877; Hans Frey, Basel, während d. Helvetik (1798—1805). 4. Basel, C. Detloff. 1. 35
1877.

[Frey, Hans.] Basels Eintritt in den Schweizerbund, 1501. [Mit 1 Tafel.] (Nbl. Basel 1866.) 4. [Basel.]

Frey, H., über die Größe des Kleinen in der Natur, s. Vorträge, akademische.

Frey, Hans. Der Hämoglobingehalt im circulierenden Kaninchenblut bei gewöhnlichem und vermindertem Luftdruck. Diss. Med. Univ. Zürich. *Kopftitel:* Aus dem Züricher physiolog. Institut des Herrn Prof. Dr. (J[ustus]) Gaule. — [Mit 2 Tafeln.] 47 S. 8. Uster-Zürich, Gschwend & Didierjean, 1903.

Frey, Hans, Mineralogie u. Geologie f. schweizerische Mittelschulen. gr. 8. (III, 233 S. m. 260 Abbildgn.) Leipzig 901. G. Freytag. Geb. n. 2. 60

Frey, Hans, Mineralogie u. Geologie f. schweizerische Mittelschulen. 2. verb. Aufl. (IV, 225 S. m. 261 Abbildgn.) 8. Leipzig 904. G. Freytag. Geb. n. 2. 75

Frey, Hans. Mineralogie u. Geologie f. schweizerische Mittelschulen. 3., verb. Aufl. (V, 233 S. m. 263 Abb.) 8. Wien 909. F. Tempsky. - - Leipzig, G. Freytag. Geb. 2.75

—— über die wichtigsten Nahrungsmittel des Menschen, s.a. Vorträge, akademische.

Frey H, über die wichtigsten Nahrungsmittel des Menschen. Zürich 1855

Frey, Hans. Die Schweizer auf Karls VIII. Zuge nach Neapel, 1494—1495. Progr. 8. Basel 1866.

Frey, Hans, Der heilige Severinus. Ein Lebensbild aus dem Jahrhundert der Völkerwanderung. Basel, Realgymnasium 1872.
Progr.

Neujahrsblatt, 54. Herausgeg. von der Gesellschaft zur Beförderung des Guten und Gemeinnützigen. 1876. Frey H., Die Staatsumwälzung des Kantons Basel im Jahr 1798. 4. Basel, Bahnmaiers Verlag. 1. 50

Frey, H. (Red.), s. Stenograph, Der.

FREY, HANS. Ueber eine neue Synthese der aromatischen Carbonsäuren. Bern, 1890.

Taschenkalender für schweiz. Eisenbahnbeamte, Spediteure, Fabrikanten und sonstige Gewerbtreibende pro 1876. Herausgegeben v. H. Frey & E. Tissot. Zürich, Selbstverlag der Herausgeber. geb. 3. 50

—— die Tineen und Pterophoren der Schweiz. gr. 8. (XII und 430 S.) Zürich 856, Meyer und Zeller's Verlag. *

Frey, Hans Das 27. Vereinsjahr der Basler Liedertafel, Juni 1878 bis September 1879. Basel, Schweighauserische Buchdr. 1879.

— H. Die Wandlungen der Schmierkur und die neueste Modifikation derselben. In-8°. 25 S. Bern. These. 1897.

Frey, Hnr., Anatomie d. wirbellosen Thiere, s. Wagner, Rud.

Frey, Heinr., über die Bedeckungen der wirbellosen Thiere. 1. Abhandlg. Mit 1 Kpfrtaf. [Abgedr. aus den Göttinger Studien. 1847.] gr. 8. (104 S.) Göttingen 848, Vandenhoeck & Ruprecht. 7/12 ₰

Frey, Heinrich: Beiträge zur Kenntnis wirbelloser Thiere mit besonderer Berücksichtigung der Fauna des norddeutschen Meeres von H. Frey und (Karl Georg Friedrich) Rudolph Leuckart. 170 S., gbd., 2 Taf.

Braunschweig: Vieweg 1847

JB 112

Frey, Heinrich. Das Emmental. Versuch einer geographischen Monographie. Diss. Phil. Bern. Mit 5 Karten und 13 Skizzen und Abbildungen im Text. (Separatabdruck aus dem Jahresbericht der Geographischen Gesellschaft von Bern, Band 22.) 90 S. 8. Bern, Haller, 1910.

Frey, Heinr., Grundzüge der Histologie zur Einleitung in das Studium derselben. 24 Vorlesgn. Mit 208 (eingedr.) Holzschn. gr. 8. (X, 287 S.) Leipzig 875. Engelmann. n. 6. 75

Frey, Heinr., Grundzüge der Histologie zur Einleitung in das Studium derselben. 24 Vorlesungen. 1. Aufl. (X, 287 S. mit 208 eingedr. Holzschn.) 1875; 2. verb. Aufl. gr. 8. (VIII, 293 S. mit 213 eingedr. Holzschn.) Leipzig 879, Engelmann. *

Frey, Heinr., Grundzüge der Histologie zur Einleitung in das Studium derselben. 24 Vorlesgn. 3. Aufl. Mit 227 Holzschn. gr. 8. (VII, 311 S.) Leipzig 885. Engelmann. n. 6. 75; Einbd. n.n. 1. —

Frey, Heinr., Handbuch der Histologie u. Histochemie des Menschen. Lehre von den Form- u. Mischungs-Bestandtheilen des Körpers. Für Aerzte u. Studirende. 2. Aufl. Mit 530 Figg. in Holzschn. 866. (XVI, 732 S.) — 3. umgearb. Aufl. Mit 571 Figg. in Holzschn. Leipzig 870. Engelmann. gr. 8. (XVI, 671 S.) n. 4 ₰ 10 ngr.

Frey, Heinr., Handbuch der Histologie und Histochemie des Menschen. Lehre von den Form- und Mischungs-Bestandtheilen des Körpers. Für Aerzte und Studirende. 3. umgearb. Aufl. (XVI, 671 S. mit 571 eingedr. Fig. in Holzschn.) *ℳ 13., und 4. umgearb. Aufl. gr. 8. (XVI, 709 S. mit 608 eingedr. Fig. in Holzschn.) Leipzig 873,74, Engelmann. *

Frey, Heinr., Handbuch der Histologie u. Histochemie des Menschen. 5., umgearb. u. verm. Aufl. Mit 634 (eingedr.) Holzschn. gr. 8. (VIII, 747 S.) Leipzig 876. Engelmann. n. 14. —

— die Hartgebilde der niedersten Thiere. — Ueber den innern Bau der Pflanzen v. Carl Nägeli. Mit 2 Steintaf. [Abdr. aus d. Schrift: Das mikroskopische Institut v. Engell & Co.] gr. 8. (55 S.) Zürich 852, Hanke. 1/2 ₰

Frey, Heinr., Histologie und Histochemie des Menschen. Lehre von den Form- und Mischungs-Bestandtheilen des Körpers. Für Aerzte und Studirende. 2 Hälften. Lex.-8. (XVIII und 627 S. mit 388 eingedr. Holzschn.) Leipzig 859, Engelmann. [1. Hälfte. * 1 Thlr. 10 Ngr., 2. Hälfte. * 2 Thlr. 20 Ngr.] *

FREY, HEINRICH.
Histologie und Histochemie des Menschen. Lehre von den Form- und Mischungs-Bestandtheilen des Körpers für Aerzte und Studirende.
Leipzig, 1859. pp. xviii–626, 8vo. 388 woodcuts.
Dritte Auflage, Leipzig, 1870.

—— das einfachste thierische Leben. Eine Skizze. Lex.-8. (62 S. mit 1 Stut. in qu. gr. 4.) Zürich 858, Meyer und Zeller's Verlag. *
Aus: Monatsschrift des wissenschaftlichen Vereins in Zürich, besonders abgedruckt.

— — Lehrbuch der Anatomie der wirbellosen Thiere, s. a. Wagner, Rud., Lehrbuch der Zootomie.

Frey, Heinrich: Lehrbuch der Anatomie der wirbellosen Thiere von H. Frey und (Karl Georg Friedrich) Rudolph Leuckart. 627 S., gbd.

Leipzig: Voss 1847
(Wagner, Rudolph: Lehrbuch der Zootomie. Th. 2)

JB 6.289/2

Frey, Heinr. (Prof. Dr.). Die Lepidopteren der Schweiz. In-8°, XXVI u. 454 S. Leipzig, Wilh. Engelmann. 1880.

— das Mikroskop und die mikroskopische Technik. Ein Handbuch für Aerzte und Studirende. Mit 228 Figuren in Holzschn. u. Preisverzeichnissen mikroskopischer Firmen. Ebend. 863. Lex.-8. (IV, 472 S.) n. 2 ₰ 20 ngr.

— das Mikroskop u. die mikroskopische Technik. Ein Handbuch für Aerzte u. Studirende. 2. Aufl. Mit 257 Figg. in Holzschn. 865. (IV, 400 S.) — 3. verb. Aufl. Mit 397 Figg. in Holzschn. u. Preisverzeichnissen mikroskop. Firmen. Ebend. 868. gr. 8. (IV, 372 S.) n. 2 ₰ 20 ngr.

— das Mikroskop u. die mikroskopische Technik Ein Handbuch f. Aerzte u. Studirende. Mit 342 Figuren in Holzschn. u. Preisverzeichnissen mikroskop. Firmen. 4. verb. Aufl. gr. 8. (IV, 405 S.) Ebend. 871. n. 8. —

— dasselbe. 5. verm. Aufl. gr. 8. (IV, 424 S.) Ebend. 873. n. 8. 75

—— das Mikroskop und die mikroskopische Technik. Mit 387 (eingedr.) Fig. in Holzschn. und Preisverzeichnissen mikroskop. Firmen. 6. verm. Aufl. gr. 8. (VIII, 446 S.) Ebendas. 877. *

— das Mikroskop u. die mikroskopische Technik. Mit 403 (eingedr.) Fig. in Holzschn. u. Preisverzeichnissen mikroskopischer Utensilien. 7., verm. Aufl. gr. 8. (VI, 458 S.) Ebend. 881. n. 9. —

— das Mikroskop u. die mikroskopische Technik. Mit 417 Fig. in Holzschn. u. Preisverzeichnissen mikroskop. Utensilien. 8. verm. Aufl. gr. 8. (VI, 524 S.) Ebend. 886. n. 9. —

—— Untersuchungen über die Lymphdrüsen des Menschen und der Säugethiere. gr. 4. (VIII und 104 S. mit 3 ill. Kpfrt.) Leipzig 861, Engelmann. *

— Untersuchungen über die Lymphgefässe des Darmkanales. Mit 5 (lith.) Taf. in Farbendr. (in 4.) (Abdr. aus der Zeitschrift für wissenschaftl. Zoologie.) Ebend. 863. gr. 8. (103 S.) n. 2 ℳ

Frey, Heinrich, von Olten: Das Emmental. Versuch einer geographischen Monographie. Mit 5 Karten und 13 Skizzen und Abbildungen im Text. Bern, Haller'sche Buchdruckerei, 1910. 90 S. und fünf Tafeln. 8°. S.-A. aus dem Jahresbericht der Geographischen Gesellschaft von Bern, Band 22. [3. II. 09.]
Bern. Phil. Diss. 1910/11.

— im wilden Westen. Eine Erzählung. — Werther, Rich., die Helden im Blockhause. Eine Erzählung. 12. (59 u. 64 S.) Berlin 898. A. Weichert. — 50; kart. — 60

Frey, Herb., s.: Indianer- u. Volksbibliothek.

Frey, Hermann. Alkohol und Muskelermüdung. Eine kritische Studie über die diesbezüglichen Arbeiten von Prof. [E | Destrée ⟨Brüssel⟩, Prof. [Emil] Kraepelin ⟨Heidelberg⟩, Dr. Th) Scheffer ⟨Utrecht⟩ und Dr. (L[ouis]) Schnyder ⟨Bern⟩, nebst neueren eigenen Beiträgen. Von Dr. med. Hermann Frey, prakt. Arzt in Davos.... Mit 7 lithogr. Tafeln. 62 S. gr.-8. Leipzig und Wien, Franz Deuticke, 1903. [M. 4. —]

Frey, Hermann. Über die spezifische Behandlung der Tuberkulose ⟨Tuberkulin- und Serumtherapie⟩. Von Dr. H' F'... Davos. 40 S. 8. Leipzig und Wien, Franz Deuticke, 1905. [M. —. 80]

Frey, Hermann [von Härkingen '(Kt. Solothurn)']: Beiträge zur Kenntnis der Blutkrystalle ... Bern, Buchdr. Michel & Büchler, 1894; 21 S., 4 Taf. 8.
Würzburg, Med. Fak., Inaug.-Diss. v. 1894

Frey, Herm., üb. d. Einfluss d. Alkohols auf d. Muskelermüdg. Experimentelle Studien m. d. Mosso'schen Ergographen, s.: Mitteilungen aus Kliniken u. medicin. Instituten d. Schweiz.

— meine Erfahrungen m. dem Antituberkulososerum Marmorek. (14 S.) gr. 8. Davos-Platz 904. (H. L. Taeuber.) n. 60
Sonderabdruck aus: „Münch. med. Wochenschr."

Frey, Hermann. Meine Erfahrungen mit dem Antituberkulose-Serum Marmorek. ⟨Serie II.⟩ Von Dr. H' F'', Kurarzt in Davos.... Sonder-Abdruck aus Nr. 42, 1905, der «Berliner klinisch-therap(eutischen) Wochenschrift». IV + 16 S. 8. (Wien, Buchdr. «Industrie».)
cf. Bulletin 1904, S. 428: [Serie I.] ... 1904. Davos-Platz ...:

Greif. Mat. ... Herm. Frey, geb. 18. Juni 1830 zu Speyer. Licent in München, ... 1868. 12°. Eleg. roth. Hebgrb. ... Karl ...

Frey, Herm., siehe: *Mitteil. aus Kliniken.*

Frey, Hermann [aus Zürich]: Anatomische Untersuchung der Gefässnerven der Extremitäten. Berlin, Druck von Gebr. Unger (Th. Grimm), s. a. (1877). 8. 32 S.

Frey, Hermann, Lehramtspraktikant an der Oberrealschule Heidelberg: Ueber das Vorzeichen gewisser bestimmter Integrale. Heidelberg 1905: K. Rössler. (47 S.) 8°
Heidelberg, Naturw.-math. Fak., Ref. Koenigsberger, Diss. v. 17. Mai 1905
[Geb. 18. Juni 80 Scherzheim, Amt Kehl; Wohnort: Heidelberg; Staatsangeh.: Baden; Vorbildung: Oberrealschule Heidelberg Reife M. 99; Studium: Heidelberg 7 S.; Rig. 1. März 05.]

Frey, Hugo

Frey, Hugo, aus Livland. Kritische und experimentelle Bearbeitung der Lehre von den Reflexlähmungen mit Rücksicht auf die einschlägigen Erfahrungen der Pathologie.
Preisarbeit. Dorpat 1870.

Frey, Hugo, appr. Arzt: Gibt es papilläre Parovarialcysten? Zugleich e. Beitr. z. Kenntnis d. überzähligen Ovarien und der daraus sich entwickelnden Geschwülste; ferner e. Untersuchung über Konfluenzcysten. Heidelberg 1910: Pfeffer. 28 S. 8°
Heidelberg, Med. Diss. v. 21. Juli 1910, Ref. v. Rosthorn †
[Geb. 9. März 81 Heidelberg; Wohnort: Konstanz; Staatsangeh.: Baden; Vorbildung: Gymn. Heidelberg Reife M. 01; Studium: Heidelberg 10 S.; Coll. 2. März 08; Approb. 14. Jan. 08.] [U 10. 2056

Frey, Hugo: Ueber den Vaccineverlauf bei Impfungen mit aseptischer Lymphe. Halle a. S. 1881: Plötz. 40 S. 8°
Halle-Wittenberg, Med. Diss. v. 28. Okt. 1881
Geb. Kohlfurt (Schlesien) 19. 8. 1856. V.

Frey, J. Verschiedene ältere Abbildungen poln. Mil.-Uniformen aus der Zeit Napoleons I. Warschau 1807. 6 farb. Bl. 2°

Frey, J. Adnotationes ad M. Tullii Ciceronis epistolas I. Pr. 1873. 15 S. 4°. 2.—

Frey, J., u. **Zeller, H.,** Ueber Armuth, Betteley und Wohlthätigkeit. Hrsg. v. J. Iselin. 8°. Basel 1780.

Frey: Epistola critica de Germanico Arati interprete. 23 S.—Culm, Progr. 1861

Frey, J., die Kunst d. Zuschneidens v. Herrenkleidern. Prakt. Handbuch z. Selbstunterricht. Mit 75 Abb. auf 43 Taf gr. Lex.-8. (24 S.) Ravensburg 898. O. Maier. n. 7.—; auch in 5 Lfgn. à n. 1.40

Frey: Quaestiones Nigidianae 10 S. - Roessel. Progr. 1867.

— der rationelle Schultisch oder das hauptsächlichste Verhütungsmittel der schlechten Brustentwicklung, der schlechten Haltung u. der Rückgratsverkrümmung. Mit 8 lith. Taff. Zürich 864. Schabelitz. gr. 8. (48 S.) n. 16 ngr.

Frey, J., der rationelle Schultisch oder das hauptsächlichste Verhütungsmittel der schlechten Brustentwicklung, der schlechten Haltung und der Rückgratsverkrümmung. gr. 8. (48 S. mit 8 lithogr. Taf., wovon 7 in Buntdr.) Zürich 868, Schmidt. *

Frey, J., Das badische Vermögenssteuer-Gesetz m. Führer durch das Veranlagungs-Gesetz nebst Muster-Steuererklärungen, m. Anmerkgn. u. Sachregister. 3. Aufl. (70 S.) gr. 8. Emmendingen, Druck- u. Verlagsgesellschaft vorm. Dölter. 1907. 1. 20.

Frey, J., die Verwendung der Kraftfuttermittel. 8. (54 S.) Chur 885. (Rich.) n. — 40

Frey, J., vindiciae benedictionis sacerdotalis. Jen. 1739. 4.

Frey, J., etymologisches Wörterbuch der Veterinär-Medicin. Mit e. Anh.: über Veterinär-Literatur. 8. (IV u. 178 S.) Stuttgart 852, Ebner & Seubert. 1/2 ℳ

Frey J. neueste Zuschneide-Methode. (22 S 4 T) 4° Stuttgart (1893)

Frey, J. A., das Land, wo Jesus wandelte u. d. benachbarten Länder. Reisebilder aus Aegypten, Palästina, Syrien, Kleinasien, Griechenland u. Italien. M. e. Vorwort v. Th. Doebner. gr. 8. (VIII, 512 S. m. Abb.) Riga 897. (A. Stieda.) Geb. in Leinw. n. 5. 60

Frey, J. B., dramat. Blumenstrauß. 8. Brünn 816.

Frey, J. C., u. P. Burmann: Zwei macaronische Gedichte. s. Genthe, F. W.

Frey, J. C., de illustrationibus, quas cognitio absorbtionis in corpore hum. promovet. 4. Erfurt 795. Gerling. 9 gGr.

Frey, J.L.: De j u r a m e n t i s Hebracorum. – Basil. 1712.

Frey, J. M.

— s. B e r r n e r, Prozeß rc.

Frey, J. M., geheimnißvolle Geschichte des Casper Hauser. Seine Erziehung, Verfolgung und Ermordung. Nach den besten u. authent. Quellen bearb. u. zusammengetragen, nebst Hindeutung auf die Beurtheilung des verstorb. Hrn. von Feuerbach rc. Mit 2 Abbildd.: Hausers Erscheinen in Nürnberg. Hausers Ermordung in Anspach. 2e Aufl. gr. 8. Berl. 834. Müller. (Leipzig, Michelsen.) 1/4 Thlr.

— dass. in poln. Sprache. gr. 8. Bresl. 834. Schletter. 1/4 Thlr.

Frey, Jak., die Alpen im Lichte verschiedener Zeitalter, s.a. S a m m l u n g gemeinverständl. wissenschaftl. Vorträge.

Frey, Jac. Die Alpen im Lichte verschiedener Zeitalter. Berlin, C. Habel. 47 S. 8. (Sammlg. gemeinverst. wissenschaftl. Vortr., hrsg. von V. Virchow u. Fr. v. Holtzendorff. Hft. 274). 1. 35
1877.

Frey, J., der Alpenwald, s.a. Nationalbibliothek.

Frey, Jak., der Alpenwald, s.a. Volksbücher, Wiesbadener.

Frey, Jak., der Alpenwald, s.a. Volksschriften, Münchener.

F r e y, Jacob. Der Alpenwald. Eine Erzählung von Jakob F. 1.–20. Tausend. 91 S. 8. Wiesbaden, Verlag des Volksbildungsvereins, Buchh. Heinrich Staadt, 1906. (M. —. 20)

Wiesbadener Volksbücher Nr. 73.

Frey, Jacob. Alpenwald, Vaterhaus, Deputirte, General Massena, Kindersegen. Kl. in-8°, 162 S. Aarau, Sauerländer. 1893. gebd. 1 80

*** Siehe auch: „Nationalbibliothek", 7. Bdch.

Der Diebsbann. Der Schützenacker, s.a. V e r e i n f. Verbreitung guter Schriften, Zürich.

F r e y, Jacob. Der Diebsbann — Der Schützenacker. Erzählungen von Jakob F. [Mit illustriertem Titel.] IV + 96 S. 8. Zürich, Verein für Verbreitung guter Schriften, Februar 1909. fr. —. 20

V e r e i n für Verbreitung guter Schriften. Zürich, Nr. 73.

Frey, Jak., die feindlichen Dörfer. Die Erbkatze, s.: Verein f. Verbreitg. guter Schriften, Basel. Nr. 41.

— die Erbschaft. Der Tannenspeicher. Das Huhn des alten Pfarrers, s.: Verein f. Verbreitg. guter Schriften, Zürich. Nr. 32.

-- ausgewählte Erzählungen, s.a. H a u s b ü c h e r e i, rheinische.

F r e y, Jacob. Ausgewählte Erzählungen. [Von] Jakob F. Band 1 bis 3. Mit Einleitung von Jakob Bosshart. 8. Wiesbaden, Emil Behrend, 1906. [*je* M. —. 50, geb. —. 75]

Band 1: Der Statthalter. — Der Schützenacker. 160 S.
Band 2: Heimkehr. — Der Diebsbann. — Der Breitenhans. 160 S
Band 3: Das erfüllte Versprechen. — Das Vaterhaus — Der arme Schwingerkönig. 166 S.

Rheinische Hausbücherei. Hrg. von Prof. Dr. Erich Liesegang.... Band: 6 *u.* 7 *u.* 8.

-- drei Erzählungen, s.a. V e r e i n f. Verbreitung guter Schriften, Bern. Nr. 50.

F r e y, Jacob. Drei Erzählungen von Jakob Frey. 68 S. 8. Bern, Haller, (September) 1903. fr. —. 10

V e r e i n für Verbreitung guter Schriften (Verein Bern). Nr. 50.

Frey, Jak., gesammelte Erzählungen. 5 Bde. gr. 8. Aarau 897. H. R. Sauerländer & Co. à n. 4. —; geb. à n. 5. 20

1. (III, 400 S.) — 2. (III, 390 S.)
3. (III, 293 S.) — 4. (III, 403 S.)
5. (III, 287 S. u. Frey, Adf., Jakob Frey. Ein Lebensbild. 110 S. m. Bildn.)

Erschien auch in 25 Lfgn. à n. — 60.

— E r z ä h l u n g e n aus der Schweiz, s.a. Collection Spemann.

Frey, J. Erzählungen aus d. Schweiz. In-8°. Stuttg. Spemann. Lwd. 1 35

*** Collection Spemann, Bd 73.

Frey, Jak., die Freiämter Deputirten u. General Massena, s.: Bebie, Herm., aus helvetischen Landen.

Jacob **Frey**, Michael L i n d e n e r und Graf Froben v. Z i m m e r n hrsg. v. Karl A m r a i n. Leipzig: Deutsche Verl.-Act.-Ges. 1907. VII, 149 S. 8°

(Deutsche Schwankerzähler des XV. bis XVII. Jahrhunderts. 2.)
(Historische Quellenschriften z. Studium d. Anthropophyteia. Bd 3.) (10. 1091a 2

Frey's, Jak., Gartengesellschaft, s.a. **Bibliothek des litterar. Vereins in Stuttgart (Tübingen).**

— Gartengesellschaft, s.a. V o l k s m u n d, der, 5. Bd.

* **FREY,** Jac.

— — Ein new hübsches vnd schimpff- / liches Büchlein, genant die / G a r t e n G e s e l l s c h a f f t, / Darinn viel fröliche Gespräch, / Schimpffreden, vnnd sonst kurtzweilige / Bossen, von Historien vnd Fabulen, gefunden / werden, Wie je zu zeiten dieselben in den schönen Gär-/ten, bey den külen Brunnen, auff den grünen Wiesen, bey der Edlen / Music, auch andern ehrlichen Gesellschafften, die schweren ver- / drossenen Gemüter wider zu recreiren vnd auffzuheben, / kurtzweilig vnnd lustig zu lesen, etc. (Holzschnitt.) Newlich durch *Jacobum Freyen*, Stadt- / schreiber zu Maursmünster verfasset, / vnd an tag bracht. (Vorr. ist dat.: „1565 Martini" = 11 Novbr.) 8° 8 u. 127 Bll. (3., 4. u. drittletzte Zeile in Rothdruck.) (In Göttingen: Fab. rom. 1202.)

In K ö n n e c k e ' s Bilderatlas, Marburg 1887, S. 101, ist dieser liederliche, kaum vor 1600 entstandene N a c h d r u c k i r r i g als e r s t e A u s g a b e bezeichnet. — Zuerst gedruckt 1556. Goedeke, II, 466: „Die W i d m u n g an Reinbolden von Kageneck, Amptman zu Lor, aus Maurßmünster, auff Sanct Martins des heil. Bischoffs tag 1556. J a c o b F r e y, Statt-schreyber zu Maurßmünster.

— — N e u d r u c k d e r 1. A u s g a b e v o n 1556, nebst A n h a n g v e r w a n d t e r E r z ä h l u n g e n, hrsg. von Johannes B o l t e. Stuttgart, lit. Verein (209. Publication), 1896. 8°. 346 S. (8 Mk. Heberle, Cöln; 10 Mk. Alfr. Lorentz.)

Jakob **Frey**'s Gartengesellschaft (1556). (Hrsg.: E. K. B l ü m m l.) Leipzig: Deutsche Verlagsactienges. 1906. (IX, 108 S.) 8° [J.]

= Schwänke, Deutsche, d. 16. Jhs. Bd 2.
= **Volksmund**, Der. Bd 5. (66. 8306

—— G e s c h i c h t e n aus der Schweiz, s.a. Universal-Bibliothek für die Jugend.

F r e y, Jacob. Geschichten aus der Schweiz. Von Jakob F. Inhalt: Der Kinder Fürbitte – Ein dankbarer Knabe – Das arme Fränzele. Mit zwei Abbildungen von H Grobet. [Neue Ausg.] 68 S. 8. Stuttgart, Berlin, Leipzig, Union Deutsche Verlagsgesellschaft, [1907]. (M. —. 25, geb. —. 60)

Universal-Bibliothek für die Jugend. (Band 94.)

Frey, J., siehe: *Hausfreund.*

— Heimkehr. — Zweierlei Urkunden, s.: Verein f. Verbreitg. guter Schriften, Bern.

Die Höllenfahrt u. and. Erzählgn., s.: G o t t h e l f, Jerem.

Frey, Jac., zwischen Jura und Alpen. Erzählungen und Lebensbilder. 2 Bde. Leipzig 858. Weber. 8. (4 Bl., 284; 3 Bl., 284 S.) n. 2 ℔ 15 ngl

— Zwischen Jura und Alpen. Erzählungen und Lebensbilder. 3. Bd. Basel 863. Krüsi. 8. (343 S.) 1 ℔ 10 ngr.
Inhalt: Die Waise von Holligen. Erzählung aus den Tagen des Untergangs der alten Eidgenossenschaft.

— Kindersegen, s.: Verein f. Verbreitg. guter Schriften, Bern. Nr. 38.

Frey, J[acob]. Prüfung und Inspektion in der Volksschule. Referat zu Handen der Mitglieder der thurgauischen Schulsynode. 72 S. 8. Frauenfeld, Huber & Co., 1901.

Frey, Jac., Schweizerbilder. Erzählungen aus der Heimath. 2 Thle. Aarau 864. Sauerländer. 8. (VI, 693 S.) 3 ℔

Frey, Jac., Schweizerbilder. Erzählungen aus der Heimath. 2. Ausg. 2 Thle. 8. (III, 347; III, 346 S.) Aarau 869, Sauerländer's Verlag.

— Schweizerbilder. Erzählungen aus der Heimath. Neue Volksausgabe. 8 Lfgn. 8. (1. Bd. 347 u. 2. Bd. 346 S.) Aarau 877. Sauerländer. à — 60

—— neue Schweizerbilder. Erzählungen. Mit der Biographie und dem Bildniß des Verf. (in Holzschn.). 8. (XIV, 295 S.) [Bern 878, Frobeen und Comp.] Luzern, Prell. (* M 3.)

—— s.a. Schweizerland, das, in Bild und Wort.

Frey, Jacob. Das Schweizerland in Bild und Wort (La Suisse illustrée). Dargestellt in malerischen Original-Ansichten und von verschiedenen Künstlern in Stahl gestochen. Mit geschichtlich-, topo- und orographisch-physikalisch- und ethnographisch-erläuterndem Text v. Dr. Jakob F. 2 Hälften. 4. Basel, London, Paris. [1867].
1. Hälfte. [Mit 92 Tafeln.] — 2. Hälfte. [Mit 68 Tafeln.]

— Die Tochter vom Oberbühl, s.a. Verein zur Verbreitung guter Schriften, Bern.

— die Tochter vom Oberbühl, s.a. Volksbücher, Wiesbadener.

Frey, Jacob. Die Tochter vom Oberbühl. Eine Erzählung von Jakob F. 1. bis 20. Tausend. 112 S. 8. Wiesbaden, Verlag des Volksbildungsvereins, Buchh. Heinrich Staadt, 1906.
Wiesbadener Volksbücher Nr. 77.

Zweierlei Urkunden, s.a. Bücher, bunte.

Frey, Jacob. Zweierlei Urkunden. Erzählung aus der Schweiz von Jakob F. Hrg. von der Freien Lehrervereinigung für Kunstpflege in Berlin. [Umschlag illustriert.] 48 S. gr.-8. Reutlingen, Ensslin & Laiblin, [1909]. (M. —. 20)
(Bunte Bücher. Nr. 2—3.)

— der Verbrecher in Gedanken, s.: Verein f. Verbreitg. guter Schriften, Basel.

Frey, J., siehe: *Verein zur Verbreitung guter Schriften.*

— das erfüllte Versprechen, s.: Hausbibliothek, neue, f. Stenographen n. d. Einigungssystem Stolze-Schrey. 4.

Frey, Jacob. Die Waise von Holligen. Erzählung aus den Tagen des Untergangs der alten Eidgenossenschaft von Jakob F. Volksausgabe. [Mit illustriertem Umschlag.] II + 211 S. 8. Aarau, H. R. Sauerländer & Co., (1907). [fr. 1. 80]

dasselbe s.a. Verein f. Verbreitung guter Schriften, Bern.

Frey, Jacob. Die Waise von Holligen. Erzählung aus den Tagen des Untergangs der alten Eidgenossenschaft von Jakob F. (Mit einer Abbildung des Schlosses Holligen [Tafel und Titelvignette].) IV + 260 S. 8. Bern, Verein für Verbreitung guter Schriften (**Innentitel*: Haller'sche Buchdr.), Dezember 1910. fr. —. 40
* Verein für Verbreitung guter Schriften. Bern, Nr. 79.

Frey, Jakob Christoph: De praejudiciis quae ex causa libertatis praecipue moribus nostrae civitatis competunt. 22 S. Basel, Jur.Diss.v. 1.Feb.1709.

— **Jacob Michael** (Pulawy/Polen), De cataracta. Diss. med.-chir. Bln. (Gebr. Unger) 20. IX. 1830. 55 S. mit Biogr. (M.: M. v. Perdon.) (5.—)
Oppon.: X. Junker, V. Siekaczynski, A. Grofe. — Gew.: Johann Stummer, Marthin Rolinski.

Frey, Jean (Red.), s. Wochenzeitung, Schweizer, für Kriminal-Polizeipflege ...

Frey, Ignaz „Einige Notizen über ein in der St. Benedicten-Kirche zu Freysing befindliches altes Glasgemälde nebst Abbildung desselben". pg. 3—10. 4°. Mit einer Tafel. Wittwe Müller.
Freising, Progr. 1841/42

Frey, Ildephons, Erklärung der Offenbarung des heil. Johannes als prophetischen Schlüssel zu den Schicksalen der Kirche. Ottobeuren, Ganser, 1831—1832. 2 Bde. 2. (?) Aufl.
1. Aufl. 1822. Opus posthumum.

Frey, Jh. Chr., (†...) Beweis von Gott u. s. Vorsorge, vernunft- u. schriftmäßig ausgeführt, mit e. Vorrede v. C. G. Hoffmann. 8. Dresd. 754. Gerlach. 8 gl.

Frey, Johann Conrad, s. Frey, Johann Konrad

Frey, Joh. Jak., kurze u. vollständ. Anleit. z. Obstbaumzucht. (Als 2. Bd. d. Handbuchs d. gemeinnütz. Wissenschaften.) Mit 1 Steintaf. 8. 2. Aufl. Bern, 1832. Dalp. — 11¼ weiss. Pap. — 17½

Frey, Johann Jacob (Gontenschwyl)
Die Behandlung der Lähmungen und Verkrümmungen nach mechanischer, operativer, galvano-elektrischer und schwedisch-heil-gymnastischer Methode.
Zürich: Schabelitz 1860. 102 S.
[hat als MS vorgelegen.]
Dr. med. Giessen 4.2.1859.

— **Joh. Jacob** (Lindau), De comissationibus veterum ex Graecis Romanisque antiquitatibus. Diss. philos. Präs. Christian Gottlieb Schwarz. Altdorf (Joh. Adam Hessel) 9. IX. 1744. 52 S. mit Widm. v. Präs. (5.30)

Frey, J(oh.) Jac., rationelle schweizerische Forstwirthschaft zu Berg und Thal, nebst der zahmen Baumzucht auf Bergen, für Forstbeamtete, Gemeindevorsteher, Holzarbeiter, Fabrikanten, land- und forstwirthsch. Vereine, Schullehrer und Privaten, nach den neuesten Erfahrungen. Mit 8 Abbild. gr. 8. (VIII und 112 S. mit 1 Stnt. in 4.) Winterthur 847, Literarisches Comptoir von Hegner, älter.

Frey, Jh. Jak., kleines Handbuch d. gemeinnützigsten Wissenschaften, oder d. Wissenswertheste aus d. Landwirthschaft, d. Obstbau, d. Forstwesen, d. Straßen- u. Flußbau. 2 Bde in 4 Abthl, 2e umgearb. u. vermehrte Aufl. Mit 3 Steintaf. 8. Bern u. Chur 832. Dalp. 1 ℔ 4 gl. weiß P. 1 ℔ 12 gl. Velinp. 2 ℔ (Auch u. folg. Tit.: I. 1. Kurze u. vollständ. Anleit. zur Landwirthschaft. 18 gl. I. 2. Anleit. zur Obstbaumzucht. 9 gl. II. 1. Anleit. z. Forstwesen, nebst e. Anhang, enthalt. Jagd u. Fischerei. 14 gl. II. 2. Anleit. z. Straßen u. Flußbau, mit Hinweis. auf d. Macadamsche System. 16 gl.)

Frey, Johann Jakob. Christliche Leichpredigt. Vber Den denckwürdigen Spruch... Davids / Psalm XXXIX. vers. 10.... Gehalten den 6. Decembr. 1683... in Basel Bey Ansehenlicher Bestattung / Deß... Herren Joh(ann) Rudolph Thurneysens / des Rahts.... 4. [Basel.]

Frey, Johann Jacob. Christliche Leich- vnd Trost-predigt.... Gehalten den 13. Octobr. Anno 1667. ... zu Basel: Bey Ansehnlicher Bestattung . Deß... Herren Hieronymi Burckhardten / gewesenen Beysitzeren eines Loblichen Stattgerichts / in der mehreren Statt. 4. [Basel.]

Jo. Jac. Frey de more Diis simulacra membrorum consecrandi. Altorf. 1746. 4.

Frey, I. Iac., Comment. de Muntmannis. 4. Altdorf, (Monath, Norimb.) 749.

— — Commentatio de muntmannis qua simul quid mundeburdium fuerit uberius ostenditur. Nürnberg u. Altdorf (Lorenz Schupfel) 1749. 80 S. (6.50)

Frey, J[ohann] J[acob]. Predigten von [†] J. J. F', seiner Zeit Pfarrer..., hernach Seminardirektor in Kreuzlingen. Aus dem Nachlass hrg. ([von] Johann Baumgartner, Pfarrer, [und] Walther Gimmi, Pf'). Mit Portrait und Faksimile. VI + 368 S. 8. Aarau, H. R. Sauerländer & Co., 1906.

Frey. J. J. Taschenbuch für schweiz. Ingenieure. Zürich 1838.

— Witterungskunde nach dem neuesten Zustande dieser Wissenschaft für Landwirthe, Gewerbsleute, Lehrer u. Freunde der Naturwissenschaften. gr. 8. (VI u. 128 S.) Zürich 847. (Hanke.) n. 12 ngr

Frey, Johann Josef, s. F r e y , Josef

Frey, Johann Konrad

Frey, J[ohann] C[onrad]. Zum Andenken an Dr. H(einrich) Eduard Suter in Pfäffikon. Geboren am 27. November 1820, gestorben am 8. Dezember 1891. Ein Lebensbild verfasst von J. C. F'.... 8. (Pfäffikon 1892.)

Frey, Johann Ludwig (Präs.), s. F e s c h , Lukas: De Cyro . . .

Frey, Joh. Nic. (Darmstadt)
Nullitas actionum hominis indifferentium.
Gissae 18. Jan. 1700: Joh. Reinh. Vulpius. 23 S. 4°
pro licentia praesidendi ac aperiendi collegia philosophica
(Über diese Diss. vgl. UA, Phil C 4, 1, S. 206.)

— Johann Rudolph (Bas.), De variis in historia vetustiori auctorum dissensionibus. Diss. philos. Präs. Jacob Christoph Beck. Basel (E. & J. Rod. Thurnisius) 29. I. 1740. 14 S. (4.50)

Frey, Joh.Rudolf: De t h e s a u r i s eorumque jure. 21 S.– Basel, Jur.Diss.v.16.Mai 1749.

Frey, Johs., die theologische Fakultät der kais. Universität Dorpat-Jurjew 1802—1903. Historisch-biograph. Album m. Beiträgen früherer u. jetz. Glieder der Fakultät bearb. u. hrsg. Mit 1 Titelbilde, 35 Portr. u. 4 Diagr. (XII, 232 S.) Lex.-8. Reval 905. F. Kluge. n. 5. —; geb. in Leinw. n. 6. 50

Frey, Johs., die zweimalige römische Gefangenschaft u. das Todesjahr des Apostels Paulus. Ein Beitrag zur neutestamentl. Chronologie. gr. 8. (39 S.) Jurjew (Dorpat) 900. (Leipzig, A. Deichert Nachf.) n. — 80

Frey, Johs., aus der Geschichte der Universitäts-Kirche zu Dorpat. Zur Erinnerg. an die Feier des 50-jähr. Gedenktages der Einweihg. der Kirche am 31. I. 1860—1910. (63 S. m. 6 Taf.) Lex. 8. Dorpat (910). (J. G. Krüger.) 1. 20
2 Sonderabdr. a. „Acta et commentat. imp. Univ. Juriev".

Frey, J[ohannes]: Aus der Geschichte der Universitäts-Kirche zu Dorpat . . . . 1860—1910. — Dorpat 1910: Mattiesen. 63 S. mit 6 Bildtaf. 4°

Frey, Johs., der slavische J o s e p h u s b e r i c h t üb. die urchristl. Geschichte nebst seinen Parallelen, kritisch untersucht. (IV, 281 S.) Lex. 8. Leipzig 908. A. Deichert Nachf. 5. —

Die letzten Lebensjahre des Paulus, s.a. Zeit- u. Streitfragen, biblische.

Die letzten Lebensjahre des Paulus. Eine Studie z. Geschichte d. apostol. Zeitalters von Mag. theol. Johannes **Frey**, Dorpat. Gr.-Lichterfelde: Runge 1910. 55 S. 8°
(Biblische Zeit- u. Streitfragen z. Aufklärung d. Gebildeten. Ser. 6, H. 3.)

Frey, J., zu Lysias. gr. 4. (31 S.) Zürich 864. (Berlin, Calvary und Comp.) *

Frey [S. 31 richtig: Frei]. J[ohannes]: Zu Lysias. Zür. Zürcher u. Furrer Dr. 1864. 1 Bl., 31 S. 4°.
Programm der Kantonsschule in Zürich 1864.

FREY, Johannes: Probetur ius naturae existere praesertim habita ratione eorum quae a modernis auctoribus Hungaricis contra ius naturae afferuntur. — (1901) 91 Bl. 4° (Handschr.) Diss. 794
Diss. Wien, Univ.

— die P r o b l e m e der Leidensgeschichte Jesu. Beiträge zur Kritik der Evangelien. 1. Tl. (VII, 160 S.) gr. 8. Leipzig 907. A. Deichert Nachf. n. 3. 50

Frey, Johs., T o d. Seelenglaube u. Seelenkult im alten Israel. E. religionsgeschichtl. Untersuchung. gr. 8. (VIII, 244 S.) Leipzig 898. A. Deichert Nachf. n. 3. 75

Frey, Jos., ABC-Buch. Nach d. beiden Grundsätzen e. rein synthet. Verfahrens u. e. engen Verbindg. v. Sach- u. Sprachunterr. bearb. gr. 8. (96 S. m. 70 Abb.) Stuttgart 895. J. Roth. n.n. — 50; kart. n.n. — 60

Frey, Jos., ABC-Buch. Nach den beiden Grundsätzen e. synthet. Verfahrens u. e. engen Verbindg. v. Sach- u. Sprachunterricht bearb. 4. Aufl. (96 S.) 8. Schwäb. Gmünd 904. (B. Kraus.) Kart. n.n. — 60

Frey, Jos., die Anfangsgründe des Klavierspiels. (Elementary instruction of pianoforte-playing. — Instruction élémentaire du piano.) Ein prakt. Lehrgang f. das erste Unterrichtsjahr m. zahlr. method. Erläutergn. hoch 4. (77 S.) Leipzig 899. Breitkopf & Härtel. 8. —

Frey, Joseph De Alcuini arte grammatica commentatio. (14 S.) **Progr.** Paulinisches G. *Münster* 1886 (334)

Frey, J., Auswahl aus d. Leben u. Thaten Jesu. 8. Basel 790.

Frey, Joseph (Anton) (geb. Jassy 1. 7. 1857): Beitrag zur Lehre von Taenia Echinococcus. Berlin (1882). (30 S.) 8°
Berlin, Med. Diss. v. 12. Aug. 1882

Frey, Jos. Beiträge zur Geschichte des deutschen Schulwesens im Mittelalter. I. Die rostocker Kinderlehre. II. Über Scholaris und verwandte Begriffe. 23 S. **Progr.** *Rössel* 1878.

Frey, Jos., marianische Bilder, unter denen die hl. Schrift, die hl. Väter u. fromme Geisteslehrer die seligste Jungfrau Maria uns vorstellen. Ein kleiner Beitrag zur Vermehrg. der Andacht zur seligsten Gottesmutter während d. Maimonats. 16. (271 S. m. 1 Stahlst.) Paderborn 885. Junfermann. n. 1. 20

Frey, Jos., geistlicher B l u m e n g a r t e n. Eine Auswahl schöner Gebete und Belehrungen für die vorzüglichsten Andachten eines Katholiken. Paderborn 860. Junfermann. 16. (587 S. u. 1 Stahlst.) n. 15 ngr.

Frey, Jos., geistlicher Blumengarten. Eine Auswahl schöner Gebete u. Belehrungen für die vorzüglichsten Andachten eines Katholiken. 2. Aufl. Paderborn 870. Junfermann. 8. (640 S. u. 1 Stahlst.) 15 ngr.

Frey, Jos[eph], Dir. Geh. Regierungsrat Dr.: Über das mittelalterliche Gedicht 'Theoduli ecloga' und den Kommentar des Bernhardus Ultraiectensis. Münster 1904: Aschendorff. (S. 1—19.) 4°
Münster i. W., k. Paulinisches G P 1904 (420)

Frey, Jos[ef], Dir. Geh. Reg.R. Dr.: Die **Feier** der Einweihung des neuen Gymnasialgebäudes. *Münster 1899: Aschendorff.* (S. 3—16.) 4°
Münster i. W., k. Paulinisches G, P 1899 (378)

Frey, Jos., der Christin Gebete. Ein Gebet- u. Belehrungsbuch f. kathol. Christen m. besonderer Rücksicht auf die Jugend. 16. (VIII, 344 S.) Paderborn 870. Junfermann. n. — 60

Frey, Jos(ef), Dir. Geh. Regierungsr. Dr.: Zur **Geschichte** des Königlichen Paulinischen Gymnasiums in der ersten Hälfte des neunzehnten Jahrhunderts. *Münster 1903: Aschendorff.* (24 S.) 4°
Münster i. W., k. Paulinisches G, P 1903 (416)

Frey, Jos. Geschichte des Gymnasiums zu Rössel bis zum Jahre 1780. 15 S. **Progr.** *Rössel* 1880.

Frey, Josef [Dir. Dr.]: Zur Geschichte der lateinischen Schulgrammatik. Münster, Druck d. Aschendorffschen Buchdr., 1895; 3—24 S. 4.
Münster i. W., k. Paulinisches G, P 1895 (364)

[Ant. u. F.] **Frey**, Josef [Dr. Dir.]: Das Paulinische Gymnasium zu Münster. E. geschichtl. Überblick. Münster i. W., Druck d. Aschendorffschen Buchh., 1897; 22 S. 8.
Münster i. W., k. Paulinisches G, P 1897 (370)

— Handbuch f. d. vereinigten Sach- u. Sprachunterricht d. 1. Schuljahrs. E. Beitrag z. Reform d. ersten Lese- u. Schreibunterr., sow. d. Anschauungsunterrichts; zugl. Kommentar z. d. Verf. ABC-Buch. gr. 8. (456 S. m. Abb. u. 1 Taf.) Ebd. 896. n. 4. 80

— Handbuch f. den vereinigten Sach- u. Sprachunterricht des ersten Schuljahres. 2. Aufl. (VIII, 432 S. m. Abbildgn. u. 1 Schrifttaf.) 8. Ebd. 905. Geb. n. 4. 80

Frey, P. Jos, S. J., die Heiligkeit in d. Krankenstube. Lesgn., Betrachtgn u. Gebete f. Kranke. 12. (IV, 340 S. m. Titelbild.) Paderborn 897. Junfermann. n. 1. 60; geb. in Leinw. n. 2. 40

Frey, J., der hl. Joseph, der Mann nach dem Herzen Gottes. Ein kleiner Beitrag zur Verehrg. d. hl. Joseph während d. Märzmonats. 16. (336 S. m. 1 Stahlst.) Paderborn 888. Junfermann. n. 1. 20

Frey, Jos., der studirende Jüngling in seinem Wandel und Gebet. Ein Lehr- und Gebetbuch. 16. (384 S. mit 1 Stahlst. und Titel in Stahlst.) Paderborn 862, Junfermann'sche Buchh. *

—— der studirende Jüngling in seinem Wandel und Gebet. Ein Lehr- und Gebetbuch. 2. verb. Aufl. 16. (400 S. mit 1 Stahlst. und 1 Chromolithogr.) Paderborn 872, Junfermann'sche Buchh. *

Frey, Jos., der studirende Jüngling in seinem Wandel und Gebet. Ein Lehr- und Gebetbuch. 3. verb. und 4. Aufl. 16. (400 S. mit chromolithogr. Titel und 1 Stahlst.) Paderborn 876, Junfermann'sche Buchh. *

Frey, Jos., der studirende Jüngling in seinem Wandel u. Gebet. Ein Lehr- u. Gebetbuch. 5. Aufl. 16. (400 S. mit chromolith. Titel u. 1 Stahlst.) Paderborn 881. Junfermann. n. 1. 50

—— der studierende Jüngling in seinem Wandel und Gebet. Ein Lehr- und Gebetbuch. 7. Aufl. 16. (424 S. mit farb. Titel und 1 Stahlst.) Ebendas. 887. *

— der studierende Jüngling in seinem Wandel u. Gebet. Ein Lehr- u. Gebetbuch. 8. Aufl. 16. (424 S. m. Farbentitel u. 1 Stahlst.) Ebd. 889. n. 1. 50

Frey, Jos., der studierende Jüngling in seinem Wandel u. Gebet. Ein Lehr- u. Gebetbuch. 9. Aufl. 16. (424 S. m. farb. Titel u. 1 Stahlst.) Paderborn 891. Junfermann. n. 1. 50

— der studier. Jüngling in s. Wandel u. Gebet. Ein Lehr- u. Gebetbuch. 12. Aufl. 16. (446 S. m. farb. Titel u. 1 Stahlst.) Ebd. 898. n. 1. 50; geb. von n. 2. 10 bis n. 5. —

Frey, Jos., S. J., der studierende Jüngling in seinem Wandel u. Gebet. Ein Lehr- u. Gebetbuch. 15. Aufl. (446 S. m. 1 Stahlst.) 16. Paderborn 905. Junfermann. n. 1. 50; geb. von n. 2. 10 bis n. 5. —

—— der gute Congreganist. Ein Gebet- und Belehrungsbuch für Studirende, welche der Marianischen Congregation angehören. 1. Aufl. 1857. und 2., verb. und verm. Aufl. 16. (554 S. mit 1 Stahlst.) Paderborn 861, Junfermann'sche Buchh. *

—— der gute Congreganist. Ein Gebet- und Belehrungsbuch für Mitglieder der marian. Congregation. 4. Aufl. 16. (IV, 69 S.) Paderborn 871, Junfermann'sche Buchh. *

— der gute Kongreganist. Ein Gebet- u. Belehrungsbuch f. Mitglieder der Marian. Kongregationen. 8. Aufl. 16. (112 u. 112 S.) Ebd. 892. — 75

— d. gute Kongreganist. Ein Gebet- u. Belehrungsbuch f. Mitglieder d. marian. Kongregationen. 9. Aufl. 16. (112 S.) Ebd 895. — 75; geb. in Leinw. n 1. —

-- der gute Kongreganist. Ein Gebet- u. Belehrungsbuch f. Mitglieder der marian. Kongregationen. 11. Aufl. (112 S.) 16. Ebd. 905. n. — 75; geb. in Leinw. n. 1. —

Frey, Josef: Die am Paulinischen Gymnasium seit dem Ausgange des Mittelalters gebrauchten Lehrbücher der lateinischen Sprache. *Münster i. W. 1898: Aschendorff.* (129—135 S.) 8°
Münster i. W., k. Paulinisches G, Festschr. 1898

— Leitfaden für die heranwachsende römisch-katholische Jugend. Ein Lehr- u. Gebetbuch. 16. (382 S. mit 2 Chromolith.) Einsiedeln 878. Benziger. — 75

Frey, Joseph. Leitstern für die heranwachsende römisch-katholische Jugend. Ein Lehr- und Gebetbuch. In-18°, 384 S. Mit Illustrationen. Einsiedeln, Benziger. 1878. — 90

Frey, J., Lippspringe. Ein Kurort f. Lungenkranke. gr. 8. (70 S. m. 1 farb. Taf.) Paderborn 890. Junfermann. n. 1. —

Lippspringe. Ein Kurort f. Lungenkranke. Von Dr. [Joh. Jos.] **Frey**, San.R. in Lippspringe. 2. umgearb. u. verm. Aufl. ⟨Mit 1 Taf.⟩ *Paderborn: Junfermann 1899.* (83 S.) 8° [illegible]

Frey, Joseph, Referendar: Der Nießbrauch an einem Vermögen nach dem Bürgerlichen Gesetzbuch. Borna-Leipzig 1910: Noske. IX, 114 S. 8°
Heidelberg, Jur. Diss. v. 22. Okt. 1910, Ref. Schröder
[Geb. 10. Juli 85 Weiler, Kr. Schlettstadt; Wohnort: Weiler; Staatsangeh.: Elsaß-Lothringen; Vorbildung: Bisch. Gymn. Straßburg Reife M. 06; Studium: Straßburg 2, Berlin 1, München 1, Straßburg 4 S.; Rig. 4. Aug. 10.]
[U 11. 1993

Frey, J.: Rückblick auf die frühere Geschichte der Anstalt (Gymnasium.) Rössel. 1867.
Schul-/Univ.-Schrift.

Frey, Josef [Dir. Dr.]: *Professor Dr. Anton Schnorbusch, gest. im Dezember 1893. — Professor Dr. Hubert Kreuzer, gest. am 25. Februar 1891.* Münster, Druck d. Aschendorffschen Buchdr., 1894; 43—44 S. 4.
Münster i.W., k. Paulinisches G, P 1894 (359)

Frey, Ioannes Iosephus ⟨geb. am 27 Okt. 1834 in Barmen bei Jülich⟩: De Aeschyli scholiis Mediceis . . . Bonnae, typ. Carthausianis (1857). 1 Bl., 39 S., 1 Bl. 8:
Bonn, Phil. Fak., Diss. v. 7 März 1857

Frey, Josef [Dir. Dr.]: Schulen im heutigen Westfalen vor dem vierzehnten Jahrhundert. Münster, Druck d. Aschendorffschen Buchdr., 1894; 1—28 S. 4.
Münster i.W., k. Paulinisches G, P 1894 (359)

Frey, J. Lateinische Schulgrammatik. 3. A. Zürich 1867.

Frey, Joseph [Dir. Dr.]: Über die Schulordnung des Hochstifts Münster vom Jahre 1776. Münster, Druck d. Copponrathschen Buchdr., 1889; S. 1—24; 4°
Münster, k. Paulinisches G, OP 1889 (340)

Frey, *Johann Josef Provinzial-Schulrat Geh. Regierungsrat Dr. Ferdinand Schultz, gest. am 2. Dezember 1893. – Professor Dr. Anton Schnorrbusch, gest. in der Nacht vom 17. zum 18. Dezember 1893 – Professor Dr. Hubert Kreuzer, gest. am 22. Febr. 1891* 4 (S. 42—44). Kgl. Paulinisches G. *Münster i. W.* 1894 (359).
Progr.

Frey, Josef [Dir. Dr.]: *Provinzial-Schulrath a. D. Geh. Regierungsrath Prof. Dr. Ferdinand Schultz, gest. am 2. Dezember 1893.* Münster, Druck d. Aschendorffschen Buchdr., 1894; 42—43 S. 4.
Münster i.W., k. Paulinisches G, P 1894 (359)

Frey, Jos., die Marianische Sodalität. Ein Gebet- und Unterrichtsbuch für Marianische Sodalen des Bisth. Paderborn. gr. 16. (660 S. mit 1 Stahlst.) Paderborn 860, Junfermann'sche Buchh. Thlr. *

—— die marianische Sodalität. Ein Gebet- und Unterrichtsbuch für marian. Sodalen. 8. (III, 176 S.) Paderborn 870, Junfermann'sche Buchh. *

— die marianische Sodalität. Ein Regel- u. Gebetbuch f. marian. Sodalen. 2. Aufl. 16. (264 S.) Ebd. 897. Geb. in Leinw. n.n. — 65

— die marianische Sodalität. Ein Regel- u Gebetbuch f. marian. Sodalen. 3. Aufl. (264 S.) 16. Ebd. 905. Geb. in Leinw. n.n. — 65

Frey, *Josef* [Dir. Dr.]: **Die Thätigkeit Münsterischer Humanisten auf dem Gebiete der lateinischen Syntax. Münster, Druck d. Aschendorffschen Buchdr., 1890; 3—17 S. 4.**
Münster i. W., k. Paulinisches G. P 1890 (360)

Frey, Jos., lateinisch-deutsches Wörterbuch für den Schulgebrauch. (VIII, 654 S.) gr. 8. Münster 909. Aschendorff. 4.80; geb. in Leinw. 6. -

Frey, Joseph Anton, s. Frey, Joseph

Frey, Jos. Sam. C. F., Joseph u. Benjamin, e. Reihe v. Briefen üb. d. religiöse Streitfrage zwischen Juden u. Christen, die wichtigsten Lehren d. christl. Religion enthalt. N. d. 5. amerikan. Aufl. a. d. Engl. übers. 8. (35½ B.) Berlin 839, (Wohlgemuth's Buchh.) *

Frey, Jul. (J. A. Bergk), über die Besserung des Menschen, s. Th. Kop. Lavater, Nachdenken über mich selbst.

— s. Bonaparte's Feldzug in Italien.

Frey, Jul., das badische Einkommensteuer-Gesetz in seiner neuesten Fassg. m. Führer durch d. Veranlagungs-Gesetz, nebst Muster-Steuererklärgn., m. Anmerkgn. u. Sachregister. (67 S.) gr. 8. Emmendingen 908. Druck u. Verlags-Gesellschaft vorm. Dölter. 1. 20

Frey, Jul., kurzgefaßte Geographie für Volksschulen. 12. (53 S.) Dortmund 862, Krüger. cart.

Frey, J[ulius]. Schweiz. [Von] J. F". Offizielle Karte des Automobil-Club der Schweiz. Bearb. & ausgeführt von Kümmerly & Frey..., Bern. — *A. u. d. T.:* Suisse. [Par J. F".] Carte officielle de l'Automobile-Club de Suisse.... 1 Bl. quer-fol., *zus.-gefaltet mit illustr. Titeln* 8. Bern und Leipzig, Geographischer Kartenverlag Bern = Berne, Société de cartes géographiques, [1907]. auf Papier fr. 4.—, auf Papyrolin 5.—
Titel auf dem Blatt: Schweiz. [Von J. F".] Off — — Bern = Suisse — — de Suisse.... Masstab 1: 400,000. Echelle. 615/935 mm. Reliefbearbeitung von H[ermann] Kümmerly. Geographische Anstalt H. Kümmerly & Frey, Bern. Société de cartes géographiques Berne.... — *Rückseite des Blattes bedruckt (mit Illustrationen).*

Frey, J. Die finanzielle Kriegsbereitschaft der Schweiz. (Raschers Jahrbuch, herausgegeben von K. Falke. Jahrgang I. Zürich 1910.)

Frey, Julius. Die alten und neuen Churfürsten und Fürsten . . . Leipzig u. Gera 1804. H: *Bergk, Joh. Adam.* (MGT)

Frey, Jul., (J. A. Bergk), d. alten u. neuen Kurfürsten u. Fürsten, als Regenten u. als Menschen geschildert. Leipz. 804. Expedit. d. europ. Aufsehers.

Frey, Julius. Die neuen und alten Churfürsten und Fürsten der Entschädigungs-Länder, als Mitglieder des deutschen Reiches, als Regenten und als Menschen geschildert. Hauptsächlich die Angabe der Verluste und Entschädigungen, welche dieselben in Folge des Friedens von Luneville erlitten, bezw. erhalten hatten. Mit Portraits. 8. Leipzig und Gera 1804.

Frey, Julius. Die Mobilisirung einer Feldbatterie für den aktiven Dienst. Vortrag, gehalten am Brigade-Rapport Februar 1887. In-8°, 68 S. Aarau, H. R. Sauerländer. 1887.

Frey, Jul., das Projekt e. Fusion der schweizerischen Centralbahn u. der **schweizerischen Nordostbahn.** Eine **eisenbahnpolit. u. eisenbahnrechtl. Studie als** Beitrag zur Lösg. der **schweizer. Eisenbahnfrage. gr. 8.** (VII, 250 S. m. 11 Tab.) **Aarau 893. H. R. Sauerländer & Co.** n. 3.—

Frey, J[ulius]. Spezialkarte des Exkursions-Gebietes der Montreux-Berner-Oberland-Bahn. [Von] J. F". Bearb. und ausgeführt von Kümmerly & Frey, Bern.... unter Mitwirkung der M. O. B. [Reliefkarte.] — *A. u. d. T.:* Carte d'excursions de la région du chemin de fer M'-O'-Bernois. [Par] J. F".... 1 Bl. quer-fol. *zus.-gefaltet mit illustr. Titeln* 8. Bern und Leipzig, Geographischer Kartenverlag Bern = Berne, Société de cartes géographiques..., [1907]. auf Papier fr. 3.—, auf Lwd. 4. —
Titel auf dem Blatt: J. F". Région du Chemin de fer Montreux-Oberland bernois = Exkursionsgebiet der M'-Berner O'-Bahn. Avec la permission du Bureau topograph. fédéral. Echelle 1:75 000 Masstab. 611/893 mm. Dressée d'après les documents les plus récents et nos propres levés par Kümmerly & Frey, Institut géographique, Berne. Société de cartes géographiques Berne....

Frey, Julius, Untersuchung von Bodenluft in Dorpat. Ausgeführt in den Monaten Juli bis September 1890. Diss. Dorpat. 8°. 38 pp.

Frey, J., Untersuchungen v. Bodenluft in Dorpat. Ausgeführt in den Monaten Juli bis Septbr. 1890. (38 S.) Dorpat 890. Karow. Verl.-Cto. n. 1.—

— **Das badische Vermögensteuer-Gesetz** m. Führer durch das Veranlagungs-Gesetz nebst Muster-Steuererklärungen, m. Anmerkgn. u. Sachregister. 3. Aufl. (70 S.) gr. 8. Ebd. 907. 1. 20

Frey, J. Warum nennen wir uns Protestanten. Leipz. 1826. H: *Bergk, Joh. Adam.* (MGT)

Frey, (Jul.) Warum nennen wir uns Protestanten? Beantwortet. M. Bemerkk. über den Uebertritt von e. christl. Kirche z. andern u. d. Schreiben d. Königs v. Preußen Friedrich Wilhelm III. an die Herzogin v. Cöthen. 3e Aufl. M. e. Erklärung d. Herzogs v. Cöthen. 8. Lpzg. 826, Expeb. d. europ. Aufsehers.

— Nachtrag zu d. Schrift, warum nennen wir uns Protestanten, nebst Fr. Jacobi's drei Briefen u. einem v. Lavater über d. Grafen F. L. v. Stollbergs Uebertritt, u. e. Cabinetsordre d. Königs v. Preußen, Fr. Wilhelm III. 8. Leipz. 826. Exped. d. europ. Aufsehers. 6 K

— was hat der Staat u. was hat die Kirche für Zwecke, in welchem Verhältnisse stehen beide zu einander? Beantwortet. 8. Leipz. 827, Exped. d. europ. Aufsehers.

Frey, Justus [Pseud.], s.a. Jeitteles, Andreas Ludwig

Frey, Just., gesammelte Dichtungen, s.a. Bibliothek deutscher Schriftsteller aus Böhmen. 10. Bd.

FREY, Justus
(F) Gesammelte Dichtungen von Justus Frey. Herausgegeben von seinem Sohne. Mit dem Bildnisse des Dichters. Prag. 1899. Calve. Gr. 8°. XL, 415 S. fl. 1.50

Frey, Just., Gedichte. 1. u. 2 Sammlung. 8. (IV, 185 u. 168 S.) Graz 874. Cieslar. à n. 2 —

Frey, Justus, Spruchdichtungen aus dem Nachlasse. (XI, 135 S.) kl. 4. Wien 903. W. Braumüller. n. 1. 80

Frey, K. J., Betrachtungen von dem Leiden und Sterben Jesu Christi. 8. Augsb. Wolf. 733.

Frey, Karl, s.a. Falke, Konr.

Frey, Karl, Aeschylus-Studien. gr. 8. (76 S.) Schaffhausen 875. Baader. n. 1. 40

Frey, Karl, Aeschylus-Studien. gr. 4. (66 S.) Bern 879. (Jent & Reinert.) n. 2. —

Frey, Karl, Rechtsprakt.: Agrarverfassung und Markgenossenschaft des alamannischen Dorfes Wollmatingen. Heidelberg: Winter 1910. 81 S. 8° ¶ (Ersch. vollst. u. d. T.: Wollmatingen. Beitr. z. Rechts- u. Wirtschaftsgesch. e. alam. Dorfes, als: Deutschrechtl. Beiträge. Bd 5, H. 2.)
Göttingen, Jur. Diss. v. 7. Juli 1910, Ref. Beyerle
[Geb. 16. Mai 85 Waldshut; Wohnort: Lahr, Baden; Staatsangeh.: Baden; Vorbildung: Gymn. Konstanz Reife M. 03; Studium: Breslau 1, München 1, Berlin 1, Breslau 1, Freiburg i. B. 3 S.; Rig. 5. Mai 09.] [U 10. 1334

Frey, Karl, wissenschaftliche Behandlung u. künstlerische Betrachtung. Mit besond. Berücksicht. der akadem. Interpretation literar. Kunstwerke. (47 S.) 8. Zürich 906. Art. Institut Orell Füssli. n. 1. 20

Frey, Carl [aus Aarau]: Beiträge zur Kenntniss des Eugenols, des Isoeugenols und des Vanillins ... München, Münchner Handelsdr. & Verlagsanst. M. Poessl, 1893; 50 S. 8.
München, Phil. Fak., Inaug.-Diss. v. 1893

Frey, Carl. Aus den Bergen des Sernftales. Alpine Erlebnisse und Erinnerungen ⟨1896—1904⟩ von K' F'. [Mit Illustrationen und 1 Tafel.] XII + 142 S. 8. Zürich, Orell Füssli, (1904). [fr. 3. —]

Frey, Carl. Il codice Magliabechiano d. XVII. 17 contenente notizie sopra l'arte degli antichi e quella de' Florentini da Cimabue a Michelangelo Buonaroti, scritta da Anonimo Fiorentino. Hrsg. u. m. e. Abrisse üb. die florentin. Kunsthistoriographie bis auf G. Vasari versehen v. C. F. gr. 8. (C, 464 S.) Berl. 892, Grote. * 12 —

Frey, Karl Ritter v., Entwurf e. österreich. Gesetzes, betr. die Auswanderung nach überseeischen Ländern. (51 S.) Lex. 8. Wien 908. (Manz). 85

— Entwurf e. Gesetzes, betr. die Unterstützg. der Handelsmarine u. die Förderung des Schiffbaues. (30 S.) gr. 8. Ebd. 909. — 85

Frey, Karl, die 4. Ecloge Virgil's. Ein Vortrag. 8. (47 S.) Bern 888. (W. Goepper's Verl.) — 50

Frey, Karl: Die klassische Götter- und Heldensage in den Dramen von Marlowe, Lyly, Kyd, Greene und Peele. Karlsruhe 1909: Braun. XIX, 89 S. 8°
Straßburg, Phil. Diss. v. 3. Juli 1909, Ref. Koeppel
[Geb. 3. Sept. 86 Mengen, Amt Freiburg i. B.; Wohnort: Karlsruhe i. B.; Staatsangeh.: Baden; Vorbildung: Realgymn. Ettenheim Reife Sommer 05; Studium: Straßburg 3, Paris 1, Straßburg 3 S.] [U 10. 4078

Frey, K. v., die Grabdenkmäler von St. Peter und Nonnberg zu Salzburg, s. Walz, M.

Frey, Carl. Heimatvolk. Skizzen und Novellen von K' F' [Dozent in Zürich]. IV + 201 S. 8. Aarau, H. R. Sauerländer & Co., 1907. [fr. 3. —]

Hektor. Anmerkungen zu Ilias u. Odyssee. Von Karl **Frey**. *Bern 1895: Stämpfli & Co.* (51 S.) 4° [o3. 7064 11

Frey, K., Homer. I. Zur Odyssee: Die Zurückverwandlung des Odysseus. — Athene. — Theoklymenos. — Die Entstehung der Odyssee. II. Zur Poetik Homer's: Maximen. — Die Dreizahl. — Der Parallelismus. Anmerkungen zu Heinrich Leuthold's Penthesileia. Pr. 1881. 48 S. 4°. 2.—

— Homer. gr. 4. (48 S.) Bern 881. Fiala. n. 1. 60

Jahresbericht über das städtische Gymnasium in Bern, 1881. Dazu eine wissenschaftliche Abhandlung über Homer von *Karl Frey*. In-4°, 42 u. 48 S. Bern, Stämpfli'sche Buchdr.

Frey, Karl, das Leben d. Perikles. gr. 4. (36 S.) Bern 887. (Leipzig, Fock.) n. 1. 20

— il libro di Antonio Bill, esistente in due copie nella biblioteca nazionale di Firenze. Hrsg. v. C. F. gr. 8. (XXII, 104 S.) Ebd. 892. n. 3. —

Frey, Karl, u. Wilh. Hagen, lieber bayrisch sterben. Drama in 3 Akten. (94 S.) 8. Erlangen 907. Th. Krische. n. 1. 20

Frey, Carl, die Loggia dei Lanzi zu Florenz. Eine quellenkrit. Untersuchg. Mit 2 (lith.) Plänen. Lex.-8. (X, 394 S.) Berlin 885. Hertz. n. 20. —

Frey, Karl, s. Masson, M., Rosa Himmel.

— die Meister des Sees. Den Freunden Luganos gewidmet. Vorlesung, geh. im Kurs „Kunstgeschichte" (Venedig) des kaufmänn. Vereins, Bern 1903. (19 S. m. 3 Taf.) gr. 8. Bern 903. (A. Francke.) n. — 80

Frey, Karl, Michelagniolo Buonarroti. Sein Leben u. seine Werke. I. Bd. Michelagniolos Jugendjahre. 2 Tle. (XL, 345 u. VIII, 147 S. m. 2 Plänen u. 11 Taf.) Lex. 8. Berlin 907. K. Curtius. Geh. u. kart. 20. —; geb. in Leinw. u. kart. 23.—; in Halbfrz. u. kart. 25. —

— s.: Michelagniolo Buonarroti, Handzeichnungen.

Frey, Karl, Millionenfieber, s.: Gaus-Bachmann, A.

Frey, Carl. Die Mittelbilder der Sixtinischen Kapelle nach ihrer sachlichen Bedeutung. Von K' F' (Bern). [SA. aus: Neue Zürcher Zeitung, Jahrg. 1907, Nr. 239 u. 240.] 10 S. 8. [Zürich, Druckerei der Neuen Z' Z'.]

(F[rey], C[arl].) Das Palmsonntags-Konzert in St. Gallen (1854—1906). Denkschrift zur Feier der 50. Aufführung am Palmsonntag, den 8. April 1906. ([Mit Vignetten, 3 Tafeln und 4 Tabellen] über die Palmsonntagskonzerte seit ihrem Bestand, [veranstaltet von der] Singgesellschaft zum) «Antlitz» [und vom] «Frohsinn», [nunmehr vereinigt zum] Stadtsängerverein-Frohsinn. 48 S. 8. St. Gallen, Verlag des St'-F' (Buchdr. Zollikofer & Cie.), 1906.

FREY, Karl (Dorfmerkingen): Die Reform der veranlagten Steuern in Württemberg.- Berlin: Trenkel 1912. 124 S. 4°.
5.7.1911 - Chr 1911/12,23; U 12.3613 Diss. Ingolst.-Landsh.-Mchn.

Frey, Karl, s.a. **Sammlung ausgewählter Briefe an Michelagniolo Buonarroti.**

Sammlung ausgewählter Briefe an Michelagniolo Buonarroti. Nach d. Originalen des Archivio Buonarroti hrsg. von Karl Frey. *Berlin: K. Siegismund 1899* (VII, 4[illegible] S.) 8° [illegible]

Frey, Carl (Otto Emil) [illegible] Berlin [illegible] Die Schicksale des königlichen Gutes in Deutschland unter den letzten Staufern seit König Philipp. Sondershausen (1881) [illegible] Vollst. ersch. Berlin, W. Hertz 1881.
Berlin, Phil. Diss. v. 12. Febr. 1881

Frey, Karl, die Schulaufsicht, ihre Aufgaben u. ihre Gestaltg. gr. 8. (303 S.) Köln 894. Bielefeld, A. Helmich. n. 2. 50

Frey, Karl, die Schulaufsicht, ihre Aufgaben u. ihre Gestaltung. gr. 8. (303 S.) Köln 894. Kölner Verlags-Anstalt u. Druckerei. n. 2. 50

Frey, Karl, Streitschrift für Mitglieder des Arbeiter-Turnerbundes, Leipzig. 8°. 4 Bde.

— Der deutsche Turntag in Worms. Eine krit. Beleuchtg. (32 S.) gr. 8. Leipzig 907. (Leipziger Buchdruckerei.) — 10

Frey, C., s.: Vasari, Sammlung ausgewählter Biographien.

Frey, Carl [aus Aarau]: Wilhelm Waiblinger. Sein Leben und seine Werke. 1. Theil: Biographie. 2. Theil: Ausgewählte Werke. Aarau 1903. 291 u. 153 + 1 S. 8°. [26. XII. 03.]
Zürich. Phil. Diss. I. S 1903/1904.

— Wilhelm Waiblinger. Sein Leben u. seine Werke. (X, 153 S.) gr. 8. Aarau 904. H. R. Sauerländer & Co. n. 6. 80; geb. n. 8. —

Frey, [Carl]. Wenn wir Toten erwachen. Ein Beitrag zur Kenntnis (Henrik) Ibsens. Habilitationsschr. Phil. I. Univ. Zürich ... von Frey-Falke, Dr phil. (*Innentitel: von Konrad Falke). II + 25 S. 8. Zürich und Leipzig, Rascher & Cie., (1908).

Frey, Karl, Wollmatingen, s.a. **Beiträge, deutschrechtl.**

FREY, Karl: Wollmatingen. Beiträge zur Rechts- und Wirtschaftsgeschichte eines alemannischen Dorfes. - Heidelberg 1910. III, 132 S., 3 Tab., Beil. - Diss. Univ. Göttingen, Jur. Fak. u. d. T.: Agrarverfassung und Markgenossenschaft des alemannischen Dorfes Wollmatingen. 1910. - (Deutschrechtl. Beitr. Bd. 5, H. 2)

Frey, Karl Alexander

Frey, Carl Alexander, Referendar: Das pactum reservati dominii. Ein Ueberblick über seine Geschichte, Bedeutung und Wirksamkeit. Heidelberg 1906: K. Rössler. (57 S.) 8°
Heidelberg, Jur. Fak., Ref. Bekker, Diss. v. 21. Mai 1906
[Geb. 16. April 83 Langenschwalbach; Wohnort: Baden-Baden; Staatsangeh.: Preußen; Vorbildung: Gymn. Wiesbaden Reife O. 01; Studium: Leipzig 1, Freiburg i. B. 2, München 3, Bonn 2 S.; Rig. 25. April 06.]

Frey Karl Wilhelm und **Hofmann** Robert Über die Umlagerung von Dimethylketazin in [illegible] — Methyl — [illegible] Dimethylpyrazolin S 110 [illegible] vgr.
Separatabdruck

Frey, Karoline

Frey, C[aroline]. Offener Brief an ungelehrte, aber denkende Leute. 29 S. 8. Bern, K. J. Wyss, 1901. [fr. —.50]
S. 29 mit aufgedrucktem Nachtrag.

Frey, C[aroline]. Ernstes und Heiteres, wie es im Leben vorkommt. Gesammelt von C. F. 864 S. 8. Yverdon, Albert Studer, [1909]. [fr. 4. —]

Frey, Konr., († d. 17. Sept. 1813) Rede über d. Naturgeschichte. 8. Bamb. 795.

Frey, Konr., klinische Untersuchungen über Compressionsmyelitis nach Beobachtungen auf der medicinischen Klinik in Zürich. [Aus der medicin. Klinik in Zürich.] Inaugural-Dissertation. gr. 8. (VI, 191 S. mit 2 Taf.) Aarau 888, (Sauerländer's Verlagsh.) **

Frey, L., e. Blick in das Gebiet der Tonkunst od. Lehrbuch f. die musical. Jugend. Nach den besten Quellen bearb. Mit Orig.-Modulationen v. J. B. Molitor. gr. 8. (XV, 221 S.) Freiburg i. Br. 876. Herder. n. 3. —

Frey, L., das Officierspferd. Praktischer Rathgeber insbes. für berittene Infanterie-Officiere u. Pferdebesitzer überhaupt. Mit 4 lith. Taff. Darmstadt 869. Zernin. 16. (2 Bll., 48 S.) n. 8 ngr.

Frey, L., das Reitpferd. Erkennen d. Alters, Ankauf, Pflege u. Wartung. Krankheiten rc. Trainiren. Sport. 2. verm. u. verb. Aufl. m. 4 lith. Taf. 8. (52 S.) Darmstadt 872. Zernin. n. 1. —
vgl.: Frey, C.

Frey, Leopold, Dr.: Beiträge zur Verfassungsgeschichte der Stadt Schneeberg. Schwarzenberg 1904: C. M. Gärtner. (30 S.) 4°
Schneeberg, k. G OP 1904 (634)

Frey, Leop. [aus Hohenstein b. Chemnitz i/Sachsen]: Verhandlungen mit der Curie über die Approbation Ruprechts von der Pfalz .... Leipzig, Druck v. O. Peters, 1886; 72 + 1 S. 8°.
Leipzig, Phil. Fak., Inaug.-Diss. v. 24. Jul. 1886.

Frey, Leop., Verhandlungen mit der Curie über die Approbation Ruprechts von der Pfalz. Diss. Leipzig 1886 Gustav Fock. 8°. 72 S.

Frey, Lina, Conrad Ferdinand Meyer's Gedichte u. Novellen. 8. (54 S. m. Bildnis.) Leipzig 892. H. Haessel. n. 1. —

Frey, Ludw., die Behandlung der Lungentuberculose mittelst subcutaner Creosotölinjectionen, s.: Klinik, Wiener.

Frey, Ludw., Bilder aus Welt u. Zeit. 8. (22½ B.) Heidelberg 844, Hoffmeister.

Frey, Ludw., Entwurf zu e. republikan. Strafgesetzbuch. gr. 8. (11 B.) Bern 835, Jenni Sohn.

FREY, Ludwig. Der Eros und die Kunst. Ethische Studien. Leipzig, Max Spohr (ca. 1905). 8°. 354 S.

— der Geschworene, eine populäre Darstellung desjenigen, was der Bürger, der Geschworener wird, zu thun und zu wissen hat. 8. Neustadt a. d. H. 840. Gottschick. 1/4 ℛ

—— das Geschwornengericht aus histor., straf- u. staatsrechtl. Gesichtspunkten betrachtet. Lex.-8. (10 B.) Bern 835, Jenni Sohn.

Frey, Ludw., die Homosexualität im Lichte der Kunst. I. Tl. Schönheit u. Kunst. (64 S. m. 4 Taf.) 8. Leipzig (907). M. Spohr. 1. 50

Frey, Edw., Lehrbuch d. französischen Civilrechts. 3 Bde. gr. 8. Mannheim 840. Hoff. n. 4 ℛ

— d. Männer d. Rätsels u. d. Paragraph 175 d. deutschen Reichsstrafgesetzbuches. Beitrag z. Lösg. e. brenn. Frage. gr. 8. (222 S. m 1 Fig. u. 1 Taf.) Ebd. 898. n. 4. —

Frey, Ludw., die Methode der Tauschwerthe. Ein Beitrag zur Lösung der Waldwerthrechnungsfrage. gr. 8. (III, 90 S.) Berlin 888, Springer. *

— über die Nervosität d. Jahrhunderts. Vortrag, geh. am 26. Novbr. 1891. 8. (19 S.) Wien 892. M. Merlin. n. — 40

—— die Staatsanwaltschaft in Deutschland und Frankreich. Lex.-8. (VIII und 236 S.) Erlangen 850, Enke. *

Frey, d. Staatsanwaltschaft in Dtschl. u. Frankr. Erlangen 851.

— Frankreichs Civil- u. Criminal-Verfassung. Kritisch dargestellt. gr. 8. Mannheim 842, Hoff. 1½ ℛ

Frey, Ludw., Frankreichs Civil- und Criminalverfassung, mit Beziehungen auf England, nebst einer Darstellung der in Deutschland erschienenen vollständig in sich abgeschlossenen Gerichtsverfassungen, 2., umgearb. Aufl. Lex.-8. (XII und 411 S.) Erlangen 851, Enke. *

Frey, Ludw. Ferd., Herzenswille. Komödie in 3 Akten. (III, 98 S.) 8. Dresden 903. E. Pierson. n. 2. —

Frey, M., Beantwortung der von Sr. Maj. dem Könige Maximilian II. von Bayern gestellten Preisfrage: „Durch welche Mittel kann der materiellen Noth der untern Klassen der Bevölkerung Deutschlands und insonderheit Bayerns am zweckmässigsten und nachhaltigsten abgeholfen werden?" gr. 8°. Speyer, Neidhard, 1849.

Frey, M., und A. Büschl, Schul- und Lesebuch, s. Büschl, A.

Frey, Marie

Frey, M., Alt-Brandenburg. Zwei vaterländ. Erzählgn. (Die Turmschwalben v. Wolgast. Im Frührot geankert.) gr. 8. (150 S.) Berlin 892. Buchh. d. Deutschen Lehrer-Zeitg. n. 1. 80; geb. n. 2. 40

— dasselbe. II. Der rote Adler auf der Marienburg. Historischer Roman. [Aus: „Der Bär".] gr. 8. (248 S.) Ebd. 893. n. 1. 80; geb. n. 2. 40

Frey, M., Alt-Brandenburg III. Unter Schutz u. Schirm. Histor. Roman aus der Zeit d. Großen Kurfürsten. gr. 8. (234 S.) Berlin 898. Buchh. d. Deutschen Lehrerzeitg. n. 1. 80; geb n. 2. 40

Ohne männlichen Schutz. Eine Rheinreise. Von M[arie] Frey (auf d. Umschl.: W. Frey). Berlin: Stahn [1899]. (116 S.) 8° [...]

Frey, Marie, der Weg zur Höhe. Erzählungen. (III, 231 S.) 8. Dresden 903. E. Pierson. n. 2. 50; geb. n. 3. 50

Frey, Mart., ein Lern- u. Lesebüchlein f. kleine Leute. Geschichten zu Gedichten v. Enßlin u. Hey. Für kleine Neffen u. Nichten erzählt. gr. 8. (44 S.) Halle 902. H. Schroedel. n. — 50

FREY, Martin (Schweighof): De artificiali partu praematuro.- Monachii: Wolf 1852. 52 S. 25.2.1852 - Urk (Titel: De partu artificiali praematuro.); F 60
Diss. Ingolst.-Landsh.-Mchn.

Frey, Mart., Primula veris. Lyrische Kleinigkeiten. 8. (21 S.) Leipzig 898. (J. Werner.) n. — 50

Frey, Max von (Hrsg.), s. Abhandlungen über den Speichel.

Frey, Max v., kurzer Bericht über eine wissenschaftliche Reise nach Frankreich, s. Archiv für Anatomie und Physiologie, Suppl.-Bd. zur physiolog. Abthl.

Frey, M. v., Adolf Fick. Gedächtnisrede, geh. in feierl. Sitzg. der physikalisch-medicin. Gesellschaft zu Würzburg am 14. XI. 1901. Mit e. chronolog. Verzeichnis der litterar. Arbeiten Adolf Ficks. gr. 8. (18 S.) Würzburg 902. A. Stuber's Verl. n. — 60
Sonderabdruck aus: „Sitzungsber. d. phys.-med. Gesellsch. zu Würzburg".

Frey, Max v., die Gefühle u. ihr Verhältnis zu den Empfindungen. Antrittsvorlesung, geh. in der Aula der Universität Leipzig. gr. 8. (24 S.) Leipzig 894. E. Besold. n. 1. —

Frey, Max v., Carl Ludwig †. [Aus: „Biolog. Centralbl."] gr. 8. (12 S.) Leipzig 895. A. Georgi. n. — 50

— die Untersuchung d. Pulses u. ihre Ergebnisse in gesunden u. kranken Zuständen. gr. 8. (VIII, 260 S. m. 100 Fig.) Berlin 892. J. Springer. Geb. in Leinw. n. 7. —

— Untersuchgn. üb. d. Sinnesfunctionen d. menschl. Haut. 1. Abhandlg.: Druckempfindung u. Schmerz. [Aus: „Abhandlgn. d. k. sächs. Gesellsch. d. Wiss."] Lex.-8. (98 S. m. 16 Fig.) Leipzig 896. [S. Hirzel.] B. G. Teubner. n. 5. —

Frey, M. v., Vorlesungen üb. Physiologie. Mit zahlreichen Textfig. (X, 392 S.) gr. 8. Berlin 904. J. Springer. Geb. in Leinw. n. 10. —

Frey, Max v., s.: Zeitschrift f. Biologie.

Frey, Mich., s. Urkundenbuch des Klosters Otterberg.

Frey, Mich., Versuch einer geographisch-histor.-statistischen Beschreibung des königlich baier. Rheinkreises. 4 Bde. gr. 8. Speyer 836, 37. Neidhards Buchh. 4½ ℛ X. u. d. T.: Allgemeiner Ueberblick der Geschich'e des königl. baier. Rheinkreises u. geographisch-histor.-statist. Beschreibung d. Gerichts-Bezirks von Landau im kön. baier. Rheinkreise. 1⅙ ℛ

Frey, O., Abriß der Geschichte des Spandauer Männerturnvereins v. 29. 8. 1860 bis z. 50. Stiftungsfeste, 27.—29. 8. 1910, m. Abb., 38 S., 8°.

Frey, O., physikalischer Arbeitsunterricht. Ein Vorschlag zur Umgestaltg. des Unterrichts auf der Unterstufe. (VIII, 192 S. m. 30 Fig.) gr. 8. Leipzig 907. E. Wunderlich. 2. —; geb. n 2. 50

Frey, O., Atlas der Anatomie des Menschen. Beschreibung des menschl. Körpers u. der Tätigkeit seiner Organe. Für Schule u. Haus bearb. 29 feine Farbendr.-Taf. m. 67 Abbildgn., 70 S. Text m. 70 Abbildgn. u. e. zerlegbares Phantom des menschl. Körpers. (III, II, 54 u. VI S.) gr. 8. Eßlingen (905). J. F. Schreiber.
Geb. in Leinw. n. 5. —

— Atlas der Krankheiten des Menschen, s.: Baur, Alfr.

— Gesundheitspflege fürs Haus, s.: Baur, Alfr.

— Physikalische Schülerübungen. Lehrgang f. die Oberstufe, angeschlossen an e. einheitl. Apparatensatz. (XI, 144 S. m. 38 Fig.) gr. 8. Ebd. 910. 2. —; geb. n 2. 50

Frey, Oscar: Beiträge zur Aktinomykose. *Tübingen: H. Laupp 1897.* (32 S.) 8° ¶(Aus: Beiträge zur klinischen Chirurgie, Bd 19 H. 3.)
Heidelberg, Med. Diss. v. [19. Mai] 1898

Frey, Osc., die Feuerwerkskunst. Kurzes Lehrbuch zur Anfertigung von Land-, Wasser-, Theater- u. Salon-Feuerwerken. Insbesondere für Liebhaber u. Anfänger bearb. Mit 101 Abbildgn. auf 15 (lith.) Taf. gr. 8. (XI, 135 S.) Erfurt 877. Bartholomäus. n. 3. —

Frey, Osc., die Feuerwerkskunst. Kurzes Lehrbuch zur Anfertigg. v. Land-, Wasser-, Theater- u. Salon-Feuerwerken. Insbesondere f. Liebhaber u. Anfänger bearb. Mit 108 Abbildgn. auf 16 Taf. 2. rev. u. durch e. Anh. bedeutend verm. Aufl. gr. 8. (VIII, 154 S.) Erfurt 885. Bartholomäus. n. 4. —

Frey, Oskar, aus Gontenswil (Aargau): Talbildung und glaziale Ablagerungen zwischen Emme und Reuss. (Mit 3 Tafeln und 2 Karten im Text.) Zürich 1906. VIII + 186 S. 4°. S.-A. aus „Denkschriften der Schweizerischen naturforschenden Gesellschaft Bd. 41." [11. IV. 07.]
Zürich. Phil. Diss. H. S. 1906/1907.

Frey, Osk., Talbildung u. glaziale Ablagergn. zwischen Emme u. Reuss. Mit 3 Taf. u. 2 Karten im Text. (VI, 185 S.) Lex. 8. Zürich 907. (Basel, Georg & Co.) nn 12. —
Sonderabdruck aus „Neue Denkschr. d. allg. schweiz. Gesellsch. f. d. ges. Naturwiss.".

Frey, Otto, die pathologischen Lungenveränderungen nach Lähmung der Nervi vagi. Eine von der medicinischen Facultät der Universität Zürich gekrönte Preisschrift. gr. 8. (VIII, 190 S.) Leipzig 877. Engelmann. n. 3. —

(F) **Frey,** P. E., Wallenstein. Drama in 5 Akten. 8°. (135 S.)
Bregenz: Teutsch 1910. K 1.40

Frey, Peter [aus d. Rheinprovinz]: Über das Cervixfibromyom, insbes. über e. in d. hiesigen Frauenklinik beobacht. Fall v. Fibromyom d. vorderen Muttermundslippe ... Greifswald, Buchdr. C. Sell, 1897; 26 S., 2 Bl., 1 Taf. 8.
Greifswald, Med. Fak., Inaug.-Diss. v. 4. Aug. 1897

Frey, Philipp, der Kampf der Geschlechter. (109 S.) gr. 8. Wien 904. Wiener Verlag. n. 2. —; geb. n.n. 3. —

Frey, R. Bericht über den Versuchsbrunnen auf der Waisenhausmatte. Basel 1879. 4.

Frey, R. Konr., Die Frauenbewegung im Deutschen Reiche mit Für u. Dagegen. gr. 8°. Freiburg i. Br., C. Troemer in Komm., 1903.

Frey, Richard. Der Gesundheitszustand unserer Schulkinder und Mittel zu dessen Hebung. Referat in der Gemeinnützigen Gesellschaft des Bezirkes Meilen, 4. Nov. 1900. [Sep.-Abdr. aus: Schweizerische Zeitschrift für Gemeinnützigkeit. Jahrg. 40, 1901, Heft 2.] 19 S. 8. [Zürich-Selnau, Ed. Leemann.]

Mitteilungen über finnländische Dipteren. Von Richard **Frey**. Helsingfors 1909: Simelii arfv. 23 S. 8°
(Acta Societatis pro fauna et flora Fennica. 31, 9.) [illegible] 4

Frey, Richard, med. pract. von Zürich: Die Nieren-Erkrankungen im Kindesalter. Zür. F. Lohbauer Dr. 1886. 139 S., 2 Bl. 8°.
Zürich, Med. Diss. [v. 5. März 1886].

Frey, Robert, aus Meine, Hann.: Über eine intramolekulare Umlagerung bei Semicarbaziden. *Erlangen 1903: Junge & Sohn.* (57 S.) 8°
Erlangen, Phil. Diss. v. 5. Febr. 1903

Frey, Rudolf: Zur Diagnose und Symptomatik der Extrauteringravidität an der Hand von 30 Fällen. Heidelberg 1907: K. Rössler. (30 S., 4 Tab.) 8°
Heidelberg, Med. Fak., Ref. v. Rosthorn, Diss. v. 1907
[Geb. 11. April 80 Neckarbischofsheim; Wohnort: Karlsruhe; Staatsangeh.: Baden; Vorbildung: Gymn. Heidelberg Reife M. 99; Studium: Heidelberg 10 S.; Coll. 25. Juli 07; Approb. 5. April 05.]

Frey, S., Weinbüchlein, od. vollständ. Berechnung d. Weinpreise. 8. Basel 812 (Neukirch). 6 gl.

Frey, Silvester. 1911 [Pseud.]
s.a. **Eppenstein,** Emil. [11. 14986]

Frey, Silvester, das Buch v. den Hunden. 2., vollständig neu bearb. Aufl. (390 u. XVIII S. m. Abbildgn.) gr. 8. Berlin (S. O. 16, Cöpenickerstr. 71) (908). Verlag der Tier Börse. Geb. 6.

Das Buch von den Hunden. 2., vollst. neu bearb. Aufl. Von Silvester **Frey**. Berlin: Tierbörse [1908]. 390, XVIII S. 8° [illegible]

Frey Silvester (Hrsg.), s.a. Handbuch, Kynologisches.

Kynologisches Handbuch. (Kynologisches Jahrbuch f. 1910.) (195 S. m. Abb.) kl. 8. Berlin-Steglitz (Holsteinischestr. 44) (910). R. Fouquet. 2.

Frey, Silvester, hüben u. drüben. Novellen. 12. (143 S.) Bergedorf 894. R. Th. Stoltenberg. n. 1. —; geb. n. 1. 50

— s.: Jahrbuch, kynologisches.

Frey, T., das Königsrecht nach G. Buchanan, ein Beytrag aus dem 16. Jahrh. zur Beurtheilung der Philosophie ꝛc. 8. Alt. Verlagsges. 796.

— Preußen in seiner gegenwärt. Stellung im Innern u. nach Außen. 8. Dresd. 831. Arnold. 8 gl.

— d. Staat. Zeitgemäße Andeutungen. 8. Dresd. u. Leipz. 831. Arnold. 6 gl.

(——) **Europa's Wiedergeburt. Worte d. Zeit an d. Einzelnen u. d. Gesammtheiten 8. (2½ B.) Dresden 831, Arnold.**

Frey, Thom., s. a.: Fritsch, Thdr.

§Frey, Thomas [Thdr. Fritsch]. Das ABC der sozialen Frage. s.a. Aufklärungsschriften, kleine.

Frey, Thom., Das ABC der sozialen Frage. (Kleine Aufklärungs-Schriften, 1. Samml. Nr. 1.) 12°. Leipzig, Th. Fritsch, 1892.

†Frey, Thomas [Th. Fritsch], Antisemiten-Katechismus. Eine Zusammenstellung des wichtigsten Materials zum Verständniß der Judenfrage. 1.—6. unveränd. Aufl. 16. (258 S.) Leipzig 887, Th. Fritsch. cart. *
— Confiscirt. — Neuere Auflagen sind freigegeben.

— zur Bekämpfung zweitausendjähriger Irrthümer. (1. Thl.) Lex.-8. (84 S.) Ebd. 887. [n. 1.50] n. 1. —

Frey, Th., Deutschland's Einheit, od.: Worin kann u. soll sie bestehen? Allen deutschen Patrioten gewidmet. 8. (3 B.) Dresden 831, Arnold.

Frey, Th., die Kirche. Zeitgemäße Erörterungen. 8. (4 B.) Dresden 831, Arnold. Thlr.

— Thatsachen zur Judenfrage. [Das ABC d. Antisemiten.] Auszug aus dem Antisemiten-Katechismus. 16. (IV, 130 S.) Ebd. 889. n. — 40

— Thatsachen zur Judenfrage. [Das ABC der Antisemiten.] Auszug aus dem Antisemiten-Katechismus. 16. (IV, 146 S.) Leipzig 891. (Th. Fritsch.) H. Beyer. n. — 40

Frey, Tobias [von Berneck (Kt. St. Gallen)]: Über einige Derivate des Phenanthrens. Zürich 1900. 76 S. 8°.
Zürich. Phil. Diss. II. S. 1900/1901.

Frey, Victor. Das Schweizerdorf. Ein Roman von Viktor F". 462 S. 8. Stuttgart und Leipzig, Deutsche Verlags-Anstalt, 1907. [M. 5.—, geb. 6.—]
(Bibliothek zeitgenössischer Autoren.)
2. [unveränderte] Aufl. 1907.

Frey, W. P., Jugend-Freund. gr. 8. (126 S. mit 4 lithogr. Bildern in Buntdr.) Wien 865, Bartelmus. cart. *

Frey, W. P., Aus fernen Welten. Reise-, Jagd- und Lebensbilder zu Wasser und zu Lande. Wien 861. Lechner. gr. 8. (V, 332 S. u. 8 color. Lithogr.) 1 Thlr. 15 ngr.

Frey, W. P., aus fernen Welten. Reise-, Jagd- u. Lebensbilder zu Wasser u. zu Lande. 2. Aufl. Mit 6 (lith. u.) color. Bildern. Neu-Ruppin 869. (Leipzig,) Oehmigke. 8. (IV, 332 S.) 1 Thlr. 15 ngr.

Frey, W. P., aus fernen Welten. Reise-, Jagd- u. Lebensbilder zu Wasser u. zu Lande. Mit 6 Bildern in Farbendr. 2. Aufl. 8. (331 S.) Leipzig 874. Oehmigke. geb. 3. 75

Frey, Waldemar [Pseud.], s.a. Krause, Anna

Frey, Wald., Dur u. Moll. Novellen u. Erzählgn. 12. (XIII, 181 S.) Basel 897. F. E. Perthes. n. 2. 60; geb. in Leinw. n. 3. —

Frey, Walter, a. Leipzig: Die Abhängigkeit des Hall-Effekts in Metallen von der Temperatur. Sommerfeld N.-L. (1908): H. Mertsching. (63 S.) 8°
Leipzig, Phil. Fak., Ref. Des Coudres - Wiener, Diss. v. 23. Juli 1908
[Geb. 8. Jan. 83 Leipzig; Wohnort: Leipzig; Staatsangeh.: Sachsen; Vorbildung: Nikolai-Gymn. Reife O. 02; Studium: Leipzig 6, Göttingen 4 S.]

Frey, Walt., Beiträge zur Finanzgeschichte Zürichs im Mittelalter s.a. Studien, Schweizer, zur Geschichtswissenschaft.

Frey, Walter. Beiträge zur Finanzgeschichte Zürichs im Mittelalter. 8. Zürich-Selnau, Gebr. Leemann & Co.
Ausg. A: Diss. Phil I. Univ. Zürich. 219 + LX S. 1910. V Zür
Ausg. B: Von Dr. phil. W' F". II + 278 S. 1911. [fr. 5.40.] — Schweizer Studien zur Geschichtswissenschaft ... Band 3. Heft 1.

Frey, Walter, Arzt aus Basel: Studien über Serum-Ueberempfindlichkeit, im besonderen das Theobald Smith'sche Phänomen. (Aus dem Institut zur Erforschung der Infektionskrankheiten Bern. Direktor Prof. Kolle.) Jena 1908. 19 S. 8°. S.-A. aus den Arbeiten aus dem Institut zur Erforschung der Infektionskrankheiten in Bern und aus den Laboratorien des Schweizer Serum- und Impfinstituts. Erstes Heft.
Bern. Med. Diss. 1907/08.

Frey, Walter. Studien über Serum-Überempfindlichkeit, im besonderen das Theobald Smith'sche Phänomen. Diss. Med. Bern. [Sep.-Abdr. aus: Arbeiten aus dem Institut zur Erforschung der Infektionskrankheiten in Bern.... Heft 1.] *Kopftitel:* Aus dem Institut zur Erf' der Inf' Bern. Direktor: Prof. Dr. W[ilhelm] Kolle. 19 S. 8. Jena, Gustav Fischer, 1908.

Frey, Wilhelm: Abdera, die Tochter der Wüste, s. Volks-Erzählungen, Kleine.

— Abenteuer unter den Chippewaindianern, s.a. Volks-Erzählungen, Kleine.

Abenteuer unter den Chippewa-Indianern. Eine wahre Erzählung von W[ilhelm] **Frey**. Mülheim a.d. Ruhr: J. Bagel [1906]. (63 S.) 8° [J.] 1=4. 4656

— Abenteuer im Goldlande, s. Volks-Erzählungen, Kleine.

— Abenteuer in der Prairie, s. Volks- u. Jugend-Erzählungen.

— Abenteuer eines Schiffsjungen, s.a. Volks-Erzählungen, Kleine.

Abenteuer eines Schiffsjungen. Erzählung aus d. Zonen d. Stillen Ozeans von W[ilhelm] **Frey**. Mülheim a.d. Ruhr: J. Bagel [1902]. (64 S.) 8° [J.] 1=4. 4617

— Abenteuer in Texas, s.a. Volks-Erzählungen, Kleine.

Abenteuer in Texas. Eine Erzählung von W[ilhelm] **Frey**. Mülheim a. d. Ruhr: J. Bagel [1902]. (61 S.) 8° [J.] 1=4. 4618

Frey, Wilhelm: Abenteuer zu Wasser u. zu Lande, s. Volks-Erzählungen, Kleine.

— Der kreisende Adler, s.a. Volks-Erzählungen, Kleine.

Der kreisende Adler. Eine Erzählung aus d. Wildnissen von Texas von W[ilhelm] **Frey**. Mülheim a.d. Ruhr: J. Bagel [1902]. (64 S.) 8° [J.] 1=4. 4619

— Das Afghanenmädchen, s. Volks-Erzählungen, Kleine.

— Alisma, s.a. Volks-Erzählungen, Kleine.

Alisma oder Der Aufstand in Bombay. Eine Erzählung aus Indien von W[ilhelm] **Frey**. Mülheim a.d. Ruhr: J. Bagel [1902]. (61 S.) 8° [J.] 1=4. 4620

— Amakosi, s. Volks-Erzählungen, Kleine.

— Amalunga, die Tochter der Wildnis, s. Volks-Erzählungen, Kleine.

Frey, W., Ankarström. Eine Erzählg. aus der schwed. Geschichte. gr. 16. (61 S.) Mülheim 875. Bagel. n. — 25

— die Apachen am Rio grande, s. Volks-Erzählungen, Kleine.

— Ara, die Tochter d. Mulatten, s.: Bibliothek interessanter Erzählungen.

Aschantipoo, der letzte Hiwassen-indianer, s.a. Volks-Erzählungen, Kleine.

Aschantipoo, der letzte der Hiwasse-Indianer. Eine Erzählung von W[ilhelm] Frey. *Mülheim a.d. R.: J. Bagel [1899].* (64 S.) 8° [J.]

Frey, Wilhelm: Ataja, die Gefangene der Eskimos, s. Volks-Erzählungen, Kleine.

– Auf einer Insel verschlagen, s. Volks-Erzählungen, Kleine.

— der Aufstand der Handwerker, s.: Volks- u. Jugend-Erzählungen.

— die Auswanderer nach Brasilien, s.: Volks-Erzählungen, kleine.

— auf der Bahn des Verbrechens. Eine Erzählung. gr. 16. (62 S.) Mülheim 877. Bagel. n. — 25

– im Banne d. Goldes s. Volks-Erzählungen, Kleine.

— Beata, des Kaufherrn muthige Tochter. Eine Erzählung. gr. 16. (61 S.) Ebend. 877. n. — 25

Frey, Wilhelm, approb. Arzt aus Graefenhausen, Hessen: **Beiträge zur Behandlung der Humerusfracturen mit Angabe eines neuen Verbandes.** *Würzburg 1897 [vielm. 1901/02]: N. Seubert.* (21 S.) 8°
Würzburg, Med. Diss. v. 1897

– Das Bekenntniß des Hinterwäldlers, s. Volks-Erzählungen, Kleine.

Benara, die Tochter des Inselkönigs, s.a. Volks-Erzählungen, Kleine.

Benara, die Tochter des Inselkönigs. Geschichtl. Erzählung aus d. Zeiten spanischer Eroberungen von W[ilhelm] Frey. Mülheim a. d. Ruhr: J. Bagel [1903]. (64 S.) 8° [J.]

— der letzte Biberjäger. Eine Erzählg. 16. (64 S.) Mülheim 875. Bagel. n. — 25

– Bis in die Prairie verfolgt, s. Volks-Erzählungen, Kleine.

Bis in die Prairie verfolgt. Eine Erzählung von W[ilhelm] Frey. *Mülheim a. d. R.: J. Bagel [1899].* (64 S.) 8° [J.]

– Das Blockhaus, s.a. Volks-Erzählungen, Kleine.

— das Blockhaus. Eine Erzählung aus dem Indianerleben. gr. 16. (59 S.) Mülheim 877. Bagel. n. — 25

– das Blockhaus d. Puritaners, s. Volks-Erzählungen, Kleine.

Das Blockhaus des Puritaners. Eine Erzählung aus d. Wildnissen von Arkansas von W[ilhelm] Frey. Mülheim a.d. Ruhr: J. Bagel [1901]. (60 S.) 8° [J.]

— das Blockhaus in d. Wildniß, s.: Volksbücher, neue.

— die Blume des Ohio, s.: Volks-Erzählungen, kleine.

– schwarzes Blut, s.a. Volks-Erzählungen, Kleine.

Schwarzes Blut. Eine Erzählung aus d. Sklavenkriege Nordamerikas von W[ilhelm] Frey. Mülheim a.d. Ruhr: J. Bagel [1902]. (64 S.) 8° [J.]

– Bramalo, der Kattawahäuptling, s. Volks-Erzählungen, Kleine.

– der Brand des Seeadlers, s.a. Volks-Erzählungen, Kleine.

— der Brand d. Seeadlers. Eine Erzählg. 16. (64 S.) Ebend. 876. n. — 25

Der Brand des Seeadlers. Eine Erzählung von W[ilhelm] Frey. Mülheim a. d. Ruhr: J. Bagel [1902]. (64 S.) 8° [J.]

— die Grafen v. Broich u. Styrum, s.: Bibliothek interessanter Erzählungen.

— Robert Bruce, der schottische Heldenkönig. Eine Erzählung. gr. 16. (61 S.) Mülheim 877. Bagel. n. — 25

– Büffelauge, der Sohn des Dakotahäuptlings Sitting Bull, s. Volks-Erzählungen, Kleine.

— Meister Cardillac, der Juwelier v. Paris. Eine Erzählg. nach geschichtl. Thatsachen. gr. 16. (62 S.) Mülheim 876. Bagel. n. — 25

Der Caroncawa-Häuptling, s.a. Volks-Erzählungen, Kleine.

Der Caroncawa-Häuptling. Eine Erzählung von W[ilhelm] Frey. Mülheim a. d. Ruhr: J. Bagel [1902]. (62 S.) 8° [J.]

– Charilokoola, die weiße Indianerin, s. Volks-Erzählungen, Kleine.

— Charly, der Waldläufer, s. Volks-Erzählungen, kleine.

— Chigara, der Cherokesen-Häuptling, s.: Volks- u. Jugend-Erzählungen.

— Chinawaru, der Adler der Berge, s.a. Volks-Erzählungen, kleine.

Chinawaru, der Adler der Berge. Eine Erzählung aus d. Wildnissen am Oregon von W[ilhelm] Frey. Mülheim a.d. Ruhr: J. Bagel [1901]. (60 S.) 8° [J.]

– Chingaruru, s.a. Volks-Erzählungen, Kleine.

Chingaruru, der wandernde Schatten. Eine Erzählung aus d. Zeiten d. Gründung von Tennessee von W[ilhelm] Frey. Mülheim a.d. Ruhr: J. Bagel [1902]. (64 S.) 8° [J.]

— Charlotte Corday, die Heldenjungfrau von Caen. Eine geschichtliche Erzählung aus den Zeiten der französischen Revolution. gr. 16. (61 S.) Mülheim 877. Bagel. n. — 25

Dekannoh, s. Volks-Erzählungen, Kleine.

— der alte Dessauer u. sein Korporal. Eine Erzählung. gr. 16. (64 S.) Ebend. 877. n. — 25

— der Diebstahl im Gasthofe. Eine Erzählg. aus dem Leben in Paris. gr. 16. (62 S.) Ebend. 876. n. — 25

Doppelzahn, der Häuptling d. Flatheads, s.a. Volks-Erzählungen, Kleine.

Doppelzahn, der Häuptling des Flatheads. Eine Erzählung von W[ilhelm] **Frey**. Mülheim a. d. Ruhr: J. Bagel [1902]. (63 S.) 8° [F.]

dreimal gekapert,
s. Volks-u. Jugend-Erzählungen.

Dschira, die Japanerin. Eine Erzählung von W[ilhelm] **Frey**. Mülheim a. d. Ruhr: J. Bagel [1903]. (60 S.) 8° [F.]

Frey, Wilh., Dschira, die Zigeunerin, s.: Volks-Erzählungen, kleine.

— die grüne Eidechse, s.: Jugend-Bibliothek, kleine.

— die Eisenbahn der Wildnis, s.a. **Volks-Erzählungen, kleine.**

Die Eisenbahn der Wildnis oder: Der entflohene Buchhalter. Eine Erzählung von W[ilhelm] Frey. *Mülheim a. d. R.: J. Bagel [1899].* (6[illegible] S.) 8° [F.]

der lange Ephraim. s. Volks-Erzählungen. Kleine.

— Wallensteins Ermordung. Eine Erzählung aus den Zeiten des 30jährigen Krieges. gr. 16. (60 S.) Ebend. 877. n. — 25

Wallensteins Ermordung. Eine Erzählung aus d. Zeiten d. 30j. Krieges von W[ilhelm] **Frey**. Mülheim a. d. Ruhr: J. Bagel [1905]. (60 S.) 8° [F.]

— Faringa, der Freibeuter. Eine Erzählung. gr. 16. (61 S.) Mülheim 877. Bagel. n. — 25

Graf Fersen. s. Volks-u. Jugend-Erzählungen.

gesprengte Fesseln.
s. Volks-Erzählungen. Kleine.

die vergessene Feste. s. Volks-Erzählungen. Kleine.

— der Fischerknabe v. Hamburg. Eine Erzählg. gr. 16. (64 S.) Ebend. 876. n. — 25

— das Fischermädchen v. Blankenstein. Eine Erzählg. gr. 16. (63 S.) Ebend. 876. n. — 25

— unter falscher Flagge, s.: Volks- u. Jugend-Erzählungen.

unter schwarzer Flagge, s.a. Volks-Erzählungen. Kleine.

— unter schwarzer Flagge. Eine Seegeschichte. gr. 16. (62 S.) Ebend. 876. n. — 25

— unter dem Fluche des Gewissens s.a. **Volks-Erzählungen, kleine.**

Unter dem Fluche des Gewissens. Eine Erzählung von W[ilhelm] **Frey**. Mülheim a. d. Ruhr: J. Bagel [1902]. (64 S.) 8° [F.]

Der Fluch d. Goldes,
s. Volks-u. Jugend-Erzählungen.

auf der Flucht.
s. Volks-u. Jugend-Erzählungen.

— die Flucht im Feindesland, s.a. **Erzählungen, patriotische.**

— Die Flucht im Feindesland,
s.a. Volks-u. Jugend-Erzählungen.

[F.] Die Flucht im Feindesland. E. Erzählg aus d. deutsch-französ. Kriege 1870/71 v. W. **Frey**. *Styrum a. d. R. & Leipzig: A. Spaarmann [1893].* (48 S.) 1 Bd 8.
= **Erzählungen,** Patriotische. No 7.

— Die Flucht zum Nordkap, s. Volks-u. Jugend-Erzählungen.

— Das belagerte Fort, s. Volks-u. Jugend-Erzählungen.

aus der Franzosenzeit. Eine Erzählung. gr. 16. (63 S.) Mülheim 877. Bagel. n. 25

Der Freibeuter,
s. Volks-u. Jugend-Erzählungen.

— der Gambusino, s.: Volks- u. Jugend-Erzählungen.

— der Gauchoführer, s.: Volks-Erzählungen, kleine.

— die Gefahren der Wildnis, s.a. **Volks-Erzählungen, kleine.**

— die Gefahren der Wildniß. Eine Erzählg. 16. (64 S.) Ebend. 875. n. — 25

— die Gefahren der Wildniß. Eine Erzählung. gr. 16. (64 S.) Mülheim 879. Bagel. n. — 25

— Der Gefangene unter Indianern.
s. Volks-u. Jugend-Erzählungen.

— die Gefangene der Komanchen, s.a. **Volks-Erzählungen, kleine.**

— die Gefangene der Komanchen. Eine Erzählg. aus dem Indianerleben 16. (64 S.) Ebend. 876. n. — 25

Die Gefangene der Komanchen. Eine Erzählung aus d. Indianerleben von W[ilhelm] **Frey**. Mülheim a. d. Ruhr: J. Bagel [1902]. (64 S.) 8° [F.]

Der Gefangene auf Schloß Thüngen,
s. Volks-Erzählungen, Kleine.

— das Geheimnis des Deportierten, s. Volks- und Jugend-Erzählungen.

Das Geheimnis der Felsenhöhle.
s.a. Volks-Erzählungen. Kleine.

— das Geheimniß der Felsenhöhle. Eine Seegeschichte. gr. 16. (63 S.) Ebend. 876. n. — 25

Die Geistergaleere,
s.a. Volks-Erzählungen. Kleine.

— die Geistergaleere oder die Rache des Verbannten. Eine venetianische Sage. gr. 16. (64 S.) Mülheim 879. Bagel. n. 25

— dasselbe. s.a. **Volks-Erzählungen, kleine.**

— Gerold, der Friesenheld, s.a. **Volks-Erzählungen, kleine.**

— Gerold, der Friesenheld. Eine geschichtliche Erzählung aus Bremens Vergangenheit gr. 16. (63 S.) Mülheim 877. Bagel. n. — 25

Das vermeintliche Gespenst, s. Volks- u. Jugend-Erzählungen.

—— eine Goldaber in Australien, s.a. Volks-Erzählungen, kleine.

eine Goldader in Australien. gr. 16. (64 S.) Ebend. 879. n. — 25

Das Goldlager am Sakramento, s.a. Volks-Erzählungen, Kleine.

—— das Goldlager am Sakramento. Eine Erzählung. gr. 16. (60 S.) Ebendas. 877. *

das Goldlager am Sakramento. Eine Erzählung. gr. 16. (60 S.) Ebend. 879. n. — 25

Das Goldlager am Sakramento. Eine Erzählung von W[ilhelm] Frey. Mülheim a. d. R.: J. Bagel [1899]. (61 S.) 8° [J.]

in den Goldminen, s. Volks- u. Jugend-Erzählungen.

— der Goldsucher, s.: Volks- u. Jugend-Erzählungen.

— der lange Grenadier. Eine Erzählg. aus der Zeit Friedrich Wilhelms I. gr. 16. (62 S.) Ebend. 876. n. — 25

— an den Grenzen der Wildnis, s.: Volks-Erzählungen, kleine.

Frey, W., Grins'chen u. Gruns'chen. Das Buch vom gehorsamen u. ungehorsamen Mädchen. Mit Orig.-Illustr. v. W. Süs. gr. 4. (28 S. m. eingedr. z. Th. farb. Abbildgn.) Elberfeld 890. Lucas. Kart. n. 2. —; französ. u. holländ. Ausg. zu gleichem Preise.

Der blaue Habicht, s. Volks-Erzählungen, Kleine.

— Halifax, der Schmuggler, s.: Volks-Erzählungen, kleine.

Der Händler von Santa Fé, s. Volks-Erzählungen, Kleine.

Die verbündeten Häuptlinge, s. Volks-Erzählungen, Kleine.

Der letzte Held d. Miamistammes, s.a. Volks-Erzählungen, Kleine.

— der letzte Held des Miamistammes. Eine Erzählung. gr. 16. (59 S.) Mülheim 877. Bagel. n. — 25

—— das Heldenmädchen der Dithmarsen, s.a. Volks-Erzählungen, kleine.

Das Heldenmädchen der Dithmarsen. Eine geschichtl. Erzählung von W[ilhelm] Frey. Mülheim a. d. Ruhr: J. Bagel [1904]. (64 S.) 8° [J.]

— Hülfe in der Noth oder der Ostindienfahrer. Eine geschichtliche Erzählung. gr. 16. (59 S.) Mülheim 877. Bagel. n. — 25

Hulfe in der Not. Eine geschichtl. Erzählung von W[ilhelm] Frey. Mülheim a. d. Ruhr: J. Bagel [1904]. (60 S.) 8° [J.]

Frey, Wilh., die Hütte am See, s. Jugend-Bibliothek,

Frey, Wilh., die Hütte am See. Eine Erzählung für die Jugend. 8. (117 S.) Leipzig 855, Voigt und Günther.

Frey, Wilh., die Hütte am See. Eine Erzählg. f. die Jugend. 2. Aufl. 12. (122 S.) Gütersloh (901). C. Bertelsmann, Sep.-Cto. n. — 60; kart. n. — 70; geb. in Bibliotheksbd. — 80; in Leinw. — 90

— Onkel Toms Hütte, s.a. Bibliothek interessanter Erzählungen.

Onkel Toms Hütte. Eine Erzählung aus d. Sklavenleben von W[ilhelm] Frey. Mülheim a. d. Ruhr: J. Bagel [1899]. (109 S.) 8° [J.]

— der wilde Jack, s.: Volks- u. Jugend-Erzählungen.

in die Falle gelockt, s. Volks- u. Jugend-Erzählungen.

— der dankbare Indianer. Eine Erzählung. gr. 16. (59 S.) Ebend. 877. n. — 25

— dasselbe. s.a. Volks-Erzählungen, kleine.

— in Indianerhänden. Eine Erzählung. gr. 16. (64 S.) Mülheim 877. Bagel. n. — 25

— dasselbe. s.a. Volks-Erzählungen, kleine.

— der Indianerhäuptling, s.: Volksbücher, neue.

Das Indianermädchen, s. Volks-Erzählungen, Kleine.

— das Indianermädchen v. Kap-Breton. Eine geschichtl. Erzählg. gr. 16. (64 S.) Ebend. 875. n. — 25

— das Indianermädchen v. Kap Breton. Eine geschichtliche Erzählung. gr. 16. (64 S.) Mülheim 879. Bagel. n. — 25

Frey, Wilhelm s. Jugend-Bibliothek, Kleine.

Ivan, der Robinson d. Nordens, s.a. Volks-Erzählungen, Kleine.

— Ivan, der Robinson d. Nordens u. seine Gefährten. Eine Erzählg. gr. 16. (61 S.) Ebend. 875. n. — 25

Ivanhu, s. Volks-Erzählungen, Kleine.

Das Kainszeichen, s. Volks-Erzählungen, Kleine.

— Kama, die Samojedin, s.: Volks- u. Jugend-Erzählungen.

Der nächtliche Kampf, s. Volks- u. Jugend-Erzählungen.

— der Kampf zur See, s.: Volks- u. Jugend-Erzählungen.

—— die Kämpfe am Minnesotaflusse, s. Volks-Erzählungen, kleine.

Die Kämpfe am Minnesota. Eine geschichtl. Erzählung aus d. letzten Indianerkriegen von W[ilhelm] Frey. Mülheim a. d. Ruhr: J. Bagel [1902]. (63 S.) 8° [F.] [04. 4675

– Der Kapitän u. sein Schiffsjunge, s.a. Volks-Erzählungen, Kleine.

Frey, W., der Kapitän u. sein Schiffsjunge. Eine Seemannsgeschichte. gr. 16. (62 S.) Mülheim 875. Bagel. n. — 25

—— die feindlichen Kapitäne. 1. und 2. Aufl. Eine Seegeschichte. gr. 16. (60 S.) Ebendas. 877,79. *

Die feindlichen Kapitäne. Eine Seegeschichte von W[ilhelm] Frey. Mülheim a. d. Ruhr: J. Bagel [1906]. (63 S.) 8° [F.] [04. 4676

– Der Kingaparo, s.a. Volks- u. Jugend-Erzählungen.

— der Kingaparo, s.: Volks- u. Jugend-Erzählungen.

—— der Klosterschatz, s.a. Volks-Erzählungen, kleine.

Der Klosterschatz. Eine Erzählung aus d. texan. Wildnissen von W[ilhelm] Frey. Mülheim a. d. Ruhr: J. Bagel [1905]. (63 S.) 8° [F.] [04. 4677

– Die deutschen Kolonisten, s.a. Volks-Erzählungen, Kleine.

— die deutschen Kolonisten. Eine Erzählg. aus dem Waldleben Nord-Amerikas. gr. 16. (62 S.) Ebend. 876. n. — 25

—— die deutschen Kolonisten. Eine Erzählung aus dem Waldleben Nord-Amerikas. gr. 16. (62 S.) Mülheim 877, Bagel's Verlagsh. *

Konduira, die weiße Indianerin. Eine Erzählung a. d. Zeiten d. Gründung Tennessees von W[ilhelm] Frey. Mülheim a. d. R.: J. Bagel [1899]. (63 S.) 8° [F.]

Konduira, die weiße Indianerin. Eine Erzählung aus d. Zeiten d. Gründung Tennessees von W[ilhelm] Frey. Mülheim a. d. Ruhr: J. Bagel [1900]. (63 S.) 8° [F.] [04. 4678

— Korduira, das Cherokesenmädchen, s.: Volks-Erzählungen, kleine.

– Kriegsadler, der Winipeghäuptling, s. Volks-Erzählungen, Kleine.

— die Kriegskasse. Eine Erzählg. gr. 16. (62 S.) Ebend 876. n. — 25

– Die Küstenbrüder, s. Volks-Erzählungen, Kleine.

— der tapfere Landwehrmann. Eine Erzählg. 16. (64 S.) Ebend. 875. n. — 25

—— der tapfere Landwehrmann. Eine Erzählung. 16. (64 S.) Ebendas. 879. *

— aus dem Leben eines Criminalbeamten. Eine Erzählung. gr. 16. (63 S.) Mülheim 877. Bagel. n. — 25

—— Loba, das Malayenmädchen, s. Bibliothek interessanter Erzählungen.

— Lono, der Negerkönig, s.a. Jugend-Bibliothek, kleine.

Lono, der Negerkönig. Eine Erzählung aus d. Innern Afrikas von W[ilhelm] Frey. 2. Aufl. *Stynum: A. Spaarmann [1899?].* (32 S.) 8° [F.] — Jugend-Bibliothek, Kleine. No 155. [01. 4672

— Kapitän Luck der Piratenführer, s.: Volks-Erzählungen, kleine.

– Die Macht des Gewissens, s.a. Volks-Erzählungen, Kleine.

— die Macht des Gewissens. Erzählung. gr. 16. (61 S.) Mülheim 879. Bagel. n. — 25

Die Macht des Gewissens. Eine Erzählung von W[ilhelm] Frey. *Mülheim a. d. R.: J. Bagel [1899].* (61 S.) 8° [F.]

– Maconaqua, die weiße Indianerin, s. Volks-Erzählungen, Kleine.

Maconaqua, die weiße Indianerin. Eine Erzählung von W[ilhelm] Frey. Mülheim a. d. Ruhr: J. Bagel [1902]. (64 S.) 8° [F.] [04. 4679

— Makanna, der Häuptling u. Prophet, s.a. Volks-Erzählungen, kleine.

— Makanna, der Häuptling u. Prophet. Eine histor. Erzählg. aus den Kaffernkriegen. gr. 16. (64 S.) Mülheim 875. Bagel. n. — 25

Makanna, der Häuptling und Prophet. Eine hist. Erzählung aus d. Kafferkriegen von W[ilhelm] Frey. Mülheim a. d. Ruhr: J. Bagel [1902]. (61 S.) 8° [F.] [04. 4680

– Manuada, die Tochter des Haciendero, s. Volks-Erzählungen, Kleine.

Manuela, die Tochter des Haciendero, s.a. Volks-Erzählungen, Kleine.

Manuela, die Tochter des Haciendero. Eine Erzählung aus d. Prairien von W[ilhelm] Frey. Mülheim a. d. Ruhr: J. Bagel [1903]. (59 S.) 8° [F.] [04. 4681

Mariette, die Blume des Ohio, s. Volks-Erzählungen, Kleine.

unter den Maron-Negern, s.a. Volks-Erzählungen, Kleine.

— unter den Maron-Negern. Eine Erzählung aus dem Waldleben Brasiliens. gr. 16. (60 S.) Mülheim 877. Bagel. n. — 25

Unter den Maron-Negern. Eine Erzählung aus d. Waldleben Brasiliens von W[ilhelm] Frey. Mülheim a. d. Ruhr: J. Bagel [1902]. (64 S.) 8° [F.] [04. 4682

— chez les Marrons ou les évadés de Cayenne. Traduction de A. Godart. gr. 16. (62 S.) Metz 894. P. Even. — 25

– Die beiden Mateloten, s. Volks-Erzählungen, Kleine.

– Kaiser Maximilian von Mexiko, s.a. Volks-Erzählungen, Kleine.

— Kaiser Maximilian v. Mexiko. Eine geschichtl. Erzählg. aus der Gegenwart. 16. (63 S.) Ebend. 875. n. — 25

—— Kaiser Maximilian von Mexiko. Eine geschichtl. Erzählung aus der Gegenwart. 16. (63 S.) Mülheim 877, Bagel's Verlagsh. *

Der Medizinmann der Pequod-Indianer, s. Volks-Erzählungen, Kleine.

-- Melitta, die Negerfürstin am Gabun, s.: Volks- u. Jugend-Erzählungen.

—— Menatongo, s. Bibliothek interessanter Erzählungen.

-- Menatongo, der Falken-Indianer, s.: Bibliothek interessanter Erzählungen.

Der Menschenjäger am Arkansas. Erzählung von William Frey. *Berlin: A. Weichert [1901].* (30 S.) 8° [F.]
— Indianer- u. Volksbibliothek. 341. [illegible]

—— Alexei Menzikoff oder vom Pastetenjungen zum Minister. Eine Erzählung. gr. 16. (60 S.) Mülheim 877, Bagel's Verlagsh. *

-- die Meuterei der Iren, s.: Jugend-Bibliothek, neue.

-- die M e u t e r e r ,
s. V o l k s - E r z ä h l u n g e n , Kleine.

M i n n e l a r i ,
s.a. V o l k s - E r z ä h l u n g e n , Kleine.

Minnelari, das springende Füllen. Eine Erzählung aus d. Wildnissen von Wisconsin von W[ilhelm] Frey. Mülheim a. d. Ruhr: J. Bagel [1901]. (63 S.) 8° [F.] [illegible]

—— Minnetaha, s. Volks-Erzählungen, kleine.

-- Minnetawa, der Mingo, s.: Volks- u. Jugend-Erzählungen.

M i t t e n durch's Herz,
s. B i b l i o t h e k interessanter Erzählungen.

— Moheleda, die Tochter d. Wüstenhäuptlings. Eine Erzählg. gr. 16. (63 S.) Mülheim 875. Bagel. n. — 25

— Murzouk, le chef des Ostiaks. Traduction de A. Godart. gr. 16. (62 S.) Metz 894. P. Even. — 25

— Murzuk, der Häuptling der Ostiaken, s.: Volks-Erzählungen, kleine.

— Nah u. Fern. Novellenkranz für das Volk. 8. (551 S.) Zofingen 876. Zürich, Schröter. 4. —

-- der N e g e r f r e u n d ,
s. V o l k s - E r z ä h l u n g e n , Kleine.

die N e g e r f ü r s t i n ,
s. V o l k s - u. J u g e n d - E r z ä h l u n g e n .

-- der N e g e r g e n e r a l ,
s. V o l k s - u. J u g e n d - E r z ä h l u n g e n .

der alte N e t t e l b e c k ,
s. V o l k s - E r z ä h l u n g e n , Kleine.

N i g r e l l o , der Häuptling der Berge,
s.a. V o l k s - E r z ä h l u n g e n , Kleine.

Nigrello, der Häuptling der Berge. Abenteuer auf d. Insel Cuba. Eine Erzählung von W[ilhelm] Frey. *Mülheim a. d. R.: J. Bagel [1902].* [illegible]

im hohen Norden, s.: Volksbücher, neue.

– Die 11 Schill'schen O f f i z i e r e ,
s.a. V o l k s - E r z ä h l u n g e n , Kleine.

Die elf Schill'schen Offiziere oder: Verurteilt zu Pulver u. Blei. Eine Erzählung von Wilhelm Frey. Mülheim a. d. Ruhr: J. Bagel [1901]. (64 S.) 8° [F.] [illegible]

Frey, Wilh., die elf Schill'schen Offiziere od.: Verurteilt zu Pulver u. Blei. Eine Erzählg. (64 S.) 8. Mülheim-Ruhr (900). J. Bagel. — 25

— Olaf, der Findling. Eine Erzählg. gr. 16. (62 S.) Ebend. 876. n. — 25

— ein Opfer der Revolution. Eine Erzählung aus der französ. Geschichte. 16. (63 S.) Mülheim 878. Bagel. n. — 25

—— das Fort Oranien, s. Volks-Erzählungen, kleine.

der O s t i n d i e n f a h r e r ,
s.a. V o l k s - E r z ä h l u n g e n , Kleine.

P a c a t a r i , die weiße Taube,
s.a. V o l k s - E r z ä h l u n g e n , Kleine.

Pacatari, die weiße Taube. Eine indian. Erzählung von W[ilhelm] Frey. Mülheim a. d. Ruhr: J. Bagel [1902]. (64 S.) 8° [F.] [illegible]

-- der geheimnisvolle Passagier, s.: Volks- u. Jugend-Erzählungen.

—— der geheimnisvolle Pedlar, s. Volks-Erzählungen, kleine.

— Kara Petrowitsch, der Befreier Serbiens. Eine geschichtl. Erzählg. gr. 16. (60 S.) Ebend. 876. n. — 25

Kara Petrowitsch, der Befreier Serbiens. Eine geschichtl. Erzählung von W[ilhelm] Frey. Mülheim a. d. Ruhr: J. Bagel [1903]. (61 S.) 8° [F.] [illegible]

Der P f l e g e s o h n des Indianerhäuptlings,
s. V o l k s - E r z ä h l u n g e n , Kleine.

— der Pirat, s.: Volks- u. Jugend-Erzählungen.

- Der letzte P i r a t der Nordsee,
s.a. V o l k s - E r z ä h l u n g e n , Kleine.

— der letzte Pirat der Nordsee. Eine geschichtliche Erzählung. gr. 16. (62 S.) Mülheim 877. Bagel. n. — 25

Der letzte Pirat der Nordsee. Eine geschichtl. Erzählung von W[ilhelm] Frey. Mülheim a. d. Ruhr: J. Bagel [1902]. (64 S.) 8° [F.] [illegible]

— die Piratenbraut. Eine Erzählg. gr. 16. (63 S.) Ebend. 876. n — 25

Die Piratenbraut. Eine Erzählung von W[ilhelm] Frey. Mülheim a. d. Ruhr: J. Bagel [1903]. (62 S.) 8° [F.] [illegible]

— der Piratenkapitän, s.: Volksbücher, neue.

—— der Plantageninspektor, s. Volks- und Jugend-Erzählungen.

P o k a h o n t a s , d. Indianer-Prinzessin,
s.a. V o l k s - E r z ä h l u n g e n , Kleine.

Pokahontas, die Indianer-Prinzessin. Eine geschichtl. Erzählung aus d. ersten Zeiten d. Ansiedlung in Amerika von W[ilhelm] **Frey**. Mülheim a. d. Ruhr: J. Bagel [1902]. (64 S.) 8° [F.] [06. 4689

– Der Polizeiagent,
s.a. Volks-Erzählungen, Kleine.

— **der Polizei-Agent. Erzählung aus dem amerikan. Gaunerleben. 16. (61 S.) Ebend. 876.** n. — 25

– Das Posthaus in den Felsenbergen,
s.a. Volks-Erzählungen, Kleine.

— **das Posthaus in den Felsenbergen. Eine Erzählg. gr. 16. (61 S.) Ebend. 876.** n. — 25

– in der Prairie,
s.a. Volks-Erzählungen, Kleine.

In der Prairie. Eine Erzählung aus d. Prairieen u. Felsenbergen von W[ilhelm] **Frey**. Mülheim a. d. Ruhr: J. Bagel [1901]. (63 S.) 8° [F.] [06. 4690

—— **der Prinzenraub, s. Volks-Erzählungen, kleine.**

— **Pugatschef, der Kosakenkaiser. Eine Erzählg. 16. (63 S.) Ebend. 875.** n. — 25

– Das Pulverschiff,
s. Volks-Erzählungen, Kleine.

— **Quassi, der Negerhäuptling. Eine Erzählung aus den nordamerikanischen Kriegen der letzten Zeit. gr. 16. (59 S.) Mülheim 877. Bagel.** n. — 25

— **dasselbe.** s.a. **Volks-Erzählungen, kleine.**

– Die edle Rache e. Kanadiers,
s. Volks-Erzählungen, Kleine.

Edle Rache eines Kanadiers. Eine Erzählung aus d. Zeit d. Kolonisierung Kentuckys von W[ilhelm] **Frey**. Mülheim a. d. Ruhr: J. Bagel [1904]. (64 S.) 8° [F.] [06. 4691

– Die Rache des Negers,
s.a. Volks-Erzählungen, Kleine.

— **die Rache d. Negers. Eine Erzählg. gr. 16. (64 S.) Ebend. 876.** n. — 25

Die Rache des Negers. Eine Erzählung von W[ilhelm] **Frey**. Mülheim a. d. Ruhr: J. Bagel [1902]. (64 S.) 8° [F.] [06. 4690

– Der Raub der Krondiamanten von England,
s. Volks-Erzählungen, Kleine.

— **das schwarze Rebhuhn,** s.a. **Volks- u. Jugend-Erzählungen.**

Das schwarze Rebhuhn der grosse Pottawatomiehäuptling. Eine geschichtl. Erzählung von W[ilhelm] **Frey**. *Mülheim a. d. R.: J. Bagel [1902].* (64 S.) 8° [F.] [illegible]

Das schwarze Rebhuhn, der große Pottawatomiehäuptling. Eine geschichtl. Erzählung von W[ilhelm] **Frey**. Mülheim a. d. Ruhr: J. Bagel [1902]. (64 S.) 8° [F.] [06. 4693

— **die Reise nach Lilliput. Eine merkwürdige Geschichte. gr. 16. (60 S.) Mülheim 877. Bagel.** n. — 25

eine Reise um die Welt,
s. Volks-Erzählungen, Kleine.

Unter den Rothäuten,
s.a. Volks-Erzählungen, Kleine.

— **unter den Rothhäuten. Eine geschichtliche Erzählung aus dem Grenzerleben. gr. 16. (64 S.) Ebend. 879.** n. — 25

Unter den Rothäuten. Eine geschichtl. Erzählung aus d. Grenzerleben von W[ilhelm] **Frey**. Mülheim a. d. Ruhr: J. Bagel [1903]. (64 S.) 8° [F.] [06. 4694

– Sakuntala,
s. Volks-Erzählungen, Kleine.

– Der Schatz auf Caprera,
s. Volks-Erzählungen, Kleine.

— **der geheimnißvolle Schatz, s.: Bibliothek, interessanter Erzählgn.**

– Der Schatz des Häuptlings,
s.a. Volks-Erzählungen, Kleine.

Der Schatz des Häuptlings. Eine Erzählung von W[ilhelm] **Frey**. *Mülheim a. d. R.: J. Bagel [1899].* (64 S.) 8° [F.] [illegible]

— **der Schatz am Wasserfall, s.: Volks- u. Jugend-Erzählungen.**

— **die Schiffbrüchigen auf der Chabrol-Insel,** s.a. **Volks-Erzählungen, kleine.**

— **die Schiffbrüchigen auf der Chabrol-Insel. Erzählung. 16. (64 S.) Mülheim 876. Bagel.** n. — 25

– Die Schreckenstage von Damaskus,
s. Bibliothek interessanter Erzählungen.

— **der wilde Seecadett, s.: Volksbücher, neue.**

— **der wilde Seekadett, s.: Volks- u. Jugend-Erzählungen.**

– Die Seemannsbraut,
s. Bibliothek interessanter Erzählungen.

– Der Seeteufel,
s. Volks-u. Jugend-Erzählungen.

– Semilasso, der Senegambier,
s.a. Volks-Erzählungen, Kleine.

— **Semilasso, der Senegambier. Eine Erzählg. gr. 16. (62 S.) Mülheim 876. Bagel.** n. — 25

Semilasso, der Senegambier. Eine Erzählung von W[ilhelm] **Frey**. Mülheim a. d. Ruhr: J. Bagel [1902]. (64 S.) 8° [F.] [06. 4695

—— **der letzte Seminolenhäuptling, s. Volks-Erzählungen, kleine.**

– Der Sheriff v. Georgstown,
s. Volks-u. Jugend-Erzählungen.

—— **Siegfried, der Nibelungenheld, s. Volks-Erzählungen, kleine.**

— **Singu, der Kaffernhäuptling,** s.a. **Volks-Erzählungen, kleine.**

— **Singu, der Kaffernhäuptling. Eine Erzählung aus den Wildnissen Südafrikas. gr. 16. (64 S.) Mülheim 879. Bagel.** n. — 25

— **unter den Sioux, s.: Volks- u. Jugend-Erzählungen.**

— in Sklavenbanden, s.a. Volks-Erzählungen, kleine.

In Sklavenbanden. Eine Erzählung von W[ilhelm] Frey. *Mülheim a. d. R.: J. Bagel [1899.]* (64 S.) 8° [F.]

– Die entflohene Sklavin,
s. Volks-u. Jugend-Erzählungen.

— die weiße Sclavin, s.: Bibliothek interessanter Erzählungen.

— Sobri, der Bétyarenführer. Eine geschichtliche Erzählung aus dem Ungarlande. 16. (62 S.) Mülheim 878. Bagel. n. — 25

Sobri, der Betyarenführer. Eine Erzählung aus d. Ungarlande von W[ilhelm] Frey. *Mülheim a. d. R.: J. Bagel [1899].* (62 S.) 8° [F.]

— der Sohn des Jakobiners oder: Treu bis zum Tod. Eine Erzählung aus den Jahren der franz. Revolution. 16. (60 S.) Ebend. 878. n. — 25

– Der Sohn des Scharfrichters,
s. Bibliothek interessanter Erzählungen.

— der Sohn des Waldläufer, s.: Bibliothek interessanter Erzählungen.

– Spartenico,
s.a. Volks-Erzählungen, Kleine.

Spartenico oder der Aufstand von Kreta. Eine Erzählung von W[ilhelm] Frey. Mühlheim a. d. Ruhr: J. Bagel [1903]. (64 S.) 8° [F.] [o4. 4696]

– Der sausende Speer,
s. Volks-Erzählungen, Kleine.

Frey, W., d. Spion d. Kaisers Napoleon, s.a. Bibliothek f. Alle.

— der Spion des Kaisers Napoleon s.a. Volks-Erzählungen, kleine.

Der Spion des Kaisers Napoleon. Eine geschichtl. Erzählung von W[ilhelm] Frey. Mülheim a. d. Ruhr: J. Bagel [1903]. (64 S.) 8° [F.] [o4. 4697]

— die beiden Spione, s. Volks- und Jugend-Erzählungen.

– Der Sträfling von Vandiemensland,
s. Bibliothek interessanter Erzählungen.

— der Straßenkehrer v. Paris, s.: Volksbücher, neue.

– Maria Stuart,
s.a. Volks-Erzählungen, Kleine.

— Maria Stuart, eine unglückliche Königin. Eine geschichtliche Erzählung. gr. 16. (63 S.) Mülheim 877. Bagel. n. — 25

— Ferdinand Stucker, der Held des bergischen Landes. Eine Erzählung. gr. 16. (64 S.) Mülheim 879. Bagel. n. — 25

— der Student von Dublin, s.: Jugend-Bibliothek, neue.

– Die Sturmmöve,
s. Volks-Erzählungen, Kleine.

– Surgul, der Häuptling des Nordens,
s. Volks-Erzählungen, Kleine.

– Tabatingo, der Seminolen-Häuptling,
s.a. Volks-Erzählungen, Kleine.

Tabatingoo, der Seminolen-Häuptling. Eine Erzählung von W[ilhelm] Frey. Mülheim a. d. Ruhr: J. Bagel [1903]. (64 S.) 8° [F.] [o4. 4698]

– Talascoola, der Häuptling der Wyandots,
s. Volks-Erzählungen, Kleine.

– Tarassee,
s. Volks-Erzählungen, Kleine.

– Taubenfeder, die Tochter des Sioux-Häuptlings, s.a. Volks-Erzählungen, Kleine.

Taubenfeder, die Tochter des Sioux-Häuptlings. Eine Erzählung von W[ilhelm] Frey. Mülheim a. d. Ruhr: J. Bagel [1902]. (64 S.) 8° [F.] [o4. 4699]

— die verhängnißvolle Taverne. Eine Erzählg. aus dem Leben Newyorks. gr. 16. (60 S.) Mülheim 876. Bagel. n. — 25

Die verhängnisvolle Taverne. Eine Erzählung aus d. Leben New-Yorks von W[ilhelm] Frey. Mülheim a. d. Ruhr: J. Bagel [1902]. (64 S.) 8° [F.] [o4. 4700]

— dunkle Thaten. Eine Erzählung. gr. 16. (61 S.) Mülheim 877. Bagel. n. — 25

– Die Tochter Cromwell's,
s. Bibliothek interessanter Erzählungen.

— die Tochter d. Häuptlings, s.: Volks- u. Jugend Erzählungen.

— die Tochter d. Israeliten od. die Judenverfolgung zu Halle. Eine geschichtl. Erzählg. gr. 16. (64 S.) Mülheim 876. Bagel. n. — 25

— die Tochter des Kerkermeisters, s. Volks-Erzählungen, kleine.

— die Tochter d. Pflanzers, s.: Volks-Erzählungen, kleine.

— die Tochter d. Piraten, s.: Volks- u. Jugend-Erzählungen.

– Die Tochter des Waldläufers,
s. Volks-u. Jugend-Erzählungen.

– Die Tochter der Wüste,
s. Volks-u. Jugend-Erzählungen.

— dem Tode entrissen. Erzählung. gr. 16. (60 S.) Ebend. 876. n. — 25

Dem Tode entrissen. Eine Erzählung von W[ilhelm] Frey. Mülheim a. d. Ruhr: J. Bagel [1903]. (64 S.) 8° [F.] [o4. 4701]

– Kahitschineh's Tod,
s. Volks-Erzählungen, Kleine.

– Der Tod des Verräters,
s.a. Volks-Erzählungen, Kleine.

Frey, Wilh., der Tod eines Verräthers. Eine Erzählung aus der Heldenzeit Frieslands. gr. 16 (64 S.) Mülheim 877. Bagel. n. — 25

– Das Totem d. Mohikaners,
s. Volks-Erzählungen, Kleine.

– Toussaint, der Neger-General,
s. Volks- u. Jugend-Erzählungen.

– Der Trapper u. sein Schützling,
s.a. Volks-Erzählungen, Kleine.

— der Trapper u. sein Schützling. Eine Erzählung aus dem Indianerleben. gr. 16. (60 S.) Ebend. 879. n. — 25

– Trapperleben in der Prairie,
s. Volks-Erzählungen, Kleine.

– Tuscora, der Passamaquoddiehäuptling,
s. Volks-Erzählungen, Kleine.

Der Überfall in der Prärie,
s. Volks-Erzählungen, Kleine.

— unrecht Gut gedeiht nicht oder der Segen der Arbeit. Erzählung für die Jugend u. das Volk. 2. Aufl. 8. (96 S. mit 1 Chromolith.) Düsseldorf 880. F. Bagel. cart. — 60

Frey, Wilhelm, med. pract. in Hombrechtikon Ct. Zürich [von Zürich]: (Aus der medicinischen Klinik in Zürich.) Klinisch-statistische Untersuchungen über Lungenschwindsucht. Zür. F. Lohbauer Dr. 1888. 29 S., 1 Bl. 8°.
Zürich, Med. Diss. [v. 9. Mai 1888].

— der Urtheilsspruch des alten Fritz. Erzählung nach einer wahren Begebenheit. gr. 16. (64 S.) Ebend. 877. n. — 25

— Vani, das Hindumädchen, s.: Bibliothek interessanter Erzählungen.

Die Vergeltung,
s. Volks-Erzählungen, Kleine.

— der Verrat des Indianers, s.a. Volks-Erzählungen, kleine.

— der Verrath d. Indianers. Eine Erzählg. gr. 16. (61 S.) Mülheim 876. Bagel. n. — 25

— die Verschworenen von Paris. Eine Erzählung aus der Regierungszeit Napoleons III. gr. 16. (60 S.) Mülheim 877. Bagel. n. — 25

— neue Volksbücher. Nr. 800 u. 801. 12. (à 64 S.) Leipzig 885. Rasch & Co. à — 25
800. In der Prärie. Eine Erzählg. — 801. Der Gefangene unter Indianern. Eine Erzählg. nach wahrer Begebenheit. 2. Aufl.

— s.: Volks- u. Jugend-Erzählungen.

Frey, Wilhelm s. Volks-Erzählungen, Kleine.

Vom Thron auf's Schaffott,
s. Volks-Erzählungen, Kleine.

— der Waco-Häuptling, s.: Volks- u. Jugend-Erzählungen.

— die Waffenschmuggler. Eine Erzählung aus dem Polenaufstande. gr. 16. (63 S.) Ebend. 877. n. — 25

Die Waffenschmuggler. Eine Erzählung aus d. Polenaufstande von W[ilhelm] **Frey**. Mülheim a. d. Ruhr: J. Bagel [1905]. (61 S.) 8° [F.] [06. 4703

Waicos, der Keltenhäuptling. Eine Erzählung aus grauer Vorzeit von W[ilhelm] **Frey**. Mülheim a. d. Ruhr: J. Bagel [1905]. (64 S.) 8° [F.] [06. 4704

Wani, das Hindumädchen,
s. Bibliothek interessanter Erzählungen.

Wani, das Hindumädchen,
s. Volks-Erzählungen, Kleine.

Warcos, der Keltenhäuptling,
s. Volks-Erzählungen, Kleine.

— Gustav Wasa, ein schwedischer Flüchtling. Geschichtliche Erzählung. gr. 16. (62 S.) Ebend. 877. n. — 25

– Wawanna, die Indianerbraut,
s. Volks-Erzählungen, Kleine.

Weatherfield, der Rangerkapitän,
s. Volks-Erzählungen, Kleine.

– Weatherford,
s. Volks-Erzählungen, Kleine.

— auf dunklen Wegen. Eine Erzählung. gr. 16. (63 S.) Mülheim 877. Bagel. n. — 25

– verschlungene Wege,
s. Volks-Erzählungen, Kleine.

— eine Weltreise, s.: Volks- u. Jugend-Erzählungen.

—— eine Weltreise um die Welt, s. Volks- und Jugend-Erzählungen.

dreifaches Wiedersehen,
s.a. Volks-Erzählungen, Kleine.

— ein dreifaches Wiedersehen. Erzählg. gr. 16. (60 S.) Mülheim 876. Bagel. n. — 25

– in der Wildnis des Nordens,
s. Volks-Erzählungen, Kleine.

— Winganoo, le chef des Osages. Traduction de A. Godart. gr. 16. (63 S.) Metz 894. P. Even. — 25

– Winganoo, der Osagenhäuptling,
s. Volks-Erzählungen, Kleine.

– Auf den Wogen der Südsee,
s.a. Volks-Erzählungen, Kleine.

Auf den Wogen der Südsee. Eine Erzählung von W[ilhelm] **Frey**. Mülheim a. d. Ruhr: J. Bagel [1902]. (63 S.) 8° [F.] [06. 4706

Wolatoola,
s. Volks-Erzählungen, Kleine.

– der Wolfsjäger,
s. Volks- u. Jugend-Erzählungen.

die Wunderhöhle auf Hunga,
s.a. Volks-Erzählungen, Kleine.

— die Wunderhöhle auf Hunga. Eine geschichtliche Robinsonade. gr. 16. (60 S.) Mülheim 877. Bagel. n. — 25

— der Zug durch die Wüste, s.: Volksbücher, neue.

der Zug durch die Wüste, s. Volks- u. Jugend-Erzählungen.

— ein Zweikampf in der Steppe, s.: Volks-Erzählungen, kleine.

Frey, William, s. Frey, Wilhelm

Frey, Wilibald, gebt uns Kolonien! Ein socialpolitischer Mahnruf aus der deutschen Jugend. gr. 8. (14 S.) Chemnitz 881. Schmeitzner. — 30

Frey, Xav., Münzbuch, oder Abbildung der kursirenden Geldsorten; mit genauer Angabe ihres Gehalts in französ. alter und neuer, und in deutscher Bezeichnungsweise; ihres Gewichts in französ. Grän und Grammen, und ihres Werthes in französ. und in beiden Schweizerwährungen, im deutschen 20 und 24½ Gulden und 14 Thalerfuß. Nebst einer Uebersicht der wichtigsten Rechnungsmünzen. Mit deutschem und französ. Text. 2., umgearb. und verm. Ausg. 1—5. Lfg. gr. 8. (S. 1—512. mit eingedr. Holzschn.) Bern 848—52, [Blom.]

Frey, Xav., Münzbuch, oder Abbildung der kursirenden Geldsorten; mit genauer Angabe: ihres Gehalts in französischer alter und neuer, und in deutscher Bezeichnungsweise; ihres Gewichts in französischen Grän und Grammen, und ihres Werthes in französischer und alter Schweizerwährung, im deutschen 20- und 24½ Gulden- und 14 Thalerfuß. Nebst einer Uebersicht der wichtigsten Rechnungsmünzen. Mit deutschem u. französischem Text. 2., ganz umgeänd. u. stark verm. Ausg. Nach den zuverlässigsten ältern und neuern Quellen bearbeitet. Fortges. von C. Blaser. 6—10. (letzte) Liefg. Nebst 1 Tab. (in gr. Fol.). Bern 853—56. Blom. gr. 8. (VII, S. 513—823. m. Holzschn. im Text.) Jede Liefg. 12½ ngr; complet n. 5 ₰ 18 ngr

Frey, Xav., über die wichtigsten Nahrungsmittel des Menschen, s. Vorträge, akademische, von Zürcherischen Dozenten.

Frey, X., Tabelle der Staatspapiere u. wichtigsten Aktien 1843, mit ihren Kursen u. Berechnungen an den 17 bedeutendsten Börsen in Europa; nebst den erforderlichen allgem. Erklärungen. (2 Tab. in Imp.-Fol.) Nürnberg 844, Leuchs u. Comp.

Frey-Falke, s. Frey, Karl

Frey-Gessner, E[mil]. Petites excursions en 1891. SA. 8. [Zürich 1892.]

Frey-Gessner, E., Apidae s. a. Fauna insectorum Helvetiae.

Frey-Gessner, E[mil]. Fauna insectorum helvetiae. Hymenoptera (Fortsetzung: Fam. XVI.) Apidae von E. F'-G'. Vol. 1: Gesellig lebende Bienen, Urbienen und Schenkelsammler. VIII + 392 S. 8. Schaffhausen, Buchdr. Bolli & Böcherer; Bern, Komm. Hans Körber, 1899—1907. fr. 14. —

[Beilage zu: Mitteilungen der Schweizerischen entomologischen Gesellschaft... Vol. 10, Heft 3. 1898 — Vol. 11, Heft 6. 1907.]
S. 1—148 [zu ... Vol. 10, Heft 3—7. 1898—1900]; S. 149—212 [zu ... Vol. 10, Heft 10 u. Vol. 11, Heft 1. 1903]; S. 213—276 [zu ... Vol. 11, Heft 2 u. 3. 1905]; S. 277—340 [zu ... Vol. 11, Heft 4 u. 5. 1906]; VIII S. + S. 341—392 [zu ... Vol. 11, Heft 6. 1907].

Frey-Gessner, E, Hymenoptera Helvetiae, analytisch bearb. als Grundlage e. Hymenopteren-Fauna der Schweiz. 1. Thl. Einleitung u. Chrysididae [Goldwespen]. [Aus: „Mittheilgn. d. schweiz. entomolog. Gesellsch."] gr. 8. (90 S. m. 3 Taf.) Schaffhausen 887. (Bern, Huber & Co.) n. 3. 60

Frey-Gessner, E. Hymenoptera Helvetiae, analytisch bearbeitet als Grundlage einer Hymenopteren-Fauna der Schweiz. 1. Theil. Einleitung und Chrysididae (Goldwespen). Sep.-Abdr. Gr. in-8°, 90 S. mit 3 Tafeln. Bern, in Commission bei Huber & Cie. (Hans Körber). 1888. 4 —

Frey-Gessner, E. Die Orthoptern des Kantons Aargau. In-8°, 17 S. Aarau, Sauerländer.
*** Separat-Abdruck der „Mittheil. d. aargauischen naturf. Gesellschaft", II. Heft (1880).

Frey-Gessner, E[mil]. A la recherche de nouveaux terrains de chasse entre Binn et Mauvoisin. SA. 4. [Zürich 1891.]

Frey-Herose, Friedrich, Bundesrath. Aus der handschriftlich hinterlassenen Autobiographie. gr. 8. (X, 100 S.) Aarau 883. Sauerländer. n. 2. —

Frey v. Landres, Jh. Rud., († 1800) s. *Socrate* rustique.

Frey de Neuville, Charles, neuntägige Geistessammlung f. Weltleute, nebst e. Anh.: Belehrungen üb. die Beichte enthalt. A. d. Franz. übers. v. J. Buchmann. gr. 12. (9⅛ B.) Augsburg 841, Kollmann'sche Buchh.

Frey de la Neuville, P. Ch., Lehrschule d. wahren Tugend u. Frömmigkeit f. Geistliche u. Weltliche; od. Beherzigungen auf alle Tage d. Jahres üb. d. Leben u. d. Lehre Jesu Christi. A. d. Franz. v. K. Zwickenpflug. 2 Bde. gr. 8. (58 B.) Landshut 834, Thomann.

Frey de Neville, Charles, Sermons, VIII Vol. gr. 12. Paris. (Wolf in Augsb.) 777.

Freya, od. ehel. Liebe u. häusl. Leben; e. Liebes- u. Freundschaftsgabe. *Frankf. a. M.*, Brönner. B. 833. 12° 1 ₰ 3 ngr

Freya. Illustrirte Blätter für Deutschlands Frauen und Jungfrauen. Jahrg. 1861. 12 Hefte (à 4 Bgn. m. Holzschn., Lithogr. u. Musikbeil.). Stuttgart, Krais & Hoffmann. 4. Jedes Heft 12 ngr

— Illustrirte Familien-Blätter. 2—4. Jahrg. 1862—64. à 12 Hefte (à 4 Bgn. m. Holzschn., Stahlst. u. Lithogr.). Ebend. 4. Jedes Heft 7½ ngr

Freya. Illustrirte Blätter für die gebildete Welt. 5. u. 6. Jahrg. 1865 u. 1866. à 12 Hefte. (à 4 Bgn. m. Holzschn. im Text, Stahlst. u. Lithogr.) Stuttgart, Krais & Hoffmann. gr. 4. Jeder Jahrg. 3 ₰

— — 7. Jahrg. 1867. 12 Hefte. (à 5 Bgn. m. Holzschn., Stahlst. u. Lithogr.) Stuttgart, Expedition. gr. 4. 3 ₰

Freya. Wiener Damenzeitung für Unterhaltung, Musik, Theater u. Mode. Hrsg. u. Red.: Frz. Heinr. Friese. 1. Jahrg. 1877/78. 24 Hfte. (3 B. m. eingedr. Holzschn., Steintaf., Modebildern u. Musikbeilagen.) gr. 8. Wien, Friese. n. 16. —

Freya. Wochenschrift f. Deutschlands junge Damenwelt. Unter Mitwirkg. erster Autoren hrsg. v. P. Wittko. 1. Jahrg. Apr. u. Mai 1891. 8 Nrn. (Bog.) gr. 8. Wiesbaden, G. Starck. [1.25] n. — 50
Erschien nicht weiter.

Freya. Illustrirte Wochenschrift f. neue litterar. Erscheingn. Rundschau über alle Gebiete des modernen Lebens. 1. Jahrg. 1901. (Oktbr. 1900—Septbr. 1901.) 60 Nrn. gr. 4. (à ca. 16 S.) Dresden, R. H. Dietrich. n. 7. 20

— dasselbe. 2. u. 3. Jahrg. 1902—1903. (Oktbr. 1901 —Septbr. 1903.) à 60 Nrn. gr. 4. (à ca. 16 S.) Ebd. à Jahrg. 9. —; einzelne Nrn. — 15

Freya. Illustrierte Wochenschrift f. neue literar. Erscheingn. Rundschau üb. alle Gebiete des modernen Lebens. 4.— 6. Jahrg. 1904—1906. (Oktbr. 1903—Septbr. 1906.) à 60 Nrn. (à 16 S.) 4. Dresden, R. H. Dietrich. à Jhrg. 9. —

— dasselbe. Illustrierte Zeitschrift f. das deutsche Bürgerhaus. 7. Jahrg. 1907. (Oktbr. 1906—Septbr. 1907.) 60 Nrn. (à 16 S.) 4. Ebd. 9. —

Freya. Illustrierte Zeitschrift f. das deutsche Bürgerhaus. 8.–11. Jahrg. Oktbr. 1907—Septbr. 1911. à 60 Nrn. (à 16 S.) 32×23,5 cm. Dresden, R. H. Dietrich. à Jahrg. 9. -

Freya's Altar. Lustspiel in 5 Akt. von A. Oehlenschläger. einzeln. Abdruck. Wohlf. Ausg. 8. Berlin, Nicolai. 821. -

Freybe, Albert

—— Klopstocks Abschiedsrede über die epische Poesie, cultur- und litterar-geschichtlich beleuchtet, sowie mit einer Darlegung der Theorie Uhlands über das Nibelungenlied. 8. (XVI, 178 S.) Halle 868, Buchh. des Waisenhauses. *

Freybe, Alb., Christoforus. Blätter für Kenntnis u. Pflege von deutscher Art u. Sitte, deutschem Glauben u. Recht. gr. 8. (XVI, 442 S.) Leipzig 882. Dörffling & Franke. n. 6. —

Freybe, Alb., Christoterpe. Fürs deutsche Haus aus und nach deutschen Liedern und Sprüchen. 8. (XVI, 450 S.) Parchim 869, Wehdemann. *

Freybe, Albert. Comoedia Von dem frommen, Gottfrüchtigen und gehorsamen Isaac. Aller frommer Kinder und Schöler Spegel, durch Jochim Schlue, Bürger und Bargerfahr in Rostock. 1606. Vorwort, Text und Abhandlung. 8 (VIII, 88 *39 S.) **Progr** Friedrich Franz-G. u. Rprg. *Parchim* 1890 (636)
2. erweiterte Aufl. 8 (IX, 114 u. 81 S.) Norden 1892, Soltau. *M.* 6,-

Freybe, Alb.* Erdbestattung und Leichenverbrennung. Halle a. S. Buchhandlung des Waisenhauses. 1908.

Freybe, Alb., Faust u. Parcival. E. Nacht- u. e. Lichtgestalt v. volksgeschichtl. Bedeutg. 8. (XXVIII, 366 S.) Gütersloh 896. C. Bertelsmann. n. 4. 80; geb. n. 5. 60

Freybe, Alb., altdeutsches Frauenlob. Züge deutscher Sitte u. Gesinng. aus dem Frauenleben. 8. (VIII, 286 S.) Leipzig 873. J. Naumann. n. 3. —; geb. n. 4. 50

- Altdeutsches Frauenlob. Züge deutscher Sitte u. Gesinnung. aus dem Frauenleben. (Neue [Titel-]Ausg.) (VIII, 286 S.) kl. 8. Gütersloh [873] (910). C. Bertelsmann. Geb. 2. --

Freybe, Alb., der ethische Gehalt in Grillparzers Werken. [Aus: „Beweis d. Glaubens“.] gr. 8. (59 S.) Gütersloh 893. C. Bertelsmann. n. — 80

Freybe, A[lbert]. Grabschriften für den christlichen Friedhof in Wort, Spruch und Lied. Aus der Heiligen Schrift, dem Liede der Kirche und der Dichtung des Volks gesammelt und mit einer Auswahl geschichtlich denkwürdiger Inschriften begleitet. IV + 140 S. 8. Berlin, Trowitzsch & Sohn, 1907. [M. 1. 50]
Darin S. 17. 36. 38 f. 56 f. 60 f. 85. 88/90. 93 f. 96. 100. 103. 106/9. 111 f. 115. 118. 120. 125 f. 133 etc. die Schweiz (insbes. Basel, Grindelwald etc.) und Schweizer betr.

Die Handschrift des **Redentiner Osterspiels** in Lichtdruck mit einigen Beiträgen zu seiner Geschichte und Litteratur herausgegeben von Albert Freybe. 4 (IV S., 12 Bl., 47 S.) 1892. Druck der Bärensprungschen Hofbuchdruckerei, Schwerin. *M.* 4,50.
Grofsherz. Friedrich-Franz-G. und damit verbund. Rprg. *Parchim* 1892.
Nicht im allgemeinen Tauschverkehr.
Progr.

das deutsche Haus u. seine Sitte. 8. (VIII, 168 S.) Gütersloh 892. C. Bertelsmann. n. 2. 20; geb. n. 3. --

Das deutsche Haus u. seine Sitte. 2 Tle. 8. Gütersloh 910. C. Bertelsmann. 5.--; geb. 6.60; in 1 Bd. geb. 6.--
1. 2. Aufl. (VIII, 163 S.) 2.20; geb. 3.-
II. (X, 223 S.) 2.80; geb. 3.60

— der Karfreitag in der deutschen Dichtung. 3 Vorträge. gr. 8. (125 S.) Gütersloh 877. Bertelsmann. n. 1.60

Das älteste Mecklenburger Karfreitagslied. Zugleich das erste Liederbuch Mecklenburgs. Nebst verwandten Dichtungen. Ein Beitrag z. Lit. des niedersächs. Crux fidelis von D. Dr. A[lbert] Freybe, Prof. zu Parchim. 2. Aufl. *Berlin, W. Schmidt 1899.* (32 S.) 8°

— altdeutsches Leben. Stoffe u. Entwürfe zur Darstellung deutscher Volksart. 3 Bde. 8. (VI, 415; VIII, 348 u. XII, 399 S.) Ebend. 878—80. à n. 4. —

Freybe, Albert, Das Leben im Dank. Eine Sammlung einiger Dankessitten. Gütersloh 1888. 8.
Ist: Freybe, Züge. II. 3. . . . .

Freybe, Albt, Das Leben im Recht. Eine Sammlung von Rechtssitten. 2. erweit. Aufl. Gütersloh 1889. 8.
Ist: Freybe, Züge. II. 2. . . . .

Freybe, Albt, Das Leben in der Treue. Eine Sammlung einiger Sitten der Treue. 2. Aufl. Gütersloh 1889. 8.
Ist: Freybe, Züge. II. 1. . . . .

Das alte deutsche Leichenmal in seiner Art und Entartung. Von D. Dr. A[lbert] Freybe. Gütersloh: Bertelsmann 1909. 80 S. 8°

Freybe, A., Martin Luther in Sprache u. Dichtg. gr. 8. (VIII, 157 S.) Gütersloh 889. Bertelsmann. n. 2. —; geb. n. 2. 50

Das Memento mori in deutscher Sitte, bildlicher Darstellung u. Volksglauben, deutscher Sprache, Dichtung u. Seelsorge. (VIII, 256 S.) 8. Gotha 909. F. A. Perthes. 4. —

—— Offenbarung 21,5: Siehe, Ich mache alles neu. Predigt am 4. Adventssonntage. 1. und 2. Aufl. gr. 8. (24 S.) Norden 881, Soltau's Verlag.

— Ostern in deutscher Sage, Sitte u. Dichtung. 8. (VIII, 137 S.) Ebd. 893. n. 2. —; geb. n. 2. 50

— das Mecklenburger Osterspiel vollendet im J. 1464 zu Redentin übertragen u. behandelt. 8. (XIV, 425 S.) Bremen 874. Kühtmann & Co. n. 5. —

Freybe, Alb., das Redentiner Osterspiel in gemeindeutscher Sprache. 8. (100 S.) Gütersloh 901. C. Bertelsmann. n. 1.—

Freybe, Alb., die Pflege der christlichen Volkssitte durch die Schule. Erweiterte Form des auf Grund der „Richtlinien“ im Auftrage des 4. deutschen Schulkongresses am 6. Okt. 1886 in Hannover gehaltenen Vortrags. 1. und 2. Abdr. 8. (75 S.) Gütersloh 887, Bertelsmann. *

— s.: Rollenhagen's, Geo., Leichenpredigt z. Begräbnis d. reichen Mannes.

— Samml. v. 370 latein. Rechtsregeln mit deutscher Uebersetzung u. Erläuterung. Nebst Anhang v. 20 Rechtsregeln u. Register über alle 390 Rechtsregeln. 8. Augsb. 823. Bürglen. 12 gl.

—— Sammlung histor. **Schriften** u. Urkunden. Geschöpft a. Handschriften. 1. Bd. 3. Hft. u. 2—4. Bd. 1. Hft. gr. 8. Stuttgart, Cotta. [1. 3. (10 B.) 828., 2. 1. (10 B.) à 20 Gr., 2. 3. (... B.) 829. à 1 Thlr. 4 Gr., 3. 1. (10 B.) 1 Thlr., 2. (16 B.) 830. 1 Thlr. 12 Gr., 3. ($11\frac{1}{4}$ B.), 4. ($12\frac{1}{2}$ B.) 831. à 1 Thlr. 4 Gr., 4. 1. (12 B.) 834. 1 Thlr. 4 Gr.]
1. Bd. 1. 2. Hft. Ebendas. 1827. 1 Thlr. 16 Gr.

— Sammlung histor. **Schriften** u. Urkunden. 4r u. 5r Bd. à 3 Hefte. gr. 8. Stuttgart 834—39. v. Cotta'sche Buchh. (IV. 1. $1\frac{1}{6}$ ß IV. 2. $1\frac{1}{6}$ ß IV. 3. $1\frac{2}{3}$ ß V. 1. $\frac{5}{6}$ ß V. 2. $\frac{5}{6}$ ß V. 3. $\frac{3}{4}$ ß) $6\frac{5}{12}$ ß 1r—3r Bd. (10 Hefte.) 827—31. $10\frac{1}{6}$ ß

— s.: **Schlu's**, d. Bergonfahrer Joch., Comedia.

— Die **Sitte** nach ihrem Ursprung, Wesen u. Wert, die treueste Gehülfin der Kirche u. ihrer inneren Mission. (24 S.) 8. Hamburg (907). Agentur d. Rauhen Hauses. — 50

— Tage-Bücher aus Venedig. 8. Münch. 823, (Landsh., Krüll.)

— Tagebücher aus Venedig u. Rom. 2 Hfte. 8. Münch. 821 u. 824. Finsterlin. 16 gr.

Die heilige Taufe und der Taufschatz in deutschem Glauben u. Recht, in d. Sitte d. Volks u. d. Kirche, in deutscher Sage u. Dichtung. Von D. Dr. Albert Freybe. Prof. zu Parchim. *Gütersloh: C. Bertelsmann 1900.* (XII, 402 S.) 8° [F.] [00. 5.8

— Der deutsche **Volksaberglaube** in seinem Verhältnis zum Christentum u. im Unterschiede v. der Zauberei. (XV, 194 S.) 8. Gotha 910. F. A. Perthes. 3.60

Freybe, A., was kann die **Schule** zur Erhaltung christlicher Volkssitte beitragen? Richtlinien u. Grundgedanken, im Auftrage des 4. deutschen Schulkongresses in Hannover dargeboten. 2. Aufl. 8. (23 S.) Gütersloh 887. Bertelsmann. n. — 40

— **Weihnachten** in deutscher Dichtung, s.a. **Hausbibliothek**, kleine.

— **Weihnachten** in deutscher Dichtung. 8. (VIII, 243 S.) Leipzig 881. Hinrichs' Verl. n. 4. —; geb. n. 4. 80

Freybe, Alb., Weihnachten in deutscher Dichtung. 2. Aufl. 8. (VIII, 243 S.) Leipzig 885. Hinrichs' Verl. n. 2. 40; geb. n.n. 3. 20

Freybe, Alb., Weihnachten in deutscher Dichtung. 2. Aufl. (Anastat. Neudr.) (VIII, 243 S.) 8. Leipzig [893.] (906). J. C. Hinrichs' Verl. n. 2. —; geb. in Leinw. n. 3. —

— das Berliner **Weihnachtsspiel**. Von den Prinzen u. Prinzessinnen des kurfürstl. Hofes im J. 1589 in Berlin aufgeführt. Uebertragen v. A. F. gr. 8. (56 S.) Leipzig 882. Dörffling & Franke. n. 1. 20

—— von unseres Herren Christi **Wiederkunft**. Versuch einer theolog. Auslegung der eschatolog. Reden im Evangelium Matthaei, begleitet mit einer Beigabe „das Hochgericht" aus Cynevulfs Christ. gr. 8. (XVI, 128 S.) Parchim 868, Wehdemann. *

Züge zarter Rücksichtnahme und Gemütstiefe in deutscher Volkssitte. Von D. Dr. Albert **Freybe**, Prof. zu Parchim. *Gütersloh: C. Bertelsmann 1900.* (XII, 170 S.) 8° [F.] [00. 8688

Freybe, Alb., **Züge** deutscher Sitte u. Gesinnung. gr. 8. (47 S.) Parchim 871. (Wehdemann.) n. — 60

— **Züge** deutscher Sitte u. Gesinnung. 1.—3. Hft. 8. Gütersloh, Bertelsmann. n. 6. 40
1. Das Leben in der Treue. Eine Sammlg. einiger Sitten der Treue. 2. Aufl. (88 S.) 889. n. 1. 20
2. Das Leben im Recht. Eine Sammlg. v. Rechtssitten. 2., erweit. Aufl. (XVI, 299 S.) 889. n. 4. —
3. Das Leben im Dank. Eine Sammlg. einiger Dankessitten. (XII, 88 S.) 888. n. 1. 20

Freybe, Gerh., Jugendpredigten zur Bergrede Jesu. (IV, 123 S.) 8. Göttingen 906. Vandenhoeck & Ruprecht. n. 2. —; geb. n. 2. 60

Freybe, Osw., **Anleitung** zum gesegneten Gebrauch der Erbauungsbücher f. lutherische Christen. Vortrag. 12. (44 S.) Hermannsburg 893. Missionshandlung. n. — 50

— unsere **Verpflichtung** auf das Bekenntnis der Kirche. Vortrag. gr. 8. (40 S.) Hannover 893. H. Feesche. n. — 60

Freybe, Otto, kurze **Anleitung** zur Benutzg. der Wetterkarten. Mit 1 Wetterkarte u. 4 Skizzen. (40 S.) 8. Berlin 906. P. Parey. n.n. — 50

Kurze Anleitung zur Benutzung von Wetterkarten von Oberl. (Otto) **Freybe.** 2., neubearb. Aufl. Mit 1 Wetterkarte u. 4 Skizzen. Berlin: P. Parey 1907. (39 S.) 8° [F.] [07. 18630

Chemie für landwirtschaftliche Schulen. Von Otto **Freybe**, Oberl. T. 1. Berlin: P. Parey 1908. 8° [F.]
— **Unterrichtsbücher**, Landwirtschaftliche. [62.] [08. 14166

— Klima u. Witterungskunde, s.a. **Bibliothek** d. ges. Landwirtschaft.

Klima- und Witterungskunde. Von Otto **Freybe**. Hannover: M. Jänecke 1908. (IV, 71 S.) 8° [F.]
— **Bibliothek** d. gesamten Landwirtschaft. Bd 10. [08. 10980 7

Praktische Wetterkunde. Eine gemeinverständl. Anleitung z. Benutzung von Wetterkarten in Verbindung mit örtl. Wetterbeobachtungen von Otto **Freybe**, Oberl., Weilburg. Mit 1 Wetterkarte, 88 Kärtchen u. 13 Skizzen. Berlin: P. Parey 1906. (VI, 173 S.) 8° [F.] [07. 10314 11

Freybe, Paul, rotbunte **Blätter**. Gedichte. (VIII, 63 S.) 8. Dresden 909. E. Pierson. 1.—; geb. n 2. —

— **Mancherlei**. (100 S.) 8. Ebd. (907). 1.50; geb. n 2. 50

— Auf roten **Wegen**. Novellen. (VII, 88 S.) 8. Ebd. 909. 2.—; geb. n 3. —

Freyberg [Schlagwort]

Freyberg — Geognostisch-Bergmännische Karte der Umgegend von — im K. S. Erzgebirge. Entworfen und gezeichnet 1817 und 1818 von Heinrich Adolph **Schippan**, der Bergbau-Wissensch. Befliss. Gestochen von F. Hajeck. 1822. Dresden in der Arnold'schen Buchhandlung. 1823. Ohne Maasstab. 1 : 250,000 circa. 1 Bl.

Freyberg [Verfasser]

Freyberg, mathematisch-technische Tabellen, s.: **Kühne, H.**

Freyberg, C. A. Historische Nachricht von der Meissnischen Stadt Stolpen. Dresden 1723.

Freyberg, Carl Daniel, s. Freyberg, Karl Daniel

— **Christoph Gottlob** (Stolp. Misn.), De concubitu intra tempus luctus. Vom Beyschlaff in währender Trauerzeit. Diss. jur. Präs. Georg Beyer. Lpz. (Chn. Scholvin) 11. XI. 1700. 22 Blatt. (5.50)

— — **Dasselbe**. Lpz. 1719. 24 Bl. (5.20)

— — Dasselbe. Wittbg. & Lpz. (E. G. Eichsfeld) 1736. 46 S. (5.—)

Freyberg, Ed., Erinnerungen an England. Aus der Januar-Reise 1842. gr. 8. Berlin 842, Krause. 1/2 ℛ

Freyberg, Ed. Hellm., Beurmann u. die Pommern, s. Reinhold, W.

—— histor.-romant. Erzählungen. 8. (14 B.) Pasewalk 835, [Köhler.]

Freyberg, Ed. Hellm., histor.-romantische Erzählungen. 8. Pasewalk 835. (Stettin, Saunier.) 1 1/6 ℛ

—— pommersche Sagen, Balladen, Romanzen u. Lieder. 1. Aufl. (8 B.) 836., 2., verm. Aufl. 8. (10 B.) Pasewalk 838, [Köhler.]

Freyberg, Ed. Hellm., das lippspringer Thal und seine Quelle. In lyrischen Bildern. Eine Erinnerung an 1853. gr. 16. (IV und 76 S.) Pasewalk 854, Braune.

Freyberg, Egon: Französische Personennamen aus Guimans Urkundenbuch von Arras. Halle a. S. 1882: Plötz. 41 S. 8°
Halle-Wittenberg, Phil. Diss. v. [8. Sept.] 1882
Geb. Halle a. d. S. 29. 10. 1855. V.

[F.] **Freyberg**, Ernst [Dr.]: Die Oberflächengestaltung Thüringens. Magdeburg, Druck v. E. Baensch jun., 1895; 1 Bl., 19 S. 4.
Magdeburg, Guericke-S '(OR u. RG)', P 1895 (277)

Freyberg, Ernst: Die Stellung der deutschen Geistlichkeit zur Wahl und Anerkennung Karls IV. Halle 1880: (Faber in Magdeburg). 68 S. 8°
Halle-Wittenberg, Phil. Diss. v. [5. Febr.] 1880
Geb. Lübbecke (Westf.) [2.] 5. 1855. V.
Verf. erlebte die Diplomerneuerung 1930 als Realgymnasial-Professor a. D. in Magdeburg, vgl. Anh. Nr. 722.

— Friedrich von (Pommern), De substitutionis directae argumentis in formula dubia. Diss. jur. Präs. Johann Tobias Carrach. Halle (Joh. Grunert) 25. VIII. 1731. 30 S. (5.—)

— — Dasselbe. Halle (Joh. Friedr. Grunert) 1745. (5.—)

— Gottfried Ernst (Stolp. Misn.), De usuris per modum interesse ultra alterum tantum non exigendis. Diss. jur. Präs. Jo. Balth. Wernher. Wittenbg. (Kreusig) Juni 1711. 16 Bl. (5.—)

— — Dasselbe. Von denen Zinßen. / Daß solche, wenn sie auch gleich als ein Interesse gefordert werden, die Summa des Capitals nicht übersteigen dürffen. Wittbg. 1748. (5.—)

Freyberg, H., u. W. **Freyberg**, die Biskuit-, Kakes- u. Waffeln-Fabrikation f. Hand- u. Kraftbetrieb m. besond. Berücksicht. der neuesten Hülfsmaschinen u. des zu verwendenden Rohmaterials. (105 S. m. Abb.) gr. 8. Trier (909). N. Besselich. Geb. in Leinw. 6. —

Freyberg, H., Castor. Ein romant. Gedicht, s. Rehberg, G.

Freyberg, Heinrich

Freyberg, Henricus: Dissertatio ... sistens annotationes quasdam in phlegmatiam albam sic dictam dolentem. Halis Saxonum (1820): Grunert 35 S. 8°
Halle-Wittenberg, Med. Diss. v. 11. Okt. 1820
Geb. Zerbst [vielmehr: Wörlitz 11. 10.] 1799. V.

Freyberg, Heinr., zur Erinnerung. Gedichte. 2. (Titel-) Aufl. Leipzig (854) 858. Wallerstein. 16. (2 Bl., 97 S.) n. 10 ngl

[F.] Geschichte der evangelischen Kirchengemeinde Tollmingkehmen v. Hugo **Freyberg**, ev. Pfarrer. *Stallupönen: Dr. v. H. Klutke 1898.* (64 S.) 1 Bd 8.
[98. 10073 Ko

FREYBERG, J. G.: Abh. dass einem Rechtsgelehrten die Kenntniss der Landwirthschaft unentbehrlich. *Dresd.* 772. 4.

Freyberg, Imm. Gli., († d. 6. Jan. 1801.) observat. juris de aedibus exustis et ruinosis, vom Rechte d. Brandstellen. 4. Dresd. 761. (List in Berl.) 6 gl

Freyberg, Johannes [Assist. am physik. Laborat. d. k. Polytechnikums zu Dresden]: Bestimmung der Potentialdifferenzen welche zu einer Funkenbildung in Luft zwischen verschiedenen Electrodenarten erforderlich sind .... Leipzig, Johann Ambrosius Barth, 1889; 30 S. + 1 Bl. u. 1 Taf. 8°
Strassburg, Math. Naturw. Fak. Inaug. Diss. v. 1889

Freyberg, Karl Frhr. v., die landwirtschaftliche Verschuldungsfrage in Theorie u. Praxis. Mit 3 Tab. üb. Reinertrag, Arbeitsentgelt u. Schuldenlast, sowie Erbschaftsauseinandersetzg. gr. 8. (VIII, 171 S.) München 894. J. Schweitzer, Verl. n. 3. —

Freyberg, Karl Daniel

Freyberg, Carl Daniel (Dresenensis), De abstinentia primorum Saxoniae electorum principum in suscipienda stabiliendaque Lutheri doctrina. Comment. acad. Wittbg. (E. G. Eichsfeld) März 1752. 60 S. (5.—)
Gew.: Christian Gottlieb Grf. v. Holzendorf (Baerenstein ..), Gottlob Heinrich Heydenreich, Jo. Gottfr. Hermann, Jo. Gottlieb Leyser, Jo. Joach. Gottlob Am-Ende, Jo. August Becker, Jo. Jacob Strantz, Conr. Ferdin. Gottschalck. — Tl. II (ab S. 39) vert. u. Präs. F.'s: Benedict Samuel Wagner (Wittenberg).

— — Cur libenter homines id quod velint credant. Wittbg. (E. G. Eichsfeld) 1761. 28 S. (3.50)

— — De judicandis morum praeceptis in n. t. a communi omnium hominum ac temporum usu alienis. Comment. VI. Wittbg. 1798. (S. 99 bis 116.) (1.50)

— — Solemnia distribuendorum summorum in philos. honorum laureae item poeticae philos. ac bonarum artium candidatis. Wittbg. (C. Ch. Dürr) Jan. 1767. 16 S. (1.50)

— — Dasselbe. Jan. 1772. 36 S. (3.—)

— — Dasselbe. Wittbg., Jan. 1777. 28 S. (1.50)

— — Dasselbe. — De nimia beneficentia grati animi impedimento iterum praefatus. Wittbg. 1783. (S. 33—54.) (2.50)

— — Dasselbe. Wittbg. (C. Ch. Dürr) 30. IV. 1791. 8 S. (—.80)

— — Dasselbe mit handschr. Widm. (1.80)

— — Dasselbe. Wittbg. (A. Ch. Charisius) 17. X. 1797. 16 S. (1.50)

— — Orationem Friedr. Aug. Artzt (Teichwolframsdorf/Vogtl.). — De pacis a Romanis impetrandae solennibus II. Wittbg. 1798. 4 Blatt. (1.50)

— — (Dresden), De voluptate ex sensationibus ingratis. Wittbg. (E. G. Eichsfeld) 18. III. 1760. 60 S. (5.50)

— Carl Samuel (Camenz/Laus.), De eo quod justum est circa fatalia processus. Diss. jur. Präs. Jo. Gottfried Kraus. Wittbg. (Sam. Creusig) 16. X. 1717. 52 S. (5.—)
Gewidm.: Joh. Gottlob Platz, Zachar. Acoluth (Bautzen), Georg Christian Wabst (Bautzen). — Widm. v. Präs.

Freyberg, Kurt

Was muß der weidgerechte Jäger wissen? Von Kurt **Freyberg**. Berlin: H. Steinitz (1904). (77 S.) 8° [F.]
[c4. 786

Was muss man vom Ruder- und Segelsport wissen? Allgemeinverständl. dargest. von Kurt **Froyberg**. *Berlin: H. Steinitz (1901).* (80 S.) 8° [F.]
[01. 10,66

Freyberg, Kurt, was muß man von dem Angelsport wissen? Gemeinverständlich dargestellt. (96 S.) 8. Berlin (904). H. Steinitz. n. 1.—

Freyberg, Kurt, was muß man v. der Gemüsezucht wissen? Allgemeinverständlich dargestellt. gr. 8. (72 S.) Berlin (902). H. Steinitz. n. 1.—

Freyberg, M., Die Wertbestimmungen von Bergwerken. Nebst Bemerkungen und Erwiderung von V. Hanus. Halle-Saale, 1907–09. 20 S.

Freyberg, Maximilian von

Freyberg, Max Frhr. v., neue Beiträge z. vaterl. Gesch. u. Topographie, s. Beiträge.

Fr(eyberg), Max v., Betrachtungen u. Erhebungen rc., s. Betrachtungen.

Freyberg, Max. Frh. v., Briefsammlung von Kaisern etc., 1. Hft., s. Briefsammlung.

v. Freyberg, M. Frhr., Erzählungen aus d. bayer. Geschichte. 2. Bdchn. gr. 8. München 844, literar.-artist. Anstalt. $^3/_4$ ℛ (1., 2. $1^1/_8$ ℛ)

Freyberg: Ueber das altdeutsche öffentl. Gerichts-Verfahren. Eine gekr. Preisschr. gr. 8. *Landshut*, Thomann, 824. (1 Thlr. 8 Gr.)

— d. älteste Geschichte v. Tegernsee. gr. 8. München 822, (Finsterlin.)

Freyberg, Max Frhr. v., älteste Geschichte von Tegernsee, aus den Quellen bearb. München, K. Thienemann, 1822. 8⁰. Ppb.
4 Bll. u. 202 S., nebst 1 Bl. hdschr. Inhalts-Anzeige. — Dem Könige Max Joseph I. gewidmet.

Freyberg, Max Frhr. v. (Vorstand d. k. Reichsarchives), beurkundete Geschichte Herzog Ludwigs des Brandenburgers. München, im akadem. Verlage, 1837. Gr. 4⁰. Die ersten Bll. gering feuchtfl., sonst schönes breitrand. Expl. in modernem Hpgmtb.
Tit. u. 236 S. Lat. Lett.

Freyberg, Max Frhr. v., Geschichte der ehemahligen (sic) Hofmark Hilkertshausen, zugleich *Lösch*'sche Familiengeschichte. Aus dem Hilkertshauser Archiv bearb. (S.-A. aus Bd. 33 d. Oberbayer. Archivs.) München 1874. Imp.-8⁰. Eleg. modebraun. Hsrsb.
101 S., 1 S. Lösch'scher Stammbaum, 2 Bll. Hlzsch.-Abbildgn.

Freyberg, Max Frhr. v., Geschichte d. ehemal. Hofmark Jetzendorf bis 1843. Nach Urkunden d. Jetzendorfer Archives bearb. (S.-A. aus Bd. 33 d. Oberbayer. Archivs.) München 1874. Imp.-8⁰. 93 S. Beibd.

— Geschichte d. bayer. Landstände u. ihrer Verhandln. 2 Bde. gr. 8. Sulzbach 828, v. Seidel. [1. ($42^1/_2$ B.) 828. 2 Thlr., 2. (29 B.) 829. 1 Thlr. 8 Gr.]

Freyberg, Frhr. Max. v. Pragmat. Geschichte der baierischen Gesetzgebung und Staatsverwaltung seit den Zeiten Maximilian I. Aus amtl. Quellen bearb. 1. u. 2. Bd. (Mit Beilagen.) gr. 8⁰. Augsburg 1836. 3. u. 4. Bd., 1. Abth. gr. 8⁰. Augsburg 1838 u. 39. (Fr. Fleischer in Leipzig.)

Freyberg, Max Frhr. v. (geb. 1789 in München, † ebd. 1851), pragmatische Geschichte der bayer. Gesetzgebung u. Staatsverwaltung seit den Zeiten Maximilian's I. Aus amtl. Quellen bearb. Bd. 1—4, Abth. 1 (in 3 voll.). Augsburg u. Leipzig 1836—39. 4⁰. Ppbde.
I: 1836. XXXI—417 S., 1 S. Err., 104 S. Beil. II: 1836. XX—480 S., 33 S. Beil. (vorgebd.). III: 1838. XXIV—420 S. IV, 1: 1839. IV—225 S. — Mehr erschien nicht.

— Grundlinien e. Geschichte d. baier. Landstände u. ihrer Verhandlungen. gr. 8. Münch. 832. Jaquet. 4 ℛ

Freyberg, Maximilian: Der H e r r und sein Apostel, s.a. L a n g e r , J. P. von

Der Herr und seine Apostel, in bildlichen Darstellungen, mit begleitendem Texte von M. F. v. Freyberg. Stuttgart und Tübingen 1823. 4⁰.

— die Löwenritter, ein histor. Roman, geschöpft aus den Quellen. Wohlf. Ausg. gr. 12. Münch. 836. J. Lindauer. $^1/_2$ ℛ

— Novellen. 8. (11 B.) München 828, [Jaquet.]

— Novellen. (Conradin. — Ruland u. Werlin. — Der Entsagende). 8. Münch. 828. J. Lindauer. 20 ℛ

— Novellen: Conradin. Ruland u. Werlin. Der Entsagende. Wohlf. Ausg. 8. Münch. 836. Lindauersche B. (Sauer.) $^5/_{12}$ ℛ

Freyberg, Max Frhr. v., Rede zum Andenken an d. verewigten Staatsminister Maximilian Grafen v. Montgelas, geles. in d. festl. Sitzung der k. Akad. d. Wiss., am 24. Aug. 1839. München 1839. 4⁰. Ppb.
100 S. — Das Geschlecht der „Montgelas" stammt aus Savoyen.

— Rede zum Andenken an den verewigten Staatsminister Maximilian Grafen v. Montgelas, gelesen in der festlichen Sitzung der königl. Akademie der Wissenschaften am 24. Aug. 1839. gr. 4. München 839. (Literar.-artist. Anstalt.) n. $^5/_6$ ℛ

— Rede über den histor. Gang der baier. Landes-Gesetzgebung bis auf die Zeiten Maximilian I. Gelesen in der öffentl. Sitzung der königl. Akademie der Wissensch. zur Feier ihres 75sten Stiftungstages. gr. 4. Münch. 834. (Franz.) $^2/_3$ ℛ

Freyberg, Max de, Regesta sive rerum Boicarum autographa, s. Regesta.

— maler. Reise im oberen Italien. gr. 8. Münch. 830. (Jaquet). 6 ℛ

— malerische Reise im oberen Italien. gr. 8. ($5^1/_2$ B.) München 830. (Regensburg, Manz.)

— Samml. deutscher Rechtsalterthümer. 1r Bd. 1s Hft. gr. 8. Mainz 828. Müller. 1 ℛ

Freyberg: Sammlung deutscher Rechts-Alterthümer. 1r Bd. 1s Hft. gr. 8. *Mainz*, (Kirchheim, Schott u. Thielmann.) 828. 8. (1 Thl.)

Freyberg, M[ax Prokop] Frh. v.: Sammlung historischer Schriften u. Urkunden. Geschöpft aus Handschriften. Bd 1--5. Stuttgart u. Tübingen 1827--36.
5 Bde
[Inhalt:]

Bd 1, 1. Bayrische Chronik eines Ungenannten.
2. Der Vehmgerichts-Prozeß Caspars des Torringer.
3. Der älteste Codex d. Bisthumes Passau.

„ 2, 1. Denkwürdigkeiten des Kantzlers von Unertl.
2. Nota liber Rationis Walfardi Helttampt, protonotarii principis Alberti jun. infer. Bavariae.
3. Codex traditionum monasterii Ensdorf.
4. Andreae Ratisbon. ad S. Magnum presbyterii deutsch 1427 verfaßte Chronik von Bayrn.
5. Die Kastler Reim-Chronik.

Bd 3, 1. Aktenstücke über die Wahl Herzog Albrecht III. von Bayern zum Könige von Böhmen.
2. Regensburger Turnier-Register v. 1487.
3. Urtheils-Spruch in Streitsachen zwischen Niklas Herrn zu Abensberg und Hansen von Degenberg. 1465.
4. Urkundl. Notizen von dem Geschlechte der Grafen von Abensberg.
5. Dr. Wiguleus Hundt's bayrischen Stammenbuchs 3. Th. Mit den Zusätzen des Archivar Liblus.

„ 4, 1. Briefe Kurfürst Max Emanuels aus dem J. 1714.
2. Briefe Herzog Maximilians, welche er theils als Knabe, theils während seines Aufenthalts auf der hohen Schule zu Ingolstadt an seine Eltern schrieb. (1582--90.)
3. Briefwechsel Kaisers Maximilian II. mit Herzog Albrecht V. von Bayern.
4. Jacobi Balde ... poëma, Somnium inscriptum, quod silvarum libro 7. habetur explicatum ... de cursu historiae Bavariae.
5. Herzog Philippsen Pfalz Graf Ruprechts Sohns (geb. 1503 zu Heidelberg) Leben und Sterben, verzaichnet durch seinen Bruder Ott Heinrichen. Ergänzt durch Noten des Pfalz-Neuburg. Archivars Oefeln.
6. Herzog Ferdinands von Bayern im J. 1565 unternommene Reise nach Italien.
7. Tagebuch über den Feldzug gegen die aufrührischen Bauern im J. 1525. Geschrieben von Pfalzgraf Otto Heinrich, Herzog zu Neuburg nebst Kriegsordnung der Bauern am Rhein 1525.
8. Kayser Ludwig's Rechts-Buch. 1346.
9. Das Deutsche Kayserrecht.

„ 5, 1. Die ältesten Statuten der Stadt Regensburg.
2. Die Recht zu Freysing in der Stadt, bestätt von Bischoff Albrecht 1359 (ex codice Tegernseensi).
3. Rechts Buch der Stadt Memmingen. Anno 1396.
4. Münchner Stadt-Recht. 1347.

—— Sammlung histor. Schriften u. Urkunden. Geschöpft aus Handschriften. 4. Bd. 2. u. 3. Hft. u. 5. Bd. gr. 8. Stuttgart u. Tübingen, Cotta'sche Buchh. [4. 2. u. 3. (34 B. u. 8 Stnt.) 1⅙ Thlr. u. 1⅔ Thlr., 5. 1. (10 B.) 836., 2. (10¼ B.) 837. à ⅚ Thlr., 3. (6¾ B.) 839. ¾ Thlr.]
1—4. Bd. 1. Hft. Ebendas. 1827—34. 11 Thlr. 8 Gr.

— die Stauffer von Ehrenfels, theils Geschichte, theils Roman. 3 Bde. 8. Münch. 827. J. Lindauer. 2 ℛ

—— die Stauffer v. Ehrenfels, theils Geschichte, theils Roman. 3 Thle. Wohlf. Ausg. 8. (27 B.) München 833, Lindauer.

Freyberg, Maximilian s. T r a d i t i o n s - C o d e x .

Freyberg-Eisenberg, M. v., Geneal. Geschichte des Geschlechts der Freiherren von Freyberg. Mit 15 Stammbäumen. O. O. 1884. fol. Autographirt; nur in wenigen Exemplaren für die Familie gedruckt und nicht im Handel.

Freiherr von Freyberg-Jetzendorf, Die bäuerliche Erbfolge im rechtsrheinischen B. Referat über die Enquete des kgl. bayerischen Justizministeriums und das Buch gleichen Titels von Dr. L. Fick. 1895 München
Kritik an den Folgerungen Fick's und Brentanos in Nr. 422. (W)

Freyberger.... s. J. Turri, Predigt.

Freyberger, Hans: Ueber Lymphdrüsenschwellungen bei Diphtherie. *Berlin (1898): E. Ebering.* (122 S.) 8°
Berlin, Med. Diss. v. 14. Juni 1898

Freyberger, Hans, Perspektive, nebst e. Anh. üb. Schattenkonstruktion u. Parallelperspektive, s.a. S a m m l u n g Göschen.

Freyberger H.: Perspektive nebst e. Anh. üb. Schattenkonstruktion u. Parallelperspektive. 3. Aufl. Neudruck. Leipz. 1905. 127 S. Fig. (Sammlung Göschen. 57).

Freyberger, Hans, gothische Wohnräume u. Möbel. 6 perspektiv. Darstellgn. goth. Wohnräume u. Möbelgruppen m. 38 Entwürfen der dazu gehör. einzelnen Möbel auf 25 Taf. 5 Lfgn. Fol. (2 Bl. Text.) Stuttgart 894. A. Zimmer. à n. 4.— (kplt. in Mappe: n. 20.

— **Gothische Wohnräume u. Möbel. 6 perspektiv. Darstellgn. goth. Wohnräume u. Möbelgruppen m. 38 Entwürfen d. hiezu gehör. einz. Möbel auf 25 Taf. (Billige [Titel-]Ausg.) Fol. (2 Bl. Text.) Stuttgart (894) 897. A. Zimmer. In Mappe n. 12. 50**
Erschien auch in 5 Lfgn. à n. 2. 50.

Freyberger, Hans, gothische Wohnräume u. Möbel. 897. (XLV 20.)
Jetzt: Berlin, Ornament Verlag. 12. —

Zentral-Perspektive, neu bearb. v J. Vonderlinn s.a. S a m m l u n g Göschen.

Zentral-Perspektive von Architekt Hans **Freyberger.** Neu bearb. von Prof. J[akob] V o n d e r l i n n. Mit 132 Fig. Leipzig: Göschen 1908. 137 S. 8°
(Sammlung Göschen. 57.) III. 14380 11

Freyberger, Heinrich Max

Freyberger, H. M., pharmaceutische Bibliothek. (1. Bd.) Die Präparate, die einfachen u. zusammengesetzten Arzneistoffe der deutschen Parmacopoe [Ausg. II.] nach ihrer Darstellg., Beschaffenheit, Eigenschaft u. Abstammg. u. besonders nach ihrer Prüfg., ihren Verunreiniggn. u. Verfälschgn. Praktisch u. fasslich dargestellt. 12. (V, 440 S.) Stuttgart 883. Exped. der Pharmaceut. Bibliothek. (Leipzig, R. Hoffmann.) geb. n. 3. --; ohne Register n. 2. 80

Freyberger, Heinr. Max, die organischen Droguen der neuen deutschen Reichspharmacopöe. Tabellarisch geordnet nach dem Linne'schen System, nebst e. Anh. d. Linne'schen Pflanzensystems, e. Uebersicht d. natürl. Systems v. Jussieu u. der neuesten Eintheilg. d. Thierreiches. Lex.-8. (102 S.) Eichstätt 874. Krüll. 3. —; geb. n. 3. 75

Freyberger, J. Mich., eröffneter Beichtstuhl. 2 Thle. 8. Leipz. 770. Büschel. 16 ℊℊ

— **Immanuel Gottlieb** (Dresden), De aedibus exustis et ruinosis. Observat. juris. Präs. Leonhard Ludwig Mencke. Wittbg. (E. G. Eichsfeld) 20. VIII. 1761. 31 S., tlws. dtsch. (5.—)
Gew.: Hieronymus Friedrich v. Stammer (Groshermsdorf, Hartmannsdorf).

Freyberger, Immanuel Theophil

— — (Dresden), De pretio legali. Exercit. jur. Präs. Christoph Ludw. Crell. Wittbg. (E. G. Eichsfeld) 21. IV. 1756. 46 S. (5.—)
Gew.: Carl August Grf. v. Rex (Poblas . .), Wilhelm August Grf. v. Stubenberg (Neundorff . .). — Widm. v. Präs.

— **Immanuel Theophil,** De stato conciliorum tempore apud Germanos veteres disserit et viro Carl Samuel Freyberg, patri bene merenti consulatum in regia Dresdensi civit. gratul. Wittbg. (E. G. Eichsfeld) Mai 1755. 16 S. (4.80)

— **Jo. Daniel** (Stolp. Misn.), De probationum quae jurisjurandi declinandi causa suscipiuntur ambagibus recidendis et denegando a probatione ad jusjurandum regressu. Präs. Mich. Heinr. Gribner. Wittbg. (Sam. Creusig) 12. XII. 1716. 36 Seiten. (4.80)

Freybergk, Christian August (Stolp/Misn.), De bruto exlege. Disp. acad. Präs. Heinrich Ludwig Wernher (Rothenburg / Frk.). Lpz. (Joh. Chph. Brandenburger) 12. XII. 1703. 12 Bl. (5.—)

Freybeuter, der amerikanische, oder Leben Robert Pierots. 1r Thl. 8. Kopenh. Schubothe 775.

Freybott, Johann Kaspar

— s. Bayer, Jak., Einleit. in d. griech. Sprache.

Freybott, Jh. Kasp., Methode z. Erlernung d. latein. Sprache. 8. Bamb. 790. (Wesche in Frankf.) 6 gr.

Freybrief, der; Sgspl. in 1 A. (von G. E. Lüdewald). 8. Berl. 788. Lange. 4 gr.

Freybrief, der, Posse. 8. Berl. Lange. 797.

Freyburg, s.a. Freiburg

Freyburg [Schlagwort]

Freyburg a. d. U., s.a. **Preussen. Messtischblätter.**

Freyburg — Grund-Riss der Stadt und Festung — im Brisgau am obern Rhein. Gezeichnet und verl. von Math. Seutter etc. in Augsburg. 17?? ? 1 : 10.000. 1 Bl.

Freyburg [Verfasser]

Freyburg, Elise (E. Thümler), Neues prakt. Kochbuch f. d. bürgerl. u. feine Küche unt. bes. Berücksicht. d. mitteldeutschen Kochart Von F., Verfasserin d. „50 Pfennig-Küche" u. d. „Thüringer Küche". 8. (XVI, 293 S.) Erfurt 897. F. Bartholomäus. Geb. in Leinw. n. 2. —

Freyburg, Paul [aus Meiningen]: Ueber Vaginalpessarien. . . . Jena, Druck v. B. Engau, 1888; 55 + 1 S. u. 2 Taf. 8°
Jena, Med. Fak., Inaug.-Diss. v. [24. Jul.] 1888

Freyburger, Adolf, a. Wettolsheim ⟨Ober-Elsass⟩ prakt. Arzt in Hochfelden ⟨Unter-Elsass⟩: Über Scalpirungen. Colmar 1905: Decker. (32 S.) 8°
Straßburg, Med. Fak., Ref. Madelung, Diss. v. 26. Sept. 1905
[Geb. 6. Febr. 80 Wettolsheim, Kr. Colmar; Wohnort: Hochfelden; Staatsangeh.: Elsaß-Lothringen; Vorbildung: Bischöfl. Gymn. Straßburg Reife M. 99; Studium: Straßburg 9 S.; Coll. 31. Juli 05; Approb. 14. Juni 04.]

E. Freyburger. Rede beim Schlussakt 1861. Jahresbericht 1862. S. 6—13.
Müllheim. P 1862

Rede beim Schlussakt 1863. Jahresbericht 1864. S. 5—10.
Müllheim. P 1864

Freyburger, Emil

— — s.a. Frank, Glieb.

Freyburger, Emil, Maler Bertram an den Quellen von Eaux-Bonnes. Ein Lebensbild. gr. 8. (84 S.) Heidelberg 880. C. Winter. n. 1. 60

Freyburger, Emil, Der Fischerknabe v. Reichenau. Gedichte. gr. 16. (V, 109 S.) Rastatt 897. E. Greiser. Geb. in Leinwand m. Goldschn. n. 1. 80

— Joseph u. seine Brüder in lebenden Bildern. gr. 16. (IV, 31 S.) Heidelberg 878. C. Winter. n. — 60

— Nemesis. Novelle aus dem Seelenleben. gr. 16. (128 S.) Ebend. 878. n. 2. 40

Freyburger, Emil, Novellen aus dem Seeleben. gr. 16. (122 S.) Heidelberg 876. C. Winter. n. 1. 80

Freyburger, Joh.Jakob: Observationes juridicae, s. Thurneysen, Joh.Jakob (Praes.)

Freyburger, Joh.Jakob: Circa venationem ejusdemque jura. 10 S. – Basel, Jur.Diss.v. 7.Juli 1780.

Freyburger, Josef

Vier Stücke aus den Papieren eines Freimåurers, betreffend den Freimåurer- und Freidamenorden. Von Jos. Freyburger. Wien: v. Kurzbek 1782. 40 S. 8°

°[Dasselbe.] Stendal 1783. 8°
[*Archiv f. Frmr. u. Rosenkr. 2 (1785) S. 363.*]
Kl. 2120. Höchst selten. 2 Abhandl., 1 Gedicht, 1 Brief.

Freycinet, Karl v., der Krieg in den Provinzen während der Belagerung von Paris 1870—1871. Geschichtliche Darstellung. Autoris. Uebersetzung nach der 7. Aufl. des französ. Originals. 1. und 2. unveränd. Aufl. gr. 8. (X, 298 S. mit 2 lithogr. Karten in qu. Fol. vom Kriegsschauplatz.) Breslau 872, Mälzer.

Freycinet, Karl v., der Krieg in den Provinzen während der Belagerung v. Paris 1870—71. Geschichtliche Darstellung. Autoris. Uebersetzg. nach der 7. Aufl. d. französ. Originals. 3. unveränd. Aufl. gr. 8. (X, 298 S.) Gera 876. Reisewitz' Verl. n. 6. —

Freycinet, Karl v., der Krieg in den Provinzen während der Belagerung v. Paris 1870—1871. Geschichtliche Darstellg. Autoris. Uebersetzg. nach der 7. Aufl. d. französ. Originals. 2. (Titel-)Ausg. der 3. Aufl. gr. 8. (X, 298 S.) Leipzig 892. A. Reisewitz. Kart. n. 3. —

Freydag, Rudolph, aus Hamburg: **Beiträge zur Kenntnis der Lävulinsäure.** *Rostock 1903: C. Hinstorff.* (41 S.) 8°
Jena, Phil. Diss. v. (19. Mai) 1903

Freydal. Des Kaisers Maximilian I. Turniere und Mummereien hrsg. ... von Quirin von Leitner. Wien, Adolf Holzhausen 1880—1882.
Tit., CIV S. m. 49 Abb., 25 S.; 255 Taf. 2°.
Wie Theuerdank und Weisskunig gehört auch Freydal zu den zur Verherrlichung des Lebens und der Taten Kaiser Maximilians geschaffenen Werken und stellt seine ritterliche Minnefahrt um Maria von Burgund dar.

—
7 Bl. aquarellierte Federzeichnungen. 2°
Späte Kopien nach der Bilderhandschr.

„Freydal." Des Kaisers Maximilian I. Turniere und Mummereien. Herausgegeben mit Allerhöchster Genehmigung Seiner Majestät des Kaisers Franz Joseph I. unter der Leitung des k. k. Oberstkämmerers, Feldzeugmeisters Franz Grafen Folliot de Crenneville von Quirin von Leitner. Mit einer geschichtlichen Einleitung, einem facsimilirten Namensverzeichnisse und 255 Heliogravuren. (1 Bd. Text. 1 Bd. mit den Heliogravuren.) Fol. Wien 1880—1882

Freydanck, geom. Gesetze üb. endl. Ortsveränderung congr. Systeme in der Ebene. Magdeburg. 1863.
Schul-/Univ.-Schrift.

Freydank, Bruno, **Buddha u. Christus.** Eine buddhist. Apologetik. (VIII, 187 S.) 8. Leipzig 903. Buddhist. Verlag. n. 3. —; geb. n. 4 —

Freydank, Bruno, Buddha u. Christus. Eine buddhist. Apologetik. 2. Taus. (VIII, 192 S.) 8. Leipzig 907. Buddhist. Verlag. 3.

· s.: Greuel, die, der „christlichen" Civilisation.

— kleiner buddhistischer Katechismus. Ein Hilfsbüchlein, zum ersten Studium des Buddhismus zusammengestellt. 1. u. 2. Aufl. (à 30 S.) 8. Leipzig 904. Buddhist. Verlag. n. — 30

— Kleiner buddhistischer Katechismus. Ein Hilfsbüchlein, zum ersten Studium des Buddhismus zusammengestellt. 3. Aufl. (30 S.) 8. Leipzig 904. Buddhist. Verlag. — 30

— buddhistisches Vergissmeinnicht. Eine Sammlg. buddhist. Sprüche f. alle Tage des Jahres. (286 S. m. 1 Taf.) 16. Ebd. (905). n. 1. 50; geb. n. 2. 20; Prachtausg. n. 3. —

Freydank, Ernst, wie verbessern wir unser Gedächtnis? Versuch e. Gedächtnisförderg. auf natürl. Grundlage. 1.—3. Aufl. (à 63 S.) gr. 8. Berlin 903. P. Nitschmann. n. 1. —; kart n. 1. 60

Wie verbessern wir Unser Gedächtnis? Versuch e. Gedächtnisförderung auf natürl. Grundlage von Ernst **Freydank.** 4. Aufl. *Berlin: P. Nitschmann 1907.* (64 S.) 8° [illegible] 11

Freydank, Ernst, wie verbessern wir unser Gedächtnis? Versuch e. Gedächtnisförderg. auf natürl. Grundlage. 7. u. 8. Aufl. (61 S.) gr. 8. Berlin 907. 908. P. Nitschmann. 1. —

Freydank, R., Triumph Israels, s.: Chiara. 14. Hft.

Freydeck, F. L., Gebühren-Ordnung f. Zeugen u. Sachverständige vom 30. Juni 1878, nebst den besonderen Taxvorschriften f. gewisse Arten v. Sachverständigen, sowie den einschläg. Bestimmgn. üb. Tagegelder u. Reisekosten der preuß. Staatsbeamten u. der Reichsbeamten. Eine Zusammenstellg. der bezügl. Gesetze, Verordngn., Reskripte, Entscheidgn. höchster Gerichtshöfe 2c. m. Kommentar in Anmerkgn. sowie Tabellen, betr. die Tagegelder u. Reisekostensätze sämmtl. Beamtenkategorien, zum prakt. Gebrauch f. Justiz- u. Verwaltungsbeamte, nach amtl. Quellen hrsg. gr. 8. (VI, 98 S.) Köln 885. Du Mont Schauberg. cart. n. 2. —

— Gerichtskosten u. Stempel im rheinischen Subhastations-Verfahren. Eine Zusammenstellg. der Bestimmgn., in Beispielen erläutert. [Aus: „Büreau-Blatt f. gerichtl. Beamte".] gr. 8. (IV, 16 S.) Ebd. 890. — 30

Freydeck, F. L., das deutsche Gerichtskostengesetz u. die Rechtsprechung der obersten Gerichte. gr. 8. (VI, 164 S.) Berlin 889. Nauck & Co. n. 2. 60

Freydeck, F. L., Leitfaden zum Berechnungs-, Einziehungs-, Zahlungs- u. Beitreibungswesen der Gerichtskosten in Bezug auf die neuen Justizgesetze. Ein Handbuch [nebst Tabellen u. Beispielen] für Justizbeamte u. das prozeßführende Publikum leicht verständlich dargestellt. 8. (III, 51 S.) Aachen 880. Jacobi & Co. n. — 80

Freydeck, F. L., Leitfaden zum Berechnungs-, Einziehungs-, Zahlungs- u. Beitreibungswesen der Gerichtskosten in Bezug auf die neuen Justizgesetze. Ein Handbuch [nebst Tabellen u. Beispielen] für Justizbeamte u. das prozeßführende Publikum leicht verständlich dargestellt. 2., mit dem Gesetz, betr. die Abänderung von Bestimmungen des Gerichtskostengesetzes u. der Gebührenordnung für Gerichtsvollzieher, verm. Aufl. 8. (II, 58 S.) Aachen 881. Jacobi & Co. n. 1. —

Freydenker

— d. [illegible] Jahrg. v. H. Wadzeck. gr. 8. Lpz. Jacobäer. 766.

— d., a. d. Engl. 1r Bd. 8. Nrnb. Grattenauer. 779.

Freydenker, der, in der Maurerey. 8. Berl. Himburg. (a. Heinrichs in Lpz.) 793.

Freydig, Daniel

Freydig, D., Veränderungen d. regel- u. unregelmäßigen Zeitwörter in d. französ. Sprache. Zum Gebr. derjen. Schulen, in welchen d. Sprachlehre d. Hrn. Abbe Mozin eingeführt ist. Verbess. u. verm. hrsg. von J. H. Meynier. 2e Aufl. 8. St. Gallen 812. Huber u. Comp. 12 gr.

Freydig, Dan., Veränderungen d. regel- u. unregelmäß. Zeitwörter in d. französ. Sprache. Zum Schulgebr. Verbess. u. verm. hrsg. v. J. H. Meynier. 3. Aufl. 8. (14½ B.) St. Gallen 836, Huber u. Comp.

Freydl, Julian

— Konstitution der [illegible] und der [illegible]. S. 86. II. 82 vgr.
Separatabdruck

Freydl Julian: Notiz über [illegible] Destillation von Weinsäure und Citronensäure mit [illegible] Kalk. S. 87. II. [illegible] vgr.
Separatabdruck

— Über den Stickstoffgehalt bei der Analyse von [illegible] und [illegible]amidverbindungen nach der Methode von Will und Varrentrapp. S. 90. IIb. 103. vgr.
Separatabdruck

— Über eine neue Synthese der Rhodaninsäure. S. 98. IIb. [illegible] vgr.
Separatabdruck

Freydorf, v., Autorrecht u. Rechtssystem. Litterarische u. krit. Studie. gr. 8. (240 S.) Mannheim 894. J. Bensheimer's Verl. n. 5. —

Freydorf, prakt. Bajonett-Fechtschule, s.: Barsewisch, v.

Freydorf, A.v. (Hrsg.), s. A r n d t , Ernst Moritz: Spät erblüht!

Freydorf, A. v., geb. Freiin v. Cornberg, Zeppelin-Gedichte aus bedeutungsvollen Tagen. (8 S. m. Abbild.) Lex. 8. Karlsruhe 909. Selbstverlag. 1. —

Freydorf, A. v., s.: Aus Wald u. Grund.

Freydorf, Frau, s.: Blumen-, Kinder- u. Vogel-Geschichten, allerlei.

Freydorf, A. v., Großherzog Friedrich v. Baden. Ein deutsches Fürstenbild. gr. 16. (24 S. m. 1 Bildnis.) Lahr 892. M. Schauenburg. — 15

Freydorf, A. v., der Geiger v. Thun, s.a. Daheim-Bibliothek.

Freydorf, A. von. Der Geiger von Thun. Roman. In-8⁰, 495 S. Bielefeld und Leipzig, Velhagen & Klasing. 1888. In eleg. Lwdbd. 4 —

Freydorf, Alberta v., in der Geisblattlaube, s. Scheffel, Frau Josephine.

— Gott hat's gewollt! Ein Trauerkranz, niedergelegt auf die Gruft d. höchstsel. Prinzen Ludwig Wilhelm v. Baden. 8. (7 S.) Karlsruhe 888. Braun. n. — 40

— Heil uns. Fürsten! E. Lebensbild d. Großherzogs Friedrich v. Baden. Festgabe z. 9. Septbr. 1896. 12. (32 S. m. Bildn. u. 7 Abb.) Lahr 896. M. Schauenburg. — 15

— Kornblumen u. Lorbeerblätter. Mit zahlr. Kopfleisten, Schlußvignetten u. e. Titelbilde. gr. 8. (87 S.) Leipzig 889. Spamer. n. 2. —

Freydorf, Alberta v., die Liebesquelle v. Spangenberg. Eine Erzählg. 8. (VII, 359 S.) Berlin 885. A. Duncker. n. 5. —; geb. n. 6. —

Freydorf, Alberta v., Malcha u. Thorild, s.: Scheffel, Josephine.

— das Märchen vom Fingerhut, s.: Scheffel, Josephine.

— Rhodopis. Ein Märchen. 12. (VI, 98 S.) Karlsruhe 884. Braun. n. 2. —

—— Ring, Kranz und Schleier. Ein Märchen als Brautwillkomm. 12. (103 S.) Karlsruhe 885, Braun'sche Hofbuchh. *

— die Rosen der heil. Elisabeth. Eine Legende in 3 Akten, dramatisirt. 12. (VII, 118 S.) Ebend. 886. n. 2. 20

— Waldprinzeßchen. Ein Märchen. Mit 6 Illustr. v. Ferd. Keller. 4. (19 S.) Berlin 885. A. Duncker. cart. n. 3. —; m. color. Bildern n. 5. —

Freydorf, E. v., der Belfrid am Paradeplatz zu Mannheim zur Bisäkularfeier. Mit e. Orig.-Radierg. v. B. Mannfeld. Eine Verteidigungsschrift m. Quellenfunden. 8. (86 S.) Frankfurt a/M. (900). (Mannheim, T. Loeffler.) n. 1. 20

Freydorf, R. v., Prozeß-Ordnung in bürgerlichen Rechtsstreitigkeiten für das Großherzogth. Baden vom 18. März 1864 mit Erläuterungen. 1.—4. Lfg. gr. 8. (Allgemeiner Thl. 636 S.) Heidelberg 865—67. Emmerling. [1.—3. Lfg. à * 18 Ngr., 4. Lfg. * 15 Ngr.]

Freydorf, Rud. v., Geschichte der badischen Truppen 1809 im Feldzug der französischen Hauptarmee gegen Österreich, s.: Zech, Karl v. u. v. Porbeck.

Freydorf, Rud. von. Die geschichtlichen Uniformen des jetzigen Bad. Leib-Grenadier-Regiments .. Zur Hundertjahrfeier des Regiments verfasst ... Illustriert v. Gustav Crecelius Karlsruhe ... 1903. Als Manuscript gedruckt.
V + 220 S.; 12 farb. Taf. 4°.

Freye, H. J., s.: Schüren, Joh. Heinr., Leben u. Schriften.

Freye, Karl, Jean Pauls Flegeljahre, s.a. Palaestra.

Freye, Karl, a. Hildesheim: Jean Pauls Flegeljahre. Materialien und Untersuchungen. T. 2, Abschn. 1—6. (Berlin: Mayer & Müller 1907.) (79 S.) 8° ¶(Erschien vollst. 1907 als Palaestra 61.)
Berlin, Phil. Fak., Ref. Roethe, Diss. v. 5. Jan. 1907
[Geb. 26. Juli 82 Hildesheim; Wohnort: Berlin; Staatsangeh.: Preußen; Vorbildung: Gymn. Hannover Reife O. 01; Studium: Göttingen 2, Münster 2, Berlin 6 S.; Rig. 21. Mai 06.]

Freye, Otto: Über die Wirkung verschiedener Phosphorsäuredüngemittel auf die Erträge des Hafers. Weida i. Th. 1909: Thomas & Hubert. 77 S. 8°
Leipzig, Phil. Diss. v. 5. Mai 1909, Ref. Kirchner, Beckmann
[Geb. 30. Juni 81 Hannover; Wohnort: Hannover; Staatsangeh.: Preußen; Vorbildung: Lyz. II Hannover Reife O. 02; Studium: Hannover Techn. Hochsch. 2, Leipzig 4 S.; Rig. 26. Febr. 09.] [U 09. 2963

Freye, Walter, aus Dissen: The Influence of 'Gothic' Literature on Sir Walter Scott. *Rostock 1902: H. Winterberg.* (63 S.) 8°
Rostock, Phil. Diss. v. [24. Dez.] 1901

Freyen, Rich., der Führer. Ein Schauspiel. (159 S.) 8. Berlin 910. Verlag Dr. Wedekind & Co. 2. 50

Freyenhagen, Aug. Phil. (Braunschweig), De jure Hagestolziatus praecipue in ducatu Guelpherbytano. Diss. jur. German. Präs. Jo. Paul Kress. Helmstedt (P. D. Schnorr) Juni 1727. 134 S. (8.—)

Freyenhof, Gräfin,. Lustsp. v. Stephani. gr. 8. Lpz. Klein. 795.

Freyenmuth, J. C. Beitrag zur Beleuchtung und Würdigung der Schuldversicherungsanstalt des Kantons Thurgau. 1830.

Freyenstein, H. v., Dativ, s. Bachem's Novellen-Sammlung.

Freyenstein, J. Sláma Ritter v., s. Sláma v. Freyenstein.

Freyenthal, Ernst Warnmund von s. Warnmund von Freyenthal, Ernst.

Freyer, s. auch Freier.

Freyer, die,. Lustsp. v. F. A. v. Steigentesch. 8. Osnabrück, Blothe. (Linke in Lpz.)

* **FREYER**, Der. Wer fleissig ist, sein Ambt verrichtet .... Freyburg (Halle, Hemmerde) 1745. 8⁰. (In Berlin: Yk 8646.)
32 Seiten. In Versen. Rar!

— die; od. worauf sällt e. Frauenzimmer nicht? gr. 8. Berlin, Sander. 778.

— der alte,. Komische Oper in 1 Akt. 8. Frkft. Gebhardt u. K. 775.

— der betrogene; od. d. beschämte Braut. Lustsp. in 3 Akt. 8. Wien, Sammer. 805.

* — —, Der glück- und unglückliche, nebst 100. raren casibus Theol., Jurid. und Medic., auch einigen Maximen, sich in der Ehe glücklich zu machen. Jena, Tob. Oehrling. 8⁰.
Frf. Fast. M. V. 1702. Bl. F 4b.

— d. kleinstädtischen,. Lustsp. in 3 Aufz. 8. Coburg, Sinner. 807.

— d. reisenden; od. d. Onkle u. sein Neffe. Lustsp. in 3 A. v. Gerlach. 8. Berl. Litfas.

— sechs, u. keine Braut. Lustsp. 8. Leipz. Barth. (Creutz, Magdeb.) 783.

— d. seltene,. Lustsp. 8. Berl. Maurer. 782.

— d. seltsame. Lustsp. gr. 8. Lingen, Jülicher. 793.

— d. unentschlossene. Lustsp. in 5 Handl. 8. Lpz. Joachim. -

Freyer, der unentschlossene. Lustsp. in 5 Aufz. von v. Seckendorf. Neue Aufl. 8. Cölln. Kirdorff. u. K. 810.

— —, Der wohl lernende, und die lehrbegierige auch klüglich wählende Nehmerinn, welcher beyder Lection in den Fragen bestehet: 1) ob, 2) wenn, 3) wen man heurathen solle. Freystadt (fing.) 1745. 4°. 32 S. (6 Mk. Adolf Weigel, 1908.)
Enthält viele pikante Ehegeschichten. — Sehr selten!

— die zudringlichen; oder: Hat man nicht Noth mit euch Mädchen. Posse. 8. Berl. (Köhler in Lpz.) 797.

Freyer: Über die einem Vielseit eingeschriebenen Kegelschnitte. 16 S. Schweidnitz, Progr. 1860.

Freyer, Bernh., Universal-Zeitungs-Katalog. Nach den neuesten Quellen bearb. 1872. gr. 8. (136 S. m. e. Tabelle u. e. lith. Karte in Imp.-Fol.) Leipzig 872. Freyer. 1. 50

Freyer, C., Schloss Augustusburg m. seiner näheren u. weiteren Umgebung. (4 lith.) Bilder u. (2 lith.) Karten, gezeichnet von E. W. Lange. 12. (47 S.) Schellenberg 882. Langer. cart. 1. 50

Freyer, C. F., Beiträge z. Geschichte europ. Schmetterlinge, mit Abbildn. nach d. Natur. 3 Bde. od. 24 Hfte., jed. m. 6 od. zus. 144 Kpfrt. 16. (30 B. Text.) Augsburg 828—31, (Kollmann.) à Hft. 18 Gr.
1—6 Hft. hat auch d. T.: Beiträge aus dem Taschenbuch mein. europ. Schmetterlinge.

—— neuere Beiträge z. Schmetterlingskunde, mit Abbildn. nach d. Natur. 1—27. Hft. (od. 1. u. 2. Bd. 1—11. Hft.) Jed. m. 6 ill. Kpfrt. Tab. 1—162. 4. (37¼ B.) Augsburg 831—35, (Kollmann.) à 22 Gr.

Freyer, C. F., neuere Beiträge zur Schmetterlingskunde, mit Abbildn. n. d. Natur. 28—65. Hft. Jed. m. 6 ill. Kpfrt. Tab. 163—390. 4. (44¼ B.) Augsburg 835—42, (Rieger'sche Buchh.) à * 1½ Thlr.

Freyer, C. F., neuere Beiträge zur Schmetterlingskunde, mit Abbildgn. nach der Natur. 66—84. Hft. Jedes m. 6 ill. Kpfrt. Tab. 391—504. 4. (22¾ B. Text.) Augsburg 843—47. (Rieger'sche Buchh.) à Hft. Thlr. *
Hft. 1—65. Obendaf. 1831—42. à * 27½ Ngr.

Freyer, C. F., neuere Beiträge zur Schmetterlingskunde. 85.—99. Heft. Jedes Heft mit 6 ill. Kpfrt. 4. (à Heft mit 8—11 S. Text.) Augsburg 848—52, Rieger'sche Buchh. à Heft * 1 Thlr. *

Freyer, C. F., neuere Beiträge zur Schmetterlingskunde mit Abbildungen nach der Natur. 100—113. Heft oder 7. Bd. 1—13. Heft. 4. (126 S. Text mit 71 ill. Kpfrt.) Augsburg 852—56, (Rieger'sche Buchh.) à Heft * 1 Thlr. *

Freyer, C. F., neuere Beiträge zur Schmetterlingskunde mit Abbildungen nach der Natur. 114—120. Heft (oder 7. Bd. 14—20. Heft). 4. (36 S. Text und 35 ill. Kpfrt.) Augsburg 857—59, (Rieger'sche Buchh.) à Heft * 1 Thlr.

Freyer, C. F., Beitr. a. d. Taschenbuche meiner europ. Schmetterlinge. 3 Bde. in 24 Hftn. Mit 144 ill. Kpft. 16. Augsburg 828—31. (Kollm.) à 18 g. 13 ℳ. Neuere Beitr. zur Schmetterlingskunde, mit Abbild. n. d. Natur. 1—116 Hft. à 6 ill. Kpft. Augsb. 830—52. (Kollmann). à 22 g. 10 ℳ 24 g.

— die schädlichsten Schmetterlinge Deutschlands, für Forstmänner, Lehrer, Oekonomen, Gartenbesitzer u. Volksschulen. Nach der Natur beobachtet, beschrieben u. abgebildet. Mit 12 Kpfr.-Taf. gr. 8. Ebd. 839. 1⅙ ℳ ill. 2⅙ ℳ

—— die schädlichsten Schmetterlinge Deutschlands, für Forstmänner, Lehrer, Oekonomen, Gartenbesitzer und Volks-Schulen. Nach der Natur beobachtet, abgebildet und hrsg. Neue (Titel-) Ausg. gr. 8. (XII und 89 S. mit 12 nach der Natur gefertigten und ill. Kpfrt.) Augsburg 856, Rieger'sche Buchh. *

Freyer, Carl, s. Freyer, Karl

Freyer, Clemens, s. Freyer, Klemens

Freyer, Cöl., Allerlei aus dem Leben f. das Leben. 8. (IV, 180 S.) Hamburg 883. Agentur des Rauhen Hauses. n. 1. 50; geb. n. 2. 50

Freyer, Cöl., Allerlei aus d. Leben f. d. Leben. 1. u. letzte Folge zu d. früher erschienenen „Allerlei aus d. Leben". 8. (IV, 224 S.) Hamburg 896. Agentur d. Rauhen Hauses. n. 1. 80; geb. in Leinw. n. 2. 50 (kplt. 2 Bde.: n. 3. 30; geb. n. 5. —

Freyer, E., du bist gesund geworden, s.: Schillingsbücher.

Freyer, Eduard, approb. Arzt aus Hannover: **Aus d. pathol. Institute in Kiel. Über das Rhabdomyosarkom der Niere.** *Kiel 1902: L. Handorff.* (23 S.) 8°
Kiel, Med. Diss. v. [12. Sept.] 1902

Freyer, Ernst

Freyer, kleines Geschütz-Exerzier-Reglement f. Unteroffiziere u. Mannschaften der Fußartillerie. Als Auszug aus dem Exerzier-Reglement für die Fußartillerie. II. Tl., Ausbildg. am Geschütz (Entwurf v. 1901), u. dem Tl X. A der Schießanleitg. f. die Fußartillerie vom 9. VII 1900 zusammengestellt. (68 S.) 16. Berlin 904. Liebel n. — 50

Freyer, F., landwirthschaftliches Hülfsbüchlein. Praktischer Rathgeber f. Zeiten der Noth (I. Futternoth. II. Folgeübel. III. Hülfe.) 12. (31 S.) Berlin 893. R. v. Decker. — 30

— das landwirtschaftliche Jahr in Briefen. Ein Wegweiser f. angeh. Landwirte. Mit e. Vorwort v. M. A. Nobbe. 8. (VIII, 172 S.) Berlin 893. P. Parey. Kart. n. 2. —

[F.] ... Die Wassersnoth im Riesengebirge, ihre Ursachen, Folgen und Abhülfe. E. Flugschr. v. F. Freyer, Warmbrunn ... *Warmbrunn: Gruhn's Buchdr. [1897].* (8 S.) 1 Bd 8. [97. 65, 1 K]

Freyer, F.: Die Weinanalyse und ihre Beziehung zum Kunstweingesetze. Wien: Selbstverl. 1899. 14 S. Aus: Allgemeine Wein-Zeitung. 1899. — FB Wien*

Freyer, Frz., s.: Archiv f. Chemie u. Mikroskopie.

Freyer, Frz., Chemie u. chemische Warenkunde für Zollbeamte. Unter Berücksicht. der Erläutergn. zum Zolltarif f. das österr.-ungar. Zollgebiet vom 13. II 1906. (VIII, 562 S. u. 5 S. Abbildgn) kl. 8. Wien 907. W. Frick. n. 6. —

Über die Denaturierung des Zuckers, der zur Notfütterung der Bienen dient, s.: Dafert, F. W.

Freyer, Franz [aus Wien]: Ueber die Entzündungstemperaturen explosiver Gasgemische und die relativen Siedepunkte anorganischer Halogenverbindungen ... Berlin, A. W. Schade's Buchdr., *1893;* 37 S., 1 Bl. 8.
Heidelberg, Naturw.-math. Fak., Inaug.-Diss. v. [23. Febr.] 1893

Freyer, Frdr., Gedächtniß-Predigt auf den hochw. Herrn Georg Christian Aug. Bomhard, Dr. der Theologie, königl. Kirchenrath, Pfarrer bei St. Jakob ꝛc., gestorben den 23. Juli 1869. Augsburg 869. v. Jenisch & Stage. gr. 8. (14 S.) 2 ngr.

Freyer, G., Ueb. die Verfassungskämpfe Athens um's Jahr 600. Pr. 1870. 23 S. 4°.

Freyer, Georg Konrad Katalog der Lehrerbibliothek. Abt. A.: Griechische und römische Autoren. 46 S. 8. Progr. *Stolp* 1880.

Freyer, Gottfried: **Wie ist die Tierproduktion in der deutschen Landwirtschaft unter den jetzigen Produktionsbedingungen zu organisieren?** *Jena 1904: A. Kämpfe.* (60 S.) 8°
Jena, Phil. Diss. v. (2. März) 1904

Freyer, Hans [pr. Arzt, aus Pommern]: Ein Fall von Enchondrom der Oberkiefer. . . . Greifswald, Druck v. Julius Abel, 1889; 21 S. 8°
Greifswald, Med. Fak., Inaug.-Diss. v. 11. Dez. 1889

Freyer Heinrich Ausflug auf den Terglou zur Zeit der Sonnenfinsternis am 28. Juli 1851. S. 7. 8° . . . . vgr.
Separatabdruck

Freyer, H. Ausweis über alle in der Laibacher Diöcese bestehenden Curatkirchen, Filialkirchen und Kapellen, mit der Benennung ihrer heiligen Patrone und der Orte wo sie bestehen, sammt der Angabe der Entfernung der Filialkirchen vom Curatorte. (Als Gratisbeigabe zu Freyer's Karte von Krain für die P. T. Subscribenten.) Wien. 1846. 8.

Über neu entdeckte Conchylien aus den Geschlechtern Carychium und Pterocera (mit 1 Taf.) S. 15. 8° . . . . K —.40
Separatabdruck

Freyer, Heinr., Fauna der in Krain bekannten Säugethiere, Vögel, Reptilien u. Fische. Nach Cuvier's System geordnet, mit Abildungs-Citaten u. Angabe des Vorkommens. Nebst e. vollständ. Register der latein., deutschen u. krainer oder slav. Namen. gr. 8. (6¼ B.) Laibach 842. (Leipzig, Hofmeister.)*

Freyer, H. Specialkarte des Herzogthums Krain. Wien. 1844–1846. Folio.

—— alphabet. Verzeichniß aller Ortschafts- u. Schlösser-Namen des Herzogth. Krain, in deutsch. u. krain. Sprache, nebst der Decanats- u. Pfarr-Eintheilung, in welchem die Ortschaft liegt, sammt Angabe der Entfernung derselben vom Curat-Orte; als Commentar zur Special-Karte des Herzogth. Krain. gr. 8. (10½ B.) Laibach 846. (Leipzig, Hofmeister.)

Freyer, Herm., Erlebnisse e. Feldbeamten im deutsch-französischen Kriege 1870–71. Nach seinen Erinnergn. niedergeschrieben. (IV, 174 S.) 8. Darmstadt 910. H. L. Schlapp. 1.50; geb. 2. —

Freyer, Hermann Theodor, s. Freyer, Theodor

Freyer, Hieronymus

— Abriß der Geographie etc. 3 Thle. 8. Ebend. 733.

— Anweis. zur deutschen Orthographie. 8. Ebend. 735.

Freyer, Hieron., (I . . .) colloquia Terentiana. 8. Halle... Ed. IV. Waisenh.-B. 6 gr

— nähere Einleit. zur Universalhistorie. 8. Halle . . . 12e A. 778. Waisenh.-B. 16 gr

— theol. Handbuch zu Freylingshausens Theologie. 8. Ebend. 740.

— oratoria in tab. compend. redacta. 4. ibid. 736.

— oratoria in tabulas compendiarias etc. 4. Halle . . . Ed. VIII. 754. Waisenh.-B. 9 gr

— — **Duo selectae classis discipuli postremos in paedagogio regio sermones. — De periculo vitae academicae pauca praef. Halle (Chn. Henckel) 26. IX. 1719. 4 Bl. mit Namen. (3.—)**

— fasciculus poematum graecor. 8. ibid. 756.

Freyeri, H., Fasciculus poemat. Latinorum. Hal. 765. 8. 12 gr.

— programmata. 8. ibid. 737.

— Hieronymus, Ad sollemnem paedagogii regii quod Glauchae ad Halam Magdeburg. est, lustrationem. — De scientia humana quaedam praemisit. 31. III. / 1. IV. 1712. 6 Bl. mit Namen. (3.—)

— — Quatuor selectae classis discipuli ultimos in paedagogio regio sermones. — De studiorum litterariorum usu in ecclesia Christi pauca praefatus. Glaucha/Halle, 27. IX. 1717. 5 Bl. mit Namen. (3.—)

Freyer, Hieronymus. Erste Vorbereitung zur Universal-Historie (Alterthum bis 1742.) 5. Aufl. (2 Bde.) 8. Halle 1746.

— erste Vorbereitung zur Universalhistorie. 8. Halle . . . 9e Aufl. 774. Waisenh.-B. 6 gr

Freyer, J. And., Lexicon locupletissimum nominum appellat. aeque ac propriorum et rerum illis designatarum nec non historicum, mythologicum, geographic. etc. 4. Nürnb. 752. Endter. 1 rthl 8 gr

Freyer, J. G., f. Herz u. Leben. Festesgrüße u. Lebensregeln, in 130 Festgedichten u. 170 Stammbuchsakrostichen verf. u. der Familie u. Schule gewidmet. gr. 16. (176 S.) Leipzig 878. Peter. 1. 20; cart. 1. 50

Freyer, J. G., Rede z. Feier d. 100. Geburtstages Karl Vogels, ehemal. Direktors d. Bürgerschule u. d. Realschule zu Leipzig, geb. im Leipziger Lehrervereine am 18. Juli 1895. gr. 8. (16 S. m. Bildn.) Leipzig, F. Fleischer Verlag. n. — 60

Freyer, J. G., die Sorge der Schule für das leibliche Wohl ihrer Zöglinge. Ein Vortrag im Leipziger Lehrerverein. Leipzig 869. Fr. Fleischer. gr. 8. (27 S.) n. 5 ngr.

Freyer, J. G. Die deutsche Turnkunst betrachtet vom rationellen Standpunkte. 29 S. . . . .
Merseburg, Progr. 1850
vgl.: Freyer, Ph. J. G.

Freyer, Johann Gottfried

Johannes Godofredus Freyer: De Lythro salicaria L. Gottingae (1802): Rosenbusch. 70 S. 8°
Göttingen, Med.Diss.v.3.Apr.1802

Freyer, Just., (Psdn.), Eduard Humber, od. die Folgen allzurascher Handlungen. 2 Bde. 8. Berl. 803. Nicolai. 2 rthl 20 gr

Freyer, Karl

Freyer, Carl, Beschäftigungs-Buch f. die reifere Jugend, s.: Wagner, Herm.

— der junge Handwerker u. Künstler. Anleitung zur Herstellg. nützl. Gegenstände aus Papier, Pappe, Holz, Gips, Metall etc., sowie zum Photographieren. gr. 8. (XI, 316 S. m. 680 Abbildgn. u. 5 Taf.) Leipzig 894. O. Spamer. n. 4. —; geb. in Leinw. n. 5. —

Freyer, Carl, d. junge Handwerker u. Künstler. Anleitg. z. Herstellg. nützl. Gegenstände aus Papier, Pappe, Holz, Gips, Metall etc., sow. z. Photographieren. 2. [Titel-] Aufl. gr. 8. (XI, 316 S. m. 680 Abb. u. 5 Taf.) Leipzig (894) 899. O. Spamer. n. 4. —; geb. in Leinw. n. 5. —

Freyer, C., der junge Laubsäge-Arbeiter. Musterbuch für Kunstarbeiten in Holz f. die reifere Jugend. Neu bearb. Mit 20 Vorlegeblättern, entworfen von G. Schöpß, u. zahlr. Text-Abbildgn. gr. 4. (III, 48 S.) Leipzig 890. Spamer. In Mappe. n. 4. —

— der junge Laubsäge-Arbeiter. Musterbuch f. Kunstarbeiten in Holz f. die reifere Jugend. Neu bearb. 2. Aufl. Mit 20 Vorlageblättern, entworfen v. G. Schöpß. 4. (48 S. m. Abbildgn.) Ebd. 893. In Karton. n. 4. —

— der junge Laubsäge-Arbeiter. Musterbuch f. Kunstarbeiten in Holz f. die reifere Jugend. Neu bearb. 3. [Titel-]Aufl. Mit 20 Vorlageblättern, entworfen v. G. Schöpß, u. zahlr. Text-Abbildgn. gr. 4. (48 S.) Leipzig [893.] (900). O. Spamer. In Mappe n. 4. —

— das Skioptikon in der Schule. Beschreibung des Apparates „Rossmässler", sowie Anleitg. zur Ausführg. der verschiedenartigsten Versuche mittels opt. Projektion u. Anweisg. zur Herstellg. einfacher Hilfsapparate. 2. [Titel-]Aufl. 8. (XV, 175 S. m. 123 Abb.) Dresden [900.] 901. Verlag des „Apollo". n. 2. 50

— das Skioptikon in der Schule. Anleitung zur Ausführg. der verschiedenartigsten Versuche mittels opt. Projektion u. Anweisg. zur Herstellg. einfacher Hilfsapparate. 3. [Titel-]Aufl. (XV, 175 S. m. 123 Abbildgn.) 8. Dresden [900] 904. Verlag des „Apollo". n. 2. 50

Freyer, Carl, d. Skioptikon in d. Schule. Jetzt: Dresden, Unger & Hoffmann.

Freyer, Carl (Mulda), De spasmis eclampticis. Diss. med.-obstet. Lpz. (A. Edelmann) 9. VIII. 1855. 23 S. mit Biograph. (M.: J. E. Boehm.) (1.—)

Freyer, Klemens

Freyer, C., der deutsche Reichstag. Seine Geschichte, Organisation, Rechte u. Pflichten. 2. u. 3. Aufl. 8. (VIII, 221 S.) Berlin 888. Hennig. n. 2. —; geb. n. 2. 50

— dasselbe. Volksausg. m. Nachtrag bis Ende Jan. 1890. 8. (VIII, 231 S.) Ebd. 890. n. 1. —; geb. n. 1. 50

Freyer, Clemens, der deutsche Reichstag. Seine Geschichte, Organisation, Rechte u. Pflichten. 4. (Titel-) Aufl. 8. (IV, 221 S.) Berlin 892. [Hennig & Co.] W. u. S. Loewenthal. n. 1. —; geb. n. 1. 50

Freyer, Kurt: Das norddeutsche Stadttor in gotischer Zeit. (Mannheim [1909]: Hahn) 30 S. 8°
München, Phil. Diss. v. 1. März 1909, Ref. Riehl, Wolters
[Geb. 25. Mai 85 Darkehmen; Wohnort: Stettin; Staatsangeh.: Preußen; Vorbildung: Stadt-Gymn. Stettin Reife M. 04; Studium: Berlin 1, Göttingen 2, München 6 S.; Rig. 1. März 09.] [U 09. 3462

Freyer, Mor., üb. die Betheiligung der Milz bei der Entwickelung der rothen Blutkörperchen. Inaugural-Dissertation. gr. 8. (30 S.) Königsberg 872. (Leipzig, Kessler.) n. 1. —

— die Ohnmacht bei der Geburt vom gerichtsärztl. Standpunkt. Eine Abhandlg. f. Aerzte u. prakt. Juristen. gr. 8. (VIII, 283 S.) Ebd. 887. n. 7. —

Freyer, M[oritz]: Wie ist unser Hebammenwesen rationell zu bessern? — Berlin: Springer 1888. 20 S. 8°

Freyer, Otto, des Onkels alte Hausuhr. Eine Erzählung. Mit (4 lith.) Illustr. 8. (63 S.) Langensalza 881. Schulbuchh. cart. — 90

Freyer, Otto, des Onkels alte Hausuhr. Eine Erzählg. 2. Aufl. 8. (63 S. m. 4 Tondr.-Bildern.) Langensalza 894. Schulbuchh. Kart. — 90

Freyer, Otto, approb. Arzt aus Stolp: Aus d. chirurg. Klinik zu Kiel. Zur Kenntnis der von versprengten Keimen der Nebenniere ausgehenden Abdominalgeschwülste mit Veröffentlichung zweier in der chirurg. Klinik und dem pathologischen Institute zu Kiel beobachteter Fälle. *Kiel 1900: P. Peters.* (22 S.) 8°
Kiel, Med. Diss. v. [14. Apr.] 1900

Der alte Sattel. Einem Veteranen nacherzählt (von Otto Freyer). *Barmen: H. Klein [1903].* (25 S.) 8° [F.]
— Dämmerstunde. Für die. Reihe 1, [3.] [04. 1934

— verrechnet, s.a. Groschen-Bibliothek für's deutsche Volk.

Verrechnet! Eine wahre Geschichte von Otto Freyer. *Barmen: H. Klein [1903].* (26 S.) 8° [F.]
— Dämmerstunde. Für die. R. 2, [3.] [04. 1935

Freyer, Paul

Freyer, P., Beispiele zur Logik aus der Mathematik u. Physik, im Anschlusse an F. A. Trendelenburg's Elementa logices Aristoteleae zusammengestellt. 2. Aufl. gr. 8. (56 S.) Berlin 889. W. Weber's Verl. n. 1. 20

Freyer, P.: Beispiele aus der Mathematik zur Logik. 36 S. – Ilfeld, Paed., Progr. 1872.

Freyer, Paul: Michael Neanders Carmen scholasticum. *Nordhausen, C. Kirchners Buchdr., 1896;* 1 15 S. 8.
Ilfeld, k. Kloster-S, Festschr. 1896

Freyer, Paulus (Gerhard) *(geb Jannowitz bei Hirschberg in Schles. 7. 9. 1831)*: De quadrilateri et quadranguli inter se polarium connexu. Vratislaviae (1862). (19 S.) 4°
Breslau, Phil. Diss. v. 15. Sept. 1862

Freyer, Paul [Prof. Dr.]: Programme und Schulreden des Mag. J. E. Scheibel, weil. 1759—1809 Lehrer und Rektor am Elisabetgymnasium in Breslau, nebst e. histor. Einleitg. Nordhausen, Druck v. C. Kirchner's Buchdr., 1893; 1—46 S. 4.
Ilfeld k. Kloster-S, OP 1893 (311)

Schreibübungen für Höhere Lehranstalten und Fortbildungsschulen. Entw. u. zsgest. von Paul Freyer, Lehrer in Breslau. H. 1 5. *Breslau: M. Woywod [1901].* 5 Bde 4° [Umschlagt. lith.] [01. 4004

Freyer, Studien zur Metaphysik der Differentialrechnung. 4. (39 S. m. 1 Steintaf.) Ilfeld a. H. 883. (Berlin, Weber.) n. 1. —

Freyer, Paul, approb. Arzt aus Gelsenkirchen: Aus d. Kgl. Poliklinik f. Hautkrankheiten zu Kiel. Über generalisirte Vaccine. *Kiel 1901: H. Fiencke.* (25 S.) 8°
Kiel, Med. Diss. v. [2. Apr.] 1901

Freyer, Paul Verzeichnis der in der Bibliothek der Ilfelder Klosterschule vorhandenen älteren Drucke und Handschriften. S. 35—47.
Progr. *Ilfeld* 1876.

Freyer, Ph. J. G.: Die deutsche Turnkunst, betrachtet vom rationellen Standpunkt. Merseburg 1850. 29 S. Merseburg, Dom-Gymn. P 1850.
vgl.: Freyer, J. G.

Freyer, Rudolf [aus Osmünde]: Beiträge zur Kenntnis der Triphenylmethanfarbstoffe ... Halle a. S., Hofbuchdr. v. C. A. Kaemmerer & C., 1896; 37 S. 8.
Halle, Phil. Fak., Inaug.-Diss. v. [21. Mai] 1896

Freyer, T., zur Abwehr d. Scharlachfiebers u. der Diphteritis. Ein Wort der Fürsprache f. unsere Kinder an alle Eltern, insbesondere an die Landleute. 8. (15 S.) Berlin 883. Grosser. — 15

Freyer, T., De Aelii Dionysii et Pausaniae atticistarum formulis οἱ παλαιοί, παρὰ τοῖς παλαιοῖς, κατὰ τοὺς παλαιούς. Diss. 1882. 53 S.

Freyer, T., Quaestiones de scholiorum Aeschin. fontibus. Diss. 1882. 100 S. 1.50

Freyer, *Hermann* Theodor [Dr., Oberl.]: Kleinigkeiten zum deutschen Unterricht auf der unteren Stufe. Löbau i. S., Druck v. Th. Kossner, 1891; 1 Bl., 47 S. 4°
Löbau i. S., R, OP 1891 (566)

Freyer, Wilh., der Ingenieur, s.: Buch, das, der Berufe. III.

Freyer-Büchlein

* — —, Neues. Oder Hinlänglicher . . . . Bericht . . . . Ganz neu gedruckt. 8°. (In Berlin: Yz 1291.)
* — — Dasselbe. Andrer Druck. 8°. (In Berlin: Yz 1292.)

* **FREYER-BÜCHLEIN**, Nützliches und wohl eingerichtetes, Oder Ausführlicher Bericht, wie man heut zu Tage auf dem Lande um eine Braut werben und ausbitten . . . . soll. — Kleiner Holzschn. — Nebst einer Anleitung, Handschrifften, Obligationen, Qvittungen, ... zu verfertigen. Gedruckt in diesem Jahr (ca. 1700). 8°. 3 Bogen. (In Berlin: Yz 1286.)

FREYEREY- und Heyrathsgeschichten. Mit Titelkpf. Leipzig, bey P. G. Kummer, 1797. 8°. X u. 260 S. (4 Mk. Oscar Rauthe, Friedenau-Berlin, 1908; 9 Mk. Rudolf Hönisch, Lpz., 1912.)

Freyerin, d. reiche,. Lustsp. 8. Wien, Kurzböck. 785.

Chr. Ch. H. FREYESLEBEN. *Altenb.* et *Lips.* typ. Richter. 721. 8. (5 Thl.)
Ibid. 751 — 753. 8.
Basil. [*Colon. Munat.*] ap. Turnis. [Thurneisen] 734. — 735. — 748. — 759. — 775. — 776. — 780. II. — 785. — 789. 4.
Venet. 782. (*B.*)

„Freygang, Oberforstmeister Johann." Wien 1899. V: *Michálek, Vincenz.* (EB)

Freygang, C., d. Einschränkg. d. weibl. Fruchtbarkeit durch Verhütung d. Empfängnis. 8. (71 S. m. 3 Abb.) Leipzig 898. A. F. Schlöffel. n. 1.20

Freygang, C., die Einschränkung d. weiblichen Fruchtbarkeit durch Verhütung der Empfängnis. 6. Aufl. 6.—10. Taus. (64 S. m. 3 Abbildgn.) 8. Leipzig (904) A. F. Schlöffel. n. 1.20

Freygang, C., die Einschränkung der weiblichen Fruchtbarkeit durch Verhütung der Empfängnis. 7. Aufl. (64 S. m. 3 Abb.) 8. Leipzig (910). A. F. Schlöffel. 1.20

Freygang, Carl Friedrich Julius, s. Freygang, Karl Friedrich Julius

Freygang, Friderike von, s.a. Freygang, Wilhelm von

Freygang, Friderike von geb. Kudrjewski. Briefe über den Kaukasus und Georgien . . . A. d. Franz. von Heinrich v. Struve. Wien 1826. MV: *Freygang, Wilhelm von.* (EB)

Lettres sur le Caucase et la Géorgie [par Frédérike **Freygang** née Kudrajattski] suivies d'une rélation d'un voyage en Perse en 1812 [par Guillaume de Freygang]. Hambourg. 1816. 8°.

— Georg Jacob (Eilenburg), De rei furtivae deposito. Quaestio jur. controv. Präs. Christian Heinr. Breuning. Lpz. (Langenheim) 2. X. 1776. 8 S. (1.50)

Freygang, Guillaume, s. Freygang, Wilhelm

Freygang, Gust., die Schule und die leiblichen Uebel der Schuljugend. Ein zeitgemäßes Wort an Eltern und Erzieher im Interesse des Staates, der Gemeinde und Familie. 8. (IV und 143 S.) Leipzig 863, Keil.

Freygang, Karl Friedrich Julius

Freygang, Carl Fried. Julius (Nerchau), De syphilidis in gravidis et puerperis ratione quaestio patholog. Diss. med. Lpz. (Staritz) 16. VI. 1835. 23 S. (4.50)
Gew.: Dr. med. Deetz (Wesel).

Freygang, M., Führer durch den klimatischen Kurort Weinböhla u. Umgebung. Ein Ratgeber f. Einheimische u. Fremde. Mit e. Umgebungs- u. Tourenkarte nebst vielen Abb. (38 S.) 8. Dresden 903. O. Damm. n. — 50

Freygang, Paul: Die Milch und ihre Verwendung in der Diätetik. Halle 1872: Lipke. 37 S. 8°
Halle-Wittenberg, Med. Diss. v. 16. Nov. 1872
Geb. Sangerhausen 21. 11. 1847. V.

Freygang, Rhold., Deutschlands Einheit. Patriotischer Prolog m. „Leb. Bild" in 1 Aufzug. gr. 8. (8 S.) Mühlhausen i/Th. (901). G. Danner. n. — 75

Freygang, Wilhelm von, s.a. Freygang, Friderike von

Freygang, W. v., Briefe über den Kaukasus und Georgie., nebst angehängtem Reisebericht über Persien vom Jahr 1812. Aus dem Franz. übers. von H. v. Struve. Mit Kupfern. und Charten. gr. 8. Hamburg, Perthes und Besser. 817.
Schreibpap.

— — Dasselbe Franz. gr. 8. Ebend.
Schreibpap.

v. Freygang, Wlh., Briefe üb. Alexisbad u. d. Umgegend. Aus d. Französ. übers. v. Eugen v. Gutschmid. 8. Leipz. 830. Wienbrack. 1 ßf 6 gl Dass. französ. s. *Lettres* sur Alexisbad.

— Briefe über d. Kaukasus u. Georgien, nebst angehängtem Reiseberícht über Persien v. J. 1812. Aus d. Französ. übers. v. H. v. Struve. Mit 4 Vign. u. 2 Karten. gr. 8. Hamb. 817. Fr. Perthes. 2 ßf Schrbp. 2 ßf 12 gl Dass. französ. gr. 8. Ebd. 2 ßf 12 gl Schrbp. 3 ßf

v. *Freygang*, Wlh., sur l'affranchissement des serfs. 8. Götting. (804). Dieterich. 2 gl

v. Freygang, Wlh., Doctor Gall auf d. Reise; Lstspl. in 1 A. 8. Götting 805. Dieterich. 4 gl

— Gedanken über d. Luftsteine; aus d. Französ. übers. v. Prof. Seyffer. 8. Götting. 805. Dieterich. 2 gl

v. Freygang, Wlh., Geniestreiche; Lstspl. in 1 A. Götting. 806. Dieterich. 4 gl

— Idées sur les phénomènes des aerolithes. kl. 8. Götting. 2e A. 804. Dieterich. 3 gl

[de **Freygang**, Guillaume]: Lettres sur le Caucase et la Georgie suivies d'une relation d'un voyage en Perse en 1812. Hambourg 1816. 255 S., 2 Kt. 8°. [II 3730]

—notice sur l'Université de Göttingue. kl. 8. Götting. 804. Dieterich. 4 gr.

Freygebige, d. prächtige,. Singsp. in 3 A. v. Marmontel, a. d. Franz. 8. Frkft. Andreä. 774.

Freygeist, der,. Trauersp. 8. Danzig. (Jacobäer in Leipz.) 774.

Freygeist, der entlarvte, 3 Thle. Frkf. und Lpz. Gebhardt. 772.

-- der vernünftige. a. d. Engl. 3 Thle. 8. Lpz. Gollner. 761–73.

Freyhan, A., durch den Kladderadatsch, s.: Kühling's, A., Theater-Specialität.

-- zwischen neun u. elf, s.: Kühling's, A., Album f. Liebhaber-Bühnen.

Freyhan, Theodor [aus Breslau]: Beiträge zur Kenntnis der Typhus-Meningitis ... Berlin, Buchdr. v. Gustav Schade (Otto Francke) (1888). 30 + 1 S. 8°

Berlin, Med. Fak., Inaug.-Diss. v. 3. März 1888

Freyhan, Theodor: Über Gelenkaffektionen bei Typhus. s. Klinik, Berliner.

Freyhan, Ueber Pneumotomie, s.a. Klinik, Berliner.

Ueber Pneumotomie. Von Dr. [Theod.] Freyhan, Berlin. *Berlin: Fischer 1898.* (27 S.) 8.
— Klinik, Berliner. H. 117. (98. 476)

Freyhan, Theodor: Ein Ueberblick üb. den gegenwärtigen Stand der Weil'schen Krankheit, s. Klinik, Berliner.

Freyheit, s.a. Freiheit.

Freyheit, über die, 8. Berl. Realschulb. 786. — 3

— über die, ein Zuruf an deutsche Fürsten und deutsches Volk. gr. 8. Altona, Hammerich. 790.

Freyheit, über, und Beschränkung des Handels. 8. Gotha, Becker. 817.

Freyheit, üb. die deutsche, u. Vertretung deutscher Völker durch Landstände. gr. 8. Leipz. Baumgärtner.

— und Eigenthum der Bauern, s. Buchholz.

Freyheit, über, und Eigenthum der alten bayerschen Nation. gr. 8. Frkf. u. Lpz. (Krüll in Landshut.) 801. Ritter.

— u. Einschränk., üb. d. Handelsgeschäfte a. d. Engl. gr. 8. Lpz. Jacobäer. 794.

Freyheit — Über die Freyheit ...

— — Freyheit, den geprüften Gefühlen seines Herzens zu folgen. Eine Schutzschrift für die Jugend Memmingen 1789. 8°. (5 Kr. Halm & Goldmann, Wien, 1907.)

— ub. d., den geprüft. Gefühl. d. Herz. z. folgen. 8. Memmingen, Seyler. 789.

— d., des Gewissens rc. gr. 8. Frkf. Eichenberg. 776.

— u. Gleichheit, üb., s. Ayala.

— d., der Rheinschiffahrt. vertheid. 8. Wien, Trattner. 794.

— üb. d., der Rheinschiffahrt, zwey Sendschreiben v. **** an ******. gr. 8. Frankf. Körner. 815.

„Die Freyheit der Schiffahrt und Handlung neutraler Völker im Kriege, nach dem allgemeinen und dem europäischen Völkerrechte, so wie nach den Verträgen betrachtet. Ein historischer und rechtlicher Versuch zur Aufklärung der Streitigkeiten zwischen den kriegführenden Mächten und neutralen Staaten wegen des freien Seehandels", aus dem Französischen, Leipzig 1780. — Vorh.: Bücherei der Industrie- und Handelskammer Leipzig.

— d. Schiffahrt u. Handl. neutral. Völker im Kr. u. s. w. 8. Lpz. Schwickert. 790.

— — dess. 2r Thl. s. Vers. üb. Seerecht.

— in Bez. a. d. deutsche Staatsr. 796. ist e. N. T. v. C. F. Pfeifer, d. deutsche Freuh.

— u. Unmittelbark. d. heil. röm. Reichs-Ritterschaft. 2 Thle. Nrnb. Felsecker. 753.

Vertheidigte Freyheit der Kirchengüter. Aus d. franz. übers. o. O. 1716.

Vertheidigte Freyheit u. Ohnmittelbarkeit der Heil. Röm. Reichs Ritterschaft in Franken, Schwaben, u. am Rhein, auch ihrer wohlhergebrachten Würde und Gerechtsamen, wider die Hochfürstl. Würtemberg. sog. Vorlegung der angebl. anwachsenden Irrungen, u. daher entstehenden Nothdurfft eines Reichs-Regulativs. Th. 1. 2. o. O. 1750. 52. 2 Bde fol.

— vertheidigte d. Pfarrer v. d. Concurrenz d. Kriegsschäden u. s. w. 8. Hadamar, Gelehrtenbuchh.

Freyheiten, über die, der gallican. und deutschen Kirche. gr. 8. Heidelberg, Mohr und W. 817.

Freyheiten welche die Regierung von Süd-Carolina unter Protection Sr. Königlichen Groß-Britannischen Majestät denen dorthin von Hamburg kommenden und sich selbst daselbst niederlassenden Personen vermöge eines auf 5 Jahre vom 1773 vestgesetzten und von Höchst-Deroselben confirmirten Rath-Schlusses oder Acte, allergnädigst angedeyhen lasset. *[Am Ende] „Dieses Avertissement wird von Herrn Hofrath Bodo Wilhelm Stöckeen auf der Bockenheimergass Lit. E. Nr. 104 umsonst ausgegeben, wobey auch einem jeden allernötiger Unterricht freundlichst ertheilt wird." [s. l., s.d., wahrscheinlich Frankfurt 1773.]* 4 S.
[Stadtarchiv Frankfurt am Main.]

Freyheitsandacht, ein patriot. Scherflein von H. G. v. L., zum Besten unbegütert. Freywilliger. 8. Görlitz, Anton. 814.

Freyheitsbaum, der,. Lustsp. 8. Frkft. Apitz. 795.

Freyheitsbrief der Deutschen Hohen Schule, [College] in der Stadt Lancaster, in dem Staate Pennsylvanien; nebst einer Anrede an die Deutschen dieses Staats, von den Trusties der besagten Hohen Schule.
Philadelphia: Steiner. 1787. 16 S. 8°.
Library Company of Philadelphia
Evans 20445.

Frey- und Gleichheits-Büchlein. 8°. Leipzig 1794.

Die Freyheits-Fahne: no. 1--26, Band 1--3, Mar. 27, 1814--Mar. 11, 1817.

Weekly. Numbering slightly irregular. Through Feb. 16, 1815, quarto in size; thereafter, small folio; usually 4 pages, but several 2 pages only. Edited & published by Heinrich Wilhelm Petersen & Johann S. Wiestling, Aug. - Oct. 1814; by H.W. Petersen, Nov. 1814 - 1817.
Carlisle, PA

Die Freyheitsfahne: 1825? - Nov. 1828. Easton, PA

Edited & published by Heinrich Held.

Freyheitsfreund: Der Freyheitsfreund oder das alte helvetische Tagblatt
(2) Der Freyheitsfreund (22. 7. 1800) (5) 27. 9. 1799—17. 10. 1801 (6) 4° (7) wöchentlich 6× (27. 9. 1799—19. 5. 1800 und 22. 7. 1800—18. 1. 1801), wöchentlich 3× (22. 5. 1800—Juli 1800), wöchentlich 4× (19. 1. 1801—Juli 1801), halbwöchentlich (ab 22. 7. 1801) (8) Bern: (Joh. Anton Ochs: Verleger) (9) Senator Alfons Pfyffer von Heidegg, bis 21. 3. 1800 mit Xaver Bronner gemeinsamer Herausgeber des Blattes, darauf allein (10) Alfons Pfyffer, Xaver Bronner (12) franzosenfreundlich (13) BGSZ: 107, 557, 792, 973 (14) Be: L, S, St; Lu: Z (15) Datiert nach Angabe des christlichen und des Revolutions-Kalenders. Eines der wichtigsten Blätter für die Wiedergabe der Ratssitzungen und Regierungsbeschlüsse der Helvetik. Unter dem Titel »Mannichfaltigkeiten« regierungsfreundliche Betrachtungen zu den jüngsten Ereignissen. Ausländische Nachrichten (Korrespondenzen) unter Städte- und Ländernamen mit besonderer Berücksichtigung Frankreichs. Berichterstattung subjektiv gefärbt. In den späteren Nummern Annoncen.

Freyheits-Gedichte. 2 Bdchen. 8. Kaufmann. 797. Lein. N.

— v. Voß, Pfeffel, u. a. m. 8. Mannh. Kaufmann. 803. Holl. P.

Freyheitskampf, der, im spanischen Amerika, oder Bericht von dem Ursprunge, Fortgang und gegenwärtigem Stande des Krieges zwischen Spanien und dem spanischen Amerika. Von einem südamerikanischen Offizier. Aus dem Engl. gr. 8. Hamburg, Hoffmann und Campe. 818.

FREYHEITSKAPPE, Die rothe. Zur Belehrung des deutschen Bürgers und Landmanns. Chemnitz, bei Karl Gottlieb Hofmann, 1793. 144 S. u. 1 Bl. 8°. Mit interessantem Titelkpfr. (Errichtung e. Freiheitsbaums) u. kolor. Titelvignette (Staatssiegel d. Revolution). Selten!

Freyheitskappe, d. rothe, z. Belehr. d. gem. Mann. 8. Chemnitz, Mauke. 793.

* **Freyheits- u. Siegeskranz** in mehreren deutschen Liedern. 8. Leipzig, Baumgärtner. 814.

Freyheitskrieg, d. franz. am Oberrhein, d. Saar u. d. Mosel. 792—94. 2 Thle. 8 Frkf. Behrens. 795. 96. (1r 1 Rthlr. 4 gr. 2r 1 Rthlr. 8 gr.)

Freiheitslied. Helvetisches Freyh'. nebst der Parodie eines emigrirten Schweizers. ([Hrg. von] Alpinus.) 8. o.O. 1799.
Mutmasslicher Verfasser: Caspar Billeter.

Freyheitslieder, Beytr. zur Unterh. für Gebildete. 8. Hame. Vollmer. 796.

Die Freyheits Presse: Mar. 30, 1820 - 1827?

Democratic weekly. Edited & published by Philip Hanisch & Heinrich Held, 1820 - ?; by Heinrich Riehm [in 1823], by Heinrich Riehm & J. Thoma [in 1824].
Orwigsburg, PA

Die Demokratische Freyheits Presse: Apr. 1834 - ? Orwigsburg, PA

Democratic weekly. Edited & published by J. T. Werner

Freyheitssinn, üb., u. Revolution. 8. Müller, C. 797.

Freyheitsspiegel, der, E. dramat. Gemälde a. d. neuern Zeitgesch. in 5 A. v. C. M. Plümike. 8. Berl. Frölich. (Dunker u. H.) 803.

Freyhoff, Otto, Bayreuth 1913. Ein Mahnruf an die deutsche Nation! (14 S.) gr. 8. München (904). (Leipzig, Leipziger Verlagsgesellschaft.) n. — 50

(S) **Freyhoff,** Otto, Bayreuth 1913. 904. (KBL 33.) Jetzt: Leipzig, G. Essegur.

Freyhoffen u. Marconegg, Franz Andreas de. Tribunal seu judicium humanum. Clagenfurti, Kleinmayr, 1715. Quart. 198 S.

Freyhold, A. v., vollständiger Atlas zur Universalgeschichte. 3 (lithogr. und ill.) Karten. Nebst einem Verzeichniss aller darauf vorkommenden Namen. (58 S. in gr. 8.) Imp.-Fol. Berlin 850, D. Reimer. *

v. Freyhold, A., Karte zur alten Geschichte. Gezeichnet von A. v. Schmidt. 2. verb. Ausg. Imp. Fol. Lith. u. color. (Mit 1 B. Text in gr. 8.) Berlin 850, D. Reimer. n. 2/3 ₰

— Karte zur Geschichte des Mittelalters. Gezeichnet von A. v. Schmidt. Lithogr. und ill. Imp.-Fol. (Mit 1 Bog. Text.) Berlin 848, D. Reimer. *

— Karte zur neuern Geschichte. Gezeichnet von A. v. Schmidt. Imp. Fol. Lith. u. color. (Mit 16 S. Text in gr. 8.) Ebd. 850. n. 5/6 ₰ — Vorstehende 3 Karten zusammen u. d. T.: Vollständiger Atlas zur Universalgeschichte. 3 (lith. u. color.) Karten. Nebst einem Verzeichniss aller darauf vorkommenden Namen. Imp. Fol. (58 S. in gr. 8.) Ebd. 850. n. 2 ₰

— Karte zur neuern Geschichte. Gezeichnet von A. v. Schmidt. Lithogr. und ill. 1. Ausg. 20 Ngr. und 2. verb. Ausg. (Mit 16 S. Text in gr. 8.) Berlin 850, D. Reimer. *

Freyhold, A. von. Neue Karte von Deutschland, zugleich historisch-geographische Karte von Preussen. Gez. von A. v. Schmidt. Berlin, D. Reimer, 1853. Lith. u. kolor. Imp.-Fol.

v. Freyhold, A., methodischer Netz-Atlas z. Entwurf jeglicher Erdräume aus freier Hand. In 37 Blatt (in 4. u. qu. ½ Fol.) Berlin 846, Reimer. 1 ₰

Freyhold, Albert

Freyhold, A. v., die Geschichte des Grenadier-Regiments König Wilhelm I. (2. westpreußisches) Nr. 7, f. die Unteroffiziere u. Mannschaften des Regiments bearb. 8. (144 S. m. Kartenskizzen, 2 Bildnissen u. 2 farb. Taf.) Berlin 898. R. Eisenschmidt. Kart. n. 1. —

Freyhold, A. v., die Geschichte des Grenadier-Regiments König Wilhelm I. (2. westpreuß.) Nr. 7, f. die Unteroffiziere u. Mannschaften des Regiments bearb. 2. Aufl., fortgeführt bis zur Gegenwart. (143 S. m. eingedr. Kartenskizzen, 1 Bildnis u. 2 farb. Taf.) kl. 8. Berlin 906. R. Eisenschmidt. Kart. n. 1. —

Freyhold, Edm. v., kritische Beiträge zur Reform des naturwissenschaftlichen Unterrichts höherer Schulen, s. a. Sammelmappe, pädagogische.

Freyhold, Edm. v., kritische Beiträge zur Reform des naturwissenschaftlichen Unterrichts höherer Schulen. gr. 8. (104 S.) Leipzig 879. Siegismund & Volkening. n. 1. 50

Freyhold, Edm. v., Beiträge zur Pelorienkunde. Botanische Inaugural-Dissertation. [Mit e. lith. Taf.] gr. 8. (70 S.) Eupen 875. (Berlin, Friedländer & Sohn.) n. 2. 40

Freyhold, Edm. v., Lehrbuch der Botanik f. alle Klassen höherer u. Mittel-Schulen, Lehrerseminarien, sowie zum Selbstunterricht. gr. 8. (XII, 218 S.) Freiburg i/Br. 882. Kiepert & v. Bolschwing. n. 2. 80

Freyhold, Edm. v. Santuzza. Musikdrama in einem Aufzuge. 8. (31 S.) Baden-Baden 892, Wild's Verlag. * 1 —
Musik von Pietro Mascagni.

Freyhold, Edm. v., Santuzza. Musikdrama in 1 Aufzuge. (Textbuch.) 8. (31 S.) Leipzig u. Baden-Baden 893. C. Wild. n. 1. —

Freyhold, Edm. v., über Symmetrieverhältnisse und Zygomorphismus der Blüthen. gr. 4. (83 S.) Eupen 874. (Berlin, Friedländer und Sohn.) *

Freyhold, K. F. v., Bilderbücher. I. Bd. Tiere. (12 farb. Bl. ohne Text.) qu. Lex.-8. Köln 905. H. & F. Schaffstein. Kart. 4. 50; unzerreißbar 5. 50

— dasselbe. II. Bd. Sport u. Spiel. Bilderbuch. (12 farb. Taf. ohne Text.) Lex.-8. Ebd. 906. Kart. 4. 50; unzerreißbar 5. 50

— Malbücher. 1. Bd. (7 [1 farb.] Bl.) qu. Lex.-8. Ebd. (905). 1. —

Freyhold, K. F. v., Malbücher. (Nr. 2.) (8 [1 farb.] Bl.) 22×31 cm. Köln (907). H. & F. Schaffstein. 1. 20

— Osterbuch. Verse v. Ch. Morgenstern. (17 farb. Bl.) 24,5×32 cm. Berlin (910). B. Cassirer. Geb. in Halbleinw. 4. 50

Freyja. Musenhalle deutscher Frauen. Centralorgan zur Hebg. u. Förderg. weibl. Geistesarbeit auf dem Gebiete der Poesie u. Literatur. 1. Jahrg. 1886. 24 Nrn. (1½ B.) gr. 8. Berlin 886. Föllen. n. 2. 25

Freykirch, Thomas, oder freymüthige Untersuchungen über die Unfehlbarkeit der katholischen Kirche ... Frankf. u. Leipz. [Göttingen] 1792. V: *Werkmeister, Bened. Maria Leonh.* (MGT) (winer)

Freykirch, Thomas, (B. M. Werkmeister), od. Untersuchung über d. Unfehlbarkeit d. kathol. Kirchen. 1r Thl. gr. 8. Frankf. und Leipz. 792. Vandenhoek u. R. 1 th 4 gr

Freylach, Dr. Josef, Zur Kenntniss der anemometrischen Verhältnisse in Prag. Gr.-8. (4 S.) Prag: Fr. Řivnáč 1895. —.06

Freylinghausen, s.a. F r e y l i n g s h a u s e n

FREYLINGHAUSEN, GOTTL. ANAST. Wohlverdientes Ehrengedächtniß, gestiftet dem weiland Hochwurdigen und Hochgelahrten Herrn D. JOHANN GEORGE KNAPP. Halle, Buchhandlung des Waisenhauses, 1772. 4°. *Titelporträt, G. A. Gründler del. et sc.,* Titel mit *Vignette,* XXII, 261, 1 S. *Mit einer Porträtvignette und Melodieen im Text.* Etwas bestoß. Pappbd. d. Z. 50.—

Freylinghausen, G. An., neuere Gesch. d. [illegible] f. Knapp.

— memoria Negriana, h. e. Salom. Negri, Damascenicita. 4. Halle 764. Waisenh.-B. 5 gr

– Dass., s.a. N e g r i , Salomon

— schediasma theologico-philologicum in Psalm. XVI, et praesertim commata illius quinque priora. 4. Halle 750. Waisenh.-B. 2 gr

FREYLINGHAUSEN, JOH. ANAST., Schriftmäszige Betrachtung über das Leiden und Sterben unsers Herrn und Heilandes Jesu Christi. Nach J. A. Freylinghausen von WOLF CHR. MATTHIÄ. Flensburg und Lpz. 1786. (U. B.).

Freylinghausen, J. Anast., Bußpredigten. 2 Thle. 8. Ebend. 734.

— Einleit. z. recht. Erkenntn. des Leidens und Sterbens Christi. 8. Ebend. 729.

Joh. Anastasii Freylinghausens ... Schriftmäszige Einleitung zu rechter Erkäntnisz und heilsamem Gebrauch des Leidens und Sterbens unsers Herrn und Heilands Jesu Christi. Dritte Edition. Halle, In Verlegung des Wäysenhauses, 1729 ...

— — dasselbe lateinisch. 8. Ebendas. 734.

— — dasselbe russisch. 8. Ebend. 734.

— Entdeckung d. falsch. Theologie. 8. Ebend. 708.

[illegible] Ebend. 7[illegible]

— Erklär. d. ersten Epistel Johannis. 8. Ebend. 741.

Freylinghausen, der kleine. Auszug aus Freylinghausen's Gesangbuch „den Kern alter u. neuer Lieder enth." gr. 16. (XIV, 242 S.) Gotha 873. F. A. Perthes. n. 1. 60

— fundamenta theologiae christianae. 8. Halle ... Edit. nova. 775. Waisenh.-B. 6 gr

— d. hohepriesterl. Gebet Jesu etc. 8. Ebend. 725.

Geist-reiches Gesang-Buch ..... Zum drittenmal herausgegeben von JOHANN ANASTASIO Freylinghausen. HALLE, Gedruckt und verlegt im Wäysenhause, 1706. 8°. M. TK. u. Melodieen.
Sehr selten. Schönes Ex. in Lederbd. mit Goldschn. Die erste Ausg. erschien das. 1704.

Freylinghausen, Johann Anastasius, Geist-reiches // Gesang-Buch /// Den Kern // Alter und Neuer // Lieder /// Wie auch die Noten der un- //bekannten Melodeyen // Und dazu gehörige nützliche Register // in sich haltend; // in gegenwärtiger bequemer // Ordnung und Form /// samt einer // Vorrede /// Zur Erweckung heiliger Andacht // und Erbauung im Glauben und // gottseligen Wesen /// Zum siebenden mal // herausgegeben // von // JOHANN ANASTASIO Frey- // linghausen / Past. Adj. // HALLE /// Gedruckt und verlegt im Waysen- //hause / CIↃ IↃ CCXIII. // Mit Königl. Preuß. privilegio. - Mit Noten. - 20 Blatt (nicht paginiert) Titelkupfer, Titelblatt, Widmung, Vorrede, Inhalt und ein Gedicht. - 1158 S. und noch 36 Blatt (nicht paginiert) Register.
B. S. T. 12°.68.

Johann Anastasii Freylinghausen ... Geistreiches Gesang-Buch, den Kern alter und neuer Lieder in sich haltend: Jetzo von neuen so eingerichtet, Dasz alle Gesänge, so in den vorhin unter diesem Namen alhier herausgekommenen Gesang-Büchern befindlich, unter ihre Rubriquen zusammengebracht, auch die Noten aller alten und neuen Melodeyen beygefüget worden, und mit einem Vorbericht herausgegeben von Gotthilf August Francken ... Halle, In Verlegung des Wäysenhauses, 1741.

Johann Anastasii Freylinghausen ... Geistreiches Gesang-Buch, den Kern alter und neuer Lieder in sich haltend ... mit einem Vorbericht zuerst herausgegeben von Gotthilf August Franken ... Halle im Verlag des Wäysenhauses, 1771.

— Gesangbuch. 2 Thle. 8. Halle ... N. Aufl. in 1 Bde. gr. 8. Ebd. 771. N. A. 817. Waisenh. B. 1 th 9 gr. Anhang: Samml. neuer geistl. Lieder (v. A. H. Niemeyer). 8. Ebd. N. A. 801. 6 gr

— — Anhang hierzu besonders. 8. Ebend. 801.

— — dass. zusamm. gedr. unt. e. Ordnung gebr. [illegible] m. Not. gr. 8. Ebend. 771.

Freylinghausen, J. A., Gesangbuch, alte und neue Lieder in sich haltend, neue Aufl. 8. Halle, Waisenhaus-Buchhandlung. 817.

— — der Anhang besonders. 817.

— — Dasselbe auf Schreibpap. mit Anh.

Freylinghausen, J. A., Gesangbuch, alte u. neue Lieder in sich enthalt. Neue Aufl. 8. Halle 836, Buchh. d. Waisenhauses. *

—— dass. — Anhang. Neue Aufl. 8. Ebds. 831. *

Joh. Anastasii Freylinghausens ... Grundlegung Der Theologie, Darinn die Glaubens-Lehren Aus Göttlichem Wort deutlich vorgetragen, und zum Thätigen Christenthum, wie auch Evangelischen Trost angewendet werden ... Sechste Edition. Halle, In Verlegung des Wäysen-Hauses 1721 ...

— Grundlegung d. Theologie. 8. Halle ... 14e Aufl. 774. Waisenh.-B. 6 gr. Definitiones dazu. 8. Ebd. ... 9e A. 767. 1 gr.

Predigten. 8. Ebend. 73.

— Jubelzeugniß v. d. in Augsb. übergeb. Glaubensbekenntniß. 8. Ebend. 730.

— Catechismuspredigten. 8. Ebend. 731.

Freylingshausen, Jh. Anast., Compendium d. christl. Lehre. 8. Halle ... 20e Aufl. Waisenh.-B. 2 gr.

Freylinghausen, J. A., geistliche Lieder, s. Sänger, geistliche.

— Ordnung d. Heils nebst d. güldenen Abc. 12. Halle ... 22 Aufl. 775. Waisenh.-B. 1 gr.

— Predigten üb. d. Sonn- und Festt. Episteln, m. Regist. 4. Ebend. 744.

— — üb. d. Sonn- und Festt. Evangel. 4. Ebend. 735.

Sieben Tage am Hofe Friedrich Wilhelms I. Tagebuch des Professors J(ohann) A(nastasius) Freylinghausen über seinen Aufenthalt in Wusterhausen v. 4.–10. Sept. 1727. Mit Einl. u. Erklärungen hrsg. von Dr. Bogdan Krieger, Bibliothekar d. Kgl. Hausbibl. *Berlin: A. Duncker 1900.* (117 S.) 8° [F.]

Freylingshausen, s.a. Freylinghausen

Freylingshausen, Gli. Anastas., († d. 18. Febr. 1785) Denkmal d. Prof. Knapp gestiftet. 4. Halle 772. Waisenh.-B. 9 gr.

Freymadl, Josef [appr. Arzt aus Deggendorf]: Ueber Ichthyolbehandlung des Rotlaufs .... München, k. Hof- u. Univ.-Buchdr. v. Dr. C. Wolf & Sohn, 1887; 22 S. 8°
München, Med. Fak., Inaug.-Diss. v. 1887

Freymadl, Josef, über Ichthyolbehandlung des Rotlaufs. Diss. München 1887, A. Buchholz. 8°. 22 S.

Freymadl, Victor [app. Arzt aus Deggendorf]: Ueber Beckensarkome ... München, Buchdr. v. M. Ernst, 1894; 34 S., 1 Bl. 8.
München, Med. Fak., Inaug.-Diss. v. 1894

Freymann. A. v., s. Gesetzbuch der Criminal- u. Correctionsstrafen &c.

Freymann, Amandus. Zur localen Anwendung des permanenten Wasserbades. Diss. Dorpat. 8°. 75 pp. 1862.

Freymann, Chr., de natura et indole veri protestantismi. 8. Pesth 782. Strohmeyer. 5 gr.

Freymann, E. v., Gesetz f. die evangelisch-lutherische Kirche in Russland, m. Erläutergn. nach Entscheidgn. des dirig. Senats, Erlassen des Ministers des Innern u. Befehlen des General-Consistoriums. Uebers. u. hrsg. im Auftrage des St. Petersburg. evang.-luther. Consistoriums u. m. Genehmigg. des Hrn. Ministers des Innern. Nichtofficielle Ausg. gr. 8. (XXXII, 308 S.) Reval 901. F. Kluge. n. 6. —

Freymann, Georg, approb. Arzt: **Statistik** der auf der I. medizin. Abteilung des Krankenhauses l. d. Isar zu München vom Jahre 1892—1900 vorgekommenen Fälle von Erysipel. *München 1902: C. Wolf & Sohn.* (19 S.) 8°
München, Med. Diss. v. 1902

Freymann, Gustavus (geb. am 5 Jan. 1810 in Vörde Rgbz. Arnsberg): De operatione cirsocelis ... Bonnae, typ. C. Georgii (1834). 4 Bl., 21 S. 4.
Bonn, Med. Fak., Diss. v. 25 Jan. 1834

Freymann, I. F., de parte Caesarea. 8. Marburg, Krieger. 797.

Freymann, Julie, Kritik der Schillers, Shakespeare- und Goethe'schen Frauencharaktere. gr. 16. (V, 241 S.) Gießen 869, Roth. *

Freymann, Karl v., Francesca. Nach dem 9. Thermidor. Masken. 8 Einakter. Mit e. Bildnis u. biograph. Vorwort. (Umschlagtitel: Masken.) (VII, 95 S.) 8. München 908. R. Piper & Co. 2. —

— Gedichte. (III, 27 S.) kl. 8. Dresden 909. E. Pierson. 1. —; geb. n 2. —

Freymann, Karl v., Pupa u. anderes. (III, 86 S.) 8. Dresden 904. E. Pierson. n. 2. —; geb. n. 3. —

— Der Tag des Volkes. Ein Schauspiel aus der lett. Revolution in 4 Akten. (122 S.) 8. München 907. R. Piper & Co. 2. —

— s.a. Wiedereröffnung, die, der deutschen Schule in Livland.

(Freymann, Karl von und Ernst Seraphim): Die Wiedereröffnung der dt. Schule in Livland. Eine Festschr., hrsg. vom Dt. Verein in Livland. — Riga: Jonck & Poliewsky 1906. 95 S.

— aus verlorenem Winkel. 2 Erzählgn. (90 S.) 8. Ebd. 905. n. 1. 50; geb. n. 2. 50

Freymann, Pierre: Leben und Wirken des deportirten Priesters Johann Michel Wagner, geboren zu Niederdonven, im Grossherzogthum Luxemburg, gestorben zu Basse-Pointe auf der Insel Martinique. Nach dessen Memoiren und Briefen, sowie nach der Tradition bearbeitet. Mit Genehmigung der geistlichen Obrigkeit.
Luxemburg: V. Bück 1861. IV, 105, 1 S. 12°

Freymann, Rudolf

Freymann, R. v., Gesetz f. die evangelisch-lutherische Kirche in Russland, m. Erläutergn. nach Entscheidgn. des dirig. Senats, Erlassen des Ministers des Innern u. Befehlen des General-Consistoriums. Uebers. u. hrsg. Nichtofficielle Ausg. gr. 8. (XXXII, 308 S.) Reval, F. Kluge. 1901. 6. —

Freymann, Rud. v., die Religionsverbrechen nach dem neuen Strafgesetz. Vortrag. (26 S.) gr. 8. Riga 901. (Jonck & Poliewsky.) n. — 80
Sonderabdruck aus: „Balt. Monatsschr."

Freymark, A. Der Charakter s.a. Abhandlungen, pädagogische, Heft 1.

Freymark, A., der Charakter. Eine Untersuchung seines Wesens u. d. Einflusses, welchen d. Schule auf s. Bildg. auszuüben hat. 8. (IV, 24 S.) Bielefeld 890. Helmich. n. — 60

Freymark, C. A. W., für junge Christen. Zur kirchl. Einsegnung 8. Bromb. 822.

Freymark, C. A. W., Sammlung v. Predigten u. geistl. Reden, s. Provinzial-Prediger-Bibliothek.

Freymark, Hermann: Zur preussischen **Handels-** und Zollpolitik von 1648—1818. *Halle a. S. 1897.* (59 S.) 8° ¶(Erschien vollständig u. d. T.: Die Reform der preussischen Handels- und Zollpolitik von 1800—1821 und ihre Bedeutung, als Bd 17 von: Sammlung nationalökonomischer und statistischer Abhandlungen des staatswissenschaftlichen Seminars zu Halle a. d. S.)
Halle, Phil. Diss. v. [14. Dez.] 1897

Freymark, Herm., d. Reform d. preuss. Handels- u. Zollpolitik v. 1800—1821 u. ihre Bedeutg., s.a. Sammlung nationalökonom. u. statist. Abhandlgn.

Die **Freymaur** [!]. Eine Apologie mit verschiedenen moralischen und andern Anmerk. begleitet. Von einem Frauenzimmer hrsg. Berlin 1783. VI, 40 S. 8⁰

Recens: Frmr.-Bibliothek. 3 2. Aufl. (1793) S. 188—190.
Kl. 447.

Freymaurer, s.a. Freimaurer.

Freymaurer, s.a. Freymäurer

Freymaurer, der,. Lstsp. 8. Ulm, Wohler. 780.

— — dass. 8. Wien, Kurzböck. 784.

— üb., erste Warnung. 8. München, Lentner. 785.

Über Freymaurer. Erste Warnung. 1784. 78 S. 8⁰.
Spätere Ausgabe. Einbezogen sind: „Nöthige Beylage zur Schrift über Freymaurer, erste Warnung" und „Nöthige Beylage zur Schrift, welche unter dem Tittel: „Nöthige Beylage zur Schrift Über Freymaurer — Erste „Warnung" erschienen ist. [Als Anhang ein Erlass des Herzogs Carl Theodor vom 2. März 1785.]

Sehr selten.

Ueber Freymaurer. *Erste* (einz.?) Warnung. („Decipimur specie recti." Hor.) (Vign.) O. O. (München?) 1784. 8⁰. Ppb.
74 S. Interess. Schmähschrift eines angeblichen Ex-Maurers „Berengarius" gegen den Orden in Bayern. — Selten, besonders mit den folg. Beibde.:

— Nöthige Beylage .... (zur obigen Schrift). O. O. u. J. 8⁰. 2 Bll. Beibd.
Abwehr gegen die Verläumdungen in obigem Pasquill, unterz.: „Im Namen der auseinander getrettenen (!) Loge Theodor vom guten Rathe im Aufgang zu München, d. 13. Dezbr. 1784".

— Auch eine Beylage zur ersten Warnung über Freymaurer. („A. Nosce te ipsum / B. — et alios". B — ⌐ ..) (Kl. Vign.) O. O. 1785. 8⁰. Beibd.
32 S. Voll der heftigsten Angriffe auf die Häupter der Illuminaten in Bayern, speciell aber die Mitglieder der vorhin genannten Münchener Loge.

— — ders. gr. 8. Wien, Pazowsky. 791.

Der **Freymaurer** oder Compendiöse Bibliothek alles Wissenswürdigen über geheime Gesellschaften. [Hrsg. von Christian Karl André.] H. 1—5. Göttingen: Dieterich, [1793:] Gotha u. Halle: Gebauer, [1795—1796:] Eisenach u. Halle: Gebauer 1790—1796. 8⁰
1. 104 S. 1790; [Nachdr.] Gotha: Ettinger in Comm. o. J. 100 S.; 2. 98 S. 1793; 3. 110 S. 1795; 4. 5. M. e. Kupfertaf. 172 S. 1796.
(Compendiöse Bibliothek der gemeinnützigsten Kenntnisse für alle Stände. Abth. 25.)
Kl. 525, Tt. 163. Sowohl eigne Aufsätze u. Abhandl. als Auszüge aus gleichzeitigen frmr. Schriften.

An **Freymaurer.** [Dat.:] Rostock 1808. 2 Bl. 4⁰ [Kopftit.]
Kl. 2966. Betr. die Schrift: „Lange, S. G.: Enthüllung d. sog. Gr. L. ▭" 1808.

Der entdeckte und von allen seinen Geheimnissen entblösste Freymaurer. Strassburg: Belcker 1745. 74 S. 8⁰
[**Dasselbe.**] Strasburg [!] 1745. 48 S. 8⁰
Kl. 289. Selten. Aus dem Franz. übers. antifrmrische Schrift. Erwähnt wird auch Ausg. Basel 1745.

— der, im Gefängnisse. Originalschsp. v. Eckhof. 8. Hamburg, Gerold. 778.

— d., dunkle Heimlichkeit. 8. Cöln, Haas. 779.

Der sterbende Freymaurer o. O. 1746. 2 Bl. 8⁰ [Umschlagtit.]
cf. FZ. 13 (1859) S. 226—228.
Sehr selten. Ode: „Auf, Geistliche! nun glückt es euch gewiss, ..." D. Frmrei i. O. v. Hannover. 1859 S. 3 erwähnt e. Ausg. Hannover 1747 mit 15 S.

Der sterbende Freymaurer. Eine Rede. Gehalten den 20. Martii Anno 1778 in der Loge Alexander zu den drey Sternen [in Ansbach]. Bey dem Tode des Brs Wolf Ehrenfried Frh. v. Reizenstein. Gedr. mit Genehmigung der Obern. Anspach [1778]. 2 Bl. 2⁰ [Umschlagtit.]
Kl. 1341.

— d. verklärte. gr. 8. Alt. Bechtold. 791.

Der verklärte **Freymaurer.** Eine Schrift, worinn die hieroglyphische [!] Zeichen, Worte, Werke, wie sie sollen verstanden, und so weit es thunlich ist, ausgedeutet werden. [Wien] 1791: [Pazowski]. 100 S. 1 Taf. 8⁰
Selten. Kl. 526. Aufklärung in 58 §§ üb. Geheimnis, Zweck u. Wesen der Frmrei.

Der verliebte **Freymaurer,** aus dem Franz. des J . . . übers. Mit Erlaubniss der Obern. Strassburg [1744?]: Christmann & Levrault. 16 Bl., 1 Bild. 4⁰
Kl. 282. Sehr selten. Geschichte einer Liebe in 10 Gesängen mit Vorw. Ohne jeglichen Zusammenhang mit der Frmrei.

Der wahre und aechte **Freymaurer** in und ausser der Loge. [Erlangen]: 1822. 2 Bl. 8⁰ [Umschlagtit.]
Gedicht: „Ist — Ein Mann, der durch Verstand, durch Redlichkeit und Fleisz [!] . . .“

Der wahrhafte **Freymaurer** in der Loge, durch zwei Schreiben der neugierigen Welt ganz deutlich entdecket, und mit denen vollkommensten Umständen beschrieben, von Zweyen, welche, nachdem sie das Geheimnis gesehen, niemahls [!] Freymaurer zu werden verlangen. o. O. 1745. 62 S. 8⁰
Kl. 287. Selten. Angeblich aus Rache wegen Nicht-Aufnahme in den Bund veröff. Verf. schreibt den Frmrn ironisch übernatürliche Kräfte u. Hantierungen zu.

Freymäurer, s.a. F r e y m a u r e r

Der **Freymäurer.** No 1. Mittwochens, den 24. Apr. 1737. [Unterz.:] Edu. Milford. [Hamburg: Heuss 1737.] 2 Bl. 4⁰ [Kopftit.]
Nicht mehr erschienen? Enth. Selbstbiogr. d. E. Milford.

Der **Freymäurer.** Im Jahre 1738 hrsg. [von Joh. Joach. Schwabe]. [Stück 1—52.] Leipzig: Breitkopf [1738]. 416 S. 8⁰ [Kupfertit.]
S. 1—8 abgedr in: L. 5 (1882) S. 131—133.
cf. Frmr. Bibliothek. 1 (1778) S. 58—59; 2. Aufl. 1782; 3. Aufl. 1792; MCG. 9 (1900) S. 239—242 (L. Keller).
Kl. 254. Selten. Moral. Wochenschr. Enthält einiges über Frmrei.

Freymäurer, d., e. moral. Schrift. 52 Stck. gr. 8. Lpz. Breitkopf. 738.

— die; od. ihr Schönen forschet umsonst. Lstsp. 8. Düneb. Lemke. 780.

Der **Freymaeurer.** Ein Schauspiel in ein (!) Aufzuge. [Regensburg 1785.] 1 Bl. 4⁰.
Theater-Zettel, auf dem auch noch das Lustspiel von Collmann: „Der Ton der grossen Welt“ angekündigt wird. Facsimile-Wiedergabe in: BayrBbl. 10 (1909)10) Nr. 2. Beilage.

Freymäurer, d., 5 Thle. 8. Halle, Gebauer. 792—93. (3 6 gr.) Rthlr.

Die **Freymäurer** nach ihren verschiedenen Absichten im hellen Lichte dargestellt. Wien: Kaiserer 1793. 159 S. 8⁰
⁰[Dasselbe.] Wien: v. Mössle in Comm. 1793. 150 S. 8⁰
[*M L B. Brünn.*]
Kl. 537.

Der aufmerksame **Freymäurer** in und um Deutschland, sowohl im Feld, als am Hof. Th. 1—8. [Frankfurt u. Leipzig, recte: Görlitz: Richter] 1743—1744. 751 S. 8⁰
1. 80 S. 1743; 2. Aufl. 1743; 2. S. 85—174 1743; 3. S. 179—271 1743; 4. S. 275—366 1743; 5. S. 371—463 1743; 6. S. 467—558 1744; 7. S. 563—654 1744; 8. S. 659—751 1744.
Kl. 284. Selten. S. 467 ff. enth. Nachrichten üb. d. Hackebrrschaft.
T. 1—3 in 430, T. 2—8 in 65; T. 1. 2. Aufl.

— d. geschätzten. m. K. 8. Berl. 756.

— — dasselbe. 8. Basel, Turneysen. 784.

Die **vermeinten Freymaeurer** und die neugierigen Frauenzimmer. (Ein Lustspiel in drey Handlungen.) [München 1788.] 1 Bl. Quer-8⁰.
Theater-Zettel. Facsimile-Wiedergabe in: BayrBbl. 10 (1909/10) Nr. 2. Beilage.

Der sich selbst vertheidigende **Freymäurer,** oder Sammlung unterschiedlicher wohlverfassten Schriften, welche einige Mitglieder dieses Ordens selbst zu dessen Vertheidigung hrsg., nebst einer vorläufigen historischen Nachricht von dieser vortrefflichen Gesellschaft. Franckfurt u. Leipzig 1744. 48, 255 S. 1 Taf. 8⁰
Kl. 285.

— d. zerschmetterten. od. Fortsetz. d. verrathnen Ordens d. Freym. 8. 746.

[**Freymaurer-Analecten.** Hrsg. von d. □ Amalia in Weimar. Gedr. als Ms. f. Brr. H. 1]—14. [Weimar 1809—1908: Hofbuchdr.] 8⁰
[H. 11ff. u. d. Tit.:] Weimarische Freimaurer-Analecten.
[1.] 40 S. [1809]; [Dasselbe] [Neudr. 1908] 35 S.
2. Wieland's Todtenfeier i. d. L. Amalia. 68 S. 1 Kpfr. [1813]; [Dasselbe] 40, 30, 15 S.
3. D. Feyer d. 3. Sept. 1825 d. L. Amalia. 60 S. 1825.
4. D. Trauerfeyer i. d. L. Amalia z. Gedächtn. d. Carl August. 68 S. 1828.
5. D. Trauerfeyer i. d. L. Amalia z. Gedächtn. ihres J. W. v. Goethe. 57 S. 1832; [Dasselbe] [Neudr. 1908] 44 S.
6. Vierundzwanzigster Oktober 1845. 52 S. [1845].
7. D. 27. August 1849. 64 S. 1 Taf. 1849.
8. 32 S. 1852; [Dasselbe] [Neudr. 1908]. 32 S.

9. 53 S. 1854.
10. Stichling, G. Th.: Herzog Bernhard v. Sachsen-Weimar. 62 S. 1863.
11. D. Saecular-Festfeier d. L. Amalia. 38 S. 1864.
12. Z. Säcularfest-Feier d. Aufnahme Carl Augusts i. d. L. Amalia. Hrsg. von C. E. Putsche. XXIII. 50 S. 1882.
13. E. Festgabe z. 125. Stiftungstage d. L. Amalia. 69 S. 1889.
14. Wieland u. d. L. Amalia. 47 S. 1902.
15. Wernekke, H.: Zum 24. Oktober 1908. 38 S. 1908.
cf. FZ. 62 (1908) S. 118—119.
Vollst. Exemplare sehr selten. H. 1 ohne Titelbl., seit H. 8 mit d. Umschlagtit.: Frmr-Analecten.

Allgemeines: **Freymaurerbegebenheiten** in Prag vom Jahr 1786. Ein Aktenstück für Logenarchive. H. 1. [Prag] 1787. 46 S. 8⁰
cf. FZ. (Wien) 4 (1877) S. 157 (G. Brabbée).
Mehr nicht erschienen. Betr. die erregten Szenen, die sich in den Frmrkreisen Prags gelegentlich der Verhandlungen üb. die Durchführung der Bestimmungen des kaiserl. Reformpatentes abspielten.

Allgemeines: **Freymaurerbegebenheiten** in Prag vom Jahre 1786. Ein Aktenstück für Logenarchive. Zweites Heft. [Prag] 1787. 35 S. 8⁰.
Sehr selten.

Freymäurer-Bibliothek. [Stück 1—3 hrsg. von Joh. Alex. Hemmann u. Joh. Wilh. Bernh. v. Hymmen.] Stück 1—8. Berlin: Stahlbaum, [1785:] Dessau: Buchhdlg d. Gelehrten, [1791—1803:] Berlin: Schöne 1778—1803. 8⁰ [Kupfertit.]
1. XI, 203 S. 1778; 2. Aufl. 1782 XI, 204 S.; 3. Aufl. 1792 XI, 204 S.; °4. Aufl.? 1802.
2. 234 S. 1782; °2. Aufl.? 1802.
3. 255 S. 1785; 2. Aufl. 1793 256 S.
4. XVI, 136 S. 1791.
5. 152 S. 1792.
6. 119 S. 1793.
7. 116 S. 1794.
8. 200 S. 1803.
cf. f. St. 3: WJ. 2, 4 (1785) S. 231—233; f. St. 8: D. Freymüthige (Kotzebue). 1803 Nr 46; f. St. 1—8: Encycl. d. Frmrei von C. Lenning. 1 (1822) S. 273—274.
Kl. 17, Tt. 165. Vollst. Exemplare sehr selten.

Aufgefangene **Freymaurerbriefe,** in welchen der Ursprung, Beschaffenheit und völlige Einrichtung dieses Ordens ganz genau angezeigt sind. Leipzig: Löwe in Comm. 1756. 40 S. 8⁰
Kl. 347. Selten. Thory erwähnt Ausg. 1755, die nach Kl. zweifelhaft ist.

Freymaurer Calender auf das Jahr Christi 1771 und der Freymauerey 5771. nebst einem Verzeichnis aller auf dem Erdboden bekannter Logen, und einem Anh. von verschiedenen Stücken in gebundener Rede, zum Gebrauch sämtlicher Brüder hrsg. Leipzig 1771. 64 S. 8⁰
Kl. 117. Selten.

Freymäurerclericat, das protestantische, m. Protokoll 8. Graiz, Henning. 788.

Ueber **Freymaurerey.** Zur Bereinigung und Belehrung der Unkundigen. [Kempten] 1786. 40 S. 8⁰
Kl. 496, Tt. 1554. Auszug aus Starck, J. A. Frhr. v.: „Über d. alten u. neuen Mysterien" u. „Über d. Zweck d. Frmrordens".

Die entlarffte **Freymaurerey.** Strassburg [ca 1741]: Pauschinger. 4 Bl. 4⁰ [Umschlagtit.]
Höchst selten. Verteidigung der Frmrei seitens eines Nicht-Frmrs; Darlegung der Pflichten der Frmr.

Freymäurerey. Taschenb. a. 1802. 5. Jahrg. 8. Cöth Aue.

Die **Freymäuerey** im Fischbein-Rocke. Th. 1. 2. Frankfurth u. Leipzig: 1775. 8⁰
1. 48 S. 1 Kpfr.; 2. [u. d. Tit.:] Die Verrathene Freymäuerey. 80 S. 1 Kpfr.
Kl. 2116.

— d. Frauenzimmer. 8. Frft. und Lpz. Hilscher. 774.

Die Freymäurerey der Frauenzimmer. Aus d. Franz. übers. Strassburg [Leipzig: Hilscher] 1774. 48 S. 8⁰ [Kupfertit.]

[Dasselbe.] Neue Aufl. Ebendas. 1774. 32 S. 8⁰

[Dasselbe.] 1777.
[Neumüller, J. W.: Hs. Catalog d. Grloge Carl z. d. drei Schlüsseln, Regensburg. 1881 Nr 69.]

[Dasselbe.] Paris: 1799. 32 S. 8⁰
Recens f. Ausg. 1799: Taschenbuch f. Frmr. 1800 S. 352.
Kl. 2113, 2129, Tt. 1323.
1774 Neue Aufl. u. Paris 1799

— skizzirt im Lichte der Wahrh. 8. Frft. Varrentrapp. 785.

— von dem Verhältniß der, gegen den Staat, eine Rede zu den 3 Rosen gehalten. m. K. 4. Halle, Renger. 786.

— d. Weg z. Glückseligkeit. 8. Braunschw. Meyer. 769.

— d. Weg z. Hölle. 8. Ebend. 768.

Freymaurer-Gesänge zum Gebrauch für die Brüder der ger. und vollk. Loge Joseph zur Einigkeit in Nürnberg. [Nürnberg]: 1800. 119 S. 8⁰
Kl. 1623, Tt. 2273. 64 Lieder ohne Noten.

Freymaurer-Gesånge [für die Loge Friedrich z. Beständigkeit in Zerbst]. [Zerbst] o. J. 8 S. 8⁰ [Kopftit.]
4 Lieder ohne Noten, davon 1 von Merckel.

Freymäurergesellschaft, daß die, vollkommen und gerecht sey. e. Rede. 4. Halle, Hemmerde. 748.

Freymåurer Gesundheiten und Wünsche aufs Jahr 1777. Berlin [1777]: Decker. 8 Bl. 8⁰
Auszug in: Almanach od. Taschen-Buch f. Frmr. 4 (1779) Bl. 95–96.
Kl. 952. 14 kurze Gedichte.

Freymäurergesundheiten u. Wünsche. gr. 8. Berlin, Mottmann. 777.

Freymäurerin, d. angenommene, od. d. Freymäur. bei Damen. 8. German. (Franzen, Stendal.) 789.

Freymäurerische Versammlungsreden. m. Vignetten. 8. Hof, Grau. 779.

Das protestantische **Freymaurer-klerikat.** Aus den eigenen Schriften und ungedruckten Pappieren [!] desselben gezogen. Mit Protokollen. [Greiz: Henning] 1788. 136 S. 8⁰
Kl. 3393.

Freymaurer-Lexicon. s. Gädike, J. C.

Freymaurerlied, s.a. Freymäurerlied

Freymaurerlied. Am 15. Nov. 1800. [Unterz.:] W . . . ck. Hamburg [1800]. 2 Bl. 8⁰ [Umschlagtit.]
Ohne Noten: „Geist des Bundes! der aus lichten Höhen . . .“ Zur Einweihung des Logenhauses.

Freymaurerlied, am 26. Februar 1782 gesungen in der Loge zur Sonne in Bayreuth. 2 Bl. 4⁰. [Umschlagtit.]
Ohne Noten: „Zum Jubel, zur Freude . . .“ Selten.

Freymaurerlied an dem fünfzigjährigen Jubelfeste der Loge zur Sonne in Bayreuth, gesungen den 27. Dezember 1791. 2 Bl. 4⁰. [Umschlagtit.]
Ohne Noten: „Sei gegrüsset Tag der Wonne! . . .“ Selten.

Freymaurerlied am Johannisfestabend 1790 zu singen in der s. e. Loge zur gekrönten Säule zu Braunschweig vom Br. K—r. Halberstadt [1790]: Mevius. 2 Bl. 8⁰.
Ohne Noten: „Lass wirbeln dumpfen Trommelton!“

Freymäurerlied, s.a. Freymaurerlied

Freymåurer-Lied. o. O. u. J. 1 Bl. 4⁰ [Kopftit.]
Ohne Noten: „Wer taumelt nicht berauscht von Freuden! . . .“

Freymåurerlied, den Brüdern im Feldzuge gewidmet. Berlin, den 1. Aug. 1778. [Berlin]: Stahlbaum [1778]. 2 Bl. 4⁰ [Umschlagtit.]
Kl. 984. Mit Noten von J. G. Naumann. Kl. gibt auch einen Abdruck in 8⁰ an.

Freymaurerlieder, s.a. Freymäurerlieder

Freymaurer Lieder. Lübeck 1793: Römhild. 78 S. 8⁰
Selten. 55 Gesänge ohne Noten.

Freymaurer=Lieder, funfzig, aus u. nach d. Engl. Ein Anhang zu jedem maurerischen Liederbuche, 8. Nürnberg, Schrag. 814.

Freymaurerlieder zum Gebrauch einiger g. u. v. Logen. St. Petersburg 1789. 48 S. 8⁰
Selten. 41 Gesänge ohne Noten.

Freymaurerlieder mit Melodien. o. O. 1780. 8⁰
[Goué, A. S. v.: D. Ganze aller geheimen Ordensverbindungen. 1805 S. 17.]

Neue **Frey-Maurer- und Trink-Lieder.** Hamburg: Zimmer [ca 1800]. 4 Bl. 8⁰ [Umschlagtit.]
Selten. 5 Lieder ohne Noten.

Freymaurer-Lieder, zum Gebrauche der unter der Constitution der h. w. Gr. Landes Loge von England, in London arbeitenden deutschen St. Johannis Loge, gen. Der Pilger. London 1788: Seagood & Collins. VIII, 9—72 S. 8⁰
Kl. 1590. 33 Gesänge ohne Noten.

Freymaurer-Lieder zum Gebrauch der Schwestern-Loge am 20sten Jan. 1802. [Hannover 1802.] 24 S. 8⁰
9 Gesänge ohne Noten.

Freymaurerlieder, vierzig, in Musik gesetzt von Herrn Kapellmeister Joh. Gottl. Naumann zu Dresden. Zum Gebrauch der deutschen und französischen Tafellogen. 2. Auflage. Berlin, Himburg. 1784. 8. 2 Bl. 146 S. mit Melodien (mystische Titelvignette).
Kloss 1578. Die erste Auflage dieser von Hymmen herausgegebenen guten Sammlung erschien 1782.

Zwey und sechzig **Freymaurer-Lieder** mit Melodieen. Zum Gebrauch der Loge zu den drey Degen in Halle. Halle: Schimmelpfennig 1812. 140 S. quer 8°
cf. Eckstein, F. A.: Gesch. d. Frmr-L. i. O. v. Halle. 1844 S. 149.
Kl. 1665, Tt. 2272. Selten.

Freymaurer-Lieder, 62, mit Melodien. Zum Gebrauch der Loge zu den 3 Degen in Halle. Halle 1812. Gedr. u. zu haben beim Br. Schimmelpfennig. Qu.-8°. Name auf d. Tit. u. Gebrauchssp. Illustr. Orig.-Ppb.
3 Bll., 140 S. Lat. Lett. Selten! Kloss no. 1665: „Gute Auswahl". — Laut Vorr. erschien bereits 1784 ein „Liederbuch der Loge zu den 3 Degen in Halle". Vorstehendes ist eine ganz neue Sammlung, worin alle Lieder in Musik gesetzt sind. Taute no. 2272.

Freymäurerlieder, s.a. Freymaurerlieder

— 8. Riga, Meinshausen.

Freymåurer-Lieder. Berlin: Fromery [ca 1745]. 48 S. 2 Kupfertaf. 8° [Umschlag- u. Kupfertit.]
Kl. 1504. Ohne Noten. Die Kupfertaf. stellen mrische Münzen von 1742—1745 dar.

— gr. 8. Altb. Richter. 746.

— mit einem Anhang. kl. 8. Gotha, Ettinger. 780.

Freymäurer-Lieder. Im Jahr 1746 und 1907. [Altenburg 1907.] 4 Bl. 4° [Umschlagtit.]
Zwei Lieder. 1 mit Noten: Facs.-Neudr. des Liedes „Auf das Frauenzimmer", aus der Samml. „Frmr-Lieder", die L. F. Lenz 1746 hrsg.; 2: ein scherzhaftes Gedicht von H. Tauscher zu einem Brudermahl i. J. 1907. Der Tit. Nachbildung des Titels der Samml. 1746.

Freymäurerlieder, auserl. 8. Rost. Stiller. 798.

Drey **Freymåurerlieder.** [Lied 1—3.] o. O. 1766. 4 Bl. 8° [Umschlagtit.]
[Dasselbe.] [Lied 4—6.] o. O. 1766. 4 Bl. 8°

— dreymal fünf. 8. Hannover, Hahn. 785.

Dreymal fůnf **Freymaurer-Lieder** zum Gebrauch der Tafelloge. Hannover: W. Schmidt 1785. 40 S. 8°
Recens: WJ. 2, 4 (1785) S. 247—249.
Kl. 1576. Ohne Noten. Heinsius, W.: Allgem. Büxerlexikon. 1 (1812) S. 938 gibt „Hannover: Hahn" als Verl. an.

Gesammelte **Freymåurer-Lieder** der Loge St. Knuth zum goldenen Lindwurm [in Odense]. In verschiedenen Sprachen. Odense: [Iversen & Co.] 1778. 88 S. u. 11 S. Musikbl. 8°
[Nebentit.:] Samlede Frimurer-Sange af Logen St. Knud til den gyldene Lindorm. I odskillige Sprog.
Kl. 1545. Deutsch u. dänisch; ausserdem 4 englische u. 3 französische Gesänge. Heinsius' Bücherlexikon 1 (1812) S. 938 erwähnt eine Ausg. von 1779.

— gesammelt., d. Loge St. Knuth. 8. Odensee. Iversen 779.

Freymåurerlieder zum Gebrauch in der Hoffnung der Unschuld [in Reval?]. Reval: 1788. 62 S. 8°
Selten. 39 Gesänge ohne Noten.

Einige **Freymåurer-Lieder** zum Gebrauch der Loge zur Beståndigkeit, in Aachen. Aachen 1789: Schåfer. 44 S. 8°
20 Lieder ohne Noten.

Freymaurer-Lieder zum Gebrauch der Loge zur Beständigkeit in Aachen. o. O. 1800. 55 S. 8°

Freymåurerlieder zum Gebrauch der Loge der Bruderliebe in Reval, gestiftet von W[eimar]. Samml. 1. Reval 1777: Lindfors. 16 S. 8°
Kl. 1542b. 12 Lieder ohne Noten.

— z. Gebr. d. Loge z. d. 3 Stern. 8. Kempten, Typogr. 786.

Freymåurerlieder zum Gebrauch der E. Loge der Verschwiegenheit in St. Petersburg. 2. verb. Aufl. [Petersburg] 1777: Weitbrecht & Schnoor. 31 S. 8°
23 Lieder, 1 Kantate; ohne Noten. 1. Aufl. lag nicht vor.

— f. die Loge z. kl. Welt in Riga. gr. 8. Riga, Müller 793.

Freymäurerlieder mit Melodien. Berlin. Winter. 1771. 8. 2 Bl. 92 S. mit 7 Vignetten.
Kloss 1519. Die erste gedruckte Liedersammlung der Grossloge zu den drei Weltkugeln, herausgegeben von J. W. B. Hymmen. Enthält 20 deutsche und vier französische Gesänge, welche zum Theil früher erschienenen Sammlungen entnommen sind.

Freymåurerlieder mit Melodien. Frankfurt: Strauss 1782.
[Heinsius, W.: Allg. Bücherlexikon. 1 (1812) S. 938.]

Freymåurer-Lieder mit ganz neuen Melodien von [Wilh. Friedr. Ernst] Bach, [Joh. Gottlieb] Naumann und [Ferd.] Schulz. Kopenhagen u. Leipzig: Proft 1788. 118 S. 4°
Kl. 1589. 38 Gesänge.

Freymåurer Lieder mit neuen Melodien. [Hrsg. von der Loge „Die Wachsende zu den dreien Schlüsseln" in Regensburg.] Regensburg: 1772. 100 S. 39 Bl. 4° [Kupfertit.]
[Dasselbe.] [Ohne Noten.] Ebendas. 1772. 100 S. 4°
Kl. 1523, Tt. 2265. Selten. Mit Noten in Kupferstich. Enth. 51 Lieder.

Freymäurerlieder mit neuen Melodien, zum Besten der neuen Armenschule zu Friedrichstadt bey Dressden [!]. Leipzig 1775: Breitkopf & S. 27 S. 4⁰
Kl. 1529, Tt. 2277. 12 Lieder.

Neue **Freymäurerlieder.** Rothenburg: Hermstädt 1779. 8⁰
[Heinsius, W.: Allg. Bücherlexikon. 1 (1812) S. 938.]

Freymäurerlieder. neue, mit angehangten Freymäurergesundheiten. Berlin, Decker. 1772. 8. 16 S.

Freymäurerlieder, sieben neue. herausgegeben von der Loge zu den drey Weltkugeln in Berlin. Berlin, Decker. 1776. 8. 16 S.

— ſieben neue. gr. 8. Berl. Rottmann. 776.

— vollſt., Samml. z. Logengebr. 16 2 6 Bdch. 8. Lpz. Sommer. 791.

Freymaurerlogen

Deutschlands (des nördlichen) Freymaurer Logen und Logen Verband. Ilmenau, Voigt. 1824. Fol. Kupferstich.

Freymaurerorden, s.a. Freymäurerorden

Ueber den **Freymaurer-Orden**; oder: Was ist nach dem Sturze Napoleons noch zu thun übrig? Deutschland. [Augsburg] 1816. 54 S. 8⁰
[Dasselbe.] Ebendas. 1820. 54 S. 8⁰
Recens. f. 1820: AZ. 1824 S. 250—252.
Kl. 589. Von kathol. Seite verf. Verlagsort nach Weller: „D. falsch. u. fing. Druckorte" ermittelt. Kloss gibt an: „Frankfurt: Varrentrapp." 1816 in 25; 1820 in 23. 74.

Freymaurer-Orden, über den, oder: Was iſt nach dem Sturze Napoleons noch zu thun übrig? gr. 8. Augsburg. (Leipzig, Herbig). 816.

Freymäurerorden, s.a. Freymaurerorden

Freymäurerorden, d. verrathene, a. d. Fr. m. K. 8 Lpz. 745.

Freymäurerrede, 1744. z. Hamb. geh. 4. Hamb. 744.

— 1746 in Koph. geh. 4. Hamb. 746.

Freymaurerreden, s.a. Freymäurerreden

Drey Freymaurer-Reden beym Jahreswechsel [1780], am Stiftungs- und Johannisfeste [1781], gehalten vom R[edner] der Loge zur Weltkugel in Lübeck. Lübeck: Donatius 1781. 64 S. 8⁰
Kl. 1035.

Vieth, Joh. Jul. v.: **Zum Andenken** des verewigten Brs Joh. Jul. v. Vieth. **Freymaurer-Reden,** gehalten in der Trauerloge am 9ten Aug. 1784. Dresden [1784]: Meinhold. 24 S. 1 Kpfr. 2 Bl. Noten. 4⁰ [Kupfertit.]
Kl. 1357 b. Selten. 5 Reden u. 1 Lied.

Freymäurerreden, s.a. Freymaurerreden

Freymäurerreden 8. Königsb. Kanter. 768.

— drey. b. Johanniswechſel. 8. Lüb. Niemann u. C. 781.

— drey, nicht im maurer. Styl. geh. z. Lemberg. 8. Lpz. Heinſius. 786.

Drey Freymäurerreden, welche in der Loge zu S. . . gehalten v. B. . . Berlin: Schöne. 8⁰
[Heinsius, W.: Allgem. Bücherlexikon. 1 (1812) Sp. 937.]

Gesammlete [!] Freymäurer-Reden, von einem Mitgl. der Mutterloge zu Berlin. Nebst angehängter Uebers. einer franz. Ode auf die Freymäurerey, und nebst zwey neuen Liedern mit Melodien. Berlin 1777: Decker. 62 S. 4 Bl. Noten. 8⁰
Kl. 953. 6 Reden. Katal. d. ▭ in Stendal gibt J. W. B. v. Hymmen als Verf. an.

— neun neue, gehalten in d. Loge zur Beſcheidenheit. 8. Baſel, Haas d. Sohn. 780.

— 2 Samml. 794. (N. Tit. d. B. Freym. Verſammlungsred.

Verschiedene Freymäurerreden gesamm. von H. Berlin: Rottmann 1777. 8⁰
[Heinsius, W.: Allgem. Bücherlexikon. 1 (1812) S. 257.]

Freymäurerregeln. 8. Danz. Brückner. 785. Rthlr.

— 8. Elbing, Flörke. 787.

Des bedächtlichen **Freymäurers** Stück 1—19. [Hrsg. von Joh. Friedr. Tentzel. Hamburg 1742—1743.] 104 S. 4⁰ [Kopftit.]
Kl. 266. Selten. Moral. Wochenschrift. St. 1 handelt „von d. Annehmung d. Frmr.-Gesellsch.", St. 15 enthält „eine nähere Erklärung a. d. Herren Frmr.", St. 16 handelt „vom Eide' 193.

Besonderer **Freymaurertraum** eines Profanen, mit einer doppelten Erklärung und Erfüllung. Den unbekannten Philosophen zugeeignet. Cap de bon Esperance. [Breslau: Korn] 1789. 48 S. 8⁰
Kl. 519. Aufruf an den „Orden", zu seiner ehemaligen Reinheit zurückzukehren.

Freymaurerzeitung, von [Dietr. Wilh.] A[ndreä] und M.[?: Joh. Phil. Jak. Winz, Phil. Jak. Engel, Franz. Dietr. v. Ditfurth] herausgegeben. Neuwied 1787: [Haupt]. 624 S. 1 Bl. Noten. 8⁰
cf. Kloss, G.: Annalen d. L. Z. Einigkeit. 1842 S. 230; Liersch, A.: D. Frmrei in Neuwied. 1899 S. 70—83.
Kl. 24. Ungemein selten. Enth. 79 Nrn (vom 13. Dez. 1786—15. Okt. 1787) mrischen und politischen Inhalts.
Mit Titelbl. in 281; ohne Titelbl. in 23.

Freymond. Der Giftmörder Ely Freimond in seinem letzten Lebensmoment (*Nachtitel: E. F. der Giftmörder, hingerichtet in Milden am 10. Januar 1868, und seine Helfershelferin Louise Freimond. Getreu nach den Kriminalakten bearbeitet). [Mit Porträt.] 8. (Biel 1868.)

Freymond, Emile

Freymond, E., Artus' Kampf m. dem Katzenungetüm. Eine Episode der Vulgata des Livre d'Artus, die Sage u. ihre Lokalisierg. in Savoyen. gr. 8. (86 S.) Halle 899. M. Niemeyer. n. 2.40
Sonderabdruck aus: „Beiträge z. roman. Philologie".

— s.a. Beiträge zur romanischen Philologie.

Freymond, E.: Jongleurs und Menestrels. Abhandl. behufs Erlangung der venia legendi der hohen phil. Facultät der Univ. Heidelberg. Halle 1883. 57 S.

Freymond, E. Ueber den reichen Reim bei altfranzösischen Dichtern bis zum Anfang des XIV. Jahrhunderts. Diss. Strassburg 1882. 36 S.

Freymond, Emile: Über den reichen Reim bei altfranzösischen Dichtern bis zum Anfang des XIV. Jahrh. Halle, a/S., Druck von E. Karras, 1882. 8. 36 S.

Freymond, Felix, Ref. a. Leipzig: Die Religionsdelikte des Deutschen Reichsstrafgesetzbuchs. Leipzig: G. Fock 1906. (VIII, 95 S.) 8°
Leipzig, Jur. Fak., Diss. v. 21. Juli 1906
[Geb. 11. Okt. 79 Leipzig; Wohnort: Leipzig-Plagwitz; Staatsangeh.: Sachsen; Vorbildung: Kgl. Gymn. Leipzig Reife O. 99; Studium: Leipzig 6 S.; Rig. 2. Juli 03.]

Freymüller, H., Tara-Bestimmungen. Sammlung der bei der zollamtlichen Behandlung der Waaren im Zollvereine bezüglich der Tara zur Anwendung kommenden Vorschriften. Bremen 862. Schünemann's Verlag. gr 4. (XII, 27 S.) 10 ngr.

Freymüller, Willibald

Freymüller, W., De Socratis daemonio. Metten 1864, 4°, 28 S. (Landshut, Zabuesnig). Progr. d. Gymn.

Freymüller, Willib., Orpheus u. sein Verhältnis zu Moses. Landshut, 1858, 31 S., Programm des Gymn. zu Metten.

Freymüller, W.: Rückblick auf das Benedikter-Stift und die Studien-Anstalt Metten. 28 S.–Metten, Progr. 1870.

Freymüller, W., Die messianische Weissagung bei Vergil. (Eclog. IV.) Metten (Regensburg, Pustet) 1852, 4°, 27 S.

Freymund, oder der übel angebrachte Stolz. Wien 1771. (II, 4108.) — Nachdruck von Kaufmann, Der. (DARP)

Freymund, Ch., gutgemeinte Belehrung einig. Herrn Journalisten und Recensenten. 8. Leipz. Gräff. 803.

Freymund, Ernst, die Geschichte uns. Tage, s. Geschichte rc. Vgl. Freimund.

Freymund, Dr. H., Wie ist die Sozialdemokratie erfolgreich zu bekämpfen. Antisocialistische Erwägungen. 8°. Augsburg, Kranzfelder, 1891.

Freymut, Ernst, die Bestie im Menschen u. ihre Zähmung (Fall Dippold), s.: Abhandlungen üb. Zeitfragen. I.

— Prügel in der Schule? s.: Abhandlungen üb. Zeitfragen II.

Freymut, Ernst, Rechtsanwälte u. Anwaltskammern. Ein Beitrag zur Justizreform. (112 S.) 8. Leipzig (908). (L. Naumann.) 1.50

— der Reichstag in Nöten. (40 S.) 8. Dresden 906. O. Damm. n. —70

— Schutz vor dem Rechtsanwalt, s.: Abhandlungen über Zeitfragen. III.

Freymuth, Kaspar, oder Begebenheiten e. amerikan. Familie. Eine Robinsonade. 8. Wien 801. M. Haas. 16 gr.

Freymuth, über die Cholera, s. Schriften der naturforschenden Gesellschaft in Danzig.

Freymuth, giebt es ein praktisch bewährtes Schutzmittel gegen die Cholera? Versuch zur Rettg. der Haus- zu-Hausbesuche. Ein Beitrag zur Aetiologie u. Prophylaxe der Cholera. gr. 8. (IV, 71 S.) Berlin 875. H. Peters. n. 1. —

Freymuth, die Milch als Gegenstand der öffentlichen Gesundheitspflege. Vortrag geh. in der naturforsch. Gesellschaft zu Danzig am 14. u. 21. Febr. cr. Lex.-8. (29 S.) (Danzig 878. Anhuth.) n. — 60

Freymuth, Promenaden- u. Ortsplan v. Grund u. Umgegend, s.: Rittershaus, W.

Freymuth, Alfred, a. Labiau: Über die Wirkung von Schwefelkohlenstoff und Ätzkali auf Ketone. Zwickau 1906: Eichhorn & Posern. (43 S.) 8°
Erlangen, Phil. Fak., Ref. Paal u. Fischer, Diss. v. 27. März 1906
[Geb. 27. April 76 Labiau; Wohnort: Charlottenburg; Staatsangeh.: Preußen; Vorbildung: Gymn. Königsberg i. P. Einjähr.-Zeugn. 93; Studium: Berlin 4, Erlangen 2, Berlin 1, Erlangen 5 S.; Rig. 13. März 06.]

Freymuth, Arnold, das Strafrecht, s.: Repetitorien, juristische.

Freymuth, Euseb., Campe u. Velthusen, s. Campe.

Freymuth, Felix, approb. Arzt aus Labiau, Ostpr.: Ein Beitrag zur operativen Therapie der Patellarfrakturen. *Kiel 1901: Schmidt & Klaunig.* (22 S.) 8°
Kiel, Med. Diss. v. [12. Jan.] 1901

Freymuth, Georg Wilhelm: Ueber Einfluss der Tages- und Jahreszeit auf den Tod durch Lungenschwindsucht. Halle (1872): Plötz. 30 S. 8°
Halle-Wittenberg, Med. Diss. v. 3. Aug. 1872
Geb. Könnern a. d. Saale 15. 9. 1847. V.

Freymuth, Osc., Pedro, der Piratenhauptmann, oder der Freund des Teufels. Ein Seeräuberroman nach wahren Begebenheiten. 60 Hfte. gr. 8. (1200 S.) Berlin 880. Abbach. 5. —

Freymuth, Walter: Ueber die Wirkungen von subkutanen Pepton-Injektionen auf tuberkulöse und nichttuberkulöse Menschen. *Loschwitz 1898: H. Zumbusch.* (14 S.) 8° [J.]
Leipzig, Med. Diss. v. 3. Juni 1898

Freymueth, Christe

Mutz, wach auf! Brief vo Christe Freymueth a's Bärner Volch: Isch's Bärner Regiment 935,000 Fränkli würth? gr. 8. Zürich, Franz & Co. —. 50
1877.

Freymüthige, der, von A. Kuhn. s. Kuhn

Freymuthige, der, e. wochentl. Sittenschr. 8. Bresl. Seidel. 751.

Freymüthige, d., eine Geschichte v. Voltaire. 8. Magdeb. Heckel. 770.

— e. period. Schr. 4 Bde. 8. Ulm, Wohler. 782—84.

— — dess. 1. 2. 3te Verl. 8. Ebend. 786. 87.

Freymüthige, der, Trauersp. in 2 A. in Versen à la Custel. 8. Berl. Schmidt. 803.

— od. Ernst u. Scherz, herausgegeb. v. Kotzebue u. Merkel, m. K. 1r Jahrg. 803. 4. Berlin, Sander. 803.

— — derselbe. 2r u. 3r Jahrg. 804—5. Berl. Dunker u. H. 804—5. (à 8 Rthlr.)

— — derselbe. 4r Jahrg. 806. Jan. — Juny. Ebendas. 806.

— — der, für Deutschland. Zeitung der Belehrung und Aufheiterung für 1819. Herausgeg. vo C. Müchler und J. D. Simanoly. gr. 4. Berlin, Maurersche Buchhdl.

— — Jahrg. 820. Jan. — Mai. gr. 4. Berl., Schmidts W.

— der, für alle Stände a. d. J. 1807. in 104 Nummern. gr. 4. Lpz. Joachim.

Freymüthigkeit; e. Seitenst. z. d. Expektorationen. Lstsp. 8. Luneb. Herold.

Freymuths, E., (J. B. Basedow), exemplarischer Gebrauch d. Hamburger Ministerialzeugnisses wider die dort. reform. Gemeinde. 8. 766.

Freyn (J.). Flora von Sued-Istrien. Wien, 1877. 8°

Freyn, J., zur Kenntniss einiger Arten der Gattung Ranunculus. II. gr. 8. (24 S. mit 2 Steintaf.) Kassel 881. Fischer. n. 1. —
Der 1. Theil erschien in einer Prager Zeitschrift u. ist nicht apart zu haben.

Freyn, J., zur Kenntniss einiger Arten der Gattung Ranunculus. II. gr. 8. (24 S. mit 2 Stnt.) Kassel 881, Fischer.
Der 1. Thl. erschien in Botanisches Centralblatt und kostet 1 M.

Freyn, J., über neue u. bemerkenswerthe oriental. Pflanzenarten, s.: Mémoires de l'herbier Boissier.

Freyreiss, Georg Wilhelm

Freyreiß, (G. W.,) Beiträge z. nähern Kenntniß d. Kaiserthums Brasilien, nebst e. Schilderung d. neuen Colonie Leopoldina u. d. wichtigsten Erwerbszweige f. europ. Ansiedler, auch einer Darstell. d. Ursachen, wodurch mehrere Ansiedelungen mißglückten. 1r Thl. 8. Frankf. 824, Sauerländer. 18 gr. Postp.

Freyreiss, Georg Wilhelm: Beiträge zur näheren Kenntnis des Kaisertums Brasilien nebst einer Schilderung der neuen Colonie Leopoldina .... Th. 1 [Mehr nicht ersch.] — Frkf a. M.: Sauerländer 1824. XII, 170 S.

Freys, Ernst [Assist. an d. k. Univ.-Biblioth. zu Würzburg]: Die Unteilbarkeit der Servituten ... Regensburg, Druck d. Verl.-Anst. vorm. G. J. Manz, 1888; 32 S. 8°
Würzburg, Jur. Fak., Inaug.-Diss. v. 188-

Freyschießen, das; od. das glückliche Bauermädchen. Operette. 8. Lpz. Kummer. 786.

Freyschmidt, das Erntefest der Armee. Predigt, gehalten am 18. p. Tr. 1866 als am Ernte-Dankfeste über Ps. 126, V. 3. in der Garnison-Kirche zu Breslau. Breslau, Dülfer in Comm. 8. (11 S.) n. 2 ngr.

Freyschmidt: Die aristotelische Lehre von der Gerechtigkeit und das moderne Staatsrecht. I. Th. 24 S.–Berlin Fr., Progr. 1867

Freyschöppen, die, Gemälde d. Barbarey in 4 Aufz. 8. Wien, Wallishausser. 807.

Freyse, Rudolf, approb. Arzt aus Cöln a. Rh.: Über **Xeroderma** pigmentosum. *Kiel 1903: Schmidt & Klaunig.* (26 S.) 8°
Kiel, Med. Diss. v. [10. Sept.] 1903

Freysing, Die mehrmalen frohlockende Stadt, bey der ... vorgewesten bischöffl. Einweihung des hochwürd. Fürstbischoffes . . . Freysingen 1769. V: *Bugniet des Croisetes, Ferdinand Freih. von.* (MGT)

Freysing, Carl, e. Spectakelstück auf d. Theater der großen Welt, d. Volke Gottes gewidmet. 2 Thle. 8. Berl. Quien. (Dunker u. H.) 803.

Freysing, Rupr. v., Stadt- u. Landrechtbuch, s. Maurer, G. L. v.

Freysingen Ufo

Ufo von Freysingen oder die durch Zauberkraft blank gewordene Rüstung. Ritter- und Geistergeschichte aus den Zeiten der Kreuzzüge. Von dem Verf. Adolphs von Bomsen und Veits von Helmenrodt. 1824
s. Falckh, Josef Alois [Verf.]

FREYSINGER, Ad. Nic., Apotheke für böse Männer und Weiber. 1725.
Weller, Lex. Ps. p. 213.

Freysinger, Joh. Bapt. — Faulenzer, neuester. Mehlberechnung zum Gebrauche für Bäcker und Müller. Verfaßt und herausgegeben von — —. Dritte vermehrte und verbesserte Auflage Mit einem Anhange. »Verhältnißrechnung der Mehlpreise zum Mehlgehalte des Brotes.« 8 (196 S.) Wien Gedruckt bei A. Pichler's Wwe. In Kommission bei Sallmayer u. Co. 1854.

Freysoldt, August

Der Rennsteig des Thüringer Waldes in seinem östlichen Teile eine Heerstraße und ein Verkehrsweg im Mittelalter. Von August Freysoldt, Oberförster. *Hildburghausen: Kesselring 1901.* (26 S.) 4° (8°) [J.]
= Schriften d. Vereins f. Sachsen-Meiningische Geschichte u. Landeskunde. H. 38, 1.

Freysoldt, A., die fränkischen Wälder im 16. u. 17. Jahrh. Ein Beitrag zur Forstgeschichte des meininger Oberlandes. Nach den Quellen bearb. (IV, 163 S. m. 1 Karte.) gr. 8. Steinach S.-M. 904. (Leipzig, F. Schneider.) n. 3. —

Freysoldt, Osc., die dissiparische Arbeits-Methode zur Behandlung flüssiger u. gasförmiger Massen im Grossbetriebe, besonders der Abwässer aus Städten, Bergwerken, Fabriken etc. gr. 8. (III, 55 S. m. 4 Taf.) Berlin 901. R. Friedländer & Sohn. n. 3. —

Freystaat, s. Freistaat.

Freystadt [Sachliches OW]

Freystadt. Vom K. St. K. 1:2,500. 1 B.

Freystadt [Schlagwort]

— s. a.: Geologische Karten. Preussen 85. — Kreiskarten. — Preussen. Messtischblätter.

Freystadt. Baron, Paul, Special-Karte des Kreises Freystadt. Neueste Ausg., rev. vom königl. Katasteramt zu Freystadt. 1:150,000. 30×42,5 cm. Farbdr. Liegnitz (899). P. Baron. — 60

Freystadt. Entfernungskarte, amtliche, des Kreises Freystadt in Schl. Auf Grund amtl. Unterlagen angefertigt im Katasteramte zu Freystadt in Schl., rev. im Katasterbureau der königl. Regierg. zu Liegnitz. Hrsg. 1903. 1:75,000. 52×88 cm. Farbdr. Glogau. Berlin, C. Flemming. n. 2. —

Freystadt [Verfasser]

Freystadt, E., s. Jahrbuch der Berliner Börse 1891/92.

Freystadt, E.: Reichs-Eisenbahnen, s. Neumann, J.

Freystadt, E., Versicherungs-Action, s.: Saling's Börsen-Papiere.

Freystadt, E.: Zahlen beweisen, s. Neumann, J.

Freystadt, M., der Christenspiegel von Anti-Marr. Ein offenes Sendschreiben an die modernen Judenfeinde. 8. (40 S.) Königsberg 862, Theile's Buchh. *

—— Immanuel Kant. Ein Denkmal seiner unsterblichen Philosophie am Enthüllungstage der Kant-Statue dem deutschen Volke geweihet. gr. 8. (16 S.) Königsberg 864, (Nürnberger).

Freystadt, M., Philosophia cabbalist. et Pantheismus. Ex fontibus primariis adumbravit atque inter se comparavit. 8 maj. (10 B.) Regiomonti Pruss. 832, (Fratr. Borntraeger.)

FREYSTADT, M.: Das Recht d. Juden gegen d. Unrecht d. Prof. Buchholz. *Königsberg*, (Hold in *Berlin.*) 834. 8. (6 Gr.)

Freystädtler, Cantatille eines Kindes am Geburts- od. Namensfeste d. Aeltern. Leipz. 813. Peters. 12 gl.

Freystatt müder Pilger. Schausp. v. Beil. 8. Zürich, Ziegler 794.

Freystätter, Wilh., die musikalischen Zeitschriften seit ihrer Entstehung bis zur Gegenwart. Chronologisches Verzeichniss der period. Schriften üb. Musik. gr. 8. (V, 139 S.) München 884. Literar.-artist. Anstalt. n. 2. 50

Freystedt, Alb., d. Gleichnisse d. Herrn. Predigten i. Anschl. an d. Kirchenjahr (I. Advent bis VIII. Sonntag n. Trinitatis). gr. 8. (VIII, 891 S.) Leipzig 896. G. Strübig n. 4. 50; geb. n. 5. 50
Erschien auch in 6 Lfgn. à n. — 60.

Freystedt, Freiin Karoline v., Erinnerungen aus dem Hofleben. Mit 2 Bildern der Markgräfin Amalie v. Baden. Hrsg. v. Karl Obser. gr. 8. (XVI, 234 S.) Heidelberg 902. C. Winter. n. 5. —; geb. in Leinw. n. 6. —; auf Büttenpap., geb. in Ldr. n. 12. —

Freystunden, meine, d. Kind. gew. 2 Thle. 8. Schneeb. Verl. Handl. 803. (à 18 gr.)

Freysz, Heinrich. Katarakt durch elektrische Starkströme. Diss. Med. Univ. Zürich. (Sonderabdruck aus Beiträge zur Augenheilkunde, Heft 74.) II + 32 S. 8. Hamburg und Leipzig, Leopold Voss, 1909.

Freyss, Moritz [aus Strassburg i. E.]: Ein Fall von dauerndem Sympathicuskrampf bei Tabes dorsalis. '(Beitrag z. Lehre v. d. Tachycardie bei Tabes)' ... Strassburg i. E., Buchdr. C. Goeller, 1895; 30 S., 1 Bl., 2 Taf. 8.
Strassburg, Med. Fak., Inaug.-Diss. v. 1895

Freytag, der Betoneisenbau, s.: **Wayss.**

Freytag. Unsere Bezirkskommandeure und Bezirksoffiziere. Berlin 1902. 8°. (in: Bd 125—5)

Freytag, septem epistolae apocalypticae, s. Epistolae.

Freytag, ..., s. Hephästos, Monatsschrift ic.

Die Liebe — ein Engel. Vortrag, gehalten in der Schwester-Loge zu Nienburg den 5. Nov. 1833 von Freytag und von einigen Brüdern den Schwestern als freundliches Andenken verehrt. Nienburg [1833]: Schöpf. 8 Bl. 8° [Umschlagtit.]
Gedicht: „Hier, wo Harmonie die Herzen ..."

Freytag, Organisation u. Dienstbetrieb e. Bezirkskommandos. gr. 8. (VIII, 143 S.) Berlin 901. E. S. Mittler & Sohn. n. 2. 80; geb. in Leinw. n.n. 3. 60

Freytag, Rede zur Trauung d. Hrn. Pastor Theod. Holm u. Fräulein Henriette Ritter gehalt. u. f. Freunde in d. Druck gegeben von Fr. Ritter. 16. (1 B.) Lüneburg 840, (Herold u. Wahlstab.)

Freytag's Rhein-Album in 24 Kunstblättern n. Orig.-Aquarellen v. Fritz Reiss u. P. Schmohl. qu. kl. 4. (1 Blatt Text.) Stuttgart 898. Hofkunsthandlg. Freytag. In Leinw.-Mappe 6. —

Freytag, s. Vorträge, sechs.

Freytag, A., Abraham, Isaac u. Jakob, s.: Kühling's A., Theater-Specialität.

—— Registrator's Karline, das Mädchen für Alles, s. Kühling's, A., Album für Soloscenen.

Freytag, A., die Concessionalgerechtigkeits-Theorie d. Strafrechts nebst e. kurzen Darstellung u. Beurtheilung d. wichtigsten übrigen neuern Theorien d. Begründung d. Strafrechts. gr. 8. Gotha 846, Gläser. n. 1 1/6 ß

Freytag, Bad Oeynhausen (Rehme), Westfalen. Leipzig 1876. 8. Mit 7 Photogr.
Desgl. 3. Aufl. Oeynhausen 1890. 8. Mit 5 Holzschn. im Text.

Freytag, A., Bad Oeynhausen in Westfalen. 5. Aufl. Oeynhausen, 1890. 48 S. mit 6 Abb. und 2 Karten.

Freytag, Adf., Lehrbuch der deutschen Stenographie Gabelsbergers, s.: Dix, Frz.

Freytag, Adolf *Friedrich Christoph* [aus Lingen]: Aus d. med. Klinik zu Bonn. Ueber die Trommelschlägelfinger und Knochenveränderungen bei chronischen Lungen- und Herzkrankheiten. ... Bonn, Hauptmann'sche Buchdr., 1891; 33 S. 8°
Bonn, Med. Fak., Inaug.-Diss. v. 1. Aug. 1891

Freytag, Adolph Benedict (Asbach/Thür.), De jure surrogatorum. Disp. jur. Rector Philipp Wilh. Grf. v. Boineburg. Präs. Johann Heinrich Meier. Erfurt (J. H. Grosch) 19. XII. 1710. 12 Bl. (5.—)

Freytag, Adolf Friedrich Christoph, s. Freytag, Adolf

Freytag, Alb., die durch Theorie erfundene Praxis, s.: **Preissler,** Joh. Daniel.

Freytag, Alfr., der Dorfschäfer v. Panten, s.a. **Trewendt's Jugendbibliothek. N. F. 58.**

Der Dorfschäfer von Panten. Eine Erzählung aus d. Zeit d. 7jährigen Krieges von Alfred **Freytag**. Mit Titelb. *Breslau: E. Trewendt [1903].* (127 S.) 8° [F.]
(Trewendt's Jugendbibliothek. N. F. Bd 58.) [03. 3333]

Freytag, A., die Höllenmaschine in der Kaserne, s.: Bloch's, Ludw., Militär-Festmappe. 64. Hft.

Freytag, Alfr., der bestrafte Quartierwirt, s.a. Bloch's Ludw., Militär-Festmappe. 67. Hft.

Der bestrafte Quartierwirt. Ein lustiger Manöverstreich in 1 Akt von Alfred **Freytag**. *Berlin: E. Bloch [1903].* (27 S.) 8° [F.]
— **Militär-Festmappe, Ludwig Blochs,** f. vaterl. Gedenktage. H. 67. [03. 10339]

—— Skatmüller und Puffschulze, s. Kühling's, A., Album für Liebhaberbühnen.

Freytag, Alfred: Skatmüller u. Puffschulze, s. Kühling's, A.: Album f. Soloscenen.

Freytag, Ant., hie Ghibellin! Eine deutsche Dichtg. in 3 Aufzügen. 8. (VII, 61 S.) Wien 893. A. W. Künast n. 1. 20

Freytag, Ant., Kreuz u. Thora. Ein histor. Culturgemälde aus Preßburgs Vergangenheit in 5 Acten. gr. 8. (100 S.) Preßburg 902. (G. Heckenast's Nachf.) 1. 20

Freytag, A., Michael Weiß, der Richter v. Kronstadt. Ein vaterländisches Gemälde in 3 Aufzügen. 8. (IV, 74 S.) Hermannstadt 889. Michaelis & Seraphin. n. 1. —

Freytag, Arthur, Kammergerichtsref.: Die **Unterschiede** des Reugeldes ⟨der s. g. Wandelpön⟩ von der Vertragsstrafe nach gemeinem Recht und neuem Reichsrecht ⟨BGB. u. HGB.⟩. *Rostock 1903: C. Hinstorff.* (108 S.) 8° [F.]
Rostock, Jur. Diss. v. [28. Nov.] 1902

Freytag, Benno, Versuche über arterielle Transfusion bei Kohlenoxyd-Vergiftung. Inaugural-Dissertation. gr. 8. (40 S.) Königsberg 882. (Hartung.) n. 1.

Freytag, Bhrd., Anfangsgründe d. deutschen Lesekunst aus d. wesentl. Beschaffenheit der deutschen Sprache hergeholet. 12. Münch. (804).

— Fibel, od. Namenbüchlein, mit d. natürl. Stimmabsätzen z. leichterer u. geschwinderer Erlernung d. Lesens. 12. Münch. (804).

FREYTAG, BRUNO. Ueber einige Derivate der Propionsäure. (Jena) Prag, 1880.

Freytag, C., Conjecturarum in Theocriti carmen I. lusus otiosi. Pr. 1864. 16 S. 4°.

Freytag, C. F. Historia Gallica Valesiana Henrici III. et Francisci Andini. 4. Francofurti et Lipsiae 1705.

Freytag, C. O., Norwegen. 24 (photograph.) Orig.-Aufn. (in Lichtdr.). gr. 4. (Mit 1 Karte.) Wiesbaden 896. (Jurany & Hensel's Nachf.) In Mappe 12. —; einz. Blätter n. — 50

Freytag, Carl T., s. Freytag, Karl T.

— **Christian** (Schneeberg/Misn.), De primis duobus Augustis, M. Aurelio Antonino, et L. Aurelio Antonino Vero. Exercit. ex historia civili. Präs. Conrad Samuel Schurzfleisch. Wittbg. (Gerdes) 1702. 32 S. (5.50)

Freytag, Christian. Historia Gallica Valesiana . . . Francofurti 1705. H: *Schurzfleisch, Conr. Sam.* (BrMm)

Freytag, Curt, s. Freytag, Kurt

Freytag, Edm., Geschichte der Ungarn, von der Einwanderung der Magyaren im J. 899 bis zur Beendigung der Revolution im J. 1849. Eine getreue Darstellung der merkwürd. Geschichte des ungar. Volkes, mit besond. Berücksicht. der ungar. Revolution von 1848 und 1849. Mit den Biographieen von Ludw. Kossuth, Dembinsky, Bem, Görgey, Perczel, Klapka, Jellachich etc. 8. (54 B. mit 1 speziellen lithogr. und ill. Karte von Ungarn in Imp.-4.) M. Gladbach 850. Leipzig, (Wengler.) Thlr. *

Freytag, E., die Laufbahn des Ingenieurs. (209 S.) 8. Hannover 907. Dr. M. Jänecke. 4.—; geb. 5. —

Freytag, E., Mine u. Minna od. „Breit aus die Flügel beide". gr. 16. (284 S.) Eisleben 883. Christl. Verein im nördl. Deutschland. Geb. — 90

Freytag, E., die Sparkasse. [Aus: „Reichsbote".] gr. 16. (67 S.) Berlin 877. Gaertner. n. — 30

— dasselbe. 2. Aufl. 8. (48 S.) Ebend. 877. cart. n. — 60

[F.] Sachsens Geschichtlich-geographische Sprichwörter und Geflügelte Worte. Gesamm. u. bearb. v. Ernst Gustav **Freytag,** Oberl. ...zu Auerbach i. V. ... *Leipzig: E. Wunderlich 1898.* (vi S., 1 Bl., 94 S.) 1 Bd 8.
[vgl. ...]

vgl.: Freytag, Ernst Richard

Freytag, Ernst Richard, Anleitung zum Gebrauche der stenographischen Schreibehefte mit Vorschriften von H. Krieg. 8. (55 S.) Dresden 880. G. Dietze. n. — 80

Freytag, E. R., s.: Auerbach in Bild u. Wort.

Freytag, E. R., die ersten Aufsatzübungen, angeschlossen an die Lektüre d. Lesebuches: Die Muttersprache Ausg. A. III. u. IV. Tl. Ausg. B. III. u. IV. Tl. Ausg. C. II. u. III. Tl. gr. 8. (46 S.) Leipzig 888. Klinkhardt. n. — 60

Freytag, Ernst Rich., ein Blütenstrauß vaterl. Dichtungen z. Gebr. f. kgl. sächs. Militär- u. Krieger-Vereine, sow. f. Volksschulen u. höh. Lehranst. gr. 8. (IV, 40 S.) Dresden 898. Expedition u. Buchdr. d. „Kamerad".) n. — 55

Freytag, Ernst Rich., Darbietungen, Ergebnisse u. Zusammenfassungen aus dem heimatkundlichen Unterrichte. (IV, 40 S.) gr. 8. Altenburg 903. A. H. Pierer. n — 70

— Sachsen geschichtlich-geograph. Sprüchwörter u. geflügelte Worte. gr. 8. (VII, 94 S.) Leipzig 898. E. Wunderlich. n. 1. 60

Freytag, Ernst Rich., historische Volkslieder d. sächsischen Heeres. Aus flieg. Blättern, handschriftl. Quellen, Liedersammlgn. u. dem Volksmunde gesammelt u. hrsg. 8. (VII, 175 S.) Dresden 893. Druckerei Glöß. n. 3. —

— stenographisches Volksschullesebuch. 2. verm. u. verb. Aufl. (30 S.) kl. 8. Wolfenbüttel 904. Heckner. n.n. — 20

— der Waffenruhm d. Ahnen d. sächs. Königshauses. 8. (24 S. m. 6 Bildn.) Dresden 895. Expedition u. Buchdr. des „Kamerad". n. — 33

Freytag, F., Lehrstoffe u. Diktate zur deutschen Orthographie. Ein prakt. Hilfsbuch f. Elementar- u. Vorbereitungsschulen, Kreisschulen u. die untersten Klassen der Gymnasien. gr. 8. (VIII, 116 S.) Reval 875. Kluge. n. 1. 20

Freytag, F., die Schutzpocken-Impfung. Unumstößliche Beweise, daß die Impfung nicht allein unnütz, sondern auch in ihren Folgen höchst verderblich ist. Dargethan aus den statistischen Tabellen der berühmtesten Autoritäten Europas. Ein Mahnruf an alle Menschenfreunde. Gesammelt u. in Auszügen beleuchtet. 16. (62 S.) Allentown, Pa. 877. (Philadelphia, Schäfer & Koradi.) n. 1.—

FREYTAG, FERDINAND.
Atmosphäre (Die), oder das Wissenswertheste für das gewöhnliche Leben Unentbehrlichste aus der Physik und Chemie. Wernigerode, 1853.

Freytag, Ferd., Beschreibung der Grafschaft Wernigerode. Ein Führer für Einheimische u. Fremde. Nebst 1 (lith.) Karte (in 4.). Wernigerode 865. (Nordhausen, Förstemann.) 16. (82 S.) n. 5 ngr.

FREYTAG, Ferdinand: Einige neue Erfahrungen und Mittheilungen aus dem Gebiete der Eisenhüttenkunde, Holzverkohlung und dergleichen mehr für Berg-, Hütten- und Forstbeamte, Kameralisten ... - Quedlinburg, Leipzig 1839. 32 S.

Freytag, Ferd.: „Einige neue Erfahrungen und Mittheilungen aus dem Gebiete der Eisenhüttenkunde, Holzverkohlung etc.", Quedlinburg und Leipzig 1839. — Vorh.: Preuß. Oberbergamt Dortmund — F. I. 40.

Freytag, Ferd., Lehrbuch der theoretischen Chemie für Anfänger. Mit 4 Taf. Abbildd. 8. Ebd. 839. 3/4 ₰

FREYTAG, Ferdinand: Von der vortheilhaften Verkohlung des Holzes in Meilern mit besonderer Rücksicht auf das in der Grafschaft Stolberg-Wernigerode übliche Verfahren. Nebst einer Abhandlung über den Nutzen der Wasserdämpfe beim Hochofenproceß, als Widerlegung einer andern, worin den Wasserdämpfen bei jenem Proceß ein Nachtheil zugeschrieben wird. - Quedlinburg, Leipzig 1831. 212 S., 1 Taf.

Freytag, F.: „Von der vortheilhaftesten Verkohlung des Holzes in Meilern, mit besonderer Rücksicht auf das in der Grafschaft Stolberg-Wernigerode übliche Verfahren. Nebst einer Abhandlung über den Nutzen der Wasserdämpfe beim Hochofenprozess", Quedlinburg und Leipzig 1831. — Vorh.: Preuß. Oberbergamt Dortmund — F. I. 26.

Freytag, F., von d. vortheilhaft. Verkohlung d. Holzes in Meilern mit besond. Rücksicht auf d. in d. Grafschaft Stolberg-Wernigerode übliche Verfahren. Nebst e. Abhandl. üb. d. Nutzen d. Wasserdämpfe beim Hohofenproceß, als Widerlegung e. andern, worin d. Wasserdämpfen bei jenem Prozeß ein Nachtheil zugeschrieben wird. M. 10 Abbildn. gr. 8. (14 B.) Quedlinburg 831, Basse.

Freytag, Franz

Freytag, Frz., der Distanzritt u. das Pferd. Zeitgemäße Betrachtg. u. Mahng. an den Pferdezüchter u. Pferdefreund. 8. (14 S.) Flensburg 893. (Altona, J. Harder's Sort.) n.n. — 25

Freytag, Frz., Kreisflächen f. Durchmesser v. 0,1 bis 151,2 Centimeter, zur sicheren Cubik-Berechnung jeder Cylinder- u. Baumabschnitt-Länge, besonders aber f. Zuwachs-Berechngn. seccirter Stämme u. m. Anwendg. v. Formzahlen zur Schätzg. steh. Bäume. 16. (71 S.) Neutitschein 881. (Wien, Winkler.) cart. n. — 80

Freytag, Franz [aus Bromberg]: Ueber das Protagon und die Cerebroside ... Bromberg, Buchdr. v. A. Dittmann, 1893; 45 S. 8.
Berlin, Phil. Fak., Inaug.-Diss. v. 17. Mai 1893

Freytag, Franz, a. Mogilno, Referendar am kgl. Amtsgericht zu Nakel-Netze: Die Schuldverwandlung ⟨die Verwandlung einer anderen Schuld in eine Darlehnsschuld⟩ nach römischem und heutigem Recht. Borna-Leipzig 1907: R. Noske. (VIII, 57 S.) 8° [J.]
Erlangen, Jur. Fak., Ref. Oertmann, Diss. v. 25. Jan. 1907
[Geb. 5. Jan. 78 Mogilno; Wohnort: Nakel-Netze; Staatsangeh.: Preußen; Vorbildung: Gymn. Dresden Reife O. 97; Studium: Göttingen 1, Berlin 3, Leipzig 1, Breslau 1 S.; Rig. 23. Okt. 06.]

Freytag, Frdr., s.: Abhandlungen.

— s.: Archiv, internationales, f. Veterinär-Medizin.

Freytag, Friedrich, Dr. med. vet. a. Dreyort ⟨Czernijewko⟩: **Beziehungen der Milz zur Reinigung und Regeneration des Blutes.** Bonn 1907: M. Hager. (50 S.) 8° ¶ (Aus: Archiv f. d. ges. Physiologie Bd 120.)
Erlangen, Phil. Fak., Ref. Fleischmann, Diss. v. 19. Dez. 1907
[Geb. 15. Okt. 80 Dreyort, Kr. Witkowo (Posen); Wohnort: Erlangen; Staatsangeh.: Preußen; Vorbildung: Realgymn. Wiesbaden Reife O. 04; Studium: Tierärztl. Hochsch. Hannover 3, Berlin 1, München 1, Gießen 2, Landw. Hochsch. Leipzig 1, Univ. Erlangen 2 S.; Rig. 2. Mai 07.]

— s.: Blutstudien.

Freytag, Fr., die Dampfkessel u. Motoren auf d. sächs.-thüring. Industrie- u Gewerbeausstellg. zu Leipzig 1897. [Aus: „Zeitschr. d. Ver. deutsch. Ingen."] Imp.-4. (67 S. m. 202 Abb. u. 2 Taf.) Berlin 898. (J. Springer.) n.n. 5. —

[J.] **Freytag**, *Friedrich Wilhelm Bernhard* [Prof.]: Dampfmaschine und Gasmaschine. E. wirthschaftl. Betrachtg. Chemnitz, Druck v. J. C. F. Pickenhahn & Sohn, 1897; 3—30 S. 4.
Chemnitz, techn. Staatslehr-A, OP 1897**

Freytag, Frdr., die Dampfmaschinen der Pariser Weltausstellung 1889. gr 8. (VIII, 128 S. m. 89 Text-Abbildgn. u. 29 lith. Taf.) Stuttgart 891. J. G. Cotta Nachf. n. 10. —

Freytag, Fr., Dampfmaschinenlehre, s.: Bernoulli.

Freytag, Fr., s.: Fehland's Ingenieur-Kalender.

Gedanken zu einer Universalpathologie. Von Dr. med. vet. et phil. Friedrich **Freytag**, Privatd. Berlin: Häring 1910. 34 S. 8° (10. 13278

Freytag, Friedrich: G r u n d r i ß der allgemeinen Pathologie und pathologischen Anatomie der Haustiere, s. M ü l l e r - P o p e l k e n , Friedrich

— **Hilfsbuch für den Maschinenbau.** Für Maschinentechniker, sowie für den Unterricht an techn. Lehranstalten. 2., verm. u. verb. Aufl. (XII, 1152 S. m. 1004 Fig. u. 8 Taf.) 8. Berlin 906. J. Springer. Geb. in Leinw. n. 10. —; in Ldr. n. 12. —
1. Aufl. (VIII, 1008 S. m. 867 Fig. u. 6 Taf.) 904. n. 10. —; geb. n. 12. —.

Freytag, Fr., Hilfsbuch f. den Maschinenbau. Für Maschinentechniker sowie f. den Unterricht an techn. Lehranstalten. 3., verm. u. verb. Aufl. (XII, 1050 S. m. 1041 Fig. u. 10 Taf.) 8. Berlin 908. J. Springer. Geb. in Leinw. 10. —; in Ldr. 12. —

Freytag, Friedrich, approb. Tierarzt aus Magdeburg: Aus d. pathol. Institut d. Kgl. Universität Göttingen ⟨Prof. Dr. Ribbert⟩. **Hydronephrose** mit Cystenbildung beim Fötus. *Leipzig 1904: E. Freter.* (17 S.) 8°
Gießen, Veterinär-med. Diss. v. 1904

— Kompendium der Physiologie f. Tierärzte. (IV, 120 S.) gr. 8. Magdeburg 908. Verlag Erika. 6. —

— Die Körperzelle, m. besond. Berücksicht. ihres Lebenslaufes. Nach e. Antrittsvorlesg. an der Universität Bern. (16 S.) Lex. 8. Ebd. 908. 1. —
Sonderabdruck aus „Abhandlgn., hrsg. v. F. Freytag".

Repetitorium der Physiologie f. Tierärzte. 2. verb. Aufl. (V, 120 S.) gr. 8. Ebd. 908. 6. —

Freytag, Friedrich Benedikt

Freytag, Fr. B., drey neue Beyträge, s. Beyträge z. Gesch. d. Menschheit, 2r Thl. 1r Abschn.

— s.a. Beitr. z. Gesch. d. Menschheit.

FREYTAG, F. Bd.: Beyträge z. Gesch. d. Menschheit in Erzähll. aus wicht. Criminalacten. *Altenb.*, Richter. (1r B.) 790—93. gr. 8. 2n Bdes 1e Abth. od. neue Beytr. *Eb.* 798.

— **Friedrich Benedict** (Naumburg), Hagenstolziatus ex antiquitate illustr. Lpz. (Sommer) 1786. 24 S. tlws. dtsch. (4.20)

Freytag, Fr. Bdkt., die Stadt Leisnig im Brande. Ein poet. Versuch. 8. Leipz. 803.

Freytag, Friedrich Carl, s. F r e y t a g , Friedrich Karl

Freytag, Friedrich Gotthilf

— analecta lit. de libris rarior. II part. 8. Lps. Weidmann. 750.

Freytag, Fr. Gtthlf., († d. 12. Febr. 1776) analecta literaria de libris rarioribus. II Ptes. 8. Leipz. 751. Weidmann. 1 ℛ 8 𝔤𝔤

— Apparatus litterarius, ubi libri partim antiqui, partim rari recensentur. Lips. 752-55. 3 Vol. 8. 2 rthl. 16 gr.

— apparatus literarius, ubi partim antiqui, partim rari libri recensentur. III Ptes. 8. Leipz. 752—56. Weidmann. 2 ℛ 16 𝔤𝔤

Freytag, F. G., de arbore ex sanguineo Jesu sudore enata. Numb. 1728. f.

— **Friedrich Gotthilf**, De Alexandro M. Cornigero. Lpz. (Schede) 20. IV. 1715. 28 S. (5.—)
Gew.: Heinr. Pipping, Mosi Schede (Dresden).

Frid. Gotthilf. F r e y t a g de coronis convivalibus veterum. Lips. 1712. 4.

— decas oratorum ac rhetor. graecorum. 8. Leipz. 752. (Brockhaus). 3 𝔤𝔤

— decas oratorum ac rhetor. graecor. 8. Lps. Gleditsch. 752.

Frid. Gotthilf F r e y t a g (sen.) diss. de insigni Aesopi deformitate. Lips. 1717. 4.

— — De genio seculi litterarum arbitro. Naumburg (Balth. Bossoegel) 11. X. 1729. 6 Blatt. (3—)

Freytag, Fr. G., resp. Chr. **Pazig,** De incantationibus magicis, vulgo von Beschwehren und Beschreyen, suffragio superiorum. 28 pp. Lps. 4°. 1710

— Nachrr. von seltenen u. merkwürd. Büchern. 1r Bd. gr. 8. Gotha 776. Ettinger. 16 gr

— — De pacto evictionis non praestandae inutili. Präs. Jo. Tobias Richter. Lpz. (Langenheim) 26. XI. 1748. 64 S. (5.20)
Gew.: Johann Rudolph v. Kiesenwetter (Wolfersdorf), Friedrich Gottlob v. Berlepsch. — Widm. v. Präs.

— s. Pope, Lehrgedicht v. Menschen.

Fr. Gotth. Freytag rhinoceros e veterum scriptorum monimentis descriptus. Lips. (1737.) 1747. 8.

— specimen historiae literariae, quo virorum feminarumque πολυπαιδιδάκτων memoriam recolit. 8. Leipz. 765. Compt. f. Litt. 6 gr

***Freytag,** Fr. Gh., et Chr. Gb. **Willisch,** de statuis τετελεσμένων veterum. Lips. 715. 4.

Freytag, F. G., de Porphyrii philosophi de innocentia Servatoris testimonio. Numb. 1729. f.

Freytag, Friedrich Karl

Freytag, Fr. Karl, s. Boethius: Trost d. Philosophie.

Freytag, Fr. Karl, s.a. Pinselstriche.

PINSELSTRICHE zu einem historisch-philososophischen Gemälde der Menschen und der Menschheit .... (von *Friedr. Carl Freytag*). Riga 1794. 8°.
Handelt u. a. über russische Scandalosa, Hahnreyschaft etc. — Selten! Anon.-Lex. III. p. 277 (nach Kayser).

Freytag, Friedrich Wilhelm Bernhard, s. Freytag, Friedrich

FREYTAG, Dr. G. Über das Geschlechtsleben des Menschen. Mit 39 anatomischen Abbildungen. Frankfurt a. M., W. Kreuzkam (um 1900).
Verb. d. Ldg. II Berlin Ie. M. 7/99.

Freytag, G.

Freytag's Sammlg. französ. u. engl. Schriftsteller, s. u. d. Einzeltiteln:
Alcott, Little women; Alcott, Good wives; d'Arbouville, Résignation; Bruno, Les enfants de Marcel; Bruno, Le tour de la France; Bube, Stories from English History; Bube, J., Stories from the Schoolroom; Claretie, Pierille; Combe, Pauvre Marcel; Craik, Cola Monti; Dickens, Christmas Carol; Dickens, The cricket; English Fairy Tales; Erckmann-Chatrian, contes populaires; Gaskell, Cranford; Gatty, Parables; Malot, En famille; Malot, Sans famille; Molière, Les femmes savantes; Racine, Iphigénie; Rambert, Les Cerises; Schütter, Französ. Gedichte; Scribe et Legouvé, Bataille de dames; Shakespeare, Merchant of Venice; Souvestre, Le chevrier de Lorraine; Souvestre, L'esclave; Trollope, Erzählgn.

— Schulausgaben klass. Werke f. d. deutschen Unterricht, s.a. u. d. Einzeltiteln:
Freiheitskriege, Dichter der. — Goethe, Gedichte; Götz; Iphigenie; Aus meinem Leben. — Göttinger Dichterbund. — Homer, Odyssee. — Klopstock, Oden. — Lessing, Hamb. Dramaturgie; Emilia Galotti; Minna v. Barnhelm; Miß Sara Sampson. — Schiller, Don Carlos; Gedichte; Fiesko; Kabale u. Liebe; Maria Stuart; D. Räuber. — Sophokles, König Ödipus. — Uhland, Ernst v. Schwaben; Gedichte. — Wieland, Oberon.

Freytag's Schulausgaben klassischer Werke f. den deutschen Unterricht. Wolfg. v. Goethe, Egmont. Ein Trauerspiel in 5 Aufzügen. Für den Schulgebrauch hrsg. v. Gust. Burghauser. 12. (123 S.) Leipzig 894. G. Freytag. Kart. n. — 60

— dasselbe. Wolfg. v. Goethe, Hermann u. Dorothea. Für den Schulgebrauch hrsg. v. Adf. Hauffen. 12. (96 S.) Ebd. 893. Kart. n. — 50

— dasselbe. Wolfg. v. Goethe, Torquato Tasso. Ein Schauspiel. Für den Schulgebrauch hrsg. v. Ludw. Chevalier. 12. (184 S.) Ebd. 894. Kart. n. — 60

— dasselbe. Joh. Gfr. v. Herder, der Cid. Geschichte des Don Ruy Diaz, Graf v. Bivar. Nach span. Romanzen. Für den Schulgebrauch hrsg. v. Rud. Reichel. 12. (182 S.) Ebd. 895. Kart. n. — 80

— dasselbe. Heinr. v. Kleist, Prinz Friedrich v. Homburg. Ein Schauspiel. Für den Schulgebrauch hrsg. v. Ant. Benedict. Mit e. Plane der Schlacht bei Fehrbellin. (109 S.) Ebd. 893. Kart. n. — 50

— dasselbe. Heinr. v. Kleist, die Hermannsschlacht. Ein Schauspiel. Für den Schulgebrauch hrsg. v. Ferd. Khull. 12. (130 S.) Ebd. 893. Kart. n. — 60

— dasselbe. Gthold. Ephraim Lessing, Abhandlungen üb. die Fabel. Für den Schulgebrauch hrsg. v. Hans Lambel. 12. (146 S.) Ebd. 894. Kart. n. — 70

— dasselbe. Gthold. Ephr. Lessing, Laokoon od. üb. die Grenzen der Malerei u. Poesie. Für den Schulgebrauch hrsg. v. Mart. Manlik. 12. (128 S. m. 1 Abbildg.) Ebd. 894. Kart. n. — 60

— dasselbe. Gthold. Ephraim Lessing, Nathan der Weise. Ein dramat. Gedicht in 5 Aufzügen. Für den Schulgebrauch hrsg. v. Dsk. Netoliczka. 12. (163 S.) Ebd. 894. Kart. n. — 80

— dasselbe. Frdr. v. Schiller, die Braut v. Messina od. die feindl. Brüder. Ein Trauerspiel m. Chören. Für den Schulgebrauch hrsg. v. Karl Tumlirz. 12. (150 S.) Ebd. 894. Kart. n. — 70

— dasselbe. Frdr. v. Schiller, die Jungfrau v. Orleans. Eine romant. Tragödie. Für den Schulgebrauch hrsg. v. Frz. Ullsperger. Mit 1 Kärtchen. 12. (156 S.) Ebd. 893. Kart. n. — 60

— dasselbe. Frdr. v. Schiller, Wilhelm Tell. Schauspiel. Für den Schulgebrauch hrsg. v. Paul Strzemcha. Mit 2 Abbildgn. u. 1 Kärtchen. 12. (141 S.) Ebd 893. Kart. n. — 60

— dasselbe. William Shakespeare, Julius Cäsar. Ein Trauerspiel. Für den Schulgebrauch hrsg. v. Alois Hruschka. 12. (100 S.) Ebd. 894. Kart. n. — 60

— dasselbe. William Shakespeare, Coriolanus. Ein Trauerspiel. Für den Schulgebrauch hrsg. v. Wilh. Swoboda. 12. (143 S.) Ebd. 895. Kart. n. — 70

dasselbe. Will. Shakespeare, der Kaufmann v. Venedig. Für den Schulgebrauch hrsg. v. Jul. Seifert. 12. (101 S.) Ebd. 894. Kart. n. — 50

— dasselbe. Joh. Heinr. Voß, Luise u. der 70. Geburtstag. Für den Schulgebrauch hrsg. v. Ludw. Zürn. 12. (124 S.) Ebd. 894. Kart. n. — 60

Freytag, G. A., zur Reform der Kirche. Ein Rathgeber für gebildete Protestanten, insonderheit für die kirchlichen Vertreter der Gemeinden. Potsdam 857. Rolle in Comm. 8. (V, 77 S.) n. 12 ngr

Freytag, G. A., die heiligen Schriften des Alten Testaments, kritisch beleuchtet für gebildete Protestanten, namentlich für die künftigen Vertreter der Kirche. Potsdam 859. (Berlin, Geelhaar.) gr. 8. (78 S.) n. 7½ ngr.

— die heiligen Schriften des Neuen Testaments, mit Bezugnahme auf Lehre und Cultus kritisch beleuchtet für gebildete Protestanten, insonderheit für die kirchlichen Vertreter der Gemeinden. Berlin 861. A. Jonas. gr. 8. (XII, 336 S.) n. 1 ₰ 15 ngr.

— die Symphonie der Evangelien. Eine Zusammenstellung der ächten Bestandtheile der vier evangelischen Urkunden, in einer neuen Uebersetzung und mit wissenschaftlichen Erläuterungen. Ein Anhang enthaltend den Anfang des 2. Kapitels der Apostelgeschichte und die Offenbarung des Johannes in ihrer ursprünglichen Gestalt. Neu-Ruppin 863. Oehmiale. gr. 8. (XIV, 290 S.) n. 25 ngr.

Freytag, Geo., Trauerrede auf den Tod Sr. Maj. des Königs Maximilian II. von Bayern, gehalten in der königl. Hofkapelle zu Nymphenburg am 31. März 1864. gr. 8. (8 S.) München 864, Lentner'sche Buchh.

Freytag, Georg Wilhelm Friedrich. s. Caabi-Ben-Sohair.

Ta'abbaṭa Šarran. Carmen Arabicum perpetuo commentario et versione iambica Germanica illustravit ... G. W. F. Freytag. Königsberger Diss.; Gottingae 1814.

Freytag, **G. W. F., carmen arabicum perpetuo commentario et versione jambica germanica. 8. Götting. 814. Dieterich. 6 gr.**

Freytag, (G. W.,) Hamasae carmina, s. Hamasae.

Freytag, Geo. Wilh., Chrestomathia arabica, Grammatica histor. in us. scholar. Arabicar. ex codicibus ined. conscripta. 8 maj. (18½ B.) Bonnae 834. (Lipsiae, Hermann et Langbein.)

Freytag, Geo. Wilh., Darstellung d. Arab. Verskunst. M. 6 Anhn., enthalt. Ein arab. Lehrgedicht ueber d. Metrik, mit Uebersetzung, Bemerkn. ueb. d. Poesie d. Araber, Bemerk. ueb. arab. Dichter, ueb. einige bei d. neuern Dichtern vorkomm. Versarten, ueb. verschied. Eigenheiten d. Dichtersprache, Erklaerung mehr. auf d. Poesie Bezug hab. Kunstausdruecke. Nach handschriftl. Quellen bearb. u. mit Registern versehen. Gedr. mit K. Preuss. Arab. Typen. gr. 8. (36 B.) Bonn 830. (Leipzig, Cnobloch.) Thlr.

Freytag, G. W., Einleitung in das Studium der arabischen Sprache bis Mohammed und zum Theil später zum allgemeinen Gebrauche auch für die, welche nicht Hebräisch und Arabisch treiben. gr. 8. (XII und 511 S.) Bonn 861, Marcus.

Freytag, Geo. Wilh., kurzgefasste Grammatik d. hebräischen Sprache, f. d. Schul- u. Universit.-Gebr. nach neuen Grundsätzen bearb. gr. 8. (24 B. u. 3 B. Tab.) Halle 835, Schwetschke u. Sohn.

—— Lexicon Arabico-Latin., praesertim ex Djeuharii Firuzabadiique et alior. Arabum operibus, adhibitis Golii quoque et alior. libris confectum. Accedit index vocum latinar. locupletissimus. Tom. I—III. 4 maj. Halae, Schwetschke et fil. [I. (70 B.) 830., II. (67½ B.) 832., III. (65¾ B.) 835.]
1. Ausg. Schrbp.
2. - Imp.-4. Schrbp. mit breit. Rande
3. - Prachtausg. Imp.-4. mit breit. Rande

— Lexicon Arabico-Latinum. Tom. IV. Sect. I. Plag. A—Z. 4maj. Halle 836. Schwetschke et Sohn. 6⅔ ₰ Imp.-4. Schreibp. 13⅓ ₰ Pracht-Ausg. Imp.-4. Velinp. 26⅔ ₰ Alle 4 Bde. 26⅔ ₰ Imp. 4. Schreibp. 53⅓ ₰ Pracht-Ausg. Velinp. 100 ₰

—— Lexicon arabico-latin., praesertim ex Djeuharii Firuzabadiique et aliorum arabum operibus, adhibitis Golii quoque et aliorum libris confectum. Accedit index vocum latinarum locupletissimus. Tom. IV. 4maj. (82 B.) Halis Sax. 837, Schwetschke et fil.
I. Ausg. Schrbp. * 6 Thlr. 16 Gr.
II. - Imp. 4. Schrbp. m. breit. Rande. * 13 Thlr. 8 Gr.
III. - Prachtausg. Imp. 4. Velup. m. breit. Rande. * 20 Thlr.
Tom. I—III. Ebendas. 1830—35. I. Ausg. * 20 Thlr., II. Ausg. * 40 Thlr., III. Ausg. * 80 Thlr.

Freytag, Geo. Wilh., Lexicon arabico-latinum ex opere suo majore in us. tiron. excerpt. edidit. 4maj. (37 B.) Halis Sax. 837, Schwetschke et fil. Thlr. *

— s. Liber arabicus.

Frpytag, Georg Wilhelm Friedrich, s. Locmanni fabulae.

— امثال العرب Arabum Proverbia vocalibus instrux. latine vert. comment. illustrav. et sumtibus suis ed. Tom. I. Fasc. I. II. Inest a Meidanio collectorum proverbiorum pars I. 8maj. Bonnae 838. Marcus. n. 5⅙ ₰ — Tom. II. Inest a Meidanio collectorum proverbiorum pars II. 8maj. ibid. 839. n. 7⅚ ₰

Freytag, Geo. Wilh., امثال العرب Arabum proverbia sententiaeque proverbiales quae vocalibus instr., lat. vertit, et sumtib. suis ed. Tom. III (et ult.) II Partes. Insunt I) proverbia sententiaeque proverbiales. 2) dies inter Arabes pugnis celebres. 3) facete ingenioseque dicta. II. 1) Commentatio de proverbiis Arabicis a Meidanio collect. et explicatis. 2) Indices tres. 3) Addenda et corrigenda. 8maj. (76½ B. u. 2 Tab.) Bonnae 843. (Marcus.) Subscr.-Pr. *
Tom. I. et II. Ibid. 1838, 39. * 14 Thlr. 2½ Ngr. Vollständ. ** 18 Thlr. 25 Ngr.

Freytag, G. W., Regnum Saahd-Aldaulae etc. vide Regnum Saahd-Aldaulae etc.

Freytag, Gottfried Karl

Freytag, Godofr. Carol., Carmen graecum viro summo venerabili Julio Eduardo Dreschke munus pastoris et ephori Misenensis d. XXVIII. m. Nov. a. ciↄIↄcccxli. rite capessenti collegarum nomine dedicatum. 8maj. Misenae 842, Klinkicht et fil. ⅛ ₰

— carmina votiva Portae almae matri, studiorum magistrae, vitae duci tribus feliciter conditis saeculis solennia natalitia die XXI. m. Mai. MDCCCXLIII. celebranti. Lex.-8. Lipsiae 843, C. H. Reclam. n. ⅓ ₰

— Gottfr. Carl (Meissen), Viro celeb. Johann Theophil Kreyssig magistro aureo gratul. Meissen (C. E. Klinkicht & S.) 22. II. 1848. 6 Bl. (4.—)

— Gottlob August (Gera), De anaemia. Diss. med. Jena (Mauk) 2. XII. 1782. 32 S. (4.80)
Gew.: Heinrich XXX. u. XLIII. Reuss. j. L.

Freytag, Gustav [Schriftsteller]

Freytag's, Gust., Leben und Schaffen, s. Alberti, C.

Freytag, Gust. Sein Leben und Schaffen, von C. Alberti, s. Dichter, deutsche, der Gegenwart.

Freytag, Gustav. Die Ahnen. 1. Leipzig 1872.

Freytag, Gustav

Die Ahnen. Roman. Abt. 1-4.6.
Leipzig: Hirzel 1873-1902. 8°

1. Ingo und Ingraban. 30. Aufl. 1902.
2. Das Nest der Zaunkönige. 1. Aufl. 1873.
3. Die Brüder vom deutschen Hause. 1. Aufl. 1874.
4. Marcus König. 1. Aufl. 1876.
6. Aus einer kleinen Stadt. 1. Aufl. 1880.

— die Ahnen. Roman. 1—3. Abth. 8. Ebend. 874. 75. 2ð. 50
1. Ingo u. Ingraban. 6. Aufl. (514 S.) 6. 75
2. Das Nest der Zaunkönige. 5. Aufl. (416 S.) 6.
3. Die Brüder vom deutschen Hause. 8. Aufl. (428 S.) 6.

Freytag, Gust., die Ahnen. Roman. 1.—5. Abthl. 8. Leipzig, Hirzel.

Inhalt:

Abthl 1. Ingo und Ingraban. 7.—9. Aufl. (VIII, 514 S.) 876—79. M. 6,75.
» 2. Das Nest der Zaunkönige. 6. und 7. Aufl. (416 S.) 878,79. M. 6.
» 3. Die Brüder vom deutschen Hause. 4. und 5. Aufl. (428 S.) 877—79. M. 6.
» 4. Marcus König. 1.—3. Aufl. (442 S.) 876—79. M. 6.
» 5. Die Geschwister. 1.—4. Aufl. (436 S.) 879. M. 6.

—— dass. — Bilder dazu, s. Röhling, Carl.

Freytag, Gust., die Ahnen. Roman. 6 Abthlgn. 8. Leipzig, Hirzel.

Inhalt:

Abthl. 1. Ingo und Ingraban. 10.—12. Aufl. (VIII, 514 S.) 880—81; 13. Aufl. (814 S.) 883; 14. Aufl. (VIII, 514 S.) 884. M 6,75.
» 2. Das Nest der Zaunkönige. 8.—11. Aufl. (416 S.) 880—83. M 6.
» 3. Die Brüder vom deutschen Hause. 6.—9. Aufl. (428 S.) 880—84. M 6.
» 4. Marcus König. 4.—6. Aufl. (442 S.) 880—83. M 6.
» 5. Die Geschwister. 5.—7. Aufl. (436 S.) 880—84. M 6.
» 6. Aus einer kleinen Stadt. 1.—4. Aufl. (400 S.) 881. M 6.

— die Ahnen. Roman. 6 Abthlgn. 8. Ebend. 36. 75

1. Ingo u. Ingraban. 14. Aufl. (VIII, 514 S.) 884. 6. 75
2. Das Nest der Zaunkönige. 12. Aufl. (416 S.) 885. 6. —
3. Die Brüder vom deutschen Hause. 9. Aufl. (428 S.) 884. 6. —
4. Marcus König. 7. Aufl. (442 S.) 885. 6. —
5. Die Geschwister. 7. Aufl. (436 S.) 884. 6. —
6. Aus e. kleinen Stadt. 5. Aufl. (400 S.) 886. 6. —

—— die Ahnen. Roman. 6 Abthlgn. 8. Ebendas.

Inhalt:

Abthl. 1. Ingo und Ingraban. 15. und 16. Aufl. (VIII, 514 S.) 886,88. M 6.75.
» 2. Das Nest der Zaunkönige. 12. und 13. Aufl. (416 S.) 885,87. M 6.—.
» 3. Die Brüder vom deutschen Hause. 10. und 11. Aufl. (428 S.) 886,88. M 6.—.
» 4. Marcus König. 7. und 8. Aufl. (442 S.) 885,88. M 6.—.
» 5. Die Geschwister. 8. Aufl. (436 S.) 887. M 6.—.
» 6. Aus einer kleinen Stadt. 5. und 6. Aufl. (400 S.) 885,88. M 6.—.

Freytag, Gust., die Ahnen. Roman. 6 Abthlgn. 8. Leipzig, Hirzel. 36. 75

1. Ingo u. Ingraban. 15.—17. Aufl. (VIII, 514 S.) 886—890. 6. 75
2. Das Nest der Zaunkönige. 14. Aufl. (416 S.) 889. 6. —
3. Die Brüder vom deutschen Hause. 10.—12. Aufl. (428 S.) 886—890. 6. —
4. Marcus König. 9. Aufl. (442 S.) 889. 6. —
5. Die Geschwister. 9. Aufl. (436 S.) 889. 6. —
6. Aus einer kleinen Stadt. 7. Aufl. (400 S.) 890. 6. —

Freytag, Gust. Die Ahnen. Roman. 6 Abthlgn. 8. Lpz., Hirzel. * 36 75; geb. * 48 50

1. Ingo u. Ingraban. 17.—19. Aufl. (VIII, 514 S.) 890—92. 6 75; geb. * 8 50.
2. Das Nest d. Zaunkönige. 14.—16. Aufl. (416 S.) 889—92. 6 —; geb. * 8 —.
3. Die Brüder vom deutschen Hause. 12. u. 13. Aufl. (428 S.) 890,92. 6 —; geb. * 8 —.
4. Markus König. 9. u. 10. Aufl. (442 S.) 890,92. * 6 —; geb. * 8 —.
5. Die Geschwister. 9. u. 10. Aufl. (436 S.) 889,91. * 6 —; geb. * 8 —.
6. Aus e. kleinen Stadt. 7. u. 8. Aufl. (400 S.) 890,92. 6 —; geb. * 8 —.

Freytag, Gust., die Ahnen. Roman. 6 Abthlgn. gr. 8. Leipzig, S. Hirzel. 36. 75; geb. in Leinw. n. 43. —; in eleg. Halbfrzbd. n. 48. 75

1. Ingo u. Ingraban. 18.—21. Aufl. (VIII, 514 S.) 891—894. 6. 75; geb. in Leinw. n. 8. —; in Halbfrzbd. n. 8. 75
2. Das Nest der Zaunkönige. 15.—17. Aufl. (416 S.) 890—893. 6. —; geb. in Leinw. n. 7. —; in Halbfrzbd. n. 8. —
3. Die Brüder vom deutschen Hause. 12.—14. Aufl. (428 S.) 890—894. 6. —; geb. in Leinw. n. 7. —; in Halbfrzbd. n. 8. —
4. Marcus König. 10. u. 11. Aufl. (442 S.) 891. 893. 6. —; geb. in Leinw. n. 7. —; in Halbfrzbd. n. 8. —
5. Die Geschwister. 10. u. 11. Aufl. (436 S.) 891. 893. 6. —; geb. in Leinw. n. 7. —; in Halbfrzbd. n. 8. —
6. Aus einer kleinen Stadt. 7.—9. Aufl. (400 S.) 890—894. 6. —; geb. in Leinw. n. 7. —; in Halbfrzbd. n. 8. —

— die Ahnen. Roman. 6 Abthlgn. 8. Ebd. n. 36. 75

1. Ingo u. Ingraban. 25. Aufl. (VIII, 514 S.) 898. n. 6. 75; geb. in Leinw. n. 8. —; in Halbfrz. n. 8. 50
2. D. Nest d. Zaunkönige. 20. Aufl. (416 S.) 897. n. 6. —
3. D. Brüder v. deutschen Hause. 17. Aufl. (428 S.) 897. n. 6. —
4. Marcus König. 14. Aufl. (442 S.) 897. n. 6. —
5. D. Geschwister. 13. Aufl. (436 S.) 896. n. 6. —
6. Aus e. kleinen Stadt. 11. Aufl. (400 S.) 897. n. 6. —

— die Ahnen. Roman. 6 Abthlgn. 8. Ebd. n. 36. 75; geb. in Leinw. n. 43. —; in Halbfrz. n. 48. 50

1. Ingo u. Ingraban. 26.—29. Aufl. (à VIII, 514 S.) 899—902. n. 6. 75; geb. in Leinw. n. 8. —; in Halbfrz. n. 8. 50
2. Das Nest der Zaunkönige. 23. u. 24. Aufl. (à 416 S.) 900. 901. n. 6. —; geb. in Leinw. n. 7. —; in Halbfrz. n. 8. —
3. Die Brüder vom deutschen Hause. 18.—20. Aufl. (à 428 S.) 898—901. n. 6. —; geb. in Leinw. n. 7. —; in Halbfrz. n. 8. —
4. Marcus König. 15.—17. Aufl. (à 442 S.) 898—902. n. 6. —; geb. in Leinw. n. 7. —; in Halbfrz. n. 8. —
5. Die Geschwister. 14.—17. Aufl. (à 436 S.) 898—902. n. 6. —; geb. in Leinw. n. 7. —; in Halbfrz. n. 8. —
6. Aus e. kleinen Stadt. 12.—14. Aufl. (à 400 S.) 899—902. n. 6. —; geb. in Leinw. n. 7. —; in Halbfrz. n. 8. —

Freytag, Gust., die Ahnen. Roman. 6 Abthlgn. 8. Leipzig, S. Hirzel. n. 36. 75; geb. in Leinw. n. 43. —; in Halbfrz. n. 48. 50

1. Ingo u. Ingraban. 30.—34. Aufl. (à VIII, 514 S.) 902—906. n. 6. 75; geb. in Leinw. n. 8. —; in Halbfrz. n. 8. 50
2. Das Nest der Zaunkönige. 26.—29. Aufl. (à 416 S.) 903—905. n. 6. —; geb. in Leinw. n. 7. —; in Halbfrz. n. 8. —
3. Die Brüder vom deutschen Hause. 21.—24. Aufl. (à 428 S.) 902—906. n. 6. —; geb. in Leinw. n. 7. —; in Halbfrz. n. 8. —
4. Marcus König. 18.—20. Aufl. (à 442 S.) 902—905. n. 6. —; geb. in Leinw. n. 7. —; in Halbfrz. n. 8. —
5. Die Geschwister. 18.—20. Aufl. (à 436 S.) 903—906. n. 6. —; geb. in Leinw. n. 7. —; in Halbfrz. n. 8. —
6. Aus e. kleinen Stadt. 15.—17. Aufl. (à 400 S.) 903—906. n. 6. —; geb. in Leinw. n. 7. —; in Halbfrz. n. 8. —

— Die Ahnen. Roman. 6 Bde. 8. Ebd. 36. 75

1. Ingo u. Ingraban. 40. Aufl. 96—97. Taus. (VIII, 514 S.) 910. 6. 75
2. Das Nest der Zaunkönige. 35. Aufl. 87—88. Taus. (416 S.) 910. 6. —
3. Die Brüder vom deutschen Hause. 28. Aufl. 75—76. Taus. (428 S.) 910. 6.
4. Marcus König. 24. Aufl. (442 S.) 910. 6. —
5. Die Geschwister. 23. Aufl. (436 S.) 909. 6. —
6. Aus e. kleinen Stadt. 20. Aufl. (400 S.) 909. 6.

Gustav **Freytag**. Ueber den Antisemitismus. Eine Pfingstbetrachtung. (Hrsg. von d. Central-Verein Deutscher Staatsbürger Jüdischen Glaubens.) Berlin 1910: (Lewent). 14 S. 8°

Aus: (Wiener) Neue Freie Presse 1893. III. 10775

— gesammelte Aufsätze. 2 Bde. 1. u. 2. Aufl. gr. 8 Ebd. 888. à n. 6. —; geb. à n.n. 8. —

1. Politische Aufsätze. (X, 552 S.)
2. Aufsätze zur Geschichte, Literatur u. Kunst. (VI, 498 S.)

— vermischte Aufsätze aus den J. 1848—1894. Hrsg. v. Ernst Elster. 1. Bd. gr. 8. (XXIII, 480 S.) Ebd. 901. n. 6. —; geb. n. 8. —

Freytag, Gustav. Vermischte Aufsätze aus den Jahren 1848 bis 1894. Hrg. von Ernst Elster. Band 2. (Aufsätze zur Geschichte und Kulturgeschichte.) XIV + 456 S. 8. Leipzig, S. Hirzel, 1903. [M. 6.—, geb. 8. —]

Darin S. 3—59: Nicolaus von der Flüe. ⟨[Aus:] Im n(euen) Reich. [Jahrg. 2,] 1872, (Bd. 1,) Nr. 16 (u. 17)⟩; — *S. 254/62:* Die deutsche Glasmalerei ... von Wilhelm Wackernagel. Leipzig ... 1855. ⟨[Besprechung. Aus:] Grenzboten 1855, Nr. 47⟩; — *S. 262/8:* Ein Stück alte Leinwand: Die Tapete von Sitten ... von Dr. Ferdinand Keller... . Zürich 1857. ⟨[Besprechung. Aus:] Grenzboten 1857, Nr. 23⟩.

—— Neue Bilder aus dem Leben des deutschen Volkes. Leipzig 1858. 8. . . . (0.)

—— neue Bilder aus dem Leben des deutschen Volkes. gr. 8. (XVI und 589 S.) Leipzig (861)62, Hirzel.

Freytag, Gust., Bilder aus der deutschen Vergangenheit. 2 Thle. 859. — 2. Aufl. 860. — 3. Aufl. 861. — 4. Aufl. Leipzig 863. Hirzel. gr. 8. (809 S.) 3 ℛ

Freytag, Gust., Bilder aus der deutschen Vergangenheit. Leipzig 867. Hirzel.

1. Bd.: Aus dem Mittelalter. 5. Aufl. 866. — Neuer Abdr. 868. (VII, 559 S.) 2 ℛ 7½ ngr.
2. Bd. 1. Abth.: Vom Mittelalter zur Neuzeit. [1200 bis 1500.] (IV, 464 S.) 1 ℛ 22½ ngr.
2. Bd. 2. Abth.: Aus dem Jahrhundert der Reformation. [1500—1600.] 5. Aufl. (384 S.) 15 ngr.
3. Bd.: Aus dem Jahrhundert des großen Kriegs. [1600—1700.] (484 S.) 2 ℛ
4. Bd.: Aus neuer Zeit. [1700—1848.] (496 S.) 2 ℛ

— Bilder aus der deutschen Vergangenheit. 4 Bde. gr. 8. Leipzig 870—74, Hirzel.
Inhalt:
Bd. 1. Aus dem Mittelalter. 6.—9. verm. Aufl. Neuer Abdruck. (VIII, 559 S.) M 6,75.
" 2. 1. Abthl. Vom Mittelalter zur Neuzeit. [1200—1500.] 6.—8. verm. Aufl. Neuer Abdruck. (VIII, 466 S.) M 5,25.
" 2. 2. Abthl. Aus dem Jahrhundert der Reformation. [1500—1600.] 6.—8. verm. Aufl. (384 S.) M 4,50.
" 3. Aus dem Jahrhundert des großen Krieges. [1600—1700.] 6.—8. verm. Aufl. (484 S.) M 6.
" 4. Aus neuer Zeit. [1700—1848.] 6.—8. verm. Aufl. (492 S.) M 6.

— Bilder aus der deutschen Vergangenheit. 1. Bd., 2. Bd. 1. u. 2. Abth., 3. u. 4. Bd. gr. 8. Ebend. 874—76. 17. 25
I. Aus dem Mittelalter. 10. Aufl. (IV, 559 S.) 6. 75
II. 1. Vom Mittelalter u. Neuzeit. [1200—1500.] 9. Aufl. (VIII, 468 S.) 5. 25
2. Aus dem Jahrhundert der Reformation. [1500—1600.] 8. Aufl. (384 S.) 4. 50
III. Aus dem Jahrhundert d. großen Krieges. [1600—1700.] 8. Aufl. (484 S.) 6. —
IV. Aus neuer Zeit. (492 S.) 6. —

— Bilder aus der deutschen Vergangenheit. 4 Bde. gr. 8. Leipzig, Hirzel.
Inhalt:
Bd. 1. Aus dem Mittelalter. 10. Aufl. (VIII, 559 S.) 876; 11. und 12. Aufl. (VI, 555 S.) 878,79. M 6,75.
" 2. 1. Abthl.: Vom Mittelalter zur Neuzeit. [1200—1500.] 9. Aufl. (VIII, 468 S.) 876; 10. und 11. Aufl. (VIII, 466 S.) 877,79. M 5.25.
" 2. 2. Abthl.: Aus dem Jahrhundert der Reformation. [1500—1600.] 9. Aufl. (384 S.) 876; 10. und 11. Aufl. (384 S.) 877,79. M 4,50.
" 3. Aus dem Jahrhundert des großen Krieges. [1600—1700.] 9. Aufl. (481 S.) 1877; 10. und 11. Aufl. 877,79. (480 S.) M 6.
" 4. Aus neuer Zeit. [1700—1848.] 9. Aufl. (492 S.) 877; 10. und 11. Aufl. (496 S.) 877,79. M 6.

— Bilder aus der deutschen Vergangenheit. 4 Bde. gr. 8. Ebendas.
Inhalt:
Bd. 1. Aus dem Mittelalter. 13. Aufl. (VI, 555 S.) 881; 14. Aufl. (555 S.) 882; 15. Aufl. (VI, 555 S.) 884. M 6,75.
" 2. 1. Abthl.: Vom Mittelalter zur Neuzeit. [1200—1500.] 12.—14. Aufl. (VIII, 466 S.) 880—83. M 5,25.
" 2. 2. Abthl.: Aus dem Jahrhundert der Reformation. [1500—1600.] 12.—14. Aufl. (384 S.) 880—83. M 4,50.
" 3. Aus dem Jahrhundert des großen Krieges. [1600—1700.] 12.—14. Aufl. (480 S.) 880—84. M 6.
" 4. Aus neuer Zeit. [1700—1848.] 12.—14. Aufl. (496 S.) 880—84. M 6.

— Bilder aus der deutschen Vergangenheit. 4 Bde. gr. 8. Ebendas.
Inhalt:
Bd. 1. Aus dem Mittelalter. Bilder. 16. und 17. Aufl. (VI, 555 S.) 886,88. M 6.75.
" 2. 1. Abthl.: Vom Mittelalter zur Neuzeit. 15. und 16. Aufl. (VIII, 466 S.) 885,88. M 5.25.
" 2. 2. Abthl.: Aus dem Jahrhundert der Reformation. 15. und 16. Aufl. (384 S.) 885,87. M 4.50.
" 3. Aus dem Jahrhundert des großen Krieges. 15. und 16. Aufl. (480 S.) 886,88. M 6.—.
" 4. Aus neuer Zeit. 15. und 16. Aufl. (496 S.) 886,88. M 6.—.

— Bilder aus der deutschen Vergangenheit. 4 Bde. gr. 8. Ebd. 28. 50
Bd. 1. Aus dem Mittelalter. 17.—19. Aufl. (VI, 555 S.) 887—890. 6. 75
" 2. 1. Abth.: Vom Mittelalter zur Neuzeit. 17. Aufl. (VIII, 466 S.) 889. 5. 25
" 2. 2. Abth.: Aus dem Jahrhundert der Reformation. 16. u. 17. Aufl. (384 S.) 887. 889. 4. 50
" 3. Aus dem Jahrhundert des großen Krieges. 15.—17. Aufl. (480 S.) 886—890. 6.
" 4. Aus neuer Zeit. 17. Aufl. (496 S.) 889. 6. —

Freytag, Gust. Bilder aus der deutschen Vergangenheit. 4 Bde. gr. 8. Lpz., Hirzel. 28 50; geb. * 38 —
1. Aus dem Mittelalter. Bilder. 18.—20. Aufl. (VI, 555 S.) 889—93. 6 75; geb. * 8 80.
2. 1. Abthl.: Vom Mittelalter zur Neuzeit. 17. u. 18. Aufl. (VIII, 466 S.) 889,91. 5 25; geb. * 7 —.
2. 2. Abthl.: Aus dem Jahrhundert der Reformation. 17.—19. Aufl. (384 S.) 889—93. 4 50; geb. * 6 20.
3. Aus dem Jahrhundert des großen Krieges. 17. u. 18. Aufl. (480 S.) 890,93. 6 —; geb. * 8 —.
4. Aus neuer Zeit. 17. u. 18. Aufl. (496 S.) 890,92. 6 —; geb. ** 8 —.

— Bilder aus der deutschen Vergangenheit. 4 Bde. gr. 8. Ebd. 28. 50; geb. in Halbfrzbd. n. 38. 75; in eleg. Halbfrzbd. n. 38. —
1. Bd. Aus dem Mittelalter. 20. u. 21. Aufl. (VI, 555 S.) 892. 893. 6. 75; geb. in Halbfrzbd. n. 8. —; in eleg. Halbfrzbd. n. 8. 80
2. Bd. 1. Abth. Vom Mittelalter zur Neuzeit. 18.—20. Aufl. (VIII, 466 S.) 890—894. 5. 25; geb. in Halbfrzbd. n. 6. 25; in eleg. Halbfrzbd. n. 7. —
2. Bd. 2. Abth. Aus dem Jahrhundert der Reformation (1500—1600.) 18.—20. Aufl. (384 S.) 891—894. 4. 50; geb. in Halbfrzbd. n. 5. 50; in eleg. Halbfrzbd. n. 6. 20
3. Bd. Aus dem Jahrhundert des großen Krieges. 18. u. 19. Aufl. (480 S.) 892. 894. 6. —; geb. in Halbfrzbd. n. 7. —; in eleg. Halbfrzbd. n. 8. —
4. Bd. Aus neuer Zeit. (1700—1848.) 18. u. 19. Aufl. (496 S.) 891. 893. 6. —; geb. in Halbfrzbd. n. 7. —; in eleg. Halbfrzbd. n. 8. —

— Bilder a. d. deutschen Vergangenheit. 4 Bde. (5 Abthlgn.) gr. 8. Ebd. n. 28. 50
I. Aus d. Mittelalter. 24. Aufl. (V, 555 S.) 897. n. 6. 75
II, 1. V. Mittelalter z. Neuzeit. 22. Aufl. (VIII, 466 S.) 897. n. 5. 25
II, 2. A. d. Jahrhundert d. Reformation. (1500—1600.) 23. Aufl. (384 S.) 898. n. 4. 50
II, 3. A. d. Jahrhundert d. großen Krieges. (1600—1700.) 21. Aufl. (480 S.) 897. n. 6. —
II, 4. Aus neuer Zeit. (1700—1848.) 22. Aufl. (496 S.) 898. n. 6. —

— Bilder a. d. deutschen Vergangenheit. 4 Bde. (5 Abthlgn.). Neuer Abdr. gr. 8. Ebd. n. 28. 50
1. Aus dem Mittelalter. 25. u. 26. Aufl. (à VI, 555 S.) 899. 900. n. 6. 75
2. I. Abth. Vom Mittelalter zur Neuzeit. (1200—1500.) 23. u. 24. Aufl. (à VIII, 466 S.) 899. 901. n. 5. 25
II. Abth. Aus dem Jahrhundert der Reformation. (1500—1600.) 24. u. 25. Aufl. (à 384 S.) 900. 902. n. 4. 50
3. Aus dem Jahrhundert des großen Krieges. (1600—1700.) 22. u. 23. Aufl. Neuer Abdr. (à 480 S.) 899. 901. n. 6. —
4. Aus neuer Zeit. (1700—1848.) 23. u. 24 Aufl. (à 496 S.) 900. 902. n. 6. —

— Bilder aus der deutschen Vergangenheit. 4 Bde. (5 Abthlgn.) Neuer Abdr. 8. Ebd. n. 28. 50; geb. in Leinw. n. 33. 75; in Halbfrz. n. 38. —
I. Aus dem Mittelalter. 28.—30. Aufl. (à VI, 555 S.) 903 bis 906. n. 6. 75; geb. in Leinw. n 8. —; in Halbfr. n. 8. 80
II, 1. Vom Mittelalter zur Neuzeit. (1200—1500.) 25.—27. Aufl. (à VIII, 466 S.) 906. n. 5. 25; geb. in Leinw. n. 6. 25; in Halbfrz. n. 7.—
II, 2. Aus dem Jahrhundert der Reformation. (1500—1600.) 26. u. 27. Aufl. (à 384 S.) 904—906. n. 4. 50; geb. in Leinw. n. 5. 50; in Halbfrz. n. 6. 20
III. Aus dem Jahrhundert des großen Krieges. (1600—1700.) 24. u. 25. Aufl. (à 480 S.) 903—905. n. 6. —; geb. in Leinw. n. 7. —; in Halbfrz. n. 8. —
IV. Aus neuer Zeit. (1700—1848.) 25. u. 26. Aufl. (à 496 S.) 904—906. n. 6. —; geb. in Leinw. n. 7. —; in Halbfrz. n. 8. —

Freytag, Gust., Bilder aus der deutschen Vergangenheit. 4 Bde. Neuer Abdr. 8. Leipzig, S. Hirzel. 28. 50
I. Aus dem Mittelalter. 32. Aufl. (VI, 555 S.) 909. 6. 75
II. 1. Abtlg. Vom Mittelalter zur Neuzeit. (1200—1500.) 29. Aufl. (VIII, 466 S.) 909. 5. 25
2. Abtlg. Aus dem Jahrhundert der Reformation. (1500—1600.) 29. Aufl. (384 S.) 909. 4. 50
III. Aus dem Jahrhundert des großen Krieges. (1600—1700.) 27. Aufl. (480 S.) 908. 6. —
IV. Aus neuer Zeit. (1700—1848.) 28. Aufl. (496 S.) 909. 6. —

Freytag, Gust., die Brautfahrt oder Kunz von der Rosen. Lustspiel in 5 Acten. Leipzig 858. Hirzel. 8. (1 Bl., 112 S.) n. 20 ngr.

— die Brautfahrt od. Kunz von der Rosen. Lustspiel in 5 Acten. 2. Aufl. 8. (112 S.) Ebd. 889. n. 2. —

Freytag, Gust., In Breslau. Gedichte. 8. Breslau 845, Kern. 3/4 Thlr.

— u. Herzog Ernst v. Coburg im Briefwechsel 1853 bis 1893. Hrsg. v. Eduard Tempeltey. (XVIII, 420 S. m. 2 Abbildgn.) gr. 8. Leipzig 904. S. Hirzel. n. 9. —; geb. in Leinw. n. 10. 50; in Halbfrz. n.n. 11. 50

Gustav Freytag und Heinrich von Treitschke im Briefwechsel. (Hrsg.: Alfred Dove.) *Leipzig: S. Hirzel 1900.* (XXI, 26, 8) 8° [illegible]

— Dare et Avere. Prima versione ital. autorizzata dal autore. 6 Voll. gr. 16. (1486 S. mit 6 Holzschnt.) Triest 860, Coen.

— Dichtungen. 1. Bdchn. A. u. d. T.: Die Brautfahrt oder Kunz von der Rose. Lustspiel in 5 Akten. 8. Breslau 844, Schuhmann. n. 2/3 Thlr.

— Erinnerungen aus meinem Leben. 8. (VIII, 377 S.) Ebd. 887. n. 5. —; geb. n. 7. —

— Erinnerungen aus meinem Leben. 11.—12. Tauf. 8. (VIII, 377 S.) Ebd. 899. n. 5. —

—— die Fabier. Trauerspiel in 5 Acten. 8. (190 S.) Leipzig 859, Hirzel. *

—— dass. — 2. Aufl. 16. (221 S.) Ebendas. 862. * geb. *

—— die Fabier. Trauerspiel in 5 Acten. 3. Aufl. 8. (189 S.) Leipzig 868, Hirzel. *

— die Fabier. Trauerspiel in 5 Akten. 4. Aufl. 8. (189 S.) Ebend. 882. n. 3. —

— die Fabier. Trauerspiel in 5 Acten. 5. Aufl. 8. (189 S.) Ebd. 899. n. 3. —

— Die Fabier. Trauerspiel in 5 Akten. 6. Aufl. (Schulausg.) (189 S.) 8. Ebd. 907. Geb. 1. 50

—— Gedichte. 8. (11½ B.) Breslau 845, Kern.

— deutsche Geister. Festspiel. Zur Feier der 9. Versammlung deutscher Land- und Forstwirthe am 8. September 1845 aufgeführt auf dem Stadttheater von Breslau. gr. 8. Ebend. 845. 1/6 ℛ

Freytag, Gustav [Red.], s. Grenzboten

—— Gustav Freytag-Galerie. Nach den Orig.-Gemälden u. Cartons der ersten Meister der Neuzeit. 20 Blätter (in Lichtdr.) m. begleit. Texten. Jubiläums-Ausg. (52. Aufl.) gr. 4. (VIII, 48 S.) Lpz. 889, Fernau. geb. m. Goldschn. * 12 —

— die verlorene Handschrift. Roman in 5 Büchern. 2 Thle. 2. Aufl. 864. (1217 S.) — 3. Aufl. 865. (1217 S.) — 4. Aufl. 865. (1212 S.) 4 ℛ 15 ngr. — 5. Aufl. Ebend. 869. 8. (883 S.) n. 2 ℛ

—— die verlorene Handschrift. Roman in 5 Büchern. 5.—7. Aufl. 2 Bde. gr. 8. (378; 505 S.) Leipzig 869,72,74. Hirzel. *

—— die verlorene Handschrift. Roman in 5 Büchern. 8.—10. Aufl. 2 Thle. gr. 8. (378; 505 S.) Ebendas. 875,79. *

—— die verlorene Handschrift. Roman in 5 Büchern. 11.—14. Aufl. 2 Thle. gr. 8. (378; 505 S.) Ebendas. 880—84. *

—— die verlorene Handschrift. Roman in 5 Büchern. 15.—18. Aufl. 2 Thle. gr. 8. (378; 505 S.) Ebendas. 886—88. *

—— Die verlorene Handschrift. Roman in 5 Büchern. 19.—22. Aufl. 2 Thle. gr. 8. (376; 500 S.) Ebd. 889—92. * 6 —; geb. in Hlbfrz. ** 10 —

— die verlorene Handschrift. Roman in 5 Büchern. 30. Aufl. 2 Thle. gr. 8. (376 u. 500 S.) Ebd. 898. n. 6. —; geb. in Leinw. n. 7. 50; in Halbfrz. n.n. 10. —

— die verlorene Handschrift. Roman in 5 Büchern. 31.—36. Aufl. 2 Thle. gr. 8. (à 376 u. 500 S.) Ebd. 899—902. n. 6.—; geb. in Leinw. n. 7.50; in Halbfrz. n.n. 10. —

Freytag, Gust., die verlorene Handschrift. Roman in 5 Büchern. 37.—41. Aufl. 2 Tle. (à 376 u. 500 S.) 8. Leipzig 903—906. S. Hirzel. n. 6. —; geb. in Leinw. n. 7. 50; in Halbfrz. n. 10. —

— Die verlorene Handschrift. Roman in 5 Büchern. 42—46. Aufl. 2 Tle. (376 u. 500 S.) 8. Ebd. 907—10. 6. —

Freytag, Gustav. Gustav Freytag an Salomon Hirzel und die Seinen, mit einer Einleitung von Alfred Dove. Als Handschrift für Freunde gedruckt. [Mit 7 Tafeln.] XXII + 290 S. 8. (Leipzig, Breitkopf & Härtel, 1. Januar 1903.)

Freytag, Gustavus: De Hrosuitha poetria. Adjecta est comoedia Abraham inscripta. Vratislaviae (1839). (42 S.) 8°
[Im Buchhandel 1839 bei Aderholz in Breslau]

Breslau, Phil. Fak., Hab.-Schr. v. 1. Mai 1839

Aus dem Jahrhundert des grossen Krieges. Bilder v. Gustav Freytag. Neuer Abdruck. Leipzig. 1886. — desselben: Bilder aus der deutschen Vergangenheit. Bd. 3. 8°.

— Ingo. (Schulausg.) 1—5. Tauf. (VIII, 230 S.) 8. Ebd. 910. Geb. 1. 50

— dasselbe, s.a. Dichter, neuere, f. die studierende Jugend.

—— Ingo and Ingraban, s.a. Asher's Collection of English Authors.

— Ingo u. Ingraban. (Neue Großoktav-Ausg.) 100—101. Tauf. (VI, 513 S.) 8. Leipzig 911. S. Hirzel. 6.75; geb. 10. —

— Ingraban, s.: Dichter, neuere, f. die studierende Jugend.

Freytag, Gust. (geb. Kreuzburg in Schles. 11. 8. 1816): De initiis scenicae poesis apud Germanos. Berolini (1838). (70 S.) 8°

Berlin, Phil. Diss. v. 30. Juni 1838

—— de initiis scenicae poesis apud Germanos. 8maj. (4½ B.) Berolini 838. (Vratislaviae, Aderholz.)

Freytag, Gust., die Journalisten. Lustspiel in 4 Akten. 8. (159 S.) Leipzig 854, Hirzel.
s.a.: Sammlung deutscher Lust- und Schauspiele.

— dasselbe, s.a. Übungsbibliothek, englische.

dasselbe, s.a. Übungsbibliothek, französische.

—— die Journalisten. Lustspiel in 4 Akten. (2. Aufl. Mit 1 Vignette von Ludw. Richter [in Holzschn.]) 16. (219 S.) Leipzig 862, Hirzel. * 1 Thlr.; geb. mit Goldschn. *

— die Journalisten. Lustspiel in 4 Acten. 3. Aufl. Ebend. 868. 8. (130 S.) 22½ ngr.

Freytag, Gust., die Journalisten. Lustspiel in 4 Acten. 4. Aufl. gr. 8. (138 S.) Leipzig 873. Hirzel. 2. 25

—— die Journalisten. Lustspiel in 4 Acten. 5. Aufl. gr. 8. (138 S.) Ebendas. 877.

—— die Journalisten. Lustspiel in 4 Acten. 6. und 7. Aufl. gr. 8. (138 S.) Ebendas. 880,82. *

Freytag, Gust., die Journalisten. Lustspiel in 4 Acten. 8. Aufl. 8. (138 S.) Leipzig 886, Hirzel. ℳ 2.25.; geb. *

— die Journalisten. Lustspiel in 4 Acten. 9. Aufl. 8. (138 S.) Ebd. 889. n. 2. 25

— die Journalisten. Lustspiel in 4 Acten. 10. u. 11. Aufl. gr. 8 (138 S.) Ebd. 891. 894. n. 2. 25.; geb. in Leinw. n. 3. —

— die Journalisten. Lustsp. in 4 Acten. 13. Aufl. gr. 8. (138 S.) Ebd. 897. n. 2. 25

— dasselbe. 14. Aufl. (Wohlf. Ausg.) 8. (152 S.) Ebd. 898. Geb. n. 1. —

— die Journalisten. Lustspiel in 4 Akten. 15. u. 16. Aufl. (Schulausg.) 8. (à 152 S.) Ebd. 900. 902. Geb. n. 1. —

— die Journalisten. Lustspiel in 4 Akten. 17. Aufl. (138 S.) gr. 8. Ebd. 903. n. 2. 25; geb. n. 3. 20

— dasselbe. 18.—20. Aufl. (Schulausg.) (à 152 S.) 8. Ebd. 903—906. Kart. n. 1. —

— Die Journalisten. Lustspiel in 4 Akten. 21—24. Aufl. (Schulausg.) (152 S.) 8. Leipzig 907—10. S. Hirzel. Geb. 1. —

Karl der Große. — Friedrich Barbarossa. — Minnesang u. Minnedienst zur Hohenstaufenzeit. s.: Volksbücher der deutschen Dichter Gedächtnis-Stiftung. 23.

—— Der Kronprinz u. die deutsche Kaiserkrone. Erinnerungsblätter. 1.—10. Aufl. 8. (III, 126 S.) Ebd. 889. * 1 80; geb. ** 2 80
Vgl.: Arendt, Otto. — Delbrück, Hans. — Eberstein, Alfr. Frhr. — Ist das Kaiser Friedrich? — Mühlenhof, Th. — Schrader, K.

— zur Kunde deutscher Vorzeit, s.: Dahn, Fel.

— Anton Wohlfahrts Lehrjahre, s.a. Ecksteine der neueren Literatur. I.

Anton Wohlfahrts Lehrjahre. Aus d. Roman Soll und Haben von Gustav Freytag. 2. Aufl. Berlin: Gerdes&Hödel 1906. (94 S.) 8° [Text stenogr.]
— Ecksteine d. neueren Literatur. Bd 1. [07. 16879

Lesebuch aus Gustav Freytags Werken. Ein Hilfsbuch f. d. deutschen u. geschichtl. Unterr. an höh. Lehranst. Ausgew. u. eingeleitet von Dr. Willy Scheel, Oberl. zu Steglitz. *Berlin: Weidmann 1901.* (X, 215 S.) 8° [F.] [01. 11874

Lesebuch aus Gustav Freytags Werken. Ein Hilfsbuch f. d. deutschen u. geschichtl. Unterr. an höh. Lehranst. Ausgew. u. eingeleitet von Dr. Willy Scheel, Oberl., Steglitz. 2. verm. u. durchges. Aufl. Berlin: Weidmann 1906. (X, 219 S.) 8° [F.] [06. 11674

—— Doktor Luther. Eine Schilderung. 1.—3. Aufl. 8. (VI, 159 S.) Ebendas. 883,84. *

— Doktor Luther. Eine Schilderg. 4. Aufl. 8. (IV, 159 S.) Ebd. 901. n. 2. —

— Doktor Luther. Eine Schilderg. 5. Aufl. (IV, 159 S.) 8. Leipzig 907. S. Hirzel. 2. —

Karl Mathy. Geschichte seines Lebens v. Gustav Freytag. Leipzig. 1870. 8°.

— Karl Mathy. Geschichte seines Lebens. Ebend. 870. gr. 8. (IV, 420 S.) n. 2 ₰

Freytag, G. Carl Mathy (grossherzogl. bad. Finanz-Minister). Geschichte seines Lebens. 8°. Leipzig, Hirzel, 1870. 2. Aulf. 8°. Leipzig 1872.

Aus dem Mittelalter. Bilder v. Gustav Freytag. Neuer Abdruck. Leipzig. 1887. — desselben: Bilder aus der deutschen Vergangenheit. Bd. 1. 8°.

[F. u. Ant.] Der Rittmeister v. Alt-Rosen v. Gustav Freytag. Ed. by James Taft Hatfield, ... Prof. ... in the Northwestern Univ. *Boston: D. C. Heath & C. 1894.* (XII, 201 S.) 1 Bd 8.
(Heath's Modern Language Series.) [97. 1754

— Soll und Haben. Roman in 6 Büchern. 3 Bde. 1—6. Aufl. Ebend. 855,56. 8. (3 Bl., 453; 1 Bl., 422; 1 Bl., 333 S.) 5 ₰

— — 7. Aufl., in 2 Bdn. 1. u. 2. Abdr. Ebend. 858. 16. (2 Bl., 564; 1 Bl., 405 S.) n. 1 ₰ 10 ngr

— Soll und Haben. Roman in 6 Büchern. 2 Bde. 7. Aufl. 3. Abdr. 859. — 10. Aufl. (4. Abdr. der Stereot.-Ausg.) Ebend. 863. 16. (IV, 969 S.) n. 1 ₰ 10 ngr

—— Soll und Haben. Roman in 6 Büchern. 2 Bde. 10.—13. Aufl. (4.—7. Abdr. der Ster.-Ausg.) gr. 16. (IV und 969 S.) Leipzig 863—67, Hirzel. *

—— Soll und Haben. Roman in sechs Büchern. 14.—21. Aufl. [8.—15. Abdr. der Ster.-Ausg.] 2 Bde. gr. 16. (IV, 564; 405 S.) Leipzig 869—75, Hirzel. *

—— Soll und Haben. Roman in 6 Büchern. 22.—24. Aufl. [Neue Ster.-Ausg.] 2 Bde. gr. 8. (IV, 577; 410 S.) Ebendas. 877—79. *

— Soll und Haben. Roman in 6 Büchern. 25.—29. Aufl. [Neue Ster.-Ausg.] 2 Bde. gr. 8. (IV, 577; 410 S.) Ebendas. 880—84. *

—— Soll und Haben. Roman in 6 Büchern. 30.—32. Aufl. [Neue Ster.-Ausg.] 2 Bde. gr. 8. (III, 577; 410 S.) Ebendas. 885—87. *

—— dass. — 33. Aufl. [100. Tausend.] 2 Bde. gr. 8. (IV, 577; 410 S.) Ebendas. 888. *

—— dass. — 34. Aufl. [Neue Ster.-Ausg.] 2 Bde. gr. 8. (IV, 577; 410 S.) Ebendas. 888. *

—— Soll und Haben. Roman in 6 Büchern. 35.—37. Aufl. (IV, 577; 410 S.) 889—91. 38. u. 39. Aufl. [Neue Ster.-Ausg.] 2 Bde. gr. 8. (575; 404 S.) Ebd. 891,92. * 5 —; geb. in Hlbfrz. ** 9 —

— Soll u. Haben. Roman in 6 Büchern. 37.—42. Aufl. (Neue Ster.-Ausg.) 2 Bde. gr. 8. (575 u. 404 S.) Ebd. 890—894. n. 5. —; geb. in Leinw. n. 6. 75; in eleg. Halbfrzbd. n. 9. —

— Soll u. Haben. Roman in 6 Büchern. 50. Aufl. (Neue Ster.-Ausg.) 2 Bde. gr. 8. (575 u. 404 S.) Ebd. 898. n. 5. —; geb. in Leinw. n. 6. 75; in Halbfrz. n.n. 9. —

— Soll u. Haben. Roman in 6 Büchern. 51.—58. Aufl. (Neue Ster.-Ausg.) 2 Bde. gr. 8. (à 575 u. 404 S.) Ebd. 899—902. n. 6. —; geb. in Leinw. n. 7. 50; in Halbfrz. n.n. 10. —

— Soll u. Haben. Roman in 6 Büchern. 59.—65. Aufl. (Neue Ster.-Ausg.) 2 Bde. (à 575 u. 404 S.) 8. Leipzig 903—906. S. Hirzel. n. 6. —; geb. in Leinw. n. 7. 50; in Halbfrz. n. 10. —

— Soll u. Haben. Roman in 6 Büchern. 66—74. Aufl. (Neue Ster.-Ausg.) 2 Bde. (575 u. 404 S.) 8. Ebd. 907—10. 6. —

Soll und Haben. Roman in 6 Büchern von Gustav Freytag. Leipzig: Hirzel [1909]. 1330 S. 8°
(Bibliothek August Scherl. Bd 99—102.) [10. 13067

— aus dem Staat Friedrichs d. Großen. Die Erhebung. Schulausg. 8. (129 S.) Ebd. 898. Geb. n. 1. —

— aus dem Staat Friedrichs des Großen. — Die Erhebg. Schulausg. 2. Aufl. 6.—10. Taus. (129 S.) 8. Ebd. 905. Geb. n. 1. —

— Aus dem Staat Friedrichs des Großen. — Die Erhebung. Schulausg. 3. Aufl. 11—15. Taus. (129 S.) 8. Ebd. 909. Kart. 1. —

—— die Technik des Dramas. gr. 8. (VIII und 310 S.) Leipzig 863, Hirzel.

—— die Technik des Dramas. 2. verb. Aufl. gr. 8. (VIII, 313 S.) Leipzig 872, Hirzel. *

— die Technik d. Dramas. 3., verb. Aufl. gr. 8. (VIII, 314 S.) Ebend. 876. n. 5. —

— die Technik des Dramas. 4., verb. Aufl. gr. 8. (VI, 314 S.) Ebend. 881. n. 5. —

— die Technik d. Dramas. 5., verb. Aufl. gr. 8. (VI, 316 S.) Ebend. 886. n. 5. —

—— Die Technik des Dramas. 6. verb. Aufl. gr. 8. (X, 314 S.) Ebd. 890. * 5 —

— die Technik des Dramas. 7. Aufl. gr. 8. (VI, 314 S.) Ebd. 894. n. 5. —

— d. Technik des Dramas. 8. Aufl. gr. 8. (VI, 314 S.) Ebd. 898. n. 5. —

— die Technik des Dramas. 9. Aufl. gr. 8. (X, 314 S.) Ebd. 901. n. 5. —

— die Technik des Dramas. 10. Aufl. (IV, VI, 314 S.) 8. Ebd. 905. n. 5. —; geb. n. 6. 50

— Die Technik des Dramas. 11. Aufl. (IV, VI, 314 S.) 8. Ebd. 908. 5. —

— Vergleich. Untersuchungen üb. die Brechungsindices der Linse u. der flüssigen Augenmedien des Menschen u. höherer Thiere in verschiedenen Lebensaltern. (III, 78 S.) Lex. 8. Ebd. 907. 2. 70

— die Valentine. Schauspiel in 5 Aufz. 16. (171 S.) Leipzig 847, Verlagsbureau. — 2. Aufl. 16. (171 S.) Ebd. 847. — 3. Aufl. 16. (171 S.) Ebd. 847. — 4. (Titel-)Aufl. 16. Leipzig 851, Herbig. In Engl. Einb. m. Goldschn. 1 1/3 ß

— die Valentine. Schauspiel in 5 Acten. Ebend. 858. 8. (1 Bl., 112 S.) n. 20 ngr

— — Ebend. 858. 16. (154 S. u. Titel in Kpfrst.) geb. n. 1 ß

— die Valentine. Schauspiel in 5 Acten. 3. Aufl. gr. 8. (112 S.) Ebend. 873. 2. 25

Vom Mittelalter zur Neuzeit. Bilder v. Gustav **Freytag**. Neuer Abdruck. Leipzig. 1887. = desselben: Bilder aus der deutschen Vergangenheit. Bd. 2. Abth. 1. 8°.

— Graf Waldemar. Schauspiel in 5 Acten. 8. (110 S.) Leipzig 858, Hirzel. *

— Graf Waldemar. Schauspiel in 5 Acten. 2. Aufl. gr. 8. (108 S.) Ebend. 874. n. 2. —

— Graf Waldemar. Schauspiel in 5 Acten. 3. Aufl. gr. 8. (110 S.) Ebend. 883. n. 2. —

— Graf Waldemar. Schauspiel in 5 Acten. 4. Aufl. gr. 8. (IV, 88 S.) Ebd. 887. n. 2. —

— Graf Waldemar. Schausp. in 5 Acten. 5. Aufl. gr. 8. (IV, 88 S.) Ebd. 895 n. 2. —

Freytag, Gust., dramatische Werke. 1. Bd. A. u. d. T.: Die Valentine. Schauspiel in 5 Aufz. (3. Aufl.) 8. (180 S.) Leipzig 848, Verlagsbureau. — 2. Bd. A. u. d. T.: Die Brautfahrt od. Kunz von der Rosen. Lustsp. in 5 Akten. (2 Aufl.) 8. (167 S.) Ebd. 848. — 1 u. 2. Bd. 2. (Titel-)Ausg. 8. Leipzig 851, Herbig. — 3. Bd. A. u. d. T.: Graf Waldemar. Schauspiel in 5 Akten. 8. (VIII u. 153 S.) Ebd. 850. (à 1 ß) 3 ß

— dramatische Werke. Ebend. 858. 8. (3 Bl., 518 S.) n. 1 ß 25 ngr

Inhalt: Die Brautfahrt. — Der Gelehrte. — Die Valentine. — Graf Waldemar. — Die Journalisten.

— dramatische Werke. 2. Aufl. 2 Bde. Ebend. 868. 8. (380; 327 S.) n. 2 ß

Freytag, Gust., dramatische Werke. 3. Aufl. 2 Bde. 8. (380 u. 327 S.) Leipzig 874. Hirzel. n. 6. —

Freytag, Gust., dramatische Werke. 4. Aufl. 2 Bde. 8. (380 u. 327 S.) Leipzig 881. Hirzel. n. 7. —

— dramatische Werke. 5. Aufl. 2 Bde. 8. (V, 380 u. V, 327 S.) Ebd. 890. n. 8. —; geb. n.n. 12. —

Freytag, Gust., gesammelte Werke. (In ca. 48 Lfgn.) 1—3. Lfg. gr 8. (1. Bd. S. 1—192. 2. Bd. S. 1—160 u. 4. Bd. S. 1—288.) Leipzig 886. Hirzel. à n. 1. 50

Freytag, Gust., gesammelte Werke. 50 Lfgn. = 22 Bde. gr. 8. Leipzig 887. 888. Hirzel. à Lfg. n. 1. 50; cplt.: n. 75. —

Bd. 1. Erinnerungen aus meinem Leben. — Gedichte. (IV, 372 S.)
„ 2. 3. Dramen. (III, 312; 276 S.)
Bd. 4. 5. Soll u. Haben. (574; 404 S.)
„ 6. 7. Die verlorene Handschrift. (376; 500 S.)
„ 8—13. Die Ahnen. (VIII, 400; 320; 329; 342; 332; 312 S.)
„ 14. Die Technik des Dramas. (X, 314 S.)
„ 15. 16. Aufsätze über Politik u. Literatur. — Geschichtl. u. biograph. Schilderungen. (X, 552; VI, 498 S.)
„ 17—21. Bilder aus der deutschen Vergangenheit. (X, 551; VI, 467; V, 396; V, 477; VI, 493 S.)
„ 22. Karl Mathy. (IV, 420 S.)

Freytag, Gust., gesammelte Werke. 2. Aufl. (6.—10. Taus.) 1.—67. Lfg. gr. 8. (1.—19. Bd. IV, 372 S m. Bildn.; III, 312; III, 276; III, 574; III, 404; III, 376; 500; IX, 400; III, 320; III, 329; III, 342; III, 332; III, 312; X, 314; X, 552; VI, 498; VI, 551; VI, 467; VII, 396 u. 20. Bd. S. 1—336.) Leipzig 896—898. S. Hirzel. à n. 1. —

Freytag, Gust., gesammelte Werke. 2. Aufl. (6.—10. Taus.) 68.—75. Lfg. gr. 8. (20. Bd. V u. S. 337—477; 21. u. 22. Bd. VI, 493 u. IV, 420 S.) Leipzig 899. S. Hirzel. à n. 1.—; (kplt. n. 75.—; geb. in Leinw. n.n. 97.—; in Halbfrz. n.n. 119.—)

Freytag, Gust., gesammelte Werke. 3. Aufl. (11—13. Taus.) 1—11., 15., 17. u. 18. Bd. 8. Leipzig, S. Hirzel. 48.—; geb. in Leinw. 62.—; in Halbfrz. 76. —

1. Erinnerungen aus meinem Leben. (IV, 372 S. m. Bildnis.) 910. 3.—; geb. in Leinw. 4.—; in Halbfrz. 5. —
2. 3. Dramatische Werke. 2 Bde. (IV, 312 u. IV, 276 S.) 910. à 3.—; geb. in Leinw. à 4.—; in Halbfrz. à 5. —
4. Soll u. Haben. Roman in 6 Büchern. 1. Bd. (IV, 576 S.) 909. 4.—; geb. in Leinw. 5.—; in Halbfrz. 6.
5. Dasselbe. 2. Bd. (VI, 404 S.) 909. 3.—; geb. in Leinw. 4.—; in Halbfrz. 5. —
6. Die verlorene Handschrift. Roman in 5 Büchern. 1. Thl. (V, 376 S.) 909. 3.—; geb. in Leinw. 4.—; in Halbfrz. 5. —
7. Dasselbe. 2. Thl. (IV, 500 S.) 910. 4.—; geb. in Leinw. 5.—; in Halbfrz. 6. —
8. Die Ahnen. Roman. 1. Abth.: Ingo u. Ingraban. (X, 400 S.) 910. 4.—; geb. in Leinw. 5.—; in Halbfrz. 6. —
9. Dasselbe. 2. Abth.: Das Nest der Zaunkönige. (IV, 320 S.) 910. 3.—; geb. in Leinw. 4.—; in Halbfrz. 5. —
10. Dasselbe. 3. Abth.: Die Brüder vom deutschen Hause. (IV, 329 S.) 910. 3.—; geb. in Leinw. 4.—; in Halbfrz. 5. —
11. Dasselbe. 4. Abth.: Marcus König. (IV, 342 S.) 910. 3.—; geb. in Leinw. 4.—; in Halbfrz. 5.
15. Politische Aufsätze. (X, 552 S.) 910. 4.—; geb. in Leinw. 5. —; in Halbfrz. 6. —
17. Bilder aus der deutschen Vergangenheit. 1. Bd. Aus dem Mittelalter. (X, 551 S.) 910. 4. —; geb. in Leinw. 5. —; in Halbfrz. 6. —
18. Dasselbe. II. Bd. 1. Abth.: Vom Mittelalter zur Neuzeit. (VI, 407 S.) 910. 4.—; geb. in Leinw. 5. —; in Halbfrz. 6.

Aus neuer Zeit. Bilder v. Gustav **Freytag**. Neuer Abdruck. Leipzig. 1886. = desselben: Bilder aus der deutschen Vergangenheit. Bd. 4. 8°.

Aus dem Zeitalter der Reformation. Bilder v. Gustav **Freytag**. Neuer Abdruck. Leipzig. 1887. = desselben: Bilder aus der deutschen Vergangenheit. Bd. 2. Abth. 2. 8°.

Freytag, Gustav [Kartograph]

A. B. C., G. Freytags, für Touristen und Radfahrer von E. L. Wien [1896]. V: *Letoschek, Emil.* (EB)

Freytag's, G., ABC f. Touristen u. Radfahrer v. E. L. 8. (45 S. m. 3 Taf.) Wien 896. G. Freytag & Berndt. n. 1. —

G[ustav] **Freytag**: Die Grossen Arbeiten der Österreichischen Regierung. Localbahnen. Wasserstrassen. Hauptbahnen ⟨Investitionsprogramm⟩. (Massst. 1:1,500,000.) *Wien: G. Freytag & Berndt 1900.* (2 Bl., 1 Kartenbl. 63 × 83 cm.) 8° [Umschlagt.] [farbig] [01. 9084

FREYTAG, G.

G. **Freytag**: Die grossen Arbeiten der österreichischen Regierung. Localbahnen, Wasserstrassen, Hauptbahnen. (Investitionsprogramm.) Wien. [1901]. Freytag & Berndt. 66 × 86 *cm.* Gefalzt in Umschlag K 1.—

1901–1907. G[ustav] **Freytag**: Die Grossen Arbeiten der Österreichischen Regierung. Localbahnen, Wasserstrassen, Hauptbahnen ⟨Investitionsprogramm⟩. (Maßst. 1:1,500.000.) [Mit Text.] Wien: G. Freytag & Berndt (1907). (1 Kartenbl. 84 × 63 cm mit Legende, 3 Bl.) 8° [Umschlagt. lith.] [kol.] [07. 13648

G. **Freytag's** Ausflugskarte VII. 1:100.000 † K —.40
Wien: Freytag & Berndt, 1910.

Freytag, G., Ausflugskarte. Blatt VIII. Semmeringgebiet, Semmering, Sonnwendstein, Kampalpe, Stuhleck, Pretulalpe, Raxalpe (Heukuppe, Jakobskogel). 1:100.000 K —.40
Wien: Freytag & Berndt, 1910.

G. Freytag's Ausflugskarte XIII. 1:100.000 † K —.40
Wien: Freytag & Berndt, 1910.

G. Freytag's Ausflugskarte XV. 1:100.000 * K —.40
Wien; Freytag & Berndt, 1910.

G. Freytags Ausflugskarte. XVI. 1:100.000 gefalzt K —.40
Wien: Freytag & Berndt, 1909.

— Ausflugskarte der Umgebung von Klagenfurt. Maßstab 1:150.000. Mit Angabe der markirten Wege. Gr.-4. —.20
Wien: Freytag & Berndt, 1896.

— — Ausflugskarte der Umgebung von Salzburg. Maßstab 1:150.000. Mit Angabe der markirten Wege. Gr.-4. —.20
Wien: Freytag & Berndt, 1896.

G. Freytag's Ausflugskarten. VI. Bl. Reisalpe und Unterberg Wien: Freytag & Berndt, 1909. K —.40

G. Freytag's Wiener Ausflugskarten. 1:100.000. Nr. X: Hohe Wand und Dürre Wand. 4. Chromolithographie —.20; Nr. XI: Mürzzuschlag, Mariazell, St. Aegyd, Doppelbl. —.40
Wien: Freytag & Berndt, 1894.

Nr. XII. Folio. Chromolithographie —.40
Wien: Freytag & Berndt, 1896.

G. Freitag's Wiener Ausflugskarten. 1:100.000. Mit Angabe der markirten Wege. Nr. XIII: Hochschwab-Gebiet. Nr. XIV: Umgebung von Eisenerz. Nr. XV: Gesäuse. 4. Chromolithographie. Wien: Freytag & Berndt, 1896. à —.20

G. Freytag's Wiener Ausflugskarten. 15. Das Gesäuse und seine Berge. 1:100.000 Wien: Freytag & Berndt, 1909. K —.40

G. Freytag's Wiener Ausflugskarten. 1:100.000. Mit Angabe der markirten Wege. Nr. XVI: Umgebung von Admont. Nr. XVII: Umgebung von Spitz a. d. D. Nr. XVIII: Umgebung von Krems. Nr. XIX: Umgebung von Horn. 4. Chromolithographie à —.20
Wien: Freytag & Berndt, 1896.

Freytag's Automobil- und Radfahrerkarten 1:300.000. Blatt 20. Brünn gefalzt K 1.60, auf Leinwand K 2.60
Wien: Freytag & Berndt, 1910.

G. Freytag's Automobil- und Radfahrerkarten. Blatt 21: Niederösterreich. 5. Aufl. 1:300.000. Neudruck gefalzt K 1.60, auf Leinen K 2.60
Wien: Freytag & Berndt, 1909.

G. Freytag's Automobil- und Radfahrerkarten. Nr. 22. 2. Aufl. K 1.60
Wien: Freytag & Berndt, 1907.

G. Freytag's Automobil- und Radfahrerkarten. Blatt 26: Westtirol und Schweiz. Neudruck. 1:3000.000 gefalzt K 1.60, auf Leinen K 2.60
Wien: Freytag & Berndt, 1909.

Freytag's Automobil- und Radfahrerkarten. 1:300.000. Blatt 29. Südtirol und Oberitalien gefalzt K 1.60, auf Leinwand K 2.60
Wien: Freytag & Berndt, 1910.

Freytag's Automobil- und Radfahrerkarten. Nr. 30. Krain und Küstenland. 1:300.000 K 1.60, auf Leinwand K 2.60
Wien: Freytag & Berndt, 1907.

Freytag's Automobilroutenkarte v. Mitteleuropa. 1:2,000.000 gefalzt in Umschlag K 3.— auf Leinwand gespannt in Taschenformat oder mit Stäben K 5.—
Wien: Freytag & Berndt, 1910.

Freytag, G., Wiener Bezirkslandkarten. IV. Bezirk. Wieden K —.12
Wien: Freytag & Berndt, 1909.

G. Freytag's China. Maßstab 1:10,000.000. Mit einem erläuternden Text und vier Abbildungen. 23 × 32 *cm.* Wien und Leipzig. 1900. Freytag & Berndt. 8°. 9 S. Gefalzt in Umschlag K —.60

G[ustav] Freytag's Geographischer 1 Mark-Atlas für das Deutsche Reich. *Leipzig & Wien: G. Freytag & Berndt [1902].* (3 Taf., 14 Karten.) 8° [oj. 1904]

— — Eisenbahn- u. Uebersichtskarte d. österr.-ungar. Monarchie. Tonfarbendruck. qu. fol. Wien. A. Amonesta. Gefalzt in 8°. fl. —.10.
1886.

G. Freytag's Export-Atlas für Welthandel und Industrie. Statistische Darstellung der Ein- und Ausfuhr aller wichtigen Handelsartikel nach ihrem Werte nebst den Consular-Vertretungen des Deutschen Reichs und Oesterreich-Ungarns. 28 Tafeln und Karten, eine Karte der Verkehrswege für den Weltexport mit der Verbreitung der Verkehrssprachen. Wien. [1901.] Freytag & Berndt. Quer-Lex.-8°. Geb. K 20.—

G. Freytag's Illustrirte Fahrplankarte der k. k. priv. Südbahn-Gesellschaft und wichtigsten fremden Bahnanschlüsse. Sommerfahrplan 1899. Wien. [1899.] Freytag & Berndt. 29×68 *cm.* Gefalzt. fl. —.20

G. Freytag's Kleiner Führer durch Paris, mit einem Verzeichnis seiner Monumentalbauten, öffentl. Gebäude, Sehenswürdigkeiten, der Gesandtschaften, Theater, Hôtels, Restaurants etc. Wien und Leipzig. [1900.] Freytag & Berndt. 8°. 16 S. mit 3 Tafeln Gefalzt in Umschlag K 1.20

Freytag, G., Generalkarte von Dalmatien, Bosnien und der Hercegovina. 1:600.000. Ausgabe mit Terrain gefalzt in Umschlag K 4.—, auf Leinwand K 6.—
Wien: Freytag & Berndt, 1910.

G[ustav] Freytag's Generalkarte von Nieder-Österreich. Maßst. 1:250.000. (Mit alphab. Ortsverzeichnisse. Ausg. mit Terrain.) Wien: G. Freytag & Berndt [1906]. (1 Kartenbl. 74×71 cm, 33 S.) 8° [lith.] [kol.] [o4. 1906]

Freytag, G., Generalkarte von Nordost-Frankreich und den Rheinländern. 1:800.000. (Mit Beikarte: Umgebung von Paris. 1:250.000.) Gr.-Quer-Fol. Chromolith. Gef. in Carton 1.40
Dieselbe als Gerippkarte, stumm —.40
als orohydrographische Karte, stumm —.80
Wien: Artaria 1890.

Freytag, G., General- u. Strassenkarte von West-Russland u. den angrenzenden Ländern bis Wien u. Budapest. Mit besond. Berücksicht. der Eisenbahnen u. mit Angabe aller russ. Stat. 1:1,500.000. Chromolith. gr. fol. Wien, Artaria & Co. fl. 1.30.
1886.

Freytag, G., General- und Strassenkarte von West-Russland und den angrenzenden Ländern bis Wien und Budapest, m. besond. Berücksichtg. der Eisenbahnen und mit Angabe aller russischen Stationen. 1:1,500.000. Ausg. 1887. Chromolith. Imp.-Fol. Wien, Artaria & Co. fl. 1.30.

Generalkarte von West-Russland nebst den österr.-ungar. u. deutschen Grenzgebieten v. Gustav Freytag. 2., stark erw. Ausg. m. Beiträgen v. Dr. K[arl] Peucker. Massst. 1:1,500,000. *Wien: Artaria & C. 1898.* (1 Ktnbl. 2) 1 Bd 4. [98. 10394]

Generalkarte (auf d. Umschl.: General- u. Strassenkarte) von West-Russland nebst d. österr.-ungar. u. deutschen Grenzgebieten von Gustav Freytag. 3., stark erw. Ausg. mit Beiträgen von Dr. K(arl) Peucker. Maßst.: 1:1,500.000. Wien: Artaria & Co. (1900); (Kartogr. Anst. G. Freytag & Berndt). (1 Kartenbl. 108×78 cm.) 8° [lith.] [kol.] [c6. 14340]

Freytag, G., Das Gesäuse mit den Ennsthaler Gebirgen. Nr. 1. 1:50.000. [Artaria's Spezial-Touristenkarten.] 63 × 37 *cm*
Wien: Artaria, 1904. K 2.80

Freytag, G., Die Grenzgebiete Österreich-Ungarns und Serbiens. 1:1,250.000. 1909 gefalzt in Umschlag K —.50
Wien: Freytag & Berndt, 1909.

Niederösterr.-steirischen Grenzgebirge, Die. vom Schneeberg bis zum Hochschwab. In 3 Blättern. Massstab 1:50.000. Blatt I der Hochschwab vom Weichselboden bis Eisenerz und d Hochkohr Für Touristen bearb. von Gustav Freytag. Tonfarbendruck. Qu. Fol Ebds. Gefalzt in 8. 1 fl. 40 kr. 1883.

Die niederösterr.-steirischen Grenzgebirge vom Schneeberg bis zum Hochschwab. Nr. 3. Schneeberg, Raxalpe u. Semmering. Für Touristen bearbeitet von Gustav Freytag. 1/50.000. Quer-Folio. Tonfarbendruck. Ebds. Gefalzt in gr. 8. 1 fl. 40 kr.
1882.

Die Haller-Mauern, grosser & kl. Buchstein, Tamischbachthurm, Sparafeld & Reichenstein, Hochthor, Hoch-Zinödl & Lugauer. Für Touristen bearb. von G(ustav) **Freytag**. Massst. 1:50,000. 7. Aufl. *Wien: Artaria & Co. 1901; Kartogr. G. Freytag & Berndt.* (1 Kartenbl. 62 × 35 cm. mit Legende.) 8° [kol.]
[Kopft.:] Das Gesäuse mit d. Ennsthaler-Gebirge.
— **Freytag**: Artaria's Special-Touristen-Karten. No 1 a.

Hand-Atlas für den politischen und gerichtlichen Verwaltungsdienst in d. österr.-ungar. Monarchie einschl. Bosniens u. d. Herzegovina. Bearb. von G. **Freytag**. *Wien: G. Freytag & Berndt (1901).* (15 S., 11 Karten.) 4°

Freytag, G., Hand- und Reisekarte von Europa. 1:7,500.000
gefalzt in Umschlag K 3.—
auf Leinwand in Taschenformat oder mit Stäben K 5.—
Wien: Freytag & Berndt, 1910.

Der Hochschwab von Weichselboden bis Eisenerz und das Hochkar. Für Touristen bearb. von Gustav **Freytag**. Farbenplast. Skizzierung d. Höhen von Dr. K. Peucker. Massst. 1:50.000. [Nebst] Begleitworte [von] Dr. K. Peucker. 5. Aufl. 1901. *Wien: Artaria & Co. (1901); Kart. Anst. G. Freytag & Berndt.* (1 Kartenbl. 60×48 cm, 1 Bl.) 8° [kol.]
— **Freytag**: Special-Touristenkarte d. niederösterr.-steir. Grenzgebirge. No 1.

Freytag, G., Innsbruck und Umgebung. Plan von Innsbruck 1:15.000. Karte der Umgebung von Innsbruck 1:150.000
gefalzt in Umschlag K —.50
Wien: Freytag & Berndt, 1910.

Freytag, G, Karte v. Afghanistan m. d. angrenz. russ. u. engl. Gebieten. 1:2,100,000. 2. Afl. Chromol. Fol. Wien 85, Hartleben. fl. 1.—

Freytag's, G., Karte der Balkanhalbinsel. Mit statistischen Beigaben von Prof. A. L. Hickmann. Maßstab 1:1,250.000. Grösse 71×90 *cm.* Chromolithogr. In Umschlag —.60
Wien: Freytag & Berndt, 1897.

Freytag, G. Karte der Hochalpen-Spitze u. des Ankogel-Gebietes. Mit Beiträgen von *F. Kordon* und *P. Oberlercher*. 1:50,000. 46 × 52 cm. Farbendr. Wien, G. Freytag & Berndt. **1893.**
Mk. 2 50

Karte von Karlsbad und Umgebung. Für Curgäste bearb. von G[ustav] **Freytag**. Massst. 1:25,000. *Wien: G. Freytag & Berndt [1902].* (1 Kartenbl. 46 × 44 cm.) 8° [kol.]

Karte von Marienbad und Umgebung. Für Kurgäste bearb. von G[ustav] **Freytag**. Massst. 1:25.000. *Wien: G. Freytag & Berndt [1902].* (1 Kartenbl. 45×43 cm.) 8° [kol.]

G. Freytag: Karte des Nord-Ostsee-Canales. Maßstab 1:200000. Wien. 1895. Lithogr. 1 Bl. Querfolio, zusammengefaltet in Buchdeckel. 8°.

Karte der Raxalpe. Aus Artaria's Special-Touristenkarte bearb. von G[ustav] **Freytag**. Maßst. 1:50.000. Einzeichnung der ... Markierungen u. Weg-Revision von Fritz Benesch. *Wien: Artaria & Co. 1901; (Kartogr. G. Freytag & Berndt).* (1 Kartenbl. 29×27 cm.) [lith.] [kol.]
[Rückt.:] Raxalpe mit d. neuen Wegmarkierungen ...

G. Freytag's Kriegsschauplatzkarte von Süd-Afrika. (Transvaal und Oranje-Freistaat.) Maßstab 1:5,000.000. Wien. 1899. Freytag & Berndt. 21×23 cm. In Umschlag fl. —.18

G. Freytag's Kriegsschauplatzkarte von Süd-Afrika. (Transvaal und Oranje-Freistaat.) Maßstab 1:5,000.000. Erweiterte und vermehrte Ausgabe 1900. Wien und Leizig. 1900. Freytag & Berndt. 23×33 *cm.* K —.36

G. Freytag's Landtags-Wahlkarte von Böhmen. 1901. Wahlergebnisse, Wahlstatistik und andere Vergleiche. Wien. [1901.] Freytag & Berndt. 86×49 *cm.* Gefalzt in Umschlag K 1.—

G. Freitag's Mongolei und Mandschurei. Maßstab 1:10,000.000. Mit einem erläuternden Text. Wien und Leipzig. 1900. Freytag & Berndt. Gr.-8° 4 S. mit 1 Karte. K —.60

Freytag, G., Paris 1900, kleiner Führer. Wien, Leipzig. 8°.

G. Freytag's Plan von Wien mit Führer und Umgebungskarten. Wien. Leipzig. [1901.] Freytag & Berndt. 73×61 *cm.* Gefalzt in Umschlag K 2.50

Freytag's Plan der k. k. Reichshaupt- und Residenzstadt Wien und der angrenzenden Ortschaften. Maßstab 1:25.000. Mit vollständigem Verzeichnisse aller Strassen, Gassen, Plätze und sonst wichtigen Punkte. Ausgabe 1895. Imp.-Qu.-Fol., Chromolithogr. (24 S.) Cart. Wien: Freytag & Berndt, 1894. **—.80**

G. Freytag's Radfahrer-Karten. Blatt 12 Köln. Maßstab 1:300.000. Wien. 1900. Freytag & Berndt. 64 × 52 *cm.* Gefalzt K 1.60, auf japanischem Papier K 2.—

G. Freytag's Radfahrkarten. Blatt 14. Leipzig-Halle. Maßstab 1:300.000. Wien. 1901. Freytag & Berndt. 64×53 *cm.* Gefalzt K 1.60, auf japanischem Papier K 2.—

G. Freytag's Radfahrkarten. Blatt 15. Dresden-Reichenberg. Maßstab 1:300.000. Wien. 1901. Freytag & Berndt. 64×53 *cm.* Gefalzt K 1.60, auf japanischem Papier K 2.—

G Freytag's Radfahrkarten Blatt 19. Prag. Maßstab 1:300.000. Wien. 1899. Freytag & Berndt. 55 × 75 *cm.* Gefalzt fl. —.80, auf japanischem Papier fl. 1.—

G. Freytag's Radfahrer-Karten. Blatt 20. Brünn. Maßstab 1:300.000. Wien. 1899. Freytag & Berndt. 55×75 cm. Gefalzt fl. —.80, auf japanischem Papier fl. 1.—

G. Freytag's Radfahrer-Karten. Blatt 21. Schlesien und West-Galizien. Maßstab 1:300.000. Wien und Leipzig. [1900.] Freytag & Berndt. 53×64 *cm.* Gefalzt K 1.60, auf japanischem Papier K 2.—

G. Freytag's Radfahrkarten. Blatt 23: München. Maßstab 1:300.000. Wien. 1899. Freytag & Berndt. 55 × 75 *cm.* Gefalzt fl. —.80, auf japanischem Papier fl. 1.—

G. Freytag's Radfahrerkarten. Blatt 25: Wien. Maßstab 1:300.000. Wien. 1899. Freytag & Berndt. 55×75 cm. Gefalzt fl. —.80, auf japanischem Papier fl. 1.—

G. Freytag's Radfahrer-Karten. Blatt 26. Westtirol und Schweiz. Maßstab 1:300.000. Wien. 1899. Freytag & Berndt. 55×75 cm. Gefalzt fl. —.80, auf japanischem Papier fl. 1.—

G. Freitag's Radfahrkarten. Blatt 29. Südtirol und Oberitalien. Maßstab 1:300.000. Wien. 1899. Freytag & Berndt. 55×75 *cm.* Gefalzt fl. —.80, auf japanischem Papier fl. 1.—

G. Freytag's Reichsrathswahlkarte aller fünf Curien von Oesterreich, nebst statistischen Daten über die Wahlen in den Jahren 1873 bis 1897 von Prof. A. L. Hickmann. 2 Blatt Grossquerfolio in Chromolithographie, nebst einem Verzeichnisse der Abgeordneten. (32 S.)
Wien: Freytag & Berndt, 1897.

G. Freytag's Reichsrathswahlkarte aller 5 Curien von Oesterreich nebst statistischen Daten über die Wahlen in den Jahren 1873—1901 von Prof. A. L. Hickmann. Wien 1901. Freytag & Berndt. 2 Karten 49×70 *cm.* In Umschlag K 2.—

G[ustav] **Freytag**'s Reichsrats-Wahlkarte von Österreich auf Grundlage d. gleichen u. allgem. Wahlrechtes. (1.) 1907. Wien: G. Freytag & Berndt (1907). 8° [lith.] [kol.]

Freytag, Gustav, Reichstags-Wahlkarte des Deutschen Reiches. Nach dem Ergebniss der Wahlen vom 21. Februar 1887, 20. Febr. 1890, 15. Juni 1893 mit Berücksichtigung der Stich- u. Nachwahlen. VII. 1. dreijährige, 2. fünfjährige Legislaturperiode. Wien 1889—93. Imp.-Fol. Lith. u. kolor.

[Kopft.:] Reichstags-Wahlkarte des Deutschen Reiches. Nach d. Ergebniss d. Wahlen v. 16. Juni 1898, m. Berücks. d. Stich- u. Nachwahlen. Entworfen v. Gustav **Freytag**. (M. graph.-statist. Darstellgn üb. d. Wahlverhältn. u. Fraktionen d. Deutschen Reichstags v. J. 1871—1898 v. Prof. A. L. Hickmann.) *(Leipzig &) Wien: G. Freytag & Berndt 1898.* (1 Ktnbl.) 1 Bd 8.

Reichstags-Wahlkarte des Deutschen Reiches. Nach d. Ergebniß d. Wahlen v. 15. Juni 1903, mit Berücks. der Stich- u. Nachwahlen. Entworfen von **Gustav Freytag**. (Mit graph.-statist. Darstellungen über d. Wahlverhältnisse u. Parteigruppierungen im Deutschen Reichstage v. Jahre 1877–1903.) *Wien: G. Freytag & Berndt 1903.* (1 Kartenöl. 70×52 cm.) 8° [kol.]

Reichstags-Wahlkarte des Deutschen Reichs. Nach d. Ergebnis d. Wahlen v. 25. Jänner 1907, mit Berücks. d. Stich- u. Nachwahlen (mit graph.-statist. Darstellungen über d. Wahlverhältnisse u. Parteigruppierungen ... v. J. 1877–1907). Entworfen von Gustav **Freytag**. [Maßst. 1:500.000.] Wien & Leipzig: G. Freytag & Berndt 1907. (1 Kartenbl. Blattgröße 77×55 cm.) 8° [lith.] [kol.]

G. Freytag's Reise- und Verkehrs-Atlas von Oesterreich-Ungarn und den angrenzenden Ländertheilen, einschliesslich der Balkan Halbinsel. 40 Kartenblätter. (VI u. 60 S.) 8. Gebunden. Wien: Freytag & Berndt, 1896. 2.40

G[ustav] **Freytag's** Reisekarte von Dalmatien, Bosnien u. d. Hercegovina. Masst. 1:900,000. *Wien: G. Freytag & Berndt [1901].* (1 Kartenbl. 50×46 cm.) 8° [kol.]

Freytag, G., Reisekarte von Dalmatien, Bosnien und der Herzegowina. 1:900.000. 2. Aufl. 51 × 47 *cm*. Gefalzt in Umschlag K 4.—, flach in Rahmen K 8.—, flach in Rahmen mit Passepartout K 12.—. Wien: Freytag & Berndt, 1905.

Freytag, G., Reise- und Wanderkarte für das Salzkammergut, Salzburg und Osttirol. 1:250.0 0
gefalzt in Umschlag K 3.60, auf Leinwand K 5.60
Wien: Freytag & Berndt, 1910.

G. Freytag's Reise- und Wanderkarte von Tirol, Vorarlberg und den angrenzenden Theilen von Bayern, Schweiz und Italien. Maßstab 1 : 350.000. Wien und Leipzig. 1901. Freytag & Berndt. 64×74 *cm*. K 3.—, auf Leinwand gespannt K 4.50

Freytag, G., Relief des Semmering-, Schneeberg- und Rax-Gebietes im Maasse 1 : 100.000. (Mit Bezeichnung des Terrains in Schraffen, farbiger Wegmarkirung und Schrift.) Reliefprägung von Aug. Denk. Grösse 34 : 22 *cm*. (Ohne Untersatz.) Papiermaché * 5 —
Wien: Freytag & Berndt, 1892.

Freytag Reliefkarte des Semmering, Schneeberg und Raxgebietes. 1 : 100.000. 26/37 cm. Wien. [1900.] Freytag & Berndt. Gerahmt fl. 3.50

Freytag's, G., Specialkarte von Kreta. Maßstab 1 : 1,250.000. 8. Mit einer Seite Text. Chromolithographie —.18
Wien: Freytag & Berndt, 1897.

Special-Touristenkarte der niederösterr.-steirischen Grenzgebirge. 1 : 50.000. Für Touristen bearb. von Gust. Freytag. Nr. 1 a. Das Gesäuse mit den Ennsthaler Gebirgen. Nr. 3. Schneeberg, Raxalpe, Semmering u. östl. Schneealpe. (2., wesentl. verm. Aufl.) Gr.-Q.Folio Tonfarbendruck. Wien, Artaria & Co. Gefalzt. 8 à 1 fl. 40 kr. 1884. S. 236

Special-Touristenkarte der Niederösterr.-steirischen Grenzgebirge. Für Touristen bearb. von Gustav **Freytag**. Mit Schichtentönen. 1:50.000. 5. Aufl. 1901. Nr. 1. *Wien: Artaria & Co. (1901); (Kart. Anst. G. Freytag & Berndt).* 8° [kol.]

Artaria's Special-Touristen-Karten. Für Touristen bearb. von Gustav **Freytag**. 7. Aufl. 1901. Mit Schichtentönen. No 1ᵃ. *Wien: Artaria & Co. (1901); (Kart. Anst. G. Freytag & Berndt.)* 8° [kol.]

Freytag, Straßenkarte der Provinz Sachsen. 2 Blatt
roh K 6.—, auf Leinen mit Stäben K 9.—
Wien: Freytag & Berndt, 1910.

Freytag, G., Közlekedési Térkép Austria és Magyarország 1906. 1:1,500.000 K 2.—

G[ustav] **Freytags** Touristen-Wanderkarte. Das Riesengebirge und die Adersbach-Weckelsdorfer Felsen (mit in Farben ausgeführten Wegmarkierungen). (Maßst. 1:100.000. Wien: G. Freytag & Berndt [1906].) (1 Kartenbl. 62×39 cm mit Legende.) [Kopft. lith.] [kol.]

G[ustav] **Freytag's** Touristen-Wanderkarte der Dolomiten. Mit markierten Wegen. Maßst. 1:100,000. *Wien: G. Freytag & Berndt [1903–04].* (2 Kartenbl. 44×69 cm.) 8° [kol.]

G[ustav] **Freytags** Touristen-Wanderkarten mit in Farben ausgef. Wegmarkierungen. Masst. 1:100.000. Bl. 1. *Wien & Leipzig: G. Freytag & Berndt [1901].* 8° [Umschlagt.] [farbig]

Freitag (G.) Touristen-Wanderkarten. 1 : 100.000. II. Niederösterr.-steirische Alpen u. Voralpen. (Oestlicher Tl. 50 × 61 c.m. Wien M. 2.—

— Touristen-Wanderkarten mit in Farben ausgeführten Wegmarkirungen. Nr. VI: Ennsthal 1:100.000. Quer-Folio. Chromolithographie. Gefalzt 1.—, auf Leinen 1.40
Wien: Freytag & Berndt, 1894.

G. Freytags Touristenwanderkarten mit in Farben ausgeführten Wegmarkierungen. Blatt 10. Berchtesgadnerland und Pinzgau. 1:100.000. 44×61 *cm*. gefalzt in Umschlag K 2.—
Wien: Freytag & Berndt, 1904.

Freytag, G., Touristen-Wandkarte der Dolomiten. (Östliches Blatt.) 56×70 *cm* K 2.40, auf Leinwand K 3.60
Wien: Freytag & Berndt, 1903.

Freytag's Touristen-Wandkarten mit in Farben ausgeführten Wegmarkirungen. 1:100.000. Nr. VII. Wachau, Kampthal. Quer-Folio. Chromolithographie. Gefalzt 1.—, auf Leinen
Wien: Freytag & Berndt, 1894. 1.40

G. Freytag's Touristen-Wandkarten mit in Farben ausgeführten Wegmarkierungen. Blatt VIII. Oestliches Salzkammergut. Masstab 1: 100.000. Wien und Leipzig. [1901.] Freytag & Berndt. 58×48 cm.
K 2.—, auf Leinwand gespannt K 2.80

G. Freytag's Touristenwandkarten mit in Farben ausgeführten Wegmarkirungen. Blatt IX. Westliches Salzkammergut. Masstab 1: 100.000. Wien und Leipzig. [1901.] Freytag & Berndt. 60×46 *cm*. K 2.—, auf Leinwand gespannt K 2.80

Vergleichende Untersuchungen über die Brechungsindices der Linse und der flüssigen Augenmedien des Menschen und höherer Thiere in verschiedenen Lebensaltern. Von Dr. med. Gustav **Freytag**. Mit 3 Abb. Wiesbaden: J. F. Bergmann 1907. (78 S.) 8°

Freytag's Verkehrs- und Comptoir-Karte von Österreich-Ungarn und der Balkanhalbinsel. Mit sämmtlichen Eisenbahnen-, Post- und Dampfschiffs-Verbindungen, sowie statist. Diagrammen. 1:1,350.000. Ausgabe 1895. Imp.-Qu.-Folio. Chromolithogr. Gef. 1.—
Wien: Freytag & Berndt, 1895.

Freytag's Neue Verkehrs- und Comptoir-Karte von Oesterreich-Ungarn und der Balkan-Halbinsel. Mit sämmtlichen Eisenbahnen-, Post- und Dampfschiffs-Verbindungen, sowie statistischen Diagrammen. 1 : 1,500.000. Ausgabe: 1896. Imp.-Qu.-Folio. Chromolithographie. Gefalzt 1.—
Wien: Freytag & Berndt, 1895.

G[ust.] **Freytag's** Neue Verkehrskarte von Österreich-Ungarn und der Balkanhalbinsel. Masst. 1:1,500,000. *Wien: G. Freytag & Berndt 1899.* (1 Kartenbl. 66×88 cm.) 8° [Umschlagt.]

G. Freytag's Neue Verkehrskarte von Oesterreich-Ungarn und der Balkanhalbinsel. Maßstab 1 : 1,500.000. 70/97 *cm*. Wien. 1900. Freytag & Berndt. Gefalzt in Umschlag fl. 1.—

G. Freytag's neue Verkehrskarte von Oesterreich-Ungarn und der Balkanhalbinsel. Masstab 1 : 1,500.000. Wien. 1901. Freytag & Berndt. 88 × 67 *cm*. gefalzt in Umschlag. K 2.—

G[ustav] **Freytag's** Verkehrskarte von Österreich-Ungarn (mit d. Balkanländern u. Wandkalender f. 1904). Maßst. 1 : 1,500,000. [Mit 5 Nebenkarten.] *Wien: G. Freytag & Berndt 1904.* (1 Kartenbl. 88×66 cm mit Legende.) 8° [kol.] [04. 286

Freytag, G., Verkehrskarte von Österreich-Ungarn 1910 mit Ortsverzeichnis
gefalzt in Umschlag K 2.40, auf Leinwand gespannt K 4.40
Wien: Freytag & Berndt, 1910.

Freytag, G. Verkehrsplan der k. k. Reichshaupt- und Residenzstadt Wien. (Mit 3 Plänen, hievon einer in 30 Sectionen auf 15 Blättern.) Massstab 1 : 15000 8. Wien 1898.

G. Freytag's Verkehrsplan der k. k. Reichshaupt- und Residenzstadt Wien. Mit dem ganzen Netz der neuen städtischen Strassenbahnen und einem Verzeichnis der Strassen. 8. (34 S.) Maßstab 1 : 15.000. Imperial-Folio. Chromolithographie —.50
Wien: Freytag & Berndt, 1898.

G. Freytag's Verkehrsplan der k. k. Reichshaupt- und Residenzstadt Wien. Maßstab 1 : 15.000 Mit dem ganzen Netz der neuen städtischen Strassenbahnen. Angabe der Häusernummern und vollständigem Verzeichnis der Strassen und Sehenswürdigkeiten. Ausgabe 1899. Wien. 1899. Freytag & Berndt. 61 × 73 *cm.* Gefalzt in Umschlag fl. —.50

G. Freytag's Verkehrsplan der k. k. Reichshaupt- u Residenzstadt Wien. Maßstab 1 : 15.000. Nebst vollständigem Strassenverzeichnis, Angabe der Häuser-Nummern und einem Führer durch Wien. Buchausgabe. Wien. [1899.] Freytag & Berndt. 8°. 34 S. Text, 1 Tafel und 29 beiderseits bedruckte Karten. Geb. fl. —.80

G. Freytag's Verkehrsplan der k. k. Reichshaupt- und Residenzstadt Wien. Maßstab 1 : 15.000. Mit dem ganzen Netz der neuen städtischen Strassenbahnen (nach ihrer Ausgestaltung in elektrische Linien, zufolge Gemeinderaths-Beschluss vom 6. October 1899). Angabe der Häusernummern und vollständigem Verzeichnis der Strassen und Sehenswürdigkeiten. Ausgabe 1900. Wien. 1900. Freytag & Berndt. 61 × 78 *cm.* Gefalzt in Umschlag K 1.—

G. Freytag's Verkehrsplan der k. k. Reichshaupt- und Residenzstadt Wien. Massstab 1 : 15.000. Mit Angabe der Häusernummern und vollständigem Verzeichnis der Strassen und Sehenswürdigkeiten. Das Wiener Elektrische Strassenbahnnetz nach seiner Ausgestaltung bis zum Jahre 1903. Ausgabe 1901. Wien. [1901.] Freytag & Berndt. 80 × 67 *cm.* Gefalzt in Umschlag K 1.—

G. Freytag's Verkehrsplan der k. k. Reichshaupt- und Residenzstadt Wien. 1 : 15.000. 1908. Mit Erlingers Patenthaltung
Wien: Fromme, 1908. geb. * K 2.40

Freytag, G., Verkehrsplan von Wien. Buchausgabe K 2.40
Wien: Freytag & Berndt, 1909.

Freytag, G., Wandplan von Wien. 1 : 10.000. 200 × 168 *cm.* Chromolith, roh, 6 Bl. in Umschl. 9.—, auf Lwd in Mappe 15.—
Derselbe für Volks-, Bürger- und Mittelschulen bearbeitet von Prof. Dr. F. Umlauft, 6 Bl. in Umschl. 9.—, auf Lwd. in M 15.—
Wien: Freytag & Berndt, 1892.

G. Freytag's Welt-Atlas. 54 Haupt- und 23 Nebenkarten nebst einem alphabetischen Verzeichnis von 15.000 geographischen Namen und statistihchen Notizen über alle Staaten der Erde. Wien und Leipzig. [1900.] Freytag & Berndt. 8°. XVI, 80 S. Geb. K 4.50

G[ustav] **Freytag's** Welt-Atlas. 55 Haupt- u. 23 Nebenkarten nebst e. alphab. Verzeichnis von mehr als 15.000 geogr. Namen u. statist. Notizen über alle Staaten d. Erde. 2., verm. Aufl. *Wien & Leipzig: G. Freytag & Berndt 1904.* (XVI, 80 S., 55 Kartenbl.) 8° [04. 5785

Freytag, G., Der Weltverkehr. Karte der Eisenbahn-, Dampfer-, Post- u. Telegraphen-Lienien, nebst verschiedenen Diagrammen. Maßstab [am Aequator] 1 : 45,000.000. Imp.-Qu.-Folio. Farbendruck. Gef. 1.20
Wien: Freytag & Berndt, 1895.

FREYTAG, G.
G. Freytag: Der Weltverkehr. Karte der Eisenbahn-, Dampfer-, Post- und Telegraphen-Linien auf der Erde. Massstab am Aequator 1 : 45.000.000. Ausgabe 1902. Wien. [1901.] Freytag & Berndt. 89 × 61 *cm.* Gefalzt in Umschlag K 2.40

Der Weltverkehr. Karte d. Eisenbahn-, Dampfer-, Post- u. Telegraphen-Linien bearb. von G[ustav] **Freytag.** Massst. am Äquator 1 : 45,000,000. (Ausg. 1902.) *Wien: G. Freytag & Berndt (1902).* (1 Kartenbl. 89 × 64 cm.) 8° [kol.] [06. 19413

G. Freytag's geographischer 2 Kronen-Atlas für Oesterreich-Ungarn. Wien. [1900.] Freitag & Berndt. 8°. 40 S. mit 25 Tafeln. K 2.—

Freytag, Gustav [Mediziner]

Freytag, Gust., s.: Archiv f. vergleich. Ophthalmologie.

Freytag, Gustav, Dr. med. in München: Die Brechungsindices der Linse und der flüssigen Augenmedien des Menschen und höherer Tiere in verschiedenen Lebensaltern in vergleichenden Untersuchungen. ([Überklebt:] Durch neue Untersuchungen vermehrte Ausg. v.: Vergleichende Untersuchungen üb. d. Brechungsindices d. Linse u. d. flüss. Augenmedien d. Menschen u. höh. Tiere in versch. Lebensaltern. Wiesbaden: J. F. Bergmann 1907.) München 1908. (112 S., 16 Taf.) 8°
München, Med. Fak., Hab.-Schr. v. 1908
(Nicht für den Austausch)

Freytag, Gust. Ad., Glaube, Liebe u. Hoffnung. Ein systemat. geordn. Leitfaden beim evangel. Religionsunterrichte. 8. (1¾ B.) Potsdam 841, (Riegel.) *

Freytag, Gust. Ad., Glaube, Liebe u. Hoffnung. Ein systemat. geordn. Leitfaden beim evang. Religionsunterrichte. Neue Ausg. 8. (1½ B.) Potsdam 844. (Stuhr'sche Buchh.) *

—— die kirchl. Katechese in ihrer verbesserten Gestalt. Ein dringendes Wort an alle, die jene in ihrer veralteten Form wiederherstellen wollen. 8. (1½ B.) Potsdam 841, (Riegel.) *

— die kirchliche Katechese in ihrer verbesserten Gestalt. Ein dringendes Wort an alle, die jene in ihrer veralteten Form wiederherstellen wollen. 8. Potsdam 845. (Riegel.) n. 1/4 ß
— Neue Ausg. 8. Potsdam 844. (Stuhr's Buchh.) 1/4 ß

Freytag, G. A., zur Reform der Kirche. Ein Rathgeber für gebildete Protestanten, insonderheit für die kirchl. Vertreter der Gemeinden. gr. 8. (V und 77 S.) Potsdam 857, (Rolle.) *

—— die heiligen Schriften des Alten Testaments, kritisch beleuchtet für gebildete Protestanten, namentlich für die künftigen Vertreter der Kirche. gr. 8. (78 S.) Potsdam 859. (Berlin, Geelhaar.) *

—— die heiligen Schriften des Neuen Testaments, mit Bezugnahme auf Lehre und Cultus kritisch beleuchtet für gebildete Protestanten, insonderheit für die kirchl. Vertreter der Gemeinden. gr. 8. (XII und 386 S.) Berlin 861, A. Jonas. *

—— der Sturm auf dem See Genezareth. Eine Gastpred. üb. Matth. 8, 23—27, gehalt. vor d. Heiligengeistgemeinde in Potsdam am 28. Jan. 1838. gr. 8. (1 B.) Potsdam, (Horvath'sche Buchh.)

Freytag, Gust. Adph., die Symphonie der Evangelien. Eine Zusammenstellung der ächten Bestandtheile der vier evangel. Urkunden, in einer neuen Uebersetzung und mit wissenschaftl. Erläuterungen. Ein Anh. enth. den Anfang des 2. Kap. der Apostelgeschichte und die Offenbarung des Johannes in ihrer ursprüngl. Gestalt. gr. 8. (XIV und 290 S.) Neu-Ruppin 863, Oehmigke. *

Freytag, Gustav Wilibald, approb. Arzt: **Beiträge zur Ätiologie** der Actinomycose. Mit 3 Abb. *München 1901: C. Wolf & Sohn.* (31 S.) 8°
München, Med. Diss. v. 1901

Freytag, H., Feuertelegraphie, s.: Handbuch der Elektrotechnik.

Freytag, H., Welsch-katholisches u. Deutsch-evangelisches aus Luxemburg, s.: Wartburghefte. 8.

Freytag, Hans [Hrsg.], s. Handwerkerkalender, Württ.

Freytag, Hans [aus Magdeburg]: Zur Casuistik der Tubenschwangerschaft ... Würzburg, P. Scheiner's Buchdr., 1896; 30 S. 8.
Würzburg, Med. Fak., Inaug.-Diss. v. 1896

Freytag, Hans: Ratgeber für Handwerker, s. Schuler, J.

Freytag, H., u. F. Haubensak, Reichsgesetz üb. die Sicherg. der Bauforderungen. Vom 1. VI. 1909. Textausg. m. Einleitg., Erläutergn., Formularen u. ausführl. Sachregister. Mit e. Anh. üb. die Sicherungshypothek gemäß § 648 B. G. B. 7. verm. Aufl. (134 S.) kl. 8. Tübingen 910. A. & S. Weil. 1.50; geb. in Leinw. n 2. —

Freytag, Hans, hannoverscher Tourist, s.: Burtz, Ludw.

Freytag, Hans, was der Handwerker v. den Steuern wissen muß. Ausg. f. Württemberg. (14 S.) 8. Stuttgart (907). E. H. Moritz. - 35

Freytag, Hans Alfred

Freytag, H. A., eine Flasche Kujawiak, s.: Bloch's, Ludw., Militär Festmappe.

Im Strudel. Bunte Bilder aus d. Großstadtleben. Moderne Dichtungen von Hans Alfred **Freytag**. Breslau: H. Fleischmann in Comm. 1904. (107 S.) 8° [F.] 07. 4137 2

Freytag, Hans Alfr., der Wachtmeister vom Dragoner-Regiment Baireuth, s.: Aus dem deutschen Osten.

Freytag, Hermance Strakosch-
s. Strakosch-Freytag. A 13. 1368

— **Herrmann** (Plauen), De amblyopia in nephritide albuminosa observata. Dissert. med.-chir. Präs. Otto Bernh. Kuehn. Lpz. (Gust. Baer) Aug. 1857. 20 S. mit Biogr. (M.: E. Lange.) (4.—)
Gew.: Ernst Adolph Coccius.

Die Beziehungen Danzigs zu Wittenberg in der Zeit der Reformation. Von Hermann **Freytag**. *(Danzig 1898: A. W. Kafemann).* (137 S.) 8°
Aus: Zeitschr. d. Westpreuß. Geschichtsver. H. 38. 04. 1804 3

Die Beziehungen der Universität Leipzig zu Preußen von ihrer Begründung bis zur Reformation, 1409–1539. Von Lic. Hermann **Freytag**. *Danzig [1902]: A. W. Kafemann.* (158 S.) 8°
Aus: Zeitschr. d. Westpreuß. Geschichtsver. H. 44. 04. 1805 8

Freytag, Hermann (Hrsg.), s. Bynwalth, Matthias: Das Vaterunser.

Freytag, Herm., die Preussen auf der Universität Wittenberg u. die nichtpreussischen Schüler Wittenbergs in Preussen von 1502 bis 1602. Eine Festgabe zur 400jähr. Gedächtnisfeier der Gründg. der Universität Wittenberg. (Publication des Vereins f. die Geschichte v. Ost- u. Westpreussen.) (135 S.) gr. 8. Leipzig 903. Duncker & Humblot. n. 3. 60

Freytag, die Reformation in Westpreußen, s.a. Hefte zur westpreußischen Kirchengeschichte. 2. Hft.

Die Reformation in Westpreußen. Von Pfarrer Lic. [Hermann] **Freytag**. Reichenberg. *Danzig: Ev. Vereinsbuchh. [1904].* (16 S.) 8° [F. u. Ant.;
— Hefte z. westpreußischen Kirchengeschichte. H. 2. 04. 1313

Freytag, Herm., wie Danzig evangelisch wurde. gr. 8. (61 S.) Danzig 902. Ev. Vereins-Buchh. n. — 70; geb. n. 1. —

Freytag, Hugo, deutsches Christentum. (56 S.) 8. Leipzig 907. M. Heinsius Nachf. — 80

Freytag, H., Martinus Lutherus quemadmodum in Caesarem idque ab anno MDXX. usque fere ad annum MDXXX. se gesserit. Oratio. gr. 8. (34 S.) Jena 889. (Neuenhahn.) n. — 90

Freytag, J., einfache bürgerliche Bauten. Landhäuser, kleinere Wohnhäuser usw. Eine Sammlg. v. Entwürfen, unter Mitwirkg. v. Fachgenossen hrsg. (40 z. Tl. farb. Taf.) Fol. Ravensburg (906). O. Maier.
In Mappe n. 21. —
Erschien auch in 10 Lfgn. à n. 2. —.

Freytag, J., die Dienstbotennoth und ihre Abhülfe. Vortrag im evangel. Verein zu Hannover gehalten. gr. 8. (16 S.) Hannover 867, (Meyer.)

Freytag, J., zu Petri's Gedächtniß. Kurze Mittheilgn. aus dem Leben d. Past. Dr. L. A. Petri. 8. (80 S.) Hannover 873. Meyer. — 75

— kleinere **Gemeindebauten.** Rathäuser, Schulhäuser usw. Eine Sammlg. v. Entwürfen, unter Mitwirkg. v. Fachgenossen hrsg. (18 Taf. m. 2 Bl. Text.) Fol. Ebd. (906). In Mappe n. 10. —

— das Gleichnis vom Unkraut auf dem Acker. Abschiedspredigt am 5. S. nach Epiph. gehalten. Mit Bemerkungen u. Nachrichten über Bestrebungen der innern Mission in Hannover. Ebend. 867. 8. (28 S.) n. 5 *ngr.*

Freytag, J., Krieg u. Frieden in Asien u. im Burenland. gr. 8. (40 S.) Dresden 901. E. Pierson. n. — 60

Freytag, J., Predigt, geh. am Landesposaunenfest in Hannover, den 11. VI. 1900, in der St. Ägidienkirche. gr. 8. (16 S.) Hannover (900). (H. Feesche.) — 15

[F.] Singet dem Herrn ein neues Lied! Ps. 96,1. Predigten üb. d. Evang. Lektionen d. Hannoverschen Lektionars auf alle Sonn- u. Festtage d. Kirchenjahres v. J. **Freytag**, Stiftsprediger zu Ilfeld am Harz. *Hannover: H. Feesche 1899.* (VIII, 551 S.) 1 Bd 8. 99. 1634 7

Thue Rechnung von deinem Haushalten. Predigt am Sylvester-Abend 1868 in der Marktkirche zu Hannover. Ebend. 869. 8. (13 S.) 1½ *ngr.*

Freytag, J., s.: Volks-Kalender, hannoverscher.

— **Liturg. Weihnachtsfeier.** (Zunächst f. Kindergottesdienste, aber auch f. Gemeindegottesdienste.) gr. 8. (4 S.) Hannover 898. H. Feesche. — 05

Freytag, J. G., de incantationibus magicis. Lips. 1710. 4.

– Dass., s.a. Freytag, Friedrich Gotthilf

Freytag, J. H., Inest resectio pudendorum melancholici, propria manu sibi facta, ejusque curatio. 8 pp. Lps. 4°. Weiz, N. Ausg. 1781, XIII, 94–6.

1779

Freytag, Joh. Andr.

Freytag, J. A., das Herz des Volkes am Sarge seines Königs, des glorreichen Welfen Ernst August. Eine Gedächtnißpredigt, gehalten zu Diepholz am 23. Novbr. 1851, und jetzt zu den Stufen des werdenden Ernst-August-Denkmals ehrerbietig niedergelegt. gr. 8. (16 S.) Hannover 855, Hahn'sche Hofbuchh.

Freytag, J. A., Lutherus musicoliturgus das ist: Luther's „deutsche Messe u. Ordng. Gottesdiensts" zu mehrer Ausgestaltg. d. luther. Hauptgottesdienstes nach der musicalisch-liturg. Seite praktisch erörtert. gr. 8. (88 S.) Hannover 871. Meyer. n. 1. 50

Freytag, Joh. Andr., der Mensch lebt nicht vom Brode allein. Ein Wort f. die Gustav-Adolph-Stiftung an d. evang. Volk u. seine Jugend. Aus dem Hoya-Diepholzer Provinzial-Vereine d. Gustav-Adolph-Stiftung. 1. Aufl. (2 1/1 B.) u. 2. Aufl. gr. 8. (2 1/2 B.) Hannover 845, Helwing'sche Hofbuchh. à

Freytag, Jh. Andr., der Mensch lebet nicht vom Brode allein. Ein Wort für die Gustav-Adolph-Stiftung an das evang. Volk u. seine Jugend. Aus d. Hoya-Diepholzer Provinzial-Vereine d. Gust.-Ad.-Stiftung. gr. 8. Hannover 845, Helwing. n. 1/12 ℛ — 2. Aufl. gr. 8. Ebend. 846. 1/12 ℛ

Freytag, Jos. Andr., duae orationes quae dicuntur ephorales. Quas habitas quondam pro sacro consistorio Hannoverano nunc una cum nonnullis vitae suae fragmentis solis tamen pro veris cum ipsius tum rerum amicis in lucem ed. autor. gr. 8. (VI und 78 S.) Hannover 861, (Hahn'sche Hofbuchh.) Thlr. *

— das heilige Vater-Unser, in 11 Predigten, mit Hülfe Luther's, Cyprian's und anderer Alten, ausgelegt. Peine 862. Heuer in Comm. gr. 8. (XI, 204 S.) n. 15 ngr

Freytag, J. A., „Wir sahen seine Herrlichkeit." Vier Predigten vom Gekreuzigten u. Auferstandenen, gehalten den Gründonnerstag, Charfreitag und die Ostertage 1834 in der Neuenhäuser Kirche vor Celle, u. auf den Wunsch der Gemeinde in den Druck gegeben. 8. Celle 834. Schulze. 1/3 ℛ

Joanni Friderico **Freytag** summi senatus ecclesiastici Gothani praesidi congratulatur gymnasium Gothanum. (Progr.) Gothae. 1855. 4°.

— **Johann Friedrich** (Gotha), De cura mulierum quando licite vel adcommodanda vel legitime praetermittenda. Position. jur. German.-Saxon. Präs. Johann Andreas Hoffmann. Jena (J. Ch. Croeker) 1746. 20 S. (4.80)
Gew.: Adolph Benedict Freytag (Vater). — Widm. v.: Präs., Th. G. W. Emminghaus (Hachenburg / Sayn), Lud. Christ. Wachler (Gotha).

Freytag, Johann Heinrich

Freytag, Jh. Hnr., († d. 4. Jan. 1820) Beschreib. e. von ihm erfundenen Maschine, alle Verrenkungen d. Ober-Armes am Achselgelenke einzurichten. Mit 1 Kpf. 8. Chemnitz 810. Starke. 8 gr

— glandulae thyreoideae melliceridis speciem referentis exstirpatio. 4. Leipz. 778.

— — Utriusque femoris fracti atque sanati historiam cum epicrisi. Lpz. (Sommer) 8. IX. 1780. 28 S. (4.80)
Gew.: Andreas Wagner.

— **Johann Heinrich** (Tennstad/Thür.), Viris Christian Gotthold et Johann Friedrich Eschenbach (Leipzig) med. bacc. dign. honores philos. doctor. magna cum laude nuperrime ecceptos nonnullor. amicor. nomine gratul. — Inest resectio pudendorum melancholici, propria manu sibi facta, ejusque curatio. Lpz. (Sommer) 18. II. 1779. 8 S. (1.50)

Freytag, Joannes [Dr.]: De Anonymi περὶ ὕψους svblimi genere dicendi. [= Inaug.-Diss. v. Marburg 1897.] Hildesheim, Druck v. Gebr. Gerstenberg, 1897; 1 Bl., 5—82 S., 1 Bl. 8.
Hildesheim, k. Andreas-RG, OP 1897 (341)

Rückblicke auf den Botanischen Garten zu Berlin von Josephine **Freytag**. Verf. u. hrsg. im Auftr. d. Ausschusses z. Erhaltung d. Botan. Gartens als öffentl. Park. *Berlin: Selbstverl. 1899.* (68 S.) 8° [F.] (... 380)

Freytag, Karl, zur Geschichte der Drehscheibe. Eine histor. Skizze. gr. 8. (17 S.) Znaim 887, Fournier und Haberler. *

Freytag, Carl, die Hausthier-Racen. Mit Zeichnungen von H. Schenck. 1.—5. Lfg. oder 1. Bd.: Pferde-Racen. hoch 4. (156 S. mit 40 Stnt., wovon 1 in Buntdr.) Halle 875—77, Buchh. des Waisenhauses. à Lfg. * ℳ 3. *

Freytag, Karl: Nichtigerklärung einer Aktiengesellschaft nach altem und neuem Recht. Erlangen 1908: Junge. XI, 82 S. 8°
Erlangen, Jur. Diss. v. 25. Nov. 1908, Ref. Sehling
[Geb. 6. Nov. 81 Neustadt a. d. Haardt; Wohnort: Nürnberg; Staatsangeh.: Bayern; Vorbildung: Gymn. Neustadt a. d. H. Reife 00; Studium: München 1, Straßburg 5. Erlangen 2 S.; Rig. 13. Okt. 08.] [U 09. 682

Freytag C.: Die Pferde-Racen d. Orients u. d. südeuropäischen Staaten. M. Zeichnungen v. H. Schenck. Halle a. S. 1880. 156 S. 39 Tvl. 1 Kt. Fol.

Freytag, Carl, Russlands Pferde-Racen. Mit Zeichnungen v. H. Schenck. Fol. (VIII, 216 S. m. 20 Steintaf. u. 1 chromolith. Karte.) Halle 880. 81. Hendel. n. 20. —; geb. n. 22. —

Freytag, Carl: Russlands Rindvieh-Rassen. Mit 8 Rassebild. Halle 1877. VII, 112 S.

Freytag, C., tabellarische Übersicht der europäischen Rinder. 2 Blatt. Imp.-Fol. (Mit 9 Abbildgn.) Halle a/S. 890. Tausch & Grosse. In Mappe. n. 2. 50; auf Leinw. mit Stäben n. 4. —

Freytag, [Carl]: Tabellarische Uebersicht der Schafrassen in Grossbritannien und Irland. Halle a. S. o. J. 1 Bl. 53 × 64 cm 4°

Freytag, C[arl]: Tabellarische Uebersicht der Schweine (Suina) oder Borstenthiere (Setigera). Halle a. S. o. J. 1 Bl. 57 × 76 cm 4°

Freytag, [Carl]: Tabellarisch-statistische Übersicht der Pferdezucht in Europa. Halle a. S. o. J. [um 1875]. 1 Bl. Blattgrösse 88 × 58 cm. 4°

Freytag, Karl T.

Freytag, C. T., die Entwicklung des Hamburger Warenhandels von der Entstehung des Deutschen Reiches bis zum Ende des 19. Jahrh. s. a. Studien zur Hamburger Handelsgeschichte. III.

Freytag, C[arl] T.: Die Entwickelung des Hamburger Warenhandels von der Entstehung des Deutschen Reiches bis zum Ende des 19. Jahrhunderts (1871—1900). Mit Tabellen. Berlin: Puttkammer & Mühlbrecht 1900. (XIII, 105 S.) 8° = Studien zur Hamburgischen Handelsgeschichte Heft III.
Tübingen, Staatsw. Fak., Diss. v. [illegible] (nachgeliefert)
(Nicht für den Austausch)

Freytag, Katharine, aus Koblenz: Ist das Fieber ein nützlicher Reaktionsvorgang oder nicht? *Bonn 1904: E. Eisele.* (64 S.) 8°
Bonn, Med. Diss. v. 4. Aug. 1904

Freytag, Kurt

Freytag, Curt: Neue Synthese N-alkylierter Pyrrolidine. Breslau 1910: Fleischmann. 37 S. 8°
Breslau, Phil. Diss. v. 30. Juli 1910, Ref. Buchner
[Geb. 17. Juni 84 Dorfbach, Kr. Waldenburg; Wohnort: Köllschen, Kr. Reichenbach i. Schl.; Staatsangeh.: Preußen; Vorbildung: Realgymn. Reichenbach Reife O. 04; Studium: Breslau 13 S.; Rig. 6. Juli 10.] [U 10. 603

Freytag, L. (Hrsg.), s. Arndt, Ernst Moritz: Ausgewählte Märchen u. Jugenderinnerungen.

Freytag, L., Bilder aus Ost-Preußen. 8. (111 S.) Berlin 868, Schweigger'sche Hofbuchh. *

— Kampf und Sieg. Kriegslieder. 16. (55 S.) Berlin 870, Schweigger'sche Hofbuchh. *
geb. mit Goldschn. **

Freytag, L., Preußens Ruhm. Drei polit. Gedichte. gr. 8. (7 S.) Bremen 866. (Berlin, Schweigger'sche Hofbuchh.) *

— Vorwärts Preußen! Politische Gedichte. gr. 8. (31 S.) Berlin 867, Schweigger'sche Hofbuchh. *

Freytag, Ludw., s.: Archiv, pädagogisches.

Freytag, L., s.: Central-Organ f. d. Interessen d. Realschulwesens.

Freytag, Ludwig, Obering. d. Vereinigten Maschinenfabrik Augsburg u. Maschinenbauges. Nürnberg, A.-G., Werk Nürnberg: Gesetzmäßigkeiten in der Träger-Theorie. 1904. 46 S. 4°
München, Dr.-Ing.-Diss. v. 13. 5. 1904

Freytag, L., Herwara. 8. (VIII, 138 S.) Berlin 883. Damköhler. n. 2. —; geb. n. 3. —; m. Goldschn. n. 3. 50

Zum " Januar 1901. Vert. u. am 18. Jan. in d. Aula d. Berliner Friedrichs-Realgymn. vorgetragen von Prof. Dr. L[udwig] **Freytag**. *Berlin: F. Zillessen (1901).* (8 S.) 8° [Umschlagt. ŗ.] [03. 300. 11

Freytag, L., Jephthah. Dramatisches Gedicht in 5 Acten. 2. Aufl. 8. (VIII, 120 S.) Bielefeld 874. Gülker & Co. n. 2. —

— griechische, römische, deutsche Mythen u. Sagen, s.: Schoene, Gust.

— kleine Mythologie der Griechen u. Römer, s.: Rößlelt, Fidr.

— s.: Nibelungenlied, das.

Freytag, L[udwig]: Das Pferd im germanischen Volksglauben. *Berlin: R. Gaertner 1900.* (S. 1—79.) 8°
Berlin, Friedrichs-RG, Festschr. 1900**

Freytag, Ludw. Proben einer neuen Übertragung aus den echten Teilen der Nibelunge Nôt. Zwanzigstes Lied. 35 S.
Progr. Fr. Wi. G. *Berlin* 1878.
Vgl. Das Nibelungenlied übersetzt und mit Einleitung und Anmerkungen versehen von L. F. 2. verb. Aufl. (LIX, 387 SS.) 8. Berlin 1886, Friedberg u. Mode. 4 Mk.

Freytag, L., Graf Tankred. Eine romantische Dichtung. gr. 8. (109 S.) [Leipzig 875.] Bielefeld, Gülker und Comp.

— die älteren Teile d. Kudrunliedes, übers. [Schluss.] gr. 4. (23 S.) Berlin 886. Gaertner. n. 1. —
Der Anfang ist nicht gedruckt worden.

Freytag, L., Tiberius u. Tacitus. Berlin 870. Henschel. gr. 8. (VI, 371 S.) n. 2 ₰ 15 ngr.

Freytag, Ludw., Vereinfachung in der statischen Bestimmung elastischer Balkenträger. gr. 8. (VIII, 123 S m. Fig. u. 1 Taf.) Leipzig 892. B. G. Teubner. n. 3. --

Freytag, M., s.: Kuhmilch, die.

Freytag, Marie, Gabriele, das Nesthäkchen od. e. fröhliche Jugendzeit. Erzählung. (160 S.) 8. Dresden 904. E. Pierson. n. 2. —; kart. n. 2. 50

Freytag, Marie, Großmütterchens Vermächtnis f. ihre Lieblinge. Ein neues Kinderbuch. Kleine, lehrreiche Geschichten. Mit feinsten Farbendr.-Bildern, Vierfarbendr.-Vignetten u. Text-Bildern in Autotyp. Nach Aquarellen u. Zeichngn. v. Wilh. Hoffmann u. Th. Volz. gr. 4. (III, 67 S.) Stuttgart (899). W. Nitzschke. Geb. 3. 50

Freytag, Max, approb. Arzt aus Greifswald: Über ein ungewöhnlich großes 'Osteom' eines Sesambeins am Daumen traumatischen Ursprungs. *Greifswald 1904: F. W. Kunike.* (40 S.) 8°
Greifswald, Med. Diss. v. 30. Mai 1904

FREYTAG, Moritz: Wissenschaftliches Gutachten über den Einfluss, welchen die Hüttenwerke der Mansfelder Kupferschieferbauenden Gewerkschaft in dem Wipperthal zwischen Mansfeld und Hettstedt auf die Vegetation der benachbarten Grundstücke und indirekt auf Menschen und Thiere ausüben. - Eisleben 1870. 74 S.

Freytag, Osc. (Julius) (geb. New-York 24. 10. 1851). Ueber Nachtschweisse. Berlin (1874). (32 S.) 8°
Berlin, Med. Diss. v. 11. Aug. 1874

Der Spangenberger Wanderer. Ein Führer durch d. Stadt Spangenberg u. ihre Umgebung. Von Otto **Freytag**, Amtsrichter. Spangenberg: Magistrat 1906. 48 S. 8° [06. 447 4

Freytag, P., die Landgemeindeordnung f. die 7 östlichen Provinzen der Monarchie vom 3. Juli 1891. Unter Berücksicht. d. bisher. Rechtszustandes, der Judikatur d. Oberverwaltungsgerichts u. der Materialien erläutert. gr. 8. (VII, 589 S.) Breslau 892. J. U. Kern's Verl. Geb. in Leinw. n. 8. —

Freytag, P., Jean Baptiste Vernon. Criminal-Novelle. 3. Aufl. 8. (60 S.) Dresden 887. Davos, Hugo Richter. n. 1. —

Freytag, Paul, a. Königsberg: Charaktererziehung und Pessimismus. Königsberg i. Pr. 1906: Ostpreuß. Druckerei u. Verlagsanst. (72 S.) 8°
Königsberg, Phil. Fak., Ref. Walter, Meumann, Diss. v. 6. April 1906
[Geb. 7. Mai 80 Königsberg i. Pr.; Wohnort: Königsberg; Staatsangeh.: Preußen; Vorbildung: Friedr.-Koll. Königsberg Reife O. 01; Studium: Königsberg 10 S.; Rig. 17. Febr. 06.]

Freytag, Philipp

Freytag, Ph., s.: Entscheidungen des königl. preuß. Oberverwaltungsgerichts.

— Gesetz, betr. die Anstellung u. Versorgung der Kommunalbeamten, s.a. Taschen-Gesetzsammlung.

Freytag, P.: Gesetz, betr. die Anstellung und Versorgung der Kommunalbeamten vom 30. Juli 1899 nebst Ausf.-Anweisung vom 12. Okt. 1899. Berlin 1900.

Freytag, P[hil.]. Gesetz betr. die Anstellung und Versorgung der Kommunalbeamten vom 30. Juli 1899 nebst Ausführungsanweis. vom 12. Okt. 1899, erl. 2., verm. u. verb. Aufl. Berlin 1905. 8°.
(Taschen-Gesetzsamml. 2. F.)

Freytag, Kommunalbeamten, s. Taschen-Gesetzsammlg.

— s.: Rechtsprechung, die, des königl. preuß. Oberverwaltungsgerichts.

Freytag, Phpp., Wartburg-Erinnerungen. Ein neuer Cicerone f. Wartburgpilger. Mit e. Titelbild u. 11 Bildern in Holzschn. nach den Originalen von M. v. Schwind. gr. 8. (VI, 78 S.) Leipzig 876. G. Wigand. 2. 25; geb. n. 3. 50

Freytag, R., drey Predigten, 4. Zürich, Füßli. 756.

Freytag, Richard [app. Arzt aus Magdeburg]: Zur operativen Behandlung des Empyems ... Magdeburg, Druck v. E. Baensch jun., 1894; 47 S. 8.
Leipzig, Med. Fak., Inaug.-Diss. v. 19. Dez. 1893

Freytag, Rich., Lehrplan m. einigen methodischen Anweisungen f. den Unterricht im 1. Schuljahre. Nach dem Lehrplane f. die Uebungsschule d. königl. Seminares zu Zschopau bearb. gr. 8. (22 S.) Zschopau 875. (Raschke.) n. — 50

Freytag, Rudolf: Über die Parenthesen in den Reden des Demosthenes. Regensburg 1907: G. J. Manz. (83 S.) 8°
München, Phil. Fak., Ref. I. v. Müller, Diss. v. 18. Jan. 1907
[Geb. 22. Nov. 79 Regensburg; Wohnort: Regensburg; Staatsangeh.: Bayern; Vorbildung: Altes Gymn. Regensburg Reife Juli 98; Studium: München 8 S.; Rig. 18. Jan. 07.]

Freytag, Rudolf, approb. Arzt aus Gotha: Ueber das Verhalten des Bazillus des malignen Oedems zur Gram'schen Färbemethode. *Freiburg i. B. 1900: E. Kuttruff.* (36 S.) 8°
Freiburg i. B., Med. Diss. v. 1900

Freytag, Th., s.: Rechtsprechung, die, des königl. preußischen Oberverwaltungsgerichts.

Freytag, Th. Fr., s. *Epistolae* viror. doct. selectae.

Freytag, Theod. Fr., s. **Homeri** Ilias.

Freytag, Vict., Skizzen aus d. Spree-Venedig „Lehde". (Mit e. Vorwort: „Spreewaldpoesie" v. Aug. Trinius.) (20 Bl. m. 10 S. illustr. Text.) 40,5×32 cm. Berlin 906. (Schweitzer & Mohr.) (Urspr. Pr. 5. —)

Freytag, W. A. Essai sur l'enseignement de la langue française dans nos écoles réales en Saxe. Plauen, G. u. R., 1860. 10 S. 4. Progr.

Freytag, Werner u. A., Die Kuhmilch, ihre Erzeugung und Verwerthung. Vorträge an der kgl. landwirthschaftlichen Akademie Poppelsdorf. Bonn 1877. 8°.

Freytag, Willy: Pestalozzis Ansichten über Menschenbildung und Standes- und Berufsbildung im Zusammenhange mit seinen philosophischen und sozialpolitischen Anschauungen dargestellt. Dresden 1907: B. G. Teubner. (111 S.) 8°
Leipzig, Phil. Fak., Ref. Volkelt-Heinze, Diss. v. 17. Juni 1907
[Geb. 5. Sept. 76 Leipzig-Lindenau; Wohnort: Dresden; Staatsangeh.: Sachsen; Vorbildung: Seminar Borna Wahlfähigkeitszeugnis Nov. 98; Studium: Leipzig 6 S.; Rig. 6. Febr. 07.]

Freytag, W., über den Begriff der Philosophie. Eine krit. Untersuchg. (III, 47 S.) gr. 8. Halle 904. M. Niemeyer. n. 1. —

— die Entwicklung der griechischen Erkenntnistheorie bis Aristoteles. In ihren Grundzügen dargestellt. (IV, 126 S.) gr. 8. Ebd. 905. n. 3. —

Die Erkenntnis der Außenwelt, eine logisch-erkenntnißtheoret. Untersuchung von W[ilhelm] Freytag. *Halle a. S.: M. Niemeyer 1904.* (146 S.) 8°

Freytag, W., zur Frage des Realismus. Eine Erwiderg. (45 S.) 8. Düsseldorf 906. Schaub. 1. 50

Freytag, W., der Realismus u. das Transscendenzproblem. Versuch e. Grundlegg. der Logik. gr. 8. (IV, 164 S.) Halle 902. M. Niemeyer. n. 4. —

Freytag, Willi, die Substanzenlehre Lockes, s.: Abhandlungen z. Philosophie u. ihrer Geschichte. 10. Hft.

Freytag, Willy: Die Substanzenlehre Lockes. *Bonn 1898: C. Georgi.* (2 Bl.) 8° ¶[Nur Titelblatt, Vita und Thesen.]
Bonn, Phil. Diss. v. 2. Aug. 1898
(Nicht für den Austausch)

Die Substanzenlehre Lockes v. Dr. Willy Freytag. *Halle a. S.: M. Niemeyer 1899.* (VI S., 1 Bl., 74 S.) 1 Bd 8.
— Abhandlungen z. Philosophie u. ihrer Geschichte. [H.] 10.

Freytag, Willy: Wesen und Tatbestand der Begünstigung (§§ 257/258 StGB.) Heidelberg 1909: Wettstein. V, 51 S. 8°
Heidelberg, Jur. Diss. v. 1909, Ref. v. Lilienthal
[Geb. 3. März 83 Kunowo, Kr. Mogilno; Wohnort: Berlin; Staatsangeh.: Preußen; Vorbildung: Gymn. Wittenberg Reife O. 03; Studium: Grenoble 1, Heidelberg 3, Berlin 4 S.; Rig. 26. Jan. 09.] [U 09. 1791

Freytag-Gragger, Schi-Routenkarte des oberen Ennstales und der Rottenmanner Tauern. 1 : 100.000
gefalzt K 2.—, auf Leinwand gespannt K 2.80
Wien: Freytag & Berndt, 1910.

Freytag-Gragger, Schi-Routenkarte der niederösterreichisch-steirischen Kalkalpen. 1 : 100.000
gefalzt K 2.—, auf Leinwand gespannt K 2.80
Wien: Freytag & Berndt, 1910.

Freytag-Loringhoven, A., Ernstes u. Heiteres. Vermischte Schriften. 12. Mitau 892. E. Behre's Verl. n. 2. —
Kindespflicht. Erzählung. — Der Nichtraucher. Dramatischer Scherz in 1 Akt. — Der Rittmeister. Schwank in 1 Akt. (160 S.)

Freytag-Loringhoven, Alex., Ernstes u. Heiteres. Vermischte Schriften. 12. (160 S.) Mitau 892. Riga, E. J. Sichmann. n. 2. —; erm. Pr. n. 1. 50

Freytag-Loringhoven, Alex., aus den westlichen Gouvernements Rußlands. (128 S.) 8. Berlin 905. H. Steinitz. n. 2. —

— „Aus der Hexenzeit". Kulturgeschichtliches Spiel aus Alt-Livland, in 2 Abtlgn. gr. 8. (47 S.) Riga 902. Jonck & Poliewsky. n. 1. 50

— Nerven. Skizzen aus der Theaterwelt. (III, 99 S.) 8. Riga 905. Jonck & Poliewsky. n. 1. 60

Freytag-Loringhoven, Alex, d. Preisstück, s. a. Bloch's, Ed., Theater-Korrespondenz.

[F.] Das Preisstück. Dramat. Scherz in 1 Akt v. Alexander Freytag-Loringhoven. *Berlin: E. Bloch [1888].* (27 S.) 1 Bd 8.
= Theater-Korrespondenz, Eduard Blochs. No 301.

Freytag-Loringhoven, A., zwei Schwestern. Erzählung in Briefen. Erlebnisse aus dem deutsch-französ. Kriege. Kleine Schriften. 8. (112 S.) Riga 887. Jonck & Poliewsky. n. 2. —

— Skizzen u. Humoresken. 12. (66 S.) Riga 894. A. Stieda. Kart. n. 1. 50

— am Strande. Baltische Local-Plauderei in 1 Aufzuge. gr. 16. (48 S.) Mitau 889. Behre's Verl. n. — 80

— aus heiteren Stunden. Eine Sammlg. poet. Brocken. 8. (32 S.) Ebd. 902. n. — 60

— das Trio. Dramatischer Scherz in 2 Scenen. (16 S.) 12. Weimar (903). H. Grosse. n. — 80

Freytagh-Loringhoven, Axel Freih. v., d. Sukzessionsmodus des dtschn. Erbrechts. (V, 89 S.) gr. 8. Berlin 908. R. L. Prager. 2. —

Freytag-Loringhoven, Hugo von

Freytag-Loringhoven, Frhr. v., Aufklärung u. Armeeführung, dargestellt an den Ereignissen bei der schles. Armee im Herbst 1813. Eine Studie. Mit 7 Skizzen in Steindr. gr. 8. (V, 153 S.) Berlin 900. E. S. Mittler & Sohn. n. 4. 50; geb. n.n. 6. —

— Beispiele strategischer Kavallerieverwendung unter Napoleon, s.a. Beiheft zum Militär-Wochenblatt. 1900. Hft. 5.

Beispiele strategischer Kavallerieverwendung unter Napoleon. Von [Hugo] Frh. v. **Freytag**-Loringhoven, Major im gr. Generalstabe. (Mit 2 Skizzen im Text u. 6 Skizzen in Steindr.) *Berlin: E. S. Mittler & Sohn (1900).* (S. 225–258.) 8° [F.]
— **Militär-Wochenblatt**. 1900. Beih. 5. [04. 3789

Das Exerzier-Reglement für die Infanterie vom 29. Mai 1906 kriegsgeschichtl. erl. Von [Hugo] Frh. v. **Freytag**-Loringhoven, Oberstlt. Mit 1 Karte u. 50 Skizzen. Berlin: E. S. Mittler & Sohn 1907. (XII, 257 S.) 8° [F.] [07. 18315

Freytag-Loringhoven, Frhr. v., das Exerzier-Reglement f. d. Infanterie v. 29. V. 1906. Kriegsgeschichtlich erläutert. 2., durchgeseh. Aufl. Mit 1 Karte in Steindr. u. 50 Skizzen. (XII, 257 S.) gr. 8. Berlin 908. E. S. Mittler & Sohn. Kart. 5. —

— Die Exerzier-Reglements f. die Infanterie v. 1812, 1847, 1888 u. 1906, s.a. Militär-Wochenblatt, Beihefte. 1907. I.

Die Exerzier-Reglements für die Infanterie von 1812, 1847, 1888 und 1906. Ein Jahrhundert taktischer Entwicklung. Vortrag geh. in d. Militär. Gesellsch. zu Berlin 1906 von [Hugo] Frh. v. **Freytag**-Loringhoven, Oberstlt. Berlin: E. S. Mittler & Sohn 1907. (S. 27–40.) 8° [F.]
— **Militär-Wochenblatt**. 1907. Beih. 1, [2.] [07. 1169

— Friedensarbeit u. Kriegslehren, s.a. Beiheft zum Militär-Wochenblatt. 1899. Hft. 9.

Friedensarbeit und Kriegslehren. Vortrag, geh. zu Berlin 1899 von [Hugo] Frh. v. **Freytag**-Loringhoven, Major. *Berlin: E. S. Mittler & Sohn 1899.* (S. 327–343.) 8° [F.]
— **Militär-Wochenblatt**. 1899. Beiheft 9, [1.] [00. 12678

— Die Heerführung Napoleons in ihrer Bedeutung f. unsere Zeit. Mit 8 Textskizzen u. 52 Skizzen in 14 Anlagen. (XX, 470 S.) gr. 8. Berlin 910. E. S. Mittler & Sohn. 14.—; geb. 16.—; in Halbfrz. 17. —

Freytag-Loringhoven, v., die Heerführung Napoleons u. Moltkes. E. vergleich. Studie. M. 13 Skizzen i. Text. gr. 8. (54 S.) Berlin 897. E. S. Mittler & Sohn. n. 1. 20

Freytag-Loringhoven, Frhr. v., der Infanterie-Angriff in den neuesten Kriegen. Ein Beitrag zur Klärg. der Angriffsfrage. Mit 3 Uebersichtsskizzen u. 8 Skizzen als Anlagen. (VI, 111 S.) gr. 8. Berlin 905. E. S. Mittler & Sohn. Kart. n. 3. —

[F.] Napoleonische Initiative 1809 und 1814. E. Vortr. v. [Hugo] Frh. v. **Freytag**-Loringhoven, Hauptm. ... M. 2 Skizzen in Steindr. *Berlin: E. S. Mittler & Sohn 1896.* (24 S., 2 Pl.) 1 Bd 8. [96. 4589

Kriegslehren nach Clausewitz aus den Feldzügen 1813 und 1814. Von [Hugo] Frh. v. **Freytag**-Loringhoven, Oberst. Mit 15 Anl. u. 4 Skizzen. Berlin: E. S. Mittler & Sohn 1908. (VIII, 156 S.) 8° [08. 13600

Die Macht der Persönlichkeit im Kriege. Studien nach Clausewitz. Von [Hugo] Frh. v. **Freytag**-Loringhoven, Oberstlt. Mit 24 Skizzen. Berlin: E. S. Mittler & Sohn 1905. (VI, 124 S.) 8° [F.] [04. 7003

Dass. 2. Aufl. 1911.

Freytag-Loringhoven, Frhr. v., Marschanordnungen u. Marschleistungen unter Napoleon, s.a. Beiheft zum Militär-Wochenblatt.

Freytag-Loringhoven. Marschanordnungen und Marschleistungen unter Napoleon. Beihft. z. „Milit.-Wochenblatt". — Berlin 1893.

— d. Schlacht b. Torgau a. 3. XI. 1760, s.a. Beiheft z. Militär-Wochenblatt.

Freytag-Loringhoven, Frhr v. Schlacht bei Torgau. Berlin 1897. 8°. (Bh. z. M. W. B.)

— Studien üb. Kriegführung auf Grundlage des nordamerikanischen Sezessionskrieges in Virginien. 1. u. 2. Hft. gr. 8. Berlin, E. S. Mittler & Sohn. n. 7. 60; geb. in Leinw. n.n. 10. 05

1. Bull Run, Richmond, Manassas. Mit 3 Textskizzen u. 4 Kartenbeilagen in Steindr. (VIII, 134 S.) 901. n. 3. 60; geb. n.n. 4. 80
2. Maryland, Fredericksburg, Chancellorsville, Gettysburg. Mit 4 Kartenbeilagen in Steindr. u. 14 Textskizzen. (IV, 146 S.) 901. n. 4. —; geb n.n. 5. 25

Freytag-Loringhoven, Frhr. v., Studien üb. Kriegführung auf Grundlage des nordamerikanischen Sezessionskrieges in Virginien. 3. Heft: Atlanta, Spottsylvania, Petersburg, Savannah, das Ende. Mit 9 Textskizzen u. 5 Kartenbeilagen in Steindr. (VI, 165 S.) gr. 8. Berlin 903. E. S. Mittler & Sohn. n. 4. —; geb. in Leinw. n.n. 5 25 (vollständig: In 1 Bd. geh. n. 11. 60; in 3 Bde. geb. n.n. 15. 30)

Studien über Kriegführung auf Grundlage d. Nordamerikan. Sezessionskrieges in Virginien von [Hugo] Frh. v. **Freytag**-Loringhoven, Major. Mit Textskizzen u. Kartenbeil. H. 1–3. *Berlin: E. S. Mittler & Sohn 1901–03.* 3 Bde 8° [F.]
1. Bull Run, Richmond, Manassas. 1901.
2. Maryland, Fredericksburg, Chancellorsville, Gettysburg. 1901.
3. Atlanta, Spottsylvania, Petersburg, Savannah, das Ende. 1903.

— Wert u. Bedeutung des Drills f. die Ausbildung unserer Infanterie einst u. jetzt, s.a. Beiheft zum Militär-Wochenblatt. 1904. Hft. 12.

Wert und Bedeutung des Drills für die Ausbildung unserer Infanterie einst und jetzt. Vortrag, geh. in d. Militar. Gesellsch. zu Berlin 1904. Von [Hugo] Frh. v. **Freytag**-Loringhoven, Oberstlt. Berlin: E. S. Mittler & Sohn (1904). (S. 527–543.) 8° [F.]
— **Militär-Wochenblatt**. 1904, Beih. 12, [2.]

Freytag-Roitz, R., leichtverständl. Anleitg. z. prakt. Verwendg. v. Kunstdünger vornehml. auf leichtem Boden. 4. Aufl. gr. 8. (18 S.) Berlin 896. P. Parey. n. — 40

[F.] Leichtverständliche Anleitung zur praktischen Verwendung von Kunstdünger vornehmlich auf leichtem Boden. Von R. **Freytag**-Roitz, Mitgl. d. Landwirtschaftskammer f. d. Mark Brandenburg u. d. Niederlausitz. 5. Aufl. *Berlin: P. Parey 1896.* (18 S.) 1 Bd 8.

Freytag-Roitz, R., leichtverständliche Anleitung zur prakt. Verwendung v. Kunstdünger vornehmlich auf leicht. Boden. 10. Aufl. gr. 8. (18 S.) Berlin 898. P. Parey. n. — 40

Düngt reichlich und richtig! Ein Wort d. Erfahrung an d. deutschen Bauer, der da wirtschaftet auf leichtem Boden. Von R. **Freytag**-Roitz, Rittergutsbesitzer. *Berlin: P. Parey 1901.* (53 S.) 8° [F.]

Die Entwickelung der Landwirtschaft in der Niederlausitz seit ihrer Zugehörigkeit zum Hause Hohenzollern 1815–1900. Auf Veranl. d. Landesdeputation d. Markgraftums Niederlausitz bearb. von R. **Freytag**-Roitz, Rittergutsbesitzer. *Berlin: P. Parey 1900.* (VIII, 390 S.) 8° [F.]

Freytag-Nachrichts-Blättlin
② Hoch-Oberkeitlich privilegiertes Freytags-Avis-Blättlein (?–13. 1. 1792). Hoch-Oberkeitlich privilegiertes Freytags-Avis-Blättlein (20. 1. 1792–27. 4. 1798). Freytags-Avis-Blättlein (4. 5. 1798–20. 2. 1821). Freytags-Avis-Blatt (27. 2. 1821–27. 12. 1811) ⑤ 1. Hälfte des 18. Jh. (vor 1732)–27. 12. 1811 ⑥ 8° ⑦ Wochenblatt ⑧ St. Gallen ⑨ Bartholome Ziegler (?–1732). David Zollin 1732–?). Bartholome Anhorn. Johannes Huber. Andreas Schobinger (1746–?). Bernhard Steinmann (9. 3. 1781–27. 12. 1811) ⑫ BGSZ. 262. 1045–1047 ⑬ SG: Va (seit 1754, unvollständig) ⑮ Am 13. Mai 1732 erhielt das Blatt ein obrigkeitliches Privilegium.

Freytags-Avis-Blatt
v. Freytag-Nachrichts-Blättlin.

Freytags-Avis-Blättlein: Hoch-Oberkeitlich privilegiertes Freytags-Avis-Blättlein
v. Freytag-Nachrichts-Blättlin.

Freytags-Blätlein: Bernisches Freytags-Blätlein In welchem die Sitten unser Zeiten von der Neüen Gesellschafft undersucht und beschrieben werden
(2) Bernerisches Freytagsblätlein In welchem die Sitten unser Zeiten von der Verneuerten Gesellschafft untersucht und beschrieben werden (1724) (3) Der Teutsche Bernerische Spectateur (5) 7. 11. 1722—Ende 1724 (6) 8° (7) Wochenblatt (8) Bern: Samuel Küpfer (9) Neue Gesellschaft, ab 1724 Verneuerte Bernerische Spectateurs-Gesellschaft - an der Spitze des Unternehmens nach Ludwig Hirzel: Prof. Lauffer; nach Maria Krebs: J. G. Altmann (11) J. G. Altmann (12) im Stile der moralischen Wochenschriften (13) BGSZ: 99. 230 (Bodmer, p. 52 f.). 261 (bes. Krebs p. 1 ff.). 526. 973: Chronik der Gesellschaft der Mahler 1721—1722. hg. von Th. Vetter (Bibl. Älterer Schriftwerke der deutschen Schweiz, 2. Serie, 1. Heft) Frauenfeld, 1887 (15) Be: L. S. St; Lu: Z (17) Insgesamt 6 »Theile«, Halbjahrsbändchen, mit anfänglich je 26, später 25 »Discoursen« Die Diskurse jahrgangsweise durchnummeriert und durchpaginiert. — Von Joh. Georg Altmann nach dem Vorbild der »Discourse der Mahlern« gegründet. — In der äußeren Form und in der Wahl der Themata ähnlich dem »Spectator« und den zürcherischen Diskursen. — Textprobe in BGSZ 973. p. 52 f.

Freytags-Zeitung: Wochentliche Freytags-Zeitung
v. Ordinari Wochen-Zeitung (Zh).

FREYWOGEL, Friedrich (Basel): De ovarii cystarum diagnosi. (Titel nach der Urkunde)
28.11.1877 - Urk; Chr 1877/78,10
Diss. Ingolst.-Landsh.-Mchn.

FREYWEL. Die beglückte Tugend. (Zahmer Roman.) O. O. (Breslau, Korn.) 1763. 8°. 295 S. Mit Anmerkgn. (In Breslau, Kgl. u. Univ.-Bibl.: Litt. Teut. III. 8°. 181.)

Freywerber, der,. Lustsp. in 2 Akt. v. Theod. Hell. 8. Lpz. Weigel. 805. —

Freywilligen, die,. Gemälde d. Zeit in 1 Aufz. v. Stephani. 8. Wien, Wallishausser. —

Freywilligen, die,. Lustspiel in 3 Akten, v. Piper. 8. Rostock, Stiller. 814.

— die, vaterländ. Schauspiel in 1 Aufz. 3. Cassel, Griesbach. 815.

Freywilligen, d. Wiener, in d. J. 1796. 97. 8. Wien, Frister. 797.

Frezier, A., d. kleine Feuerwerker; aus d. Französ. 8. Leipz. 803. Joachim (Kriese). 9 ℛ

Frezier, Amédée François.
Reise nach der Südsee, und den Küsten von Chili, Peru und Brasilien. A. d. Franz. 2. Aufl. Hamb. 1745. Ü: *Vischer, J. C.* (CBH)

Frezier, Reisen n. d. Südsee rc. a. d. Franz. 8. Hamb. Gleditsch. 745.

Friarswood post-office, s. Series for the young.

Friaul [Sachliches OW]

Friaul, Oesterreichisch.
Eine wirthschaftliche Studie. Graz 1888. V: *Ritter-Zahony, Eugen Freiherr von.* (EB)

Friaul [Schlagwort]

Friaul — Neue topographische Karte von — und der angränzenden Grafschaft Görz und Gradisca samt der Herrschaft Triest, berichtigt und ergänzt von J. E. S. Herausgegeben von Artaria und Comp. in Wien 1803. Gestochen von F. Reisser. 1 : 200,000. 1 Bl.

Friberg, Maikki, Entstehg. u. Entwickelg. d. Volkshochschulen in d. nord. Ländern, s.a. **Universalbibliothek, ethisch-socialwissenschaftl.**

[F.] Entstehung und Entwickelung der Volkshochschulen in den nordischen Ländern. Von Dr. **Maikki Friberg** aus Helsingfors. *Bern: Steiger & C. 1897.* (3 Bl., 166 S.) 1 Bd 8.
= **Universalbibliothek, Ethisch-socialwissenschaftliche Bdn.**
197-1124

— die Volkshochschulen im Norden. Vortrag, geh. im Verein „Frauenwohl", „v. Egidy-Vereinigung" u. „Berliner Frauenverein". gr. 8. (32 S.) Berlin 895. M. A. W. Schulze. —50

Fribes, O. A., Anleitung, Blumen so zu trocknen, dass sie ihre natürl. Farbe behalten, nebst Anweisg., d. getrockneten Blumen in Bouquetten auf Glas anzubringen. 8. (28 S.) St. Petersburg 895. (Eggers & Co.) n. 1.—

Fribolin, Friz, der Eichenschälwaldbetrieb m. besond. Berücksicht. württemb. Verhältnisse. Mit 28 (eingedr.) Holzschn. gr. 8. (VII, 122 S. m. 1 Tab. in gr. Fol.) Stuttgart 876. Schickhardt & Ebner. n. 2. 40

Fribolin, Friz, der Eichenschälwaldbetrieb mit besonderer Berücksicht. württemberg. Verhältnisse. gr. 8. (VII, 122 S. mit 28 eingedr. Holzschn. und 1 Tab. in gr. Fol.) [Stuttgart 876, Schickhardt und Ebner.] Berlin, Wiegandt, Hempel und Parey. *

Friboes. Zur Steuer-Frage. (Bes. Abdr. aus der Breslauer Zeitung, No. 253.) 8°. Breslau 1849.

Fribourg [Sachliches OW]

Fribourg. Voyages pittoresques dans le canton. Guide de l'étranger publié par la Société fribourgeoise des hôteliers, aubergistes et cafetiers. Illustré de nombreuses vues avec un plan de la ville et une carte du canton de Fribourg. 8. Fribourg 1898.

Fribourg artistique à travers les âges. Album trimestriel, publication des Sociétés des amis des Beaux-Arts et des Ingénieurs et Architectes. 1ère année. 1890. (4 livr. à 6 planches en phototypie, avec courtes interprétations). In-fol. Fribourg, Josué Labastrou.
Par an pour les sociétaires 12 —
Pour les non-sociétaires 17 —

Fribourg artistique à travers les âges. Album trimestriel, publication des Sociétés des amis des Beaux-Arts et des Ingénieurs et Architectes. 2e année. 1891. (4 livr. à 6 planches en phototypie, avec courtes interprétations). In-fol. Fribourg, Josué Labastrou.
Par an pour les sociétaires 12 —
Pour les non-sociétaires 17 —

Fribourg artistique à travers les âges. Publication des Sociétés des amis des beaux-arts et des ingénieurs et architectes. Album trimestriel. 3e année. 1892. (4 fasc.). Fasc. No 1. 6 planches en phototypie avec courtes interprétations. In-fol. Fribourg, Josué Labastrou.
Par an pour les sociétaires 12 —
Pour les non-sociétaires 17 —

Fribourg artistiques à travers les âges. Publication des Sociétés des amis des beaux-arts et des ingénieurs et architectes. Album trimestriel. 4e année. 1893. (4 fasc.) Fasc. No 1. 6 pl. en photogr. In-fol. Fribourg, Josué Labastrou.
Par an pour les sociétaires 12 —
Pour les non-sociétaires 17 —

Fribourg artistique à travers les âges. Publication des Sociétés des amis des beaux-arts et des ingénieurs et architectes. Album trimestriel. 9e année. 1894. (4 fasc.) Fasc. No 1. 6 pl. en photogr. In-fol. Fribourg, Josué Labastrou.
Par an pour les sociétaires 12 —
Pour les non-sociétaires 17 —

Fribourg artistique à travers les âges. Publication des Sociétés des amis des beaux-arts et des ingénieurs et architectes. Album trimestriel. 10e année 1895. (4 fasc.) Fasc. No 1. 6 pl. en photogr. In-fol. Fribourg, Josué Labastrou.
Par an pour les sociétaires 12 —
Pour les non-sociétaires 17 —

Fribourg artistique à travers les âges. Publication des Sociétés des amis des beaux-arts et des ingenieurs et architectes. Album trimestriel. 11e année. 1896. (4 fasc.) Fasc. 1er. 6 pl. en photogr. avec explic. In-fol. Fribourg, Josué Labastrou. Par an pour les sociétaires 12 —
Pour les non-sociétaires 17 —

Fribourg artistique à travers les âges. Publication des Sociétés des Amis des Beaux-Arts et des Ingenieurs et Architectes. Fasc. I. In-fol. 12 p. texte et 6 planches. Fribourg, Librairie Josué Labastrou. 1898. 5 —

Fribourg artistique à travers les âges. Publication des Sociétés des amis des beaux-arts et des Ingénieurs et Architectes. Xme année 1899. 4 Nos. In-fol. No 1. 6 pl. av. 20 p. texte. Fribourg, Librairie Josué Labastrou. 5 —

Fribourg 1903. (Plan de la ville.) Echelle · 1:10000. 229/266 mm. [Publié par le] Bureau officiel de renseignement ... = Offizielles Verkehrsbureau.... 1 feuille. 4-obl. Berne, H. Kümmerly & Frey.

Au dos: 4 p. *de texte et* Carte des environs de Fribourg.

Fribourg, ses environs et ses nouvelles entreprises industrielles. (Nouveau guide offert par J. Kussler ....) 8. Fribourg 1872.

Fribourg, ses environs et ses nouvelles entreprises industrielles. 8. Fribourg 1875.
Ed A. (Nouveau guide offert par F. Bassler ....)
Ed B (Nouveau guide offert par J. Pontet ....)

Fribourg et ses environs. Petit guide: Fribourg 1880 *u.* 1881 *s.* (Henseler, Ant[onin]) — F' 1893 *s.* [Henseler, Antonin].

Fribourg Industriel
① Journal [illegible] laire et Commercial paraissant le Samedi. Distribué gratuitement [illegible] ⑥ in-2° ⑦ [illegible] feuille d'annonces avec feuilleton [illegible] de L.

Fribourg religieux. Guide au Congrès (eucharistique). Fribourg 1885 s.a. [Philipona, Pie].

Fribourg religieux. Guide au Congrès. In-8°, 38 p., av. illustr. Fribourg, imprim. cathol. suisse.

Fribourg en Suisse et ses environs. Guide pratique et pittoresque avec les adresses commerciales [et] un plan de la ville. 8. Fribourg (1866).

Fribourg [Schlagwort]

Fribourg, canton de. Comptes généraux de l'administration des finances p. l'exercice 1883. In-fol., 39 p. Fribourg, impr. cathol. suisse.

Fribourg, canton de. Comptes généraux de l'Administration des finances pour l'exercice 1886. In-fol., 37 p. Fribourg, imprimerie catholique suisse.

— 3e rapport annuel de l'exposition scolaire permanente de Fribourg, 1886. In-8°, 11 p. Fribourg, Imprimerie catholique suisse.

— VIIme Tableau des personnes condamnées à la privation de l'exercice des droits politiques dressé par la direction de la justice. 1887 (IVme trimestre) et 1888. In-4°, 20 p.

Friburgum Helvetiorum Nuythoniae. Fribourg 1852(–1854) *s.* Raemy de Bertigny, Héliodore.

Frič, s.a. F r i t s c h

Frič, Ant., Bericht üb. die Lachszucht in Böhmen in den J. 1876 bis 1879. gr. 8. (20 S.) Prag 879. (Rziwnatz.) n. — 60

Frič, Ant., geologische Bilder aus der Urzeit Böhmens. qu. Fol. (16 S. mit Holzschntaf.) Prag 874, Dr. Grégr und Dattel. *

— die künstliche Fischzucht in Böhmen. Ein Bericht üb. die Fortschritte der Lachs- u. Forellenzucht in den J. 1871—74 nebst e. kurzen Anleitg. zur künstl. Fischzucht. gr. 8. (40 S.) Prag 874. (Rziwnatz.) n. 1. —

Frič, Anton: Die F l u s s - F i s c h e r e i in Böhmen . . . , s.a. A r c h i v für die naturwissenschaftl. Landesdurchforschung von Böhmen.

—— die Fluss-Fischerei in Böhmen und ihre Beziehungen zur künstlichen Fischzucht und zur Industrie. hoch 4. (45 S. mit 1 Stnt. in gr. 4.) Prag 871, (Rziwnatz.) *
Aus: Archiv der naturwissenschaftlichen Landesdurchforschung von Böhmen, besonders abgedruckt.

Frič, Ant. Illustrirter Führer durch den Fischereipavillon der allgemeinen Landes-Jubiläum-Ausstellung in Prag. gr. 8. (14 S.) Prag 891, (Řivnáč). * — 20

Frič, Anton: Die K r u s t e n t h i e r e Böhmens, s.: A r c h i v f. die naturwissenschaftl. Landesdurchforschg. v. Böhmen.

Frič, Ant., české ryby. [Vyňato z časopisu Živy.] Prag 859. (Rziwnatz.) 4. (56 S. m. Holzschn.) n. 20 ngr.

Frič, A., Studien im Gebiete der böhmischen Kreideformation, s.a. Archiv der naturwissenschaftlichen Landesdurchforschung von Böhmen.

Studien im Gebiete der böhmischen Kreideformation. Palaeontologische Untersuchungen der einzelnen Schichten. Perucer Schichten. (Ergänzung zu Band I. II. p. 186.) Von Prof. Dr. Ant. Frič und Dr. Edwin Bayer. Mit zahlreichen Textfiguren. (Archiv der naturwissenschaftlichen Landesdurchforschung von Böhmen.) (Bd. XI. Nr. 2.) Prag. 1900. In Comm. Řivnáč. Lex.-8°. 180 S. K 8.—

Frič (Ant.) u. Vávra (V.), Die Thierwelt des Unterpočernitzer u. Gatterschlager Teiches . . . 1893. *s. Zeit- u. Gesellsch.-Schriften: Archiv f. d. naturwiss. Landesdurchforsch. von Böhmen. Bd 9, No 2.*

— u. V. **Vavrá**, **Untersuchg. zweier Böhmerwaldseen, d. Schwarzen Sees u. d. Teufelsees, s.: Archiv f. d. naturwissenschaftl. Landesdurchforschg. v. Böhmen.**

Frič, Dr. Anton, und Jos. Kafka, Kurze Anleitung zur Karpfenzucht. Nach den neuesten Erfahrungen verfasst. Mit 11 in den Text gedruckten Abbildungen. Lex.-8. (26 S.)
Prag: Rivnač 1892. —.50

Untersuchung des Elbeflusses und seiner Altwässer durchgeführt auf der übertragbaren zoologischen Station von Prof. Dr. Ant[onín] **Frič** u. Dr. V[enceslaus] **Vávra**. ⟨Mit Abb.⟩ *Prag: Fr. Řivnáč in Comm. 1901.* (154 S.) 4°(8°)
= Untersuchungen über d. Fauna d. Gewässer Böhmens. 5.
= **Archiv** d. naturwiss. **Landesdurchforschung** von Böhmen. Bd 11, No 3.

— **paläontolog. Untersuchg. d. Chlomeker Schichten, s.: Archiv d. naturwissenschaftl. Landesdurchforschung v. Böhmen.**

Frič, Anton: Die W i r b e l t h i e r e Böhmens, s. A r c h i v f. die naturwissenschaftl. Landesdurchforschg. v. Böhmen.

Frič, Jos. V., zur Idee d. demokratischen Kulturstaates. Ein Beitrag zur Verfassungslehre. gr. 8. (75 S.) Berlin 873. zum Felde. n. 1. —

Fric, Mart., der Ortsschulrath u. sein Wirken. Ein belehr. Handbuch f. den Gebrauch der Ortsschulräthe. Ausg. f. die Markgrafsch. Mähren. 2. unveränd. Abdr. gr. 8. (VI, 130 S.) Wien 891. A. Pichler's Wwe. & Sohn. n. 1. 60

Frič, V., die Edelsteine. Leitfaden zu den Sammlungen nachgeahmter Edelsteine, welche in verschiedener Zusammensetzg. vom Verf. geliefert werden. gr. 8 (15 S.) Prag 873. (Rziwnatz.) n. — 60

Fric, V. G., Kamennougol'noe briketnoe proizvodstvo v Germanii i uslovija, blagoprijatstvujušija razvitiju ego v Rossii. [Die Steinkohlen-Brikett-Herstellung in Deutschland, und die Bedingungen, deren Entwicklung in Rußland zu begünstigen.] Odessa, 1905. 40 S. mit 30 Abb.

Frič, Václ., seznam látek které obsahuje malé museum pro školy národní. Ebend. 862. 8. (39 S.) n. 4 ngr.

Fricassé von Lachtauben. Eine Probe aus d. neuen Kochbuche f. Hypochondristen, Murrköpfe u. Gallsüchtige, v. Hilarius Lachmund, erstem Koch im Gasthofe z. rothen Spaßvogel in Scherzheim. 8. (9 B.) Nordhausen 832, Fürst.

FRICASSÉ, Poetische: aus Galanten, Vertrauten und Satyrischen Gedichten. Von Verimontaniquerus. Cölln, Bey Peter Marteau, 1715. 8°. 162 S.

Fricassee. 3 Stcke. 8. Leipz. 786. (W. Vogel).

Friccius, Carl, s. F r i c c i u s , Karl

Friccius, Carl Friedrich, s. F r i c c i u s , Karl Friedrich

Friccius, Friedrich Karl: De a r r e s t o innocuo, s. S t r u v e , Friedrich Gottlieb [Praes.]

— **Fried. Carl von,** De jurisdictione immediata summorum in imperio tribunalium non fundata ad decernenda mandata sine clausula de relaxandis bonis immediatorum judicialiter errestatis ad § 87 rec. imp. de 1594. Comment. polemica universam arrestorum constitutionem haud parum illustrans. Altona (Jonas Korte) 1732. 84 S. (7.—)
Gew.: Ludw. Chn. v. Plessen (Fresingoe . .), Iver v. Rosencrantz (Rosenholm), Carl Adolph v. Plessen (Förlöf . .), Otto Blome (Nienhof . .). — Widm. v.: Jo. Zachar. Hartmann (Kiel). •

Johanni Zachariae Hartmanno designato consiliario aulae in supremo quod Hanoverae est dicasterio eoque nunc ad suscipiendum officium abituro disputatione epistolari de antiqua celebritate fidei Holsaticae congratulatur Joachimus de **Friccius.** (Gluckstadii. 1740.) 1 Bl. k.

— **Joachim** (Holstein), De edictali creditorum citatione vulgo proclamate secundum jura Slesvicensia ac Holsatica. Kiel (B. Joh. Christ. Reuther's Wwe.) 21. I. 1729. 60 S., tlws. dtsch. (6.—)
Widm. v.: Fried. Gottlieb Struve, Joh. Zacharias Hartmann.

FRICCIUS, JOACH. DE, Diss. jur., qua differentias juris Romani et Germanici circa pignus in manum traditum Germanico Handhabend Pfand. Kilonii. 1733. 4. [Rep. Matth. Hinr. Oppermann].

Dissertatio inauguralis iuridica Observationes iuris Holsatici (Specimen I) exhibens quam praeside Joanne Zacharia Hartmanno ad consequendos doctoris in utroque iure honores anno 1733 publico examini submittit auctor Joachimus de **Friccius.** Kiliae. (1733.) Observationum iuris Holsatici Specimen 2. quod in universitate Christiana Albertina anno 1733 publico examini submittet praeses Joachimus de **Friccius** respondentis partes sustinente Caspare a Saldern Holsato. (b. 1733. 4°k

Joachimi von **Friccius** Widerlegung der ungegründeten Meynung, dass in denen Hertzogthümern Schleswig-Holstein die Beziehung des Einlagers der Ehre nachtheilig. Hamburg. 1732. 4°k.

Friccius, Karl

Friccius, Carl, Entwurf eines deutschen Kriegsrechts, erläut. durch eine Geschichte des deutschen Kriegsrechts und einen Rechtfertigungs-Bericht. Der Hohen constituirenden deutschen National-Versammlung überreicht. (Bericht.) I.: Entwurf. gr. 8. (VIII und 59 S.) Berlin 848, Nicolaische Buchh. •

—— dass. — Bericht. II. (Abthl.) A. u. d. T.: Geschichte des deutschen, insbesond. des preuß. Kriegsrechts. gr. 8. (VIII und 208 S.) Ebds. 848. •

Friccius, Carl: Entwurf einer Verordnung über die Einführung des mündlichen Verfahrens in den kriegsgerichtlichen Untersuchungssachen, mit Motiven. Als Manuskript gedruckt. Berl. 1853.

Friccius, Carl, Geschichte der Befestigungen u. Belagerungen Danzigs. Mit besonderer Rücksicht auf die Ostpreußische Landwehr, welche in den Jahren 1813—1814 vor Danzig stand. Nebst 1 (lith.) Plane von Danzig u. dessen Umgegend (in Fol.). Berlin 854. (Leipzig,) Veit u. Co. gr. 8. (VIII, 336 S.) n. 2 ₰

Friccius, Carl, Geschichte der Blockade Cüstrins in den J. 1813 und 1814. Mit besonderer Rücksicht auf die ostpreuß. Landwehr. gr. 8. (45 S. mit 1 lithogr. Plane der Umgegend von Cüstrin in gr. 4.) Berlin 854, Veit und Comp. •

Friccius, C. Zur Geschichte der Errichtung der Landwehr in Ost- und Westpreussen und in Litthauen i. J. 1813. 8. Berlin 1838.

Friccius, Carl, Geschichte d. Krieges in d. Jahren 1813 u. 1814. Mit besond. Rücksicht auf Ostpreußen u. d. königsbergsche Landwehrbataillon. 1. Thl., bis nach der Schlacht von Leipzig. gr. 8. (38½ B. u. 5 Pläne auf 1 Bl.) Altenburg 843, Pierer.

— Geschichte des Krieges in den Jahren 1813 u. 1814. Mit besond. Rücksicht auf Ostpreußen u. das Königsberg'sche Landwehrbataillon. 1. Thl., bis nach der Schlacht v. Leipzig. Mit 5 (in Kpfr. gest.) Plänen auf 1 Bl. (in Fol.) Neue wohlf. (Titel=)Ausg. gr. 8. (XVI u. 600 S.) Berlin (843) 848, Nicolai. n. 2 ℛ

Friccius, Carl, s.a. Militair=Gesetz=Sammlung, Preußische.

Friccius, Carl, preuß. Militair=Gesetz=Sammlung, enth. bis zum J. 1835 die bestch. Gesetze, Verordn. u. allgem. Verfügn., welche sich auf die militair. Rechtspflege beziehen; nach d. Zeitfolge geord. u. mit Anmerkn. versehen. (1. Bd.) gr. 4. (62¼ B.) Berlin u. Elbing 836, Nicolaische Buchh. *

—— dass. — 1—6. Forts. (Lfg.) od. 2. u. 3. Bd. 1. Hft., enth. die auf d. militair. Rechtspflege sich bezieh. Gesetze, Verordn. u. allgem. Verfügn. aus d. J. 1836—41. (No. 403—537.) gr. 4. Ebds. *

Forts. 1. enth. Jahr 1836. No. 403—437. (4 B.) 837. * 8 Gr.
" 2. " " 1837. " 438—468. (8 B. u. 1 Tab.) 838. * 16 Gr.
" 3. " " 1838. " 469—482. (3½ B.) 839. * 8 Gr.
" 4. " " 1839. " 483—501. (3½ B.) 840. * 8 Gr.
" 5. " " 1840. " 502—517., chronol. Uebersicht u. Sachregister z. 2. Bde. (6 B.) 841. * 12 Gr.
" 6. " " 1841. " 518—537. (5½ B.) 842. * 12 Gr.

—— preußische Militair=Gesetz=Sammlung 7—10. Forts. (Lfg.) od. 3. Bd. 2—5. Hft. (Schluß d. 3. Bds.) enthalt. die auf die militairische Rechtspflege sich beziehenden Gesetze, Verordnungen u. allgem. Verfügungen aus d. J. 1842—45. (No. 538—621.) gr. 4. Berlin, Nicolai'sche Buchh. Thlr. *

Forts. 7. enth. Jahr. 1842. Nr. 538—560. (5 B.) 843. * 12½ Ngr.
" 8. " " 1843. " 561—576. (6 B.) 844. * 12½ "
" 9. " " 1844. " 577—608. (12½ B.) 845. * 1 Thlr.
" 10. " " 1845. " 609—621. (18½ B.) 846. * 1 "
1—3. Bd. 1. Hft. Ebendas. 1836—41. * 5 Thlr. 20 Ngr.

—— preußische Militair=Gesetz=Sammlung. 4. Bd. 1. Heft. enth. die auf die militair. Rechtspflege sich beziehenden Gesetze, Verordnungen ꝛc. aus dem J. 1846 und eine Verordnung aus früherer Zeit. (Nr. 622—642.) gr. 4. (II und 36 S.) Berlin 847, Nicolaische Buchh. *
1—3. Bd. Ebendas. 1836—46. * 8 Thlr. 15 Ngr.

Preußische **Militär-Gesetz-Sammlung,** ... nach der Zeitfolge geordnet und mit Anmerkungen versehen. Bd. 1—5. Hrsg. von Carl Friccius, Bd. 6—7. Hrsg. von Eduard Fleck. Berl. u. Elbing, später Berl. 8°. (4°).

Bd. 1 enth. die bis zum Jahre 1835 bestehenden Gesetze ... 1836.

Bd. 2 enth. die auf die militairische Rechtspflege sich beziehenden Gesetze ... aus den Jahren 1836 bis 1840 und 10 Verordnungen aus früherer Zeit ... 1841.

Bd. 3 enth. die auf die militairische Rechtspflege sich beziehenden Gesetze ... aus den Jahren 1841 bis 1845 und 2 Verordnungen aus früherer Zeit. 1846.

Bd. 4 enth. die auf die militairische Rechtspflege sich beziehenden Gesetze ... aus den Jahren 1846 bis 1850 und 1 Verordnung aus früherer Zeit. 1851.

Bd. 5 enth. die auf die militairische Rechtspflege sich beziehenden Gesetze ... aus den Jahren 1851 bis Juli 1856 und 3 Verordnungen aus früherer Zeit. 1856.

Bd. 6 enth. die seit Juli 1856 bis April 1862 ergangenen, auf die militairische Rechtspflege sich beziehenden Gesetze ... (Nr. 919 -1007.) 1862.

Bd. 7 enth. die seit April bis Mai 1867 ergangenen, auf die militairische Rechtspflege sich beziehenden Gesetze ... (Nr. 1008 -1135.) 1867.

—— das preuß. Militair=Strafrecht wie es besteht, systemat. dargest. gr. 12. (11½ B.) Berlin u. Elbing 835, Nicolaische Bh.

Friccius, Carl: Ueber die Rechtsverhältnisse der Landwehr mit besond. Beziehung auf die Verordn. vom 22. Febr. 1823. *Berlin*, (Nicolai.) 825. gr. 8. (10 Gr.)

Friccius, Carl, hinterlassene Schriften nebst einer Lebensskizze desselben herausg. von Heinr. Beitzke. Mit 1 Photogr. u. dem (lith.) Plan der Gegend von Delfzyl (in Fol.). Berlin 866. Kobligk. gr. 8. (IV, 317 S.) 1 ℛ 15 ngr.

Friccius, Karl Friedrich

Friccius, Carl Friedrich (Stendal), De jure poenarum criminis graviditatis celatae et parturitionis clandestinae dubio. Diss. jur. Präs. Johann Christ. Woltaer. Halle (J. Ch. Hendel) 12. IV. 1800. 29 S. (4.20)
Gew.: Samuel August v. Goldbeck, Carl Friedrich Ballhorn. — Oppon.: Valentin Remmert (Fulda), Carl Ludwig Heinsius (Neumark), Joh. Christian Meyerrheine (Magdebg.).

Frieccius, Kasp. Geo., s. Gesangbuch, Alt=Märk. u. Prignitzsch.

Friccius, Peter [pr. Arzt in Kiel]: Ein Beitrag zur Hasenscharten-Statistik aus der chirurgischen Poliklinik und dem Anscharhause zu Kiel ... Kiel, Druck v. A. F. Jensen, 1896; 79 S. 8.
Kiel, Med. Fak., Inaug.-Diss. v. [18. Febr.] 1896

Frichot, Émile, Études et recherches sur le grain de blé, suivies d'un procédé de stérilisation et de blanchiment des céréales et de leurs farines. gr. 8. (XII, 237 S. m. Abb.) Dreux 899. (Berlin, P. Parey.) n. 5. —

Frick. – Otto Frick. Gedächtnisrede, s. Magazin, pädagogisches.

Frick, Otto. Zur Erinnerung an den Heimgang d. Herrn Otto Frick, Direktor der Franckeschen Stiftungen. gr. 8. (32 S.) Halle a/S. 892. Buchh. d. Waisenhauses. n. — 36

s.a. Zur Erinnerung an d. Heimgang.

Frick

— s. a. Frik.

Frick, Dr., ..., s. Ahasver am Rhein.

Frick, üb. Fatalien u. Appellationen. 8. Tübing. Schramm. 807.

Fricks Handkatalog. Weihnachten 1907. Gr.-8°. (VI, 184 S.)

Frick: Ein Hof– Pfalz– Grafen– Diplom Johann Rists von Kaiser Ferdinand III. 10 S.–Burg, Progr. 1866

Frick, wissenschaftliche Instrumente, s.: Bericht, amtlicher, üb. die Wiener Weltausstellung im J. 1873.

Frick, Dr., s. Katechismus, der römische. — Kirchenzeitung, katholische.

Frick's *Lager-Katalog*. Verzeichnis d. neueren u. gangbaren Erscheinungen auf dem Gebiete d. Forstwirtschaft u. Jagd. Wien 1896. 55 S. P.

Frick, Oden u. Lieder z. singen b. Clavier. 4. Hannov. Hahn. 790.

Frick, ostindische Reisen. 8. Ulm.

Frick's Rundschau. Belehrende u. unterhalt. Mittheilgn. f. Freunde der Land- u. Forstwirthschaft, d. Garten-, Obst- u. Weinbaues, der Haus- u. Kellerwirthschaft, der Bienenzucht, d. Sports, der Jagd u. Fischerei, sowie einschläg. Wissenschaften u. Gewerbe. Red. von Felix v. Thümen. 1. Jahrg. Apr.—Decbr. 1886. 18 Nrn. gr. 4. (Nr. 1: $3^1/_2$ B.) Wien, Frick. n. 3. —

Frick's Rundschau. Belehrende u. unterhalt. Mittheilgn. f. Freunde der Land- u. Forstwirthschaft, d. Garten-, Obst- u. Weinbaues, der Haus- u. Kellerwirthschaft, der Bienenzucht, d. Sports, der Jagd u. Fischerei, sowie einschläg. Wissenschaften u. Gewerbe. Red. v. F. Thümen. 2.—5. Jahrg. 1887—1890. à 24 Nrn. gr 4. (à Nr. ca. $3^1/_2$ B.) Wien, Frick. à Jahrg. n. 4. —

Frick's, Rundschau. Belehrende u. unterhalt. Mittheilgn. f. Freunde der Land- u. Forstwirthschaft, d. Garten-, Obst- u. Weinbaues, der Haus- u. Kellerwirthschaft, der Bienenzucht, d. Sports, der Jagd u. Fischerei, sowie einschläg. Wissenschaften u. Gewerbe. Red. v. Nik. v. Thümen. 6.—9 Jahrg. 1891—1894. à 24 Nrn (à ca. $3^1/_2$ Bog.) gr. 4. Wien, W. Frick. à Jahrg. n. 4. —

Frick's Rundschau. Belehr. u. unterhalt. Mittheilgn. f. Freunde d. Land- u. Forstwirthschaft, d. Garten-, Obst- u. Weinbaues, d. Haus- u. Kellerwirthschaft, d. Bienenzucht, d. Sports, d. Jagd u. Fischerei, sow. einschläg. Wissenschaften u. Gewerbe. Red. von Nik. v. Thümen u. Hans Sedleczko. 10.—13. Jahrg. 1895—1898. à 24 Nrn. (à ca. 28 S.) gr. 4. Wien, W. Frick. à Jahrg. n. 4. —

Frick's Rundschau. Belehrende u. unterhalt. Mittheilgn. f. Freunde der Land- u. Forstwirthschaft, des Garten-, Obst- u. Weinbaues, der Haus- u. Kellerwirthschaft, der Bienenzucht, des Sports, der Jagd u. Fischerei, sowie einschläg. Wissenschaften u. Gewerbe. Red.: Carl Zentzytzki. 14.—17. Jahrg. 1899—1902. à 24 Nrn. gr. 4. (à ca. 28 S.) Wien, W. Frick. à Jahrg. n. 4. —

Frick's Rundschau. Belehrende u. unterhalt. Mitteilgn. f. Freunde der Land- u. Forstwirtschaft, des Garten-, Obst- u. Weinbaues, der Haus- u. Kellerwirtschaft, der Bienenzucht, des Sports, der Jagd u. Fischerei, sowie einschläg. Wissenschaften u. Gewerbe. Red.: Carl Zentzytzki. 18.—21. Jahrg. 1903—1906. à 24 Nrn. (V, 684; IV, 676; IV, 676 u. IV, 684 S.) gr. 4. Wien, W. Frick. à Jhrg. n. 4. —

Frick's Rundschau. Belehrende u. unterhalt. Mitteilgn. f. Freunde der Land- u. Forstwirtschaft, des Garten-, Obst- u. Weinbaues, der Haus- u. Kellerwirtschaft, d. Bienenzucht, des Sports, der Jagd u. Fischerei, sowie einschläg. Wissenschaften u. Gewerbe. Red.: Carl Zentzytzki. 22—25. Jahrg. 1907—1910. à 24 Nrn. (IV, 676; IV, 688; IV, 672 u. IV, 708 S.) 32,5×24 cm. Wien, W. Frick. à Jahrg. 5. —

Frick, Director. Die internationale Thierausstellung: Hamburg 1883. In-8°, 33 S. Aarau, J. J. Christen. — 50

Frick, Uebersicht der vom 1. Octbr. 1879 ab nach der neuen Gerichts-Organisation in Preussen bestehenden Oberlandesgerichte, Landgerichte u. Amtsgerichte. Tabelle in Imp.-Fol. Berlin 879. Vahlen. n. — 50

Frick, was fordert die Gegenwart v. uns, damit der Jugend unseres Volkes die Güter d. Evangeliums bewahrt werden? Vortrag auf dem 18. Congresse f. innere Mission in Danzig am 5. Septbr. 1876 geh. Nebst den vom Congresse beschlossenen Resolutionen. gr. 8. (36 S.) Hamburg 876. Agentur d. Rauhen Hauses. n. — 25

Frick, A., historia traditionum ex monumentis eccl. christ. Ulmae 1740. 4.

Frick, A.: Rundschreiben, s. Barthelmess, Richard

Frick, A.: De traditoribus. P.1.2. – Lips. 1737 - 38.

Frick, A. P., s.a. Frick, Albert Philipp. – Frick, Albrecht Philipp

Frick, A. P., de muneribus ob diem natalem Servatoris dari solitis. Helmst. 1768. 4.

Frick, (Frid.) Adolph. (geb. Burg 16. 3. 1832): Annotationes in pathologiam hydropum. Berolini (1855). (32 S.) 8°
Berlin, Med. Diss. v. 2. März 1855

Frick, Dr. Ad., Der Einfluss der geistigen Getränke auf die Kinder. Ein Vortrag, hrsg. vom Verein zur Bekämpfung des Alkoholgenusses. 8°. Bremerhaven, Chr. G. Tienken, 1892.

Frick, Ad., d. Einfl. d. geistig. Getränke auf d. Kinder. Vortrag. 8. (23 S.) Basel (Spalenvorst. 14) 894. Schriftstelle d. Internat. Vereins z. Bekämpfg. d. Alkoholgenusses. n.n. — 10

Frick, Adf., der Einfluß der geistigen Getränke auf die Kinder. Ein Vortrag. 8. (48 S.) Basel (901). F. Reinhardt. n. — 50

Frick, Ad[olf] Der Einfluss der geistigen Getränke auf die Kinder. Ein Vortrag. 21.—25. Tausend dieser Ausgabe. IV + 24 S. 8. Basel, Schriftstelle des Alkoholgegnerbundes (Fr. Reinhardt, [1902]). fr. —. 10
Alkoholgegnerbund. ⟨Internationaler Verein zur Bekämpfung des Alkoholgenusses.⟩ [Flugschriften.] Nr. 10.

Frick, Ad[olf]. Der Einfluss der geistigen Getränke auf die Kinder. Ein Vortrag. 26.—27. Tausend. IV + 24 S. 8. Basel, Schriftstelle des Alkoholgegnerbundes (Fr. Reinhardt, [1905]). fr. —.
[Alcoholgegnerbund.... Flugschriften.] Nr. 10.

Frick, Ad., der Einfluß d. geistigen Getränke auf die Kinder. Ein Vortrag. 31—33. Taus. (23 S.) 8. Basel (909). Schriftstelle des Alkoholgegnerbundes. p — 10

Frick, Alb., d. Elend des ärztlichen Geschäfts. E. Beitrag z. d. Frage: Wie kann d. ärztl. Proletariat gesteuert werden? gr. 8. (15 S.) Dresden 895. Leipzig, Weller's Verl. n. — 50

— d. deutsche Gastwirthschaft. Beiträge z. d. Frage: Wie kann d. Mißständen d. deutschen Gastwirthschaft gesteuert werden? Zugl. e. Leitfaden f. Gastwirthe u. Gastwirthschaftsbesucher. gr. 8. (32 S.) Ebd. 896. — 60

Frick, Adolf. von Zürich, I. Assistenzarzt der medicinischen Klinik in Zürich: Aus dem Laboratorium der medic. Klinik in Zürich. Bakteriologische Mitteilungen über das grüne Sputum und über die grünen Farbstoff producirenden Bacillen. ([S. A. aus: Virchow's Archiv für pathol. Anatomie u. Physiologie. Bd 116 [S. 266—300]). Berl. (G. Reimer) 1889. 39 S. m. 1 Tab. 8°.
Zürich, Med. Diss. [v. 9. Mai 1889].

Frick, Albert Philipp, s.a. Frick, Albrecht Philipp

— — Libellus singularis de debitoris demortui creditoribus hypothecariis ad separationis beneficium admittendis. Helmstedt (Joh. Heinr. Kühnlin) 1783. 140 S. (6.50)
Druckervignette a. Titelblatt.

— — Disquisitio de jurejurando per genium principis. Helmstedt (Schnorr) 1768. 23 Seiten. (4.20)

— — De clerico fidejussore meletema, ill. Carl Heinrich von Bernstorff (Mecklenburg. Adel) quum dignitatem consiliarii in regimine principatus Blanckenburgici capesseret piet. observ. que caussa dedicatum. Helmstedt (Drimborn) 1760. 38 S. (5.—)

— — Oratio in auspicata sponsalia sereniss. principis ac domini Georgii Friderici Augusti principis Walliae elector. Brunovicensis et Luneburgensis heredis et sereniss.. principis Carolinae Amaliae Elisabethae ducis Brunovicensium et Luneburg. Helmstedt (Sigism. Dav. Leuckart) 2. I. 1795. 56 S. (5.50)

Frick, Albert Philipp (Esslingen/Schwab.), De perennitate pacis religiosae ducentis abhinc annis initae disserit et domino Friedrich Joseph Harttmann fausto novi anni auspicia gratul. Helmstedt (Drimborn) 1755. 35 S. (4.20)

— — Libellus singularis de revocandis tam rebus alienatis quam nummis solutis imminenti aut moto concursus judicio. Helmstedt (Joh. Heinrich Kühnlin) 1777. 94 S. (5.50)
Druckervignette a. Titelblatt.

— — Libellus singularis de aratrorum sanctitate. Ed. nova. Helmstedt 1761. 47 S. (4.80)

— — De testamento parentum inter liberos privilegiato jure civili sine scriptura invalido ad novell. CVII. cap. I. Diss. jur. Präs. Gottfried Ludwig Mencke. Helmstedt (V. B. Paul Diet. Schnorr) 12. X. 1756. 52 S. (5.—)
Gewidm.: August Adolph Frh. v. Cramm (Volckersheim . .), Just. Heinr. v. Boetticher (Helmstaedt . .), Heinrich Bernhard v. Schliestedt (Schliestedt . .).

Frick, Albr., († d. 30. Mai 1776) s. 1) El. *Frick*, schediasma. 2) Jh. *Frick*, meletemata.

Frick, Albrecht Philipp, s.a. F r i c k , Albert Philipp

— de creditoribus hypothecar. debitoris denati ad separationis beneficium admittendis. 4. Helmst. 783. Fleckeisen. 14 ℊ

Frick, Albr. Phil., († d. 21. März 1798) de eo, quod in auctore damnare oportet, rebus evict. 8. Braunschw. 788. Meyer. 16 ℊ

— flores sparsi ad jus Caesar., de electione Pontificis. 4. Leipz., Weygand. 3 ℊ

Frick, A. Ph.: Flores sparsi ad jus caesareum, de electione Pontificis. *Helmstad.*, (Gebhardt et Reisland, *Lips.*) 758. 4. (3 Gr.)

— de revocandis tam rebus alienatis quam nummis solutis imminenti aut moto concursus judicio. 4. Helmst. 777. Fleckeisen. 8 ℊ

— de reservato ecclesiastico ex mente pacis Westphalicae. 4. Leipz. 758. Weygand. 2 ℊ

— de aratrorum sanctitate. 4. Leipz. 759. Weygand. 2 ℊ

Frick Alfons: Uber Popes Einfluss auf H a g e d o r n. 12. Wien XVI. R. 00.
Progr.

Frick, Anton [z. Z. Assistenzarzt a. d. Augenklinik in Strassburg]: Ueber den Frühjahrskatarrh der Conjunctiva .... Würzburg, Paul Scheiner's Buchdr., 1888; 27 S. u. 1 Taf. 8°.
Strassburg, Med. Fak., Inaug.-Diss. v. 1887.

Frick, A n t o n, über den Frühjahrskatarrh der Conjunctiva. Diss. Strassburg i. Els. 1886, Trübners Sort. 8°. 27 S. mit einer Taf.

Frick, August *Ludwig* [aus Weilburg]: Aus d. chirurg. Klinik zu Bonn. Ueber den Knochenabscess ... Bonn, Buchdr. J. Bach Wwe., 1892; 35 S., 1 Bl. 8.
Bonn, Med. Fak., Inaug.-Diss. v. [26.] Febr. 1892

Frick, C., De ephoris Spartanis. Diss. 1872. 82 S.

Frick, C., s. H ü b n e r, Jh., bibl. Historien.

Frick, C., Jahresbericht über die Geschichte der alten Geographie und die Litteratur zu den alten Geographen für 1879 und 1880. S.-A. 1880. 45 S.

Frick, Carl, s. F r i c k , Karl

Frick, Carl Friedrich, s. F r i c k , Karl Friedrich

Frick, Carl Gustav, s. F r i c k , Karl

Frick, Chr., was ist Lutherisch? Vortrag, geh. in der niederhess. Pastoral-Conferenz am 7. Juli 1875. gr. 8. (20 S.) Kassel 875. Jungklaus. n. — 30

Frick, Conrad, s. F r i c k , Konrad

Frick, Constantin, s. F r i c k , Konstantin

Frick, Elias. Beschreibung des Münsters in Ulm . . . Ulm 1766. Neue Ausg. 1777. H: *Hafner, Gotthart.* (ML)

— Beschr. d. Ulmisch. M ü n s t e r s. 4. Ebend. 767.

Frick, Elias, († d. 7. Febr. 1751) Schediasma de cura veterum, circa haereses, hrsg. v. Albr. Frick. 8. Ulm 756. Bartholomaei. 10 ℊ

— Templum parochiale Ulmensium, Ulmischer Münster, od. Beschreib. des Ulmer Münsters ꝛc. Mit Kpf. 4. Ulm 718, 19. verm. Ausg. 731. verm. Ausg. 766 u. 77. Bartholomäi. 20 ℊ

Frick, Fr. Uebungsstoff für das stereometrische Rechnen. gr. 8. (48 S.) Plieningen 889. (Nürtingen, Zimmermann.) ** — 80

Frick, Friedrich. Historische und architectonische Erläuterungen der Prospecte des Schlosses Marienburg in Preussen. Berlin 1802. 4°.

Frick, Friedrich. Schloss Marienburg in Preussen. Berlin 1803. Fol.

Frick, G., s.: Aus deutschen Lesebüchern.

Frick, G., s. B r o n g n i a r t : Über d. Farben.

Frick, G., Die eingetragenen Genossenschaften. 8°. Berlin 1890.

Frick, G., die Kunst weißes Steingut 2c. anzufertigen, s. Schauplatz d. Künste, 56. Bd.

Frick, G., s. S c h a u p l a t z : Neuer, d. Künste u. Handwerke. Bd. 56.

Frick, G. F., Register über die Lieder-Verse des neuen würtemb. Gesangbuchs, s. a. Gesangbuch.

Frick, G. F., Register über d. Lieder-Verse d. neuen würtemb. Gesangbuchs. 8. Stuttg. 813. Steinkopf. 8 gr.

Frick, Geo. Die Elzevir'schen Republiken, s. Abhandlungen, Hallesche, zur neueren Geschichte.

Frick, Dr. Georg. Die Elzevir'schen Republiken. Aus: „Hallesche Abhandlungen zur neueren Geschichte". Heft XXX. 8. Halle 1892.

Frick, Georg [Hrsg.], s. F r i c k , Otto: Pädagogische und didaktische Abhandlungen

Frick, Georg [Hrsg.], s. S c h i l l e r , Friedrich von: Don Karlos Infant von Spanien.

Frick, Georg [Hrsg.], s. S c h i l l e r , Friedrich von: Die Räuber

Frick, Georg [Hrsg.], s. S c h i l l e r , Friedrich von: Wallenstein

Frick, Geo., s.: Schulausgaben, deutsche.

— Wegweiser durch die klassischen Schuldramen Schillers, s.: Aus deutschen Lesebüchern.

Frick, Georg. Herm. (geb. Berlin 15. 7. 1811): De compositione chemica schisti argillacei. Berolini (1834) (28 S.) 8°
Berlin, Phil. Diss. v. 5. Juli 1834

Frick, Glieb., Aufgabenbuch zum Gebrauche für den Rechnenunterricht in Volksschulen, so wie zur Selbstbildung. [Als 3. Aufl. des Rechnungs-Aufgabenbuches.] 8. (VIII u. 182 S.) Wien 851. (Mayer & Co.) 18 ngr.

Frick, Gottl., Rechnungs-Anleitung für Schüler und Erwachsene, worin eine Uebersicht der zum Kopf- und Zifferrechnen unentbehrlichen Auflösezahlen für Maße, Gewichte und Münzen gegeben wird, nebst einer Anleitung zur kürzesten Berechnung der Interessen, Capitalien und Procente. 5., nach dem neuen Münzfuße umgearb. Aufl. 8. Preßburg 860, Wigand.

—— Rechnungs-Aufgabenbuch zum Gebrauche für Lehrer und zur prakt. Uebung fleißiger Schüler, enth.: 1000 systematisch geordnete Beispiele nebst einem Anh. scherzhafter und nützlicher Rechnungen. 2., verm. Aufl. 8. (VIII und 103 S.) Wien 850, (Mayer und Comp.) *

Frick, Hans. Festgabe zur Feier des fünfzigjährigen Bestehens der Gesellschaft für zürcherische H e r a l d i k e r und Historiker. [Mit 1 Tafel.] II + 61 S. 8. Zürich, Schulthess & Co., 1908.

Frick, Hans, Hauspoesie. Kleine Lustspiele, dramat. Gespräche u. Einzelvorträge f. den Familienkreis. Neue Folge. 1. Bdchn. gr. 16. (III, 80 S.) Frauenfeld 892. J. Huber's Verl. n. 1. —
Die 1. Folge s. u.: Zehender, F.

Frick, H. Hauspoesie. Kleine Lustspiele, dramatische Gespräche u. Einzelvorträge f. den Familienkreis. Neue Folge. 1. Bdchn. 2. Aufl. 12°. 79 S. Frauenfeld, J. Huber's Verlag. 1 —
1898.

Frick, Hans, Synodal-Predigt über I. Timotheus IV, 16. gehalten in der St. Peterskirche in Zürich den 11. Juni 1861. gr. 8. (16 S.) Zürich 861, (Meyer und Zeller's Verlag.) *

Frick, Heinrich, approb. Arzt aus Annoeneburg: Aus d. chirurg. Klinik zu Giessen. Über einen Fall von isolirter Luxation des Os naviculare. o. O. 1898. (24 S.) 8°
Giessen, Med. Diss. v. 1898

Frick, Heinr., die chronischen Herz-Erkrankungen. Ihre Entstehg., Verhütg. u. Behandlg. Ärztliche Ratschläge in gemeinverständl. Darstellg. (61 S.) gr. 8. Berlin 903. O. Salle. n. 1. —

Frick, Heinr., d. chronischen Herz-Erkrankgn. Ihre Entstehg., Diätetik u. Behandlg. Ärztliche Ratschläge in gemeinverständl. Darstellg. 2. verm. u. verb. Aufl. (73 S.) 8. Berlin 907. O. Salle. 1. —

— die Wirkungen der Bad-Nauheimer kohlensauren Soolbäder bei Herz- u. Circulationsstörungen. (22 S.) 8. Friedberg 904. C. Bindernagel. n. — 60

Frick, Hermann

Frick, H. Grundriss der antiseptischen Wundbehandlung f. Thierärzte. gr. 8. (VIII, 112 S.) Stuttg. 890, Enke. * 2 80

Frick, H., die erste Hilfe bei Unglücksfällen u. Krankheiten des Pferdes. (VI, 22 S. m. Abbildgn. u. 1 Taf.) kl. 8. Hannover 910. M. u. H. Schaper. — 50

— dasselbe des Rindes. (VI, 20 S. m. Abbildgn. u. 1 Taf.) kl. 8. Ebd. 910. — 50

Frick, H., Lehrbuch der Chirurgie für Thierärzte, s.: Möller, H.

Frick, Hermann, Medizinalprakt.: Aus d. Psychiatr. u. Nervenklinik zu Kiel. Zur Lehre der Crampusneurose. Kiel 1909: Handorff. 16 S. 8°
Kiel, Med. Diss. v. 2. Febr. 1910, Ref. Siemerling
[Geb. 13. Jan. 83 Neubuckow i. M.; Wohnort: Neubuckow; Staatsangeh.: Mecklenburg-Strelitz; Vorbildung: Gymn. Wismar Reife O. 03; Studium: Heidelberg 1, München 2, Rostock 2, München 2, Berlin 2, Kiel 2 S.; Coll. 22. Dez. 08; Approb. 15. Jan. 09.] [U 10. 2437

Frick, H., tierärztliche Operationslehre. (XII, 400 S. m. 214 Abbildgn.) gr. 8. Berlin 906. R. Schoetz. Geb. in Leinw. n. 15. —

Frick, Hugo, 1805—1905. Zur 100. Wiederkehr des Todestages Schillers. An Schiller. (Eine Huldigg.) Speziell f. Lehrerkreise. Mit e. Schillerbildnis. (16 S.) gr. 8. Kaiserslautern 905. H. Kayser. n. — 50

Frick, J., Adressbuch des Gewerbs- und Kaufmannsstandes der Schweiz, s. Adressbuch.

Frick, I., Bulla Clement XI. examin. 4. Ulm. 719.

Frick, J., de cura eccles. vet. circa canonem S. S. Ulm. 1728. 4.

— die Feuerspritze. Anleitung zu deren Bau, Berechnung, Behandlung und Prüfung für Spritzenfabrikanten, Spritzenmeister, Polizei- und Gemeindebeamte 2c. Mit 263 in den Text eingedr. Holzschn. Braunschweig 859. Vieweg & Sohn. gr. 8. (XII, 229 S.) n. 2 rß 20 ngr.

Frick, J., die Feuerspritze. Anleitung zu deren Bau, Berechng., Behandlg. u. Prüfg. f. Spritzenfabrikanten, Spritzenmeister, Polizei- u. Gemeindebeamte 2c. Mit 259 in den Text eingedr. Holzst. 2. verm. u. verb. Aufl. gr. 8. (XIV, 232 S.) Braunschweig 875. Vieweg & Sohn. n. 8. —

Frick, J., de fide Const. M. haud dubie christiana. Ulm. 1713. 4; rep. in ejsd. meletemm. p. 21.

—— wissenschaftliche Instrumente, s. Bericht, amtlicher, über die Wiener Weltausstellung im J. 1873.

Frick, J., Tagegelder, Reisekosten, Tagesdiäten u. Umzugskosten der Mitgl., Beamten u. Sachverständigen etc. der Auseinandersetzungsbehörden. Nach den Bestimmgn. zusammengestellt. (39 S.) gr. 8. Münster 907. H. Mitsdörffer. Kurt. 1. 60

Frick, J. F., histor. u. architekton. Erläuterungen d. Prospekte d. Schlosses Marienburg in Preußen. Mit 19 Kpf. gr. 8. Berl. 802.

Frick, J. G., Comment. de Druidis occidentalium populor. philosophis. Acc. Opuscula quaed. rariora historiam et antiquitates Druidarum illustrantia. C. fig. Ulm 744. 4. 18 gr. jetzt zu 1 rthl. 4 gr.

Frickii, J. G., Dissertatio sistens initia eruditionis apud Romanos. Altorf. 728. 4.

— questio forensis num restitutio in integrum contra rem judicatam. 4. Helmst. Fleckeisen. 805. —

Frick, I. H.

— Abhandl. f. d. protestant. Kirchenrechte etc. 8. Rost. Koppe (u. Stiller.) 773. —

Frick, J. H., Abhandl. v. Rechte d. Handwerker. 8. Gött. Vandenhök. 802. Rthlr.

Frick, Ida, Abschied, s. Bibliothek, europäische.

Frick, Ida [med. pract. aus Hausen a. A.]: Über chronische Bauchfelltuberkulose im Kindesalter. Zürich 1899. 60 S. 1 Bl. 8°.
Zürich. Med. Diss. 1899/1900.

Frick, Ida, aus den Bergen. 8. (302 S.) Leipzig 851, Wienbrack.

Frick, Ida, der Dualist, Roman. 2 Bde. 8. (23 B.) Leipzig 841, Wösenberg.

Frick, Ida, durch Nacht zum Licht. Roman in vier Büchern. 2 Bde. 8. (33 1/2 B. u. 2 Stahlst.) Leipzig 843, Focke.

Frick, Ida, Erzstufen für 1841. Novellen und Erzählungen. gr. 12. Dresden 841, Bromme. 1 1/2 ℛ

— Erzstufen für 1842. Novellen und Erzählungen. gr. 12. Dresden 841, Bromme. (h) 1 1/2 ℛ

— Feldblumen. Zwei Novellen. 1r Bd. Johanna Shore. Die Familie von Felsing. 8. Grimma 840. Verlags-Cpt. 1 2/3 ℛ

Frick, Ida

Die Opfernden Götter. Roman. Th.1.2.
Wien: Markgraf 1862. 8°

(Album. Bibl. dt. Originalromane. Jg.17. Bd.23.24.)

FRICK, J., Koketterie oder Kern und Schale. Roman. 3 Bde. Dresden 1846. 8°. (3 1/4 Rthl.) (3 Mk. 50 Pfg. M. Edelmann, c. 1905.)

— Koketterie od. Kern u. Schale. Roman. 3 Thle. 8. (48 B.) Leipzig 846, Arnoldische Buchh.

— Mohammed u. seine Frauen. Ein biograph. Roman in 3 Abthlgn. 1. Abthl. Der Reformator. 2. Abthl. Der Enttäuschte. 3. Abthl. Der Herrscher. 8. (1. u. 2. Abthl. 50 7/8 B.) Dresden u. Leipzig 844, Arnoldische Buchh.

— Mohammed und seine Frauen. Ein biogr. Roman in 3 Abtheil. 1. Abthl. Der Reformator. 2. Abthl. Der Enttäuschte. 8. Ebend. 844. 4 1/2 ℛ

— Novellen. 1. Bd. Prophetie. — Die Nebenbuhlerinnen. 8. Altenburg 846, Helbig. 1 ℛ — 2. Bd. Der Adelstanz. — Der Katharinenstein. — Die Ruine des Tannenberger Wartthurmes. — Die Ruine von Gordovall. gr. 8. Ebend. 846. 1 ℛ

— Novellen. 2 Bde. Leipzig 860. Hübner. (Plauen, Schröter.) 8. (VI, 401 S.) 1 ℛ 10 ngr.

— keine Politik. Roman. 2 Thle. 8. (VI und 424 S.) Leipzig 850, Wienbrack.

— keine Politik. Roman. 2 Thle. 8. (1: IV u. 230 S. 2: IV u. 194 S.) Ebd. 850. 2 ℛ 12 ngr

Frick, Ida, Sirene. Roman. 2 Thle. 8. (VI und 488 S.) Leipzig 852, Wienbrack.

— Sirene. Roman. 2 Thle. 8. (1: IV u. 224 S. 2: IV u. 264 S.) Ebd. 852. 2 2/3 ℛ

Frick, Ida: Der Frauen Sklaventhum und Freiheit, ein Traum am Haus Heiling-Felsen, allen deutschen Frauen und Jungfrauen gewidmet. — Dresden u. Leipzig: Arnoldi 1845. 105 S. 8°

— die Todt-Lebendigen. Roman. 2 Bde. 8. (1: 318 S. 2: 331 S.) Stuttgart 848, Hallberger'sche Verl.-B. — 2. (Titel-) Aufl. 2 Bde. 8. Ebd. 851. 2 ℛ

— siehe: Vor u. auf den Bretern.

— Sybrecht Willms. Ein histor. Roman in 6 Abschnitten. 2 Thle. 8. (27 3/4 B.) Dresden 843, Arnoldische Buchh.

Die Verkoppelung oder wirtschaftliche Zusammenlegung von Grundstücken. Eine kurze Darstellung d. Verfahrens f. d. Grundbesitzer u. Landwirt von I[mmanuel] Frick. *Münster i. W.: H. Mitsdorffer 1901.* (53 S.) 8° [F.] [illegible]

Frick, I[mmanuel]: Die Verkoppelung oder wirtschaftliche Zusammenlegung von Grundstücken in Preußen. E. kurze Darst. d. Verfahrens f. d. Grundbesitzer u. Landwirt. 2. Aufl. Paderborn 1913. 8° *[1. Aufl. 1904.]*

— **Jo. Georg** (Ulm), Diss. crit. regulis generalibus quibus scripta supposititia et interpolata dignoscuntur certitudinem et universalitatem vindicans. Präs. Jac. Wilh. Feuerlin. Altdorf (M. D. Meyer) 21. VI. 1726. 24 S. (4.80)

— **Johann**, Epistola qua viro Carl Friedrich Walch summam juris lauream gratul. et de veterum Quiritium adclamationibus forensibus brev. comment. Jena (Schill) 1753. 8 Seiten. (3.—)

Frickii, J., Meletemata varia theologici, critici, historici argumenti. Ulm. 756. 4. 3 rthl.

— meletemata varia. Hrsg. v. Albr. Frick, s. Sohne. 4. Ulm 756. Wohler, Stettins, u. Bresl., J. F. Korn. 2 ℛ 8 g.

Frick, Jh., († d. 1. Nov. 1769) monita Isocratea, s. *Isocrates*.

— monita Icocratea ad exempl. Patavin. c. Facciolati et suis animadv. 8. Ienae, Croecker. 765. —

— — Romana in principes juventutis pietas ad natales auspic. seren. princ. juv. Caroli Augusti et seren. princ. Frid. Ferdin. Conastant. ducum Saxoniae in ill. gymnasio Wilhelmo-Ernestino Weimar (Glüsing) 11. IX. 1769. 12 S. mit Namen. (3.—)

- - - - Commentatio de titulo matris castrorum in antiquis monumentis. — Invit. dec. ad panegyr. soll. natalem dominae Annae Amaliae ducis Saxoniae. in ill. gymnasio. Weimar (Glüsing) 26. X. 1768. 12 S. (2.50)

Frick, Joh. Bapt., der kostbare Schatz des heiligen Blutes. Ein Gebet- und Erbauungsbuch zur Verehrung des heil. Blutes unsers Herrn Jesus Christus. 12. (IV und 436 S. mit 1 Ttlkpfr.) Ravensburg 852, Dorn'sche Buchh.

Frick, Johann Carl Ferdinand, s. Frick, Johann Karl Ferdinand

— **Johann Heinrich,** Disquisitio de commendatorum ordinis Teutonici qualitate civili et foro eorum in actionibus personalibus. Göttingen (Victor. Bossigel) 1769. 94 S. (6.—)

Frick, Johann Karl Ferdinand

Frick, Ioan. Car. Ferd. (geb. Burg 1796): De theoria vocis. Berolini (1819). (24 S.) 8°

Berlin, Med. Diss. v. 20. Apr. 1819

(**Frick,** Ioannes Rudolphus): •De Dioritae nonnullis speciebus in Silesia inventis. 16 S. 4° (2°)

Halle-Wittenberg. Phil. Diss. v. 8. April 1851
Geb. Hausen-Albis (Kant. Zürich) 11. 9. 1829. V.
Die mit eingereichte deutsche Fassung nebst 2 Profilen u. Karte wurde dem Verf. zurückgegeben behufs Drucklegung als Habil.-Schrift in Zürich u. erschien u. d. T.: H. R. Frick: Ueber schlesische Grünsteine. 25 S., 2 Taf. 4° in: Neue Denkschriften der allg. Schweizerischen Gesellschaft f. d. ges. Naturwissenschaften. Bd 12. Abhdlg. 6. Zürich 1852. Verf. kommt aber nicht vor in (H. Weber & J. Werner): Verzeichnis zürcherischer Universitätsschriften 1833—97. Zürich 1904.

Frick, Josef

Frick, J., Anfangsgründe d. Naturlehre. Mit 7 lithogr. Taf. gr. 8. Freiburg 843, Fr. Wagner. 3/4 ₰

Frick, J., Anfangsgründe der Naturlehre. 2., verb. Aufl. gr. 8. (XIV und 227 S. mit 9 Stnt. in qu. gr. 4.) Freiburg im Br. 851, Wagner'sche Buchh. *

Frick, J., Anfangsgründe der Naturlehre. 3. verb. Aufl. Mit 221 in den Text gedr. Holzschn. Freiburg im Br. 856. Wagner. 8. (XIV, 262 S.) n. 27 ngr

Frick, J., Anfangsgründe der Naturlehre. 4., verb. Aufl. gr. 8. (XIV und 281 S. mit 221 in den Text gedr. Holzschn.) Freiburg im Br. 861, Wagner'sche Buchh.

Frick, Jos., Anfangsgründe der Naturlehre für die mittleren Klassen höherer Lehranstalten. 5. Aufl. 865. - 6. verb. Aufl. Mit 259 in den Text gedr. Holzschn. Freiburg i. B. 868. Wagner. gr. 8. (XIII, 217 S.) n. 27 ngr

Frick, J., Anfangsgründe der Naturlehre für die mittleren Klassen höherer Lehranstalten. 7. Aufl. 1871, und 8. verb. Aufl. gr. 8. (XV, 222 S. mit 258 in den Text gedr. Holzschn.) Freiburg im Br. 875, Wagner'sche Buchh. *

Frick, J., Anfangsgründe der Naturlehre f. die mittleren Klassen höherer Lehranstalten. 8. verb. Aufl. Mit 258 in den Text eingedr. Fig. (in Holzschn.) gr. 8. (XV, 223 S.) Freiburg i/Br. 875. Wagner. n. 2. 70

— Anleitung zu physikalischen Versuchen in der Volksschule. Mit 134 in den Text eingedr. Holzst. Braunschweig 867. Vieweg & S. 8. (XI, 129 S.) n. 12 ngr

Frick's, J., Anleitung zu physikalischen Versuchen in der Volksschule, bearb. v. F. X. Lehmann. 2. Aufl. Mit 173 in den Text eingedr. Holzst. 8. (XIV, 178 S.) Braunschweig 879. Vieweg & Sohn. n. 2. 20

—— physikalische Aufgaben, s. Gruber, K., der Rechenunterricht.

—— Lehrbuch der Naturlehre für obere Klassen höherer Lehranstalten. gr. 8. (X und 480 S. mit 500 in den Text eingedr. Holzsch.) Freiburg im Br. 866, Wagner'sche Buchh. *

— Lehrbuch der Naturlehre f. obere Klassen höherer Lehranstalten. 2. verb. Aufl. Mit 510 in den Text eingedr. Fig. gr. 8. (VIII, 442 S.) Freiburg i/B. 874. Wagner. n. 6. —

Frick, Jos., 300 Rätsel, samt 100 Scherzfragen. 16. (97 S.) Ravensburg 893. O. Maier. n. — 70; feine Ausg. n. — 90

— allgemeine katholische Statistik der Einwohnerzahlen m. besond. Berücksicht. Württembergs. 12. (21 S.) Stuttgart 893. J. Roth. n. — 25

—— physikalische Technik oder Anleitung zur Anstellung von physikal. Versuchen und zur Herstellung von physikal. Apparaten mit möglichst einfachen Mitteln. gr. 8. (XII und 526 S. mit 568 in den Text eingedr. Holzschn.) Braunschweig 850, Vieweg und Sohn. *

— die physikalische Technik oder Anleitung zur Anstellung von physikalischen Versuchen und zur Herstellung von physikal. Apparaten mit möglichst einfachen Mitteln. 2. verm. u. verb. Aufl. Mit 810 in den Text eingedr. Holzschn. Braunschweig 856. Vieweg. gr. 8. (XXIII, 588 S.) n. 2 ₰ 15 ngr

—— die physikalische Technik oder Anleitung zur Anstellung von physikal. Versuchen und zur Herstellung von physikal. Apparaten mit möglichst einfachen Mitteln. 3., verm. und verb. Aufl. gr. 8. (XXIV und 656 S. mit 908 in den Text eingedr. Holzst.) Braunschweig 864, Vieweg und Sohn. *

— die physikalische Technik od. Anleitg. zur Anstellg. v. physikal. Versuchen u. zur Herstellg. v. physikal. Apparaten m. möglichst einfachen Mitteln. 4. verm. u. verb. Aufl. Mit 986 in den Text eingedr. Holzschn. gr. 8. (XXIV, 704 S.) Braunschweig 872. Vieweg & Sohn. n. 10. 50

—— die physikalische Technik oder Anleitung zur Anstellung von physikal. Versuchen und zur Herstellung von physikal. Apparaten mit möglichst einfachen Mitteln. 5. verm. und verb. Aufl. gr. 8. (XXV, 740 S. mit 998 in den Text eingedr. Holzschn.) Ebendas. 876. *

Frick's, J., physikalische Technik, speciell Anleitg. zur Ausführung physikal. Demonstrationen u. zur Herstellg. v. physikal. Demonstrations-Apparaten m. möglichst einfachen Mitteln. 6., umgearb. u. verm. Aufl. v. Otto Lehmann. [In 2 Bdn.] 1. Bd. gr. 8. (XXII, 725 S. m. 708 Holzst.) Braunschweig 880. Vieweg & Sohn. n. 15. —

Frick's J., physikalische Technik, spec. Anleitg. z. Ausführung. physikal. Demonstrationen u. z. Herstellg. v. physikal. Demonstrations-Apparaten m. mögl. einf. Mitteln. 6., umgearb. u. verm. Aufl. v. Otto Lehmann. (In 2 Bdn.) 2. Bd. gr. 8. (XXIV, 1054 S. m. 1016 Holzst. u. 3 Taf.) Braunschweig 895. F. Vieweg & Sohn. n. 20. — (kplt.: n. 85. —)

Frick's, J., physikalische Technik od. Anleitung zu Experimentalvorträgen sowie zur Selbstherstellg. einfacher Demonstrationsapparate. 7. vollkommen umgearb. u. stark verm. Aufl. v. Otto Lehmann. (In 2 Bdn.) I. Bd. 2 Abtlgn. Lex.-8. Braunschweig, F. Vieweg & Sohn. n. 40. —; geb. in Halbfrz. n. 44. —

1. Mit 2003 in den Text eingedr. Abbildgn. u. 1 Bildnis des Verf. (XXIII, 630 S.) 904. n. 16. —; geb. n. 18. —
2. (XX, S. 631—1631 u. 32 S. m. 1905 Abbildgn.) 905. n. 24. —; geb. n. 26. —

Frick's, J., physikalische Technik od. Anleitung zu Experimentalvorträgen sowie zur Selbstherstellg. einfacher Demonstrationsapparate. 7. vollkommen umgearb. u. stark verm. Aufl. v. Otto Lehmann. II. Bd. 2 Abtlgn. Lex. 8. Braunschweig, F. Vieweg & Sohn. 60. —; geb. in Halbfrz. 65. —
1. (XVII, 702 u. 3 S. m. 1443 Abbildgn. u. 3 Taf.) 907. 20. —; geb. 22. —
2. (XVI u. S. 703—2072 m. 2329 Abbildgn. u. 14 farb. Taf.) 909. 40. —; geb. in Halbfrz. 43. —
Bd. I. Ebd. 904. 05. 40. —; geb. 44. —.

Frick, Julius: Die wirtschaftlichen Verhältnisse des Weinbaues und Weinhandels im Elsass seit 1871. (Gekr. Preisschrift.) Rixheim 1911: Sutter. XVI, 255 S. 8° ¶ (Auch b. Herder, Straßburg.)
Straßburg, Rechts- u. staatswiss. Diss. v. 10. Dez. 1910, Ref. Sartorius Frh. v. Waltershausen
[Geb. 13. Aug. 79 Ammerschweier; Wohnort: Straßburg; Staatsangeh.: Elsaß-Lothringen; Vorbildung: Gymn. Lörrach Reife M. 01; Studium: Freiburg i. B. 2, Straßburg 16 S.] [U 11. 4201

Frick, K., Ueber Lehrlings- und Accordwesen der schweizer. Metallindustrie. Im Auftrage des Centralvorstandes des Schweiz. Metallarbeiter-Verbandes bearbeitet. 8°. Zürich, Buchh. d. Schweiz. Grütlivereins, 1893.

Frick, Karl Beiträge zur griechischen Chronologie und Litteraturgeschichte. (I. Akusilaos von Argos. II. Hellanikos von Lesbos und die athenische Königsliste. III. Julius Africanus und die Excerpta latina Barbari.) 14 S. Progr. *Höxter* 1880.

Frick, Carl (geb. Burg 19. 12. 1845): Ueber Chorea. Berlin (1870) (37 S.) 8°
Berlin, Med. Diss. v. 30. Juli 1870

Frick, [Karl], Prof. Dr.: Die Darstellung der Persönlichkeit in Xenophons Anabasis. Höxter 1905: C. D. Flotho. (S. III—X.) 4°
Höxter, König Wilhelms-G OP 1905 (420)

Frick, [Karl]: Die Darstellung der Persönlichkeit in Xenophons Anabasis. S. III—X. 4.
Progr. König Wilhelms-Gymn. *Hoxter a. d. Weser* 1905 (420).
1. Die Charakteristiken des Kyros und der ermordeten Feldherrn.

[Gedicht.] Dem Meister. Am 8ten Nov. 1861. [Unterz.:] Carl **Frick** und C. **Hennig**. o. O. [1861]. 2 Bl. 8° [Umschlagtit.]
„Dreifaches Heil . . ."

Frick, Karl, approb. Arzt aus Amöneburg: **Heilung der tuberkulösen Peritonitis durch Laparotomie.** *Leipzig 1901: B. Georgi.* (37 S.) 8°
Leipzig, Med. Diss. v. (17. Mai) 1901

Frick, C., u. W. Selhausen, Leitfaden f. den biographischen Geschichtsunterricht an höheren Lehranstalten Preußens. 2 Tle. gr. 8. Leipzig 884. Teubner. cart. n. 2. 20
1. Pensum der Sexta. Von Wilh. Selhausen. (IV, 76 S.) n. 1. —
2. Pensum der Quinta. Von Carl Frick. (IV, 136 S.) n. 1. 20

Frick, C., u. W. Selhausen, Leitfaden f. den biographischen Geschichtsunterricht an höheren Lehranstalten Preußens. 1. u. 2. Tl. 2. Aufl. gr. 8. Leipzig 889. Teubner. cart. n. 2. 20
1. Pensum der Sexta. Von Wilh. Selhausen. (VI, 76 S.) n. 1. —
2. Pensum der Quinta. Bearb. u. weitergeführt von P. Robitsch. (IV, 145 S.) n. 1. 20

Frick, Carl, Leitfaden der Heimatkunde Westfalens im Anschluß an die Wandkarte v. Fix. 8. (64 S.) Höxter 882. Buchholtz in Comm. n. — 60

Frick, Carol., S. J., Logica, s.a. Cursus philosophicus. I.

Frick, Carolo, Logica. In usum scholarum. gr. 8. (VIII, 296 S.) Freiburg i/B. 893. Herder. n. 2. 60; geb. in Halbfrz. n. 3. 80

Frick, Carolus, S. J., Ontologia sive metaphysica generalis, s.a. Cursus philosophicus. II.

— Ontologia sive Metaphysica generalis. In usum scholarum. gr. 8. (VIII, 204 S.) Ebd. 894. n. 2. —; geb. in Halbfrz. n. 3. 20

Frick, Carl Die Quellen Augustins im XVIII. Buche seiner Schrift de civitate dei. 8 (83 S.).
Progr. König Wilhelms-G. *Höxter* 1886 (332).

Frick, C., die Quellen Augustins im XVIII. Buche seiner Schrift de civitate dei. gr. 8. (83 S.) Höxter 886. (Buchholtz.) n. 1. —

Frick, Car. Frid. (geb. Tangermünde 10. 7. 1826): De chiloplastice. Berolini (1851). (27 S.) 8°
Berlin, Med. Diss. v. 29. Dez. 1851

Frick, Car. (Gust.) (geb. Burg 13. 5. 1820): De renum tuberculosi. Berolini (1842). (36 S.) 8°
Berlin, Med. Diss. v. 31. Jan. 1842

— geographisches Vademecum für den historischen Unterricht vornehmlich an Gymnasien. gr. 8. (III, 91 S.) Leipzig 881. Teubner. cart. n. 1. —

Frick, Karl Friedrich

Frick, Carl Frdr., die Diphtheritis mit besond. Berücksichtigung der epidemischen Diphtheritis in der Elbniederung in den J. 1863, 1864 u. 1865. Osterburg 865. Doeger. gr. 8. (43 S.) n. 6 ngr.

Frick, Carl Frdr., die Diphtheritis oder Rachenbräune, populär besprochen. 2. Aufl. 8. (95 S.) Wolmirstedt 883. (Magdeburg, Heinrichshofen.) n. — 80

Frick, Konrad

Frick, Conrad [aus Burg]: Über zwei Fälle von primärem Scheidensarkom bei kleinen Kindern. . . . Halle a. S., Druck d. Buchdr. d. Waisenhauses, 1888; 1 Bl. + 37 + 1 S. + 1 Bl. u. 1 Tab. 8°
Halle, Med. Fak., Inaug.-Diss. v. 17. Dez. 1888

Frick, Konstantin

Frick, Const., Antritts-Predigt über Evangelium Matthäi, Kap. 4, Vers 1—11, geh. am 6. März 1881. gr. 8. (16 S.) Barmen 881. Wiemann. n.n. — 25

[F.] Christliche Charakterbildung. Vortr., geh. bei d. Generalvers. d. Westdeutschen Jünglingsbundes am 4. Aug. 1894 v. Konstantin **Frick**, Pfarrer in Barmen . . . *Elberfeld: Westdeutsch. Jünglingsbund 1894.* (24 S.) 1 Bd 8. [94. 990

— Handreichung zum leichteren Schriftverständnis. I.—III. Tl. 8. Barmen, Wupperthaler Traktat-Gesellschaft. n. 2. —
I. Der Römerbrief. Neuer Abdr. (116 S.) 893. n. — 75
II. Der 1. Johannisbrief. (64 S.) 893. n. — 50; geb. n. 1. —
III. Der Hebräerbrief. (80 S.) 894. n. — 75

— Noah, e. Prediger der Gerechtigkeit aus uralter Zeit, aber auch f. unsere Zeit, nach 1 Mose 6,28—Kapitel 9. 12. (101 S.) Ebd. 891. n. — 60; geb. in Leinw. n. 1. 20

Frick, Const., Noah, e. Prediger d. Gerechtigkeit aus uralter Zeit, aber auch f. unsere Zeit, nach 1. Mose 5,28 — Kap. 9. 2. Aufl. 8. (127 S.) Barmen (898). Wupperthaler Traktat-Gesellschaft. n. — 80; geb. in Leinw. n. 1. 50

— das Vaterunser in 9 Predigten ausgelegt. 8. (VIII, 112 S. m. Bildnis. Ebd. (898). n. 1. 20; geb. in Leinw. n. 1. 80; m. Goldschn. n. 2. 20

Frick, Louis. Die Weltgeschichte in 100 Versen. Baltimore: Juenger & Mueller, 1874. GSP

Frick, Max. Graf Sterneck. Trauerspiel in 5 Aufzügen. 8. (78 S.) Lpz.-Reudnitz 891, M. Hoffmann. 1 —

Frick, Maximil. (Herm. Car.) (geb. Tangermünde 8. 1. 1838): De abortu habituali. Berolini (1864). (32 S.) 8°
Berlin, Med. Diss. v. 30. Juli 1864

Frick, Otto, pädagogische u. didaktische Abhandlungen. Hrsg. v. Geo. Frick. 1. u. 2. Bd. gr. 8. (VII, 580 S. m. 2 Tab.) Halle a/S. 893. Buchh. d. Waisenhauses. n. 21. —
1. (VII, 580 S. m. 2 Tab.) n. 9. —. 2. (III, 739 S.) n. 12. —.

Frick, O.: Dionysii Byzantii Anaplum Bospori ex Gillio excerptum edidit et illustravit. 38 S. und Karte. – Progr. Wesel 1860.

Frick, O., s.: Aus deutschen Lesebüchern.

Frick, Otto, u. Karl Knöll, Baukonstruktionslehre, s.: Unterricht, der, an Baugewerkschulen.

Frick, Otto, der Begriff der Nationalität u. die deutsche Nation. 16. (48 S.) Berlin 870. Rauh. — 60

— Bericht über die Einweihung des neuen Gymnasialgebäudes. 11 S. Progr. Rinteln 1877.

Frick, Otto Bericht über die Feier der Grundsteinlegung zum neuen Gymnasialgebäude. 7 S. Progr. Rinteln 1876.

Frick, Otto Paulus Martinus: •De poesis in Platonis philosophia conditione. 40 S. 4° (2°)
Halle-Wittenberg, Phil. Diss. v. 17. Sept. 1855
Geb. [Schmetzdorf (Kr. Jerichow II) 21. 3. 1832]
Verf. wurde 12. 2. 1890 in Halle D. theol. h. c.

Frick, O., conjectaneorum in Dionysii Byzantii Anaplum Bospori part. I. gr. 4. (12 S.) Burg 865, (Hopfer.) *

Frick: Coniectan. in Dionysii Byz. Anaplum Bosp.part.I. 12 S.–Burg, Progr. 1865

Frick, O., u. Fr. Polack, epische u. lyr. Dichtgn., erläut. f. d. Oberklassen d. höh. Schulen u. f. d. deutsche Haus, s.a. Aus deutschen Lesebüchern.

Epische und lyrische Dichtungen. Unter Mitw. bewährter Schulmänner hrsg. von Dr. O[tto] Frick u. F[riedrich] Polack, Schulrat a. D. 4. Aufl. unter Mitw. von Dr. G[eorg] Frick u. Dr. P[aul] Polack, Sem.Dir. Abt. 1. 2. Leipzig & Berlin: Th. Hofmann (2: B. G. Teubner ⟨Th. Hofmann⟩) 1906–08. 2 Bde 8° [F.]
1. Epische Dichtungen. 1906
2. Lyr. Dichtungen. Hrsg. von G. Frick u. P. Polack. 1908.
— Lesebüchern, Aus deutschen. Bd 4. I. 8. 9467

— Friedrich Schillers Dramen, s.: Aus deutschen Lesebüchern. V. 2.

Frick, Otto, die Einheit der Schule. Referat, geh. den 1. Oktbr. 1884 auf dem 3. deutschen evangel. Schulkongreß zu Stuttgart. [Aus: „Denkschrift d. Kongresses".] gr. 8. (44 S.) Frankfurt a/M. 884. Schriften-Niederlage d. Evangel. Vereins. n. — 40

Frick [Halle] u. Friedel [Stendal], in wieweit sind die Herbart-Ziller-Stoy'schen didaktischen Grundsätze f. den Unterricht an den höheren Schulen zu verwerten? Sep.-Abdr. der Referate zu den Verhandlungen der 4. Direktoren-Konferenz der Prov. Sachsen. gr. 8. (128 S.) Berlin 883. Weidmann. n. 1. 60

Frick: Ausgeführter Lehrplan für den deutschen Unterricht. 27 S.– Burg, Progr. 1867.

Frick, O.: Ausgeführter Lehrplan für den lateinischen und griechischen Unterricht. 28 S. – Potsdam, Progr. 1869.

Frick, Lehr-Plan für den lateinischen u. griechischen Unterricht, s. Lehrplan.

— s.: Lehrproben u. Lehrgänge aus der Praxis der Gymnasien u. Realschulen.

Frick, O.: Mittheilungen aus dem Grundlehrplan in 3 Abschnitten. 18 S. 4°–Potsdam G., Progr. 1871.

Frick, O., die Möglichkeit der höheren Einheitsschule, s.: Schriften d. deutschen Einheitsschulvereins.

Frick, O., Mythus u. Evangelium, s.: Zeitfragen des christlichen Volkslebens.

— das Passions-Spiel in Ober-Ammergau. Ein Vortrag. 2. (Titel-)Ausg. 16. (52 S.) Halle (1871) 880. Strien. n. — 60

Frick, Otto: Rede zur feierlichen Eröffnung des Gymnasiums zu Burg am 11. April 1864 gehalten von Otto Frick.
Aus: Reden zur feierlichen Eröffnung des Gymnasiums zu Burg am 11. April 1864.
Burg, Gymn., Progr. 1864.

—— und Heiland, Reden etc., s. Heiland.

— u. H. Meier, s.: Sammlung pädagogischer Abhandlungen.

Frick, Otto. Schulreden. Hrsg. v. Geo. Frick. gr. 8. (117 S.) Gera 892, Hofmann. * 1 50

— das Seminarium praeceptorum an den Francke'schen Stiftungen zu Halle. Ein Beitrag zur Lösung der Lehrerbildungs-Frage. gr. 8. (III, 62 S.) Halle 883. Buchh. d. Waisenhauses. n. 1. 20

—— Die Franckeschen Stiftungen. 16. (33 S.) Halle a. S. 892, Buchh. d. Waisenhauses. * — 36
Aus: Die Stadt Halle a. S. im J. 1891, besonders abgedruckt.

— u. H. Gaudig, Wegweiser durch die klassischen Schuldramen, s.a. Aus deutschen Lesebüchern.

Wegweiser durch die klassischen Schuldramen. Für d. Oberkl. d. höh. Schulen bearb. von Dr. O[tto] Frick, weil. Dir. d. Franckeschen Stiftungen (Abt. 3 f. u. Dr. H. Gaudig). Abt. 1–4. *Gera & Leipzig: Th. Hofmann 1892–93.* 4 Bde 8° [F.]
[illegible]
[illegible]
[illegible]
— Lesebüchern, Aus deutschen. Bd 5.

Frick, Otto, das platäische Weihgeschenk zu Konstantinopel. Ein Beitrag zur Geschichte der Perserkriege. Nebst Zeichnungen von P. A. Dethier. gr. 8. (70 S. mit 1 Tab. in qu. 4. und 1 Stnt. in qu. Fol.) Leipzig 859, Teubner. *
Aus: Jahrbücher für class. Philologie, 3. Supplementbd., besonders abgedruckt.

Frick, Otto: Das Wesen der wahren Bildung, s. Zeitfragen des christl. Volkslebens.

— über das Wesen der Sitte, s. Zeitfragen des christlichen Volkslebens.

Frick, Otto, Xenophontis quae fertur apologia Socratis num genuina putanda sit, s.a. Dissertationes philologicae Halenses. XIX, 1.

Frick, Otto, Stutgardensis: Xenophontis quae fertur Apologia Socratis num genuina putanda sit. *Halis Sax. 1903: Orphanotropheum.* (31 S.) 8° (Erscheint vollst. in: Dissertationes Philol. Halenses, Vol. 15.)
Halle, Phil. Diss. v. 1903

— Xenophontis quae fertur apologia Socratis num genuina putanda sit. Diss. 1903. 81 S. 1.—
— — kompl. 1909. 166 S. 2.50

Frick, Otto Paulus Martinus, s. Frick, Otto

Frick, Paul [illegible]

Frick, Paul, s.: **Kommentar zum Lesebuch f. die katholischen Volksschulen Württembergs.**

— die Lehrerbildung in Württemberg. Ein Ueberblick üb. Erziehg., Unterricht u. Prüfgn. der Kandidaten u. Kandidatinnen des Volksschulamtes. 8. (216 S.) Stuttgart 902. Muth. n. 2. 40; geb. in Leinw. n. 2. 80

Frick, Paul, Lehrplan f. die württembergischen Volksschulen. Mit Erläutergn. hrsg. (VII, 214 S.) 8. Stuttgart 907. Muth. Geb. 3. —

Frick, Paul, Normallehrplan f. d. württemberg. Volksschulen. M. Erläutergn. hrsg. unt. Mitwirkg. v. J. Stärk u. A. Schneiderhan. 8. (VIII, 287 S. m. 1 Schrifttaf.) Stuttgart 897. [J. Roth.] Muth. n. 2. 80; geb. n. 3. 20

— Raphael. Ein Führer im Gebet f. d. Jugend. 2., verm. Aufl. (8.—17. Tauf.) 16. (VIII, 215 S. m. 1 Farbdr.) Stuttgart 899. Muth. Geb. in Leinw. n. — 50; Geschenkausg., eleg. geb. m. Goldschn. n. — 80

Frick, Paul, Raphael. Ein Führer im Gebet f. die Jugend. 3. Aufl. (208 S. m. 1 Farbdr.) 16. Stuttgart 903. Muth. Geb. in Leinw. n. — 50; m. Goldschn. n. — 80

— u. **J. Schneiderhan**, die Volksschulmethodik. Im Anschluß an den Normallehrplan f. die württemberg. Volksschulen bearb. gr. 8. (XVI, 527 S.) Ebd. 899. Geb. in Leinw. n. 5. —

— u. **J. Schneiderhan**, die Volksschulmethodik. 2., vollständig umgearb. Aufl. (332 S.) 8. Ebd. 903. Geb. in Leinw. n. 4. 50

— u. **J. Schneiderhan**, d. Volksschulmethodik. 3. Aufl., auf Grund des Lehrplans f. die württ. Volksschulen v. 8. III. 1907 umgearb. u. hrsg. v. Paul Frick. (VIII, 335 S.) 8. Ebd. 908. Geb. in Leinw. 4. 50

Frick, Reinhold, aus Nürtingen: **Hernani als litterarischer Typus.** *Pfeningen 1903: F. Find.* (80 S.) 8° ¶(Kap. 3 d. Werkes: Hernani u. seine Vorläufer in d. Weltlitteratur.)
Tübingen, Phil. Diss. v. 1903

Frick, Theodor

Frick, Th. Ueber die Behandlung cariöser Approximalflächen an Molaren und Bicuspidaten. Vortrag, gehalten am 5. Congresse der Schweizer. odontolog. Gesellschaft in Genf (am 4. Oct. 1890). Gr. in-8°. 14 S. Zürich, Fr. Schulthess. — 80
1891

Frick, W., Bierbrauerei, s.: **Uhland's**, Wilh. Heinr., Handbuch f. den praktischen Maschinen-Konstrukteur. V.

Frick, Walter, appr. Arzt: Über angeborene Pektoralisdefekte. Berlin: Trenkel 1910. 25 S. 8°
Königsberg, Med. Diss. v. 24. März 1910, Ref. Lexer
[Geb. 19. Aug. 83 Königsberg i. P.; Wohnort: Königsberg; Staatsangeh.: Preußen; Vorbildung: Gymn. Memel Reife O. 03; Studium: Königsberg 5, Berlin 2, Marburg 1, Königsberg 2 S.; Coll. 22. Mai 09; Approb. 6. Febr. 10.] [U 10. 2569

Frick, Wilh., s.: **Schussen, Wilh.**

Der **Humanismus**, das Prinzip der Freimaurerei. Eine Denkschrift. [Von Wilh. Aug. **Frick** und Ad. **Büchle**.] Leipzig: Findel 1881. 25 S. 8° [Umschlagtit.]
Abgedr. in: Bh. 24 (1881) S. 2—5, 9—18.
Recens: Al. 7 (1881) S. 93—95 (A. Steck), abgedr. in: Bh. 24 (1881) S. 118; vgl. ferner: O. 7 (1881) S. 38; Z. 11 (1881) S. 15—16.
cf. Lglsl. 8 (1880—1881) No 45; Bh. 24 (1881) S. 68—69 (L. Hoffmann), 121—124 (Th. Busch); Maier, G.: Weltliche Frmrei. 1888 S. 3—8; Lglsl. 9 (1881—1882) No 4.
Tt. 1625. Die sogen. „Badener Denkschrift" verlangt Wiederherstellung vollkommener Glaubens- u. Gewissensfreiheit in der Loge.

System der Freimaurerei der Loge Badenia zum Fortschritt im Or.·. Baden. Nach dem System der Brr Aug. **Fické** und [Bronislaw Ferd.] v. **Trentowski** aus der Loge zur edlen Aussicht im Or. von Freiburg auf rein humanistischer Grundlage neu bearb. von [Wilh. Aug.] **Frick.** Erster Grad. [Baden-Baden 1896: Kölblin.] 72 S. 4°

Frick, Willy: Aus d. chirurg. Klinik zu Bonn. Ueber die Carcinome der Nasenhöhle ... Bonn, Buchdr. J. Bach Wwe, 1892; 49 S., 1 Bl. 8.
Bonn, Med. Fak., Inaug.-Diss. v. [15.] Dez. 1892

Frick-Forrer, Hs., das Grossmünster in Zürich u. dessen Umgebung. Für Einheimische u. Fremde dargestellt. Mit Illustr. in Holzschn. 8. (72 S.) Zürich 886. Schulthess. n. 1. 20

Frick-Forrer, Hs. Der Gustav-Adolf-Verein u. insbesondere seine Feste. Vortrag. 8. (22 S.) Zür. 889, Schultheß. * — 80

Frick-Forrer, Hs., der Gustav-Adolf-Verein u. insbesondere seine Feste. Vortrag, geh. in der Großmünsterkapelle in Zürich. gr. 8. (22 S.) Zürich 889. F. Schultheß. n. — 80

[Frick-Forrer. Hans.] Joh(ann) Heinrich Landolt, alt Stadtrath (1831—1885). [Mit 1 Porträt-Tafel.] Njbl. Waisenh. Zürich 1886. 4. Zürich 1886.

Frick-Lochmann, H. Alpenflora. Alpines Lustspiel in 2 Akten mit e. Zwischenspiel. In-8°. 48 S. Zürich, Artist. Institut Orell Füssli. 1897. 1 50

Frick-Lochmann, H., 200 Ausflüge von Zürich, s.: **Thomann**, Ed.

— **Hauspoesie. Kleine Lustspiele, dramat. Gespräche u. Einzelvorträge f. d. Familienkreis. Neue Folge. 1. Bdchn. 2. Aufl. 12. (III, 80 S.) Frauenfeld 898. J. Huber. n. — 80**

Frick-Lochmann, H. Spiel u. Reim fürs traute Heim! Dramatische u. deklamator. Kleinigkeiten ernsten u. heitern Inhalts für den häuslichen Kreis. 1. Bdchn. 8°. 66 S. Zürich, Artist. Institut Orell Füssli. 1898. 1 50

Frickard, s.a. Frickart. — Frikart.

Frickard's, Stadtschreibers zu Bern, Thüring, Beschreibung des Twingherrenstreites daselbst, im Jahre 1470. Neue, vervollständigte u. verb. Ausg. Mit e. historischen Einleitung, e. Anhange u. erläut. Anmerkk. herausg. v. Emanuel v. Rodt. gr. 8. Bern 837. Jenni u. Sohn. 1 1/4 Rthlr

Frickart, J. J., Beiträge zur Geschichte der Kirchengebräuche im ehemal. Cant. Bern mit der Reformation. gr. 12. Aarau 846. Sauerländer's Sort.-Buchh. 2/3 Rthlr

Frickarts, Th., Twingherrenstreit, s. **Quellen** zur Schweizer Geschichte.

Fricke, Diabetes u. Rassenverfall, unsere modernen Stoffwechselkrankheiten. Ein Wendepunkt in der Diabetesbehandlg. Mahnwort an d. Denkenden. gr. 8. (III, 121 S.) Berlin 900. C. Duncker. n. 1. 60

Fricke, Güterrecht der bei d. Inkrafttreten des B. G. B. besteh. Ehen. Stettin 900.

Fricke d. Methoden d. Unterrichts. Wiesb. 1863.
Schul-/Univ.-Schrift

Fricke, mein Staatsdienst. — Beitr. z. Regierungsgesch. Sr. Durchl. d. Herzogs Carl v. Braunschweig-Lüneburg. Eine mit Urkunden begleit. Denkschr. 2., unveränd. Aufl. gr. 8. (4 B.) (Braunschweig 831, G. M Meyer.)

Fricke, A., Ansichten der Duppeler Schanzen u. Umgegend. Zur Erinnerung an den Feldzug der deutschen Reichstruppen nach Schleswig-Holstein im J. 1849. Lith. v. E. Schulz u. Lütke. qu. Fol. (6 Bl. in Tondr.) Braunschweig 850, Ramdohr. 2 ℳ

Fricke, A. Geschichte des 8. Rhein. Inf.-Reg. Nr. 70. Potsdam 1883. 65 S.

Fricke, A., Leitfaden der mathematischen Geographie. Zunächst f. Lehrerseminare u. höhere Töchterschulen in Fragen u. Aufgaben. Mit 5 Holzschn. (eingedr. u. auf 2 Taf.) 8. (32 S.) Braunschweig 872. H. Bruhn. n. — 60

Fricke, method. Leitfaden f. den Unterricht in der Naturgeschichte. Zoologie. s.: Bail, Th.

Fricke, A., Naturlehre f. höh. Mädchenschulen. 1. Tl.: Klasse III. (VI, 114 S. m. 73 Abbildgn.) gr. 8. Braunschweig 910. E. Appelhans & Co. Geb. 1. 10

Fricke, Adolf, s.a. F r i c k e , Albert

Fricke, Adolf, Medizinalprakt.: Aus d. pathol. Inst. d. Univ. Marburg. Beitrag zur Wirkung des Scharlachöls auf das Lymphgefässsystem ('Experimentelles Lymphangioendotheliom'). Marburg 1909: Koch. 22 S. 8°

Marburg, Med. Diss. v. 28. Sept. 1909, Ref. Beneke

[Geb. 19. Juli 77 Emden; Wohnort: Verden; Staatsangeh.: Preußen; Vorbildung: Gymn. Verden Reife O. 98; Studium: Jura Marburg, Freiburg i. B., Göttingen zus. 10, Med. Marburg 10 S.; Coll. 3. Aug. 09; Approb. 31. Juli 09.] [U 10. 3319

Fricke, Adf., d. Gesetze u. Verordgn. f. d. Volksschulwesen d. Herzogt. Braunschweig. Anh. gr. 8. (60 S.) Braunschweig 895. Appelhans & Co. n. 1. —
(Hauptwerk m. Anh.: n. 3. —)

Fricke, Adf. Die das Volksschulwesen d. Herzogt. Braunschweig betr. Gesetze u. Verordnungen, nebst den wichtigsten Verfügungen, Reskripten, Bekanntmachungen u. s. w. gr. 8. (VIII, 162 S.) Braunschw. 892, Appelhans u. Pfenningstorff. * 2 —

Fricke, A., Leitfaden der mathematischen Geographie. Zunächst für Lehrerseminare und höhere Töchterschulen in Fragen und Aufgaben. 8. (82 S. mit 5 eingedr. Holzschn. auf 2 Taf.) Braunschweig 872, H. Bruhn. *

Fricke, A., Leitfaden für den Unterricht in der Physik. In zwei konzentr. Kursen für gehobene Bürger- und höhere Mädchenschulen bearb. 8. Braunschweig, Bruhn's Verlag. [1. Kursus. (85 S. mit 68 Holzschn.-Abbild.) 883. * 60 Pf.; 2. Kursus. (IV, 222 S. mit 209 Holzschn.-Abbild.) 884. * ℳ 1,20.]

— Leitfaden f. d. Unterr. in d. Physik. In 2 konzentr. Kursen f. gehob. Bürger- u. höh. Mädchenschulen bearb. Ebd. n.n. 2. 50
1. 4. Aufl. 8. (VIII, 90 S. m. 67 Holzschn.) 896. Kart. n. — 75
2. 5. Aufl. gr. 8. (VIII, 245 S. m. 206 Holzschn.) 897. Geb. in Leinwand. n.n. 1. 75

Fricke, A., Leitfaden f. den Unterricht in der Physik. In 2 konzentr. Kursen für gehobene Bürger- u. höhere Mädchenschulen bearb. 1. 2. Kurs. 2. Aufl. gr. 8. Braunschweig, Bruhn's Verl. cart. n. 2. 15
1. (VIII, 79 S. m. 68 Holzschn.) 889. n. — 75
2. (VIII, 213 S. m. 200 Holzschn.) 888. n. 1. 40; geb. n. 1. 75

Fricke, Adf., Leitfaden f. den Unterricht in der Physik. In 2 konzentr. Kursen f. gehobene Bürger- u. höhere Mädchenschulen bearb. 2. Kurs. 6. Aufl. gr. 8. (VIII, 248 S.) Braunschweig 899. E. Appelhans & Co. Geb. in Leinw. n.n. 1. 75

— die das Volksschulwesen des Herzogt. Braunschweig betr. Gesetze u. Verordnungen nebst den wichtigsten Verfügungen, Reskripten, Bekanntmachungen u. s. w. 2., verm. Aufl. gr. 8. (IX, 264 S.) Ebd. 899. n. 3. —; Nachtrag. (IV, 48 S.) 902. n. — 75

[F.] Das Züchtigungsrecht der Lehrer der Volksschule nach Urteilen des Reichsgerichts. Zsgest. v. Adolf **Fricke**. *Braunschweig: E. Appelhans & C. 1897.* (VIII, 69 S.) 1 Bd 8. [97. 2750

Fricke, Albert, s.a. F r i c k e , Adolf

[F.] Bibelkunde, zugl. Praktischer Kommentar zur Biblischen Geschichte v. J. H. Albert **Fricke** ... 2 Bde. Bd 1. 2. *Hannover: C. Meyer 1895—98.* 2 Bde 8.
1 enth.: Einl. z. Bibel u. d. Alte Test. ... (in 2 Hälften) 1895. (XVI, 448 S.)
2 enth.: Das Neue Test. ... 1898. (XX, 508 S.)
= Bibliothek, Pädagogische. Bd 19. 20. [98. 5090

Fricke, Alb., Chemie. Zunächst f. mittlere u. höhere Mädchenschulen bearb. Mit 49 Holzschn.-Abbildgn. gr. 8. (VI, 106 S.) Braunschweig 886. Bruhn's Verl. n. — 90; geb. n. 1. —

Fricke, Alb. Chemie. Zunächst f. mittlere u. höhere Mädchenschulen bearb. 2. Aufl. 8. (100 S. m. 44 Abbildgn.) Braunschw. 890, Appelhans u. Pfenningstorff. cart. * 1 —

Fricke, Alb., Chemie. Zunächst f. mittlere u. höhere Mädchenschulen bearb. 3. Aufl. 8. (VIII, 111 S. m. 46 Holzschn.) Braunschweig 893. Appelhans & Pfenningstorff. Kart. n. 1. —

Fricke, Alb., Chemie f. Lehrerinnenseminare u. verwandte Lehranstalten. (VII, 176 S. m. 49 Holzschn.) gr. 8. Braunschweig 906. E. Appelhans & Co. Geb. n. 2. —

Fricke, *Johann Friedrich Carl* Albert [app. Arzt aus Hildesheim]: Aus d. patholog. Institute zu Kiel. Ein interessanter Fall von Schnürwirkungen ... Kiel, Druck v. L. Handorff, 1892; 20 S., 2 Taf. 8.
Kiel, Med. Fak., Inaug.-Diss. v. [5. März] 1892

Fricke, Albert (geb. Braunschweig 21. 1. 1855): Zwei Fälle von Echinococcus intracranialis. Berlin (1880). (32 S.) 8°
Berlin, Med. Diss. v 23 Dez 1880

Fricke, Albert, Referendar: Gebietsaustausch- und Grenzberichtigungsverträge Preussens und Badens. Wiesbaden 1909: Ritter. IX, 77 S. 8°

Freiburg i. B., Rechts- u. staatsw. Diss. v. 1909, Ref. Rosin

[Geb. 26. Okt. 84 Frankfurt a. M.; Wohnort: Frankfurt; Staatsangeh.: Preußen; Vorbildung: Lessing-Gymn. Frankfurt Reife O. 04; Studium: Freiburg i. B. 2, Berlin 1, Marburg 4 S.; Rig. 19. Juli 09.] [U 10. 933

— die das Volksschulwesen d. Herzogt. Braunschweig betr. Gesetze u. Verordnungen, nebst den wichtigsten Verfügungen, Reskripten, Bekanntmachungen u. s. w. gr. 8. (VIII, 162 S.) Ebd. 892. n. 2. —

Fricke, Alb., kleines Lehrbuch der mathematischen Geographie. Kommentar zu dem zunächst f. Lehrerinnenseminare u. höhere Mädchenschulen in Fragen u. Aufgaben bearb. „Leitfaden f. den Unterricht in der mathemat. Geographie". 3. Aufl. 8. (VII, 48 S. m. Abbildgn.) Braunschweig 893. Appelhans & Pfenningstorff. n. — 80

— Leitfaden f. den Unterricht in der mathematischen Geographie. Zunächst f. Lehrerinnenseminare u. höhere Mädchenschulen in Fragen u. Antworten bearb. 4. Aufl. 8. (38 S. m. Abbildgn.) Ebd. 893. n. — 40

— Leitfaden f. den Unterricht in der Physik. In 2 konzentr. Kursen f. gehobene Bürger- u. höhere Mädchenschulen bearb. 8. Ebend. n. 1. 80
1. Mit 68 Holzschn.-Abbildgn. (85 S.) 883. n. — 60
2. Mit 209 Holzschn.-Abbildgn. (IV, 228 S.) 884. n. 1. 20

—— Leitfaden für den Unterricht in der Physik. In 2 konzentr. Kursen für gehobene Bürger- und höhere Mädchenschulen bearb. 2. Kurs. 2. Aufl. gr. 8. (VIII, 213 S. mit 200 Holzschn.-Abbild.) Ebendas. 888. * ℳ 1.40.; geb. *

—— Leitfaden f. den Unterricht in der Physik. In 2 konzentr. Kursen f. gehobene Bürger- u. höhere Mädchenschulen bearb. 1. u. 2. Kurs. 8. Ebd. [1. Kurs. 2. Aufl. (VIII, 79 S. m. 68 Holzschn.) 889. cart. * — 75; 2. Kurs. Mit 200 Holzschn.-Abbildgn. 3. Aufl. (VIII, 214 S.) 891. * 1 40; geb. * 1 75.] * 2 15

— Leitfaden f. den Unterricht in der Physik. In zwei konzentr. Kursen f. gehobene Bürger- u. höhere Mädchenschulen bearb. 8. Ebd. n. 2. 50
1. 3. Aufl. (VIII, 90 S. m. 67 Holzschn.) 893. Kart. n. — 75
2. 4. Aufl. (VIII, 213 S. m. 205 Holzschn.) 894. Geb. in Leinw. n. 1. 75

Biblische Personen des Neuen Testaments. Zugl. Hilfsbuch f. bibl. Geschichte u. Bibellesen von J. H. Albert **Fricke**. Vollst. in 2 Bden. Bd [1.] 2. Halle a. S.: Waisenhaus 1908–10. 8°
[1.] Lebens- u. Charakterbilder aus d. vier Evangelien, insbesond. d. Lebensbild Jesu 1908.
2. ... aus d. Apostelgeschichte u. d. Briefen ... 1910. [10. 11380

—— und A. Lohmann, Schreib-Lese-Fibel. 8. (79 S.) Braunschweig 872, H. Bruhn. cart.

—— und A. Lohmann, Schreib-Lese-Fibel. 2.—13. Aufl., nach der neuen preuß. Orthographie bearb. 8. (80 S.) Ebendas. 873—83. cart. **

Fricke, Alb., und A. Lohmann, Schreib-Lese-Fibel. 15.—18. [Ster.-]Aufl. 8. (80 S.) Braunschweig 885—88, Bruhn's Verlag. * geb. *

— u. A. Lohmann, Schreib-Lese-Fibel. 16. Aufl. (14. Ster.-Druck.) 8. (80 S.) Ebend. 886. n. — 30; geb. n. — 50

—— u. A. Lohmann. Schreib-Lese-Fibel. 21. Aufl. [19. Ster.-Dr.] 12. (80 S.) Ebd. 892. geb. * — 50

— u. A. Lohmann, Schreib-Lese-Fibel. 22. Aufl. 8. (80 S.) Ebd. 894. Geb. n. — 50

— u. A. Lohmann, Schreib-Lese-Fibel. 25. Aufl. (80 S.) gr. 8. Ebd. 903. Geb. n.n. — 50

Fricke, Alexander Wilhelm Die elektrische Wasserzerlegung im Beisein von Schwefelsäure — eine Täuschung. 9 S. *Dirschau* 1885
Progr.

Fricke, Alfred: Die Bevölkerungsentwicklung in den Regierungsbezirken Cassel und Wiesbaden zwischen 1885 und 1905 mit besonderer Berücksichtigung der Wanderungen und ihrer wirtschaftlichen Grundlagen. Frankfurt a. M. 1910: Limpert. 89 S. 8°
Gießen, Phil. Diss. v. 18. Mai 1910, Ref. Biermer
[Geb. 24. Nov. 83 Fulda; Wohnort: Gießen; Staatsangeh.: Preußen; Vorbildung: Gymn. Offenbach Reife M. 03; Studium: Marburg 2, Gießen 2, Berlin 1, Gießen 6 S.; Rig. 13. Juli 09.] [U 10. 1278

Fricke, Aug. (Hrsg.), s. A. B. C. für Bienenzüchter.

F r i c k e, August: Anleitung für die Mitglieder des Aufsichtsrats zur Revision der Buchführung der Molkereigenossenschaft. Hannover: Edler & Krische 1909.

Fricke, A., der landwirtschaftliche Ein- u. Verkaufsverein, s.: Arbeiten der Landwirtschaftskammer f. die Prov. Hannover.

F r i c k e, August: Der landwirtschaftliche Ein- und Verkaufs-Verein. Seine Aufgabe, Leitung u. Buchführung. Hannover: Edler & Krische 1905. = Arbeiten der Landwirtschaftskammer für die Provinz Hannover. 10.

Fricke, *Carl* August [app. Arzt aus Pless]: Zur Casuistik der cardialen Spanocardie ... Greifswald, Druck v. J. Abel, 1897; 26 S., 1 Taf. 8.
Greifswald, Med. Fak., Inaug.-Diss. v. 2. März 1897

Fricke, Aug., moderne Möbel und Details. Von berliner Tischlern ausgeführt. 1—3. Sammlung. Fol. (59 Stnt.) Berlin 854—55, Th. Grieben. à Samml. * 1 Thlr. 15 Ngr. *

Fricke, Aug., moderne Möbel und Details. Von berliner Tischlern ausgeführt. 4. Sammlung. (12 Stnt. Ansichten und 12 Stnt. Details in natürl. Grösse in qu. Fol. und Imp.-Fol.) Fol. Berlin 856, Th. Grieben. Thlr. *

Fricke, A., die Molkerei-Genossenschaft, ihre Errichtg., genossenschaftl. Leitg. u. Buchführg. 4. (58 S. m. Holzschn.) Hannover 898. Edler & Krische. n. 2.—

Fricke, A., die Molkerei-Genossenschaft, ihre Errichtung, Leitung u. Buchführung. 2. Aufl. (108 S. m. 2 Tab.) gr. 8. Hannover 905. Edler & Krische. n. 2.—

Fricke A, Schaufenster und Laden-Einrichtungen. (48 T) fol Leipzig (1868)

- und H. Kaemmerling, moderne Schaufenster und Laden-Einrichtungen [Auslagen und Gewölbe]. Zusammengestellt aus den „Vorlagen für Architecten und Bau-Tischler." 1—7. Liefg. Berlin 859—63. Th. Grieben. Fol. Jede Liefg. (à 6 lith. Bl.) n. 1 Thlr.; einzelne Bl. à n. 10 ngr.

Fricke, Aug., moderne Schaufenster u. Laden-Einrichtungen. [Auslagen u. Gewölbe.] Zusammengestellt aus den „Vorlagen für Architecten u. Bau-Tischler." Mit Beiträgen von H. Kaemmerling, F. Stock, W. Schuffenhauer u. A. 8. Liefg. 6 (lith.) Taff. Berlin 866. Th. Grieben. (Leipzig, Scholtze.) Fol. n. 1 Thlr. einzelne Bll. à n. 10 ngr.

F r i c k e, August: Die Spar- und Darlehnskassen, ihre Aufgabe, Leitung, buch- und Geschäftsführung. 3.Aufl. Hannover: Edler & Krische 1896. DGK

Dass. 4.Aufl. 1907.

—— Vorlagen für Architekten, Bautischler, Zimmerleute etc. 1. Samml. 2. Aufl. (8 Lfgn.) Fol. (72 Stnt. und 7 S. Text.) Berlin 853—56, Th. Grieben. (à Lfg. * 22½ Ngr.) *

—— dass. — 2. Samml. Fol. (24 Stnt.) Ebds. 856. *

— Vorlagen für Architecten, Bautischler, Zimmerleute, Bau-Unternehmer etc. 1—8. Liefg. Ebend. Fol. Jede Liefg. (à 2 S. Text u. 6 lith. Taf.) n. 22½ ngr.

— — Fortgesetzt von Heinr. Kümmerling. 9—12. Liefg. Neue Folge. 1—4. Liefg. Ebend. (858.) Fol. Jede Liefg. (à 6 lith. Bl. u. 2—4 S. Text.) n. 25 ngr.

Fricke, Aug., Vorlagen für Architecten, Bautischler, Zimmerleute, Bau-Unternehmer etc. Fortgesetzt von H. Kaemmerling. 9—19. Lfg. (Neue Folge. 1—8. Lfg. und 3. Folge. 1—3. Lfg. Fortgesetzt von Friedr. Stock.) Fol. (à Lfg. 6 Stnt. und 2 S. Text in gr.8.) Berlin 858—60, Th. Grieben. à Lfg. * 25 Ngr.
1—6. Lfg. Ebendas. 1853—56. * 6 Thlr.

Fricke, Aug., Vorlagen für Architecten, Bautischler, Zimmerleute, Bau-Unternehmer etc. Fortgesetzt von Frz. Stock. 13—22. Liefg. (Neue Folge 5—8. Liefg. — 3. Folge 1—6. Liefg.) Berlin 859—62. Th. Grieben. Fol. Jede Liefg. (à 6 lith. Bl. u. 2—4 S. Text.) n. 25 ngr.

Fricke, Aug., Vorlagen für Architecten, Bautischler, Zimmerleute, Bau-Unternehmer etc. Fortgesetzt von Frz. Stock. 20.—24. Lfg. (3. Folge 4.—8. Lfg.) Fol. (à Lfg. 6 Stnt. und 2 S. Text in gr. 8.) Berlin 862—66. [Leipzig, Scholtze.] à Lfg. * 25 Ngr. *

—— dass. — Mit Beiträgen von H. Kaemmerling, Frz. Stock, R. Donck, W. Schuffenhauer u. A. 6 Sammlungen. 3. Aufl. à Sammlung 24 Stnt. Fol. (89 S. in Lex.-8.) [Ebendas.] 866. à Sammlung cart. * 3 Thlr. *

—— Wohngebäude für Stadt und Land in Façaden, Grundrissen, Durchschnitten und Details. 1—6. Lfg. Fol. (à Lfg. 6 Stnt., wovon 1 in Tondr. und 1 Bl. Text.) Berlin 853—56, Th. Grieben. à Lfg. * 1 Thlr. *

— Wohngebäude für Stadt u. Land in Façaden, Grundrissen, Durchschnitten u. Details. 1—6. Liefg. Ebend. 854—56. Fol. Jede Liefg. (à 6 lith. Bl. u. 1 Bl. Text.) n. 1 Thlr.

—— Wohngebäude für Stadt und Land in Façaden, Grundrissen, Durchschnitten und Details. 6 Lfgn. 8. Aufl. Fol. (36 Stnt. mit 7 Bl. Text und lithogr. Titel.) Berlin 861, Th. Grieben. à Lfg. * 1 Thlr. *

— Wohngebäude für Stadt und Land in Façaden, Grundrissen, Durchschnitten und Details. 3. Aufl. 6 Liefgn. 861. — 4. Aufl. 10 Liefgn. Ebend. 864. Fol. Jede Liefg. (à 6 lith. Bl. u. 2 S. Text) n. 1 ℛ

— — Neue Folge. 1—3. Heft. Berlin 865. Beelitz. Fol. (12 lith. u. Kpfrtaf. u. 10 S. Text.) Jedes Heft n. 1 ℛ 10 ngr

—— Wohngebäude für Stadt und Land in Façaden, Grundrissen, Durchschnitten und Details. 4. Aufl. 10 Lfgn. Fol. (à Lfg. 6 Stnt. mit 2 S. Text in gr. 8.) Berlin 864. [Leipzig, Scholtze.] à Lfg. * 1 Thlr. *

—— dass. — Neue Folge. 1.—3. Heft. Fol. (5 Kpfrt., 6 Stnt. und 1 Chromolithogr. in Fol. und Imp.-Fol. und 10 S. Text.) Berlin 865, Beelitz. à Heft * 1 Thlr. 10 Ngr. * Herabges. Preis *

—— dass. — Fortgesetzt von Frz. Stock. Neue Folge. 4.—6. Heft. Fol. (18 Stnt. mit 6 S. Text.) Berlin 867. [Leipzig, Scholtze.] à Heft * 1 Thlr. *

— Wohngebäude für Stadt u. Land in Façaden, Grundrissen, Durchschnitten u. Details. Fortgesetzt von Frz. Stock. Neue Folge. 4—6. Heft. (à 6 lith. Taff. u. 2 S. Text.) Ebend. 867. Fol. Jedes Heft n. 1 ℛ

Fricke, Aug., Wohngebäude für Stadt und Land in Façaden, Grundrissen, Durchschnitten und Details. Mit Beiträgen von H. Kämmerling, F. Stock und W. Schuffenhauer u. A. 6. Aufl. 12 Hefte. Fol. (à Heft 6 Stnt.) Leipzig 873,74, Scholtze. à Heft *ℳ 2,40. *
Heft 7—12 bilden auch Stock, Entwürfe zu Privathäusern.

Fricke, Aug., Wohngebäude f. Stadt u. Land in Façaden, Grundrissen, Durchschnitten u. Details. Mit Beiträgen v. H. Kaemmerling, F. Stock, W. Schuffenhauer u. A. 7. Aufl. 12 Lfgn. Fol. (à 6 Steintaf.) Leipzig 876. Scholtze. à n. 2. 40

Fricke, Aug., Wohngebäude für Stadt und Land in Façaden, Grundrissen, Durchschnitten und Details. Mit Beiträgen von H. Kaemmerling, F. Stock, W. Schuffenhauer u. A. 8. Aufl. 24 Lfgn. Fol. (à Lfg. 3 Stnt.) Leipzig 882, Scholtze. à Lfg. *ℳ 1,20. *
Lfg. 13—24 bildet: Stock, A., Entwürfe zu Privathäusern.

Fricke, Carl, s. Fricke, Karl

Fricke, Carl August, s. Fricke, August

Fricke, (Christ.,) erste 1000jährige Jubelfeier der Gestaltung des merkw. Landsees bei Arendsee in der Altmark im Jahre 1822. 8. Stendal 823, Franzen u. G.

Fricke, Elias Christian

Fricke, E. Ch., musikal. Ausweichungstabell. Fol. Wien, Lamessina. 782.

FRICKE, Elias Chrn., Neue Englische Tänze, nebst darzu gehöriger vollstimmigen Music, componirt von — . . . 3 Thle. Blankenburg und Quedlinburg, bey Christoph August Reußner. 1773 (—82). Quer-8°. (Bibl. Lipperheide no. 3083, wo Textheft zu Th. 2 fehlt.)
(I) 1773: 48 S. (Erklärung u. Stimmen) m. 24 Taf. (Tanzfiguren) in Kpfst. 2 Hfte. II: 80 S. (Stimmen.) 5 Hfte. III: 1782: 78 S. (Erklärung u. Stimmen) m. 12 Taf. (Tanzfiguren) in Kpfst. 6 Hfte.

Fricke, E. C., zwölf neue vollstimmige gesellschaftl. Tänze, mit Anweis., solche zu tanzen, nebst dazu gehörigen Touren u. deren Erklärung. quer 8. Helmst. 805. Fleckeisen. 2 ℛ

Fricke, Emil: Aus der chirurg. Klinik. Ueber congenitalen Defect der Fibula . . . . Bonn, Univ.-Buchdr. v. Carl Georgi, 1887; 33 + 1 S. + 1 Bl. 8°.
Bonn, Med. Fak., Inaug.-Diss. v. 28. Mai 1887.

Fricke, Emil, aus der chirurg. Klinik. Ueber congenitalen Defekt der Fibula. Diss. Bonn 1887, Emil Strauss. 8°. 33 S.

Fricke, Emil [aus Lobmachtersen, Braunschweig]: Der Einfluss Shakespeares auf Alfred de Mussets Dramen. Basel 1901. 64 S. 8°.
Basel. Phil. Diss. 1901/1902.

Fricke, Emil, Graf Gerhard. Eine tragikom. Fürstengeschichte. 8. (164 S.) Leipzig 899. W. Friedrich. n. 3. —

Fricke, Emil Albert

Fricke, E. A., Leitfaden der Chemie f. den Unterricht in Bürger- u. Töchterschulen u. zum Selbst-Unterricht. Mit vielen in den Text eingedr. Holzst. 8. (III, 77 S.) Osterwieck 879. Zickfeldt. cart. n. — 50

Fricke, Emil Alb., üb. Nitro- u. Amido-Benzonitrile. Inaugural-Dissertation. 8. (33 S. m. 1 Tab. in qu. 4.) Osterwieck 874. (Göttingen, Vandenhoeck & Ruprecht's Verl.) n. — 60

Fricke, Erich, appr. Arzt aus Schöppenstedt: Zur Behandlung der Osteomyelitis acuta infectiosa. *Göttingen 1900: Dieterich.* (76 S.) 8°
Göttingen, Med. Diss. v. [9. Juli] 1900

Fricke, Erich, zur Behandlung der Osteomyelitis acuta infectiosa. Diss. gr. 8. (76 S.) Göttingen 900. (Vandenhoeck & Ruprecht.) n. 1. 80

Fricke, Ernst: Zu den Bildungen mit lich. (T. 1: Die Bildungen mit lich im ahd.) *Lübeck 1899: M. Schmidt.* (77 S.) 8°
Leipzig, Phil. Diss. v. [19. Okt.] 1899

Fricke, Ernst, die Hydrographie der Stadt Königslutter und des Elmgebietes, ein Beitrag zur Kenntniss der Wässer der Muschelkalkformationen. Diss. Erlangen 1886, Th. Blaesing. 8°. 38 S. mit einer Karte.

Fricke, Ernst [aus Königslutter]: Die Hydrographie der Stadt Königslutter und des Elmgebietes; ein Beitrag zur Kenntniss der Wässer der Muschelkalkformation . . . (mit einem Kärtchen). Braunschweig, Druck v. J. Heinr. Mayer, 1886; 38 S. 8°.
Erlangen, Phil. Fak., Inaug.-Diss. v. 1886

Fricke, Ernst: Das königliche Solbad zu Elmen, s. Goebel, Adolf Heinrich August

Fricke, E., Untersuchungen üb. die fibrinöse Pleuro-Pneumonie nach den im königl. Ernst-August-Hospital in Göttingen vom 1. Apr. 1879 bis zum 1. Apr. 1886 beobachteten Fällen. Inaug.-Diss. gr. 8. (36 S.) Stendal 886. (Göttingen, Vandenhoeck & Ruprecht's Verl.) n. — 80

Fricke, F. Ueber die Chanson de Godin. Diss. Marburg. 1891. 57 S.

Fricke, F., Methodik des öffentl. Unterr. rc. 2 Thle. 8. Halle, Gebauer. 802—808. (1r 1 Rthlr. 2r 2 Rthlr.)

Fricke, F. Chr. H., erste 1000jährige Jubelfeier d. Gestaltung d. merkwürd. Landsees bei Arendsee in d. Altmark im J. 1822. 8. Stendal 823. Franzen u. G. 12 gr. Schrbp. 16 gr.

Fricke, F. R., der Brief an die Hebräer. Kurz und faßlich ausgelegt. 8. (IV und 216 S.) Halle 863, Fricke.

Fricke, F. R., Glaube, Hoffnung, Liebe nach Dante. Eine Skizze zur Einführung in das Verständniß u. den Gedankenkreis d. Dichters. 8. (V, 67 S.) Halle 882. Fricke's Verl. n. 1. 50

Fricke, F. W., das Fußballspiel. Seine Geschichte, Vorzüge u. dessen Betriebsweise auf deutschen Spielplätzen. 16. (60 S. m. Abbildgn.) Hannover-Linden 890. Manz. cart. n. — 50

Fricke, F. W. Das Fußballspiel. Seine Geschichte, Vorzüge u. dessen Betriebsweise auf deutschen Spielplätzen. 16. (60 S. m. Abbildgn.) Hannov.-Linden 890, Manz u. Lange. cart. * — 50

Fricke, F. W., prakt. Pädagogik f. Hauslehrer, od. d. häusl. Erziehung u. Lehrmethodik vernunftgemäß nach jetzigem Standpunkte d. Bildung u. Wissenschaft 2c. Nebst Stundentafeln. gr. 8. (13½ B.) Weimar 841, Voigt.

Fricke, F. W.: Das Sprungballspiel. Berlin 1904. 12 S.

Fricke, Ferdinand [aus Bredelem]: Über die Chanson de Godin … Marburg, Buchdr. O. Ehrhardt, 1891; 57 S. 8.
Marburg, Phil. Fak., Inaug.-Diss. v. [14. Okt.] 1891

Fricke, Ferd., Schwarz oder Roth? Socialdemokratisches Bekenntniss eines ehemaligen Ultramontanen. 8⁰. Nürnberg, Wörlein, 1894.

— „Spiegelbilder" aus der Sozialdemokratie. Einzig unparteiische zeitgemässe Darstellung des wahren Wesens und des Entwickelungsganges der „Dreimillionenpartei". Allen denkenden Deutschen zur besonderen Beachtung empfohlen. gr. 8⁰. Dresden, E. Engelmann's Nachf., 1904.
vgl.: Fricke, Franz

Fricke, Ferd., O diese Sozialisten! Posse in 1 Akt. 2. Aufl. gr. 8. (15 S.) Berlin 898. A. Hoffmann. — 30

Fricke, Fr.

Fricke, F., der Christ am Sonntage, ein Erbauungsbuch f. d. häusl. Andacht. 2 Bde, mit K. 8. Breslau, Barth. 811.

Fricke, Fr., d. Christ am Sonntage, in Predigten. 2 Bde. 8. Bresl. Barth. 808.

— französisches Lesebuch. gr. 8. Glogau, Günter. 807. brosch.

Fricke, Fr., 5 Predigten im Geiste freier evangel. Christen. gr. 8. (4 B.) München 845, Palm's Hofbuchh. *

— 5 Predigten im Geiste freier evangel. Christen. gr. 8. München 846, Palm's Hofbuchh. n. 1/6 ℛ

Fricke, Fr., vollständ. Rechenbuch f. Lehrer in Landschulen u. in d. unt. Klassen d. Stadtschulen. 8. (24½ B.) Bunzlau 828, Appun.

— französische Sprachlehre. gr. 8. Ebend. 807.

—— Unterricht im christl. Glauben. Für Confirmanden. 8. (4 B.) Bunzlau 827, Appun.

Fricke, Fr. A.

Fricke, Fr. A., d. vollkommne Blumenzeichner, oder Unterricht in d. Blumenzeichnenkunst. 1e u. 2e Liefer. 4. Leipz. 820. 2e A. 824. Lauffer. 2 ℛ 8 gGr

Fricke, (F. A.,) der vollkommene Blumenzeichner. 1e u. 2e Lfr. 2te Aufl. gu. 4. Leipzig 824, Lauffer.

— d. Landschaftszeichner, z. Gebrauch f. Schulen u. z. Selbstunterricht in 18 lithogr. Vorlegebl. I. Vorschule d. Landschaftszeichnenkunst. 8. Leipz. 820. Lauffer. 16 gGr II. Unterricht in der Landschaftszeichnenkunst. 1e Liefer. in 39 lithogr. Vorlegeblätt. (Baumstudien.) 4. Ebd. 820. 1 ℛ 8 gGr III. Unterr. in der Landschaftszeichnenkunst. 2e Liefer. à 16 Bl. 1 ℛ 3e Liefer. 12 Bl. 1 ℛ I—IV. 4 ℛ

Fricke, Fr. A., Musterblatter f. die hohere Zeichnenkunst. Zum Studium im Zeichnen nach Antiken. 2. (Titel-)Aufl. 2 Curse vollstandig in 1 Hft. 16 (lith.) Vorlegeblatter. gr. Fol. Leipzig (831) 851, Geibel. ⅔ ℛ

Fricke, Fr. A., Musterblätter für die höhere Zeichnenkunst. Zum Studium im Zeichnen nach Antiken. 2. (Titel-)Aufl. 2 Curse vollständig in 1 Heft. 16 (lithogr.) Vorlegeblätter. gr. Fol. Leipzig 851, Geibel. Thlr.

— Stammbuchszeichnungen, in Landschaften u. Verzierungen. 1e Liefer. breit 8. Leipz. 823. Lauffer. 21 gGr

— Studien für d. höhere Zeichnenkunst, nach Antiken. 1s 2s Hft. Mit 16 Steindr. gr. Fol. Leipz. 831. Lauffer. à 1 ℛ 6 gGr 2 ℛ 12 gGr

— — Unterricht in der höhern freyen Handzeichnung in Köpfen und Figuren. 1ste und 2te Lief. Ebendas. In Fut. à 1 Rthlr. 8 Gr.

— — Vorschule der höhern freyen Handzeichnung in Köpfen und Figuren in 36 lithogr. Vorlegeblättern. Ebend. in Futt.

— Verzierungen in antikem Geschmacke; sowohl als Vorlegeblatter zum Zeichnen in Schulen u. bei dem Privatunterrichte, wie auch als Muster f. Architekten, Bildhauer etc. In 24 (lith.) Zeichnungen. 2. (Titel-)Aufl. qu. gr. 8. Ebd. (831) 851. 8 ℳ

— Vorschule der höhern freien Handzeichnung in Köpfen u. Figuren. 2te Aufl. breit 8. Leipz. 823, Lauffer.

— Forts. oder: Unterricht in d. höhern freien Handzeichnung in Köpfen u. Figuren. 1e Liefr. 2te Aufl. Eb. 823.

— Vorschule d. Zeichenkunst mit Rücksicht auf Blumenzeichenkunst 2c. 5te Aufl. 4. Leipz. 822. Lauffer.

— — der Zeichenschüler. 1ste Lief. Vorübungen im Zeichnen mit Hinsicht auf Landschaftszeichenkunst, in 32 lithogr. Vorlegebl. 12. Ebendas. 820.

— — 2te Liefg. Uebungen im Landschaftszeichnen, mit Hinsicht auf Perspektive, in 24 lithogr. Vorlegebl. Ebend. 820.

— — 3te Liefg. Sammlung architektonischer Verzierungen mit antiken Blättern, in 24 lithogr. Vorlegeblättern. Ebend. 820.

— — 4te Liefg. Unterricht in der Thierzeichnenkunst in 36 Vorlegebl. Ebend. 820.

— — 5te Liefg. Unterricht in der Blumenzeichnenkunst zur Uebung für Schatten und Licht in 24 lithogr. Vorlegebl. 2te verb. Aufl. Ebend. 821.

— der Zeichenschüler, oder Vorübungen im Zeichnen mit Hinsicht auf Landschafts-Zeichnenkunst. Leipz. 823, Lauffer.

—— der Zeichnenschüler. 1. Lfg. — Vorübungen im Zeichnen mit Hinsicht auf Landschaftszeichnenkunst. 3. Aufl. 12. (32 Stnt. mit Erläuterung.) Leipzig 829, Lauffer.

—— dass. 2. Lfg. — Erster Unterricht in d. freien Handzeichnen d. Köpfe u. Landschaften, nebst construct. Umrissen u. d. Grundregeln d. Perspective, in 24 (lith.) Vorlegeblättern mit Erläutern. 2., verb. Aufl. 4. (1 B. Text 8.) Ebds. 831.

—— dass. 9. Lfg. — Verzierungen in antikem Geschmacke; sowohl als Vorlegeblätter z. Zeichnen in Schulen u. bei d. Privatunterr., wie auch d. Muster f. Architekten, Bildhauer etc. In 24 lith. Zeichn. qu. schmal 4. Ebds. 831. 3—8. Lfg. Ebendas. 1830—27. 8 Thlr.

Fricke, Franz

Fricke, Frz., „Spiegelbilder" aus der Sozialdemokratie. Einzig unparteiische, zeitgemäße Darstellg. des wahren Wesens u. des Entwicklungsganges der „Dreimillionenpartei". Allen denk. Deutschen zur besond. Beachtg. empfohlen. (87 S.) gr. 8. Dresden 904. (E. Engelmann's Nachf.) n. 1. —

vgl.: Fricke, Ferdinand

— Franz Otto (Sivershusa/Cellensis), De jure creditorum facta de hereditate transactione. Diss. jur. Präs. Jo. Casp. Heimburg. Jena (Fickelscherr) 22. X. 1740. 42 S. mit Widm. v. Präs. (5.—)

Fricke, Friederike

— Erklärung derjenigen Begriffe, welche in dem Religions-Unterrichte vorkommen. Für Prediger u. Schullehrer, so wie für einen Jeden, dem es um deutliche Begriffe in der Religion und Moral zu thun ist. breit 8. Ebd. 839. 1/3 Thlr.

Fricke, Fr., Erklärung derjen. Begriffe, welche in dem Religions-Unterr. vorkommen. 8. Glogau 841, Flemming. 1/3 Thlr.

— der kleine Lutherische Katechismus mit den nöthigen Bibelsprüchen. Für die Jugend bearbeitet u. mit Schulgebeten auf alle Tage der Woche u. einem Verzeichnisse von Wochensprüchen auf 3 Jahre versehen. 8. Glogau 836. Flemming. 1/8 Thlr.

Fricke, Friederike, Luthers kleiner Katechismus in seiner Einwirkg. auf d. katechet. Litteratur d. Reformationsjahrhunderts. gr. 8. (IV, 195 S.) Göttingen 898. Vandenhoeck & Ruprecht. n. 5. —

Fricke, Fr., Commentar zu dem Lutherischen Katechismus. Ein Handbuch für Schullehrer. 8. Bunzlau 835. Appun. 7/8 Thlr.

Fricke, Friedrich

Fricke, Frdr., Atlas der Diatomaceen-Kunde, s.: Schmidt. Adf.

Fricke, Friedr., Erklärung derjen. Begriffe, welche in d. Religions-Unterr. vorkommen. Für Prediger u. Schullehrer, so wie f. einen Jeden, dem es um deutl. Begriffe in d. Religien u. Moral zu thun ist. 8. (9 B.) Glogau 839, Flemming.

—— Gesangbuch f. evangel. Christen, s. 8. Bd.: Gesangbuch rc.

—— Commentar zu d. Lutherischen Katechismus. Ein Handb. f. Schullehrer. 8. (22¾ B.) Bunzlau 835, Appun's Bh.

Fricke, Friedrich: Über ebene Curven dritter Ordnung, welche durch die imaginären Kreispunkte gehen. *Gotha 1898: F. A. Perthes.* (33 S. mit Taf.) 8°
Jena, Phil. Diss. v. [26. Febr.] 1898

Verzeichnis der in A. Schmidt's Atlas der Diatomaceenkunde Tafel 1–240 (Serie 1–5) abgebildeten u. benannten Formen. Hrsg. von Dr. phil. Friedr. Fricke. *Leipzig: O. R. Reisland 1903.* (69 S.) 4°(8°)
in: Schmidt. Adolf: Atlas d. Diatomaceenkunde. [14. ..] 10

— Wie ist es gekommen, daß die Sorge für die Verbreitung der Bibel eine allgemeine Angelegenheit der Christenheit geworden ist? Predigt. gr. 8. Löwenberg 836. Eschrich u. Comp. 1/8 Thlr.

Fricke, Frdr. Wilh., Abriss der vereinfachten Volksorthographie. gr. 8. (IV, 84 S. m. 1 lith. Schrifttaf.) Leipzig 885. Robolsky. n. — 40

Fricke, F. W., Abriss der vereinfachten Volksorthographie. 2. (Titel-)Aufl. gr. 8. (34 S. m. Schrifttaf.) Norden 890. Soltau. — 15

Fricke, Fr. Wlh., über die Drehkrankheit der Schafe, deren gewisse Vorbeugung durch eine richtige, hier ausführlich angegebene Behandlung derselben; mit Hinblick auf eine zweckmäßige Lammzeit. Eine auf Erfahrung gestützte ökonom. Abhandl. mit besond. Berücksichtigung d. westpreuß. landwirthschaftl. Zustände. gr. 8. Landsberg a. d. W. 844, Volger u. Klein. n. 1/6 Thlr.

Fricke, Frdr. Wilh., Erziehungs- u. Unterrichtslehre. gr. 8. (XVI, 840 S.) Mannheim 881. 82. Bensheimer. n. 7. —

Fricke, Frdr. Wilh., Prinzessin Ilse. Ilsensage u. Ilsensprüche. Nebst e. Anh. histor. Idyllen u. Balladen. 8. (IV, 239 S.) Stuttgart 883. Hohl. 2. —; geb. m. Goldschn. n. 3. —

— die Orthographie nach den im Bau der deutschen Sprache liegenden Gesetzen in wissenschaftlicher, pädagogischer u. praktischer Beziehung dargestellt. gr. 8. (IV, 172 S.) Bremen 877. Kühtmann & Co. n. 3. —

Fricke, Friedrich Wilhelm, s. Reform

— die Reichsorthographie. Zur Orientirung in dem Streite über Möglichkeit u. Nützlichkeit einer einfachen Rechtschreibung. 2. Aufl. gr. 8. (16 S.) Wiesbaden 880. Schellenberg. n. — 20

— die Ueberbürdung der Schuljugend. Ein Mahnwort an Eltern, Lehrer u. Jugendfreunde der gesammten deutschen Nation. gr. 8. (60 S.) Berlin 882. Th. Hofmann. n. — 60

Fricke, Georg, Referendar: Das Verbrechen der Abtreibung. Borna-Leipzig 1909: Noske. IX, 56 S. 8°
Leipzig, Jur. Diss. v. 11. Nov. 1909
[Geb. 25. Dez. 80 Hannover; Wohnort: Braunschweig; Staatsangeh.: Preußen u. Braunschweig; Vorbildung: Wilhelm-Gymn. Braunschweig Reife O. 01; Studium: Göttingen 4, München 1, Berlin 1 S.; Rig. 21. Dez. 04.] [U 10. 2704

Fricke, Gustav, s.a. Fricke, Gustav Adolph

Adreß-Buch der Stadt Delitzsch. Mit Benutzung amtl. Unterlagen zsgest. von G(ust.) Fricke, Stadtsekr. *Delitzsch: Selbstverl. [1901].* (124, 88 S.) 8° [..]

— j. das Apostolikum. Ein Wort zum Frieden. [Verm. Sonderdr. aus: „Christl. Welt".] gr. 8. (18 S.) Heilbronn 893. E. Salzer. n. — 30

Fricke, Gust., auch hier Bethesda und Bethanien. Zwei Predigten gehalten im Theresianum zu Wien und im sächs. Feldlazarethe zu Mitterndorf an der ungar. Grenze beim Abendmahlsgottesdienst der kranken und verwundeten Sachsen. 1.—3. Aufl. gr. 8. (41 S.) Leipzig 866, Brockhaus. *

Fricke, Gustav: Die Denkwürdigkeiten des Grafen Forbin. Beitrag zur Quellenkritik der Geschichte des 18. Jahrhunderts. 4 (S. 95—109).
Festschrift z. 100jähr. Jubelfeier des Kgl. Friedrich-Wilhelms-G. *Berlin* 1897.
Nicht im Tauschverkehr.
Progr.

—— Gottes Engel auf unseren Schlachtfeldern. Predigt beim sächs. Brigade-Feldgottesdienste zu Baden in Nieder-Oesterreich gehalten am 30. Aug. 1866. gr. 8. (22 S.) Leipzig 866, Klinkhardt. **.

— Festpredigt bei der Hauptversammlung des Leipziger Hauptvereins der Gustav-Adolf-Stiftung gehalten in der neuen St. Johanniskirche zu Chemnitz den 23. Aug. 1865. Chemnitz 865. Focke in Comm. gr. 8. (15 S.) n. 2¼ ngr.

Fricke, Gustavus: De fontibus Plutarchi et Nepotis in vita Phocionis. Halis Saxonum 1883: Ploetz. 38 S. 8°
Halle-Wittenberg, Phil. Diss. v. [1. März] 1883
Geb. Berlin 9. 1. 1854. V.
Im Buchhandel u. d. T.: Quaestiones de fontibus... Berlin: Mayer & Müller 1883.

Fricke, [Gustav]: [Gedächtnisrede auf den am 1. Juli 1909 verstorbenen Oberlehrer Dr. Johannes Boock.] S. 15—18. 4.
Kgl. Friedrich-Wilhelms-Gymn. u. Kgl. Vorschule *Berlin* 1910 (67).
Progr.

— Pastor Louis Harms in Hermannsburg und Schleswig-Holsteins Sache. Ein Gespräch. Mit einem Zusatze wider die 110 pommerschen Theologen. Kiel 864. Schröder & Co. gr. 8. (23 S.) n. 4 ngr.

—— unter Gottes freiem Himmel. Predigt beim sächs. Brigade-Feldgottesdienste zu Mödling in Nieder-Oesterreich gehalten den 26. Aug. 1866. gr. 8. (20 S.) Leipzig 866, Klinkhardt. **

— Mache dich auf, werde Licht. Predigt am 6. Januar 1862 in der Stadtkirche A. C. zu Wien gehalten. Wien, Tendler & Co. gr. 8. (29 S.) n. 2 ngr.

Fricke, Gustav [Dr.]: Der bayerische Feldmarschall Alessandro Marchese Maffei. Ein Beitr. z. Geschichtsschreibung u. z. Geschichte d. Türkenkriege u. d. spanischen Erbfolgekrieges. Berlin, Druck v. A. W. Hayns Erben, *1891*; S. 3—54; 4°
Berlin, k. Friedrich-Wilhelms-G u. k. VS, OP 1891 (56)

Fricke, Gust., der bayerische Feldmarschall Alessandro Marchese Maffei. Ein Beitrag zur Geschichtsschreibg. u. zur Geschichte der Türkenkriege u. d. span. Erbfolgekrieges. gr. 4. (54 S.) Berlin 891. (Leipzig, Fock.) n. 1. 50

Fricke, Gustav: Memoiren und Lebensschicksale des Grafen Tourville, weiland Admirals und Marschalls von Frankreich. Berlin (1908): Hayn. S. 3—32. 4°
Berlin, k. Friedrich-Wilhelms-G OP 1908 (67) [S 08. 111

— Mit Gott wollen wir Thaten thun! Vier Kriegs- u. Trostpredigten gehalten am 17. u. 31. Juli u. am 3. Aug. 1870 in der St. Peterskriche zu Leipzig. Leipzig 870. Kollmann. gr. 8. (IV, 75 S.) n. 12 ngr.; einzeln à n. 3 ngr.
Inhalt: 1. Fürchtet euch vor ihrem Trotzen nicht! Predigt am 5. p. Tr. [17. Juli] 1870 gehalten. (18 S.) — 2. Weiland nicht ein Volk, nun aber Gottes Volk! Predigt gehalten am 7. p. Tr. [am 31. Juli] 1870. (18 S.) — 3. Sollen wir eines Andern warten? Predigt bei dem außerordentlichen Gottesdienste am 3. Aug. 1870 früh gehalten. (20 S.) — 4. Herr, bleibe bei uns; denn es will Abend werden! Predigt bei dem außerordentlichen Gottesdienste am 3. Aug. 1870 Abends gehalten. (19 S.)

—— Predigt am 3. Aug. 1870, s. Predigten, sechs.

— Predigt gehalten beim Feldgottesdienst des königl. sächsischen Armee-Corps auf freiem Felde bei Hetzendorf den 22. Juli 1866 vor der Vertheilung von Decorationen für ausgezeichnetes Verhalten in dem Gefecht bei Gitschin u. in der Schlacht bei Königgrätz. 2. Aufl. Leipzig 866. Klinkhardt. gr. 8. (14 S.) n. 2½ ngr.

Fricke, Gust., quaestiones de fontibus Plutarchi et Nepotis in vita Phocionis. gr. 8. (38 S.) Berlin 883. (Mayer & Müller.) n. 1. —

—— Rede an der neuen Gellertstatue im Rosenthale zu Leipzig. Gehalten den 7. Juni 1865 bei der 15. deutschen Lehrerversammlung. gr. 8. (15 S.) Leipzig 865, Klinkhardt.

Fricke, Rede bei Weihung der drei m. dem eisernen Kreuze decorirten Fahnen d. königl. 8. Infanterie-Regiments Prinz Johann Georg Nr. 107, geh. Sonntag, den 26. Mai 1872 in der Peterskirche zu Leipzig. gr. 8. (8 S.) Leipzig 872. Hinrichs' Verl. n. — 20

—— über Schleiermacher. Ein Vortrag. gr. 8. (38 S.) Leipzig 869, F. C. W. Vogel.

— Simon Johanna, hast du mich lieb? Predigt am 1. Sonntage nach Neujahr 1862 in der Gumpendorfer Kirche A. C. zu Wien gehalten. Wien, Tendler & Co. gr. 8. (24 S.) n. 2 ngr.

—— Gottes Streiter auf dem Berge Gottes. Predigt, gehalten in der Gumpendorfer Kirche A. C. zu Wien beim sächs. Militärgottesdienste am 19. Aug. 1866. gr. 8. (16 S.) Wien 866. Tendler und Comp.

— Auf Christi Verklärungsberge. Predigt beim sächs. Brigade-Feldgottesdienste zu Mauer unweit Wien gehalten am 30. September 1866. 1. u. 2. Aufl. Leipzig 866. Klinkhardt. gr. 8. (22 S.) 3 ngr.

Fricke, Gustav Adolph, s.a. F r i c k e , Gustav

Fricke, G. A., s.: Ansprachen, fünf.

Gst. Adf. **Fricke**: Argumenta pro Dei existentia exponuntur et judicantur. P. I. Introductio. Cap. 1. Nov. argum. exponitur. Cap. 2. Argum. ontolog. expon. et judicatur. *Lpz.*, Weidmann. B. 846. gr 8° Sgl

— Argumenta pro Dei existentia exponuntur et judicantur. Pars I. gr. 8. (77 S.) Leipzig 847, Weidmann. n. ⅓ rf

— **Gustav Adolph**, Nova argumentorum pro dei existentia expositio. Pars I. Introductio et cap. I. Novum exponitur pro dei existentia argumentum. Lpz. (Wilh. Vogel S.) 8. IX. 1846. 40 S. (3.—)

— — Dasselbe. Pars II. Caput II. Exponitur et judicatur argumentum ontologicum. Leipzig (Wilh. Vogel S.) 28. X. 1846. 39 S. (3.—)

—— s. Atheismus, der, und die Socialdemokratie.

Fricke, Bericht üb. d. Gustav-Adolfs-Jubelfeier in Stockholm a. 9. Decbr. 1894. gr. 8. (25 S.) Leipzig 1895. (G. Wigand.) n.n. — 25

— H. Terlinden u. W. Faber, s. den Evangelischen Bund. Vorträge, geh. am 27. Septbr. 1888 bei dem Jahresfeste d. Braunschweiger Hauptvereins des Evangel. Bundes. gr. 8. (45 S.) Halle 888. Strien. n. — 30

Zur Feier des Reformationsfestes und des Übergangs des Rectorats auf Dr. Ernst Windisch ladet hiermit ein der Rector der Universität Dr. Paul Flechsig durch den designirten Decan der theologischen Facultät D. Gustav Adolf **Fricke.** Darstellung und Kritik der Beweise für Gottes persönliches Dasein. Leipzig, Druck v. A. Edelmann, Universitätsbuchdr., 1895; 2 Bl., 78 S. 4.

[F.] Dein Alter sei wie deine Jugend. Predigt bei der 175. Stiftungsfeier der Lausitzer Predigergesellschaft . . . 1892 in d. Universitätskirche zu Leipzig geh. v. Geh. Kirchenrat Domherrn Prof. D. [Gustav Adolf] **Fricke.** *Leipzig: J. C. Hinrichs 1892.* (15 S.) 1 Bd 8. [58. 10074 He

Fricke, Gust. Ad., die Erhebung zum Herrn im Gebete, Gebetsandachten für Kirche, Schule und Haus. 8. (VIII und 265 S. mit 1 Stahlst.) Leipzig 850, Reichenbach'sche Buchh.

Fricke, G. A., die Erhebung zum Herrn im Gebete. Gebetsbetrachtungen für Kirche, Schule und Haus. 2. Aufl. Mit 1 Stahlst. Leipzig 861. Reichenbach. 8. (VIII, 265 S.) 1 ₰

Fricke, das Evangelium im Eichsfelde, s.: Festschriften f. Gustav-Adolf-Vereine Nr. 54.

— aus dem Feldzuge 1866. Briefe aus dem Felde u. Predigten u. Reden im Felde. 8. (VI, 248 S.) Leipzig 891. Fr. Richter. n. 3 —; geb. n. 4. —

Fricke, Festpredigt, geh. am 24. IV. 1898 z. 70jähr. Geburtstage u. 25jähr. Regierungsjubiläum d. Königs Albert v. Sachsen in d. Johanniskirche (Universitäts-Gottesdienst) zu Leipzig. gr. 8. (11 S.) Leipzig 898. B. Richter. n. — 30

Fricke, Gust. Adf., Festrede, s. Jubelfeier, 25jährige, des studentischen Gustav-Adolf-Vereins.

— auch ernste Gedanken, s.a. Flugschrift d. sächsischen Landesvereins d. Evang. Bundes.

Fricke, G. A. „Auch ernste Gedanken". 1. u. 2. Aufl. gr. 8. (15 S.) Lpz. 890, Buchh. d. Evang. Bundes v. C. Braun. * — 40
Aus: Leipziger Zeitung, besonders abgedruckt.

— s.: Gedenkblätter der Grundsteinlegungs- u. Einweihungsfeier f. die neue Peterskirche zu Leipzig.

Fricke, Gust. Ad., Gott od. Mammon? Predigt am 15. p. Tr. zu Kiel gehalten. gr. 8. (19 S.) Kiel 852, Akadem. Buchhandlung. n. 3 ngl

— Gottesgrüße. Predigten. 1. u. 2. Bd. gr. 8. (VIII, 311 u. VIII, 295 S.) Leipzig 883. 86. Fr. Richter. à n. 4. —; geb. m. Goldschn. à n. 5. —

Fricke, Gust. Ad., Gottesgrüße, Predigten. 2. Bd. Gehalten im letzten Kirchenjahre der alten Peterskirche zu Leipzig. gr. 8. (VIII, 295 S.) Leipzig 886, [Lehmann.] Fr. Richter. *
geb. mit Goldschn. *

— der paulinische Grundbegriff der δικαιοσύνη θεοῦ erörtert auf Grund v. Röm. 3, 21—26. Lex.-8. (III, 75 S.) Leipzig 888. Böhme Nachf. n. 2. —

Zur Feier des Reformationsfestes und zum Rectorwechsel am 31. Oct. 1887 ladet hierdurch ein der Rector der Universität D. Woldemar Gottlob Schmidt durch den designirten Decan der theolog. Facultät D. Gustav Adolf Fricke. — Der Paulinische Grundbegriff der δικαιοσύνη θεοῦ erörtert auf Grund von Röm. 3, 21—26. Leipzig, Druck v. Alexander Edelmann, Univ.-Buchdr. (1887); 2 Bl. + 75 S. 4°

Der Gustav-Adolphs-Verein ein Friedenswerk der evangelischen Kirche. Ein Vortrag v. [Gustav Adolph] **Fricke.** ⟨Aus dem Sonntagsboten abgedruckt.⟩ Kiel. 1864. 8°.

— der Gustav-Adolphs-Verein ein Friedenswerk der evangel. Kirche. Ein Vortrag bei der Jahresfeier des Gustav-Adolph-Vereins am 30. Novbr. 1864 in der Neuwerker Kirche zu Rendsburg gehalten. [Aus dem „Sonntagsboten" abgedr.] Kiel 865. Homann in Comm. gr. 8. (16 S.) n. 3 ngr.

Fricke, G. A., ist Gott persönlich? Erneute Untersuchung d. Problems d. Gottesfrage. gr. 8. (78 S.) Leipzig 1896. G. Wigand. n. 2. —

— das Kommen u. Scheiden d. Auferstandenen. Abschiedspredigt, geh. am 2. Osterfeiertage 1887. 8. (16 S.) Leipzig 887. Fr. Richter. n. — 30

— zur Lage. Betrachtungen angeknüpft an die Acten der Universitäten und der Geistlichkeit Deutschlands in der Schleswig-Holstein. Landessache. 16. (28 S.) Kiel 865, Homann.

— über Renan's Leben Jesu. Vortrag, gehalten am 2. Tage der Versammlung des Schleswig-Holsteinschen Gustav-Adolf-Vereins und der Pastoralconferenz zu Schleswig am 14. Juli 1864. Schleswig 864. Heiberg. gr. 8. (42 S.) 7½ ngr.

— Lehrbuch der Kirchengeschichte. 1. Thl.: Bis zum entscheidenden Uebergange der christl. Kirche an die german. Völker (im 8. Jahrhundert.) gr. 8. (XXII und 302 S.) Leipzig 850, Weidmann'sche Buchh.

— „Der Mann vor seinem Bilde im Spiegel". Predigt, üb. Jacobus 1, 22—25 bei dem 25jähr. Jubiläum seines Pfarramtes an St. Petri in Leipzig geh. am 2. p. Tr. 1890. gr. 8. (24 S.) Leipzig 890. Levien. n. — 50

— de morte dogmatica loci Paulini ad Rom. 5, 12 sq. Denuo et emendatius typis expressum. 4. (VI, 46 S.) Leipzig 880. Hinrichs' Verl. n. 1. 60

Fricke, Gust. Adf., Metaphysik und Dogmatik in ihrem gegenseitigen Verhältnisse, unter besond. Beziehung auf die Ritschl'sche Theologie. Vortrag, auf der Meißner Conferenz, am 28. Juni 1882 gehalten. gr. 8. (89 S.) Leipzig 882, Hinrichs'sche Buchh. *

— in Jesu Namen. Predigt üb. Luc. 2, 21, geh. am Neujahrstage 1893. gr. 8. (16 S.) Leipzig 893. H. G. Wallmann. n. — 30

De n e c e s s i t u d i n e qua academia et respublica civilis inter se continentur oratio qua in regis Friderici VII natalitiis celebratis vota publica nuncupavit Gustavus Adolfus **Fricke.** Kiliae 1853. 4°

Oratio (de n e c e s s i t u d i n e , qua singulae inter se continentur disciplinae) qua in regis Friderici VII natalitiis vota publica nuncupavit Gustavus **Fricke.** Kiliae 1856. 4°

Fricke, Gust., oratio qua in solemnibus regis augustissimi etc. Friderici VII natalitiis die VI m. Oct. a. 1856 ab Acad. Christiana Albertina celebratis auctoritatis senatus academici vota publica nuncupavit. Kiliae 856. Akademische Buchhdlg. gr. 4. (12 S.) n. 2 ngl

— s.: Predigt u. Vorträge, geh. bei der 25jähr. Jubelfeier der Meißner Konferenz.

— s.: Predigten u. Reden zur Leipziger Kaiser-Feier.

— das exegetische Problem im Briefe Pauli an die Galater C. 3, 20 auf Grund v. Gal. 3, 15—25 geprüft. gr. 8. (52 S.) Leipzig 881. Edelmann. 2. —

— Programm für die 2. sächsische Lehrerversammlung, s. Programm.

— Rede üb. die Aufgaben u. den Charakter d. Evangelischen Bundes, s.: Flugschriften d. Evangel. Bundes.

—— Rede, beim Begräbnisse des Prof. D. W. G. Schmidt gehalten, s. Schmidt.

— Sardes u. wir an unserem Bußtage. Bußtagspredigt, am 21. Novbr. 1890 üb. Offenbarg. Johannis 3, 1—6 geh. gr. 8. (19 S.) Leipzig 890. Buchhandlg. d. Evangel. Bundes v. C. Braun. n. — 90

— selig sind die Toten, die in dem Herrn sterben von nun an. Predigt üb. Offenb. Johannis 14, 13, geh. am Totensonntage 1892. gr. 8. (16 S.) Ebd. 893. n. — 20

Fricke, G. A., Sendschreiben an, s. Krenkel, Max, Religionseid.

—— zur Verständigung über Republik, constitutionelle Monarchie und deutsches Erbkaiserthum. Eine Schrift für das Volk zur Belehrung über Recht und Unrecht der Republik und Monarchie. gr. 8. (85 S.) Leipzig 848, [Reichenbach'sche Buchh.]

Fricke, Lic. Dr. G. A., Woher kommt das anarchische Treiben und wie ist ihm abzuhelfen? Ein Wort zum Frieden. Leipzig, Gebr. Reichenbach, 1848. 28 S. 8°.

Fricke, H., Geschichte u. Geographie. Ein Schülerbuch. Unter Mitwirkg. einiger Lehrer nach dem amtl. Lehrplan f. Hamburger Volksschulen bearb. Mit 3 Fig. im Text u. 2 Karten. gr. 8. (VII, 336 S.) Hamburg 886. O. Meißner's Verl. n. 1. 60

—— und Johs. Maas, Liederbuch. Eine Sammlung ein- und mehrstimm. Lieder für mehrklass. Schulen, in 7 Stufen method. geordnet und mit Vorübungen versehen. 2 Tle. 2. und 3. verb. Aufl. gr. 8. (IV, 220 S.) Ebendas. 885,88. à Tl. * 60 Pf. * Beide Teile in 1 Bde. *

Fricke, H., u. J. Maas, Liederbuch. Eine Sammlg. ein- u. mehrstimm. Lieder für mehrklass. Schulen, in 7 Stufen methodisch geordnet u. mit Vorübgn. versehen. 9. Aufl. gr. 8. (IV, 220 S.) Hamburg 890. O. Meißner's Verl. n. — 80

Fricke, H. u. Johs. Maas. Liederbuch. Eine Sammlg. ein- u. mehrstimm. Lieder f. mehrklass. Schulen, in 7 Stufen methodisch geordnet u. m. Vorübgn. versehen. 12. unveränd. Aufl. gr. 8. (IV, 220 S.) Hamb. 892, Meißner. * — 80

Fricke, H., u. Johs. Maas, Liederbuch. Eine Sammlg. ein- u. mehrstimm. Lieder f. mehrklass. Schulen in 7 Stufen methodisch geordnet u. m. Vorübgn. versehen. 15., verb. Aufl. 8. (IV, 220 S.) Hamburg 894. O. Meißner's Verl. n. — 80

Fricke, H., u. Johs. Maas, Liederbuch. E. Sammlg. ein- u. mehrstimm. Lieder f. mehrklass. Schulen, in 7 Stufen method. geordnet u. m. Vorübgn. vers. 17. u. 18. Aufl. 8. (IV, 220 S.) Hamburg 896. O. Meißner's Verl. n. — 80

— — dasselbe. Kleine Ausg. gr. 8. (112 S.) Ebd. 895. n. — 60

Fricke, H. u. Johs. Maas, Liederbuch. Eine Sammlg. ein- u. mehrstimm. Lieder f. mehrklass. Schulen, in 7 Stufen methodisch geordnet u. m. Vorübgn. versehen. 22. Aufl. 8. (IV, 220 S.) Hamburg 900. O. Meißner's Verl. n. — 80

Fricke, H., u. Johs. Maas, Liederbuch. Eine Sammlg. ein- u. mehrstimm. Lieder f. mehrklass. Schulen, in 7 Stufen methodisch geordnet u. m. Vorübgn. versehen. 29. Aufl. (IV, 220 S.) 8. Hamburg 906. O. Meißner's Verl. n. — 80

— u. Johs. Maas, Liederbuch. Eine Sammlg. ein- u. mehrstimm. Lieder, f. mehrklass. Schulen in 7 Stufen methodisch geordnet u. m. Vorübgn. versehen. 34. Aufl. (IV, 228 S.) 8. Ebd. 910. — 80; geb. 1. 20

Fricke, H., u. Ahlburg, „das Mannheimer Schulsystem in hamburgischer Beleuchtung." Erwiderung auf die Broschüre des Stadtschulrates Dr. Sickinger. (61 S.) 8. Hamburg 910. O. Meissner's Verl. — 75

Fricke, H. C., Maschinenfabrik: Preisverzeichnisse. Bielefeld (1897?)

Fricke, H. C., G. m. b. H: Spezial-Katalog über Kunstdünger-Streumaschinen. Hederich-Spritzen. Bielefeld 1907

Fricke, Hans, Marine-Stabsarzt: Aus d. Kgl. pathol. Institute in Kiel. **Ein Beitrag** zur Frage der sarkomatösen Umwandlung glatter Muskelzellen in Uterusmyomen. *Kiel 1904: Schmidt & Klaunig.* (24 S.) 8°
Kiel, Med. Diss. v. [7. Mai] 1904

Fricke, Heinrich

Einführung in das Verständnis des Vereinigten Alten Ordens der Druiden. Niederschrift nach einem Vortrag in der Jutta-Loge des V. A. O. D. in Sonneberg am 20. Febr. 1909 von H[einr.] **Fricke.** Leipzig: Brückner & Niemann [1909]. 20 S. 8°.

[**Fricke,** Heinrich]: Grundlinien der Anatomie und Chirurgie für angehende Wundärzte. Thl 1. 2. Braunschweig 1794—95.
1. Anatomia. 1794.
2. Chirurgia. 1795.

Fricke, Heinr., die Inspiration der Schriften des Alten u. Neuen Testaments. Eine Polemik gegen Herrn Prof. D. Philippi zu Rostock, veranlaßt durch die vom Königl. Consistorio zu Magdeburg unterm 24. April 1866 erlassene Aufforderung. Halle 867. Hendel. gr. 8. (52 S.) 7½ ngr.

Fricke, Heinr., Vereinigter alter Orden der Druiden, s.: Wiese, Hugo.

Fricke, Heinr., der deutsche Protestantenverein und der Berliner Kirchenstreit, nebst einer Polemik gegen Dr. Fabri über die Kirchenzucht. 8. (IV, 120 S.) Quedlinburg 869, Ernst'sche Buchh. *

— Heinrich A. (Berlin), Die Aetiologie der intermittirenden Fieber. Diss. med. Halle (Lipke) 10. IV. 1869. 32 S. mit Biogr. (4.—) 9587
Oppon.: C. Teufert, O. Risel. — Gew.: Louis Benecke (Mecklenburg-Strelitz).

Fricke, Hermann, aus Goslar: Ueber die elastischen Eigenschaften des Leders. *Göttingen 1902: Dieterich.* (69 S.) 8°
Göttingen, Phil. Diss. v. [10. Apr.] 1902

Fricke, Herm., über die elastischen Eigenschaften des Leders. Diss. gr. 8. (69 S. m. 25 Fig.) Göttingen 902. (Vandenhoeck & Ruprecht.) n. 1. 40

Fricke, Herm., über die innere Reibung des Lichtäthers als Ursache der magnetischen Erscheinungen. Ein neuer Versuch zur mechan. Deutg. elektromagnet. Erscheingn. auf Grund e. Kritik der modernen Anschaugn. üb. die elast. Lichttheorie. (20 S.) 8. Wolfenbüttel 909. Heckner. nn — 50

Fricke, Herm., was ist Elektrizität? Versuch e. anschaul. Beschreibg. der elektr. Kräfte. (46 S. m. 18 Fig.) gr. 8. Wolfenbüttel 906. Heckner. n. 2. —

Fricke, J., Güterrecht der bei d. Inkrafttreten des bürgerl. Gesetzbuches bestehenden Ehen. gr. 8. (VII, 79 S.) Stettin 900. L. Saunier. Kart. n. 2. —

Fricke, J. C. G., Annalen d. chirurg. Abtheil. d. allgem. Krankenhauses in Hamburg. 1. u. 2. Bd. gr. 8. Hamburg, Perthes u. Besser. [I. (26¼ B., 2 ill. u. 1 schw. Stnt. u. 5 Tab.) 828. 2 Thlr. 12 Gr., 2. (20 B. u. 4 Stnt. gr. 4.) 833. 2 Thlr.]

— Bericht über seine Reise nach Holland u. d. angrenz. Gegenden, z. Erforschung d. in jenen Gegenden im Sommer u. Herbste d. J. geherrscht habenden Krankheiten. gr. 8. Hamb. 826. Perthes u. B. 10 gr

— dessen zweiter Bericht, nebst Hachmanns Bemerkk. über d. Endemie im Amte Ritzebüttel im J. 1826. gr. 8. Hamb. 827. Perthes u. B. 10 gr

—— Bericht üb. d. Versamml. d. Naturforscher, s. Bericht.

Fricke, J. C. G., s. Bericht über die Verwaltung des allgemeinen Krankenhauses in Hamburg.

—— die Bildung neuer Augenlieder (Blepharoplastik) nach Zerstörungen u. dadurch hervorgebrachten Auswärtswendungen derf. M. 4 Stndr. gr. 8. (3 B.) Hamburg 829, Perthes u. Besser.

—— geschichtl. Darstellung d. Ausbruchs d. Asiat. Cholera in Hamburg. Nach Acten u. amtl. angestellten Untersuchn. M. 1 lith. Grundrisse v. Hamburg (in Fol.) gr. 8. (6¼ B.) Hamburg 831, Perthes u. Besser.

Fricke, J. C. G., s. Desruelles: Über d. Behandl. ohne Quecksilber.

— Geschichte e. durch d. Lebensmagnetismus geheilten Epilepsie, a. d. Asklepieion abgedruckt mit Bemerkk. v. K. Wolfart. gr. 8. Halle 812. Waisenh.-B. 6 gr

— in memoriam defuncti Jens J. Baggesen. Relatio de sectione iisque vitiis, quae in obducto defuncti corpore reperta sunt. Add. tab. lithogr. 4maj. Hamb. 826. Perthes u. B. 12 gr

Fricke, J. C. G., s. Zeitschrift für die gesammte Medicin.

[F.] Bibelkunde, zugleich Praktischer Kommentar zur Biblischen Geschichte v. J. H. Albert Fricke. 2 Bde. Bd 1. (In 2 Hälften.) *Hannover: C. Meyer 1895.* 8.
= Bibliothek, Pädagogische. Bd 19. (96. 2)30

— dasselbe, s.a. Bibliothek, pädagogische. 19. u. 20. Bd.

Fricke, J. H. Alb., Bibelkunde. Ein Hilfsbuch beim Bibellesen, zugleich prakt. Kommentar zur bibl. Geschichte. (In 2 Bdn.) II. Bd. 2. u. 3. verb. Aufl. (XIX, 560 S. m. 1 Karte.) gr. 8. Hannover 906. C. Meyer. n. 4. 60; geb. n. 5. 20

Fricke, J. H. Alb., Bilder aus der Kirchengeschichte (m. Berücksicht. d. engeren Heimat) f. Stadt- u. Landschulen als Anh. z. bibl. Geschichte. Mit e. Anh.: Gschichte d. Kirchenliedes. gr. 8. (II, 51 S.) Hannover 902. C. Meyer. n. — 25

— Bilder aus der Kirchengeschichte (m. Berücksicht. der engeren Heimat) f. Stadt- u. Landschulen. Mit e. Anh.: Geschichte des Kirchenliedes. 2. verb. Aufl. Ausg. A. Allgemeine Ausg. (II, 54 S.) 8. Hannover 907. C. Meyer. n. — 25

— dasselbe. Ausg. B. Für das Herzogt. Braunschweig. (II, 54 S.) 8. Ebd. 907. n. — 25

Fricke, J. H. Alb., Bilder aus der Kirchengeschichte (m. Berücksicht. der engeren Heimat) f. Stadt- u. Landschulen. Mit e. Anh.: Geschichte des Kirchenliedes. 3. (Ster.-)Aufl. Ausg. A. Allgemeine Ausg. (II, 54 S.) 8. Hannover 910. C. Meyer. - 25

Biblische Geschichten im Zusammenhange mit dem Bibellesen zu Lebens- und Geschichtsbildern zsgest von J. H. Albert Fricke. Mit 1 Karte von Palästina. *Hannover, Berlin: C. Meyer 1900.* (X, 282 S.) 8° [F.]

— biblische Geschichten, im Zusammenhange m. dem Bibellesen zu Lebens- u. Geschichtsbildern f. Mittel- u. Oberstufen der Stadt- u. Landschulen zusammengestellt. Mit Karten v. Palästina, v. Mesopotamien (Assyrien u. Babylonien) u. v. den Missionsreisen Pauli —, sowie m. Abbildgn. der hl. jüd. Geräte. 2. Ster.-Aufl. gr. 8. (XVI, 285 S.) Ebd. 902. n.n. — 75; geb. n.n. 1. —

— biblische Geschichten, im Zusammenhange m. dem Bibellesen zu Lebens- u. Geschichtsbildern f. Mittel- u. Oberstufen der Stadt- u. Landschulen zusammengestellt. Mit Karten v. Palästina, v. Mesopotamien (Assyrien u. Babylonien) u. v. den Missionsreisen Pauli —, m. Abbildgn. der hl. jüd. Geräte, des Gartens Gethsemane u. Bethlehem. 4. Ster.-Aufl. Ausg. A. ohne Kirchengeschichte. (XVI, 285 S.) 8. Ebd. 906. Geb. n.n. 1. —

— dasselbe, zugleich die Geschichte des Reiches Gottes, im Zusammenhange m. dem Bibellesen f. die Oberstufe der Stadt- u. Landschulen zusammengestellt. Mit (farb.) Karten v. Jerusalem, Mesopotamien (Assyrien u. Babylonien) u. v. den Missionsreisen Pauli — m. Abbildgn. der hl. jüd. Geräte. Ster.-Aufl. (Ausg. C: 2. Tl.) (120 S.) 8. Ebd. 907. Geb. n. — 70; C 1 u. 2 in 1 Bd. geb. n. 1. 15

— Biblische Geschichten, im Zusammenhange m. dem Bibellesen zu Lebens- u. Geschichtsbildern f. Mittel- u. Oberstufen der Stadt- u. Landschulen zusammengestellt. Mit Karten v. Palästina, v. Mesopotamien (Assyrien u. Babylonien) u. v. den Missionsreisen Pauli —, m. Abbildgn. der hl. jüd. Geräte, des Gartens Gethsemane u. Bethlehem. 5. (Ster.-)Aufl. Ausg. A ohne Kirchengeschichte (XVI, 285 S.) 8. Ebd. 909. Geb. nn 1.

Fricke, J. H. Alb., biblisches Geschichts- u. Lesebuch. Biblische Geschichte in Lebens- u. Geschichtsbildern u. im Zusammenhange m. dem Bibellesen, zugleich alttestamentl. Lesebuch. Für Unter-, Mittel- u. Oberstufen der Stadt- u. Landschulen hrsg. Mit e. Karte v. Palästina. gr. 8. (XIV, 326 S.) Hannover 900. C. Meyer. n.n. 1. 10; geb. n.n. 1. 35

— biblisches Geschichts- u. Lesebuch. Biblische Geschichte in Lebens- u. Geschichtsbildern u. im Zusammenhange m. dem Bibellesen, zugleich alttestamentl. Lesebuch f. Stadt- u. Landschulen. 2. Ster.-Aufl. Mit Karten v. Palästina, v. Mesopotamien (Assyrien u. Babylonien) u. v. den Missionsreisen Pauli —, sowie m. Abbildgn. der hl. jüd. Geräte. (XVI, 327 S.) 8. Ebd. 903. Geb. n.n. 1. 35

Fricke, J. H. A., Handbuch d. Katechismus-Unterrichts nach Dr. M. Luther's Katechismus, s.a. Bibliothek, pädagogische.

Fricke, J. H. Alb., Handbuch d. Katechismus-Unterrichts nach Dr. M. Luthers Katechismus; zugleich Buch der Beispiele. Für Lehrer u. Prediger bearb. 1. Bd. Einleitung u. 1. Hauptstück. gr. 8. (VIII, 328 S.) Hannover 886. Meyer. n. 3. 80

[F.] Handbuch des Katechismus-Unterrichts nach D. M. Luthers Katechismus; zugleich Buch der Beispiele. (Für Lehrer und Prediger bearb.) Von J. H. Albert Fricke. 3. verb. Aufl. Bd 1. 2. *Hannover: C. Meyer 1897. 98.* 8.
= Bibliothek, Pädagogische. Bd 13. 14. (96. 6)7

Fricke, J. H. Alb. Handbuch d. Katechismus-Unterrichts nach Dr. M. Luthers Katechismus; zugleich Buch der Beispiele. Für Lehrer und Prediger bearb. 3. Bd.: 3.—5. Hauptstück u. ausführl. Sachregister. gr. 8. (VIII, 323 S.) Hannov. 889, Meyer. * 3 80; geb. * 4 40
Bildet d. 15. Bd. d. Pädagogischen Bibliothek (s. d.).
1. u. 2. Bd. Ebd. 1886,87. à Bd. * 3 80.

— biblische Lebens- u. Geschichtsbilder, f. die Unter- u. Mittelstufe der Stadt- u. Landschulen zusammengestellt. Mit (farb.) Karte v. Palästina. Ster.-Aufl. (Ausg. C: 1. Tl.) (128 u. X S.) 8. Ebd. 907. Geb. n. — 70

— Biblische Personen. Lebens- u. Charakterbilder aus den vier Evangelien, insbesondere das Lebensbild Jesu. (338 S.) gr. 8. Halle 908. Buchh. des Waisenhauses. 5. -; geb. 6. 50

— dasselbe des Neuen Testaments. Zugleich Hilfsbuch f. bibl. Geschichte u. Bibellesen. In 2 Bdn. 2. Bd.: Lebens- u. Charakterbilder aus der Apostelgeschichte u. den Briefen, f. Schule u. Haus bearb. (320 S.) gr. 8. Ebd. 910. 5. —

— Schulbibel od. biblisches Lesebuch? (19 S.) gr. 8. Hannover 900. C. Meyer. n. — 30

— Winke f. die unterrichtliche Behandlung der biblischen Geschichte u. d. Bibellesens in Schulen m. nur e. Lehrer (= ein- u. zweiklassigen Schulen). Mit ausführl. Stoffplänen, sowohl f. die verein. Unter- u. Mittelstufe, wie auch f. die Oberstufe. gr. 8. (51 S.) Ebd. 901. n. — 75

— Wünsche u. Vorschläge hinsichtlich des Konfirmanden-Unterrichts. Ein Beitrag zur Gestaltg. des einheitl. Religions-Unterrichts in Kirche u. Schule. (31 S.) gr. 8. Braunschweig 904. H. Wollermann. n. — 25

Fricke, Jo. Herm., De noctambulis. 30 pp. Hal. 4°. 1773

Fricke, Joa. Heinr.: Abhandl. zu d. protest. Kirchenrechte, b. Gelegenh. d. Streitigk. üb. d. Herzogl. Mecklenb. neue Gesangb. *Rostock*, Stiller. 773. 8. (6 Gr.)

Fricke, Joh., Diss. inaug. medico-spagirica de auro potabili sophorum et putabili sophistarum. Kiliae. 1701. 4. P. (M. Univ.-Progr.) [Praes. Wilh. Huld. Waldschmiedt].

Fricke, Johann Carl Georg, s. Fricke, Johann Karl Georg

Fricke, Johann Christoph

Fricke, J. C.: „Der Gemeindeschreiber. Ein Hülfsbuch für alle, welche die Gemeindeschreiberey auf dem Lande zu besorgen haben; mit besonderer Hinsicht auf die Preussischen Lande, für Schullehrer, Dorfrichter . . . .", Halle 1800 (Gebauer).

Fricke, Johann Friedrich Carl Albert, s. Fricke, Albert

Fricke, Jh. G., quaestio forensis, num restitutio in integrum contra rem judicatam ob instrumenta noviter reperta locum habeat retractata. 4. Helmst. 803. Fleckeisen. 4 gl.

Fricke, Johann Heinrich

— Abhandl. zu d. protestantischen Kirchenrechte. 8. Rostock 773. (Stiller). 6 gl.

— Abhandl. vom Rechte d. Handwerker. 8. Götting. 771. 3e A. 802. Vandenhöck u. R. 8 gl.

Fricke, Johann Heinrich: „Grundsätze des Rechts der Handwerker", Göttingen und Kiel 1771. — Vorh.: Industrie- und Handelskammer Leipzig — Kammergericht Berlin, Ee. 237 — 2. Auflage Göttingen und Kiel 1778, vorh.: Kammergericht Berlin — Ee. 237' — und Germ. Nat. Mus. Nürnberg. 3. Auflage Göttingen und Kiel 1802.

Fricken, Joh. Heinr.: Grundsätze v. Rechte d. Handwerker. *Göttingen*, Vandenhoeck u. Ruprecht. (771. 778.) 802. 8. (8 Gr.)

— **Johann Heinrich,** De moratorio meditationes juris tam publici quam privati tabulae praelection. praemittit. Kiel (Bartsch) 1770. 24 S. (3.50) 9588

— — Commentatio de noctambulis. Halle (Hendel) Nov. 1773. 40 S. (5.—) 9589
Im dtsch. Anh. (ab S. 28): Urtheil in Untersuchungssachen wider Jürgen Heick i. Nam. d. Kielischen Juristenfacultät abgefasset.

— observationes et sententiae facultatis juridicae Kiloniensis. 4. Kiel 773.

Fricke, Jh. Hnr., († d. 9. Jan. 1775.) Diss. inaug. Theses de foro commentatorum ordinis Teutonici. 4. Götts. 768. Diss. ausgearb. unt. d. Tit: Disquisitio de commentatorum ordinis Teutonici qualitate civili, et foro eorum in actionibus personalibus. 4. Ibid. 769. Vandenhöck u. R. 6 gl.

Fricke, Johann Heinrich Gottfried

De Contusionibus pectoris. Gottingae (1792:) Grape. 69 S. 8°

Göttingen, Med. Diss. v. 3. Nov. 1792

Fricke, J(ohann) H(einrich) G(ottfried) (Hrsg.):

s.: Funke, E.P.: Handbuch der Physik für Schullehrer und Freunde dieser Wissenschaft. Umgearb...und verm. Aufl. Bd 1 - 2. Braunschweig: 1807

JB 214

Fricke, Jh. Hnr. Gtt., s. C. P. Funke, Handb. d. Physik.

Geschichtliche Darstellung des Ausbruchs der Asiatischen Cholera in Hamburg. Nach Acten und amtlich angestellten Untersuchungen v. Johann Carl Georg Fricke. Mit 1 lithogr. Grundrisse von Hamburg. Hamburg. 1831. 8°.

Fricke, J[ohann] C[arl] G[eorg]: In memoriam defuncti Jens Immanuel Baggesen. Relatio de sectione iisque vitiis, quae in obducto defuncti corpore reperta sunt. Addita tab. lithogr. Hamburgi 1826. 11 S. 4°

Güterrecht der bei dem Inkrafttreten des Bürgerlichen Gesetzbuches bestehenden Ehen. Von J[ulius] Fricke, Amtsrichter. *Stettin: L. Saunier 1900.* (79 S.) 8° [J.] [ου. 6038

Fricke, K., u. F. Eulenburg, Beiträge zur Oberlehrerfrage. I. Die geschichtl. Entwicklg. des Lehramts an den höheren Schulen, v. F. — II. Die soziale Lage der Oberlehrer, v. E. (IV, 119 S.) gr. 8. Leipzig 903. B. G. Teubner. n. 1. 20

Fricke, K. Fr.

— Anfangsgründe d. französ. Sprache, mit vielen Aufgaben; nebst e. Uebersicht d. französ. Liter. 8. Glogau 800.

Fricke, K. Fr., d. Christ am Sonntage, in Predigten. 2 Bde. 8. Sagan 808, 9. (Holäufer in Bresl.) 2 ₰

— s. Gesangbuch f. evangel. Christen.

— französ. Lesebuch. gr. 8. Glogau 807. N. Günthersche B. 8 gl.

— allgem. Methodik d. öffentl. Unterrichts in Bürger- u. Landschulen. 2 Thle. 8. Halle 802—8. Gebauer. 3 ₰ (2r Thl. a. u. d. T.: Methodik d. öffentl. Unterr. in Bürger- u. Landschulen rc.)

— vollständ. Rechnenbuch f. Lehrer u. Landschulen u. in d. untern Klassen d. Stadtschulen. 8. Bunzlau 828. Appun. 18 gl.

— neue französ. Sprachlehre. gr. 8. Glogau 807. N. Günter'sche Buchh. 18 gl.

— Unterr. im christl. Glauben, f. Confirmanden. 8. Bunzl. 827. Appun. 2 gl.

Fricke, Karl

Fricke, Carl [pr. Arzt, aus Rostock]: **Ein durch Operation geheilter Fall von primärem myelogenem Sarcom des Schläfenbeines ... Rostock, Univ.-Buchdr. v. Adler's Erben, 1893; 46 S., 1 Bl. 8.**
Rostock, Med. Fak., Inaug.-Diss. v. [15. März] 1893

Fricke, Carl: Die Frauenfrage in ihrer Beziehung zur Prostitution. — Berlin: Edler 1885. 52 S. 8°

Fricke, K[arl]: Biologische Heimatkunde in der Schule. Ein Beitr. z. Methode d. naturgeschichtl. Unterrichts in d. ob. Klassen d. höh. Lehranstalten. Bremen 1909: Guthe. 67 S. 8°
Bremen, OR P 1909 (073) [S 09. 110

Fricke, K., biologische Heimatkunde in der Schule. Ein Beitrag zur Methode des naturgeschichtl. Unterrichts in den oberen Klassen der höh. Lehranstalten. (68 S. m. Abb.) gr. 8. Leipzig 909. Quelle & Meyer. 1. 20

Fricke, K, Die Hellenen in Campanien. Pr. 1878. 28 S. 4°. 1.20

Fricke, *August Friedrich* Carl [aus Hannover]: Ueber die Lues der Neugeborenen ... Berlin, C. Vogts Buchdr., *1896*; 28 S., 2 Bl. 8.
.96 Berlin, Med. Fak., Inaug.-Diss. v. 12. Juni 1896

Fricke, Karl, die Berliner Mission (Berlin I). (46 S.) 8. Berlin (908). Berliner Missionsgesellschaft. — 40
Sonderabdruck aus „Die deutschen ev. Heidenmissionen".

Fricke, Karl, John Paton, der Apostel der Neuen Hebriden, s.: Jugend- u. Volksbibliothek, deutsche.

Fricke, Karl Der biologische Unterricht an den höheren Lehranstalten, sein Gang und seine Bedeutung für eine allgemeine höhere Bildung nach psychologisch-pädagogischen Grundsätzen dargestellt. (Umschlagtitel: Der . . . Lehranstalten.) 4 (S. 3 29). **Progr.** Handelssch. (Rg.) *Bremen* 1888 (681).

Fricke, K., der biologische Unterricht an den höheren Lehranstalten, sein Gang u. seine Bedeutg. f e. allgemeine höhere Bildung, nach psychologisch-pädagog. Grundsätzen dargestellt. gr. 4. (29 S.) Bremen 888. (Leipzig, Fock.) n. 1. —

Fricke, Karl, s.: Zeitschrift f. Forst- u. Jagdwesen.

Fricke, Karl August Verzeichnis der in der hiesigen Gymnasialbibliothek befindlichen Handschriften und seltneren Drucke aus dem 15., 16. und 17. Jahrhundert. S. 14—18. **Progr.** *Lingen* 1876.

Fricke, Carl Urban Friedr. (Wolfenbüttel), De reprobatione per delationem jurisjurandi licita. Dissert. jur. Präs. Johann Tobias Carrach. Halle (Joh. Friedr. Grunert) 15. XI. 1737. 38 S. (5.—) 9582
Widm. v.: Präs., M. A. Freyherr von Dyherrn (dtsch.), J. G. Lehmann (dtsch.), I. L. v. Gaso

— — Dasselbe. 1756. 40 S. o. Widm. (4.80) 9583

Fricke, L., Abriß d. politischen Völker-Geschichte v. d. Umschaffung unsrer Erde bis z. Unterg. d. römischen Reichs. 8. Bresl. Kunst u. Ind. Compt. 810.

Fricke L, neue vollst. Schule d. Zuschneidemethode f. Herrenbekleid. 4° Bayreuth 1889

Fricke, L. W., e. Büchlein vom heiligen Ehestande u. was dazu gehört. Eine Auslegung d. 6. Gebots f. Braut- u. Eheleute, auch f. das ledige Volk. [Aus: „Monatsbote aus dem Stephansstift".] gr. 8. (66 S. m. eingedr. Holzschn.) Hannover 887. (Feesche.) geb. n.n. — 75 u. n.n. 1. —; m. Goldschn. n.n. 1. 50

Fricke, L. W., ein Büchlein vom hl Ehestande u. was dazu gehört. Eine Auslegg. des 6. Gebots f. Braut- u. Eheleute, auch f. das led. Volk. 2. Aufl. 8. (71 S. m. Abbildgn.) Hannover 889. Buchdr. des Stephansstifts. n. — 50; geb. in Pappbd. n.n. — 75; in Kaliko n.n. 1. —; m. Goldschn. n.n. 1. 50
Sonderabdruck aus: „Monatsbote a. d. Stephansstift".

— e. Büchlein vom Schwören. [Aus: „Monatsbote aus dem Stephansstift".] 3. Tausend. 8 (23 S.) Ebd. 888. n. — 10

Fricke, L. W., wider den Erbfeind! Ein Kampfruf an die deutsche Jugend, zugleich als Mitgabe an die lieben Konfirmanden auf den Lebensweg. 8. (14 S.) Hannover 881. Feesche. n. — 25

— Wider den Erbfeind! Ein Kampfruf an die deutsche Jugend. — Nur für Eltern u. Lehrer. 2. Aufl. kl. 8. (16 S.) Ebd. 887. n.n. — 5

Fricke, L. W., fürchte dich nicht: Du bist Mein. Ein Gedenkbüchlein f. Confirmanden u. Confirmierte, zugleich e. Begleitwort zu d. Boten Gedenkblatt f. Confirmanden. 2. Aufl. 8. (48 S. m. Holzschn.) Hannover 886. Feesche. n. — 20

— fürchte dich nicht: Du bist mein. Ein Gedenkbüchlein f. Confirmanden u. Confirmirte, zugleich e. Begleitwort zu d. Boten Gedenkblatt f. Confirmanden. [Aus: „Monatsbote aus dem Stephansstift".] 4. Aufl. 8. (48 S. m. Holzschn.) Ebd. 888. n. — 20

— fürchte dich nicht: Du bist mein. Ein Gedenkbüchlein f. Konfirmanden u. Konfirmierte, zugleich e. Begleitwort zu des Boten Gedenkblatt f. Konfirmanden. 19. Aufl. (40.—42. Taus.) 12. (48 S. m. Abbildgn.) Ebd. (901). n.n. — 15; kart. n.n. — 25; geb. n.n. — 35; m. Goldschn. n.n. — 70
Sonderabdruck aus: „Monatsbote a. d. Stephansstift".

— die christliche Glaubens- u. Sittenlehre nach Dr. Mart. Luthers kleinem Katechismus disponiert. Ein Hand- u. Hülfsbuch für Kirche u. Schule, auch f. Hausväter, die ihrem Gesinde den Katechismus einfältiglich wollen vorhalten. gr. 8. (279 S.) Ebend. 879. n. 2. 50

Fricke, L. W., das hannoversche Höferecht. Gesetz vom 2. Juni 1874 m. kurzen Erläutergn. [Aus: „Hannov. Volkskalender".] 8. (31 S.) Hannover 876. Feesche in Comm. n. — 40

Fricke, L. W., der kleine Katechismus Dr. Martin Luthers; kurz ausgelegt. Ein Hülfsbüchlein für Katechismusschüler. 8. (124 S.) Hannover 885, (Feesche.) ** 25 Pf.; geb. **
—— dass. — 2. und 3. Aufl. 8. (VI, 180 S.) (Ebendas.) 886,87. ** 35 Pf.; geb. **
—— dass. — 4. und 5. Aufl. gr. 8. (168 S.) (Ebendas.) 887,88. ** geb. **
—— dass. — Ausg. B. [In Fragen und Antworten.] Der Gesamtaufl. 22.—25. Tausend. 8 (152 S.) (Ebendas.) 888. *

— der kleine Katechismus Dr. Martin Luthers, kurz ausgelegt. Ein Hülfsbüchlein für Katechismusschüler. Ausg. B. (In Fragen u. Antworten.) Der Gesamtaufl. 55.—60. Tauf. 8. (152 S.) Ebd. 899. n. — 40; geb. n. — 60

— dasselbe. Ausg. B. (In Fragen u. Antworten.) Der Gesamtaufl. 61.—65. Tauf. (152 S.) gr. 8. Ebd. 901. n.n. — 45; geb. n.n. — 60

Fricke, L. W., der kleine Katechismus Dr. Martin Luthers kurz ausgelegt. Ein Hülfsbüchlein f. Katechismusschüler. Der Gesamtaufl. 77.—81. Tauf. (IV, 188 S.) 8. Hannover 906. C. Meyer. n.n. — 55; kart. n.n. — 70; geb. n.n. — 75

Fricke, L. W., der kleine Katechismus Dr. Martin Luthers kurz ausgelegt. Ein Hülfsbüchlein f. Katechismusschüler. (Ster.-Aufl.) Der Gesamtaufl. 87—91. Tauf. (IV, 188 S.) 8. Hannover 909. C. Meyer. Geb. nn — 75

— Katechismuslehre. Eine Auslegg. d. kleinen Luther'schen Katechismus f. das liebe deutsche Christenvolk. [Aus: „Monatsbote aus d. Stephansstift".] 1. Hft. gr. 8. (107 S.) Ebend. 885. n. — 75

— Katechismuslehre. Eine Auslegg. d. kleinen Luther'schen Katechismus f. das liebe deutsche Christenvolk. [Aus: „Monatsbote aus dem Stephansstift".] 2.—4. (Schluß-) Hft. 8. (S. 109—561.) Ebd. 885—888. n. 3. 20 (cplt.: n. 3. 95)

Fricke, L. W., Katechismuslehre. Eine Auslegg. d. kleinen Luther'schen Katechismus f. das liebe deutsche Christenvolk. [Aus: „Monatsbote aus dem Stephansstift".] 2. Aufl. gr. 8. (571 S.) Hannover 893. (H. Feesche.) n. 4. —; geb. in Halbleinw. n.n. 4. 50; in Leinw. n.n. 5. —

Fricke, L. W., Katechismuslehre. Eine Auslegg. d. kleinen Luther'schen Katechismus f. das liebe deutsche Christenvolk. [Aus: „Monatsbote aus d. Stephansstift".] 2. Bd. gr. 8. (637 S.) Hannover 897. Buchdr. d. Stephansstifts. n. 4. 50; geb. in Halbleinw. n.n. 5. —; in Leinw. n.n. 5. 50 (1. u. 2.: n. 8. 50; geb. n.n. 9. 50 u. n.n. 10. 50)

—— das Kindlein ist nicht todt, sondern es schläft. Ein herzliches Trostwort an betrübte Elternherzen, zugleich ein Begleitwort zu des Boten Gedächtnißblatt für verstorbene Kinder. 3. Aufl. 16. (16 S. mit Titelbild.) (Ebendas.) 886. . *
aus: Monatsbote aus dem Stephansstift

— Missions- u. Festgesänge, auch Haus- u. Kirchenlieder nebst Liturgie u. Psalmodien. gr. 16. (48 S.) Ebend. 877. n. — 20

—— Missions- und Festgesänge, und Haus- und Kirchenlieder. Mit liturg. Anhang. 2. Aufl. kl. 4. (96 S.) (Ebendas.) 885. cart. * 40 Pf.; geb. *
Ohne liturg. Anhang *
cart. * 30 Pf.; geb. *

Fricke, L. W. Was wollen die Sozialdemokraten u. was wollen wir? 1. u. 2. Aufl. gr. 8. (15 S.) Hannov. 891, (Feesche). ** — 10
Aus: Monatsbote aus dem Stephansstift, besonders abgedruckt.

Fricke, Ludwig: Die Oxydation des Trimethyluracils. 1903. 29 S. 8° ¶ Vgl. J. Liebig's Annalen d. Chemie. Bd 327.
Hannover, Dr.-Ing.-Diss. v. 18. 12. 1902

Fricke (Max), Die silurischen Ablagerungen am Südrande des Zwickauer Kohlenbeckens mit besonderer Berücksichtigung der Graptolithenfauna. E. geol.-paläontolog. Studie m. 12 Abb. i. T. Zwickau 1910. 53 S.

Fricke, Otto, Referendar am Kgl. Amtsgericht zu Isenhagen: Das abstrakte Schuldversprechen und seine Gestaltung im bürgerlichen Gesetzbuch. *Göttingen 1902: Dieterich.* (60 S.) 8°
Göttingen, Jur. Diss. v. [26. Aug.] 1902

Fricke, Otto, das abstrakte Schuldversprechen u. seine Gestaltung im bürgerlichen Gesetzbuch. Diss. (III, 60 S.) gr. 8. Göttingen 902. (Vandenhoeck & Ruprecht.) n. 1. 40

Fricke, Paul: Kurze Anleitung zur Benutzung der durch den Verband der landwirtschaftlichen Genossenschaften im Königreiche Sachsen ausgegebenen Bücher für Darlehns- und Sparkassenvereine. 2. Aufl. Dresden 1900.

Fricke, Paul, Festschrift zum 25jähr. Bestehen des Spree-Turngaues, Kr. IIIb der D. T., gegr. 18. 10. 1885, m. Abb., Oberschöneweide 1910, 83 S., 8°.

Fricke, Paul, die Generalversammlung der eingetrag. Genossenschaft. Ratgeber f. die Einberufer, Leiter u. Schriftführer v. Genossenschaftsversammlgn. (44 S.) kl. 8. Dresden 906. A. Urban. — 60

— Die Geschäfts- u. Buchführung der Spar-, Kredit- u. Bezugsvereine, eingetragene Genossenschaften m. unbeschränkter Haftpflicht. (112 S.) 8. Ebd. 909. 1. 75

— Paul (Hamburg), Medicum obstetricantem exhibet. Thes. medicae. Rector Rodolph Leusden. Utrecht (Wilh. vande Water) 30. IX. 1707. 12 Seiten. (4.—) 9590

Fricke, Richard

Fricke, R., der elegante Ballordner. Sammlung neuester und geschmackvollster Gesellschaftstänze. 863. — 2. verb. u. erweit. Aufl. Dessau 865. Central-Verlag. 32. (XII, 84 S.) $7\frac{1}{2}$ ngr.

Fricke, R., der elegante Ballordner. Sammlung neuester und geschmackvollster Gesellschaftstänze. 1. Aufl. 1863. und 2. verb. und erweit. Aufl. 32. (XII und 84 S.) Dessau 865, Central-Verlag.

Fricke, Rich., der elegante Ballordner. Sammlung neuester u. geschmackvollster Gesellschaftstänze. 4. Aufl. 16. (VIII, 64 S.) Köthen 879. Schettler's Verl. cart. n. — 80

Bayreuth vor dreissig Jahren. Erinnerungen an Wahnfried u. aus d. Festspielhause von Richard **Fricke**, weil. herzogl. Ballettmeister in Dessau, nach dessen Tagebuch hrsg. u. von e. Einl. nebst Nachw. begleitet, mit 10 an denselben gerichteten u. bisher noch unveröffentl. Briefen Richard Wagners. Mit Frickes Bildnis u. 4 Faks. von d. Hand Wagners. Dresden: R. Bertling 1906. (160 S.) 8° [J.] 06. 10499

Fricke, Richard, Dir. Dr.: **Einführung** des Direktors. *Danzig 1899: A. Müller.* (S. 3—6.) 4°
Danzig, R zu St. Petri u. Pauli, P 1899 (48)

Fricke, Rich., le langage de nos enfants. Cours primaire de français. Französisch f. Anfänger. I—III. 8. Wien, F. Tempsky. — Leipzig, G. Freytag. Geb. 6. 90
I. Cours élémentaire. 1. Tl. (Für Sexta.) (X, 202 S.) 906. Geb. 2. —
II. Cours moyen. 2. Tl. (Für Quinta.) Mit 1 Münztaf. u. 39 Abbildgn. (188 S.) 907. Geb. 2. 50
III. Cours supérieur. 3. Tl. Für Quarta (u. Tertia). (182 S.) 907. Geb. 2. 40

Fricke, R(ich[ard]): Le langage de nos petits. Abécédaire français. *Bitterfeld (1898): A. Schencke.* (II, 14 S.) 8°
Bitterfeld, R, OP 1898 (278)

Fricke, Rich[ard]: Hundert Jahre Realanstalt ⟨Mitteilungen aus d. Schulgeschichte⟩. (Danzig 1909: Schroth.) S. 1—16. 4°
Danzig, RG zu St. Johann OP 1909 (51) [S 09. 111

Fricke, Rich., Möbelwerk „Gut Bürgerlich". Orig.-Entwürfe. (54 farb. Taf. u. Titelbl.) 41×81 cm. Nürnberg (909). W. Schorkopf. In Mappe 60. —

Fricke, R. Die Robin-Hood-Balladen. Ein Beitrag zum Studium der englischen Volksdichtung. Diss. Strassburg 1882. 104 S.

Fricke, Richard [aus Hasslinghausen i. Westf.]: Die Robin-Hood-Balladen. Ein Beitrag zum Studium der englischen Volksdichtung. Braunschweig, Druck von George Westermann, 1883. 8. 104 S.

Fricke, Rich., Singeschule u. Liederbuch, s.: Wiedermann, F.

[F.] Wahrheit und Klarheit zur Erlangung wahren Glückes. E. Weihnachtsbetrachtg f. Jedermann v. Richard **Fricke**, '(Bergwerks-)' Dir. a. D., Dortmund ... *Dortmund: Selbstv.; (Dr. v. C. L. Krüger) 1895.* (30 S.) 1 Bd 8. 96. 29

Fricke, Rich., Wahrheit u. Klarheit zur Erlangg. wahren Glückes. E. Weihnachtsbetrachtg. f. Jedermann. gr. 8. (30 S.) Dortmund 895. (M. Thomas.) n. — 30

[F.] Fricke, Richard [Dr., Dir.]: Wie erzielen wir noch grössere Erfolge, bes. im Sprachunterricht? [o. O.], *1896*; 16 S. 4.
Bitterfeld, R, OP 1896 (274)

Fricke, Rich[ard]: Französische Wortkammern. 1. Grundstock der Zeitwörter. *Bitterfeld (1898): A. Schencke.* (16 S.) 8° [Ant. u. F.]
Bitterfeld, R, OP 1898 (278)

Fricke, Richard [aus Fallingbostel]: Das altenglische Zahlwort, eine grammatische Untersuchung.... Göttingen, Druck d. Dieterich'schen Univ.-Buchdr. (W. Fr. Kästner), 1886; 84 S. + 1 Bl. 8°.
Göttingen, Phil. Fak., Inaug.-Diss. v. 9. Nov. 1885.

Fricke, R., das altenglische Zahlwort, eine grammat. Untersuchung. gr. 8. (64 S.) Leipzig 887. Deichert Nachf. n. 2. —

Fricke, Rob., s.: Abhandlungen aus den Gebieten der Mathematik etc.

Fricke, Rob., Hauptsätze d. Differential- u. Integral-Rechnung, als Leitfaden z. Gebr. b. Vorlesgn. zusammengest. 3 Tle. gr. 8. Braunschweig 897. F. Vieweg & Sohn. n. 4. 50
1. (IX, 80 S. m. 45 Fig.) n. 2. —. — 2. (VIII, 66 S. m. 15 Fig.) n. 1. 50. — 3. (VIII, 88 S. m. 9 Fig.) n. 1. —.

— Hauptsätze der Differential- u. Integral-Rechnung, als Leitfaden zum Gebrauch bei Vorlesgn. zusammengestellt. 1. Thl. 2. Abdr. gr. 8. (IX, 80 S. m. 15 Fig.) Braunschweig 902. F. Vieweg & Sohn. n. 2. —

— dasselbe. 3. umgearb. Aufl. gr. 8. (XV, 218 S. m. 74 Fig.) Ebd. 902. n. 5. —; geb. n. 5. 80

Fricke, Rob., Hauptsätze der Differential- u. Integral-Rechnung, als Leitfaden zum Gebrauch bei Vorlesgn. zusammengestellt. 4. Aufl. (XV, 217 S. m. 74 Fig.) gr. 8. Braunschweig 905. F. Vieweg & Sohn. n. 5. —; geb. n. 5. 80

Fricke, Rob., Hauptsätze der Differential- u. Integral-Rechnung, als Leitfaden zum Gebrauch bei Vorlesgn. zusammengestellt. 5. Aufl. (XV, 219 S. m. 74 Fig.) gr. 8. Braunschweig 909. F. Vieweg & Sohn. 5.—; geb. 5. 80

Fricke, Rob., s. Klein, Fel., Vorlesungen üb. die Theorie der elliptischen Modulfunctionen.

Fricke, Rob. [aus Helmstedt]: Ueber Systeme elliptischer Modulfunctionen von niederer Stufenzahl.... Braunschweig, Vieweg u. S., 1886; VI + 80 S. 8°.
Leipzig, Phil. Fak., Inaug.-Diss. v. 18. Jan. 1886.

— kurzgefasste Vorlesungen üb. verschiedene Gebiete der höheren Mathematik m. Berücksicht. der Anwendungen. Analytisch-functionentheoret. Tl. gr. 8. (IX, 520 S. m. 102 Fig.) Leipzig 900. B. G. Teubner Geb. in Leinw. n. 14. —

— u. Fel. Klein, Vorlesgn. üb. d. Theorie d. automorphen Functionen. 1. Bd.: D. gruppentheoret. Grundlagen. gr. 8. (XIV, 634 S. m. 192 Fig.) Leipzig 897. B. G. Teubner. n. 22. —

Vorlesungen über die Theorie der automorphen Functionen. Von Robert Fricke u. Felix Klein. Mit Fig. Bd 1. 2. Leipzig (2: & Berlin): Teubner 1897–1912. 8°
1. Die gruppentheoret. Grundlagen. 1897. — 2. (In 3 Lfgen.) Die functionentheoret. Ausführungen u. d. Anwendungen. 1901–12. A12.709

— u. Fel. Klein, Vorlesungen üb. die Theorie d. automorphen Functionen. II. Bd.: Die functionentheoret. Ausführgn. u. die Anwendgn. 1. Lfg.: Engere Theorie der automorphen Functionen. gr. 8. (S. 1—282 m. 34 Fig.) Ebd. 901. n. 10. —

Fricke, Rudolf *(geb. Glogau 9. 10. 1853)*: Maximilian II. und der Fürstentag zu Breslau im December 1563. Breslau (1878). (59 S.) 8° *[Im Buchhandel 1878 bei Koebner in Breslau.]*
Breslau, Phil. Diss. v. 20. Juli 1878

Fricke, Theodor, approb. Arzt aus Fallingbostel: Aus d. Göttinger chirurg. Klinik. Beiträge zur Statistik des Lippenkrebses. *Leipzig 1898: J. B. Hirschfeld.* (53 S.) 8°
Göttingen, Med. Diss. v. [9. März] 1898

Fricke, Thdr., zur Geschichte des Protestantismus in Preußen. (22 S. m. Abbildgn.) 8. Nürnberg (910). K. Beißwanger. — 20

— Illustrierte Historie v. der Erschaffung der Welt u. des Menschen. (27 S.) 8. Ebd. (910). — 20

Fricke, W., d. einfachsten Anwendungsformen d. Natur-Heilverfahrens, s.: Licht — Luft — Wasser!

Fricke, W., die häuslichen Arbeiten. (Statistik.) Wiesbaden: 1867.
Schul-/Univ.-Schrift

—— s. Beschoren, Lesebuch für Töchterschulen.

Fricke, W., I. Ueber die Einwirkung von Paratoluylsäurechlorid auf e. Xylidin. II. Ueber einige Selenverbindungen. Inaugural-Dissertation. gr. 8. (29 S.) Hannover 877. (Göttingen, Vandenhoeck & Ruprecht.) n. — 60

Fricke, W., englische Fibel zur leichtern und schnellern Erlernung der englischen Sprache, mit Uebungen zum Lesen und Uebersetzen und mehr als 6000 Wörtern, nebst Angabe ihrer Aussprache und Bedeutung. gr. 8. (III und 152 S.) Bremen 856, (Kaiser.) *

—— Guide to english conversation. Wegweiser zur Unterhaltung im Englischen. gr. 16. (IV und 128 S.) Bremen 856, (Kaiser.) *

—— Ist der Religionsunterricht in der Schule eine pädagogische Nothwendigkeit? gr. 8. (25 S.) Berlin 871, F. Duncker. *

— ist der Religionsunterricht in der Schule e. pädagogische Nothwendigkeit? gr. 8. (25 S.) Berlin 871 Stuttgart, Krabbe. n. — 2:

Fricke, W. C., Beschreibung u. Gesch. d. Schloßkirche zu Quedlinburg, s. Ranke, K. F.

Fricke, W. C., kleines praktisches Elementarbuch der französischen Sprache, mit besonderer Rücksicht auf Erleichterung der richtigen Aussprache und Erlernung der Formen. 8. Quedlinburg, Basse. 820. Rthlr. •

Fricke, W. C., s. Ranke u. Kugler, Beschreibung der Schloßkirche zu Quedlinburg.

Fricke, Walter: Über Brechungsexponenten absorbierender Flüssigkeiten im ultravioletten Spektrum. Jena 1904: B. Vopelius. (48 S.) 8°
Jena, Phil. Fak., Ref. Straubel, Diss. v. 3. März 1904
[Geb. 1. Aug. 80 Braunschweig; Wohnort: Braunschweig; Staatsangeh.: Braunschweig; Vorbildung: Neues Gymn. Braunschweig Reife O. 99; Studium: Göttingen 2, Marburg 2, Jena 4 S.; Rig. 3. März 04.]

Fricke, Wilh., kurzer Abriß der deutschen Dichtkunst nebst Biographien der Dichter. Zum Gebrauche in Volks- u. Bürgerschulen hrsg. 8. (32 S.) Eisenach 878. Dresden, Bleyl & Kaemmerer. n. — 20

Fricke, Wilh., Ludwig van Beethoven. Ein Lebensbild. Bielefeld 870. Thiele & Co. 8. (2 Bll., 155 S.) n. 10 ngr.

Fricke, Wilh., Bielefeld u. Umgebung, s.: Städtebilder u. Landschaften aus aller Welt.

— der Buchhalter v. Barmen. Eine Erzählg. aus den Tagen v. Deutschlands Knechtschaft. [Aus Deutschlands Vergangenheit. III.] 8. (59 S.) Bielefeld 892. A. Helmich. n. — 50; kart. n. — 75; geb. n. 1. —

Fricke, W., Chronik Bielefelder Familien. Zugleich Ergänzung u. Fortsetzg. der Geschichte der Stadt Bielefeld. 8. (144 S.) Bielefeld 887. Helmich. n. 2. —; geb. n. 3. —

Fricke, Wilh., Deklamatorik. Theoretischer Theil oder: Gesetze der deutschen, französ. und engl. Deklamation. gr. 8. (XII und 107 S.) Mainz 862, Kunze's Nachf. *

—— dass. — Praktischer Theil oder: Sammlung deutscher, französ. und engl. Deklamationsstücke. Zur Unterstützung des Geschichtsunterrichts historisch geordnet. 2 Abthlgn. gr. 8. Ebendas. 862,63. *

Inhalt:

Abthl. 1. Deutsche Deklamationsstücke. (XXIV und 264 S.) * 21 Ngr.
" 2. Französische und englische Deklamationsstücke. (VIII und 140 S.) * 15 Ngr.

—— Dezimalbruchrechnen und Umrechnung der alten in die neuen Maße und Gewichte für Schulen und zum Selbstunterricht. gr. 8. (31 S.) Bielefeld 869, Thiele und Comp. *

— Quentin Durward, der schottische Edelknecht, s.a. Bibliothek interessanter Erzählungen.

Fricke, W., Quentin Durward, der schottische Edelknecht. Nach W. Scott für die Jugend frei bearb. 8. (127 S. m. 1 color. Steintaf.) Mülheim 878. Bagel. cart. 1. —

Fricke, Wilhelm, Dr., Prof.: Ergebnisse der Beobachtungen der meteorologischen Station Paderborn während ihres elfjährigen Bestehens. *Paderborn 1903: Junfermann.* (S. 1—19, 2 Taf.) 4° [F.]
Paderborn, K. G. Theodorianum, P 1903 (418)

Fricke, W., die Erstürmung der Burg Ravensberg, s.: Geschichten, westfälische, aus alter Zeit.

— geschichtlich-kritische Feldzüge durch das nordöstliche Westfalen. A. Varus u. Germanicus im nordöstl. Westfalen. B. Die sogenannten Bauernburgen am Wesergebirge u. Teutoburgerwalde. gr. 8. (127 S. m. Karten u. Abbildgn.) Minden i. W. 889. Bruns. n. 2. —

Fricke, W., pädagogische Feldzüge. gr. 8. Gera 872. Crossen, Mrose. *

Fricke, Wilh., pädagogische Feldzüge. Eine patriot. Beisteuer zu dem geist. Kampfe der Gegenwart. gr. 8. (52 S.) Gera 872. Strebel. n. 1. —

Fricke, Wilh., pädagogische Feldzüge. Eine patriot. Beisteuer zu dem geist. Kampfe der Gegenwart. 2. (Titel-) Aufl. gr. 8. (52 S.) Berlin (1872) 882. Mrose. n. 1. —

— dramatische Festspiele für die Jugend zur Aufführung in Schulen an vaterländischen Gedenk- u. Ehrentagen. gr. 16. (48 S.) Bielefeld 877. Gülker & Co. — 30

Fricke, Wilh., dramatische Festspiele f. die Jugend zur Aufführung in Schulen an vaterländischen Gedenk- u. Ehrentagen. 2. Aufl. 12. (49 S.) Leipzig 883. Siegismund & Volkening. n. — 40

Fricke, Wilh., 14 dramatische Festspiele zur Aufführung in Schulen an vaterländischen Gedenk- u. Ehrentagen, s.: Festspiele f. die Jugend. 1.

— Friedrich Wilhelm, Kronprinz v. Preußen u. vom deutschen Reiche. Ein Bild seiner Thaten u. seines Wirkens. Für das deutsche Volk hrsg. 3. umgearb. Aufl. gr. 8. (III, 224 S.) Leipzig 872. Siegismund & Volkening. 1. 50

— dasselbe. 4. sehr umgearb. Aufl. Mit Brustbild in Stahlst. gr. 8. (III, 282 S.) Ebend. 873. n. 2. —

— Führer durch Bielefeld u. die Umgegend. [Aus: „Reisehandbuch durch d. Teutoburgerwald u. das Wesergebirge".] 12. (51 S. m. 1 Ansicht, 1 Plan u. 1 Karte.) Bielefeld 887. Helmich. n. — 75

—— Führer durch Rheinland, Westfalen u. Lippe (Hermannsdenkmal). Mit 1 Karte u. 2 Ansichten. 16. (III, 84 S.) Bielefeld 890, Helmich. * 1 25

—— deutsche Gedichte. Eine Mustersammlung für mittlere und höhere Schulen und zum Privatgebrauch. Nebst Anhang: Die Verslehre. — Die Dichtungsgattungen. — Die Bildlichkeit der Poesie. — Biographien der Dichter. gr. 8. (XII, 422 S.) [Eisenach 876, Bacmeister.] Dresden, Bleyl und Kämmerer. ℳ 2.40.; geb.

Fricke, Wilh., Geschichte der Stadt Bielefeld u. der Grafsch. Ravensberg. 1—4. Lfg. gr. 8. (S. 1—128.) Bielefeld 886. Helmich. à n. — 60

— Geschichte der Stadt Bielefeld u. der Grafsch. Ravensberg. 5.—11. (Schluß-)Lfg. gr. 8. (IV u. S. 129—338.) Ebd. 887. n. 3. 25 (cplt.: n. 6. —; geb. n. 7. 75; feinere Ausg. n. 6. 50; geb. n. 8. 25)

Fricke, Wilh., deutsche Grammatik. 1. Thl. Für untere Klassen. gr. 8. (XVIII und 122 S.) Mainz 860, Kunze.

— Grundriß der Geschichte deutscher Jugendlitteratur. Ein Beitrag zur deutschen Litteraturgeschichte u. e. Handbuch f. Eltern u. Lehrer, zugleich Wegweiser zur Anlage v. Schüler- u. Volksbibliotheken. gr. 8. (VIII, 216 S.) Minden 886. Bruns. n. 2. 50

—— die Hermannsschlacht s.a. Aus alter und neuer Zeit.

— die Hermannsschlacht. Ein Bild aus Deutschlands ruhmreichsten Tagen. 8. (88 S.) Bielefeld 886. Helmich. n. 1. —; cart. n. 1. 25

— Hünenburg u. Sparrenburg. Darstellung der Lage, Bedeutg. u. Wechselbeziehg. dieser Bielefelder Festen. 8. (31 S.) Bielefeld 893. A. Helmich. n. 40

— Lederstrumpf's Indianer-Geschichten. Für die Jugend frei nach Cooper dargestellt. Mit 6 feinen Farbendr.-Bildern nach Aquarellen v. W. Schäfer. 1. u. 2. Aufl. 8. (120 S.) Wesel 887. 888. Düms. geb. 1. —

Fricke, W., Lederstrumpfs Indianer-Geschichten. F. d. Jugend frei n. Cooper dargest. M. 6 feinen Farbendr.-Bild. n. Aquarellen v. W. Schäfer. 37.—42. Tausf. 8. (120 S.) Wesel 898. W. Düms. Geb. 1. —

— Lederstrumpfs Indianer-Geschichten. Für die Jugend frei nach Cooper dargestellt. Mit (2) Farbendr.-Bildern v. W. Schäfer. 50.—59. Taus. Neue Ausg. (119 S.) gr. 8. Ebd. (904). Geb. — 75

— Lederstrumpfs Indianer-Geschichten. Für die Jugend frei nach Cooper dargestellt. Mit (2) Farbendr.-Bildern v. W. Schäfer. 65—70. Taus. Neue Ausg. (119 S.) gr. 8. Ebd. (908). Kart. — 80; geb. 1. —

Fricke, W., Indianer- u. See-Geschichten. Für die Jugend frei nach Cooper u. anderen erzählt. Mit 4 Buntbildern v. W. Schäfer. (1.—5. Taus.) (237 S.) gr. 8. Wesel (904). W. Düms. Geb. 1. 50

Fricke, W., Indianer- u. See-Geschichten. Für die Jugend frei nach Cooper u. anderen erzählt. Mit 4 Buntbildern v. W. Schäfer. 11—15. Taus. (237 S.) 8. Wesel (908). W. Düms. Geb. 1. 50

— der Junker v. Elberfeld. Eine Erzählg. aus der Vorzeit des Wupperthales. [Aus Deutschlands Vergangenheit. VI.] 8. (68 S.) Ebd. 893. n. — 60; kart. n. — 75; geb. n. 1. —

— goldener Kinderschatz. Eine Sammlg. v. alten u. neuen Kinderliedern, Fabeln, Sprüchen, Gebeten u. Rätseln. Mit Illustr. v. Osk. Pletsch, F. Flinzer, Ludw. Richter ꝛc., sowie e. Vorwort v. Elise Polko. gr. 8. (VII, 240 S.) Minden 888. Köhler. geb. n. 4. —

— patriotische Klänge. Eine Sammlg. v. Gedichten u. dramat. Festspielen zur Feier vaterländ. Ehrentage. gr. 8. (VIII, 248 S.) Minden 884. Bruns. n. 2. 50

— Kloster Klappenberg, s.: Geschichten, westfälische, aus alter Zeit.

— das eiserne Kreuz, s.: Wallner's Volks- u. National-Theater.

— Leitfaden f. den Geschichtsunterricht in der Volksschule. Nach der Anschauungsmethode. gr. 8. (XIV, 184 S.) Gera 873. Strebel. n. 2. —

— Leitfaden für den Geschichtsunterricht in der Volksschule. Nach der Anschauungsmethode. 2. (Titel-)Aufl. gr. 8. (XII, 184 S.) Berlin 882, Mrose. *

— Liederschatz f. Schule u. Leben. In mehrstimm. Melodien. 16. (128 S.) Leipzig 875. Siegismund & Volkening. n. — 50

— dasselbe. 1. Hft. Was ist d. deutsche Vaterland? 56 deutsche Vaterlandslieder in mehrstimm. Melodien. Für Schule u. Leben, namentlich zum Gebrauche bei Nationalfesten 2. Aufl. 16. (64 S.) Ebend. 875. n. — 30

— Liederschatz f. Schule u. Leben. 1. Hft. Was ist d. deutschen Vaterland? 56 deutsche Vaterlandslieder in mehrstimm. Melodieen. Für Schule und Leben, namentlich zum Gebrauch bei Nationalfesten. 4. Aufl. 16. (64 S.) Leipzig 881. Siegismund & Volkening. n. — 20

— dasselbe. 3. Heft. A. u. d. T.: Das ist der Tag des Herrn! 63 religiöse Lieder in mehrstimm. Melodien. Für Schule u. Leben. 16. (64 S.) Leipzig 877. Siegismund & Volkening. n. — 30; 3 Hfte. in 1 Bd. geb. n. — 80

Fricke, Wilh., Lustspiele. 8. (11½ B.) München 834, Franz.
Inhalt: Die Kranken. Lustspiel in 1 Acte. — Peter u. Paul. Posse in 2 Acten.

— Wupperthaler Novellen od. geschichtliche Erzählungen aus der Vorzeit Elberfelds u. Barmens. 1. u. 2. Bd. 8. Barmen 885. Steinborn & Co. n. 2. 70
1. Der Schulmeister u. sein Sohn. Die Schwärmer. (177 S.) n. 1. 50
2. Im Roßkamp. Peter Mertens. Der Garnmeister. (148 S.) n. 1. 20

— Gabriele v. Overstolz. Eine Erzählg. aus den Tagen der Grundsteinlegg. des Kölner Domes. [Aus Deutschlands Vergangenheit. V.] 8. (58 S.) Ebd. 893. n. — 50; kart. n. — 75; geb. n. 1. —

Fricke, W., Friedr. v. Padberg, s.: Bibliothek interessanter Erzählungen.

— neues Panorama. Erzählungen f. die reifere Jugend. 8. Mülheim 879. Bagel. cart. 2. 25
Peter Simpel, Abenteuer u. Fahrten e. Seekadetten. Nach Marryat frei bearb. (136 S. m. 2 color. Steintaf.) — Quentin Durward, der schottische Edelknecht. Nach W. Scott frei bearb. (127 S. m. 2 color. Steintaf.)

Fricke, W., die Porta Westfalica u. ihr Kaiser-Denkmal. E. geschichtl. Rückblick üb. ihre Bedeutg. u. e. Erinnerungsschrift an die Einweihg. d. Prov.-Kaiser-Wilhelm-Denkmals am 18. Oktbr. 1896. M. e. Titelbilde: D. Kaiser-Wilhelm-Denkmal. gr. 8. (III, 104 S.) Minden 896. J. C. C. Bruns. n. — 60

— der Rachegeist der Prairie, s.: Volks- u. Jugend-Erzählungen.

— Religion u. Schule. Ein Wort zur Lösg. e. brenn. Frage. gr. 8. (48 S.) Leipzig 891. Siegismund & Volkening. n. — 60; kart. n. 75

— Rilindis. Eine Erzählg. aus den Tagen der Römerkämpfe am Siebengebirge. [Aus Deutschlands Vergangenheit. VII.] 8. (61 S.) Bielefeld 893. A. Helmich. n. — 50; kart. n. — 75; geb. n. 1. —

— die Ritterfehde v. Dortmund, s.: Geschichten, westfälische, aus alter Zeit.

— der kleine Robinson, s.a. Kinder-Bibliothek.

— Der kleine Robinson. Frei n. Campe f. d. Jugend erz. 3. Aufl. 8. (80 S. m. 2 Farbdr.) Mülheim a. d. R. 897. J. Bagel. Geb. n. — 60

— der kleine Robinson. Frei nach Campe f. die Jugend erzählt. (80 S.) kl. 8. Mülheim a/R. (905). J. Bagel. Kart. — 30

— der schwarze Robinson. Abenteuer eines Negerknaben auf den Südsee-Inseln. Eine Erzählung für die reifere Jugend. Mit (4 lith. u.) color. Bildern. 8. (196 S.) Mülheim 877. Bagel. cart. 2. 25

— Schopenhauer u. das Christentum. Ein Beitrag zur Lösung e. weltbeweg. Frage. gr. 8. (176 S.) Leipzig 889. Siegismund & Volkening. n. 2. —; cart. n. 2. 25

— Schulfeier an vaterländischen Festtagen. Dramatische Festspiele für die Jugend. Mit Anhang: 56 deutsche Vaterlandslieder in mehrstimm. Melodien. 3. Aufl. 16. (56, Anh. 64 S.) Ebendas. 879. *

— Schulfeier an vaterländ. Festtagen. Dramatische Festspiele für die Jugend. Mit Anhang: 56 deutsche Vaterlandslieder in mehrstimm. Melodien. 4. Aufl. 16. (63 S.) Ebendas. 880. *

— Schulfeier vaterländischer Gedenktage. [Kaiser Wilhelm I. Kaiser Friedrich III. Geburtstagsfeier Kaiser Wilhelm II. Der Tag v. Sedan.] 8. (68 S.) Bielefeld 889. Helmich. n. — 75; geb. n. 1. —; Liedertexte f. die Hand d. Schüler n.n. — 5

— Schulfeier vaterländischer Gedenktage. 2. Aufl. 8. (68 S.) Ebd. 891. n. — 75; kart. n. 1. —

— Schulfeier am Kaisers-Geburtstag. Mit Anhang: 56 deutsche Vaterlandslieder in mehrstimm. Melodien. 1. Aufl. (64 S.) 875; 2. Aufl. 16. (16, 64 S.) Leipzig 877, Siegismund und Volkening. *

— Schulfeier am Kaiser-Geburtstag. Mit Anhang: 56 deutsche Vaterlandslieder in mehrstimm. Melodien. 4. Aufl. 16. (16 u. 64 S.) Leipzig 881. Siegismund & Volkening. n. — 40

— dasselbe. 4. Aufl. 16. (56 u. Anh. 64 S.) Ebend. 880. n. — 50

— kurzgefaßte deutsche Schulgrammatik. 2. Aufl. der „Deutschen Grammatik für untere Klassen." gr. 8. (XII und 122 S.) Mainz 867, Kunze's Nachf. *

Fricke, W., See-Geschichten. Frei nach Cooper u. anderen erzählt. Mit 6 feinen Farbendr.-Bildern nach Aquarellen von W. Schäfer. 8. (120 S.) Wesel 888. Düms. geb. 1. —

Fricke, W., See-Geschichten. Frei nach Cooper u. anderen erzählt. Mit 6 feinen Farbendr.-Bildern nach Aquarellen v. W. Schäfer. 26.—27. Taus. 8. (120 S.) Wesel (899). W. Düms. Geb. 1. —

— Franz v. Sickingen. Eine romantisch-geschichtl. Erzählg. vom Mittelrhein. [Aus Deutschlands Vergangenheit. VIII.] 8. (56 S.) Ebd. 893. n. — 50; kart. n. — 75; geb. n. 1. —

Fricke, Wilh., Peter Simpel, s.a. Bibliothek interessanter Erzählungen.

— Peter Simpel oder Fahrten u. Abenteuer eines Seekadetten. Nach Capit. Marryat f. die Jugend frei bearb. 8. (136 S. m. 1 color. Steintaf.) Mülheim 878. Bagel. cart. 1. —

Peter Simpel, Fahrten und Abenteuer eines Seekadetten. Nach Kapitän Marryat f. d. Jugend frei bearb. von W[ilh.] Fricke. *Mülheim a. d. Ruhr: J. Bagel [1900].* (128 S.) 8° [F.]
[Beigebr.:] Eine See-Expedition. Von Kurt Kurtius. [01. 5638 B

—— Sittenlehre für konfessionslose Schulen. gr. 8. (XII, 84 S.) Gera 872, Strebel. *

Fricke, W. s.a. Snörken un Hamörken.

[F.] Snörken un Hamörken. Plattdütsche Rimels vun mi sülwst. (Vf.: W. Fricke.) 2. [Tit.-]Ausg. *Hannover & Leipzig: L. Ost 1897.* (4 Bl., 221 S., 1 Bl.) 1 Bd 8. [98. 10967 Go

— Bielefelds Sparrenburg u. ihre Geschichte. 2., verm. Aufl. 8. (168 S. m. 2 Bildern.) Bielefeld 893. A. Helmich. n. 1. 25

— Sprachlehre, s.a. Siegismund u. Volkening's kurzgefaßte Lehr- u. Lernbücher f. Volksschulen.

— kurze deutsche Sprachlehre nebst der Lehre vom Vers u. v. den Dichtungsgattungen. 16. (48 S.) Ebend. 872 n. — 3

— dasselbe. 2. Aufl. gr. 8. (32 S.) Ebend. 875. n. — 2

—— kurze deutsche Sprachlehre nebst der Lehre vom Vers und von den Dichtungsgattungen. 1. Aufl. * 30 Pf., und 2. Aufl. 16. (48 S.) Leipzig 874, Siegismund und Volkening. *

— kurze deutsche Sprachlehre. 8. Aufl. 8. (82 S.) Leipzig 885. Siegismund & Volkening. n. — 25

Fricke, William. Plattdütschen Stew. Lustige Geschichten ut NY. NY. 1885.

--Stien und Dorten; oder Wat Eener hett, dat nett'e, un wat Eener kriegen sall, dat krigg'e. En lustige Geschichte in Reimels, ut den Franzosenkrieg. NY. 1890.

— Tabellen zur Geschichte der deutschen Literatur u. Kunst. Nach der Anschauungsmethode. Leipzig 870 Klinkhardt. gr. 8. (X, 54 S.) 7½ ngr.

—— Tekumseh, der Indianerhäuptling, s.a. Helden, zwei, des Indianervolkes.

Fricke, W., Tekumseh, der Indianer-Häuptling. Eine Erzählg. aus dem Indianerleben Nordamerikas. 8. (141 S. m. e. color. Steintaf.) Mülheim 875. Bagel. 1. —

— Tekumseh, der Indianer-Häuptling. Eine Erzählung aus dem Indianerleben Nordamerikas. 8. (144 S. m. 1 Chromolith.) Mülheim 879. Bagel. cart. 1. —

— Tekumseh, der Indianer-Häuptling. Eine Erzählg. aus dem Indianerleben Nordamerikas. 8. (144 S.) Mülheim a. d. R. 892. J. Bagel. 1. —

— die Teutoburg, s.: Aus alter u. neuer Zeit.

Fricke, Wilh. (II.), der Teutoburgerwald, das Wesergebirge und die Stadt Bielefeld. Ein Führer durch das nordöstl. Westfalen, umfassend die Gebiete zwischen Bielefeld, Osnabrück, Höxter und Minden, Steinhuder-Meer und Hannover. 8. (IV, 144 S.) Bielefeld 884, Helmich. cart. *
Mit Touristenkarte *
Mit Touristenkarte und Plan *

— der Teutoburgerwald, das Wesergebirge u. die Stadt Bielefeld. Ein Führer durch das nordöstl. Westfalen, umfassend die Gebiete zwischen Bielefeld, Osnabrück, Höxter, u. Minden, Steinhuder-Meer u. Hannover. 3. Aufl. Mit 1 Ansicht der Sparrenburg (in Lichtdr.). 8. (IV, 144 S.) Bielefeld 885. Helmich. cart. n. 1. —;
m. Touristenkarte n. 1. 40;
m. Karte u. Plan v. Bielefeld n. 1. 70

—— der Teutoburgerwald, das Wesergebirge, Detmold und das Hermannsdenkmal. Ein Führer durch das nordöstl. Westfalen, umfassend die Gebiete zwischen Osnabrück, Bielefeld, Höxter und Minden, Steinhuder-Meer und Hannover. 4. vollständig umgearb. Aufl. 12. (132 S. mit 1 Ansicht und 2 Situationskarten.) Ebendas. 887. *
Mit Touristenkarte *
Mit Karte und Plan von Bielefeld *

— der Teutoburgerwald, das Wesergebirge, Detmold u. das Hermannsdenkmal. Ein Führer durch das nordöstl. Westfalen, umfassend die Gebiete zwischen Osnabrück, Bielefeld, Höxter u. Minden, Steinhuder-Meer u. Hannover. 6., vollständig umgearb. Aufl. 12. (132 S. m. 1 Titelbild u. 2 Kartenskizzen.) Bielefeld 891. A. Helmich. Kart. n. 1. —; m. Touristenkarte n. 1. 25;
m. Touristenkarte u. Plan v. Bielefeld n. 1. 50

— die Tochter d. Leibarztes. Eine Erzählg. aus der Vergangenheit Düsseldorfs. [Aus Deutschlands Vergangenheit. IV.] 8. (57 S.) Ebd. 893. n. — 50;
kart. n. — 75; geb. n. 1. —

— der Tourist im Sauerland. Ein Führer durch die Gebiete der Ruhr u. Lenne, der oberen Eder, Sieg u. Lahn, durch den Arnsberger Wald, Haarstrang u. das Rothhaargebirge, durch das Fürstent. Waldeck. 12. (100 S.) Ebd. 892. n. 1. —; m. Touristenkarte n. 1. 25

— der Untergang der Stedinger. Eine geschichtliche Erzählg. aus der Vorzeit v. Köln, Hamm u. Bremen. [Aus Deutschlands Vergangenheit. II.] 8. (73 S.) Ebd. 892. n. — 50

Fricke, W., s. Unterhaltungsblatt, Bremisches.

Fricke, Wilhelm, a. Braunschweig: Untersuchungen zur älteren Holsteinischen Geschichte. Jena 1907: B. Vopelius. (XII, 66 S.) 8°
Jena, Phil. Fak., Ref. Cartellieri, Diss. v. 7. Dez. 1907
[Geb. 5. Febr. 85 Braunschweig; Wohnort: Braunschweig; Staatsangeh.: Braunschweig; Vorbildung: Gymn. Braunschweig Reife M. 03; Studium: Göttingen 2, München 1, Jena 5 S.; Rig. 25. Okt. 07.]

Fricke, Wilh., Untersuchungen über die Quellen des Plutarchos im Nikias u. Alkibiades sowie des Cornelius im Alkibiades u. des Diodoros u. Justinus in dem entsprechenden Abschnitte der griechischen Geschichte. Leipzig 870. Teubner. gr. 8. (VI, 103 S.) n. 20 ngr.

Fricke, Wilh., Wanderungen durch Tirol, Italien u. d. Schweiz. gr. 12. (8¾ B.) Bremen 836, Kaiser. *

— was ist d. Deutschen Vaterland? 62 deutsche Vaterlands- u. Kriegslieder in mehrstimm. Melodien. Für Schule u. Leben. 16. (72 S.) Leipzig 871. Siegismund & Volkening. n. — 30

Fricke, W., wat möt, dat möt. Eine lustige Geschichte in nieder-sächsischer Mundart. 2 Bde. Jena 870. Costenoble. 8. (474 S.) 1 ₰ 15 ngr.

—— Weihnachten. Ein dramat. Lustspiel in Liedern für die Weihnachtsfeier in Kindergärten, Schule und Haus. 3. Aufl. 1874, und 4. Aufl. 8. (7 S.) Leipzig 875, Siegismund und Volkening. *

— Weihnachten. Ein dramat. Festspiel in Liedern für die Weihnachtsfeier in Kindergärten, Schule u. Haus. 5. Aufl. 16. (8 S.) Leipzig 877. Siegismund & Volkening. — 15

— Weihnachten. Ein dramat. Festspiel in Liedern f. die Weihnachtsfeier in Kindergärten, Schule u. Haus. 6. Aufl. 16. (8 S.) Leipzig 893. Siegismund & Volkening. — 12

— Weihnachten. Ein dramat. Festspiel in Liedern f. die Weihnachtsfeier, in Kindergärten, Schule u. Haus. 7. u. 8. Aufl. (8 S.) 16. Leipzig (904. 905). Siegismund & Volkening. n. — 12

— Weihnachten. Ein dramat. Festspiel in Liedern f. die Weihnachtsfeier in Kindergärten, Schule u. Haus. 10. Aufl. (8 S.) 16. Leipzig (909). Siegismund & Volkening. — 15

— Von Weihnachten bis Pfingsten. Neue Lieder für Schule u. Haus, nebst e. Festspiele „die Geburt Jesu" in Liedern. 1. Heft. Bielefeld 870. Thiele & Co. 8. (24 S.) n. 2 ngr.

— die Weihnachtsfeier. Eine Sammlg. v. Aufführgn., Liedern, Sprüchen, Wünschen u. Deklamationen f. Schule u. Haus. 12. (119 S.) Styrum 889. Spaarmann. 1. —

— Weltgeschichte in Gedichten. Eine Sammlung histor. Gedichte in deutscher, französ. u. engl. Sprache zum Schul- u. Hausgebrauche. 2. Aufl. der „prakt. Deklamatorik." Mainz 867. Kunze's Nachf. gr. 8. (XXIV, 404 S.) n. 1 ₰

— das mittelalterliche Westfalen oder die alten Sitten, Gesetze, Gerichte, Zustände u. Gewohnheiten der Roten Erde. gr. 8. (VII, 328 S. mit Karte u. Abbildgn.) Minden 890. Bruns. n. 4. —

— Wittekind, der Sachsenherzog. Eine geschichtl. Erzählg. 8. (65 S.) Bielef. 892, Helmich. * — 50; cart. * — 75; geb. * 1 — Aus: Deutschlands Vergangenheit. I., besonders abgedruckt.

— Wohlauf noch gesungen! 60 deutsche Volkslieder in mehrstimm. Melodien. Für Schule und Haus hrsg. 16. (64 S.) Leipzig 872, Siegismund und Volkening. *

— dass. — 63 deutsche Volkslieder in mehrstimm. Melodien. Für Schule und Leben, namentlich zum Gebrauche bei Nationalfesten hrsg. 2. Aufl. 16. (64 S.) Ebendas. 875. *

Fricke, William, s. Fricke, Wilhelm

Fricke, Wolfgang, Referendar in Hannover: Über das dingliche Wohnrecht. Borna-Leipzig 1908: R. Noske. (VI, 66 S.) 8°

Leipzig, Jur. Fak., Diss. v. 9. April 1908

[Geb. 26. Dez. 81 Hannover; Wohnort: Hannover; Staatsangeh.: Preußen; Vorbildung: Gymn. Georgianum Lingen (Ems) Reife O. 01; Studium: Göttingen 1, Tübingen 2, Göttingen 3 S.; Rig. 20. Juli 05.]

— der Wolfsjäger, s.: Volksbücher, neue.

Fricke-Habenicht, Carl, Steuererklärung u. Buchführg. (32 S.) gr. 8. Kiel (908). (A. Bebensee). — 50

Frickelli, W., s.a. Taschenspieler, der kleine.

Der kleine Taschenspieler. Eine reichhalt. Sammlung von Taschenspieler- u. Karten-Kunststücken. (Hrsg. von W. Frickelli.) *Mülheim a. d. R.: J. Bagel [1898].* (80 S.) 8° [F.] [... 5

— der Tausendkünstler. Eine reichhalt. Sammlg. v. leicht ausführbaren, höchst interessanten u. überrasch. Taschenspieler- u. Karten-Kunststücken, Belustiggn. aus d. Chemie u. Arithmetik u. Scherzen z. heiteren Unterhaltg. im gemütl. Kreise. 12. (142 S.) Mülheim a/R. 898. J. Bagel. 1. —

Fricken, Johann Heinrich, s. Fricke

Fricken, Tonnius (Frdr. Mergelsberg), „de grauten Wunner ut Berlin" od. „Kinners, Kinners, de Käl is dull!", s.: Vereinstheater, neues.

Fricken, Wilh. v., Excursions-Flora zur leichten u. sicheren Bestimmung der höheren Gewächse Westfalens u. der angrenzenden Gegenden nebst e. Einleitg. in die allgem. Botanik. Für höh. Lehranstalten u. zum Selbststudium. Mit 37 in den Text gedr. Holzschn. 8. (XCII, 323 S.) Arnsberg 871. Grote. n. 3. —

v. Fricken, Wilh., Naturgeschichte der einheimischen Käfer nebst analytischen Tabellen zum Selbstbestimmen. Für Lehrer u. Studiernde u. alle Freunde wissenschaftlicher Entomologie. Arnsberg 869. Grote. 8. (VIII, 223 S. mit Holzschn. im Texte.) n. 20 ngr.

— Naturgeschichte der in Deutschland einheimischen Käfer nebst analyt. Tabellen zum Selbstbestimmen. Für Lehrer u. Studirende u. alle Freunde wissenschaftl. Entomologie. Mit zahlreichen in den Text gedr. Holzschn. 2., sehr verm. u. verb. Aufl. 8. (XVI, 344 S.) Ebend. 872. n. 3. —

Fricken, Wilh. v., Naturgeschichte der in Deutschland einheimischen Käfer, nebst analyt. Tabellen zum Selbstbestimmen. Für Lehrer u. Studirende u. alle Freunde wissenschaftl. Entomologie. Mit zahlreichen in den Text gedr. Holzschn. 3., verb. Aufl. 8. (XII, 359 S.) Werl 880. Stein. n. 3. 60; geb. n. 4. 40

Fricken, Wilh. v., Naturgeschichte der in Deutschland einheimischen Käfer, nebst analyt. Tabellen zum Selbstbestimmen. Für Lehrer u. Studirende u. alle Freunde wissenschaftl. Entomologie. Mit zahlreichen in den Text gedr. Holzschn. 4. verb. Aufl. 8. (VII, 510 S.) Werl 885. Stein. n. 4. 80; geb. n. 5. 60

Fricken, Wilh. v., Naturgeschichte der in Deutschland einheim. Käfer, nebst analyt. Tabellen zum Selbstbestimmen. Für Lehrer u. Studierende u. alle Freunde wissenschaftl. Entomologie. 5., verb. Aufl. (VIII, 515 S.) kl. 8. Werl 906. A. Stein. 4.80; geb. 5.60

Frickenhaus, Adalbert [app. Arzt aus Limburg (Pfalz)]: Über Ileus durch Parametritis erzeugt. . . . (Aus: Der Frauenarzt. 1890.) Neuwied, Heuser's Buchdr. (Louis Heuser), 1890; 14 S. 8°

Tübingen, Med. Fak., Inaug.-Diss. v. 1890

Frickenhaus, August, a. Elberfeld: Athens Mauern im IV. Jahrhundert v. Chr. Bonn 1905: C. Georgi. (53 S.) 8°

Bonn, Phil. Fak., Ref. Loeschcke, Diss. v. 8. Aug. 1905

[Geb. 10. Nov. 82 Elberfeld; Heimatsort: Elberfeld; Staatsangeh.: Preußen; Vorbildung: Gymn. Elberfeld Reife O. 01; Studium: Bonn 3, Basel 1, Berlin 1, Bonn 4 S.; Rig. 8. März 05.]

Zur Jahrhundertwende 1900. 3 Predigten von R. Frickenhaus, Pfarrer in Brühl. *Köln a. Rh.: C. Roemke & Cie 1900.* (10 S.) 8° [F.] [...]

Frickenschmidt, W., Erinnergn. an Pulu Tello, s.: Missions-Traktate, rheinische.

Fricker, Bartholomaeus

Fricker, Barth., anthologia ex thermis Badensibus. Eine Blumenlese aus den Aufzeichngn. alter Schriftsteller üb. die Bäder zu Baden. [Poggio; Hans v. Waldheim; Hans Foltz etc.] Lex.-8. (III, 72 S.) Aarau 883. (Sauerländer.) n. 2. 20

Fricker, B. Baden in der Schweiz. Siehe: „Wanderbilder, europ.“ No. 11.

Fricker, Barth., Baden en Suisse s.a. l'Europe illustrée.

Fricker, B[artholomaeus]. Baden en Suisse. Avec 26 illustrations (*Umschlag: Gravures) par J[ohann] Weber [dont 5 planches] et une Carte. (L'Europe illustrée. № 9.) 8. Zurich, (Paris, Londres) [1880].

— der Thermal-Kurort Baden in der Schweiz, s.a. Wanderbilder, europäische.

Fricker, B[artholomaeus]. Der Thermal-Kurort Baden in der Schweiz. Mit 26 Illustrationen von J[ohann] Weber [wovon 5 Tafeln], nebst einer Karte. [Neue Ausg.] (Europäische Wanderbilder. № 11.) 8. Zürich ([18]87).

— Baden, the swiss thermal watering place. s.: Europe, illustrated.

Fricker, B[artholomaeus]. Baden, the Swiss Thermal Watering Place (*Umschlag: B' in Switzerland). With 26 Illustrations by J[ohann] Weber [5 Plates] and 1 Map. (Illustrated Europe. № 5.) 8. Zurich. (Paris. London) [1881].

Fricker, B. Die Bäder von Baden. Ein römisches Militärspital. 8°. 32 S. Baden, Selbstverlag der Casinogesellschaft. 1899.

Fricker, B[artholomaeus]. Illustrirter Fremden-Führer für die Stadt und Bäder zu Baden in der Schweiz. [mit 10 Tafeln] nebst Karte von der Umgebung. 8. Baden (1874).

Fricker, B., illustrirter Fremden-Führer f. d. Stadt u. Bäder zu Baden in der Schweiz, nebst Karte von der Umgebung. 112 Stn. 12. Baden, J. Zehnder. 1874 2. 50

Fricker, B. Die römischen Funde zu Baden. (Vortrag gehalten an der Versammlung des schweiz. Gymnasiallehrervereins zu Baden am 25. Sept. 1880.) In-8°, 13 S. Aarau, H. R. Sauerländer.
*** Separatabdruck aus dem XIII. Jahresbericht des Vereins schweiz. Gymnasiallehrer. 1881.

— Geschichte der Stadt u. Bäder zu Baden, m. e. (lith.) Ansicht der Stadt u. Bäder aus dem vor. Jahrh. gr. 8. (XVIII, 697 S.) Aarau 880. Sauerländer. n. 10. —

Fricker, B[artholomaeus]. Geschichte der Badener Stadtschule (*Umschlag: Stadtschulen). Mit zwei Tafeln: Schulprämien. IV + 76 S. 8. (Baden,) Selbstverlag des Verfassers (Druck H. R. Sauerländer & Co., Aarau, 1904). [fr. 1.20]

[Fricker, Bartholomaeus.] Un hôpital militaire romain (Bains de Baden près Zurich). [Avec 10 planches et couverture illustrée.] 8. Zurich [1898].

[Fricker, Bartholomaeus.] A Roman Military Hospital (The Baths of Baden near Zurich). [With 10 Plates and illustrated Cover.] 8. Zürich [1898].

[Fricker, Bartholomaeus.] Ein römischer Militarspital (Bäder von Baden bei Zürich). [Mit 10 Tafeln und illustriertem Umschlag.] 8. Zürich [1898].

Fricker, B., Schweizergeschichte für Bezirks- und Sekundarschulen. 199 Stn. 8. Baden, J. Zehnder. 1873. 1. 50

Fricker, B., Schweizergeschichte für Bezirks- und Sekundarschulen. 2. Aufl. Baden, Zehnder'sche Buchdruckerei. 8. 1875. 1. 50

— Schweizergeschichte für Bezirks- und Sekundarschulen. Dritte, sorgfältig durchgesehene Aufl. In-8°. 192 S. Aarau, H. R. Sauerländer. 1 80 1880.

Fricker, B. Schweizergeschichte f. Bezirks- u. Secundarschulen. 4. Auflage. In-8°, 200 S. Aarau, H. R. Sauerländer. br. 1 80 geb. 2 20 1886.

Fricker, B. Schweizergeschichte für Bezirks- und Sekundarschulen. 5. Aufl. Gr. in-8°. XVI, 195 S. Aarau, H. R. Sauerländer's Verlag. 2 20 1891. Gebd. 2 60

Fricker, B., Schweizergeschichte f. Bezirks- u. Sekundarschulen. 6, neuerdings sorgfältig durchgeseh. Aufl. gr. 8. (XVI, 198 S.) Aarau 894. H. R. Sauerländer & Co. n. 1. 60

Fricker, B., Schweizergeschichte f. Bezirks- u. Sekundarschulen. 7., neuerdings sorgfält. durchgeseh. Aufl. gr. 8. (XVI, 198 S.) Aarau 899. H. R. Sauerländer & Co. n. 1. 60

Fricker, B., Schweizergeschichte für Bezirks- u. Sekundarschulen. 8., neuerdings sorgfältig durchges. Aufl. gr. 8. (XVI, 194 S.) Aarau 902. H. R. Sauerländer & Co. n. 1. 60

— Wegweiser zu den Heilquellen u. Kurorten der Schweiz. 12. (71 S.) Zürich 883. Schmidt. cart. n. 1. 20

— Wegweiser zu den Heilquellen u. Kurorten d. Schweiz. (II., verb. u. verm. Aufl.) 12. (94 S. m. 1 farb. Karte.) Zürich 895. C. Schmidt. Kart. n. 1. 60

Fricker, Carl Albert, s. Fricker, Karl Albert

Fricker, Emil. Beiträge zur Kenntnis der therapeutischen Resultate, speziell der R' der Serumtherapie bei Tetanus. Diss. Med. Basel. [Sep.-Abdr. aus: Deutsche Zeitschrift für Chirurgie, Band 88.] 57 S. 8. Leipzig, August Pries, 1907.

Fricker, E., s.: Jahresbericht üb. die chirurgische Abteilung usw. des Spitals in Basel.

Fricker, Emil. 1. Ueber temporäre Unterbrechung der Blutzufuhr am Magen und Darm des Hundes, bei gleichzeitiger Anwendung einer neuen Methode der Gastroenterostomie. 2. Ueber Ligaturen grosser Magenarterien beim Hund. Diss. Med. Bern. *Kopftitel:* Aus der chirurgischen Klinik der Universität Bern (Herr Prof. Th[eodor]) Kocher). — [Mit 2 Tafeln.] 44 S. 8. Bern, Neukomm & Zimmermann, 1902.

Fricker, Eugen, aus Stuttgart. Ueber die Bestimmung des Morphingehaltes in den Opiumpräparaten. Diss. Dorpat. 8°. 56 pp mit einer Tabelle. 1874.

Fricker, Eug., über Verschlingung u. Knotenbildung der Nabelschnüre bei Zwillingsfrüchten. Mit Abbildgn. Tübingen 870. Osiander in Comm. gr. 8. (30 S. u. 2 lith. Taff.) n. 8 ngr.

Fricker, Herm., die Philosophie des Friedrich Heinrich Jacobi, nach Disciplinen bearb. und kritisch beleuchtet. gr. 8. (VI und 74 S.) Augsburg 854, Kollmann'sche Buchh.

Fricker, Herm., System der katholischen Moraltheologie. gr. 8. (VIII und 572 S.) Schaffhausen 860, Hurter'sche Buchh.

Fricker, Jak., die Heilkräfte d. warmen Quellen zu Wildbad im Königr. Württemberg. Nach d. in d. letzten zwei Decennien gesammelten Erfahrn. dargest. 2., verm. Aufl. M. 1 Ansicht v. Wildbad. gr. 12. (15⅝ B.) Stuttgart 840, Neff.

Fricker, Joh. Ludw., kurzer Begriff der Zeit-Ordnung von Anfang der Welt bis an's Ende derselben, nach Anzeige der heil. Schrift, aus D. Joh. Albr. Bengel's Zeitrechng. zusammengefaßt. 8. (IV, 62 S.) Reutlingen 875. Baur. n. — 75

JOHANN LUDWIG FRICKER, EIN LEBENSBILD aus der Kirchengeschichte des 18. Jahrhunderts, hrsg. von Karl Chrn. Eberh. Ehmann. – Tübingen: Osiander 1864. VII, 388 S.

1. Abt.: Biographie (S. 1–107).
2. Abt.: Briefe (S. 108–207).
3. Abt.: Schriften.
1. Grundbegriffe der Weisheit (S. 208–229).
2. Vom Ursprung der Religion (S. 229–235).
3. Von der christlichen Religion (S. 235–237).
4. Hauptsache der christlichen Religion (S. 237–249).
5. Von der ewigen Natur (S. 249–252).
6. Arbeit und Ruhe (S. 252–263).
7. Vom Bilde Gottes (S. 263–266).
8. Von der Versöhnung (S. 266–272).
9. Gottes und Christi Gerechtigkeit (S. 272–274).
10. Von der Rechtfertigung (S. 274–276).
11. Von der Heiligung (S. 276–278).
12. Rechtfertigung und Versicherung (S. 278–285).
13. Evang. Grund des Christenthums (S. 285–288).
14. Weisheit im Staube (S. 288–308).
15. Von der Gesinnung des Menschen (S. 308–317).
16. Acht Arten der Gerechtigkeit (S. 317).
17. Hauptinhalt der Epistel an die Römer (S. 317–328).
18. Anmerkungen darüber (S. 328–334).
19. Hauptsache des Evangeliums (S. 334–335).
20. Röm. 1–6. (S. 335–339).
21. Von der Gerechtigkeit Gottes (S. 339–344).
22. Röm. C. 8. (S. 344–347).
23. Die Epistel Jacobi (S. 347–351).
24. Spiegel der Gerechtigkeit (S. 351–355).
25.–28. Vier Lieder (S. 355–362).
29. Herabkunft Jesu (S. 362–376).
30. Wahrheit und Liebe (S. 376–381).
31. Siegeslied (S. 381–383).

– Unvollständige jedoch brauchbare UEBERBLEIBSEL aus den hinterlassenen Handschriften eines Einsichts- und Erfahrungs-vollen Mannes, des seel. Herrn Pfarrers Johann Ludwig Fricker, treuen Lehrers bey der Gemeine zu Dettingen unter Urach wegen ihres Werths gesammelt und auf Begehren vieler Wahrheits-Liebenden herausgegeben. – o.O. 1775. 111 S. *(spätere Aufl. s.: Fricker: Weisheit im Staube.*

– – Weisheit im Staube, das ist: Anweisung, wie man in den allergeringsten und gemeinsten Umständen auf die einfältiglich leitende Stimme Gottes bei sich achten solle: Als ein Versuch einer Evangelischen Moral von lebenden Exempeln gesammelt, und zu bleibenderem Eindruck ins Kurze gefaßt von Johann Ludwig Fricker, treuem Lehrer bei der Gemeine zu Dettingen unter Urach. Auf Kosten einer Wahrheit liebenden Gesellschaft gedruckt. – Stuttgart: Becker (in Comm.) 1830. 127 S.

Fricker, Joh. L., Weisheit im Staube, das ist: Anweisung, wie man in den allergeringsten und gemeinsten Umständen auf die einfältiglich leitende Stimme Gottes bei sich achten soll. Als ein Versuch einer evangelischen Moral von lebenden Exempeln gesammelt, und zu bleibenderem Eindruck ins Kurze gefaßt. 854. (198 S.) 2. Aufl. Reutlingen 855. Kurtz. 32. (292 S.) n. 6 ngr

Fricker, K. Beitrag zur Literatur über gezogene Kanonen. Mit Taf. München 1861. 63 S.

Fricker, K. Beschreibung eines Apparates zur Erzeugung von Expansiv-Geschoßen für Militär-Handfeuerwaffen. Mit 1 Atl.
München 1863. 32 S. 8° u. 4°

Fricker, Karl, Antarktis, s.a. Bibliothek d. Länderkunde.

Fricker, Karl: Antarktis. (Bibliothek der Länderkunde, herausgegeben von Alfred Kirchhoff und Rudolf Fitzner. Bd. 1.) Berlin 1898. VI, 230 S., 8 Tf., 1 Krt. 8°.

Fricker, Karl, die Entstehung u. Verbreitung d. antarktischen Treibeises. Ein Beitrag zur Geographie der Südpolargebiete. Mit e. (farb.) Karte der antarkt. Eisverteilg. gr. 8. (VIII, 208 S.) Leipzig 893. Rossberg. n. 5. —

Fricker, Karl *Viktor:* Ursprung und Verbreitung des antarktischen Treibeises. 1. Tl ... [Erschien vollst. 1893 im gl. Verl.] Leipzig, Druck d. Rossberg'schen Buchdr., 1892; 2 Bl., 112 S., 1 Bl., 1 Kt. 8.
Leipzig, Phil. Fak., Inaug.-Diss. v. [13. Dez.] 1892

Fricker, Carl A[lbert]. Reigen für Knaben und Mädchen, von K' A. F'.... Mit 37 Figuren im Texte. XII + 91 S. 8. Aarau, Emil Wirz, 1905. [cart. fr. 1. 50]

— s.: Turner-Kalender, schweizerischer.

Fricker, Karl, Übungsgruppen für turnerische Aufführungen, Aarau, 10ᵒ.
H. 1: Keulenübungen m. 1 Keule.
H. 2: — 2 Keulen. 2 Bde.

Ihrem hochverehrten Mitgliede dem Herrn Geheimen Rath und Prof. Dr. Wilhelm Roscher überbringt zu seinem fünfzigjährigen Doctorjubiläum am 10. Sept. 1888 ihre Glückwünsche die philosophische Facultät der Universität Leipzig. – [Über den Begriff des Rechts der inneren Verwaltung. Von Dr. Karl Victor Fricker.] Leipzig, Druck v. Alexander Edelmann, Univ.-Buchdr. (1888); 2 Bl. + 25 S. 4°

Fricker, Karl Viktor, s.a. Fricker, Karl

Fricker, Karl Vict., s.: Festgaben f. Albert Schäffle.

— Gebiet u. Gebietshoheit. Mit e. Anh.: Vom Staatsgebiet. gr. 8. (IV, 112 S.) Tübingen 901. H. Laupp. n. 3.—
Sonderabdruck aus: „Festgabe f. Albert Schäffle".

— u. Thdr. v. Geßler, Geschichte der Verfassung Württembergs. Zur Feier des fünfzigjährigen Bestehens der Verfassungs-Urkunde vom 25. Septbr. 1819. Im Auftrag des ständischen Ausschusses. Stuttgart 869. Metzler. Lex.-8. (IV, 288 S. u. 1 Tab. in Fol.) n. 2 ₰

Fricker, Carl Vict., Grundriß d. Staatsrechts d. Königr. Sachsen. gr. 8. (VIII, 261 S. m. 2 Tab.) Leipzig 891. Roßberg. Geb. in Leinw. n. 8. —

Fricker, Karl Vict., vom Staatsgebiet. gr. 4. (28 S.) Tübingen 867, (Fues'sche Sortimentsh.)

Fricker, C. V., d. Verfassungsgesetze d. Königr. Sachsen m. Anlagen u. Anh. 8. (X, 370 S.) Leipzig 895. Roßberg. n. 4. 50; geb. in Leinw. n.n. 5. 30

—— die Verfassungs-Urkunde für das Königr. Württemberg vom 25. Septbr. 1819 mit dem offiziellen Auslegungs-Material. gr. 8. (C und 644 S.) Tübingen 865, Laupp'sche Buchh. *

Fricker, P., Beitrag zur Geschichte d. Ackerbaues, der Viehzucht, d. Wein- u. Obstbaues im Aargau. [Aus: „Schweizer. landw. Ztschr."] gr. 8. (III, 46 S.) Aarau 884. Christen. n. — 60

Fricker, P. Ueber Hebung und Pflege des Volks-Gesanges. In-8°. 36 S. Aarau, H. R. Sauerländer. 1892. — 60

Fricker, Thüring s. Frikart, Thüring.

Fricker, Viktor

Ex ordinis Philosophorum mandato renuntiantur philosophiae doctores et artium liberalium Magistri Rectore magnifico B. J. Windscheid, Decano C. V. Fricker, Procancellario Guil. Osc. Ern. Windisch inde a I. m. Nov. a. 1884 usque ad diem ultimum m. Oct. a. 1885 creati. Praemissa est Vict. Fricker dissert. patrio sermone conscripta: Die Verpflichtung d. Kaisers z. Verkündigung d. Reichsgesetze. Lipsiae, 1885; 32 S. 4°.

Fricker, W., die Entwicklung der Thierheilkunde in Württemberg v. der Gründung der Thierarzneischule in Stuttgart an. Rede, geh. zur Feier des Geburtsfestes S. Maj. d. Königs Karl am 6 März 1878. 8. (32 S.) Stuttgart 878. Gutzkow. — 60

Fricker, W., Nekrolog des am 28. März 1881 gestorbenen Ob.-Med.-R. Dr. Eduard v. Hering. 8. (26 S.) Stuttgart 881, Schickhardt und Ebner. *
Aus: Repertorium der Thierheilkunde, besonders abgedruckt.

Fricker, W., chirurgisches Vademecum f. Thierärzte u. Studirende. Mit 35 (eingedr.) Holzschn. gr. 8. (XX, 286 S.) Stuttgart 874. Schickhardt & Ebner. n. 5. 40

Frickhinger, A.: Geognostisch-topographische Karte vom Wörnitz- und Altmühltale . . . , s. Schnitzlein, A.

Frickhinger, A., und A. Schnizlein, die Vegetationsverhältnisse der Jura- und Keuperformation, s. Schnizlein.

Frickhinger, Alb., chemische Analyse d. Wassers vom Johannesbade bei Nördlingen. gr. 8. (1 B.) Nördlingen 841, Beck'sche Buchh.

Frickhinger, Alb., das Apothekerwesen in Bayern bei der Einführung der Gewerbefreiheit im J. 1868. gr. 8. (90 S.) Nördlingen 868, Beck'sche Buchh. *

Frickhinger, Albert, Katechismus der Stöchiometrie. Für Pharmaceuten, studirende Mediciner, Chemiker u. Techniker. Lex.-8. (6½ B.) Nördlingen 844, Beck'sche Buchh. -

Frickhinger, Albert, Katechismus der Stöchiometrie. Für Pharmaceuten, studirende Mediciner, Chemiker und Techniker. 2., verm. Aufl. gr. 8. (152 S.) Nördlingen 853, Beck'sche Buchh.

Frickhinger, Alb., Katechismus der Stoechiometrie. Für Pharmaceuten, studirende Mediciner, Chemiker und Techniker. 3., verm. Aufl. gr. 8. (VIII und 148 S.) Nördlingen 858, Beck'sche Buchh.

Frickhinger, Alb., Katechismus der Stöchiometrie. Für Pharmaceuten, studir. Mediciner, Chemiker und Techniker. 4., verm. Aufl. gr. 8. (X und 188 S.) Nördlingen 865, Beck'sche Buchh.

Frickhinger, Alb., Katechismus der Stöchiometrie. Für Pharmaceuten, studir. Mediciner, Chemiker u. Techniker. 5. verm. Aufl. gr. 8. (XV, 204 S.) Nördlingen 873. Beck. n. 3. 50

Frickhinger, Alb., u. Herm. **Frickhinger**, Katechismus d. Stöchiometrie. M. bes. Rücksichtnahme auf d. Bedürfnisse d. Studierenden d. Pharmazie, Medizin u. Technik. 6. Aufl. gr. 8. (VIII, 284 S.) München 895. C. H. Beck. n. 3. 60; geb. n. 4. 80

—— Revalenta arabica des Du Barry, ein grossartiger Betrug. Aufklärung für diejenigen, welche sich der Revalenta bedienen wollen. Zugleich ein offenes Wort über die Geheimmittel an die deutschen Regierungen und Medicinalbehörden. gr. 8. (64 S.) Nördlingen 851, Beck'sche Buchh. *

Frickhinger, Anton Ernst

Frickhinger, A. E., De capite mortuo vivificando cum adversariis nonnullis pathol.-practicis. 32 pp. Erl. 4°. 32 pp. Erl. 1783. 4°.
Delius, Adversaria. Fasc. IV. 4°. Erl. 1785.

1781

Frickhinger, Anton Ernst: Dissertatio de capite mortuo vivificando cum adversariis nonnullis pathologico practicis. 32 S., gbd.

Erlangae: (Walther) 1783
(Adversaria argumenti physico-medici, Fasc. 4,15)

JB 1.808

Frickhinger, Ernst, aus Nördlingen: Die **Gefäßpflanzen** des Rieses. Ein Beitrag zur pflanzengeogr. Durchforschung Süddeutschlands. *Nördlingen 1904: C. H. Beck.* (53 S.) 8°
Erlangen, Phil. Diss. v. 4. März 1904

Frickhinger, Gottfried [app. Arzt aus Nördlingen]: Uber [!] Erysipel und Erysipel-Recidive ... München, J. F. Lehmann, 1893; 29 S. 8.
München, Med. Fak., Inaug.-Diss. v. 1893

Frickhinger, Gfr., üb. Erysipel u. Erysipel-Recidive. Diss. [Aus: „Annalen d. städt. allg. Krankenhäuser in München".] gr. 8. (29 S. m. 1 Fig.) München 893. J. F. Lehmann's Verl. n. 1.—

Frickhinger, Herm., Gefässkryptogamen- u. Phanerogamen-Flora des Rieses, seiner Umgebung u. des Hesselberges bei Wassertrüdingen. Zum Gebrauche auf Exkursionen, in Lehranstalten u. beim Selbstunterricht. (VI, 403 S.) Mit 1 (farb.) geolog. Karte. kl. 8. Nördlingen 911. C. H. Beck. Geb. in Leinw. 5.

—— Genealogie der Familie Frickhinger in Nördlingen. Ein Beitrag zu der Geschichte Nördlinger Geschlechter. Nach Urkunden zusammengestellt. (IV, 89 S. m. 7 [3 farb.] Taf. u. 1 Stammtaf.) gr. 8. Ebd. 907. Geb. in Leinw. 3.

Frickhinger, Karl [approb. Arzt aus Nördlingen]: Aus d. Chem. Laboratorium d. patholog. Institutes zu München. Ueber die Harnsäure-lösende Eigenschaft des Fachinger Wassers .... München, Akad. Buchdr. v. F. Straub, 1887; 2 Bl. + 27 S. 8°.
München, Med. Fak., Inaug.-Diss. v. 1887.

Frickhinger, Karl, aus d. Chem. Laboratorium d. pathologischen Institutes zu München. Ueber die Harnsäurelösende Eigenschaft des Faschinger Wassers. Diss. München 1887, A. Buchholz. 8°. 27 S.

Frickhöffer, Carl, s. Frickhöffer, Karl

Frickhöffer, Charles

Frickhöffer jr., C., die Eisenquellen zu Schwalbach. 2. Aufl. [Aus: „Die Heilquellen d. Taunus".] gr. 8. (81 S.) Wiesbaden 888. Bergmann. n. 1. 20

Frickhoeffer, Schwalbach in seinen Beziehungen zu einigen Frauenkrankheiten. (2., verm. Aufl.) gr. 8. (V und 60 S.) Wiesbaden 861, Limbarth. *

Frickhoeffer, Schwalbach in seinen Beziehungen zu einigen Frauenkrankheiten. 2. Aufl. 861. (V, 60 S.) n. 10 *ngr.* — 3. verm. Aufl. Wiesbaden 864. Jurany & Hensel in Comm. gr. 8. (V, 89 S.) n. 15 *ngr.*

Frickhöffer, Schwalbach in seinen Beziehungen zu den wichtigsten Frauenkrankheiten. [5. verm. Aufl.] gr. 8. (122 S.) Wiesbaden 874. Jurany & Hensel. n. 2. —

Frickhoeffer, Charles, Schwalbach in the most important diseases of women. English, from the 4th German edit. by Chris. Benson. Wiesbaden 870. Jurany & Hensel. gr. 8. (VII, 96 S.) n. 20 ngr

—— Schwalbach sous ses rapports aux principales maladies des femmes. gr. 8. (V und 85 S.) Wiesbaden 865, Jurany und Hensel.

Frickhöffer, H., das Glaubensbedürfnis der Gegenwart. Vortrag, am 12. Novbr. 1879 im Protestanten-Verein zu Bremen geh. 12. (36 S.) Bremen 880. Bruns. n. — 50

Frickhöffer, H., die Grundfrage der Religion, s.a. Zeit- u. Streit-Fragen, deutsche.

Frickhoffer H. die Grundfrage der Religion. Mit Bezug auf W Bender: das Wesen d. Religion u d. Grundgesetze d. Kirchenbildung. (Zt- u Strtfr. NF 27) Hamburg 1887

Frickhöffer, H., Confirmations-Rede üb. Psalm 86, 11. Geh. am 4. April 1873 im Dom zu Bremen. gr. 8. (15 S.) Bremen 873. Heinsius. n. – 35

Frickhöffer, H., die kirchenpolitische Lage in Preußen. Conferenzvortrag, am 16. Octbr. in Gießen in der Jahresversammlung der vereinigten Conferenzen aus beiden Hessen und Nassau gehalten. gr. 8. (45 S.) Kassel 867, Krieger'sche Buchh. *

Frickhöffer, H., die kirchenpolitische Lage in Preußen. Conferenzvortrag, am 16. Octbr. in Gießen in der Jahresversammlung der vereinigten Conferenzen aus beiden Hessen u. Nassau gehalten. Kassel 868. Krieger. gr. 8. (45 S.) 6 ngr

Frickhöffer, H., der Liberalismus u. die Zeichen der Zeit. Vortrag im Protestantenverein in Bremen u. Hamburg geh. gr. 8. (28 S.) Bremen 886. Roussell. n. — 30

— der Schatz im Acker. Predigt üb. Matth. 13, 44 am 21. Juni 1874 im Dom zu Bremen geh. 2. Aufl. gr. 8. (16 S.) Ebend. 874. n. — 40

— zur Verfassung der Bremischen Kirche. Ein Wort zur Verständigg. an unsere Gemeinden. gr. 8. (47 S.) Ebend. 874. n. 1. —

Frickhöffer, Karl

Frickhöffer, Carl (geb. am 7 Apr. 1857 in Idstein Nass.): Ueber Corectopie ... Mit 1 lith. Taf. Bonn, Univ.-Buchdr. v. C. Georgi 1880. 30 S., 1 Bl., 1 Taf. 8. ¶ In Komm. bei Bergmann in Wiesbaden.
Bonn, Med. Fak., Diss. v. 7 Aug. 1880

Frickhöffer, K., Leitfaden bei d. Unterricht im Rechnen. 2 Thle. gr. 8. Wiesbaden, Ritter'sche Buchh. [1. (11 3/4 B. u. 2 Stnt.) 2/3 Thlr., 2. (21 1/8 B.) 839. 1 1/2 Thlr.] Thlr.

Frickhöffer, K., Übungsb. z. mündlichen u. schriftl. Rechnen, s.a. Welcker, J.

Frickhöffer, K., Uebungsbuch im mündl. u. schriftl. Rechnen f. Elementarschüler, sowie f. die Schüler in Abend- u. Sonntagsschulen. Bearb. nach seinem Leitfaden bei d. Unterr. im Rechnen. 1—3. Hftchn. 8. (11 1/4 B.) Wiesbaden 841, Ritter'sche Buchh. *

—— dass. Resultate der Aufgaben z. 1—3. Hft. 8. (4 3/4 B.) Ebds. 844. *

— dass. Resultate d. Aufg. z. 1.—3. Hft. 8. Ebd. 845. n. 1/3 Thlr.

Frickhöffer, K., Uebungsbuch im mündlichen und schriftlichen Rechnen für Elementarschüler, sowie für die Schüler in Abend- und Sonntagsschulen. Bearb. nach seinem Leitfaden bei dem Unterrichte im Rechnen. 2. u. 3. Heft. Wiesbaden, Limbarth. 8. Jedes Heft n. 4 ngr
2. Heft 3. Aufl. 861. — 4. Aufl., neu bearb. von J. Welcker. 864. (IV, 60 S.) — 3. Heft 4. Aufl. 861. — 5. Aufl. 863. (IV, 56 S.)

— Uebungsbuch zum mündlichen u. schriftlichen Rechnen. Bearb. nach dem Leitfaden zum Unterricht im Rechnen. Neu bearb. v. J. Welcker. 3. Heftchen. 6. Aufl. 865. — 7. Aufl. Wiesbaden 869. Limbarth. 8. (IV, 56 S.) n. 4 ngr

Frickhöffer, K., Uebungsbuch zum mündlichen und schriftlichen Rechnen. Bearb. nach dem Leitfaden zum Unterrichte im Rechnen. Mit Berücksicht. der neuen Maß- und Gewichtsordnung neu bearb. von J. Welcker. 1. Heft 1. Abthl. und 2. und 3. Heft. 8. Wiesbaden 869—73, Limbarth. [1. Heft. 1. Abthl. 2. Aufl. (60 S.); 2. Heft. 7. Aufl. (66 S.); 3. Heft. 7.—9. Aufl. (76 S.)] à Heft * 40 Pf.

—— dass. — Vollständig neu bearb. von J. Welcker. 1. Heft. 2. Abthl. 2. Aufl. 8. (76 S.) Ebendas. 874. *

Frickinger, s.a. Frickhinger

Frickinger, Hans. Die Konjunktivalreaktion als Diagnostikum der Tuberkulose beim Rind. Aus dem hygienischen Institut der K. Tierärztlichen Hochschule zu Hannover.... Diss. Vet.-Med. Bern. 64 S. 8. München, Pössenbacher'sche Buchdr., 1909.

Frickinger, Johann Michael. Nützliches, In lauter auserlesenen, wohl-approbirt- und meistentheils Neu-inventirten Mustern bestehendes, Weber-Bild-Buch ... Wobey auch einer jeden Gattung insonderheit Eine Schrifftliche Anleitung voran gedrucket worden Alles ordentlich, deutlich und grundlich gestellet, und heraus gegeben von Johann Michael Frickinger ... Schwabach und Leipzig. Zu finden bey Johann Jacob Enderes 1740 Druckts Christian Hannibal Steinmarck ...
Tit., 4 Bl. m. 2 Holzschn.; 100 Taf. in Holzschn. 8°.

Frickinger, J. Mich., nützl. Weber- u. Bildbuch m. Zeichn. u. K. Fol. Schwab. Enderes. 767.

Frickinger, J. Mich., nützl. Weber- u. Bildbuch mit Zeichnn. u. Kupf. Fol. 3e Aufl. Leipz. 772. Schwabach 787. Enderes. 1 Thlr 16 gr

Frickius, s. Frick

Frickmann, R., praktische Anweisung zur Destillation. Ein Rathgeber für Restaurateure, Kaufleute und Destillateure. Enthaltend verschied. gemeinnützige, erprobte Recepte zu einfachen und doppelten, zu mit äther. Oelen gefertigten Brantweinen nach neuester Methode. Ferner: A. Anweisung zu Behandlung und B. Zubereitung von Weinen rc. 1. Aufl. (72 S.) 850. 25 Ngr., und 2., verb., um mehr als 80 Recepte verm. Aufl. 8. (VIII und 64 S.) Oederan 852, Schlesinger. *

Frickmann, R., auf praktische Erfahrung gegründete Anweisung, alle einfachen u. doppelten Brandweine, französische u. deutsche Liqueure, Ratafias rc. nach der sichersten u. bewährtesten Methode billig herzustellen; hierzu ist die Bereitung des berühmten Päßler'schen Spanischbitter-Oel, als auch die Behandlung der Weine rc., beigefügt. Ferner Recepte üb. Chocolade, Grog, Punsch rc. 8. (72 S.) Oederan 850. (Schlesinger.) 5/6 Thlr — praktische Anweisung zur Destillation. Ein Rathgeber f. Restaurateure, Kaufleute u. Destillateure. Enth. verschied. gemeinnützige, erprobte Recepte zu einfachen u. doppelten, zu m. äther. Oelen gefertigten Brantweinen nach neuester Methode. Ferner: A. Anweisung zu Behandlung u. B. Zubereitung v. Weinen rc. 2. verb., um mehr als 80 Recepte verm. Aufl. 8. (VIII u. 64 S.) Oederan 852, Schlesinger. n. 2/3 Thlr

Frickthaler: Der Frickthaler
v. Frickthaler Anzeiger (I)

Frid, U., Giftbüchlein oder Beschreibung derjenigen Gifte, welche am häufigsten Ursache absichtsloser Vergiftungen werden, nebst Angabe ihrer Wirkung und des in den betr. Fällen einzuschlagenden Weges, um Vergiftete zu retten. Für alle Stände nach wissenschaftl. Grundlagen zusammengestellt. 1. Aufl. 848. 10 Ngr., und 2., (Titel-)Ausg. gr. 16. (XVI und 141 S.) Erlangen 852, Bläsing.

Frida, Emil [wirkl. Name]
s. Vrchlicky, Jaroslav [Pseud.]

Frida, Hieronymus

Frida, H., inst. hermenevt. vet. Test. 8. Vien. Tendler. 784.

***Frida*, Hier., († 1789.) institutiones hermeneut. Vet. Test. utilitati suorum auditorum accommodatae. 8. Wien 784. Trattner. 10 K**

Fridamandus [Pseud.], s. Gleichmann, Joh. Zacharias

Fridankes Bescheidenheit v. H. E. Bezzenberger. gr. 8. (XIV, 469 S.) Halle 872. Buchh. d. Waisenh. n. 7. 50

Fridar od. der Reichsmorgen, s.a.: German.

Fridar oder der Reichs-Morgen von German. 8. (X und 127 S.) Nürnberg 832, (Schiefer.) *

[FRIDAUER, ELIAS]. Kurtze Historie, Der Evangelischen Emigranten, Wie die Göttliche Providentz Dieselben . . . Aus dem Ertz-Stifft Saltzburg In ein Land gefuhret, Worinnen Milch und Honig der Evangelischen Wahrheit fliesset. Mit schonen Kupfern gezieret. Memmingen, Elias Fridauer, 1733. 4 Bl. 88 S. und *31 Kupfer auf 28 Tafeln.* — 8°. Zwei Werke in 1 Pgtbd. d. Z.

Fridberg, Franz [d. i. Franz X. Reitterer]

Fridberg, Frz., lustige Musikanten-G'schichten. 2. Aufl. 8. (96 S.) Berlin (899). Harmonie. n. 1. 50

— dasselbe. 3. u. 4. Aufl. 8. (à 96 S.) Ebd. (900). n. 1. —; geb. n. 1. 50

Fridberg, Paul: Zur Casuistik der Leistendrüsetuberkulose. *Berlin (1898): E. Ebering.* (28 S.) 8°
Berlin, Med. Diss. v. 29. Apr. 1898

Fridberg, Robert (Mainz)
Ueber Oesophagus-Divertikel.
Giessen: Brühl 1867. 36 S. u. 2 Taf.
Diss. med. 1.6.1867. vorh. 26. 7.

„Fridde uff Erde!" Ääne Gardinepreddigt v. Settche Hampelmann, Vorjersfrää in Frankfort am määä an die 6 Großmöcht in ohrjendalisch-ochsidendalische Aagelegenheite. (Von Helene Adler.) gr. 8. (16 S.) Frankfurt a/M. 897. (Geb. Staudt). n. — 30

FRIDELBERG („Unterlieut. bey d. ehemal. k. k. Korps der Wiener Freiwilligen, nun bey d. k. k. Infanterie-Regimente de Ligne, † 1800"), Kallidion. Ein episches (stellenweise etwas üppiges) Gedicht in 7 Gesängen. Mit TKpf. (nach Kininger von F. John gest.). Wien, in Jos. Geistinger's Buchhandlung. 1802. Gr. 8°.
Gestoch. Tit. u. 157 S., nebst 1 S. Err. Lat. Lettern. Selten! — Vgl. Goedeke: Wieland's Manier; freie Stanzen; die Titelheldin liebt u. ehlicht den Lysias. — Zuerst gedr. ebd. 1800.

Fridelin, der Gaukler. O. O. 1800. V: *Grüner, Chph Sigmund.* (MGT)

Fridelius, D., resp. **Winter,** De syncope ejusque origine, indiciis et curatione. 7 l. Rint. 4°. 1716

Fridell, Egon, s.a. Emerson. **Sein Charakter aus seinen Werken.**

Fridell, Egon, Emerson. s. Charakter aus s. Werken. Bearb. u. übers. Stuttgart [1906.] 8°.
(A. d. Gedankenwelt grosser Geister. Hrsg. von Loth. *Brieger-Wasservogel.* Bd 3.)

— Novalis als Philosoph. (VII, 111 S.) 8. München 904. Verlagsanstalt F. Bruckmann. n. 2. —; geb. n. 3. —

Fridenberg, Percy H. [B. A Col. aus New-York, U. S. A.]: Über die Sternfigur der Crystall-Linse. . . . Strassburg, Verl. v. K. J. Trübner, 1891; 23 S., 1 Taf. 8°
Strassburg, Med. Fak., Inaug. Diss. v. 1891

Fridenheim, C. J. (von Kitzingen), ... Die Hoffnung Israel auf die Erlosung durch den Messias ist kommen u. vorhanden in Jesu von Nazareth. Aus Moose, denen Propheten, dem Tallmud (sic), rabbinischen Schriften, u. sogar mit der gesunden Vernunft bewiesen . . . . von einem . . . . *Wahrbekehrten* — — — in Wirzburg. Mit Erlaubnis (!) der Oberen. 2 Thle. (in 1 Bde.). 2. verb. u. mit vielen Zusätzen von allen Fehlern gereinigte Aufl. Wirzburg, zu haben bey dem Verf. 1770. 8°. Tit. beschrieb. Eleg. Hpgmtb., geles.
434 fortl. S., 3 Bll. Inh. — Verf. war bis zu s. 36. Lebensjahr Jude. — Das seltene Buch ist dem Bischofe Adam Friedrich von Bamberg u. Würzb. gewidm., u. erschien zuerst ca. 1720 (?).

Friderich [Rekt. Dr.]: Die Schulverhältnisse Reutlingens zur Zeit der freien Reichsstadt. II. Teil. . . . Reutlingen, Buchdr. v. C. Rupp, 1889; S. 16–42; 4°
Reutlingen, k. G, P 1889 (559)

Friderich, Tagebuch f. deutsche Auslandschüler 1910 – 11. (202 u. 3 S.) kl. 8. Wolfenbüttel, Heckner. Geb. in Leinw. — 80

Friderich, E., Josua Weiß, Reutlingens Bürgermeister zur Zeit der Reformation. Nach den Akten dargestellt. gr. 8. (IV und 48 S.) Reutlingen 866, Fleischhauer und Spohn. *

Friderich, C. G., Geflügelbuch. Naturgeschichte, Zucht u. Pflege sämtl. Hühner- u. Taubenrassen, sow. d. übr. Hausvögel, wie Enten, Gänse, Truthühner rc., welche als Hausthiere gehalten werden. 4. Aufl. M. 216 farb. Abb. auf 24 Taf. u. zahlr. Holzschn. gr. 8. (III, 404 S.) Stuttgart 896. J. Hoffmann. Kart. n. 13. 50; geb. n. 15. —
Erschien auch in 12 Lfgn. à n. 1. —.

Friderich, C. G., Natur-Geschichte der deutschen Vögel einschließlich der sämtlichen Vogelarten Mittel-Europas. 4. Aufl. 1.—14. Lfg. Lex.-8. (S. 1—560 m. 29 Chromolith.) Stuttgart 889. 890. Jul. Hoffmann. à n. 1. —

Friderich, C. G., Naturgeschichte der deutschen Vögel, einschließlich der sämtlichen Vogelarten Mittel-Europas. Bearb. nach vielen eigenen Erfahrgn. u. den besten Quellen f. Liebhaber der Zimmer- u. Hausvögel, f. Ornithologen u. Eiersammler, f. Jäger u. Jagdfreunde, sowie zur Belehrg. der reiferen Jugend. 4., sehr verm. u. verb. Aufl. Mit 384 naturtreuen Farbendr.-Bildern auf 48 Taf., mehreren in den Text gedr. Abbildgn. u. 2 weiteren Taf. zur Erläuterg. d. Vogelfangs. 15.—25. Lfg. Lex.-8. (68 S. u. S. 561—970.) Stuttgart 891. Jul. Hoffmann. à n. 1. — (kplt.: n. 24. —; geb. n. 27. —)

Friderich, C. G., Naturgeschichte der deutschen Vögel einschließlich der sämtlichen Vogelarten Europas. 5., gänzlich umgearb., sehr verm. u. verb. Aufl., bearb. v. Alex. Bau. Mit 410 naturgetreuen Farbendr.-Bildern auf 52 Taf., mehreren Textbildern, 1 Taf. m. Darstellgn. der Raubvogelflugbilder u. 2 Taf. zur Erläuterg. des Vogelfanges. 24 Lfgn. (76 u. 859 S.) Lex.-8. Stuttgart 903 – 905. Verlag f. Naturkunde. n. 24. —; geb. in Leinw. n. 27. —

(B) **Friderich, C. G., Naturgeschichte d. deutsch. Vögel. 903 – 905. (XVII 33.) Jetzt: Stuttgart, E. Schweizerbart.**

FRIDERICH, C. G. *Vollständige Naturgeschichte* der deutschen Zimmer-, Haus- und Jagdvögel, sammt allen übrigen in Deutschland vorkommenden Vögeln. Bearbeitet . . . für die Liebhaber der Zimmer- und Hausvögel . . . sowie zur Belehrung der reifern Jugend. 2. sehr verm. u. verbess. Aufl. Mit mehr als 200 colorirten Abbildungen auf 17 Tafeln und 3 schwarzen Tafeln. Stuttgart, Thienemann, 1863. LVI, 920 S. Lex.-8°. Farbig illustr. Or.Pappbd. 35.—
Schönes, sehr gut illustr. Werk, bei aller Popularität der Darstellung wissenschaftlich zuverlässig. — Einbandrücken etwas mitgenommen.

Friderich, C. G., vollständige Naturgeschichte der deutschen Zimmer-, Haus- und Jagdvögel, nebst einem Anh. über die ausländ. Vögel. Bearb. nach vielen eigenen Erfahrungen und den besten Quellen für die Liebhaber der Zimmer- und Hausvögel, für die Besitzer von Menagerien und zoolog. Gärten, für Kabinets- und Eiersammler, für Jäger und Jagdliebhaber, sowie zur Belehrung der reiferen Jugend. 3., sehr verm. und verb. Aufl. Mit mehr als 200 color. Abbild. auf 16 (lithogr.) Taf. und 4 schwarzen Doppel-Taf. mit Taubenrassen, Hühnerrassen und Bildern zum Vogelfang. In 10 Lfgn. gr. 8. (LXVIII, 942 S. mit 20 Stnt. in qu. gr. 4.) Stuttgart 874,75, Thienemann. 1.—8. Lfg. à *M 1,20.; 9. und 10. Lfg. à *M 3.; cart. *

Friderich, C. G., vollständige Naturgeschichte der deutschen Zimmer-, Haus- u. Jagdvögel, nebst e. Anh. üb. die ausländ. Vögel. Bearbeitet nach vielen eigenen Erfahrgn. u. den besten Quellen f. die Liebhaber der Zimmer- u. Hausvögel, f. die Besitzer v. Menagerieen u. zoolog. Gärten, f. Kabinets- u. Eiersammler, f. Jäger u. Jagdliebhaber, sowie zur Belehrg. der reiferen Jugend. 3., sehr verm. u. verb. Aufl. Mit mehr als 200 color. Abbildgn. auf 16 (lith.) Taf. u. 4 schwarzen Doppel-Taf. m. Taubenrassen, Hühnerrassen u. Bildern zum Vogelfang. gr. 8. (LXVIII, 942 S. mit 14 Steintaf. in qu. gr. 4.) Stuttgart 876. Thienemann. n. 18. —

Friderich, C. G., Naturgeschichte aller deutschen Zimmer-, Haus- u. Jagdvögel, nebst einem Anh. üb. die ausländ. Vögel, welche in Deutschland vorkommen. Bearb. nach vielen eignen Erfahrungen u. den besten Quellen f. die Liebhaber der Zimmer- u. Hausvögel, f. Geflügelhalter, f. Jäger u. Jagdliebhaber, sowie zur Belehrg. der reiferen Jugend. Mit mehr als 200 color. Abbildgn. auf 17 (lith.) Taf., u. 3 schwarzen Taf. zur Versinnlichung d. Vogelfangs. gr. 8. (X u. 660 S.) Stuttgart 849, Hoffmann. 3⅓ ß

Friderich, C. G., Naturgeschichte aller deutschen Zimmer-, Haus- und Jagdvögel, nebst einem Anhang über die ausländischen Vögel, welche in Deutschland vorkommen. Bearb. nach vielen eigenen Erfahrungen und den besten Quellen für die Liebhaber der Zimmer- und Hausvögel, für Geflügelhalter, für Jäger und Jagdliebhaber, sowie zur Belehrung der reiferen Jugend. Mit mehr als 200 kolor. Abbildungen auf 17 (lith.) Tafeln, u. 3 schw. Taff. zur Versinnlichung des Vogelfangs. Stuttgart 1849. 8. . . . . (0.)
——, —— 2. sehr verm. u. verb. Aufl. Ebda 1863. 8.
——, —— 3. sehr verm. u. verb. Aufl. Ebda 1873—76. 8.

FRIDERICH, C.G.: Naturgeschichte aller deutschen Zimmer-, Haus- und Jagdvögel, nebst einem Anhange über die ausländischen Vögel, welche in Deutschland vorkommen. Bearb. nach vielen eigenen Erfahrungen und den besten Quellen für die Liebhaber der Zimmer- und Hausvögel, für Geflügelhalter, für Jäger und Jagdliebhaber, sowie zur Belehrung der reiferen Jugend. - Stuttgart 1849. X, 660 S., 200 Abb., 3 Taf. 6. Aufl. u. d. T.: Naturgeschichte der Vögel Europas. ebd. 1923. 884 S., 551 Abb., 35 Abb., 1 Taf. m. Darst. d. Raubvogelflugbilder, 116 Abb. v. Vogeleiern neu bearb. v. Alexander Bau

Friderich, Joseph Ferdinand

— decoctum Pollini contr. luem veneream. 8maj. Wien 795. Kaulfuss. 6 ℊ;

— das Pollinische Decoct u. d. reinigenden Wirkungen d. welschen Nußschalen wider d. Lustseuche etc. 8. Wien 794. Schaumburg. 6 ℊ gr. 8. Leipz. 810. Hinrichs. 5 ℊ

Friderich, Joseph Ferdinand: Das Pollinische Decoct, und die reinigende Wirkung der welschen Nußschalen wider die Lustseuche und mehrere schwere Krankheiten. 75 S., gbd., Abb.

Wien: Rötzel 1798

JB 1.575

Das pollinische Decoct [Dekokt], und die reinigende Wirkungen der welschen Nußschalen wider die Lustseuche und mehrere schwere Krankheiten. Von Joseph Ferdinand Friderich. Wien: Schaumburg 1800. 72 S. 8°

Friderich, Jos. Ferd., Gedanken über d. Entstehung d. Weltalls. gr. 8. Leipz. 798. (Knobloch). 12 ℊ

— d. philosoph. Religion, als d. älteste u. ächteste, gründl. erwiesen. gr. 8. Leipz. 798. (Knobloch). 20 ℊ

Friderich, *Karl* *Eröffnungsrede zur Erhebung des Lyceums zum Gymnasium.* 4 (S. 13—17). **Progr.** G. *Reutlingen* 1887 (549).

Katalog der Bibliothek der Stadt Reutlingen. Systemat. u. alphabet. neugeordn. von Dr. Karl **Friderich**, Rektor d. Gymn. [Nebst] Nachtrag. Reutlingen 1903[-05]: Hutzler. 8° [09. 17609

Friderich, *Karl* Die Schulverhältnisse Reutlingens zur Zeit der freien Reichsstadt. I. Theil. Vom Schlusse des 13. Jahrhunderts bis zur revidierten Schulordnung vom Jahr 1668. (Umschlagtitel: Die . . . Teil.) 4 (S. 21—40). II. Teil. Von der revidierten Schulordnung vom Jahre 1668 bis zur Einverleibung der Stadt in das Königreich Württemberg (1803). 4 (S. 16—42). (Umschlagtitel: Die . . . Reichsstadt.) **Progr.** G. *Reutlingen* 1887 (549). 1889 (zu 559).

Friderich, Mathäus, wider den Saufftenffel, s.a. Bücherei, kulturgeschichtliche. Nr. 3.

— — Wider den Sauffteuffel! Erbauliche u. beschauliche Ein- u. Ausfälle über u. gegen die Nationaluntugend der Deutschen. Zumeist aus alten Humoristen u. Moralisten zusammengetragen von Matth. Friederich dem Jüngeren. (Titelholzschn., aus dem „Sauffteuffel"). Bremen, 1885. Selbstverlag d. Herausgebers. In Commiss. bei F. A. Wiegand. 12°. Ill. Orig.-Umschl.

— — Goedeke, l. c.: Otto, Oberlaus. Schriftsteller I, 367 schreibt ihm (Friederich) einen „Pluder und Krausen Teufel" zu, ohne Ort und Jahr des Erscheinens zu nennen."

Mathäus **Friderich**: Wider den Sauffteuffel. Nach d. ersten Drucke (Leipzig 1552 bei Georg Hantzsch) neu hrsg. Kötschenbroda & Leipzig: H. F. A. Thalwitzer [1905]. (51 S.) 8° [F.]
= **Bücherei**, Kulturgeschichtliche. 3. [07. 6313

Friderichs, Eduard: Die rechtliche Stellung einer Ehefrau, welche selbständig ein Erwerbsgeschäft betreibt. — Borna-Leipzig 1904: Noske. 47 S. 8°
Leipzig, Jur. Diss. v. 1904.

Friderici

— **s. a. Friderich, Friederich, Friederici, Friedrich, Friedrichs.**

Friderici, über die auf dem Gebiete der elterlichen Gewalt u. des Vormundschaftswesens v. dem weimar. Landesgesetz vom 27. III. 1872 abweichenden Bestimmungen des bürgerl. Gesetzbuchs. 8. (VII, 74 S.) Jena 898. Frommann'sche Hofbuchh. n. 1. 30

FRIDERICI, Die mit einer Kron Sieg-prangende, doch durch Amors Helm besiegte Liebe; herausg. von —. (Schausp.?) (Hamburg?) b. Hier. Fried. Hoffmann. 4°. Frf. Fast. M. V. 1706. F 1 a.

Friderici, A., das neue Mietrecht. Zum prakt. Gebrauch f. jedermann dargestellt im Anschluß an das bürgerl. Gesetzbuch u. unter Heranziehg. ergangener Entscheidgn. gr. 8. (IV, 94 S.) Leipzig 900. C. L. Hirschfeld. n. 1.60

(B) Friderici, A., d. neue Mietrecht. 1900. (XXIV 31.) Jetzt: Tübingen, J. C. B. Mohr.

Friderici, Adolf, approb. Arzt aus Altenburg S.-A.: Aus d. med. Poliklinik zu Kiel. Ein Fall von spontan geheiltem subphrenischen Absceß. *Kiel 1903: Schmidt & Klaunig.* (18 S.) 8°
Kiel, Med. Diss. v. [19. Mai] 1903

Friderici, Arthur [Referendar]: Das sachenrechtliche und das obligationenrechtliche Moment bei sogen. Wertpapieren. . . . Weimar, Druck v. G. Uschmann, 1890; 2 Bl., 26 S., 1 Bl. 8°
Jena, Jur. Fak., Inaug.-Diss. v. 1890
(Nicht für den Austausch)

Friderici, C. A., de epistolis vet. ecclesiae communicatoriis et formatis. Goth. 1734. 4.

Friderici, C. C., de re funeraria. Jen. 1735. 4.

Friderici, Chr., über Zweck, Wichtigkeit und Einrichtung einer Presbyterial- und Synodal-Verfassung der evangel. Kirche, mit besond. Beziehung auf die evangel. Landeskirche des Großherzogth. Sachsen Weimar-Eisenach. gr. 8. (IV und 72 S.) Eisenach 818, (Bärecke.)

Friderici, Christian Franz Maximilian (Gera), De vindicatione rei dolo subtractae adversus tertium bonae fidei possessorem ex principiis juris communis et Saxonici regii. Diss. jur. Lpz. (Melzer) 23. XII. 1819. 24 S. (4.50) 9595
Gew.: Detlev Grf. v. Einsiedel (Mückenberg).

— **Christian Gottlob Eduard** (Gera), Curator sexus num extraneo mandare possit, ut, se absente, auctoritatem praestet muliere civile negotium gesturae? Quaestio juris Saxonici. Lpz. (C. Tauchnitz) 30. XII. 1813. 44 S. (4.80) 9596
Gew.: Frh. v. Merian, Jul. Wilh. v. Oppel.

Friderici, Christoph Anton

— s. Abfertigung d. Goldhagenschen Beschuldigungen

— Abhandl. von d. Geburt Jesu Christi rc. 8. Gotha 757. Mevius. 5 gr

— ausführl. Beantwortung derjen. Zweifel, die wider d. göttliche Richtigkeit e. Stellen in d. Bibel von Justi in seinen Schriften erregt worden. 8. Frankf. u. Leipz. 761.

Friderici, Cph. Ant., († d. 21. Nov. 1772.) theolog. Betrachtt. von d. geistl. Anfechtungen d. Kinder Gottes. 4. Gotha 752. Mevius. 5 gr

— epistola encyclica epistolis veteris ecclesiae communicatoriis et formatis. 4. Frankf. u. Leipz. 754. (Dieterich in Götting.) 2 gr

— Erweis, daß d. Vorurtheil, so von d. Ansehen d. Gelehrten hergenommen wird, in d. Sachen d. Glaubens kein Gewicht habe rc. 8. Frankf. u. Leipz. 765.

— **Christoph Anton** (Querfurt), De pathmo Jo. Brentii summi theologi qua nomen Huldrici Aengsteri sibi adscivit paucula commentatur simulque viro Huldreich Eberhard Keipf (Friedberg/Wetterau) annum sacri ministerii quinquagesimum gratul. Halle (Fürsten) 30. V. 1758. 16 S. mit handschr. Widm. d. Verf. (4.20) 9597

— — Specimen primum jurisprudentiae pastoralis ex conciliis antiquae ecclesiae exhibet simulque anniversariam r. ministerii synodum indicit. Halle (Vester) 1759. 16 S. (3.—) 9598

— — Specimen jurisprudentiae pastoralis III. ex conciliis de notis ordinandorum in ecclesia Christi antiqua exhibet simulque primum admodum plurimumque rever. dioecesi Friburgensi adscriptos . . compellat. Frankenhausen (Keil) 29. V. 1761. 22 S. (2—) 9599

— — Specimen IV. jurisprudentiae pastoralis ex conciliis quo notae ordinandorum porro explanantur exhibet simulque orationes sacras a nonnullis dioeceseos dn. comministris in aede Friburgensi. Lpz. (Langenheim) 7. IV. 1763. 16 S. (2.50) 9600

Friderici, Christoph Konrad Wilhelm, s.a. Friderici, Konrad Christoph Wilhelm

Friderici, Cph. Konr. Wilh., († d. 1. Jan. 1769.) gründl. Abhdl. von d. Freiheit d. deutschen Kirche. 8. Frankf. u. Lpz. 760. Breitkopf. u. H. 1 ℛ

Friderici, Cp. Kr. W.: Gründl. Abh. v. d. Freyheit d. deutschen Kirche, ders. besond. Rechte u. Verfass. nach d. Grundsätzen d. H. R. R.; z. Gebr. sr. akad. Vorless. *Lpz.*, Breitkopf. 760. 8. (1 Thl. 12 Gr.)

Friderici, Chrph Konr. Wilh., Gründliche Abhandlung von der Freiheit der deutschen Kirche derselben besonderen Rechten und Verfassung. Leipzig 1761. 8. . . . (D.)

Friderici, Ch. C. W.: „Gründliche Abhandlung von dem Münzwesen im heil. römischen Reiche, worinnen der Ursprung des Münzwesens und der Werth der Reichsmünzen dargethan, auch mit Urkunden erläutert wird", Breslau, Thorn und Leipzig 1762. — Vorh.: Com. Bibl. Hamburg.

— Abhandl. von d. Münzwesen im heil. röm. Reiche. gr. 8. Bresl. 762. Horn. 16 gr

— apparatus juris canon. pontif. ecclesiastici. II Voll. 8maj. Gotha 759. Mevius. (Götting., Dieterich). 14 gr

— — De appellationibus atque provocationibus ad sedem Romanam in causis civilibus, contra leges fundamentales I. R. G. falso a pontificibus Romanis sibi vindicatis disp. Greifswald (A. F. Röse) 1766. 11 S. (2.20) 9606

— — De area aedibus exustis obligata disserit. Lpz. (Breitkopf) 27. IX. 1762. 12 S. (2.20) 9604

— **Christoph Conrad Wilhelm** (Hannover), De dote et vitalitio filiarum illustrium et nobilium monialium. Diss. jur. Präs. Christian Gottl. Buder. Jena, 16. II. 1754. Ed. II (Joh. Friedr. Schill) 1755. 86 S., tlws. dtsch. (6.—) 9601

Friderici, Ch. K. W. Gründliche Einleitung in die Kriegswissenschaft rc.
Breslau 1763. 230 S.

— Einleit. in d. Kriegswissenschaften aus d. Natur- u. Völkerrecht. 2 Thle. gr. 8. Bresl. 763 u. 64. Horn. 16 gr

— — Exercit. disp. quib. differ. jur. vet., nov., et patrii exhib, et de insigni Germanor. in jurisprud. domesticam studio, sim. de causis, quibus factum, ut jus Germanicum obscurum videatur diss. Greifswald (A. F. Röse) 1765. 8 Seiten. (2.—) 9605

— — De jure metatorum disserit. Lpz. (Breitkopf) 1. IV. 1760. 16 S., tlws. dtsch. (3.—) 9603

— Samml. von Kriegsrechtssprüchen, Erläuterr. zweifelhafter Fälle u. Urthel. gr. 8. Bresl. 762. Horn. 6 ℊℊ

Friderici, Dr. Ch. K. W. Samlung von Kriegs-rechts-Sprüchen, Erörterungen zweifelhafter Fälle u. Urthel. Leipzig 1762. 136 S.

— — **De celebratissimis juris maritimi scriptoribus agit navigationum originem et usum apud varias gentes ex antiquo aevo. Prolusio acad. Lpz. (Langenheim) Okt. 1758. 8 S. (2.20) 9602**

Friderici, Conrad Christoph Wilhelm, s. F r i d e r i c i , Konrad Christoph Wilhelm

Friderici, Conrad Julius, s. F r i d e r i c i , Konrad Julius

Friderici, Constantin, s. F r i d e r i c i , Konstantin

Friderici, Daniel. Musica figuralis s. Langelütge.

Friderici, Daniel Gottlieb

Friderici, Dn. Gl., († d. 9. Juli 1826.) s.a. Anleitung zur Ausmessung u. Berechnung d. beim Bauwesen vorkomm. Längen 2c.

Anleitung zur Aussessung und Berechnung der bey dem gemeinen Bauwesen vorkommenden Längen, Flächen und Körper nach zwölftheiligen Maaßen, für diejenigen Bauherren u. Professionisten welche nicht die Geometrie, sondern nur die sogenannten Species der Rechenkunst und die Regel de Tri verstehen. ([Verf.: Daniel Gottlieb] Friderici.) Neue verb. Aufl. Braunschweig: Vieweg 1799. 156 S. 8°

Friderici, Daniel Gottlieb: H a n d b u c h der Landbaukunst. Bd. 3., s. G i l l y , D.

Friderici, Egon: Über stereoisomere β-Arylzimmtsäuren. Rostock 1908: Boldt. 77 S. 8°

Rostock, Phil. Diss. v. 3. Aug. 1908, Ref. Stoermer

[Geb. 29. April 81 Wriezen; Wohnort: Rostock; Staatsangeh.: Sachsen; Vorbildung: Realprogymn. Wriezen bis M. 07; Studium: Berlin 2. Rostock 7 S.; Rig. 29. Juli 08.] [U 08. 3747

— **Franz Wilhelm** (Thallwiz; Strellen), An detur compascuum, ex praesumtione, quod sit familiaritas aut precarium, revocabite? Diss. jur. Präs. Johann Ludwig Eckardt. Jena (Fickelscherr-Stranckmann) 22. IX. 1784. 30 S. mit Widm. v. Präs. (1.20) 9608

Friderici, Friedrich v., Lieut. im 33. Inft.-Reg. und Adjutant bei der Direktion der königl. allgemeinen Kriegs-Schule. U e b e r s i c h t der deutschen T r u p p e n hinsichtlich ihrer Eintheilung, Formation, Uniform, Bewaffnung, ihrer Orden, Ehren- und Feld-Zeichen.
Fol. Berlin, Posen und Bromberg 1833.

v. Friderici, F. Übersicht der deutschen Truppen hinsichtlich ihrer Eintheilung, Formation, Uniform, Bewaffnung, ihrer Orden, Ehren- u. Feldzeichen. 4. u. fol. Berlin 1833. - Neue Ausg. 1862.

Friderici, G., resp. A. **Fuchs,** De fiducia aegri in medicum. Lps. 4°. 1720

Friderici, Gottlieb

— — Monstrum humanum rarissimum recens in lucem editum in tabula exhibet simulque observationibus pathologicis. Lpz. (Jo. Chn. Langenheim) 1737. 32 S. u. 2 Abb. (Krügner del & sc. Lips. (3.50) 9613
Gew.: Georg Gottlob Richter (Götting.)

— — De morbis a situ intestinorum praeternaturali. Disp. med. Präs. Polycarp Gottlieb Schacher. Lpz. (Schede) 2. V. 1721. 48 S. u. 1 Tf. Abb. (1.50) 9612

— **Gottlieb** (Tauchens/Misn.), De sanitate. Diss. med. Präs. Polycarp Gottlieb Schacher. Leipzig (Schede) 2. IX. 1718. 24 S. (4.50) 9611

— **Huld. Sigm. Jordan** (Rosla/Thüring.), De nominibus Christi, exinanitionem ipsius design. Diss. philol. ex antiquitate Judaica. Präs. Christian Benedict Michaelis. Halle (Salfeld) 11. VII. 1711. 24 S. (4.80) 9614
Gew.: Chph. Friedr. u. Jost Chn. Grf. z. Stolberg.

Friderici, J. Dissertatio de historia Johannis Friderici I., electoris Saxoniae. 4. Jenae 1678. — 4. Halae 1715.

— **Jeremias** (Leipzig), Studium gentium speciatim Ebraeorum in patria tuenda religione diss. acad. delin. Lpz. (Schede) 13. IX. 1718. 16 Bl. (4.80) 9615
Gew.: Johann Georg Ablcht (Danzig).

— — Studium gentium speciatim Graecorum veterum in patria tuenda religione ex genuinis antiquitatum monimentis delin. Lpz. (Schede) Juli 1719. 14 Bl. (4.80) 9616

Friderici, Jh., gründl. u. erbaul. Einleit. in d. prophet. Buch N. T. die Offenbarung Johannis 2c. 8. Eisenach 791. Bärecke. 8 ℊℊ

— **Johann Christian** (Kemberg/Sax.), De eo quod justum est circa poenam furti inprimis jure Saxonico occasione mandati regii Wegen geschwinder Exequirung derer Räuber und Diebe de dato Dreßden / am 27. VII. 1719. Diss. jur. Präs. Johann Gottfried Kraus. Wittbg. (Wwe. Gerdes) 2. V. 1724. 56 S., z. gr. Tl. dtsch. (5.—) 9618

— — Dasselbe. Ed. II. 1735. (5.—) 9619

Friderici, Johann Christoph

— Entwurf d. ganzen Leidensgeschichte Jesu, nach Uebereinstimmung d. 4 Evangelisten, in 7 Haupttheilen, mit e. Dispositionen zu Passionspredigten. 8. Hamb. 776.

Friderici, Jh. Cph., († d. 12. Aug. 1777.) Entwurf seiner im J. 1776 u. 77 zu Hamburg gehalt. Predigten. gr. 8. Hamb. 777 u. 78. Herold. 1 ℛ 16 ℊℊ

— Predigten im Cabinet d. Königin von Preußen. 8. Magdeb. 765. Scheidhauer. 9 ℊℊ

— neue Schuleinrichtung. gr. 8. Götting. 775. Dieterich. 3 ℊℊ

Friderici, Jh. Cph., von der wahren u. eigentl. christl. Tugend; aus d. Latein. v. J. D. Thieß. gr. 8. Hamb. 779. Herold. 4 ℊℊ

— über d. Vergänglichkeit unsers Lebens. 8. Halle 759.

— **Johann Gottlieb,** De aurea aetate quam poetae finxerunt disserit optimo patri de se bene merenti diem natalem ex animo congratul. filius unicus. Lpz. (Langenheim) 16. IV. 1736. 15 S. (4.—) 9621

Historia Pincernarum Varila-Tautenburgicarum ex monumentis inediti atque scriptoribus coaevis eruta quam in academia Ienensi Fridericiana sub moderamine Burchardi Gotthelf Struvii 1722 publice perquirendam composuit Joannes Christophilus Friderici. Ienae. 1722. 4°.

Friderici, Konrad Christoph Wilhelm, s.a.
F r i d e r i c i , Christoph Konrad Wilhelm

Friderici, Conr. Cph. Guil.: Apparatus jur. canon.-pontif. ecclesiastici II. Vol. *Gothae*, (Dieterich, *Gotting.*) 759. 8maj. (14 Gr.)

Ders.: Einleit. in d. Kriegswissensch., worinnen d. Lehre v. Kriege u. Frieden aus d. Natur- u. Völkerrechte vorgetragen, d. Kriegsrecht nach d. Grundsätzen d. heil. Röm. Reichs erläutert u. s. w. *Breslau*, Th. I. 763. Th. II. 764. 8.

Friderici, Conr. Chph. Wilh.: Sammlung v. Kriegsrechtssprüchen, Erläuterr. zweifelhafter Fälle u. Urthel. *Breslau*, Horn. 762. 8. (6 Gr.)

Friderici, Konrad Julius

— **Conrad Julius** (Elsterwerda) u. (Respond.) **Conrad Conradi** (Dresden), De theologia naturali ejusque existentia. Disp. philos. Lpz. (Joh. Casp. Müller) 23. VI. 1708. 8 Bl. (4.80) 9607

Friderici, Konstantin

Friderici, Const., Geschichte des Dorfes Stotternheim, s.: Andreä, Fdr. Wilh.

Friderici, Edw. Ferd., kurzgefaßte Grammatik d. russ. Sprache, f. d. deutschen Provinzen Rußlands. 1r Curs. Mit 4 Tabellen. 8. Mitau 811.

Friderici, P. N., Materialienkunde zum Gebrauch f. Eisenbahnen etc., s.: Simon, P.

Friderici, Valentin

– M. Valentini Friderici Curioser Tractat Vom Parucken / Aus dem Lateinischen ins Deutsche ubersetzet von M. M. Dreßden und Leipzig Bey Johann Christoph Miethen / 1702. 22 S. 8°

*Das Gymnasium Fridericianum zu Schwerin. 1553—1903. 56 S. 8. **Progr.** Großh. Gymn. Fridericianum *Schwerin* 1903.
1. Festgedicht [latein.], von G[otthilf] Sellin. 2. Geschichtlicher Rückblick auf die verflossenen 350 Schuljahre, von Archivar Dr. Friedrich Stuhr. 3. Festordnung für die Gedenkfeier am 8. und 9. Juli 1903. 4. Verzeichnis der sämtlichen noch lebenden Abiturienten und Primaner, soweit sie ermittelt sind. 5. Verzeichnis der früheren, noch am Leben befindlichen Lehrer, sowie der Scholarchen und der jetzigen Lehrer.

Friderico-Francisceum, od. grossherzgl. Alterthümersammlung aus d. altgerman. u. slav. Zeit Mecklenburgs zu Ludwigslust, erläutert v. G. C. Frieder. Lisch. gr. Lex.-8. (11⅛ B. Text u. 38 Stnt., ½ Roy-Fol.) Leipzig 837, Breitkopf u. Härtel. * 3 Lot

Fridericus II. König in Preussen — — — als der grösste König, Held und Philosoph dargestellet von einem Thüringer. 1758. 4

Fridericus a Jesu

— s. Aurel. Augustini Bekenntnisse.

Friderico a Jesu, O. Cap., s.: Brot vom Himmel.

— das Buch d. heil. Evangelien u. Lectionen auf alle Sonntage. gr. 8. Augsb. 785. M. Rieger. 1 fl 8 kr Dass. auf alle Festtage. 2 Thle. 8. Ebd. 787. 1 fl 8 kr

— kleine Hauslegende. 2 Thle. 8. Augsb. 778. Rieger. 1 fl

— s. Thom. v. Kempen, 4 Bücher.

— heil. Communionbuch. 8. Ebend. 772.

— heil. Communionbuch f. alle Sonn- u. Festtage. 8. Augsb. 777. Rieger. 10 kr

— kurzgefaßtes heil. Communionbuch. 12. Augsb. 783. Rieger. 2 kr

Fridericus a Jesu, Lexicon scripturisticum multiplicem s. Scripturae sensum ordine alphabetico exhibens. Augsburg, Rieger, 1782, 8°.

— Lexicon theologicum. 8. Augsb. 783. Rieger. 1 fl 4 kr

Friedericus a Jesu, Lexicon theologicum communiorem theologorum sensum et mentem ordine alphabetico continens. Augsburg, 1784, 8°.

Friedrich, die Quadratur des Cirkels, ins Deutsche übers. und mit erneuerten klaren Beweisen aufgestellt. Mannheim, bey T. Löffler, 4. m. 1 Kupf. (12 gr.)
1792

* Quadratura circuli abstracte deducta geometrice demonstrata non dubio ex peripheria sola sed ex certis partibus physicis ostensa calculoque ex his de semet ipso pro peripheria ac diametro se prodente ac demum experimentis corroborata per Patrem *Fridericum*, Carmelitam discalceatum. Manhemii in Conventu Carmelitarum discalceatorum. fol. 26 S. (14 gr.)
1790.

Friederici, P., quadratura circuli abstracte deducta etc. c. fig. fol. Mannh. Löffler. 791.

— quaest. sacrae responsionib. concionatoriis etc. explan. IV part. 8. ibid. 772.

— quaest. sacrae, responsionibus concionatoriis pro omnibus anni dominicis ac praecipuis festis, in utilitatem concionat. explanat. IV Pts. 8. Augsb. 777. Rieger. 2 fl 4 kr

— christl. Seelenwecker. 12. Augsb. 790. Rieger. 5 kr

— geistl. Seelenwecker. 12. Ebend. 775.

— theologia moral. univ. tripart. ex operibus Benedicti XIV. III Pts. 8. Augsb. 780. Rieger. 2 fl 4 kr

Friederici a Jesu, († d. 16. Oct. 1788,) dreifache Weise josephin. Andacht. 8. Augsb. 779. Rieger. 8 kr

Fridericus Rex, s. F r i e d r i c h II., König von Preußen.

Friderike Sophie Wilhelmine, Markgräfin v. Bayreuth, s. Memoiren.

Fridingen, s.: Geognostische Karten (Württemberg).

Fridl, Ph., Anfangsgründe d. Arithmetik u. Algebra. 8. Salmansweil 793. (Leipz., Joachim). 1 fl 4 kr

Fridli aus den Burgunderkriegen heimkehrend, macht der Gesellschaft zu Safran Vergabungen. Festpiel in 1 Aufzug ... En Obig vorem Bärteli-Aesse. Lokal-Posse in 1 Akt mit Gesang. Luzern 1887. V: *Schenker, Albert.* (BSCHWL V, 5, S. 169)

FRIDLIB, ERIC. [Ps: JAC. FRID. LUDOVICI]. Untersuchung des Indifferentismi Religionum da man dafür hält, es könne ein jeder selig werden, er habe einen Glauben oder Religion, welche er wolle. Glückstadt. U. A. [1700].

Fridlin, Jak., St. Sebastiansbüchlein. Vollständige Sammlg. der vorzüglichsten Gebete u. Andachtsübgn. d. kathol. Christen m. besond. Rücksicht auf die Mitglieder der St. Sebastianus-Bruderschaft. 24. (256 S. m. 1 Stahlst.) Einsiedeln 883. Benziger. — 60

Fridls, M., englische Tugendschule. 2 Thle. 4. Augsb. Veith.

Fridls, P. P., Anfangsgründe d. Arithmetik u. Algebra 8. Donauschingen, Wilibald. (Bruder in Lpz. in Commis. 810.

Fridman, Eschoua [aus Soffed '(Türkei)']: Beiträge zur Erkenntniss des Spasmus nutans ... Berlin, C. Vogts Buchdr., *1894*; 28 S., 2 Bl. 8.
Berlin, Med. Fak., Inaug.-Diss. v. 4. Mai 1894

Fridolin od. der Gang nach dem Eisenhammer, s.: Schauerballaden.

Fridolin oder das Kind der Vorsehung ... Koblenz 1810. V: *Reichenbach, Joh. Frdr. Jac.* (NN) (MGT)

Fridolin. Schausp. in 5 Aufz. v. Franz v. Holbein. gr. 8. Rudolst., Hofbuchh. 811

Fridolin von Eisenfels, oder die Eulenburg. Eine Sage. 8. Frankfurt. (Leipzig, Fr. Fleischer in Comm.) 818. -

Fridolin v. Eisenfels, oder die Eulenburg. Sage aus den Wunderzeiten d. Vorwelt. Mit Kupf. 8. Wien 823, Haas.

Fridolin der Gaukler, weiland theatralischer Kreuzfahrer, Emigré, politischer Revolutionär, Märtyrer d. Geschmacks rc. 2 Bde. 8. Hamb. Vollmer. 800. (I. 14 gr. II. 20 gr.)

Fridolin der Gaukler, weiland theatralischer Kreuzfahrer, Emigré, politischer Revolutionär, Martyrer des Geschmacks. Mainz und Hamburg 1800. V: *Grüner, Chph. Sigm.* (BGE,[2] II/445) (Hdschr. Mitth. von Friedrich Müller, München.) (BIBLPORT) Vgl. II 4221.

Fridolin, der gute, u. d. böse Dietrich. Eine lehrr. Geschichte für Eltern u. Kinder, vom Verf. d. Ostereier, (Chph. Schmid). Mit 1 Titelkpf. 8. Augsb. 830. [illegible] 10 gr.

Fridolin, Der gute, und der böse Dietrich. Eine lehrreiche Geschichte ... Augsburg 1830. 2. Aufl. Augsb. 1832. V: *Schmid, Johann Christoph.* (Ky)

Fridolin, der gute, und der böse Dietrich. Eine lehrreiche Geschichte für Aeltern u. Kinder von d. Verf. der Ostereier (Jh. Cph. Schmid IV.) 2e Aufl. Mit Titelkpfr. 8. Augsb. 832. (Landshut, Krüll.) 3/18 rf

Fridolin, der gute, u. d. böse Dietrich. Eine lehrr. Gesch. f. Aeltern u. Kinder v. d. Verf. d. Ostereyer (Chrstph. Schmid). 1. Aufl. (16½ B.) 830. 10 Gr., 2. A. Mit Ttlkpfr. (15½ B.) 8. Augsburg 832. (Regensburg, Manz.) Thlr.

Der gute Fridolin | und | der böse Dietrich. | Eine | lehrreiche Geschichte | für | Aeltern und Kinder | von dem Verfasser der Ostereyer. | Reutlingen, | bei Fleischhauer und Spohn. | 1837.
214 S., 150 × 95, Fig. neben Titel: *Fridolin und das Rehkitz, der Förster hinter einem Baum*, 115 × 70.
UB Tü Dk XI 605a.
Verfasser: Christoph von Schmid.

Fridolin, der gute, und der böse Dietrich. Eine lehrreiche Geschichte für Aeltern und Kinder von dem Verf. der Ostereier (Chrph. v. Schmid.) 5., einzig rechtmäßige Orig.-Aufl. 8. (242 S. mit 1 Stahlst.) Augsburg 859. (München, Finsterlin.)

[illegible]

Fridolin, der gute, und der böse Dieterich. Eine lehrreiche und unterhaltende Geschichte für die Jugend und ihre Freunde. gr. 16. (64 S.) Reutlingen 874, Enßlin und Laiblin.

Fridolin, der gute, u. der böse Dieterich. Eine lehrreiche u. unterhalt. Geschichte f. die Jugend u. ihre Freunde. 2. Aufl. gr. 16. (64 S.) Reutlingen 876. Enßlin & Laiblin. -- 20

[illegible]

[illegible]

Fridolin, der gute, u. der böse Dietrich, od. die Pfade der Tugend u. d. Lasters. Volkserzählung f. Jung u. Alt v. G. u. B. Ovm. 8. (64 S.) Urfahr-Linz 878. Kraußlich.

(F) **Der gute Fridolin und der böse Dietrich.** 8. Aufl. [Christoph von Schmids ausgewählte Erzählungen für die Jugend. 36. Bd.] 8°. (191 S.) 1908. geb. K 1.—

Fridolin [Pseud.], s.a. Koch, Auguste

Fridolin, s.: Gesetz betr. den Forstdiebstahl.

Fridolin, geistliche Kurzweil. Kurze Betrachtgn. f. jeden Tag d. Monats m. e. kleinen Gebetsanh. 64. (86 S. m. farb. Titelbild.) Linz 897. Verl. d. kathol. Preßvereines. Kart. n. — 45; geb. in Leinw. n. — 50

Fridolin, s.a. Vereinsredner, der christliche.

(F) **Fridolin,** Der christliche Vereinsredner. Material zu Vorträgen in christlichen Vereinen. 1. Bd. 8°. (108 S.) K 1 20
Linz: kath. Presseverein, 1902.

Fridolin, Alexander, aus Pernau. Vergleichende Untersuchung der Ellagengerbsäure, Granatgerbsäure, sowie der in der Nymphaea alba und dem Nuphar luteum vorkommenden Gerbstoffe. Preisarbeit. Dorpat 1883.

Fridolin, Alex., vergleichende Untersuchung der Gerbstoffe der Nymphaea alba u. odorata, Nuphar luteum u. advena, Caesalpinia coriaria, Terminalia Chebula u Punica Granatum. gr. 8. (94 S.) St. Petersburg 884. (Dorpat, Karow.) n. 2. —

Fridolin, F.Gr. [Pseud.]
s.a. Schirnding, Ferdinand Leopold Graf [Wirkl. Name]

† Fridolin, F. Gr., (Graf Schirnding,) Spiegelbilder aus d. weibl. Kunst- u. Berufsleben d. modernen Welt. 2 Bdchn. 8. (36 B.) Leipzig 839, Kollmann.

Fridolin, Fr., Babinsky. Modernes Räuberbild aus Böhmens Gegenwart. Herausgeg. von C. Herloßsohn. gr. 12. Leipzig 842, Reclam jun. 1½ ₰

Fridolin, Fr., Babinsky. Modernes Räuberbild aus Böhmens Gegenwart. Hrsg. v. C. Herloßsohn. gr. 12. (11 B.) Leipzig 842. [D. A. Schulz.]

Fridoline, die gute, u. d. böse Dorethe. Ein Muster f. junge Mädchen, welche sich tugendhaft bilden wollen. Als Gegenstück vom guten Fridolin u. d. bösen Dietrich, v. Chr. Schmid. Vom Verf. der „tugendhaften Mädchen, der Eustachia, ꝛc." gr. 12. Mit 1 Titelkpf. Wien 832. Wimmer. 7 ½

Fridoline, die gute, u. d. böse Dorothe. Ein Muster f. junge Mädchen, welche sich tugendhaft bilden wollen. Als Gegenstück zu Chrstph. Schmid's: der gute Fridolin u. d. böse Dietrich. Vom Verf. d. „tugendhaften Mädchen, d. Eustachia ꝛc." Mit Ttlkpfr. 1. u. 2. Aufl. (à 6 B.) gr. 12. Wien 832, 33, Wimmer. à

Fridoline die gute und Dorothea die böse. Als Gegenstück zu Schmids Fridolin. Wien 1833. 3. Aufl. 1839. V: *Wimmer, Franz.* (Mitth. Prof. H. F. Wagner-Klosterneuburg.)

[illegible] Fridoline und die böse Dorothe. [illegible] Als Gegenstück zu dem Werkchen des Herrn [illegible] Christoph Schmid in Augsburg: der gute Fridolin und der böse Dietrich. Vom Verf. der tugendhaften Mädchen, der Eustachia etc. Mit einem Titelkupfer. [illegible] [illegible] 1830. [illegible] Verfasser ist nach Kayser und Holzmann Bohatta, Christian Friedrich Schmid. Das Vorwort ist jedoch unterzeichnet mit: Wien [illegible] Der Verfasser F. W.
—

Fridoline, die gute, u. die böse Dorothe. Ein Muster f. junge Mädchen, welche sich tugendhaft bilden wollen. Als Gegenstück zu ꝛc.: der gute Fridolin u. d. böse Dietrich. Vom Verf. der „tugendhaften Mädchen ꝛc" Mit Ttlkpfr. 3. Aufl. gr. 12. (6 B.) Wien 839, Wimmer.

Fridolin's, Prince, courtship. Illustrated by J. Kleinmichel. Verses by J. Lohmeyer and Frieda Schanz. Translated by S. Clifton. qu. gr. 4. (40 S. m. eingedr. farb. Illustr.) New York 888. (Leipzig, Baldamus.) geb. n. 6. —

Fridrich, Fr.

Fridrich, F., das russische Alphabet [Druck- und Schreibbuchstaben]. Beiblatt zur 2. Aufl. v. F. F.'s „Kurze Anleitung, die russ., bulgar. u. serb. Druck- u. Schreibbuchstaben auf mnemon. Wege binnen 1 Tage lesen u. schreiben zu lernen". 12. (3 S.) Prag 888. Neugebauer. — 6

— kurze Anleitung, die russischen, bulgarischen u. serbischen Druck- u. Schreib-Buchstaben auf mnemonischem Wege binnen 1 Tage lesen u. schreiben zu lernen, mit beigefügten Leseregeln u. e. kleinen deutsch-russ. Wörterverzeichnisse. 1. u. 2. Aufl. 8. (32 S.) Ebd. 888. n. — 40

Fridrich, F., kurzgefaßte Anleitung zur raschen Erlernung d. richtigen Lesens in 15 Sprachen, Deutsch, Englisch, Holländisch, Schwedisch, Dänisch, Französisch, Italienisch, Spanisch, Portugiesisch, Rumänisch, Russisch, Böhmisch, Polnisch, Ungarisch u. Neugriechisch, m. Anwendg. der mnemon. Methode beim griech. u. russ. Alphabet, nebst e. Hinweis auf die Vortheile e. phonet. Orthographie u. die Nothwendigkeit e. internationalen Alphabets. gr. 8. (IV, 76 S m. 4 Steintaf.) Prag 885. (André.) n. 1. 80

— populäre Anleitung, auf mnemonischem Wege binnen 8 Tagen die Kenntnis der Lautbedeutung sämmtlicher hebräischer Quadrat-, jüdisch-deutscher Druck- u. jüdisch-deutscher Current-Buchstaben sich anzueignen. gr. 8. (37 S.) Ebend. 886. n. — 80

Fridrich, F., Anleitung auf mnemonischem Wege die Kenntniss der Bedeutung sämmtlicher telegraphischer Zeichen binnen e. Tage sich anzueignen. gr. 8. (22 S.) Prag 886. André. n. 1. —

— Begriffszeichen als Schrift f. Alle. gr. 8. (16 S.) Prag 887. André. n. 1. —

Fridrich, Dr. Fr., Elementi di fisica sperimentale. Compilati ad uso delle scuole cittadine. Triest 1906. F. H. Schimpff. II. Teil, für die 7. Klasse. 3., unveränderte Auflage. Kart. K 2.—. III. Teil, für die 8. Klasse. 2., unveränderte Auflage. Kart K 2.30.

— Neu-Stenographie. gr. 8. (23 S., wovon 7 autogr.) Leipzig 889. Robolsky. n. — 80

— Schrift f. Alle. System zu e. Begriffsschrift anstatt Buchstaben. 2. Aufl. gr. 8. (16 S.) Prag 888. Neugebauer. n. 1. —

Fridrich, Hans Georg, Referendar: Die rechtliche Natur der Einwandsklage aus § 707 der Zivilprozeßordnung. Borna-Leipzig 1909: Noske. IX, 52 S. 8°

Breslau, Jur. Diss. v. 30. Juli 1909, Ref. Fischer-Schott

[Geb. 24. Okt. 84 Waldenburg i. Schl.; Wohnort: Waldenburg; Staatsangeh.: Preußen; Vorbildung: Gymn. Waldenburg Reife O. 04; Studium: Freiburg i. B. 1, Berlin 1, Kiel 1, Berlin 1, Breslau 4 S.; Rig. 25. Febr. 09.]
[U 09. 475

Fridrich, Joh. Nep., christl. Haus- u. Kirchenandacht. Ein Gebethbuch f. junge Knaben. Nebst d. Gesängen, Gebethen u. Litaneyen, wie sie in d. Wiener-Erzdiöcese vorgeschrieben sind, u. Anleit. z. Ministriren. 12. (7 B.) Wien 829, Grund. (Leipzig, Fr. Fleischer.)

FRIDRICH (I), K. J., Lieder der Liebe und der Freude. Mit zarter allegor. Titelvign., Malvieux fec. Wien, bey Stahel u. Wappler; Leipzig, bey Ernst Martin Graff, 1787. 8°. (In Warmbrunn.)
2 Bll. (Tit. u. Nebentit.), 6 Bll. Subscr.-Verz., 110 S., 1 Bl. Inh. — Zahme lyrische u. Gelegenheitsgedichte.

Fridrich M, analytische Geometrie. (Weber's Katechismen 116) Leipzig 1884

Fridrich, Paul [pr. Arzt aus Labischin in Posen]: Beitrag zur Casuistik der traumatischen Epilepsie ... München, kgl. Hof- u. Univ.-Buchdr. v. Dr. C. Wolf & Sohn, 1893; 15 S. 8.
München, Med. Fak., Inaug.-Diss. v. 1893

Fridrichin, Euphrosina: „Neupolirter Schrifft- und Geschichtsmässiger Berufs- und Handwercks-Spiegel, Darinnen zu ersehen; Wie alle Beruff und Stände, Vornehmlich aber Gewerb- und Handwercks-Leute, ihre Arbeit in GOtt gethan zu seyn Schrifftlich erweisen", Leipzig 1601 (Christoph Balthasar Lampe). — Vorh.: StB Frankfurt a. M. — Flugschriftensammlung Gustav Freytag, IX, 57.

Fridrichowicz, Eugen: Die Getreidehandelspolitik des ancien régime ... [Erschien vollst. 1897 im gl. Verl.] Weimar, E. Felber, 1896; VIII, 100 S. 8.
Halle, Phil. Fak., Inaug.-Diss. v. [17. Aug.] 1896

Fridrichowicz, Eug., kurzgefasstes Kompendium der Staatswissenschaften in Frage u. Antwort. 1.—14. Bd. kl. 8. Berlin [S. Calvary & Co.] R. Trenkel. Kart. n. 22. —

1. Allgemeine oder theoret. Volks-Wirtschaftslehre. (VI, 145 S.) 903. n. 1. 60
2. Geschichte der Volkswirtschaftslehre. (VI, 126 S.) 903. n. 1. 60
3. Urproduktion. (VIII, 110 S.) 903. n. 1. 60
4. Veredelungsproduktion. (VIII, 85 S.) 904. n. 1. 20
5. Münz-, Bank-, Börsen-, Sparkassen- u. Versicherungswesen. (VIII, 120 S.) 904. n. 1. 60
6. Handel u. Verkehr. (VII. 104 S.) 904. n. 1. 60
7. Finanzwesen. (XI, 220 S.) 904. n. 1. 60
8. Allgemeine od. theoret. Verwaltungslehre, Verwaltungsgeschichte. (VIII, 144 S.) 904. n. 1. 60
9. Spezielle oder praktische Verwaltungslehre, 1. Tl.: Sicherheitspolizei, Gesundheitswesen, Sittlichkeitspolizei. (VIII, 126 S.) 904. n. 1. 60
10. Dasselbe. 2. Tl.: Unterrichtswesen, Bevölkerungslehre u. Bevölkerungspolitik. Armenwesen. (VIII, 154 S.) 904. n. 1. 60
11. Allgemeines Staatsrecht (Staatstheorien). (VIII, 130 S.) 904. n. 1. 60
12. 13. Deutsches Reichsstaatsrecht. (XI, 314 S.) 905. n. 3. 20
14. Völkerrecht. (VII, 188 S.) 905. n. 1. 60

Fridrichowicz, Eug., kurzgefasstes Kompendium der Staatswissenschaften in Frage u. Antwort. I. u. VII. Bd. 8. Berlin, R. Trenkel. Geb. in Leinw. 10. —
I. Theoretische Volkswirtschaftslehre. 2. umgearb. Aufl. (VII, 317 S.) 908. Geb. 4.
VII. Finanzwesen. 2. umgearb. Aufl. (XII, 522 S.) 910. Geb. 6.

— Die Technik des internationalen Getreidehandels. XII, 304 S.) gr. 8. Berlin 908. P. Parey. 8. —

Fridt und Fiedler, systematisch geordnete Sammlung von Monogrammen, zum Gebrauche für: Calligraphen, Graveure, Lithographen etc. 1. Heft. qu. gr. 4. (10 Kpfrt.) Wien 864, (Manz' Verlag.) *

Friðþjófs saga ins frœkna, hrsg. v. Ludv. Larsson, s. a. Saga-Bibliothek, altnordische. 9. Hft.

Friðþjófs saga ins frœkna hrsg. von Ludwig Larsson. *Halle a. S.: M. Niemeyer 1901.* (XXIV, 56 S.) 8°
= Saga-Bibliothek, Altnordische. 9. [illegible]

Kolibri 360 GmbH
Ferdinand-Jühlke-Straße 7
99095 Erfurt, Deutschland
produktsicherheit@kolibri360.de